KUHMINSA

한 발 앞서나가는 출판사, 구민사

구민사 출간도서 中 수험서 분야

- 용접
- 자동차
- 조경/산림
- 품질경영
- 산업안전
- 전기
- 건축토목
- 실내건축
- 기술사
- 기계
- 금속
- 환경
- 보일러
- 가스
- 공조냉동
- 위험물

www.kuhminsa.co.kr

자격증 시험 접수부터 자격증 수령까지!

필기 원서 접수

큐넷(www.q-net.or.kr)
필기 시험은 회원 가입 후 인터넷 접수만 가능
(사진 파일, 접수비(인터넷 결제) 필요)
응시자격 요건 반드시 확인

필기시험

입실 시간 미준수 시 시험 응시 불가
준비물 : 수험표, 신분증, 필기구 지참

필기 합격 확인

큐넷(www.q-net.or.kr)
사이트에서 확인

실기 원서 접수

큐넷(www.q-net.or.kr)
응시 자격 서류는 실기시험 접수기간(4일 내)에
제출해야만 접수 가능

실기 시험

필답형과 작업형으로 분류

원서 접수 시 선택한 장소와 시간에 맞게 시험을 봅니다.

준비물 : 수험표, 신분증, 필기구 지참

최종합격 확인

큐넷(www.q-net.or.kr)
사이트에서 확인

자격증 신청

인터넷으로 신청(상장형 자격증 발급을 원칙으로 하며,
희망 시 수첩형 자격증 발급 신청/ 발급 수수료 부과)

자격증 수령

인터넷으로 발급(출력)
(수첩형 자격증 등기 수령 시 등기 비용 발생)

D-DAY 60

폐기물처리산업기사 필기 D-60 합격 플랜

(위의 플랜은 가장 이상적인 것이므로 참고하여 개인의 입장과 일정에 맞춰 준비하시기 바랍니다.)

월요일	화요일	수요일	목요일	금요일	토요일	일요일
D-60	D-59	D-58	D-57	D-56	D-55	D-54
PART 1. 학습 및 복습						
D-53	D-52	D-51	D-50	D-49	D-48	D-47
PART 2. 학습 및 복습						
D-46	D-45	D-44	D-43	D-42	D-41	D-40
PART 3. 학습 및 복습						
D-39	D-38	D-37	D-36	D-35	D-34	D-33
과년도 문제 풀이						
D-32	D-31	D-30	D-29	D-28	D-27	D-26
과년도 문제 풀이						

D-DAY 60

놓친 부분 다시보기

월요일	화요일	수요일	목요일	금요일	토요일	일요일
D-25	D-24	D-23	D-22	D-21	D-20	D-19
		이론복습 (O/X)				문제풀이 (O/X)
D-18	D-17	D-16	D-15	D-14	D-13	D-12
		이론복습 (O/X)				문제풀이 (O/X)
D-11	D-10	D-9	D-8	D-7	D-6	D-5
		이론복습 (O/X)				문제풀이 (O/X)
D-4	D-3	D-2	D-1			
		이론복습 (O/X)				

시험장 가기 전에 Tip

Q 계산기를 따로 가져가야 하나요?

A 시험을 치르는 PC에 설치된 계산기를 이용하실 수 있습니다.(개인 계산기 지참 가능)

Q PC로 시험을 치르면 종이는 못 쓰나요?

A 시험장에서 필요한 사람에 한해 종이를 제공합니다. 시험장마다 상황이 다를 수 있으니 전화로 해당 시험장의 상황을 파악해보시길 권장합니다. 이 때 시험이 끝나고 종이 반납은 필수입니다.

머리말

본 수험서는 폐기물처리산업기사 필기를 준비하는 수험생들을 위해 최근에 출제된 문제들을 분석하고 한국산업인력공단 출제경향에 맞추어 집필된 폐기물처리산업기사 수험서이다.

본 수험서의 특징

1. 산업기사 문제만 수록하였고 그와 함께 출제년도를 표기해 수험생들이 최근의 출제경향을 쉽게 파악할 수 있게 하였다.
2. 이론 중 중요한 부분은 별표로 표기해 개념정리에 큰 도움이 될 수 있게끔 하였다.
3. 문제의 구성은 가장 기본적인 문제에서부터 응용문제 순으로 배치하여 기본에 충실한 학습이 될 수 있도록 하였으며, 계산문제나 중요문제는 풀이 및 Tip을 이용해 단위 및 개념을 정리할 수 있도록 하였다.
4. 이론편에서는 중요한 공식마다 예제문제를 수록하여 바로바로 공식을 이해할 수 있게 하였다.
5. 최신 개정된 법규의 내용과 문제를 수록하여 법규과목을 충분히 대비할 수 있게끔 하였다.

본인은 다년간의 학원강의를 통하여 얻은 지식들과 최근에 출제되는 문제를 바탕으로 이론을 정리하였으며, 문제풀이를 통하여 수험생들이 궁금해하는 부분을 상세하게 시술함으로써 수험생 여러분이 폐기물처리산업기사 공부에 쉽게 접근하여 자격증취득에 이르기까지 아주 많은 도움이 되리라 자부한다.

아무쪼록 본 교재를 통하여 수험생 여러분의 뜻한바 목적을 이루기를 바라며, 내용 중 오류 및 잘못된 점들이 있다며 수험생 여러분들의 기탄없는 충고를 바라며, 저자와 출판사는 여러분들이 보다 쉽게 공부할 수 있는 환경자격증의 대표수험서가 될 수 있도록 꾸준히 노력을 다할 것이다.

마지막으로 이 수험서가 출간되기까지 수고를 아끼지 않으신 도서출판 구민사 조규백 대표님을 비롯한 직원 여러분, 그리고 환경전문 고려종합기술학원 식구들 및 항상 물심양면으로 도와주시는 분들께 진심으로 감사의 말씀을 드립니다.

저자

무료 동영상 강의 http://cafe.naver.com/makels

이 책의 구성과 특징

01 체계적인 핵심 요약 & 예제 문제 수록

- 이론 중 중요한 부분은 별표(★)로 표기해 개념정리에 큰 도움이 될 수 있게끔 하였습니다.
- 이론편에서는 중요한 공식마다 예제문제를 이용하여 바로바로 학습할 수 있게 하였습니다.
- 문제의 구성은 가장 기본적인 문제에서부터 응용문제 순으로 배치하여 기본에 충실한 학습이 될 수 있도록 하였으며, 계산 문제나 중요문제는 풀이 및 Tip을 이용해 단위 및 개념을 정리할 수 있도록 하였습니다.

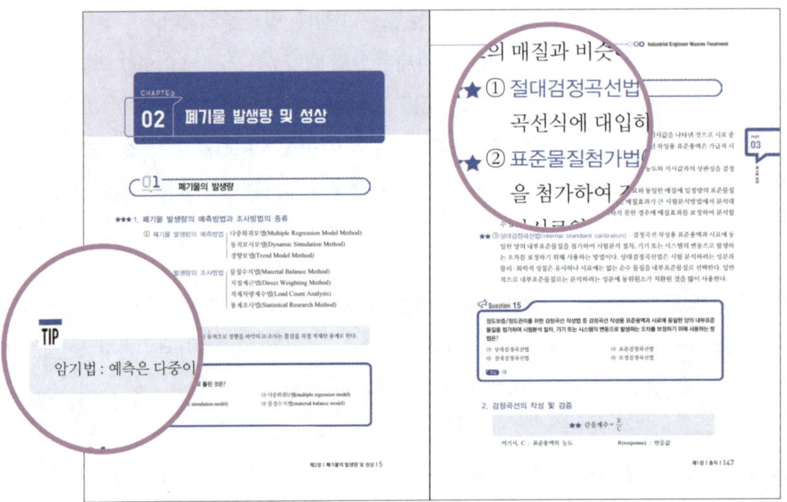

핵심 요약

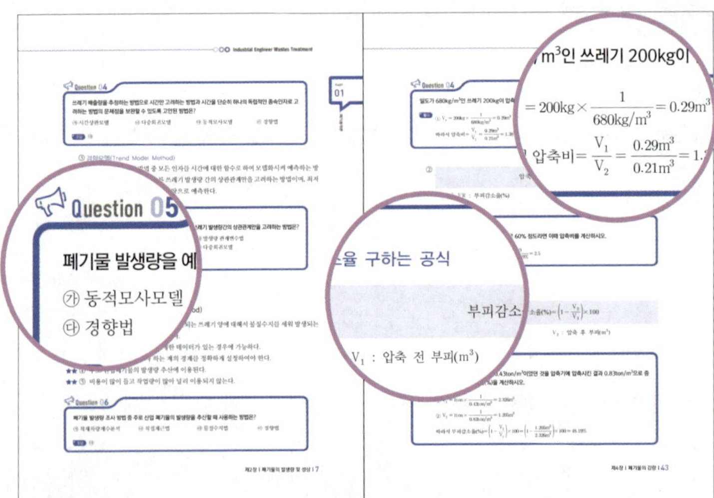

예제문제

02 최근 개정 법규 & 과년도 문제 및 CBT 복원문제 수록

- 최근 개정된 법규의 내용과 문제를 수록하여 법규과목을 충분히 대비할 수 있게끔 하였습니다.
- 최근 과년도 문제와 CBT를 수록하여 실전시험에 대비할 수 있도록 하였습니다.

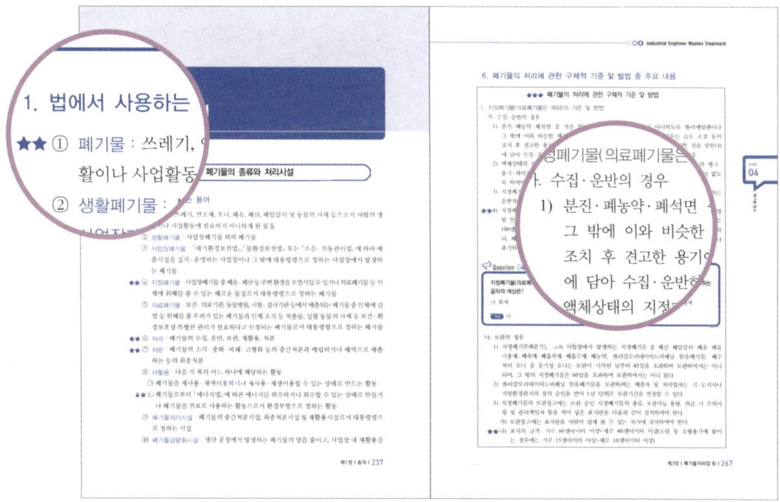

폐기물법규

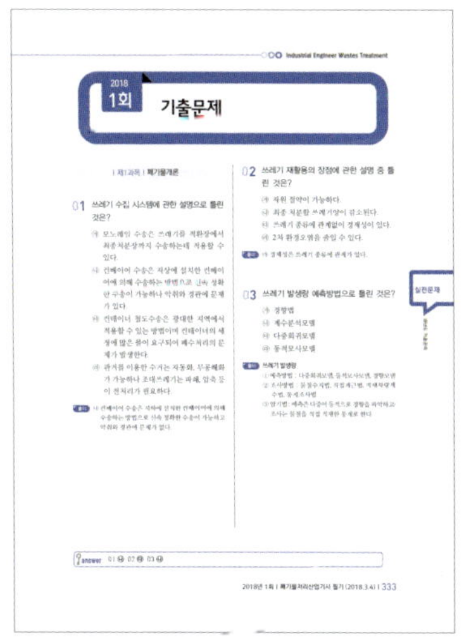

과년도 문제

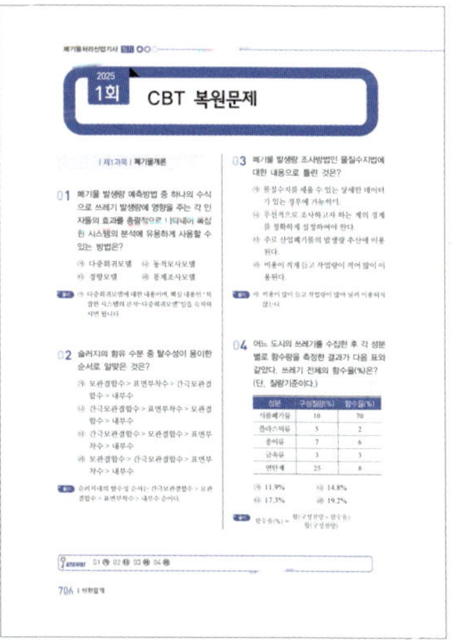

CBT 복원문제

CONTENTS

PART 01 폐기물 개론

PART 02 폐기물 재활용 및 자원화 기술

PART 03 폐기물공정시험기준

부록 실전문제(과년도기출문제)

CONTENTS

부록 실전문제(CBT 복원문제)

출제기준 – 폐기물처리산업기사 필기

직무분야	환경 · 에너지	중직무분야	환경	자격종목	폐기물처리산업기사	적용기간	2026.1.1~2030.12.31
직무내용	사람의 생활이나 사업활동과 관련하여 발생된 폐기물을 물리적, 생물학적, 화학적으로 처리하기 위한 계획을 수립하고, 처리시설을 설계, 시공, 운영하는 업무를 수행하는 직무이다.						
필기검정방법	객관식	문제수	60	시험시간	1시간 30분		

필기과목명	문제수	주요항목	세부항목
폐기물개론	20	1. 오염원 현황파악	1. 폐기물 발생원 현황 파악
			2. 배출원별 발생 및 특성파악
		2. 수거 · 운반	1. 폐기물 분리배출 및 보관
			2. 폐기물 수거와 운반(수송)
			3. 적환장(중계처리시설)관리
			4. 폐기물 추적 관리
		3. 폐기물관리 행정 업무	1. 행정절차 이행
			2. 환경법규와 정책 조사
폐기물 처리기술	20	1. 물리적 처리기술	1. 전처리 기술
			2. 연료화 기술
			3. 기타 물리적처리 기술
		2. 화학적 처리기술	1. 화학적 처리
			2. 열적 처리
		3. 생물학적 처리기술	1. 호기성 처리 기술
			2. 혐기성 처리 기술
			3. 매립 기술

필기과목명	문제수	주요항목	세부항목
폐기물공정시험기준	20	1. 총칙	1. 일반 사항
		2. 일반 시험법	1. 시료채취 방법
			2. 시료의 조제 방법
			3. 시료의 전처리 방법
			4. 함량 시험 방법
			5. 용출시험 방법
			6. 기타 시험방법
		3. 기기 분석법	1. 자외선/가시선분광법
			2. 원자흡수분광광도법
			3. 유도결합 플라즈마 원자발광분광법
			4. 기체크로마토그래피법
			5. 이온전극법 등
		4. 항목별 시험방법	1. 일반항목
			2. 금속류
			3. 유기화합물류
			4. 기타
		5. 분석용 시약 제조	1. 시약제조방법

INFORMATION

개요

문명사회로부터 배출되는 폐물질을 폐기물이라고 하는데 이와 같은 폐기물을 적절하게 처리 및 처분하지 않으면 환경을 오염시킴으로써 인간을 포함하는 생태계의 존속을 위태롭게 할 수 있다. 이에 따라 정부에서도 시대적 조류에 부응하여 폐기물 처리에 대한 전문인의 양성을 위해 자격제도 제정

수행직무

국민의 일상생활에 수반하여 발생하는 일반폐기물과 산업활동에 부수하여 발생하는 산업 폐기물을 기계적 분리, 증발, 여과, 건조, 파쇄, 압축, 흡수, 흡착, 이온교환, 소각, 소성, 생물학적 산화, 소화, 퇴비화 등의 인위적, 물리적, 기계적 단위조작과 생물학적, 화학적 반응조작을 주어 감량화, 무해화, 안전화 등 폐기물을 취급하기 쉽고 위험성이 작은 성상과 형태로 변화시키는 일련의 처리업무 담당

진로 및 전망

정부의 환경공무원 폐기물처리업체 등으로 진출 할 수 있다. - 경제성장으로 인하여 우리나라의 생활폐기물과 사업장폐기물의 배출량은 계속증가 하고 있으나 처리현황에 있어서 매립이 대부분을 차지하고 이밖에 소각, 재활용, 보관, 기타(파쇄, 중화 등)의 방법으로 처리하고 있어 이를 관리 및 처리하는 인력 수요가 증가할 것이다.

취득방법

① 시 행 처 : 한국산업인력공단

② 관련학과 : 대학 및 전문대학의 환경공학, 관련학과

③ 훈련기관 : 사회교육원의 환경관리 과정

④ 시험과목

- 필기 : 1. 폐기물개론 2. 폐기물처리기술 3. 폐기물 공정시험 기준
- 실기 : 폐기물처리 실무

⑤ 검정방법

- 필기 : 객관식4지 택일형 과목당 20문항
- 실기 : 필답형(2시간 30분)

⑥ 합격기준 :

- 필기 : 100점을 만점으로 하여 과목당 40점 이상, 전과목 평균 60점 이상
- 실기 : 100점을 만점으로 하여 60점 이상

시험수수료

- 필기 : 19,400원
- 실기 : 20,800원

동영상 강의 수강자를 위한
전쌤의 무료 동영상 카페 이용방법

무료 동영상 바로가기 cafe.naver.com/makels

01

STEP 1.

교재를 구입하셨나요?
전쌤의 무료 동영상 강의로 시작하세요.
열심히 해서 합격해보자구요!

02

STEP 2.

전쌤 강의는 네이버 카페를 통해
공부하실 수 있습니다.
cafe.naver.com/makels

03

STEP 3.

카페에서 도서인증 후
무료 동영상 강의를
마음껏 시청하세요.

04

STEP 4.

공부하다가 궁금한 점이 있거나
알고 넘어가야하는 문제가 있으신가요?
환경에듀와 네이버 카페를 통해
문의해 주세요.

최고의 합격수험서

전화택 원장님이 제시하는 합격 완벽대비!

수질계열
수질환경 기사 필기·과년도
수질환경 산업기사 필기·과년도
수질환경 기사 실기
수질환경 산업기사 실기

폐기물계열
폐기물처리 기사 필기·과년도
폐기물처리 산업기사 필기·과년도
폐기물처리 기사 실기
폐기물처리 산업기사 실기

대기계열
대기환경 기사 필기·과년도
대기환경 산업기사 필기·과년도
대기환경 기사 실기
대기환경 산업기사 실기

화학계열
화학분석기능사 필기+실기

환경계열
환경기능사 필기&실기
환경기능사 필기+작업형 실기

교재분야
수질환경분석
환경학개론
환경기초학 및 환경방지기술
수질오염
대기오염

❖ 네이버 카페 자격증 만들기 ❖
http://www.cafe.naver.com/makels

도서출판 구민사
Address (07293) 서울특별시 영등포구 문래북로 116, 604호(문래동3가 46, 트리플렉스)
Tel 02)701-7421 Fax 02)3273-9642 homepage http://www.kuhminsa.co.kr/

원소주기율표

20 Ca 칼슘 — 원자번호 / 원소기호(예 : 𝔹 : 액체 a : 기체 a : 고체) / 이름

금속 / 비금속 / 전이원소 / 란타넘족 / 악티늄족

1	2	3	4	5	6	7	8	9	10	11	12	13	14	15	16	17	18
1 H 수소																	2 He 헬륨
3 Li 리튬	4 Be 베릴륨											5 B 붕소	6 C 탄소	7 N 질소	8 O 산소	9 F 플루오린	10 Ne 네온
11 Na 나트륨	12 Mg 마그네슘											13 Al 알루미늄	14 Si 규소	15 P 인	16 S 황	17 Cl 염소	18 Ar 아르곤
19 K 칼륨	20 Ca 칼슘	21 Sc 스칸듐	22 Ti 타이타늄	23 V 바나듐	24 Cr 크로뮴	25 Mn 망가니즈	26 Fe 철	27 Co 코발트	28 Ni 니켈	29 Cu 구리	30 Zn 아연	31 Ga 갈륨	32 Ge 저마늄	33 As 비소	34 Se 셀레늄	35 Br 브로민	36 Kr 크립톤
37 Rb 루비듐	38 Sr 스트론튬	39 Y 이트륨	40 Zr 지르코늄	41 Nb 나이오브	42 Mo 몰리브덴	43 Tc 테크네튬	44 Ru 루테늄	45 Rh 로듐	46 Pd 팔라듐	47 Ag 은	48 Cd 카드뮴	49 In 인듐	50 Sn 주석	51 Sb 안티몬	52 Te 텔루륨	53 I 아이오딘	54 Xe 제논
55 Cs 세슘	56 Ba 바륨	(란타넘족)	72 Hf 하프늄	73 Ta 탄탈	74 W 텅스텐	75 Re 레늄	76 Os 오스뮴	77 Ir 이리듐	78 Pt 백금	79 Au 금	80 Hg 수은	81 Tl 탈륨	82 Pb 납	83 Bi 비스무트	84 Po 폴로늄	85 At 아스타틴	86 Rn 라돈
87 Fr 프랑슘	88 Ra 라듐	(악티늄족)	104 Rf 러더포듐	105 Db 더브늄	106 Sg 시보귬	107 Bh 보륨	108 Hs 하슘	109 Mt 마이트너륨	110 Ds 다름슈타튬	111 Rg 뢴트게늄							

57 La 란타넘	58 Ce 세륨	59 Pr 프라세오디뮴	60 Nd 네오디뮴	61 Pm 프로메튬	62 Sm 사마륨	63 Eu 유로퓸	64 Gd 가돌리늄	65 Tb 테르븀	66 Dy 디스프로슘	67 Ho 홀뮴	68 Er 에르븀	69 Tm 툴륨	70 Yb 이테르븀	71 Lu 루테튬
89 Ac 악티늄	90 Th 토륨	91 Pa 프로트악티늄	92 U 우라늄	93 Np 넵투늄	94 Pu 플루토늄	95 Am 아메리슘	96 Cm 퀴륨	97 Bk 버클륨	98 Cf 캘리포늄	99 Es 아인슈타이늄	100 Fm 페르뮴	101 Md 멘델레븀	102 No 노벨륨	103 Lr 로렌슘

PART

01

폐기물개론

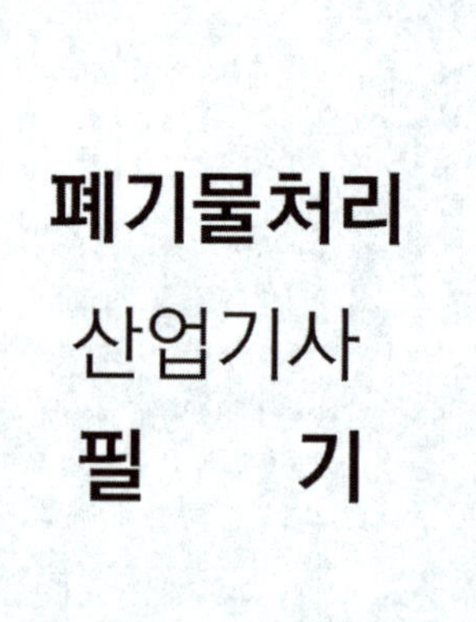

폐기물처리

산업기사

필　　기

CHAPTER

01 폐기물의 분류

01 폐기물의 종류

1. 폐기물의 정의

폐기물이란 쓰레기, 연소재, 오니, 폐유, 폐산, 폐알칼리 및 동물의 사체 등으로서 사람의 생활이나 사업활동에 필요하지 아니하게 된 물질을 말한다.

2. 폐기물의 종류

① 생활폐기물이란 사업장폐기물 외에 폐기물을 말한다.

② 사업장폐기물이란 「대기환경보전법」, 「물환경보전법」 또는 「소음 · 진동관리법」에 따라 배출시설을 설치 · 운영하는 사업장이나 그 밖에 대통령령으로 정하는 사업장에서 발생하는 폐기물을 말한다.

③ 지정폐기물이란 사업장폐기물 중 폐유 · 폐산 등 주변 환경을 오염시킬 수 있거나 의료폐기물 등 인체에 위해를 줄 수 있는 해로운 물질로서 대통령령으로 정하는 폐기물을 말한다.

④ 의료폐기물이란 보건 · 의료기관, 동물병원, 시험 · 검사기관 등에서 배출되는 폐기물 중 인체에 감염 등 위해를 줄 우려가 있는 폐기물과 인체 조직 등 적출물, 실험 동물의 사체 등 보건 · 환경보호상 특별한 관리가 필요하다고 인정되는 폐기물로서 대통령령으로 정하는 폐기물을 말한다.

02 지정폐기물의 유해성을 구분하는 분류기준 ★★

① 폭발성	② 반응성
③ 인화성	④ 부식성
⑤ 생태독성	⑥ 유해가능성
⑦ 난분해성	⑧ 용출특성

Question 01

유해성 폐기물이라 판단할 수 있는 성질로 틀린 것은?

㉮ 반응성　　㉯ 인화성　　㉰ 부식성　　㉱ 부패성

정답 ㉱

CHAPTER

02 폐기물 발생량 및 성상

01 폐기물의 발생량

★★★ 1. 폐기물 발생량의 예측방법과 조사방법의 종류

① 폐기물 발생량의 예측방법
- 다중회귀모델(Multiple Regression Model Method)
- 동적모사모델(Dynamic Simulation Method)
- 경향모델(Trend Model Method)

② 폐기물 발생량의 조사방법
- 물질수지법(Material Balance Method)
- 직접계근법(Direct Weighting Method)
- 적재차량계수법(Load Count Analysis)
- 통계조사법(Statistical Research Method)

TIP

암기법 : 예측은 다중이 동적으로 경향을 파악하고/조사는 물질을 직접 적재한 통계로 한다.

Question 01

폐기물 발생량 예측 방법으로 틀린 것은?

㉮ 경향법(trend method)
㉯ 다중회귀모델(multiple regression model)
㉰ 동적모사모델(dynamic simulation model)
㉱ 물질수지법(material balance model)

 정답  ㉱

Question 02

다음 중에서 쓰레기 발생량 조사방법에 해당하지 않는 것은?

㉮ 적재차량 계수분석법　　㉯ 직접 계근법
㉰ 물질수지법　　㉱ 경향법

정답 ㉱

★★★ 2. 폐기물 발생량 예측방법

① 다중회귀모델(Multiple Regression Model Method)

하나의 수식으로 각 인자들이 효과를 총괄적으로 나타내어 복잡한 시스템의 분석에 유용하게 사용할 수 있는 쓰레기 발생량을 예측하는 방법이다.

TIP

핵심용어 : 복잡한 시스템

Question 03

폐기물 발생량 예측방법 중 하나의 수식으로 쓰레기 발생량에 영향을 주는 각 인자들의 효과를 총괄적으로 나타내어 복잡한 시스템의 분석에 유용하게 사용할 수 있는 방법은?

㉮ 상관계수 분석모델　　㉯ 다중회귀 모델
㉰ 동적모사 모델　　㉱ 경향법 모델

정답 ㉯

② 동적모사모델(Dynamic Simulation Model Method)

ⓐ 쓰레기 배출에 영향을 주는 모든 인자를 시간에 대한 함수로 나타낸 후 시간에 대한 함수로 각 영향인자들 간에 상관관계를 수식화 한 것이다.

ⓑ 시간만 고려하는 방법과 시간을 단순히 하나의 독립적인 종속인자로 고려하는 방법의 문제점을 보완할 수 있도록 고안되었다.

TIP

핵심용어 : 영향인자, 독립적인 종속인자

Question 04

쓰레기 배출량을 추정하는 방법으로 시간만 고려하는 방법과 시간을 단순히 하나의 독립적인 종속인자로 고려하는 방법의 문제점을 보완할 수 있도록 고안된 방법은?

㉮ 시간상관모델 ㉯ 다중회귀모델 ㉰ 동적모사모델 ㉱ 경향법

정답 ㉰

③ 경향모델(Trend Model Method)

폐기물 발생량 예측방법 중 모든 인자를 시간에 대한 함수로 하여 모델화시켜 예측하는 방법으로 단지 시간과 그에 따른 쓰레기 발생량 간의 상관관계만을 고려하는 방법이며, 최저 5년 이상의 과거 처리 실적을 바탕으로 예측한다.

Question 05

폐기물 발생량을 예측하는 방법 중 단지 시간과 그에 따른 쓰레기 발생량간의 상관관계만을 고려하는 방법은?

㉮ 동적모사모델 ㉯ 발생량 관계변수법
㉰ 경향법 ㉱ 다중회귀모델

정답 ㉰

★★★ 3. 폐기물 발생량 조사방법

★★★ (1) 물질수지법(Material Balance Method)

① 시스템에 유입되는 쓰레기 양과 유출되는 쓰레기 양에 대해서 물질수지를 세워 발생되는 쓰레기의 양을 추정하는 방법이다.
② 물질수지를 세울 수 있는 상세한 데이터가 있는 경우에 가능하다.
③ 우선적으로 조사하고자 하는 계의 경계를 정확하게 설정하여야 한다.
★★ ④ 주로 산업폐기물의 발생량 추산에 이용된다.
★★ ⑤ 비용이 많이 들고 작업량이 많아 널리 이용되지 않는다.

Question 06

폐기물 발생량 조사 방법 중 주로 산업 폐기물의 발생량을 추산할 때 사용하는 방법은?

㉮ 적재차량계수분석 ㉯ 직접계근법 ㉰ 물질수지법 ㉱ 경향법

정답 ㉰

Question 07

쓰레기 발생량 조사방법 중 물질수지법에 대한 내용으로 거리가 먼 것은?

㉮ 주로 산업폐기물 발생량을 추산할 때 이용된다.
㉯ 먼저 조사하고자 하는 계의 경계를 정확하게 설정한다.
㉰ 물질수지를 세울 수 있는 상세한 데이터가 있는 경우에 가능하다.
㉱ 비용이 저렴하고 일반적으로 폭 넓게 사용된다.

풀이 ㉱ 비용이 많이 들고 작업량이 많아 널리 이용되지 않는다.

★★ (2) 직접계근법(Direct Weighting Method)

① 국내 대형소각장 및 위생매립장에 반입되는 쓰레기의 양을 주로 측정하는데 이용한다.
② 비교적 정확한 발생량을 파악할 수 있다.
③ 작업량이 많고 번거로운 폐기물의 발생량 조사방법이다.

Question 08

생활폐기물 발생량의 조사방법 중 직접계근법에 대한 내용으로 틀린 것은?

㉮ 입구에서 쓰레기가 적재되어 있는 차량과 출구에서 쓰레기를 적하한 공차량을 계근하여 쓰레기량을 산출한다.
㉯ 비교적 정확한 쓰레기 발생량을 파악할 수 있다.
㉰ 적재차량 계수분석에 비해 작업량이 많고 번거롭다.
㉱ 주로 산업폐기물의 발생량을 추산하는데 이용되며 조사범위가 정확하여야 한다.

풀이 ㉱번의 설명은 물질수지법에 대한 설명이다.

★★ (3) 적재차량계수법(Load count Analysis)

① 일정기간동안 특정지역의 쓰레기 수거차량의 대수를 조사하여 이 값에 폐기물의 겉보기 비중을 보정하여 중량으로 환산하여 폐기물의 발생량을 조사하는 방법이다.
② 중간적하장 및 중계처리장에 반입되는 쓰레기의 양을 주로 측정하는데 이용한다.

(4) 통계조사법(Statistical Research Method)

① 표본조사(Sample Survey)

ⓐ 경비가 적게 든다.
ⓑ 조사기간이 짧다.
ⓒ 조사상 오차가 크다.

② 전수조사(Complete Enumeration)

ⓐ 행정시책의 이용도가 높다.
ⓑ 조사기간이 길다.
ⓒ 표본치의 보정역할이 가능하다.
ⓓ 표본오차가 작아 신뢰도가 높다.

폐기물의 발생량의 조사방법 중 전수조사 방법에 관한 설명으로 틀린 것은?

㉮ 조사기간이 길다.
㉯ 표본오차가 크다.
㉰ 행정시책의 이용도가 높다.
㉱ 보정이 가능하다.

풀이 ㉯ 표본오차가 작아 신뢰도가 높다.

02 폐기물의 배출특성

1. 폐기물 발생량에 영향을 미치는 인자

① 가구당 인원수
② 생활수준
③ 쓰레기통의 크기
④ 수거빈도
⑤ 계절

★★ 2. 폐기물 발생의 특징

★★ ① 대도시보다는 문화수준이 열악한 중소도시의 주변이 쓰레기를 더 적게 발생시킨다.

★★ ② 쓰레기발생량은 주방쓰레기량에 영향을 많이 받으므로 엥겔지수가 높은 서민층의 쓰레기가 부유층보다 적다.

★★ ③ 쓰레기를 자주 수거해 가면 쓰레기 발생이 증가한다.

★★ ④ 쓰레기통이 클수록 유효용적이 증가하면 발생량이 증가한다.

⑤ 재활용품의 회수 및 재이용률이 증가할수록 쓰레기 발생량은 감소한다.

⑥ 생활수준이 증가할수록 쓰레기의 종류는 다양화되고 발생량은 증가한다.
★★ ⑦ 쓰레기의 성분은 계절에 영향을 받는다.
⑧ 쓰레기 관련법규는 쓰레기 발생량에 매우 중요한 영향을 미친다.
⑨ 부엌용 분쇄기를 사용할 경우 음식쓰레기 발생량이 제한적으로 감소한다.
⑩ 상업지역, 주택지역 등 장소에 따라 발생량과 성상이 달라진다.

Question 10

폐기물 발생량에 대한 내용으로 틀린 것은?

㉮ 상업지역, 주택지역 등 장소에 따라 발생량과 성상이 달라진다.
㉯ 대체로 생활수준이 향상되면 발생량이 증가한다.
㉰ 일반적으로 수집빈도가 높을수록 원활한 처리로 인해 발생량은 감소한다.
㉱ 쓰레기통이 클수록 버리기 쉬워 발생량은 증가한다.

풀이 ㉰ 일반적으로 수집빈도가 높을수록 폐기물 발생량은 증가한다.

3. 분뇨

★★(1) 분뇨의 특징

① 분뇨는 외관상 황색~다갈색이며, 비중은 1.02 정도이다.
② 분뇨는 하수슬러지에 비해 협잡물, 염분, 질소의 농도가 높다.
★★ ③ 다량의 유기물(휘발성고형물)을 포함하여 고액분리가 곤란하다.
★★ ④ 우리나라 도시의 분뇨수거량은 1인 1일당 0.9~1.2L이다.
⑤ 점성은 반고체상태이다.
⑥ 점도는 비점도로 1.2~2.2 정도이다.
★★ ⑦ 분뇨에서 '분 : 뇨'의 고형물의 비는 7 : 1이다.
⑧ 분과 뇨의 구성비는 대략 양적으로 1 : 8이다.
⑨ 분뇨내 협잡물의 양과 질은 도시, 농촌, 공장지대 등 발생지역에 따라 그 차이가 크다
⑩ 악취가 유발된다.

Question 11

분뇨의 특성으로 틀린 것은?

㉮ 분뇨에 포함된 협잡물의 양은 발생지역에 따라 차이가 크다.
㉯ 고액 분리가 용이하다.
㉰ 분과 뇨(분 : 뇨)의 고형물의 비는 7 : 1 정도이다.
㉱ 분뇨의 비중은 1.02 정도이며 질소화합물 함유도가 높다.

풀이 ㉯ 고액 분리가 어렵다.

(2) 분뇨(슬러지)처리의 기본 목표

① 안전화 ② 감량화
③ 안정화 ④ 무해화

03 폐기물의 조성

1. 폐기물 시료의 성상분석 절차

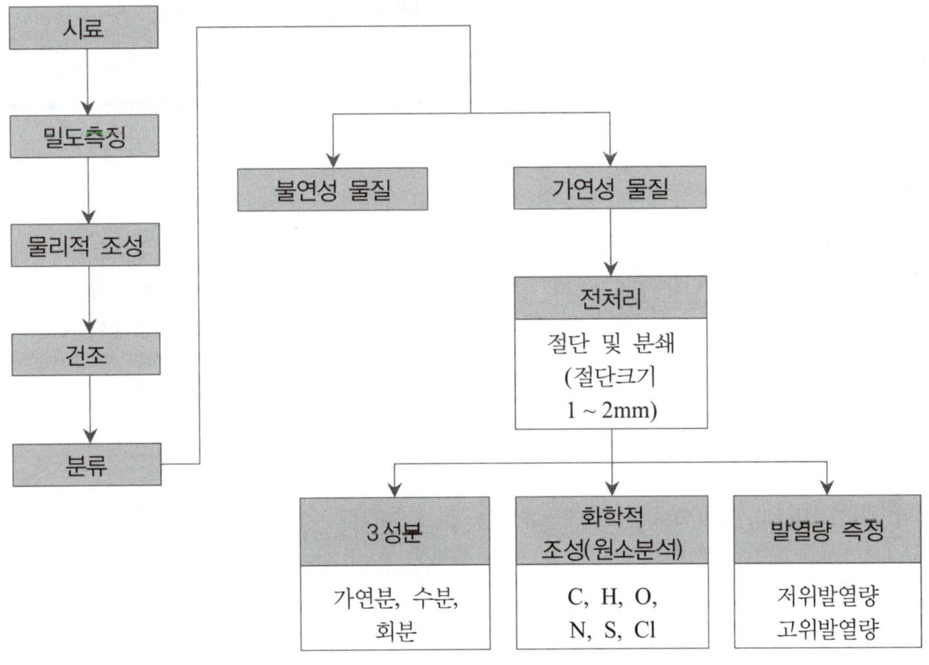

★★★(1) 폐기물의 성상분석 절차 순서

시료 → 밀도 측정 → 물리적 조성분석 → 건조 → 분류(가연성, 불연성) → 전처리(절단 및 분쇄) → 화학적 조성분석

Question 12

쓰레기의 성상분석 절차로 알맞은 것은?

㉮ 시료 → 전처리 → 물리적조성 → 밀도측정 → 건조 → 분류
㉯ 시료 → 전처리 → 건조 → 분류 → 물리적조성 → 물리측정
㉰ 시료 → 밀도측정 → 건조 → 분류 → 전처리 → 물리적조성
㉱ 시료 → 밀도측정 → 물리적조성 → 건조 → 분류 → 전처리

정답 ㉱

★★(2) 폐기물의 성상분석의 절차 중 가장 먼저 시행하는 것은 밀도측정이다.

Question 13

다음의 쓰레기 성상 분석 절차 중 가장 먼저 이루어지는 단계는?

㉮ 건조
㉯ 조성분리(물리적 조성 조사)
㉰ 밀도 측정
㉱ 파쇄 및 분쇄

정답 ㉰

TIP

겉보기 비중 측정방법

겉보기 비중의 측정을 위해 부피를 알고 있는 용기에 시료를 넣고 (30cm) 높이의 위치에서 (3회) 낙하시키고 눈금이 감소하면 감소된 분량만큼 시료를 추가하며, 이 작업을 눈금이 감소하지 않을 때까지 반복한다.

TIP

암기사항 : 30cm, 3회이므로 숫자 3에 집중!!

Question 14

다음은 겉보기 비중을 측정하는 방법에 대한 설명이다. (　) 안에 들어갈 알맞은 것은?

> 겉보기 비중의 측정을 위해 미리 부피를 알고 있는 용기에 시료를 넣고 (　) 높이의 위치에서 (　) 낙하시키고 눈금이 감소하면 감소된 분량만큼 시료를 추가하며, 이 작업을 눈금이 감소하지 않을 때까지 반복한다.

㉮ 30cm, 3회　㉯ 30cm, 5회　㉰ 60cm, 3회　㉱ 60cm, 5회

정답 ㉮

(3) 폐기물의 물리적 성상분석

① 물리적 성상을 통해 가연성과 비가연성 물질을 구분할 수 있다.

② 물리적 조성분석 항목은 겉보기 비중, 종류별 성상분석, 수분함량, 회분함량, 가연분함량 등이 있다.

③ 물리적 성상을 통해 발열량의 계산이나 가연성물질의 종류 등을 파악할 수 있다.

★★ ④ 겉보기 비중(밀도)는 가장 먼저 측정하는 것이 좋다.

Question 15

쓰레기를 100ton 소각하였을 때 남은 재 의 중량이 소각 전 쓰레기 중량의 20%이고 재의 용적이 $16m^3$이라면 재의 밀도(kg/m^3)를 계산하시오.

풀이

$$재의\ 밀도(kg/m^3) = \frac{재의\ 중량(kg)}{재의\ 용적(m^3)} = \frac{100ton \times 10^3 kg/ton \times 0.2}{16m^3} = 1,250kg/m^3$$

Question 16

소각로에서 발생되는 재의 무게감량비가 70%, 부피감소비가 90%라 할 때 폐기물의 밀도가 $0.35ton/m^3$라면 소각재의 밀도(ton/m^3)는?

㉮ $1.05ton/m^3$　㉯ $1.15ton/m^3$　㉰ $1.25ton/m^3$　㉱ $1.35ton/m^3$

풀이 소각재의 밀도(ton/m^3)

$$= 소각전\ 폐기물의\ 밀도(ton/m^3) \times \frac{(1-무게감량비)}{(1-부피감소비)}$$

$$= 0.35ton/m^3 \times \frac{(1-0.70)}{(1-0.90)} = 1.05ton/m^3$$

2. 수분의 함유형태 및 특징

(1) 수분의 함유형태

★★① 간극수(간극모관결합수) : 큰 고형물입자 간극에 존재하는 수분으로 슬러지내의 수분 중 일반적으로 가장 많은 양을 차지하며 고형물질과 직접 결합해 있지 않기 때문에 농축 등의 방법으로 용이하게 분리할 수 있는 수분이다.

② 모관결합수 : 미세한 슬러지 고형물의 입자사이의 얇은 틈에 존재하는 수분으로 모세관압으로 결합되어 있는 수분이며, 원심력, 진공압 등 기계적 압착으로 분리시킨다.

③ 부착수(표면부착수) : 콜로이드상 결합수로 표면에 부착되어 있는 수분이며, 수분제거가 용이하지 못하다.

④ 내부수 : 세포내부에 강하게 결합된 수분으로 슬러지 건조시 증발이 가장 어려운 수분이므로 탈수가 가장 어려운 수분이다.

Question 17

다음 슬러지 내 존재하는 물의 형태 중 아주 많은 양을 차지하며 고형물질과 직접 결합해 있지 않기 때문에 농축 등의 방법으로 용이하게 분리할 수 있는 것은?

㉮ 부착수　㉯ 모관결합수　㉰ 간극수　㉱ 내부수

정답 ㉰

(2) 함유수분의 특징

★★ ① 슬러지내의 탈수성 순서

간극모관결합수 > 모관결합수 > 쐐기(틈새)상모관결합수 > 표면부착수 > 내부수

★★ ② 슬러지 건조시 가장 증발이 어려운 수분은 내부수이다.

③ 수분의 함유율이 가장 큰 수분은 간극수이다.

Question 18

슬러지의 함유 수분 중 탈수성이 용이한 순서로 알맞은 것은?

㉮ 모관결합수 > 표면부착수 > 간극모관결합수 > 내부수
㉯ 간극모관결합수 > 표면부착수 > 모관결합수 > 내부수
㉰ 간극모관결합수 > 모관결합수 > 표면부착수 > 내부수
㉱ 모관결합수 > 간극모관결합수 > 표면부착수 > 내부수

정답 ㉰

Question 19

슬러지 건조시 가장 증발이 어려운 수분은?

㉮ 간극모관결합수 ㉯ 모관결합수 ㉰ 표면부착수 ㉱ 내부수

정답 ㉱

★★★ (3) 함수율 계산식

$$W_1 \times (100 - P_1) = W_2 \times (100 - P_2)$$

여기서, W_1 : 건조 전 폐기물의 무게(kg) P_1 : 건조 전 함수율(%)
W_2 : 건조 후 폐기물의 무게(kg) P_2 : 건조 후 함수율(%)

Question 20

탈수기를 통해 함수율이 98%인 100kg의 슬러지를 함수율 75% 슬러지로 탈수시켰다면 탈수된 슬러지의 무게(kg)를 계산하시오.

풀이 $W_1 \times (100 - P_1) = W_2 \times (100 - P_2)$

$100\text{kg} \times (100 - 98) = W_2 \times (100 - 75)$

$\therefore W_2 = \dfrac{100\,\text{kg} \times (100 - 98)}{(100 - 75)} = 8\,\text{kg}$

★★ (4) 겉보기 비중 계산

$$\frac{100}{\rho_{SL}} = \frac{W_{TS}}{\rho_{TS}} + \frac{W_P}{\rho_P}$$

여기서, ρ_{SL} : 슬러지 겉보기 비중 ρ_{TS} : 고형물의 비중
ρ_P : 수분의 비중 W_{TS} : 고형물의 함량(%)
W_P : 수분의 함량(%)

Question 21

건조된 고형물의 비중이 1.54이고 건조이전의 고형분 함량이 40%, 건조 중량이 400kg이라 할 때 건조된 슬러지 케이크의 비중을 계산하시오.

풀이 $\frac{100}{\rho_{SL}}=\frac{W_{TS}}{\rho_{TS}}+\frac{W_P}{\rho_P}$

$\frac{100}{\rho_{SL}}=\frac{40\%}{1.54}+\frac{60\%}{1.0}$

$\therefore\ \rho_{SL}=1.16$

04 폐기물 발열량

1. 원소분석법에 의한 발열량 산정 공식

★★① 저위발열량

$$Hl = Hh - 600(9H + W)(kcal/kg)$$

여기서, Hl : 저위발열량(kcal/kg)　　Hh : 고위발열량(kcal/kg)
H : 수소의 함량　　W : 수분의 함량

Question 22

수소 15.0%, 수분 0.4%인 중유의 고위발열량이 12,500kcal/kg일 때, 저위발열량(kcal/kg)을 계산하시오.

풀이 $Hl=Hh-600(9H+W)(kcal/kg)$

$=12{,}500kcal/kg-600\times(9\times0.15+0.004)=11{,}687.6kcal/kg$

★★★② 듀롱(Dulong)의 식에 의한 고위발열량 산정 공식

$$Hh = 8{,}100C + 34{,}000\left(H-\frac{O}{8}\right)+2{,}500S\,(kcal/kg)$$

여기서, Hh : 고위발열량(kcal/kg)　　C : 탄소의 함량
O : 산소의 함량　　H : 수소의 함량
S : 황의 함량

Question 23

폐기물 조성이 다음과 같을 때 Dulong식에 의한 저위발열량(kcal/kg)을 계산하시오.

- 3성분 : 수분 40%, 가연분 40%, 회분 20%,
- 가연분 조성 : C : 20%, H : 10%, O : 5%, S : 5%

풀이

① $Hh = 8,100C + 34,000\left(H - \frac{O}{8}\right) + 2,500S(kcal/kg)$

$= 8,100 \times 0.2 + 34,000 \times \left(0.1 - \frac{0.05}{8}\right) + 2,500 \times 0.05 = 4,932.5kcal/kg$

② $Hl = Hh - 600(9H + W)(kcal/kg) = 4,932.5kcal/kg - 600 \times (9 \times 0.1 + 0.4) = 4,152.5kcal/kg$

③ Scheurer - Kestner(쉴레 - 케스트너)의 식

ⓐ 연료 중 산소의 모든 것이 CO_2 형태로 되어있다고 가정한다.

ⓑ $Hh = 8,100\left(C - \frac{3}{8}O\right) + 34,500H + 2,250S + 5,700 \times \frac{3}{4}O$

④ Steuer(스튜어)의 식

ⓐ 연료 중 $\frac{1}{2}$이 H_2O의 형태, 나머지 $\frac{1}{2}$이 CO_2 형태로 되어있다고 가정한다.

ⓑ $Hh = 8,100\left(C - \frac{3}{8}O\right) + 5,700 \times \frac{3}{8}O + 34,500\left(H - \frac{O}{16}\right) + 2,500S$

2. 3성분(가연분, 수분, 회분)에 의한 발열량 산정공식

★★①

$$Hl = 4,500VS - 600W$$

여기서, Hl : 저위발열량(kcal/kg)　　VS : 가연분 함량
W : 수분 함량(함수율)　　4,500 : 평균발열량
600 : 물의 증발잠열

★★②

$$Hl = 45VS - 6W$$

여기서, Hl : 저위발열량(kcal/kg)　　VS : 가연성분(%)
W : 수분함량(%)

Question 24

어떤 폐기물의 가연분 함량이 30%, 수분함량이 60%일 때 저위발열량(kcal/kg)을 계산하시오. (단, 삼성분의 조성비를 통한 발열량 계산 기준)

풀이 Hl = 45VS − 6W(kcal/kg) = 45 × 30% − 6 × 60% = 990kcal/kg

★★ 3. 기체연료에서 발열량 산정공식

$$Hl = Hh - 480 \times H_2O\text{량}(kcal/Sm^3)$$

여기서, Hl : 저위발열량($kcal/Sm^3$) Hh : 고위발열량($kcal/Sm^3$)
H_2O량 : 발생되는 물의 갯수

Question 25

메탄의 고위발열량(Hh)이 9,000kcal/Nm^3일 때 저위발열량(kcal/Nm^3)을 계산하시오.

풀이 $CH_4 + 2O_2 \rightarrow CO_2 + 2H_2O$

$Hl = Hh - 480 \times H_2O$량$(kcal/Nm^3)$

$= 9,000kcal/Nm^3 - 480 \times 2$

$= 8,040kcal/Nm^3$

TIP

완전연소 반응공식

$$C_mH_n + \left(m + \frac{n}{4}\right)O_2 \rightarrow mCO_2 + \frac{n}{2}H_2O$$

05 폐기물의 분석방법

★★ 1. 쓰레기의 3성분의 조성비에 의한 저위발열량 측정방법

① 원소분석에 의한 방법
② 물리적 조성분석에 의한 방법
③ 단열열량계에 의한 방법
④ 쓰레기 조성에 의한 추정식 이용

2. 폐기물의 분석방법

① 극한분석
ⓐ 원소분석이다.
ⓑ C, H, O, N, S, Cl이 대상 항목이다.

② 개략분석
★★ ⓐ 3성분 : 수분, 가연분, 회분
★★ ⓑ 4성분 : 고정탄소, 휘발분(휘발성 고형물), 수분, 회분

Question 26

3성분의 조성비에 의한 저위발열량 분석시 3성분에 포함되지 않는 것은?

㉮ 수분 ㉯ 고형분 ㉰ 가연분 ㉱ 회분

정답 ㉯

3. 기타 내용

★★ ① 쓰레기 가연분의 화학적 성분분석 항목을 측정하기 위해 C, H, O, N, S 자동원소분석기를 이용하여 분석시 연소관, 환원관 및 흡수관의 충전물을 교환함으로써 분석시 가능한 화학원소는 산소(O)이다.

★★ ② 폐기물 처리 시 부산물인 가스를 최대한 이용하고자 할 때 폐기물 성분 중 가장 큰 영향을 미치는 성분은 탄소(C)이다.

★★ ③ 쓰레기 소각로 설계의 기준이 되고 있는 발열량은 저위발열량 기준이다.

Question 27

쓰레기 가연분의 화학적 성분분석 항목을 측정하기 위해 CHNOS 자동 원소 분석장치로 사용할 경우, 동시 분석되지 않고 연소관, 환원관 및 흡수관의 충전물을 교환함으로써 분석이 가능한 항목은?

㉮ 탄소 ㉯ 수소 ㉰ 질소 ㉱ 산소

정답 ㉱

Question 28

폐기물처리 부산물인 가스를 최대한 이용하고자 할 때 폐기물 성분 중 가장 큰 영향을 미치는 성분은?

㉮ 수소 ㉯ 질소 ㉰ 탄소 ㉱ 산소

정답 ㉰

★★★ 4. 가연성 물질의 양 계산공식

가연성 물질의 양(kg) = 폐기물의 양(m^3) × 폐기물의 밀도(kg/m^3) × (1 − 비가연성 함량)

Question 29

폐기물 성분 중 비가연성이 50wt(%)를 차지하고 있다. 밀도가 $480kg/m^3$인 폐기물이 $12m^3$일 경우 가연성 물질의 양(kg)을 계산하시오.

풀이 가연성 물질의 양(kg) = 폐기물의 양(m^3) × 폐기물의 밀도(kg/m^3) × (1 − 비가연성 함량)

$= 12m^3 \times 480kg/m^3 \times (1-0.5) = 2,880kg$

CHAPTER

03 폐기물 관리

01 수집 및 운반

1. 폐기물 수거방법

★★ (1) 타종수거

① 수거형태 중 수거효율이 가장 우수하다.

② MHT가 0.84이다.

(2) 문전수거

① 수거인부가 각 가정을 직접 방문하여 수거하는 형태이다.

② MHT가 2.3이다.

(3) 대형쓰레기통 수거

① 아파트 단지내에 설치되어 있는 대형쓰레기통을 수거인부가 수거해 가는 형태이다.

② MHT가 1.1이다.

★★ (4) Curb service

거주지가 정해진 수거일에 맞추어 쓰레기 저장용기를 노변에 갖다 놓으면 수거차량이 용기를 비우고 빈 용기는 주인이 찾아가는 쓰레기 수거형태이다.

Question 01

거주자가 정해진 수거일에 맞추어 쓰레기 저장용기를 노변에 갖다 놓으면 수거차량이 용기를 비우고 빈 용기는 주인이 찾아가는 쓰레기 수거형태는?

㉮ set out back service
㉯ curb service
㉰ set out service
㉱ alley service

정답 ㉯

★★★(5) MHT(man · hr/ton)

★★★① $\text{MHT(man} \cdot \text{hr/ton)} = \dfrac{\text{수거인부수(인)} \times \text{작업시간(hr)}}{\text{쓰레기 수거실적(ton)}}$

② 1ton의 쓰레기를 수거하는데 수거인부 1인이 소요하는 총 시간을 의미한다.

③ 폐기물의 수거효율을 평가하는 단위이다.

★★④ MHT가 클수록 수거효율이 낮다.

⑤ 수거작업간의 노동력을 비교하기 위한 것이다.

Question 02

인구 6,000,000명이 사는 어느 도시에서 1년에 3,000,000ton의 폐기물이 발생된다. 이 폐기물을 4,500명의 인부가 수거할 때 MHT를 계산하시오. (단, 수거인부의 1일 작업시간은 8시간이고, 1년에 작업일수는 300일이다.)

$$\text{MHT(man} \cdot \text{hr/ton)} = \frac{\text{수거인부수(인)} \times \text{작업시간(hr)}}{\text{쓰레기 수거실적(ton)}}$$

$$= \frac{4{,}500\text{명} \times 8\text{hr/day} \times 300\text{day/년}}{3{,}000{,}000\text{ton/년}}$$

$$= 3.6\text{MHT}$$

TIP

- service/day/truck : 수거트럭 1대당 1일 수거 가옥수
- service/man/hour : 수거인부 1인이 1시간에 수거 가옥수
- ton/day/truck : 수거트럭 1대당 1일 수거하는 폐기물량

★★★(6) 쓰레기(폐기물) 발생량 계산식

$$\text{쓰레기배출량}(kg/\text{인}\cdot day)=\frac{\text{폐기물 수거량}(kg/day)}{\text{인구수}(\text{인})}$$

Question 03

인구가 200만명인 어떤 도시의 폐기물 발생량은 1,000,000ton/년이었다. 이 도시의 1인1일 폐기물배출량(kg)을 계산하시오. (단, 1년은 365일 기준)

풀이

$$\text{배출량}(kg/\text{인}\cdot day)=\frac{\text{폐기물 발생량}(kg/day)}{\text{인구수}(\text{인})}$$
$$=\frac{1{,}000{,}000ton/\text{년}\times 10^3kg/ton\times 1\text{년}/365\text{일}}{2{,}000{,}000\text{인}}$$
$$=1.37kg/\text{인}\cdot\text{일}$$

(7) 운반차량 대수 계산공식

★★①

$$\text{청소차량 대수}=\frac{\text{쓰레기의 총 발생량}(m^3)}{\text{차량의 적재용량}(m^3/\text{대})}$$

Question 04

인구 38,000명인 어느 지역에서 1인1일 1.2kg 폐기물이 발생되고 있다. 발생되는 폐기물을 1주일에 1일 수거하기 위하여 필요한 용량 $8m^3$인 청소차량 대수를 계산하시오. (단, 폐기물의 적재밀도는 $0.3ton/m^3$, 차량은 1일 2회 운행함.)

풀이

$$\text{대}=\frac{1.2kg/\text{인}\cdot\text{일}\times\frac{1}{300kg/m^3}\times 38{,}000\text{인}}{8m^3/\text{대}\cdot\text{일}\times 1\text{일}/1\text{주}\times 2\text{회}/\text{일}}=9.5\text{대}=10\text{대}$$

TIP

자동차의 대수를 계산할 경우에는 소수점 첫째자리에서 완전올림을 해야 합니다.

★★②

$$\text{차량수}(\text{대})=\frac{\text{쓰레기발생량}(ton/day)\times\frac{\text{수거율}(\%)}{100}}{\text{적재용량}(ton/\text{대})\times\text{운전시간}(hr/\text{대}\cdot day)\times\frac{1\text{대}}{\text{작업시간}(min)}\times\frac{60min}{hr}}$$

Question 05

인구 60만 도시의 쓰레기 발생량이 1.5kg/인·일이고, 도시의 쓰레기 수거율은 90%이다. 적재용량이 10톤인 수거차량으로 수거한다면 필요한 수거차량의 대수를 계산하시오.

[조건]

- 차량당 하루 운전시간 : 12시간
- 처리장까지 왕복 운반시간 : 45분
- 차량당 수거시간 : 20분
- 차량당 하역시간 : 10분

풀이

$$\text{대} = \frac{1.5\text{kg}/\text{인}\cdot\text{일} \times 600{,}000\text{인} \times 0.9 \times 10^{-3}\text{ton/kg}}{10\text{ton}/\text{대} \times 12\text{hr}/\text{대}\cdot\text{day} \times \frac{1\text{대}}{(45+20+10)\text{min}} \times \frac{60\text{min}}{1\text{hr}}} = 9\text{대}$$

2. 쓰레기 수거

★★ (1) 쓰레기 관리체계에서 비용이 가장 많이 드는 것은 수거단계이며, 수거단계가 전체비용의 60% 이상을 차지한다.

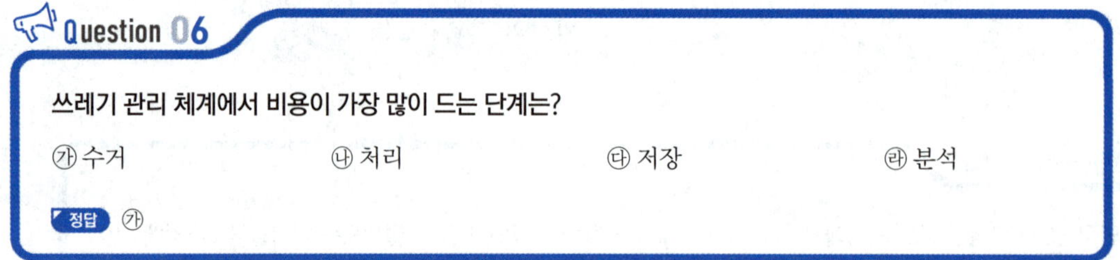

Question 06

쓰레기 관리 체계에서 비용이 가장 많이 드는 단계는?

㉮ 수거 ㉯ 처리 ㉰ 저장 ㉱ 분석

정답 ㉮

★★★ (2) 쓰레기 수거노선 설정시 유의사항

① 가능한 지형지물 및 도로 경계와 같은 장벽을 이용하여 간선도로 부근에서 시작하고 끝나도록 배치하여야 한다.

★★ ② 가능한 한 시계방향으로 수거노선을 정한다.

★★ ③ 발생량이 아주 많은 발생원은 하루 중 가장 먼저 수거한다.

★★ ④ 발생량이 적으나 수거빈도가 동일하기를 원하는 적재지점은 가능한 한 같은 날 왕복 내에서 수거한다.

⑤ 언덕지역에서는 언덕의 위에서부터 적재하면서 아래로 차량을 진행한다.

⑥ U자형 회전을 피한다.

⑦ 가급적 출·퇴근 시간을 피한다.

⑧ 될 수 있는 한 한번 간 길은 가지 않는다. (반복운행을 피하도록 한다.)

⑨ 수거지점과 수거빈도를 결정하는데 기존정책이나 규정을 참고한다.

Question 07

쓰레기 수거노선 설정요령으로 틀린 것은?

㉮ 지형이 언덕인 경우는 내려가면서 수거한다.
㉯ U자 회전을 피하여 수거한다.
㉰ 아주 많은 양의 쓰레기가 발생되는 발생원은 하루 중 가장 나중에 수거한다.
㉱ 가능한 한 시계 방향으로 수거노선을 설정한다.

풀이 ㉰ 아주 많은 양의 쓰레기가 발생되는 발생원은 하루 중 가장 먼저 수거한다.

(3) 수거노선 결정시 고려사항

① 수거에 필요한 시간
② 수거차량의 적재방법
③ 폐기물의 발생량
④ 폐기물의 중량
⑤ 수거차량의 수거능력
⑥ 수거인부의 노동력

(4) 생활폐기물 수거운반시 고려사항

① 수거빈도
② 수거거리
③ 쓰레기통 크기
④ 수거구역

★★ 3. 쓰레기의 수집 시스템

(1) 모노레일 수송

① 적환장에서 최종처분장까지 수송하는데 적용할 수 있다.
② 자동무인화 할 수 있다.
③ 가설이 어렵고 설치비가 높다.
④ 시설완료후에는 경로변경이 어렵다.
⑤ 반송용 노선이 필요하다.

Question 08

쓰레기의 새로운 수집 시스템인 모노레일 수송에 대한 설명으로 거리가 먼 것은?

㉮ 적환장에서 최종처분장까지 수송하는데 적용할 수 있다.
㉯ 자동무인화 할 수 있다.
㉰ 가설이 어렵고 설치비가 많다.
㉱ 시설완료 후에도 경로변경이 용이하다.

풀이 ㉱ 시설완료 후에는 경로변경이 어렵다.

(2) 컨베이어 수송

① 지하에 설치된 컨베이어에 의해 수송하는 방법이다.
② 수송망을 하수도 시설처럼 가설하면 각 가정에서 배출된 쓰레기를 최종처분장까지 운반할 수 있다.
③ 내구성과 미생물 부착 등의 문제가 있다.
④ 유지비가 많이 든다.
⑤ 악취문제의 해결과 경관보전의 가능하다.
⑥ 고가의 시설비와 정기적인 정비가 필요하다.

Question 09

새로운 쓰레기 수집 시스템에 관한 설명으로 잘못된 것은?

㉮ 모노레일 수송 : 쓰레기를 적환장에서 최종처분장까지 수송하는데 적용할 수 있다.
㉯ 컨베이어 수송 : 광대한 지역에 적용될 수 있는 방법으로 컨베이어 세정에 문제가 있다.
㉰ 관거 수송 : 쓰레기 발생밀도가 높은 곳에서 현실성이 있으며 조대쓰레기는 파쇄, 압축 등의 전처리가 필요하다.
㉱ 관거 수송 : 잘못 투입된 물건은 회수하기가 곤란하며 가설 후에 경로변경이 어렵다.

풀이 ㉯ 컨베이어 수송은 지하에 설치된 컨베이어에 의해 수송하는 방식으로 수송망을 하수도 시설처럼 각 가정에서 배출된 쓰레기를 최종처분장까지 운반할 수 있다.

★★★(3) 관거(Pipe-line) 방식

① 장점
ⓐ 자동화, 무공해화, 안전화가 가능하다.
ⓑ 쓰레기가 눈에 띄지 않는다.

ⓒ 분진, 악취, 소음, 진동 등의 문제가 없다.

ⓓ 수거차량에 의한 도심지 교통량 증가가 없다.

★★★② 단점

★★ⓐ 쓰레기 발생밀도가 높은 인구밀집지역 및 아파트 지역 등에서 현실성이 있다.

★★ⓑ 조대(대형)쓰레기는 파쇄, 압축 등의 전처리를 해야 한다.

★★ⓒ 잘못 투입된 물건은 회수하기가 곤란하다.

★★ⓓ 장거리 이용이 곤란하다.

★★ⓔ 가설 후 경로(Route) 변경이 곤란하고 설치비가 높다.

ⓕ 유지관리, 수송능력 등의 문제를 고려할 때 초기 투자비가 높다.

ⓖ 고도의 시스템 신뢰성이 필요하다.

ⓗ 투입구를 이용한 범죄나 사고의 위험이 있다.

ⓘ 사고발생시 시스템 전체가 마비되어 대체 시스템으로의 전환이 필요하다.

★★ⓙ 약 2.5km 이내의 수송에 용이하다.

Question 10

다음 중 관거를 이용한 쓰레기의 수송에 대한 내용으로 틀린 것은?

㉮ 설치비가 높고, 가설 후에 경로변경이 곤란하다.

㉯ 조대쓰레기는 파쇄 등의 전처리가 필요하다.

㉰ 쓰레기의 발생밀도가 높은 인구밀집지역에서 현실성이 있다.

㉱ 잘못 투입된 물건의 회수가 용이하다.

풀이 ㉱ 잘못 투입된 물건의 회수가 어렵다.

③ 수송방식

ⓐ 공기수송

ⓑ 슬러리(slurry)수송

ⓒ 캡슐수송

(4) 관거를 이용한 공기수송

★★① 공기의 동압에 의해 쓰레기를 수송한다.
★★② 고층주택밀집지역에 적합하다.
★★③ 수송관에서 발생하는 소음에 대한 방지시설이 필요하다.
④ 가압수송은 송풍기로 쓰레기를 불어서 수송하는 것으로 진공수송보다 수송거리를 길게 할 수 있다.
⑤ 가압수송으로 연속수송을 하고자 할 경우에는 크기가 불균일해서 부착되기 쉽고 유동성이 나쁜 쓰레기를 정압으로 연속정량 공급하는 것이 곤란하다.
⑥ 진공수송의 경제적인 수송거리는 약 2km 정도이다.
⑦ 가압수송의 경제적인 수송거리는 약 5km 정도이다.
⑧ 진공수송에 있어서 진공도는 최대 0.5kg/cm^2 Vac 정도이다.

TIP

Vac : Vacuum의 약자로 진공을 의미한다.

Question 11

관거를 이용한 공기수송에 대한 내용으로 틀린 것은?

㉮ 공기의 동압에 의해 쓰레기를 수송한다.
㉯ 고층주택밀집지역에 적합하다.
㉰ 지하 매설로 수송관에서 발생되는 소음에 대한 방지시설이 필요없다.
㉱ 가압수송은 송풍기로 쓰레기를 불어서 수송하는 것으로 진공수송보다 수송거리를 길게 할 수 있다.

풀이 ㉰ 수송관에서 발생되는 소음에 대한 방지시설이 필요하다.

(5) 관거를 이용한 캡슐수송

쓰레기를 충전한 캡슐을 수송관내에 삽입하여 공기나 물의 흐름을 이용하여 수송하는 방식이다.

(6) 폐기물 전용 컨테이너의 특징

① 폐기물 수집 작업을 자동화와 기계화 할 수 있다.
② 언제라도 폐기물을 투입할 수 있고 주변 미관이 보존된다.
③ 폐기물 수집차와 결합하여 운용이 가능하여 효율적이다.
④ 폐기물의 선별 보관, 분리수거가 용이하다.

Question 12

폐기물 보관을 위한 폐기물 전용 컨테이너에 대한 내용으로 틀린 것은?

㉮ 폐기물 수집 작업을 자동화와 기계화 할 수 있다.
㉯ 언제라도 폐기물을 투입할 수 있고 주변 미관이 보존된다.
㉰ 폐기물 수집차와 결합하여 운용이 가능하여 효율적이다.
㉱ 폐기물의 선별 보관, 분리수거가 어려운 단점이 있다.

풀이 ㉱ 폐기물의 선별 보관, 분리수거가 용이하다.

02 적환장의 설계 및 운전관리

★★★ 1. 적환장의 필요성

① 폐기물 수집장소와 처분장소가 멀리 떨어져 있는 경우
★★② 소용량 수집차량이 사용되는 경우
★★③ 상업지역에서 폐기물 수집에 소형용기를 사용하는 경우
★★④ 불법투기와 다량의 어질러진 쓰레기들이 발생하는 경우
⑤ 슬러지 수송이나 공기수송 방식을 사용할 때
★★⑥ 저밀도 주거지역이 존재하는 경우
⑦ 작은 규모의 주택들이 밀집되어 있을 때

Question 13

적환장을 설치해야 하는 필요성으로 틀린 것은?

㉮ 불법투기와 다량의 어질러진 쓰레기들이 발생할 때
㉯ 고밀도 거주지역이 존재할 때
㉰ 상업지역에서 폐기물 수집에 소형용기를 많이 사용할 때
㉱ 슬러지수송이나 공기수송 방식을 사용할 때

풀이 ㉯ 저밀도 거주지역이 존재할 때

★★ 2. 적환장(fransfer station)의 특징

① 최종처리장과 수거지역의 거리가 먼 경우 사용하는 것이 바람직하다.

② 폐기물의 수거와 운반을 분리하는 기능을 한다.

③ 적환장에서 재사용 가능한 물질의 선별이 가능하다.

④ 변질되기 쉬운 쓰레기 수거에는 이용하지 않는 것이 좋다.

★★⑤ 적환장의 주요기능은 작은 용기로 수거한 쓰레기를 대형트럭에 옮겨 싣는 것이다.

★★⑥ 소규모 주택이 밀집되어 있을 때에는 적환장이 필요하다.

⑦ 적환장 설계시에는 주변 환경요건을 고려하여야 한다.

⑧ 적환장의 설치장소는 수거하고자 하는 개별적 고형폐기물 발생지역의 하중중심과 되도록 가까운 곳이어야 한다.

⑨ 적환장은 소형수거를 대형수송으로 연결해 주는 곳이며, 효율적인 수송을 위하여 보조적인 역할을 수행한다.

★★⑩ 적환장은 소형차량에서 대형차량으로 적재하는 방식에 따라 직접투하방식, 저장투하방식, 직접·저장 결합방식이 있다.

★★⑪ 적환장을 시행하는 이유는 종말처리장이 대형화하여 폐기물의 운반거리가 연장되었기 때문이다.

Question 14

적환 및 적환장에 관한 설명으로 틀린 것은?

㉮ 적환장은 수송차량의 적재용량에 따라 직접적환, 간접적환, 복합적환으로 구분된다.

㉯ 적환장은 소형수거를 대형수송으로 연결해 주는 곳이며, 효율적인 수송을 위하여 보조적인 역할을 수행한다.

㉰ 적환장의 설치장소는 수거하고자 하는 개별적 고형폐기물 발생지역의 하중중심에 되도록 가까운 곳이어야 한다.

㉱ 적환을 시행하는 이유는 종말처리장이 대형화하여 폐기물의 운반거리가 연장되었기 때문이다.

풀이 ㉮ 적환장은 소형차량에서 대형차량으로 적재하는 방식에 따라 직접투하방식, 저장투하방식, 직접·저장 결합방식이 있다.

★★ 3. 적재방식에 따른 분류

① 직접투하방식

ⓐ 소형차량에서 대형차량으로 직접 투하하여 적재하는 방식이다.

★★ ⓑ 주택지역과 거리가 먼 교외지역에 주로 사용하는 방식이다.

② 저장투하방식

ⓐ 폐기물을 저장한 후 적환하는 방식이다.

★★ ⓑ 대도시의 대용량 폐기물처리에 적합하다.

ⓒ 수거차의 대기시간이 없이 빠른 시간 내에 적하를 마치므로 적환 내외의 교통체증현상을 없애주는 효과가 있다.

③ 직접·저장 투하 결합방식

ⓐ 직접적재방식과 저장한 후 적재하는 방식으로 한 적환장에서 이루어진다.

★★ ⓑ 부패성 폐기물은 직접 적재하고 재활용품이 많이 포함된 폐기물은 선별 후 적재하는 방식이다.

ⓒ 재활용품의 회수율을 높이기 위한 적재방식이다.

다음 내용은 어떤 적환 시스템을 설명하는 것인가?

수거차의 대기시간이 없이 빠른 시간 내에 적하를 마치므로 적환 내외의 교통체증 현상을 없애주는 효과가 있다.

㉮ 직접투하방식　　㉯ 저장투하방식　　㉰ 간접투하방식　　㉱ 압축투하방식

정답 ㉯

★★ 4. 적환장 설치장소를 정하는데 고려사항

① 수거하고자 하는 개별적 고형물 발생지역의 하중 중심에 되도록 가까운 곳
② 주요 간선도로에 쉽게 도달할 수 있는 곳인 동시에 2차적 또는 보조 수송수단에 가까운 곳
③ 적환 작업 중에 공중 및 환경피해가 최소인 곳
④ 설치 및 작업이 쉬운 곳
⑤ 주민의 반대가 적은 곳
⑥ 건설비와 운영비가 적게 들고 경제적인 곳

Question 16

적환장의 위치선정시 고려사항으로 틀린 것은?

㉮ 수거지역의 무게중심에 가까운 곳
㉯ 환경피해가 적은 외곽지역
㉰ 주요 간선도로에 근접한 곳
㉱ 설치 및 작업조작이 경제적인 곳

풀이 ㉯ 환경피해가 적은 발생지역의 하중 중심에 가까운 곳

5. 적환장을 설치하였을 경우 발생할 수 있는 불이익

① 폐기물 처리시설이 생활 중심지에 놓이게 된다.
② 쓰레기 차량의 출입이 빈번해진다.
③ 소음 및 비산먼지, 악취 등이 발생한다.

6. 쓰레기 적환시설이 NIMBY 시설로 인식되는 원인

① 적환장 인근에 쓰레기 차량의 출입이 빈번해진다.
② 악취발생 및 쓰레기가 비산하게 된다.
③ 파리, 모기 등의 해충과 쥐가 서식하게 되어 비위생적이다.

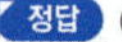

Question 17

국내에서 쓰레기 적환시설이 NIMBY 시설로 인식되고 있다. 그 원인으로 틀린 것은?

㉮ 압축차량이 사용되므로 직접 수송이 불가능하다.
㉯ 적환장 인근에 쓰레기 차량의 출입이 빈번해진다.
㉰ 악취 발생 및 쓰레기가 비산하게 된다.
㉱ 파리, 모기 등의 해충과 쥐가 서식하게 되어서 비위생적이다.

정답 ㉮

03 폐기물의 관리체계

1. 감량화 대책

(1) 발생원 대책

① 식단제 개선
② 분리수거 실시
③ 가정용품의 적절한 정비
④ 포장재 절약

(2) 발생 후 대책

① 재생이용
② 에너지 회수

Question 18

쓰레기 발생량 감량화하기 위한 대책으로는 발생원 대책과 발생 후 대책으로 크게 구분 한다. 다음의 감량화 방법 중 그 특성이 다른 하나는?

㉮ 식단제 개선
㉯ 분리수거 실시
㉰ 가정용품의 적절한 정비
㉱ 재생 이용

풀이 ㉱ 재생 이용은 발생 후 대책이다.

2. 폐기물 처리 및 관리차원에서 사용되는 3R

① Recycle(재활용) / Reuse(재이용)
② Reduction(감량화)
③ Recovery(회수 이용)

TIP

재활용(Recycle)

폐기물을 재질이나 물리화학적 특성의 변화를 가져오는 가공처리를 통하여 사용될 수 있는 상태로 만드는 것을 의미한다.

Question 19

(　　)안에 알맞은 용어는?

폐기물을 재질이나 물리화학적 특성의 변화를 가져오는 가공처리를 통하여 다른 용도로 사용될 수 있는 상태로 만드는 것을 (　　)이라 한다.

㉮ 재활용(Recycling)　　㉯ 재사용(Reuse)
㉰ 재이용(Reutilization)　　㉱ 재회수(Recovery)

정답 ㉮

3. 폐기물의 감량화 방안 중 폐기물이 발생원에서 발생되지 않도록 사전에 조치하는 발생원 대책

① 적정 저장량 관리　　② 과대포장 사용 안하기
③ 철저한 분리수거 실시

4. 폐기물 부담금 제도의 효과

① 폐기물 발생량 억제　　② 자원의 낭비 방지
③ 자원 재활용의 촉진

5. 폐기물의 자원화

① RDF(고형화 연료)　　② Pyrolysis(열분해)
③ Composting(퇴비화)　　④ 발효

Question 20

폐기물 중 플라스틱, 종이, 고무 등의 가연성 물질을 선별하여 고체연료 형태로 재활용하는 것은?

㉮ RDF　　㉯ EPR　　㉰ LCA　　㉱ EMS

정답 ㉮

6. 청소상태의 평가법

★★ (1) CEI(지역사회 효과지수)

★★ ① 청소상태 만족도 평가를 위한 지역사회 효과지수

②

$$CEI = \frac{\sum_{i=1}^{N}(S-P)}{N}$$

여기서, S : 가로의 청소상태(0~100점)
P : 가로의 청소상태 문제점 여부(1개에 10점씩 계산)
N : 가로의 전체 수

③ 지역사회 효과지수는 가로 청소상태의 문제점이 관찰되는 경우 각 10점씩 감점한다.

④ S(가로의 청소상태)의 Scale은 1~4로 정하여 각각 100, 75, 50, 25, 0으로 한다.

ⓐ 100점 : 아주 깨끗하고 버려진 쓰레기가 보이지 않는 경우

ⓑ 75점 : 수거를 위한 것이 아닌 쓰레기가 한곳에 버려져 있는 경우

ⓒ 50점 : 거리에 쓰레기가 보이고 모아놓은 쓰레기도 보이는 경우

ⓓ 25점 : 쓰레기의 60L이상이 흩어져 있는 경우

⑤ 사용자 만족도 지수는 서비스를 받는 사람들의 만족도를 설문 조사하여 계산하며, 설문 문항은 6개로 구성되어 있다.

⑥ 지역사회 효과지수는 청소상태를 기준으로 평가한다.

Question 21

청소상태와 관련된 지표인 CEI(Community Effects Index)를 계산하기 위한 식에 적용되는 인자로 틀린 것은?

㉮ 가로 지역의 범위　　㉯ 가로의 총수
㉰ 가로의 청결상태　　㉱ 가로 청소상태의 문제점 여부

정답 ㉮

Question 22

청소상태의 평가방법에 대한 내용으로 틀린 것은?

㉮ 지역사회 효과지수는 가로 청소상태의 문제점이 관찰되는 경우 각 10점씩 감점한다.
㉯ 지역사회 효과지수에서 가로 청결상태의 scale은 1~10로 정하여 각각 10점 범위로 한다.
㉰ 사용자 만족도 지수는 서비스를 받는 사람들의 만족도를 설문조사하여 계산되며 설문 문항은 6개로 구성되어 있다.
㉱ 사용자 만족도 설문지 문항의 총점은 100점이다.

풀이 ㉯ 지역사회 효과지수에서 가로 청결상태의 scale은 1~4로 정하며, 각각 100점, 75점, 50점, 25점, 0점으로 한다.

★★ (2) USI(사용자 만족도 지수)

★★① 청소상태를 평가하는 방법 중 서비스를 받는 시민들의 만족도를 설문조사하여 나타내어지는 사용자 만족도 지수이다.

②

$$USI = \frac{\sum_{i=1}^{N} Ri}{N}$$

여기서, N : 총 설문지 회답자의 수　　Ri : 설문지 점수 합계

(3) CEI(지역사회 효과지수)와 USI(사용자 만족도 지수) 관계

① 80점 이상 : 청소상태 매우 양호(Excellent)
② 60점 이상 : 청소상태 양호(Good)
③ 40점 이상 : 청소상태 보통(Fair)
④ 20점 이상 : 청소상태 불량(Poor)
⑤ 20점 이하 : 청소상태 매우 불량(Unacceptable)

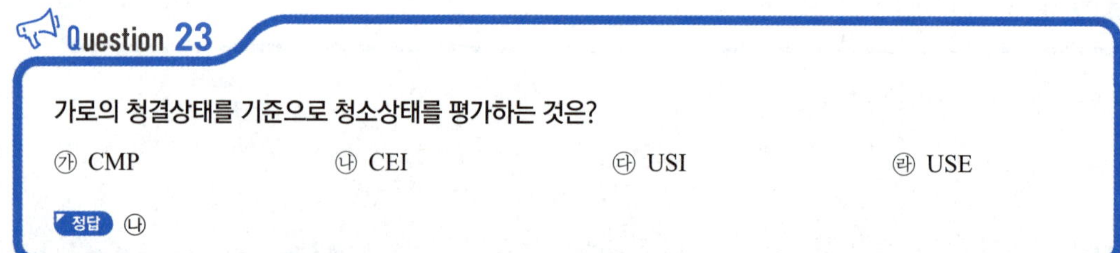

Question 23

가로의 청결상태를 기준으로 청소상태를 평가하는 것은?

㉮ CMP　㉯ CEI　㉰ USI　㉱ USE

정답 ㉯

청소상태의 평가법 중 서비스를 받는 사람들의 만족도를 설문조사하여 계산되는 지수의 약자로 알맞은 것은?

㉮ SEI ㉯ CEI ㉰ USI ㉱ ESI

정답 ㉰

★★ 7. 전과정평가(Life Cycle Assessment : LCA)

① 사용하는 자원, 에너지, 환경에 미치는 각종 부하를 원료자원 채취 - 생산 - 유통 - 사용 - 재사용 - 폐기의 전과정에 걸쳐 가능한 정량적으로 분석 및 평가하여 현재 인류가 직면하고 있는 자원의 고갈 및 생태계의 파괴현상과 지구환경문제 등을 근본적으로 해결하기 위한 각종 개선방안을 모색하는 기술적이며 체계적인 과정을 의미한다.

② 사용한 자원 및 에너지, 환경으로 배출되는 환경오염 물질을 규명하고, 정량화함으로써 한 제품이나 공정에 관련된 환경부담을 평가하고 그 에너지와 자원, 환경부하 영향을 평가하여, 환경을 개선시킬 수 있는 기회를 규명하는 과정이다.

★★★ (1) 전과정 평가의 순서

★★ 목적 및 범위의 설정 → 목록 분석 → 영향 평가 → 개선평가 및 해석

① 목적 및 범위의 설정(Initiation analysis)

전과정 평가 연구결과의 이용분야를 고려하여 연구의 목적을 설정하고, 목적을 달성하기 위한 타당한 범위를 설정하는 단계이다.

② 목록분석(Inventory analysis)

제품이나 서비스 시스템의 전과정에 관련된 투입물과 산출물을 규명하고 정량화하는 단계이다.

★★ ③ 영향평가(Impact analysis)

조사분석 과정에서 확정된 자원요구 및 환경부하에 대한 영향을 평가하는 기술적, 정량적, 정성적 과정이다.

④ 개선평가 및 해석(Improvement analysis)

전과정 목록분석과 전과정 영향평가로부터 얻은 결과를 정의된 목적과 범위에 맞게 해석(결과보고)하는 과정이다.

Question 25

전과정 평가(LCA)의 평가단계를 순서대로 알맞게 나열한 것은?

㉮ 목적 및 범위 설정 → 목록 분석 → 개선평가 및 해석 → 영향평가
㉯ 목적 및 범위 설정 → 목록 분석 → 영향 평가 → 개선평가 및 해석
㉰ 목록분석 → 목적 및 범위 설정 → 개선평가 및 해석 → 영향평가
㉱ 목록분석 → 목적 및 범위 설정 → 영향평가 → 개선평가 및 해석

정답 ㉯

Question 26

전과정평가(LCA)를 구성하는 4부분 중, 조사분석과정에서 확정된 자원요구 및 환경부하에 대한 영향을 평가하는 기술적, 정량적, 정성적 과정인 것은?

㉮ impact analysis
㉯ initiation analysis
㉰ inventory analysis
㉱ improvement analysis

풀이 ㉮ impact analysis(영향평가) 단계의 설명이다.

(2) 전과정평가(LCA)의 일반적 활용목적

① 생활양식의 평가와 개선목표의 도출
② 환경목표치 또는 기준치에 대한 달성도 평가
③ 복수 제품간의 환경오염부하의 비교

8. ESSD(Environmentally Sound and Sustainable Development)

1992년 라우데자네이로에서 가진 유엔환경개발회의에서 대두된 용어(약자)로 [친환경적이면서 지속가능한 개발]이란 뜻을 가진다.

Question 27

1992년 리우데자네이로에서 가진 유엔환경개발회의에서 대두된 용어(약자)로 [친환경적이면서 지속 가능한 개발]이란 뜻을 가진 것은?

㉮ EPSS
㉯ ESSK
㉰ ECCZ
㉱ ESSD

정답 ㉱

9. 생산자책임 재활용제도(EPR : Extended Producer Responsibility)

폐기물은 단순히 버려져 못쓰는 것이라는 인식을 바꾸어 '폐기물 = 자원'이라는 공감대를 확산시킴으로써 재활용정책에 활력을 불어 넣은 제도이다.

Question 28

폐기물은 단순히 버려져 못 쓰는 것이라는 인식을 바꾸어 '폐기물 = 자원'이라는 공감대를 확산시킴으로써 재활용 정책에 활력을 불어 넣은 '생산자책임재활용제도'는?

㉮ ROHS ㉯ ESSD ㉰ EPR ㉱ WEE

정답 ㉰

★★10. 폐기물에 관한 협약 및 사건

① 바젤협약 : 유해폐기물의 국제적 이동의 통제와 규제를 주요 골자로 하는 국제협약이다.

② 러브커넬 사건 : 유해폐기물의 불법매립 사건이다.

Question 29

다음 국제협약 및 조약 중에서 유해폐기물의 국가간 이동 및 처리의 통제를 위한 협약은?

㉮ 런던국제덤핑협약 ㉯ GATT협약
㉰ 리우(Rio)협약 ㉱ 바젤(Basel)협약

정답 ㉱

Question 30

다음 중 유해폐기물의 불법매립과 가장 관련이 깊은 사건은?

㉮ 러브커넬 사건 ㉯ 도노라 사건 ㉰ 뮤즈계곡 사건 ㉱ 포자리카 사건

정답 ㉮

★★ 11. 폐기물 관리의 기타 내용

① 우리나라 생활폐기물의 일일 발생량은 1.0kg/인 · 일이다.

★★② 폐기물 관리에 있어서 가장 우선적으로 고려할 사항은 감량화이다.

③ 현재 우리나라에서 가장 많이 발생되는 생활폐기물은 음식물쓰레기류이다.

④ 현재 우리나라에서 발생되는 생활폐기물의 처리방법 중 가장 많이 사용되는 공법은 매립이다.

우리나라의 생활폐기물 일일 발생량으로 가장 옳은 것은?

㉮ 0.3kg/인 ㉯ 1.0kg/인 ㉰ 2.0kg/인 ㉱ 3.0kg/인

정답 ㉯

Question 32

다음 중 폐기물관리에서 가장 우선적으로 고려해야 하는 것은?

㉮ 감량화 ㉯ 최종처분 ㉰ 소각열 회수 ㉱ 유기물 퇴비화

정답 ㉮

다음 중 현재 우리나라에서 가장 많이 발생되는 생활 폐기물은?

㉮ 연탄재 ㉯ 음식쓰레기류 ㉰ 플라스틱류 ㉱ 섬유류

정답 ㉯

다음 중 현재 우리나라에서 발생되는 생활폐기물의 처리방법 중 가장 많이 사용되는 공법은?

㉮ 소각 ㉯ 매립 ㉰ 노천 폐기 ㉱ 퇴비화

정답 ㉯

CHAPTER

04 폐기물의 감량

01 압축공정

폐기물의 부피를 감소시키는 공정이다.

★★ 1. 폐기물 압축기의 종류

① 고정식 압축기

★★ ⓐ 주로 수압으로 압축시킨다.

ⓑ 압축방법에 따라 수평식과 수직식 압축기로 나눈다.

② 백(bag) 압축기

ⓐ 다종 다양하다.(수동식과 자동식, 수평식과 수직식, 다단식과 1단식, 연속식과 회분식)

ⓑ 회분식이란 투입량을 일정량씩 수회 분리하여 간헐적인 조작을 행하는 것을 말한다.

ⓒ 처리능력은 대부분이 5 ~ 34 m^3/ hr 이다.

③ 수직식(소용돌이식) 압축기

기계적 작동이나 유압이나 공기압에 의해 작동하는 압축피스톤을 가지고 있다.

④ 회전식 압축기

회전판위에 열려진 상태로 놓여 있는 백과 압축피스톤의 조합으로 구성되어 있다.

Question 01

쓰레기 압축기를 형태에 따라 구별한 것으로 잘못된 것은?

㉮ 소용돌이식 압축기　　㉯ 충격식 압축기

㉰ 고정식 압축기　　㉱ 백(bag) 압축기

정답 ㉯

Question 02

폐기물 압축기에 대한 설명으로 틀린 것은?

㉮ 고정압축기는 주로 수압으로 압축시킨다.
㉯ 고정압축기는 압축방법에 따라 수평식과 수직식 압축기로 나눌 수 있다.
㉰ 백(bag) 압축기는 회전판 위에 열려진 상태로 놓여있는 백과 압축피스톤의 조합으로 구성된다.
㉱ 백(bag) 압축기 중 회분식이란 투입량을 일정량씩 수회 분리하여 간헐적인 조작을 행하는 것을 말한다.

풀이 ㉰번은 회전식 압축기에 대한 설명이다.

2. 포장기(Baler) 특징

① 압축 후 삼베나 가죽 또는 철끈으로 묶는다.
② 관리에 용이한 크기나 무게로 포장한다.
③ 완전하게 건조되지 못한 폐기물은 취급하기 곤란하다.
④ 매립지에서는 특별한 경우를 제외하면 포장을 해체하지 않고 그대로 매립한다.

Question 03

쓰레기 압축처리 방법 중 포장기(baler)에 대한 설명으로 틀린 것은?

㉮ 압축 후 삼베나 가죽 또는 철끈으로 묶는다.
㉯ 관리에 용이한 크기나 무게로 포장한다.
㉰ 완전하게 건조되지 못한 폐기물은 취급하기 곤란하다.
㉱ 매립지에서는 포장을 해체하여 최종 처분한다.

풀이 ㉱ 매립지에서는 특별한 경우를 제외하면 포장을 해체하지 않고 그대로 매립한다.

★★ 3. 압축비 구하는 공식

①

$$압축비 = \frac{V_1}{V_2}$$

여기서, V_1 : 압축 전의 부피(m^3)　　V_2 : 압축 후의 부피(m^3)

Question 04

밀도가 680kg/m³인 쓰레기 200kg이 압축되어 밀도가 960kg/m³으로 되었다. 압축비를 계산하시오.

풀이 ① $V_1 = 200\text{kg} \times \dfrac{1}{680\text{kg/m}^3} = 0.29\text{m}^3$ ② $V_2 = 200\text{kg} \times \dfrac{1}{960\text{kg/m}^3} = 0.21\text{m}^3$

따라서 $\text{압축비} = \dfrac{V_1}{V_2} = \dfrac{0.29\text{m}^3}{0.21\text{m}^3} = 1.38$

②

$$\text{압축비} = \frac{100}{100 - VR}$$

여기서, VR : 부피감소율(%)

Question 05

쓰레기 포장시 부피의 감소율은 통상적으로 60% 정도라면 이때 압축비를 계산하시오.

$\text{압축비} = \dfrac{100}{100 - \text{부피감소율}(\%)} = \dfrac{100}{100 - 60\%} = 2.5$

★★ 4. 부피감소율 구하는 공식

①

$$\text{부피감소율}(\%) = \left(1 - \frac{V_2}{V_1}\right) \times 100$$

여기서, V_1 : 압축 전 부피(m³) V_2 : 압축 후 부피(m³)

Question 06

쓰레기를 압축시키기 전의 밀도가 0.43ton/m³이었던 것을 압축기에 압축시킨 결과 0.83ton/m³으로 증가하였다. 이때 부피의 감소율(%)을 계산하시오.

풀이 ① $V_1 = 1\text{ton} \times \dfrac{1}{0.43\text{ton/m}^3} = 2.326\text{m}^3$

② $V_2 = 1\text{ton} \times \dfrac{1}{0.83\text{ton/m}^3} = 1.205\text{m}^3$

따라서 $\text{부피감소율}(\%) = \left(1 - \dfrac{V_2}{V_1}\right) \times 100 = \left(1 - \dfrac{1.205\text{m}^3}{2.326\text{m}^3}\right) \times 100 = 48.19\%$

②

$$부피감소율(\%) = \left(1 - \frac{V_2}{V_1}\right) \times 100 = \left(1 - \frac{1}{\frac{V_1}{V_2}}\right) \times 100 = \left(1 - \frac{1}{CR}\right) \times 100$$

여기서, CR(압축비)= $\frac{V_1}{V_2}$

Question 07

밀도가 500kg/m³인 폐기물 5톤을 압축비(CR) 2.5로 압축시켰다면 부피감소율(%)을 계산하시오.

풀이 $부피감소율(\%) = \left(1 - \frac{1}{CR}\right) \times 100 = \left(1 - \frac{1}{2.5}\right) \times 100 = 60\%$

02 파쇄공정

1. 파쇄

★★ (1) 파쇄시 작용하는 힘의 종류

① 충격력 ② 압축력 ③ 전단력

Question 08

폐기물 파쇄시 작용하는 힘과 가장 거리가 먼 것은?

㉮ 충격력 ㉯ 압축력 ㉰ 인장력 ㉱ 전단력

 ㉰

★★ (2) 파쇄처리의 효과

① 겉보기 비중 증가(밀도증가)
② 비표면적 증가
③ 폐기물 소각시 연소효율 증가

④ 고가금속 회수가능
⑤ 운반비의 저렴화
⑥ 입경분포의 균일화
⑦ 유가물의 분리
⑧ 용적의 감소

Question 09

다음 중 폐기물의 파쇄 목적으로 틀린 것은?

㉮ 입자 크기의 균일화
㉯ 밀도의 증가
㉰ 유가물의 분리
㉱ 비표면적의 감소

정답 ㉱

(3) 파쇄처리에 따른 비표면적 증가효과

① 소각처리시 연소효율의 향상
② 열분해시 반응효율의 향상
③ 퇴비화시 발효효율의 향상

(4) 폐기물의 파쇄를 통한 세립화 및 균일화의 장점

① 조대 폐기물에 의한 소각로의 손상방지
② 용량감소로 인한 운반비의 절감 및 매립부지 절감
③ 자력선별에 의한 고가금속 등의 회수 가능
④ 폐기물의 연소성 증가
⑤ 폐기물의 건조성 증가

Question 10

폐기물의 파쇄를 통한 세립화 및 균일화의 장점으로 틀린 것은?

㉮ 조대폐기물에 의한 소각로의 손상방지
㉯ 용량감소로 인한 운반비의 절감 및 매립부지 절약
㉰ 자력선별에 의한 고가금속 등의 회수 가능
㉱ 고형연료재 생산 및 연소가스 이용

정답 ㉱

★★ (5) 파쇄하여 매립시 장점

① 매립작업이 용이하고 압축장비가 없어도 매립작업만으로 고밀도의 매립이 가능하다.
② 곱게 파쇄하면 매립시 복토가 필요없거나 복토요구량이 절감된다.
③ 폐기물 입자의 표면적이 증가되어 미생물의 작용이 빨라진다.
④ 매립시 폐기물이 잘 섞이므로 냄새가 방지된다.
⑤ 폐기물의 밀도가 증가하여 바람에 날아갈 염려가 적다.

Question 11

폐기물을 파쇄하여 매립할 경우 장점으로 가장 거리가 먼 것은?

㉮ 매립작업이 용이하고 압축장비가 없어도 매립작업만으로 고밀도 매립이 가능하다.
㉯ 곱게 파쇄하면 매립시 복토가 필요 없거나 복토요구량을 줄일 수 있다.
㉰ 폐기물 입자의 표면적이 증가되어 미생물작용이 촉진되므로 매립시 조기 안정화를 꾀할 수 있다.
㉱ 폐기물 밀도가 높아져 혐기성 조건을 신속히 조성할 수 있어 냄새가 방지된다.

풀이 ㉱ 매립시 폐기물이 잘 섞이므로 냄새가 방지된다.

2. 파쇄기의 종류

(1) 건식파쇄기

★★★ ① 전단파쇄기 : 고정칼, 왕복 또는 회전칼과의 교합에 의하여 폐기물을 전단한다.

ⓐ 주로 목재류, 플라스틱류, 종이류를 파쇄하는데 이용된다.
ⓑ 충격파쇄기에 비하여 파쇄속도가 느리다.
ⓒ 충격파쇄기에 비하여 이물질 혼입에 약하다.
ⓓ 충격파쇄기에 비하여 파쇄물의 크기를 고르게 할 수 있다.
ⓔ 소음과 분진발생이 비교적 적고 폭발의 위험성이 거의 없다.
ⓕ 다른 파쇄기와 조합하여 사용할 수 있다.

Question 12

건식 전단파쇄기에 대한 내용으로 틀린 것은?

㉮ 고정칼, 왕복 또는 회전칼의 교합에 의하여 폐기물을 전단한다.
㉯ 충격파쇄기에 비하여 파쇄속도가 느리다.
㉰ 충격파쇄기에 비하여 이물질의 혼입에 강하다.
㉱ 충격파쇄기에 비하여 파쇄물의 크기를 고르게 할 수 있다.

풀이 ㉰ 충격파쇄기에 비하여 이물질의 혼입에 약하다.

★★★ ② 충격파쇄기

ⓐ 충격파쇄기는 주로 회전식에 적용한다.
ⓑ 대량처리가 가능하다.
ⓒ 연성이 있는 물질에는 부적합하다.
ⓓ 유리나 목질류 파쇄에 적합하다.
ⓔ 파쇄시 분진, 소음, 진동, 폭발의 위험성이 있다.

Question 13

파쇄기에 관한 내용으로 틀린 것은?

㉮ 전단파쇄기는 충격파쇄기에 비해 이물질의 혼입에 약하다.
㉯ 충격파쇄기는 유리나 목질류 등을 파쇄하는데 사용한다.
㉰ 전단파쇄기는 충격파쇄기에 비해 파쇄속도가 빠르다.
㉱ 충격파쇄기는 대개 회전식이다.

풀이 ㉰ 전단파쇄기는 충격파쇄기에 비해 파쇄속도가 느리다.

③ 압축파쇄기

ⓐ 파쇄기의 마모가 적고 비용이 적게 소요된다.
ⓑ 금속류, 고무류, 연질 플라스틱류의 파쇄가 어렵다.
ⓒ 나무, 플라스틱류, 콘크리트 덩어리, 건축 폐기물 파쇄에 이용된다.
ⓓ Rotary Mill식, Impact Crusher 등이 해당된다.

Question 14

파쇄기의 마모가 적고 비용이 적게 소요되는 장점이 있으나, 금속, 고무의 파쇄는 어렵고, 나무나 플라스틱류, 콘크리트 덩이, 건축폐기물의 파쇄에 이용되며, Rotary Mill식, Impact Crusher 등이 해당되는 파쇄기는?

㉮ 충격파쇄기　㉯ 습식파쇄기　㉰ 왕복전단파쇄기　㉱ 압축파쇄기

㉱

(2) 습식파쇄기 중 저온(냉각) 파쇄기

① 복합재의 재질별 파쇄에 유리하다.
② 냉각제로는 액체질소의 사용이 보편화되어 있다.
③ 폐타이어의 분쇄에 이용 가능하다.
④ 입도를 작게 할 수 있다.

⑤ 파쇄에 소요되는 동력이 적다.
⑥ 투자비가 크므로 특수용도로 주로 활용된다.
⑦ 파쇄기의 발열 및 열화를 방지한다.
⑧ 유기물을 고순도, 고회수율로 회수가 가능하다.

Question 15

냉각파쇄기에 대한 설명으로 잘못된 것은?

㉮ 파쇄기의 발열 및 열화를 방지한다.
㉯ 유기물을 고순도, 고회수율로 회수가 가능하다.
㉰ 복합재질의 선택 파쇄는 불가능하다.
㉱ 투자비가 크므로 특수용도로 주로 활용된다.

풀이 ㉰ 복합재질의 선택 파쇄가 가능하다.

3. 파쇄공정의 공식

★★(1) Kick 이론(법칙)

$$동력(E) = C\ln\left(\frac{dp_1}{dp_2}\right)$$

여기서, dp_1 : 평균크기 dp_2 : 최종크기

Question 16

50ton/hr 규모의 시설에서 평균크기가 30.5cm인 혼합된 도시폐기물을 최종크기 5.1cm로 파쇄하기 위해 필요한 동력(Kw)을 계산하시오. (단, 킥의 법칙을 이용하고 C = 13.6kw · hr/ton)

풀이 ① $동력(E) = C\ln\left(\frac{dp_1}{dp_2}\right) = 13.6\text{kw}\cdot\text{hr/ton} \times \ln\left(\frac{30.5\text{cm}}{5.1\text{cm}}\right) = 24.3234\text{kw}\cdot\text{hr/ton}$

② $동력(\text{kw}) = \frac{24.3234\text{kw}\cdot\text{hr}}{\text{ton}} \times \frac{50\text{ton}}{\text{hr}} = 1216.17\text{kw}$

TIP

폐기물 파쇄(분쇄)에 대한 이론

①Rettinger 이론 ②Kick의 이론 ③Bond 이론

★★ (2) Rosin - Rammler 식

$$Y = 1 - \exp\left[-\left(\frac{X}{X_o}\right)^n\right] \Rightarrow X_o = \frac{-X}{LN(1-Y)}$$

여기서, Y : 체하분율(%)　　X : 폐기물 입자의 크기
X_o : 특성입자의 크기　　n : 상수

Question 17

폐기물을 파쇄할 때 95% 이상을 4.5cm 보다 작게 파쇄하려고 하는 경우 Rosin - Rammler 식을 이용하여 특성입자의 크기(cm)를 계산하시오. (단, n =1)

풀이

$$Y = 1 - \exp\left[-\left(\frac{X}{X_o}\right)^n\right]$$

$$0.95 = 1 - \exp\left[-\left(\frac{4.5\,cm}{X_o}\right)^1\right]$$

$$\exp\left[-\left(\frac{4.5\,cm}{X_o}\right)^1\right] = 1 - 0.95$$

$$-\left(\frac{4.5\,cm}{X_o}\right) = LN(1-0.95)$$

$$\therefore\ X_o = \frac{-4.5cm}{LN(1-0.95)} = 1.50cm$$

TIP

Characteristic Particle Size(특성입자의 크기)는 입자의 무게 기준으로 63.2%가 통과할 수 있는 체의 눈의 크기이다.

Question 18

다음 중 "Characteristic Particle Size"에 관한 설명으로 가장 적합한 것은?

㉮ 입자의 무게 기준으로 53.2%가 통과할 수 있는 체의 눈의 크기
㉯ 입자의 무게 기준으로 63.2%가 통과할 수 있는 체의 눈의 크기
㉰ 입자의 무게 기준으로 73.2%가 통과할 수 있는 체의 눈의 크기
㉱ 입자의 무게 기준으로 83.2%가 통과할 수 있는 체의 눈의 크기

정답 ㉯

★★ (3) 유효입경($D_{10\%}$)

유효입경 = 입도누적곡선상의 10%에 해당하는 입경($D_{10\%}$)

Question 19

고로슬래그의 입도 분석 결과 입도누적 곡선상의 10%, 60% 입경이 각각 0.5mm, 1.0mm 일 때 유효입경(mm)을 계산하시오.

풀이 유효입경은 입도누적곡선상의 10%에 해당하는 입경이므로 0.5mm가 된다.

Question 20

체분석을 통해 다음과 같은 입도분포곡선을 얻었다. 이 토사의 유효입경을 계산하시오.

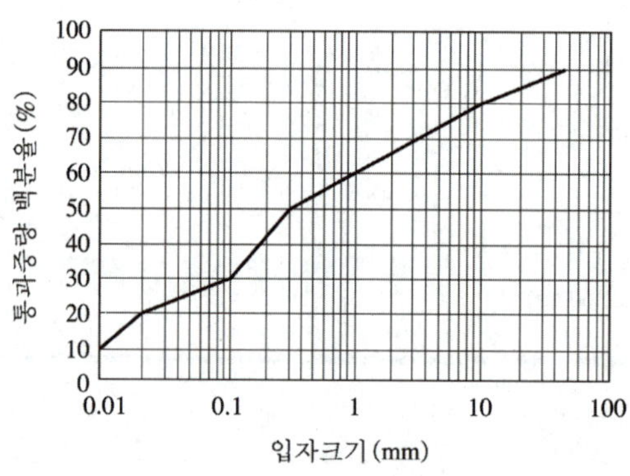

풀이 유효입경은 입도누적곡선상의 10%에 해당하는 입경이므로 그림에서 0.01mm가 된다.

★★ (4) 균등계수

$$균등계수 = \frac{D_{60\%}}{D_{10\%}}$$

여기서, D_{60} : 입도누적곡선상 60% 입경 D_{10} : 입도누적곡선상 10% 입경

Question 21

어떤 쓰레기의 입도를 분석한 바 입도누적곡선상의 10%, 40%, 60%, 90%의 입경이 각각 1mm, 5mm, 10mm, 20mm 였다. 균등계수를 계산하시오.

풀이 $균등계수 = \frac{D_{60\%}}{D_{10\%}} = \frac{10mm}{1mm} = 10.0$

★★ (5) 곡률계수

$$곡률계수 = \frac{(D_{30\%})^2}{(D_{10\%} \times D_{60\%})}$$

Question 22

어떤 쓰레기의 입도를 분석하였더니 입도누적곡선상의 10%, 30%, 60%, 90%의 입경이 각각 1, 5, 10, 20mm였다. 이때 곡률계수를 계산하시오.

풀이 $곡률계수 = \frac{(D_{30\%})^2}{(D_{10\%} \times D_{60\%})} = \frac{(5mm)^2}{1mm \times 10mm} = 2.5$

03 선별 공정

1. 스크린 분리(Screening)

① 폐기물의 자원화 및 재생이용을 위한 방법이다.
② 체의 크기, 폐기물의 부하특성, 지름, 기울기, 회전속도에 지배되는 분리 방법이다.
③ 주로 큰 폐기물로부터 후속처리장치를 보호하거나 재료회수를 위해 사용한다.

2. 트롬멜(Trommel) 스크린

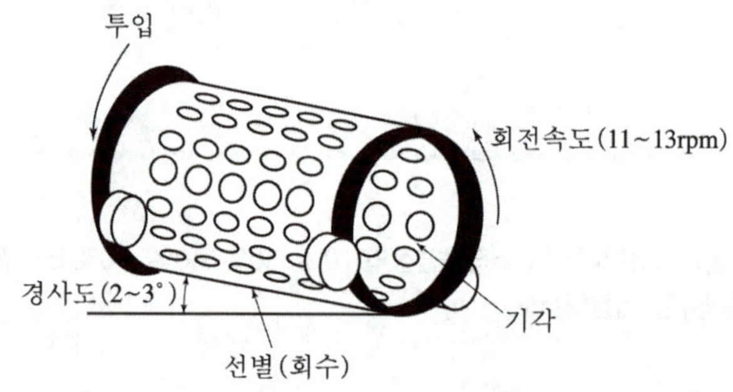

(1) 트롬멜(Trommel) 스크린의 운전조건

① 스크린 개방면적 : 53%
② 경사도 : 2~3도
③ 회전속도 : 11~13rpm
④ 길이 : 4.0m

Question 23

트롬멜 스크린의 전형적인 운전특성으로 틀린 것은?

㉮ 스크린 개방면적(%) : 53
㉯ 경사도 : 15 ~ 25도
㉰ 회전속도(rpm) : 11 ~ 13
㉱ 길이(m) : 4.0

풀이 ㉯ 경사도 : 2 ~ 3도

★★ (2) 트롬멜 스크린의 선별효율에 영향을 주는 인자

① 회전속도 ② 폐기물 부하
③ 경사도 ④ 체의 눈 크기
⑤ 길이 ⑥ 직경

Question 24

도시폐기물의 선별작업에서 사용되는 트롬멜 스크린의 선별효율에 영향을 주는 인자로 틀린 것은?

㉮ 진동 속도 ㉯ 폐기물 부하 ㉰ 경사도 ㉱ 체의 눈 크기

정답 ㉮

(3) 트롬멜(Trommel) 스크린의 특징

① 스크린앞에 분쇄기를 두어 분리된 폐기물을 주입 · 분쇄함으로써 입도를 균일하게 한다. (스크린에 폐기물을 주입하기 이전에 분쇄기를 두는 것이 효과적이다.)

② 회전속도가 증가하면 어느 정도까지는 선별효율이 증가하나 일정속도 이상이 되면 원심력에 의해 막힘현상이 일어난다.

★★ ③ 원통의 경사도가 크면 폐기물이 그냥 배출될 수 있으므로 효율이 낮아진다. (경사도가 크면 효율은 떨어지고 부하율은 커진다.)

★★ ④ 최적회전속도 = 임계회전속도 × 0.45이다.

⑤ 원통의 길이가 길면 효율은 증가하나 동력소요가 많다.

⑥ 스크린 중 선별효율이 우수하고 유지관리상 문제가 적다.

Question 25

트롬멜 스크린에 관한 내용으로 틀린 것은?

㉮ 원통회전속도가 어느 정도까지 증가할수록 선별효율이 증가하나 그 이상이 되면 막힘현상이 일어난다.
㉯ 최적속도는 [임계속도×1.45]로 나타낸다.
㉰ 원통경사도가 크면 선별효율이 떨어진다.
㉱ 스크린 중에서 선별효율이 우수하며 유지관리상의 문제가 적다.

풀이 ㉯ 최적속도는 [임계속도×0.45]로 나타낸다.

★★ (4) Trommel Screen의 임계속도식

$$N_C = \sqrt{\frac{g}{4\pi^2 r}} \times 60 = \frac{1}{2\pi}\sqrt{\frac{g}{r}} \times 60$$

여기서, N_C : 임계속도(rpm = 회/min)　　g : 중력가속도(9.8m/sec²)
r : 스크린 반경(m)

Question 26

직경이 2.7m인 Trommel Screen의 임계속도(rpm)를 계산하시오.

풀이 $N_C = \sqrt{\frac{g}{4\pi^2 r}} \times 60 = \sqrt{\frac{9.8m/sec^2}{4\times\pi^2\times\frac{2.7m}{2}}} \times 60 = 25.73rpm$

★★ (5) Trommel Screen의 최적속도식

$$N_S = N_C \times 0.45$$

여기서, N_S : 최적속도(rpm)　　N_C : 임계속도(rpm)

3. 진동 스크린

① 주로 골재분리에 많이 이용된다.
② 체경이 막히는 문제가 발생할 수 있다.

★★ 4. 세카터(Secators)

★★① 물렁거리는 가벼운 물질로부터 딱딱한 물질을 선별하는데 이용한다.
② 경사진 Conveyor를 통해 폐기물을 주입시켜 천천히 회전하는 드럼위에 떨어뜨려서 분류하는 선별장치이다.
③ 퇴비속의 유리나 돌 선별에 이용한다.

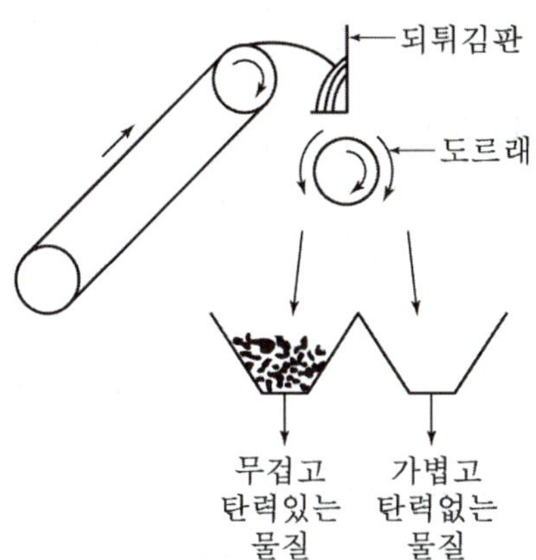

Question 27

물렁거리는 가벼운 물질로부터 딱딱한 물질을 선별하는데 사용하는 선별분류법으로 경사진 컨베이어를 통해 폐기물을 주입시켜 천천히 회전하는 드럼 위에 떨어뜨려서 분류하는 선별법은?

㉮ Jigs　　㉯ Table　　㉰ Secators　　㉱ Stoners

정답 ㉰

★★ 5. 스토너(Stoners)

① Pneumatic Table 이라고도 한다.

★★ ② 약간 경사진판에 진동을 줄 때 무거운 것이 빨리 판의 경사면 위로 올라가는 원리를 이용한다.

③ 공기가 유입되는 다공진동판으로 구성되어 있다.

④ 상당히 좁은 입자크기 분포범위 내에서 밀도 선별기로 작용한다.

⑤ 중요한 운전변수는 다공판의 기울기와 공기의 유량이다.

Question 28

약간 경사진 판에 진동을 주어 무거운 것이 빨리 경사판 위로 올라가는 원리를 이용한 폐기물 선별장치는?

㉮ Bed Separator　　㉯ Secators　　㉰ Stoners　　㉱ Jigs

정답 ㉰

★★ 6. 테이블(Table) 선별법

① 각 물질의 비중차를 이용하는 방법이다.

★★② 약간 경사진 평판에 폐기물을 올려놓고 좌우로 빠른 진동과 느린 진동을 주면 가벼운입자는 빠른 진동쪽으로, 무거운 입자는 느린 진동쪽으로 분류되는 방법이다.

Question 29

선별방식 중 각 물질의 비중차를 이용하는 방법으로 약간 경사진 평판에 폐기물을 올려놓고 좌우로 빠른 진동과 느린 진동을 주면 가벼운 입자는 빠른 진동 쪽으로, 무거운 입자는 느린 진동 쪽으로 분류되는 것은?

㉮ Secators ㉯ Stoners ㉰ Table ㉱ Jig

정답 ㉰

7. 손선별(Hand Separation)

★★

① 컨베이어 벨트를 이용하여 손으로 종이류, 플라스틱류, 금속류, 유리류 등을 분류한다.

② 기계적인 선별보다 작업량은 감소할 수 있다.

③ 파쇄공정 유입 전 폭발가능성 있는 물질을 분류할 수 있다.

④ 작업효율은 0.5ton/인 · 시간 정도이다.

⑤ 9m/min 이하의 속도로 이동하는 컨베이어 벨트의 한쪽 또는 양쪽에서 사람이 서서 선별한다.

⑥ 정확도가 증가한다.

Question 30

손선별법에 대한 내용으로 틀린 것은?

㉮ 작업효율은 0.5ton/인 · 시간 정도이다.
㉯ 9m/min 이하의 속도로 이동하는 컨베이어 벨트의 한쪽 또는 양쪽에서 사람이 서서 선별한다.
㉰ 기계적인 선별보다 작업량이 떨어질 수 있다.
㉱ 선별의 정확도가 낮고 폭발가능 물질 분류가 어렵다.

풀이 ㉱ 선별의 정확도가 높고 폭발가능한 물질을 분류할 수 있다.

★★ 8. 공기 선별기(Air Separation)

① Zigzag 공기선별기는 칼럼 내 난류를 높여줌으로써 선별효율을 증진시키고자 고안된 형태이다.
② 공기선별기의 성능은 주입률이 커질수록 떨어지는 것으로 알려져 있다.
③ 경사공기선별기는 중력에 의해 입구로 들어온 폐기물을 진동판에 의하여 분리한다.
④ 공기선별은 폐기물내의 가벼운 물질인 종이나 플라스틱류를 기타 무거운 물질로부터 선별해 내는 방법이다.

Question 31

공기선별기에 대한 내용으로 가장 거리가 먼 것은?

㉮ 수직공기선별기를 개선한 Zigzag 공기선별기는 칼럼의 난류를 완화시켜 선별률을 증진시키고자 고안된 장치이다.
㉯ 일반적으로 공기선별기의 성능은 주입률이 커질수록 떨어지는 것으로 알려져 있다.
㉰ 경사공기선별기는 중력에 의해 입구로 들어온 폐기물을 진동판에 의하여 분리한다.
㉱ 공기선별은 폐기물 내의 가벼운 물질인 종이나 플라스틱류를 기타 무거운 물질로부터 선별해 내는 방법이다.

풀이 ㉮ 수직공기선별기를 개선한 Zigzag 공기선별기는 칼럼내 난류를 높여줌으로써 선별률을 증진시키고자 고안된 장치이다.

9. 자력선별(Magnetic Separation)

① 단위는 T(테슬라)이다.
② 별다른 동력이 소요되지 않으나 주입되는 폐기물의 양이 적어야 효과적이다.
③ 철 및 금속류 회수에 이용된다.

★★★ 10. 와전류 선별법

★★ ① 연속적으로 변화하는 자장속에 비자성이며, 전기전도성이 좋은 구리, 알루미늄, 아연등을 넣어 금속내에 소용돌이 전류를 발생시켜 생기는 반발력의 차를 이용하여 분리하는 방법이다.
② 자력선을 도체가 스질때에 신행방향과 직각방향으로 힘이 작용하는 것을 이용하며, 비자성이고 전기전도성이 우수한 금속을 와전류 현상에 의하여 다른 물질로부터 선별하는 방법이다.

★★③ 철금속(Fe)/비철금속(Al, Cu)/유리병의 3종류를 각각 분리할 수 있는 방법이다.

④ 금속과 비금속을 구분하여 폐기물 중 비철금속(Al, Ni, Zn)등을 선별 회수하는 방법이다.

★★⑤ 전자석유도에 관한 패러데이법칙을 기초로 한다.

⑥ 와전류식 선별기의 순도와 회수율은 98%까지 보고되고 있다.

Question 32

다음은 선별법에 관한 설명이다. ( ) 안에 적당한 것은?

건식선별방법 중 와전류 선별법은( )을 와전류 현상에 의하여 다른 물질로부터 선별하는 방식이다.

㉮ 비자성이고 전기전도성이 우수한 금속
㉯ 자성이고 전기전도성이 우수하지 못한 금속
㉰ 자성이고 전기전도성이 우수한 금속
㉱ 비자성이고 전기전도성이 우수하지 못한 금속

㉮

Question 33

와전류 분리에 대한 내용으로 틀린 것은?

㉮ 와전류 분리법은 비극성이고 전기전도도가 좋은 물질을 와전류현상에 의하여 다른 물질로부터 분리하는 방법이다.
㉯ 와전류 분리법으로 분리하기 좋은 물질은 동, 알루미늄, 아연 등이다.
㉰ 전자석 유도에 관한 패러데이법칙을 기초로 한다.
㉱ 와전류는 자장중에 놓여진 부도체의 외부에 전자유도로 생기는 와전류상의 전류이다.

풀이 ㉱ 와전류는 자장중에 놓여진 도체의 외부에 전자유도로 생기는 와전류상의 전류이다.

11. 정전기 분리(정전기적 선별법)

① 각 물질의 전도율, 대전효과 및 대전작용을 이용하여 분리 및 선별하는 방법이다.

② 플라스틱, 고무와 종이, 섬유, 합성피혁 선별에 유리하다.

③ 플라스틱에서 종이를 선별하고 각기 다른 종류의 플라스틱 혼합물에서 종류별로 플라스틱을 선별할 수 있는 방법이다.

★★ 12. 광학선별(Optical Sorter)

① 물질이 가진 광학적 특성의 차를 이용하여 분리하는 방법이다.

② 광학선별의 절차 단계

ⓐ 입자는 기계적으로 투입됨

ⓑ 광학적으로 조사됨

ⓒ 조사결과는 전기전자적으로 평가됨

ⓓ 선별대상 입자는 압축공기분사에 의해 정밀하게 제거됨

★★ ③ 불투명한 것(돌, 코르크 등)과 투명한 것(유리 등)의 분리에 이용된다.

Question 34

광학선별은 물질이 가진 광학적 특성의 차를 이용하여 분리하는 기술이다. 다음 중 광학선별의 절차(과정) 단계에 대한 내용으로 틀린 것은?

㉮ 조사결과는 광학적으로 평가됨
㉯ 광학적으로 조사됨
㉰ 입자는 기계적으로 투입됨
㉱ 선별대상입자는 압축공기분사에 의해 정밀하게 제거됨

풀이 ㉮ 조사결과는 전기전자적으로 평가됨

Question 35

돌, 코르크 등의 불투명한 것과 유리같은 투명한 것의 분리에 이용되는 선별방법은?

㉮ Floatation
㉯ Optical Sorting
㉰ Inertial Separation
㉱ Electrostatic Separator

정답 ㉯

13. 관성선별

분쇄된 폐기물을 중력이나 탄도학을 이용하여 가벼운 물질(주로 유기물)과 무거운 물질(주로 무기물)로 분리하는 방법이다.

Question 36

다음 선별방법 중 분쇄된 폐기물을 중력이나 탄도학을 이용하여 가벼운 물질(주로 유기물)과 무거운 물질(주로 무기물)로 분리하는 기법은?

㉮ 관성선별　　㉯ 광학선별　　㉰ 중액선별　　㉱ 스토너

 정답 ㉮

14. Fluidized bed separators(유동상 선별법)

분쇄한 전기줄로부터 금속을 회수하거나 분쇄된 자동차나 연소재로부터 알루미늄, 구리등을 회수하는데 사용되는 선별장치이다.

Question 37

폐기물선별방법 중 분쇄한 전기줄로부터 금속을 회수하거나 분쇄된 자동차나 연소재로부터 알루미늄, 구리등을 회수하는데 사용되는 선별장치는?

㉮ Fluidized bed separators　　㉯ Stoners
㉰ Optical sorting　　㉱ Jigs

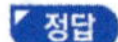 정답 ㉮

15. Jigs(수중체)

① 물에 잠겨진 스크린 위에 분류하려는 폐기물을 넣고 수위를 1초당 2.5회가량 0.5~5cm의 폭으로 변화시키면서 선별하는 방법이다.
② 사금선별에 사용된다.
③ 습식 선별장치에 해당한다.

Question 38

사금선별을 위해 오래전부터 사용되던 습식 선별방법은?

㉮ Jigs
㉯ Secators
㉰ Trommel Screen
㉱ Ballistic Separator

정답 ㉮

16. Pulverizer(펄버라이저 ; 분쇄기)

폐기물 처리장치 중 2차 오염물질로 폐수가 가장 많이 발생하는 장치이다.

17. 풍력선별기

① 풍력선별기에 있어 전형적인 공기/폐기물비는 2 ~ 7이다.
② 펄스풍력선별기는 유속의 변화를 이용하여 장치이다.

18. 선별효율 계산 공식

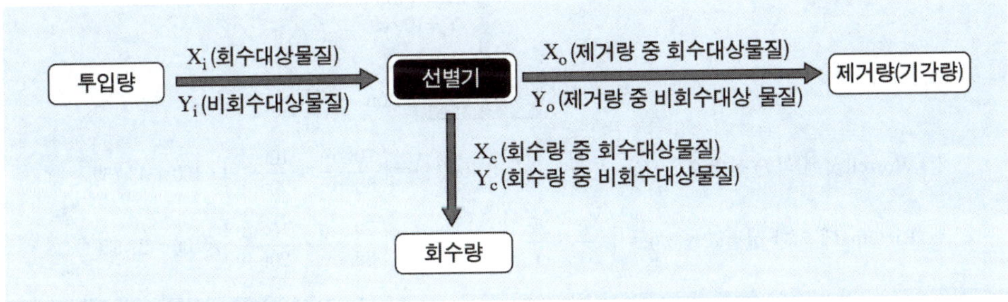

여기서, $X_i = X_o + X_C$　　　$Y_i = Y_o + Y_C$

투입량 $= X_i + Y_i$　　　제거량 $= X_o + Y_o$

회수량 $= X_C + Y_C$

★★★ ① Worrell의 선별효율 공식

$$선별효율(E) = X(회수율) \times Y(기각율) = \left(\frac{X_C}{X_i} \times \frac{Y_o}{Y_i}\right) \times 100(\%)$$

★★★ ② Rietema의 선별효율 공식

$$선별효율(E) = \left|\left(\frac{X_C}{X_i} - \frac{Y_C}{Y_i}\right)\right| \times 100(\%)$$

Question 39

다음의 조건을 이용하여 Worrell식에 의한 선별효율(%)과 Rietema식에 의한 선별효율(%)을 각각 계산하시오.

- 총 투입 폐기물 : 100ton
- 회수량 : 80ton
- 회수량 중 회수대상물질 : 70ton
- 제거량 중 회수대상물질 : 10ton

풀이

투입량 100ton → (X_i=80ton, Y_i=20ton) → 선별기 → (X_o=10ton, Y_o=10ton) → 제거량 20ton

선별기 → (X_c=70ton, Y_c=10ton) → 회수량 80ton

① Worrell식에 의한 선별효율(%) $= \left(\frac{X_C}{X_i} \times \frac{Y_o}{Y_i}\right) \times 100(\%) = \left(\frac{70ton}{80ton} \times \frac{10ton}{20ton}\right) \times 100 = 43.75\%$

② Rietema에 의한 선별효율(%)$= \left|\left(\frac{X_C}{X_i} - \frac{Y_C}{Y_i}\right)\right| \times 100(\%) = \left(\frac{70ton}{80ton} - \frac{10ton}{20ton}\right) \times 100 = 37.5\%$

CHAPTER

05 퇴비화

1. 퇴비화의 특징

① 폐기물의 재활용
② 과정 중 낮은 에너지 소모
③ 낮은 초기시설 투자비
④ 비료가치가 낮다.

2. 유기성 폐기물을 이용하여 만들어진 퇴비의 특성

① 병원균이 거의 사멸된다.
② C/N비율이 10 전후(10~20)로 낮아지게 된다.
③ 악취가 없는 안정한 유기물이다.
★★ ④ 양이온교환능력과 수분보유능력이 우수하다.
★★ ⑤ 생산된 퇴비는 비료가치가 낮으며, 퇴비완성시 부피감소율이 50% 이하이다.
⑥ 초기시설 투자비가 낮고, 운영 시 소요 에너지도 낮은 편이다.
⑦ 다른 폐기물 처리기술에 비해 고도의 기술수준이 요구되지 않는다.
⑧ 퇴비제품의 품질표준화가 어렵고, 부지가 많이 필요한 편이다.

Question 01

폐기물의 분석결과 함수율이 70%이고, 총휘발성 고형물은 총고형물의 80%, 총유기탄소량은 총휘발성 고형물의 85%이다. 또한 총질소량은 총고형물의 4%라고 할 때 폐기물의 C/N비를 계산하시오.

풀이 $\text{C/N비} = \dfrac{\text{탄소량}}{\text{질소량}} = \dfrac{0.3\times0.8\times0.85}{0.3\times0.04} = 17$

TIP

총고형물(%) = 100 − 함수율(%) = 100 − 70% = 30%

Question 02

퇴비화가 진행되었을 때 나타나는 특징으로 거리가 먼 것은?

㉮ 병원균이 사멸되어 거의 없다.
㉯ 수분 보유 능력과 양이온교환능력이 낮아진다.
㉰ C/N 비가 10 ~ 20 정도로 낮아진다.
㉱ 악취가 거의 없고 안정화된다.

풀이 ㉯ 수분 보유 능력과 양이온교환능력이 우수하다.

Question 03

다음 중 유기성 폐기물의 퇴비화 특성으로 가장 거리가 먼 것은?

㉮ 생산된 퇴비는 비료가치가 높으며, 퇴비완성시 부피 감소율이 70% 이상으로 큰 편이다.
㉯ 초기 시설투자비가 낮고, 운영시 소요 에너지도 낮은 편이다.
㉰ 다른 폐기물 처리기술에 비해 고도의 기술수준이 요구되지 않는다.
㉱ 퇴비제품의 품질 표준화가 어렵고, 부지가 많이 필요한 편이다.

풀이 ㉮ 생산된 퇴비는 비료가치가 낮고, 퇴비 완성시 부피감소율이 50% 이하로 낮은 편이다.

★★ 3. 유기성 폐기물 퇴비화 조작에서 환경변화인자

① 수분함량 : 원료의 최적 함수율은 50~60% 정도가 적당하다.
② pH : 퇴비화 미생물의 최적 생육 pH는 6~8이다.
③ C/N비(적정 C/N비 30)
　ⓐ C/N비가 너무 낮으면 유기질소의 암모니아화로 악취가 발생한다.
　ⓑ C/N비가 너무 높으면 질소분의 함량이 적어 퇴비화가 잘 안되고 소요시간이 길어진다.
④ 입도 : 원료의 입도가 너무 작으면 퇴비더미내 공기의 통기성이 좋지 않아 미생물 활동을 저해한다. (적정입경 100~200mm)
⑤ 온도 : 적정온도는 60~70℃ 정도이다.

Question 04

다음 중 폐기물의 퇴비화 공정에서 유지시켜 주어야 할 최적 조건으로 가장 적합한 것은?

㉮ 온도 : 20±2℃
㉯ 수분 : 5 ~ 10%
㉰ C/N 비율 : 100 ~ 150
㉱ pH : 6 ~ 8

풀이 ㉮ 온도 : 60 ~ 70℃ ㉯ 수분 : 50 ~ 60% ㉰ C/N비율 : 30

4. 폐기물 퇴비화 공정시 발생되는 생성물

① CO_2 ② H_2O ③ NH_3

Question 05

폐기물의 퇴비화 공정에서 발생된 생성물로 가장 거리가 먼 것은?

㉮ NO_3 ㉯ CO_2 ㉰ O_3 ㉱ H_2O

풀이 ㉰ O_3(오존)은 대기중에서 광화학반응에 의해 생성되는 2차성 물질이다.

5. 슬러지 건조상의 설계를 위한 고려사항

① 일기(기상조건) ② 슬러지 성상 ③ 탈수 보조제

Question 06

슬러지의 건조상(乾操床)의 설계를 위한 고려사항으로 틀린 것은?

㉮ 일기(日氣)
㉯ 슬러지 성상
㉰ 탈수보조제
㉱ 토질의 증발력

정답 ㉱

6. 폐기물내 함유된 리그닌의 양으로 생분해도를 평가하기 위한 관계식

$$BF = 0.83 - (0.028 \times LC)$$

여기서, BF : 생물분해성 분율(휘발성 고형분함량 기준)
LC : 휘발성 고형분 중 리그닌 함량(건조무게 %로 표시)

Question 07

폐기물내 함유된 리그린의 양으로 생분해도를 평가하기 위한 관계식으로 알맞은 것은?

- BF : 생물분해성 분율(휘발성 고형분함량 기준)
- LC : 휘발성 고형분 중 리그린 함량(건조무게 %로 표시)

㉮ $BF = 0.83 - (0.028 \times LC)$
㉯ $BF = 0.83 + (0.028 \times LC)$
㉰ $BF = 0.83/(0.028 \times LC)$
㉱ $BF = 0.83 \times (0.028 \times LC)$

정답 ㉮

PART

02

폐기물 재활용 및 자원화 기술

폐기물처리
산업기사
필 기

CHAPTER

01 중간처분

01 슬러지 처리

1. 슬러지 처리의 목표

① 안정화　　② 감량화　　③ 안전화

2. 슬러지의 처리공정

★★

농축 → 유기물 안정화(소화) → 개량 → 탈수 → 건조 → 소각 → 최종처분

Question 01

다음 중 슬러지 처리의 일반적인 순서로 맞는 것은?

㉮ 탈수 - 개량 - 안정화 - 농축 - 소각
㉯ 개량 - 농축 - 탈수 - 안정화 - 소각
㉰ 농축 - 안정화 - 개량 - 탈수 - 소각
㉱ 개량 - 안정화 - 농축 - 탈수 - 소각

정답 ㉰

3. 슬러지 농축

★★(1) 슬러지 농축 이유

① 화학약품 투여량 감소　　② 처리비용 감소
③ 저장탱크 용적 감소

(2) 슬러지 농축의 종류

① 중력식 농축

ⓐ 구조가 간단하여 유지관리 용이

ⓑ 저장과 농축이 동시에 가능

ⓒ 동력비 적게 소요

ⓓ 1차 슬러지에 적합

ⓔ 약품 사용 안함

ⓕ 잉여 슬러지 농축에 부적합

ⓖ 악취 발생

ⓗ 잉여슬러지의 경우 소요면적이 크다

② 부상식 농축

ⓐ 고형물 회수율이 높다.

ⓑ 잉여슬러지에 효과적

ⓒ 악취 발생

ⓓ 동력비 많이 소요

ⓔ 소요면적이 크다

ⓕ 부식 발생(실내 설치시)

ⓖ 약품주입 없이도 운전이 가능

③ 원심분리 농축

ⓐ 잉여슬러지에 효과적

ⓑ 운전조작 용이

ⓒ 소요면적이 작다

ⓓ 악취가 적다

ⓔ 고농도로 농축 가능

ⓕ 연속운전가능

ⓖ 유지관리비 고가

ⓗ 시설비 고가

ⓘ 유지관리가 어렵다

ⓙ 약품주입 없이 운전이 가능하다

④ 중력벨트 농축

ⓐ 소요면적이 크다

ⓑ 규격(용량)이 한정된다.

ⓒ 잉여슬러지에 효과적

4. 유기물의 안정화

(1) 혐기성 소화

① 혐기성 소화의 특징

ⓐ 미량의 요소로서 철은 산화조내에 발생하는 메탄균의 반응조 밖으로 유출을 억제하는 효과가 있다.

ⓑ 탄소는 미생물의 에너지 공급원으로서, 질소와 인은 미생물의 아미노산 등의 형성요소로써 영양원이 된다.

ⓒ 투입 유기물량은 발효조내에 단위용량당 얼마의 유기물을 넣는가를 나타낸다.

★★② 혐기성 소화법의 정상적인 작동여부 확인시 조사항목

ⓐ 소화가스량
ⓑ pH
ⓒ 소화가스 중 메탄과 이산화탄소 함량
ⓓ 온도
ⓔ 유기산 농도
ⓕ 소화시간

Question 02

분뇨를 혐기성 소화법으로 처리하고 있다. 정상적인 작동 여부를 확인하려고 할 때 조사 항목으로 틀린 것은?

㉮ 소화가스량
㉯ 소화가스 중 메탄과 이산화탄소 함량
㉰ 유기산 농도
㉱ 투입 분뇨의 비중

풀이 ㉮, ㉯, ㉰외에 pH, 온도, 소화시간 등이 있다.

★★③ 혐기성 소화의 장·단점

ⓐ 장점

㉠ 호기성처리에 비해 탈수성이 양호하다.

㉡ 호기성처리에 비해 슬러지가 적게 발생한다.

㉢ 동력시설의 소모가 적어 운전비용이 저렴하다.

㉣ 고농도 폐수처리에 적합하다.

㉤ 회수된 가스를 연료로 사용 가능하다.

㉥ 소화슬러지의 탈수 및 건조가 양호하다.

㉦ 연속처리가 가능하다.

㉧ 고농도 폐수나 분뇨를 비교적 낮은 에너지 비용으로 처리할 수 있다.

ⓑ 단점

㉠ 운전이 어렵고 반응시간도 길다.

㉡ 소화가스는 냄새가 나며 부식이 높은 편이다.
㉢ 소화기간이 비교적 오래 걸린다.
㉣ 처리수를 다시 호기성처리하여 방류한다.

Question 03

혐기성 소화공법에 대한 내용으로 틀린 것은?

㉮ 호기성 소화에 비하여 소화슬러지의 발생량이 적다.
㉯ 소화슬러지의 탈수 및 건조가 쉽다.
㉰ 소화가스는 냄새가 나고 부식성이 높은 편이다.
㉱ 호기성 소화공법보다 운전이 쉽다.

풀이 ㉱ 호기성 소화공법보다 운전이 어렵다.

★★★ ④ 고농도 액상 폐기물의 혐기성 소화 공정 중 중온소화와 고온소화 비교

	고온소화	중온소화
부하능력	우수	나쁘다
탈수여액의 수질	나쁘다	우수
병원균 사멸	유리	불리
미생물의 활성	나쁘다	우수

Question 04

고농도 액상 폐기물의 혐기성 소화 공정 중 중온소화와 고온소화의 비교로 틀린 것은?

㉮ 부하능력은 고온소화가 우수하다.
㉯ 탈수여액의 수질은 고온소화가 우수하다.
㉰ 병원균의 사멸은 고온소화가 유리하다.
㉱ 중온소화에서 미생물활성이 쉽다.

풀이 ㉯ 탈수여액의 수질은 중온소화가 우수하다.

⑤ 혐기성 분뇨처리의 특징

ⓐ 분뇨처리에서 일반적으로 사용되는 공법이다.
ⓑ 유기물의 농도가 높을수록 유리하다.
ⓒ 소화슬러지의 발생량이 호기성처리보다 적은 편이다.
ⓓ 분해에 소요되는 기간이 길다.

Question 05

혐기성 분뇨처리의 특징 중 가장 틀린 것은?

㉮ 분뇨처리에서 일반적으로 사용되는 공법이다.
㉯ 유기물의 농도가 높을수록 유리하다.
㉰ 소화슬러지의 발생량이 호기성 처리보다 적은 편이다.
㉱ 분해에 소요되는 기간이 짧다.

풀이 ㉱ 분해에 소요되는 기간이 길다.

⑥ 다량의 분뇨를 일시에 소화조에 투입시 나타나는 장해현상

ⓐ 스컴(Scum)의 발생 증가
ⓑ pH 저하
ⓒ 유기산의 증가
ⓓ 탈리액의 인출 불균등

Question 06

다량의 분뇨를 일시에 소화조에 투입할 때 일반적으로 나타나는 장해현상으로 틀린 것은?

㉮ 스컴(Scum)의 발생 증가
㉯ pH 저하
㉰ 유기산의 저하
㉱ 탈리액의 인출 불균등

풀이 ㉰ 유기산의 증가

⑦ 발생가스량 계산

★★ ⓐ 유기물의 혐기성 분해 반응식

$$C_aH_bO_cN_dS_e+\left(\frac{4a-b-2c+3d+2e}{4}\right)H_2O$$
$$\rightarrow\left(\frac{4a+b-2c-3d-2e}{8}\right)CH_4+\left(\frac{4a-b+2c+3d+2e}{8}\right)CO_2+dNH_3+eH_2S$$

★★ ⓑ 혐기성 분해시 가스의 발생량 계산

Question 07

고형폐기물의 처리시 1kg의 포도당($C_6H_{12}O_6$) 성분의 폐기물이 혐기성분해를 한다면 이론적인 메탄가스 발생량(L)을 계산하시오.

풀이

$$C_6H_{12}O_6 \rightarrow 3CO_2 + 3CH_4$$

$$180g : 3 \times 22.4L$$

$$1 \times 10^3 g : X(CH_4)$$

$$\therefore X(CH_4) = \frac{1 \times 10^3 g \times 3 \times 22.4L}{180g} = 373.33L$$

★★★ ⓒ

$$CH_4\text{가스의 발생량}(m^3) = \text{분뇨량}(kg) \times TS \times VS \times \frac{m^3 \cdot CH_4}{kg \cdot VS}$$

여기서, TS : 고형물의 양 VS : 휘발성 고형물(가연물)의 양

Question 08

어느 도시의 분뇨 농도는 TS가 6%이고, TS의 65%가 VS이다. 이 분뇨를 혐기성 소화처리를 한다면 분뇨 $10m^3$당 발생하는 CH_4 가스의 양(m^3)을 계산하시오. (단, 비중은 1.0으로 가정하고, 분뇨의 VS 1kg당 $0.4m^3$의 CH_4 가스가 발생한다.)

$$CH_4 \text{ 가스의 발생량}(m^3) = \text{분뇨량}(kg) \times TS \times VS \times \frac{m^3 \cdot CH_4}{kg \cdot VS}$$

$$= 10 \times 10^3 kg \times 0.06 \times 0.65 \times \frac{0.4m^3 \cdot CH_4}{kg \cdot VS} = 156m^3$$

TIP

비중이 $1.0ton/m^3$이므로 분뇨량(ton) $= 10m^3 \times 1.0ton/m^3 = 10ton$

★★ ⓓ

CH_4의 발생량(kcal/hr)

$=$ 분뇨량(m^3/day)×1day/가동시간(hr)×CH_4의 발열량($kcal/m^3$)

Question 09

분뇨를 혐기성 소화 처리할 때 발생하는 메탄가스의 부피는 분뇨투입량의 약 8배라고 한다. 1일에 분뇨 600kL씩을 처리하는 소화시설에서 발생하는 CH_4 가스를 에너지원으로 하여 24시간 균등 연소시킬 때 얻을 수 있는 시간당 열량(kcal/hr)을 계산하시오. (단, CH_4 가스의 발열량은 6,000kcal/m^3이다.)

풀이 CH_4의 발생열량(kcal/hr) $= \dfrac{600\text{kL}(\text{m}^3)}{\text{day}} \times \dfrac{1\text{day}}{24\text{hr}} \times \dfrac{6{,}000\text{kcal}}{\text{m}^3} \times 8\text{배} = 1.2 \times 10^6\text{kcal/hr}$

★★★ ⓔ 소화 후 슬러지량 계산

$$\text{소화 후 슬러지량}(\text{m}^3) = (\text{VS}+\text{FS}) \times \frac{100}{100-\text{P}(\%)}$$

여기서, VS : 소화 후 잔류VS량(m^3)　　FS : 소화 후 FS량(m^3)

P: 소화 후 함수율(%)

Question 10

고형물 중 VS 60%이고, 함수율이 97%인 농축슬러지 100m^3을 소화시켰다. 소화율(VS 대상)이 50%이고, 소화 후 함수율이 95%라면 소화 후의 슬러지량(m^3)을 계산하시오. (단, 슬러지의 비중은 1.0이다.)

풀이 소화 후 슬러지량(m^3) $= (\text{VS}+\text{FS}) \times \dfrac{100}{100-\text{P}(\%)}$

① 소화 후 VS량(m^3) $= 100\text{m}^3 \times 0.03 \times 0.6 \times (1-0.5) = 0.9\text{m}^3$

② 소화 후 FS량(m^3) $= 100\text{m}^3 \times 0.03 \times 0.4 = 1.2\text{m}^3$

③ 소화 후 슬러지량(m^3) $= (0.9\text{m}^3 + 1.2\text{m}^3) \times \dfrac{100}{100-95} = 42\text{m}^3$

TIP

고형물(TS) = 100 − 함수율(%) = 100 − 97% = 3%

★★(2) 호기성 소화의 특징

① 장점

ⓐ 운전이 쉽다.

ⓑ 단시간에 소화가 가능하다.

ⓒ 비료가치가 크다.

ⓓ 상층액의 BOD 농도가 낮다.

ⓔ 비교적 운전이 쉽고 상징수의 수질도 양호하다.

② 단점

ⓐ 동력이 많이 소요된다.
ⓑ 소화슬러지 발생량이 많다.
ⓒ 소화 슬러지의 탈수성이 불량하다.

Question 11

혐기성 소화공법에 비해 호기성 소화공법이 갖는 장·단점으로 틀린 것은?

㉮ 상등액의 BOD농도가 낮다.
㉯ 소화 슬러지량이 많다.
㉰ 소화 슬러지의 탈수성이 좋다.
㉱ 운전이 쉽다.

풀이 ㉰ 소화 슬러지의 탈수성이 나쁘다.

5. 슬러지 개량

★★ (1) 슬러지 개량의 목적

① 슬러지의 탈수성을 향상시킨다.
② 탈수시 약품소모량을 줄인다.
③ 탈수시 소요동력을 줄인다.
④ 슬러지를 안정화 시킨다.

Question 12

슬러지를 개량하는 목적으로 알맞은 것은?

㉮ 슬러지의 탈수가 잘 되게 하기 위함
㉯ 탈리액의 BOD를 감소시키기 위함
㉰ 슬러지 건조를 촉진하기 위함
㉱ 슬러지의 악취를 줄이기 위함

정답 ㉮

★★ (2) 슬러지의 개량방법

① 슬러지 세정법　② 약품 처리법
③ 열 처리법　④ 생물학적 처리법

(3) 슬러지 개량(Sludge Conditioning)의 특징

① 알칼리도를 감소시키기 위해 희석수를 사용하여 슬러지를 개량시키는 방법을 세정법(Elutriation)이라 한다.

② 농축슬러지나 소화슬러지는 여러 유기물과 형상이 다양한 미세 고형물 및 콜로이드로 구성되고, 물과 강한 친화력으로 탈수가 쉽지 않으므로 슬러지를 개량한다.

③ 진공여과기로 슬러지 탈수시, 슬러지 개량에 투입하는 응집제는 무기계통의 응집제를 사용한다.

④ 열처리는 슬러지액을 밀폐된 상황에서 150 ~ 200℃ 정도의 온도로 반시간 ~ 한시간 정도 처리함으로써 슬러지내의 콜로이드와 겔구조를 파괴하여 탈수성을 개량한다.

⑤ 수세로 슬러지를 개량하는 방법은 혐기성 소화된 슬러지가 대상이 된다.

Question 13

슬러지 개량(Conditioning)에 대한 내용으로 틀린 것은?

㉮ 농축슬러지나 소화슬러지는 여러 유기물과 형상이 다양한 미세 고형물 및 콜로이드로 구성되고, 물과 강한 친화력으로 탈수가 쉽지 않으므로 슬러지를 개량한다.

㉯ 진공여과기로 슬러지 탈수시, 슬러지 개량에 투입하는 응집제는 유기계통의 응집제를 사용한다.

㉰ 열처리는 슬러지액을 밀폐된 상황에서 150 ~ 200℃ 정도의 온도로 반시간 ~ 한시간 정도 처리함으로써 슬러지 내의 콜로이드와 겔구조를 파괴하여 탈수성을 개량한다.

㉱ 수세로 슬러지를 개량하는 방법은 혐기성 소화된 슬러지가 대상이 된다.

풀이 ㉯ 진공여과기로 슬러지 탈수시, 슬러지 개량에 투입하는 응집제는 무기계통의 응집제를 사용한다.

(4) 슬러지 개량방법 중 세정(Elutriation)

① 알칼리성 슬러지를 세척함으로써 슬러지 탈수에 사용되는 응집제의 양을 줄일 수있다.

② 소화슬러지를 물과 혼합시킨 다음 슬러지를 재침전시키는 방법이다.

③ 슬러지의 탈수특성을 좋게 하기 위한 직접적인 방법은 아니다.

④ 소화슬러지 내의 가스방울이 없어지므로 부력을 제거하여 농축이 잘 되게 한다.

⑤ 슬러지의 비료가치가 낮아진다.

Question 14

슬러지 개량방법 중 세정에 대한 내용으로 틀린 것은?

㉮ 소화슬러지를 물과 혼합시킨 후 슬러지를 재침전시키는 방법이다.
㉯ 슬러지를 토양개량제로 사용하는 경우에 활용된다.
㉰ 알칼리성 슬러지를 세척함으로써 슬러지 탈수에 이용되는 응집제의 양을 감소시킬 수 있다.
㉱ 소화슬러지 내의 가스방울이 없어지므로 부력을 제거하여 농축이 잘 되게 한다.

풀이 ㉯ 슬러지를 토양개량제로 사용하는 경우에 활용되지 않는다.

6. 기계적인 탈수방법

(1) 원심분리기

① 슬러지의 고형물 비중이 물보다 작아야 한다.
② 정기적인 보수가 필요없다.
③ basket형, disk nozzle형, solid bowl형 등이 있다.

(2) 필터프레스법

여과천으로 덮여있는 판 사이로 슬러지를 공급시켜 가동한다.

(3) 진공탈수법

rotary drum형, belt형, coil형 등이 있다.

(4) 가압탈수법

슬러지 cake 함수율을 가장 낮게 운영할 수 있다.

(5) 벨트프레스(Belt Press)

슬러지 탈수에 널리 이용되는 방법 중 하나로 처음에는 중력에 의해 탈수되다가 롤러에 의해 구동되는 한 개 또는 두 개의 투수성 있는 면 사이의 압력으로 전단 및 압축탈수가 연속적으로 일어나는 형태의 탈수이다.

Question 15

일반적으로 탈수에 이용되는 방법이 아닌 것은?

㉮ 부상분리　　㉯ 진공여과　　㉰ 원심분리　　㉱ 가압여과

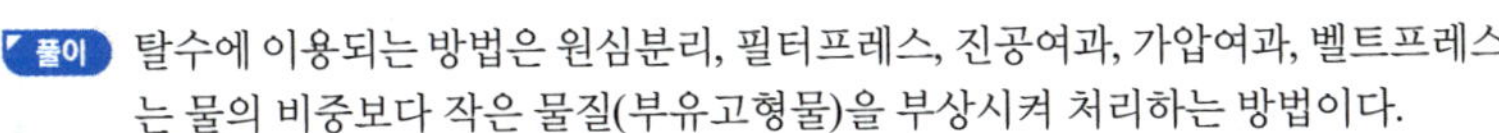

풀이 탈수에 이용되는 방법은 원심분리, 필터프레스, 진공여과, 가압여과, 벨트프레스 등이 있으며, 부상분리는 물의 비중보다 작은 물질(부유고형물)을 부상시켜 처리하는 방법이다.

7. 슬러지량 계산식

★★★ ① 슬러지량 계산

$$V_1 \times (100 - P_1) = V_2 \times (100 - P_2)$$

여기서, V_1 : 건조 전 슬러지량(m^3)　　P_1 : 건조 전 함수율(%)
V_2 : 건조 후 슬러지량(m^3)　　P_2 : 건조 후 함수율(%)

Question 16

함수율 99%의 슬러지 1,000m³을 농축시켜 300m³의 농축슬러지가 얻어졌다고 하면 농축슬러지의 함수율(%)을 계산하시오. (단, 슬러지의 비중은 1.0)

풀이 $V_1 \times (100 - P_1) = V_2 \times (100 - P_2)$

$1{,}000m^3 \times (100 - 99) = 300m^3 \times (100 - P_2)$

$\therefore\ P_2 = 96.67\%$

★★ ② 슬러지의 부피변화율 계산

$$V_1 \times (100 - P_1) = V_2 \times (100 - P_2)$$

$$\text{슬러지의 부피 변화율} \left(\frac{V_2}{V_1}\right) = \left(\frac{100 - P_1}{100 - P_2}\right)$$

Question 17

함수율 98%인 슬러지를 농축하여 함수율을 92%로 하였다면 슬러지의 부피변화율을 계산하시오.

풀이 슬러지의 부피변화율 $\left(\frac{V_2}{V_1}\right)=\left(\frac{100-P_1}{100-P_2}\right)=\left(\frac{100-98}{100-92}\right)=\frac{2}{8}=\frac{1}{4}$

따라서 $\frac{1}{4}$ 배로 감소한다.

★★ ③ 슬러지량 계산

$$\text{슬러지량}(m^3)=\frac{\text{폐수량}(m^3/day)\times\text{제거된 슬러지 농도}(kg/m^3)}{\text{비중량}(kg/m^3)}\times\frac{100}{100-\text{함수율}(\%)}$$

Question 18

분뇨 100kL에서 SS 24,500mg/L를 제거하였다. SS의 함수율이 96%라고 하면 그 부피(m^3)를 계산하시오. (단, 비중은 1.0 기준)

풀이 $\text{슬러지량}(m^3)=\frac{100m^3\times24.5kg/m^3}{1000kg/m^3}\times\frac{100}{100-96}=61.25m^3$

TIP

① 분뇨 $100kL=100m^3$　② $mg/L\xrightarrow{\times10^{-3}}kg/m^3$

③ $24,500mg/L=24.5kg/m^3$　④ 비중 $1.0=1.0ton/m^3=1,000kg/m^3$

★★ ④ 슬러지의 비중계산

$$\frac{1}{\rho_{SL}}=\frac{W_{TS}}{\rho_{TS}}+\frac{W_P}{\rho_P}$$

여기서, ρ_{SL} : 슬러지의 비중　　W_{TS} : 고형물 함량

ρ_{TS} : 고형물 비중　　W_P : 수분의 함량

ρ_P : 수분의 비중

Question 19

건조된 슬러지 고형분의 비중이 1.28이며, 건조 이전의 슬러지내 고형분 함량이 41%일 때 건조전 슬러지의 비중을 계산하시오.

풀이

$$\frac{1}{\rho_{SL}} = \frac{W_{TS}}{\rho_{TS}} + \frac{W_P}{\rho_P}$$

$$\frac{1}{\rho_{SL}} = \frac{0.41}{1.28} + \frac{0.59}{1.0}$$

$$\therefore \ \rho_{SL} = 1.099$$

TIP

① $W_P = 100 - 41\% = 59\%$ ② $\rho_P = 1.0$

★★ ⑤ 분뇨투입구 수 계산

$$\text{투입구수(N)} = \frac{\text{수거분뇨량}}{\text{수거차량의 용량} \times \text{수거차량 작업시간} \times \text{수거차량의 분뇨투입시간}}$$

Question 20

어느 도시에서 1일 수거되는 분뇨가 600kL, 수거차량의 용량은 3kL/대, 분뇨처리장에서 수거차량 1대의 분뇨투입시간이 30분, 분뇨처리장에서 수거차량 작업시간을 1일 8시간이라 할 때 분뇨처리장에서 수거차량의 분뇨투입을 위한 투입구 수를 계산하시오.

풀이

$$\text{투입구 수(N)} = \frac{\text{수거분뇨량}}{\text{수거차량의 용량} \times \text{수거차량 작업시간} \times \text{수거차량의 분뇨투입시간}}$$

$$= \frac{600\text{KL}}{3\text{KL/대} \times 8\text{hr/일} \times 1\text{대}/30\text{min} \times 60\text{min/hr}} = 12.5 = 13\text{개}$$

02 물리, 화학, 생물학적 처분

1. 용매추출법

액상폐기물에서 제거하려는 성분을 용매에 흡수시켜 처리하는 방법이다.

★★ (1) 용매추출방법의 적용대상 폐기물

① 미생물에 의해 분해가 어려운 물질을 처리할 경우
② 활성탄을 이용하기에는 농도가 너무 높은 물질을 처리할 경우
③ 낮은 휘발성으로 인해 Stripping하기가 곤란한 물질을 처리할 경우
④ 물에 대한 용해도가 낮은 물질을 처리할 경우

TIP

Stripping(스트리핑) : 액체 중에 용해되어 있는 기체 또는 증기를 분리 또는 제거하는 것을 말한다.

★ (2) 용매추출법에 이용 가능성이 높은 폐기물의 특징

① 높은 분배계수를 가지는 것
② 낮은 끓는점을 가질 것
③ 물에 대한 용해도가 낮은 것
④ 밀도가 물과 다를 것

Question 21

폐기물을 화학적으로 처리하는 방법 중 용매추출법에 관한 내용으로 틀린 것은?

㉮ 높은 분배계수와 낮은 끓는점을 가지는 폐기물에 이용 가능성이 높다.
㉯ 사용되는 용매는 극성이어야 한다.
㉰ 증류 등에 의한 방법으로 용매 회수가 가능해야 한다.
㉱ 물에 대한 용해도가 낮고 물과 밀도가 다른 폐기물에 이용 가능성이 높다.

풀이 ㉯ 사용되는 용매는 비극성이어야 한다.

★★ 2. Fenton(펜턴) 산화법

(1) Fenton 산화법의 특징

★★① Fenton액은 철염과 과산화수소수를 포함한다.

★★② 최적반응을 위해 침출수 pH를 3~5로 조정한다.

★★③ Fenton액을 첨가하여 난분해성 유기물질(NBDCOD)을 산화하여 생분해성 유기물질(BDCOD)로 변화시킨다. (COD는 감소하고 BOD는 증가한다.)

④ 슬러지 생산량이 많아질 수 있다.

⑤ 처리시설은 pH조절조, 중화 및 응집조, 침전조로 구성되어 있다.

⑥ 여분의 과산화수소수는 후처리의 미생물 성장에 영향을 줄 수 있다.

⑦ 유입시설의 변화시 탄력적인 대응이 가능하다.

⑧ 시설비는 오존처리시나 활성탄 흡착법보다 적게 소요된다.

⑨ 펜턴시약의 반응시간은 철염과 과산화수소수의 주입농도에 따라 변화된다.

Question 22

침출수를 처리하는 방법 중 펜톤(Fenton)산화에 대한 내용으로 틀린 것은?

㉮ 슬러지 생산량이 적고, COD는 증가하고 BOD는 감소하는 경향을 보인다.
㉯ 난분해성 물질을 생분해성 물질로 변화시킨다.
㉰ 펜톤의 산화는 pH 3.5 정도에서 가장 효과적인 것으로 알려져 있다.
㉱ 펜톤 시약의 반응시간은 철염과 과산화수소수의 주입농도에 따라 변화된다.

풀이 ㉮ 슬러지 생산량이 많고, COD는 감소하고 BOD는 증가하는 경향을 보인다.

(2) Fenton 산화법 정리

★★① 펜턴시약 : H_2O_2

★★② 촉매 : 황산제1철

③ 강산화세 : OH 라디칼

④ pH : 3~5

★★⑤ 특징 : COD 감소, BOD 증가

Question 23

유기물의 산화공법으로 적용되는 Fenton 산화반응에 사용되는 시약으로 알맞은 것은?

㉮ 아연과 자외선
㉯ 마그네슘과 자외선
㉰ 철과 과산화수소
㉱ 아연과 과산화수소

정답 ㉰

3. 습식 고온 고압 산화처리법(Zimmerman 공법)

① 액상슬러지에 열과 압력을 작용시켜 용존산소에 의하여 화학적으로 슬러지내의 유기물을 산화시키는 방법이다.

② 슬러지를 가열(210℃, 210atm 정도)시켜 슬러지내의 유기물이 공기에 의해 산화되도록하는 공법이다.

③ 시설의 수명이 짧으며 질소의 제거율이 낮다.

④ 투자, 유지비가 높다.

⑤ 장치의 주요기기는 공기압축기, 고압펌프, 열교환기 등이다.

Question 24

습식 고온 고압 산화처리에 대한 내용으로 틀린 것은?

㉮ 산소가 부족한 상태에서 유기물을 연료화시키는 방법이다.
㉯ 시설의 수명이 짧으며 질소의 제거율이 낮다.
㉰ 투자, 유지비가 높다.
㉱ 본 장치의 주요기기는 공기압축기, 고압펌프, 열교환기 등이다.

풀이 ㉮ 액상슬러지에 열과 압력을 작용시켜 용존산소에 의하여 화학적으로 슬러지내의 유기물을 산화시키는 방법이다.

★★ 4. 침출수 특성에 따른 처리공정

(1) 역삼투법 이용시 효율적인 조건

① $\frac{COD}{TOC}$: 2.0~2.8, $\frac{BOD}{COD}$: 0.1~0.5, COD : 500~10,000mg/L, 매립연한 : 5~10년

② $\frac{COD}{TOC}$: 1.0, $\frac{BOD}{COD}$: 0.03, COD : 400mg/L, 매립연한 : 15년 정도

Question 25

매립지의 침출수의 특성이 COD/TOC = 1.0, BOD/COD = 0.03이라면 효율성이 가장 양호한 처리공정은? (단, 매립연한은 15년 정도이며 COD는 400mg/L)

㉮ 역삼투 ㉯ 화학적 침전(석회투여)
㉰ 화학적산화 ㉱ 이온교환수지

정답 ㉮

(2) 생물학적처리 이용시 효율적인 조건

$\frac{COD}{TOC} > 2.8$, $\frac{BOD}{COD} > 0.5$, COD > 10,000mg/L, 매립연한 : 5년 이하

Question 26

매립된지 5년이 넘지 않은 매립지에서 발생되는 침출수를 처리하기 위한 공정으로 가장 효율성이 우수한 것은? (단, 침출수 특성 : COD/TOC 〉 2.8, BOD/COD 〉 0.5, COD 〉 10,000ppm)

㉮ 역삼투　　㉯ 화학적 산화　　㉰ 약품처리　　㉱ 생물학적 처리

 ㉱

(3) 활성탄 이용시 효율적인 조건

$\frac{COD}{TOC} < 2.0$, $\frac{BOD}{COD} < 0.1$, COD : 500mg/L이하, 매립연한 : 10년 이상

Question 27

다음과 같은 특성을 가진 침출수의 처리에 가장 효율적인 공정은?

- 침출수 특성 : COD/TOC < 2.0
- BOD/COD < 0.1
- 매립연한 10년 이상
- COD 500 이하
- 단위 mg/L

㉮ 이온교환수지　　㉯ 활성탄
㉰ 화학적 침전(석회투여)　　㉱ 화학적 산화

고농도 난분해성 독성 유해 폐액의 처리방법

① 고온, 고압에서의 분해
② 강산화제에 의한 산화 처리
③ 열분헤

TIP

건식법에 의한 소각로 유해가스(SO_2) 대책 중 하나인 석회흡수법의 특징

① 석회석 값이 저렴하여 운영비의 부담이 적다.
② 배기가스의 온도가 떨어지지 않는다.
③ 소규모 및 노후 보일러에도 사용되어질 수 있다.
④ SO_2가 석회석 분말표면에 침투가 용이하지 못하여 제거효과가 낮다.

5. 흡착법

① 흡착제 : 활성탄, 실리카겔, 활성백토 등
② 흡착 메카니즘 : 1단계(경막으로 이동) → 2단계(경막내 확산) → 3단계(공극내 확산) → 4단계(흡착)
★★ ③ 흡착의 종류

	물리적 흡착	화학적 흡착
흡착열	작다	물리적 흡착에 비해 크다
재 생	재생 가능(가역적)	재생 불가능(비가역적)
작용힘	반데스바알스힘	흡착제 - 용질의 화학반응
흡착특성	다분자 흡착	단분자 흡착

6. 표준활성슬러지법(재래식 활성슬러지법)

① MLSS : 1,500~2,500mg/L
② F/M비 : 0.2~0.4/day
③ HRT(수리학적 체류시간) : 6~8hr
④ SRT(미생물 체류시간) : 3~6day
⑤ 반응조 수심 : 4~6m
⑥ 반응조 형상 : 사각형, 다단 완전혼합형
⑦ 포기방식 : 전면포기식, 선회류식, 미세기포 분사식, 수중 교반식

TIP

표준활성슬러지법 운전조건

- 온도 25~30℃
- pH 6~8
- DO 2mg/L 이상
- BOD : N : P=100 : 5 : 1

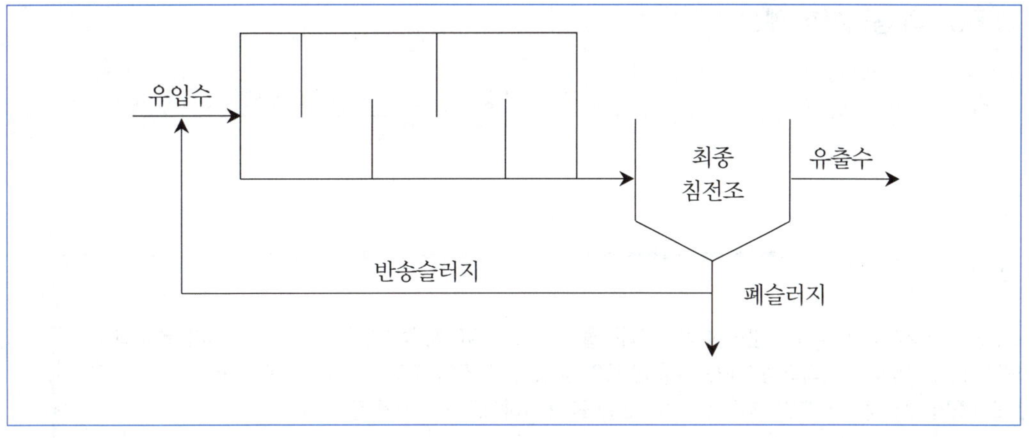

★★★ (1) BOD 제거효율 계산

①

$$\text{희석배수치(P)} = \frac{\text{유입수의 } Cl^-}{\text{유출수의 } Cl^-} = \frac{\text{희석 후 시료량}}{\text{희석 전 시료량}}$$

②

$$\text{BOD 제거효율}(\eta) = \left(1 - \frac{\text{유출수의 BOD}}{\text{유입수의 BOD}}\right) \times 100(\%)$$

③

$$\text{BOD 제거효율}(\eta) = \left(1 - \frac{\text{유출수의 BOD} \times P}{\text{유입수의 BOD}}\right) \times 100(\%)$$

Question 28

처리장으로 유입되는 생분뇨의 BOD가 15,000ppm, 이때의 염소이온 농도가 6,000ppm 이었다. 이 생분뇨를 희석한 후 활성슬러지법으로 처리한 처리수의 BOD는 60ppm, 염소이온농도가 200ppm이었다면 활성슬러지법에서의 BOD 제거효율(%)을 계산하시오.

풀이

① $\text{희석배수치(P)} = \frac{\text{유입수의 염소이온농도}}{\text{유출수의 염소이온농도}} = \frac{6{,}000\text{ppm}}{200\text{ppm}} = 30$

② $\text{BOD 제거효율(\%)} = \left(1 - \frac{\text{유출수의 BOD} \times P}{\text{유입수의 BOD}}\right) \times 100 = \left(1 - \frac{60\text{ppm} \times 30}{15{,}000\text{ppm}}\right) \times 100 = 88\%$

★★ (2) BOD의 용적부하 계산

$$\text{BOD의 용적부하}(kg/m^3 \cdot day) = \frac{\text{분뇨의 유입량}(m^3/day) \times \text{BOD 농도}(kg/m^3)}{\text{포기조의 용적}(m^3)}$$

Question 29

BOD 농도가 22,000mg/L인 분뇨를 전처리과정을 거쳐 활성슬러지 공법으로 처리하려고 한다. 분뇨의 유입량이 15kL/day, 전처리과정의 BOD 제거효율이 80%, 포기조의 규격에 폭 4m, 길이 10m, 깊이 4m 라면 포기조의 단위 용적당 BOD 부하(kg/m³ · day)를 계산하시오. (단, 비중은 1.0)

풀이

$$\text{BOD 용적부하}(kg/m^3 \cdot day) = \frac{15m^3/day \times 22kg/m^3 \times (1-0.80)}{(4m \times 10m \times 4m)}$$

$$= 0.41kg/m^3 \cdot day$$

TIP

① 분뇨의 투입량 $15kL/day = 15m^3/day$

② 포기조의 BOD 농도 $= 22,000mg/L \times (1-0.80)$

③ $mg/L \xrightarrow{\times 10^{-3}} kg/m^3$

④ BOD 농도 $22,000mg/L = 22kg/m^3$

7. 고도처리법

(1) A/O 공법

① A/O 공법의 공정도

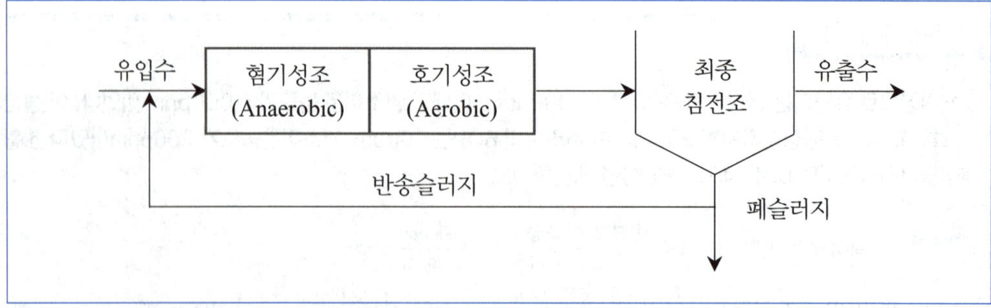

★★ ② A/O 공법의 반응조 역할

ⓐ 혐기성조(Anaerobic) : 인(P)의 방출, 유기물 제거

ⓑ 호기성조(Aerobic) : 인(P)의 과잉흡수

(2) A_2/O 공법

① A_2/O 공법의 공정도

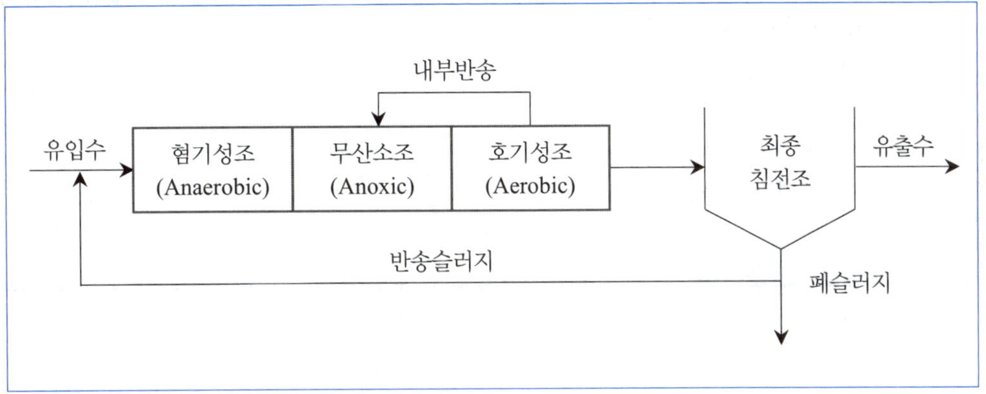

★★ ② A_2/O 공법의 반응조 역할

ⓐ 혐기성조 : 인의 방출, 유기물 제거

ⓑ 무산소조 : 탈질작용(질소제거)

ⓒ 호기성조(포기조 또는 폭기조) : 인의 과잉흡수 및 질산화

ⓓ 내부반송 : 호기성조(폭기조)에서 질산화를 통하여 생성된 질산성 질소를 무산소조로 보내 질소를 제거한다.

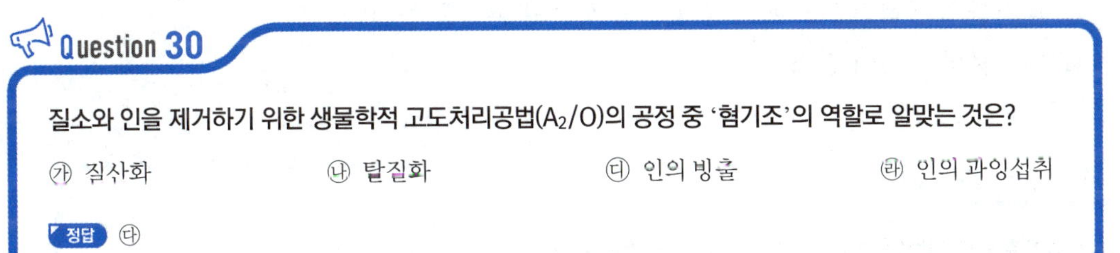

Question 30

질소와 인을 제거하기 위한 생물학적 고도처리공법(A_2/O)의 공정 중 '혐기조'의 역할로 알맞는 것은?

㉮ 질산화 ㉯ 탈질화 ㉰ 인의 방출 ㉱ 인의 과잉섭취

정답 ㉰

★★ (3) 미생물의 에너지원과 탄소원

분류	에너지원	탄소원
광합성 독립(자가) 영양 미생물	빛	CO_2
화학합성 독립(자가) 영양 미생물	무기물의 산화·환원 반응	CO_2
광합성 종속(타가) 영양 미생물	빛	유기탄소
화학합성 종속(타가) 영양 미생물	유기물의 산화·환원 반응	유기탄소

Question 31

유기성 폐기물의 생물학적 처리와 관련한 미생물에 대한 용어 중 종속영양계인 화학종속영양계 미생물의 에너지원과 탄소원으로 알맞은 것은?

㉮ 에너지원 : 유기 산화 환원반응, 탄소원 : CO_2

㉯ 에너지원 : 무기 산화 환원반응, 탄소원 : CO_2

㉰ 에너지원 : 유기 산화 환원반응, 탄소원 : 유기탄소

㉱ 에너지원 : 무기 산화 환원반응, 탄소원 : 유기탄소

정답 ㉰

03 고형화 처분

★★ 1. 유해폐기물을 고형화하는 목적

① 폐기물을 다루기가 용이하다.

② 폐기물내 오염물질의 용해도가 감소한다.

③ 폐기물 표면적의 감소에 따른 폐기물 성분의 손실을 줄인다.

④ 폐기물의 독성이 감소한다.

Question 32

유해폐기물 최종 처분을 위한 고화처리 목적으로 틀린 것은?

㉮ 폐기물 표면적 증가로 폐기물 성분 손실 감소

㉯ 폐기물을 다루기 용이함

㉰ 폐기물 내의 오염물질의 용해도 감소

㉱ 폐기물의 독성 감소

풀이 ㉮ 폐기물 표면적의 감소로 폐기물 성분 손실 감소

★★2. 유기성 고형화 및 무기성 고형화

★★(1) 유기성 고형화 방법의 특징

★★① 수밀성이 크며 다양한 폐기물에 적용할 수 있다.
② 방사성 폐기물 처리에 적용된다.
★★③ 최종 고화체의 체적 증가가 다양하다.
★★④ 처리비용이 고가이다.
★★⑤ 미생물 및 자외선에 대한 안정성이 약하다.
⑥ 상업화된 처리법의 현장자료가 빈약하다.
⑦ 고도의 기술이 필요하며 촉매 등 유해물질이 사용된다.

Question 33

유기적 고형화 기술에 관한 내용으로 잘못된 것은? (단, 무기적 고형화 기술과 비교)

㉮ 수밀성이 크며 처리비용이 고가이다.
㉯ 미생물, 자외선에 대한 안정성이 강하다.
㉰ 방사성 폐기물처리에 적용한다.
㉱ 최종 고화체의 체적 증가가 다양하다.

풀이 ㉯ 미생물, 자외선에 대한 안정성이 약하다.

★★(2) 무기성 고형화 방법의 특징

★★① 처리비용이 싸다.
② 장기적으로 안정성이 지속된다.
③ 고화재료 구입이 용이하며, 재료가 무독성이다.
④ 상온, 상압에서 처리가 용이하다.
★★⑤ 수용성이 작고, 수밀성이 양호하다.
★★⑥ 다양한 산업폐기물에 적용할 수 있다.
★★⑦ 고형화재료에 따라 고화체의 체적 증가가 다양하다.

Question 34

유기적 고형화법과 비교한 무기적 고형화법에 대한 내용으로 잘못된 것은?

㉮ 다양한 산업폐기물에 적용이 가능하다.
㉯ 비용이 저렴하다.
㉰ 상압 및 상온하에서 처리가 용이하다.
㉱ 수용성이 크며 재료의 독성이 없다.

풀이 ㉱ 수용성이 작다.

★★ 3. 폐기물의 고화처리방법

(1) 시멘트 기초법

① 장점

ⓐ 다양한 폐기물을 처리할 수 있다.

★★ ⓑ 폐기물의 건조 또는 탈수가 필요없다.

ⓒ 사용되는 시멘트의 양을 조절함으로써 폐기물 콘크리트의 강도를 높일 수 있다.

ⓓ 가장 널리 사용되는 방법 중의 하나로 포틀랜드 시멘트를 이용한다.

★★ ⓔ 고농도 중금속 폐기물에 적합하다.

★★ ⓕ 가장 흔히 사용되는 보통 포틀랜드 시멘트의 주성분은 CaO, SiO_2이다.

ⓖ 장치이용이 쉽고 고도의 기술이 필요치 않다.

ⓗ 재료의 가격이 싸고 풍부하게 존재한다.

② 단점

★★ ⓐ 낮은 pH에서 폐기물 성분의 용출가능성이 있다.

ⓑ 고형화된 시료의 $\frac{\text{표면적}}{\text{부피}}$ 비를 감소시키거나 투수성을 감소시키는 것이 중요하다.

Question 35

폐기물 시멘트 고형화법 중 시멘트 기초법에 대한 내용으로 틀린 것은?

㉮ 시멘트 - 포졸란 반응과 처리기술이 잘 발달되어 있다.
㉯ 사용되는 시멘트의 양을 조절하여 폐기물 콘크리트의 강도를 높일 수 있다.
㉰ 폐기물의 건조나 탈수가 필요하지 않다.
㉱ 원료가 풍부하고 값이 싸다.

풀이 ㉮번은 석회기초법에 대한 설명이다.

TIP

포틀랜드 시멘트의 주성분

① 석회(CaO) : 60 ~ 65% 정도
② 규산(SiO_2) : 22% 정도
③ 기타 : 13%정도

Question 36

고형화 처리 중 시멘트 기초법에서 가장 흔히 사용되는 보통 포틀랜드 시멘트 성상의 주성분은?

㉮ CaO, Al_2O_3 ㉯ CaO, SiO_2 ㉰ CaO, MgO ㉱ CaO, Fe_2O_3

정답 ㉯

★★(2) 석회 기초법

① 장점

ⓐ 석회의 가격이 싸고 널리 이용되고 있다.

★★ⓑ 탈수가 필요하지 않은 경우가 많다.

ⓒ 석회－포졸란 화학반응이 간단하고 용이하다.

ⓓ 공정운전이 간단하고 용이하다.

ⓔ 두 가지 폐기물을 동시에 처리할 수 있다.

② 단점

★★ⓐ pH가 낮을 경우 폐기물 성분의 용출가능성이 증가한다.

ⓑ 최종처분 물질의 양이 증가한다.

Question 37

고화처리 방법인 석회기초법의 장·단점으로 틀린 것은?

㉮ pH가 낮을 때 폐기물성분의 용출가능성이 증가한다.
㉯ 탈수가 필요하다.
㉰ 석회가격이 싸고 널리 이용된다.
㉱ 두 가지 폐기물을 동시에 처리할 수 있다.

풀이 ㉯ 탈수가 필요없다.

★★★(3) 자가시멘트법

① 장점

★★ⓐ 혼합률(MR)이 낮다.

TIP

$$혼합률(MR) = \frac{첨가제의\ 질량}{폐기물의\ 질량}$$

ⓑ 중금속 저지에 효과적이다.

★★ⓒ 탈수 등의 전처리가 필요없다.

★★ⓓ 고농도 황화물 함유 폐기물에 적용한다.
(연소가스 탈황시 발생된 슬러지(FGD 슬러지) 처리에 적용)

ⓔ 폐기물이 스스로 고형화되는 성질을 이용하여 개발되었다.

② 단점

ⓐ 보조에너지가 필요하다.

★★ⓑ 장치비가 크며 숙련된 기술을 요한다.

Question 38

폐기물 고형화 방법 중 배기가스를 탈황시킬 때 발생되는 슬러지(FGD 슬러지)의 처리에 많이 이용되는 것은?

㉮ 피막형성법 ㉯ 시멘트기초법 ㉰ 석회기초법 ㉱ 자가시멘트법

 ㉱

Question 39

시멘트 고형화법 중 자가시멘트법에 관한 내용으로 틀린 것은?

㉮ 혼합률이 높고 중금속 저지에 효과적이다.
㉯ 탈수 등 전처리가 필요없다.
㉰ 장치비가 크고 보조에너지가 필요하다.
㉱ 연소가스 탈황시 발생된 슬러지처리에 사용된다.

풀이 ㉮ 혼합률이 낮고 중금속 저지에 효과적이다.

★★(4) 피막형성법

① 장점

★★ⓐ 낮은 혼합률(MR)을 가진다.

ⓑ 침출성이 낮다.

② 단점

★★ⓐ 에너지 소요가 크다.

★★ⓑ 화재의 위험성이 있다.

ⓒ 피막형성을 위한 수지값이 비싸다.

Question 40

폐기물의 고화처리방법 중 피막형성법의 장점으로 알맞은 것은?

㉮ 화재 위험성이 없다.
㉯ 혼합률이 높다.
㉰ 에너지 소요가 적다.
㉱ 침출성이 낮다.

풀이 ㉮ 화재 위험성이 있다.
㉯ 혼합률이 낮다.
㉰ 에너지 소요가 크다.

★★ (5) 열가소성 플라스틱법

① 장점

★★ ⓐ 용출손실률은 시멘트기초법에 비해 매우 낮다.

ⓑ 대부분의 매트릭스 물질은 수용액의 침투에 저항성이 매우 크다.

ⓒ 고화처리된 폐기물성분을 나중에 회수하여 재활용 할 수 있다.

② 단점

★★ ⓐ 혼합률(MR)이 비교적 높다.

★★ ⓑ 높은 온도에서 분해되는 물질에는 사용할 수 없다.

ⓒ 처리과정에서 화재의 위험성이 있다.

ⓓ 에너지 요구량이 크다.

ⓔ 폐기물을 건조시켜야 한다.

Question 41

고화처리법 중 열가소성 플라스틱법(Thermoplastic Process)에 대한 내용으로 틀린 것은?

㉮ 용출손실율이 시멘트 기초법보다 높다.
㉯ 고온분해되는 물질에는 사용할 수 없다.
㉰ 혼합률이 비교적 높다.
㉱ 고화처리된 폐기물성분을 회수하여 재활용할 수 있다.

풀이 ㉮ 용출손실율이 시멘트 기초법보다 낮다.

★★ (6) 유리화법

① 장점

ⓐ 첨가제의 비용이 비교적 싸다.

★★ⓑ 2차 오염물질의 발생이 적다.

② 단점

ⓐ 에너지 집약적이다.

ⓑ 특수장치와 숙련된 인원이 필요하다.

Question 42

폐기물 고형화처리법 중 유리화법에 대한 설명으로 틀린 것은?

㉮ 에너지 집약적이다.
㉯ 특수장치와 숙련된 인원이 필요하다.
㉰ 첨가제의 비용이 비교적 싸다.
㉱ 2차 오염물질의 발생이 많다.

풀이 ㉱ 2차 오염물질의 발생이 적다.

4. 고화처리한 후 적정처리 여부를 시험·조사하는 항목

① 물리적 시험 : 투수율, 압축강도, 내구성

② 화학적 시험 : 용출시험

Question 43

지정폐기물을 고화처리한 후 적정처리 여부를 시험·조사하는 항목으로 틀린 것은?

㉮ 독성시험 ㉯ 투수율 ㉰ 압축강도 ㉱ 용출시험

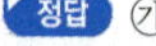 ㉮

★★ 5. 폐기물의 부피변화율 공식

$$\text{부피변화율(VCF)} = (1 + \text{MR}) \times \frac{\rho_1}{\rho_2}$$

여기서, MR : 혼합률$\left(\text{MR} = \frac{\text{첨가제의 질량}}{\text{폐기물의 질량}}\right)$

ρ_1 : 고화처리 전 폐기물의 밀도(g/cm^3)

ρ_2 : 고화처리 후 폐기물의 밀도(g/cm^3)

Question 44

유해폐기물 고화처리시 흔히 사용하는 지표인 혼합률(MR)은 고화제 첨가량과 폐기물 양의 중량비로 정의된다. 고화처리 전 폐기물의 밀도가 $1.0g/cm^3$, 고화처리후 폐기물의 밀도가 $1.3g/cm^3$이라면 혼합률(MR)이 0.755일 때 고화처리된 폐기물의 부피변화율(VCF)를 계산하시오.

풀이 $\text{VCF} = (1 + \text{MR}) \times \frac{\rho_1}{\rho_2} = (1 + 0.755) \times \frac{1.0g/cm^3}{1.3g/cm^3} = 1.35$

CHAPTER

02 연료화 기술

01 연료

1. 고체연료

★★ (1) 고체연료의 특징

① 고체연료의 C/H비는 15 ~ 20 범위이다.

② 고체연료는 액체연료에 비하여 수소함유량이 적다.

③ 고체연료는 액체연료에 비하여 산소함유량이 크다.

④ 고체연료의 연소속도는 연료단위 표면적당 단위시간당 연료량을 의미한다.

★★ ⑤ 점화와 소화가 용이하지 못하다.

★★ ⑥ 인화, 폭발의 위험성이 적다.

⑦ 가격이 저렴하다

⑧ 저장, 운반시 노천 야적이 가능하다.

Question 01

다음 중 고체연료의 장점으로 틀린 것은?

㉮ 점화와 소화가 용이하다.

㉯ 인화, 폭발의 위험성이 적다.

㉰ 가격이 저렴하다.

㉱ 저장, 운반시 노천 야적이 가능하다.

풀이 ㉮ 점화와 소화가 용이하지 못하다.

★★ (2) 석탄의 탄화도

① 탄화도가 증가하면 고정탄소, 발열량, 착화온도, 연료비$\left(\frac{\text{고정탄소}}{\text{휘발분}}\right)$가 증가

② 탄화도가 증가하면 매연 발생량, 비열, 휘발분, 수분, 산소의 양, 연소속도는 감소

 Question 02

석탄의 탄화도가 증가하면 감소하는 것은?

㉮ 휘발분 ㉯ 착화온도 ㉰ 고정탄소 ㉱ 발열량

정답 ㉮

2. 액체연료

★★ (1) 액체연료 특징

① 발열량이 크고 품질이 비교적 균일하다.
② 회분이 거의 없고 점화, 소화 및 연소의 조절이 비교적 쉽다.
③ 계량, 기록이 수월하다.
④ 저장, 운반이 용이하며 배관공사 등에 걸리는 비용도 적게 소요된다.
⑤ 단위질량당의 발열량이 커, 화력이 강하다.
⑥ 액체연료는 비교적 저가로 안정하게 공급되고 품질에도 큰차가 없다.
⑦ 액체연료는 화재, 역화 등의 위험이 크며, 연소온도가 높아 국부가열을 일으키기 쉽다.
⑧ 액체연료의 경우 회분은 적지만, 재속의 금속산화물이 장해원인이 될 수 있다.

 Question 03

고체연료 및 액체연료의 비교 특성에 관한 내용으로 잘못된 것은?

㉮ 석유계 연료는 연소의 조절이 간단하고 용이하다.
㉯ 석유계 연료는 동일 중량의 석탄계 연료보다 용적이 35~50% 정도이다.
㉰ 석유계 연료의 발열량(kcal/kg)은 석탄계 연료보다 높다.
㉱ 석유계 연료는 연소시 과잉공기량이 많아 회분 발생량이 적다.

풀이 ㉱ 석유계 연료는 연소시 과잉공기량이 적게 소요되고, 회분 발생량이 적다.

★★ (2) 석유류의 특성

① 비중이 커지면 탄소수소비(C/H), 인화점, 점도, 착화점, 매연발생량이 증가한다.
② 비중이 클수록 발열량이 낮아지고 연소성이 낮아진다.
③ 점도가 작아지면 인화점, 끊는점이 낮아지고, 유동성이 좋아져 분무화가 잘 된다.
④ 석유류의 증기압이 큰 것은 착화점이 낮아서 위험하다.
⑤ 인화점이 낮은 경우에는 역화의 위험성이 있고, 높은 경우(140℃ 이상)에서는 착화가 곤란하다.
⑥ 인화점은 화기에 대한 위험도를 나타내며, 인화점이 낮을수록 연소가 잘 되나 위험하다.

Question 04

다음 중 액체연료인 석유류에 대한 내용으로 틀린 것은?

㉮ 비중이 커지면 탄소수소비(C/H)가 커진다.
㉯ 비중이 커지면 발열량이 감소한다.
㉰ 점도가 작아지면 인화점이 높아진다.
㉱ 점도가 작아지면 유동성이 좋아져 분무화가 잘 된다.

풀이 ㉰ 점도가 작아지면 인화점이 낮아진다.

3. 기체연료

★★ (1) 기체연료의 특징

① 장점
ⓐ 연소효율이 높고 안정된 연소가 된다.
★★ⓑ 적은 과잉공기(10～20%)로 완전연소가 가능하다.
★★ⓒ 연료의 예열이 쉽고 유황 함유량이 적어 SO_X 발생량이 적다.
ⓓ 점화, 소화가 용이하고 연소조절이 쉽다.
★★ⓔ 발열량이 높다.
ⓕ 회분이나 유해물질의 배출이 적다.
ⓖ 부하의 변동 범위가 넓다.

② 단점
ⓐ 설비비가 많이 들고 비싸다.
ⓑ 취급시 위험성이 크다.
ⓒ 수송이나 저장이 용이하지 못하다.

Question 05

기체연료의 장·단점으로 잘못된 것은?

㉮ 연소 효율이 높고 안정된 연소가 된다.
㉯ 완전연소시 많은 과잉공기(200~300%)가 소요된다.
㉰ 설비비가 많이 들고 비싸다.
㉱ 연료의 예열이 쉽고 유황 함유량이 적어 SO_X 발생량이 적다.

풀이 ㉯ 완전연소시 적은 과잉공기(10~20%)가 소요된다.

(2) 기체연료의 종류

★★ ① LNG(액화천연가스)

★★ ⓐ LNG의 주성분은 CH_4(메탄)이다.

ⓑ LNG의 밀도는 공기보다 작다.

★★ ⓒ LNG는 천연가스를 1기압하에서 -162℃ 정도로 냉각하여 액화시켜 대량 수송 및 저장을 가능하게 한 것이다.

ⓓ LNG는 지질학적으로 수용성 가스, 석탄계 가스, 석유계 가스로 구분되며 석탄계 가스가 대부분을 차지한다.

ⓔ 고위발열량은 10,000kcal/Sm^3이다.

★★ ② LPG(액화석유가스)

★★ ⓐ LPG의 주성분은 C_3H_8(프로판)과 C_4H_{10}(부탄)이다.

ⓑ LPG의 비중이 공기보다 무거워 인화폭발의 위험성이 높다.

ⓒ LPG의 발열량은 26,000 kcal/Sm^3이며, 비중은 공기의 1.5배 정도이다.

★★ ⓓ 석유정제때에 부산물로 생산되는 것과 천연가스에서 회수되는 것이 있으나 전자의 것이 대부분이다.

ⓔ 황분이 적고 독성이 없다.

ⓕ 액화시키는 이유는 기체상태일 때 보다 부피가 $\frac{1}{240} \sim \frac{1}{280}$로 줄어들기 때문이다.

02 열분해

1. 열분해의 정의

폐기물을 무산소 또는 산소가 부족한 상태에서 고온으로 가열하여 가스, 액체, 고체 상태의 연료를 생산하는 공정이다.

★★★ 2. 열분해의 특징

① 열분해의 방법은 저온법과 고온법이 있다.

② 열분해에서 일반적으로 저온이라 함은 500~900℃, 고온은 1,100~1,500℃를 말한다.

③ 고온열분해에서 1700℃까지 온도를 올리면 생산되는 모든 재는 슬래그(Slag)로 배출된다.

④ 고온의 열분해에서는 가스상태의 연료가 많이 생성된다.

★★ ⑤ 열분해 온도에 따른 가스의 구성비가 좌우되는데 고온이 될수록 CO_2 함량이 감소하고, 수소함량이 증가한다.

★★ ⑥ 열분해를 통하여 얻어지는 연료의 성질을 결정짓는 요소로는 운전온도, 가열속도, 폐기물의 성질 등으로 알려져 있다.

★★ ⑦ 연소가 고도의 발열반응에 비해 열분해는 고도의 흡열반응이다.

⑧ 폐기물을 산소의 공급없이 가열하여 가스, 액체, 고체의 3성분으로 분리한다.

⑨ 열분해에 의해 생성되는 액체물질에는 아세트산, 아세톤, 메탄올, 오일, 타르, 방향성물질이 있다.

★★ ⑩ 열분해 장치는 고정상, 유동상, 부유상태 등의 장치로 구분되어질 수 있다.

Question 06

폐기물 열분해에 대한 내용으로 잘못된 것은?

㉮ 고온 열분해에서는 가스 상태의 연료가 많이 생성된다.
㉯ 열분해 장치는 고정상, 유동상, 부유상태 등으로 구분할 수 있다.
㉰ 열분해 온도에 따라 가스구성비가 좌우되는데, 온도가 증가할수록 CO_2 구성비(함량)는 감소된다.
㉱ 열분해 온도에 따라 가스구성비가 좌우되는데, 온도가 증가할수록 수소 구성비(함량)는 감소된다.

풀이 ㉱ 열분해 온도에 따라 가스구성비가 좌우되는데, 온도가 증가할수록 수소 구성비(함량)는 증가한다.

3. 열분해시 생성물질

① 기체상 물질 : 수소(H_2), 메탄(CH_4), 일산화탄소(CO)

② 액체상 물질 : 아세톤, 메탄올, 오일

③ 고체상 물질 : 탄화물(Char), 불활성 물질

★★ 4. 열분해가 소각처리에 비해 갖는 장점

★★ ① 황 및 중금속이 회분속에 고정되는 비율이 크다.

② 저장 및 수송이 가능한 연료를 회수할 수 있다.

★★ ③ 환원성 분위기가 유지되어 Cr^{3+}가 Cr^{6+}로 변화되기 어렵다.

④ 배기가스량이 적어 가스처리 장치가 소형이다.

★★ ⑤ 소각처리에 비해 상대적으로 저온이기 때문에 NO_X 발생량이 적다.

⑥ 지속적 환원 분위기로 효과적인 에너지 회수가 가능하다.

Question 07

유기성 폐기물로부터 에너지회수를 위한 열분해처리 공법으로 틀린 것은?

㉮ 소각처리에 비해 배기가스량이 적다.

㉯ 소각처리에 비해 황 및 중금속이 회분 속에 고정되는 비율이 적다.

㉰ 소각처리에 비해 상대적으로 저온이기 때문에 NO_X의 발생량이 적다.

㉱ 환원성 분위기가 유지되므로 Cr^{3+}이 Cr^{6+}로 변화되기 어렵다.

풀이 ㉯ 소각처리에 비해 황 및 중금속이 회분 속에 고정되는 비율이 크다.

RDF(Refuse Derived Fuel)

폐기물 중의 가연성 물질만을 선별하여 함수율, 염소화합물, 입경 등을 조절하여 연료화 시킨 것이다.

★★1. RDF(고형화연료)를 소각로에서 사용시 문제점

① RDF의 조성은 주로 유기물질이므로 수분함량에 따라 부패되기 쉽다.
② RDF 중에 Cl 함량이 크면 다이옥신 발생 위험성이 높다.
③ 소각시설의 부식발생으로 시설수명이 단축될 수 있다.
④ 시설비 및 동력비가 고가이며, 운전에 숙련된 기술이 요구된다.
⑤ 연료공급의 신뢰성 문제가 있을 수 있다.

Question 08

RDF 소각로의 문제점으로 틀린 것은?

㉮ 소각시설의 부식발생으로 수명이 단축될 수 있다.
㉯ 연료공급의 신뢰성 문제가 있을 수 있다.
㉰ 염소보다는 유황의 다량 함유로 SO_X 발생이 문제가 된다.
㉱ 시설비가 고가이고 숙련된 기술이 필요하며 연소분진과 대기오염에 대한 주의가 요망된다.

풀이 ㉰ 염소가 다량 함유되어 다이옥신의 발생이 문제가 된다.

2. RDF의 특징

① 수분함량이 증가하면 부패하여 연료로서의 가치를 상실한다.
② PVC 등이 함유되면 연소시 배기가스 처리에 유의해야 한다.
③ 쓰레기를 연료로 전환하기 위한 전처리에 동력 및 투자비가 많이 소요된다.
④ 배합 조성률이 균일하여야 한다.
⑤ 저장 및 수송이 편리하도록 개질되어야 한다.
⑥ RDF용 소각로 제작이 용이해야하며, 발열량이 높아야 한다.
⑦ 쓰레기 원료중에 비가연성 성분이나 연소후 잔류하는 재의 양이 적어야 한다.
⑧ 조성 배합률이 균일하여야 하고 대기오염이 적어야 한다.

Question 09

쓰레기 전환 연료(RDF)에 관한 내용으로 틀린 것은?

㉮ 수분함량이 증가하면 부패하여 연료로서의 가치를 상실한다.
㉯ PVC 등이 함유되면 연소시 배기가스 처리에 유의해야 한다.
㉰ 쓰레기를 연료로 전환하기 위한 전처리에 동력 및 투자비가 적게 소요된다.
㉱ 배합 조성률이 균일하여야 한다.

풀이 ㉰ 쓰레기를 연료로 전환하기 위한 전처리에 동력 및 투자비가 많이 소요된다.

3. RDF의 종류

(1) Powder RDF(분말화한 모양의 RDF)

① 열용량(발열량)이 4,300Kcal/kg으로 가장 높다.
② 회분량이 10~20%이다.
③ 수분함량이 4% 이하이다.

(2) Pellet RDF(일정한 형태로 가공한 RDF)

① 발열량이 3,300 ~ 4,000Kcal/kg이다.
② 회분량이 12 ~ 25%이다.
③ 수분함량이 12~18% 정도이다.

(3) Fluff RDF(특정한 형태로 가공하지 않은 RDF)

① 발열량은 약 2,500~3,500Kcal/kg이다.
② 회분량이 22 ~ 30%이다.
③ 수분함량이 15~20% 정도이다.

Question 10

일반적으로 직경이 10~20mm이고 길이가 30~50mm인 형태와 크기를 가지며, 보관이나 운반의 효율을 높이는 동시에 단위 무게당 열량을 향상시킨 RDF의 종류는?

㉮ Powder RDF　㉯ Pellet RDF　㉰ Fluff RDF　㉱ Bubble RDF

정답 ㉯

★★ 4. RDF의 구비조건

① 재의 양이 적을 것
② 대기오염이 적을 것
③ 함수율이 낮을 것
④ 균일한 조성을 가질 것
⑤ 발열량(칼로리)이 높을 것

Question 11

RDF를 대량 사용하고자 할 경우의 구비조건으로 틀린 것은?

㉮ 함수율이 낮을 것
㉯ 칼로리가 낮을 것
㉰ 재의 양이 적을 것
㉱ RDF 조성이 균일할 것

풀이 ㉯ 칼로리가 높을 것

CHAPTER

03 자원화

01 퇴비화

1. 퇴비화 기술의 특징

★★ ① 우리나라 음식물 쓰레기를 퇴비로 재활용하는데 있어서 가장 큰 문제점은 염분함량이다.
② 퇴비화를 정상적으로 유도하기 위해서 공급하는 적정공기량은 5~15% 정도이다.
③ 유기성폐기물이 대상이며 함수율이 60% 전후인 원료가 적합하다.
④ 분해를 위해서는 대상 원료별 적합한 탄질소비(C/N비)를 맞추어 주는 것이 필요하다.
⑤ 통기 개량제는 톱밥 등을 사용하며 수분조절, 탄질소비 조절기능을 겸한다.
★★ ⑥ 생산된 퇴비는 비료의 가치가 낮고 퇴비완성시 부피감소율이 50% 이하로 낮은 편이다.
⑦ 초기시설 투자비가 낮고 운영시 소요에너지도 낮은 편이다.
⑧ 다른 폐기물 처리기술에 비해 고도의 기술수준이 요구되지 않는다.
★★ ⑨ 퇴비제품의 품질표준화가 어렵고, 부지가 많이 필요한 편이다.
★★ ⑩ 퇴비화 후에는 C/N비가 10 정도이다.
⑪ 생산품인 퇴비는 토양개량제로 사용할 수 있다.

Question 01

퇴비화에 대한 내용으로 틀린 것은?

㉮ 퇴비가 완성된 후에도 부피가 크게 감소하지는 않아 통상 50% 이하이다.
㉯ 퇴비화 후에는 C/N비 값이 70~85 정도로 높아진다.
㉰ 다양한 재료를 이용하므로 퇴비제품의 품질표준화가 어렵다.
㉱ 운영시 소요되는 에너지가 낮고, 생산품인 퇴비는 토양개량제로도 사용할 수 있다.

풀이 ㉯ 퇴비화 후에는 C/N비 값이 10 정도이다.

★★ 2. 퇴비화의 영향인자 중 C/N비(탄질비)의 특징

① 질소는 미생물 생장에 필요한 단백질 합성에 주로 쓰인다.

★★ ② 적정 C/N비는 30정도이다.

★★ ③ C/N비가 너무 낮으면(C/N비 20 이하) 암모니아 가스 발생으로 악취가 발생한다.

★★ ④ C/N비가 너무 높으면(C/N비 80 이상) 질소분의 함량이 적어 퇴비화가 잘 안되고 소요시간이 길어진다.

⑤ 일반적으로 퇴비화 탄소가 많으면 퇴비의 pH를 낮춘다.

C/N비가 낮은 경우(20 이하)의 특징

① 암모니아 가스가 발생할 가능성이 높아진다.
② 질소원 손실이 커서 비료효과가 저하될 가능성이 높다.
③ 퇴비화 과정 중 좋지 않은 냄새가 발생된다.

다음 중 C/N비가 낮은 경우(20 이하)에 대한 설명으로 틀린 것은?

㉮ 암모니아 가스가 발생할 가능성이 높아진다.
㉯ 질소원의 손실이 커서 비료효과가 저하될 가능성이 높다.
㉰ 유기산 생성량의 증가로 pH가 저하된다.
㉱ 퇴비화 과정 중 좋지 않은 냄새가 발생된다.

풀이 ㉰ 질소가 암모니아로 변해 pH가 증가한다.

★★ 3. 기계식 반응조 퇴비화 공법의 특징

① 퇴비화가 밀폐된 반응조내에서 수행된다.

★★ ② 일반적으로 퇴비화 원료물질의 혼합에 따라 수직형과 수평형으로 나뉘어 퇴비화를 수행한다.

③ 수직형 퇴비화 반응조는 반응조 전체에 최적조건을 유지하기 어려워 생산된 퇴비의 질이 떨어질 수 있다.

④ 수평형 퇴비화 반응조는 수직형 퇴비화 반응조와 달리 공기흐름 경로를 짧게 유지할 수 있다.

 Question 03

기계식 반응조 퇴비화 공법에 대한 내용으로 틀린 것은?

㉮ 퇴비화가 밀폐된 반응조내에서 수행된다.
㉯ 일반적으로 퇴비화 원료물질의 성분에 따라 수직형과 수평형으로 나뉘어 퇴비화를 수행한다.
㉰ 수직형 퇴비화 반응조는 반응조 전체에 최적조건을 유지하기 어려워 생산된 퇴비의 질이 떨어질 수 있다.
㉱ 수평형 퇴비화 반응조는 수직형 퇴비화 반응조와 달리 공기흐름 경로를 짧게 유지할 수 있다.

풀이 ㉯ 일반적으로 퇴비화 원료물질의 혼합에 따라 수직형과 수평형으로 나뉘어 퇴비화를 수행한다.

★★ 4. 친산소성 퇴비화 공정의 설계 운영의 고려인자

① 입자크기 : 폐기물의 적정 입자크기는 25~75mm 정도이다.
② 초기 C/N비는 25~50이 적당하다.
③ C/N비가 너무 높으면 : 질소분의 함량이 적어 퇴비화가 잘 안되고 소요시간이 길어진다.
④ C/N비가 너무 낮으면 : 암모니아 가스 발생으로 악취가 발생한다.
⑤ 병원균제어 : 병원균 사멸을 위해서는 60~70℃에서 24시간 이상 유지하여야 한다.
⑥ pH 조절 : 암모니아 가스에 의한 질소손실을 줄이기 위해서 pH 8.5 이상 올라가지 않도록 주의한다.
⑦ 퇴비화 기간동안 수분함량은 50~60% 범위에서 유지되어야 한다.
⑧ 퇴비단의 온도는 초기 며칠간은 50~55℃를 유지하여야 하며 활발한 분해를 위해서는 55~60℃가 적당하다.

 Question 04

친산소성 퇴비화 공정의 설계 운영고려인자에 대한 내용으로 틀린 것은?

㉮ 입자크기 : 폐기물의 적정 입자크기는 25~75mm 정도이다.
㉯ C/N비 : C/N비가 높은 경우는 암모니아 손실로 탄소가 제한 인자로 작용한다.
㉰ 병원균제어 : 병원균 사멸을 위해서는 60~70℃에서 24시간 이상 유지하여야 한다.
㉱ pH 조절 : 암모니아 가스에 의한 질소손실을 줄이기 위해서 pH 8.5 이상 올라가지 않도록 주의한다.

풀이 ㉯ C/N비 : C/N비가 높은 경우는 질소 부족으로 퇴비화가 잘 형성되지 않아 소요시간이 길어진다.

★★ 5. 퇴비화를 위한 설비

① 공기공급시설　　② 수분조절시설　　③ 교반시설

Question 05

다음 중 퇴비화를 위한 설비로 가장 틀린 것은?

㉮ 공기공급시설　㉯ 수분조절시설　㉰ 교반시설　㉱ 가온시설

정답 ㉱

6. 퇴비화의 장점과 단점

(1) 장점

① 운영시에 소요되는 에너지가 낮다.
② 다른 폐기물처리 기술에 비하여 고도의 기술수준이 요구되지 않는다.
③ 초기시설 투자가 적다.
④ 퇴비는 토양의 이화학성질을 개선시키는 토양개량제로 사용할 수 있다.
⑤ 초기 시설 투자가 적으므로 운영시에 소요되는 에너지도 낮다.

(2) 단점

★★ ① 생산된 퇴비는 비료의 가치가 낮다.
★★ ② 퇴비가 완성되어도 부피가 크게 감소되지 않는다. (감용률 50% 이하)
③ 다양한 재료를 이용하므로 퇴비품질의 표준화가 어렵다.

Question 06

퇴비화의 장 · 단점으로 잘못된 것은?

㉮ 운영시에 소요되는 에너지가 낮다.
㉯ 다양한 재료를 이용하므로 퇴비제품의 품질 표준화가 어렵다.
㉰ 퇴비화시 부피가 크게(60% 이상) 감소한다.
㉱ 생산된 퇴비는 비료가치가 낮다.

풀이 ㉰ 퇴비화시 부피가 크게(감용율 50% 이하) 감소하지 않는다.

★★ 7. Bulking Agent(팽화제)의 특징

① 수분조절제라고도 한다.
② 처리대상물질의 수분함량을 조절한다.
③ 퇴비의 질(C/N비) 개선에 영향을 준다.
④ 처리대상물질 내의 공기가 원활히 유동될 수 있도록 한다.
⑤ 퇴비생산에 필요한 탄소나 질소를 함유시켜 제공할 수도 있다.
⑥ 톱밥, 볏짚, 낙엽에 기존 퇴비를 혼합하여 퇴비화시키는 것을 말한다.

Question 07

퇴비를 효과적으로 생산하기 위하여 퇴비화 공정 중에 주입하는 Bulking Agent에 대한 설명과 가장 거리가 먼 것은?

㉮ 처리대상물질의 수분함량을 조절한다.
㉯ 미생물의 지속적인 공급으로 퇴비의 완숙을 유도한다.
㉰ 퇴비의 질(C/N비) 개선에 영향을 준다.
㉱ 처리대상물질 내의 공기가 원활히 유통될 수 있도록 한다.

정답 ㉯

8. 통기 개량제의 특성

① 볏짚 : 칼륨(K)분이 높다.
② 톱밥 : 톱밥의 종류에 따라서 분해속도가 다양하다.
③ 파쇄목편 : 폐목재 내에 퇴비화에 영향을 줄 수 있는 유해물질의 함유 가능성이 있다.
④ 왕겨(파쇄) : 발생기간이 한정되어 있기 때문에 저류 공간이 필요하다.

Question 08

퇴비화에 사용되는 통기개량제의 종류별 특성으로 틀린 것은?

㉮ 볏짚 : 칼륨분이 높다.
㉯ 톱밥 : 주성분이 분해성 유기물이기 때문에 분해가 빠르다.
㉰ 파쇄목편 : 폐목재 내에 퇴비화에 영향을 줄 수 있는 유해물질의 함유 가능성이 있다.
㉱ 왕겨(파쇄) : 발생기간이 한정되어 있기 때문에 저류 공간이 필요하다.

풀이 ㉯ 톱밥 : 종류에 따라서 분해속도가 다양하다.

9. humus(부식질)의 특징

① 악취가 없는 안정된 유기물이며, 흙냄새가 난다.
② 물 보유력과 양이온교환능력이 좋다.
③ 짙은 갈색을 띤다.
④ 리그닌의 함량은 높지만 가용영양분의 함량은 낮다.

TIP

리그닌(Lignin) : 침엽수, 활엽수 등 목본식물과 일부 조류에서 조직을 지지하는 중요한 구조물질을 형성하는 유기고분자의 일종이다.

⑤ 뛰어난 토양개량제이다.
★★ ⑥ C/N비는 10내외 정도로 낮은 편이다.
⑦ 병원균이 사멸되어 거의 없다.

Question 09

퇴비화는 도시폐기물 중 음식찌꺼기, 낙엽 또는 하수처리장 찌꺼기와 같은 유기물을 안정한 상태의 부식질(Humus)로 변화시키는 공정이다. 다음 중 부식질의 특징으로 틀린 것은?

㉮ 병원균이 사멸되어 거의 없다.
㉯ C/N비가 높아져 토양개량제로 사용된다.
㉰ 물 보유력과 양이온교환능력이 좋다.
㉱ 악취가 없는 안정된 유기물이다.

풀이 ㉯ C/N비는 10내외 정도로 낮은 편이다.

CHAPTER

04 토양오염

01 토양

★★1. 토양오염의 특성

① 토양오염은 대기, 수질, 폐기물 등 1차 오염물질에 의한 축적성 오염이다.
② 오염경로의 다양성
③ 피해발현의 완만성 및 만성적인 형태
④ 타 환경인자와의 영향관계의 모호성
⑤ 오염(영향)의 국지성 및 비인지성
⑥ 원상복구가 어렵다.

Question 01

토양오염의 특성에 대한 내용으로 틀린 것은?

㉮ 오염경로가 다양하다.
㉯ 피해발현이 완만하다.
㉰ 오염의 인지가 용이하다.
㉱ 원상복구가 어렵다.

풀이 ㉰ 오염의 인지가 용이하지 못하다.

2. 토양오염의 대책 중 예방대책

① 광산 및 채석장의 침전지 설치
② 비료의 적정량 사용
③ 토양오염 측정망 설치 운영

Question 02

다음은 토양오염의 대책에 관한 사항이다. 예방대책으로 틀린 것은?

㉮ 광산 및 채석장의 침전지 설치　　㉯ 비료의 적정량 사용
㉰ 토양오염 측정망 설치 운영　　㉱ 객토

풀이 ㉱ 객토는 예방대책이 아니라 사후대책이다.

3. 토양의 층위

① O층위(유기물층) : 낙엽 등이 부패하여 퇴적된 층
② A층위(표층) : 생물의 활동이 가장 활발한 층
③ B층위(집적층) : 표층에서 용탈된 물질이 집적
④ C층위(모재층) : 풍화작용으로 인한 거친 암석의 모재층
⑤ R층위(기반암층)

다음 중 토양 층위를 나타내는 층위 명에 해당되지 않는 것은?

㉮ O층　　㉯ B층　　㉰ R층　　㉱ D층

 ㉱

★★ 2. 토양수분의 물리학적 분류

(1) 흡습수

① 흡습수는 pF 4.5 이상으로 강하게 흡착되어 있다.
② 식물이 직접 이용할 수 없다.
③ 부식토에서의 흡습수의 양은 무게비로 70%에 달한다.

(2) 결합수

① 토양 분자 중에 존재하는 수분으로 화학적으로 결합되어 있다.
② pF는 7.0 이상이다.
③ 식물의 성장에 직접 이용될 수 없는 물이다.
④ 토양수분장력이 가장 큰 물이다.

★★(3) 모세관수

① 중력수 외부에 표면장력과 중력이 평형을 유지하며 존재하는 물이다.
② pF는 2.7~4.2 정도이다.
③ 식물에 의해 이용되는 수분이다.

Question 04

토양수분의 물리학적 분류 중 수분 1,000cm의 물기둥의 압력으로 결합되어 있는 경우 다음 중 어디에 해당되는가?

㉮ 모세관수　㉯ 흡습수　㉰ 유효수분　㉱ 결합수

풀이 $pF = \log[HcmH_2O] = \log[1,000cmH_2O] = 3$
따라서 pF의 값을 살펴보면 모세관수는 2.7 ~ 4.2, 흡습수는 4.5 이상, 결합수는 7.0 이상이므로 ㉮ 모세관수가 정답이다.

(4) 중력수

① 토양입자에서 유리되어 토양입자 사이를 이동하거나 지하로 침투되는 수분이다.
② pF는 2.54 이하이다.
③ 토양수분장력이 가장 낮은 물이다.

Question 05

다음 중 토양수분장력이 가장 낮은 토양 수분은?

㉮ 모세관수　㉯ 중력수　㉰ 결합수　㉱ 흡습수

풀이 토양수분장력이 가장 큰 물은 결합수이고 가장 낮은 물은 중력수이므로 ㉯ 중력수가 정답이다.

★★ 3. pF(potential force)

① 토양수가 입자에 흡착되어 있는 세기로 토양수를 구분한다.
② 흡착력에 상응하는 수주(cm)의 역수를 pF라 한다.
③ $pF = \log H$ 여기서 H의 단위는 cmH_2O
④ $pF = \log[H\ cmH_2O]$
⑤ $1atm = 760mmHg = 10332mmH_2O = 1033cmH_2O = pF\ 3$

Question 06

토양이 수분을 함유하는 힘을 토양수분장력(pF)이라고 부른다. pF = 4.0인 물기둥의 높이로 알맞은 것은?

㉮ $2^4 = 16m$ ㉯ $4^2 = 16m$

㉰ $e^4 = 54.6m$ ㉱ $10^4 = 10,000cm$

풀이 $pF = \log[H\,cmH_2O]$

$\therefore\ H = 10^{pF}cmH_2O = 10^{4.0}cmH_2O = 10,000cmH_2O$이므로 정답은 ㉱번이다.

4. 토양공기의 조성

① 토양성분과 식물양분에 산화적 변화를 일으키는 원인이 된다.
② 대기에 비하여 토양공기에 수증기의 함량이 높다.
③ 토양이 깊어질수록 토양공기내 산소량은 감소한다.
④ 대기에 비하여 토양공기내 탄산가스의 함량은 높은 편이다.
⑤ 대기에 비하여 토양공기내 산소의 함량은 낮은 편이다.

토양공기의 조성에 관한 내용으로 잘못된 것은?

㉮ 토양성분과 식물양분에 산화적 변화를 일으키는 원인이 된다.
㉯ 대기에 비하여 토양공기 내 탄산가스의 함량이 낮다.
㉰ 대기에 비하여 토양공기 내 수증기의 함량이 높다.
㉱ 토양이 깊어질수록 토양공기 내 산소량은 감소한다.

풀이 ㉯ 대기에 비하여 토양공기 내 탄산가스의 함량은 높은 편이다.

5. 유효공극률 계산

①
$$유효공극률 = \frac{겉보기\ 속도}{침출수\ 속도}$$

Question 08

토양중에서 1분 동안 12m를 침출수가 이동(겉보기 속도) 하였다면, 이때 토양공극내의 침출수속도(m/sec)를 계산하시오. (단, 유효공극률은 0.4)

풀이

$$\text{유효공극률} = \frac{\text{겉보기 속도}}{\text{침출수 속도}}$$

$$0.4 = \frac{12\text{m/min} \times 1\text{min/60sec}}{\text{침출수 속도}}$$

$$\therefore \text{침출수 속도} = \frac{12\text{m/min} \times 1\text{min/60sec}}{0.4} = 0.5\text{m/sec}$$

② 공극률(%) 계산

$$\text{공극률}(\%) = \left(1 - \frac{\text{용적밀도}}{\text{입자밀도}}\right) \times 100$$

Question 09

토양의 용적밀도가 1.67g/cm³이고, 입자밀도가 2.55g/cm³일 때 공극률(%)을 계산하시오.

풀이

$$\text{공극률}(\%) = \left(1 - \frac{1.67\text{g/cm}^3}{2.55\text{g/cm}^3}\right) \times 100 = 34.51\%$$

02 토양처리방법

★★★ 1. 토양증기추출법(Soil Vaper Extraction : SVE)

압력 및 농도구배를 형성하기 위하여 추출정을 굴착하여 진공상태로 만들어 줌으로써 토양 내의 휘발성 오염물질을 휘발, 추출하는 기술이다.

Question 10

토양 복원기술 중 압력 및 농도구배를 형성하기 위하여 추출정을 굴착하여 진공상태로 만들어줌으로써 토양 내의 휘발성 오염물질을 휘발, 추출하는 기술은?

㉮ Biopile
㉯ Bioaugmentation
㉰ Soil Vapor Extraction
㉱ Thermal Decomposition

정답 ㉰

(1) 장점

① 굴착이 필요없다.
② 짧은 시간에 설치할 수 있다.
③ 분해에 소요되는 시간이 짧다.
④ 결과를 즉시 알 수 있다.
⑤ 일반적으로 널리 사용되는 장치 재료로 충분하다.
⑥ 지하수의 깊이에 제한을 받지 않는다.
⑦ 생물학적 처리효율을 높여준다.
⑧ 다른 시약이 필요없다.
⑨ 유지 및 관리비가 적게 소요된다.

(2) 단점

① 오염물질의 독성은 처리후에도 변화가 없다.
★★ ② 증기압이 낮은 오염물질의 제거효율이 낮다.
③ 추출된 기체는 대기오염 방지를 위하여 후처리가 필요하다.
④ 토양층이 치밀하여 기체 흐름이 어려운 곳에서는 적용이 어렵다.
★★ ⑤ 지반구조가 복잡하여 총 처리시간을 예측하기가 어렵다.

Question 11

Soil Vapor Extraction(SVE) 기술에 대한 내용으로 옳지 않은 것은?

㉮ 토양층이 치밀하여 기체 흐름이 어려운 곳에서는 적용이 어렵다.
㉯ 지반구조에 상관없이 총 처리시간을 예측하기가 용이하다.
㉰ 생물학적 처리효율을 높여준다.
㉱ 오염물질의 독성은 변화가 없다.

풀이 ㉯ 지반구조가 복잡해 총 처리시간을 예측하기가 어렵다.

★★ 2. 토양세척법(Soil Washing Treatment)

(1) 장점

★★ ① 비휘발성 물질, 생물학적으로 분해성 물질, 중금속 등에 적용된다.
② 광범위한 지역에 균일한 적용이 가능하다.
③ 에너지 소모가 적다.
④ 처리비용이 싸다.
★★ ⑤ 처리효과가 가장 높은 토양입경은 자갈이다.
⑥ 외부 환경의 조건변화에 대한 영향이 적다.
⑦ 부지내에서 유해오염물을 이송 없이 바로 처리할 수 있다.
⑧ 오염토양 부피의 단시간 내의 효율적인 급감으로 2차 처리비용을 절감할 수 있다.

Question 12

토양세척법 처리에 가장 부적합한 토양입경의 정도는?

㉮ 자갈 ㉯ 중간모래 ㉰ 점토 ㉱ 미사

풀이 토양세척법 처리에 가장 적합한 토양입경의 정도는 자갈이고, 가장 부적합한 토양입경의 정도는 점토이므로 ㉰번이 정답이 된다.

(2) 단점

① 비수용성 유기용매에 적용이 어렵다.
② 점토와 같이 미세입자에 흡착된 유기오염물질의 치리효과는 매우 낮나.
★★ ③ 자체적인 조절이 가능한 폐쇄형 공정이며, 고농도의 휴믹질이 존재하는 경우에는 전처리가 필요하다.

Question 13

토양세척법(Soil Washing)이 다른 토양복원기술에 비하여 갖는 장점으로 틀린 것은?

㉮ 외부환경의 조건변화에 대한 영향이 적다.
㉯ 자체적인 조건조절이 가능한 개방형 공정이며, 고농도의 휴믹질이 존재하는 경우에도 전처리가 불필요하다.
㉰ 부지내에서 유해오염물의 이송 없이 바로 처리할 수 있다.
㉱ 오염토양 부피의 단시간 내의 효율적인 급감으로 2차 처리비용을 절감할 수 있다.

풀이 ㉯ 자체적인 조건조절이 가능한 폐쇄형 공정이며, 고농도의 휴믹질이 존재하는 경우에는 전처리가 필요하다.

★★ 3. 바이오벤팅(Bioventing)

(1) 바이오벤팅(Bioventing)의 특징

★★ ① 휘발성이 강하거나 분자량이 큰 유기물질을 처리할 수 있다.
② 불포화 토양층내에 산소를 공급함으로써 미생물의 분해를 통해 유기물질을 분해 처리한다.
★★ ③ 주로 불포화층에 적용한다.
④ 기술 적용시에는 대상부지에 대한 정확한 산소 소모율의 산정이 중요하다.
⑤ 토양 투수성은 공기를 토양내에 강제 순환시킬 때 매우 중요한 영향인자이다.

(2) 바이오벤팅(Bioventing)의 장 · 단점

① 장점
ⓐ 배출가스 처리의 추가비용이 없다.
ⓑ 장치가 간단하고 설치가 용이하다.
ⓒ 일반적으로 토양증기추출에 비하여 토양공기의 추출량이 약 1/10 수준이다.
★★ ⓓ 휘발성이 강하거나 분자량이 큰 유기물질을 처리 할수 있다.

② 단점
ⓐ 추가적인 영양염류의 공급이 필요하다.
ⓑ 용해도가 큰 오염물질은 많은 양이 토양수분내에 용해상태로 존재하게 되어 처리효율이 떨어진다.
ⓒ 현장 지반 구조 및 오염물 분포에 따른 처리기간의 변동이 심하다.
★★ ⓓ 오염부지 주변의 공기 및 물의 이동에 의한 오염물질의 확산이 일어날 수 있다.

Question 14

토양오염정화 방법 중 Bioventing 공법의 장 · 단점으로 잘못된 것은?

㉮ 배출가스 처리의 추가비용이 없다.
㉯ 추가적인 영양염류의 공급이 필요하다.
㉰ 주로 포화층에 적용한다.
㉱ 장치가 간단하고 설치가 용이하다.

풀이 ㉰ 주로 불포화층에 적용한다.

Question 15

토양오염복원기법 중 Bioventing에 대한 내용으로 틀린 것은?

㉮ 토양 투수성은 공기를 토양내에 강제 순환시킬 때 매우 중요한 영향인자이다.
㉯ 오염부지 주변의 공기 및 물의 이동에 의한 오염물질 확산의 염려가 없다.
㉰ 현장 지반구조 및 오염물 분포에 따른 처리기간의 변동이 심하다.
㉱ 용해도가 큰 오염물질은 많은 양이 토양수분 내에 용해상태로 존재하게 되어 처리효율이 떨어진다.

풀이 ㉯ 오염부지 주변의 공기 및 물의 이동에 의한 오염물질 확산이 일어난다.

PART

03

폐기물공정시험기준

CHAPTER 01 총칙

CHAPTER 02 시료의 채취

CHAPTER 03 일반항목편

CHAPTER 04 금속류(Metals)

CHAPTER 05 기타 항목편

폐기물처리

산업기사

필 기

CHAPTER

01 총칙

01 총칙

1. 목적

이 폐기물공정시험기준은 환경 분야 시험 · 검사 등에 관한 법률에 의거 폐기물의 성상 및 오염물질을 측정함에 있어서 측정의 정확성 및 통일을 유지하기 위하여 필요한 제반사항에 대하여 규정함을 목적으로 한다.

★★ 2. 적용방법

① 폐기물관리법에 의한 오염실태 조사 중 폐기물에 대한 것은 따로 규정이 없는 한 공정시험기준의 규정에 의하여 시험한다.

② 공정시험기준 이외의 방법이라도 측정결과가 같거나 그 이상의 정확도가 있다고 국내외에서 공인된 방법은 이를 사용할 수 있다.

③ 이 공정시험기준에서 규정하지 않은 사항에 대해서는 일반적인 화학적 상식에 따르도록 하며, 이 공정시험기준에 기재한 방법 중 세부조작은 시험의 본질에 영향을 주지 않는다면 실험자가 일부를 변경할 수도 있다.

④ 하나 이상의 공정시험기준으로 시험한 결과가 서로 달라 제반 기준의 적부 판정에 영향을 줄 경우에는 공정시험기준의 항목별 주시험법에 의한 분석 성적에 의하여 판정한다.

Question 01

총칙에서 규정된 내용으로 틀린 것은?

㉮ 공정시험기준 이외의 방법이라도 측정결과가 같거나 그 이상의 정확도가 있다고 국내외에서 공인된 방법은 이를 사용할 수 있다.

㉯ 공정시험기준에 기재한 방법 중 세부조작은 시험의 본질에 영향을 주지 않는다면 실험자가 일부를 변경할 수 있다.

㉰ 하나 이상의 공정시험기준으로 시험한 결과가 서로 달라 제반 기준의 적부판정에 영향을 줄 경우에 정확도가 높은 방법으로 판정한다.

㉱ 공정시험기준에서 규정하지 않은 사항에 대해서는 일반적인 화학적 상식에 따른다.

풀이 ㉰ 하나 이상의 공정시험기준으로 시험한 결과가 서로 달라 제반 기준의 적부 판정에 영향을 줄 경우에는 공정시험기준의 항목별 주시험법에 의한 분석 성적에 의하여 판정한다.

★★★ 3. 농도

① 백분율(Parts Per Hundred)

ⓐ W/V% : 용액 100mL 중 성분무게(g), 또는 기체 100mL 중의 성분무게(g)

ⓑ V/V% : 용액 100mL 중 성분용량(mL), 또는 기체 100mL 중 성분용량(mL)

ⓒ V/W% : 용액 100g 중 성분용량(mL)

ⓓ W/W% : 용액 100g 중 성분무게(g)

★★ⓔ 용액의 농도를 "%"로만 표시할 때는 W/V%

ⓕ A/A%(area) : 단위면적(A, area) 중 성분의 면적(A)

② 천분율(Parts Per Thousand)을 표시할 때는 g/L, g/kg의 기호를 쓴다.

★★③ 백만분율(ppm, Parts Per Million)을 표시할 때는 mg/L, mg/kg의 기호를 쓴다.

★★④ 십억분율(ppb, Parts Per Billion)을 표시할 때는 μg/L, μg/kg의 기호를 쓰며, 1ppm의 1/1,000이다.

★★⑤ 기체 중의 농도는 표준상태(0℃, 1기압)로 환산 표시한다.

Question 02

다음 중 농도표시에 관한 내용으로 가장 거리가 먼 것은?

㉮ 용액의 농도를 '%'로만 표시할 때는 W/V%를 말한다.

㉯ 천분율은 g/L의 기호를 쓴다.

㉰ 단위면적(A. area) 중 성분의 면적(A)를 표시할 때는 A/A%(area)의 기호를 쓴다.

㉱ 일억분율은 μg/L의 기호를 쓴다.

풀이 ㉱ 십억분율은 μg/L의 기호를 쓴다.

★★★ 4. 온도

① 온도의 표시는 셀시우스(Celcius) 법에 따라 아라비아 숫자의 오른쪽에 ℃를 붙인다. 절대온도는 K로 표시하며, 절대온도 0K는 -273℃로 한다.

★★ ② 표준온도 : 0℃, 상온 : 15~25℃, 실온 : 1~35℃, 찬곳 : 0~15℃

★★ ③ 냉수 : 15℃ 이하, 온수 : 60~70℃, 열수 : 약 100℃

④ 수욕상 또는 수욕중에서 가열한다 : 따로 규정이 없는 한 수온 100℃에서 가열함을 뜻하고 약 100℃의 증기욕을 쓸 수 있다.

★★ ⑤ 각각의 시험은 따로 규정이 없는 한 상온에서 조작하고 조작 직후에 그 결과를 관찰한다. 단, 온도의 영향이 있는 것의 판정은 표준온도를 기준으로 한다.

Question 03

온도에 관한 기준으로 틀린 것은?

㉮ 찬 곳은 따로 규정이 없는 한 0~15℃의 곳을 뜻한다.
㉯ 각각의 시험은 따로 규정이 없는 한 실온에서 조작한다.
㉰ 온수는 60~70℃로 한다.
㉱ 냉수는 15℃ 이하로 한다.

풀이 ㉯ 각각의 시험은 따로 규정이 없는 한 상온에서 조작한다.

5. 시약 및 용액

① 시험에 사용하는 시약은 따로 규정이 없는 한 1급 이상 또는 이와 동등한 규격의 시약 사용한다.

② 공정시험기준에서 각 항목의 분석에 사용되는 표준물질은 국가표준에 소급성이 인증된 인증표준물질을 사용한다.

★★ ③ 용액의 농도를 (1 → 10), (1 → 100) 또는 (1 → 1,000) 등으로 표시하는 것은 고체 성분에 있어서는 1g, 액체성분에 있어서는 1mL를 용매에 녹여 전체 양을 10mL, 100mL 또는 1000mL로 하는 비율을 표시한 것이다.

★★ ④ 액체 시약의 농도에 있어서 예를 들어 염산(1+2)이라고 되어있을 때에는 염산 1mL와 물 2mL를 혼합하여 조제한 것을 말한다.

Question 04

용액의 농도에 관한 다음 설명 중 옳지 않은 것은?

㉮ (1 → 10)의 의미는 고체성분 1g을 용매에 녹여 전체량을 10g으로 하는 것임.
㉯ (1 → 100)의 의미는 액체성분 1mL를 용매에 녹여 전체량을 100mL로 하는 것임.
㉰ (1 → 1,000)의 의미는 액체성분 1mL를 용매에 녹여 전체량을 1,000mL로 하는 것임.
㉱ 염산(1+2)의 의미는 염산 1mL와 물 2mL를 혼합하여 제조한 것임.

풀이 ㉮ (1 → 10)의 의미는 고체성분 1g을 용매에 녹여 전체량을 10mL로 하는 것임.

★★★ 6. 관련 용어의 정의

★★★① 액상폐기물 : 고형물의 함량이 5% 미만
★★★② 반고상폐기물 : 고형물의 함량이 5% 이상 15% 미만
★★★③ 고상폐기물 : 고형물의 함량이 15% 이상

Question 05

반고상 폐기물이라 함은 고형물의 함량이 몇 %인 것을 말하는가?

㉮ 5% 이상 10% 미만
㉯ 5% 이상 15% 미만
㉰ 5% 이상 20% 미만
㉱ 5% 이상 25% 미만

정답 ㉯

★★④ 함침성 고상폐기물 : 종이, 목재 등 기름을 흡수하는 변압기 내부부재(종이, 나무와 금속이 서로 혼합되어 있어 분리가 어려운 경우를 포함)를 말한다.

“함침성 고상폐기물”의 정의로 옳은 것은?

㉮ 종이, 목재 등 수분을 흡수하는 변압기 내부부재(종이, 나무와 금속이 서로 혼합되어 있어 분리가 어려운 경우를 포함한다.)를 말한다.
㉯ 종이, 목재 등 수분을 흡수하는 변압기 내부부재(종이, 나무와 금속이 서로 혼합되어 있어 분리가 어려운 경우는 제외한다.)를 말한다.
㉰ 종이, 목재 등 기름을 흡수하는 변압기 내부부재(종이, 나무와 금속이 서로 혼합되어 있어 분리가 어려운 경우를 포함한다.)를 말한다.
㉱ 종이, 목재 등 기름을 흡수하는 변압기 내부부재(종이, 나무와 금속이 서로 혼합되어 있어 분리가 어려운 경우는 제외한다.)를 말한다.

정답 ㉰

★★ ⑤ 비함침성 고상폐기물 : 금속판, 구리선 등 기름을 흡수하지 않는 평면 또는 비평면형태의 변압기 내부부재를 말한다.

Question 07

‘비함침성 고형폐기물’의 용어의 정의로 알맞은 것은?

㉮ 금속판, 구리선 등 기름을 흡수하지 않는 평면 또는 비평면형태의 변압기 외부부재를 말한다.
㉯ 금속판, 구리선 등 기름을 흡수하지 않는 평면 또는 비평면형태의 변압기 내부부재를 말한다.
㉰ 금속판, 구리선 등 수분을 흡수하지 않는 평면 또는 비평면형태의 변압기 외부부재를 말한다.
㉱ 금속판, 구리선 등 수분을 흡수하지 않는 평면 또는 비평면형태의 변압기 내부부재를 말한다.

정답 ㉯

★★ ⑥ 즉시 : 30초 이내에 표시된 조작을 하는 것

★★★ ⑦ 감압 또는 진공 : 따로 규정이 없는 한 15mmHg 이하

⑧ “이상”과 “초과”, “이하”, “미만”이라고 기재하였을 때는 “이상”과 “이하”는 기산점 또는 기준점인 숫자를 포함하며, “초과”와 “미만”의 기산점 또는 기준점인 숫자를 포함하지 않는 것을 뜻한다. 또한, “a~b”라 표시한 것은 a 이상 b 이하임을 뜻한다.

★★ ⑨ 바탕시험을 하여 보정한다 : 시료에 대한 처리 및 측정을 할 때, 시료를 사용하지 않고 같은 방법으로 조작한 측정치를 빼는 것

★★★ ⑩ 방울수 : 20℃에서 정제수 20방울을 적하할 때, 그 부피가 약 1mL 되는 것

★★★ ⑪ 항량으로 될 때까지 건조한다 : 같은 조건에서 1시간 더 건조할 때 전후 무게의 차가 g 당 0.3mg 이하일 때를 말한다.

⑫ 용액의 산성, 중성, 또는 알칼리성을 검사할 때는 따로 규정이 없는 한 유리전극법에 의한

pH미터로 측정하고 구체적으로 표시할 때는 pH 값을 쓴다.

⑬ 여과용 기구 및 기기를 기재하지 않고 "여과한다"라고 하는 것은 KS M 7602 거름종이 5종 A 또는 이와 동등한 여과지를 사용하여 여과함을 말한다.

★★ ⑭ 정밀히 단다 : 규정된 양의 시료를 취하여 화학저울 또는 미량저울로 칭량함

★★ ⑮ 정확히 단다 : 규정된 수치의 무게를 0.1mg까지 다는 것

Question 08

무게를 "정확히 단다"라 함은 규정된 수치의 무게를 몇 mg까지 다는 것을 의미 하는가?

㉮ 0.001mg ㉯ 0.01mg ㉰ 0.1mg ㉱ 1.0mg

정답 ㉰

★★ ⑯ 정확히 취하여 : 규정한 양의 액체를 홀피펫으로 눈금까지 취하는 것

⑰ 정량적으로 씻는다 : 어떤 조작으로부터 다음 조작으로 넘어갈 때 사용한 비커, 플라스크 등의 용기 및 여과막 등에 부착한 정량대상 성분을 사용한 용매로 씻어 그 씻어낸 용액을 합하고 먼저 사용한 같은 용매를 채워 일정용량으로 하는 것

★★ ⑱ 약 : 기재된 양에 대하여 ±10% 이상의 차가 있어서는 안된다.

Question 09

폐기물공정시험기준에서 약 이라함은 기재된 양에 대하여 몇 % 이상의 차가 있어서는 안되는가?

㉮ ±2% ㉯ ±3% ㉰ ±5% ㉱ ±10%

정답 ㉱

⑲ 냄새가 없다 : 냄새가 없거나, 또는 거의 없는 것을 표시하는 것

⑳ 물 : 따로 규정이 없는 한 정제수를 말한다.

Question 10

폐기물공정시험기준에 적용되는 관련용어에 대한 설명으로 잘못된 것은?

㉮ 반고상폐기물 : 고형물의 함량이 5% 이상 15% 미만인 것을 말한다.
㉯ 비함침성 고상폐기물 : 금속판, 구리선 등 기름을 흡수하지 않는 평면 또는 비평면형태의 변압기 내부부재를 말한다.
㉰ 바탕시험을 하여 보정한다 : 규정된 시료로 같은 방법으로 실험하여 측정치를 보정하는 것을 말한다.
㉱ 정밀히 단다 : 규정된 양의 시료를 취하여 화학저울 또는 미량저울로 칭량함을 말한다.

풀이 ㉰ 바탕시험을 하여 보정한다 : 시료에 대한 처리 및 측정을 할 때, 시료를 사용하지 않고 같은 방법으로 조작한 측정치를 빼는 것이다.

Question 11

총칙에 관한 내용으로 틀린 것은?

㉮ "정밀히 단다"라 함은 규정된 양의 시료를 취하여 화학저울 또는 미량저울로 칭량함을 말한다.
㉯ "정확히 취하여"라 하는 것은 규정한 양의 액체를 홀피펫으로 눈금까지 취하는 것을 말한다.
㉰ "냄새가 없다"라고 기재한 것은 냄새가 없거나, 또는 거의 없는 것을 표시하는 것이다.
㉱ 방울수라 함은 20℃에서 정제수 10방울을 적하할 때, 그 부피가 약 1mL되는 것을 뜻한다.

풀이 ㉱ 방울수라 함은 20℃에서 정제수 20방울을 적하할 때, 그 부피가 약 1mL되는 것을 뜻한다.

★★★7. 용기

① 용기 : 시험용액 또는 시험에 관계된 물질을 보존, 운반 또는 조작하기 위하여 넣어두는 것으로 시험에 지장을 주지 않도록 깨끗한 것을 뜻한다.

★★② 밀폐용기 : 취급 또는 저장하는 동안에 이물질이 들어가거나 또는 내용물이 손실되지 아니하도록 보호하는 용기

Question 12

다음 중 취급 또는 저장하는 동안에 이물질이 들어가거나 또는 내용물이 손실되지 아니하도록 보호하는 용기는?

㉮ 기밀용기 ㉯ 밀폐용기 ㉰ 밀봉용기 ㉱ 차광용기

정답 ㉯

★★ ③ 기밀용기 : 취급 또는 저장하는 동안에 밖으로부터의 공기 또는 다른 가스가 침입하지 아니하도록 내용물을 보호하는 용기

Question 13

다음 용기 중 취급 또는 저장하는 동안에 밖으로부터의 공기 또는 다른 가스가 침입하지 아니하도록 내용물을 보호하는 용기는?

㉮ 밀폐용기 ㉯ 기밀용기 ㉰ 밀봉용기 ㉱ 차광용기

정답 ㉯

★★ ④ 밀봉용기 : 취급 또는 저장하는 동안에 기체 또는 미생물이 침입하지 아니하도록 내용물을 보호하는 용기

Question 14

취급 또는 저장하는 동안에 기체 또는 미생물이 침입하지 않도록 내용물을 보호하는 용기는?

㉮ 차광용기 ㉯ 밀봉용기 ㉰ 기밀용기 ㉱ 밀폐용기

정답 ㉯

⑤ 차광용기 : 광선이 투과하지 않는 용기 또는 투과하지 않게 포장을 한 용기이며 취급 또는 저장하는 동안에 내용물이 광화학적 변화를 일으키지 아니하도록 방지할 수 있는 용기

8. 분석용 저울은 0.1mg까지 달 수 있는 것이어야 하며, 분석용 저울 및 분동은 국가 검정을 필한 것을 사용하여야 한다.

02 정도보증/정도관리(QA/QC)

★★ 1. 검정곡선

검정곡선(calibration curve)은 분석물질의 농도변화에 따른 지시값을 나타낸 것으로 시료 중 분석 대상 물질의 농도를 포함하도록 범위를 설정하고, 검정곡선 작성용 표준용액은 가급적 시료의 매질과 비슷하게 제조하여야 한다.

★★ ① 절대검정곡선법(external standard method) : 시료의 농도와 지시값과의 상관성을 검정곡선식에 대입하여 작성하는 방법이다.

★★ ② 표준물질첨가법(standard addition method) : 시료와 동일한 매질에 일정량의 표준물질을 첨가하여 검정곡선을 작성하는 방법으로써, 매질효과가 큰 시험분석방법에서 분석대상시료와 동일한 매질의 표준시료를 확보하지 못한 경우에 매질효과를 보정하여 분석할 수 있는 방법이다.

★★ ③ 상대검정곡선법(internal standard calibration) : 검정곡선 작성용 표준용액과 시료에 동일한 양의 내부표준물질을 첨가하여 시험분석 절차, 기기 또는 시스템의 변동으로 발생하는 오차를 보정하기 위해 사용하는 방법이다. 상대검정곡선법은 시험 분석하려는 성분과 물리·화학적 성질은 유사하나 시료에는 없는 순수 물질을 내부표준물질로 선택한다. 일반적으로 내부표준물질로는 분석하려는 성분에 동위원소가 치환된 것을 많이 사용한다.

Question 15

정도보증/정도관리를 위한 검정곡선 작성법 중 검정곡선 작성용 표준용액과 시료에 동일한 양의 내부표준물질을 첨가하여 시험분석 절차, 기기 또는 시스템의 변동으로 발생하는 오차를 보정하기 위해 사용하는 방법은?

㉮ 상대검정곡선법 ㉯ 표준검정곡선법
㉰ 절대검정곡선법 ㉱ 보정검정곡선법

정답 ㉮

2. 검정곡선의 작성 및 검증

$$★★\ 감응계수 = \frac{R}{C}$$

여기서, C : 표준용액의 농도 R(response) : 반응값

Question 16

감응계수에 대한 설명으로 알맞은 것은?

㉮ 검정곡선 작성용 표준용액의 농도(C)에 대한 반응값(R)으로 구한다.(감응계수= R/C)
㉯ 검정곡선 작성용 표준용액의 농도(C)에 대한 반응값(R)으로 구한다.(감응계수= C/R)
㉰ 검정곡선 작성용 표준용액의 농도(C)에 대한 반응값(R)으로 구한다.(감응계수= R×C)
㉱ 검정곡선 작성용 표준용액의 농도(C)에 대한 반응값(R)으로 구한다.(감응계수= R^2×C)

정답 ㉮

3. 검출한계

① 기기검출한계(IDL) : 시험분석 대상물질을 기기가 검출할 수 있는 최소한의 농도 또는 양으로서, 일반적으로 S/N비의 2~5배 농도 또는 바탕시료를 반복 측정 분석한 결과의 표준편차에 3배한 값 등을 말한다.

Question 17

정도보증/정도관리에 적용하는 기기검출한계에 대한 설명으로 알맞은 것은?

㉮ 바탕시료를 반복 측정 분석한 결과의 표준편차에 2배한 값
㉯ 바탕시료를 반복 측정 분석한 결과의 표준편차에 3배한 값
㉰ 바탕시료를 반복 측정 분석한 결과의 표준편차에 5배한 값
㉱ 바탕시료를 반복 측정 분석한 결과의 표준편차에 10배한 값

정답 ㉯

★★ ② 정량한계(LOQ) : 시험분석 대상을 정량화 할 수 있는 측정값으로서, 제시된 정량한계 부근의 농도를 포함하도록 시료를 준비하고 이를 반복 측정하여 얻은 결과의 표준편차(S)에 10배한 값을 사용한다.

★★★ ③ 정량한계 = 10×표준편차(S)

Question 18

정량한계 산정식으로 바르게 된 것은?

㉮ 정량한계 = 3.3×표준편차
㉯ 정량한계 = 5×표준편차
㉰ 정량한계 = 10×표준편차
㉱ 정량한계 = 15×표준편차

정답 ㉰

CHAPTER

02 시료의 채취

01 시료의 채취

★★★ 1. 시료 용기

① 채취용기는 시료를 변질시키거나 흡착하지 않는 것이어야 하며 기밀하고 누수나 흡습성이 없어야 한다.

② 시료용기는 무색경질의 유리병 또는 폴리에틸렌병, 폴리에틸렌백을 사용

★★ ③ 노말헥산 추출물질, 유기인, 폴리클로리네이티드비페닐(PCBs) 및 휘발성 저급 염소화 탄화수소류는 갈색경질 유리병만 사용

Question 01

다음 성분 시험을 위한 폐기물 시료 채취시 시료용기로 갈색경질의 유리병을 사용하지 않아도 되는 것은?

㉮ 유기인
㉯ PCB_S
㉰ 6가 크롬
㉱ 휘발성 저급 염소화 탄화수소류

정답 ㉰

★★★ ④ 시료 중에 다른 물질의 혼입이나 성분의 손실을 방지하기 위하여 밀봉할 수 있는 마개를 사용하며 코르크 마개를 사용하여서는 안된다. 다만, 고무나 코르크 마개에 파라핀지, 유지 또는 셀로판지를 씌워 사용할 수도 있다.

Question 02

폐기물시료의 채취용기에 관한 설명으로 틀린 것은?

㉮ 시료용기는 무색경질의 유리병 또는 폴리에틸렌병, 폴리에틸렌백을 사용한다.
㉯ 시료 중에 다른 물질의 혼입을 방지하기 위하여 코르크 마개를 사용하여 밀봉한다.
㉰ 채취용기는 시료를 변질시키거나 흡착하지 아니하는 것이어야 한다.
㉱ 노말헥산추출물질, 유기인, PCB 등의 시료채취는 갈색경질의 유리병을 사용한다.

풀이 ㉯ 시료 중에 다른 물질의 혼입을 방지하기 위하여 밀봉할 수 있는 마개를 사용하며 코르크 마개를 사용하여서는 안된다.

★★ ⑤ 시료용기에는 폐기물의 명칭, 대상 폐기물의 양, 채취장소, 채취시간 및 일기, 시료번호, 채취책임자 이름, 시료의 양, 채취방법, 기타 참고자료(보관상태 등)를 기재한다.

Question 03

시료 채취시 시료용기에 기재하는 사항으로 틀린 것은?

㉮ 폐기물의 명칭
㉯ 폐기물의 성분
㉰ 채취책임자 이름
㉱ 채취시간 및 일기

정답 ㉯

2. 시료의 채취방법

(1) 일반적 요령

① 시료의 채취는 일반적으로 폐기물이 생성되는 단위공정별로 구분하여 채취하여야 한다.

② 시료를 채취하기 전에 폐기물을 잘 혼합하여야 하며 이것이 불가능할 경우에는 전체의 성질을 대표할 수 있도록 서로 다른 곳에서 채취하여야 한다. 다만, 서로 다른 종류의 폐기물이 혼재되어 있다고 판단될 때에는 혼재된 폐기물의 성분별로 각각에 대해 시료를 채취할 수 있다.

(2) 고상혼합물 시료 채취

고상혼합물의 경우는 적당한 채취도구를 사용하며 한 번에 일정량씩을 채취하여야 한다.

(3) 액상혼합물 시료 채취

액상혼합물의 경우는 원칙적으로 최종지점의 낙하구에서 흐르는 도중에 채취한다. 용기에 들어 있을 때에는 잘 혼합하여 균일한 상태로 하여 채취한다.

★★ (4) 콘크리트 고형화물 시료 채취

콘크리트 고형화물의 경우는 소형일 때는 고상혼합물의 경우에 따른다. ★★대형의 고형화물로써 분쇄가 어려울 경우에는 임의의 5개소에서 채취하여 각각 파쇄하여 100g씩 균등 양 혼합하여 채취한다.

다음은 콘크리트 고형화물의 시료채취에 관한 내용이다. ( ) 안에 알맞은 것은?

> 시료채취 때 분쇄가 어려운 대형 고형물인 경우에는 임의의 (㉠)개소에서 채취하여 각각 파쇄하여 (㉡)g 씩 균등량 혼합 채취한다.

㉮ ㉠ 5, ㉡ 100　　㉯ ㉠ 6, ㉡ 100　　㉰ ㉠ 6, ㉡ 500　　㉱ ㉠ 9, ㉡ 500

 ㉮

(5) 폐기물 소각시설의 소각재 시료 채취

① 일반사항

ⓐ 연소실 바닥을 통해 배출되는 바닥재와 폐열보일러 및 대기오염 방지시설을 통해 배출되는 비산재의 채취에 적용한다.

ⓑ 공정상 비산방지나 냉각을 목적으로 소각재에 물을 분사하는 경우를 제외하고는 ★★가급적 물을 분사하기 전에 시료를 채취한다. 다만 부득이하게 수분이 함유된 상태에서 시료를 채취할 경우에는 가능한 한 수분을 줄여서 채취한다.

② 연속식 연소방식의 소각재 반출설비에서 시료채취

ⓐ 연속식 연소방식의 소각재 반출설비에서 채취하는 경우 ★★바닥재 저장조에서는 부설된 크레인을 이용하여 채취하고, ★★비산재 저장조에서는 낙하구 밑에서 채취하며, 소각재가 ★★운반차량에 적재되어 있는 경우에는 적재 차량에서 채취하는 것을 원칙으로 하고, ★★부지 내에 야적되어 있는 경우에는 야적더미에서 각 층별로 채취하는 것을 원칙으로 한다.

Question 05

폐기물 소각시설의 소각재 시료채취에 관한 내용 중 연속식 연소방식의 소각재 반출설비에서의 시료채취에 대한 설명으로 틀린 것은?

㉮ 바닥재 저장조에서는 부설된 크레인을 이용하여 채취한다.
㉯ 비산재 저장조에서는 유입구에서 혼합 채취한다.
㉰ 소각재가 운반차량에 적재되어 있는 경우에는 적재차량에서 채취하는 것을 원칙으로 한다.
㉱ 부지내에 야적되어 있는 경우에는 야적더미에서 각 층별로 채취하는 것을 원칙으로 한다.

풀이 ㉯ 비산재 저장조에서는 낙하구 밑에서만 채취한다.

ⓑ 소각재 저장조에서 채취하는 경우는 저장조에 쌓여 있는 소각재를 ★★평면상에서 5등분한 후 각 등분마다 크레인을 이용하여 소각재를 상하층으로 잘 섞은 다음 크레인으로 일정량을 저장조 밖으로 운반한다. 다만, 시료채취장소가 좁아 작업하기 힘든 경우에는 크레인으로부터 직접 일정량을 채취하는 것으로 한다. 시료는 운반된 소각재 중 대표성이 있다고 판단되는 곳에서 각 등분마다 ★★500g 이상을 채취한다.

Question 06

다음은 연속식 연소방식의 소각재 반출설비에서 시료를 채취하는 내용이다. (   )안에 알맞은 것은?

> 소각재 저장소에서 채취하는 경우는 저장조에 쌓여 있는 소각재를 평면상에서 (   )한 후 각 등분마다 크레인을 이용하여 소각재를 상하층으로 잘 섞은 다음 크레인으로 일정량을 저장조 밖으로 운반한다.

㉮ 4등분　㉯ 5등분　㉰ 6등분　㉱ 9등분

정답 ㉯

ⓒ 낙하구 밑에서 채취하는 경우는 시료의 양이 1회에 500g 이상이 되도록 채취한다.
★★ⓓ 야적더미에서 채취하는 경우는 야적더미를 ★★2m 높이마다 각각의 층으로 나누고 각 층별로 적절한 지점에서 500g 이상의 시료를 채취한다.

Question 07

폐기물 소각시설의 소각재 시료채취에 관한 내용이다. (   )안에 들어갈 내용으로 적당한 것은? (단, 연속식 연소방식의 소각재 반출설비에서 시료채취)

> 야적더미에서 채취하는 경우는 야적더미를 (   )높이마다 각각의 층으로 나누고 각 층별로 적절한 지점에서 500g 이상의 시료를 채취한다.

㉮ 0.5m　　㉯ 1.0m　　㉰ 1.5m　　㉱ 2.0m

정답 ㉱

ⓔ 소각재가 적재되어 있는 운반차량에서 시료를 채취하는 경우 5톤 미만의 차량에 적재되어 있을 때에는 적재폐기물을 평면상에서 6등분한 후 각 등분마다 시료를 채취한다. 반면, 5톤 이상의 차량에 적재되어 있을 때에는 적재폐기물을 평면상에서 9등분한 후 각 등분마다 시료를 채취한다.

Question 08

폐기물이 5톤 미만의 차량에 적재되어 있는 경우 적재폐기물을 평면상에서 몇 등분하여 시료를 채취하는가?

㉮ 5등분　　㉯ 6등분　　㉰ 8등분　　㉱ 9등분

정답 ㉯

③ 회분식 연소방식의 소각재 반출설비에서 시료채취

회분식 연소방식의 소각재 반출설비에서 채취하는 경우에는 하루 동안의 운전횟수에 따라 매 운전시마다 2회 이상 채취하는 것을 원칙으로 하고, 시료의 양은 1회에 500g 이상으로 한다.

Question 09

회분식 연소방식의 소각재 반출설비에서의 시료채취에 대한 설명으로 알맞은 것은?

㉮ 하루 동안의 운전횟수에 따라 매 운전 시마다 2회 이상 채취하는 것을 원칙으로 한다.
㉯ 하루 동안의 운전횟수에 따라 매 운전 시마다 3회 이상 채취하는 것을 원칙으로 한다.
㉰ 하루 동안의 운행시간에 따라 매 시간 마다 2회 이상 채취하는 것을 원칙으로 한다.
㉱ 하루 동안의 운행시간에 따라 매 시간 마다 3회 이상 채취하는 것을 원칙으로 한다.

풀이 ㉮

★★★ 3. 시료의 양

★★시료의 양은 1회에 100g 이상 채취한다. 다만, ★★소각재의 경우에는 1회에 500g 이상을 채취한다.

Question 10

폐기물공정시험기준상 시료를 채취할 때 시료의 양은 1회에 최소 얼마 이상 채취 하여야 하는가?

㉮ 100g 이상　㉯ 200g 이상　㉰ 500g 이상　㉱ 1000g 이상

정답 ㉮

Question 11

시료의 채취에 있어서 소각재의 경우 1회에 몇 g 이상을 채취 하여야 하는가?

㉮ 100g 이상　㉯ 200g 이상　㉰ 300g 이상　㉱ 500g 이상

정답 ㉱

★★★ 4. 대상폐기물의 양과 시료의 최소 수

대상폐기물의 양 (단위 : ton)	시료의 최소 수	대상폐기물의 양 (단위 : ton)	시료의 최소 수
～ 1미만	6	100이상～500미만	30
1이상～5미만	10	500이상～1,000미만	36
5이상～30미만	14	1,000이상～5,000미만	50
30이상～100미만	20	5,000이상	60

Question 12

대상폐기물의 양이 600톤인 경우 시료의 최소수는 얼마인가?

㉮ 14　㉯ 20　㉰ 30　㉱ 36

정답 ㉱

Question 13

폐기물이 1톤 미만 야적되어 있는 적환장에서 채취하여야 할 최소 시료 총량은 얼마인가?
(단, 소각재는 아님)

㉮ 100g ㉯ 400g ㉰ 600g ㉱ 900g

풀이 폐기물이 1톤 미만인 경우 시료 최소수가 6이고, 시료의 양은 1회에 100g 이상을 채취하므로 6×100g=600g이 된다.

5. 시료의 분할 채취 방법

(1) 전처리

① 분석용 또는 수분측정용 시료의 양이 많을 경우에는 (대시료) 실험에 들어가기 전에 시료의 조성을 균일화하기 위하여 시료의 분할채취방법에 따라 균일화 한다.

② 소각잔재, 슬러지 또는 입자상 물질은 그대로 작은 돌멩이 등의 다른 물질을 제거하고, 이외의 폐기물 중 입경이 5mm 미만인 것은 그대로, 입경이 5mm 이상인 것은 분쇄하여 체로 걸러서 입경이 0.5~5mm로 한다.

★★★ (2) 시료의 분할채취방법

★★★ ① 구획법

ⓐ 모아진 대시료를 네모꼴로 엷게 균일한 두께로 편다.

★★ ⓑ 이것을 가로 4등분 세로 5등분하여 20개의 덩어리로 나눈다.

ⓒ 20개의 각 부분에서 균등량씩을 취하여 혼합하여 하나의 시료로 한다.

ⓐ
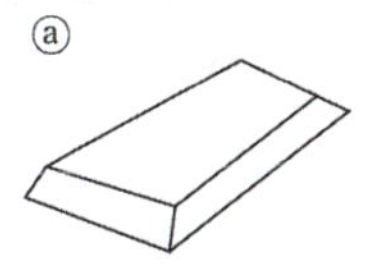

ⓑ
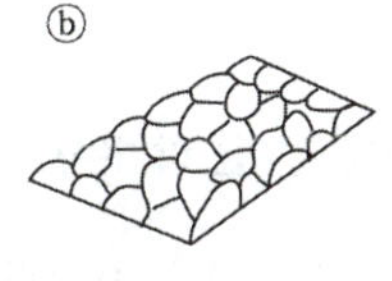

ⓒ
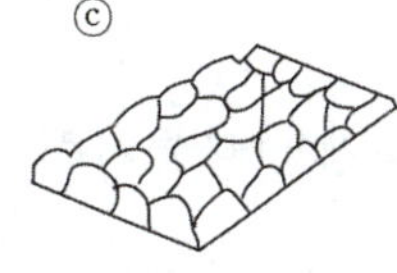

[구획법]

TIP

핵심내용 : 가로 4등분, 세로 5등분, 20개의 덩어리

Question 14

폐기물 시료의 분할채취방법 중 모아진 대시료를 네모꼴로 엷게 균일한 두께로 펴서 20개의 덩어리로 나눈 후 각 등분에서 균등량을 취하여 하나의 시료로 하는 방법은?

㉮ 사각분할법 ㉯ 구획법 ㉰ 교호삽법 ㉱ 원추4분법

정답 ㉯

★★★ ② 교호삽법

ⓐ 분쇄한 대시료를 단단하고 깨끗한 평면위에 원추형으로 쌓는다.

ⓑ 원추를 장소를 바꾸어 다시 쌓는다.

★★ⓒ 원추에서 일정량을 취하여 장방형으로 도포하고 계속해서 일정량을 취하여 그 위에 입체로 쌓는다.

ⓓ 육면체의 측면을 교대로 돌면서 균등량씩을 취하여 두개의 원추를 쌓는다.

ⓔ 하나의 원추는 버리고 나머지 원추를 앞의 조작을 반복하면서 적당한 크기까지 줄인다.

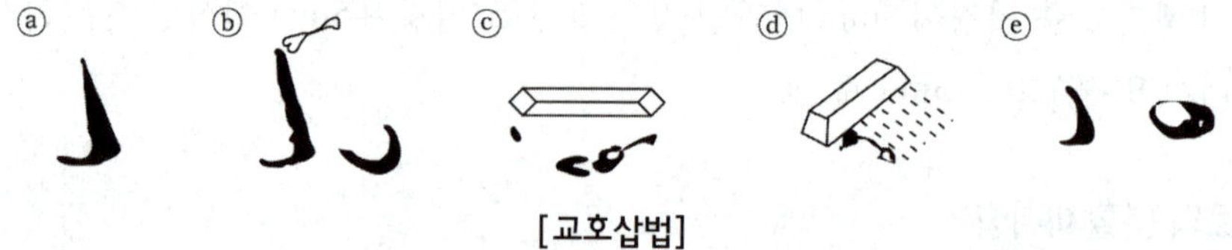

[교호삽법]

TIP

핵심내용 : 원추형, 육면체, 원추쌓기

Question 15

아래의 같은 방식으로 계속 폐기물 시료의 크기를 줄이는 방법은?

분쇄한 대시료를 단단하고 깨끗한 평면위에 원추형으로 쌓는다. → 원추를 장소를 바꾸어 다시 쌓는다. → 원추에서 일정량을 취하여 장방형으로 도포하고 계속해서 일정량을 취하여 그 위에 입체로 쌓는다. → 그 육면체의 측면을 교대로 돌면서 균등량씩을 취하여 두 개의 원추를 쌓는다. → 이 중 하나는 버린다.

㉮ 원추2분법 ㉯ 구획법 ㉰ 교호삽법 ㉱ 원추4분법

정답 ㉰

★★★ ③ 원추 4분법

ⓐ 분쇄한 대시료를 단단하고 깨끗한 평면위에 원추형으로 쌓아 올린다.

ⓑ 앞의 원추를 장소를 바꾸어 다시 쌓는다.

★★ ⓒ 원추의 꼭지를 수직으로 눌러서 평평하게 만들고 이것을 부채꼴로 사등분한다.

ⓓ 마주보는 두 부분을 취하고 반은 버린다.

ⓔ 반으로 준 시료를 앞의 조작을 반복하여 적당한 크기까지 줄인다.

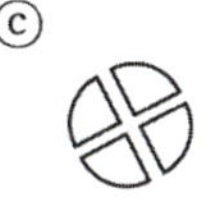

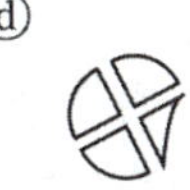

[원추 4분법]

TIP

핵심내용 : 원추형, 부채꼴로 4등분

Question 16

3,000g의 시료에 대하여 원추 4분법을 5회 조작할 때 시료의 양(g)은 얼마인가?

㉮ 31.3g ㉯ 62.5g ㉰ 93.8g ㉱ 124.2

분석용 시료량(g) = 전체 시료량(g) $\times \left(\frac{1}{2}\right)^n = 3000\text{g} \times \left(\frac{1}{2}\right)^5 = 93.75\text{g}$

Question 17

폐기물공정시험기준에 규정된 시료의 축소방법으로 틀린 것은?

㉮ 원추이분법 ㉯ 원추사분법 ㉰ 교호삽법 ㉱ 구획법

㉮

02 시료의 준비

1. 적용범위

★(1) 함량 시험방법

지정폐기물 여부 판정을 위한 기름성분, 폴리클로리네이티드비페닐(PCBs) 및 정제유의 품질검사를 위한 실험에 적용한다. 또한 폐기물관리법에서 규정하고 있지 않으나, 폐기물 중에 함유된 오염물질의 농도를 측정하는 시료에 적용한다.

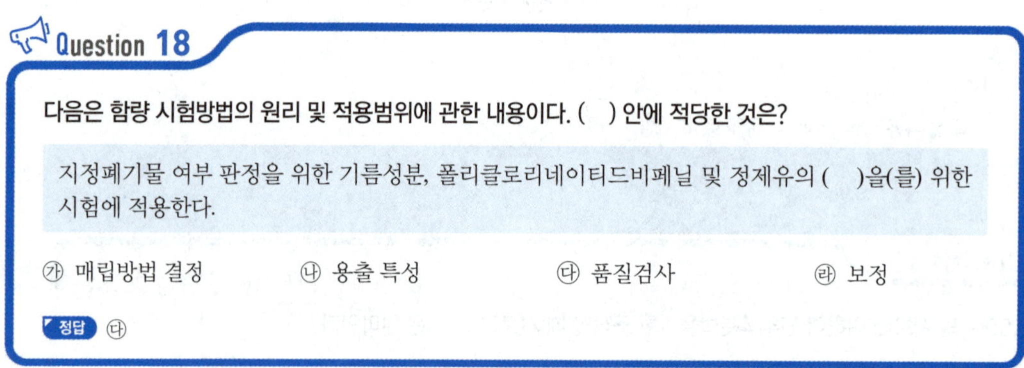

Question 18

다음은 함량 시험방법의 원리 및 적용범위에 관한 내용이다. ( ) 안에 적당한 것은?

지정폐기물 여부 판정을 위한 기름성분, 폴리클로리네이티드비페닐 및 정제유의 ( )을(를) 위한 시험에 적용한다.

㉮ 매립방법 결정　㉯ 용출 특성　㉰ 품질검사　㉱ 보정

정답 ㉰

★(2) 용출 시험방법

고상 또는 반고상 폐기물에 대하여 폐기물관리법에서 규정하고 있는 지정폐기물의 판정 및 지정폐기물의 중간처리방법 또는 매립방법을 결정하기 위한 실험에 적용한다.

(3) 산분해법

용출용액이나 액상폐기물에는 유기물 및 현탁물질 등이 함유되어 있어 혼탁 되었거나 색상을 띄고 있는 경우가 있을 뿐만 아니라 실험하고자 하는 목적성분들이 입자에 흡착되어 있거나 난분해성의 착화합물 또는 착이온 상태로 존재하는 경우가 있기 때문에 실험의 목적에 따라 적당한 방법으로 전처리를 한 다음 원자흡수분광광도법, 유도결합플라스마-원자발광분광법, 자외선/가시선 분광법에 사용한다.

2. 용어정의

(1) 산분해법

시료에 산을 첨가하고 가열하여 시료 중의 유기물 및 방해물질을 제거하는 방법이다. 이 과정에서 시료 중의 유기물 및 방해물질은 산에 의해 분해되고 이들과 착화합물을 형성하고 있던 중금속류는 이온 상태로 시료 중에 존재하게 된다.

(2) 마이크로파 산분해법

전반적인 처리 절차 및 원리는 산분해법과 같으나 마이크로파를 이용해서 시료를 가열하는 것이 다르다. 마이크로파를 이용하여 시료를 가열할 경우 고온·고압 하에서 조작할 수 있어 전처리 효율이 좋아진다.

3. 시험기기 및 기구

(1) 진탕기

★★ 상온, 상압에서 진탕회수가 매분 당 약 200회, 진폭이 4~5cm, 진탕 시간 6시간의 연속진탕이 가능한 왕복진탕기를 사용한다.

(2) 가열장치

가열멘틀 또는 가열판을 규격에 맞게 사용한다.

(3) 마이크로파 분해장치

산과 함께 시료를 용기에 넣어 마이크로파를 가하면 강산에 의해 시료가 산화되면서 빠른 진동과 충돌에 의하여 극성성분들은 시료내 다른 물질들과의 결합이 끊어져 이온상태로 수용액에 용해된다. 이 장치는 가열속도가 빠르고 재현성이 좋으며 폐유 등 유기물이 다량 함유된 시료의 전처리에 이용된다.

4. 분석절차

(1) 함량 시험방법

각 항목별 시험기준의 전처리에서 "액상 폐기물 시료 또는 용출용액 적당량"을 "폐기물시료 적당량"으로 하여 실험한다.

TIP

주의사항

폐기물 시료가 고상이거나 반고상인 경우에는 6가크롬 실험을 적용할 수 없다.

(2) 용출 시험방법

★★★ ① 시료용액의 조제

시료의 조제방법에 따라 조제한 시료 100g 이상을 정확히 달아 정제수에 염산을 넣어 pH를 5.8~6.3으로 한 용매(mL)를 시료 : 용매 = 1 : 10(W : V)의 비로 2,000mL 삼각플라스크에 넣어 혼합한다.

Question 19

다음은 시료 용출시험방법에 관한 설명이다. ( ) 안에 알맞은 것은?

시료의 조제방법에 따라 조제한 시료 100g 이상을 정확히 달아 정제수에 염산을 넣어 pH를 (①)(으)로 한 용매(mL)를 시료 : 용매 =(②)(W/V)의 비로 2,000mL 삼각플라스크에 넣어 혼합한다.

㉮ ① 4.5~5.5 ② 1 : 5
㉯ ① 4.5~5.5 ② 1 : 10
㉰ ① 5.8~6.3 ② 1 : 5
㉱ ① 5.8~6.3 ② 1 : 10

정답 ㉱

② 용출조작

★★ ⓐ 시료용액의 조제가 끝난 혼합액을 상온, 상압에서 진탕회수가 매분 당 약 200회, 진폭이 4~5cm의 왕복진탕기(수평인 것)를 사용하여 6시간 동안 연속 진탕한다.

Question 20

다음은 폐기물 용출시험에 관한 내용이다. ( )안에 알맞은 것은?

시료용액 조제가 끝난 혼합액을 상온, 상압에서 진탕회수가 매분당 ( ), 진폭 ( )의 진탕기를 사용하여 ( ) 연속 진탕한 다음 여과하고 여과액을 적당량 취하여 용출시험용 시료용액으로 한다.

㉮ 약 200회, 4~5cm, 6시간
㉯ 약 200회, 4~5cm, 4시간
㉰ 약 300회, 5~6cm, 6시간
㉱ 약 300회, 5~6cm, 4시간

정답 ㉮

★ ⓑ 1.0μm의 유리섬유 여과지로 여과하고 여과액을 적당량 취하여 용출실험용 시료용액으로 한다.

★★★ ⓒ 여과가 어려운 경우에는 원심분리기를 사용하여 매분당 3,000회전 이상으로 20분 이상 원심분리한 다음 상징액을 적당량 취하여 용출실험용 시료용액으로 한다.

Question 21

다음 용출조작에 대한 내용 중 ( )안에 들어갈 적당한 것은?

> 여과가 어려운 경우에는 원심분리기를 사용하여 매분당 ( ) 이상으로 ( )이상 원심 분리한 다음 상징액을 적당량 취하여 용출시험용 검액으로 한다.

㉮ 2,000회전, 20분
㉯ 2,000회전, 30분
㉰ 3,000회전, 20분
㉱ 3,000회전, 30분

정답 ㉰

③ 실험결과의 보정

항목별 시험기준 중 각항의 규정에 따라 실험한 용출실험의 결과는 시료 중의 수분함량 보정을 위해 함수율 85% 이상인 시료에 한하여 ★★ $\frac{15}{100-\text{시료의 함수율}(\%)}$을 곱하여 계산된 값으로 한다.

Question 22

용출실험의 결과에서 시료 중의 수분함량을 보정하기 위해 곱하는 식으로 알맞은 것은? (단, 함수율 85% 이상인 시료에 한함)

㉮ $\frac{15}{100-\text{시료의 함수율}(\%)}$
㉯ $\frac{100-\text{시료의 함수율}(\%)}{15}$
㉰ $\frac{\text{시료의 함수율}(\%)-15}{100}$
㉱ $\frac{100}{\text{시료의 함수율}(\%)-15}$

정답 ㉮

Question 23

함수율이 90%인 슬러지를 용출 시험하여 납의 농도를 측정하니 0.02mg/L로 나타났다. 수분함량을 보정한 용출시험 결과치는?

㉮ 0.03mg/L ㉯ 0.05mg/L ㉰ 0.07mg/L ㉱ 0.09mg/L

풀이 ① 보정계수 $= \dfrac{15}{100-90\%} = 1.5$

② $0.02\text{mg/L} \times 1.5 = 0.03\text{mg/L}$

(3) 산분해법

① 질산 분해법(암기법 : 질낮은)

유기물 함량이 낮은 시료에 적용

② 질산 - 염산 분해법(암기법 : 염산 인금으로)

유기물 함량이 비교적 높지 않고 금속의 수산화물, 산화물, 인산염 및 황화물을 함유하고 있는 시료에 적용

Question 24

유기물 함량이 비교적 높지 않고 금속의 수산화물, 산화물, 인산염 및 황화물을 함유한 시료에 적용하는 산분해법은?

㉮ 질산 분해법 ㉯ 질산 - 황산 분해법

㉰ 질산 - 염산 분해법 ㉱ 질산 - 과염소산 분해법

정답 ㉰

③ 질산 - 황산 분해법(암기법 : 황 많은)

ⓐ 유기물 등을 많이 함유하고 있는 대부분의 시료에 적용

ⓑ 칼슘, 바륨, 납 등을 다량 함유한 시료는 난용성의 황산염을 생성하여 다른 금속성분을 흡착하므로 주의하여야 한다.

Question 25

시료의 산분해 전처리 방법 중 유기물 등이 많이 함유하고 있는 대부분의 시료에 적용하는 것으로 알맞은 것은?

㉮ 질산분해법
㉯ 염산분해법
㉰ 질산-염산분해법
㉱ 질산-황산분해법

 ㉱

④ 질산 - 과염소산 분해법(암기법 : 과산화가 어려운)
유기물을 높은 비율로 함유하고 있으면서 산화분해가 어려운 시료들에 적용

Question 26

유기물을 높은 비율로 함유하고 있으면서 산화분해가 어려운 시료에 적용되는 시료의 전처리 방법으로 가장 적당한 것은?

㉮ 질산-과염소산에 의한 유기물 분해
㉯ 질산-과염소산-불화수소산에 의한 유기물 분해
㉰ 회화에 의한 유기물 분해
㉱ 질산-염산에 의한 유기물 분해

 ㉮

주의사항

★★ ① 과염소산을 넣을 경우 진한질산이 공존하지 않으면 폭발할 위험이 있으므로 반드시 진한질산을 먼저 넣어주어야 하며, 어떠한 경우에도 유기물을 함유한 뜨거운 용액에 과염소산을 넣어서는 안된다.

② 납을 측정할 경우 시료 중에 황산이온(SO_4^{2-})이 다량 존재하면 불용성의 황산납이 생성되어 측정치에 손실을 가져온다. 이때에는 분해가 끝난 용액에 물 대신 아세트산암모늄 용액(5+6) 50mL를 넣고 가열하여 액이 끓기 시작하면 킬달플라스크를 회전시켜 내벽을 용액으로 충분히 씻어준 다음 약 5분 동안 가열을 계속하고 공기중에서 식혀 여과한다.

⑤ 질산 - 과염소산 - 불화수소산 분해법(암기법 : 과불이 점규한다)
점토질 또는 규산염이 높은 비율로 함유된 시료에 적용

⑥ 회화법

★★ ⓐ 목적성분이 400℃ 이상에서 휘산되지 않고 쉽게 회화될 수 있는 시료에 적용

ⓑ 시료 중에 염화암모늄, 염화마그네슘, 염화칼슘 등이 높은 비율로 함유된 경우에는 납, 철, 주석, 아연, 안티몬 등이 휘산되어 손실이 발생하므로 주의하여야 한다.

Question 27

시료 준비를 위한 회화법에 관한 기준으로 알맞은 것은?

㉮ 목적성분이 400℃ 이상에서 회화되지 않고 쉽게 휘산될 수 있는 시료에 적용
㉯ 목적성분이 400℃ 이상에서 휘산되지 않고 쉽게 회화될 수 있는 시료에 적용
㉰ 목적성분이 600℃ 이상에서 회화되지 않고 쉽게 휘산될 수 있는 시료에 적용
㉱ 목적성분이 600℃ 이상에서 휘산되지 않고 쉽게 회화될 수 있는 시료에 적용

정답 ㉯

CHAPTER

03 일반항목편

01 강열감량 및 유기물함량 - 중량법

★ 1. 목적

시료에 질산암모늄용액(25%)을 넣고 가열하여 (600±25)℃의 전기로 안에서 3시간 강열한 다음 데시케이터에서 식힌 후 질량을 측정하여 증발용기의 질량차이로부터 강열감량(%) 및 유기물함량(%)을 구한다.

Question 01

중량법을 이용하여 강열감량 및 유기물함량을 측정할 때 시료를 전기로에서 강열하기 전에 시료에 넣어 가열하여 강열시키는 시약은?

㉮ 질산암모늄용액(5%)　　㉯ 질산암모늄용액(25%)
㉰ 과염소산용액(5%)　　㉱ 과염소산용액(25%)

㉯

(1) 적용범위

이 시험기준은 0.1%까지 측정한다.

(2) 간섭물질

① 눈에 보이는 이물질이 들어 있을 때에는 제거해야 한다.

② 용기 벽에 부착하거나 바닥에 가라앉는 물질이 있는 경우는 시료를 분취하는 과정에서 큰 오차를 발생할 수 있다.

2. 시료채취 및 관리

① 시료는 유리병에 채취하고 가능한 빨리 측정한다.

② 시료를 보관하여야 할 경우 미생물에 의해 분해를 방지하기 위해 0~4℃로 보관한다.

★★ ③ 시료는 24시간 이내에 증발처리를 하는 것이 원칙이며, 부득이한 경우에는 최대한 7일을 넘기지 말아야 한다. 시료를 분석하기 전에 상온이 되게 한다.

3. 분석절차

① 뚜껑을 덮은 증발접시를 미리 (600±25)℃에서 30분간 강열하고 데시케이터 안에서 식힌 후 사용하기 직전에 질량을 단다. (W_1)

② 수분을 제거한 시료 적당량(20g 이상)을 취하여 증발용기의 뚜껑을 덮고 질량을 정확히 단다. (W_2)

TIP

폐기물의 종류와 성상에 관계없이 수분이 첨가된 경우에 있어서는 수분 및 고형물의 시험기준에 따라 수분을 제거한 후 강열감량 실험을 한다.

★★ ③ 질산암모늄용액(25%)을 넣어 시료에 적시고 천천히 가열하여 (600±25)℃의 전기로 안에서 3시간 강열하고 데시케이터 안에 넣어 식힌 후 질량을 정확히 단다. (W_3)

Question 02

강열감량 및 유기물 함량(중량법) 측정에 관한 내용으로 틀린 것은?

㉮ 채취된 시료는 24시간 이내에 증발처리를 하여야 하나 최대한 7일을 넘기지 말아야 한다.

㉯ 뚜껑을 덮은 증발용기를 미리 600 ±25℃에서 2시간 강열하고 데시케이터 안에서 방냉한 다음 그 질량을 정확히 단다.

㉰ 용기 내의 시료에 25% 질산암모늄용액을 넣어 시료를 적시고 천천히 가열하여 강열시킨다.

㉱ 유기물 함량(%) =[휘발성 고형물(%)/고형물(%)]×100 (단, 휘발성 고형물(%) =강열감량(%) - 수분(%))

풀이 ㉯ 뚜껑을 덮은 증발용기를 미리 600 ±25℃에서 3시간 강열하고 데시케이터 안에서 식힌 후 사용하기 직전에 무게를 단다.

4. 결과

★★ ①

$$\text{강열감량}(\%)\text{또는 유기물함량}(\%) = \frac{(W_2 - W_3)}{(W_2 - W_1)} \times 100$$

★★ ②

$$\text{유기물함량}(\%) = \frac{\text{휘발성 고형물}(\%)}{\text{고형물}(\%)} \times 100$$

여기서, 휘발성고형물(%) = 강열감량(%) – 수분(%)

W_1 : 뚜껑을 포함한 증발용기의 질량

W_2 : 강열 전의 뚜껑을 포함한 증발용기와 시료의 질량

W_3 : 강열 후의 뚜껑을 포함한 증발용기와 시료의 질량

TIP

① 강열 : 항량(건조 또는 가열을 반복하여 중량이 일정하게 변화하지 않게 되었을 때의 중량)이 얻어지는 온도로 물질을 강하게 가열하는 것

② 강열감량 : 분석시료를 가열하였을 때의 질량의 감소분

Question 03

폐기물의 강열감량(%)과 유기물함량(%)을 구하고자 측정한 결과, 뚜껑을 포함한 증발용기 질량 : 50.43g, 강열 전의 뚜껑을 포함한 증발용기 + 시료질량 : 74.59g, 강열 후의 뚜껑을 포함한 증발용기 + 시료질량 : 55.23g이었다면 강열감량(%)과 유기물함량(%)은 얼마인가? (단, 수분 20%, 고형물 80%)

㉮ 강열감량 : 약 25%, 유기물함량 : 약 75%

㉯ 강열감량 : 약 25%, 유기물함량 : 약 94%

㉰ 강열감량 : 약 80%, 유기물함량 : 약 75%

㉱ 강열감량 : 약 80%, 유기물함량 : 약 94%

풀이

① 강열감량(%) $= \left(\frac{W_2 - W_3}{W_2 - W_1}\right) \times 100$

여기서, W_1 : 뚜껑을 포함한 증발용기 질량(g)

W_2 : 강열 전 뚜껑을 포함한 증발용기+시료 질량(g)

W_3 : 강열 후 뚜껑을 포함한 증발용기+시료 질량(g)

따라서 강열감량(%) $= \left(\frac{74.59\text{g} - 55.23\text{g}}{74.59\text{g} - 50.43\text{g}}\right) \times 100 = 80.13\%$

② 유기물 함량(%) $= \frac{\text{휘발성 고형물}(\%)}{\text{고형물}(\%)} \times 100$

휘발성 고형물(%) = 강열감량(%) − 수분(%) = 80.13% − 20% = 60.13%

따라서 유기물 함량(%) $= \frac{60.13\%}{80\%} \times 100 = 75.16\%$

PART 03 폐기물공정시험기준

02 기름성분 – 중량법

1. 목적

시료를 노말헥산으로 추출하고 잔류물의 질량으로부터 구하는 방법이다.

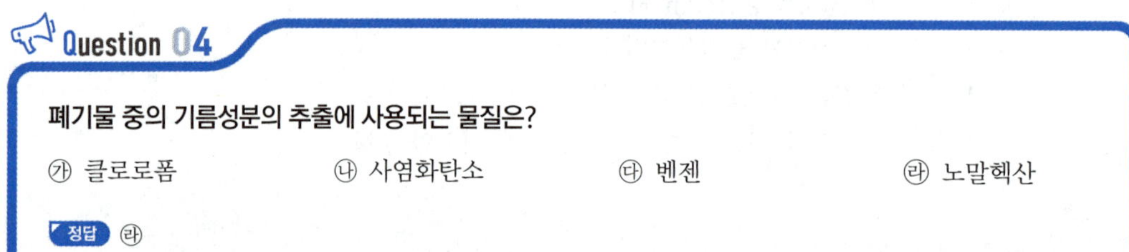
Question 04

폐기물 중의 기름성분의 추출에 사용되는 물질은?

㉮ 클로로폼 ㉯ 사염화탄소 ㉰ 벤젠 ㉱ 노말헥산

정답 ㉱

2. 적용범위

★★ ① 폐기물중의 비교적 휘발되지 않는 탄화수소, 탄화수소유도체, 그리스유상물질 중 노말헥산에 용해되는 성분에 적용

★★ ② 정량한계는 0.1% 이하

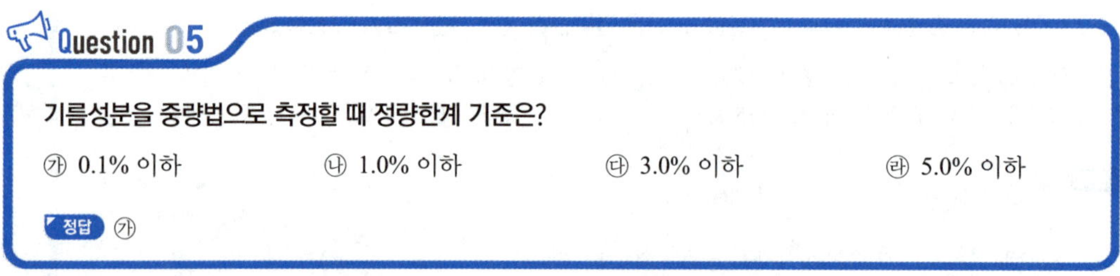
Question 05

기름성분을 중량법으로 측정할 때 정량한계 기준은?

㉮ 0.1% 이하 ㉯ 1.0% 이하 ㉰ 3.0% 이하 ㉱ 5.0% 이하

정답 ㉮

3. 간섭물질

① 눈에 보이는 이물질이 들어 있을 때에는 제거해야 한다.

② 용기 벽에 부착하거나 바닥에 가라앉는 물질이 있는 경우는 시료를 분취하는 과정에서 큰 오차를 발생할 수 있다.

★4. 분석기기 및 기구

① 전기열판 또는 전기멘틀 : 80℃ 온도조절이 가능한 것을 사용한다.

② 증발접시 : 알루미늄박으로 만든 접시, 비커 또는 증류플라스크로써 부피는 50~250mL인 것을 사용한다.

③ ㅏ자형 연결관 및 리비히 냉각관 : 증류플라스크를 사용할 경우 사용한다.

5. 시료채취 및 관리

① 시료는 유리병에 채취하고 가능한 빨리 측정한다.

② 시료를 보관하여야 할 경우 미생물에 의해 분해를 방지하기 위해 0~4℃로 보관한다.

★★ ③ 시료는 24시간 이내에 증발처리를 하여야 하나 최대한 7일을 넘기지 말아야 한다. 시료를 분석하기 전에 상온이 되게 한다.

Question 06

중량법으로 기름성분을 측정할 때 시료채취 및 관리에 관한 내용으로 알맞은 것은?

㉮ 시료는 6시간 이내 증발처리를 하여야 하나 최대한 24시간을 넘기지 말아야 한다.
㉯ 시료는 8시간 이내 증발처리를 하여야 하나 최대한 24시간을 넘기지 말아야 한다.
㉰ 시료는 12시간 이내 증발처리를 하여야 하나 최대한 7일을 넘기지 말아야 한다.
㉱ 시료는 24시간 이내 증발처리를 하여야 하나 최대한 7일을 넘기지 말아야 한다.

정답 ㉱

★★★ 6. 분석절차

① 시료 적당량을 분별깔때기에 넣고 메틸오렌지용액(0.1%)을 2~3방울 넣고 황색이 적색으로 변할 때까지 염산(1+1)을 넣어 pH 4 이하로 조절한다. 단, 반고상 또는 고상폐기물인 경우에는 폐기물의 양에 약 2.5배에 해당하는 물을 넣어 잘 혼합한 다음 pH 4이하로 조절하여 상등액으로 한다.

Question 07

기름성분을 측정하기 위한 노말헥산 추출시험방법에서 pH를 4이하로 조절하는 시약으로 가장 옳은 것은? (단, 노말헥산 추출물질의 함량은 적절함)

㉮ 염산(1+1) ㉯ 질산(1+1) ㉰ 염산(1+4) ㉱ 질산(1+4)

정답 ㉮

TIP

주의사항

노말헥산 추출물질의 함량이 5mg/L 이하로 낮은 경우에는 5L부피 시료병에 시료 4L를 채취하여 염화철(III)용액 4mL를 넣고 자석교반기로 교반하면서 ★★탄산나트륨용액(20W/V%)을 넣어 pH 7~9로 조절한다. 5분간 세게 교반한 다음 방치하여 침전물이 전체액량의 약 1/10이 되도록 침강하면 상층액을 조심하여 흡인하여 버린다. 잔류 침전 층에 ★★염산(1+1)으로 pH를 약 1로 하여 침전을 녹이고 이 용액을 분별깔때기에 옮긴다.

★★ ② 삼각플라스크는 노말헥산 20mL씩으로 2회 씻어서 씻은 액을 분별깔때기에 합하고 마개를 하여 5분간 세게 흔들어 섞고 정치하여 노말헥산층을 분리한다.

TIP

주의사항

추출시 에멀젼을 형성하여 액층이 분리되지 않거나 노말헥산층이 탁할 경우에는 분별깔때기 안의 수층을 원래의 시료용기에 옮긴다. 이후 에멀젼층이 분리되거나 노말헥산층이 맑아질 때까지 에멀젼층 또는 헥산층에 적당량의 ★★염화나트륨 또는 황산암모늄을 넣어 환류냉각관(약 300mm)을 부착하고 80℃ 물중탕에서 약 10분간 가열 분해한 다음 시험기준에 따라 시험한다.

Question 08

중량법에 의한 기름성분 분석방법에 대한 내용으로 틀린 것은?

㉮ 시료를 노말헥산으로 추출한다.

㉯ 이 시험기준의 정량한계는 0.1% 이하로 한다.

㉰ 폐기물중의 휘발성이 높은 탄화수소, 탄화수소유도체, 그리스유상물질 중 노말헥산에 용해되는 성분에 적용한다.

㉱ 눈에 보이는 이물질이 들어 있을 때에는 제거해야 한다.

풀이 ㉰ 폐기물중의 비교적 휘발되지 않는 탄화수소, 탄화수소유도체, 그리스유상물질 중 노말헥산에 용해되는 성분에 적용한다.

7. 결과

$$★★ 노말헥산 추출물질(\%) = \frac{(a-b)}{V} \times 100$$

여기서, a : 실험전후의 증발접시의 질량 차(g)
b : 바탕시험 전후의 증발접시의 질량 차(g)
V : 시료의 양(g)

03 수분 및 고형물 – 중량법

★★ 1. 목적

시료를 105~110℃에서 4시간 건조하고 데시케이터에서 식힌 후 무게를 달아 증발접시의 무게차로부터 수분 및 고형물의 양(%)을 구한다.

Question 09

폐기물에 함유되어 있는 수분을 측정하고자 한다. 증발접시에 시료를 넣고 물중탕 후 건조시킬 때 건조기 안에서 건조시간 및 건조온도로 가장 적당한 것은?

㉮ 2시간, 105 ~ 110℃
㉯ 2시간, 115 ~ 120℃
㉰ 4시간, 105 ~ 110℃
㉱ 4시간, 115 ~ 120℃

정답 ㉰

2. 적용범위

이 시험기준은 0.1%까지 측정한다.

3. 간섭물질

① 눈에 보이는 이물질이 들어 있을 때에는 제거해야한다.
② 용기 벽에 부착하거나 바닥에 가라앉는 물질이 있는 경우는 시료를 분취하는 과정에서 큰 오차를 발생할 수 있다.

4. 시료채취 및 보관

① 시료는 수분이 일정하게 유지될 수 있는 용기에 채취한다.

② 폐기물 중 수분은 24시간 이내에 증발처리 하여야 한다.

★★ ③ 시료를 보관하여야 할 경우 기밀용기에 넣어 0~4℃의 냉 · 암소에 보관하고, 보관된 시료는 7일 이내에 측정하여야 한다.

 **Question 10**

수분 및 고형물(중량법) 측정시 시료채취 및 관리에 관한 내용으로 틀린 것은?

㉮ 시료는 유리병에 채취하여 가능한 빨리 측정한다.
㉯ 시료를 보관하여야 할 경우 미생물에 의한 분해를 방지하기 위해 pH 2 이하로 하여 냉암소에 보관한다.
㉰ 시료는 24시간 이내에 증발처리를 하여야 하나 최대한 7일을 넘기지 말아야 한다.
㉱ 시료를 분석하기 전에 상온이 되게 한다.

풀이 ㉯ 시료를 보관하여야 할 경우 미생물에 의해 분해를 방지하기 위해 0 ~ 4℃로 보관한다.

5. 분석절차

① 평량병 또는 증발접시를 미리 105~110℃에서 1시간 건조시킨 다음 데시케이터 안에서 식힌 후 사용하기 직전에 무게를 단다.

② 시료 적당량(5g 이상)을 취하여 평량병 또는 증발접시와 시료의 무게를 정확히 단다.

③ 물중탕에서 수분의 대부분을 날려 보내고 105~110℃의 건조기 안에서 4시간 완전 건조시킨 다음 실리카겔이 담겨있는 데시케이터 안에 넣어 식힌 후 무게를 정확히 단다.

6. 결과

★★ ①

$$수분(\%) = \frac{(W_2 - W_3)}{(W_2 - W_1)} \times 100$$

★★ ②

$$고형물(\%) = \frac{(W_3 - W_1)}{(W_2 - W_1)} \times 100$$

여기서, W_1 : 평량병 또는 증발접시의 무게
W_2 : 건조 전의 평량병 또는 증발접시와 시료의 무게
W_3 : 건조 후의 평량병 또는 증발접시와 시료의 무게

Question 11

시료 중 수분함량 및 고형물함량을 정량하고자 실험한 결과가 다음과 같다면 고형물함량은? (단, 증발접시의 무게(W_1) = 245g, 건조 전의 증발접시와 시료의 무게(W_2) = 260g, 건조 후의 증발접시와 시료의 무게(W_3) = 250g이었다.)

㉮ 약 21%　　㉯ 약 24%　　㉰ 약 28%　　㉱ 약 33%

 정답

① 수분의 함량(%) $= \left(\frac{W_2 - W_3}{W_2 - W_1}\right) \times 100 = \left(\frac{260g - 250g}{260g - 245g}\right) \times 100 = 66.67\%$

② 고형물 함량(%) $= 100 -$ 수분의 함량(%) $= 100 - 66.67\% = 33.33\%$

04 수소이온농도 - 유리전극법

1. 목적

액상 폐기물과 고상 폐기물의 pH를 유리전극과 기준전극으로 구성된 pH 측정기를 사용하여 측정한다.

 2. 적용범위

이 시험기준으로 pH를 0.01까지 측정한다.

Question 12

유리전극법을 이용하여 수소이온농도를 측정할 때 적용범위 기준으로 알맞은 것은?

㉮ pH를 0.01까지 측정한다.　　㉯ pH를 0.05까지 측정한다.
㉰ pH를 0.1까지 측정한다.　　㉱ pH를 0.5까지 측정한다.

정답 ㉮

★★ 3. 간섭물질

★★★ ① 유리전극은 일반적으로 용액의 색도, 탁도, 콜로이드성 물질들, 산화 및 환원성 물질들 그리고 염도에 의해 간섭을 받지 않는다.

② pH 10 이상에서 나트륨에 의해 오차가 발생할 수 있는데 이는 "낮은 나트륨 오차 전극"을 사용하여 줄일 수 있다.

③ 기름층이나 작은 입자상이 전극을 피복하여 pH 측정을 방해할 수 있는데 이 피복물을 부드럽게 문질러 닦아내거나 세척제로 닦아낸 후 정제수로 세척하고 부드러운 천으로 수분을 제거하여 사용한다. 염산(1+9)용액을 사용하여 피복물을 제거할 수 있다.

★★ ④ pH는 온도변화에 따라 영향을 받는다.

Question 13

유리전극법에 의한 수소이온농도 측정시 간섭물질에 대한 설명으로 틀린 것은?

㉮ pH 10 이상에서 나트륨에 의해 오차가 발생할 수 있는데 이는 "낮은 나트륨 오차 전극"을 사용하여 줄일 수 있다.

㉯ 유리전극은 일반적으로 용액의 색도, 탁도, 콜로이드성 물질들, 산화 및 환원성 물질들, 그리고 염도에 의해 간섭을 많이 받는다.

㉰ 기름층이나 작은 입자상이 전극을 피복하여 pH 측정을 방해할 경우에는 피복물을 부드럽게 문질러 닦아내거나 세척제로 닦아낸 후 정제수로 세척하고 부드러운 천으로 수분을 제거하여 사용한다.

㉱ 피복물을 제거할 때는 염산(1+9) 용액을 사용할 수 있다.

풀이 ㉯ 유리전극은 일반적으로 용액의 색도, 탁도, 콜로이드성 물질들, 산화 및 환원성 물질들 그리고 염도에 의해 간섭을 받지 않는다.

4. 용어정의

① pH : pH는 보통 유리전극과 비교전극으로 된 pH 측정기를 사용하여 측정하는데 양전극 간에 생성되는 기전력의 차를 이용하여 다음과 같은 식으로 정의된다. (★★)

★★

$$pH_x = pH_s \pm \frac{F(E_X - E_S)}{2.303RT}$$

여기서, pH_x : 시료의 pH 측정값

pH_s : 표준용액의 pH (−log [H+])

Ex : 시료에서의 유리전극과 비교전극간의 전위차(mV)

Es : 표준용액에서의 유리전극과 비교전극간의 전위차(mV)

F : 패러데이(Faraday) 상수(9.649×10^4C/mol)

R : 기체상수 {8.314J/(K · mol)}

T : 절대온도(K)

Question 14

수소이온농도(pH)는 보통 유리전극과 비교전극으로 된 pH 측정기로 측정하는데 양전극간에 생성되는 기전력차를 이용하여 다음과 같은 식으로 정의된다. 이 식의 기호에 관한 설명으로 틀린 것은?

$$pH_X = pH_S = \frac{F(E_X - E_S)}{2.303RT}$$

㉮ R : 기체상수 ㉯ F : 페러데이 상수
㉰ pH_S : 표준용액의 pH ㉱ E_X : 시료전위의 상용대수

풀이 ㉱ E_X : 시료에서의 유리전극과 비교전극간의 전위차

② ★★ 기준전극 : 은 – 염화은의 칼로멜 전극 등으로 구성된 전극으로 pH측정기에서 측정 전위값의 기준이 된다.

③ 유리전극(작용전극) : pH 측정기에 유리전극으로서 수소이온의 농도가 감지되는 전극이다.

5. 분석기기 및 기구

(1) pH 측정기

① pH 측정기의 구조 : pH 측정기는 보통 유리전극 및 기준전극으로 된 검출부와 검출된 pH를 지시하는 지시부로 되어 있다. 지시부에는 비대칭 전위조절(영점조절) 기능 및 온도보정 기능이 있다. 온도보정 기능이 없는 경우는 온도보정용 감온부가 있다.

② 기준전극 : 은 – 염화은의 칼로멜 전극 등이 사용 될 수 있다. 기준전극과 작용전극이 결합된 전극이 측정하기에 편리하다.

③ 자석 교반기 또는 테플론으로 피복된 자석 바를 사용한다.

★★ 6. 표준용액

① 조제한 pH 표준용액은 경질유리병 또는 폴리에틸렌병에 보관

★★ ② 산성표준용액은 3개월

★★ ③ 염기성 표준용액은 산화칼슘(생석회) 흡수관을 부착하여 1개월 이내에 사용

④ 현재 국내외에 상품화되어 있는 표준용액을 사용할 수 있다.

Question 15

pH 표준용액 조제에 대한 내용으로 틀린 것은?

㉮ 조제한 pH 표준용액은 경질유리병 또는 폴리에틸렌병에 보관한다.
㉯ 염기성 표준용액은 산화칼슘 흡수관을 부착하여 1개월 이내에 사용한다.
㉰ 현재 국내외에 상품화되어 있는 표준용액을 사용할 수 있다.
㉱ pH 표준용액용 정제수는 묽은 염산을 주입한 후 증류하여 사용한다.

정답 ㉱

7. 정도보증/정도관리(QA/QC)

★★★ ① 정밀도 : 임의의 한 종류의 pH 표준용액에 대하여 검출부를 정제수로 잘 씻은 다음 5회 되풀이하여 pH를 측정했을 때 그 재현성이 ±0.05 이내이어야 한다.

TIP

핵심내용 : 5회, ±0.05이므로 숫자 5에 집중!!

★★ ② 내부정도관리 주기 및 목표 : 시료를 측정하기 전에 표준용액 2개 이상으로 보정한다.

Question 16

pH를 유리 전극법으로 측정할 때 임의의 한 종류의 pH 표준용액에 대하여 검출부를 정제수로 잘 씻은 다음 5회 반복 측정한 값의 재현성 범위로 알맞은 것은?

㉮ ±0.01 이내 ㉯ ±0.05 이내 ㉰ ±0.1 이내 ㉱ ±0.5 이내

정답 ㉯

★★ 8. 분석절차(반고상 또는 고상 폐기물)

시료 10g을 50mL 비커에 취한다음 정제수 25mL를 넣어 잘 교반하여 30분 이상 방치한 후 이 현탁액을 시료용액으로 하거나 원심분리한 후 상층액을 시료용액으로 사용한다.

 Question 17

다음은 고상 폐기물의 pH(유리전극법)를 측정하기 위한 실험절차이다. ( ) 안에 알맞은 것은?

고상폐기물 10g을 50mL 비커에 취한 다음 정제수 25mL를 넣어 잘 교반하여 ( ) 이상 방치한 후 이 현탁액을 시료용액으로 하거나 원심분리한 후 상층액을 시료용액으로 사용한다.

㉮ 10분　　㉯ 30분　　㉰ 1시간　　㉱ 2시간

 정답 ㉯

PART 03

폐기물공정시험기준

9. 결과

pH 측정기의 값을 0.01 단위까지 직접 읽고 온도를 함께 측정한다.

★★ [온도별 표준액의 pH 값]

온도(℃)	수산염표준액	프탈산염표준액	인산염표준액	붕산염표준액	탄산염표준액	수산화칼슘표준액
0	1.67	4.01	6.98	9.46	10.32	13.43
5	1.67	4.01	6.95	9.39	10.25	13.21
10	1.67	4.00	6.92	9.33	10.18	13.00
15	1.67	4.00	6.90	9.27	10.12	12.81
20	1.68	4.00	6.88	9.22	10.07	12.63
25	1.68	4.01	6.86	9.18	10.02	12.45
30	1.69	4.01	6.85	9.14	9.97	12.30
35	1.69	4.02	6.84	9.10	9.93	12.14
40	1.70	4.03	6.84	9.07	–	11.99
50	1.71	4.06	6.83	9.01	–	11.70
60	1.73	4.10	6.84	8.96	–	11.45

(암기법) 수프인 7부웃에 탄숨
(해설) 수 : 수산염, 프 : 프탈산염, 인 : 인산염, 7 : pH 7은 인산염, 부 : 붕산염
탄 : 탄산염, 숨 : 수산화칼슘

Question 18

수소이온농도를 측정할 때 사용하는 표준액 중 pH 값이 가장 낮은 것은? (단, 0℃ 기준)

㉮ 붕산염 표준액　　㉯ 인산염 표준액　　㉰ 프탈산염 표준액　　㉱ 수산염 표준액

 정답 ㉱

Question 19

pH값 크기순으로 pH 표준액을 알맞게 나타낸 것은? (단, 20℃ 기준)

㉮ 수산염표준액 < 프탈산염표준액 < 붕산염표준액 < 수산화칼슘표준액
㉯ 프탈산염표준액 < 인산염표준액 < 탄산염표준액 < 수산염표준액
㉰ 탄산염표준액 < 붕산염표준액 < 수산화칼슘표준액 < 수산염표준액
㉱ 인산염표준액 < 수산염표준액 < 붕산염표준액 < 탄산염 표준액

정답 ㉮

05 석면

1. 석면 – 편광현미경법

(1) 목적

편광현미경과 입체현미경을 이용하여 고체시료 중 석면의 특성을 관찰하여 정성과 정량분석을 하기 위한 것이다.

★★ (2) 적용범위

고형폐기물을 포함한 건축자재의 분석에 사용되며 유기 및 무기성분의 조합으로 된 모든 석면함유 물질에서 석면 유무를 판단할 수 있다. 편광현미경으로 판단할 수 있는 ★★ 석면의 정량범위는 1~100%이다.

Question 20

편광현미경법으로 석면을 측정할 때 석면의 정량범위는?

㉮ 1~25% ㉯ 1~50% ㉰ 1~80% ㉱ 1~100%

정답 ㉱

(3) 간섭물질

고형 시료의 유기물과 무기물은 석면섬유와 뒤섞이거나 석면섬유를 감싸고 있어 석면고유의 광학적 특성(색상, 굴절률 등)을 방해하여, 석면 광물 조성을 확인하고 정량하는데 방해물질이 될 수 있다.

★★ (4) 시료의 양

시료의 양은 1회에 최소한 면적단위로는 1cm^2, 부피단위로는 1cm^3, 무게단위로는 2g 이상 채취한다.

★★★ (5) 석면의 모양과 굴절특성

<table>
<tr><th rowspan="2">석면의 종류</th><th rowspan="2">★★★ 형태와 색상</th><th colspan="2">굴절률(근사값)</th><th rowspan="2">복 굴절률</th></tr>
<tr><th>신장률(상한)</th><th>신장률(하한)</th></tr>
<tr><td>★★ 백석면
(Chrysotile)</td><td>- 꼬인 물결 모양의 섬유
- 다발의 끝은 분산
- 가열되면 무색~밝은 갈색
- 다색성
- 종횡비는 전형적으로 10 : 1 이상</td><td>1.54</td><td>1.55</td><td>0.002
~0.014</td></tr>
<tr><td>★★ 갈석면
(Amosite)</td><td>- 곧은 섬유와 섬유 다발
- 다발 끝은 빗자루 같거나 분산된 모양
- 가열하면 무색~갈색
- 약한 다색성
- 종횡비는 전형적으로 10 : 1 이상</td><td>1.67</td><td>1.70</td><td>0.02
~0.03</td></tr>
<tr><td>★★ 청석면
(Crocidolite)</td><td>- 곧은 섬유와 섬유 다발
- 긴 섬유는 만곡
- 다발 끝은 분산뒤 모양
- 특징적인 청색과 다색성
- 종횡비는 전형적으로 10 : 1 이상</td><td>1.71</td><td>1.70</td><td>0.014
~0.016</td></tr>
<tr><td>직섬석
(Anthophy
llite)</td><td>- 곧은 섬유와 섬유 다발
- 절단된 파편 존재
- 무색~밝은 갈색
- 비다색성 내지 약한 다색성
- 종횡비는 일반적으로 10 : 1 이하</td><td>1.61</td><td>1.63</td><td>0.019
~0.024</td></tr>
<tr><td>투섬석
(Tremolite)</td><td>- 곧고 휜 섬유
- 절단된 파편이 일반적이며 큰 섬유 다발 끝은 분산된 모양
- 무색
- 종횡비는 일반적으로 10 : 1 이하</td><td>1.60
~1.62</td><td>1.62
~1.64</td><td rowspan="2">0.02
~0.03</td></tr>
<tr><td>녹섬석
(Actinolite)</td><td>- 곧고 휜 섬유
- 절단된 파편이 일반적이며 큰 섬유 다발 끝은 분산된 모양
- 녹색~약한 다색성
- 종횡비는 일반적으로 10 : 1 이하</td><td>1.62
~1.67</td><td>1.64
~1.68</td></tr>
</table>

Question 21

석면의 종류 중 백석면의 형태와 색상에 대한 설명으로 틀린 것은?

㉮ 곧은 물결 모양의 섬유
㉯ 다발의 끝은 분산
㉰ 다색성
㉱ 가열되면 무색~밝은 갈색

풀이 ㉮ 꼬인 물결 모양의 섬유

Question 22

청석면의 형태와 색상으로 틀린 것은? (단, 편광현미경법 기준)

㉮ 꼬인 물결 모양의 섬유
㉯ 다발 끝은 분산된 모양
㉰ 긴 섬유는 만곡
㉱ 특징적인 청색과 다색성

풀이 ㉮ 곧은 섬유와 섬유다발

2. 석면 - X선 회절기법

(1) 목적

X선 회절기를 이용하여 시료 중 석면의 특정한 회절 피크의 특성을 관찰하여 정성 및 정량분석을 하기 위한 것이다.

★★ (2) 적용범위

고형폐기물을 포함한 건축자재의 분석에 사용되며 유기, 무기성분의 조합으로 된 모든 석면 함유 물질에서 석면 유무를 판단할 수 있다. X선 회절기로 판단할 수 있는 석면의 ★★정량범위는 0.1~100.0wt%이다.

Question 23

X선 회절기법으로 석면을 측정할 때 정량범위는?

㉮ X선 회절기로 판단할 수 있는 석면의 정량범위는 0~100.0wt%이다.
㉯ X선 회절기로 판단할 수 있는 석면의 정량범위는 0.1~100.0wt%이다.
㉰ X선 회절기로 판단할 수 있는 석면의 정량범위는 1~100.0wt%이다.
㉱ X선 회절기로 판단할 수 있는 석면의 정량범위는 10~100.0wt%이다.

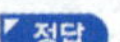

정답 ㉯

(3) 간섭물질

간섭물질로는 클로라이트, 세피오라이트, 석고, 섬유소, 탄산염, 탄산칼슘($CaCO_3$), 활석 등이 있어, 회화, 염산, 용매 처리방법을 선택하여 간섭물질을 제거한다. 또한 안티고라이트, 리자다이트는 백석면, 할로이사이트, 카올리나이트는 갈석면과 동일한 X선 회절피크를 가지고 있는 물질이므로 확인이 필요하다.

(4) 발생원에 따른 시료의 채취방법

① 건축 또는 시설물에서 직접 채취하는 하는 경우 : 대상 건물 또는 시설 단위별로 재질의 용도와 형태별로 구분하여 한번에 일정량씩을 채취한다.

② 건축 또는 시설물의 재질이 혼합되어 있는 경우 : 폐기물 처리를 위해 적재되어 있는 곳이나 운반 단위별로 석면 함유가 의심되는 재질을 선택하여 한 번에 일정량씩을 채취한다.

③ 제조 또는 가공 공정에서의 경우 : 제조 또는 공정단위별로 발생 폐기물을 채취한다.

★★④ 석면함유 의심 폐제품의 경우

ⓐ 소형크기 : 제품별로 채취하고 채취자가 시료량이 부족하다고 판단하는 경우에는 가능한 경우 2개 이상을 채취한다.

ⓑ 대형크기 : 제품별로 채취하되 시료의 무게나 형태로 인해 운반의 어려움 등이 있어 제품별로 채취하기가 곤란할 경우에는 석면 함유가 의심되는 재질을 별도로 분리하여 채취한다.

⑤ 매립 또는 폐기된 폐기물의 경우 : 발생단위별로 석면 함유가 의심되는 재질들을 선별하여 한 번에 일정량씩을 채취한다.

★★(5) 시료의 양

시료의 양은 1회에 최소한 면적단위로는 $1cm^2$, 부피단위로는 $1cm^3$, 무게단위로는 2g 이상 채취한다.

(6) 시료의 보관

① 채취시료는 수분 등의 영향으로 재질의 변화가 일어나지 않도록 고온 다습한 곳을 피하고 상온에서 보관한다.

② 채취시료는 공기 중으로 비산되지 않도록 밀폐용기 또는 헤파(HEPA) 필터가 설치된 후드 안에서 보관한다.

③ 시료는 가급적 지정된 장소에 보관한다.

Question 24

석면(X선 회절기법) 측정에 대한 설명으로 틀린 것은?

㉮ X선 회절기로 판단할 수 있는 석면의 정량범위는 0.1~100.0wt%이다.

㉯ 고형폐기물을 포함한 건축자재의 분석에 사용되며 유기, 무기성분의 조합으로 된 모든 석면함유 물질에서 석면유무를 판단할 수 있다.

㉰ 시료의 양은 1회에 최소한 면적단위로는 $1cm^2$, 부피단위로는 $1cm^3$, 무게단위로는 1g 이상 채취한다.

㉱ 소형크기의 석면함유 의심 폐제품의 경우, 시료는 제품별로 채취하고 채취자가 시료량이 부족하다고 판단하는 경우에는 가능한 경우 2개 이상을 채취한다.

풀이 ㉰ 시료의 양은 1회에 최소한 면적단위로는 $1cm^2$, 부피단위로는 $1cm^3$, 무게단위로는 2g 이상 채취한다.

06 시안

시안의 측정방법	정량한계
자외선/가시선분광법	0.01mg/L
이온전극법	0.5mg/L
연속흐름법	0.01mg/L

Question 25

다음 중 시안의 측정방법으로 틀린 것은?

㉮ 자외선/가시선분광법 ㉯ 이온전극법

㉰ 이온크로마토그래피법 ㉱ 연속흐름법

정답 ㉰

Question 26

시안을 자외선/가시선분광법으로 측정할 때 정량한계는?

㉮ 0.1mg/L ㉯ 0.01mg/L ㉰ 0.5mg/L ㉱ 0.05mg/L

정답 ㉯

★★★ 1. 시안 – 자외선/가시선 분광법

(1) 목적

시료를 pH 2 이하의 산성으로 조절한 후에 에틸렌다이아민테트라아세트산이나트륨을 넣고 가열 증류하여 시안화합물을 시안화수소로 유출시켜 수산화나트륨용액에 포집한 다음 중화하고 클로라민 – T와 피리딘 · 피라졸론 혼합액을 넣어 나타나는 청색을 620nm에서 측정하는 방법이다.

Question 27

다음은 시안의 자외선/가시선 분광법에 관한 내용이다. (   ) 안에 알맞은 것은?

클로라민 T와 피리딘 · 피라졸론 혼합액을 넣어 나타나는 (   )에서 측정한다.

㉮ 자색을 460nm　　㉯ 황갈색을 560nm　　㉰ 적색을 520nm　　㉱ 청색을 620nm

정답 ㉱

(2) 적용범위

★★ ① 이 시험기준으로는 각 시안화합물의 종류를 구분하여 정량할 수 없다.
★★ ② 폐기물 중에 시안의 정량한계는 0.01mg/L이다.
③ 이 시험기준은 폐기물 중에 시안화물 및 시안착화합물의 분석에 적용한다.

★★ (3) 간섭물질

① 시안화합물을 측정할 때 방해물질들은 증류하면 대부분 제거된다. 그러나 다량의 지방성분, 잔류염소, 황화합물은 시안화합물을 분석할 때 간섭할 수 있다.

★★ ② 다량의 지방성분을 함유한 시료는 아세트산 또는 수산화나트륨 용액으로 pH 6~7로 조절한 후 시료의 약 2%에 해당하는 부피의 노말헥산 또는 클로로폼을 넣어 추출하여 유기층은 버리고 수층을 분리하여 사용한다.

★★ ③ 황화합물이 함유된 시료는 아세트산아연용액(10W/V%) 2mL를 넣어 제거한다. 이용액 1mL는 황화물이온 약 14mg에 해당된다.

Question 28

시안을 자외선/가시선 분광법으로 정량할 때 황화합물을 제거하기 위해 시료에 넣는 시약은?

㉮ 과산화수소수용액 ㉯ 아스코빈산용액
㉰ 아세트산아연용액 ㉱ 아비산나트륨용액

 정답 ㉰

★★④ 잔류염소가 함유된 시료는 잔류염소 20mg당 L－아스코빈산(10W/V%) 0.6mL 또는 이산화비소산나트륨용액(10W/V%) 0.7mL를 넣어 제거한다.

Question 29

자외선/가시선 분광법에 의한 시안 측정시 사용시약 중 잔류염소를 제거하기 위한 시약은?

㉮ 질산(1+4) ㉯ 클로라민T
㉰ L-아스코빈산 ㉱ 아세트산아연 용액

 정답 ㉰

(4) 분석기기 및 기구

★★ ① 자외선/가시선 분광광도계

★★ ⓐ 장치순서 : 광원부 → 파장선택부 → 시료부 → 측광부

ⓑ 빛 경로길이가 1cm이상 되며, 620nm의 파장에서 흡광도의 측정이 가능하여야 한다.

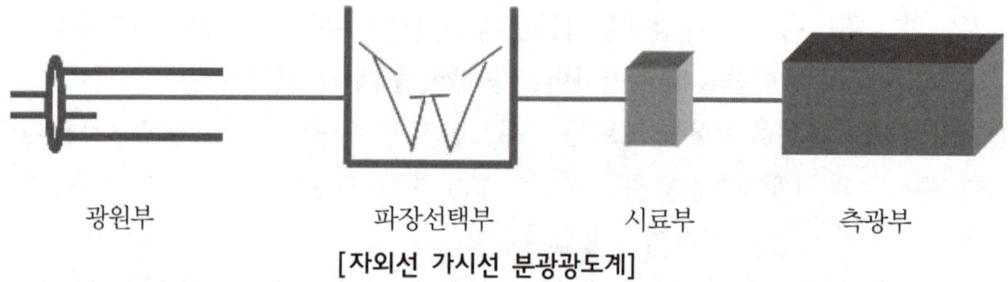

[자외선 가시선 분광광도계]

② 시안증류장치

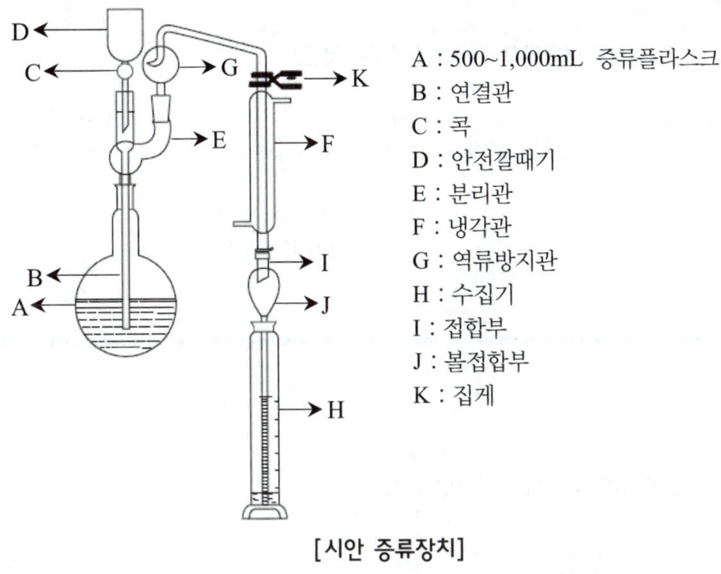

[시안 증류장치]

(5) 시료채취 및 관리

① 시료는 미리 세척한 유리 또는 폴리에틸렌용기에 채취한다.

★★② 고상폐기물 시료는 채취 후 6℃ 이하의 암소에서 보관하여야 하고, 14일 이내에 용출하여야 한다. 액상폐기물 시료 및 고상폐기물 용출용액의 분석은 24시간 이내에 분석하는 것을 권장하며, 보관이 필요한 경우 6℃ 이하의 암소에서 수산화나트륨용액을 가하여 pH 12 이상으로 조절하고, 14일 이내에 분석하여야 한다.

2. 시안 - 이온전극법

★★★ (1) 목적

액상 폐기물과 고상 폐기물을 ★★pH 12~13의 알칼리성으로 조절한 후 시안 이온전극과 비교전극을 사용하여 전위를 측정하고 그 전위차로부터 시안을 정량하는 방법이다.

다음은 시안 - 이온전극법에 관한 내용이다. ( )안에 알맞은 것은?

폐기물 중 시안을 측정하는 방법으로 액상 폐기물과 고상 폐기물을 ( )으로 조절한 후 시안 이온전극과 비교전극을 사용하여 전위를 측정하고 그 전위차로부터 시안을 정량하는 방법이다.

㉮ pH 2 이하의 산성
㉯ pH 4.5~5.3의 산성
㉰ pH 10의 알칼리성
㉱ pH 12~13의 알칼리성

 ㉱

★★ (2) 적용범위

폐기물 중에 시안의 정량한계는 0.5mg/L이다.

(3) 용어정의

① 이온전극 : 이온전극은 [이온전극 | 측정 용액|비교전극]의 측정계에서 측정대상 이온에 감응하여 ★★네른스트식에 따라 이온 활동도에 비례하는 전위차를 나타낸다.

$$E = E_o + \left[\frac{2.303RT}{zF}\right]\log A$$

여기서, E : 측정 용액에서 이온전극과 비교전극 간에 생기는 전위차(mV)
E_o : 표준전위(mV)
R : 기체상수(8.314J/K · mol)
z : 이온전극에 대하여 전위의 발생에 관계하는 전자수(이온가)
F : 페러데이(faraday) 상수(96,480C)
A : 이온 활동도(mol/L)

② 기준전극 : ★★은 - 염화은의 칼로멜 전극 등으로 구성된 전극으로 pH측정기에서 측정 전위값의 기준이 된다.

③ 유리전극(작용전극) : 이온 측정기에 유리전극으로서 이온의 농도가 감지되는 전극이다.

(4) 분석기기 및 기구

① 전위차계 : 이온전극과 비교전극 간에 발생하는 전위차를 1mV 단위까지 읽을 수 있고 고압력 저항($10^{12}\Omega$ 이상)의 전위차계로서 pH－mV계, 이온전극용 전위차계 또는 이온 농도계 등을 사용한다.

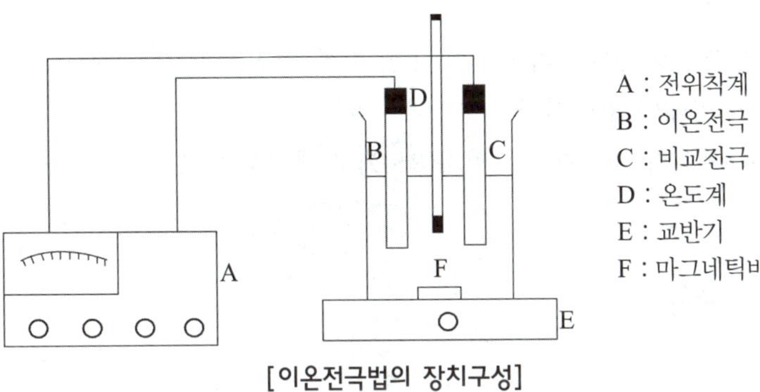

[이온전극법의 장치구성]

② 시안 이온전극 : 이온전극은 분석대상 이온에 대한 고도의 선택성이 있고 이온농도에 비례하여 전위를 발생할 수 있는 전극으로서 시안의 감응막은 $AgI+Ag_2S$, Ag_2S, AgI로 구성되어 있다.

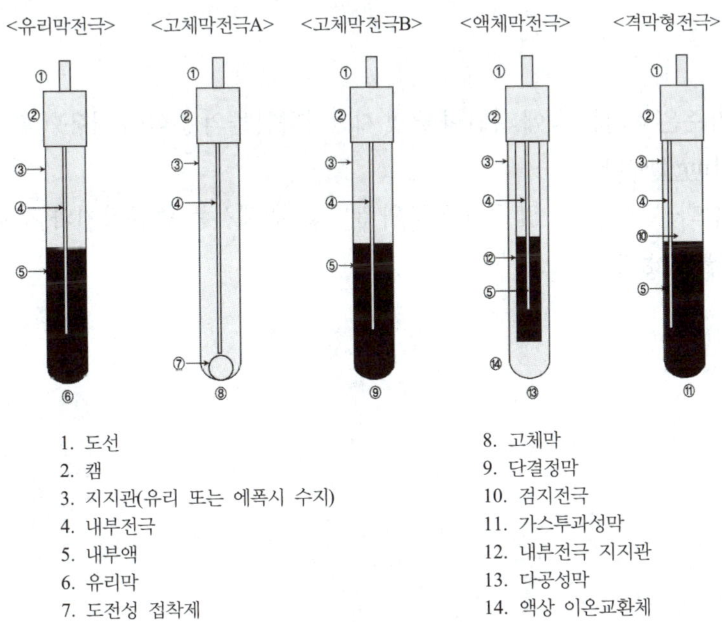

[이온전극의 종류와 구조]

③ 비교전극 : 이온전극과 조합하여 이온농도에 대응하는 전위차를 나타낼 수 있는 것으로서 표준전위가 안정된 전극이 필요하다. 일반적으로 내부전극으로서 ★★염화제일수은전극(칼로멜전극) 또는 은-염화은 전극이 많이 사용된다.

(5) 정확도 및 정밀도

★★① 정확도는 첨가한 표준물질의 농도에 대한 측정 평균값의 상대 백분율로서 나타내며 그 값이 75~125% 이내이어야 한다.

★★② 정밀도는 측정값의 % 상대표준편차(RSD)로 계산하며 측정값이 25% 이내이어야 한다.

3. 시안-연속흐름법

(1) 목적

이 시험기준은 폐기물 중에 시안화합물을 분석하기 위하여 시료를 산성상태에서 가열 증류하여 시안화물 및 시안착화합물의 대부분을 시안화수소로 유출시켜 포집한 다음 포집된 시안이온을 중화하고 클로라민-T를 넣어 생성된 염화시안이 발색시약과 반응하여 나타나는 ★★청색을 620nm 또는 기기에 따라 정해진 파장에서 연속흐름법으로 분석하는 시험방법이다.

(2) 적용범위

① 이 시험기준은 폐기물 중에 시안화물 및 시안착화합물의 분석에 적용할 수 있으며, ★★정량한계는 0.01mg/L이다.

② 시료의 산화, 발색 반응 및 목적성분의 분리를 위해서는 증류장치와 자외선분해기(UV digester)를 사용한다.

CHAPTER

04 금속류(Metals)

01 금속류

1. 금속류 - 원자흡수분광광도법

(1) 목적

폐기물 중에 구리, 납, 카드뮴등의 측정방법으로, 질산을 가한 시료 또는 산분해 후 농축 시료를 직접 불꽃으로 주입하여 원자화한 후 원자흡수분광광도법으로 분석한다.

(2) 적용범위

① 폐기물 중에 구리, 납, 카드뮴등의 분석에 적용한다.

② 구리, 납, 카드뮴은 공기 - 아세틸렌 불꽃에 주입하여 분석하고 정량한계는 표와 같다.

★★ ③ 낮은 농도의 구리, 납, 카드뮴은 암모늄 피롤리딘 다이티오카바메이트(APDC)와 착물을 생성시켜 메틸아이소부틸케톤(MIBK)으로 추출하여 공기 - 아세틸렌 불꽃에 주입하여 분석한다.

★★★ (3) 간섭물질

① 화학물질이 공기 - 아세틸렌 불꽃에서 분자상태로 존재하여 낮은 흡광도를 보일 때가 있다. 이는 불꽃의 온도가 너무 낮아 원자화가 일어나지 않는 경우와 안정한 산화물질로 바뀌어 불꽃에서 원자화가 일어나지 않는 경우에 발생한다.

② 염이 많은 시료를 분석하면 버너 헤드 부분에 고체가 생성되어 불꽃이 자주 꺼지고 버너헤드를 청소해야 하는데 이를 방지하기 위해서는 시료를 묽혀 분석하거나, 메틸아이소부틸케톤 등을 사용하여 추출하여 분석한다.

③ 시료 중에 칼륨, 나트륨, 리튬, 세슘과 같이 쉽게 이온화되는 원소가 1,000mg/L 이상의 농도로 존재할 때에는 금속측정을 간섭한다. 이때에는 검정곡선용 표준물질에 시료의 매질과 유사하게 첨가하여 보정한다.

④ 시료 중에 알칼리금속의 할로겐 화합물을 다량 함유하는 경우에는 분자 흡수나 광산란에 의하여 오차를 발생하므로 추출법으로 카드뮴을 분리하여 실험한다.

Question 01

원자흡수분광광도법에 의한 금속류 분석방법에 대한 내용으로 틀린 것은?

㉮ 낮은 농도의 구리, 납, 카드뮴 암모늄 피롤리딘 다이티오카바메이트와 착물을 생성시켜 메틸아이소부틸케톤으로 추출한다.

㉯ 화학물질이 공기-아세틸렌 불꽃에서 분자상태로 존재하여 낮은 흡광도를 보일 때가 있는데, 이는 불꽃의 온도가 너무 높아 원자화가 일어나기 때문이다.

㉰ 시료 중에 알칼리금속의 할로겐 화합물을 다량 함유하는 경우에는 분자 흡수나 광산란에 의하여 오차를 발생하므로 추출법으로 카드뮴을 분리하여 실험한다.

㉱ 염이 많은 시료는 묽혀 분석하거나, 메틸아이소부틸케톤 등을 사용하여 추출하여 분석한다.

풀이 ㉯ 화학물질이 공기-아세틸렌 불꽃에서 분자상태로 존재하여 낮은 흡광도를 보일 때가 있는데, 이는 불꽃의 온도가 너무 낮아 원자화가 일어나지 않기 때문이다.

(4) 분석기기 및 기구

★★ ① 원자흡수분광광도계

ⓐ 장치순서 : 광원부 → 시료원자화부 → 파장선택부 → 측광부

ⓑ 단광속형과 복광속형으로 구분

ⓒ 다원소 분석이나 내부표준물질법을 사용할 수 있는 다중 채널형도 있다.

★★ ② 광원램프

원자흡수분광광도계에 사용하는 광원으로 좁은 선폭과 높은 휘도를 갖는 스펙트럼을 방사하는 납 속빈음극램프를 사용한다.

Question 02

원자흡수분광광도법에 대한 설명으로 가장 거리가 먼 것은?

㉮ 원자흡수분광광도계에 사용하는 광원으로 넓은 선폭과 낮은 휘도를 갖는 스펙트럼을 방사하는 납 속빈 음극램프를 사용한다.
㉯ 단광속형과 복광속형으로 구분한다.
㉰ 다원소 분석이나 내부표준물질법을 사용할 수 있는 다중 채널형도 있다.
㉱ 분석장치는 광원부, 시료원자화부, 파장선택부, 측광부로 구성된다.

풀이 ㉮ 원자흡수분광광도계에 사용하는 광원으로 좁은 선폭과 높은 휘도를 갖는 스펙트럼을 방사하는 납 속빈음극램프를 사용한다.

③ 기체

ⓐ 원자흡수분광광도계에 불꽃을 만들기 위해 사용하는 가연성기체와 조연성기체를 말하며, 이들의 조합은 아세틸렌 - 공기와 아세틸렌 - 아산화질소를 사용한다.

ⓑ 일반적으로 가연성기체로 아세틸렌을 조연성기체로 공기를 사용한다.

★★ ⓒ 수소 - 공기와 아세틸렌 - 공기는 거의 대부분의 원소 분석에 유효하게 사용한다.

★★ ⓓ 수소 - 공기는 원자 외 영역에서 불꽃자체에 의한 흡수가 적기 때문에 이 파장영역에서 흡수선을 갖는 원소의 분석에 적당하다.

★★ ⓔ 아세틸렌 - 아산화질소 불꽃은 불꽃의 온도가 높기 때문에 불꽃 중에서 해리하기 어려운 내화성산화물을 만들기 쉬운 원소의 분석에 적당하다. 알루미늄 분석에 아산화질소 및 아세틸렌을 사용한다.

★★ ⓕ 프로판 - 공기 불꽃은 불꽃온도가 낮고 일부 원소에 대하여 높은 감도를 나타낸다.

ⓖ 어떠한 종류의 불꽃이라도 가연성기체와 조연성기체의 혼합비는 감도에 크게 영향을 주므로 금속의 종류에 따라 최적혼합비를 선택하여 사용한다.

★★ [정도관리 목표 값]

정도관리 항목	정도관리 목표
정량한계	구리 0.008mg/L, 납 0.04mg/L, 카드뮴 0.002mg/L
검정곡선	결정계수(R^2) ≥ 0.98
정밀도	상대표준편차가±25% 이내
정확도	75~125%

[원자흡수분광광도법에 의한 정량한계 및 정량범위]

금속종류	측정파장(nm)	불꽃기체	정량한계(mg/L)	정량범위(mg/L)
구리	324.7	A - Ac(공기 - 아세틸렌)	0.008	0.008~4
납	283.3	A - Ac(공기 - 아세틸렌)	0.04	0.04~20
카드뮴	228.8	A - Ac(공기 - 아세틸렌)	0.002	0.002~2

2. 금속류 - 유도결합플라스마 - 원자발광분광법

★★ (1) 목적

폐기물 중에 금속류를 측정하는 방법으로, 시료를 고주파유도코일에 의하여 형성된 아르곤 플라스마에 주입하여 6,000~8,000K에서 들뜬 원자가 바닥상태로 이동할 때 방출하는 발광선 및 발광강도를 측정하여 원소의 정성 및 정량분석을 수행한다.

(2) 적용범위

① 폐기물 중에 구리, 납, 비소, 카드뮴, 크롬, 6가크롬 등 원소의 동시 분석에 적용한다.

② 폐기물 중에 각 원소의 정량범위는 표와 같고 정량한계는 0.002~0.01mg/L의 범위를 갖는다.

★★ (3) 간섭물질 : 대부분의 간섭 물질은 산 분해에 의해 제거된다.

① 광학 간섭

분석하는 금속원소 이외에서 발광하는 파장은 측정을 간섭한다. 어떤 원소가 동일 파장에서 발광할 때, 파장의 스펙트럼선이 넓어질 때, 이온과 원자의 재결합으로 연속 발광할 때, 분자 띠 발광시에 간섭이 발생한다.

② 물리적 간섭

시료의 분무 또는 운반과정에서 물리적 특성 즉 점도와 표면장력의 변화 등에 의해 발생한다. 특히 시료 중에 산의 농도가 10v/v% 이상으로 높거나 용존 고형물질이 1,500mg/L 이상으로 높은 반면, 검정용 표준용액의 산의 농도는 5% 이하로 낮을 때에 발생하며 이때 시료를 희석하거나 표준용액을 시료의 매질과 유사하게 하거나 표준물질 첨가법을 사용하면 간섭효과를 줄일 수 있다.

③ 화학적 간섭

분자 생성, 이온화 효과, 열화학 효과 등이 시료 분무와 원자화 과정에서 방해요인으로 나타난다. 이 영향은 별로 심하지 않으며 적절한 운전 조건의 선택으로 최소화 할 수 있다.

④ 만일 간섭효과가 의심되면 대부분의 경우가 시료의 매질로 인해 발생하므로 다음의 조치를 취한다.

ⓐ 연속 희석법 : 분석 대상의 농도가 수행검출한계의 10배 이상의 농도일 경우에 적용할 수 있으며 시료를 희석하여 측정하였을 때 희석배수를 고려해서 계산한 농도 값이 본래의 농도 값의 10% 이내를 보여야 한다. 만약 10%를 벗어나면 물리 및 화학적 간섭이 의심된다.

ⓑ 표준물질 첨가법 : 측정시료에 표준물질을 수행검출한계의 20~100배의 농도로 첨가하여 분석하였을 때에 회수율이 90~110% 이내이어야 한다. 만약 이 범위를 벗어나면 매질의 영향을 의심해야 한다.

ⓒ 대체 분석과 비교 : 원자흡수분광광도법 또는 유도결합플라즈마-질량분석법과 같은 대체방법과 비교한다.

ⓓ 전파장 분석 : 장비가 허용된다면 가능한 파장의 간섭을 알기 위해 전파장 분석(wavelength scanning)을 수행한다.

⑤ 시료 중에 칼슘과 마그네슘의 농도 합이 500mg/L 이상이고 측정값이 규제 값의 90% 이상일 때 표준물질첨가법에 의해 측정하는 것이 좋다.

Question 03

유도결합플라스마-원자발광분광법에 의한 금속류 ICP 분석방법에 대한 내용으로 틀린 것은?

㉮ 시료를 고주파유도코일에 의하여 형성된 석영 플라스마에 주입하여 1,000 ~ 2,000K에서 들뜬 원자가 바닥상태로 이동할 때 방출하는 발광선 및 발광강도를 측정한다.

㉯ 대부분의 간섭 물질은 산분해에 의해 제거된다.

㉰ 물리적 간섭은 특히 시료 중에 산의 농도가 10V/V% 이상으로 높거나 용존 고형물질이 1,500mg/L 이상으로 높은 반면, 검정용 표준용액의 산의 농도는 5% 이하로 낮을 때에 발생한다.

㉱ 간섭효과가 의심되면 대부분의 경우가 시료의 매질로 인해 발생하므로 원자흡수분광광도법 또는 유도결합플라스마-대체방법과 비교하는 것도 간섭효과를 막는 방법이 될 수 있다.

풀이 ㉮ 시료를 고주파유도코일에 의하여 형성된 아르곤 플라스마에 주입하여 6,000~8,000K에서 들뜬 원자가 바닥상태로 이동할 때 방출하는 발광선 및 발광강도를 측정한다.

(4) 분석기기 및 기구

★★ ① 유도결합플라스마-원자발광분광기(ICP-AES) : 유도결합플라스마-원자발광분광기는 시료 도입부, 고주파전원부, 광원부, 분광부, 연산처리부 및 기록부로 구성되어 있으며, 분광부는 검출 및 측정에 따라 연속주사형 단원소측정장치와 다원소동시측정장치로 구분된다.

★★ ② 아르곤 : 액화 또는 압축 아르곤으로서 99.99V/V% 이상의 순도를 갖는 것이어야 한다.

★★ [정도관리 목표 값]

정도관리 항목	정도관리 목표
정량한계	0.002~0.01mg/L
검정곡선	결정계수(R^2) ≥ 0.98 또는 감응계수(RF)의 상대표준편차 ≤ 10%
정밀도	상대표준편차가±25% 이내
정확도	75~125%

★★ [유도결합플라스마-원자발광광도법에 의한 금속별 측정 파장 정량한계 및 정량범위]

금속종류	측정파장(nm)	제2측정파장(nm)	정량한계(mg/L)	정량범위(mg/L)
구리	324.75	219.96	0.006	0.006~50
납	220.35	217.00	0.040	0.040~100
비소	193.70	189.04	0.050	0.050~100
카드뮴	226.50	214.44	0.004	0.004~50
크롬	267.72	206.15	0.007	0.007~50
6가크롬	267.72	206.15	0.007	0.0073~50

Question 04

유도결합플라스마-원자발광분광법에 의해 측정할 경우 다음 원소 중 가장 높은 측정파장을 요구하는 것은?

㉮ 크롬　㉯ 비소　㉰ 구리　㉱ 카드뮴

측정파장

㉮ 크롬 : 267.72nm　㉯ 비소 : 193.70nm

㉰ 구리 : 324.75nm　㉱ 카드뮴 : 226.50nm

02 구리(Cu)

★★

구리	정량한계	정밀도(RSD)
원자흡수분광광도법	0.008mg/L	±25% 이내
유도결합플라스마-원자발광분광법	0.006mg/L	±25% 이내
자외선/가시선 분광법	0.002mg	±25% 이내

1. 구리-자외선/가시선 분광법

★★★ (1) 목적

시료 중에 구리이온이 알칼리성에서 다이에틸다이티오카르바민산나트륨과 반응하여 생성하는 황갈색의 킬레이트 화합물을 아세트산부틸로 추출하여 흡광도를 440nm에서 측정하는 방법이다.

Question 05

다음은 자외선/가시선 분광법을 적용한 구리 측정방법이다. ( )안에 알맞은 것은?

시료 중에 구리이온이 알칼리성에서 다이에틸다이티오카르바민산나트륨과 반응하여 생성하는 (①)의 킬레이트 화합물을 아세트산부틸로 추출하여 흡광도를 (②)에서 측정하는 방법이다.

㉮ ① 적자색, ② 540nm
㉯ ① 적자색, ② 440nm
㉰ ① 황갈색, ② 540nm
㉱ ① 황갈색, ② 440nm

정답 ㉱

★★★ (2) 적용범위

정량범위 : 0.002~0.03mg, 정량한계 : 0.002mg

Question 06

자외선/가시선 분광법을 적용한 구리 측정에 관한 내용으로 알맞은 것은?

㉮ 정량한계는 0.002mg이다.
㉯ 적갈색의 킬레이트 화합물이 생성된다.
㉰ 흡광도는 520nm에서 측정한다.
㉱ 정량범위는 0.01~0.05mg/L이다.

풀이 ㉯ 황갈색의 킬레이트 화합물이 생성된다.
㉰ 흡광도는 440nm에서 측정한다.
㉱ 정량범위는 0.002~0.03mg이다.

★★★(3) 간섭물질

① 시료의 전처리를 하지 않고 직접 시료를 사용하는 경우, 시료 중에 시안화합물이 함유되어 있으면 염산으로 산성 조건을 만든 후 끓여 시안화물을 완전히 분해 제거한 다음 실험한다.

★★② 비스무트(Bi)가 구리의 양보다 2배 이상 존재할 경우에는 황색을 나타내어 방해한다. 이때는 따로 같은 양의 시료를 취하여 시료의 시험기준 중 암모니아수(1+1)를 넣어 중화하기 전에 시안화칼륨용액(5W/V%) 3mL를 넣어 구리를 시안착화합물로 만든 다음 중화하여 실험한다.

Question 07

자외선/가시선 분광법으로 구리를 측정할 때 간섭물질에 대한 설명으로 알맞은 것은?

㉮ 비스무트(Bi)가 구리의 양과 같거나 큰 경우에는 황색을 나타내어 방해한다.
㉯ 비스무트(Bi)가 구리의 양보다 2배 이상 존재할 경우에는 황색을 나타내어 방해한다.
㉰ 비스무트(Bi)가 구리의 양과 같거나 큰 경우에는 청색을 나타내어 방해한다.
㉱ 비스무트(Bi)가 구리의 양보다 2배 이상 존재할 경우에는 청색을 나타내어 방해한다.

정답 ㉯

(4) 셀의 세척방법

① 흡수셀이 더러우면 측정값에 오차가 발생하므로 다음과 같이 세척하여 사용한다. 또는 시판용 세척액을 사용하여 세척한다.

★★② 탄산나트륨용액(2W/V%)에 소량의 음이온 계면활성제를 가한 용액에 흡수셀을 담가 놓고 필요하면 40~50℃로 약 10분간 가열한다.

③ 흡수셀을 꺼내 정제수로 씻은 후 질산(1+5)에 소량의 과산화수소를 가한 용액에 약 30분간

담가 놓았다가 꺼내어 정제수로 잘 씻는다. 깨끗한 가제나 흡수지 위에 거꾸로 놓아 물기를 제거하고 실리카겔을 넣은 데시케이터 중에서 건조하여 보존한다.

④ 급히 사용하고자 할 때는 물기를 제거한 후 에틸알코올로 씻고 다시 에틸에테르로 씻은 다음 드라이어로 건조해서 사용한다.

Question 08

다음은 6가 크롬을 자외선/가시선 분광법으로 측정 시 흡수셀 세척에 관한 내용이다. (　　) 안에 들어갈 알맞은 것은?

- (　　)에 소량의 음이온 계면활성제를 가한 용액에 흡수셀을 담가 놓고 필요하면 40~50℃로 약 10분간 가열한다.
- 흡수셀을 꺼내 정제수로 씻은 후 질산(1+5)에 소량의 과산화수소를 가한 용액에 약 30분간 담가 놓았다가 꺼내어 정제수로 잘 씻는다.

㉮ 과망간산칼륨용액(2W/V%)　　㉯ 질산암모늄용액(2W/V%)
㉰ 질산나트륨용액(2W/V%)　　㉱ 탄산나트륨용액(2W/V%)

정답 ㉱

(5) 분석기기 및 기구

① 자외선/가시선 분광광도계

★★ ⓐ 장치순서 : 광원부 → 파장선택부 → 시료부 → 측광부

ⓑ 광원부에서 측광부까지의 광학계에는 측정목적에 따라 여러 가지 형식이 있다.

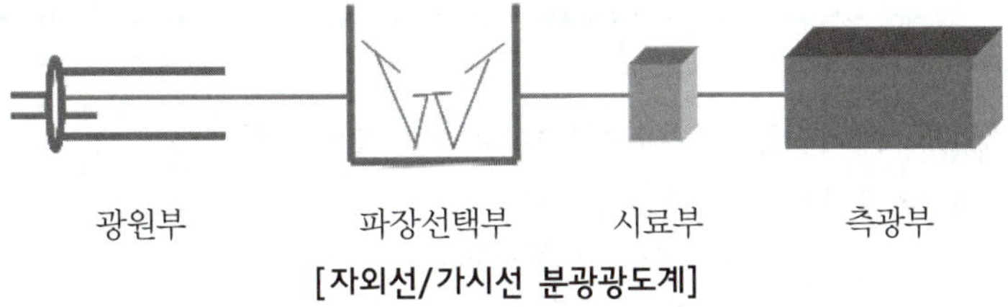

[자외선/가시선 분광광도계]

Question 09

강도 I_0의 단색광이 정색액을 통과할 때 그 빛의 80%가 흡수되었다면 흡광도는?

㉮ 0.823　　㉯ 0.768　　㉰ 0.699　　㉱ 0.597

풀이 $흡광도(A) = \log\left(\frac{1}{투과도}\right) = \log\frac{1}{0.2} = 0.699$

★★ ② 광원부의 광원

ⓐ 가시부와 근적외부 : 텅스텐램프

ⓑ 자외부 : 중수소 방전관

Question 10

자외선/가시선 분광광도계의 광원부의 광원 중 자외부의 광원으로 주로 사용하는 것은?

㉮ 속빈음극램프 ㉯ 텅스텐램프 ㉰ 광전도도관 ㉱ 중수소 방전관

정답 ㉱

★★ ③ 흡수셀

★★ ⓐ 시료액의 흡수파장이 약 370nm 이상일 때는 석영 또는 경질유리 흡수셀

★★ ⓑ 시료액의 흡수파장이 약 370nm 이하일 때는 석영 흡수셀

ⓒ 따로 흡수셀의 길이를 지정하지 않았을 때는 10mm셀

ⓓ 시료셀에는 실험용액을, 대조셀에는 따로 규정이 없는 한 정제수를 넣는다.

★★ ⓔ 넣고자 하는 용액으로 흡수셀을 씻은 다음 셀의 약 80%까지 넣고 외면이 젖어 있을 때는 깨끗이 닦는다.

ⓕ 필요하면(휘발성 용매를 사용할 때와 같은 경우) 흡수셀에 마개를 하고 흡수셀에 방향성이 있을 때는 항상 방향을 일정하게 하여 사용한다.

ⓖ 흡광도의 측정값이 0.2~0.8의 범위에 들도록 실험용액의 농도를 조절한다.

Question 11

자외선/가시선 분광광도계에서 사용하는 흡수셀의 준비사항으로 틀린 것은?

㉮ 흡수셀은 미리 깨끗하게 씻은 것을 사용한다.

㉯ 흡수셀의 길이(L)를 따로 지정하지 않았을 때에는 10mm 셀을 사용한다.

㉰ 시료셀에는 실험용액을, 대조셀에는 따로 규정이 없는 한 정제수를 넣는다.

㉱ 시료용액의 흡수파장이 약 370nm 이하일 때는 경질유리 흡수셀을 사용한다.

풀이 ㉱ 시료용액의 흡수파장이 약 370nm 이하일 때는 석영 흡수셀을 사용한다.

03 납(Pb)

납	정량한계	정밀도(RSD)
원자흡수분광광도법	0.04mg/L	±25% 이내
유도결합플라스마-원자발광분광법	0.040mg/L	±25% 이내
자외선/가시선 분광법	0.001mg	±25% 이내

1. 납-자외선/가시선 분광법

★★★ (1) 목적

시료 중에 납 이온이 시안화칼륨 공존하에 알칼리성에서 디티존과 반응하여 생성하는 납 디티존착염을 ★★사염화탄소로 추출하고 과잉의 디티존을 시안화칼륨용액으로 씻은 다음 납 착염의 ★★흡광도를 520nm에서 측정하는 방법이다.

Question 12

다음 ( )에 알맞은 내용은?

납의 자외선/가시선 분광법의 측정원리는 납 이온이 (①) 공존하에 알칼리성에서 디티존과 반응하여 생성하는 납 디티존착염을 사염화탄소로 추출하고, 과잉의 디티존을 (②)용액으로 씻은 다음 납착염의 흡광도를 (③)nm에서 측정하는 방법이다.

㉮ ① 슬퍼민산암모늄, ② 슬퍼민산암모늄, ③ 520
㉯ ① 시안화칼륨, ② 시안화칼륨, ③ 520
㉰ ① 슬퍼민산암모늄, ② 슬퍼민산암모늄, ③ 560
㉱ ① 시안화칼륨, ② 시안화칼륨, ③ 560

정답 ㉯

★★ (2) 적용범위

정량범위 : 0.001~0.04mg, 정량한계 : 0.001mg

(3) 간섭물질

① 전처리를 하지 않고 직접 시료를 사용하는 경우, 시료 중에 시안화합물이 함유되어 있으면 염산 산성으로 하여서 끓여 시안화물을 완전히 분해 제거한 다음 실험한다.

★★ ② 시료에 다량의 비스무트(Bi)가 공존하면 시안화칼륨용액으로 수회 씻어도 무색이 되지 않는다.

자외선/가시선 분광법에 의한 납(Pb) 시험에 대한 설명으로 잘못된 것은?

㉮ 납 착염의 흡광도를 520nm에서 측정하는 방법이다.
㉯ 전처리를 하지 않고 직접 시료를 사용하는 경우, 시료중에 시안화합물이 함유되어 있으면 염산 산성으로 끓여 시안화물을 완전히 분해 제거한 다음 실험한다.
㉰ 시료에 다량의 비스무트(Bi)가 공존하면 시안화칼륨 용액으로 수회 씻어 무색으로 하여 실험한다.
㉱ 정량한계는 0.001mg이다.

풀이 ㉰ 시료에 다량의 비스무트(Bi)가 공존하면 시안화칼륨 용액으로 수회 씻어도 무색으로 되지 않는다. 이때에는 납과 비스무트를 분리하여 실험한다.

04 비소(As)

★★

비소	정량한계	정밀도(RSD)
원자흡수분광광도법	0.005mg/L	±25% 이내
유도결합플라스마-원자발광분광법	0.050mg/L	±25% 이내
자외선/가시선 분광법	0.002mg	±25% 이내

1. 비소-수소화물생성 원자흡수분광광도법

★★ (1) 목적

전처리한 시료 용액 중에 아연 또는 나트륨붕소수화물을 넣어 생성된 수소화비소를 원자화시켜 ★★193.7nm에서 흡광도를 측정하고 비소를 정량하는 방법이다.

Question 14

다음은 비소의 원자흡수분광광도법의 측정원리이다. ( )안에 적당한 것은?

전처리한 시료 용액 중에 ( ) 또는 나트륨붕소수화물을 넣어 생성된 수소화비소를 원자화시켜 193.7nm에서 흡광도를 측정하고 비소를 정량하는 방법이다.

㉮ 염화제이철 ㉯ 아연 ㉰ 중크롬산칼륨 ㉱ 염화제이수은

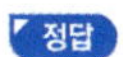
정답 ㉯

(2) 적용범위

액상폐기물 또는 용출용액 중에 비소의 분석에 적용하며, ★★ 정량한계는 0.005mg/L이다.

Question 15

비소의 원자흡수분광광도법에 대한 내용으로 틀린 것은?

㉮ 아연 또는 나트륨붕소수화물을 넣어 생성된 수소화비소를 원자화시킨다.
㉯ 수소화비소를 원자화시켜 193.7nm에서 흡광도를 측정한다.
㉰ 아르곤-수소 불꽃에 주입하여 분석한다.
㉱ 정량한계는 0.002mg이다.

풀이 ㉱ 정량한계는 0.005mg/L이다.

2. 비소 자외선/가시선 분광법

★★★ (1) 목적

시료 중의 비소를 3가비소로 환원시킨 다음 아연을 넣어 발생되는 비화수소를 다이에틸다이티오카르바민산은의 피리딘용액에 흡수시켜 이때 나타나는 ★★ 적자색의 흡광도를 530nm에서 측정하는 방법이다.

Question 16

자외선/가시선 분광법에 의한 비소의 측정방법으로 맞는 것은?

㉮ 적자색의 흡광도를 430nm에서 측정 ㉯ 적자색의 흡광도를 530nm에서 측정
㉰ 청색의 흡광도를 430nm에서 측정 ㉱ 청색의 흡광도를 530nm에서 측정

정답 ㉯

(2) 적용범위

① 정량범위 : 0.002 ~ 0.01mg

② 정량한계 : 0.002mg

Question 17

자외선/가시선 분광법에 의한 비소의 측정원리에 관한 설명으로 틀린 것은?

㉮ 시료 중의 비소를 3가 비소로 환원시킨다.

㉯ 청색의 흡광도를 610nm에서 측정하는 방법이다.

㉰ 정량범위는 0.002 ~ 0.01mg이다.

㉱ 아연을 넣어 발생되는 비화수소를 다이에틸다이티오카르바민산은의 피리딘용액에 흡수시킨다.

풀이 ㉯ 적자색의 흡광도를 530nm에서 측정하는 방법이다.

(3) 간섭물질

① 시료 중 다량의 철과 망간을 함유하는 경우 디티존에 의한 카드뮴추출이 불완전하다.

② 시료에 다량의 비스무트(Bi)가 공존하면 시안화칼륨용액으로 수회 씻어도 무색이 되지 않는다.

05 수은(Hg)

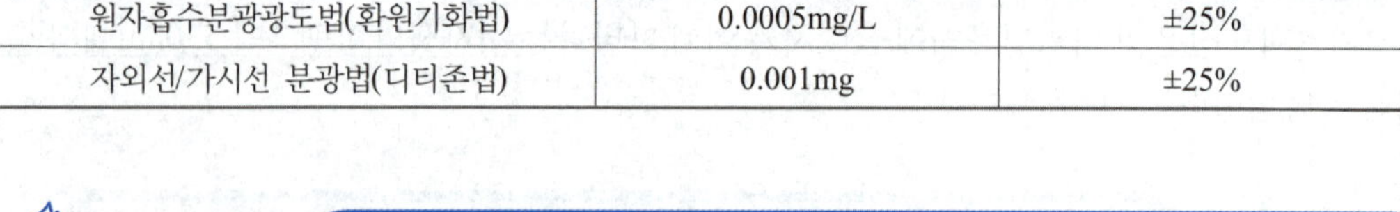

수은	정량한계	정밀도(RSD)
원자흡수분광광도법(환원기화법)	0.0005mg/L	±25%
자외선/가시선 분광법(디티존법)	0.001mg	±25%

Question 18

다음 중 폐기물공정시험기준에서 환원기화장치를 이용하여 측정하는 오염물질은?

㉮ 크롬 ㉯ 시안 ㉰ 카드뮴 ㉱ 수은

정답 ㉱

Question 19

수은을 원자흡수분광광도법(환원기화법)으로 측정할 때 정밀도(RSD)로 맞는 것은?

㉮ ±10%　㉯ ±15%　㉰ ±20%　㉱ ±25%

정답 ㉱

1. 수은 – 환원기화 – 원자흡수분광광도법

★★★ (1) 목적

시료 중 수은을 이염화주석을 넣어 금속수은으로 환원시킨 다음 이 용액에 통기하여 발생하는 수은증기를 253.7nm의 파장에서 원자흡수분광광도법에 따라 정량하는 방법이다.

Question 20

다음은 수은을 환원기화 – 원자흡수분광광도법으로 측정하는 원리이다. (　)안에 맞는 내용은?

> 시료에 (　)을 넣어 금속수은으로 환원시킨 다음 이 용액에 통기하여 발생하는 수은증기를 원자흡수분광광도법으로 정량한다.

㉮ 아연분말　㉯ 염산하이드록실아민용액
㉰ 묽은 황산(1+9)　㉱ 이염화주석

정답 ㉱

★★ (2) 적용범위

① 수은은 공기 – 아세틸렌 불꽃을 사용
② 정량범위 : 253.7nm에서 0.0005~0.01mg/L
③ 정량한계 : 0.0005mg/L

★★★ (3) 간섭물질

★★ ① 시료 중 염화물이온이 다량 함유된 경우에는 산화조작시 유리염소를 발생하여 253.7nm 에서 흡광도를 나다낸다. 이때에는 염산하이드록실아민용액을 과잉으로 넣어 유리염소를 환원시키고 용기 중에 잔류하는 염소는 질소가스를 통기시켜 추출한다.

★★ ② 벤젠, 아세톤 등 휘발성 유기물질도 253.7nm에서 흡광도를 나타낸다. 이때에는 과망간산칼륨 분해 후 헥산으로 이들 물질을 추출 분리한 다음 실험한다.

Question 21

원자흡수분광광도법에 의한 수은 분석방법에 대한 내용으로 틀린 것은?

㉮ 수은증기를 253.7nm 파장에서 측정한다.
㉯ 시료 중 수은을 이염화주석을 넣어 금속수은으로 환원시킨다.
㉰ 시료 중 염화물이온이 다량 함유된 경우에는 과망간산칼륨 분해 후 헥산으로 이들 물질을 추출 분리한 다음 실험한다.
㉱ 이 실험에 의한 폐기물 중 수은의 정량한계는 0.0005mg/L이다.

정답 ㉰ 벤젠, 아세톤 등 휘발성 유기물질도 253.7 nm에서 흡광도를 나타낸다. 이때에는 과망간산칼륨 분해 후 헥산으로 이들 물질을 추출 분리한 다음 실험한다.

2. 수은 – 자외선/가시선 분광법

★★ (1) 목적

수은을 황산 산성에서 디티존사염화탄소로 일차 추출하고 브로모화칼륨 존재하에 황산 산성에서 역추출하여 방해성분과 분리한 다음 알칼리성에서 디티존사염화탄소로 수은을 추출하여 490nm에서 흡광도를 측정하는 방법이다.

★★ (2) 적용범위

① 정량범위 : 0.001~0.025mg
② 정량한계 : 0.001mg

Question 22

수은을 자외선/가시선 분광법으로 측정할 때의 내용으로 가장 거리가 먼 것은?

㉮ 디티존사염화탄소로 추출한다.
㉯ 정량범위는 0.001 ~ 0.025mg이다.
㉰ 흡광도의 측정값이 0.2 ~ 0.8의 범위에 들도록 실험용액의 농도를 조절한다.
㉱ 광원부의 광원으로는 주로 중공음극램프를 사용한다.

정답 ㉱

TIP

자외선/가시선 분광법의 광원
① 가시부와 근적외부 : 텅스텐램프
② 자외부 : 중수소 방전관

(3) 시료채취 및 관리

① 시료채취용기는 미리 세척제, 산, 정제수로 닦아주어야 한다.

② 시료가 액상 폐기물의 경우는 진한질산으로 pH 2 이하로 조절하고 채취시료는 수분, 유기물 등 함유성분의 변화가 일어나지 않도록 0~4℃ 이하의 냉암소에 보관하여야 하며 가급적 빠른 시간 내에 분석하여야 하나 최대 28일 안에 분석한다.

③ 시료가 고상 폐기물의 경우는 0~4℃ 이하의 냉암소에 보관하여야 하며 가급적 빠른 시간 내에 분석하여야 한다.

06 카드뮴(Cd)

카드뮴	정량한계	정밀도(RSD)
원자흡수분광광도법	0.002mg/L	±25% 이내
유도결합플라스마-원자발광분광법	0.004mg/L	±25% 이내
자외선/가시선 분광법(디티존법)	0.001mg	±25% 이내

1. 카드뮴-자외선/가시선 분광법

(1) 목적

시료 중에 카드뮴이온을 시안화칼륨이 존재하는 알칼리성에서 디티존과 반응시켜 생성하는 카드뮴착염을 사염화탄소로 추출하고, 추출한 카드뮴착염을 타타르산용액으로 역추출한 다음 수산화나트륨과 시안화칼륨을 넣어 디티존과 반응하여 생성하는 적색의 카드뮴착염을 사염화탄소로 추출하여 그 흡광도를 520nm에서 측정하는 방법이다.

(2) 적용범위

① 정량범위 : 0.001~0.03mg

② 정량한계 : 0.001mg

(3) 간섭물질

① 시료 중 다량의 철과 망간을 함유하는 경우 디티존에 의한 카드뮴추출이 불완전하다.

② 시료에 다량의 비스무트(Bi)가 공존하면 시안화칼륨용액으로 수회 씻어도 무색이 되지 않는다.

07 크롬(Cr)

크롬	정량한계	정밀도(RSD)
원자흡수분광광도법	0.01mg/L	±25% 이내
유도결합플라스마 - 원자발광분광법	0.007mg/L	±25% 이내
자외선/가시선 분광법(다이페닐카바자이드법)	0.002mg	±25% 이내

Question 23

폐기물공정시험기준에서 시료 중의 크롬을 분석하려고 한다. 다음 중 크롬을 분석하는 방법으로 틀린 것은?

㉮ 원자흡수분광광도법
㉯ 기체크로마토그래피법
㉰ 자외선/가시선 분광법
㉱ 유도결합플라스마 - 원자발광분광법

정답 ㉯

1. 크롬 - 원자흡수분광광도법

(1) 목적

크롬의 농도에 따라 다른 전처리 방법을 사용하여 시료를 분해한 후 농축 시료를 직접 불꽃으로 주입하여 원자화하여 원자흡수분광광도법으로 분석하는 방법이다.

(2) 적용범위

① 시료 중 크롬은 아세틸렌 - 공기 또는 아세틸렌 - 일산화이질소 불꽃에 주입하여 분석한다.

★★ ② 정량범위는 357.9nm에서 최종용액 중에서 0.01~5mg/L, 정량한계는 0.01mg/L

★★★ (3) 간섭물질

★★ ① 공기 - 아세틸렌으로는 아세틸렌 유량이 많은 쪽이 감도가 높지만 철, 니켈의 방해가 많으며, 아세틸렌 - 일산화이질소는 방해는 적으나 감도가 낮다. 화학물질이 공기 - 아세틸렌 불꽃에서 분자상태로 존재하여 낮은 흡광도를 보일 때가 있다. 이는 불꽃의 온도가 너무 낮아 원자화가 일어나지 않는 경우와 안정한 산화물질로 바뀌어 불꽃에서 원자화가 일어나지 않는 경우에 발생한다.

② 염이 많은 시료를 분석하면 버너 헤드 부분에 고체가 생성되어 불꽃이 자주 꺼지고 버너헤드를 청소해야 하는데 이를 방지하기 위해서는 시료를 묽혀 분석하거나, 메틸아이소부틸케톤 등을 사용하여 추출하여 분석한다.

③ 시료 중에 칼륨, 나트륨, 리튬, 세슘과 같이 쉽게 이온화되는 원소가 1,000mg/L 이상의 농도로 존재할 때에는 금속측정을 간섭한다. 이때에는 시료와 표준물질 모두에 이온 억제제(suppressant)로 염화칼륨을 첨가하거나 간섭이온을 매질과 유사하게 표준물질에 넣어 보정한다.

★★ ④ 공기 - 아세틸렌 불꽃에서는 철, 니켈 등의 공존물질에 의한 방해영향이 크므로 이때는 황산나트륨을 1% 정도 넣어서 측정한다.

PART 03

폐기물공정시험기준

Question 24

크롬의 원자흡수분광광도법에 관한 설명으로 가장 틀린 것은?

㉮ 공기-아세틸렌 불꽃에서는 철, 니켈 등의 공존물질에 의한 방해영향이 크므로 황산나트륨 1%정도 넣어서 측정한다.

㉯ 정량한계는 357.9nm에서 0.005mg/L이다.

㉰ 염이 많은 시료를 분석하면 버너 헤드 부분에 고체가 생성되어 불꽃이 자주 꺼지고 버너 헤드를 청소해야 한다.

㉱ 시료 중에 칼륨, 나트륨, 리튬, 세슘과 같이 쉽게 이혼화되는 원소가 1,000mg/L이상의 농도로 존재할 때에는 금속측정을 간섭한다.

풀이 ㉯ 정량한계는 357.9nm에서 0.01mg/L이다.

Question 25

크롬을 원자흡수분광광도법으로 분석할 때 공기 - 아세틸렌 불꽃은 철, 니켈 등의 공존물질에 의한 간섭이 크다. 이를 억제하는 방법으로 알맞은 것은 어느 것인가?

㉮ 황산나트륨을 1% 정도 넣어서 측정한다.

㉯ 질산나트륨을 1% 정도 넣어서 측정한다.

㉰ 황산나트륨을 3% 정도 넣어서 측정한다.

㉱ 질산나트륨을 3% 정도 넣어서 측정한다.

정답 ㉮

2. 크롬 - 자외선/가시선 분광법

★★ (1) 목적

시료 중에 총 크롬을 과망간산칼륨을 사용하여 6가크롬으로 산화시킨 다음 산성에서 다이페닐카바자이드와 반응하여 생성되는 적자색 착화합물의 흡광도를 540nm에서 측정하여 총크롬을 정량하는 방법이다.

Question 26

자외선/가시선 분광법으로 크롬을 측정할 때 시료 중 총 크롬을 6가크롬으로 산화시키는데 사용되는 시약은?

㉮ 과망간산칼륨
㉯ 이염화주석
㉰ 시안화칼륨
㉱ 디티오황산나트륨

정답 ㉮

★★ (2) 적용범위

① 정량범위 : 0.002~0.05mg
② 정량한계 : 0.002mg

Question 27

폐기물 중에 크롬을 자외선/가시선 분광법으로 측정하는 방법으로 알맞지 않은 것은?

㉮ 흡광도는 540nm에서 측정한다.
㉯ 총 크롬을 다이페닐카바자이드를 사용하여 6가크롬으로 전환시킨다.
㉰ 흡광도의 측정값이 0.2~0.8의 범위에 들도록 실험용액의 농도를 조절한다.
㉱ 크롬의 정량한계는 0.002mg이다.

풀이 ㉯ 총 크롬을 과망간산칼륨을 사용하여 6가크롬으로 전환시킨다.

(3) 간섭물질

★★ ① 시료 중 철이 2.5mg 이하로 공존할 경우에는 다이페닐카바자이드용액을 넣기 전에 피로인산나트륨 · 10수화물용액(5%) 2mL를 넣어 주면 간섭을 줄일 수 있다.

② 철 및 기타 방해원소를 다량 함유한 경우 방해물질을 제거한다.

Question 28

자외선/가시선 분광법에 의한 크롬 분석에 대한 설명으로 틀린 것은?

㉮ 과망간산칼륨으로 크롬이온 전체를 6가 크롬으로 산화시킨다.
㉯ 알칼리성에서 다이페닐카바자이드와 반응하여 생성되는 적자색의 착화합물의 흡광도를 540nm에서 측정한다.
㉰ 시료 중 철이 2.5mg 이하로 공존할 경우에는 다이페닐카바자이드용액을 넣기 전에 피로인산 나트륨10수화물용액(5%) 2mL를 넣어 주면 간섭을 줄일 수 있다.
㉱ 정량범위는 0.002~0.05mg 범위이다.

풀이 ㉯ 산성에서 다이페닐카바자이드와 반응하여 생성되는 적자색의 착화합물의 흡광도를 540 nm에서 측정한다.

08 6가크롬(Cr^{6+})

크롬	정량한계	정밀도(RSD)
원자흡수분광광도법	0.01mg/L	±25% 이내
유도결합플라스마 - 원자발광분광법	0.007mg/L	±25% 이내
자외선/가시선 분광법(다이페닐카바자이드법)	0.04mg/L	±25% 이내

Question 29

폐기물공정시험기준상 6가 크롬의 분석방법으로 틀린 것은?

㉮ 원자흡수분광광도법
㉯ 이온전극법
㉰ 자외선/가시선 분광법
㉱ 유도결합플라스마-원자발광분광법

정답 ㉯

1. 6가크롬 - 원자흡수분광광도법

(1) 목적

3가크롬을 선택적으로 침전하여 제거한 후 6가크롬을 환원 및 침전시켜 전처리한 시료를 직접 불꽃으로 주입하여 원자화하여 원자흡수분광광도법으로 분석하는 방법이다.

(2) 적용범위

① 시료 중 크롬은 아세틸렌 - 공기 또는 아세틸렌 - 산화이질소 불꽃에 주입하여 분석한다.

★★ ② 정량범위는 357.9nm에서 0.01~5mg/L, 정량한계는 0.01mg/L이다.

③ 공기, 아세틸렌으로는 아세틸렌 유량이 많은 쪽이 감도가 높지만 철, 니켈의 방해가 많으며, 아세틸렌 - 산화이질소는 방해는 적으나 감도가 낮다.

(3) 간섭물질

① 공기, 아세틸렌으로는 아세틸렌 유량이 많은 쪽이 감도가 높지만 철, 니켈의 방해가 많으며, 아세틸렌 - 산화이질소는 방해는 적으나 감도가 낮다.

② 염이 많은 시료를 분석하면 버너 헤드 부분에 고체가 생성되어 불꽃이 자주 꺼지고 버너 헤드를 청소해야 하는데 이를 방지하기 위해서는 시료를 묽혀 분석하거나, 메틸아이소부틸케톤 등을 사용하여 추출하여 분석한다.

③ 시료 중에 칼륨, 나트륨, 리튬, 세슘과 같이 쉽게 이온화되는 원소가 1,000mg/L 이상의 농도로 존재할 때에는 금속측정을 간섭한다. 이때에는 시료와 표준물질 모두에 이온 억제제(suppressant)로 염화칼륨을 첨가하거나 간섭이온을 매질과 유사하게 표준물질에 넣어 보정한다.

★★ ④ 공기 - 아세틸렌 불꽃에서는 철, 니켈 등의 공존물질에 의한 방해영향이 크므로 이때는 황산나트륨을 1% 정도 넣어서 측정한다.

Question 30

6가 크롬을 원자흡수분광광도법으로 분석할 때에 내용으로 틀린 것은?

㉮ 공기, 아세틸렌으로 분석시 아세틸렌 유량이 많은 쪽이 감도가 높지만 철, 니켈의 방해가 많다.
㉯ 정량한계는 248.5nm에서 0.1mg/L이다.
㉰ 아세틸렌 - 산화이질소는 방해는 적으나 감도가 낮다.
㉱ 염이 많은 시료를 분석할 때는 시료를 묽혀 분석하거나, 메틸아이소부틸케톤 등을 사용하여 추출하여 분석한다.

풀이 ㉯ 정량한계는 357.9nm에서 0.01mg/L이다.

2. 6가크롬 - 자외선/가시선 분광법

★★ (1) 목적

시료 중에 6가크롬을 다이페닐카바자이드와 반응시켜 생성하는 적자색의 착화합물의 흡광도를 540nm에서 측정하여 6가크롬을 정량하는 방법이다.

Question 31

다음은 6가 크롬(자외선/가시선 분광법)의 측정원리에 관한 내용이다. ( )안에 알맞은 것은?

시료 중에 6가 크롬을 다이페닐카바자이드와 반응시켜 생성하는 (①)의 착화합물의 흡광도를 (②)에서 측정하여 6가 크롬을 정량한다.

㉮ ① 적자색, ② 540nm
㉯ ① 적자색, ② 460nm
㉰ ① 황갈색, ② 520nm
㉱ ① 황갈색, ② 420nm

정답 ㉮

★★ (2) 적용범위

① 정량범위 : 0.04~1.0mg/L

② 정량한계 : 0.04mg/L

(3) 간섭물질

★★ ① 시료 중에 잔류염소가 공존하면 발색을 방해한다. 이때는 시료에 수산화나트륨용액(20 W/V%)을 넣어 pH 12정도로 조절한 다음 입상활성탄을 10% 정도 되게 넣고 자석교반기로 약 30분간 교반하여 여과한 액을 시료로 사용한다.

★★ ② 시료 중 철이 2.5mg 이하로 공존할 경우에는 다이페닐카바자이드용액을 넣기 전에 피로인산나트륨·10수화물용액(5%) 2mL를 넣어 주면 영향이 없다.

CHAPTER

05 기타 항목편

01 유기인

1. 유기인 - 기체크로마토그래피

★★★ (1) 목적

유기인 화합물 중 이피엔, 파라티온, 메틸디메톤, 다이아지논 및 펜토에이트의 측정방법으로서, 유기인화합물을 기체크로마토그래프로 분리한 다음 질소인검출기 또는 불꽃광도 검출기로 분석하는 방법이다.

Question 01

기체크로마토그래피법으로 측정하여야 하는 시험항목으로 틀린 것은?

㉮ 시안 ㉯ PCB_S

㉰ 유기인 ㉱ 휘발성 저급 염소화 탄화수소류

정답 ㉮ 시안의 측정방법은 자외선/가시선 분광법, 이온전극법, 연속흐름법이다.

(2) 적용범위

★★ ① 유기인 화합물 중 이피엔, 파라티온, 메틸디메톤, 다이아지논 및 펜토에이트의 분석에 적용

★★ ② 기체크로마토그래프로 분리한 다음 질소인검출기 또는 불꽃광도검출기로 측정하는 방법이다.

★★ ③ 정량한계 : 0.0005mg/L

Question 02

다음 중 폐기물공정시험기준에서 규정하고 있는 유기인 화합물(기체크로마토그래피법)의 측정대상 성분으로 틀린 것은?

㉮ 이피엔 ㉯ 펜토에이트 ㉰ 디타온 ㉱ 다이아지논

풀이 유기인 화합물 중 이피엔, 파라티온, 메틸디메톤, 다이아지논 및 펜토에이트의 분석에 적용한다.

Question 03

기체크로마토그래피를 이용한 유기인 분석시 정량한계로 알맞은 것은?

㉮ 사용하는 장치 및 측정조건에 따라 다르나 각 성분당 0.5mg/L이다.
㉯ 사용하는 장치 및 측정조건에 따라 다르나 각 성분당 0.05mg/L이다.
㉰ 사용하는 장치 및 측정조건에 따라 다르나 각 성분당 0.005mg/L이다.
㉱ 사용하는 장치 및 측정조건에 따라 다르나 각 성분당 0.0005mg/L이다.

정답 ㉱

★★(3) 간섭물질

① 추출용매 안에 함유하고 있는 불순물이 분석을 방해할 수 있다. 이 경우 바탕시료나 시약바탕시료를 분석하여 확인할 수 있다. 방해물질이 존재하면 용매를 증류하거나 컬럼크로마토그래피를 이용하여 제거한다. 고순도의 시약이나 용매를 사용하면 방해물질을 최소화할 수 있다.

② 유리기구류는 세정제, 수돗물, 정제수 그리고 아세톤으로 차례로 닦아준 후 400℃에서 15~30분 동안 가열한 후 식혀 알루미늄박으로 덮어 깨끗한 곳에 보관하여 사용한다.

③ 매트릭스로부터 추출되어 나오는 방해물질이 있을 수 있는데 이는 시료마다 다르다. 만약 방해가 심하면 추가적으로 플로리실과 같은 고체상 정제과정이 필요하다.

★★ (4) 기체크로마토그래프

① 컬럼은 안지름 0.20~0.35mm, 필름두께 0.1~0.50μm, 길이 15~60m의 cross-linked methylsilicone 또는 cross-linked 5% phenylmethylsilicone 모세관이나 동등한 분리성능을 가진 모세관으로 대상 분석 물질의 분리가 양호한 것을 택하여 실험한다.

★★ ② 운반기체는 부피백분율 99.999% 이상의 헬륨(또는 질소)을 사용하며 유량은 0.5~4 mL/min, 시료 도입부 온도는 200~250℃, 컬럼온도는 40~280℃로 사용한다.

★★ ③ 질소인 검출기(NPD) 또는 불꽃광도 검출기(FPD)

질소나 인이 불꽃 또는 열에서 생성된 이온이 루비듐 염과 반응하여 전자를 전달하여 이때 흐르는 전자가 포착되어 전류의 흐름으로 바꾸어 측정하는 방법으로 유기인 화합물 및 유기질소화합물을 선택적으로 검출할 수 있다.

Question 04

유기인 화합물을 기체크로마토그래피로 분석하는 방법에 대한 내용으로 거리가 먼 것은?

㉮ 유기인화합물 중 파라티온, 이피엔, 메틸디메톤, 다이아지논, 펜토에이트의 분석에 적용된다.
㉯ 검출기는 불꽃광도 검출기(FPD)나 질소인 검출기(NPD)를 사용할 수 있다.
㉰ 운반가스는 99.999% 이상의 질소 또는 헬륨을 사용한다.
㉱ 정제용 칼럼은 규산 칼럼, 제오라이트 칼럼, 실리카겔 칼럼 중 하나를 선택한다.

풀이 ㉱ 정제용 칼럼은 활성탄 칼럼, 플로리실 칼럼, 실리카겔 칼럼 중 하나를 선택한다.

TIP

주의사항

★★ 검출기는 불꽃광도형검출기 대신에 알칼리열 이온화 검출기 또는 전자 포획형 검출기를 사용할 수 있다.

④ 구데르나다니쉬 농축기

★★ ⑤ 정제용 컬럼 : 실리카겔 컬럼, 플로리실 컬럼, 활성탄 컬럼

Question 05

유기인을 기체크로마토그래피로 분석할 때 사용되는 검출기의 종류로 틀린 것은?

㉮ 질소인 검출기　　㉯ 열전도도 검출기
㉰ 전자포획형 검출기　　㉱ 불꽃광도 검출기

정답 ㉯

TIP

헥산으로 추출할 경우 메틸디메톤의 추출율이 낮아질 수도 있다. 이때에는 ★★ 헥산 대신 다이클로로메탄과 헥산의 혼합액(15 : 85)을 사용한다.

Question 06

유기인을 기체크로마토그래피로 분석할 때 헥산으로 추출하면 메틸디메톤의 추출률이 낮아질 수 있으므로 이에 대체하여 사용하는 물질로 가장 적합한 것은?

㉮ 다이클로로메탄과 헥산의 혼합액(15 : 85)
㉯ 메틸에틸케톤과 에탄올의 혼합액(15 : 85)
㉰ 메틸에틸케톤과 헥산의 혼합액(15 : 85)
㉱ 다이클로로메탄과 에탄올의 혼합액(15 : 85)

정답 ㉮

(5) 시료채취 및 관리

★ ① 시료채취는 유리병을 사용하며 채취 전에 시료로서 세척하지 말아야 한다.

★★ ② 모든 시료는 시료채취 후 추출하기 전까지 4℃ 냉암소에서 보관하고 7일 이내에 추출하고 40일 이내에 분석한다.

Question 07

기체크로마토그래피로 유기인을 측정할 때 시료관리 기준으로 알맞은 것은?

㉮ 시료채취 후 추출하기 전까지 4℃ 냉암소에서 보관하고 7일 이내에 추출하고 21일 이내에 분석한다.
㉯ 시료채취 후 추출하기 전까지 4℃ 냉암소에서 보관하고 7일 이내에 추출하고 40일 이내에 분석한다.
㉰ 시료채취 후 추출하기 전까지 pH 4 이하로 보관하고 7일 이내에 추출하고 21일 이내에 분석한다.
㉱ 시료채취 후 추출하기 전까지 pH 4 이하로 보관하고 7일 이내에 추출하고 40일 이내에 분석한다.

정답 ㉯

2. 유기인 - 기체크로마토그래프 - 질량분석법

(1) 목적

유기인 화합물 중 이피엔, 파라티온, 메틸디메톤, 다이아지논 및 펜토에이트의 측정방법으로서, 유기인화합물을 기체크로마토그래프로 분리한 다음 질량검출기로 분석하는 방법이다.

(2) 적용범위

★★ ① 유기인 화합물 중 이피엔, 파라티온, 메틸디메톤, 다이아지논 및 펜토에이트의 분석에 적용

② 이 시험기준 기체크로마토그래프로 분리한 다음 질량분석기로 측정하는 방법

③ 정량한계 : 각 성분 당 0.0005mg/L

(3) 분석기기 및 기구

★★① 기체크로마토그래프

ⓐ 컬럼은 안지름 0.20~0.35mm, 필름두께 0.1~0.50μm, 길이 15~60m의 cross-linked methylsilicone 또는 cross-linked 5% phenylmethylsilicone 등의 모세관이나 동등한 분리성능을 가진 모세관으로 대상물질의 분리가 양호한 것을 택하여 실험한다.

★★ⓑ 운반기체는 부피백분율 99.999% 이상의 헬륨을 사용하며 유량은 0.5~2mL/min, 시료도입부 온도는 200~250℃, 컬럼온도는 40~280℃로 사용한다.

★★② 질량분석기(mass spectrometer)

★★ⓐ 이온화방식은 전자충격법(EI, electron impact)을 사용하며 이온화에너지는 35~70 eV을 사용한다.

ⓑ 질량분석기는 자기장형, 사중극자형 및 이온트랩형 등의 성능을 가진 것을 사용한다.

ⓒ 정량분석에는 선택이온검출법(SIM)을 이용하는 것이 바람직하다.

③ 구데르나다니쉬 농축기

★★④ 정제용 컬럼 : 실리카겔 컬럼, 플로리실 컬럼, 활성탄 컬럼

02 폴리클로리네이티드비페닐(PCBs)

1. 폴리클로리네이티드비페닐(PCBs) - 기체크로마토그래피

(1) 목적

시료 중의 폴리클로리네이티드비페닐(PCBs)을 ★★헥산으로 추출하여 실리카겔 컬럼 등을 통과시켜 정제한 다음 기체크로마토그래프에 주입하여 크로마토그램에 나타난 피크 패턴에 따라 폴리클로리네이티드비페닐(PCBs)를 확인하고 정량하는 방법이다.

★★★(2) 적용범위

★★① 용출용액 정량한계 : 0.0005mg/L, 액상 폐기물의 정량한계 : 0.05mg/L

★★② 비함침성 고상폐기물의 정량한계는 표면채취법은 0.05μg/100cm^2, 부재 채취법은 0.005mg/kg

TIP

① 비함침성 고상폐기물 : 금속판, 구리선 등 기름을 흡수하지 않는 평면 또는 비평면형태의 변압기 내부부재를 말한다.
② 함침성 고상폐기물 : 종이, 목재 등 기름을 흡수하는 변압기 내부부재(종이, 나무와 금속이 서로 혼합되어 있어 분리가 어려운 경우를 포함)을 말한다.

Question 08

기체크로마토그래피로 비함침성 고상 폐기물 중 폴리클로리네이티드비페닐(PCB_S)를 검사할 때 비함침성 고상폐기물의 정량한계(부재 채취법)는?

㉮ 0.05mg/L
㉯ 0.005mg/kg
㉰ 0.01μg/10cm²
㉱ 0.01μg/100cm²

정답 ㉯

(3) 간섭물질

★★① 알칼리 분해를 하여도 헥산층에 유분이 존재할 경우에는 실리카겔 컬럼으로 정제조작을 하기 전에 플로리실 컬럼을 통과시켜 유분을 분리한다.
② 유리기구류는 세정제, 뜨거운 수돗물 그리고 정제수 순으로 닦아준 후 400℃에서 15~30분 동안 가열한 후 식혀 알루미늄박으로 덮어 깨끗한 곳에 보관하여 사용한다.
③ 고순도의 시약이나 용매를 사용하여 방해물질을 최소화하여야 한다.
④ 전자포획검출기로 폴리클로리네이티드비페닐(PCBs)을 측정할 때 프탈레이트가 방해할 수 있는데 이는 플라스틱 용기를 사용하지 않음으로서 최소화 할 수 있다.
★★⑤ 실리카겔 컬럼 정제는 산, 염화페놀, 폴리클로로페녹시페놀 등의 극성화합물을 제거하기 위하여 수행하며, 사용 전에 정제하고 활성화시켜야 한다.

Question 09

기체크로마토그래피에 의한 폴리클로리네이티드비페닐(PCB_S) 분석방법에 관한 내용으로 틀린 것은?

㉮ 용출액의 경우 각 PCB류의 정량한계는 0.0005mg/L이며, 액상 폐기물의 정량한계는 0.05mg/L이다.
㉯ 비함침고상폐기물의 정량한계는 시료채취방법에 따라 표면채취법은 0.1μg/100cm²으로 하고 부재 채취법은 0.05mg /kg이다.
㉰ 알칼리 분해를 하여도 헥산층에 유분이 존재할 경우에는 실리카겔 컬럼으로 정세조작을 하기 전에 플로리실 컬럼을 통과시켜 유분을 분리한다.
㉱ 시료 중 PCB_S를 헥산으로 추출하여 실리카겔컬럼 등을 통과시켜 정제한 다음 기체크로마토그래프에 주입한다.

풀이 ㉯ 비함침고상폐기물의 정량한계는 시료채취방법에 따라 표면채취법은 0.05μg/100cm² 으로 하고 부재 채취법은 0.005mg/kg이다.

(4) 폴리클로리네이티드비페닐 동질체(PCB congener)

폴리클로리네이티드비페닐(PCBs)는 비페닐 구조에 염소가 치환하여 총 209종류의 폴리클로리네이티드비페닐(PCBs)가 존재한다. 각각의 이성질체를 동질체(congener)라고 부른다.

(5) 기체크로마토그래프

① 컬럼은 안지름 0.20~0.53mm, 필름두께 0.1~5.0μm, 길이 30~100m의 DB－1, DB－5 및 DB－608 등의 모세관이나 동등한 분리성능을 가진 모세관으로 대상 분석 물질의 분리가 양호한 것을 택하여 실험한다.

★★② 운반기체는 부피백분율 99.999% 이상의 질소로서 유량은 0.5~3mL/min, 시료 도입부온도는 250~300℃, 컬럼온도는 50~320℃, 검출기온도는 270~320℃로 사용한다.

★★③ 검출기는 전자포획검출기(ECD)를 사용한다.

(6) 정제 컬럼 : 플로리실 컬럼, 실리카겔 컬럼

(7) 농축장치 : 구데르나다니쉬(KD)농축기 또는 회전증발농축기를 사용한다.

(8) 기타

① 부피실린더는 부피 50mL의 마개 있는 것을 사용한다.

② 미량주사기는 1~10μL부피의 액체용을 사용한다.

(9) 시료채취 및 관리

① 액상폐기물 및 고상폐기물

ⓐ 사용 중인 기기 내에 있는 경우

㉠ 비상사태의 돌발 위험이 있으므로 반드시 시설 담당자의 도움을 받아 시료 채취를 하도록 한다.

㉡ 준비된 시료용기의 내부를 채취하고자 하는 절연유로 3회 정도 완전히 닦아낸 다음 시료를 채취한다.

★★ⓑ 용기에 보관되어 있는 경우

㉠ 잘 섞은 후 균일하게 시료를 채취한다.

㉡ 두 층으로 분리되어 있어 섞기 어려운 경우에는 각 층의 양에 비례하여 채취한다.

㉢ 큰 저장용기에 들어있는 경우에 채취병을 사용하여 상, 중, 하, 저층 등을 구별하여 층별 비례채취법에 따라 채취한다.

② 비함침성 고상폐기물

ⓐ 시료채취용기

㉠ 채취용기는 청결, 견고, 밀봉이 가능한 것으로 시료를 변질시키거나 흡착하지 않는 것이어야 하며 기밀하고 누수나 흡습성이 없는 갈색 경질의 유리병을 원칙으로 하나, 시료의 특성과 크기 등의 형태에 따라 알루미늄박 등을 사용할 수 있다.

㉡ 유리용기에 폴리테트라플루오로에틸렌(PTFE)으로 피복된 격막이 내장되어 있는 뚜껑이나 동일 격막의 알루미늄 캡으로 밀봉한다.

③ 시료채취방법

ⓐ 폴리클로리네이티드비페닐(PCBs)의 오염가능성이 있거나, 처리시설 내부에서 시료를 채취하는 경우, 채취자의 안전을 위하여 보호 마스크, 시료채취용 장갑 등을 착용하고 시료를 채취하도록 한다.

ⓑ 채취 대상 고상폐기물을 함침성과 비함침성 폐기물로 구분하고, 비함침성 폐기물은 다시 평면형 부재(규소강판, 플라스틱 등)와 비평면 부재(동선 등)로 나눠 잘 섞은 후 균일하게 채취한다.

④ 시료채취량

★★ ⓐ 시료채취량은 비평면형 비함침성 폐기물은 폐기물 종류별로 100g 이상씩 채취한다.

★★ ⓑ 평면형 비함침성 폐기물은 종류별로 면적이 $500cm^2$ 이상이 되도록 채취한다.

⑤ 시료의 보관

채취된 시료는 수분, 온도, 직사광선, 유기물 등의 영향이 없는 장소로서, 0~4℃ 이하의 냉암소에 보관하여야 하며, 가급적 빠른 시일내(4주 이내 권고)에 분석하여야 한다.

2. 폴리클로리네이티드비페닐(PCBs) – 기체크로마토그래프 – 질량분석법

(1) 목적

시료 중의 폴리클로리네이티드비페닐(PCBs)을 ★★헥산으로 추출하여 실리카겔 컬럼 등을 통과시켜 정제한 다음 기체크로마토그래프 – 질량분석기로 분석하여 크로마토그램에 나타난 피크 패턴에 의하여 폴리클로리네이티드비페닐을 정량하는 방법이다.

★★ (2) 적용범위

폴리클로리네이티드비페닐의 정량한계는 1.0mg/L이다.

(3) 분석기기 및 기구

① 기체크로마토그래프

ⓐ 컬럼은 내경 0.20~0.53mm, 필름두께 0.1~5.0μm, 길이 30~100m의 DB-1, DB-5 및 DB-608 등의 모세관이나 동등한 분리성능을 가진 모세관으로 대상 분석 물질의 분리가 양호한 것을 택하여 실험한다.

ⓑ 운반기체는 부피백분율 99.999% 이상의 헬륨 또는 질소로서 유량은 0.5~3mL/min, 시료 도입부 온도는 250~300℃, 컬럼온도는 50~320℃, 검출기온도는 270~320℃로 사용한다.

② 질량분석기(mass spectrometer)

★★ⓐ 이온화방식은 전자충격법(EI)을 사용하며 이온화에너지는 35~70eV을 사용한다.

ⓑ 질량분석기는 자기장형, 사중극자형 및 이온트랩형등의 성능을 가진 것을 사용한다.

ⓒ 정량분석에는 선택이온검출법(SIM)을 이용하는 것이 바람직하다.

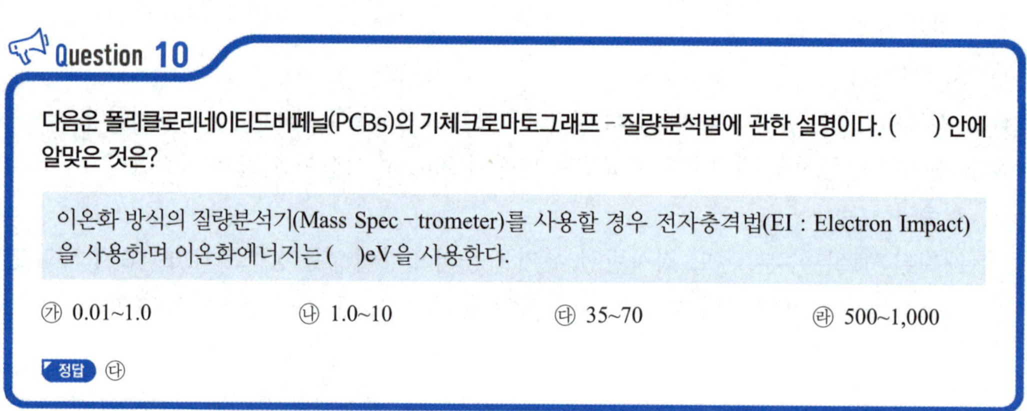

Question 10

다음은 폴리클로리네이티드비페닐(PCBs)의 기체크로마토그래프-질량분석법에 관한 설명이다. (　　) 안에 알맞은 것은?

이온화 방식의 질량분석기(Mass Spec-trometer)를 사용할 경우 전자충격법(EI : Electron Impact)을 사용하며 이온화에너지는 (　)eV을 사용한다.

㉮ 0.01~1.0　　㉯ 1.0~10　　㉰ 35~70　　㉱ 500~1,000

정답 ㉰

3. 폴리클로리네이티드비페닐(PCBs)-기체크로마토그래피(절연유분석법)

★★(1) 목적

절연유를 진탕 알칼리 분해하고 대용량 다층실리카겔 컬럼을 통과시켜 정제한 다음, 기체크로마토그래프-전자포획검출기(GC-ECD)에 주입하여 크로마토그램에 나타난 피크 형태에 따라 폴리클로리네이티드비페닐을 확인하고 신속하게 정량하는 방법이다.

(2) 적용범위

① 절연유 중에 폴리클로리네이티드비페닐(PCBs)을 신속하게 분석하는 목적에 적용한다.

★★② 정량한계는 0.5mg/L 이상이다. 단, 실험결과의 최소자리는 소수 첫째자리에서 반올림하

여 일의 자리까지 나타내고, 이때 정량한계 미만은 '0.5mg/L 미만' 또는 '< 0.5mg/L'로 표기한다.

Question 11

기체크로마토그래피(절연유분석법)에 의한 폴리클로리네이티드비페닐(PCBs) 분석방법에 관한 설명으로 틀린 것은?

㉮ 이 방법에 따라 실험할 경우 정량한계는 0.5mg/L 이상이다.
㉯ 실리카겔 컬럼 정제는 산, 페놀, 염화페놀, 폴리클로로페녹시페놀 등의 극성화합물을 제거하기 위하여 사용한다.
㉰ 사용 전에 실리카겔은 정제하고 활성화시켜야 한다.
㉱ ECD를 사용하여 PCBs을 측정할 때 프탈레이트가 방해할 수 있는데 이는 플라스틱 용기를 사용함으로써 최소화할 수 있다.

풀이 ㉱ ECD(전자포획검출기)를 사용하여 PCBs을 측정할 때 프탈레이트가 방해할 수 있는데 이는 플라스틱 용기를 사용하지 않음으로서 최소화할 수 있다.

03 할로겐화 유기물질

1. 할로겐화 유기물질 – 기체크로마토그래피 – 질량분석법

(1) 목적

폐유기용제 등의 시료 적당량을 희석용 용매로 희석한 후, 기체크로마토그래프 – 질량분석계에 직접 주입하여 시료 중 할로겐화 유기물질류를 분석하는 방법이다.

(2) 적용범위

① 다이클로로메탄, 트리클로로메탄, 테트라클로로메탄, 다이클로로디플루오로메탄, 트리클로로플루오로메탄, 1,1 – 다이클로로에탄, 1,2 – 다이클로로에탄, 1,1,1 – 트리이클로로에탄, 1,1,2 – 트리클로로에탄, 트리클로로트리플루오로에탄, 트리클로로에틸렌, 테트라클로로에틸렌, 클로로벤젠, 1,2 – 다이클로로벤젠, 1,3 – 다이클로로벤젠, 1,4 – 다이클로로벤젠, 2 – 클로로페놀, 3 – 클로로페놀,4 – 클로로페놀, 2,3 – 다이클로로페놀, 2,4 – 다이클로로페놀, 2,5 – 다이클로로페놀, 2,6 – 다이클로로페놀, 3,4 – 다이클로로페놀, 3,5 – 다이클로로페놀, 1,1 – 다이클로로에틸렌, 시스 – 1,3 – 다이클로로프로펜, 트란스 – 1,3 – 다이클

로로프로펜, 1,1,2 - 트리클로로 - 1,2,2 - 트리플로로에탄의 분석에 적용한다.

★★ ② 정량한계는 각 할로겐화유기물질에 대하여 10mg/kg

Question 12

할로겐화 유기물질을 기체크로마토그래피-질량분석법으로 분석하는 경우 정량한계는?

㉮ 각 할로겐화 유기물질에 대하여 2mg/kg이다.
㉯ 각 할로겐화 유기물질에 대하여 5mg/kg이다.
㉰ 각 할로겐화 유기물질에 대하여 10mg/kg이다.
㉱ 각 할로겐화 유기물질에 대하여 15mg/kg이다.

정답 ㉰

(3) 간섭물질

① 추출용매에는 분석성분의 머무름 시간에서 피크가 나타나는 간섭물질이 있을 수 있다. 추출용매 안에 간섭물질이 발견되면 증류하거나 컬럼크로마토그래피에 의해 제거한다.

★★ ② 이 실험으로 끓는점이 높거나 극성 유기화합물들이 함께 추출되므로 이들 중에는 분석을 간섭하는 물질이 있을 수 있다.

★★ ③ 다이클로로메탄과 같이 머무름 시간이 짧은 화합물은 용매의 피크와 겹쳐 분석을 방해할 수 있다.

★★ ④ 플루오르화탄소나 다이클로로메탄과 같은 휘발성 유기물은 보관이나 운반 중에 격막(septum)을 통해 시료 안으로 확산되어 시료를 오염시킬 수 있으므로 현장 바탕시료로서 이를 점검하여야 한다.

Question 13

할로겐화 유기물질(기체크로마토그래피-질량분석법) 측정시 간섭물질에 대한 내용으로 잘못된 것은?

㉮ 추출용매 안에 간섭물질이 발견되면 증류하거나 컬럼크로마토그래피에 의해 제거한다.
㉯ 다이클로로메탄과 같이 머무름 시간이 긴 화합물은 용매의 피크와 겹쳐 분석을 방해할 수 있다.
㉰ 이 실험으로 끓는 점이 높거나 극성 유기화합물들이 함께 추출되므로 이들 중에는 분석을 간섭하는 물질이 있을 수 있다.
㉱ 플루오르화탄소나 다이클로로메탄과 같은 휘발성 유기물은 보관이나 운반 중에 격막을 통해 시료 안으로 확산되어 시료를 오염시킬 수 있으므로 현장 바탕시료로서 이를 점검하여야 한다.

풀이 ㉯ 다이클로로메탄과 같이 머무름 시간이 짧은 화합물은 용매의 피크와 겹쳐 분석을 방해할 수 있다.

(4) 분석기기 및 기구

① 기체크로마토그래프

ⓐ 컬럼은 안지름 0.20~0.35mm, 필름두께 0.1~0.50μm, 길이 15~60m의 DB-1, DB-5 및 DB-624 등의 모세관이나 동등한 분리성능을 가진 모세관으로 대상 분석 물질의 분리가 양호한 것을 택하여 실험한다.

★★ ⓑ 운반기체는 부피백분율 99.999% 이상의 헬륨으로서(또는 질소) 유량은 0.5~4mL/min, 시료 도입부 온도는 150~250℃, 컬럼온도는 30~250℃로 사용한다.

② 질량분석기(mass spectrometer)

★★ ⓐ 이온화방식은 전자충격법(EI)을 사용하며 이온화 에너지는 35~70eV을 사용한다.

ⓑ 질량분석기는 자기장형, 사중극자형 및 이온트랩형등의 성능을 가진 것을 사용한다.

ⓒ 정량분석에는 선택이온검출법(SIM)을 이용하는 것이 바람직하다.

(5) 시료채취 및 관리

유리용기에 상부공간이 없도록 채취하여 폴리테트라플루오로에틸렌(PTFE)으로 피복된 격막이 내장되어 있는 뚜껑이나 동일 격막의 알루미늄캡으로 밀봉한다.

2. 할로겐화 유기물질 - 기체크로마토그래피

(1) 목적

폐유기용제 등의 시료 적당량을 희석용 용매로 희석한 후, 기체크로마토그래프에 직접 주입하여 시료 중 할로겐화 유기물질류를 분석하는 방법이다.

(2) 적용범위

① 다이클로로메탄, 트리클로로메단, 테트라클로로메탄, 다이클로로디플루오로메탄, 트리클로로플루오로메탄, 1,1-다이클로로에탄, 1,2-다이클로로에탄, 1,1,1-트리클로로에탄, 1,1,2-트리클로로에탄, 트리클로로트리플루오로에탄, 트리클로로에틸렌, 테트라클로로에틸렌, 클로로벤젠, 1,2-다이클로로벤젠, 1,3-다이클로로벤젠, 1,4-다이클로로벤젠, 2-클로로페놀, 3-클로로페놀, 4-클로로페놀, 2,3-다이클로로페놀, 2,4-다이클로로페놀, 2,5-다이클로로페놀, 2,6-다이클로로페놀, 3,4-다이클로로페놀, 3,5-다이클로로페놀, 1,1-다이클로로에틸렌, 시스-1,3-다이클로로프로펜, 트란스-1,3-다이클로로프로펜, 1,1,2-트리클로로-1,2,2-트리플로로에탄의 분석에 적용한다.

★★ ② 정량한계는 각 화합물에 대하여 10mg/kg

(3) 검출기

① 불꽃이온화검출기(FID)

수소연소노즐, 이온 수집기로 구성되는 본체와 이 전극 사이에 직류전압을 주어 흐르는 이온전류를 측정하기 위한 직류전압 변환회로, 감도 조절부, 신호감쇄부 등으로 구성된다.

★★ ② 전자포획검출기(ECD)

방사선 동위원소(^{63}Ni, ^{3}H 등)로부터 방출되는 β선이 운반기체를 전리하여 미소전류를 흘려보낼 때 시료 중의 할로겐이나 산소와 같이 전자포획력이 강한 화합물에 의하여 전자가 포획되어 전류가 감소하는 것을 이용하는 방법으로 유기할로겐화합물, 나이트로화합물 및 유기금속화합물을 선택적으로 검출할 수 있다.

04 휘발성 저급염소화 탄화수소류

1. 기체크로마토그래피

★★ (1) 목적

시료 중의 트리클로로에틸렌 및 테트라클로로에틸렌을 헥산으로 추출하여 기체크로마토그래프로 정량하는 방법이다.

★★ (2) 적용

① 트리클로로에틸렌(C_2HCl_3) 및 테트라클로로에틸렌(C_2Cl_4) 등의 휘발성 저급염소화 탄화수소류의 분석에 적용한다.

② 트리클로로에틸렌(C_2HCl_3)의 정량한계는 0.008mg/L, 테트라클로로에틸렌(C_2Cl_4)의 정량한계는 0.002mg/L이다.

★★ (3) 간섭물질

① 추출용매에는 분석성분의 머무름 시간에서 피크가 나타나는 간섭물질이 있을 수 있다. 추출용매 안에 간섭물질이 발견되면 증류하거나 컬럼크로마토그래피에 의해 제거한다.

★★ ② 이 실험으로 끓는점이 높거나 극성 유기화합물들이 함께 추출되므로 이들 중에는 분석을 간섭하는 물질이 있을 수 있다.

★★ ③ 다이클로로메탄과 같이 머무름 시간이 짧은 화합물은 용매의 피크와 겹쳐 분석을 방해할 수 있다.

★★ ④ 플루오르화탄소나 다이클로로메탄과 같은 휘발성 유기물은 보관이나 운반 중에 격막(septum)을 통해 시료 안으로 확산되어 시료를 오염시킬 수 있으므로 현장 바탕시료로서 이를 점검하여야 한다.

Question 14

기체크로마토그래피로 휘발성 저급염소화 탄화수소류 측정시 간섭물질에 대한 설명으로 틀린 것은?

㉮ 추출용매 안에 간섭물질이 발견되면 증류하거나 칼럼 크로마토그래피에 의해 제거한다.
㉯ 다이클로로메탄과 같이 머무름 시간이 짧은 화합물은 용매의 피크와 겹치지 않아 분석의 방해가 적다.
㉰ 플루오르화탄소나 다이클로로메탄과 같은 휘발성 유기물은 보관이나 운반 중에 격막을 통해 시료 안으로 확산되어 시료를 오염시킬 수 있으므로 현장 바탕시료로서 이를 점검하여야 한다.
㉱ 이 실험으로 끓는점이 높거나 극성 유기화합물들이 함께 추출되므로 이들 중에는 분석을 간섭하는 물질이 있을 수 있다.

풀이 ㉯ 다이클로로메탄과 같이 머무름 시간이 짧은 화합물은 용매의 피크와 겹쳐 분석을 방해할 수 있다.

(4) 분석기기 및 기구

① 기체크로마토그래프

ⓐ 컬럼은 안지름 0.20~0.35mm, 필름두께 0.1~0.50μm, 길이 15~60m의 DB－1, DB－5 및 DB－624 등의 모세관이나 동등한 분리성능을 가진 모세관으로 대상 분석 물질의 분리가 양호한 것을 택하여 실험한다.

★★ ⓑ 운반기체는 부피백분율 99.999% 이상의 헬륨으로서(또는 질소) 유량은 0.5~4mL/min, 시 도입부 온도는 150~250℃, 컬럼온도는 30~250℃로 사용한다.

★★ **Question 15**

휘발성 저급염소화 탄화수소류를 기체크로마토그래피법을 이용하여 측정하고자 할 때 사용하는 운반가스는?

㉮ 수소　㉯ 산소　㉰ 질소　㉱ 알곤

 정답 ㉰

② 전자포획검출기(ECD)

방사선 동위원소(^{63}Ni, ^{3}H 등)로부터 방출되는 β선이 운반기체를 전리하여 미소전류를 흘려보낼 때 시료 중의 할로겐이나 산소와 같이 전자포획력이 강한 화합물에 의하여 전자가 포획되어 전류가 감소하는 것을 이용하는 방법으로 유기할로겐화합물, 나이트로화합물 및 유기금속화합물을 선택적으로 검출할 수 있다.

Question 16

기체크로마토그래피 분석에 사용되는 검출기 중 유기할로겐화합물,나이트로화합물 및 유기금속화합물을 검출할 때 사용되는 검출기는?

㉮ ECD(전자포획검출기)
㉯ FPD(불꽃광도검출기)
㉰ FID(불꽃이온화검출기)
㉱ TCD(열전도도검출기)

정답 ㉮

③ 전해전도 검출기(HECD)

Question 17

휘발성 저급염소화 탄화수소류를 기체크로마토그래피법으로 측정시 사용되는 기구 및 기기에 대한 설명으로 알맞지 않은 것은?

㉮ 검출기는 전자포획검출기 또는 전해전도검출기를 사용한다.
㉯ 칼럼은 석영제로서 내경 2~3mm, 길이 0.1m의 것을 사용한다.
㉰ 운반기체는 부피백분율 99.999% 이상의 헬륨(또는 질소)이다.
㉱ 시료 도입부 온도는 150~250℃ 범위이다.

풀이 ㉯ 칼럼은 내경 0.20~0.35mm, 길이는 15~60m의 것을 사용한다.

2. 퍼지 · 트랩–기체크로마토그래피–질량분석법

(1) 목적

시료 중의 트리클로로에틸렌 및 테트라클로로에틸렌을 불활성기체로 퍼지시켜 기상으로 추출한 다음 트랩관으로 흡착 · 농축하고, 가열 · 탈작시켜 모세관 컬럼을 사용한 기체크로마토그래피-질량분석기로 분석한다.

(2) 적용범위

이 시험기준은 폐기물 중에 트리클로로에틸렌(C_2HCl_3) 및 테트라클로로에틸렌(C_2Cl_4) 등의 휘발성 저급염소화 탄산수소류 분석에 적용할 수 있으며, 각 성분별 ★★정량한계는 0.001mg/L 이다.

(3) 간섭물질

① 유리스파저, 그 연결부위나 트랩 연결관 등의 오염이나 실험실 공기 속에 기화된 용매가 오염원이 될 수 있다. 따라서 바탕시료를 사용하여 이를 점검하여야 한다.

★★ ② 폴리테트라플루오로에틸렌(PTFE, Polytetrafluoroethylene) 재질이 아닌 튜브, 봉합제 및 유속조절제의 사용을 피해야 한다.

★★ ③ 다이클로로메탄은 보관이나 운반 중에 격막(septum)을 통해 확산되기 때문에 시료에 영향을 미칠 수 있고, 공기로부터 직접 오염되거나 옷에 흡착하였다가 오염될 수 있으므로 바탕시료를 사용하여 점검하여야 한다.

④ 높은 농도의 시료와 낮은 농도의 시료를 연속하여 분석할 때에 오염이 될 수 있으므로 시료 분석 사이에 정제수 세척 과정을 두어야 한다. 높은 농도의 시료를 분석한 후에는 바탕시료를 분석하는 것이 좋다.

⑤ 많은 양의 수용성 물질, 부유물질, 높은 끓는점 또는 휘발성 물질을 함유하는 시료를 분석한 후에는 퍼지장치들을 세척해야 한다.

⑥ 높은 순도의 메탄올에도 아세톤이나 다이클로로메탄 등의 유기용매가 존재할 수 있으므로 이를 사용하여 표준용액을 제조할 때에도 용매 내 잔존량을 조사하여야 한다.

3. 헤드스페이스-기체크로마토그래피-질량분석법

(1) 목적

시료 중의 트리클로로에틸렌 및 테트라클로로에틸렌을 헤드스페이스/기체크로마토그래피-질량분석기로 분석한다.

(2) 적용범위

이 시험기준은 폐기물 중에 ★★트리클로로에틸렌(C_2HCl_3) 및 테트라클로로에틸렌(C_2Cl_4) 등의 휘발성 저급염소화 탄화수소류 분석에 적용할 수 있으며, 각 성분별 ★★정량한계는 0.005mg/L이다.

(3) 간섭물질

① 용매, 시약, 유기기구류 및 실험도구에 간섭물질이 존재할 수 있으므로 사용 전에 점검하여야 한다.

② 실험실 공기 중에 기화된 용매로 인해 오염이 발생할 수 있으므로, 바탕시료를 사용하여 점검하여야 한다.

★★③ 다이클로로메탄은 보관이나 운반 중에 격막(septum)을 통해 확산되기 때문에 시료에 영향을 미칠 수 있고, 공기로부터 직접 오염되거나 옷에 흡착하였다가 오염될 수 있으므로 바탕시료를 사용하여 점검하여야 한다.

(4) 기체크로마토그래프(gas chromtograph)

① 컬럼은 안지름 0.20mm~0.35mm, 필름두께 0.1μm~1.0μm, 길이 15m~60m의 100% - 메틸폴리실록산(100% - methyl-polssiloxane) 또는 5% - 페닐메틸폴리실록산(5% - phenyl methylpolysiloxane)이 코팅된 DB-1, DB-5 및 DB-624 등의 모세관이나 동등한 분리성능을 가진 모세관으로 대상 분석 물질의 분리가 양호한 것을 택하여 시험한다.

★★② 운반기체는 순도 99.999% 이상의 헬륨으로 유량은 0.5mL/min~2mL/min, 시료도입부 온도는 150℃~250℃, 컬럼온도는 35℃~250~℃, 검출기온도는 250℃~280℃로 한다.

(5) 질량분석기(mass spectrometer)

★★① 이온화방식은 전자충격법(EI, electron impact)을 사용하며 ★★이온화에너지는 35~70 eV을 사용한다.

② 질량분석기는 자기장형(magnetic sector), 사중극자형(quardrupole) 및 이온트랩형(ion trap) 또는 이와 동등 이상의 성능을 가진 것을 사용한다.

③ 검출방법은 선택이온검출법(SIM, selected ion monitoring) 또는 Scan mode을 이용한다.

(6) 퍼지 · 트랩 장치(purge · trap concentrator)

① 퍼지부는 5mL~25mL의 시료를 주입할 수 있는 스파저(sparger) 및 시료를 일정 온도로 가열할 수 있는 가열장치(선택사항)로 구성되어 있다.

② 트랩관은 길이 5cm~30cm 이상, 안지름 2mm 이상의 스테인리스강관에 휘발성 저급염소화 탄화수소류를 흡착 · 농축할 수 있는 충전재가 충전된 것 또는 이와 동등 이상의 성능을 가진 것으로 구성되어 있다.

③ 탈착부는 트랩 관에 농축된 휘발성 저급염소화 탄화수소류를 가열 · 탈착할 수 있는 가열장치를 포함하고 있다.

④ 냉각 응축부는 연결되어 있는 안지름 0.20mm~0.53mm의 모세관 컬럼을 -50℃~-150℃ 정도로 냉각 가능하고, 또한 200℃로 가열 가능한 장치 또는 이와 동등 이상의 성능을 가진 것으로 이루어져 있으며, 경우에 따라 냉각 응축 과정은 생략해도 좋다.

05 감염성미생물

★★★1. 감염성미생물의 검사방법

① 아포균 검사법

② 세균배양 검사법

③ 멸균테이프 검사법

Question 18

감염성 미생물 검사법으로 틀린 것은?

㉮ 아포균 검사법
㉯ 최적확수 검사법
㉰ 세균배양 검사법
㉱ 멸균테이프 검사법

정답 ㉯

2. 감염성미생물-아포균 검사법

(1) 목적

감염성폐기물을 증기멸균분쇄시설, 열관멸균분쇄시설, 마이크로웨이브멸균분쇄시설에서 멸균처리한 결과 특정한 저항성 미생물 포자가 사멸된 경우 병원성미생물을 포함한 다른 종류의 미생물도 사멸된 것으로 판단하는 방법이다.

(2) 적용범위

감염성폐기물의 멸균잔류물에 대한 멸균여부의 판정은 병원성미생물보다 열저항성이 강하고 비병원성인 아포형성 미생물을 이용한 아포균 검사법으로 실험한 결과 표준 지표생물포자가 10^4개 이상 감소하면 멸균된 것으로 본다.

(3) 간섭물질

일반적으로 미생물 실험은 시료 중에 함유된 미생물의 상태가 시시각각으로 변할 수 있으며, 당초 시료 중에 함유되어 있던 미생물 이외의 다른 미생물이 조작 중에 오염될 수 있다. 이러한 실험상의 오염을 방지하기 위하여 배지, 시약, 기구, 장비 등과 모든 실험조작은 원칙적으로 무균조작을 하여야 한다.

★★ (4) 지표생물포자

감염성폐기물의 멸균잔류물에 대한 멸균여부의 판정은 병원성미생물보다 열저항성이 강하고 비병원성인 아포형성 미생물을 이용하는데 이를 지표생물포자라 한다.

(5) 분석기기 및 기구

★★ ① 배양기 : 온도가 (30±1)℃ 또는 (55±1)℃ 이상 유지되는 항온배양기를 사용한다.

② 시험아포 주입용기 : 부피는 120mL 이상이고 3~4개의 작은 구멍을 뚫어 증기가 침투할 수 있으며 높은 열저항성과 비접착성 재질의 회전식 뚜껑이 있는 용기를 사용하거나 시험아포를 담을 수 있도록 주름끈 또는 접착포가 달린 천으로 만든 주머니를 사용한다.

③ 멸균된 플라스틱 페트리 디쉬 : 안지름 83mm, 깊이 12mm의 디쉬를 사용한다.

(6) 표준지표생물

★★ ① 증기멸균분쇄시설의 표준지표생물은 지오바실러스 스테어로써머필러스, 바실러스 섭틸리스, 바실러스 아트로페이어스로 하고, 열관멸균분쇄시설의 표준지표생물은 바실러스 섭틸리스로 한다. 또한 마이크로웨이브멸균분쇄시설의 표준지표생물은 바실러스 섭틸리스로 한다.

② 표준 지표생물의 아포밀도는 세균현탁액 1mL에 1×10^4개 이상의 아포를 함유하여야 한다. 이러한 표준 지표생물은 스트립(strips), 바이알(vials) 또는 디스크(discs) 등의 팩형태로 시판되고 있는 것을 사용할 수 있으며, 이 경우 반드시 유효기간과 아포밀도를 확인하여야 한다.

③ 지표생물의 스트립, 바이알 또는 디스크는 시험아포 주입용기에 넣어 처리대상 감염성폐기물에 혼입시킨다.

(7) 시료채취 및 관리

① 정상운전조건에서 멸균처리가 끝난 다음 멸균잔류물을 잘 혼합하거나 혼합이 불가능할 경우에는 전체의 성상을 대표할 수 있도록 서로 다른 곳에서 시료를 채취한다.

★★ ② 시료의 채취는 가능한 한 무균적으로 하고 멸균된 용기에 넣어 1시간 이내에 실험실로 운반·실험하여야 하며, 그 이상의 시간이 소요될 경우에는 10℃ 이하로 냉장하여 6시간 이내에 실험실로 운반하고 실험실에 도착한 후 2시간 이내에 배양조작을 완료하여야 한다. 다만 8시간 이내에 실험이 불가능할 경우에는 현지 실험용 기구세트를 준비하여 현장에서 배양조작을 하여야 한다.

Question 19

다음은 세균배양 김사법으로 감염성미생물을 측정할 때 시료채취 및 관리에 관한 내용이다. ( )안에 알맞은 것은?

> 시료의 채취는 가능한 한 무균적으로 하고 멸균된 용기에 넣어 1시간 이내에 실험실로 운반, 실험하여야 하며 그 이상의 시간이 소요될 경우 ( )에 실험실로 운반하고 실험실에 도착한 후 2시간 이내에 배양조작을 완료하여야 한다.

㉮ 4℃ 이하로 냉장하여 8시간 이내
㉯ 4℃ 이하로 냉장하여 6시간 이내
㉰ 10℃ 이하로 냉장하여 8시간 이내
㉱ 10℃ 이하로 냉장하여 6시간 이내

정답 ㉱

3. 감염성미생물 - 세균배양 검사법

(1) 목적

감염성폐기물을 증기·열관멸균분쇄시설의 정상운전으로 멸균처리한 다음 그 멸균잔류물의 추출물을 혐기성 및 호기성균이 동시에 생장할 수 있는 티오글리콜레이트 배지에 배양하여 미생물의 생장여부로부터 멸균상태를 확인하는 방법이다.

(2) 적용범위

이 시험기준은 폐기물 중에 감염성미생물을 아포균검사법으로 검사하는 방법으로 감염성폐기물의 멸균잔류물에 대한 멸균여부의 판정은 세균배양 검사법으로 실험한 결과 세균이 검출되지 않으면 멸균된 것으로 본다.

(3) 간섭물질

일반적으로 미생물 실험은 시료 중에 함유된 미생물의 상태가 시시각각으로 변할 수 있으며, 당초 시료 중에 함유되어 있던 미생물 이외의 다른 미생물이 조작 중에 오염될 수 있다. 이러한 실험상의 오염을 방지하기 위하여 배지, 시약, 기구, 장비 등과 모든 실험조작은 원칙적으로 무균조작을 하여야 한다.

(4) 감염성폐기물 지표생물

감염성폐기물을 증기·열관멸균분쇄시설의 정상운전으로 멸균처리한 다음 그 멸균잔류물의 추출물을 혐기성 및 호기성균이 동시에 생장할 수 있는 티오글리콜레이트 배지에 배양하여 미생물의 생장여부로부터 멸균상태를 검사하는데 여기에서 혐기성 및 호기성균이 지표생물이 된다.

(5) 분석기기 및 기구

★★ ① 배양기 : 온도가 30~37℃가 유지되는 항온배양기를 사용한다.

② 증기멸균이 가능한 45mL 유리시험관 : 지름 18mm, 길이 180mm의 유리 시험관을 사용한다.

③ 현미경 : 미생물의 관찰이 가능한 현미경을 사용한다.

4. 감염성미생물 – 멸균테이프 검사법

(1) 목적

감염성폐기물을 증기멸균분쇄시설에서 멸균 처리하는 과정에 특정 수준의 온도, 증기 및 압력에서 시간이 경과함에 따라 변색하는 화학약품이 도포된 멸균테이프를 부착하여 그 변색여부로 멸균기의 고장이나 오류 등 성능상의 문제와 멸균상태를 간접적으로 확인하는 방법이다.

(2) 적용범위

감염성폐기물을 멸균테이프를 이용하여 실험한 결과 멸균테이프 제품에서 지정한 색으로 변색이 되면 멸균기의 성능과 멸균상태가 정상적인 것으로 본다.

(3) 간섭물질

일반적으로 미생물 실험은 시료 중에 함유된 미생물의 상태가 시시각각으로 변할 수 있으며, 당초 시료 중에 함유되어 있던 미생물 이외의 다른 미생물이 조작 중에 오염될 수 있다. 이러한 실험상의 오염을 방지하기 위하여 배지, 시약, 기구, 장비 등과 모든 실험조작은 원칙적으로 무균조작을 하여야 한다.

(4) 감염성폐기물 표시물질

감염성폐기물을 증기멸균분쇄시설에서 멸균 처리하는 과정에 특정 수준의 온도, 증기 및 압력에서 시간이 경과함에 따라 변색하는 화학약품이 도포된 멸균테이프를 이용

(5) 멸균테이프

스트립 또는 접착 테이프(tapes)형태로서 증기멸균분쇄시설에서 사용이 가능하고 특정수준의 온도, 증기 및 압력에서 시간이 경과함에 따라 변색하는 화학약품이 도포된 것을 사용한다.

PART

실전문제

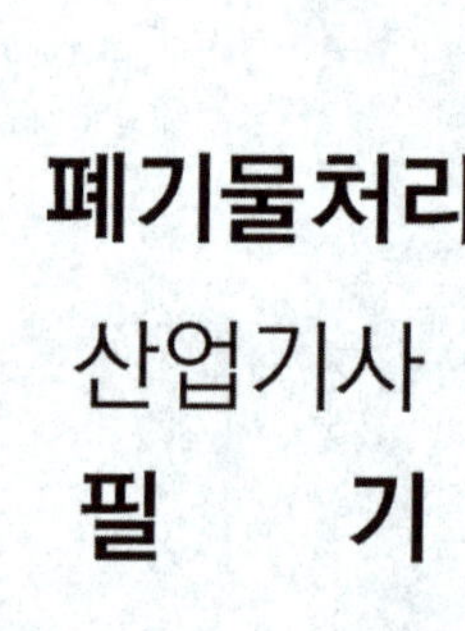

폐기물처리
산업기사
필 기

2012 1회 기출문제

| 제1과목 | 폐기물개론

01 평균 입경이 20cm인 폐기물을 입경 1cm가 되도록 파쇄할 때 소요되는 에너지는 입경을 4cm로 파쇄할 때 소요되는 에너지의 몇 배인가? (단, Kick의 법칙 적용, n=1)

㉮ 1.57배 ㉯ 1.64배
㉰ 1.72배 ㉱ 1.86배

풀이 Kick의 법칙

동력(E)$=C\ln\left(\dfrac{dp_1}{dp_2}\right)$

여기서 dp_1 : 평균 크기
dp_2 : 최종 크기

① $E_1 = C\ln\left(\dfrac{20cm}{1cm}\right) = C\ln 20$

② $E_2 = C\ln\left(\dfrac{20cm}{4cm}\right) = C\ln 5$

③ 소요에너지의 변화$=\dfrac{E_1}{E_2}=\dfrac{C\ln 20}{C\ln 5}=1.86$배

02 어느 도시에서 쓰레기 수거 시 수거인부가 1일 3,500명, 수거인부 1인이 1일 8시간, 년간 300일을 근무하며 쓰레기를 수거 운반하는데 소요된 MHT가 10.7이라면 년간 쓰레기 수거량은 얼마인가?

㉮ 593,000t/년 ㉯ 658,000t/년
㉰ 785,000t/년 ㉱ 854,000t/년

풀이 $\text{man}\cdot\text{hr/ton} = \dfrac{\text{수거인부수}\times\text{작업시간}}{\text{쓰레기 수거량}}$

∴ 쓰레기 수거량(ton/년)

$=\dfrac{\text{수거인부수}\times\text{작업시간}}{\text{man}\cdot\text{hr/ton}}$

$=\dfrac{3,500\text{인}\times 8\text{hr/day}\times 300\text{day/년}}{10.7\text{man}\cdot\text{hr/ton}}$

$=785,046.73\text{ton/년}$

TIP

① MHT : 1ton의 쓰레기를 수거하는데 수거인부 1인이 소요하는 총시간
② MHT = man · hr/ton

answer 01 ㉱ 02 ㉰

03 적환장에 대한 설명으로 틀린 것은?

㉮ 최종처리장과 수거지역의 거리가 먼 경우 사용하는 것이 바람직하다.
㉯ 저밀도 거주지역이 존재할 때 설치한다.
㉰ 재사용 가능한 물질의 선별시설 설치가 가능하다.
㉱ 대용량의 수집차량을 사용할 때 설치한다.

풀이 ㉱ 소용량의 수집차량을 사용할 때 설치한다.

04 분뇨의 특성과 가장 거리가 가장 먼 것은?

㉮ 악취가 유발된다.
㉯ 질소농도가 높다.
㉰ 토사 및 협잡물이 많다.
㉱ 고액분리가 잘 된다.

풀이 ㉱ 고액분리가 어렵다.

05 트롬멜 스크린에 대한 설명으로 옳지 않은 것은?

㉮ [원통의 임계속도× 1.45 = 최적속도]로 나타낸다.
㉯ 원통의 경사도가 크면 부하율이 커진다.
㉰ 스크린 중에서 선별효율이 좋고 유지관리상의 문제가 적다.
㉱ 원통의 경사도가 크면 효율이 떨어진다.

풀이 ㉮ [원통의 임계속도× 0.45 = 최적속도]로 나타낸다.

06 쓰레기를 100톤 소각하였을 때 남은 재의 질량이 소각전 쓰레기 질량의 20%이고 재의 용적이 16m³이라면 재의 밀도는 얼마인가?

㉮ 1,150kg/m³ ㉯ 1,250kg/m³
㉰ 1,350kg/m³ ㉱ 1,450kg/m³

풀이

$$\text{재의 밀도}(kg/m^3) = \frac{\text{재의 질량}(kg)}{\text{재의 용적}(m^3)}$$

$$= \frac{100\times10^3 kg\times0.20}{16m^3}$$

$$= 1,250\,kg/m^3$$

TIP

$$100ton \xrightarrow{\times10^3} 100,000kg$$

07 도시 생활쓰레기를 분류하여 다음 표와 같은 결과를 얻었다. 이 쓰레기의 함수율은 얼마인가?

구 분	구성비 질량(%)	함수율(%)
연 탄 재	30	15
식품폐기물	50	40
종 이 류	20	20

㉮ 약 24% ㉯ 약 29%
㉰ 약 34% ㉱ 약 36%

풀이

$$\text{함수율}(\%) = \frac{\text{합}(\text{질량비}\times\text{함수율})}{\text{합}(\text{질량비})}$$

$$= \frac{30\%\times15\%+50\%\times40\%+20\%\times20\%}{30\%+50\%+20\%}$$

$$= 28.5\%$$

answer 03 ㉱ 04 ㉱ 05 ㉮ 06 ㉯ 07 ㉯

08 수분이 96%이고 질량 100kg인 폐수슬러지를 탈수시켜 수분이 70%인 폐수슬러지로 만들었다. 탈수된 후의 폐수슬러지의 질량은 얼마인가? (단, 슬러지 비중은 1.0 기준)

㉮ 11.3kg ㉯ 13.3kg
㉰ 16.3kg ㉱ 18.3kg

풀이 $W_1 \times (100-P_1) = W_2 \times (100-P_2)$
여기서 W_1 : 탈수 전 슬러지량(kg)
P_1 : 탈수 전 함수율(%)
W_2 : 탈수 후 슬러지량(kg)
P_2 : 탈수 후 함수율(%)
따라서 $100\text{kg} \times (100-96) = W_2 \times (100-70)$
$\therefore W_2 = \dfrac{100\text{kg} \times (100-96)}{(100-70)} = 13.33\text{kg}$

09 쓰레기 관리 체계에서 비용이 가장 많이 드는 것은 어느 단계인가?

㉮ 수거 ㉯ 저장
㉰ 처리 ㉱ 처분

풀이 쓰레기 관리체계에서 비용이 가장 많이 드는 것은 수거단계이며, 수거단계가 전체비용의 60% 이상을 차지한다.

10 함수율 80%의 슬러지 케이크 3,000kg을 소각시 소각재 발생량(kg)은 얼마인가? (단, 케이크 건조 질량당 무기물 20%이며, 유기물 중 연소율은 95%이고, 소각에 의한 무기물 손실은 없다.)

㉮ 144kg ㉯ 178kg
㉰ 248kg ㉱ 273kg

풀이 소각시 소각재 발생량(kg)
= 무기물량(kg) + 잔류 유기물량(kg)
① 무기물량(kg)
= 슬러지 케이크량(kg)×고형물량×무기물함량
= 3,000kg×(1-0.8)×0.2 = 120kg
② 유기물량(kg)
= 슬러지 케이크량(kg)×고형물량×유기물함량×(1-유기물 중 연소율)
= 3,000kg×(1-0.8)×(1-0.2)×(1-0.95) = 24kg
③ 소각시 소각재 발생량(kg)
= 120kg+24kg = 144kg

TIP
① 고형물량 = 100% - 함수율(%)
= 100% - 80% = 20%
② 유기물량 = 100% - 무기물량(%)
= 100% - 20% = 80%

11 폐기물선별방법 중 분쇄한 전기줄로부터 금속을 회수하거나 분쇄된 자동차나 연소재로부터 알루미늄, 구리 등을 회수하는 데 사용되는 선별장치는?

㉮ Fluidized bed separators
㉯ Stoners
㉰ Optical sorting
㉱ Jigs

풀이 ㉮ Fluidized bed separators(유동상선별법)에 대한 설명이며, 핵심 내용인 "분쇄한 전기줄로부터 금속회수 = 유동상선별법"임을 숙지하시면 됩니다.

answer 08 ㉯ 09 ㉮ 10 ㉮ 11 ㉮

12 폐기물의 새로운 수송방법인 Pipe line 수송에 관한 설명으로 틀린 것은?

㉮ 잘못 투입된 물건은 회수하기가 어렵다.
㉯ 부피가 큰 쓰레기는 일단 압축, 파쇄 등의 전처리가 필요하다.
㉰ 쓰레기 발생밀도가 높은 인구밀집지역 및 아파트 지역등에서 현실성이 있다.
㉱ 단거리 보다는 장거리 수송에 경제성이 있다.

풀이 ㉱ 장거리 보다는 단거리 수송에 경제성이 있다.

13 5%의 고형물을 함유하는 슬러지를 하루에 $10m^3$씩 침전지에서 제거하는 처리장에서 운영기술의 발전으로 6%의 고형물을 함유하는 슬러지로 제거할 수 있게 되었다면 같은 고형물량(질량기준)을 제거하기 위하여 침전지에서 제거되는 슬러지량(m^3)은 얼마인가? (단, 비중은 1.0이다.)

㉮ 8.99　　㉯ 8.77
㉰ 8.55　　㉱ 8.33

풀이 $V_1 \times TS_1 = V_2 \times TS_2$

여기서 V_1 : 제거 전 슬러지량(m^3)
TS_1 : 제거 전 고형물량(%)
V_2 : 제거 후 슬러지량(m^3)
TS_2 : 제거 후 고형물량(%)

따라서 $10m^3 \times 5\% = V_2 \times 6\%$

$$\therefore V_2 = \frac{10m^3 \times 5\%}{6\%} = 8.33m^3$$

TIP
① $V_1 \times (100 - P_1) = V_2 \times (100 - P_2)$
② $V_1 \times TS_1 = V_2 \times TS_2$

14 채취한 쓰레기 시료에 대한 성상분석을 위한 절차 중 가장 먼저 실시하는 단계는?

㉮ 건조　　㉯ 분류
㉰ 전처리　　㉱ 밀도측정

풀이 시료 → 밀도 측정 → 물리적 조성 → 분류 → 전처리 → 조성 분석 순서이며, 가장 먼저 실시하는 단계는 "밀도측정"임을 숙지하시면 됩니다.

15 세대 평균 가족 수가 4인인 1,000세대 아파트 단지에서 쓰레기 수거사항을 조사한 결과가 다음과 같을 때 1인1일 쓰레기 발생량은 얼마인가? (단, 1주일간의 수거용량 : $80m^3$, 쓰레기 밀도 : $350kg/m^3$)

㉮ 1.6kg/인 · 일　　㉯ 1.4kg/인 · 일
㉰ 1.2kg/인 · 일　　㉱ 1.0kg/인 · 일

풀이 쓰레기 발생량(kg/인 · 일)

$$= \frac{\text{쓰레기 수거량(kg/day)}}{\text{인구수(인)}}$$

$$= \frac{80m^3/\text{주} \times 1\text{주}/7\text{일} \times 350kg/m^3}{1{,}000\text{세대} \times 4\text{인}/\text{세대}}$$

$= 1.0kg/\text{인} \cdot \text{일}$

answer 12 ㉱ 13 ㉱ 14 ㉱ 15 ㉱

16 직경이 3.2m인 Trommel Screen의 임계 속도는 얼마인가? (단, $N_c = [g/(4\pi^2 r)]^{0.5}$ 이다.)

㉮ 약 21 rpm ㉯ 약 24 rpm
㉰ 약 27 rpm ㉱ 약 29 rpm

$$N_C = \left(\frac{g}{4\pi^2 r}\right)^{0.5} \times 60$$

여기서 N_C : 임계속도(rpm)
g : 중력가속도(9.8m/sec²)
r : 스크린 반경(m)

따라서 $N_C = \left(\frac{9.8\text{m/sec}^2}{4\times\pi^2\times\left(\frac{3.2\text{m}}{2}\right)}\right)^{0.5} \times 60$

= 23.63rpm

TIP

rpm = 회/min

17 폐기물 성분 중 비가연성이 60wt%를 차지하고 있다. 밀도가 550kg/m³인 폐기물이 30m³ 있을 때 가연성 물질의 양(kg)은 얼마인가? (단, 폐기물을 비가연성과 가연성분으로 구분)

㉮ 5,400 kg ㉯ 6,600 kg
㉰ 7,400 kg ㉱ 8,200 kg

풀이 가연성 물질의 양(kg)
= 폐기물(m³)×밀도(kg/m³)×가연성 물질 함량
= 30m³×550kg/m³×(1-0.60)
= 6,600kg

TIP

가연성 물질(%) = 100% − 비가연성 물질(%)
= 100 − 60% = 40%

18 고로슬래그의 입도분석 결과 입도누적 곡선상의 10%, 60% 입경이 각각 0.5mm, 1.0mm이라면 유효입경은 얼마인가?

㉮ 0.1mm ㉯ 0.5mm
㉰ 1.0mm ㉱ 2.0mm

풀이 유효입경은 입도누적곡선상의 10%에 해당하는 입경이므로 0.5mm가 된다.

TIP

① 곡률계수 = $\frac{(D_{30\%})^2}{(D_{10\%} \times D_{60\%})}$

② 균등계수 = $\frac{D_{60\%}}{D_{10\%}}$

③ 유효입경 = $D_{10\%}$

과년도 기출문제

19 우리나라의 생활폐기물 일일 발생량으로 가장 옳은 것은?

㉮ 0.3 kg/인 ㉯ 1.0 kg/인
㉰ 2.0 kg/인 ㉱ 3.0 kg/인

풀이 우리나라의 생활폐기물 발생량은 1.0kg/인·일이다.

20 어떤 폐기물의 압축 전 부피는 3.5m³이고 압축 후의 부피가 0.8m³일 경우 압축비는 얼마인가?

㉮ 2.5 ㉯ 2.7
㉰ 3.5 ㉱ 4.4

풀이 압축비 = $\frac{V_1}{V_2}$

여기서 V_1 : 압축 전의 부피(m³)
V_2 : 압축 후의 부피(m³)

따라서 압축비 = $\frac{3.5\text{m}^3}{0.8\text{m}^3} = 4.38$

answer 16 ㉯ 17 ㉯ 18 ㉯ 19 ㉯ 20 ㉱

| 제2과목 | 폐기물처리기술

21 유입수의 BOD가 250ppm이고 정화조의 BOD 제거율이 80%라면 정화조를 거친 방류수의 BOD(ppm)는 얼마인가?

㉮ 50ppm ㉯ 60ppm
㉰ 70ppm ㉱ 80ppm

풀이 BOD 제거율(%) $= \left(1 - \frac{\text{유출수의 BOD}}{\text{유입수의 BOD}}\right) \times 100$

$80\% = \left(1 - \frac{\text{유출수의 BOD}}{250\text{ppm}}\right) \times 100$

∴ 유출수의 BOD $= 250\text{ppm} \times (1 - 0.8) = 50\text{ppm}$

22 유효공극율 0.2, 점토층 위의 침출수 수두 1.5m인 점토 차수층 1.0m를 통과하는데 10년이 걸렸다면 점토 차수층의 투수계수(cm/sec)는 얼마인가?

㉮ 2.54×10^{-7}cm/sec
㉯ 3.54×10^{-7}cm/sec
㉰ 2.54×10^{-8}cm/sec
㉱ 3.54×10^{-8}cm/sec

풀이 ① $t = \frac{d^2 \cdot n}{k(d+h)}$

여기서 t : 침출수가 점토층을 통과하는 시간(년)
d : 점토층 두께(m)
k : 투수계수(m/년)
h : 침출수 수두(m)

따라서 $k = \frac{d^2 \cdot n}{t(d+h)} = \frac{(1.0\text{m})^2 \times 0.2}{10\text{년} \times (1.0\text{m} + 1.5\text{m})} = 0.008\text{m/년}$

② k(cm/sec)

$= \frac{0.008\text{m}}{\text{년}} \times \frac{10^2\text{cm}}{1\text{m}} \times \frac{1\text{년}}{365\text{day}} \times \frac{1\text{day}}{24\text{hr}} \times \frac{1\text{hr}}{3{,}600\text{sec}}$

$= 2.54 \times 10^{-8}\text{cm/sec}$

23 고화 처리법 중 피막형성법에 관한 설명으로 틀린 것은?

㉮ 낮은 혼합률을 가진다.
㉯ 에너지 소요가 크다.
㉰ 화재 위험성이 있다.
㉱ 침출성이 크다.

풀이 ㉱ 침출성이 낮다.

TIP

혼합율(MR) $= \frac{\text{첨가제의 질량}}{\text{폐기물의 질량}}$

24 혐기성 소화의 장, 단점으로 틀린 것은?

㉮ 반응이 더디고 소화기간이 비교적 오래 걸린다.
㉯ 호기성 처리에 비해 슬러지가 많이 발생한다.
㉰ 소화 가스는 냄새가 나며 부식성이 높은 편이다.
㉱ 동력시설의 소모가 적어 운전비용이 저렴하다.

풀이 ㉯ 호기성 처리에 비해 슬러지가 적게 발생한다.

answer 21 ㉮ 22 ㉰ 23 ㉱ 24 ㉯

25 메탄올(CH_3OH) 5kg이 완전연소 하는데 필요한 이론공기량(Sm^3)은 얼마인가?

㉮ $15Sm^3$　　㉯ $18Sm^3$
㉰ $21Sm^3$　　㉱ $25Sm^3$

풀이 ① $CH_3OH+1.5O_2 \rightarrow CO_2+2H_2O$
32kg : $1.5\times22.4Sm^3$
5kg : O_o(이론산소량)

$\therefore O_o(\text{이론산소량}) = \dfrac{5kg\times1.5\times22.4Sm^3}{32kg} = 5.25Sm^3$

② 이론공기량(Sm^3) = 이론산소량(Sm^3)$\times\dfrac{1}{0.21}$

$= 5.25Sm^3\times\dfrac{1}{0.21}$

$= 25Sm^3$

TIP
① 질량(kg) = 계수×분자량(kg)
② 체적(Sm^3) = 계수×22.4(Sm^3)
③ CH_3OH = 메탄올 = 메틸알콜
④ CH_3OH의 분자량 = 12+3×1+16+1
= 32kg

26 함수율이 40%인 슬러지가 자연 건조되어 총질량의 20%에 해당하는 수분이 증발하였다면 수분 증발 후 슬러지의 함수율(%)은 얼마인가?

㉮ 20%　　㉯ 25%
㉰ 30%　　㉱ 35%

풀이 $V_1\times(1-P_1)=V_2\times(1-P_2)\times(1-P_3)$
여기서 V : 슬러지량
P : 함수율
따라서 $1\times(1-0.40)=1\times(1-0.20)\times(1-P_3)$
$\therefore P_3=0.25$ 따라서 25%이다.

27 1차 반응속도에서 반감기(초기농도가 50% 줄어드는 시간)가 10분이다. 초기농도의 75% 가 줄어드는데 걸리는 시간(분)은 얼마인가?

㉮ 20분　　㉯ 30분
㉰ 40분　　㉱ 50분

풀이 ① 반감기 사용

$\ln\frac{1}{2}=-k\times t$

여기서 k : 상수
t : 시간

따라서 $\ln\frac{1}{2}=-k\times10min$

$\therefore k=\dfrac{\ln\frac{1}{2}}{-10min}=0.0693/min$

② 1차 반응식 사용

$\ln\dfrac{C_t}{C_o}=-k\times t$

여기서 C_o : 초기농도
C_t : t시간 후의 농도
k : 상수
t : 시간

따라서 $\ln\frac{25}{100}=-0.0693/min\times t$

$\therefore t=\dfrac{\ln\frac{25}{100}}{-0.0693/min}=20.0min$

TIP
C_t = 100% − 75% = 25%

실전문제

과년도 기출문제

answer 25 ㉱　26 ㉯　27 ㉮

28 매시간 10ton의 폐유를 소각하는 소각로에서 황산화물을 탈황하여 부산물인 80% 황산으로 전량 회수한다면 그 부산물량(kg/hr)은 얼마인가? (단, S : 32, 폐유 중 황성분 2%, 탈황율 90%라 가정함)

㉮ 약 590kg/hr ㉯ 약 690kg/hr
㉰ 약 790kg/hr ㉱ 약 890kg/hr

풀이 $S+O_2 \rightarrow SO_2+1/2O_2 \rightarrow SO_3+H_2O \rightarrow H_2SO_4$

32kg : 98kg

10×10^3kg/hr×0.02×0.90 : 0.8×X

$$\therefore X = \frac{10\times10^3\text{kg/hr}\times0.02\times0.90\times98\text{kg}}{32\text{kg}\times0.8}$$

$$= 689.06\,\text{kg/hr}$$

TIP

회수되는 H_2SO_4(황산)의 순도가 주어지면 반드시 보정해야 함에 주의하셔야 합니다.

29 슬러지를 개량(conditioning)하는 주된 목적으로 맞는 것은?

㉮ 농축 성질을 향상시킨다.
㉯ 탈수 성질을 향상시킨다.
㉰ 소화 성질을 향상시킨다.
㉱ 구성성분 성질을 개선, 향상시킨다.

풀이 슬러지를 개량(conditioning)하는 주된 목적은 탈수성을 향상시킨다.

30 유기적 고형화에 대한 일반적 설명으로 틀린 것은?

㉮ 수밀성이 작고 적용 가능 폐기물이 적음
㉯ 처리비용이 고가
㉰ 방사선 폐기물처리에 적용함
㉱ 미생물 및 자외선에 대한 안정성이 약함

풀이 ㉮ 수밀성이 크고 적용 가능 폐기물이 많음

31 점토를 매립지의 차수막으로 이용하기 위한 소성지수 기준을 가장 알맞게 나타낸 것은? (단, 포괄적인 관점 기준이다.)

㉮ 5% 이상 10% 미만
㉯ 10% 이상 30% 미만
㉰ 30% 이상 50% 미만
㉱ 50% 이상 70% 미만

TIP

점토의 차수막 적합조건

① 투수계수 : 10^{-7}cm/sec 미만
② 소성지수 : 10% 이상 30% 미만
③ 액성한계 : 30% 이상
④ 점토 및 미사토 함량 : 20% 이상
⑤ 자갈 함유량 : 10% 미만

answer 28 ㉯ 29 ㉯ 30 ㉮ 31 ㉯

32 쓰레기를 소각하였을 때 남는 재의 질량은 쓰레기의 10%이고 재의 밀도는 1.05g/cm^{3}이라면 쓰레기 50톤을 소각할 경우 남는 재의 부피(m^3)는 얼마인가?

㉮ 4.23m^3　㉯ 4.76m^3
㉰ 5.26m^3　㉱ 5.83m^3

풀이 소각 후 남는 재의 부피(m^3)

$$= \frac{\text{쓰레기량(kg)} \times \frac{\text{쓰레기 중 재의 함량(\%)}}{100}}{\text{재의 밀도(kg/m}^3)}$$

$$= \frac{50 \times 10^3 \text{kg} \times 0.1}{1050 \text{kg/m}^3} = 4.76\text{m}^3$$

TIP
① g/cm^3×10^3 = kg/m^3
② 비중 1.05g/cm^{3}는 1,050kg/m^{3}이다.
③ 밀도는 단위를 환산하기 위해 사용한다.

33 함수율 99%의 슬러지 1000m^{3}을 농축시켜 300m^{3}의 농축 슬러지가 얻어졌다고 하면, 농축슬러지의 함수율(%)은 얼마인가? (단, 탱크로부터 월류되는 SS는 무시하며, 모든 슬러지의 비중은 1.0이다.)

㉮ 93.6%　㉯ 94.3%
㉰ 95.2%　㉱ 96.7%

풀이 $V_1 \times (100 - P_1) = V_2 \times (100 - P_2)$
여기서 V_1 : 농축 전 슬러지(m^3)
P_1 : 농축 전 함수율(%)
V_2 : 농축 후 슬러지(m^3)
P_2 : 농축 후 함수율(%)

$1{,}000\text{m}^3 \times (100 - 99) = 300\text{m}^3 \times (100 - P_2)$

$$\therefore P_2 = 100 - \frac{1000\text{m}^3 \times (100-99)}{300\text{m}^3} = 96.67\%$$

34 매립지에서 발생하는 침출수의 특성이 COD/TOC : 2.0 ~ 2.8, BOD/COD : 0.1 ~ 0.5, 매립연한 : 5년 ~ 10년, COD(mg/L) : 500 ~ 10,000일 때 효율성이 가장 양호한 처리공정은 어느 것인가?

㉮ 생물학적 처리　㉯ 이온교환수지
㉰ 활성탄 흡착　㉱ 역삼투

풀이 ㉱ 역삼투법이 가장 효율적인 방법이다.

35 퇴비를 효과적으로 생산하기 위하여 퇴비화 공정 중에 주입하는 Bulking Agent에 대한 설명과 가장 거리가 먼 것은?

㉮ 처리대상물질의 수분함량을 조절한다.
㉯ 미생물의 지속적인 공급으로 퇴비의 완숙을 유도한다.
㉰ 퇴비의 질(C/N비) 개선에 영향을 준다.
㉱ 처리대상물질 내의 공기가 원활히 유통될 수 있도록 한다.

풀이 ㉯ 톱밥, 볏짚, 낙엽에 기존 퇴비를 혼합하여 퇴비화시키는 것이다.

36 합성차수막 종류 중 CR에 관한 설명으로 옳지 않은 것은?

㉮ 가격이 싸다.
㉯ 대부분의 화학물질에 대한 저항성이 높다.
㉰ 마모 및 기계적 충격에 강하다.
㉱ 접합이 용이하지 못하다.

풀이 ㉮ 가격이 비싸다.

TIP
CR = Chloroprene Rubber

answer 32 ㉯ 33 ㉱ 34 ㉱ 35 ㉯ 36 ㉮

37 고형물 중 유기물이 90%이고 함수율이 96%인 슬러지 500m³를 소화시킨 결과 유기물 중 2/3가 제거되고 함수율 92%인 슬러지로 변했다면 소화슬러지의 부피는 얼마인가? (단, 모든 슬러지의 비중은 1.0이다.)

㉮ $100m^3$　　㉯ $150m^3$
㉰ $200m^3$　　㉱ $250m^3$

풀이 소화슬러지 부피$(m^3) = (VS+FS)\times\frac{100}{100-P}$

여기서 VS : 휘발성 고형물(유기물)
FS : 잔류성 고형물(무기물)
P : 소화 후 함수율(%)

① $VS(m^3)$ = 슬러지량(m^3)×고형물량×유기물량×유기물잔류량

$= 500m^3\times0.04\times0.90\times\left(1-\frac{2}{3}\right)$

$= 6m^3$

② $FS(m^3)$ = 슬러지량(m^3)×고형물량×무기물량

$= 500m^3\times0.04\times0.1$

$= 2m^3$

③ 소화슬러지 부피(m^3)

$= (6m^3+2m^3)\times\frac{100}{100-92\%} = 100m^3$

TIP

① 고형물량 = 100-함수율 = 100-96% = 4%
② 무기물량 = 100-유기물량 = 100-90% = 10%

38 연직차수막에 대한 설명으로 틀린 것은? (단, 표면차수막과 비교 기준)

㉮ 차수막 보강시공이 가능하다.
㉯ 지중에 수평방향의 차수층이 존재할 때 사용한다.
㉰ 지하수 집배수 시설이 필요하다.
㉱ 단위면적당 공사비는 비싸지만 총공사비는 싸다.

풀이 ㉰ 지하수 집배수 시설이 불필요하다.

TIP

차수시설의 종류

(1) 연직차수막
① 차수막 보강시공이 가능하다.
② 지중에 수평방향의 차수층이 존재할 때 사용한다.
③ 지하수 집배수 시설이 불필요하다.
④ 단위면적당 공사비는 비싸지만 총공사비는 싸다.
⑤ 지하매설로써 차수성 확인이 어렵다.
⑥ 연직차수막은 지중에 암반 및 점성도로 구성된 불투수층이 수평방향으로 넓게 분포하고 있는 경우 수직 또는 경사로 시공한다.

(2) 표면차수막
① 시공시에는 눈으로 차수성 확인이 가능하나 매립후에는 곤란하다.
② 지하수 집배수시설이 필요하다.
③ 차수막 단위면적당 공사비는 싸지만 매립지 전체를 시공하는 경우가 많아 총공사비는 비싸다.
④ 보수 가능성면에 있어서는 매립전에는 용이하나 매립후에는 어렵다.
⑤ 매립지 필요범위에 차수재료로 덮인 바닥이 있을 때 사용한다.

answer　37 ㉮　38 ㉰

39 함수율 90%, 겉보기밀도 1.0t/m³인 슬러지 1,000m³를 함수율 20%로 처리하여 매립하였다면 매립된 슬러지의 질량은 몇 톤인가?

㉮ 100 ㉯ 125
㉰ 130 ㉱ 135

풀이 $W_1 \times (100-P_1) = W_2 \times (100-P_2)$

여기서 W_1 : 매립 전 슬러지량(ton)
P_1 : 매립 전 함수율(%)
W_2 : 매립 후 슬러지량(ton)
P_2 : 매립 후 함수율(%)

따라서 $1{,}000\,\text{ton} \times (100-90) = W_2 \times (100-20)$

$$\therefore W_2 = \frac{1{,}000\,\text{ton} \times (100-90)}{(100-20)} = 125\,\text{ton}$$

TIP
① 슬러지량(m³)×밀도(ton/m³) = 슬러지량(ton)
② 슬러지량(ton) = 1,000m³×1.0ton/m³
= 1,000ton

40 열교환기 중 과열기에 관한 설명으로 틀린 것은?

㉮ 일반적으로 보일러의 부하가 높아질수록 대류 과열에 의한 과열 온도가 상승한다.
㉯ 과열기의 재료는 탄소강을 비롯하여 니켈, 몰리브덴, 바나듐 등을 함유한 특수 내열 강관을 사용한다.
㉰ 과열기는 보일러 전열면을 통하여 연소가스의 여열로 보일러 급수를 예열하여 효율을 높이는 장치이다.
㉱ 과열기는 부착위치에 따라 전열 형태가 다르다.

풀이 ㉰번의 설명은 절탄기(이코노마이저)에 대한 설명이며, 핵심 내용인 "보일러 급수 예열 = 절탄기"임을 숙지하시면 됩니다.

| 제3과목 | 폐기물공정시험기준

41 폐기물 소각시설의 소각재 시료 채취방법 중 회분식 연소방식의 소각재 반출설비에서의 시료채취로 맞는 것은?

㉮ 하루 운행시간에 따라 매시마다 2회 이상 채취하는 것을 원칙으로 하고 시료의 양은 1회에 100g 이상으로 한다.
㉯ 하루 운행시간에 따라 매시마다 2회 이상 채취하는 것을 원칙으로 하고 시료의 양은 1회에 500g 이상으로 한다.
㉰ 하루 동안의 운전횟수에 따라 매 운전 시마다 2회 이상 채취하는 것을 원칙으로 하고 시료의 양은 1회에 100g 이상으로 한다.
㉱ 하루 동안의 운전횟수에 따라 매 운전 시마다 2회 이상 채취하는 것을 원칙으로 하고 시료의 양은 1회에 500g 이상으로 한다.

풀이 회분식 연소방식의 소각재 반출설비
① 기준 : 운전횟수에 따라
② 채취 횟수 : 2회 이상
③ 채취시료의 양 : 500g 이상

42 기체크로마토그래피 분석법으로 측정하여야 하는 항목은 어느 것인가?

㉮ 유기인 ㉯ 시안
㉰ 기름성분 ㉱ 비소

풀이 기체크로마토그래피 분석법으로 측정하여야 하는 항목에는 유기인, 폴리클로리네이티드비페닐(PCBs), 할로겐화 유기물질, 휘발성 저급염소화 탄화수소류가 있다.

answer 39 ㉯ 40 ㉰ 41 ㉱ 42 ㉮

43 다음은 용출 시험을 위한 시료 용액 조제에 관한 내용이다. ( )안에 알맞은 내용은?

> 시료의 조제방법에 따라 조제한 시료 100g 이상을 정확히 달아 정제수에 염산을 넣어 ( )(으)로 한 용매(mL)를 시료 : 용매 = 1 : 10(W/V)의 비로 2,000mL 삼각플라스크에 넣어 혼합한다.

㉮ pH 5.8 ~ 6.3　㉯ pH 4.5 ~ 8.3
㉰ pH 6.5 ~ 7.5　㉱ pH 6.3 ~ 7.2

풀이 용출시험을 위한 시료용액 조제
① 시료 : 100g 이상
② 적정 pH : 염산으로 5.8 ~ 6.3으로 조절
③ 시료 : 용매의 비는 1 : 10(W/V)

44 수은을 원자흡수분광광도법(환원기화법)으로 측정할 때 정밀도(RSD)로 맞는 것은?

㉮ ±10%　㉯ ±15%
㉰ ±20%　㉱ ±25%

풀이 수은의 분석법

수은	정량한계	정밀도(RSD)
원자흡수분광광도법(환원기화법)	0.0005mg/L	± 25%
자외선/가시선 분광법(디티존법)	0.001mg	± 25%

45 다음은 자외선/가시선 분광법으로 비소를 측정하는 내용이다. ( )안에 적당한 내용은?

> 시료 중의 비소를 3가 비소로 환원시킨 다음 아연을 넣어 발생되는 비화수소를 다이에틸다이티오카르바민산은의 피리딘 용액에 흡수시켜 이 때 나타나는 ( )에서 측정하는 방법이다.

㉮ 적자색의 흡광도를 430nm
㉯ 적자색의 흡광도를 530nm
㉰ 청색의 흡광도를 430nm
㉱ 청색의 흡광도를 530nm

TIP
비소의 자외선/가시선 분광법
① 목적 : 시료 중의 비소를 3가비소로 환원시킨 다음 아연을 넣어 발생되는 비화수소를 다이에틸다이티오카르바민산은의 피리딘용액에 흡수시켜 이때 나타나는 적자색의 흡광도를 530nm에서 측정하는 방법이다.
② 적용범위 : 정량한계 : 0.002mg

46 이온전극법에 의한 시안 측정목적이다. ( )안의 내용으로 맞는 것은?

> 액상폐기물과 고상폐기물을 pH ( )의 ( )으로 조절한 후 시안 이온전극과 비교전극을 사용하여 전위를 측정하고 그 전위차로부터 시안을 정량한다.

㉮ 4 이하, 산성
㉯ 6 ~ 8, 중성
㉰ 9 ~ 10, 알칼리성
㉱ 12 ~ 13, 알칼리성

answer 43 ㉮ 44 ㉱ 45 ㉯ 46 ㉱

풀이 시안의 측정방법에서 pH
① 자외선/가시선분광법 : pH 2 이하의 산성으로 조절
② 이온전극법 : pH 12~13의 알칼리성으로 조절

47 매질효과가 큰 시험 분석방법에서 분석 대상 시료와 동일한 매질의 표준시료를 확보하지 못한 경우에 매질효과를 보정하여 분석할 수 있는 방법은 어느 것인가?

㉮ 절대검정곡선법
㉯ 표준물질첨가법
㉰ 상대검정곡선법
㉱ 내부면적법

TIP

검정곡선
① 절대검정곡선법 : 시료의 농도와 지시값과의 상관성을 검정곡선식에 대입하여 작성하는 방법이다.
② 표준물질첨가법 : 시료와 동일한 매질에 일정량의 표준물질을 첨가하여 검정곡선을 작성하는 방법으로써, 매질효과가 큰 시험 분석 방법에서 분석 대상 시료와 동일한 매질의 표준시료를 확보하지 못한 경우에 매질효과를 보정하여 분석할수 있는 방법이다.
③ 상대검정곡선법 : 검정곡선 작성용 표준용액과 시료에 동일한 양의 내부표준물질을 첨가하여 시험분석 절차, 기기 또는 시스템의 변동으로 발생하는 오차를 보정하기 위해 사용하는 방법이다.

48 다음은 기체크로마토그래피의 전자포획 검출기에 관한 설명이다. (   )안에 내용으로 알맞은 것은?

> 전자포획검출기는 방사선 동위원소(^{63}Ni, ^{3}H 등)로부터 방출되는 (   )이 운반기체를 전리하여 미소전류를 흘려보낼 때 시료 중의 할로겐이나 산소와 같이 전자포획력이 강한 화합물에 의하여 전자가 포획되어 전류가 감소하는 것을 이용하는 방법이다.

㉮ 알파(α) 선　　㉯ 베타(β) 선
㉰ 감마(γ) 선　　㉱ X 선

TIP

전자포획검출기(ECD)
방사선 동위원소(^{63}Ni, ^{3}H 등)로부터 방출되는 β 선이 운반기체를 전리하여 미소전류를 흘려보낼 때 시료 중의 할로겐이나 산소와 같이 전자포획력이 강한 화합물에 의하여 전자가 포획되어 전류가 감소하는 것을 이용하는 방법으로 유기할로겐화합물, 나이트로화합물 및 유기금속화합물을 선택적으로 검출할 수 있다.

과년도 기출문제

49 다음 중 감염성미생물에 대한 검사방법으로 틀린 것은?

㉮ 아포균 검사법
㉯ 세균배양 검사법
㉰ 멸균테이프 검사법
㉱ 일반세균 검사법

풀이 감염성미생물에 대한 검사방법에는 아포균 검사법, 세균배양 검사법, 멸균테이프 검사법이 있다.

answer 47 ㉯ 48 ㉯ 49 ㉱

50 자외선/가시선 분광법으로 크롬을 측정할 때 시료 중에 총 크롬을 6가 크롬으로 산화시키는데 사용되는 시약은 어느 것인가?

㉮ 아황산나트륨 ㉯ 염화제일주석
㉰ 티오황산나트륨 ㉱ 과망간산칼륨

TIP

크롬의 자외선/가시선 분광법

시료 중에 총 크롬을 과망간산칼륨을 사용하여 6가 크롬으로 산화시킨 다음 산성에서 다이페닐카바자이드와 반응하여 생성되는 적자색 착화합물의 흡광도를 540nm에서 측정하여 총크롬을 정량하는 방법이다.

51 편광현미경법으로 석면을 측정할 때 석면의 정량범위는 어느 것인가?

㉮ 1 ~ 25% ㉯ 1 ~ 50%
㉰ 1 ~ 80% ㉱ 1 ~ 100%

풀이 석면의 측정방법별 정량범위
① 편광현미경법 : 1~100%
② X선 회절기법 : 0.1 ~ 100.0wt%

52 유기물 함량이 비교적 높지 않고 금속의 수산화물, 산화물, 인산염 및 황화물을 함유 하는 시료에 적용되는 산분해법으로 맞는 것은?

㉮ 질산 - 황산 분해법
㉯ 질산 - 염산 분해법
㉰ 질산 - 과염소산 분해법
㉱ 질산 - 불화수소산 분해법

TIP

산분해법

① 질산 분해법 : 유기물 함량이 낮은 시료에 적용
② 질산-염산 분해법 : 유기물 함량이 비교적 높지 않고 금속의 수산화물, 산화물, 인산염 및 황화물을 함유하고 있는 시료에 적용
③ 질산-황산 분해법 : 유기물 등을 많이 함유하고 있는 대부분의 시료에 적용
④ 질산-과염소산 분해법 : 유기물을 높은 비율로 함유하고 있으면서 산화분해가 어려운 시료들에 적용
⑤ 질산-과염소산-불화수소산 분해법 : 점토질 또는 규산염이 높은 비율로 함유된 시료에 적용
⑥ 암기법 : 질 낮은 시료는/염산인금주고/황 많은/과산화가 어려우면/과불이 점규한다.

53 온도 표시에 관한 내용으로 틀린 것은?

㉮ 찬 곳은 따로 규정이 없는 한 0 ~ 15℃의 곳을 뜻한다.
㉯ 냉수는 4℃ 이하를 말한다.
㉰ 온수는 60 ~ 70℃를 말한다.
㉱ 상온은 15 ~ 25℃를 말한다.

풀이 ㉯ 냉수는 15℃ 이하를 말한다.

54 자외선/가시선 분광법으로 구리를 정량할 때 간섭물질에 대한 내용으로 맞는 것은?

㉮ 비스무트(Bi)가 구리의 양보다 2배 이상 존재할 경우에는 황색을 나타내어 방해한다.
㉯ 비스무트(Bi)가 구리의 양보다 2배 이상 존재할 경우에는 청색을 나타내어 방해한다.
㉰ 비스무트(Bi)가 구리의 양보다 2배 이상 존재할 경우에는 적색을 나타내어 방해한다.

answer 50 ㉱ 51 ㉱ 52 ㉯ 53 ㉯ 54 ㉮

㉱ 비스무트(Bi)가 구리의 양보다 2배 이상 존재할 경우에는 적자색을 나타내어 방해한다.

TIP

구리의 자외선/가시선 분광법에서 간섭물질

① 시료의 전처리를 하지 않고 직접 시료를 사용하는 경우, 시료 중에 시안화합물이 함유되어 있으면 염산으로 산성 조건을 만든 후 끓여 시안화물을 완전히 분해 제거한 다음 실험한다.

② 비스무트(Bi)가 구리의 양보다 2배 이상 존재할 경우에는 황색을 나타내어 방해한다.

55 원자흡수분광광도법을 이용한 크롬 측정에 관한 설명으로 틀린 것은?

㉮ 정량범위는 사용하는 장치 및 측정조건 등에 따라 다르나 357.9nm에서 최종용액 중에서 0.01 ~ 5mg/L이다.

㉯ 공기-아세틸렌 불꽃에서는 철, 니켈 등의 공존물질에 의한 방해영향이 크므로 이 때는 황산나트륨을 1% 정도 넣어서 측정한다.

㉰ 시료 중에 칼륨, 나트륨, 리튬, 세슘과 같이 이온화가 어려운 원소가 100mg/L 이상의 농도로 존재할 때에는 측정을 간섭한다.

㉱ 염이 많은 시료를 분석하면 버너 헤드 부분에 고체가 생성되어 불꽃이 자주 꺼지고 버너 헤드를 청소해야 하는데 이를 방지하기 위해서는 시료를 묽혀 분석하거나, 메틸아이소부틸케톤 등을 사용하여 추출하여 분석한다.

풀이 ㉰ 시료 중에 칼륨, 나트륨, 리튬, 세슘과 같이 이온화가 어려운 원소가 1,000mg/L 이상의 농도로 존재할 때에는 측정을 간섭한다.

56 실험실에서 폐기물의 수분을 측정하기 위해 다음과 같은 결과를 얻었다. 폐기물의 수분 함량으로 맞는 것은?

[실험 결과치]
- 건조 전 시료질량 : 20g
- 용기의 질량 : 2.345g
- 용기 및 시료의 건조 후 질량 : 17.287g

㉮ 25.3% ㉯ 28.3%

㉰ 34.3% ㉱ 38.6%

풀이 $\text{수분}(\%) = \frac{(W_2 - W_3)}{(W_2 - W_1)} \times 100$

여기서 W_1 : 용기의 질량(g)

W_2 : 건조 전 용기와 시료의 질량(g)

W_3 : 건조 후 용기와 시료의 질량(g)

따라서 $\text{수분}(\%) = \frac{(2.345g+20g)-17.287g}{(2.345g+20g)-2.345g} \times 100$

$= 25.29\%$

57 0.1N 수산화나트륨용액 20mL가 있다. 이 용액을 중화시키려면 다음 중 어느 것이 가장 적당한가?

㉮ 0.1M 황산 20mL

㉯ 0.1M 염산 10mL

㉰ 0.1M 황산 10mL

㉱ 0.1M 염산 40mL

풀이 중화적정공식

$N_1V_1 = N_2V_2$

$0.1N \times 20mL = (0.1M \times 2)N \times 10mL$

따라서 ㉰번이 적당하다.

TIP

① M농도×가수 = N농도

② H_2SO_4(황산)은 2가 물질이다.

③ 0.1M 황산은 0.2N이다.

answer 55 ㉰ 56 ㉮ 57 ㉰

실전문제

과년도 기출문제

58 폐기물 시료채취를 위한 채취도구 및 시료 용기에 관한 설명으로 틀린 것은?

㉮ 노말헥산 추출물질 실험을 위한 시료 채취 시는 갈색경질의 유리병을 사용하여야 한다.
㉯ 유기인 실험을 위한 시료 채취 시는 갈색 경질의 유리병을 사용하여야 한다.
㉰ 시료 중에 다른 물질의 혼입이나 성분의 손실을 방지하기 위하여 코르크 마개를 사용하며, 다만 고무마개는 셀로판지를 씌워 사용할 수도 있다.
㉱ 시료용기에는 폐기물의 명칭, 대상 폐기물의 양, 채취장소, 채취시간 및 일기, 시료번호, 채취책임자 이름, 시료의 양, 채취방법, 기타 참고자료를 기재한다.

풀이 ㉰ 시료 중에 다른 물질의 혼입이나 성분의 손실을 방지하기 위하여 밀봉할 수 있는 마개를 사용하며 코르크 마개를 사용하여서는 안된다. 다만, 고무나 코르크 마개에 파라핀지, 유지 또는 셀로판지를 씌워 사용할 수도 있다.

59 다음은 수분 및 고형물-질량법의 분석절차이다. (　　)안에 내용으로 맞는 것은?

> 물중탕에서 수분의 대부분을 날려 보내고 (①)의 건조기 안에서 (②) 완전 건조시킨 다음 실리카겔이 담겨 있는 데시케이터 안에 넣어 식힌 후 질량을 정확히 단다.

㉮ ① 105±5℃　② 2시간
㉯ ① 105±5℃　② 4시간
㉰ ① 105 ~ 110℃ ② 2시간
㉱ ① 105 ~ 110℃ ② 4시간

풀이 수분 및 고형물-중량법
① 시료 건조온도 : 105~110℃
② 건조시간 : 4시간

60 대상 폐기물의 양이 550톤이라면 시료의 최소 수는 어느 것인가?

㉮ 32　㉯ 34
㉰ 36　㉱ 38

TIP

대상폐기물의 양과 시료의 최소 수

대상폐기물의 양 (단위 : ton)	시료의 최소 수	대상폐기물의 양 (단위 : ton)	시료의 최소 수
~ 1미만	6	100이상 ~ 500미만	30
1이상 ~ 5미만	10	500이상 ~ 1,000미만	36
5이상 ~ 30미만	14	1,000이상 ~ 5,000미만	50
30이상 ~ 100미만	20	5,000이상	60

answer 58 ㉰　59 ㉱　60 ㉰

2012 1회 기출문제

| 제1과목 | 폐기물개론

01 함수율 80wt%인 슬러지를 함수율 10wt%로 건조하였다면 슬러지 5톤당 증발된 수분량은 얼마인가? (단, 슬러지 비중은 1.0이다.)

㉮ 약 2,600 kg　㉯ 약 2,800 kg
㉰ 약 3,400 kg　㉱ 약 3,900 kg

풀이 ① $W_1 \times (100-P_1) = W_2 \times (100-P_2)$

여기서 W_1 : 건조 전 슬러지량(kg)
P_1 : 건조 전 함수율(%)
W_2 : 건조 후 슬러지량(kg)
P_2 : 건조 후 함수율(%)

따라서 $5{,}000\text{kg} \times (100-80) = W_2 \times (100-10)$

$$\therefore W_2 = \frac{5{,}000\text{kg} \times (100-80)}{(100-10)} = 1111.11\text{kg}$$

② 증발된 수분량 $= W_1 - W_2$
$= 5{,}000\text{kg} - 1111.11\text{kg}$
$= 3888.89\text{kg}$

TIP
① 1ton = 1,000kg
② 5ton = 5,000kg

02 A도시에서 수거한 폐기물량이 3,520,000톤/년이며, 수거인부는 1일 5,848인 수거대상 인구는 6,373,288인 경우, A도시의 1인·1일 폐기물 발생량은 얼마인가?

㉮ 1.51 kg/1인·1일
㉯ 1.87 kg/1인·1일
㉰ 2.14 kg/1인·1일
㉱ 2.65 kg/1인·1일

풀이 폐기물 발생량(kg/인·일)

$$= \frac{\text{폐기물 수거량(kg/day)}}{\text{인구수(인)}}$$

$$= \frac{3{,}520{,}000\text{ton/년} \times 10^3\text{kg/ton} \times 1\text{년}/365\text{일}}{6{,}373{,}288\text{인}}$$

$= 1.51\text{kg/인·일}$

03 인구 2,000명인 도시에서 일주일간 쓰레기 수거상황을 조사한 결과, 차량대수 3대, 수거횟수 4회/대, 트럭 적재함 부피 10m^3, 적재 시 밀도 0.6t/m^3이었다. 1인당 1일 쓰레기 발생량은 얼마인가?

㉮ 3.43 kg/1일·1인
㉯ 4.45 kg/1일·1인
㉰ 5.14 kg/1일·1인
㉱ 6.38 kg/1일·1인

풀이 쓰레기 발생량(kg/인·일)

$$= \frac{\text{폐기물 수거량(kg/day)}}{\text{인구수(인)}}$$

$$= \frac{10\text{m}^3 \times 600\text{kg/m}^3 \times 4\text{회/대} \times 3\text{대}}{2{,}000\text{인} \times 7\text{일}}$$

$= 5.14\text{kg/인·일}$

answer 01 ㉱ 02 ㉮ 03 ㉰

04 어느 도시의 쓰레기를 수집한 후 각 성분별로 함수량을 측정한 결과가 다음 표와 같았다. 쓰레기 전체의 함수율(%) 값은 얼마인가? (단, 질량 기준이다.)

성분	구성질량(kg)	함수율(%)
식품폐기물	10	70
플라스틱류	5	2
종이류	7	6
금속류	3	3
연탄재	25	8

㉮ 18.1% ㉯ 19.2%
㉰ 20.3% ㉱ 21.4%

풀이 함수율

$$= \frac{\text{합}\{\text{구성질량(kg)} \times \text{함수율(\%)}\}}{\text{합}\{\text{구성질량(kg)}\}}$$

$$= \frac{10kg \times 70\% + 5kg \times 2\% + 7kg \times 6\% + 3kg \times 3\% + 25kg \times 8\%}{10kg + 5kg + 7kg + 3kg + 25kg}$$

$= 19.22\%$

05 밀도가 500kg/m^3인 폐기물 5ton을 압축비(CR) 2.5로 압축시켰다면 부피 감소율(VR, %)은 얼마인가?

㉮ 50 ㉯ 60
㉰ 70 ㉱ 80

풀이
$$\text{부피 감소율(\%)} = \left(1 - \frac{1}{\text{압축비}}\right) \times 100 = \left(1 - \frac{1}{2.5}\right) \times 100 = 60\%$$

06 다음 중 폐기물관리에서 가장 우선적으로 고려해야 하는 것은 무엇인가?

㉮ 감량화 ㉯ 최종처분
㉰ 소각열 회수 ㉱ 유기물 퇴비화

풀이 폐기물관리에서 가장 우선적으로 고려해야 하는 것은 감량화이며, 관리 순서는 감량화 → 재사용 → 물질재활용 → 에너지 회수 → 최종처분 순이다.

07 쓰레기 발생량 조사방법 중 주로 산업폐기물 발생량을 추산할 때 이용하는 방법으로 조사하고자 하는 계의 경계가 정확하여야 하는 것은 무엇인가?

㉮ 물질수지법
㉯ 직접계근법
㉰ 적재차량 계수분석법
㉱ 경향법

풀이 ㉮ 물질수지법에 대한 설명이며, 핵심 내용인 "산업폐기물 발생량 추산 = 물질수지법"임을 숙지하시면 됩니다.

TIP

물질수지법(material balance method)
① 시스템에 유입되는 쓰레기 양과 유출되는 쓰레기 양에 대해서 물질수지를 세워 발생되는 쓰레기의 양을 추정하는 방법이다.
② 물질수지를 세울 수 있는 상세한 데이터가 있는 경우에 가능하다.
③ 우선적으로 조사하고자 하는 계의 경계를 정확하게 설정하여야 한다.
④ 주로 산업폐기물의 발생량 추산에 이용된다.
⑤ 비용이 많이 들고 작업량이 많아 널리 이용되지 않는다.

answer 04 ㉯ 05 ㉯ 06 ㉮ 07 ㉮

08 다음은 다양한 쓰레기 수집 시스템에 관한 설명이다. 각 시스템에 대한 설명으로 옳지 않은 것은 무엇인가?

㉮ 모노레일 수송은 쓰레기를 적환장에서 최종처분장까지 수송하는데 적용할 수 있다.
㉯ 컨베이어 수송은 지상에 설치한 컨베이어에 의해 수송하는 방법으로 신속 정확한 수송이 가능하나 악취와 경관에 문제가 있다.
㉰ 컨테이너 철도수송은 광대한 지역에서 적용할 수 있는 방법이며 컨테이너의 세정에 많은 물이 요구되어 폐수처리의 문제가 발생한다.
㉱ 관거를 이용한 수거는 자동화, 무공해화가 가능하나 조대쓰레기는 파쇄, 압축 등의 전처리가 필요하다.

풀이 ㉯ 컨베이어 수송은 지상에 설치한 컨베이어에 의해 수송하는 방법으로 신속 정확한 수송이 가능하며, 악취문제의 해결과 경관보전이 가능하다.

09 폐기물 매립 시 파쇄를 통해 얻을 수 있는 이점과 가장 거리가 먼 것은 어느 것인가?

㉮ 매립작업만으로 고밀도 매립이 가능하다.
㉯ 표면적 감소로 미생물 작용이 촉진되어 매립지 조기 안정화가 가능하다.
㉰ 곱게 파쇄하면 복토 요구량이 절감된다.
㉱ 폐기물의 밀도가 증가되어 바람에 멀리 날아갈 염려가 적다.

풀이 ㉯ 표면적 증가로 미생물 작용이 촉진되어 매립지 조기 안정화가 가능하다.

10 750세대, 세대 당 평균 가족수 4인인 아파트에서 배출하는 쓰레기를 2일마다 수거하는데 적재용량 $8m^3$의 트럭 5대가 소요된다. 쓰레기 단위 용적당 질량이 $0.14g/cm^3$이라면 1인 1일당 쓰레기 배출량은 얼마인가?

㉮ 0.93kg/인·일 ㉯ 1.38kg/인·일
㉰ 1.67kg/인·일 ㉱ 2.17kg/인·일

풀이 쓰레기 배출량(kg/인·일)

$$= \frac{\text{쓰레기 수거량(kg/일)}}{\text{인구수(인)}}$$

$$= \frac{8m^3/\text{대} \times 140kg/m^3 \times 5\text{대}}{750\text{세대} \times 4\text{인}/\text{세대} \times 2\text{일}}$$

$= 0.93\,kg/\text{인}\cdot\text{일}$

TIP

① 비중$(g/cm^3) \xrightarrow{\times 10^3}$ 비질량(kg/m^3)

② $0.14g/cm^3 \xrightarrow{\times 10^3} 140kg/m^3$

answer 08 ㉯ 09 ㉯ 10 ㉮

실전문제

과년도 기출문제

11 아래의 조건에 따른 지역의 쓰레기 수거는 1주일에 최소 몇 회 이상 하여야 하는가?

- 발생된 쓰레기밀도 $160kg/m^3$
- 차량적재용량 $15m^3$
- 압축비 2.0
- 발생량 1.2kg/인·일
- 적재함 이용율 80%
- 차량대수 1대
- 수거대상인구 40,000인
- 수거인부 8명

㉮ 69회 ㉯ 76회
㉰ 88회 ㉱ 94회

풀이 수거 회수/주

$$= \frac{\text{쓰레기 발생량(kg/주)}}{\text{쓰레기 수거량(kg/회)}}$$

$$= \frac{1.2\text{kg/인·일} \times 40,000\text{인} \times 7\text{일/주}}{15m^3/\text{대} \times 1\text{대/회} \times 160kg/m^3 \times 0.8 \times 2.0}$$

= 87.5회/주 = 88회/주

12 폐기물의 압축 전 밀도는 $500kg/m^3$이고, 압축시킨 후 밀도는 $800kg/m^3$이었다. 이 폐기물의 부피 감소율은 얼마인가?

㉮ 31.5% ㉯ 33.5%
㉰ 35.5% ㉱ 37.5%

풀이

$$\text{부피감소율(\%)} = \left(1 - \frac{V_2}{V_1}\right) \times 100$$

여기서 V_1 : 압축 전 부피(m^3)
V_2 : 압축 후 부피(m^3)

$$V_1 = 1kg \times \frac{1}{500kg/m^3} = 0.002m^3$$

$$V_2 = 1kg \times \frac{1}{800kg/m^3} = 0.00125m^3$$

$$\text{따라서 부피감소율(\%)} = \left(1 - \frac{0.00125m^3}{0.002m^3}\right) \times 100 = 37.5\%$$

13 쓰레기 관리 체계에서 비용이 가장 많이 드는 것은 어느 것인가?

㉮ 수거 ㉯ 처리
㉰ 저장 ㉱ 분석

풀이 쓰레기 관리체계에서 비용이 가장 많이 드는 것은 수거단계이며, 수거단계가 전체비용의 60% 이상을 차지한

14 다음 중 적환장이 설치되는 경우로 옳지 않은 것은?

㉮ 고밀도 거주지역이 존재할 때
㉯ 작은 용량의 수집차량이 사용되는 경우
㉰ 상업지역에서 폐기물 수집에 소형용기를 많이 사용하는 경우
㉱ 불법투기와 다량의 어질러진 쓰레기들이 발생하는 경우

풀이 ㉮ 저밀도 거주지역이 존재할 때

15 폐기물 발생량 예측방법 중 모든 인자를 시간에 함수로 나타낸 후 시간에 대한 함수로 표현된 각 영향인자 간의 상관계수를 수식화하는 것은 무엇인가?

㉮ 상관모사모델 ㉯ 시간추정모델
㉰ 동적모사모델 ㉱ 다중회귀모델

풀이 ㉰ 동적모사모델에 대한 설명이며, 핵심 내용인 "각 영향인자 간의 상관계수 수식화 = 동적모사모델" 임을 숙지하시면 됩니다.

TIP

폐기물 발생량 예측방법
① 다중회귀모델 : 하나의 수식으로 각 인자들이 효과를 총괄적으로 나타내어 복잡한 시스템의 분석

answer 11 ㉰ 12 ㉱ 13 ㉮ 14 ㉮ 15 ㉰

에 유용하게 사용할 수 있는 쓰레기 발생량 예측 방법
② 동적모사모델 : 쓰레기 배출에 영향을 주는 모든 인자를 시간에 대한 함수로 나타낸 후 시간에 대한 함수로 각 영향인자들간에 상관관계를 수식화 한 것
③ 경향모델 : 폐기물 발생량 예측방법 중 모든인자를 시간에 대한 함수로 하여 모델화시켜 예측하는 방법

16 함수율 60%인 쓰레기와 함수율 90%인 하수슬러지를 5 : 1의 비율로 혼합하면 함수율은 얼마인가? (단, 비중은 1.0이다.)

㉮ 60%　　㉯ 65%
㉰ 70%　　㉱ 75%

풀이 $함수율(\%) = \dfrac{(60\% \times 5) + (90\% \times 1)}{(5+1)} = 65\%$

17 폐기물 수거를 위한 노선을 결정할 때 고려하여야 할 내용으로 옳지 않은 것은?

㉮ 언덕지역에서는 언덕의 꼭대기에서부터 시작하여 적재하면서 차량이 아래로 진행하도록 한다.
㉯ 아주 많은 양의 쓰레기가 발생되는 발생원은 하루 중 가장 나중에 수거한다.
㉰ 적은 양의 쓰레기가 발생하나 동일한 수거빈도를 받기를 원하는 적재지점은 가능한 한 같은 날 왕복내에서 수거하도록 결정한다.
㉱ 가능한 한 시계방향으로 수거노선을 결정한다.

풀이 ㉯ 아주 많은 양의 쓰레기가 발생되는 발생원은 하루 중 가장 먼저 수거한다.

18 선별방법 중 주로 물렁거리는 가벼운 물질로부터 딱딱한 물질을 선별하는데 사용되는 것은 어느 것인가?

㉮ Flotation
㉯ Heavy Media Separator
㉰ Stoners
㉱ Secators

풀이 ㉱ Secators(세카터)에 대한 설명이며, 핵심 내용인 "물렁거리는 가벼운 물질로부터 딱딱한 물질 선별 = 세카터"임을 숙지하시면 됩니다.

TIP

선별방법 중 비교사항
① 세카터(Secators) : 물렁거리는 가벼운 물질로부터 딱딱한 물질을 선별하는데 이용하며 경사진 Conveyor를 통해 폐기물을 주입시켜 천천히 회전하는 드럼위에 떨어뜨려서 분류하는 선별장치이다.
② 스토너(Stoners) : Pneumatic Table이라고도 하며 약간 경사진판에 진동을 줄 때 무거운 것이 빨리 판의 경사면 위로 올라가는 원리를 이용하는 선별장치이다.
③ 테이블(Table) 선별법 : 각 물질의 비중차를 이용하는 방법으로 약간 경사진 평판에 폐기물을 올려놓고 좌우로 빠른 진동과 느린 진동을 주면 가벼운 입자는 빠른 진동 쪽으로, 무거운 입자는 느린 진동쪽으로 분류되는 선별장치이다.

19 채취한 쓰레기 시료에 대한 성상분석 절차로 가장 옳은 것은 어느 것인가?

㉮ 밀도 측정 → 물리적 조성 → 건조 → 분류
㉯ 밀도 측정 → 물리적 조성 → 분류 → 건조
㉰ 물리적 조성 → 밀도 측정 → 건조 → 분류
㉱ 물리적 조성 → 밀도 측정 → 분류 → 건조

풀이 채취한 쓰레기 시료에 대한 성상분석 절차는 시료 → 밀도 측정 → 물리적 조성 → 건조 → 분류 → 전처리 → 조성분석이다.

answer　16 ㉯　17 ㉯　18 ㉱　19 ㉮

실전문제
과년도 기출문제

20 다음 중 파쇄기에 관한 내용으로 옳지 않은 것은 어느 것인가?

㉮ 전단파쇄기는 파쇄물의 크기를 고르게 할 수 있다.

㉯ 충격파쇄기는 금속 및 고무 파쇄에 유리하다.

㉰ 압축파쇄기는 나무, 콘크리트 덩어리, 건축 폐기물 파쇄에 이용된다.

㉱ 습식 펄퍼(Wet Pulpur)는 소음, 먼지, 폭발사고를 방지할 수 있다.

풀이 ㉯ 충격파쇄기는 유리나 목질류 파쇄에 유리하다.

TIP

전단파쇄기와 충격파쇄기의 특징

(1) 전단파쇄기 : 고정칼, 왕복 또는 회전칼과의 교합에 의하여 폐기물을 전단한다.
 ① 주로 목재류, 플라스틱류, 종이류를 파쇄하는 데 이용된다.
 ② 충격파쇄기에 비하여 파쇄속도가 느리다.
 ③ 충격파쇄기에 비하여 이물질 혼입에 약하다.
 ④ 충격파쇄기에 비하여 파쇄물의 크기를 고르게 할 수 있다.
 ⑤ 소음과 먼지발생이 비교적 적고 폭발의 위험성이 거의 없다.
 ⑥ 다른 파쇄기와 조합하여 사용할 수 있다.

(2) 충격파쇄기
 ① 충격파쇄기는 주로 회전식에 적용한다.
 ② 대량처리가 가능하다.
 ③ 연성이 있는 물질에는 부적합하다.
 ④ 유리나 목질류 파쇄에 적합하다.
 ⑤ 파쇄시 먼지, 소음, 진동, 폭발의 위험성이 있다.

| 제2과목 | 폐기물처리기술

21 아래의 조건을 이용해 매립지에서 발생한 가스 중 메탄의 양(m^3)을 계산하면?

- 총 쓰레기양 : 50ton
- 쓰레기 중 유기물 함량 : 35%(질량 기준)
- 발생 가스 중 메탄함량 : 40%(부피 기준)
- kg당 가스발생량 : $0.6m^3$
- 유기물 비중 : 1

㉮ 4,200 ㉯ 5,200

㉰ 6,200 ㉱ 7,200

풀이 메탄의 양(m^3)
= 총 쓰레기양(kg)×유기물 함량×가스 발생량(m^3/kg)×발생가스 중 메탄함량
= 50,000kg×0.35×0.6m^3/kg×0.4
= 4,200m^3

TIP

① ton $\xrightarrow{\times 10^3}$ kg

② 50ton = 50,000kg

22 슬러지를 최종 처분하기 위한 가장 합리적인 처리공정 순서로 맞는 것은?

A : 최종처분, B : 건조, C : 개량,
D : 탈수, E : 농축,
F : 유기물 안정화(소화)

㉮ E - F - D - C - B - A

㉯ E - D - F - C - B - A

㉰ E - F - C - D - B - A

㉱ E - D - C - F - B - A

answer 20 ㉯ 21 ㉮ 22 ㉰

풀이 슬러지의 처리공정 : 농축 → 유기물 안정화(소화) → 개량 → 탈수 → 건조 → 소각 → 최종처분 순서이다.

23 혐기성 소화와 호기성 소화를 비교한 내용으로 틀린 것은?

㉮ 호기성 소화 시 상층액의 BOD 농도가 낮다.
㉯ 호기성 소화 시 슬러지 발생량이 많다.
㉰ 혐기성 소화 시 슬러지 탈수성이 불량하다.
㉱ 혐기성 소화 시 운전이 어렵고 반응시간도 길다.

풀이 ㉰ 혐기성 소화 슬러지 탈수성이 양호하다.

24 폐기물 열분해의 장점으로 틀린 것은 어느 것인가? (단, 소각처리와 비교)

㉮ 황 및 중금속이 회분 속에 고정되는 비율이 크다.
㉯ 저장 및 수송이 가능한 연료를 회수할 수 있다.
㉰ 환원성 분위기가 유지되어 Cr^{3+}가 Cr^{6+}로 변화된다.
㉱ 배기 가스량이 적다.

풀이 ㉰ 환원성 분위기가 유지되어 Cr^{3+}가 Cr^{6+}로 변화되기 어렵다.

25 밀도가 600kg/m³인 도시형 쓰레기 200ton을 소각한 결과 밀도가 1,000kg/m³인 소각재가 60ton이 되었다면 소각 시 부피 감소율(%)은 얼마인가?

㉮ 82% ㉯ 86%
㉰ 92% ㉱ 96%

풀이
$$\text{부피감소율}(\%) = \left(1-\frac{V_2}{V_1}\right)\times 100$$
여기서 V_1 : 압축 전 부피(m³)
V_2 : 압축 후 부피(m³)
$$V_1 = 200,000\text{kg}\times\frac{1}{600\text{kg/m}^3} = 333.33\text{m}^3$$
$$V_2 = 60,000\text{kg}\times\frac{1}{1,000\text{kg/m}^3} = 60\text{m}^3$$
$$\text{따라서 부피감소율}(\%) = \left(1-\frac{60\text{m}^3}{333.33\text{m}^3}\right)\times 100 = 82\%$$

TIP
① $\text{ton}\xrightarrow{\times 10^3}\text{kg}$
② 200ton = 200,000kg
③ 60ton = 60,000kg

26 분뇨 100kL에서 SS 24,500mg/L을 제거하였다. SS의 함수율이 96%라고 하면 그 부피는 얼마인가? (단, 비중은 1.0이다.)

㉮ 25m³ ㉯ 40m³
㉰ 61m³ ㉱ 83m³

풀이 슬러지 부피(m³)
$$= \frac{\text{제거된 SS농도(kg/m}^3)\times\text{분뇨량(m}^3)}{\text{비질량(kg/m}^3)}\times\frac{100}{100-\text{함수율}(\%)}$$
$$= \frac{24.5\text{kg/m}^3\times 100\text{m}^3}{1,000\text{kg/m}^3}\times\frac{100}{100-96}$$
$$= 61.25\text{m}^3$$

TIP
① $\text{mg/L}\xrightarrow{\times 10^{-3}}\text{kg/m}^3$
② $\text{SS } 24,500\text{mg/L}\xrightarrow{\times 10^{-3}} 24.5\text{kg/m}^3$
③ $\text{비중(g/cm}^3)\xrightarrow{\times 10^3}\text{kg/m}^3$이므로
비중 1.0 = 1,000kg/m³

answer 23 ㉰ 24 ㉰ 25 ㉮ 26 ㉰

27 메탄올(CH_3OH) 3kg을 완전 연소하는데 필요한 이론공기량(Sm^3)은 얼마인가?

㉮ $10Sm^3$ ㉯ $15Sm^3$
㉰ $20Sm^3$ ㉱ $25Sm^3$

풀이 ① $CH_3OH+1.5O_2 \rightarrow CO_2+2H_2O$

$32kg : 1.5\times22.4Sm^3$

$3kg : O_o$(이론산소량)

$\therefore O_o(\text{이론산소량}) = \frac{3kg \times 1.5 \times 22.4Sm^3}{32kg} = 3.15Sm^3$

② 이론공기량(A_o) = 이론산소량(Sm^3)$\times \frac{1}{0.21}$

$= 3.15Sm^3 \times \frac{1}{0.21} = 15Sm^3$

TIP
① 질량(kg) = 계수×분자량(kg)
② 체적(Sm^3) = 계수×22.4(Sm^3)
③ CH_3OH(메탄올 = 메틸알콜)의 분자량
= 12+3×1+16+1 = 32kg

28 $C_{70}H_{130}O_{40}N_5$의 분자식을 가진 물질 100kg이 완전히 혐기 분해할 때 생성되는 이론적 암모니아의 부피(Sm^3)는 얼마인가? (단, $C_{70}H_{130}O_{40}N_5$+(가) $H_2O \rightarrow$ (나) CH_4+(다) CO_2+(라) NH_3)

㉮ $3.7Sm^3$ ㉯ $4.7Sm^3$
㉰ $5.7Sm^3$ ㉱ $6.7Sm^3$

풀이 $C_{70}H_{130}O_{40}N_5 : 5NH_3$

$1,680kg : 5\times22.4Sm^3$

$100kg : X$

$\therefore X = \frac{100kg \times 5 \times 22.4Sm^3}{1,680kg} = 6.67Sm^3$

TIP
$C_{70}H_{130}O_{40}N_5$의 분자량
= 70×12+130×1+40×16+5×14
= 1,680kg

29 탄소, 수소 및 황의 질량비가 83%, 14%, 3%인 폐유 3kg/hr을 소각시키는 경우 배기가스의 분석치가 CO_2 12.5%, O_2 3.5%, N_2 84%이었다면 매시 필요한 공기량(Sm^3/hr)은 얼마인가?

㉮ $35Sm^3/hr$ ㉯ $40Sm^3/hr$
㉰ $45Sm^3/hr$ ㉱ $50Sm^3/hr$

풀이 공급공기량(Sm^3/hr)
= 공기비(m)×이론공기량(A_o)×연료량(kg/hr)

① 공기비(m)

$= \frac{N_2\%}{N_2\% - 3.76 \times O_2\%} = \frac{84\%}{84\% - 3.76 \times 3.5\%}$

$= 1.1858$

② 이론공기량(A_o)

$= 8.89C + 26.67\left(H - \frac{O}{8}\right) + 3.33S(Sm^3/kg)$

$= 8.89\times0.83+26.67\times0.14+3.33\times0.03$

$= 11.2124Sm^3/kg$

③ 공급공기량

$= 1.1858\times11.2124Sm^3/kg\times3kg/hr$

$= 39.89Sm^3/hr$

TIP
배출가스 분석치 $CO_2\%$, $O_2\%$, $N_2\%$

공기비(m) $= \frac{N_2\%}{N_2\% - 3.76\times O_2\%}$

30 전기집진장치의 장단점으로 옳은 것은 어느 것인가?

㉮ 대량의 먼지함유가스 처리는 곤란하다.
㉯ 운전비와 유지비가 많이 소요된다.
㉰ 압력손실이 크다.
㉱ 회수할 가치가 있는 입자의 포집이 가능하다.

풀이 ㉮ 대량의 먼지함유가스 처리도 가능하다.
㉯ 운전비와 유지비가 적게 소요된다.
㉰ 압력손실이 적다.

answer 27 ㉯ 28 ㉱ 29 ㉯ 30 ㉱

31 폐기물 고화처리방법 중 자가시멘트법의 장단점으로 틀린 것은?

㉮ 혼합률이 높다.
㉯ 중금속 저지에 효과적이다.
㉰ 탈수 등 전처리가 필요 없다.
㉱ 고농도 황화물 함유 폐기물에 적용한다.

풀이 ㉮ 혼합률이 낮다.

TIP

자가시멘트법
(1) 장점
① 혼합률(MR)이 낮다.
② 중금속 저지에 효과적이다.
③ 탈수 등의 전처리가 필요없다.
④ 고농도 황화물 함유 폐기물에 적용한다.(연소가스 탈황시 발생된 슬러지 처리에 적용)
⑤ 탈수 등 전처리가 필요없다.
⑥ 폐기물이 스스로 고형화되는 성질을 이용하여 개발되었다.
(2) 단점
① 보조에너지가 필요하다.
② 장치비가 크며 숙련된 기술을 요한다.
(3) 혼합율((MR) = $\frac{\text{첨가제의 질량}}{\text{폐기물의 질량}}$

32 고형물 중 VS 60% 이고, 함수율 97%인 농축슬러지 100m^{3}를 소화시켰다. 소화율(VS 대상)이 50%이고, 소화 후 함수율이 95%라면 소화 후의 부피(m^3)는 얼마인가? (단, 모든 슬러지의 비중은 1.0 기준)

㉮ 32m^3 ㉯ 35m^3
㉰ 42m^3 ㉱ 48m^3

풀이 소화 후 슬러지부피(m^3)
$= (VS+FS)\times\frac{100}{100-P(\%)}$
여기서 VS : 휘발성 고형물(유기물)
FS : 잔류성 고형물(무기물)
P : 소화 후 함수율(%)
① VS(m^3)
= 농축슬러지량(m^3)×고형물량×VS×(1-소화율)
= 100m^3×0.03×0.6×(1-0.5)
= 0.9m^3
② FS(m^3)
= 농축슬러지량(m^3)×고형물량×FS
= 100m^3×0.03×0.4
= 1.2m^3
③ 소화 후 슬러지 부피(m^3)
$= (0.9m^3+1.2m^3)\times\frac{100}{100-95\%}$
= 42m^3

TIP

① 슬러지량(%) = 고형물(%)+함수율(%)
② 고형물(%) = 100% − 97% = 3%
③ 고형물(%) = VS(%)+FS(%)
④ FS(%) = 100% − 60% = 40%

33 매립시 표면차수막에 관한 설명으로 틀린 것은?

㉮ 지중에 수평방향의 차수층이 존재하는 경우에 적용한다.
㉯ 시공시에는 눈으로 차수성 확인이 가능하나 매립후에는 곤란하다.
㉯ 지하수 집배수시설이 필요하다.
㉱ 차수막 단위면적당 공사비는 싸지만 매립지 전체를 시공하는 경우가 많아 총 공사비는 비싸다.

풀이 ㉮번의 설명은 연직차수막에 대한 설명이다.

TIP

차수시설의 종류
(1) 연직차수막
① 차수막 보강시공이 가능하다.
② 지중에 수평방향의 차수층이 존재할 때 사용한다.
③ 지하수 집배수시설이 불필요하나.
④ 단위면적당 공사비는 비싸지만 총공사비는 싸다.

answer 31 ㉮ 32 ㉰ 33 ㉮

실전문제 과년도 기출문제

⑤ 지하매설로써 차수성 확인이 어렵다.
⑥ 연직차수막은 지중에 암반 및 점성도로 구성된 불투수층이 수평방향으로 넓게 분포하고 있는 경우 수직 또는 경사로 시공한다.

(2) 표면차수막
① 시공시에는 눈으로 차수성 확인이 가능하나 매립후에는 곤란하다.
② 지하수 집배수시설이 필요하다.
③ 차수막 단위면적당 공사비는 싸지만 매립지 전체를 시공하는 경우가 많아 총공사비는 비싸다.
④ 보수 가능성면에 있어서는 매립전에는 용이하나 매립후에는 어렵다.
⑤ 매립지 필요범위에 차수재료로 덮인 바닥이 있을 때 사용한다.

34 다이옥신 저감을 위한 대표적 설비인 [활성탄+백필터]의 장단점으로 틀린 것은?

㉮ 파손 여과포의 교체회수가 많아 인력 및 경비 부담이 크고 설비의 연속운전에 지장을 줄 수 있다.
㉯ 다이옥신과 함께 중금속 등이 흡착된다.
㉰ 체류시간이 길어져 다이옥신 재형성 방지가 어렵다.
㉱ 활성탄 주입량을 변경하면 제거효율을 어느 정도 변경 가능하다.

풀이 ㉰ 체류시간이 작아 다이옥신 재형성 방지가 어렵다.

35 일일 처리량이 35kL인 분뇨처리장에서 메탄가스를 생산하고자 한다. 가스 생산을 위한 탱크용량은 얼마인가? (단, 탱크 체류시간 8시간, 메탄가스발생량은 처리량의 8배로 가정한다.)

㉮ 약 42kL ㉯ 약 68kL
㉰ 약 93kL ㉱ 약 124kL

풀이 탱크용량(KL)
= 분뇨처리량(KL/day)×탱크체류시간(hr) ×1day/24hr×8배
= 35KL/day×8hr×1day/24hr×8배
=93.33KL

36 처리장으로 유입되는 생분뇨의 BOD가 15,000ppm, 이때의 염소이온 농도가 6,000ppm이었다. 이 생분뇨를 희석한 후 활성슬러지법으로 처리한 처리수의 BOD는 60ppm, 염소 이온은 200ppm이었다면 활성슬러지법에서의 BOD 제거율(%)은 얼마인가?

㉮ 73% ㉯ 78%
㉰ 82% ㉱ 88%

풀이 BOD 제거율(%)

$$=\left(1-\frac{\text{유출수의 BOD}\times P}{\text{유입수의 BOD}}\right)\times 100$$

$$P(\text{희석배수치})=\frac{\text{유입수의 Cl 농도}}{\text{유출수의 Cl 농도}}=\frac{6,000\,ppm}{200ppm}=30$$

따라서 BOD 제거율(%)

$$=\left(1-\frac{60ppm\times 30}{15,000ppm}\right)\times 100=88\%$$

TIP
염소농도가 주어지면 반드시 희석배수치(P)를 계산해서 BOD제거율을 계산하여야 합니다.

answer 34 ㉰ 35 ㉰ 36 ㉱

37 소각로 설계의 기준이 되고 있는 발열량은 어느 것인가?

㉮ 고위발열량 ㉯ 저위발열량
㉰ 평균발열량 ㉱ 최대발열량

풀이 소각로 설계의 기준이 되고 있는 발열량은 저위발열량 기준이다.

38 어떤 도시에서 1일 50톤의 폐기물이 발생되었고 이 때 밀도가 400kg/m^3이었다. 3m 깊이인 도랑식(trench)으로 매립하고자 할 때 1년 동안 필요한 부지면적은 얼마인가? (단, 도랑점유율이 100%, 매립 시 압축에 따른 쓰레기 부피 감소율은 50%로 한다.)

㉮ 약 5,410m^2 ㉯ 약 6,210m^2
㉰ 약 7,610m^2 ㉱ 약 8,810m^2

풀이 매립면적(m^2/년)

$$= \frac{\text{폐기물 발생량(kg/년)} \times (1 - \text{부피감소율})}{\text{폐기물 밀도(kg/m}^3) \times \text{매립지 깊이(m)}}$$

$$= \frac{50\text{ton/day} \times 10^3\text{kg/ton} \times 365\text{day/년} \times (1-0.50)}{400\text{kg/m}^3 \times 3\text{m}}$$

$$= 7{,}604.17\text{m}^2$$

39 인구가 300,000인 도시의 폐기물 매립지를 선정하고자 한다. 도시의 1인당 폐기물 발생량은 1.5kg/day이었으며 폐기물의 밀도는 500kg/m^3이었다. 매립지는 지형상 2m 정도 굴착 가능하다면 매립지 선정에 필요한 최소한의 면적(m^2/year)은 얼마인가? (단, 지면보다 높게 매립하지 않는다고 가정하고 기타 조건은 고려하지 않는다.)

㉮ 129,350 ㉯ 164,250
㉰ 228,350 ㉱ 286,550

풀이 매립면적(m^2/년)

$$= \frac{\text{폐기물 발생량(kg/년)}}{\text{폐기물 밀도(kg/m}^3) \times \text{매립지 깊이(m)}}$$

$$= \frac{1.5\text{kg/인}\cdot\text{일} \times 300{,}000\text{인} \times 365\text{일/년}}{500\text{kg/m}^3 \times 2\text{m}}$$

$$= 164{,}250\text{m}^2$$

40 유동상 소각로의 장점과 가장 거리가 먼 것은 어느 것인가?

㉮ 반응시간이 빨라 소각시간이 짧다.
㉯ 기계적 구동부분이 적어 고장률이 낮다.
㉰ 연소효율이 높아 투입이나 유동을 위한 파쇄기 필요 없다.
㉱ 유동매체의 축열량이 높아 단기간 정지 후 가동시에 보조연료 사용 없이 정상가동이 가능하다.

풀이 ㉰ 연소효율이 높으며, 로내에 투입전 파쇄 등의 전처리가 필요하다.

실전문제

과년도 기출문제

answer 37 ㉯ 38 ㉰ 39 ㉯ 40 ㉰

| 제3과목 | 폐기물공정시험기준

41 "함침성 고상폐기물"의 정의로 옳은 것은 어느 것인가?

㉮ 종이, 목재 등 수분을 흡수하는 변압기 내부부재(종이, 나무와 금속이 서로 혼합되어 있어 분리가 어려운 경우를 포함한다.)를 말한다.

㉯ 종이, 목재 등 수분을 흡수하는 변압기 내부부재(종이, 나무와 금속이 서로 혼합되어 있어 분리가 어려운 경우는 제외한다.)를 말한다.

㉰ 종이, 목재 등 기름을 흡수하는 변압기 내부부재(종이, 나무와 금속이 서로 혼합되어 있어 분리가 어려운 경우를 포함한다.)를 말한다.

㉱ 종이, 목재 등 기름을 흡수하는 변압기 내부부재(종이, 나무와 금속이 서로 혼합되어 있어 분리가 어려운 경우는 제외한다.)를 말한다.

TIP

용어비교

① 함침성 고상폐기물 : 종이, 목재 등 기름을 흡수하는 변압기 내부부재(종이, 나무와 금속이 서로 혼합되어 있어 분리가 어려운 경우를 포함)를 말한다.

② 비함침성 고상폐기물 : 금속판, 구리선 등 기름을 흡수하지 않는 평면 또는 비평면 형태의 변압기 내부부재를 말한다.

42 다음은 자외선/가시선 분광법을 적용하여 납을 측정할 때 시험방법에 관한 내용이다. (　　)안에 알맞은 것은?

> 시료 중에 납 이온이 (　　)공존하에 알칼리성에서 디티존과 반응하여 생성하는 납 디티존을 (　　)용액으로 씻은 다음 납 착염의 흡광도를 520nm에서 측정하는 방법이다.

㉮ 시안화칼륨

㉯ 수산화나트륨

㉰ 이염화주석

㉱ 염화하이드록실아민

TIP

납의 자외선/가시선 분광법

① 목적 : 시료 중에 납 이온이 시안화칼륨 공존하에 알칼리성에서 디티존과 반응하여 생성하는 납 디티존착염을 사염화탄소로 추출하고 과잉의 디티존을 시안화칼륨용액으로 씻은 다음 납 착염의 흡광도를 520nm에서 측정하는 방법이다.

② 정량범위 : 0.001 ~ 0.04mg

정량한계 : 0.001mg

43 정량한계에 관한 내용으로 옳은 것은 어느 것인가?

㉮ 정량한계 = 3×표준편차

㉯ 정량한계 = 3.3×표준편차

㉰ 정량한계 = 5×표준편차

㉱ 정량한계 = 10×표준편차

풀이

① 정량한계 = 표준편차(S) × 10

② 기기검출한계 = 표준편차(S) × 3

③ 감응계수 $= \dfrac{\text{반응값(R)}}{\text{표준용액의 농도(C)}}$

answer 41 ㉰ 42 ㉮ 43 ㉱

44 석면(편광현미경법) 측정 시 적용되는 용어 정의로 틀린 것은?

㉮ 굴절률 : 물질(시료)에 빛의 투과 시 빛의 속도와 진공에서 빛의 속도비를 말하며 파장과 온도에 상관없이 일정하다.

㉯ 색 : 편광현미경의 개방 니콜상에서 섬유나 미립자의 색을 말한다.

㉰ 형태 : 섬유나 미립자의 모양, 결정구조, 길고 짧음 등을 말한다.

㉱ 갈라지는 성질 : 원자들의 결합이 약해서 일정한 방향으로 쪼개지거나 갈라지는 성질을 말한다. 모든 석면 섬유는 한쪽 방향으로서 완전한 방향성을 가지고 있다.

풀이 ㉮ 굴절률 : 물질(시료)에 빛의 투과 시 빛의 속도와 진공에서 빛의 속도비를 말하며 파장과 온도에 따라 변한다.

45 유리전극법을 적용한 수소이온농도 측정 개요에 관한 내용으로 틀린 것은?

㉮ pH를 0.01까지 측정한다.

㉯ 유리전극은 일반적으로 용액의 색도, 탁도, 콜로이드성 물질들에 의해 간섭을 받지 않는다.

㉰ 유리전극은 일반적으로 용액의 산화 및 환원성 물질들 그리고 염도에 의해 간섭을 받지 않는다.

㉱ pH 4 이하에서는 나트륨에 대한 오차가 발생할 수 있으므로 "낮은 나트륨 오차 전극"을 사용한다.

풀이 ㉱ pH 10 이상에서는 나트륨에 대한 오차가 발생할 수 있으므로 "낮은 나트륨 오차 전극"을 사용한다.

46 자외선/가시선 분광법을 적용하여 구리(Cu)를 측정하고자 할 때 시험 개요에 관한 내용으로 틀린 것은?

㉮ 흡광도를 440nm에서 측정한다.

㉯ 정량한계는 0.002mg이다.

㉰ 흡수셀 세척시에는 과황산칼륨용액(2W/V%)에 소량의 계면활성제를 가하여 사용한다.

㉱ 비스무트(Bi)가 구리의 양보다 2배 이상 존재할 경우에는 황색을 나타내어 방해한다.

풀이 ㉰ 흡수셀 세척시에는 탄산나트륨용액(2W/V%)에 소량의 계면활성제를 가하여 사용한다.

47 다음은 시료의 분할채취방법 중 구획법에 관한 내용이다. ( ) 안의 내용으로 옳은 것은 어느 것인가?

① 모아진 대시료를 네모꼴로 엷게 균일한 두께로 편다.
② 이것을 가로 4등분 세로 5등분하여 20개의 덩어리로 나눈다.
③ ( )

㉮ 20개 중 대각선으로 8개 덩어리를 취하여 혼합하여 하나의 시료로 한다.

㉯ 20개 중 가로 2등분, 세로 3등분을 임의로 취하여 혼합하여 하나의 시료로 한다.

㉰ 20개 중 가로 2등분, 세로 2등분을 임의로 취하여 혼합하여 하나의 시료로 한다.

㉱ 20개의 각 부분에서 균등량씩을 취하여 혼합하여 하나의 시료로 한다.

answer 44 ㉮ 45 ㉱ 46 ㉰ 47 ㉱

48 운반차량에서 시료를 채취할 경우, 5톤 미만의 차량에 폐기물이 적재되어 있을 때 평면상에서 몇 등분하여 각 등분마다 채취하여야 하는가?

㉮ 3등분 ㉯ 6등분
㉰ 9등분 ㉱ 12등분

풀이 ① 5톤 미만 : 6등분
② 5톤 이상 : 9등분

49 총칙에서 규정하고 있는 용어 정의로 틀린 것은?

㉮ 질량을 "정확히 단다"라 함은 규정된 수치의 질량을 0.1mg까지 다는 것을 말한다.
㉯ "정확히 취하여"라 하는 것은 규정한 양의 액체를 홀피펫으로 눈금까지 취하는 것을 말한다.
㉰ "정밀히 단다"라 함은 규정된 양의 시료를 취하여 화학저울 또는 미량저울로 칭량함을 말한다.
㉱ "용기"라 함은 물질을 취급 또는 저장하기 위한 것으로 일정 기준 이상의 것으로 한다.

풀이 용기 : 시험용액 또는 시험에 관계된 물질을 보존, 운반 또는 조작하기 위하여 넣어 두는 것으로 시험에 지장을 주지 않도록 깨끗한 것을 뜻한다.

50 다음은 용출시험방법에 관한 설명이다. 옳은 것은 어느 것인가?

㉮ 정제수에 폐기물을 넣고 pH를 4.5 ~ 5.8로 조절한다.
㉯ 시료의 조제방법에 따라 조제한 시료 100g이상을 사용한다.
㉰ 진탕회수는 매분당 약 300회로 한다.
㉱ 진폭은 5 ~ 6cm로 4시간 이상 연속 진탕하며 원심 분리기로 분당 3,000회전 이상으로 분리한다.

풀이 ㉮ 정제수에 염산을 넣고 pH를 5.8 ~ 6.3으로 조절한다.
㉰ 진탕회수는 매분당 약 200회로 한다.
㉱ 진폭은 4 ~ 5cm로 6시간 이상 연속 진탕하며 원심분리기로 분당 3,000회전 이상으로 분리한다.

51 대상폐기물의 양이 50톤일 때 시료의 최소수는 얼마인가?

㉮ 14 ㉯ 20
㉰ 30 ㉱ 36

풀이 대상폐기물의 양이 50톤일 때 시료의 최소수는 20이다.

TIP
대상폐기물의 양과 시료의 최소 수

대상폐기물의 양 (단위 : ton)	시료의 최소 수	대상폐기물의 양 (단위 : ton)	시료의 최소 수
~ 1미만	6	100이상 ~ 500미만	30
1이상 ~ 5미만	10	500이상 ~ 1,000미만	36
5이상 ~ 30미만	14	1,000이상 ~ 5,000미만	50
30이상 ~ 100미만	20	5,000이상	60

answer 48 ㉯ 49 ㉱ 50 ㉯ 51 ㉯

52 자외선/가시선 분광광도계 광원부의 광원 중 자외부의 광원으로 주로 사용되는 것은 어느 것인가?

㉮ 중수소방전관　㉯ 텅스텐램프
㉰ 중공음극램프　㉱ 나트륨방전관

TIP
광원부의 광원
① 가시부와 근적외부 : 텅스텐램프
② 자외부 : 중수소 방전관

53 다음 괄호에 들어갈 온도를 순서대로 바르게 나열한 것은?

> 표준온도는 0℃, 상온은 (①)℃, 실온은 (②)℃로 하며, 찬 곳은 따로 규정이 없는 한 (③)℃의 곳을 뜻한다.
> 온수는 60 ~ 70℃, 열수는 약 100℃, 냉수는 (④)℃ 이하로 한다. "수욕상(水浴上) 또는 물중탕에서 가열한다."라 함은 따로 규정이 없는 한 수온 (⑤) ℃에서 가열함을 뜻하고 약 100℃의 증기욕을 쓸 수 있다.

㉮ ① 1 ~ 35 ② 15 ~ 25 ③ 0 ~ 15 ④ 15 ⑤ 100
㉯ ① 15 ~ 25 ② 1 ~ 35 ③ 0 ~ 15 ④ 15 ⑤ 100
㉰ ① 1 ~ 35 ② 15 ~ 25 ③ 1 ~ 15 ④ 4 ⑤ 100
㉱ ① 15 ~ 25 ② 1 ~ 35 ③ 1 ~ 15 ④ 4 ⑤ 100

54 다음은 자외선/가시선 분광법으로 6가 크롬을 측정할 때 시료 중 잔류염소에 의한 간섭에 관한 내용이다. (　　)안의 내용으로 옳은 것은 어느 것인가?

> 시료 중에 잔류염소가 공존하면 발색을 방해한다. 이때는 시료에 (　)한 다음 입상활성탄을 10%정도 되게 넣고 자석교반기로 약 30분간 교반하여 여과한 액을 시료로 사용한다.

㉮ 수산화나트륨용액(10W/V%)을 넣어 pH 10 정도로 조절
㉯ 수산화나트륨용액(20W/V%)을 넣어 pH 12 정도로 조절
㉰ 묽은 황산(1+9)을 넣어 pH 4 정도로 조절
㉱ 묽은 황산(1+5)을 넣어 pH 2 정도로 조절

TIP
간섭물질
① 시료 중에 잔류염소가 공존하면 발색을 방해한다. 이때는 시료에 수산화나트륨용액 (20W/V%)을 넣어 pH 12정도로 조절한 다음 입상활성탄을 10% 정도 되게 넣고 자석교반기로 약 30분간 교반하여 여과한 액을 시료로 사용한다.
② 시료 중 철이 2.5mg 이하로 공존할 경우에는 다이페닐카바자이드용액을 넣기 전에 피로인산나트륨 · 10수화물용액(5%) 2 mL를 넣어 주면 영향이 없다.

실전문제
과년도 기출문제

answer　52 ㉮　53 ㉯　54 ㉯

55 수분 및 고형물(질량법) 측정시 시료채취 및 관리에 관한 내용으로 틀린 것은?

㉮ 시료는 유리병에 채취하여 가능한 빨리 측정한다.
㉯ 시료를 보관하여야 할 경우 미생물에 의한 분해를 방지하기 위해 pH 2 이하로 하여 냉암소에 보관한다.
㉰ 시료는 24시간 이내에 증발처리를 하여야 하나 최대한 7일을 넘기지 말아야 한다.
㉱ 시료를 분석하기 전에 상온이 되게 한다.

풀이 ㉯ 시료를 보관하여야 할 경우 미생물에 의해 분해를 방지하기 위해 0 ~ 4℃로 보관한다.

56 취급 또는 저장하는 동안에 밖으로부터의 공기 또는 다른 가스가 침입하지 아니하도록 내용물을 보호하는 용기는 어느 것인가?

㉮ 기밀용기　　㉯ 밀폐용기
㉰ 밀봉용기　　㉱ 차광용기

TIP
용기
① 밀폐용기 : 이물질
② 기밀용기 : 공기 또는 다른 가스
③ 밀봉용기 : 기체 또는 미생물
④ 차광용기 : 광선

57 질량법을 적용한 기름성분 측정에 관한 내용으로 틀린 것은?

㉮ 전기열판 또는 전기맨틀은 80℃ 온도조절이 가능한 것을 사용한다.
㉯ 증발접시는 알루미늄박으로 만든 접시, 비커 또는 증류 플라스크로써 부피는 50 ~ 250mL인 것을 사용한다.
㉰ 정량한계는 1.0% 이하로 한다.
㉱ 폐기물 중의 비교적 휘발되지 않는 탄화수소, 탄화수소 유도체, 그리스유상물질 중 노말헥산에 용해되는 성분에 적용한다.

풀이 ㉰ 정량한계는 0.1% 이하로 한다.

58 다음은 이온전극법으로 시안을 측정하는 방법이다. (　　) 안에 옳은 내용은 어느 것인가?

> 액상폐기물과 고상폐기물을 (　)으로 조절한 후 시안 이온전극과 비교전극을 사용하여 전위를 측정하고 그 전위차로부터 시안을 정량하는 방법이다.

㉮ pH 4 이하의 산성
㉯ pH 5 ~ 6의 산성
㉰ pH 9 ~ 10의 알칼리성
㉱ pH 12 ~ 13의 알칼리성

풀이 시안의 측정방법에서 pH
① 자외선/가시선 분광법 : pH 2 이하의 산성으로 조절
② 이온전극법 : pH 12~13의 알칼리성으로 조절

answer 55 ㉯ 56 ㉮ 57 ㉰ 58 ㉱

59 다음은 회분식 연소방식의 소각재 반출설비에서의 시료채취에 관한 내용이다. (　) 안에 알맞은 것은?

> 회분식 연소방식의 소각재 반출설비에서 채취하는 경우에는 하루 동안의 운전횟수에 따라 매 운전시마다 (　) 이상 채취하는 것을 원칙으로 하고 시료의 양은 1회에 500g 이상으로 한다.

㉮ 1회　　㉯ 2회
㉰ 3회　　㉱ 4회

풀이 회분식 연소방식의 소각재 반출설비
① 기준 : 운반 횟수에 따라
② 채취 횟수 : 2회 이상
③ 채취 시료의 양 : 500g 이상

60 유기물의 함량이 높지 않고 금속의 수산화물, 산화물, 인산염 및 황화물을 함유하고 있는 시료에 적용하는 산분해법은?

㉮ 질산 - 염산 분해법
㉯ 질산 - 황산 분해법
㉰ 질산 - 과염소산 분해법
㉱ 질산 - 초산 분해법

TIP

산분해법
① 질산 분해법 : 유기물 함량이 낮은 시료에 적용
② 질산-염산 분해법 : 유기물 함량이 비교적 높지 않고 금속의 수산화물, 산화물, 인산염 및 황화물을 함유하고 있는 시료에 적용
③ 질산-황산 분해법 : 유기물 등을 많이 함유하고 있는 대부분의 시료에 적용
④ 질산-과염소산 분해법 : 유기물을 높은 비율로 함유하고 있으면서 산화분해가 어려운 시료들에 적용
⑤ 질산-과염소산-불화수소산 분해법 : 점토질 또는 규산염이 높은 비율로 함유된 시료에 적용
⑥ 암기법 : 질 낮은 시료는/염산 인금주고/황 많은/과산화가 어려우면/과불이 점규한다.

answer　59 ㉯　60 ㉮

2012 4회 기출문제

| 제1과목 | 폐기물개론

01 폐기물발생량이 2,000m^3/일, 밀도 840 kg/m^{3}일 때, 5톤 트럭으로 운반하려면 1일 필요한 차량은 몇 대인가? (단, 예비차량 2대 포함, 기타 조건은 고려하지 않는다.)

㉮ 334대 ㉯ 336대
㉰ 338대 ㉱ 340대

풀이
$$\text{차량수} = \frac{\text{쓰레기의 총 발생량(톤/일)}}{\text{차량의 적재용량(톤/대)}} + \text{예비차량}$$
$$= \frac{2{,}000\text{m}^3/\text{일} \times 0.84\text{톤}/\text{m}^3}{5\text{톤}/\text{대}} + 2$$
$$= 338\text{대}$$

TIP
① 체적(m^3) = 질량(kg) × $\frac{1}{\text{밀도(kg/m}^3)}$
② 질량(kg) = 체적(m^3)×밀도(kg/m^3)

02 수거노선 설정시 주의사항으로 틀린 것은?

㉮ 고지대에서 저지대로 차량을 운행한다.
㉯ 다량 발생되는 배출원은 하루 중 가장 나중에 수거한다.
㉰ 반복운행, U자 회전을 피한다.
㉱ 가능한 한 시계방향으로 수거노선을 정한다.

풀이 ㉯ 다량 발생되는 배출원은 하루 중 가장 먼저 수거한다.

03 수거대상인구 5,252,000명, 쓰레기 수거량 4,412,000톤/년일 때 1인1일 쓰레기 발생량은 얼마인가?

㉮ 1.8kg/인·일 ㉯ 2.3kg/인·일
㉰ 2.7kg/인·일 ㉱ 3.2kg/인·일

풀이 쓰레기발생량(kg/인·일)
$$= \frac{\text{쓰레기 수거량(kg/일)}}{\text{인구수(인)}}$$
$$= \frac{4{,}412{,}000\text{톤}/\text{년} \times 10^3\text{kg}/\text{톤} \times 1\text{년}/365\text{일}}{5{,}252{,}000\text{인}}$$
$$= 2.30\text{kg}/\text{인}\cdot\text{일}$$

04 폐기물발생량의 예측방법 중 모든 인자를 시간에 대한 함수로 나타낸 후 시간에 대한 함수로 표현된 각 영향인자들 간의 상관관계를 수식화 하는 방법은 어느 것인가?

㉮ 시간수지법 ㉯ 경향법
㉰ 다중회귀모델 ㉱ 동적모사모델

풀이 ㉱ 동적모사모델에 대한 설명이며, 핵심 내용인 "각 영향인자들 간의 상관관계를 수식화 = 동적모사모델"임을 숙지하시면 됩니다.

TIP
폐기물 발생량 예측방법
① 다중회귀모델 : 하나의 수식으로 각 인자들이 효과를 총괄적으로 나타내어 복잡한 시스템의 분석에 유용하게 사용할 수 있는 쓰레기 발생량 예측방법
② 동적모사모델 : 쓰레기 배출에 영향을 주는 모든 인자를 시간에 대한 함수로 나타낸 후 시간에 대

answer 01 ㉰ 02 ㉯ 03 ㉯ 04 ㉱

한 함수로 각 영향인자들간에 상관관계를 수식화한 것
③ 경향모델 : 폐기물 발생량 예측방법 중 모든인자를 시간에 대한 함수로하여 모델화시켜 예측하는 방법

05 쓰레기를 압축시키기 전의 밀도가 $0.43t/m^3$이었던 것을 압축기에 압축시킨 결과 밀도가 $0.93t/m^3$으로 증가하였을 때 압축비는 얼마인가?

㉮ 약 1.52　　㉯ 약 1.87
㉰ 약 2.16　　㉱ 약 2.54

풀이 압축비 $= \frac{V_1}{V_2}$

여기서 V_1 : 압축 전의 부피
V_2 : 압축 후의 부피

$$V_1 = 1톤 \times \frac{1}{0.43톤/m^3} = 2.3256m^3$$

$$V_2 = 1톤 \times \frac{1}{0.93톤/m^3} = 1.0753m^3$$

따라서 압축비 $= \frac{V_1}{V_2} = \frac{2.3256m^3}{1.0753m^3} = 2.16$

06 쓰레기 발생량 조사방법 중 물질수지법에 대한 내용으로 거리가 먼 것은?

㉮ 주로 산업폐기물 발생량을 추산할 때 이용된다.
㉯ 먼저 조사하고자 하는 계의 경계를 정확하게 설정한다.
㉰ 물질수지를 세울 수 있는 상세한 데이터가 있는 경우에 가능하다.
㉱ 모든 인자를 수식화하여 비교적 정확하며 비용이 저렴하다.

풀이 물질수지법은 시스템에 유입되는 쓰레기 양과 유출되는 쓰레기 양에 대해서 물질수지를 세워 발생되는 쓰레기의 양을 추정하는 방법으로 ㉱ 비용이 많이 들고 작업량이 많다.

07 물렁거리는 가벼운 물질로부터 딱딱한 물질을 선별하는데 이용되며, 경사진 컨베이어를 통해 폐기물을 주입시켜 회전하는 드럼 위에 떨어뜨려 분류하는 선별 방식은 어느 것인가?

㉮ Stoners　　㉯ Jigs
㉰ Secators　　㉱ float Separator

풀이 ㉰ Secators 에 대한 설명이며, 핵심 내용인 "물렁거리는 가벼운 물질로부터 딱딱한 물질 선별 = 세카터"임을 숙지하시면 됩니다.

TIP

선별방식
① 스토너(Stoners) : Pneumatic Table 이라고도 하며, 약간 경사진판에 진동을 줄 때 무거운 것이 빨리 판의 경사면 위로 올라가는 원리를 이용하는 방법
② 테이블(Table) 선별법 : 각 물질의 비중차를 이용하는 방법으로 약간 경사진 평판에 폐기물을 올려놓고 좌우로 빠른 진동과 느린 진동을 주면 가벼운 입자는 빠른 진동 쪽으로, 무거운 입자는 느린 진동쪽으로 분류되는 방법

실전문제
과년도 기출문제

answer 05 ㉰ 06 ㉱ 07 ㉰

08 함수율이 각각 90%, 70%인 하수슬러지를 질량비 3 : 1로 혼합하였다면 혼합 하수슬러지의 함수율(%)은 얼마인가? (단, 하수 슬러지 비중은 1.0 기준이다.)

㉮ 81 ㉯ 83
㉰ 85 ㉱ 87

풀이 $\text{함수율}(\%) = \frac{(90\% \times 3)+(70\% \times 1)}{(3+1)} = 85\%$

09 질량 100톤, 밀도 700kg/m³인 폐기물을 밀도 1,200kg/m³로 압축 하였을때 부피감소율 (%)은 얼마인가?

㉮ 41.7% ㉯ 45.5%
㉰ 51.3% ㉱ 53.8%

풀이 $\text{부피감소율}(\%) = \left(1-\frac{V_2}{V_1}\right)\times 100$

여기서 V_1 : 압축 전의 부피(m^3)
V_2 : 압축 후의 부피(m^3)

$V_1 = 100ton \times \frac{1}{0.70ton/m^3} = 142.857m^3$

$V_2 = 100ton \times \frac{1}{1.2ton/m^3} = 83.333m^3$

따라서 $\text{부피감소율}(\%) = \left(1-\frac{V_2}{V_1}\right)\times 100$
$= \left(1-\frac{83.333m^3}{142.857m^3}\right)$
$= 41.67\%$

10 폐기물 파쇄시 적용하는 힘으로 틀린 것은 어느 것인가?

㉮ 충격력 ㉯ 압축력
㉰ 인장력 ㉱ 전단력

풀이 폐기물 파쇄시 적용하는 힘에는 충격력, 압축력, 전단력이 있다.

11 다음 중 쓰레기 발생량을 조사방법으로 틀린 것은?

㉮ 물질수지법(material balance method)
㉯ 적재차량 계수분석법(load count analysis)
㉰ 수거트럭 수지법(collection truck balance method)
㉱ 직접계근법(direct weighting method)

풀이 쓰레기 발생량 조사방법에는 물질수지법, 직접계근법, 적재차량계수법이 있다.

TIP

쓰레기 발생량 조사방법

(1) 물질수지법(material balance method)
① 시스템에 유입되는 쓰레기 양과 유출되는 쓰레기 양에 대해서 물질수지를 세워 발생되는 쓰레기의 양을 추정하는 방법이다.
② 물질수지를 세울 수 있는 상세한 데이터가 있는 경우에 가능하다.
③ 우선적으로 조사하고자 하는 계의 경계를 정확하게 설정하여야 한다.
④ 주로 산업폐기물의 발생량 추산에 이용된다.
⑤ 비용이 많이 들고 작업량이 많아 널리 이용되지 않는다.

(2) 직접계근법(direct weighting method)
① 국내 대형소각장 및 위생매립장에 반입되는 쓰레기의 양을 주로 측정하는데 이용
② 비교적 정확한 발생량을 파악할 수 있다.
③ 작업량이 많고 번거로운 폐기물의 발생량 조사방법이다.

(3) 적재차량계수법(load count analysis)
일정기간동안 특정지역의 쓰레기 수거차량의 댓

answer 08 ㉰ 09 ㉮ 10 ㉰ 11 ㉰

수를 조사하여 이 값에 폐기물의 겉보기 비중을 보정하여 질량으로 환산하여 폐기물의 발생량을 조사하는 방법

12 인구가 6,000,000명이 사는 어느 도시에서 1년에 3,000,000ton의 폐기물이 발생된다. 이 폐기물을 4,500명의 인부가 수거할 때 MHT는 얼마인가? (단, 수거인부의 1일 작업시간은 8시간이고, 1년 작업일수는 300일이다.)

㉮ 2.3　　㉯ 3.6
㉰ 4.7　　㉱ 8.8

풀이

$$\text{man}\cdot\text{hr/ton} = \frac{\text{수거인부수}\times\text{작업시간}}{\text{폐기물 수거실적}} = \frac{4{,}500\text{명}\times 8\text{hr/day}\times 300\text{day/일}}{3{,}000{,}000\text{ton/년}} = 3.6\text{MHT}$$

TIP
① MHT : 1ton의 쓰레기를 수거하는데 수거인부 1인이 소요하는 총 시간
② MHT = man · hr/ton

13 어떤 쓰레기의 입도를 분석하였더니 입도누적곡선상의 10%(D_{10}), 30%(D_{30}), 60%(D_{60}), 90%(D_{90})의 입경이 각각 2, 6, 15, 25mm일 때 곡률계수를 구하면 얼마인가?

㉮ 1.5　　㉯ 7.5
㉰ 2.0　　㉱ 1.2

풀이

$$\text{곡률계수} = \frac{(D_{30\%})^2}{(D_{10\%}\times D_{60\%})} = \frac{(6\text{mm})^2}{(2\text{mm}\times 15\text{mm})} = 1.2$$

TIP
① 유효입경 = $D_{10\%}$ = 2mm
② 균등계수 = $\frac{D_{60\%}}{D_{10\%}} = \frac{15\text{mm}}{2\text{mm}} = 7.5$

14 쓰레기 수송 방법 중 Pipe line 수송에 대한 내용으로 거리가 먼 것은?

㉮ 가설 후에도 경로변경이 용이하다.
㉯ 쓰레기 발생밀도가 높은 곳에서 현실성이 있다.
㉰ 수거차량에 의한 도심지 교통량 증가가 없다.
㉱ 대형폐기물의 경우 압축 또는 파쇄를 하여야 한다.

풀이 ㉮ 가설 후에는 경로변경이 용이하지 못하다.

15 적환장에 대한 내용으로 가장 거리가 먼 것은?

㉮ 적환장은 폐기물 처분지가 멀리 위치할수록 필요성이 더 높다.
㉯ 고밀도 거주지역이 존재할수록 적환장의 필요성이 더 높다.
㉰ 공기를 이용한 관로수송시스템 방식을 이용할수록 적환장의 필요성이 더 높다.
㉱ 작은 용량의 수집차량을 사용할수록 적환장의 필요성이 더 높다.

풀이 ㉯ 저밀도 거주지역이 존재할수록 적환장의 필요성이 더 높다.

answer 12 ㉯ 13 ㉱ 14 ㉮ 15 ㉯

실전문제 과년도 기출문제

16 폐기물을 파쇄하여 매립할 경우 장점으로 가장 거리가 먼 것은?

㉮ 매립작업이 용이하고 압축장비가 없어도 매립작업만으로 고밀도 매립이 가능하다.

㉯ 곱게 파쇄하면 매립시 복토가 필요 없거나 복토요구량을 줄일 수 있다.

㉰ 폐기물 입자의 표면적이 증가되어 미생물작용이 촉진되므로 매립시 조기 안정화를 꾀할 수 있다.

㉱ 폐기물 밀도가 높아져 혐기성 조건을 신속히 조성할 수 있어 냄새가 방지된다.

풀이 ㉱ 매립시 폐기물이 잘 섞이므로 냄새가 방지된다.

17 수분함량이 90%인 슬러지 $100m^3$을 $30m^3$으로 농축할 때 농축된 슬러지의 함수율은 얼마인가? (단, 슬러지의 비중은 1.0 기준이다.)

㉮ 약 56% ㉯ 약 67%
㉰ 약 73% ㉱ 약 82%

풀이 $V_1 \times (100-P_1) = V_2 \times (100-P_2)$

여기서 V_1 : 농축 전 슬러지량(m^3)
P_1 : 농축 전 함수율(%)
V_2 : 농축 후 슬러지량(m^3)
P_2 : 농축 후 함수율(%)

따라서 $100m^3 \times (100-90) = 30m^3 \times (100-P_2)$

$\therefore P_2 = 100 - \left\{\dfrac{100m^3 \times (100-90)}{30m^3}\right\}$
$= 66.67\%$

18 쓰레기 발생량 및 성상 변동에 대한 설명으로 가장 거리가 먼 것은?

㉮ 일반적으로 도시규모가 커질수록 쓰레기의 발생량이 증가한다.

㉯ 대체로 생활수준이 증가하면 쓰레기 발생량도 증가한다.

㉰ 일반적으로 수집빈도가 낮을수록 쓰레기 발생량이 증가한다.

㉱ 일반적으로 쓰레기통의 크기가 클수록 쓰레기 발생량이 증가한다.

풀이 ㉰ 일반적으로 수집빈도가 높을수록 쓰레기 발생량이 증가한다.

19 수소 15.0%, 수분 0.4%인 중유의 고위 발열량이 12,000kcal/kg일 때, 저위 발열량을 계산하면 얼마인가?

㉮ 11,188kcal/kg ㉯ 11,253kcal/kg
㉰ 11,324kcal/kg ㉱ 11,496kcal/kg

풀이 $Hl = Hh - 600(9H + W)$(kcal/kg)

여기서 Hl : 저위 발열량(kcal/kg)
Hh : 고위 발열량(kcal/kg)
H : 수소의 함량
W : 수분의 함량

따라서 Hl = 12,000kcal/kg-600×(9×0.15+0.004)
= 11,187.6kcal/kg

answer 16 ㉱ 17 ㉯ 18 ㉰ 19 ㉮

20 500세대 2,500명이 생활하는 아파트에서 배출되는 쓰레기를 4일마다 수거하는데 적재용량 8.0m^3의 트럭 5대가 소요된다. 쓰레기의 용적당 질량이 400kg/m^3이라면 1인 1일당 쓰레기 배출량은 얼마인가?

㉮ 1.2kg/인 · day ㉯ 1.6kg/인 · day
㉰ 2.1kg/인 · day ㉱ 2.8kg/인 · day

풀이 쓰레기 배출량(kg/인 · day)

$$= \frac{\text{쓰레기 수거량}}{\text{인구수}}$$

$$= \frac{8.0m^3/\text{대} \times 5\text{대} \times 400kg/m^3}{2,500\text{인} \times 4day}$$

$$= 1.6kg/\text{인} \cdot day$$

TIP

① 체적(m^3) = 질량(kg) × $\frac{1}{\text{밀도}(kg/m^3)}$

② 질량(kg) = 체적(m^3)×밀도(kg/m^3)

| 제2과목 | 폐기물처리기술

21 유동층 소각로의 장점으로 틀린 것은?

㉮ 기계적 구동부분이 적어 고장률이 낮다.
㉯ 가스의 온도가 낮고 과잉공기량이 적다.
㉰ 로내의 온도의 자동제어와 열회수가 용이하다.
㉱ 투입량이 커서 파쇄 등 전처리가 필요 없다.

풀이 ㉱ 로내로 투입전 파쇄 등의 전처리가 필요하다.

22 어느 도시의 분뇨 농도는 TS가 6%이고, TS의 65%가 VS이다. 이 분뇨를 혐기성소화 처리를 한다면 분뇨 10m^3당 발생하는 CH_4가스의 양(m^3)은 얼마인가? (단, 비중은 1.0으로 가정하고, 분뇨의 VS 1kg당 0.4m^3의 CH_4가스 발생한다.)

㉮ 122m^3 ㉯ 131m^3
㉰ 142m^3 ㉱ 156m^3

풀이 CH_4 가스의 발생량

= 분뇨량(m^3)×고형물량×휘발성고형물량×CH_4 가스발생량(m^3/kg)×분뇨의 비질량(kg/m^3)

= $10m^3 \times 0.06 \times 0.65 \times 0.4m^3/kg \times 1,000kg/m^3$

= $156m^3$

TIP

① 비중(g/cm^3) $\xrightarrow{\times 10^3}$ 비중량(kg/m^3)

② 분뇨의 비중이 1.0이므로 비중량은 1,000kg/m^3

23 인공 복토재의 조건으로 틀린 것은?

㉮ 투수계수가 높아야 한다.
㉯ 연소가 잘 되지 않아야 한다.
㉰ 생분해가 가능하여야 한다.
㉱ 살포가 용이해야 한다.

풀이 ㉮ 투수계수가 낮아야 한다.

answer 20 ㉯ 21 ㉱ 22 ㉱ 23 ㉮

24 분뇨를 혐기성 소화 처리할 때 발생하는 CH_4 gas의 부피는 분뇨투입량의 약 8배라고 한다. 1일에 분뇨 600kL씩을 처리하는 소화시설에서 발생하는 CH_4 가스를 에너지원으로 하여 24시간 균등 연소시킬 때 얻을 수 있는 시간당 열량은 얼마인가? (단, CH_4가스의 발열량은 6,000kcal/m^3)

㉮ 1.0×10^5kcal/hr ㉯ 1.2×10^6kcal/hr
㉰ 1.6×10^7kcal/hr ㉱ 1.8×10^8kcal/hr

풀이 열량(kcal/hr)
= 분뇨량(m^3/hr)×CH_4발열량(kcal/m^3)
= 600m^3/day×1day/24hr×6,000kcal/m^3×8배
= 1.2×10^6kcal/hr

TIP
① KL = m^3
② 600KL/day = 600m^3/day

25 전기집진장치의 장점으로 틀린 것은?

㉮ 집진효율이 높다.
㉯ 설치시 소요 부지면적이 작다.
㉰ 운전비, 유지비가 적게 소요된다.
㉱ 압력손실이 적고 대량의 먼지함유가스를 처리할 수 있다.

풀이 ㉯ 설치시 소요 부지면적이 크다.

26 K 도시의 인구가 10,000명이고 분뇨발생량은 1.1L/인·일이며 수거율은 60%이다. 이 수거분뇨를 혐기성 소화조로 처리할 때 필요한 소화조의 용량(m^3/조)은 얼마인가? (단, 소화조는 크기가 같은 4조로 하며, 소화일수는 30일 기준이다.)

㉮ 약 30m^3/조 ㉯ 약 50m^3/조
㉰ 약 70m^3/조 ㉱ 약 90m^3/조

풀이 소화조의 용량(m^3/조)

$$= \text{분뇨발생량(L/인·일)}\times10^{-3}\text{m}^3/\text{L}\times\frac{\text{수거율(\%)}}{100}\times\text{인구수}\times\text{소화일수}\times\frac{1}{\text{소화조 수}}$$

$$= 1.1\text{L/인·일}\times10^{-3}\text{m}^3/\text{L}\times0.60\times10{,}000\text{명}\times30\text{일}\times\frac{1}{4\text{조}}$$

$$= 49.5\text{m}^3/\text{조}$$

27 폐기물의 열분해에 대한 내용으로 가장 거리가 먼 것은?

㉮ 폐기물을 산소의 공급 없이 가열하여 기체, 액체, 고체의 3성분으로 분리한다.
㉯ 고도의 발열반응으로 폐열회수가 가능하다.
㉰ 고온 열분해에서 1,700℃까지 온도를 올리면 생산되는 모든 재는 slag로 배출된다.
㉱ 열분해에서 일반적으로 저온이라 함은 500~900℃, 고온은 1,100~1,500℃를 말한다.

풀이 ㉯ 흡열반응이다.

answer 24 ㉯ 25 ㉯ 26 ㉯ 27 ㉯

28 프로판(C_3H_8) $5Sm^3$이 완전연소 할때 필요한 이론공기량(Sm^3)은 얼마인가?

㉮ $94Sm^3$　　㉯ $106Sm^3$
㉰ $119Sm^3$　　㉱ $124Sm^3$

풀이 ① $C_3H_8+5O_2 \rightarrow 3CO_2+4H_2O$

$22.4Sm^3$: $5\times22.4Sm^3$

$5Sm^3$: 이론산소량(Sm^3)

$$\therefore \text{이론산소량} = \frac{5\times22.4Sm^3\times5Sm^3}{22.4Sm^3} = 25Sm^3$$

$$② \text{이론공기량}(Sm^3) = \frac{\text{이론산소량}(Sm^3)}{0.21} = \frac{25Sm^3}{0.21} = 119.05\,Sm^3$$

TIP
① 체적(Sm^3) = 계수×22.4(Sm^3)
② 질량(kg) = 계수×분자량(kg)

29 가로 1.2m, 세로 2.0m, 높이 12m의 연소실에서 저위발열량 10,000kcal/kg의 중유를 1시간에 100kg 연소한다면 연소실 열발생률($kcal/m^3\cdot h$)은 얼마인가?

㉮ 약 $20,000kcal/m^3\cdot h$
㉯ 약 $25,000kcal/m^3\cdot h$
㉰ 약 $30,000kcal/m^3\cdot h$
㉱ 약 $35,000kcal/m^3\cdot h$

풀이 열발생율($kcal/m^3\cdot h$)

$$= \frac{\text{저위발열량}(kcal/kg)\times\text{중유량}(kg/hr)}{\text{가로}\times\text{세로}\times\text{높이}(m^3)}$$

$$= \frac{10,000kcal/kg\times100kg/hr}{1.2m\times2.0m\times12m}$$

$= 34,722.22kcal/kg$

30 CO 10kg을 완전 연소시킬 때 필요한 이론적 산소량은 얼마인가?

㉮ $4Sm^3$　　㉯ $6Sm^3$
㉰ $8Sm^3$　　㉱ $10Sm^3$

풀이 $CO+0.5O_2 \rightarrow CO_2$

28kg : $0.5\times22.4Sm^3$

10kg : O_o(이론적산소량)

$$\therefore O_o(\text{이론적 산소량}) = \frac{10kg\times0.5\times22.4Sm^3}{28kg} = 4Sm^3$$

TIP
① 질량(kg) = 계수×분자량(kg)
② 체적(Sm^3) = 계수×22.4(Sm^3)
③ CO의 분자량(kg) = 12+16 = 28kg

31 공기를 이용하여 일산화탄소를 완전 연소시킬 때 건조가스 중 최대 탄산가스량(%)은 얼마인가? (단, 표준상태 기준이다.)

㉮ 21.6%　　㉯ 27.7%
㉰ 31.2%　　㉱ 34.7%

풀이

$$CO_{2max}(\%) = \frac{CO_2\text{량}}{God}\times100$$

$CO + 0.5O_2 \rightarrow CO_2$

God(이론건연소가스량) = $(1-0.21)A_o+CO_2$량

$$= (1-0.21)\times\frac{0.5}{0.21}+1$$

$= 2.881\,Sm^3/Sm^3$

$$\text{따라서 } CO_2max(\%) = \frac{1Sm^3/Sm^3}{2.881Sm^3/Sm^3}\times100 = 34.71\%$$

TIP
① Sm^3/Sm^3 = 부피비 = 개수비
② CO_2량 = $1Sm^3/Sm^3$

실전문제

과년도 기출문제

answer 28 ㉰ 29 ㉱ 30 ㉮ 31 ㉱

32 유효공극율 0.2, 점토층 위의 침출수 수두 1.5m인 점토 차수층 1.0m를 통과하는데 10년이 걸렸다면 점토 차수층의 투수계수(cm/sec)는 얼마인가?

㉮ 1.54×10^{-8}cm/sec
㉯ 2.54×10^{-8}cm/sec
㉰ 3.54×10^{-8}cm/sec
㉱ 4.54×10^{-8}cm/sec

풀이 ① $t=\dfrac{d^2\cdot n}{k(d+h)}$

여기서 t : 침출수가 점토층을 통과하는 시간(년)
d : 점토층의 두께(m)
n : 유효공극률
k : 투수계수(m/년)
h : 침출수 수두(m)

따라서 $k=\dfrac{d^2\cdot n}{t(d+h)}$

$=\dfrac{(1.0\text{m})^2\times0.2}{10\text{년}\times(1.0\text{m}+1.5\text{m})}$

$=0.008\text{m/년}$

② k(cm/sec)

$=\dfrac{0.008\text{m}}{\text{년}}\times\dfrac{10^2\text{cm}}{1\text{m}}\times\dfrac{1\text{년}}{365\text{일}}\times\dfrac{1\text{일}}{24\text{hr}}\times\dfrac{1\text{hr}}{3,600\text{sec}}$

$=2.54\times10^{-8}\text{ cm/sec}$

33 물리학적으로 분류된 토양수분인 흡습수에 대한 설명으로 가장 거리가 먼 것은?

㉮ 중력수 외부에 표면장력과 중력이 평형을 유지하며 존재하는 물을 말한다.
㉯ 흡습수는 pF 4.5 이상으로 강하게 흡착되어 있다.
㉰ 식물이 직접 이용할 수 없다.
㉱ 부식토에서의 흡습수의 양은 질량비로 70%에 달한다.

풀이 ㉮번의 설명은 모세관수에 대한 설명이며, 모세관수의 pF는 2.7~4.2 정도이다.

34 합성차수막의 종류 중에서 CR의 장단점으로 거리가 먼 것은?

㉮ 대부분의 화학물질에 대한 저항성이 높다.
㉯ 마모 및 기계적 충격에 강하다.
㉰ 접합이 용이하다.
㉱ 가격이 비싸다.

풀이 ㉰ 접합이 용이하지 못하다.

TIP
CR = Chloroprene Rubber

35 매립후 경과기간에 따른 가스 구성성분의 변화단계 중 CH_4와 CO_2의 함량이 거의 일정한 정상상태의 단계로 가장 적당한 단계는 어느 것인가?

㉮ Ⅰ단계 - 호기성단계(초기조절단계)
㉯ Ⅱ단계 - 혐기성단계(전이단계)
㉰ Ⅲ단계 - 혐기성단계(산형성단계)
㉱ Ⅳ단계 - 혐기성단계(메탄발효단계)

풀이 Ⅳ구역(정상적인 혐기단계)는 정상적인 혐기단계로 CH_4와 CO_2의 함량이 거의 일정하다.(CH_4 55%, CO_2 45%로 구성)

36 탄소 85%, 수소 13%, 황 2%으로 조성된 중유를 연소할 때 필요한 이론공기량(Sm^3/kg) 은 얼마인가?

㉮ $9.1Sm^3$/kg ㉯ $11.1Sm^3$/kg
㉰ $13.1Sm^3$/kg ㉱ $15.1Sm^3$/kg

풀이 이론공기량(A_o)

$=8.89C+26.67\left(H-\dfrac{O}{8}\right)+3.33S(Sm^3/kg)$

answer 32 ㉯ 33 ㉮ 34 ㉰ 35 ㉱ 36 ㉯

$= 8.89 \times 0.85 + 26.67 \times 0.13 + 3.33 \times 0.02$
$= 11.09 Sm^3/kg$

37 시멘트 고형화법 중 시멘트 기초법에 대한 내용으로 가장 거리가 먼 것은?

㉮ 다양한 폐기물을 처리할 수 있다.
㉯ 폐기물의 건조 또는 탈수가 필요하다.
㉰ 고형화된 시료의 표면적/부피비를 감소시키거나 투수성을 감소시키는 것이 중요하다.
㉱ 사용되는 시멘트의 양을 조절함으로써 폐기물 콘크리트의 강도를 높일 수 있다.

풀이 ㉯ 폐기물의 건조 또는 탈수가 필요없다.

TIP

시멘트 기초법
(1) 장점
① 다양한 폐기물을 처리할 수 있다.
② 폐기물의 건조 또는 탈수가 필요없다.
③ 고농도 중금속 폐기물에 적합하다.
④ 사용되는 시멘트의 양을 조절함으로써 폐기물 콘크리트의 강도를 높일 수 있다.
⑤ 가장 널리 사용되는 방법 중의 하나로 포틀랜드 시멘트를 이용한다.
⑥ 장치이용이 쉽고 고도의 기술이 필요치 않다.
⑦ 중금속이온이 불용성의 수산화물이나 탄산염으로 침전된다.
⑧ 가격이 싸다.
⑨ 석회-포졸란 화학반응이 간단하고 용이하다.
(2) 단점
① 고형화된 시료의 $\frac{표면적}{부피}$ 비를 감소시키거나 투수성을 감소시키는 것이 중요하다.
② 낮은 pH에서 폐기물 성분의 용출가능성이 있다.

38 1차 반응속도에서 반감기(농도가 50% 줄어드는 시간)가 10분이다. 초기농도의 75%가 줄어드는데 걸리는 시간(분)은 얼마인가?

㉮ 30분 ㉯ 25분
㉰ 20분 ㉱ 15분

풀이 ① 반감기 반응식

$\ln\frac{1}{2} = -k \times t$

여기서 k : 상수, t : 시간

따라서 $\ln\frac{1}{2} = -k \times 10min$

$\therefore k = \frac{\ln\frac{1}{2}}{-10min} = 0.0693/min$

② 1차 반응식

$\ln\frac{C_t}{C_o} = -k \times t$

여기서 C_o : 초기농도
C_t : t시간 후 농도
k : 상수
t : 시간

따라서 $\ln\frac{25}{100} = -0.0693/min \times t$

$\therefore t = \frac{\ln\frac{25}{100}}{-0.0693/min} = 20.0min$

TIP

$C_t = 100\% - 75\% = 25\%$

실전문제
과년도 기출문제

answer 37 ㉯ 38 ㉰

39 쓰레기를 소각 처리하고자 한다. 질량분율로 탄소성분이 11%, 수소 3%, 산소 13% 이고, 기타성분(불연소분)이 73%일 때 소각로에 공급해야 할 실제 공기량(Nm^3/kg)은 얼마인가? (단, 공기 과잉 계수(m)은 1.5이다.)

㉮ 약 $1.5Nm^3/kg$ ㉯ 약 $2.0Nm^3/kg$
㉰ 약 $2.5Nm^3/kg$ ㉱ 약 $3.0Nm^3/kg$

풀이 실제 공급 공기량(Nm^3/kg)
= 공기비(m)×이론공기량(Nm^3/kg)
이론공기량(A_o)

$$= 8.89C + 26.67\left(H - \frac{O}{8}\right) + 3.33S(Nm^3/kg)$$

$$= 8.89 \times 0.11 + 26.67 \times \left(0.03 - \frac{0.13}{8}\right)$$

$$= 1.3446Nm^3/kg$$

따라서 실제공급공기량 $= 1.5 \times 1.3446\,Nm^3/kg = 2.02\,Nm^3/kg$

TIP
① $Nm^3 = Sm^3$ = 표준상태(0℃, 760mmHg)
② 과잉공기계수(m) = 공기비(m)

40 인구 200,000명인 어느 도시에 매립지를 조성하고자 한다. 1인 1일 쓰레기 발생량은 1.3kg이고 쓰레기 밀도는 $0.5t/m^3$이며 이 쓰레기를 압축하면 그 용적이 2/3로 줄어든다. 압축한 쓰레기를 매립할 경우, 년간 필요한 매립면적(m^2)은 얼마인가? (단, 매립지 깊이는 2m, 기타 조건은 고려하지 않는다.)

㉮ 약 $42,500m^2$ ㉯ 약 $51,800m^2$
㉰ 약 $63,300m^2$ ㉱ 약 $76,200m^2$

풀이 매립면적(m^2/년)

$$= \frac{\text{쓰레기 발생량(kg/년)} \times (1 - \text{부피감소율})}{\text{쓰레기밀도}(kg/m^3) \times \text{매립지 깊이(m)}}$$

$$= \frac{1.3kg/\text{인}\cdot\text{일} \times 200{,}000\text{인} \times 365\text{일/년} \times \left(1 - \frac{1}{3}\right)}{500kg/m^3 \times 2m}$$

$= 63{,}266.67m^2$/년

| 제3과목 | 폐기물공정시험기준

41 폐기물공정시험기준에 규정된 시료의 축소방법으로 틀린 것은?

㉮ 원추이분법 ㉯ 원추사분법
㉰ 교호삽법 ㉱ 구획법

풀이 시료의 축소방법에는 구획법, 교호삽법, 원추4분법이 있다.

42 수은을 환원기화 – 원자흡수분광광도법으로 측정할 때 벤젠, 아세톤 등 휘발성 유기물질의 간섭을 제어하기 위해 사용하는 시약은 어느 것인가?

㉮ 과망간산칼륨
㉯ 염산하이드록실아민
㉰ 티오황산나트륨
㉱ 묽은 황산

TIP
간섭물질
① 시료 중 염화물이온이 다량 함유된 경우에는 산화조작 시 유리염소를 발생하여 253.7nm에서 흡광도를 나타낸다. 이때에는 염산하이드록실아민용액을 과잉으로 넣어 유리염소를 환원시키고 용기

answer 39 ㉯ 40 ㉰ 41 ㉮ 42 ㉮

중에 잔류하는 염소는 질소가스를 통기시켜 축출한다.
② 벤젠, 아세톤 등 휘발성 유기물질도 253.7 nm에서 흡광도를 나타낸다. 이때에는 과망간산칼륨 분해 후 헥산으로 이들 물질을 추출 분리한다.

43 5톤 이상의 운반차량에 적재된 폐기물은 평면상으로 몇 등분하여 시료를 채취하여야 하는가?

㉮ 4등분　　㉯ 6등분
㉰ 9등분　　㉱ 12등분

풀이 ① 5톤 미만 : 6등분
② 5톤 이상 : 9등분

44 다음 중 용어의 정의로 바르게 된 것은 어느 것인가?

㉮ 액상폐기물 : 고형물함량 5% 이하
㉯ 반고상폐기물 : 고형물함량 5% 이상 ~ 10% 이하
㉰ 반고상폐기물 : 고형물함량 5% 이상 ~ 15% 이하
㉱ 고상폐기물 : 고형물함량 15% 이상

TIP
폐기물 용어의 정의
① 액상폐기물 : 고형물의 함량이 5% 미만
② 반고상폐기물 : 고형물의 함량이 5% 이상 15% 미만
③ 고상폐기물 : 고형물의 함량이 15% 이상

45 정량한계 산정식으로 바르게 된 것은 어느 것인가?

㉮ 정량한계 = 3.3×표준편차
㉯ 정량한계 = 5×표준편차
㉰ 정량한계 = 10×표준편차
㉱ 정량한계 = 15×표준편차

풀이 ① 정량한계 = 표준편차(S) × 10
② 기기검출한계 = 표준편차(S) × 3
③ 감응계수 = $\frac{\text{반응값(R)}}{\text{표준용액의 농도(C)}}$

46 기체크로마토그래피를 적용한 유기인 분석에 대한 설명으로 가장 거리가 먼 것은?

㉮ 기체크로마토그래프로 분리한 다음 질소인 검출기로 분석한다.
㉯ 기체크로마토그래프로 분리한 다음 불꽃광도 검출기로 분석한다.
㉰ 정량한계는 사용하는 장치 및 측정조건에 따라 다르나 각 성분당 0.0005mg/L 이다.
㉱ 시료채취는 유리병을 사용하며 염산으로 pH 2 이하로 시료를 보전한다.

풀이 ㉱ 시료채취는 유리병을 사용하며 채취 전에 시료로서 세척하지 말아야 하며, 모든 시료는 시료채취 후 추출하기 전까지 4℃ 냉암소에서 보관하고 7일 이내에 추출하고 40일 이내에 분석한다.

answer 43 ㉰ 44 ㉱ 45 ㉰ 46 ㉱

47 다음의 용출시험방법에 대한 설명으로 바르게 된 것은?

㉮ 시료용액은 시료의 조제방법에 따라 조제한 시료 100g 이상을 정확히 달아 정제수에 염산을 넣어 pH 4.5 ~ 5.8으로 한 용매(mL)를 시료 : 용매 = 1 : 10 (W/V)의 비로 1L 플라스크에 넣어 혼합한다.

㉯ 시료용액을 상온, 상압에서 진탕회수가 매분당 약 200회, 진폭이 4 ~ 5cm의 진탕기를 사용하여 6시간 연속 진탕한 다음 0.1 μm의 유리섬유여과지로 여과한 것을 용출시험용 시료용액으로 한다.

㉰ 여과가 어려운 경우에는 원심분리기를 사용하여 분당 3,000회전 이상으로 20분 원심 분리한 다음 상징액을 적당량 취하여 용출시험용 시료용액으로 한다.

㉱ 시료중의 수분함량 보정을 위해 함수율 95%이상인 시료에 한하여 "5/(100-D)"를 곱하여 계산된 값으로 한다.(여기서 D는 시료의 함수율(%)이다.)

풀이 ㉮ 시료용액은 시료의 조제방법에 따라 조제한 시료 100g 이상을 정확히 달아 정제수에 염산을 넣어 pH 5.8 ~ 6.3으로 한 용매(mL)를 시료 : 용매 = 1 : 10(W/V)의 비로 2L 플라스크에 넣어 혼합한다.

㉯ 시료용액을 상온, 상압에서 진탕회수가 매 분당 약 200회, 진폭이 4 ~ 5cm의 진탕기를 사용하여 6시간 연속 진탕한 다음 1.0 μm의 유리섬유여과지로 여과한 것을 용출시험용 시료용액으로 한다.

㉱ 시료중의 수분함량 보정을 위해 함수율 85%이상인 시료에 한하여 "15/(100-D)" 를 곱하여 계산된 값으로 한다.(여기서 D는 시료의 함수율(%)이다.)

48 자외선/가시선 분광법으로 6가 크롬을 측정할 때 흡수셀 세척시 사용되는 시약으로 틀린 것은 어느 것인가?

㉮ 탄산나트륨 ㉯ 질산
㉰ 과망간산칼륨 ㉱ 에틸알코올

풀이 ㉰ 과망간산칼륨은 강산화제로 사용된다.

49 수소이온농도를 측정할 때 사용하는 표준액 중 pH 값이 가장 낮은 것은? (단, 0℃ 기준)

㉮ 붕산염 표준액 ㉯ 인산염 표준액
㉰ 프탈산염 표준액 ㉱ 수산염 표준액

풀이 표준액의 pH 값 순서
수산염표준액 < 프탈산염표준액 < 인산염표준액 < 붕산염표준액 < 탄산염표준액 < 수산화칼슘표준액 순서이며, 암기법은 "수프인 7부옷에 탄숨"으로 숙지하시면 됩니다.

50 시료의 전처리를 위한 산분해법 중 유기물 함량이 비교적 높지 않고 금속의 수산화물, 산화물, 인산염 및 황화물을 함유하고 있는 시료에 적용하는 것은 어느 것인가?

㉮ 질산 - 황산 분해법
㉯ 질산 - 염산 분해법
㉰ 질산 - 과염소산 분해법
㉱ 질산 분해법

TIP

산분해법
① 질산 분해법 : 유기물 함량이 낮은 시료에 적용
② 질산-염산 분해법 : 유기물 함량이 비교적 높지

answer 47 ㉰ 48 ㉰ 49 ㉱ 50 ㉯

않고 금속의 수산화물, 산화물, 인산염 및 황화물을 함유하고 있는 시료에 적용
③ 질산-황산 분해법 : 유기물 등을 많이 함유하고 있는 대부분의 시료에 적용
④ 질산-과염소산 분해법 : 유기물을 높은 비율로 함유하고 있으면서 산화분해가 어려운 시료에 적용

51 폐기물 소각시설의 소각재 시료채취에 관한 내용이다. (　)안에 들어갈 내용으로 적당한 것은 어느 것인가? (단, 연속식 연소방식의 소각재 반출설비에서 시료채취)

> 야적더미에서 채취하는 경우는 야적더미를 (　)높이마다 각각의 층으로 나누고 각 층별로 적절한 지점에서 500g 이상의 시료를 채취한다.

㉮ 0.5m　　㉯ 1.0m
㉰ 1.5m　　㉱ 2.0m

52 기체크로마토그래피로 비함침성 고상폐기물 중 폴리클로리네이티드비페닐(PCB_S)를 검사할 때 비함침성 고상폐기물의 정량한계(부재 채취법)는 얼마인가?

㉮ 0.05mg/L　　㉯ 0.005mg/kg
㉰ $0.01\mu g/10cm^2$　　㉱ $0.01\mu g/100cm^2$

TIP

폴리클로리네이티드비페닐(PCBS)
-기체크로마토그래피 적용범위
① 용출용액 정량한계 : 0.0005mg/L
액상 폐기물의 정량한계 : 0.05mg/L
② 비함침성 고상 폐기물의 정량한계는 표면 채취법은 $0.05\mu g/100cm^2$, 부재 채취법은 0.005mg/kg

53 고형물함량이 50%, 수분함량이 50%, 강열감량이 95%인 폐기물의 경우 폐기물의 고형물 중 유기함량(%)은 얼마인가?

㉮ 60%　　㉯ 70%
㉰ 80%　　㉱ 90%

풀이

$$\text{유기물 함량}(\%) = \frac{\text{휘발성 고형물}(\%)}{\text{고형물}(\%)} \times 100$$

휘발성 고형물(%) = 강열감량(%)-수분(%)
= 95%-50% = 45%

$$\text{따라서 유기물 함량}(\%) = \frac{45\%}{50\%} \times 100 = 90\%$$

54 채취대상 폐기물 양과 최소 시료수에 대한 설명으로 잘못된 것은?

㉮ 대상 폐기물양이 300톤이면, 최소 시료수는 30이다.
㉯ 대상 폐기물양이 1,000톤이면, 최소 시료수는 40이다.
㉰ 대상 폐기물양이 2,500톤이면, 최소 시료수는 50이다.
㉱ 대상 폐기물양이 5,000톤이면, 최소 시료수는 60이다.

풀이 ㉯ 대상 폐기물양이 1,000톤이면, 최소 시료수는 50이다.

TIP

대상폐기물의 양과 시료의 최소 수

대상폐기물의 양(ton)	시료 최소 수	대상폐기물의 양(ton)	시료 최소 수
~1 미만	6	100 이상 ~500 미만	30
1 이상 ~5 미만	10	500 이상 ~1,000 미만	36
5 이상 ~30 미만	14	1,000 이상 ~5,000 미만	50
30 이상 ~100 미만	20	5,000 이상	60

answer　51 ㉱　52 ㉯　53 ㉱　54 ㉯

55 폐기물공정시험기준상 기름성분(질량법)의 정량한계는 얼마인가?

㉮ 0.05% 이하 ㉯ 0.1% 이하
㉰ 0.3% 이하 ㉱ 0.5% 이하

풀이 기름성분(질량법)의 정량한계는 0.1%이하이다.

56 기체크로마토그래피로 휘발성 저급염소화 탄화수소류를 측정할 때 간섭물질에 대한 설명으로 가장 거리가 먼 것은?

㉮ 추출용매에서 분석성분의 머무름 시간에서 피크가 나타나는 간섭물질이 있을 수 있다.
㉯ 다이클로로메탄과 같이 머무름 시간이 긴 화합물은 용매나 용질의 피크와 겹쳐 분석을 방해할 수 있다.
㉰ 플루오르화탄소나 다이클로로메탄과 같은 휘발성 유기물은 보관이나 운반 중에 격막을 통해 시료 안으로 확산되어 시료를 오염시킬 수 있다.
㉱ 시료에 혼합표준액 일정량을 첨가하여 크로마토그램을 작성하고 미지의 다른 성분과 피크의 중복여부를 확인한다.

풀이 ㉯ 다이클로로메탄과 같이 머무름 시간이 짧은 화합물은 용매나 용질의 피크와 겹쳐 분석을 방해할 수 있다.

57 pH＝1인 폐산과 pH＝5인 폐산의 수소이온농도 차이는 몇 배가 되는가?

㉮ 4배 ㉯ 4백배
㉰ 만배 ㉱ 10만배

풀이 $pH=1 \Rightarrow [H^+]=10^{-1}\,mol/L$

$pH=5 \Rightarrow [H^+]=10^{-5}\,mol/L$

따라서 $\dfrac{10^{-1}\,mol/L}{10^{-5}\,mol/L}=10,000$배

TIP

① $pH=-\log[H^+] \Rightarrow [H^+]=10^{-pH}mol/L$
② $pOH=-\log[OH^-] \Rightarrow [OH^-]=10^{-pOH}mol/L$

58 시안을 자외선/가시선 분광법으로 측정할 때 클로라민-T와 피리딘·피라졸론 혼합액을 넣어 나타나는 색으로 맞는 것은 어느 것인가?

㉮ 적색 ㉯ 황갈색
㉰ 적자색 ㉱ 청색

TIP

시안의 자외선/가시선 분광법
시료를 pH 2 이하의 산성으로 조절한 후에 에틸렌다이아민테트라아세트산이나트륨을 넣고 가열 증류하여 시안화합물을 시안화수소로 유출시켜 수산화나트륨용액에 포집한 다음 중화하고 클로라민-T와 피리딘·피라졸론 혼합액을 넣어 나타나는 청색을 620 nm에서 측정하는 방법이다.

answer 55 ㉯ 56 ㉯ 57 ㉰ 58 ㉱

59 자외선/가시선 분광법으로 구리를 측정할 때 황갈색 킬레이트 화합물을 추출하는 용액으로 사용되는 것은 어느 것인가?

㉮ 사염화탄소 ㉯ 아세트산부틸
㉰ 클로로폼 ㉱ 아세톤

TIP

구리의 자외선/가시선 분광법

폐기물 중에 구리를 자외선/가시선 분광법으로 측정하는 방법으로 시료 중에 구리이온이 알칼리성에서 다이에틸다이티오카르바민산나트륨과 반응하여 생성하는 황갈색의 킬레이트 화합물을 아세트산부틸로 추출하여 흡광도를 440nm에서 측정하는 방법이다.

60 폐기물공정시험기준의 총칙에 대한 내용으로 잘못된 것은 어느 것인가?

㉮ 정밀히 단다 : 규정된 수치의 질량을 0.1mg까지 다는 것을 말한다.
㉯ 밀봉용기 : 취급 또는 저장하는 동안에 기체 또는 미생물이 침입하지 아니하도록 내용물을 보호하는 용기를 말한다.
㉰ 방울수 : 20℃에서 정제수 20방울을 적하할 때 그 부피가 약 1mL 되는 것을 말한다.
㉱ 시험조작 중 즉시 : 30초 이내에 표시된 조작을 하는 것을 뜻한다.

풀이 ㉮ 정밀히 단다 : 규정된 양의 시료를 취하여 화학저울 또는 미량저울로 칭량한다.

answer 59 ㉯ 60 ㉮

2013 1회 기출문제

| 제1과목 | 폐기물개론

01 폐기물의 초기함수율이 65%이었다. 이 폐기물의 노천 건조시킨 후의 함수율이 45%로 감소되었다면 증발된 물의 양(kg)은 얼마인가? (단, 초기폐기물의 질량 : 100kg이고, 폐기물의 비중은 1.0 기준이다.)

㉮ 약 31.2kg　　㉯ 약 32.6kg
㉰ 약 34.5kg　　㉱ 약 36.4kg

풀이 ① $W_1 \times (100-P_1) = W_2 \times (100-P_2)$

여기서 W_1 : 건조 전 폐기물 질량(kg)
P_1 : 건조 전 함수율(%)
W_2 : 건조 후 폐기물 질량(kg)
P_2 : 건조 후 함수율(%)

따라서 $100\text{kg} \times (100-65) = W_2 \times (100-45)$

$$\therefore W_2 = \frac{100\text{kg} \times (100-65)}{(100-45)} = 63.64\text{kg}$$

② 수분의 증발량(kg) $= W_1 - W_2$
$= 100\text{kg} - 63.64\text{kg}$
$= 36.36\text{kg}$

02 부피 감소율을 90%로 하기 위한 압축비는 얼마인가?

㉮ 4　　㉯ 6
㉰ 8　　㉱ 10

풀이

$$\text{압축비} = \frac{100}{100-\text{부피 감소율}(\%)} = \frac{100}{100-90\%} = 10$$

03 반경이 2.5m인 트롬멜 스크린의 임계속도(rpm)는 얼마인가?

㉮ 약 19rpm　　㉯ 약 27rpm
㉰ 약 32rpm　　㉱ 약 38rpm

풀이

$$N_c = \sqrt{\frac{g}{4\pi^2 r}} \times 60$$

여기서 N_c : 임계속도(rpm)
g : 중력가속도(9.8m/sec^2)
r : 스크린 반경(m)

따라서 $N_c = \sqrt{\frac{9.8\text{m/sec}^2}{4 \times \pi^2 \times 2.5\text{m}}} \times 60 = 18.91\text{rpm}$

TIP

① rpm = 회/min
② rpm = 회/sec×60sec/min
③ 최적속도(N_s) = 임계속도(N_c)×0.45

answer 01 ㉱ 02 ㉱ 03 ㉮

04 인구 3만인 중소도시에서 쓰레기 발생량 $100m^3$/day(밀도는 $650kg/m^3$)를 적재질량 4ton 트럭으로 운반하려면 1일 소요될 트럭 운반대수는 어느 것인가? (단, 트럭의 1일 운반회수는 1회 기준이다.)

㉮ 11대　　㉯ 13대
㉰ 15대　　㉱ 17대

풀이 운반대수

$$= \frac{\text{쓰레기 발생량}}{\text{적재질량}}$$

$$= \frac{100m^3/day \times 650kg/m^3 \times 10^{-3}ton/kg}{4ton/\text{대} \times 1\text{회}/1\text{일}}$$

$= 17\text{대}/\text{회}$

05 3,600,000ton/year의 쓰레기를 5,500명의 인부가 수거하고 있다. 수거인부의 수거능력 (MHT)은 얼마인가? (단, 수거인부의 1일 작업시간은 8시간, 1년 작업일수는 310일이다.)

㉮ 2.68　　㉯ 2.95
㉰ 3.35　　㉱ 3.79

풀이

$$MHT = \frac{\text{수거인부수} \times \text{작업시간}}{\text{쓰레기 수거실적}}$$

$$= \frac{5,500\text{인} \times 8hr/day \times 310day/\text{년}}{3,600,000ton/\text{년}}$$

$= 3.79MHT$

TIP
① MHT = man · hr/ton
② MHT : 1ton의 쓰레기를 수거하는데 수거인부 1인이 소요되는 총시간
③ MHT가 클수록 수거효율이 낮다.

06 함수율 80%인 젖은 쓰레기와 함수율 20%인 마른 쓰레기를 질량비로 2 : 3으로 혼합하였다. 최종 함수율(%)은 얼마인가?

㉮ 32%　　㉯ 44%
㉰ 56%　　㉱ 68%

풀이

$$\text{최종 함수율}(\%) = \frac{80\% \times 2 + 20\% \times 3}{2+3} = 44\%$$

07 어떤 쓰레기의 입도를 분석하였더니 입도누적 곡선상의 10%, 30%, 60%, 90%의 입경이 각각 2, 5, 10, 20mm였다. 이 때 곡률계수는 얼마인가?

㉮ 2.75　　㉯ 2.25
㉰ 1.75　　㉱ 1.25

풀이

$$\text{곡률계수} = \frac{(D_{30\%})^2}{(D_{10\%} \times D_{60\%})} = \frac{(5mm)^2}{(2mm \times 10mm)} = 1.25$$

TIP
① 유효입경 = $D_{10\%}$ 이므로 유효입경은 2mm이다.
② $\text{균등계수} = \frac{D_{60\%}}{D_{10\%}} = \frac{10mm}{2mm} = 5$

08 새로운 수집 수송 수단중 pipe line을 통한 수송방법으로 틀린 것은?

㉮ 콘테이너수송　　㉯ 공기수송
㉰ 슬러리수송　　㉱ 캡슐수송

풀이 pipe line을 통한 수송방법에는 공기수송, 슬러리수송, 캡슐수송이 있다.

answer 04 ㉱ 05 ㉱ 06 ㉯ 07 ㉱ 08 ㉮

실전문제
과년도 기출문제

09 어느 도시의 1주일 쓰레기 수거상황이 다음과 같을 때 1인 1일 쓰레기 발생량(kg/인·일)은 얼마인가?

- 수거대상인구 : 160,000명
- 수거용적 : 4,300m^3
- 적재시 밀도 : 480kg/m^3

㉮ 0.43 ㉯ 1.84
㉰ 1.95 ㉱ 2.19

풀이 쓰레기 발생량(kg/인·일)

$$= \frac{\text{쓰레기 수거량(kg/일)}}{\text{인구수(인)}}$$

$$= \frac{4,300m^3/\text{주} \times 480kg/m^3 \times 1\text{주}/7\text{일}}{160,000\text{인}}$$

$= 1.84$kg/인·일

10 청소상태의 평가법 중 가로의 청소상태를 기준으로 하는 지역사회 효과지수를 나타내는 것은 어느 것인가?

㉮ USI ㉯ TUM
㉰ CEI ㉱ GFE

풀이 ① CEI : 지역사회 효과지수
② USI : 사용자 만족도 지수

11 쓰레기 파쇄기에 대한 내용으로 틀린 사항은?

㉮ 전단파쇄기는 주로 목재류, 플라스틱류 및 종이류를 파쇄하는데 이용된다.
㉯ 전단파쇄기는 대체로 충격파쇄기에 비해 파쇄속도가 느리고 이물질의 혼입에 대하여 약하다.
㉰ 충격파쇄기는 기계의 압착력을 이용하는 것으로 주로 왕복식을 적용한다.
㉱ 압축파쇄기는 파쇄기의 마모가 적고 비용이 적게 소요되는 장점이 있다.

풀이 ㉰ 충격파쇄기는 주로 회전식에 적용한다.

TIP

파쇄기의 특징

(1) 전단파쇄기 : 고정칼, 왕복 또는 회전칼과의 교합에 의하여 폐기물을 전단한다.
① 주로 목재류, 플라스틱류, 종이류를 파쇄하는 데 이용된다.
② 충격파쇄기에 비하여 파쇄속도가 느리다.
③ 충격파쇄기에 비하여 이물질 혼입에 약하다.
④ 충격파쇄기에 비하여 파쇄물의 크기를 고르게 할 수 있다.
⑤ 소음과 먼지발생이 비교적 적고 폭발의 위험성이 거의 없다.
⑥ 다른 파쇄기와 조합하여 사용할 수 있다.

(2) 충격파쇄기
① 충격파쇄기는 주로 회전식에 적용한다.
② 대량처리가 가능하다.
③ 연성이 있는 물질에는 부적합하다.
④ 유리나 목질류 파쇄에 적합하다.
⑤ 파쇄시 먼지, 소음, 진동, 폭발의 위험성이 있다.

answer 09 ㉯ 10 ㉰ 11 ㉰

12 적환장 설치 요건으로 가장 거리가 먼 것은?

㉮ 수거해야 할 쓰레기 발생지역내의 질량 중심과 가장 먼 곳
㉯ 간선도로와 쉽게 연결되고 2차적 또는 보조 수송수단 연계가 편리한 곳
㉰ 적환 작업 중 공중위생 및 환경 피해 영향이 최소인 곳
㉱ 건설과 운영이 가장 경제적인 곳

풀이 ㉮ 수거해야 할 쓰레기 발생지역내의 질량 중심에 되도록 가까운 곳

13 선별방식 중 각 물질의 비중차를 이용하는 방법으로 약간 경사진 평판에 폐기물을 흐르게 한 후 좌우로 빠른 진동과 느린 진동을 주어 분류하는 방법은 어느 것인가?

㉮ Secators　　㉯ Stoners
㉰ Table　　㉱ Jig

풀이 ㉰ Table(테이블) 선별법에 대한 설명이며, 핵심 내용인 "빠른 진동과 느린 진동 = Table"임을 숙지하시면 됩니다.

14 쓰레기 발생량을 예측하는 방법 중 쓰레기 배출에 영향을 주는 모든 인자를 시간에 대한 함수로 나타낸 후 시간에 대한 함수로 표현된 각 영향인자들 간의 상관관계를 수식화한 것은 어느 것인가?

㉮ 경향법　　㉯ 추정법
㉰ 동적모사모델　　㉱ 다중회귀모델

풀이 ㉰ 동적모사모델에 대한 설명이며, 핵심 내용인 "각 영향인자들 간의 상관관계 수식화 = 동적모사모델"임을 숙지하시면 됩니다.

TIP

폐기물 발생량 예측방법
① 다중회귀모델 : 하나의 수식으로 각 인자들이 효과를 총괄적으로 나타내어 복잡한 시스템의 분석에 유용하게 사용할 수 있는 쓰레기 발생량 예측방법
② 동적모사모델 : 쓰레기 배출에 영향을 주는 모든 인자를 시간에 대한 함수로 나타낸 후 시간에 대한 함수로 각 영향인자들간에 상관관계를 수식화 한 것
③ 경향모델 : 폐기물 발생량 예측방법 중 모든인자를 시간에 대한 함수로 하여 모델화시켜 예측하는 방법

15 삼성분이 다음과 같은 쓰레기의 저위발열량(kcal/kg)은 얼마인가?

- 수분 : 60%　　- 가연분 : 30%
- 회분 : 10%

㉮ 약 890kcal/kg　　㉯ 약 990kcal/kg
㉰ 약 1,190kcal/kg　　㉱ 약 1,290kcal/kg

풀이 $Hl = 45 \times VS - 6W$ (kcal/kg)
여기서 Hl : 저위발열량(kcal/kg)
VS : 가연성분(%)
W : 수분함량(%)
따라서 $Hl = 45 \times 30\% - 6 \times 60\%$
$= 990$ kcal/kg

answer 12 ㉮ 13 ㉰ 14 ㉰ 15 ㉯

실전문제

과년도 기출문제

16 폐기물 조성이 다음과 같을 때 Dulong 식에 의한 저위 발열량(kcal/kg)을 계산하면 얼마인가?

- 3성분 : 수분 40%, 가연분 50%, 회분 10%,
- 가연분 조성 : C = 30%, H = 10%, O = 5%, S = 5%

㉮ 약 4,000kcal/kg ㉯ 약 4,500kcal/kg
㉰ 약 5,000kcal/kg ㉱ 약 5,500kcal/kg

풀이 ① Dulong 공식을 이용해 고위발열량(Hh)을 계산한다.

$$Hh = 8,100C + 34,000\left(H - \frac{O}{8}\right) + 2,500S(kcal/kg)$$
$$= 8,100 \times 0.3 + 34,000 \times \left(0.1 - \frac{0.05}{8}\right) + 2,500 \times 0.05 = 5742.5kcal/kg$$

② 저위발열량(Hl)을 계산한다.

$$Hl = Hh - 600 \times (9H + W)(kcal/kg)$$
$$= 5,742.5kcal/kg - 600 \times (9 \times 0.1 + 0.4)$$
$$= 4,962.5kcal/kg$$

TIP
Dulong식은 고위발열량 구하는 공식임에 주의해야 한다.

17 다음 중 수거노선에 대한 고려사항으로 가장 거리가 먼 것은?

㉮ 발생량이 많은 곳을 우선 수거한다.
㉯ 될 수 있는 한 한번 간 길은 가지 않는 것이 좋다.
㉰ 언덕길을 올라가면서 수거하도록 한다.
㉱ 될 수 있는 한 시계방향으로 수거노선을 정한다.

풀이 ㉰ 언덕길은 내려가면서 수거하도록 한다.

18 폐기물의 자원화를 위해 EPR의 정착과 활성화가 필요하다. EPR의 의미로 가장 알맞은 것은?

㉮ 폐기물 자원화 기술개발제도
㉯ 생산자 책임 재활용제도
㉰ 재활용 제품 소비 촉진제도
㉱ 고부가 자원화 사업 지원제도

풀이 EPR은 생산자 책임 재활용제도이다.

TIP
생산자책임 재활용제도(EPR : Extended Producer Responsibility)
폐기물은 단순히 버려져 못쓰는 것이라는 인식을 바꾸어 '폐기물 = 자원'이라는 공감대를 확산시킴으로써 재활용정책에 활력을 불어 넣은 제도이다.

19 함수율 97%의 잉여슬러지 $50m^3$을 농축시켜 함수율 89%로 하였을 때 농축된 잉여슬러지의 부피(m^3)는 얼마인가?
(단, 잉여슬러지 비중은 1.0 기준이다.)

㉮ 약 $8m^3$ ㉯ 약 $14m^3$
㉰ 약 $16m^3$ ㉱ 약 $19m^3$

풀이 $V_1 \times (100 - P_1) = V_2 \times (100 - P_2)$

여기서 V_1 : 농축 전 잉여슬러지량(m^3)
P_1 : 농축 전 함수율(%)
V_2 : 농축 후 잉여슬러지량(m^3)
P_2 : 농축 후 함수율(%)

따라서 $50m^3 \times (100 - 97) = V_2 \times (100 - 89)$

$$\therefore V_2 = \frac{50m^3 \times (100 - 97)}{(100 - 89)} = 13.64m^3$$

answer 16 ㉰ 17 ㉰ 18 ㉯ 19 ㉯

20 인구가 200만명인 어떤 도시의 폐기물 수거실적은 504,970톤/년이었다. 폐기물 수거율이 총배출량의 75%라고 하면 이 도시의 1인 1일 배출량은 얼마인가? (단, 1년=365일, 총배출량 기준)

㉮ 약 0.71kg ㉯ 약 0.92kg
㉰ 약 1.34kg ㉱ 약 1.81kg

풀이 폐기물 배출량(kg/인·일)

$$= \frac{\text{폐기물 수거량(kg/일)}}{\text{인구수(인)}} \times \frac{1}{\text{수거율}}$$

$$= \frac{504{,}970\text{ton/년} \times 10^3\text{kg/ton} \times 1\text{년}/365\text{일}}{2{,}000{,}000\text{인}} \times \frac{1}{0.75}$$

= 0.92kg/인·일

| 제2과목 | 폐기물처리기술

21 10kg의 탄소를 완전연소 시키는데 필요한 이론적 공기량(Sm^3)은 얼마인가?

㉮ 약 89Sm^3 ㉯ 약 97Sm^3
㉰ 약 106Sm^3 ㉱ 약 113Sm^3

풀이 ① $C + O_2 \rightarrow CO_2$

12kg : 22.4Sm^3

10kg : O_o(이론산소량)

$$\therefore O_o(\text{이론산소량}) = \frac{10\text{kg} \times 22.4\text{Sm}^3}{12\text{kg}} = 18.667\,\text{Sm}^3$$

② $$\text{이론공기량}(\text{Sm}^3) = \text{이론산소량}(\text{Sm}^3) \times \frac{1}{0.21} = 18.667\,\text{Sm}^3 \times \frac{1}{0.21} = 88.89\,\text{Sm}^3$$

TIP

① 체적(Sm^3) = 계수×22.4(Sm^3)

② 질량(kg) = 계수×분자량(kg)

22 폐기물을 완전 연소시키기 위한 소각로의 연소조건으로 가장 틀린 것은?

㉮ 충분한 체류시간
㉯ 충분한 난류
㉰ 충분한 압력
㉱ 적당한 온도

TIP

소각로의 완전연소 조건(3T)

① 충분한 체류시간(Time)

② 충분한 난류(Turbulence)

③ 적당한 온도(Temperature)

23 분뇨의 총고형물(TS)이 40,000mg/L이고, 그 중 휘발성 고형물(VS)은 60% 이며, CH_4의 발생량은 VS 1kg당 0.6m^3이라면 분뇨 1m^3당의 CH_4 가스발생량은 얼마인가?

㉮ 16.4m^3 ㉯ 14.4m^3
㉰ 12.4m^3 ㉱ 10.4m^3

풀이 CH_4가스 발생량(m^3)

= 분뇨량(m^3)×총고형물 농도(kg/m^3)

$$\times \text{휘발성 고형물 함량} \times \frac{m^3CH_4\text{발생량}}{\text{kg VS}}$$

= $1m^3 \times 40kg/m^3 \times 0.6 \times 0.6m^3/kg$

= 14.4m^3

TIP

① mg/L $\xrightarrow{\times 10^{-3}}$ kg/m^3

② 40,000mg/L = 40kg/m^3

answer 20 ㉯ 21 ㉮ 22 ㉰ 23 ㉯

24 100KL 처리용량의 분뇨처리장에서 발생되는 메탄을 사용하는 보일러에서 기대할 수 있는 열생산량(kcal)은 얼마인가?

- 가스생산량 = $8m^3$/KL(분뇨)
- CH_4 함량 = 75%
- CH_4 열량 = 9,000kcal/m^3
- 보일러 열교환 효율 = 80%
- 기타조건 고려 안함

㉮ 4.32×10^6kcal ㉯ 6.79×10^6kcal
㉰ 8.64×10^6kcal ㉱ 9.75×10^4kcal

풀이 열생산량(kcal)
= 분뇨처리용량(KL)×가스생산량(m^3/KL 분뇨량)×CH_4열량(kcal/m^3)×CH_4함량×열교환효율
= 100KL×$8m^3$/KL×9,000kcal/m^3×0.75×0.8
= 4.32×10^6kcal

25 이론 공기량을 사용하여 C_4H_{10}을 완전 연소시킨다면 발생되는 건연소가스 중의 $(CO_2)_{max}$ %는 얼마인가?

㉮ 약 12% ㉯ 약 14%
㉰ 약 16% ㉱ 약 18%

풀이 $C_4H_{10}+6.5O_2 \rightarrow 4CO_2+5H_2O$
① God(이론건연소가스량)
$= (1-0.21)A_o+CO_2$ 량
$= (1-0.21)\times\frac{6.5}{0.21}+4$
$= 28.4524Sm^3/Sm^3$
② CO_2량 = CO_2 개수 = $4Sm^3/Sm^3$
③ $CO_{2max}(\%) = \frac{CO_2\text{량}}{God}\times100$
$= \frac{4Sm^3/Sm^3}{28.4524Sm^3/Sm^3}\times100$
= 14.06%

TIP
① CO_{2max}는 이론건연소가스량(God) 기준
② Sm^3/Sm^3 = 부피비 = 개수비
③ 완전연소 반응식
$$C_mH_n + \left(m+\frac{n}{4}\right)O_2 \rightarrow mCO_2 + \frac{n}{2}H_2O$$

26 쓰레기 열분해시 열분해 온도가 증가할수록 발생 가스 중 함량(구성비, %)이 증가하는 것은 어느 것인가?

㉮ 수소 ㉯ CH_4
㉰ CO ㉱ 이산화탄소

풀이 쓰레기 열분해시 열분해 온도가 증가할수록 이산화탄소의 함량은 감소하고, 수소함량은 증가한다.

27 다음 중 유동층 소각로의 장점으로 틀린 것은?

㉮ 상(床)으로부터 찌꺼기 분리가 용이하다.
㉯ 반응시간이 빨라 소각시간이 짧다.
㉰ 기계의 구동부분이 적어 고장률이 적다.
㉱ 단기간 정지 후 가동시에 보조연료 없이 정상가동이 가능하다.

풀이 ㉮ 상(床)으로부터 찌꺼기 분리가 어렵다.

answer 24 ㉮ 25 ㉯ 26 ㉮ 27 ㉮

28 고형화 처리의 장점으로 틀린 것은?

㉮ 폐기물 표면적이 증가하여 폐기물 성분을 줄인다.
㉯ 폐기물의 독성이 감소한다.
㉰ 폐기물 내 오염물질의 용해도가 감소한다.
㉱ 폐기물을 다루기 용이하게 한다.

풀이 ㉮ 폐기물 표면적의 감소에 따른 폐기물 성분의 손실을 줄인다.

29 배연 탈황시 발생된 슬러지 처리에 많이 쓰이는 고형화 처리방법은 어느 것인가?

㉮ 시멘트 기초법
㉯ 석회 기초법
㉰ 자가 시멘트법
㉱ 열가소성 플라스틱법

풀이 배연 탈황시 발생된 슬러지 처리에 많이 쓰이는 고형화 처리법은 자가 시멘트법이다.

TIP

자가시멘트법

(1) 장점
① 혼합률(MR)이 낮다.
② 중금속 저지에 효과적이다.
③ 탈수 등의 전처리가 필요없다.
④ 고농도 황화물 함유 폐기물에 적용한다.(연소가스 탈황시 발생된 슬러지 처리에 적용)
⑤ 탈수 등 전처리가 필요없다.
⑥ 폐기물이 스스로 고형화되는 성질을 이용하여 개발되었다.

(2) 단점
① 보조에너지가 필요하다.
② 장치비가 크며 숙련된 기술을 요한다.

(3) 혼합율((MR) $= \dfrac{\text{첨가제의 질량}}{\text{폐기물의 질량}}$

30 매립지 표면차수막에 대한 내용으로 가장 거리가 먼 것은?

㉮ 매립지 바닥의 투수계수가 큰 경우에 사용하는 방법이다.
㉯ 매립 전이라면 보수가 용이하지만 매립 후는 어렵다.
㉰ 지하수 집배수시설이 불필요하다.
㉱ 차수막 단위면적당 공사비는 싸지만 매립지 전체를 시공하는 경우가 많아 총공사비는 비싸다.

풀이 ㉰ 지하수 집배수시설이 필요하다.

TIP

연직차수막과 표면차수막의 비교

	연직차수막	표면차수막
차수성 확인	지하에 매설하기 때문에 확인이 어렵다.	시공시에는 가능하나 매립 후에는 곤란하다.
경제성	단위면적당 공사비가 비싼 반면 총공사비는 싸다.	단위면적당 공사비는 싸지만 매립지 전체를 시공하는 경우가 많아 총공사비는 비싸다.
보수성	차수막 보강시공이 가능하다.	매립 전에는 가능하나 매립 후에는 어렵다.
지하수 집배수시설	필요없다.	필요하다.

answer 28 ㉮ 29 ㉰ 30 ㉰

31 폐기물의 연소능력이 300kg/m²-hr이며 연소할 폐기물의 양이 250m³/day이다. 1일 8시간 소각로를 가동시킨다고 할 때 로스톨의 면적(m²)은 얼마인가? (단, 폐기물의 밀도는 150kg/m³이다.)

㉮ $13.8m^2$ ㉯ $12.7m^2$
㉰ $14.5m^2$ ㉱ $15.6m^2$

풀이 폐기물의 연소능력($kg/m^2 \cdot hr$)

$$= \frac{\text{폐기물의 양}(kg/hr)}{\text{로스톨의 면적}(m^2)}$$

$300kg/m^2 \cdot hr$

$$= \frac{250m^3/day \times 150kg/m^3 \times 1day/8hr}{\text{로스톨의 면적}(m^2)}$$

∴ 로스톨의 면적

$$= \frac{250m^3/day \times 150kg/m^3 \times 1day/8hr}{300kg/m^2 \cdot hr}$$

$= 15.63m^2$

32 유해폐기물의 고화처리방법 중 열가소성 플라스틱법의 장단점으로 가장 거리가 먼 것은?

㉮ 용출손실률이 시멘트 기초법 보다 낮다.
㉯ 폐기물을 건조시켜야 한다.
㉰ 고온분해되는 물질에는 사용할 수 없다.
㉱ 혼합률이 비교적 낮다.

풀이 ㉱ 혼합률이 비교적 높다.

TIP

열가소성 플라스틱법

(1) 장점
① 용출손실률은 시멘트기초법에 비해 매우 낮다.
② 대부분의 매트릭스 물질은 수용액의 침투에 저항성이 매우 크다.
③ 고화처리된 폐기물성분을 나중에 회수하여 재활용 할 수 있다.

(2) 단점
① 혼합률(MR)이 비교적 높다.
② 높은 온도에서 분해되는 물질에는 사용할 수 없다.
③ 처리과정에서 화재의 위험성이 있다.
④ 에너지 요구량이 크다.
⑤ 폐기물을 건조시켜야 한다.

33 위생매립에서 주로 당일복토 대용품으로 사용되는 인공복토재의 조건으로 틀린 것은?

㉮ 미관상 좋아야 한다.
㉯ 투수계수가 높아야 한다.
㉰ 매립지 공간을 절약할 수 있어야 한다.
㉱ 위생문제를 해결하여야 한다.

풀이 ㉯ 투수계수가 낮아야 한다.

34 유기물의 산화공법으로 적용되는 Fenton 산화반응에 사용되는 시약으로 알맞은 것은?

㉮ 아연과 자외선
㉯ 마그네슘과 자외선
㉰ 철과 과산화수소
㉱ 아연과 과산화수소

풀이 Fenton 산화반응에 사용되는 것은 철과 과산화수소이다.

answer 31 ㉱ 32 ㉱ 33 ㉯ 34 ㉰

35 건조된 슬러지 고형분의 비중이 1.28 이며, 건조 이전의 슬러지 내 고형분 함량이 35%일 때 건조 전 슬러지의 비중은 얼마인가?

㉮ 1.038　　㉯ 1.083
㉰ 1.118　　㉱ 1.127

풀이 $\frac{1}{\rho_{SL}} = \frac{W_{TS}}{\rho_{TS}} + \frac{W_P}{\rho_P}$

여기서 ρ_{SL} : 슬러지 비중
ρ_{TS} : 고형물의 비중
W_{TS} : 고형물의 함량
ρ_P : 수분의 비중
W_P : 수분의 함량

따라서 $\frac{1}{\rho_{SL}} = \frac{0.35}{1.28} + \frac{0.65}{1.0}$

$\therefore \rho_{SL} = \frac{1}{0.9234} = 1.083$

TIP
① 고형물(%) + 수분(%) = 100%
② 수분(%) = 100 − 고형물(%)
③ 수분(물)의 비중 = 1.0

36 매립지의 합성차수막의 종류 중 PVC의 장·단점으로 가장 거리가 먼 것은?

㉮ 가격이 저렴하며 작업이 용이하다.
㉯ 강도가 높다.
㉰ 대부분의 유기화학물질에 강하다.
㉱ 접합이 용이하다.

풀이 ㉰ 대부분의 유기화학물질에 약하며, 자외선, 오존, 기후에도 약한 편이다.

37 인구 10,000명인 도시에서 1인 1일 쓰레기 배출량이 1.5kg이고 밀도가 0.45 ton/m^{3}인 쓰레기를 매립용량이 20,000m^{3}인 트랜치에 매립, 처분하고자 할 때 트랜치의 사용 일수는 얼마인가? (단, 매립시 쓰레기 부피 감소율은 35%이며, 기타조건은 고려하지 않는다.)

㉮ 약 851일　　㉯ 약 924일
㉰ 약 1,023일　　㉱ 약 1,152일

풀이 트랜치의 사용일수

$= \frac{\text{매립용량}(m^3)}{\text{쓰레기 배출량}(kg/day) \times \frac{1}{\text{밀도}(kg/m^3)} \times (1-\text{부피감소율})}$

$= \frac{20{,}000m^3}{1.5kg/\text{인}\cdot\text{일} \times 10{,}000\text{인} \times \frac{1}{450kg/m^3} \times (1-0.35)}$

$= 923.08 = 924$일

answer 35 ㉯ 36 ㉰ 37 ㉯

38 5%의 고형물을 함유하는 500m³/day의 슬러지를 진공 여과시켜 75%의 수분을 함유하는 슬러지 케이크를 만든다면 하루 생산되는 슬러지 케이크의 양(m³)은 얼마인가? (단, 슬러지 케이크의 비중은 1.0 기준이다.)

㉮ $100m^3$ ㉯ $90m^3$
㉰ $83m^3$ ㉱ $75m^3$

풀이 $V_1 \times (100-P_1) = V_2 \times (100-P_2)$

여기서 V_1 : 처음 슬러지량(m^3/day)
P_1 : 처음 함수율(%)
V_2 : 변화 후 슬러지량(m^3/day)
P_2 : 변화 후 함수율(%)

따라서 $500m^3/day \times (100-95) = V_2 \times (100-75)$

$\therefore V_2 = \dfrac{500m^3/day \times (100-95)}{(100-75)} = 100m^3$

TIP
① 고형분(%) + 함수율(%) = 100%
② 함수율(%) = 100% - 고형분(%)

39 CH_3OH 3kg이 완전연소 하는데 필요한 이론공기량(Sm^3)은 얼마인가?

㉮ $12Sm^3$ ㉯ $15Sm^3$
㉰ $18Sm^3$ ㉱ $21Sm^3$

풀이 ① $CH_3OH + 1.5O_2 \rightarrow CO_2 + 2H_2O$
32kg : $1.5 \times 22.4Sm^3$
3kg : O_o(이론산소량)

$\therefore O_o(\text{이론산소량}) = \dfrac{3kg \times 1.5 \times 22.4Sm^3}{32kg} = 3.15Sm^3$

② 이론공기량(Sm^3) = 이론산소량(Sm^3) $\times \dfrac{1}{0.21}$

$= 3.15Sm^3 \times \dfrac{1}{0.21}$

$= 15Sm^3$

TIP
① CH_3OH = 메탄올 = 메틸알콜
② CH_3OH의 분자량(kg)
= 12+(3×1)+16+1 = 32kg
③ 체적(Sm^3) = 계수×22.4(Sm^3)
④ 질량(kg) = 계수×분자량(kg)

40 어느 매립지의 침출수 농도가 반으로 감소하는데 4년이 걸린다면 이 침출수 농도가 90% 분해되는데 걸리는 시간(년)은 얼마인가? (단, 1차 반응기준이다.)

㉮ 11.3년 ㉯ 13.3년
㉰ 15.3년 ㉱ 17.3년

풀이 1차반응식 : $\ln\dfrac{C_t}{C_o} = -k \times t$

여기서 C_o : 초기농도
C_t : t시간 후의 농도
k : 상수
t : 시간

① $\ln\dfrac{1}{2} = -k \times 4$년

$\therefore k = \dfrac{\ln\frac{1}{2}}{-4\text{년}} = 0.1733/\text{년}$

② $\ln\dfrac{10}{100} = -0.1733/\text{년} \times t$

$\therefore t = \dfrac{\ln\frac{10}{100}}{-0.1733/\text{년}} = 13.29\text{년}$

TIP
C_t = 100 - 90% = 10%

answer 38 ㉮ 39 ㉯ 40 ㉯

| 제3과목 | 폐기물공정시험기준

41 다음에서 설명하고 있는 시료 축소방법은 어느 것인가?

1. 분쇄한 대시료를 단단하고 깨끗한 평면위에 원추형으로 쌓는다.
2. 그 원추를 장소를 바꾸어 다시 쌓는다.
3. 원추에서 일정량을 취하여 장방형으로 도포하고 계속해서 일정량을 취하여 그 위에 입체로 쌓는다.
4. 육면체의 측면을 교대로 돌면서 균등량씩을 취하여 두 개의 원추를 쌓고 이 중 하나는 버리는 방식으로 시료를 계속 적당한 크기로 줄인다.

㉮ 구획법 ㉯ 원추 2분법
㉰ 원추 4분법 ㉱ 교호삽법

풀이 ㉱ 교호삽법에 대한 설명이며, 핵심 내용인 "원추형, 육면체, 원추 쌓기 = 교호삽법"임을 숙지하시면 됩니다.

42 다음은 온도에 대한 설명이다. 가장 거리가 먼 것은?

㉮ 냉수는 15℃ 이하를 말한다.
㉯ 찬 곳은 따로 규정이 없는 한 0 ~ 15℃의 곳을 말한다.
㉰ 상온은 15 ~ 25℃를 말한다.
㉱ 온수는 70 ~ 80℃를 말한다.

풀이 ㉱ 온수는 60 ~ 70℃를 말한다.

43 원자흡수분광광도법을 이용하여 비소를 정량할 때 가장 틀린 내용은 어느 것인가?

㉮ 과망간산칼륨으로 6가 비소로 산화시킨다.
㉯ 아연을 넣으면 수소화 비소가 발생한다.
㉰ 아르곤-수소 불꽃에 주입하여 분석한다.
㉱ 정량한계는 0.005mg/L이다.

풀이 ㉮ 비소의 원자흡수분광광도법(수소화물생성 원자흡수분광광도법)는 전처리한 시료 용액중에 아연 또는 나트륨붕소수화물을 넣어 생성된 수소화비소를 원자화시켜 193.7nm에서 흡광도를 측정하고 비소를 정량하는 방법이며, 정량한계는 0.005mg/L이다.

44 다음에서 설명한 내용으로 가장 거리가 먼 것은?

㉮ 분석용 저울은 0.1mg까지 달 수 있는 것이어야 한다.
㉯ '약'이라 함은 기재된 양에 대하여 ±10% 이상의 차이가 있어서는 안 된다.
㉰ 방울수라 함은 20℃에서 정제수 20방울을 적하할 때 그 부피가 약 1mL가 되는 것을 말한다.
㉱ '항량'이라 함은 한 시간 더 같은 조건에 노출시켰을 때 그 질량차가 0.1mg 이하인 것을 말한다.

풀이 ㉱ 항량으로 될 때까지 건조한다 : 같은 조건에서 1시간 더 건조할 때 전후 질량의 차가 g당 0.3 mg 이하일 때를 말한다.

answer 41 ㉱ 42 ㉱ 43 ㉮ 44 ㉱

45 폐기물 시료채취 용기에 표시하는 내용으로 틀린 것은?

㉮ 대상 폐기물의 양
㉯ 시료의 양
㉰ 채취 책임자 이름
㉱ 폐기물 분석 내용

풀이 시료용기에는 폐기물의 명칭, 대상 폐기물의 양, 채취장소, 채취시간 및 일기, 시료 번호, 채취책임자 이름, 시료의 양, 채취방법, 기타 참고자료(보관상태 등)를 기재한다.

46 자외선/가시선 분광법에 의한 구리의 정량에 관한 내용으로 가장 거리가 먼 것은?

㉮ 추출용매는 아세트산부틸을 사용한다.
㉯ 정량한계는 0.002mg이다.
㉰ 비스무트(Bi)가 구리의 양보다 2배 이상 존재할 경우에는 청색을 나타내어 방해한다.
㉱ 시료의 전처리를 하지 않고 직접 시료를 사용하는 경우 시료 중에 시안화합물이 함유되어 있으면 염산으로 산성 조건을 만든 후 끓여 시안화물을 완전히 분해 제거한 다음 시험한다.

풀이 ㉰ 비스무트(Bi)가 구리의 양보다 2배 이상 존재할 경우에는 황색을 나타내어 방해한다.

47 시안을 자외선/가시선 분광법으로 측정 시 정량한계로 맞는 것은?

㉮ 0.01mg/L ㉯ 0.001mg/L
㉰ 0.003mg/L ㉱ 0.0001mg/L

풀이 시안측정시 정량한계
① 자외선/가시선 분광법 : 0.01mg/L
② 이온전극법 : 0.5mg/L
③ 연속흐름법 : 0.01mg/L

48 다음 중 pH 표준액의 종류에 해당되지 않는 것은?

㉮ 수산염 표준액 ㉯ 프탈산염 표준액
㉰ 염산염 표준액 ㉱ 붕산염 표준액

풀이 pH 표준액의 종류에는 수산염표준액, 프탈산염표준액, 인산염표준액, 붕산염표준액, 탄산염표준액, 수산화칼슘표준액이 있으며, 암기법은 "수프인 7부옷에 탄숨"으로 숙지하시면 됩니다.

49 대형의 콘크리트 고형화물로써 분쇄가 어려울 경우에 시료채취에 대한 설명으로 가장 알맞은 것은?

㉮ 임의의 5개소에서 채취하여 각각 파쇄하여 100g씩 균등 양 혼합하여 채취한다.
㉯ 임의의 5개소에서 채취하여 각각 파쇄하여 200g씩 균등 양 혼합하여 채취한다.
㉰ 임의의 6개소에서 채취하여 각각 파쇄하여 100g씩 균등 양 혼합하여 채취한다.
㉱ 임의의 6개소에서 채취하여 각각 파쇄하여 200g씩 균등 양 혼합하여 채취한다.

풀이 대형의 고형화물로써 분쇄가 어려울 경우에는 임의의 5개소에서 채취하여 각각 파쇄하여 100g씩 균등 양 혼합하여 채취한다.

answer 45 ㉱ 46 ㉰ 47 ㉮ 48 ㉰ 49 ㉮

50 시료의 채취에 있어서 소각재의 경우 1회에 몇 g 이상을 채취하여야 하는가?

㉮ 100g 이상 ㉯ 200g 이상
㉰ 300g 이상 ㉱ 500g 이상

풀이 시료의 양은 1회에 100g 이상 채취한다. 다만, 소각재의 경우에는 1회에 500g 이상을 채취한다.

51 다음은 시료내 수은을 환원기화 - 원자흡수분광광도법으로 측정할 때의 내용이다. ( )안에 들어갈 내용으로 알맞은 것은?

> 시료 중 수은을 ( )을 넣어 금속수은으로 환원시킨 다음 이 용액에 통기하여 발생하는 수은증기를 원자흡수분광광도법에 따라 정량하는 방법이다.

㉮ 시안화칼륨 ㉯ 과망간산칼륨
㉰ 아연분말 ㉱ 이염화주석

TIP
수은의 환원기화 - 원자흡수분광광도법
시료 중 수은을 이염화주석을 넣어 금속수은으로 환원시킨 다음 이 용액에 통기하여 발생하는 수은증기를 253.7nm의 파장에서 원자흡수분광광도법에 따라 정량하는 방법이다.

52 폐기물공정시험기준상 이온전극법으로 분석할 수 있는 물질은 어느 것인가?

㉮ 시안 ㉯ 비소
㉰ 수은 ㉱ 유기인

풀이 시안의 분석법에는 자외선/가시선분광법, 이온전극법, 연속흐름법이 있다.

53 '비함침성 고상폐기물'의 용어 정의로 가장 적당한 것은 어느 것인가?

㉮ 금속판, 구리선 등 기름을 흡수하지 않는 평면 또는 비평면형태의 변압기 내부부재를 말한다.
㉯ 금속판, 구리선 등 수분을 흡수하지 않는 평면 또는 비평면형태의 변압기 내부부재를 말한다.
㉰ 금속판, 구리선 등 기름을 흡수하지 않는 평면 또는 비평면형태의 변압기 외부부재를 말한다.
㉱ 금속판, 구리선 등 수분을 흡수하지 않는 평면 또는 비평면형태의 변압기 외부부재를 말한다.

TIP
용어정의
① 함침성 고상폐기물 : 종이, 목재 등 기름을 흡수하는 변압기 내부부재(종이, 나무와 금속이 서로 혼합되어 있어 분리가 어려운 경우를 포함)를 말한다.
② 비함침성 고상폐기물 : 금속판, 구리선 등 기름을 흡수하지 않는 평면 또는 비평면 형태의 변압기 내부부재를 말한다.

answer 50 ㉱ 51 ㉱ 52 ㉮ 53 ㉮

54 다음은 정량한계에 대한 설명이다. (　)안에 들어갈 알맞은 말은?

> 정량한계란 시험분석 대상을 정량화할 수 있는 측정값으로서 제시된 정량한계 부근의 농도를 포함하도록 시료를 준비하고 이를 반복 측정하여 얻은 결과의 표준편차에 (　)한 값을 사용한다.

㉮ 3배　　㉯ 5배
㉰ 10배　　㉱ 15배

풀이 ① 정량한계 = 표준편차(S) × 10
② 기기검출한계 = 표준편차(S) × 3
③ 감응계수 = $\frac{\text{반응값(R)}}{\text{표준용액의 농도(C)}}$

55 용출시험 방법에 대한 설명으로 가장 거리가 먼 것은?

㉮ 시료의 조제방법에 따라 조제한 시료 100g 이상을 정확히 달아 정제수에 염산을 넣어 pH를 5.8 ~ 6.3으로 한 용매(mL)를 시료 : 용매 = 1 : 10(W/V)의 비로 2,000mL 삼각플라스크에 넣고 혼합하여 시료용액을 조제한다.
㉯ 시료용액의 조제가 끝난 혼합액을 매 분당 300회, 진폭이 4 ~ 5cm의 진탕기를 사용하여 6시간 연속 진탕한 다음 0.45 μm의 유리섬유여지로 여과한 것을 검액으로 한다.
㉰ 시료용액의 조제가 끝난 혼합액을 진탕한 후 여과가 어려운 경우에는 원심분리기를 사용하여 분당 3,000회전 이상으로 20분 이상 원심 분리한 다음 상징액을 적당량 취하여 용출시험용 시료용액으로 한다.
㉱ 용출시험 결과에 시료 중의 수분함량 보정을 위해 함수율 85% 이상인 시료에 한하여 "15/(100-D)"를 곱하여 계산된 값으로 한다.(D는 시료의 함수율(%)이다.)

풀이 ㉯ 시료용액의 조제가 끝난 혼합액을 매분당 200회, 진폭이 4 ~ 5cm의 진탕기를 사용하여 6시간 연속 진탕한 다음 1.0 μm의 유리섬유여지로 여과한 것을 검액으로 한다.

56 시료의 강열감량(%)를 측정하기 위해 10g의 용기에 20g의 시료를 취한 후 25% 질산암모늄용액을 넣어 가열시킨 다음 600 ± 25℃의 전기로 안에서 3시간 강열한 후 데시케이터에서 식힌 후 질량이 25g이었다면 강열감량(%)은 얼마인가?

㉮ 15%　　㉯ 20%
㉰ 25%　　㉱ 30%

풀이

$$\text{강열감량(\%)} = \frac{W_2 - W_3}{W_2 - W_1} \times 100$$

여기서 W_1 : 용기의 질량
W_2 : 강열 전의 용기와 시료의 질량
W_3 : 강열 후의 용기와 시료의 질량

$$\text{따라서 강열감량(\%)} = \frac{(20g+10g)-(25g)}{(20g+10g)-(10g)} \times 100 = 25\%$$

answer 54 ㉰ 55 ㉯ 56 ㉰

57 수은을 자외선/가시선 분광법으로 측정할 때의 내용으로 가장 거리가 먼 것은?

㉮ 디티존사염화탄소로 추출한다.
㉯ 정량범위는 0.001 ~ 0.025mg이다.
㉰ 흡광도의 측정값이 0.2 ~ 0.8의 범위에 들도록 실험용액의 농도를 조절한다.
㉱ 광원부의 광원으로는 주로 중공음극램프를 사용한다.

TIP

자외선/가시선 분광법의 광원
① 가시부와 근적외부 : 텅스텐램프
② 자외부 : 중수소 방전관

58 대상폐기물의 양이 600톤일 때 시료의 최소수는 얼마인가?

㉮ 30　㉯ 36
㉰ 40　㉱ 46

풀이 대상폐기물의 양이 600톤일 경우 시료의 최소수는 36이다.

TIP

내상폐기물의 양과 시료의 최소 수

대상폐기물의 양 (단위 : ton)	시료의 최소 수	대상폐기물의 양 (단위 : ton)	시료의 최소 수
~ 1미만	6	100이상 ~ 500미만	30
1이상 ~ 5미만	10	500이상 ~ 1,000미만	36
5이상 ~ 30미만	14	1,000이상 ~ 5,000미만	50
30이상 ~ 100미만	20	5,000이상	60

59 취급 또는 저장하는 동안에 밖으로부터의 공기 또는 다른 가스가 침입하지 아니하도록 내용물을 보호하는 용기는 어느 것인가?

㉮ 기밀용기　㉯ 밀봉용기
㉰ 차단용기　㉱ 밀폐용기

TIP

용기
① 밀폐용기 : 이물질
② 기밀용기 : 공기 또는 다른 가스
③ 밀봉용기 : 기체 또는 미생물
④ 차광용기 : 광선

60 수분 40%, 고형물 60%, 휘발성고형물 30%인 쓰레기의 유기물 함량(%)은 얼마인가?

㉮ 35　㉯ 40
㉰ 45　㉱ 50

$$\text{유기물 함량(\%)} = \frac{\text{휘발성 고형물(\%)}}{\text{고형물(\%)}} \times 100 = \frac{30\%}{60\%} \times 100 = 50\%$$

과년도 기출문제

answer 57 ㉱ 58 ㉯ 59 ㉮ 60 ㉱

2013 2회 기출문제

| 제1과목 | 폐기물개론

01 어떤 도시에서 발생되는 쓰레기를 인부 50명이 수거운반할 때의 MHT는 얼마인가? (단, 1일 10시간 작업, 연간수거실적은 1,220,000ton, 휴가일수 60일/년·인)

㉮ 약 1.05　　㉯ 약 0.81
㉰ 약 0.33　　㉱ 약 0.13

풀이

$$MHT = \frac{수거인부수 \times 작업시간}{쓰레기\ 수거실적}$$
$$= \frac{50인 \times 10hr/day \times 305day/년}{1,220,000ton/년}$$
$$= 0.125MHT$$

TIP

① MHT = man · hr/ton
② MHT : 1ton의 쓰레기를 수거하는데 수거인부 1인이 소요하는 총시간
③ MHT가 클수록 수거효율이 낮다.

02 폐기물의 입도 분석결과 입도 누적곡선상의 10%, 30%, 60%, 90%의 입경이 각각 1, 5, 10, 20mm였다. 이 때 유효입경과 균등계수는 얼마인가?

㉮ 유효입경 10mm, 균등계수 2.0
㉯ 유효입경 10mm, 균등계수 1.0
㉰ 유효입경 1.0mm, 균등계수 10
㉱ 유효입경 1.0mm, 균등계수 20

풀이 ① 유효입경 = 입도누적곡선상의 10%에 해당하는 입경($D_{10\%}$)
따라서 유효입경은 1.0mm이다.

② 균등계수 $= \frac{D_{60\%}}{D_{10\%}}$

여기서 $D_{60\%}$: 입도누적곡선상 60% 입경
$D_{10\%}$: 입도누적곡선상 10% 입경

따라서 균등계수 $= \frac{10mm}{1mm} = 10.0$

TIP

① 유효입경 = $D_{10\%}$
② 균등계수 = $\frac{D_{60\%}}{D_{10\%}}$
③ 곡률계수 = $\frac{(D_{30\%})^2}{(D_{10\%} \times D_{60\%})}$

03 pH 3인 폐산 용액은 pH가 5인 폐산 용액에 비해 수소이온이 몇 배가 되는가?

㉮ 2배　　㉯ 15배
㉰ 20배　　㉱ 100배

풀이 $pH = 3 \Rightarrow [H^+] = 10^{-3} mol/L$
$pH = 5 \Rightarrow [H^+] = 10^{-5} mol/L$

따라서 $\frac{pH3}{pH5} = \frac{10^{-3} mol/L}{10^{-5} mol/L} = 100$배

TIP

$pH = -log[H^+] \Rightarrow [H^+] = 10^{-pH} mol/L$
$pOH = -log[OH^-] \Rightarrow [OH^-] = 10^{-pOH} mol/L$

answer　01 ㉱　02 ㉰　03 ㉱

04 함수율이 35%인 쓰레기를 함수율이 7%로 감소시키면 감소시킨 후의 쓰레기의 질량은 처음 질량의 몇 %인가? (단, 쓰레기 비중은 1.0 기준이다.)

㉮ 약 80% ㉯ 약 75%
㉰ 약 70% ㉱ 약 65%

풀이 $W_1 \times (100-P_1) = W_2 \times (100-P_2)$

여기서 W_1 : 처음 쓰레기양
P_1 : 처음 함수율
W_2 : 감소 후 쓰레기양
P_2 : 감소 후 함수율

따라서 $W_1 \times (100-35) = W_2 \times (100-7)$

$\therefore \frac{W_2}{W_1} = \frac{(100-35)}{(100-7)} = 0.6989$

$\therefore W_2 = 0.6989W_1$ 이므로 처음의 69.89%가 된다.

05 쓰레기를 소각했을 때 남은 재의 질량은 쓰레기 질량의 약 1/5이다. 쓰레기 95ton을 소각했을 때 재의 용적이 $7m^3$라고 하면 재의 밀도(ton/m^3)는 얼마인가?

㉮ $2.31ton/m^3$ ㉯ $2.51ton/m^3$
㉰ $2.71ton/m^3$ ㉱ $2.91ton/m^3$

풀이
$$\text{재의 밀도}(ton/m^3) = \frac{\text{재의 질량}(ton)}{\text{재의 용적}(m^3)} = \frac{95ton \times \frac{1}{5}}{7m^3} = 2.71ton/m^3$$

06 2차 파쇄를 위해 5cm의 폐기물을 1cm로 파쇄하는데 소요되는 에너지(kWh /ton)는 얼마인가? (단, Kick의 법칙($E=C \cdot \ln(L_1/L_2)$)을 이용할 것, 동일한 파쇄기를 이용하여 10cm의 폐기물을 1cm로 파쇄하는 데에는 에너지가 50kWh/ton 소모된다.)

㉮ 약 30 ㉯ 약 35
㉰ 약 40 ㉱ 약 45

풀이 Kick의 법칙 : $E = C\ln\left(\frac{L_1}{L_2}\right)$

여기서 E : 동력
L_1 : 평균크기
L_2 : 최종크기

① $50kWh/ton = C \times \ln\left(\frac{10cm}{1cm}\right)$

$$\therefore C = \frac{50kWh/ton}{\ln\left(\frac{10cm}{1cm}\right)} = 21.71kWh/ton$$

② $E = 21.71kWh/ton \times \ln\left(\frac{5cm}{1cm}\right)$
$= 34.94kWh/ton$

실전문제

과년도 기출문제

answer 04 ㉰ 05 ㉰ 06 ㉯

07 다음은 쓰레기의 부피 감소율(%) 변화이다. 이 중에서 가장 큰 압축비의 증가를 요하는 경우는 어느 것인가?

㉮ 부피감소율 30 → 60 증가
㉯ 부피감소율 60 → 80 증가
㉰ 부피감소율 80 → 90 증가
㉱ 부피감소율 90 → 95 증가

풀이

$$\text{압축비} = \frac{100}{100-\text{부피감소율}}$$

㉮ ① $\text{압축비} = \frac{100}{100-30} = 1.43$

② $\text{압축비} = \frac{100}{100-60} = 2.5$

③ 압축비 증가 = 2.5-1.43 = 1.07

㉯ ① $\text{압축비} = \frac{100}{100-60} = 2.5$

② $\text{압축비} = \frac{100}{100-80} = 5.0$

③ 압축비 증가 = 5.0-2.5 = 2.5

㉰ ① $\text{압축비} = \frac{100}{100-80} = 5.0$

② $\text{압축비} = \frac{100}{100-90} = 10.0$

③ 압축비 증가 = 10.0-5.0 = 5.0

㉱ ① $\text{압축비} = \frac{100}{100-90} = 10.0$

② $\text{압축비} = \frac{100}{100-95} = 20.0$

③ 압축비 증가 = 20.0-10.0 = 10.0

08 함수율이 80%인 음식쓰레기와 함수율이 50%인 퇴비를 3 : 1의 질량비로 혼합할 때 함수율(%)은 얼마인가? (단, 비중은 1.0 기준이다.)

㉮ 66.5% ㉯ 68.5%
㉰ 72.5% ㉱ 74.5%

풀이 $\text{함수율(\%)} = \frac{80\% \times 3 + 50\% \times 1}{3+1} = 72.5\%$

09 40세대 2,000명이 생활하는 아파트에서 배출하는 쓰레기를 4일마다 수거하는데 적재용량 $8.0m^3$짜리 트럭 6대가 소요된다. 쓰레기의 용적당 질량은 $400kg/m^3$라면 1인당 1일 쓰레기 배출량(kg)은 얼마인가? (단, 기타 조건은 고려하지 않는다.)

㉮ 5.2kg ㉯ 4.1kg
㉰ 3.2kg ㉱ 2.4kg

풀이 쓰레기 배출량(kg/인 · 일)

$$= \frac{\text{쓰레기 수거량(kg/일)}}{\text{인구수(인)}}$$

$$= \frac{8.0m^3/\text{대} \times 6\text{대}/4\text{일} \times 400kg/m^3}{2{,}000\text{인}}$$

= 2.4kg/인 · 일

TIP

① 질량(kg) = 용적(m^3)×밀도(kg/m^3)

② 용적(m^3) = 질량(kg)×$\frac{1}{\text{밀도}(kg/m^3)}$

answer 07 ㉱ 08 ㉰ 09 ㉱

10 국내 쓰레기 수거노선 결정시 주의할 내용으로 틀린 것은?

㉮ 발생량이 아주 많은 곳은 하루 중 가장 먼저 수거한다.
㉯ 될 수 있는 한 한번 간 길은 가지 않는다.
㉰ 가능한 한 시계방향으로 수거노선을 정한다.
㉱ 적은 양의 쓰레기는 다른 날 왕복 내에서 수거한다.

풀이 ㉱ 발생량이 적으나 수거빈도가 동일하기를 원하는 적재지점은 가능한 한 같은 날 왕복내에서 수거한다.

11 새로운 쓰레기 수집방법 중 Pipe-line방식에 대한 내용으로 가장 거리가 먼 것은?

㉮ 쓰레기 발생빈도가 높은 인구밀집지역에서 현실성이 있다.
㉯ 대형폐기물에 대한 전처리가 필요하다.
㉰ 잘못 투입된 물건은 회수하기가 곤란하다.
㉱ 장거리 이송이 용이하다.

풀이 ㉱ 단거리 이송이 용이하다.

12 쓰레기 발생량에 영향을 주는 인자에 대한 내용으로 가장 적당한 것은?

㉮ 쓰레기통이 작을수록 쓰레기 발생량이 증가한다.
㉯ 수집빈도가 높을수록 쓰레기 발생량이 증가한다.
㉰ 생활수준이 높을수록 쓰레기 발생량이 감소한다.
㉱ 도시규모가 작을수록 쓰레기 발생량이 증가한다.

풀이 ㉮ 쓰레기통이 클수록 쓰레기 발생량이 증가한다.
㉰ 생활 수준이 높을수록 쓰레기 발생량이 증가한다.
㉱ 도시 규모가 클수록 쓰레기 발생량이 증가한다.

13 밀도가 650kg/m³인 쓰레기 10톤을 압축시켜 부피를 5m³으로 만들었다면 부피 감소율(Volume Reduction, %)은 얼마인가?

㉮ 약 79%　　㉯ 약 73%
㉰ 약 68%　　㉱ 약 62%

풀이 부피감소율(%) $= \left(1-\dfrac{V_2}{V_1}\right)\times 100(\%)$

여기서 V_1 : 압축 전 부피(m^3)
V_2 : 압축 후 부피(m^3)

① $V_1 = 10ton \times \dfrac{1}{0.65ton/m^3} = 15.3846m^3$

② $V_2 = 5m^3$

③ 부피감소율(%) $= \left(1-\dfrac{5m^3}{15.3846m^3}\right)\times 100$
$= 67.50\%$

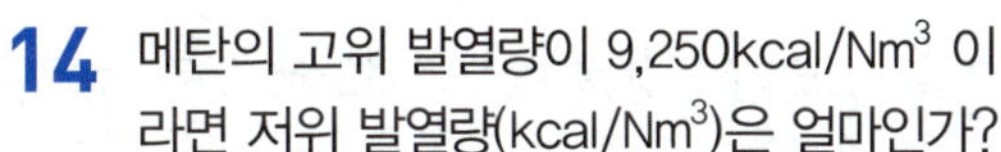

14 메탄의 고위 발열량이 9,250kcal/Nm³ 이라면 저위 발열량(kcal/Nm³)은 얼마인가?

㉮ 8,290kcal/Nm³　　㉯ 8,360kcal/Nm³
㉰ 8,470kcal/Nm³　　㉱ 8,530kcal/Nm³

풀이 $Hl = Hh - 480\times H_2O$ 개수(kcal/Sm³)
여기서 Hl : 저위발열량(kcal/Sm³)
Hh : 고위발열량(kcal/Sm³)
$CH_4 + 2O_2 \rightarrow CO_2 + 2H_2O$
$\therefore Hl = 9{,}250kcal/Nm^3 - 480\times 2$
$= 8{,}290kcal/Nm^3$

TIP
① 완전연소 반응식
$$C_mH_n + \left(m+\frac{n}{4}\right)O_2 \rightarrow mCO_2 + \frac{n}{2}H_2O$$
② 표준상태(0℃, 760mmHg) = Nm³ = Sm³

answer　10 ㉱　11 ㉱　12 ㉯　13 ㉰　14 ㉮

15 인구 1,000,000인 도시에서 1일 1인당 1.8kg의 쓰레기가 발생하고 있다. 1년 동안에 발생한 쓰레기의 총 부피(m^3/년)는 얼마인가? (단, 쓰레기 밀도는 0.45 kg/L 이며 기타 내용은 무시한다.)

㉮ 1,260,000m^3/년

㉯ 1,460,000m^3/년

㉰ 1,630,000m^3/년

㉱ 1,820,000m^3/년

풀이 쓰레기의 총부피(m^3/년)

= 쓰레기 발생량(kg/인 · 일)×365일/년

$\times$인구수(인)$\times\dfrac{1}{\text{쓰레기 밀도}(kg/m^3)}$

$= 1.8kg/인 \cdot 일 \times 365일/년 \times 1{,}000{,}000인 \times \dfrac{1}{450kg/m^3}$

= 1,460,000m^3/년

TIP

쓰레기 밀도

$0.45kg/L \times 10^3 L/m^3 = 450kg/m^3$

16 쓰레기 발생량 조사방법으로 틀린 것은?

㉮ 물질 수지법

㉯ 경향법

㉰ 적재차량 계수분석

㉱ 직접 계근법

풀이 쓰레기 발생량 조사방법으로는 물질수지법, 직접계근법, 적재차량계수법, 통계조사법 (전수조사, 표본조사)이 있다.

17 적환장이 필요한 경우로 틀린 것은?

㉮ 저밀도 주거지역이 존재하는 경우

㉯ 불법투기와 다량의 어질러진 쓰레기들이 발생하는 경우

㉰ 상업지역에서 폐기물 수집에 대형용기를 많이 사용하는 경우

㉱ 슬러지 수송이나 공기수송 방식을 사용하는 경우

풀이 ㉰ 상업지역에서 폐기물 수집에 소형용기를 사용하는 경우

18 직경이 3.5m인 Trommel screen의 최적속도(rpm)는 얼마인가?

㉮ 25 rpm　　㉯ 20 rpm

㉰ 15 rpm　　㉱ 10 rpm

풀이 ① $N_c = \sqrt{\dfrac{g}{4\pi^2 r}} \times 60$

여기서 N_c : 임계속도(rpm)

g : 중력가속도(9.8m/sec^2)

r : 반경(m)

따라서 $N_c = \sqrt{\dfrac{9.8m/sec^2}{4\times\pi^2\times\left(\dfrac{3.5m}{2}\right)}} \times 60$

$= 22.60$rpm

② $N_s = N_c \times 0.45$

여기서 N_s : 최적속도(rpm)

N_c : 임계속도(rpm)

따라서 $N_s = 22.60rpm \times 0.45 = 10.17rpm$

TIP

① rpm = 회/min

② 회/sec × 60sec/min = rpm

answer 15 ㉯ 16 ㉯ 17 ㉰ 18 ㉱

19 80%의 수분을 함유하고 있는 초기슬러지 100kg을 건조하여 수분함량을 50%로 만들었을 때 증발된 물의 양(kg)은 얼마인가? (단, 슬러지 비중은 1.0 기준이다.)

㉮ 30kg ㉯ 40kg
㉰ 50kg ㉱ 60kg

풀이 $W_1 \times (100 - P_1) = W_2 \times (100 - P_2)$

여기서 W_1 : 건조 전 슬러지량(kg)
P_1 : 건조 전 함수율(%)
W_2 : 건조 후 슬러지량(kg)
P_2 : 건조 후 함수율(%)

① $100\text{kg} \times (100 - 80) = W_2 \times (100 - 50)$

$\therefore W_2 = \dfrac{100\text{kg} \times (100 - 80)}{(100 - 50)} = 40\text{kg}$

② 증발된 물의 양 $= W_1 - W_2$
$= 100\text{kg} - 40\text{kg}$
$= 60\text{kg}$

20 적환장의 설치장소로 가장 거리가 먼 것은?

㉮ 쓰레기 발생지역의 질량중심에서 가능한 먼 곳
㉯ 주요간선도로와 가까운 곳
㉰ 환경피해가 최소인 곳
㉱ 설치 및 작업이 쉬운 곳

풀이 ㉮ 쓰레기 발생지역의 질량중심에 되도록 가까운 곳

| 제2과목 | 폐기물처리기술

21 소각로의 연소능력이 250kg/m²·h이며, 쓰레기양이 30,000kg/일이다. 1일 8시간 소각하는 로의 면적(m²)은 얼마인가?

㉮ 15m² ㉯ 20m²
㉰ 25m² ㉱ 30m²

풀이 소각로의 연소능력(kg/m²·h)

$= \dfrac{\text{쓰레기량(kg/hr)}}{\text{로의 면적}(m^2)}$

따라서 $250\text{kg/m}^2\cdot\text{hr} = \dfrac{30{,}000\text{kg/일} \times 1\text{일/8hr}}{\text{로의 면적}(m^2)}$

$\therefore$ 로의 면적 $= \dfrac{30{,}000\text{kg/일} \times 1\text{일/8hr}}{250\text{kg/m}^2\cdot\text{hr}} = 15\text{m}^2$

22 3,785m³/day 규모의 하수처리장 유입수의 BOD와 SS 농도가 각각 200mg/L라고 하고 1차 침전에 의하여 SS는 50%, BOD는 30%(SS제거에 따른 감소)가 제거된다고 할 때 1 차 슬러지의 양(kg/ day)은 얼마인가? (단, 비중은 1.0이며, 고형물 기준)

㉮ 378.5kg/day ㉯ 400.1kg/day
㉰ 512.4kg/day ㉱ 605.6kg/day

풀이 1차 슬러지의 양(kg/day)

$=$ 유량(kg/day) $\times$ SS 농도(kg/m³) $\times$ SS 제거율
$= 3{,}785\text{m}^3/\text{day} \times 0.2\text{kg/m}^3 \times 0.5$
$= 378.5\text{kg/day}$

TIP

① $\text{mg/L} \xrightarrow{\times 10^{-3}} \text{kg/m}^3$
② $200\text{mg/L} = 0.2\text{kg/m}^3$

answer 19 ㉱ 20 ㉮ 21 ㉮ 22 ㉮

23 합성차수막인 PVC의 장·단점에 대한 내용으로 거리가 먼 것은?

㉮ 강도가 높다.
㉯ 접합이 용이하다.
㉰ 자외선, 오존, 기후에 약하다.
㉱ 대부분의 유기화학물질에 강하다.

풀이 ㉱ 대부분의 유기화학물질에 약하다.

24 소각처리에 있어서 생성된 다이옥신의 배출을 최소화 할 수 있는 기술로써 보편적으로 활성탄 주입시설과 함께 가장 많이 사용되는 집진 설비는 어느 것인가?

㉮ 원심력 집진기 ㉯ 전기 집진기
㉰ 세정식 집진기 ㉱ 백필터 집진기

풀이 활성탄+백필터에 대한 설명이다.

25 폐기물 고화처리시 고화재의 종류에 따라 무기적 방법과 유기적 방법으로 나눌 수 있다. 유기적 고형화에 대한 내용으로 가장 거리가 먼 것은?

㉮ 수밀성이 크며 다양한 폐기물에 적용할 수 있다.
㉯ 최종 고화체의 체적 증가가 거의 균일하다.
㉰ 미생물, 자외선에 대한 안정성이 약하다.
㉱ 상업화된 처리법의 현장자료가 빈약하다.

풀이 ㉯ 최종 고화체의 체적 증가가 다양하다.

26 처리용량이 100kL/day인 분뇨처리장에서 가스저장 탱크를 설계하고자 한다. 가스 저류 시간을 6시간으로 하고 생성가스량을 투입량의 10배로 가정하면 가스탱크의 용량(m^3)은 얼마인가?

㉮ $100m^3$ ㉯ $150m^3$
㉰ $200m^3$ ㉱ $250m^3$

풀이 가스탱크의 용량(m^3)
= 처리용량(m^3/day)×가스저류시간(day)×생성가스량

$$= 100m^3/day \times \left(\frac{6hr}{24}\right)day \times 10\text{배}$$

$$= 250m^3$$

TIP
KL/day = m^3/day

27 수분함량이 97%인 슬러지의 비중은 얼마인가? (단, 고형물의 비중은 1.35이다.)

㉮ 약 1.062 ㉯ 약 1.042
㉰ 약 1.028 ㉱ 약 1.008

풀이

$$\frac{1}{\rho_{SL}} = \frac{W_{TS}}{\rho_{TS}} + \frac{W_P}{\rho_P}$$

여기서 ρ_{SL} : 슬러지의 비중
ρ_{TS} : 고형물의 비중
W_{TS} : 고형물의 함량
ρ_P : 수분의 비중
W_P : 수분의 함량

따라서 $\frac{1}{\rho_{SL}} = \frac{0.03}{1.35} + \frac{0.97}{1.0}$

$$\therefore \rho_{SL} = \frac{1}{0.9922} = 1.008$$

answer 23 ㉱ 24 ㉱ 25 ㉯ 26 ㉱ 27 ㉱

28 고화처리방법 중 열가소성 플라스틱법의 장·단점으로 틀린 것은?

㉮ 용출 손실률이 시멘트 기초법보다 낮다.
㉯ 혼합률(MR)이 비교적 높다.
㉰ 고온 분해되는 물질에 사용된다.
㉱ 처리과정에서 화재의 위험성이 있다.

풀이 ㉰ 높은 온도에서 분해되는 물질에는 사용할 수 없다.

TIP

열가소성 플라스틱법
(1) 장점
① 용출손실률은 시멘트기초법에 비해 매우 낮다.
② 대부분의 매트릭스 물질은 수용액의 침투에 저항성이 매우 크다.
③ 고화처리된 폐기물성분을 나중에 회수하여 재활용 할 수 있다.
(2) 단점
① 혼합률(MR)이 비교적 높다.
② 높은 온도에서 분해되는 물질에는 사용할 수 없다.
③ 처리과정에서 화재의 위험성이 있다.
④ 에너지 요구량이 크다.
⑤ 폐기물을 건조시켜야 한다.
(3) 혼합율((MR) = $\dfrac{\text{첨가제의 질량}}{\text{폐기물의 질량}}$

29 어느 분뇨 처리장에서 잉여슬러지량은 분뇨 처리량의 30%이며 함수율은 99%이다. 이것을 농축조에서 함수율 98%로 농축하여 탈수기로 탈수시키고자 한다. 탈수기는 일주일 중 6일 운전하고 1일 8시간씩 가동한다면 탈수기의 슬러지처리 능력(m^3/hr)은 얼마인가? (단, 비중은 1.0 기준이고, 1일 분뇨 처리량은 200kL임)

㉮ 1.8m^3/hr ㉯ 2.9m^3/hr
㉰ 3.6m^3/hr ㉱ 4.4m^3/hr

풀이 $V_1 \times (100-P_1) = V_2 \times (100-P_2)$
여기서 V_1 : 농축 전 슬러지량
P_1 : 농축 전 함수율
V_2 : 농축 후 슬러지량
P_2 : 농축 후 함수율
① 200m^3/day×0.3×(100-99)
= V_2×(100-98)

$$\therefore V_2 = \frac{200m^3/day \times 0.3 \times (100-99)}{(100-98)}$$
$= 30m^3/day$
② 슬러지 처리능력(m^3/hr)
$$= \frac{30m^3}{day} \times \frac{7day}{1주} \times \frac{1주}{6day} \times \frac{1day}{8hr}$$
$= 4.38\,m^3/hr$

30 질량비로 80% 수분을 함유한 폐수에 응집제를 가하여 침전시켰더니 상등액과 침전 슬러지의 용적비가 1 : 2로 되었다. 이 때의 침전 슬러지의 수분(%)은 얼마인가? (단, 응집제의 질량은 무시할 정도로 작으며 상등액의 SS 농도는 무시한다.)

㉮ 70% ㉯ 75%
㉰ 80% ㉱ 85%

풀이 $V_1 \times (100-P_1) = V_2 \times (100-P_2)$
$3 \times (100-80) = 2 \times (100-P_2)$
$$\therefore P_2 = 100 - \left\{\frac{3 \times (100-80)}{2}\right\} = 70\%$$

TIP

상등액 : 침전슬러지 = 1 : 2이므로
$V_1 = 3$, $V_2 = 2$가 된다.

answer 28 ㉰ 29 ㉱ 30 ㉮

실전문제
과년도 기출문제

31 토양오염의 특징으로 가장 거리가 먼 것은?

㉮ 오염경로의 다양성
㉯ 피해발현의 완만성
㉰ 타 환경인자와의 영향관계의 모호성
㉱ 오염(영향)의 광역성 및 인지성

풀이 ㉱ 오염(영향)의 국지성 및 비인지성

32 매립되는 총고형물 20,000g/m³인 폐기물 100m³ 중 휘발성 고형물이 60% (W/W%)이었다면 CH_4 발생량(m³)은 얼마인가? (단, CH_4 발생량은 VS 1kg당 0.5m³이다.)

㉮ 600m³ ㉯ 700m³
㉰ 800m³ ㉱ 900m³

풀이 CH_4 발생량(m³)
= 폐기물량(m³)×총고형물(kg/m³)
×휘발성 고형물의 함량×CH_4 발생량(m³/kg)
= 100m³×20kg/m³×0.6×0.5m³/kg
= 600m³

TIP
① $g/m^3(=mg/L) \xrightarrow{\times 10^{-3}} kg/m^3$
② $20,000g/m^3 = 20kg/m^3$

33 다음과 같은 조건의 음식물쓰레기와 톱밥을 혼합한 후 건조시킨 결과, 함수율 25%의 쓰레기가 만들어졌다면 건조된 쓰레기의 양(ton)은 얼마인가? (단, 비중은 1.0 기준이다.)

성 분	쓰레기양(t)	함수율(%)
음식물 쓰레기	12.0	85.0
톱밥	2.0	5.0

㉮ 4.93 ton ㉯ 5.33 ton
㉰ 6.32 ton ㉱ 7.12 ton

풀이 ① 함수량$(P_1) = \frac{12ton \times 85\% + 2ton \times 5\%}{12ton + 2ton}$
= 73.57%
② $W_1 \times (100 - P_1) = W_2 \times (100 - P_2)$
여기서 W_1 : 건조 전 쓰레기양(ton)
P_1 : 건조 전 함수율(%)
W_2 : 건조 후 쓰레기양(ton)
P_2 : 건조 후 함수율(%)
따라서 14ton×(100-73.57)
= W_2×(100-25)
$\therefore W_2 = \frac{14ton \times (100-73.57)}{(100-25)}$
=4.93ton

TIP
W_1 = 음식쓰레기양 + 톱밥
= 12ton + 2ton = 4ton

34 토양의 용적밀도가 1.56g/cm³이고, 입자밀도가 2.45g/cm³일 때 공극률(%)은 얼마인가? (단, 물의 비중은 1.0 으로 가정하고, 기타조건은 고려하지 않는다.)

㉮ 36.3% ㉯ 38.5%
㉰ 40.4% ㉱ 43.5%

풀이 공극률(%) $= \left(1 - \frac{용적밀도}{입자밀도}\right) \times 100$
$= \left(1 - \frac{1.56g/cm^3}{2.45g/cm^3}\right) \times 100 = 36.33\%$

answer 31 ㉱ 32 ㉮ 33 ㉮ 34 ㉮

35 함수율 98%인 슬러지 3,000m^3을 함수율 30%로 처리하여 매립하였다면 매립된 슬러지의 질량(톤)은 얼마인가? (단, 비중은 1.0 기준이다.)

㉮ 약 75 톤　　㉯ 약 86 톤
㉰ 약 92 톤　　㉱ 약 98 톤

풀이 ① $V_1 \times (100 - P_1) = V_2 \times (100 - P_2)$
여기서 V_1 : 매립 전 슬러지량(m^3)
P_1 : 매립 전 함수율(%)
V_2 : 매립 후 슬러지량(m^3)
P_2 : 매립 후 함수율(%)
따라서 $3,000m^3 \times (100-98) = V_2 \times (100-30)$

$$\therefore V_2 = \frac{3,000m^3 \times (100-98)}{(100-30)} = 85.71\,m^3$$

② 매립된 슬러지 질량(ton)
$= 85.71m^3 \times 1.0ton/m^3$
$= 85.71ton$

TIP
비중의 단위
$g/cm^3 = g/mL = kg/L = ton/m^3$

36 표면차수막과 연직차수막을 비교한 설명으로 가장 거리가 먼 것은?

㉮ 차수성 확인 : 연직차수막은 지하에 매설하기 때문에 확인이 어렵다.
㉯ 경제성 : 표면차수막은 단위면적당 공사비가 비싼 반면 총 공사비는 싸다.
㉰ 보수 : 연직차수막은 차수막 보강시공이 가능하다.
㉱ 지하수 집배수시설 : 표면차수막은 필요하다.

풀이 ㉯ 경제성 : 표면차수막은 단위면적당 공사비가 싸지만 총공사비는 비싸다.

TIP
연직차수막과 표면차수막의 비교

	연직차수막	표면차수막
차수성 확인	지하에 매설하기 때문에 확인이 어렵다.	시공시에는 가능하나 매립후에는 곤란하다.
경제성	단위면적당 공사비가 비싼 반면 총공사비는 싸다.	단위면적당 공사비는 싸지만 매립지 전체를 시공하는 경우가 많아 총공사비는 비싸다.
보수성	차수막 보강시공이 가능	매립전에는 가능하나 매립후에는 어렵다.
지하수 집배수시설	필요없다.	필요하다.

37 유동상 소각로의 장단점으로 틀린 것은?

㉮ 기계적 구동부분이 적어 고장률이 낮다.
㉯ 상(床)으로부터 찌꺼기의 분리가 어렵다.
㉰ 로내 온도의 자동제어로 열회수가 용이하다.
㉱ 가스온도가 높고 과잉공기량이 많다.

풀이 ㉱ 가스온도가 낮고 과잉공기량이 적다.

38 탄소 81%, 수소 16%, 황 3%로 구성된 중유 10kg의 연소에 필요한 이론공기량(Sm^3)은 얼마인가?

㉮ $115.7Sm^3$　　㉯ $107.7Sm^3$
㉰ $95.8Sm^3$　　㉱ $88.7Sm^3$

풀이 ① 이론공기량(A_o)
$= 8.89C + 26.67\left(H - \frac{O}{8}\right) + 3.33S(Sm^3/kg)$
$= 8.89 \times 0.81 + 26.67 \times 0.16 + 3.33 \times 0.03$
$= 11.568Sm^3/kg$
② $11.568Sm^3/kg \times 10kg = 115.68Sm^3/kg$

answer　35 ㉯　36 ㉯　37 ㉱　38 ㉮

39 침출수를 혐기성 여상으로 처리할 때 유입유량 3,000m^3/day이고 BOD가 600 mg/L이며 처리효율이 95%이다. 이때 발생되는 메탄가스의 양(m^3/day)은 얼마인가? (단, 1.5m^3 가스/BOD kg, 가스 중 메탄 함량 60%, 표준상태 기준이다.)

㉮ 약 1,270m^3/day ㉯ 약 1,367m^3/day
㉰ 약 1,420m^3/day ㉱ 약 1,539m^3/day

풀이 CH_4 가스의 발생량(m^3/day)
= 유입유량(m^3/day)×BOD 농도(kg/m^3)
×처리효율×CH_4 함량×가스발생량(m^3/kg)
= 3,000m^3/day×0.6kg/m^3×0.95×0.60×1.5m^3/kg
= 1,539m^3/day

TIP

① mg/L $\xrightarrow{\times 10^{-3}}$ kg/m^3

② 600mg/L = 0.6kg/m^3

40 용량 10^5m^3의 매립지가 있다. 밀도 0.5t/m^3인 도시쓰레기가 400,000kg/일 율로 발생된다면 매립지 사용일수(일)는 얼마인가? (단, 매립지 내의 다짐에 의한 쓰레기 부피 감소율은 50%이다.)

㉮ 125일 ㉯ 250일
㉰ 312일 ㉱ 421일

풀이 매립지 사용일수

$$= \frac{\text{매립용적}(m^3)}{\text{쓰레기 발생량}(m^3)\times(1-\text{부피감소율})}$$

$$= \frac{10^5\,m^3}{400{,}000\text{kg/day}\times\frac{1}{500\text{kg/}m^3}\times(1-0.5)}$$

= 250일

TIP

① ton $\xrightarrow{\times 10^{3}}$ kg

② 밀도 0.5ton/m^3 = 500kg/m^3

| 제3과목 | 폐기물공정시험기준

41 대상폐기물의 양이 800톤인 경우, 시료의 최소수는 얼마인가?

㉮ 36 ㉯ 42
㉰ 50 ㉱ 60

풀이 대상폐기물의 양이 500톤이상 1,000톤 미만인 경우 시료의 최소수는 36이다.

TIP

대상폐기물의 양과 시료의 최소 수

대상폐기물의 양 (단위 : ton)	시료의 최소 수	대상폐기물의 양 (단위 : ton)	시료의 최소 수
~1미만	6	100이상~500미만	30
1이상~5미만	10	500이상~1,000미만	36
5이상~30미만	14	1,000이상~5,000미만	50
30이상~100미만	20	5,000이상	60

answer 39 ㉱ 40 ㉯ 41 ㉮

42 다음 중 농도표시에 관한 내용으로 가장 거리가 먼 것은?

㉮ 용액의 농도를 '%'로만 표시할 때는 W/V%를 말한다.
㉯ 천분율은 g/L의 기호를 쓴다.
㉰ 단위면적(A. area) 중 성분의 면적(A)를 표시할 때는 A/A%(area)의 기호를 쓴다.
㉱ 일억분율은 μg/L 의 기호를 쓴다.

풀이 ㉱ 십억분율(ppb)은 μg/L, μg/kg 의 기호를 쓴다.

43 용출시험 방법 중 시료액의 조제 또는 용출 조작에 대한 설명으로 가장 적당한 것은?

㉮ 시료적당량을 정밀하게 달아 정제수에 황산(1+2)을 넣어 pH4 이하로 만든 용매에 넣어 혼합한다.
㉯ 시료(g) : 용매(g)는 1 : 100(W/W) 비율로 혼합한다.
㉰ 진탕 후 1.0 μm의 유리섬유여과지로 여과하고 여과액을 적당량 취하여 용출시험용 시료용액으로 한다.
㉱ 진탕회수는 매분당 약 300회, 진폭은 4 ~ 5cm의 진탕기를 사용하여 8시간 연속 진탕한다.

풀이 ㉮ 시료 100g이상을 정확히 달아 정제수에 염산을 넣어 pH를 5.8 ~ 6.3으로 한 용매(mL)를 넣어 혼합한다.
㉯ 시료 : 용매 = 1 : 10(W : V) 비율로 혼합한다.
㉱ 진탕회수는 매분당 약 200회, 진폭은 4 ~ 5cm의 진탕기를 사용하여 6시간 연속 진탕한다.

44 유기인을 기체크로마토그래피로 분석할 때 사용되는 검출기의 종류로 틀린 것은?

㉮ 질소인 검출기
㉯ 열전도도 검출기
㉰ 전자포획형 검출기
㉱ 불꽃광도 검출기

풀이 검출기는 질소인 검출기(NPD), 불꽃광도 검출기(FPD)를 사용하며, 불꽃광도 검출기 대신 알칼리열이온화 검출기 또는 전자포획형 검출기를 사용할 수 있다.

45 청석면의 형태와 색상에 대한 설명으로 가장 거리가 먼 것은?

㉮ 곧은 섬유와 섬유다발
㉯ 종횡비는 전형적으로 1 : 4 이상
㉰ 특징적인 청색과 다색성
㉱ 다발 끝은 분산된 모양

풀이 ㉯ 종횡비는 전형적으로 10 : 1 이상

실전문제

과년도 기출문제

answer 42 ㉱ 43 ㉰ 44 ㉯ 45 ㉯

46 다음에서 설명하고 있는 시료의 분할 채취 방법은 어느 것인가?

> 1. 분쇄한 대시료를 단단하고 깨끗한 평면위에 원추형으로 쌓는다.
> 2. 원추를 장소를 바꾸어 다시 쌓는다.
> 3. 원추에서 일정량을 취하여 장방형으로 도포하고 계속해서 일정량을 취하여 그 위에 입체로 쌓는다.
> 4. 육면체의 측면을 돌면서 균등량씩 취하여 두 개의 원추를 쌓는다.
> 5. 하나의 원추를 버리고 나머지 원추를 앞의 조작을 반복하면서 적당한 크기까지 줄인다.

㉮ 구획법 ㉯ 교호삽법
㉰ 원추 2분법 ㉱ 원추 4분법

풀이 ㉯ 교호삽법에 대한 설명이며, 핵심 내용인 "원추형, 육면체, 원추쌓기 = 교호삽법"임을 숙지하시면 됩니다.

47 폐기물의 수소이온농도 측정시 적용되는 정밀도에 대한 기준으로 적당한 것은?

㉮ 임의의 한 종류의 pH 표준용액에 대해 섬출부를 정제수로 잘 씻은 다음 5회 되풀이 하여 pH를 측정하였을 때 그 재현성이 ±0.05 이내이어야 헌디.

㉯ 임의의 한 종류의 pH 표준용액에 대해 검출부를 정제수로 잘 씻은 다음 5회 되풀이 하여 pH를 측정하였을 때 그 재현성이 ±0.1 이내이어야 한다.

㉰ 임의의 한 종류의 pH 표준용액에 대해 검출부를 정제수로 잘 씻은 다음 10회 되풀이 하여 pH를 측정하였을 때 그 재현성이 ±0.05 이내이어야 한다.

㉱ 임의의 한 종류의 pH 표준용액에 대해 검출부를 정제수로 잘 씻은 다음 10회 되풀이 하여 pH를 측정하였을 때 그 재현성이 ±0.1 이내이어야 한다.

풀이 정밀도 : 임의의 한 종류의 pH 표준용액에 대하여 검출부를 정제수로 잘 씻은 다음 5회 되풀이 하여 pH를 측정했을 때 그 재현성이 ± 0.05 이내 이어야 한다.

48 10ppm을 %로 나타내면 얼마가 되는가?

㉮ 0.1% ㉯ 0.1%
㉰ 0.01% ㉱ 0.001%

풀이 $10\text{ppm} \xrightarrow{\times 10^{-4}} 0.001\%$

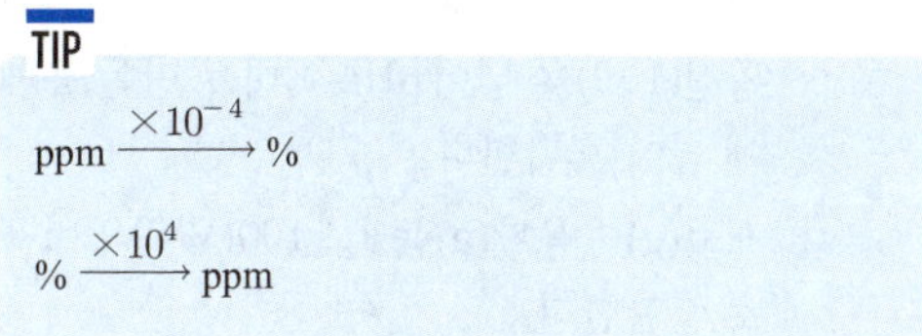

49 폐기물 운반용 차량에 적재된 폐기물 중에서 시료를 채취하고자 할 때 시료채취기준으로 가장 적당한 것은 어느 것인가?

㉮ 5톤 미만 차량 적재시 적재 폐기물을 평면상에서 2등분 한 후 각 등분마다 시료 채취

㉯ 5톤 이상 차량 적재시 적재 폐기물을 평면상에서 6등분 한 후 각 등분마다 시료 채취

㉰ 5톤 미만 차량 적재시 적재 폐기물을 평면상에서 4등분 한 후 각 등분마다 시료 채취

㉱ 5톤 이상 차량 적재시 적재 폐기물을 평면

answer 46 ㉯ 47 ㉮ 48 ㉱ 49 ㉱

상에서 9등분한 후 각 등분마다 시료 채취

풀이 ① 5톤 미만 : 6등분
② 5톤 이상 : 9등분

50 폐기물 중의 기름성분의 추출에 사용되는 물질은 어느 것인가?

㉮ 클로로폼 ㉯ 사염화탄소
㉰ 벤젠 ㉱ 노말헥산

풀이 기름성분의 질량법은 시료를 직접 사용하거나, 시료에 적당한 응집제 또는 흡착제 등을 넣어 노말헥산 추출물질을 포집한 다음 노말헥산으로 추출하고 잔류물의 질량으로부터 구하는 방법이다.

51 폐기물 시료의 전처리방법인 질산-과염소산 분해법에 관한 내용으로 틀린 것은?

㉮ 유기물을 다량 함유하고 있으면서 산화분해가 어려운 시료들에 적용한다.
㉯ 과염소산을 넣을 경우 진한질산이 공존하지 않으면 폭발할 위험이 있다.
㉰ 유기물분해가 완전히 끝나지 않아 액이 맑지 않을 때에는 다시 진한질산 5mL를 넣고 가열을 반복한다.
㉱ 부피기준으로 질산과 과염소산은 동일한 비율로 주입, 분해한다.

풀이 ㉱ 진한질산 5mL와 과염소산 10mL를 넣는다.

52 총칙에서 규정하고 있는 설명으로 가장 적당한 것은?

㉮ '약'이라 함은 기재된 양에 대하여 ±5% 이상의 차가 있어서는 안 된다.
㉯ '방울수'라 함은 0℃에서 정제수 20방울을 적하할 때 그 부피가 약 1mL 되는 것을 말한다.
㉰ '감압 또는 진공'이라 함은 5mmHg 이하를 말한다.
㉱ '냄새가 없다'라고 기재한 것은 냄새가 없거나 또는 거의 없는 것을 표시하는 것이다.

풀이 ㉮ '약'이라 함은 기재된 양에 대하여 ±10% 이상의 차가 있어서는 안 된다.
㉯ '방울수'라 함은 20℃에서 정제수 20방울을 적하할 때 그 부피가 약 1mL 되는 것을 말한다.
㉰ '감압 또는 진공'이라 함은 15mmHg 이하를 말한다.

실전문제

과년도 기출문제

53 다음 용출조작에 대한 내용 중 ( )안에 들어갈 적당한 것은 어느 것인가?

> 여과가 어려운 경우에는 원심분리기를 사용하여 매분당 ( ) 이상으로 ( )이상 원심 분리한 다음 상징액을 적당량 취하여 용출시험용 검액으로 한다.

㉮ 2,000회전, 20분 ㉯ 2,000회전, 30분
㉰ 3,000회전, 20분 ㉱ 3,000회전, 30분

TIP

용출조작

① 시료용액의 조제가 끝난 혼합액을 상온 상압에서 진탕회수가 매분당 약 200회, 진폭이 4~5cm의 진탕기를 사용하여 6시간 연속 진탕한다.
② 1.0μm의 유리섬유 여과지로 여과하고 여과액을

answer 50 ㉱ 51 ㉱ 52 ㉱ 53 ㉰

> 적당량 취하여 용출실험용 시료용액으로 한다.
> ③ 여과가 어려운 경우에는 원심분리기를 사용하여 매분당 3,000회전 이상으로 20분 이상 원심분리한 다음 상징액을 적당량 취하여 용출실험용 시료용액으로 한다.

54 총칙 중 온도에 대한 설명으로 가장 거리가 먼 것은?

㉮ 찬 곳은 따로 규정이 없는 한 0 ~ 15℃의 곳을 뜻한다.
㉯ 냉수는 4℃ 이하를 말한다.
㉰ 온수는 60 ~ 70℃를 말한다.
㉱ 실온은 1 ~ 35℃로 한다.

풀이 ㉯ 냉수는 15℃ 이하를 말한다.

55 다음은 폐기물 소각시설의 소각재 시료채취에 대한 설명이다. ( )안에 들어갈 적당한 것은 어느 것인가?

> 연속식 연소방식의 소각재 반출설비에서 시료채취 : 소각재 저장소에서 채취하는 경우는 저장조에 쌓여 있는 소각재를 평면상에서 ( )한 후 각 등분마다 크레인을 이용하여 소각재를 상하층으로 잘 섞은 다음 크레인으로 일정량을 저장조 밖으로 운반한다.

㉮ 4등분　㉯ 5등분
㉰ 6등분　㉱ 9등분

56 pH값 크기순으로 pH 표준액을 알맞게 나타낸 것은 어느 것인가? (단, 20℃ 기준)

㉮ 수산염표준액 < 프탈산염표준액 < 붕산염표준액 < 수산화칼슘표준액
㉯ 프탈산염표준액 < 인산염표준액 < 탄산염표준액 < 수산염표준액
㉰ 탄산염표준액 < 붕산염표준액 < 수산화칼슘표준액 < 수산염표준액
㉱ 인산염표준액 < 수산염표준액 < 붕산염표준액 < 탄산염 표준액

풀이 20℃ 기준에서 pH값 크기순서는 수산염표준액 < 프탈산염표준액 < 인산염표준액 < 붕산염표준액 < 탄산염표준액 < 수산화칼슘표준액이며, 암기법은 "수프인 7부옷에 탄숨"으로 숙지하시면 됩니다.

57 시험분석 대상물질을 기기가 검출할 수 있는 최소한의 농도 또는 양을 나타내는 기기검출한계에 대한 설명으로 적당한 것은?

㉮ 바탕시료를 반복 측정 분석한 결과의 표준편차에 2배한 값
㉯ 바탕시료를 반복 측정 분석한 결과의 표준편차에 3배한 값
㉰ 바탕시료를 반복 측정 분석한 결과의 표준편차에 5배한 값
㉱ 바탕시료를 반복 측정 분석한 결과의 표준편차에 10배한 값

풀이 ① 기기검출한계 = 표준편차(S) × 3
② 정량한계 = 표준편차(S) × 10
③ 감응계수 = $\frac{\text{반응값(R)}}{\text{표준용액의 농도(C)}}$

answer 54 ㉯ 55 ㉯ 56 ㉮ 57 ㉯

TIP

정량한계(LOQ)

시험분석 대상을 정량화할 수 있는 측정값으로서, 제시된 정량한계 부근의 농도를 포함하도록 시료를 준비하고 이를 반복 측정하여 얻은 결과의 표준편차(S)에 10배한 값을 사용한다.

58 강열감량 및 유기물함량(질량법) 측정시 전기로 강열과정 전, 시료의 가열을 위해 주입하는 시약은 어느 것인가?

㉮ 불화수소산용액

㉯ 과염소산용액

㉰ 과망간산칼륨용액

㉱ 질산암모늄용액

풀이 질산암모늄용액(25%)을 넣어 시료에 적시고 천천히 가열한 다음 (600±25)℃의 전기로 안에서 3시간 강열하고 실리카겔이 담겨있는 데시케이터 안에 넣어 식힌 후 질량을 정확히 단다.

59 자외선/가시선 분광법에 의한 시안 측정 시 사용시약 중 잔류염소를 제거하기 위한 시약은 어느 것인가?

㉮ 질산(1+4)

㉯ 클로라민T

㉰ L-아스코빈산

㉱ 아세트산아연 용액

풀이 잔류염소가 함유된 시료는 잔류염소 20mg당 L-아스코빈산(10W/V %) 0.6mL 또는 이산화비소산나트륨용액(10W/V %) 0.7mL를 넣어 제거한다.

TIP

간섭물질

① 시안화합물을 측정할 때 방해물질들은 증류하면 대부분 제거된다. 그러나 다량의 지방성분, 잔류염소, 황화합물은 시안화합물을 분석할 때 간섭할 수 있다.

② 다량의 지방성분을 함유한 시료는 아세트산 또는 수산화나트륨 용액으로 pH 6~7로 조절한 후 시료의 약 2%에 해당하는 부피의 노말헥산 또는 클로로폼을 넣어 추출하여 유기층은 버리고 수층을 분리하여 사용한다.

③ 황화합물이 함유된 시료는 아세트산아연용액(10W/V %) 2mL를 넣어 제거한다. 이 용액 1mL는 황화물이온 약 14mg에 해당된다.

④ 잔류염소가 함유된 시료는 잔류염소 20 mg당 L-아스코빈산(10W/V %) 0.6mL 또는 이산화비소산나트륨용액(10W/V %) 0.7mL를 넣어 제거한다.

60 다음 중 폐기물공정시험기준상 유도결합플라스마-원자발광분광법으로 측정하는 물질은 어느 것인가?

㉮ 유기인 ㉯ 수은

㉰ 비소 ㉱ 시안

풀이 **폐기물공정시험기준상 분석방법**

㉮ 유기인 : 기체크로마토그래피법

㉯ 수은 : 원자흡수분광광도법, 자외선/가시선 분광법

㉰ 비소 : 원자흡수분광광도법, 유도결합플라스마-원자발광분광법, 자외선/가시선 분광법

㉱ 시안 : 자외선/가시선분광법, 이온전극법, 연속흐름법

answer 58 ㉱ 59 ㉰ 60 ㉰

2013 4회 기출문제

| 제1과목 | 폐기물개론

01 파쇄장치 중 전단파쇄기에 관한 설명으로 가장 거리가 먼 것은?

㉮ 주로 목재류, 플라스틱류 및 종이류를 파쇄하는데 이용된다.
㉯ 이물질의 혼입에 대해 약하나 파쇄물의 크기를 고르게 할 수 있다.
㉰ 충격파쇄기에 비하여 대체적으로 파쇄속도가 빠르다.
㉱ 고정칼, 왕복 또는 회전칼과의 교합에 의하여 폐기물을 전단한다.

풀이 ㉰ 충격파쇄기에 비하여 대체적으로 파쇄속도가 느리다.

02 쓰레기 관리체계에서 가장 비용이 많이 드는 과정은 어느 것인가?

㉮ 수거 및 운반 ㉯ 처리
㉰ 저장 ㉱ 재활용

풀이 쓰레기 관리체계에서 비용이 가장 많이 드는 것은 수거단계이며, 수거단계가 전체비용의 60% 이상을 차지한다.

03 인구 3,800명인 어느 지역에서 하루 동안 발생되는 쓰레기를 수거하기 위하여 용량 $8m^3$인 청소차량이 5대, 1일 2회 수거, 1일 근무시간이 8시간인 환경미화원이 5명 동원된다. 이 쓰레기의 적재밀도가 $0.3ton/m^3$일 때 MHT 값은 얼마인가? (단, 기타 조건은 고려하지 않는다.)

㉮ 1.38man · hour/ton
㉯ 1.42man · hour/ton
㉰ 1.67man · hour/ton
㉱ 1.83man · hour/ton

풀이 ① 쓰레기 수거량(ton/일)
$= 0.3ton/m^3 \times 8m^3/대 \times 5대/1회 \times 2회/일$
$= 24ton/일$
② MHT(man · hr/ton)
$$= \frac{수거인부수 \times 작업시간}{쓰레기\ 수거량}$$
$$= \frac{5인 \times 8hr/일}{24ton/일}$$
$= 1.67man \cdot hr/ton$

answer 01 ㉰ 02 ㉮ 03 ㉰

04 밀도가 250kg/m^3인 폐기물 1,000kg을 소각하였더니 200kg의 소각잔류물이 발생하였다. 이 소각잔류물의 밀도가 1,000kg/m^3일 때 부피 감소율은 얼마인가?

㉮ 91% ㉯ 93%
㉰ 95% ㉱ 97%

풀이 ① 압축 전 부피(V_1)

$$= 1{,}000\text{kg} \times \frac{1}{250\text{kg/m}^3} = 4\text{m}^3$$

② 압축 후 부피(V_2)

$$= 200\text{kg} \times \frac{1}{1{,}000\text{kg/m}^3} = 0.2\text{m}^3$$

③ 부피감소율(%)

$$= \left(1 - \frac{V_2}{V_1}\right) \times 100 = \left(1 - \frac{0.2\text{m}^3}{4\text{m}^3}\right) \times 100$$

$= 95\%$

05 파쇄기로 15cm의 폐기물을 3cm로 파쇄하는데 에너지가 50kW · h/ton이 소요되었다. 20cm의 폐기물을 4cm로 파쇄시 소요되는 에너지량은 얼마인가?
(단, Kick의 법칙을 이용하시오.)

㉮ 32kW · h/ton ㉯ 37kW · h/ton
㉰ 41kW · h/ton ㉱ 50kW · h/ton

풀이 ① 동력(E) $= C \ln\left(\frac{dp_1}{dp_2}\right)$

$$50\text{kw} \cdot \text{hr/ton} = C \ln\left(\frac{15\text{cm}}{3\text{cm}}\right)$$

$$\therefore C = \frac{50\text{ kw}\cdot\text{hr/ton}}{\ln\left(\frac{15\text{cm}}{3\text{cm}}\right)}$$

$= 31.067\text{kw} \cdot \text{hr/ton}$

② 동력(E) $= 31.067\text{kw} \cdot \text{hr/ton} \times \ln\left(\frac{20\text{cm}}{4\text{cm}}\right)$

$= 50.0\text{kw} \cdot \text{hr/ton}$

06 다음 중 쓰레기의 발생량 조사 방법으로 가장 거리가 먼 것은?

㉮ 경향법
㉯ 적재차량 계수분석법
㉰ 직접 계근법
㉱ 물질 수지법

풀이 쓰레기 발생량 조사방법에는 물질수지법, 직접계근법, 적재차량계수법, 통계조사법(표본조사, 전수조사)가 있다.

07 어느 도시 폐기물 중 가연성 성분이 65%이고 불연성 성분이 35%일 때 다음의 조건하에서 RDF를 생산한다면 일주일 동안에 생산된 양(m^3)은 얼마인가? (단, 회수된 가연성 폐기물 전량이 RDF로 전환됨)

- 폐기물 발생량 : 2kg/인 · 일
- 가옥수 : 5,000세대
- 세대 당 평균 인구수 : 5명
- 가연성 성분 회수율 : 80%
- RDF의 밀도 : 1,500kg/m^3

㉮ 121 ㉯ 185
㉰ 227 ㉱ 264

풀이 RDF 생산량(m^3/주)

$$= \text{폐기물량(kg/일)} \times \frac{\text{가연성분(\%)}}{100} \times 7\text{일/주} \times \frac{1}{\text{RDF 밀도(kg/m}^3\text{)}}$$

$$= 2\text{kg/인} \cdot \text{일} \times 5{,}000\text{세대} \times 5\text{인/세대} \times 0.8 \times 0.65 \times 7\text{일/주} \times \frac{1}{1{,}500\text{kg/m}^3}$$

$= 121.33\text{m}^3$

answer 04 ㉰ 05 ㉱ 06 ㉮ 07 ㉮

08 선별효율을 나타내는 지표로 Worrell의 제안식을 적용한 선별결과가 다음과 같을 때, 선별효율은 얼마인가?

- 투입량 : 10톤/일
- 회수량 : 7톤/일(회수대상물질 5톤/일)
- 제거대상물질 : 3톤/일(회수대상물질 0.5톤/일)

㉮ 약 50%　　㉯ 약 60%
㉰ 약 70%　　㉱ 약 80%

풀이 Worrell의 제안식에서

선별효율(E) = X(회수율)×Y(기각율)

$$= \left(\frac{X_c}{X_i} \times \frac{Y_o}{Y_i}\right) \times 100$$

문제조건에서

X_i(투입량 중 회수대상물질) = 5.5톤/일
Y_i(투입량 중 비회수대상물질) = 4.5톤/일
X_o(제거량 중 회수대상물질) = 0.5톤/일
Y_o(제거량 중 비회수대상물질) = 2.5톤/일
X_c(회수량 중 회수대상물질) = 5톤/일
Y_c(회수량 중 비회수대상물질) = 2톤/일

따라서 $E = \left(\frac{X_c}{X_i} \times \frac{Y_o}{Y_i}\right) \times 100$

$$= \left(\frac{5\text{톤/일}}{5.5\text{톤/일}} \times \frac{2.5\text{톤/일}}{4.5\text{톤/일}}\right) \times 100$$

= 50.51%

TIP

Rietema의 선별효율 공식

$$\text{선별효율(E)} = \left|\left(\frac{X_c}{X_i} - \frac{Y_c}{Y_i}\right)\right| \times 100(\%)$$

09 다음의 물질회수를 위한 선별방법 중 플라스틱에서 종이를 선별할 수 있는 방법으로 가장 맞는 것은?

㉮ 와전류선별　　㉯ Jig 선별
㉰ 광학 선별　　㉱ 정전기적 선별

풀이 선별방법

㉮ 와전류선별 : 금속과 비금속을 구분하여 폐기물 중 비철금속(Al, Ni, Zn)등 선별
㉯ Jig 선별 : 사금선별
㉰ 광학 선별 : 불투명한 것(돌, 코르크 등)과 투명한 것(유리 등)의 선별
㉱ 정전기적 선별 : 플라스틱, 고무와 종이, 섬유, 합성피혁 선별

10 $10m^3$의 폐기물을 압축비 8로 압축하였을 때 압축 후의 부피는 얼마인가?

㉮ $0.85m^3$　　㉯ $0.95m^3$
㉰ $1.15m^3$　　㉱ $1.25m^3$

풀이 $\text{압축비} = \frac{V_1}{V_2}$

여기서 V_1 : 압축 전의 부피(m^3)
V_2 : 압축 후의 부피(m^3)

따라서 $8 = \frac{10m^3}{V_2}$

$\therefore V_2 = \frac{10m^3}{8} = 1.25m^3$

answer　08 ㉮　09 ㉱　10 ㉱

11 수거노선 설정시 유의사항으로 가장 거리가 먼 것은?

㉮ 언덕인 경우 위에서 내려가며 수거한다.
㉯ 아주 많은 양의 쓰레기가 발생되는 발생원은 하루 중 가장 먼저 수거한다.
㉰ 출발점은 차고와 가까운 곳으로 한다.
㉱ 가능한 한 반시계방향으로 설정한다.

풀이 ㉱ 가능한 한 시계방향으로 설정한다.

12 다음의 쓰레기의 성상분석 과정 중에서 일반적으로 가장 먼저 이루어지는 절차는 어느 것인가?

㉮ 분류 ㉯ 절단 및 분쇄
㉰ 건조 ㉱ 화학적 조성 분석

풀이 폐기물의 성상분석 철차순서는 시료 → 밀도 측정 → 물리적 조성 → 건조 → 분류 → 전처리 → 조성 분석 순이다.

13 모든 인자를 시간에 따른 함수로 나타낸 후, 시간에 대한 함수로 표시된 각 인자간의 상호관계를 수식화하여 쓰레기 발생량을 예측하는 방법은 어느 것인가?

㉮ 동적모사모델 ㉯ 다중회귀모델
㉰ 시간인자모델 ㉱ 다중인자모델

풀이 ㉮ 동적모사모델에 내한 설명이며, 핵심 내용인 "각 인자간의 상호관계를 수식화 = 동적모사모델"임을 숙지하시면 됩니다.

14 밀도 680kg/m^{3}인 쓰레기 200kg이 압축되어 밀도가 960kg/m^{3}으로 되었다면 압축비는 얼마인가?

㉮ 약 1.1 ㉯ 약 1.4
㉰ 약 1.7 ㉱ 약 2.1

풀이 $압축비 = \frac{V_1}{V_2}$

여기서 V_1 : 압축 전의 부피(m^3)
V_2 : 압축 후의 부피(m^3)

① $V_1 = 200\text{kg} \times \frac{1}{680\text{kg/m}^3} = 0.2941\text{m}^3$

② $V_2 = 200\text{kg} \times \frac{1}{960\text{kg/m}^3} = 0.2083\text{m}^3$

③ $압축비 = \frac{0.2941\text{m}^3}{0.2083\text{m}^3} = 1.41$

15 수분함량이 70%인 음식쓰레기 10톤을 소각처리하기 위하여 수분함량이 20%가 되도록 건조시켰을 때, 건조된 음식쓰레기의 질량은 얼마인가? (단, 비중은 1.0 기준이다.)

㉮ 5.25톤 ㉯ 4.85톤
㉰ 4.35톤 ㉱ 3.75톤

풀이 $W_1 \times (100 - P_1) = W_2 \times (100 - P_2)$

여기서 W_1 : 소각처리전 음식쓰레기량(ton)
P_1 : 소각처리전 수분함량(%)
W_2 : 소각처리후 음식쓰레기량(ton)
P_2 : 소각처리후 수분함량(%)

따라서 10톤×(100-70) = W_2×(100-20)

$\therefore W_2 = \frac{10톤 \times (100 - 70)}{(100 - 20)} = 3.75톤$

answer 11 ㉱ 12 ㉰ 13 ㉮ 14 ㉯ 15 ㉱

실전문제

과년도 기출문제

16 함수율이 각각 45%와 93%인 도시 쓰레기와 하수 슬러지를 함께 매립하려 한다. 도시 쓰레기와 슬러지를 질량비로 8 : 2로 혼합할 때 혼합된 쓰레기의 함수율(%)은 얼마인가?

㉮ 약 45%　　㉯ 약 50%
㉰ 약 55%　　㉱ 약 60%

풀이 혼합된 쓰레기의 함수율(%)

$$= \frac{45\% \times 8 + 93\% \times 2}{8+2} = 54.6\%$$

17 어떤 쓰레기 입도를 분석한 결과, 입도누적곡선상의 10%, 30%, 60%, 90%의 입경이 각각 2mm, 5mm, 10mm, 20mm이었다고 한다면 유효입경은 얼마인가?

㉮ 2mm　　㉯ 5mm
㉰ 7mm　　㉱ 10mm

풀이 유효입경
= 입도누적곡선상의 10%에 해당하는 입경($D_{10\%}$)
= 2mm

TIP

① 균등계수 = $\frac{D_{60\%}}{D_{10\%}}$

② 곡률계수 = $\frac{(D_{30\%})^2}{(D_{10\%} \times D_{60\%})}$

18 인구 110,000명이고, 쓰레기배출량이 1.1kg/인 · 일이라 한다. 쓰레기의 밀도는 250kg/m³라고 하면 적재량이 5m³ 트럭의 하루 운반 횟수는 얼마인가? (단, 트럭은 1대 기준이다.)

㉮ 69회　　㉯ 81회
㉰ 97회　　㉱ 101회

풀이 운반 횟수(회/일)

$$= \frac{\text{쓰레기 배출량}(m^3/\text{일})}{\text{적재량}(m^3/\text{회})}$$

$$= \frac{1.1\text{kg/인·일} \times 110,000\text{인} \times \frac{1}{250\text{kg/m}^3}}{5\text{m}^3/\text{회}}$$

= 97회

19 새로운 쓰레기 수집 시스템에 대한 다음 설명 중 가장 거리가 먼 것은?

㉮ 모노레일 수송의 장점은 자동무인화이다.
㉯ 관거수거는 쓰레기 발생빈도가 낮은 지역에서 현실성이 높다.
㉰ 공기수송은 진공수송과 가압수송이 있으며 가압수송이 진공수송보다 수송거리를 길게 할 수 있다.
㉱ 컨테이너 철도수송은 콘테이너 세정에 많은 물이 사용되는 단점이 있다.

풀이 ㉯ 관거수거는 쓰레기 발생빈도가 높은 지역에서 현실성이 높다.

answer 16 ㉰ 17 ㉮ 18 ㉰ 19 ㉯

20 탈수를 통해 폐기물의 함수율을 90%에서 60%로 감소시켰다. 이 경우 폐기물의 질량은 처음 질량의 몇 %로 감소하는가? (단, 비중은 1.0 기준이다.)

㉮ 25% ㉯ 40%
㉰ 65% ㉱ 80%

풀이 $W_1 \times (100 - P_1) = W_2 \times (100 - P_2)$
여기서 W_1 : 탈수 전 폐기물의 질량
P_1 : 탈수 전 함수율
W_2 : 탈수 후 폐기물의 질량
P_2 : 탈수 후 함수율
따라서 $W_1 \times (100 - 90) = W_2 \times (100 - 60)$
$\therefore W_2 = W_1 \times \frac{(100-90)}{(100-60)} = W_1 \times 0.25$
따라서 처음 질량의 25%로 감소한다.

| 제2과목 | 폐기물처리기술

21 쓰레기의 성분이 탄소 85%, 수소 10%, 산소 2%, 황 3%로 구성되어 있다면 이를 5.0kg 연소시킬 때 필요한 이론공기량(Sm^3)은 얼마인가?

㉮ 26.2 ㉯ 30.3
㉰ 42.7 ㉱ 51.3

풀이 ① 이론공기량(A_o)
$= 8.89C + 26.67\left(H - \frac{O}{8}\right) + 3.33S(Sm^3/kg)$
$= 8.89 \times 0.85 + 26.67\left(0.10 - \frac{0.02}{8}\right) + 3.33 \times 0.03$
$= 10.2567 Sm^3/kg$
② $A_o = 10.2567 Sm^3/kg \times 5.0kg = 51.28 Sm^3$

22 7,570m^3/d 유량의 하수처리장에서 유입수 BOD와 SS의 농도는 각각 200mg/L이고, 1차 침전지에 의하여 SS는 50%, BOD는 30%가 제거된다고 할 때 1차 침전지에서의 슬러지 발생량(kg/day)(건조고형물 기준)은 얼마인가? (단, 생물학적 분해는 없으며 BOD 제거는 SS 제거로 인한다.)

㉮ 약 630kg/d ㉯ 약 760kg/d
㉰ 약 850kg/d ㉱ 약 920kg/d

풀이 슬러지발생량(kg/day)
= 유량(m^3/day)×SS량(kg/m^3)×SS 제거량
= 7,570m^3/day×0.2kg/m^3×0.5
= 757kg/day

TIP
① ppm = mg/L = g/m^3
② mg/L $\xrightarrow{\times 10^{-3}}$ kg/m^3
③ SS 200mg/L = SS 0.2kg/m^3

23 폐기물 소각의 장점으로 가장 거리가 먼 것은?

㉮ 부피감소가 가능하다.
㉯ 위생적 처리가 가능하다.
㉰ 폐열이용이 가능하다.
㉱ 2차 대기오염이 적다.

풀이 ㉱ 2차 대기오염이 많다.

answer 20 ㉮ 21 ㉱ 22 ㉯ 23 ㉱

24 수거 분뇨를 혐기성 처리 후 유출수를 20배 희석한 후 2차 처리를 하여 BOD 20mg/L인 방류수를 배출하였다. 2차 처리시설의 BOD 제거율(%)은 얼마인가? (단, 혐기성 소화조 유입 분뇨의 BOD는 20,000mg/L, BOD 제거율은 80%이고, 희석수의 BOD농도는 무시한다.)

㉮ 86%　　㉯ 90%
㉰ 94%　　㉱ 97%

풀이 ① 2차 처리시설의 유입 BOD 농도(BOD_i)
= 유입 분뇨의 BOD 농도(mg/L)×(1-제거율)
= 20,000mg/L×(1-0.8)
= 4,000mg/L

② 2차 처리시설의 유출 BOD 농도(BOD_o)
= 20mg/L

③ 2차 처리시설의 BOD 제거율(%)

$$= \left(1 - \frac{BOD_o \times P}{BOD_i}\right) \times 100$$

$$= \left(1 - \frac{20\,mg/L \times 20}{4{,}000mg/L}\right) \times 100 = 90\%$$

TIP
P : 희석배수치

25 질소와 인을 제거하기 위한 생물학적 고도처리공법(A_2/O)의 공정 중 호기조의 역할로 틀린 것은?

㉮ 질산화　　㉯ 탈질화
㉰ 유기물의 산화　　㉱ 인의 과잉섭취

풀이 ㉯ 탈질화는 무산소조의 역할이다.

26 다음 조건과 같은 매립지내 침출수가 차수층을 통과하는데 소요되는 시간은?

- 점토층 두께 : 1.0m
- 유효공극률 : 0.2
- 투수계수 : 10^{-7}cm/sec
- 상부침출수 수두 : 0.4m

㉮ 약 7.83년　　㉯ 약 6.53년
㉰ 약 5.33년　　㉱ 약 4.53년

풀이

$$t = \frac{d^2 \cdot n}{k \cdot (d+h)}$$

여기서 t : 침출수가 점토층을 통과하는 시간(년)
d : 점토층의 두께(m)
n : 유효공극률
k : 투수계수(m/년)
h : 침출수 수두(m)

① k(m/년)

$$= \frac{10^{-7}\,cm}{sec} \times \frac{1\,m}{10^2\,cm} \times \frac{3{,}600sec}{1\,hr} \times \frac{24\,hr}{1\,day} \times \frac{365\,day}{1년}$$

= 0.0315m/년

② $t(년) = \dfrac{(1.0m)^2 \times 0.2}{0.0315m/년 \times (1.0m + 0.4m)}$
= 4.54년

27 유해폐기물의 처리기술 중 유기성 고형화에 관한 설명으로 틀린 것은?

㉮ 처리비용이 고가이다.
㉯ 최종 고화체의 체적 증가가 다양하다.
㉰ 수밀성이 크며 다양한 폐기물에 적용이 가능하다.
㉱ 미생물, 자외선에 대한 안정성이 강하다.

풀이 ㉱ 미생물, 자외선에 대한 안정성이 약하다.

answer　24 ㉯　25 ㉯　26 ㉱　27 ㉱

28 분뇨처리장에서 분뇨를 소화 후 소화된 슬러지를 탈수하고 있다. 소화된 슬러지의 발생량은 1일 분뇨 투입량의 10%이며 소화된 슬러지의 함수량이 95%라면 1일 탈수된 슬러지의 양(m^3)은 얼마인가? (단, 슬러지의 비중은 모두 1.0이고, 분뇨투입량은 200kL/day이며, 탈수된 슬러지의 함수율은 75%이다.)

㉮ $7m^3$ ㉯ $6m^3$
㉰ $5m^3$ ㉱ $4m^3$

풀이 ① 소화된 슬러지량(m^3/day)

$= 200m^3/day \times 0.1 \times (1-0.95)$

$= 1m^3/day$

② 탈수된 슬러지량(m^3/day)

$= \text{소화된 슬러지량}(m^3/day) \times \dfrac{100}{100-\text{함수율}(\%)}$

$= 1m^3/day \times \dfrac{100}{100-75}$

$= 4m^3/day$

29 이론공기량을 사용하여 C_3H_8을 연소시킨다. 건조 가스 중 $(CO_2)_{max}$는 얼마인가?

㉮ 약 13.7% ㉯ 약 15.7%
㉰ 약 18.7% ㉱ 약 21.7%

풀이 $C_3H_8 + 5O_2 \rightarrow 3CO_2 + 4H_2O$

① 이론건연소가스량(God)

$= (1-0.21)A_o + CO_2\text{량}$

$= (1-0.21) \times \dfrac{5}{0.21} + 3$

$= 21.8095Sm^3/Sm^3$

② CO_2량 $= CO_2$ 갯수 $= 3Sm^3/Sm^3$

③ $CO_{2max}(\%)$

$= \dfrac{CO_2\text{량}}{God} \times 100 = \dfrac{3Sm^3/Sm^3}{21.8095Sm^3/Sm^3} \times 100$

$= 13.76\%$

30 인구 400,000명에 1인당 하루 1.15kg의 쓰레기를 배출하는 지역에 면적이 $3,000,000m^2$의 매립장을 건설하려고 한다. 강우량은 1,250mm/year인 경우 강우로 인한 침출수 발생량(톤/년)은 얼마인가? (단, 강우량 중 60%는 증발되고 40%만 침출수로 발생된다고 가정하고 침출수의 비중은 1.0이다.)

㉮ 500,000톤/년 ㉯ 1,000,000톤/년
㉰ 1,500,000톤/년 ㉱ 2,000,000톤/년

풀이 침출수 발생량(톤/년)

$=$ 강우량(m/년)$\times$강우량 중 침출수$\times$면적(m^2) $\times$비중(ton/m^3)

$= 1,250 \times 10^{-3}m/\text{년} \times 0.40 \times 3,000,000m^2 \times 1.0ton/m^3$

$= 1,500,000ton/\text{년}$

TIP

비중의 단위

$g/m^3 = g/mL = kg/L = ton/m^3$

31 다음과 같은 조건의 축분과 톱밥을 혼합한 쓰레기의 함수율(%)은 얼마인가?
(단, 비중은 1.0 기준이다.)

성 분	쓰레기량(t)	함수율(%)
축 분	12.0	85.0
톱 밥	2.0	5.0

㉮ 73.6% ㉯ 75.6%
㉰ 77.6% ㉱ 79.6%

풀이 혼합된 쓰레기의 함수율(%)

$= \dfrac{12ton \times 85\% + 2ton \times 5\%}{12ton + 2ton} = 73.57\%$

과년도 기출문제

answer 28 ㉱ 29 ㉮ 30 ㉰ 31 ㉮

32 매립물의 조성이 $C_{40}H_{83}O_{30}N$인 경우 이 매립물 1mol 당 발생하는 메탄은 몇 mol 인가? (단, 혐기성 반응이다.)

㉮ 22.5　　㉯ 28.5
㉰ 32.5　　㉱ 38.5

풀이 $C_{40}H_{83}O_{30}N$: $22.5CH_4$
1mol : 22.5mol
따라서 22.5mol이 정답이다.

TIP
혐기성 반응에서 CH_4의 계수 구하는 공식

$$C_{40}H_{83}O_{30}N \rightarrow \left(\frac{4a+b-2c-3d}{8}\right)CH_4$$

여기서 a = 40, b = 83, c = 30, d = 1

$$\frac{(4\times40)+83-(2\times30)-(3\times1)}{8} = 22.5$$

33 어느 도시에서 소각대상 폐기물이 1일 100톤 발생되고 있다. 스토커 소각로에서 화상부하율을 200kg/m^2 · hr로 설계하고자 하는 경우 소요되는 스토커의 화상면적(m^2)은 얼마인가? (단, 소각로는 1일 12시간 운전한다.)

㉮ 약 21m^2　　㉯ 약 32m^2
㉰ 약 42m^2　　㉱ 약 64m^2

풀이

$$\text{화상부하율}(kg/m^2\cdot hr) = \frac{\text{폐기물량}(kg/hr)}{\text{화상면적}(m^2)}$$

$$200kg/m^2\cdot hr = \frac{100\times10^3 kg/day \times 1day/12hr}{\text{화상면적}(m^2)}$$

$$\therefore \text{화상면적} = \frac{100\times10^3 kg/day\times1day/12hr}{200kg/m^2\cdot hr} = 41.67m^2$$

34 60g의 에탄(C_2H_6)이 완전연소 할 때 필요한 이론 공기 부피(L)는 얼마인가? (단, 0℃, 1기압 기준이다.)

㉮ 약 450L　　㉯ 약 550L
㉰ 약 650L　　㉱ 약 750L

풀이 ① 이론산소량(O_o)을 계산한다.

$C_2H_6+3.5O_2 \rightarrow 2CO_2+3HO$
30g : 3.5×22.4L
60g : O_o

$$\therefore O_o = \frac{60g\times3.5\times22.4L}{30g} = 156.8L$$

② 이론공기량(A_o)을 계산한다.

$$A_o = \text{이론산소량}(L)\times\frac{1}{0.21}$$

$$= 156.8L\times\frac{1}{0.21} = 746.67L$$

TIP
① C_2H_6의 분자량 = (2×12)+(6×1) = 30g
② C_2H_6 1mol { 30g, 22.4L
③ 완전연소 반응식

$$C_mH_n+\left(m+\frac{n}{4}\right)O_2 \rightarrow mCO_2+\frac{n}{2}H_2O$$

35 폐기물 매립지의 침출수 처리에 많이 사용되는 펜톤 시약의 조성으로 맞는 것은?

㉮ 과산화수소 + Alum
㉯ 과산화수소 + 철염
㉰ 과망간산칼륨 + 철염
㉱ 과망간산칼륨 + Alum

풀이 펜톤시약은 과산화수소(H_2O_2)이며, 촉매는 철염(황산제1철)이다.

answer 32 ㉮ 33 ㉰ 34 ㉱ 35 ㉯

36 매립지에서 흔히 사용되는 합성차수막으로 가장 거리가 먼 것은?

㉮ LFG ㉯ HDPE
㉰ CR ㉱ PVC

풀이 ㉮ LFG(Landfill Gas)는 매립지에서 발생하는 가스를 의미한다.

37 매립지로부터 가스가 발생될 것이 예상되면 발생가스에 대한 적절한 대책이 수립되어야 한다. 다음 중 최소한의 환기설비 또는 가스대책 설비를 계획하여야 하는 경우로 틀린 것은?

㉮ 발생가스의 축적으로 덮개설비에 손상이 갈 우려가 있는 경우
㉯ 식물 식생의 과다로 지중 가스 축척이 가중되는 경우
㉰ 유독가스가 방출될 우려가 있는 경우
㉱ 매립지 위치가 주변개발지역과 인접한 경우

풀이 ㉯의 경우는 환기설비 또는 가스대책 설비에 해당되지 않는다.

38 퇴비화 과정에서 팽화제로 이용되는 물질로 틀린 것은?

㉮ 톱밥 ㉯ 왕겨
㉰ 볏짚 ㉱ 하수슬러지

풀이 팽화제로 이용되는 물질은 톱밥, 왕겨, 볏짚, 낙엽 등이 있다.

39 다음 중 차수막에 대한 설명으로 가장 거리가 먼 것은?

㉮ 연직차수막은 지중에 차수층이 수직방향으로 분포하고 있는 경우 시공한다.
㉯ 연직차수막은 지하에 매설하기 때문에 차수성 확인이 어렵다.
㉰ 표면차수막은 원칙적으로 지하수 집배수 시설을 시공한다.
㉱ 표면차수막은 단위면적당 공사비는 싸지만 매립지 전체를 시공하는 경우가 많아 총공사비가 비싸다.

풀이 ㉮ 연직차수막은 지중에 암반 및 점성토로 구성된 불투수층이 수평방향으로 넓게 분포하고 있는 경우 수직 또는 경사로 시공한다.

40 매립지내 폐기물 분해에 대한 단계별 설명과 가장 거리가 먼 것은?

㉮ 1단계(호기성단계) : 매립조작시 혼입된 공기가 호기성 분위기를 유도하여 호기성 미생물에 의해 산소가 증가한다.
㉯ 2단계(통성혐기성단계) : 혐기성 미생물이 우점균이 되어 각종 폐기물을 분해하여 저급지방산, 이산화탄소, 암모니아 가스 등을 생성한다.
㉰ 3단계(혐기성단계) : 메탄생성균과 메탄과 이산화탄소로 분해하는 미생물로 인해 메탄이 생성되기 시작한다.
㉱ 4단계(혐기성안정화단계) : 완전한 혐기성분위기가 유지되면서 메탄생성균이 우점종이 되어 유기물 분해와 동시에 메탄과 이산화탄소가 생성된다.

풀이 ㉮ 1단계(호기성단계) : 매립조작시 혼입된 공기가 호기성 분위기를 유도하여 호기성 미생물에 의해 산소가 감소한다.

answer 36 ㉮ 37 ㉯ 38 ㉱ 39 ㉮ 40 ㉮

| 제3과목 | 폐기물공정시험기준

41 대상폐기물의 양이 35톤인 경우 시료의 최소 수로 맞는 것은?

㉮ 20 ㉯ 30
㉰ 36 ㉱ 40

풀이 대상폐기물의 양과 시료의 최소 수

대상폐기물의 양 (단위 : ton)	시료의 최소 수	대상폐기물의 양 (단위 : ton)	시료의 최소 수
~1 미만	6	100 이상~500 미만	30
1 이상~5 미만	10	500 이상~1,000 미만	36
5 이상~30 미만	14	1,000 이상~5,000 미만	50
30 이상~100 미만	20	5,000 이상	60

42 다음 용어의 정의로 틀린 것은?

㉮ 질량을 '정밀히 단다'라 함은 규정된 수치의 질량을 0.1mg까지 다는 것을 말한다.
㉯ '정확히 취하여'라 하는 것은 규정한 양의 액체를 홀피펫으로 눈금까지 취하는 것을 말한다.
㉰ '냄새가 없다'라고 기재한 것은 냄새가 없거나 또는 거의 없는 것을 표시하는 것이다.
㉱ '바탕시험을 하여 보정한다'라 함은 시료에 대한 처리 및 측정을 할 때 시료를 사용하지 않고 같은 방법으로 조작한 측정치를 빼는 것을 뜻한다.

풀이 ㉮ 질량을 '정밀히 단다'라 함은 규정된 양의 시료를 취하여 화학저울 또는 미량저울로 칭량한다.

43 감염성미생물(아포균 검사법) 측정에 적용되는 '지표생물포자'에 대한 설명으로 맞는 것은?

㉮ 감염성 폐기물의 멸균 잔류물에 대한 멸균 여부의 판정은 병원성미생물보다 열저항성이 약하고 비병원성인 아포형성 미생물을 이용하는데 이를 지표생물포자라 한다.
㉯ 감염성 폐기물의 멸균 잔류물에 대한 멸균 여부의 판정을 병원성미생물보다 열저항성이 강하고 비병원성인 아포형성 미생물을 이용하는데 이를 지표생물포자라 한다.
㉰ 감염성 폐기물의 멸균 잔류물에 대한 멸균 여부의 판정을 비병원성미생물보다 열저항성이 약하고 병원성인 아포형성 미생물을 이용하는데 이를 지표생물포자라 한다.
㉱ 감염성 폐기물의 멸균 잔류물에 대한 멸균 여부의 판정을 비병원성미생물보다 열저항성이 강하고 병원성인 아포형성 미생물을 이용하는데 이를 지표생물포자라 한다.

풀이 ㉯번이 지표생물포자에 대한 설명이다.

44 유도결합플라스마-원자발광분광법으로 6가크롬을 측정할 때 정밀도(RSD) 기준으로 맞는 것은?

㉮ ±0.5% 이내 ㉯ ±5% 이내
㉰ ±15% 이내 ㉱ ±25% 이내

풀이 정밀도(RSD) 기준은 ±25% 이내이다.

answer 41 ㉮ 42 ㉮ 43 ㉯ 44 ㉱

45 자외선/가시선 분광광도계에 관한 내용으로 틀린 것은?

㉮ 광원부-파장선택부-시료부-측광부로 구성된다.
㉯ 광원부의 광원으로 가시부와 근자외부의 광원으로는 텅스텐램프가 사용된다.
㉰ 광원부의 광원으로 자외부의 광원으로는 중수소방전관이 사용된다.
㉱ 시료액의 흡수파장인 370nm 이상일 때는 석영 또는 경질유리 흡수셀을 사용한다.

풀이 ㉯ 광원부의 광원으로 가시부와 근적외부의 광원으로는 텅스텐램프가 사용된다.

46 다음은 석면(편광현미경법)의 시료 채취양에 관한 내용이다. ( )안의 내용으로 맞는 것은?

> 시료의 양은 1회에 최소한 면적단위로는 $1cm^2$, 부피단위로는 $1cm^3$, 질량단위로는 ( ) 이상 채취한다.

㉮ 1g ㉯ 2g
㉰ 3g ㉱ 4g

풀이 시료의 양
① 면적단위 : $1cm^2$
② 부피단위 : $1cm^3$
③ 무게단위 : 2g 이상

47 취급 또는 저장하는 동안에 기체 또는 미생물이 침입하지 아니하도록 내용물을 보호하는 용기는 어느 것인가?

㉮ 차단용기 ㉯ 밀폐용기
㉰ 기밀용기 ㉱ 밀봉용기

풀이 용기
㉯ 밀폐용기 : 이물질
㉰ 기밀용기 : 공기 또는 다른 가스
㉱ 밀봉용기 : 기체 또는 미생물

TIP
차광용기 : 광선

48 납을 자외선/가시선 분광법으로 측정할 때 간섭물질에 관한 설명이다. ( )안에 들어갈 말로 맞는 것은?

> 전처리를 하지 않고 직접 시료를 사용하는 경우, 시료 중에 ( )이 함유되어 있으면 염산 산성으로 끓여 완전히 분해 제거한다.

㉮ 비스무트(Bi) 화합물
㉯ 다량의 유기물
㉰ 철, 알루미늄
㉱ 시안화합물

answer 45 ㉯ 46 ㉯ 47 ㉱ 48 ㉱

49 폐기물 용출시험방법의 용출조작에 관한 설명으로 틀린 것은?

㉮ 여과가 어려운 경우에는 원심분리기를 사용하여 매분당 3000회전 이상으로 20분 이상 원심 분리한 다음, 상징액을 적당량 취하여 용출시험용 시료용액으로 한다.

㉯ 용출시험의 결과는 시료 중의 수분함량 보정을 위해 함수율 95% 이상인 시료에 한하여 [5/(100-시료 함수율(%)]를 곱하여 계산된 값으로 한다.

㉰ 시료조제가 끝난 혼합액은 상온, 상압에서 진탕회수가 매분당 약 200회, 진폭 4~5cm정도로 6시간 연속진탕 한다.

㉱ 진탕한 시료는 1.0 ㎛의 유리섬유여과지로 여과하고 여과액을 적당량 취하여 용출시험용 시료용액으로 한다.

풀이 ㉯ 용출시험의 결과는 시료 중의 수분함량 보정을 위해 함수율 85% 이상인 시료에 한하여 [15/(100-시료 함수율(%)]를 곱하여 계산된 값으로 한다.

50 '곧은 섬유와 섬유 다발' 형태가 아닌 석면의 종류는 어느 것인가? (단, 편광현미경법 기준이다.)

㉮ 직섬석 ㉯ 청석면
㉰ 갈석면 ㉱ 백석면

풀이 ㉱ 백석면은 꼬인 물결 모양의 섬유형태이다.

51 유리전극법으로 수소이온농도를 측정할 때 간섭물질에 대한 내용으로 틀린 것은?

㉮ 유리전극은 일반적으로 용액의 색도, 탁도에 간섭을 받지 않는다.

㉯ 유리전극은 산화 및 환원성 물질 그리고 염도에 간섭을 받는다.

㉰ pH 10 이상에서 나트륨에 의해 오차가 발생할 수 있는데 이는 "낮은 나트륨 오차 전극"을 사용하여 줄일 수 있다.

㉱ pH는 온도변화에 따라 영향을 받는다.

풀이 ㉯ 유리전극은 산화 및 환원성 물질 그리고 염도에 간섭을 받지 않는다.

52 폐기물공정시험기준상 이온전극법에 의해 정량되는 물질은?

㉮ 구리 ㉯ 시안
㉰ 크롬 ㉱ 비소

풀이 분석방법
㉮ 구리 : 원자흡수분광광도법, 유도결합플라스마-원자발광분광법, 자외선/가시선 분광법
㉯ 시안 : 자외선/가시선분광법, 이온전극법, 연속흐름법
㉰ 크롬 : 원자흡수분광광도법, 유도결합플라스마-원자발광분광법, 자외선/가시선 분광법(다이페닐카바자이드법)
㉱ 비소 : 원자흡수분광광도법, 유도결합플라스마-원자발광분광법, 자외선/가시선 분광법

53 기름성분을 질량법으로 측정할 때 정량한계 기준은?

㉮ 0.1% 이하 ㉯ 0.5% 이하
㉰ 1.0% 이하 ㉱ 5.0% 이하

풀이 기름성분을 질량법으로 측정할 때 정량한계 기준은 0.1% 이하이다.

answer 49 ㉯ 50 ㉱ 51 ㉯ 52 ㉯ 53 ㉮

54 6톤 운반차량에 적재되어 있는 폐기물의 시료채취 방법으로 맞는 것은?

㉮ 적재 폐기물을 평면상에서 6등분한 후 각 등분마다 시료를 채취한다.
㉯ 적재 폐기물을 평면상에서 9등분한 후 각 등분마다 시료를 채취한다.
㉰ 적재 폐기물을 평면상에서 10등분한 후 각 등분마다 시료를 채취한다.
㉱ 적재 폐기물을 평면상에서 14등분한 후 각 등분마다 시료를 채취한다.

풀이 시료채취방법 : 5톤 미만의 차량은 6등분, 5톤 이상의 차량은 9등분

55 다음은 강열감량 및 유기물함량을 질량법으로 측정하는 방법에 대한 내용이다. ( )안에 맞는 말은?

> 시료를 질산암모늄용액(25%)을 넣고 가열한 다음 600 ±25℃의 전기로 안에서 ( ) 강열한 다음 데시케이터에서 식힌 후 질량을 달아 증발접시의 질량차로부터 강열감량 및 유기물함량의 양(%)을 구한다.

㉮ 2시간　　㉯ 3시간
㉰ 4시간　　㉱ 6시간

풀이 강열감량 및 유기물함량을 질량법으로 측정하는 방법
① 주입시약 : 질산암모늄용액(25%)
② 전기로 온도 : (600±25)℃
③ 강열시간 : 3시간

56 총칙에서 규정하고 있는 '함침성 고상폐기물'의 정의로 맞는 것은?

㉮ 종이, 목재 등 수분을 흡수하는 변압기 내부 부재(종이, 나무와 금속이 서로 혼합되어 분리가 어려운 경우를 포함)를 말한다.
㉯ 종이, 목재 등 수분을 흡수하는 변압기 내부 부재(종이, 나무와 금속이 서로 혼합되어 분리가 어려운 경우는 제외)를 말한다.
㉰ 종이, 목재 등 기름을 흡수하는 변압기 내부 부재(종이, 나무와 금속이 서로 혼합되어 분리가 어려운 경우를 포함)를 말한다.
㉱ 종이, 목재 등 기름을 흡수하는 변압기 내부 부재(종이, 나무와 금속이 서로 혼합되어 분리가 어려운 경우는 제외)를 말한다.

풀이 함침성 고상폐기물의 정의에서 핵심내용인 " 기름을 흡수하는, 포함"임을 숙지하시면 됩니다.

실전문제

과년도 기출문제

57 다음은 폐기물공정시험기준상의 용어이다. ( ) 안에 들어갈 수치 중 가장 작은 것은 어느 것인가?

㉮ '방울수'는( )℃에서 정제수 20방울을 적하시켰을 때 부피가 약 1mL가 된다.
㉯ 냉수는 ( )℃ 이하를 말한다.
㉰ '약'이라 함은 기재된 양에 대해서±( )% 이상의 차가 있어서는 안 된다.
㉱ 진공이라 함은 ( )mmHg 이하의 압력을 말한다.

풀이 ㉮ 20, ㉯ 15, ㉰ 10, ㉱ 15

answer 54 ㉯ 55 ㉯ 56 ㉰ 57 ㉰

58 다음은 자외선/가시선 분광법으로 수은을 측정하는 방법이다. (   )에 알맞은 말은?

> 수은을 황산 산성에서 디티존사염화탄소로 일차 추출하고 브롬화칼륨 존재하에 황산 산성에서 역추출하여 방해성분과 분리한 다음 알칼리성에서 디티존 사염화탄소로 수은을 추출, (   )에서 흡광도 측정

㉮ 340nm ㉯ 490nm
㉰ 540nm ㉱ 580nm

풀이 수은의 자외선/가시선 분광법
① 1차 추출용매 : 황산산성에서 디티존사염화탄소
② 2차 추출용매 : 알칼리성에서 디티존사염화탄소
③ 흡광도 측정 파장 : 490nm
④ 정량한계 : 0.001mg

59 유기물 함량이 낮은 시료에 적용하는 산분해법으로 맞는 것은?

㉮ 염산 분해법 ㉯ 황산 분해법
㉰ 질산 분해법 ㉱ 염산-질산 분해법

풀이 유기물 함량이 낮은 시료에 적용하는 산분해법은 질산 분해법이다.

60 다음은 수은을 환원기화 – 원자흡수분광광도법으로 측정하는 방법이다. (   )안에 맞는 말은?

> 시료 중 수은을 (   )을 넣어 금속수은으로 환원시킨 다음 이 용액에 통기하여 발생하는 수은증기를 원자흡수분광광도법으로 정량한다.

㉮ 아연분말
㉯ 이염화주석
㉰ 염산하이드록실아민
㉱ 과망간산칼륨

풀이 수은의 환원기화–원자흡수분광광도법
① 환원제 : 이염화주석
② 측정파장 : 253.7nm
③ 정량한계 : 0.0005mg/L

answer 58 ㉯ 59 ㉰ 60 ㉯

2014 1회 기출문제

| 제1과목 | 폐기물개론

01 폐기물을 수거하여 분석한 결과 함수율이 40%이고 총 휘발성 고형물은 총고형물의 80%, 유기탄소량은 총 휘발성 고형물의 90%이었다. 또한 총질소량은 총 고형물의 2%라 할 때 이 폐기물의 C/N(유기탄소량/총질소량)은 얼마인가? (단, 비중은 1.0이다.)

㉮ 26 ㉯ 36
㉰ 46 ㉱ 56

풀이 $\text{C/N비} = \dfrac{\text{탄소량}}{\text{질소량}} = \dfrac{(1-0.4)\times 0.8\times 0.9}{(1-0.4)\times 0.02} = 36$

02 어느 도시폐기물 중 비가연성분이 40%(W/W%)이다. 밀도가 300kg/m^3인 폐기물 10m^3 중 가연성물질의 양은 얼마인가? (단, 비가연성분과 가연성분으로 구분 기준)

㉮ 1.2 ton ㉯ 1.4 ton
㉰ 1.6 ton ㉱ 1.8 ton

풀이 가연성 물질의 양(ton)

$= \text{폐기물의 양}(\text{m}^3)\times\text{밀도}(\text{ton/m}^3)\times\dfrac{100-\text{비가연성 성분}(\%)}{100}$

$= 10\text{m}^3\times 0.3\text{ton/m}^3\times(1-0.4)$

$= 1.8\text{ton}$

TIP
① 질량(ton)
$= \text{폐기물의 양}(\text{m}^3)\times\text{밀도}(\text{ton/m}^3)$
② 가연성 성분(%)
$= 100 - \text{비가연성 성분}(\%)$
③ 밀도
$300\text{kg/m}^3\times 10^{-3}\text{ton/kg} = 0.3\text{ton/m}^3$

03 전단파쇄기에 관한 설명으로 틀린 것은 어느 것인가?

㉮ 대체로 충격파쇄기에 비해 파쇄속도가 빠르다.
㉯ 이물질의 혼입에 대하여 약하다.
㉰ 파쇄물의 크기를 고르게 할 수 있다.
㉱ 주로 목재류, 플라스틱류 및 종이류를 파쇄하는데 이용된다.

풀이 ㉮ 대체로 충격파쇄기에 비해 파쇄속도가 느리다.

실전문제

과년도 기출문제

answer 01 ㉯ 02 ㉱ 03 ㉮

04 적환장의 일반적인 설치 필요조건으로 틀린 것은 어느 것인가?

㉮ 작은 용량의 수집차량을 사용할 때
㉯ 슬러지 수송이나 공기수송 방식을 사용할 때
㉰ 불법 투기와 다량의 어질러진 쓰레기들이 발생할 때
㉱ 고밀도 거주지역이 존재할 때

풀이 ㉱ 저밀도 거주지역이 존재할 때

05 $5\,m^3$의 용적을 갖는 쓰레기를 압축하였더니 $3\,m^3$으로 감소되었다. 이때 압축비(CR)는 얼마인가?

㉮ 0.43 ㉯ 0.60
㉰ 1.67 ㉱ 2.50

풀이 압축비 $= \dfrac{V_1}{V_2}$

여기서 V_1 : 압축 전의 부피(m^3)
V_2 : 압축 후의 부피(m^3)

따라서 압축비 $= \dfrac{5m^3}{3m^3} = 1.67$

06 50ton/hr 규모의 시설에서 평균크기가 30.5cm인 혼합된 도시폐기물을 최종크기 5.1cm로 파쇄하기 위해 필요한 동력은 얼마인가? (단, 킥의 법칙 적용, $C = 13.6$, 에너지단위 : kW·hr/ton)

㉮ 약 1,020kW ㉯ 약 1,120kW
㉰ 약 1,220kW ㉱ 약 1,320kW

풀이 Kick의 법칙을 이용한다.

동력$(E) = C\ln\left(\dfrac{dp_1}{dp_2}\right)$

여기서 dp_1 : 평균크기
dp_2 : 최종크기

① 동력(E) $= 13.6\text{kw}\cdot\text{hr/ton} \times \ln\left(\dfrac{30.5\,\text{cm}}{5.1\,\text{cm}}\right)$
$= 24.3234\,\text{kw}\cdot\text{hr/ton}$

② 동력(kw) $= 24.3234\text{kw}\cdot\text{hr/ton} \times 50\text{ton/hr}$
$= 1,216.17\,\text{kw}$

07 인구 1,000,000명이고, 1인 1일 쓰레기 배출량은 1.4kg/인·일 이라 한다. 쓰레기의 밀도가 650kg/m^3라고 하면 적재량 12 m^3인 트럭(1대 기준)으로 1일 동안 배출된 쓰레기 전량을 운반하기 위한 횟수는 얼마인가?

㉮ 150회 ㉯ 160회
㉰ 170회 ㉱ 180회

풀이 운반횟수 $= \dfrac{\text{쓰레기 배출량}}{\text{적재량}}$

$$= \frac{1.4\text{kg/인}\cdot\text{일} \times 1,000,000\text{인} \times \dfrac{1}{650\text{kg/m}^3}}{12\text{m}^3/\text{대} \times 1\text{대}/1\text{회}}$$

$= 180$회/일

answer 04 ㉱ 05 ㉰ 06 ㉰ 07 ㉱

08 CH_3OH 이 혐기성 반응으로 완전히 분해되었다. 발생한 CH_4 의 양이 2.0L였다면 투입한 CH_3OH 의 양(g)은 얼마인가? (단, 표준상태 기준이고 최종생성물은 메탄, 이산화탄소, 물이다.)

㉮ 1.8　　㉯ 2.8
㉰ 3.8　　㉱ 4.7

풀이 CH_3OH : $0.75\,CH_4$
32g : $0.75 \times 22.4L$
X : 2.0L

$\therefore X = \dfrac{32g \times 2.0L}{0.75 \times 22.4L} = 3.81g$

TIP
① CH_4 계수 구하는 식 :
$\dfrac{4a+b-2c-3d}{8} = \dfrac{4\times1+4-2\times1}{8} = 0.75$
② $CH_3OH = CH_4O$이므로
$a=1,\ b=4,\ c=1$
③ CH_3OH = 메탄올 = 메틸알콜
④ CH_3OH의 분자량
$= 12+3\times1+16+1 = 32g$

09 어떤 쓰레기의 입도를 분석한 결과 입도누적곡선상의 10%, 40%, 60%, 90%의 입경이 각각 1, 5, 10, 20mm일 때 유효입경과 균등계수는 각각 얼마인가?

㉮ 5.0mm, 2　　㉯ 5.0mm, 4
㉰ 1.0mm, 8　　㉱ 1.0mm, 10

풀이 ① 유효입경 $= D_{10\%}$
따라서 유효입경은 1mm이다.
② 균등계수 $= \dfrac{D_{60\%}}{D_{10\%}} = \dfrac{10mm}{1mm} = 10$

TIP
① 유효입경 $= D_{10\%}$
② 균등계수 $= \dfrac{D_{60\%}}{D_{10\%}}$
③ 곡률계수 $= \dfrac{(D_{30\%})^2}{(D_{10\%} \times D_{60\%})}$

10 다음의 폐기물의 성상분석의 절차 중 가장 먼저 시행하는 것은 어느 것인가?

㉮ 분류
㉯ 물리적 조성
㉰ 화학적 조성분석
㉱ 발열량측정

풀이 폐기물의 성상분석의 절차 순서는 시료→ 밀도 측정 → 물리적 조성→ 건조→ 분류→ 전처리 → 조성분석 순이다.

11 폐기물발생량이 0.85kg/인·일인 지역의 인구가 10만이고, 적재량 8톤 트럭으로 이 폐기물을 모두 운반하고 있다면 1일 필요한 차량 수는 얼마인가? (단, 트럭은 1일 1회 운행하며 기타 조건은 고려하지 않는다.)

㉮ 9　　㉯ 11
㉰ 13　　㉱ 15

풀이 차량수
$= \dfrac{\text{폐기물 발생량}}{\text{적재용량}}$
$= \dfrac{0.85\text{kg/인}\cdot\text{일} \times 100{,}000\text{인} \times 10^{-3}\text{ton/kg}}{8\text{ton/회} \times 1\text{회/대}}$
$= 11$ 대/일

실전문제

과년도 기출문제

answer 08 ㉰ 09 ㉱ 10 ㉯ 11 ㉯

12 청소상태를 평가하는 평가법 중 서비스를 받는 시민들의 만족도 설문조사하여 나타내어지는 사용자 만족도 지수는 어느 것인가?

㉮ CEI ㉯ USI
㉰ PPI ㉱ CPI

풀이 ① USI : 사용자 만족도 지수
② CEI : 지역사회 효과지수

13 적재량 $15\,m^3$인 수거차량으로 년 간 10만 대분의 쓰레기가 인구 100만명인 도시에서 발생하고 있다. 이때 쓰레기의 밀도가 $750\,kg/m^3$라면 1인 1일 발생하는 질량은 얼마인가? (단, 1년 =365일, 적재계수 1.0이고 인구증가율 등은 고려하지 않음)

㉮ 약 3.082kg ㉯ 약 3.382kg
㉰ 약 3.582kg ㉱ 약 3.882kg

풀이 쓰레기 발생량(kg/인·일)

$$= \frac{\text{쓰레기 발생량(kg/일)}}{\text{인구수}}$$

$$= \frac{15m^3 \times 100{,}000\text{대/년} \times 1\text{년}/365\text{일} \times 750kg/m^3}{1{,}000{,}000\text{인}}$$

$= 3.082\,kg$

14 소각로에서 발생되는 재의 질량 감량비가 60%, 부피감소비가 90%라 할 때 소각 전 폐기물의 밀도가 $0.55\,t/m^3$이라면, 소각재의 밀도는 얼마인가?

㉮ $1.0\,t/m^3$ ㉯ $1.2\,t/m^3$
㉰ $2.0\,t/m^3$ ㉱ $2.2\,t/m^3$

풀이 소각재의 밀도(ton/m^3)

$$= \text{소각전 폐기물의 양}(ton/m^3) \times \left(\frac{100 - \text{질량감량비}}{100 - \text{부피감소비}}\right)$$

$$= 0.55\,ton/m^3 \times \left(\frac{100-60}{100-90}\right)$$

$= 2.2\,ton/m^3$

15 쓰레기의 발생량 조사 방법인 물질수지법에 대한 설명으로 틀린 것은 어느 것인가?

㉮ 주로 산업폐기물 발생량을 추산할 때 이용 된다.
㉯ 비용이 저렴하고 정확한 조사가 가능하여 일반적으로 많이 활용된다.
㉰ 조사하고자 하는 계의 경계를 정확하게 설정하여야 한다.
㉱ 물질수지를 세울 수 있는 상세한 데이터가 있는 경우에 가능하다.

풀이 ㉯ 비용이 많이 들고 작업량이 많아 널리 이용되지 않는다.

16 폐기물을 압축한 결과 다음과 같았다. 부피감소율은 얼마인가?

- 압축 전 부피 : $55\,m^3$
- 압축 후 부피 : $33\,m^3$

㉮ 30% ㉯ 40%
㉰ 50% ㉱ 60%

풀이

$$\text{부피감소율(\%)} = \left(1 - \frac{V_2}{V_1}\right) \times 100$$

여기서 V_1 : 압축 전 부피(m^3)
V_2 : 압축 후 부피(m^3)

$$\text{따라서 부피감소율(\%)} = \left(1 - \frac{33m^3}{55m^3}\right) \times 100$$

$= 40\%$

answer 12 ㉯ 13 ㉮ 14 ㉱ 15 ㉯ 16 ㉯

17 어느 도시의 1년간 쓰레기 수거량은 2,000,000ton이었고, 수거대상 인구는 2,000,000인이었으며, 수거인부는 3,500명이었다. 단위 톤당의 쓰레기 수거에 소요되는 맨 아워(man-hour)는 얼마인가? (단, 수거인부의 작업시간은 하루 8시간이고, 1년 작업일수는 300일임.)

㉮ 2.6 man-hour/ton
㉯ 3.4 man-hour/ton
㉰ 4.2 man-hour/ton
㉱ 5.1 man-hour/ton

풀이

$$\text{man}\cdot\text{hr/ton} = \frac{\text{수거인부수} \times \text{작업시간}}{\text{쓰레기 수거실적}}$$

$$= \frac{3{,}500\text{인} \times 8\text{hr/day} \times 300\text{day/년}}{2{,}000{,}000\text{ton/년}}$$

$$= 4.2\text{man}\cdot\text{hr/ton}$$

18 함수율이 80%이며 건조고형물의 비중이 1.42인 슬러지의 비중은 얼마인가? (단, 물의 비중은 1.0 임.)

㉮ 1.021 ㉯ 1.063
㉰ 1.127 ㉱ 1.174

풀이

$$\frac{1}{\rho_{SL}} = \frac{W_{TS}}{\rho_{TS}} + \frac{W_P}{\rho_P}$$

여기서 ρ_{SL} : 슬러지의 비중
ρ_{TS} : 고형물의 비중
W_{TS} : 고형물의 함량
ρ_P : 수분의 비중
W_P : 수분의 함량

따라서 $\frac{1}{\rho_{SL}} = \frac{0.2}{1.42} + \frac{0.8}{1.0}$

$\therefore \frac{1}{\rho_{SL}} = 0.940845$

$\therefore \rho_{SL} = \frac{1}{0.940845} = 1.063$

19 쓰레기 발생량이 커지는 이유로 틀린 것은 어느 것인가?

㉮ 도시의 규모가 커진다.
㉯ 수집빈도가 낮아진다.
㉰ 쓰레기통이 커진다.
㉱ 생활수준이 높아진다.

풀이 ㉯ 수집빈도가 높아진다.

20 70%의 함수율을 가진 폐기물을 탈수시켜 40%로 감량될 때 폐기물은 초기 질량에서 몇 % 감량되는가? (단, 폐기물의 비중은 1.0임.)

㉮ 45% ㉯ 50%
㉰ 55% ㉱ 60%

풀이

$W_1 \times (100 - P_1) = W_2 \times (100 - P_2)$

$W_1 \times (100 - 70) = W_2 \times (100 - 40)$

$\frac{W_2}{W_1} = \frac{100-70}{100-40} = 0.5$

따라서 W_2는 W_1의 50%가 감량된다.

answer 17 ㉰ 18 ㉯ 19 ㉯ 20 ㉯

| 제2과목 | 폐기물처리기술

21 유기물(포도당, $C_6H_{12}O_6$) 1kg을 혐기성 소화시킬 때 이론적으로 발생되는 메탄량(kg) 은 얼마인가?

㉮ 약 0.09 ㉯ 약 0.27
㉰ 약 0.73 ㉱ 약 0.93

풀이 $C_6H_{12}O_6 \rightarrow 3CH_4 + 3CO_2$
180kg : 3×16kg
1kg : X

$\therefore X = \frac{1kg \times 3 \times 16kg}{180kg} = 0.27kg$

TIP
① $C_6H_{12}O_6$ = 포도당 = 글루코스
② $C_6H_{12}O_6$의 분자량
= 6×12+12×1+6×16 = 180kg
③ 질량(kg) = 계수×분자량(kg)
④ 체적(Sm^3) = 계수×22.4(Sm^3)

22 유해폐기물 고화처리시 흔히 사용하는 지표인 혼합율(MR)은 고화제 첨가량과 폐기물 양의 질량비로 정의된다. 고화처리 전 폐기물의 밀도가 1.0g/cm³, 고화처리된 폐기물의 밀도가 1.3g/cm³이라면 혼합율(MR)이 0.755일 때 고화처리된 폐기물의 부피변화율 (VCF)은 얼마인가?

㉮ 1.95 ㉯ 1.56
㉰ 1.35 ㉱ 1.15

풀이 부피감소율(VCF) $= (1+MR) \times \frac{\rho_1}{\rho_2}$
여기서 MR : 혼합률
ρ_1 : 고화처리 전 폐기물의 밀도(g/cm³)
ρ_2 : 고화처리 후 폐기물의 밀도(g/cm³)

따라서
부피변화율(VCF) $= (1+0.755) \times \frac{1.0g/cm^3}{1.3g/cm^3}$
$= 1.35$

23 밀도가 1.0t/m³인 지정폐기물 20m³을 시멘트고화처리 방법에 의해 고화처리하여 매립하고자 한다. 고화제인 시멘트를 첨가하였다면 고화제의 혼합율(MR)은 얼마인가? (단, 고화제 밀도는 1t/m³, 고화제 투입량은 폐기물 1m³당 200kg이다.)

㉮ 0.05 ㉯ 0.10
㉰ 0.15 ㉱ 0.20

풀이 고화제의 혼합률(MR) $= \frac{\text{첨가제의 질량}}{\text{폐기물의 질량}}$
$= \frac{200kg/m^3 \times 20m^3}{1{,}000kg/m^3 \times 20m^3}$
$= 0.2$

TIP
① 폐기물의 질량 = $1.0ton/m^3 \times 10^3 kg/ton \times 20m^3$
= 20,000kg
② 첨가제의 질량 = $200kg/m^3 \times 20m^3$ = 4,000kg

24 고형분 30%인 주방찌꺼기 10톤이 있다. 소각을 위하여 함수율이 50% 되게 건조시켰다면 이때의 질량은 얼마인가? (단, 비중은 1.0 기준이다.)

㉮ 2톤 ㉯ 3톤
㉰ 6톤 ㉱ 8톤

풀이 $W_1 \times TS_1 = W_2 \times (100 - P_2)$
$10ton \times 30\% = W_2 \times (100 - 50\%)$
$\therefore W_2 = \frac{10ton \times 30\%}{(100-50\%)} = 6ton$

answer 21 ㉯ 22 ㉰ 23 ㉱ 24 ㉰

TIP

① 고형물(TS) + 함수율(P) = 100%
② $TS_1 = 100 - P_1$

25 합성차수막 중 PVC에 관한 설명으로 잘못된 것은 어느 것인가?

㉮ 작업이 용이하다.
㉯ 접합이 용이하고 가격이 저렴하다.
㉰ 자외선, 오존, 기후에 약하다.
㉱ 대부분의 유기화학물질에 강하다.

풀이 ㉱ 대부분의 유기화학물질에 약하다.

26 고화처리법 중 열가소성 플라스틱법의 장단점으로 잘못된 것은 어느 것인가?

㉮ 고화처리된 폐기물성분을 훗날 회수하여 재활용 가능하다.
㉯ 크고 복잡한 장치와 숙련기술을 요한다.
㉰ 혼합율(MR)이 비교적 낮다.
㉱ 고온분해되는 물질에는 사용할 수 없다.

풀이 ㉰ 혼합율(MR)이 비교적 높다.

TIP

$$\text{혼합율(MR)} = \frac{\text{첨가제의 질량}}{\text{폐기물의 질량}}$$

27 전처리에서의 SS 제거율은 60%, 1차 처리에서 SS 제거율이 90%일 때 방류수 수질기준 이내로 처리하기 위한 2차 처리 최소효율(%)은 얼마인가?

- 분뇨 SS : 20,000mg/L
- SS 방류수 수질기준 : 60mg/L

㉮ 92.5% ㉯ 94.5%
㉰ 96.5% ㉱ 98.5%

풀이 ① 유입수의 SS농도

$= 20{,}000\text{mg/L} \times (1-0.6) \times (1-0.9)$

$= 800\text{mg/L}$

② 유출수의 SS농도 = 60 mg/L

③ 2차 처리 최소효율(%)

$$= \left(1 - \frac{\text{유출수SS농도}}{\text{유입수SS농도}}\right) \times 100$$

$$= \left(1 - \frac{60\text{mg/L}}{800\text{mg/L}}\right) \times 100$$

$= 92.5\%$

28 호기성처리로 200kL/d의 분뇨를 처리할 경우 처리장에 필요한 송풍량은 얼마인가?

- BOD 20,000ppm
- 제거율 80%
- 제거 BOD당 필요송풍량 100m^3/BODkg
- 분뇨비중 1.0
- 24시간 연속 가동 기준

㉮ 약 3,333 m^3/hr
㉯ 약 13,333 m^3/hr
㉰ 약 320,000 m^3/hr
㉱ 약 400,000 m^3/hr

answer 25 ㉱ 26 ㉰ 27 ㉮ 28 ㉯

풀이 ① 제거된 BOD 총량(kg/hr)

$= \text{BOD 농도}(kg/m^3) \times \text{분뇨량}(m^3/day) \times \text{제거율}$

$= 20kg/m^3 \times 200m^3/day \times 1day/24hr \times 0.8$

$= 133.33 kg/hr$

② 필요한 송풍량(m^3/hr)

$= \text{제거된 BOD총량}(kg/hr) \times \text{제거 BOD 당 필요 풍량}(m^3/kg)$

$= 133.33kg/hr \times 100m^3/kg$

$= 13,333 m^3/hr$

TIP

① BOD 20,000ppm $= 20kg/m^3$

② ppm $= mg/L = g/m^3$

③ $mg/L \xrightarrow{\times 10^{-3}} g/m^3$

④ 분뇨량 200kL/day $= 200m^3/day$

29 매립시 표면차수막(연직차수막과 비교)에 관한 내용으로 틀린 것은 어느 것인가?

㉮ 지하수 집배수시설이 필요하다.

㉯ 경제성에 있어서 차수막 단위면적당 공사비는 고가이나 총공사비는 싸다.

㉰ 보수 가능성면에 있어서는 매립전에는 용이하나 매립후에는 어렵다.

㉱ 차수성 확인에 있어서는 시공시에는 확인되지만 매립후에는 곤란하다.

풀이 ㉯ 경제성에 있어서 차수막 단위면적당 공사비는 싸지만 총공사비는 비싸다.

30 1일 20톤 폐기물을 소각처리하기 위한 로의 용적(m^3)은 얼마인가?

- 저위발열량이 700kcal/kg
- 노내 열부하는 20,000 $kcal/m^3 \cdot hr$
- 1일 가동시간 14시간

㉮ 25 m^3 ㉯ 30 m^3

㉰ 45 m^3 ㉱ 50 m^3

풀이 노내 열부하($kcal/m^3 \cdot hr$)

$$= \frac{\text{저위발열량}(kcal/kg) \times \text{폐기물의 양}(kg/hr)}{\text{로의 용적}(m^3)}$$

따라서

$$20,000kcal/m^3 \cdot hr = \frac{700kcal/kg \times 20,000kg/day \times 1day/14hr}{\text{로의 용적}(m^3)}$$

$$\therefore \text{로의 용적} = \frac{700kcal/kg \times 20,000kg/day \times 1day/14hr}{20,000 kcal/m^3 \cdot hr}$$

$= 50m^3$

31 어느 분뇨처리장에서 20kL/일의 분뇨를 처리하며 여기에서 발생하는 가스의 양은 투입분뇨량의 8배라고 한다면 이 중 CH_4 가스에 의해 생성되는 열량은 얼마인가? (단, 발생가스 중 CH_4 가스가 70%를 차지하며, 열량은 6,000 $kcal/m^3 - CH_4$ 이다.)

㉮ 84,000kcal/일 ㉯ 120,000kcal/일

㉰ 672,000kcal/일 ㉱ 960,000kcal/일

풀이 발생되는 열량(kcal/kg)

$= \text{분뇨량}(m^3/day) \times \text{발생가스 중 메탄량} \times \text{메탄의 발열량}(kcal/m^3)$

$= 20m^3/day \times 8\text{배} \times 0.7 \times 6,000kcal/m^3$

$= 672,000 kcal/\text{일}$

answer 29 ㉯ 30 ㉱ 31 ㉰

TIP

분뇨량 $20kL/일 = 20m^3/일$

32 폐기물 매립지 표면적이 50,000 m^2이며 침출수량은 년간 강우량의 10%라면 1년간 침출수에 의한 BOD 누출량은 얼마인가? (단, 년간 평균 강우량은 1,300mm, 침출수 BOD 8,000mg/L이다.)

㉮ 40,000 kg ㉯ 52,000 kg
㉰ 400,000 kg ㉱ 468,000 kg

풀이 침출수에 의한 BOD 유출량(kg/년)
= 침출수의 BOD 농도(kg/m^3) × 침출수량$(m^3/년)$
① 침출수의 BOD 농도
$= 8,000mg/L \times 10^{-3} = 8kg/m^3$
② 침출수량$(m^3/년)$
$= 50,000m^2 \times 1,300mm/년 \times 10^{-3}m/mm \times 0.1$
$= 6,500m^3/년$
③ 침출수에 의한 BOD 유출량
$= 8kg/m^3 \times 6,500m^3/년 = 52,000kg/년$

TIP

① $mg/L \xrightarrow{\times 10^{-3}} kg/m^3$

② $mm \xrightarrow{\times 10^{-3}} m$

33 메탄올(CH_3OH) 8 kg을 완전 연소하는데 필요한 이론공기량(Sm^3)은 얼마인가? (단, 표준상태 기준)

㉮ 35 Sm^3 ㉯ 40 Sm^3
㉰ 45 Sm^3 ㉱ 50 Sm^3

풀이 ① 이론산소량(Sm^3)을 계산한다.
$CH_3OH + 1.5O_2 \rightarrow CO_2 + 2H_2O$
32kg : $1.5 \times 22.4Sm^3$
8kg : O_o(이론산소량)
$\therefore O_o = \dfrac{8kg \times 1.5 \times 22.4Sm^3}{32kg} = 8.4Sm^3$
② 이론공기량(Sm^3)을 계산한다.
이론공기량(Sm^3) = 이론산소량$(Sm^3) \times \dfrac{1}{0.21}$
$= 8.4Sm^3 \times \dfrac{1}{0.21}$
$= 40Sm^3$

34 분뇨처리장의 방류수량이 1,000 m^3/day일 때 15분간 염소소독을 할 경우 소독조의 크기(m^3)는 얼마인가?

㉮ 약 16.5 m^3 ㉯ 약 13.5 m^3
㉰ 약 10.5 m^3 ㉱ 약 8.5 m^3

풀이 소독조의 크기(m^3)
= 방류수량(m^3/day) × 시간(day)
$= 1,000m^3/day \times 15min \times 1day/24hr \times 1hr/60min$
$= 10.42m^3$

실전문제

과년도 기출문제

answer 32 ㉯ 33 ㉯ 34 ㉰

35 $C_4H_9O_3N$으로 표현되는 유기물 1몰이 혐기성 상태에서 다음 식과 같이 분해 될 때 발생하는 이산화탄소의 양은 얼마인가?

$$C_4H_9O_3N + (a)H_2O \rightarrow (b)CO_2 + (c)CH_4 + (d)NH_3$$

㉮ 1몰 ㉯ 2몰
㉰ 3몰 ㉱ 4몰

풀이 $C_aH_bO_cN_d + \left(\frac{4a-b-2c+3d}{4}\right)H_2O$

$\rightarrow \left(\frac{4a+b-2c-3d}{8}\right)CH_4$

$+ \left(\frac{4a-b+2c+3d}{8}\right)CO_2 + dNH_3$

따라서 $C_4H_9O_3N + H_2O \rightarrow 2CH_4 + 2CO_2 + NH_3$

$\therefore$ $C_4H_9O_3N$ 1몰이 분해하면 CO_2는 2몰이 발생된다.

TIP

유기물의 탄소가 4개이므로 생성물의 CO_2와 CH_4에 반반씩 나눠주면 CO_2와 CH_4의 계수는 2가 된다고 숙지하시면 됩니다.

36 슬러지 $100m^3$의 함수율이 98%이다. 탈수 후 슬러지의 체적을 1/10로 하면 슬러지 함수율(%)은 얼마인가? (단, 모든 슬러지의 비중은 1.0이다)

㉮ 20% ㉯ 40%
㉰ 60% ㉱ 80%

풀이 $V_1 \times (100-P_1) = V_2 \times (100-P_2)$

$100m^3 \times (100-98) = 100m^3 \times \frac{1}{10} \times (100-P_2)$

$(100-P_2) = \frac{100m^3 \times (100-98)}{100m^3 \times \frac{1}{10}} = 20$

$\therefore$ $P_2 = 100-20 = 80\%$

37 열분해공정이 소각에 비해 갖는 장점으로 틀린 것은 어느 것인가?

㉮ 황분, 중금속이 재(ash) 중에 고정되는 비율이 작다.
㉯ 환원성 분위기가 유지되므로 Cr^{+3}가 Cr^{+6}로 변화되기 어렵다.
㉰ 배기 가스량이 적다.
㉱ NO_X 발생량이 적다.

풀이 ㉮ 황분, 중금속이 재(ash) 중에 고정되는 비율이 크다.

38 매립된 지 10년 이상인 매립지에서 발생되는 침출수를 처리하기 위한 공정으로 효율성이 가장 양호한 것은 어느 것인가?

- 침출수 특성 : COD/TOC < 2.0
- BOD/COD < 0.1
- COD < 500ppm

㉮ 역삼투 ㉯ 화학적 침전
㉰ 오존처리 ㉱ 생물학적 처리

풀이 ㉮ 역삼투법 이용시 효율적인 조건이다.

39 소각로 중 다단로 방식의 장점으로 잘못된 것은 어느 것인가?

㉮ 체류시간이 길어 먼지 발생율이 낮다.
㉯ 수분함량이 높은 폐기물의 연소가 가능하다.
㉰ 휘발성이 적은 폐기물 연소에 유리하다.
㉱ 많은 연소영역이 있으므로 연소효율을 높일 수 있다.

풀이 ㉮ 체류시간이 길어 먼지 발생율이 높다.

answer 35 36 ㉱ 37 ㉮ 38 ㉮ 39 ㉮

40 1일 폐기물 발생량이 100 ton인 폐기물을 깊이 3m인 도랑식으로 매립하고자 한다. 발생 폐기물의 밀도는 400 kg/m^3, 매립에 따른 부피감소율은 20%일 경우, 1년간 필요한 매립지의 면적(m^2)은 얼마인가? (단, 기타 조건은 고려하지 않는다.)

㉮ 약 16,083 ㉯ 약 24,333
㉰ 약 30,417 ㉱ 약 91,250

풀이 매립면적(m^2/년)

$$= \frac{\text{폐기물 발생량(kg/년)} \times (1 - \text{부피감소율})}{\text{폐기물 밀도}(kg/m^3) \times \text{깊이(m)}}$$

$$= \frac{100 \times 10^3 kg/\text{일} \times (1 - 0.2) \times 365\text{일/년}}{400 kg/m^3 \times 3m}$$

$= 24,333.33\, m^2$/년

TIP
$100ton = 100 \times 10^3 kg$

| 제3과목 | 폐기물공정시험기준

41 자외선/가시선 분광법에 의해 크롬을 정량하기 위해서는 크롬이온 전체를 6가크롬으로 변화시켜야 하는데 이때 사용하는 시약은 어느 것인가?

㉮ 다이페닐카르바지드
㉯ 질산암모늄
㉰ 과망간산칼륨
㉱ 염화제일주석

풀이 시약의 용도
① 과망간산칼륨 : 크롬이온 전체를 6가크롬으로 전환시키는 시약(산화제)
② 다이페닐카르바지드 : 적자색으로 발색시키는 시약(발색시약)

42 폐기물시료 200g을 취하여 기름성분(질량법)을 시험한 결과, 시험 전·후의 증발용기의 질량차는 13.591g으로 나타났고, 바탕시험 전·후의 증발용기의 질량차는 13.557g으로 나타났다. 이때의 노말헥산 추출물질 농도(%)는 얼마인가?

㉮ 0.013% ㉯ 0.017%
㉰ 0.023% ㉱ 0.034%

풀이 노말헥산 추출물질(%)

$$= (a - b) \times \frac{100}{V} = \frac{(a - b)g}{V(g)} \times 100$$

여기서 a : 실험전후의 증발용기의 질량 차(g)
b : 바탕시험 전후의 증발용기의 질량 차(g)
V : 시료의 양(g)

따라서 노말헥산 추출물질(%)

$$= \frac{(13.591 - 13.557)g}{200g} \times 100 = 0.017\%$$

43 용출 조작시 진탕 횟수 기준으로 알맞은 것은 어느 것인가? (단, 상온, 상압 조건, 진폭은 4~5cm)

㉮ 매분당 약 200회
㉯ 매분당 약 300회
㉰ 매분당 약 400회
㉱ 매분당 약 500회

풀이 용출시험방법
① pH 5.8~6.3으로 조절.
② 진탕회수 매분당 약 200회, 진폭 4~5cm, 진탕시간 6시간
③ 여과가 어려운 경우 : 매분당 3,000회전 이상, 20분 이상 원심분리

answer 40 ㉯ 41 ㉰ 42 ㉯ 43 ㉮

44 다음은 폐기물 시료의 채취에 관한 내용이다. (   )안에 알맞은 것은?

> 시료의 양은 1회에 100g 이상 채취한다. 다만 소각재의 경우에는 1회에 (   ) 이상을 채취한다.

㉮ 200g ㉯ 300g
㉰ 500g ㉱ 1000g

풀이 시료의 채취
① 일반시료 : 1회에 100g 이상
② 소각재 : 1회에 500g 이상

45 자외선/가시선 분광법을 이용한 시안분석 방법으로 틀린 것은 어느 것인가?

㉮ 포집된 시안이온을 중화하고 클로라민 T와 피리딘 피라졸론 혼합액을 넣어 적자색 510nm에서 측정한다.
㉯ 시료를 pH 2 이하의 산성으로 조절한 후 에틸렌다이아민테트라아세트산이나트륨을 넣고 가열 증류한다.
㉰ 잔류염소가 함유된 시료는 잔류염소 20mg당 L-아스코빈산(10W/V%) 0.6mL를 넣어 제거한다.
㉱ 황화합물이 함유된 시료는 아세트산아연용액(10W/V%) 2mL를 넣어 제거한다.

풀이 ㉮ 포집된 시안이온을 중화하고 클로라민 T와 피리딘 피라졸론 혼합액을 넣어 청색 620nm에서 측정한다.

46 대상폐기물의 양이 2,000톤인 경우 채취 시료의 최소수는 얼마인가?

㉮ 24 ㉯ 36
㉰ 50 ㉱ 60

풀이 대상폐기물의 양과 시료의 최소 수

대상폐기물의 양 (단위 : ton)	시료의 최소 수	대상폐기물의 양 (단위 : ton)	시료의 최소 수
~1미만	6	100이상~500미만	30
1이상~5미만	10	500이상~1,000미만	36
5이상~30미만	14	1,000이상~5,000미만	50
30이상~100미만	20	5,000이상	60

47 다음은 용출시험을 위한 시료 용액의 조제에 관한 내용이다. (   )에 알맞은 것은?

> 시료의 조제방법에 따라 조제한 시료 100g 이상을 정확히 달아 정제수에 염산을 넣어 pH를 (①)으로 한 용매(mL)를 시료 : 용매 = 1 : 10(W : V)의 비로 (②)mL 삼각플라스크에 넣어 혼합한다.

㉮ ① : 5.3~6.8, ② : 1,000
㉯ ① : 5.3~6.8, ② : 2,000
㉰ ① : 5.8~6.3, ② : 1,000
㉱ ① : 5.8~6.3, ② : 2,000

풀이 용출시험방법
① pH 5.8~6.3으로 조절
② 시료 : 용매 = 1:10(W:V)
③ 혼합 : 2,000mL 삼각플라스크

answer 44 ㉰ 45 ㉮ 46 ㉰ 47 ㉱

48 유도결합플라스마-원자발광분광법으로 분석할 수 없는 물질은 어느 것인가? (단, 폐기물공정시험기준 기준)

㉮ 납 ㉯ 비소
㉰ 수은 ㉱ 6가크롬

풀이 항목별 분석방법
㉮ 납 : 원자흡수분광광도법, 유도결합플라스마-원자발광분광법, 자외선/가시선분광법
㉯ 비소 : 원자흡수분광광도법, 유도결합플라스마-원자발광분광법, 자외선/가시선분광법
㉰ 수은 : 원자흡수분광광도법(환원기화법), 자외선/가시선분광법(디티존법)
㉱ 6가크롬 : 원자흡수분광광도법, 유도결합플라스마-원자발광분광법, 자외선/가시선분광법(다이페닐카바자이드법)

49 다음 중 pH 표준액 중 pH 4에 가장 근접하는 용액은?

㉮ 수산염 표준액
㉯ 프탈산염 표준액
㉰ 인산염 표준액
㉱ 붕산염 표준액

풀이 표준액의 pH
㉮ 수산염 표준액 : 약 pH 2
㉯ 프탈산염 표준액 : 약 pH 4
㉰ 인산염 표준액 : 약 pH 7
㉱ 붕산염 표준액 : 약 pH 9

50 자외선/가시선 분광법에 의하여 구리를 정량하는 방법으로 알맞지 않은 것은 어느 것인가?

㉮ 정량한계는 0.002mg 이다.
㉯ 흡광도는 440nm에서 측정한다.
㉰ 비스무트가 구리의 양보다 2배 이상 존재하는 경우에는 황색을 나타내어 방해한다.
㉱ 시료 중 시안화합물이 존재하는 경우 과망간산칼륨(10W/V%)용액으로 완전 산화시켜야 한다.

풀이 ㉱ 시료 중에 시안화합물이 함유되어 있으면 염산으로 산성 조건으로 만든 후 끓여 완전히 분해한다.

51 크롬(자외선/가시선 분광법) 측정시 첨가한 표준물질의 농도에 대한 측정 평균값의 상대 백분율로서 나타내는 정확도 값으로 알맞은 것은 어느 것인가?

㉮ 90~110% 이내
㉯ 85~115% 이내
㉰ 80~120% 이내
㉱ 75~125% 이내

풀이 정확도 및 정밀도
① 정확도는 첨가한 표준물질의 농도에 대한 측정 평균값의 상대 백분율로서 나타내며 그 값이 75~125% 이내이어야 한다.
② 정밀도는 측정값의 % 상대표준편차(RSD)로 계산하며 측정값이 25% 이내이어야 한다.

answer 48 ㉰ 49 ㉯ 50 ㉱ 51 ㉱

52 고형물 함량이 50%, 강열감량이 80%인 폐기물의 유기물 함량(%)은 얼마인가?

㉮ 30　　㉯ 40
㉰ 50　　㉱ 60

풀이 ① 수분(%)=100-고형물 함량(%)=100-50%=50%
② 휘발성 고형물(유기물) =강열감량-수분(%)
=80%-50%=30%
③ 고형물 함량=50%
④ 유기물함량(%)

$$= \frac{\text{휘발성고형물}(\%)}{\text{고형물 함량}(\%)} = \frac{30\%}{50\%} \times 100(\%) = 60\%$$

53 다음은 유리전극법에 의한 pH 측정시 정밀도에 관한 설명이다. ( )안에 적당한 것은 어느 것인가?

> pH 미터는 임의의 한 종류의 pH 표준용액에 대하여 검출부를 정제수로 잘 씻은 다음 5회 되풀이하여 pH를 측정하였을 때 그 재현성이 ( ) 이내이어야 한다.

㉮ ± 0.01　　㉯ ± 0.05
㉰ ± 0.1　　㉱ ± 0.5

풀이 정밀도에 대한 핵심 내용은"5회, ±0.05"임을 숙지하시면 됩니다.

54 총칙에서 규정하고 있는 내용으로 알맞은 것은 어느 것인가?

㉮ 진공이라 함은 15 mmH_2O 이하를 말한다.
㉯ 실온은 15~25℃이고 상온은 1~35℃로 한다.
㉰ 찬 곳은 따로 규정이 없는 한 0~15℃의 곳을 말한다.
㉱ 각각의 시험은 따로 규정이 없는 한 실온에서 실시한다.

풀이 ㉮ 진공이라 함은 15 mmHg 이하를 말한다.
㉯ 실온은 1~35℃이고 상온은 15~25℃로 한다.
㉱ 각각의 시험은 따로 규정이 없는 한 상온에서 실시한다.

55 폐기물 시료 채취시 갈색경질 유리병을 사용하여야 하는 측정 대상 항목에 해당하지 않는 것은 어느 것인가?

㉮ 유기인
㉯ 휘발성 저급 염소화 탄화수소류
㉰ PCB_S
㉱ 수은

풀이 노말헥산 추출물질, 유기인, 폴리클로리네이티드비페닐(PCBs), 휘발성 저급 염소화탄화수소류는 갈색경질 유리병만 사용한다.

56 자외선/가시선 분광법에 의한 카드뮴 분석 방법에 대한 내용으로 적당하지 않은 것은 어느 것인가?

㉮ 황갈색의 카드뮴착염을 사염화탄소로 추출하여 그 흡광도를 480nm에서 측정하는 방법이다.
㉯ 카드뮴의 정량범위는 0.001~0.03mg이고, 정량한계는 0.001mg이다.
㉰ 시료 중 다량의 철과 망간을 함유하는 경우 디티존에 의한 카드뮴추출이 불완전하다.
㉱ 시료에 다량의 비스무트(Bi)가 공존하면 시안화칼륨 용액으로 수회 씻어도 무색이 되지 않는다.

answer 52 ㉱ 53 ㉯ 54 ㉰ 55 ㉱ 56 ㉮

풀이 ㉮ 적색의 카드뮴착염을 사염화탄소로 추출하여 그 흡광도를 520nm에서 측정하는 방법이다.

57 폐기물공정시험기준에서 용어의 정의로 잘못된 것은 어느 것인가?

㉮ 반고상폐기물은 고형물의 함량 5% 이상 15% 미만인 것을 말한다.

㉯ 방울수는 20℃에서 정제수 20방울을 적하할 때, 그 부피가 약 1mL 되는 것을 말한다.

㉰ "감압 또는 진공"은 따로 규정이 없는 한 15mmHg 이하를 뜻한다.

㉱ "항량으로 될 때까지 건조한다"는 같은 조건에서 1시간 더 건조할 때 전후 질량의 차가 g당 0.1mg 이하일 때를 말한다.

풀이 ㉱ "항량으로 될 때까지 건조한다"는 같은 조건에서 1시간 더 건조할 때 전후 질량의 차가 g당 0.3mg 이하일 때를 말한다.

58 함수율이 90%인 슬러지를 용출시험하여 구리의 농도를 측정하니 1.0mg/L로 나타났다. 수분함량을 보정한 용출시험 결과치는 얼마인가?

㉮ 0.6 mg/L ㉯ 0.9 mg/L
㉰ 1.1 mg/L ㉱ 1.5 mg/L

풀이 ① 수분 함량이 85% 이상인 시료의

$$\text{보정계수} = \frac{15}{100 - \text{시료의 함수율}(\%)} = \frac{15}{100 - 90\%} = 1.5$$

② $1.0\text{mg/L} \times 1.5 = 1.5\text{mg/L}$

59 원자흡수분광광도법으로 비소를 측정할 때 사용되는 불꽃으로 알맞은 것은 어느 것인가?

㉮ 아르곤 - 수소 ㉯ 아르곤 - 질소
㉰ 질소 - 수소 ㉱ 질소 - 공기

풀이 비소의 원자흡수분광광도법
전처리한 시료 용액 중에 아연 또는 나트륨붕소수화물을 넣어 생성된 수소화비소를 원자화시켜 193.7nm에서 흡광도를 측정하고 비소를 정량하는 방법이며, 정량한계는 0.005mg/L이며, 사용하는 불꽃은 아르곤(Ar)- 수소(H_2)불꽃이다.

60 폐기물 중 시안을 측정(이온전극법)할 때 시료채취 및 관리에 관한 내용으로 알맞은 것은 어느 것인가?

㉮ 시료는 수산화나트륨용액을 가하여 pH 10 이상으로 조절하여 냉암소에서 보관한다. 최대 보관시간은 8시간이며 가능한 한 즉시 실험한다.

㉯ 시료는 수산화나트륨용액을 가하여 pH 10 이상으로 조절하여 냉암소에서 보관한다. 최대 보관시간은 24시간이며 가능한 한 즉시 실험한다.

㉰ 시료는 수산화나트륨용액을 가하여 pH 12 이상으로 조절하여 냉암소에서 보관한다. 최대 보관시간은 8시간이며 가능한 한 즉시 실험한다.

㉱ 시료는 수산화나트륨용액을 가하여 pH 12 이상으로 조절하여 냉암소에서 보관한다. 최대 보관시간은 24시간이며 가능한 한 즉시 실험한다.

풀이 시료보관
① 수산화나트륨(NaOH)로 pH 12 이상으로 조절
② 최대보관시간 : 24시간

실전문제

과년도 기출문제

answer 57 ㉱ 58 ㉱ 59 ㉮ 60 ㉱

기출문제

| 제1과목 | 폐기물개론

01 인구 3,800명인 어느 지역에서 발생되는 폐기물을 1주일에 1일 수거하기 위하여 용량 $8m^3$인 청소차량이 5대, 1일 2회 수거, 1일 근무시간이 8시간인 환경미화원이 5명 동원된다. 쓰레기의 적재밀도가 0.4 ton/m^3일 때 1인 1일 폐기물 발생량(kg/인 · 일)은 얼마인가?

㉮ 0.9kg/인·일　　㉯ 1.0kg/인·일
㉰ 1.2kg/인·일　　㉱ 1.3kg/인·일

풀이 폐기물발생량(kg/인 · 일)

$$= \frac{\text{쓰레기 수거량(kg/day)}}{\text{인구수(인)}}$$

$$= \frac{8m^3/\text{대} \times 400kg/m^3 \times 5\text{대}/1\text{회} \times 2\text{회}/1\text{일} \times 1\text{일}/1\text{주} \times 1\text{주}/7\text{일}}{3{,}800\text{인}}$$

$= 1.20$ kg/인·일

TIP

적재밀도 $0.4ton/m^3 = 400kg/m^3$

02 쓰레기와 하수처리장에서 얻어진 슬러지를 함께 매립하려 한다. 쓰레기와 슬러지의 함수율을 각각 40%와 80%라 한다면 쓰레기와 슬러지를 질량비 7:3 비율로 섞을 때 혼합체의 함수율(%)은 얼마인가?

㉮ 32%　　㉯ 42%
㉰ 52%　　㉱ 62%

풀이 혼합체의 함수율(%) $= \frac{40\% \times 7 + 80\% \times 3}{7+3}$

$= 52\%$

03 수소의 함량(원소분석에 의한 수소의 조성비)이 22%이고 수분함량이 20%인 폐기물의 고위발열량이 3,000kcal/kg일 때 저위발열량(kcal/kg)은 얼마인가? (단, 원소분석법 기준이다.)

㉮ 1,397 kcal/kg　　㉯ 1,438 kcal/kg
㉰ 1,582 kcal/kg　　㉱ 1,692 kcal/kg

풀이 $Hl = Hh - 600 \times (9H + W)$ (kcal/kg)

여기서, Hl : 저위발열량(kcal/kg)
Hh : 고위발열량(kcal/kg)
H : 수소함량
W : 수분함량

따라서

$Hl = 3{,}000kcal/kg - 600 \times (9 \times 0.22 + 0.20)$
$= 1{,}692\,kcal/kg$

answer 01 ㉰ 02 ㉰ 03 ㉱

04 부피감소율이 60%인 쓰레기의 압축비는 얼마인가?

㉮ 1.5 ㉯ 2.0
㉰ 2.5 ㉱ 3.0

풀이 $\text{압축비} = \dfrac{100}{100 - \text{부피감소율}(\%)}$

$= \dfrac{100}{100 - 60\%} = 2.5$

05 쓰레기발생량 조사방법이 아닌 것은 어느 것인가?

㉮ 직접계근법
㉯ 성상분석계근법
㉰ 적재차량계수분석
㉱ 물질수지법

풀이 쓰레기(폐기물) 발생량 예측방법과 조사방법의 종류
① 예측방법 : 다중회귀모델, 동적모사모델, 경향모델
② 조사방법 : 물질수지법, 직접계근법, 적재차량계수법, 통계조사법(표본조사, 전수조사)

TIP
암기법 : 예측은 다중이 동적으로 경향을 파악하고/ 조사는 물질을 직접 적재한 통계로 한다.

06 물렁거리는 가벼운 물질로부터 딱딱한 물질을 선별하는데 사용되는 것으로 경사진 Conveyor를 통해 폐기물을 주입시켜 천천히 회전하는 드럼위에 떨어뜨려서 분류하는 선별장치는 어느 것인가?

㉮ Stoners
㉯ Ballistic Separator
㉰ Fluidized Bed Separators
㉱ Secators

풀이 ㉱ 세카터(Secators)에 대한 설명이며, 핵심 내용인 "물렁거리는 가벼운 물질로부터 딱딱한 물질 선별 = 세카터"임을 숙지하시면 됩니다.

07 인구 35만 도시의 쓰레기 발생량이 1.2kg/인·일이고, 이 도시의 쓰레기 수거율은 90%이다. 적재정량이 10ton인 수거차량으로 수거한다면 아래의 조건으로 하루에 몇 대로 운반해야 하는가?

- 차량 당 하루 운전시간 : 6시간
- 처리장까지 왕복 운반시간 : 42분
- 차량 당 수거시간 : 20분
- 차량 당 하역시간 : 10분
- 단, 기타조건은 고려하지 않음

㉮ 8대 ㉯ 10대
㉰ 12대 ㉱ 14대

풀이 차량수

$$= \frac{\text{쓰레기 발생량(ton/day)} \times \text{수거율}}{\text{적재용량(ton/대)} \times \text{운전시간(hr/대·day)} \times \dfrac{1\text{대}}{\text{작업시간(min)}} \times \dfrac{60\text{min}}{1\text{hr}}}$$

$$= \frac{1.2\text{kg/인·일} \times 350{,}000\text{인} \times 0.90 \times 10^{-3}\text{ton/kg}}{10\text{ton/대} \times 6\text{hr/대·일} \times \dfrac{1\text{대}}{(42+20+10)\text{min}} \times \dfrac{60\text{min}}{1\text{hr}}}$$

$= 7.56 = 8$대

실전문제

과년도 기출문제

answer 04 ㉰ 05 ㉯ 06 ㉱ 07 ㉮

08 매립시 쓰레기 파쇄로 인한 이점으로 알맞은 것은 어느 것인가?

㉮ 압축장비가 없어도 고밀도의 매립이 가능하다.
㉯ 매립시 복토 요구량이 증가된다.
㉰ 폐기물 입자의 표면적이 감소되어 미생물 작용이 촉진된다.
㉱ 매립시 폐기물이 잘 섞여 혐기성 조건을 유지한다.

풀이 ㉯ 매립시 복토 요구량이 절감된다.
㉰ 폐기물 입자의 표면적이 증가되어 미생물 작용이 촉진된다.
㉱ 매립시 폐기물이 잘 섞여 호기성 조건을 유지한다.

09 와전류선별기로 주로 분리하는 비철금속에 대한 설명으로 알맞은 것은 어느 것인가?

㉮ 자성이며 전기전도성이 좋은 금속
㉯ 자성이며 전기전도성이 나쁜 금속
㉰ 비자성이며 전기전도성이 좋은 금속
㉱ 비자성이며 전기전도성이 나쁜 금속

풀이 와전류선별기는 비자성이며 전기전도성이 좋은 금속 분리에 이용된다.

10 A 도시에서 1주일 동안 쓰레기 수거상황을 조사한 다음, 결과를 적용한 1인당 1일 쓰레기 발생량(kg/인 · 일)은 얼마인가?

- 1일 수거대상 인구 : 800,000명
- 1주일 수거하여 적재한 쓰레기 용적 : $15,000\,m^3$
- 적재한 쓰레기 밀도 : $0.3\,t/m^3$

㉮ 약 0.6　　㉯ 약 0.7
㉰ 약 0.8　　㉱ 약 0.9

풀이 쓰레기발생량(kg/인·일)

$$= \frac{\text{쓰레기 발생량(kg/일)}}{\text{인구수}}$$

$$= \frac{15,000m^3/\text{주} \times 1\text{주}/7\text{일} \times 300kg/m^3}{800,000\text{인}}$$

$= 0.80\,kg/\text{인}\cdot\text{일}$

TIP

쓰레기 밀도 $0.3\,ton/m^3 = 300kg/m^3$

11 폐기물 중 80%를 3cm보다 작게 파쇄하려 할 때 Rosin-Rammler 입자크기분포모델을 이용한 특성입자의 크기는 얼마인가? (단, $n = 1$)

㉮ 1.36cm　　㉯ 1.86cm
㉰ 2.36cm　　㉱ 2.86cm

풀이

$$Y = 1 - \exp\left[-\left(\frac{dp_1}{dp_2}\right)^n\right]$$

여기서, Y : 체하분율
dp_1 : 폐기물입자의 크기
dp_2 : 특성입자의 크기
n : 상수

따라서 $0.80 = 1 - \exp\left[-\left(\frac{3cm}{dp_2}\right)^1\right]$

$$\therefore dp_2 = \frac{-3cm}{LN(1-0.80)} = 1.86\,cm$$

TIP

$$Y = 1 - \exp\left[-\left(\frac{dp_1}{dp_2}\right)^n\right] \Rightarrow dp_2 = \frac{-dp_1}{LN(1-Y)}$$

answer 08 ㉮　09 ㉰　10 ㉰　11 ㉯

12 수거노선 설정시 유의할 사항으로 잘못된 것은 어느 것인가?

㉮ 언덕길은 내려가면서 수거한다.
㉯ 발생량이 많은 곳은 하루 중 가장 먼저 수거한다.
㉰ U자형 회전을 피해 수거한다.
㉱ 가능한 한 반시계방향으로 수거노선을 정한다.

풀이 ㉱ 가능한 한 시계방향으로 수거노선을 정한다.

13 적환 및 적환장에 대한 내용으로 틀린 것은 어느 것인가?

㉮ 적환장은 수송차량의 적재용량에 따라 직접적환, 간접적환, 복합적환으로 구분된다.
㉯ 적환장은 소형수거를 대형수송으로 연결해주는 곳이며 효율적인 수송을 위하여 보조적인 역할을 수행한다.
㉰ 적환장의 설치장소는 수거하고자 하는 개별적 고형폐기물 발생지역의 하중중심에 되도록 가까운 곳이어야 한다.
㉱ 적환을 시행하는 이유는 종말처리장이 대형화하여 폐기물의 운반거리가 연장되었기 때문이다.

풀이 ㉮ 적환장은 적재방식에 따라 직접투하방식, 저장투하방식, 직접·저장 투하 결합방식으로 구분된다.

14 A도시의 폐기물 수거량이 2,000,000ton/year 이며, 수거인부는 1일 3,255명이고 수거 대상 인구는 5,000,000인이다. 수거인부의 일 평균작업 시간은 5시간이라고 할 때, MHT는 얼마인가? (단, 1년은 365일 기준이다.)

㉮ 1.83MHT　　㉯ 2.97MHT
㉰ 3.65MHT　　㉱ 4.21MHT

풀이

$$MHT = \frac{수거인부수(인) \times 작업시간(hr)}{쓰레기수거실적(ton)}$$

$$= \frac{3,255인 \times 5hr/day \times 365day/년}{2,000,000ton/년}$$

$$= 2.97MHT$$

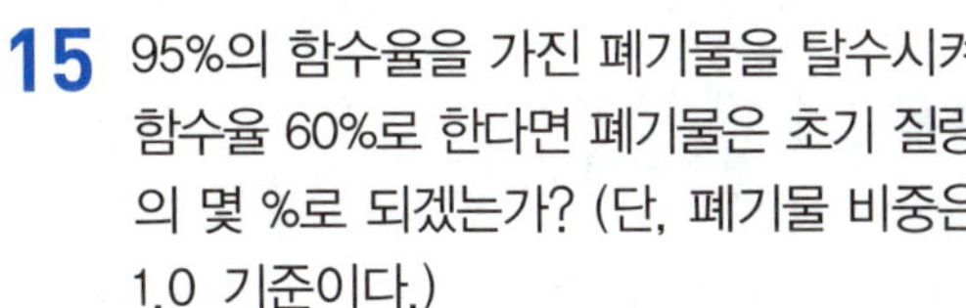
TIP
MHT = man·hr/ton

15 95%의 함수율을 가진 폐기물을 탈수시켜 함수율 60%로 한다면 폐기물은 초기 질량의 몇 %로 되겠는가? (단, 폐기물 비중은 1.0 기준이다.)

㉮ 18.5%　　㉯ 17.5%
㉰ 12.5%　　㉱ 10.5%

풀이 $W_1 \times (100-P_1) = W_2 \times (100-P_2)$

$$\frac{W_2}{W_1} = \frac{(100-P_1)}{(100-P_2)} = \frac{(100-95)}{(100-60)} = 0.125$$

따라서 W_2의 12.5%이다.

answer 12 ㉱ 13 ㉮ 14 ㉯ 15 ㉰

16 채취한 쓰레기 시료 분석시 가장 먼저 진행하여야 하는 분석절차는 어느 것인가?

㉮ 절단 및 분쇄
㉯ 건조
㉰ 분류(가연성, 불연성)
㉱ 밀도측정

풀이 시료 → 밀도 측정 → 물리적 조성분석 → 건조 → 분류(가연성, 불연성) → 전처리(절단 및 분쇄) → 화학적 조성분석 순이다.

17 10,000명이 거주하는 지역에서 한 가구당 20L 종량제 봉투가 1주일에 2개씩 발생되고 있다. 한 가구당 2.5명이 거주할 때 지역에서 발생되는 쓰레기 발생량(L/인 · 주)은 얼마인가?

㉮ 15.0 L/인·주　　㉯ 16.0 L/인·주
㉰ 17.0 L/인·주　　㉱ 18.0 L/인·주

풀이 쓰레기 발생량(L/인·주)

$$= \frac{\text{쓰레기 발생량(L/주)}}{\text{인구수(인)}}$$

$$= \frac{20\text{L/가구} \times 2\text{개/주}}{2.5\text{인/가구}}$$

$$= 16.0\text{L/인·주}$$

18 비가연성 성분이 90wt%이고 밀도가 900kg/m^3인 쓰레기 $20m^3$에 함유된 가연성 물질의 질량(kg)은 얼마인가?

㉮ 1,600kg　　㉯ 1,700kg
㉰ 1,800kg　　㉱ 1,900kg

풀이 가연성 물질의 질량(kg)

$$= \text{쓰레기의 양}(m^3) \times \text{밀도}(kg/m^3) \times \frac{100 - \text{비가연성 성분(\%)}}{100}$$

$$= 20m^3 \times 900kg/m^3 \times (1 - 0.90)$$

$$= 1,800\,kg$$

19 함수율 90%인 폐기물에서 수분을 제거하여 질량을 반으로 줄이고 싶다면 함수율(%)을 얼마로 감소시켜야 하는가? (단, 비중은 1.0 기준이다.)

㉮ 45%　　㉯ 60%
㉰ 65%　　㉱ 80%

풀이 $W_1 \times (100 - P_1) = W_2 \times (100 - P_2)$

$$1 \times (100 - 90) = \frac{1}{2} \times (100 - P_2)$$

$$\therefore\ P_2 = 100 - \left\{ \frac{1 \times (100 - 90)}{\frac{1}{2}} \right\} = 80\%$$

20 폐기물은 단순히 버려져 못 쓰는 것이라는 인식을 바꾸어 폐기물 = 자원이라는 공감대를 확산시킴으로써 재활용 정책에 활력을 불어 넣은 생산자책임재활용제도를 나타낸 것은 어느 것인가?

㉮ ROHS　　㉯ ESSD
㉰ EPR　　㉱ WEE

풀이 ㉰ 생산자책임 재활용제도(EPR : Extended Producer Responsibility)에 대한 설명이다.

answer 16 ㉱　17 ㉯　18 ㉰　19 ㉱　20 ㉰

| 제2과목 | 폐기물처리기술

21 고형화 방법 중 자가시멘트법에 대한 내용으로 틀린 것은 어느 것인가?

㉮ 혼합율(MR)이 낮다.
㉯ 고농도 황화물 함유 폐기물에 적용된다.
㉰ 탈수 등 전처리가 필요 없다.
㉱ 보조에너지가 필요 없다.

풀이 ㉱ 보조에너지가 필요하다.

TIP

$$혼합율(MR) = \frac{첨가제의\ 질량}{폐기물의\ 질량}$$

22 연소과정에서 열평형을 이해하기 위하여 필요한 등가비를 옳게 나타낸 것은 어느 것인가? (단, Φ : 등가비)

㉮ $\Phi = \dfrac{(실제의\ 연료량/산화제)}{(완전연소를\ 위한\ 이상적\ 연료량/산화제)}$

㉯ $\Phi = \dfrac{(완전연소를\ 위한\ 이상적\ 연료량/산화제)}{(실제의\ 연료량/산화제)}$

㉰ $\Phi = \dfrac{(실제의\ 공기량/산화제)}{(완전연소를\ 위한\ 이상적\ 공기량/산화제)}$

㉱ $\Phi = \dfrac{(완전연소를\ 위한\ 이상적\ 공기량/산화제)}{(실제의\ 공기량/산화제)}$

23 다음의 건조기준 연소가스 조성에서 공기과잉계수는 얼마인가?

[배출가스 조성]
CO_2 : 9%, O_2 : 6%, N_2 : 85%

㉮ 1.03 ㉯ 1.11
㉰ 1.28 ㉱ 1.36

풀이

$$공기비(m) = \frac{N_2\%}{N_2\% - 3.76 \times O_2\%} = \frac{85\%}{85\% - 3.76 \times 6\%} = 1.36$$

24 매립지의 차수막 중 연직차수막에 관한 내용으로 잘못된 것은 어느 것인가?

㉮ 지중에 수평방향의 차수층 존재시에 사용한다.
㉯ 지하수 집배수시설이 불필요하다.
㉰ 종류로는 어스 댐 코어, 강널말뚝 등이 있다.
㉱ 차수막 단위 면적당 공사비는 싸지만 매립지 전체를 시공하는 경우, 총공사비는 비싸다.

풀이 ㉱ 차수막 단위 면적당 공사비는 비싸지만 매립지 전체를 시공하는 경우, 총공사비는 싸다.

25 CSPE 합성차수막의 장·단점으로 틀린 것은 어느 것인가?

㉮ 접합이 용이하다.
㉯ 강도가 높다.
㉰ 산 및 알칼리에 강하다.
㉱ 기름, 탄화수소 및 용매류에 약하다.

풀이 ㉯ 강도가 낮다.

answer 21 ㉱ 22 ㉮ 23 ㉱ 24 ㉱ 25 ㉯

26 굴뚝에 설치되며 보일러 전열면을 통하여 연소가스의 여열로 보일러 급수를 예열함으로서 보일러의 효율을 높이는 장치는 어느 것인가?

㉮ 재열기 ㉯ 절탄기
㉰ 과열기 ㉱ 예열기

풀이 ㉯ 절탄기에 대한 설명이며, 핵심 내용인 "보일러 급수 예열 = 절탄기"임을 숙지하시면 됩니다.

27 부탄가스(C_4H_{10})을 이론공기량으로 연소시킬 때 건조가스 중 $(CO_2)_{max}\%$는 얼마인가?

㉮ 약 10% ㉯ 약 12%
㉰ 약 14% ㉱ 약 16%

풀이

$$CO_2\,max(\%) = \frac{CO_2량}{God} \times 100$$

① C_4H_{10}의 완전연소반응식

$$C_4H_{10} + 6.5O_2 \rightarrow 4CO_2 + 5H_2O$$

② God(이론건연소가스량) 계산

$$God = (1-0.21)A_o + CO_2량(Sm^3/Sm^3)$$

$$= (1-0.21) \times \frac{6.5}{0.21} + 4$$

$$= 28.4524\,Sm^3/Sm^3$$

③ $CO_2량 = CO_2$ 갯수 $= 4\,Sm^3/Sm^3$

④ $$CO_2\,max(\%) = \frac{4\,Sm^3/Sm^3}{28.4524\,Sm^3/Sm^3} \times 100$$

$$= 14.06\%$$

28 생분뇨의 SS가 20,000mg/L이고, 1차침전지에서 SS제거율은 90%이다. 1일 100kL 분뇨를 투입할 때 1차 침전지에서 1일 발생되는 슬러지량(ton/d)은 얼마인가? (단, 발생슬러지 함수율은 97%이고, 비중은 1.0 기준이다.)

㉮ 30 ton/d ㉯ 54 ton/d
㉰ 60 ton/d ㉱ 89 ton/d

풀이 슬러지발생량(ton/day)

$$= \left\{분뇨투입량(m^3/day) \times SS농도(kg/m^3) \times \frac{SS\,제거율(\%)}{100}\right\} \times \frac{100}{100 - 함수율(\%)}$$

$$= \{100m^3/day \times 20kg/m^3 \times 0.90\} \times \frac{100}{100-97\%}$$

$$= 60,000kg/day = 60ton/day$$

TIP

$mg/L \xrightarrow{\times 10^{-3}} kg/m^3$이므로 $20,000mg/L = 20kg/m^3$

29 인구가 50,000명인 도시에서 발생한 폐기물을 압축하여 도랑식 위생매립방법으로 처리하고자 한다. 1년 동안 매립에 필요한 매립지의 부지면적(m^2)은 얼마인가?

- 도랑깊이 : 3.5m
- 발생 폐기물의 밀도 : 500 kg/m^3
- 폐기물 발생량 : 1.5kg/인 · 일
- 쓰레기 부피감소율(압축) : 70%

㉮ 약 3,300 m^2 ㉯ 약 3,700 m^2
㉰ 약 4,300 m^2 ㉱ 약 4,700 m^2

answer 26 ㉯ 27 ㉰ 28 ㉰ 29 ㉱

풀이 매립지의 부지면적(m^2/년)

$$= \frac{\text{쓰레기 발생량(kg/년)} \times (1-\text{부피감소율})}{\text{밀도}(kg/m^3) \times \text{깊이(m)}}$$

$$= \frac{1.5kg/\text{인}\cdot\text{일} \times 50{,}000\text{인} \times 365\text{일}/\text{년} \times (1-0.70)}{500kg/m^3 \times 3.5m}$$

$= 4{,}692.86\,m^2$/년

30 매립지에 매립된 쓰레기양이 1,000ton이고 이 중 유기물 함량이 40%이며, 유기물에서 가스로의 전환율이 70%이다. 만약 유기물 kg당 $0.5\,m^3$의 가스가 생성되고 가스 중 메탄함량이 40%라면 발생되는 총 메탄의 부피(m^3)는 얼마인가? (단, 표준상태 가정)

㉮ $46{,}000\,m^3$ ㉯ $56{,}000\,m^3$
㉰ $66{,}000\,m^3$ ㉱ $76{,}000\,m^3$

풀이 CH_4 발생량(m^3)

$$= \text{쓰레기의 양(kg)} \times \frac{\text{유기물 함량(\%)}}{100} \times \frac{\text{유기물의 가스전환율(\%)}}{100} \times \frac{\text{가스}\cdot m^3}{VS\cdot kg} \times \frac{\text{가스 중 }CH_4\text{량(\%)}}{100}$$

$= 1{,}000 \times 10^3 kg \times 0.40 \times 0.70 \times 0.5m^3/kg \times 0.40$

$= 56{,}000\,m^3$

TIP

메탄 $= CH_4$

31 3%의 고형물을 함유하는 슬러지를 하루에 $100\,m^3$씩 침전지로부터 제거하는 처리장에서 운영기술의 숙달로 8%의 고형물을 함유하는 슬러지로 제거할 수 있다면 제거되는 슬러지 양(m^3)은 얼마인가? (단, 제거되는 고형물의 질량은 같으며 비중은 1.0 기준이다.)

㉮ 약 $38\,m^3$ ㉯ 약 $43\,m^3$
㉰ 약 $59\,m^3$ ㉱ 약 $63\,m^3$

풀이 $V_1 \times TS_1 = V_2 \times TS_2$

$100m^3 \times 3\% = V_2 \times 8\%$

$\therefore V_2 = 37.5m^3$

32 다이옥신 저감방안에 대한 내용으로 틀린 것은 어느 것인가?

㉮ 소각로를 가동개시 할 때 온도를 빨리 승온시킨다.
㉯ 연소실의 형상을 클링커의 축적이 생기지 않는 구조로 한다.
㉰ 배출가스 중 산소와 일산화탄소를 측정하여 연소상태를 제어한다.
㉱ 소각 후 연소실 온도는 300℃를 유지하여 2차 발생을 억제한다.

풀이 ㉱ 소각 후 연소실 온도를 300℃로 유지하면 다이옥신이 재발생된다.

answer 30 ㉯ 31 ㉮ 32 ㉱

33 유동층소각로의 장 · 단점에 관한 내용으로 틀린 것은 어느 것인가?

㉮ 기계적 구동부분이 많아 고장율이 높다.
㉯ 가스의 온도가 낮고 과잉공기량이 낮다.
㉰ 반응시간이 빨라 소각시간이 짧고 로 부하율이 높다.
㉱ 상(床)으로부터 슬러지의 분리가 어렵다.

풀이 ㉮ 기계적 구동부분이 적어 고장율이 낮다.

34 폐기물의 수분이 적고 저위발열량이 높을 때 일반적으로 적용되는 연소실 내의 연소가스와 폐기물의 흐름 형식은 어느 것인가?

㉮ 역류식 ㉯ 교류식
㉰ 복류식 ㉱ 병류식

풀이 ㉱ 병류식에 대한 설명이며, 핵심 내용인 "수분이 적고 저위발열량이 높은 폐기물 = 병류식"임을 숙지하시면 됩니다.

35 소각로의 화격자 연소율이 340 $kg/m^2 \cdot hr$, 1일 처리할 쓰레기의 양이 20,000kg이다. 1일 10시간 소각하면 필요한 화상(화격자)의 면적(m^2)은 얼마인가?

㉮ 약 4.7 m^2 ㉯ 약 5.9 m^2
㉰ 약 6.5 m^2 ㉱ 약 7.8 m^2

풀이

$$\text{화격자 연소율}(kg/m^2 \cdot hr) = \frac{\text{쓰레기의 양}(kg/hr)}{\text{화상의 면적}(m^2)}$$

따라서

$$340kg/m^2 \cdot hr = \frac{20,000kg/day \times 1day/10hr}{\text{화상의 면적}(m^2)}$$

$$\therefore \text{화상의 면적} = \frac{20,000kg/day \times 1day/10hr}{340kg/m^2 \cdot hr} = 5.88m^2$$

36 옥탄(C_8H_{18})이 완전 연소되는 경우에 공기연료비(AFR, 질량기준)는 얼마인가?

㉮ 13kg 공기/kg 연료
㉯ 15kg 공기/kg 연료
㉰ 17kg 공기/kg 연료
㉱ 19kg 공기/kg 연료

풀이 $C_8H_{18} + 12.5O_2 \rightarrow 8CO_2 + 9H_2O$

$$AFR(kg/kg) = \frac{\text{산소갯수} \times 32kg \times \frac{1}{0.232}}{\text{연료갯수} \times \text{연료의 분자량}(kg)}$$

$$= \frac{12.5 \times 32kg \times \frac{1}{0.232}}{114kg} = 15.12$$

TIP

① $AFR = \text{공연비} = \frac{\text{공기량}}{\text{연료량}}$
② 옥탄 $= C_8H_{18}$
③ C_8H_{18}의 분자량 $= 8 \times 12 + 18 \times 1 = 114$
④ $AFR(Sm^3/Sm^3) = \frac{\text{산소갯수} \times 22.4Sm^3 \times \frac{1}{0.21}}{\text{연료갯수} \times 22.4Sm^3}$

37 분뇨처리장 1차침전지에서 1일 슬러지 제거량이 80m^3/day이고, SS농도가 30,000mg/L 이었다. 이 슬러지를 탈수했을 때 탈수된 슬러지의 함수율은 80% 이었다면 탈수된 슬러지량(ton/day)은 얼마인가? (단, 슬러지의 비중은 1.0 기준이다.)

㉮ 10ton/day ㉯ 12ton/day
㉰ 14ton/day ㉱ 16ton/day

풀이 ① 탈수된 슬러지량(kg/day)

$$= \{\text{슬러지처리량}(m^3/day) \times SS\text{농도}(kg/m^3)\} \times \frac{100}{100 - \text{함수율}(\%)}$$

answer 33 ㉮ 34 ㉱ 35 ㉯ 36 ㉯ 37 ㉯

$= (80m^3/day \times 30kg/m^3) \times \frac{100}{100-80\%}$

$= 12{,}000kg/day$

② $12{,}000kg/day \times 10^{-3} ton/kg = 12 ton/day$

TIP

mg/L $\xrightarrow{\times 10^{-3}}$ kg/m^3이므로 SS 30,000mg/L = $30kg/m^3$

38 분뇨를 혐기성 소화방식으로 처리하기 위하여 직경 10m, 높이 6m의 소화조를 시설하였다. 분뇨주입량을 1일 $24m^3$으로 할 때 소화조 내 체류시간(일)은 얼마인가?

㉮ 약 10일 ㉯ 약 15일
㉰ 약 20일 ㉱ 약 25일

풀이 체류시간(day)

$= \frac{면적(m^2) \times 높이(m)}{분뇨주입량(m^3/day)}$

$= \frac{\frac{\pi D^2}{4}(m^2) \times 높이(m)}{분뇨주입량(m^3/day)}$

$= \frac{\frac{\pi}{4} \times (10m)^2 \times 6m}{24m^3/day} = 19.64\ day$

39 세로, 가로, 높이가 각각 1.0m, 1.5m, 2.0m인 연소실에서 연소실 열발생율은 $3 \times 10^5 kcal/m^3 \cdot hr$으로 유지하려면 저위발열량이 25,000kcal/kg인 중유를 매시간 얼마나 연소시켜야 하는가? (단, 연속 연소 기준이다.)

㉮ 18kg ㉯ 24kg
㉰ 36kg ㉱ 42kg

풀이 연소실 열발생율($kcal/m^3 \cdot hr$)

$= \frac{저위발열량(kcal/kg) \times 중유량(kg/hr)}{(세로 \times 가로 \times 높이)m^3}$

$3 \times 10^5 kcal/m^3 \cdot hr = \frac{25{,}000kcal/kg \times 중유량(kg/hr)}{(1.0m \times 1.5m \times 2.0m)}$

∴ 중유량

$= \frac{3 \times 10^5 kcal/m^3 \cdot hr \times (1.0m \times 1.5m \times 2.0m)}{25{,}000 kcal/kg}$

$= 36 kg/hr$

40 호기성 퇴비화 설계 운영 고려인자인 C/N비에 대한 설명으로 알맞은 것은 어느 것인가?

㉮ 초기 C/N비 5~10이 적당하다.
㉯ 초기 C/N비 25~50이 적당하다.
㉰ 초기 C/N비 80~150이 적당하다.
㉱ 초기 C/N비 200~350이 적당하다.

풀이 호기성 퇴비화 설계 운영 고려인자 중 초기 C/N비는 25~50이 적당하다.

answer 38 ㉰ 39 ㉰ 40 ㉯

| 제3과목 | 폐기물공정시험기준

41 다음은 시료를 분할채취하여 균일화 하는 방법에 관한 설명이다. 어떤 방법에 해당하는가?

> - 모아진 대시료를 네모꼴로 엷게 균일한 두께로 편다.
> - 이것을 가로 4등분, 세로 5등분하여 20개의 덩어리로 나눈다.
> - 20개의 각 부분에서 균등량 씩을 취하여 혼합하여 하나의 시료로 한다.

㉮ 교호삽법 ㉯ 구획법
㉰ 균등분할법 ㉱ 원추4분법

풀이 ㉯ 구획법에 대한 설명이며, 핵심 내용인 "가로 4등분, 세로 5등분, 20개의 덩어리 = 구획법"임을 숙지하시면 됩니다.

42 다음은 pH 측정의 정밀도에 대한 설명이다. (　　)안에 알맞은 것은?

> 임의의 한 종류의 pH 표준용액에 대하여 검출부를 정제수로 잘 씻은 다음 (①) 되풀이하여 pH를 측정했을 때 그 재현성이 (②)이내 이어야 한다.

㉮ ① 3회 ② ±0.5
㉯ ① 3회 ② ±0.05
㉰ ① 5회 ② ±0.5
㉱ ① 5회 ② ±0.05

풀이 pH 측정의 정밀도에서 핵심 내용은 "5회, ±0.05"임을 숙지하시면 됩니다.

43 폐기물 중 6가크롬을 분석하는 방법으로 틀린 것은 어느 것인가? (단, 폐기물공정시험기준)

㉮ 원자흡수분광광도법
㉯ 기체크로마토그래피법
㉰ 자외선/가시선분광법
㉱ 유도결합플라스마-원자발광분광법

풀이 6가크롬의 분석방법에는 원자흡수분광광도법, 자외선/가시선분광법, 유도결합플라스마-원자발광분광법이 있다.

44 다음은 이온전극법을 활용한 시안 측정에 대한 설명이다. (　　)안에 알맞은 것은?

> 이 시험기준은 폐기물 중 시안을 측정하는 방법으로 액상폐기물과 고상폐기물을 (　　)으로 조절한 후 시안 이온전극과 비교전극을 사용하여 전위를 측정하고 그 전위차로부터 시안을 정량하는 방법이다.

㉮ pH 4 이하의 산성
㉯ pH 6~7의 중성
㉰ pH 10의 알칼리성
㉱ pH 12~13의 알칼리성

풀이 시안의 측정방법에서 pH 조절
① 자외선/가시선분광법 : pH 2 이하의 산성
② 이온전극법 : pH 12~13의 알칼리성

answer 41 ㉯ 42 ㉱ 43 ㉯ 44 ㉱

45 편광현미경과 입체현미경으로 고체 시료 중 석면의 특성을 관찰하여 정성과 정량분석 할 때 입체현미경의 배율범위로 가장 알맞은 것은 어느 것인가?

㉮ 배율 2~4배 이상
㉯ 배율 4~8배 이상
㉰ 배율 10~45배 이상
㉱ 배율 50~200배 이상

풀이 정성과 정량분석 시 입체현미경의 배율은 10~45배 이상이 적당하다.

46 폐기물 중 기름성분을 질량법으로 측정할 때 정량한계는 얼마인가?

㉮ 0.1% 이하　㉯ 0.2% 이하
㉰ 0.3% 이하　㉱ 0.5% 이하

풀이 기름성분을 중량법으로 분석 시 정량한계는 0.1% 이하이다.

47 폐기물공정시험기준의 적용범위에 대한 설명으로 잘못된 것은 어느 것인가?

㉮ 폐기물 관리법에 의한 오염실태 조사 중 폐기물에 대한 것은 따로 규정이 없는 한 공정시험기준의 규정에 의하여 시험한다.
㉯ 공정시험기준에서 규정하지 않은 사항에 대해서는 일반적인 화학적 상식에 따르도록 한다.
㉰ 공정시험기준에 기재한 방법 중 세부조작은 시험의 본질에 영향을 주지 않는다면 실험자가 일부를 변경할 수 있다.
㉱ 하나 이상의 공정시험기준으로 시험한 결과가 서로 달라 제반 기준의 적부 판정에 영향을 줄 경우에는 판정을 유보하고 재 실험하여야 한다.

풀이 ㉱ 하나 이상의 공정시험기준으로 시험한 결과가 서로 달라 제반 기준의 적부 판정에 영향을 줄 경우에는 공정시험기준의 항목별 주시험법에 의한 분석 성적에 의하여 판정한다.

48 시료용기를 갈색경질의 유리병을 사용하여야 하는 경우로 틀린 것은 어느 것인가?

㉮ 노말헥산 추출물질 분석 실험을 위한 시료 채취시
㉯ 시안화물 분석 실험을 위한 시료 채취시
㉰ 유기인 분석 실험을 위한 시료 채취시
㉱ PCB_S 및 휘발성 저급 염소화 탄화수소류 분석 실험을 위한 시료 채취시

풀이 노말헥산 추출물질, 유기인, 폴리클로리네이티드비페닐(PCBs) 및 휘발성 저급 염소화 탄화수소류는 갈색경질 유리병만 사용하여야 한다.

49 표준용액의 pH 값으로 틀린 것은? (단, 0℃ 기준)

㉮ 수산염 표준용액 : 1.67
㉯ 붕산염 표준용액 : 9.46
㉰ 프탈산염 표준용액 : 4.01
㉱ 수산화칼슘 표준용액 : 10.43

풀이 ㉱ 수산화칼슘 표준용액 : 13.43

answer 45 ㉰ 46 ㉮ 47 ㉱ 48 ㉯ 49 ㉱

50 기체크로마토그래피로 유기인 측정시 사용되는 정제용 컬럼으로 잘못된 것은 어느 것인가?

㉮ 구데르나다니쉬 컬럼
㉯ 플로리실 컬럼
㉰ 실리카겔 컬럼
㉱ 활성탄 컬럼

풀이 기체크로마토그래피로 유기인 측정시 사용되는 정제용 컬럼으로는 플로리실 컬럼, 실리카겔 컬럼, 활성탄 컬럼이 있다.

51 시료의 전처리 방법 중 점토질 또는 규산염이 높은 비율로 함유된 시료에 적용하는 것은 어느 것인가?

㉮ 질산 - 과염소산 분해법
㉯ 질산 - 과염소산 - 불화수소산 분해법
㉰ 질산 - 과염소산 - 염화수소산 분해법
㉱ 질산 - 과염소산 - 황화수소산 분해법

풀이 ㉯ 질산-과염소산-불화수소산 분해법에 대한 설명이며, 암기법은 "과불이 점규한다"임을 숙지하시면 됩니다.

52 다음은 회분식 연소방식의 소각재 반출설비에서의 시료채취에 관한 내용이다. ( )안에 알맞은 것은?

> 회분식 연소방식의 소각재 반출설비에서 채취하는 경우에는 하루 동안의 운전횟수에 따라 매 운전시간마다 2회 이상 채취하는 것을 원칙으로 하고, 시료의 양은 1회에 ( )이상으로 한다.

㉮ 100g ㉯ 200g
㉰ 300g ㉱ 500g

풀이 회분식 연소방식의 소각재 반출설비
① 기준 : 운전 횟수에 따라
② 채취횟수 : 2회 이상
③ 채취 시료의 양 : 500g 이상

53 강열감량 및 유기물함량(질량법)의 분석을 위해 도가니 또는 접시에 취하는 시료 적당량에 대한 기준으로 가장 알맞은 것은 어느 것인가?

㉮ 10g 이상 ㉯ 20g 이상
㉰ 30g 이상 ㉱ 50g 이상

풀이 시료 적당량은 20g 이상을 기준으로 한다.

54 할로겐화 유기물질(기체크로마토그래피–질량분석법)의 정량한계로 알맞은 것은 어느 것인가?

㉮ 시험기준에 의해 시료중에 정량한계는 각 할로겐화 유기물질에 대하여 0.1mg/kg
㉯ 시험기준에 의해 시료중에 정량한계는 각 할로겐화 유기물질에 대하여 1.0mg/kg
㉰ 시험기준에 의해 시료중에 정량한계는 각 할로겐화 유기물질에 대하여 10mg/kg
㉱ 시험기준에 의해 시료중에 정량한계는 각 할로겐화 유기물질에 대하여 100mg/kg

풀이 헬로겐 유기물질의 정량한계
① 기체크토마토그래피-질량분석법 : 10mg/kg
② 기체크토마토그래피 : 10mg/kg

answer 50 ㉮ 51 ㉯ 52 ㉱ 53 ㉯ 54 ㉮

55 시료용액의 조제를 위한 용출조작 중 진탕 회수와 진폭으로 알맞은 것은 어느 것인가? (단, 상온, 상압 기준)

㉮ 분당 약 200회, 진폭 4~5cm
㉯ 분당 약 200회, 진폭 5~6cm
㉰ 분당 약 300회, 진폭 4~5cm
㉱ 분당 약 300회, 진폭 5~6cm

풀이 용출시험방법
① 염산으로 pH 5.8~6.3으로 조절
② 진탕회수 매분당 : 매분당 200회, 진폭 4~5cm, 진탕시간 : 6시간
③ 여과가 어려운 경우 : 매분당 3,000회전 이상, 20분 이상 원심분리

56 폐기물공정시험기준의 총칙에 관한 내용으로 알맞은 것은 어느 것인가?

㉮ 용액의 농도(1→10)으로 표시한 것은 고체성분 1mg을 용매에 녹여 전량을 10mL로 하는 것이다.
㉯ 염산(1+2)라 함은 물 1mL와 염산 2mL를 혼합한 것이다.
㉰ 감압 또는 진공이라 함은 따로 규정이 없는 한 15 mmH_2O 이하를 말한다.
㉱ "정밀히 단다"라 함은 규정된 양의 시료를 취하여 화학저울 또는 미량저울로 칭량함을 말한다.

풀이 ㉮ 용액의 농도(1→10)으로 표시한 것은 고체성분 1g을 용매에 녹여 전량을 10mL로 하는 것이다.
㉯ 염산(1+2)라 함은 염산 1mL와 물 2mL를 혼합한 것이다.
㉰ 감압 또는 진공이라 함은 따로 규정이 없는 한 15 mmHg 이하를 말한다.

57 폐기물 중에 구리를 분석하기 위한 방법인 원자흡수분광광도법에 대한 내용으로 잘못된 것은 어느 것인가?

㉮ 측정파장은 324.7nm이다.
㉯ 정확도는 상대표준편차(RSD) 결과치의 25% 이내이다.
㉰ 공기-아세틸렌 불꽃에 주입하여 분석한다.
㉱ 정량한계는 0.008mg/L 이다.

풀이 ㉯ 정밀도는 상대표준편차(RSD) 결과치의 25% 이내이며, 정확도는 75 ~ 125%이다.

58 폐기물공정시험기준에서 정의하고 있는 방울수에 대한 내용으로 알맞은 것은 어느 것인가?

㉮ 15℃에서 정제수 10방울을 적하할 때 그 부피가 약 1mL 되는 것을 뜻한다.
㉯ 15℃에서 정제수 20방울을 적하할 때 그 부피가 약 1mL 되는 것을 뜻한다.
㉰ 20℃에서 정제수 10방울을 적하할 때 그 부피가 약 1mL 되는 것을 뜻한다.
㉱ 20℃에서 정제수 20방울을 적하할 때 그 부피가 약 1mL 되는 것을 뜻한다.

풀이 방울수에서는 핵심 내용인 "20℃, 20방울, 1mL"임을 숙지하시면 됩니다.

answer 55 ㉮ 56 ㉱ 57 ㉯ 58 ㉱

59 폐기물 용출시험방법 중 시료용액 조제 시 용매의 pH 범위로 가장 알맞은 것은 어느 것인가?

㉮ pH 4.3~5.2 ㉯ pH 5.2~5.8
㉰ pH 5.8~6.3 ㉱ pH 6.3~7.2

60 대상 폐기물의 양이 600톤인 경우 시료의 최소수는 얼마인가?

㉮ 30 ㉯ 36
㉰ 50 ㉱ 60

풀이 대상폐기물의 양과 시료의 최소 수

대상폐기물의 양 (단위 : ton)	시료의 최소 수	대상폐기물의 양 (단위 : ton)	시료의 최소 수
~1미만	6	100이상~500미만	30
1이상~5미만	10	500이상~1,000미만	36
5이상~30미만	14	1,000이상~5,000미만	50
30이상~100미만	20	5,000이상	60

answer 59 ㉰ 60 ㉯

2014 4회 기출문제

| 제1과목 | 폐기물개론

01 전단 파쇄기에 대한 내용으로 틀린 것은 어느 것인가?

㉮ 충격파쇄기에 비해 이물질의 혼입에 약하나 폐기물의 입도가 고르다.
㉯ 고정칼, 왕복 또는 회전칼과의 교합에 의하여 폐기물을 전단한다.
㉰ 주로 목재류, 플라스틱류 및 종이류를 파쇄 하는데 이용된다.
㉱ 충격파쇄기에 비해 대체적으로 파쇄속도가 빠르다.

풀이 ㉱ 충격파쇄기에 비해 대체적으로 파쇄속도가 느리다.

02 청소상태 만족도 평가를 위한 지역사회 효과 지수인 CEI(Community Effects Index)에 대한 내용으로 알맞은 것은 어느 것인가?

㉮ 적환장 크기와 수거량의 관계로 결정한다.
㉯ 수거방법에 따른 MHT 변화로 측정한다.
㉰ 가로(街路) 청소상태를 기준으로 측정한다.
㉱ 일반대중들에 대한 설문조사를 통하여 결정한다.

풀이 청소상태의 평가법
① CEI(지역사회 효과지수) : 청소상태 만족도 평가를 위한 지역사회 효과지수
② USI(사용자 만족도 지수) : 청소상태를 평가하는 방법 중 서비스를 받는 시민들의 만족도를 설문조사하여 나타내어지는 사용자 만족도 지수이다.

03 폐기물을 분쇄하거나 파쇄하는 목적으로 틀린 것은 어느 것인가?

㉮ 겉보기 비중의 감소
㉯ 유가물의 분리
㉰ 비표면적의 증가
㉱ 입경분포의 균일화

풀이 ㉮ 겉보기 비중의 증가

04 쓰레기 발생량 예측모델 중 쓰레기 발생량에 영향을 주는 모든 인자를 시간에 대한 함수로 하여 각 영향 인자들간의 상관관계를 수식화 하는 방법은 어느 것인가?

㉮ 시간경향모델 ㉯ 다중회귀모델
㉰ 동적모사모델 ㉱ 시간수지모델

풀이 ㉰ 동적모사모델에 대한 설명이며, 핵심 내용인 "각 영향 인자들 간의 상관관계 수식화 – 동적모사모델"임을 숙지하시면 됩니다.

실전문제

과년도 기출문제

answer 01 ㉱ 02 ㉰ 03 ㉮ 04 ㉰

05 폐기물 발생량의 조사방법 중 물질수지법에 대한 내용으로 틀린 것은 어느 것인가?

㉮ 물질수지를 세울 수 있는 상세한 데이터가 있는 경우에 가능하다.
㉯ 주로 생활폐기물의 종류별 발생량 추산에 사용된다.
㉰ 조사하고자 하는 계(system)의 경계를 명확하게 설정하여야 한다.
㉱ 계(system)로 유입되는 모든 물질들과 유출되는 물질들 간의 물질수지를 세움으로써 폐기물 발생량을 추정한다.

풀이 ㉯ 주로 산업폐기물의 발생량 추산에 사용된다.

06 다음 중 적환장의 형식으로 틀린 것은 어느 것인가?

㉮ direct discharge
㉯ storage discharge
㉰ compact discharge
㉱ direct and storage discharge

풀이 적환장의 형식
㉮ direct discharge (직접투하방식)
㉯ storage discharge (저장투하방식)
㉱ direct and storage discharge (직접·저장 투하 결합방식)

07 인구 1,200만인 도시에서 년간 배출된 총 쓰레기량이 970만 톤 이었다면 1인당 하루 배출량(kg/인·일)은 얼마인가?

㉮ 2.0　　㉯ 2.2
㉰ 2.4　　㉱ 2.6

풀이 쓰레기 배출량(kg/인·일)

$$= \frac{\text{쓰레기량(kg/일)}}{\text{인구수(인)}}$$

$$= \frac{9,700,000\text{ton/년} \times 10^3\text{kg/ton} \times 1\text{년}/365\text{일}}{12,000,000\text{인}}$$

$$= 2.22\text{kg/인·일}$$

08 인구 35만 도시의 쓰레기 발생량이 1.5kg/인 · 일이고, 이 도시의 쓰레기 수거율은 90%이다. 적재용량이 10ton인 수거차량으로 수거한다면 하루에 몇 대로 운반해야 하는가?

- 차량 당 하루 운전시간 : 6시간
- 처리장까지 왕복 운반시간 : 21분
- 차량 당 수거시간 : 10분
- 차량 당 하역시간 : 5분
(단, 기타 조건은 고려하지 않음)

㉮ 3대　　㉯ 5대
㉰ 7대　　㉱ 9대

풀이 차량수

$$= \frac{\text{쓰레기발생량(kg/인·일)} \times \text{인구수(인)} \times \text{수거율} \times 10^{-3}\text{ton/kg}}{\text{적재용량(ton/대)} \times \text{운전시간(hr/대·day)} \times \frac{1\text{대}}{\text{작업시간(min)}} \times \frac{60\text{min}}{1\text{hr}}}$$

$$= \frac{1.5\text{kg/인·일} \times 350,000\text{인} \times 0.90 \times 10^{-3}\text{ton/kg}}{10\text{ton/대} \times 6\text{hr/대·일} \times \frac{1\text{대}}{(21+10+5)\text{min}} \times \frac{60\text{min}}{1\text{hr}}}$$

$$= 4.725\text{대} = 5\text{대}$$

answer 05 ㉯ 06 ㉰ 07 ㉯ 08 ㉯

09 고형분이 45%인 주방쓰레기 10톤을 소각하기 위해 함수율이 30% 되도록 건조 시켰다. 이 건조 쓰레기의 질량(톤)은 얼마인가? (단, 비중은 1.0 기준이다.)

㉮ 4.3톤 ㉯ 5.5톤
㉰ 6.4톤 ㉱ 7.2톤

풀이 $W_1 \times TS_1 = W_2 \times (100 - P_2)$

$10톤 \times 45\% = W_2 \times (100 - 30\%)$

$\therefore W_2 = \dfrac{10톤 \times 45\%}{(100 - 30\%)} = 6.43톤$

10 쓰레기를 압축시켜 용적감소율(Volume reduction)이 61%인 경우 압축비(compactor ratio)는 얼마인가?

㉮ 2.1 ㉯ 2.6
㉰ 3.1 ㉱ 3.6

풀이 압축비(compactor ratio)

$= \dfrac{100}{100 - 부피감소율(\%)}$

$= \dfrac{100}{100 - 61\%} = 2.56$

11 쓰레기의 발생량 조사방법인 직접계근법에 대한 설명으로 틀린 것은 어느 것인가?

㉮ 입구에서 쓰레기가 적재되어 있는 차량과 출구에서 쓰레기를 적하한 공차량을 각각 계근하여 그 차이로 쓰레기량을 산출한다.
㉯ 적재차량 계수분석에 비하여 작업량이 적고 간단하다.
㉰ 비교적 정확한 쓰레기 발생량을 파악할 수 있다.
㉱ 일정기간동안 특정지역의 쓰레기 수거, 운반차량을 중간적하장이나 중계처리장에서 직접 계근하는 방법이다.

풀이 ㉯ 적재차량 계수분석에 비하여 작업량이 많고 번거롭다.

12 다음 중 관거(pipe line) 수거에 관한 내용으로 틀린 것은 어느 것인가?

㉮ 쓰레기 발생밀도가 높은 인구밀집지역에서 현실성이 있다.
㉯ 가설 후에 관로변경 등 사후관리가 용이하다.
㉰ 조대폐기물은 파쇄 등의 전처리가 필요하다.
㉱ 장거리 이송에서는 이용이 곤란하다.

풀이 ㉯ 가설 후에 관로변경 등 사후관리가 용이하지 못하다.

13 쓰레기 발생량에 대한 설명으로 틀린 것은 어느 것인가?

㉮ 가정의 부엌에서 음식쓰레기를 분쇄하는 시설이 있으면 음식쓰레기의 발생량이 감소된다.
㉯ 일반적으로 수집빈도가 높을수록 쓰레기 발생량이 감소한다.
㉰ 일반적으로 쓰레기통이 클수록 쓰레기 발생량이 증가한다.
㉱ 대체로 생활수준이 증가되면 쓰레기의 발생량도 증가한다.

풀이 ㉯ 일반적으로 수집빈도가 높을수록 쓰레기 발생량이 증가한다.

answer 09 ㉰ 10 ㉯ 11 ㉯ 12 ㉯ 13 ㉯

실전문제

과년도 기출문제

14 쓰레기의 압축 전 밀도가 $0.52\,\mathrm{ton/m^3}$이던 것을 압축기로 압축하여 $0.85\,\mathrm{ton/m^3}$로 되었다. 부피의 감소율(%)은 얼마인가?

㉮ 28% ㉯ 39%
㉰ 46% ㉱ 51%

풀이 부피감소율(%) $= \left(1-\dfrac{V_2}{V_1}\right)\times 100$

여기서 V_1 : 압축 전 부피(m^3)
V_2 : 압축 후 부피(m^3)

① $V_1 = 1\,\mathrm{ton} \times \dfrac{1}{0.52\,\mathrm{ton/m^3}} = 1.923\,\mathrm{m^3}$

② $V_1 = 1\,\mathrm{ton} \times \dfrac{1}{0.85\,\mathrm{ton/m^3}} = 1.176\,\mathrm{m^3}$

③ 부피감소율(%) $= \left(1-\dfrac{1.176\mathrm{m^3}}{1.923\mathrm{m^3}}\right)\times 100$
$= 38.85\%$

15 A, B, C 세 가지 물질로 구성된 쓰레기 시료를 채취하여 분석한 결과 함수율이 55%인 A 물질이 35% 발생되고, 함수율 5%인 B 물질이 60% 발생되었다. 나머지 C 물질은 함수율이 10%인 것으로 나타났다면 전체 쓰레기의 함수율(%)은 얼마인가?

㉮ 23% ㉯ 28%
㉰ 32% ㉱ 37%

풀이 A 물질 : 구성비 35%, 함수율 55%
B 물질 : 구성비 60%, 함수율 5%
C 물질 : 구성비 5%, 함수율 10%
전체쓰레기의 함수율
$= 0.35\times 55\% + 0.6\times 5\% + 0.05\times 10\%$
$= 22.75\%$

16 인구 1인당 1일 1.5kg의 쓰레기를 배출하는 4,000명이 거주하는 지역의 쓰레기를 적재능력 $10\,\mathrm{m^3}$, 압축비 2인 쓰레기차로 수거할 때 1일 필요한 차량 수는 얼마인가? (단, 발생 쓰레기 밀도는 $120\,\mathrm{kg/m^3}$ 이며, 쓰레기차는 1회 운행)

㉮ 2대 ㉯ 3대
㉰ 4대 ㉱ 5대

풀이 차량수 $= \dfrac{\text{쓰레기 배출량}(\mathrm{m^3/day})}{\text{적재차량 용적}(\mathrm{m^3/대})} \times \dfrac{1}{\text{압축비}}$

$= \dfrac{1.5\mathrm{kg/인\cdot 일} \times 4{,}000\text{인} \times \dfrac{1}{120\,\mathrm{kg/m^3}}}{10\,\mathrm{m^3/대}} \times \dfrac{1}{2}$

$= 2.5\text{대} = 3\text{대}$

17 가볍고 물렁거리는 물질로부터 무겁고 딱딱한 물질을 분리해 낼 때 사용하며, 주로 퇴비중의 유리조각을 추출할 때 사용하는 선별방법은 어느 것인가?

㉮ Tables ㉯ Secators
㉰ Jigs ㉱ Stoners

풀이 ㉯ Secators에 대한 설명이며, 핵심 내용인 "물렁거리는 물질로부터 딱딱한 물질 분리 = 세카터"임을 숙지하시면 됩니다.

answer 14 ㉯ 15 ㉮ 16 ㉯ 17 ㉯

18 자력선별을 통해 철캔을 알루미늄캔으로부터 분리 회수한 결과가 다음과 같다면 Worrell 식에 의한 선별효율(%)은 얼마인가?

- 투입량 : 2톤
- 회수량 : 1.5톤
- 회수량 중 철캔 : 1.3톤
- 제거량 중 알루미늄캔 : 0.4톤

㉮ 69% ㉯ 67%
㉰ 65% ㉱ 62%

풀이 Worrell식에 의한 선별효율(%)

$$=\left(\frac{X_c}{X_i}\times\frac{Y_o}{Y_i}\right)\times 100$$

여기서 $X_i=1.4$톤, $X_c=1.3$톤, $X_o=0.1$톤
$Y_i=0.6$톤, $Y_c=0.2$톤, $Y_o=0.4$톤

따라서 선별효율(%) $=\left(\frac{1.3\text{톤}}{1.4\text{톤}}\times\frac{0.4\text{톤}}{0.6\text{톤}}\right)\times 100$
$=61.91\%$

19 쓰레기 수거노선 선정 시 고려할 사항으로 틀린 것은 어느 것인가?

㉮ 출발점은 차고와 가까운 곳으로 한다.
㉯ 언덕지역은 올라가면서 수거한다.
㉰ 가능한 한 시계방향으로 수거한다.
㉱ 발생량이 많은 곳은 하루 중 가장 먼저 수거한다.

풀이 ㉯ 언덕지역은 내려가면서 수거한다.

20 건조된 고형분 비중이 1.54이고 건조 전 슬러지의 고형분 함량이 60%, 건조질량이 400kg이라 할 때 건조 전 슬러지의 비중은 얼마인가?

㉮ 약 1.12 ㉯ 약 1.16
㉰ 약 1.21 ㉱ 약 1.27

풀이

$$\frac{1}{\rho_{SL}}=\frac{W_{TS}}{\rho_{TS}}+\frac{W_P}{\rho_P}$$

$$=\frac{0.6}{1.54}+\frac{0.4}{1.0}=0.7896$$

$$\therefore\ \rho_{SL}=\frac{1}{0.7896}=1.27$$

| 제2과목 | 폐기물처리기술

21 분뇨를 호기성 소화방식으로 처리하고자 한다. 소화조의 처리용량이 $100\,m^3/day$인 처리장에 필요한 산기관 수는 얼마인가? (단, 분뇨의 BOD 20,000mg/L, BOD처리효율 75%, 소모공기량 $100\,m^3/BOD\,kg$, 산기관 1개당 통풍량 $0.2\,m^3/min$, 연속 산기방식 기준이다.)

㉮ 약 420개 ㉯ 약 470개
㉰ 약 520개 ㉱ 약 570개

풀이 산기관 수

$$=\frac{\text{처리용량}(m^3/day)\times BOD\ \text{농도}(kg/m^3)\times\text{처리효율}\times\text{소모공기량}(m^3/kg)}{\text{산기관 1개당 통풍량}(m^3/day\cdot\text{개})}$$

$$=\frac{100m^3/day\times 20kg/m^3\times 0.75\times 100m^3/kg}{0.2m^3/min\cdot\text{개}\times 60min/hr\times 24hr/day}$$

$=520.83$개 $=521$개

TIP

$mg/L \xrightarrow{\times 10^{-3}} kg/m^3$이므로 $20{,}000mg/L=20kg/m^3$

answer 18 ㉱ 19 ㉯ 20 ㉱ 21 ㉰

실전문제

과년도 기출문제

22 고형물 중 VS 60% 이고, 함수율 97%인 농축 슬러지 100 m^3를 소화시켰다. 소화율(VS 대상)이 50%이고, 소화 후 함수율이 95% 라면 소화 후의 부피(m^3)는 얼마인가? (단, 모든 슬러지의 비중은 1.0 기준이다.)

㉮ 32 m^3 ㉯ 35 m^3
㉰ 42 m^3 ㉱ 48 m^3

풀이 소화 후 부피(m^3)

$= (VS+FS)(m^3) \times \frac{100}{100-함수율(\%)}$

여기서 VS : 잔류휘발성 고형물(m^3)
FS : 잔류성 고형물(m^3)

① VS = 슬러지량(m^3) × 고형물 × VS × (1 − VS 소화율)
$= 100m^3 \times (1-0.97) \times 0.60 \times (1-0.50)$
$= 0.90m^3$

② FS = 슬러지량(m^3) × 고형물 × FS
$= 100m^3 \times (1-0.97) \times (1-0.60)$
$= 1.2m^3$

③ 소화 후 부피(m^3)
$= (0.9+1.2)(m^3) \times \frac{100}{100-95\%}$
$= 42m^3$

TIP
① 고형물 = (1 − 함수율) = (1 − 0.97)
② FS = (1 − VS) = (1 − 0.60)

23 처리용량이 20kL/day인 분뇨처리장에 가스저장 탱크를 설계하고자 한다. 가스 저류기간을 3hr으로 하고 생성가스량을 투입량의 8배로 가정한다면 가스탱크의 용량(m^3)은 얼마인가? (단, 비중은 1.0 기준이다.)

㉮ 20 m^3 ㉯ 60 m^3
㉰ 80 m^3 ㉱ 120 m^3

풀이 가스탱크의 용량(m^3)
= 생성가스량(m^3/day) × 저류시간(day)
$= 20m^3/day \times 8배 \times \left(\frac{3hr}{24}\right)day$
$= 20m^3$

TIP
처리용량 20kL/day = $20m^3$/day

24 메탄올(CH_3OH) 5kg이 연소하는데 필요한 이론공기량(Sm^3)은 얼마인가?

㉮ 15 Sm^3 ㉯ 20 Sm^3
㉰ 25 Sm^3 ㉱ 30 Sm^3

풀이 ① 이론산소량(Sm^3)을 계산한다.
$CH_3OH + 1.5O_2 \rightarrow CO_2 + 2H_2O$
32kg : $1.5 \times 22.4Sm^3$
5kg : 이론산소량

$\therefore 이론산소량 = \frac{5kg \times 1.5 \times 22.4Sm^3}{32kg} = 5.25\ Sm^3$

② 이론공기량(Sm^3)을 계산한다.

$이론공기량(Sm^3) = \frac{이론산소량(Sm^3)}{0.21}$
$= \frac{5.25Sm^3}{0.21} = 25Sm^3$

answer 22 ㉰ 23 ㉮ 24 ㉰

25 토양공기의 조성에 대한 내용으로 잘못된 것은 어느 것인가?

㉮ 토양성분과 식물양분에 산화적 변화를 일으키는 원인이 된다.
㉯ 대기에 비하여 토양공기 내 탄산가스의 함량이 낮다.
㉰ 대기에 비하여 토양공기 내 수증기의 함량이 높다.
㉱ 토양이 깊어질수록 토양공기 내 산소함량은 감소한다.

풀이 ㉯ 대기에 비하여 토양공기 내 탄산가스의 함량이 높다.

26 유기성 폐기물 퇴비화에 관한 내용으로 틀린 것은 어느 것인가?

㉮ 다른 폐기물처리 기술에 비하여 고도의 기술수준이 요구되지 않는다.
㉯ 퇴비화 과정에서 부피가 90% 이상 줄어 최종처리시 비용이 절감된다.
㉰ 다양한 재료를 이용하므로 퇴비제품의 품질표준화가 어렵다.
㉱ 초기 시설 투자가 적으며 운영시에 소요되는 에너지도 낮다.

풀이 ㉯ 유기성 폐기물 퇴비화 과정에서 부피감소율은 50% 이하이다.

27 합성차수막 중 CR에 대한 내용으로 틀린 것은 어느 것인가?

㉮ 가격이 싸다.
㉯ 대부분의 화학물질에 대한 저항성이 높다.
㉰ 마모 및 기계적 충격에 강하다.
㉱ 접합이 용이하지 못하다.

풀이 ㉮ 가격이 비싸다.

TIP
CR = Chloroprene Rubber

28 RDF(Refuse Derived Fuel)의 구비조건으로 틀린 것은 어느 것인가?

㉮ 재의 양이 적을 것
㉯ 대기오염이 적을 것
㉰ 함수율이 낮을 것
㉱ 균일한 조성을 피할 것

풀이 ㉱ 균일한 조성을 가질 것

29 다음과 같은 조건의 축분과 톱밥 쓰레기를 혼합한 후 퇴비화 하여 함수량 20%의 퇴비를 만들었다면 퇴비량(ton)은 얼마인가? (단, 퇴비화시 수분 감량만 고려하며, 비중은 1.0 기준이다.)

성 분	쓰레기량(t)	함수율(%)
축 분	12.0	85.0
톱 밥	2.0	5.0

㉮ 4.63ton ㉯ 5.23ton
㉰ 6.33ton ㉱ 7.83ton

풀이 $W_1 \times (100 - P_1) = W_2 \times (100 - P_2)$

① $W_1 = 12.0\text{ton} + 2.0\text{ton} = 14.0\text{ton}$

② $P_1 = \dfrac{12.0\text{ton} \times 85\% + 2.0\text{ton} \times 5\%}{(12.0 + 2.0)\text{ton}} = 73.57\%$

③ $14.0\text{ton} \times (100 - 73.57\%) = W_2 \times (100 - 20\%)$

$\therefore W_2 = 4.63\text{ton}$

실전문제

과년도 기출문제

answer 25 ㉯ 26 ㉯ 27 ㉮ 28 ㉱ 29 ㉮

30 분뇨처리장 1차 침전지에서 1일 슬러지의 제거량이 $50m^3/day$ 이고 SS농도가 20,000 mg/L이었으며 이를 원심분리기에 의하여 탈수시켰을 때 탈수 슬러지의 함수율이 80%이었다면 탈수된 슬러지 양(ton/day)은 얼마인가? (단, 원심분리기의 SS회수율은 100%, 슬러지 비중은 1.0 기준이다.)

㉮ 3ton/day ㉯ 5ton/day
㉰ 8ton/day ㉱ 10ton/day

풀이 탈수된 슬러지량(ton/day)

$$= \text{슬러지량(ton/day)} \times \frac{100}{100 - \text{함수율(\%)}}$$

$$= 50m^3/day \times 20 \times 10^{-3} ton/m^3 \times \frac{100}{100 - 80\%}$$

$$= 5 ton/day$$

TIP

① $mg/L \xrightarrow{\times 10^{-3}} kg/m^3 \xrightarrow{\times 10^{-3}} ton/m^3$

② SS 20,000mg/L= SS 20kg/m³ = $20 \times 10^{-3} ton/m^3$

31 용량 $10^5\ m^3$의 매립지가 있다. 밀도 0.5 t/m^3인 도시쓰레기가 400,000kg/일 율로 발생된다면 매립지 사용일수(일)는 얼마인가? (단, 매립지 내의 다짐에 의한 쓰레기 부피감소율은 고려하지 않는다.)

㉮ 125일 ㉯ 275일
㉰ 345일 ㉱ 445일

풀이 매립지 사용일수

$$= \frac{\text{매립용량}(m^3)}{\text{쓰레기량}(m^3/\text{일})}$$

$$= \frac{10^5\ m^3}{400,000kg/\text{일} \times \frac{1}{500kg/m^3}} = 125\text{일}$$

32 어떤 액체 연료를 보일러에서 완전 연소시켜 그 배기가스를 분석한 결과 CO_2 13%, O_2 3%, N_2 84%이었다. 이 때 공기비(m)는 얼마인가?

㉮ 1.16 ㉯ 1.26
㉰ 1.36 ㉱ 1.46

풀이

$$\text{공기비(m)} = \frac{N_2\%}{N_2\% - 3.76 \times O_2\%}$$

$$= \frac{84\%}{84\% - 3.76 \times 3\%} = 1.16$$

33 폐기물 고화처리방법 중 자가시멘트법의 장·단점으로 틀린 것은 어느 것인가?

㉮ 혼합률이 높은 단점이 있다.
㉯ 중금속 저지에 효과적인 장점이 있다.
㉰ 탈수 등 전처리가 필요 없는 장점이 있다.
㉱ 보조에너지가 필요한 단점이 있다.

풀이 ㉮ 혼합률이 낮은 장점이 있다.

TIP

$$\text{혼합율((MR)} = \frac{\text{첨가제의 질량}}{\text{폐기물의 질량}}$$

34 점토가 매립지에서 차수막으로 적합하기 위한 액성한계 기준으로 가장 적절한 것은?

㉮ 10% 미만
㉯ 10% 이상 30% 미만
㉰ 20% 이하
㉱ 30% 이상

풀이 액성한계 기준은 30% 이상이다.

answer 30 ㉯ 31 ㉮ 32 ㉮ 33 ㉮ 34 ㉱

TIP

액성한계 : 수분의 함량이 일정 수준 이상이 되면 점토의 상태가 액체의 상태로 변하게 되는데, 이때의 한계수분함량을 말한다.

35 매립시 적용되는 연직차수막과 표면차수막에 대한 내용으로 틀린 것은 어느 것인가?

㉮ 연직차수막은 지중에 수평방향의 차수층 존재시 사용된다.

㉯ 연직차수막은 지하수 집배수시설이 불필요하다.

㉰ 연직차수막은 지하매설로써 차수성 확인이 어려우나 표면차수막은 시공시 확인이 가능하다.

㉱ 연직차수막은 단위면적당 공사비는 싸지만 총공사비는 비싸다.

풀이 ㉱ 연직차수막은 단위면적당 공사비는 비싸지만 총공사비는 싸다.

36 침출수를 혐기성 공정으로 처리하는 경우, 장점으로 틀린 것은 어느 것인가?

㉮ 고농도의 침출수를 희석 없이 처리할 수 있다.

㉯ 중금속에 의한 저해효과가 호기성 공정에 비해 적다.

㉰ 대부분의 염소계 화합물은 혐기성상태에서 분해가 잘 일어나므로 난분해성 물질을 함유한 침출수의 처리시 효과적이다.

㉱ 호기성 공정에 비해 낮은 영양물 요구량을 가지므로 인(P) 부족현상을 일으킬 가능성이 적다.

풀이 ㉯ 중금속에 의한 저해효과가 호기성 공정에 비해 크다.

37 어느 매립지의 쓰레기 수용량은 1,635,200m^{3}이고, 수거 대상인구는 100,000명, 1인 1일 쓰레기 발생량은 2.0kg, 매립시의 쓰레기 부피 감소율은 30% 라 할 때 매립지의 사용 년 수는 얼마인가? (단, 쓰레기 밀도는 500kg/m^{3}으로 수거시의 밀도이다.)

㉮ 6년　　㉯ 8년

㉰ 12년　　㉱ 16년

풀이 매립지의 사용년수

$$= \frac{\text{매립용적}(m^3)}{\text{쓰레기발생량}(m^3/\text{년}) \times (1-\text{부피감소율})}$$

$$= \frac{1{,}635{,}200m^3}{2.0kg/\text{인}\cdot\text{일} \times 100{,}000\text{인} \times 365\text{일}/\text{년} \times \frac{1}{500kg/m^3} \times (1-0.30)}$$

$= 16$년

38 1차 반응속도에서 반감기(초기농도가 50% 줄어드는 시간)가 10분이다. 초기농도의 75%가 줄어드는데 걸리는 시간(분)은 얼마인가?

㉮ 20분 　　㉯ 30분

㉰ 40분　　㉱ 50분

풀이 1차반응식 : $\ln\frac{C_o}{C_t} = -k \times t$

① $\ln\frac{1}{2} = -k \times 10min$

$\therefore k = \frac{\ln\frac{1}{2}}{-10min} = 0.0693/min$

② $\ln\left(\frac{100-75}{100}\right) = -0.0693/min \times t$

$\therefore t = \frac{\ln\left(\frac{100-75}{100}\right)}{-0.0693/min} = 20.0min$

실전문제

과년도 기출문제

answer 35 ㉱ 36 ㉯ 37 ㉱ 38 ㉮

39 Rotary Kiln 소각로의 장·단점으로 잘못된 것은 어느 것인가?

㉮ 습식가스 세정시스템과 함께 사용할 수 있는 장점이 있다.
㉯ 비교적 열효율이 낮은 단점이 있다.
㉰ 용융상태의 물질에 의하여 방해를 받는 단점이 있다.
㉱ 폐기물의 체류시간을 로의 회전속도 조절로 제어할 수 있는 장점이 있다.

풀이 ㉰ 용융상태의 물질에 의하여 방해를 받지 않는다.

40 아래와 같이 운전되는 Batch Type 소각로의 쓰레기 kg 당 전체발열량(저위발열량+공기예열에 소모된 열량)은 얼마인가?

- 과잉공기비 : 2.4
- 이론공기량 : 1.8 Sm^3/kg 쓰레기
- 공기예열온도 : 180℃
- 공기정압비열 : 0.32 kcal/Sm^3·℃
- 쓰레기 저위발열량 : 2,000kcal/kg
- 공기온도 : 0℃

㉮ 약 2,050kcal/kg
㉯ 약 2,250kcal/kg
㉰ 약 2,450kcal/kg
㉱ 약 2,650kcal/kg

풀이 ① 쓰레기의 발열량(kcal/kg) $= G \times C \times (t_2 - t_1)$

여기서 G : 실제공기량(mA_0)(Sm^3/kg)
C : 공기정압비열(kcal/Sm^3·℃)
t_2 : 공기예열온도(℃)
t_1 : 공기온도(℃)

따라서 쓰레기의 발열량

$= 2.4 \times 1.8 Sm^3/kg \times 0.32 kcal/Sm^3·℃ \times (180 - 0)℃$
$= 248.832 kcal/kg$

② 전체 발열량(kcal/kg)
= 쓰레기의 발열량 + 쓰레기의 저위발열량
= 248.832kcal/kg + 2,000kcal/kg
= 2,248.83kcal/kg

| 제3과목 | 폐기물공정시험기준

41 자외선/가시선 분광법으로 구리를 측정할 때 간섭물질에 관한 설명으로 알맞은 것은 어느 것인가?

㉮ 비스무트(Bi)가 구리의 양보다 2배 이상 존재할 경우에는 적자색을 나타내어 방해한다.
㉯ 비스무트(Bi)가 구리의 양보다 2배 이상 존재할 경우에는 청색을 나타내어 방해한다.
㉰ 비스무트(Bi)가 구리의 양보다 2배 이상 존재할 경우에는 적색을 나타내어 방해한다.
㉱ 비스무트(Bi)가 구리의 양보다 2배 이상 존재할 경우에는 황색을 나타내어 방해한다.

42 질량를 '정확히 단다' 라 함은 규정된 수치의 질량을 몇 mg까지 다는 것을 말하는가?

㉮ 0.0001mg　㉯ 0.001mg
㉰ 0.01mg　㉱ 0.1mg

풀이 정확히 단다라는 것은 소수점네째자리까지 측정함을 의미하므로 0.0001g이 된다.
따라서 0.0001g = 0.1mg이다.

answer 39 ㉰　40 ㉯　41 ㉱　42 ㉱

43 기체크로마토그래프-질량분석법에 의한 유기인 분석방법으로 틀린 것은 어느 것인가?

㉮ 운반기체는 부피백분율 99.999% 이상의 헬륨을 사용한다.
㉯ 질량분석기는 자기장형, 사중극자형 및 이온트랩형 등의 성능을 가진 것을 사용한다.
㉰ 질량분석기의 이온화방식은 전자충격법(EI)을 사용하며 이온화에너지는 35~70eV을 사용한다.
㉱ 정성분석에는 메트릭스 검출법을 이용하는 것이 바람직하다.

풀이 ㉱ 정량분석에는 선택이온검출법(SIM)을 이용하는 것이 바람직하다.

44 편광현미경법으로 석면을 측정할 때 석면의 정량범위는 얼마인가?

㉮ 1~25% ㉯ 1~50%
㉰ 1~75% ㉱ 1~100%

풀이 석면의 측정방법별 정량범위
① 편광현미경법 : 1~100%
② X선 회절기법 : 0.1 ~ 100wt%

45 용출실험 결과 시료 중의 수분함량을 보정해 주기 위해 적용(곱)하는 식으로 알맞은 것은 어느 것인가? (단, 함수율 85% 이상인 시료에 한한다.)

㉮ 85/(100 − 함수율(%))
㉯ (100 − 함수율(%))/85
㉰ 15/(100 − 함수율(%))
㉱ (100 − 함수율(%))/15

46 총칙에서 규정하고 있는 내용으로 알맞은 것은 어느 것인가?

㉮ "약"이라 함은 기재된 양에 대하여 ±5% 이상의 차이가 있어서는 안 된다.
㉯ "감압 또는 진공"이라 함은 따로 규정이 없는 한 5mmHg 이하를 말한다.
㉰ "정확히 취하여"라 함은 규정한 양의 액체 또는 고체시료를 화학저울 또는 미량저울로 정확히 취하는 것을 말한다.
㉱ "정량적으로 씻는다"라 함은 어떤 조작으로부터 다음 조작으로 넘어갈 때 사용한 비커, 플라스크 등의 용기 및 여과막 등에 부착한 정량대상 성분을 사용한 용매로 씻어 그 씻어낸 용액을 합하고 먼저 사용한 같은 용매를 채워 일정용량으로 하는 것을 뜻한다.

풀이 ㉮ "약"이라 함은 기재된 양에 대하여 ±10% 이상의 차이가 있어서는 안 된다.
㉯ "감압 또는 진공"이라 함은 따로 규정이 없는 한 15mmHg 이하를 말한다.
㉰ "정확히 취하여"라 함은 규정한 양의 액체를 홀피펫으로 눈금까지 취하는 것을 말한다.

47 유기물 함량이 비교적 높지 않고 금속의 수산화물, 산화물, 인산염 및 황화물을 함유하고 있는 시료에 적용되는 산분해법은 어느 것인가?

㉮ 질산-황산 분해법
㉯ 질산-염산 분해법
㉰ 질산-과염소산 분해법
㉱ 질산-불화수소산 분해법

풀이 산분해법
① 질산 분해법 : 유기물 함량이 낮은 시료에 적용
② 질산-염산 분해법 : 유기물 함량이 비교적 높지 않

실전문제 과년도 기출문제

answer 43 ㉱ 44 ㉱ 45 ㉰ 46 ㉱ 47 ㉯

고 금속의 수산화물, 산화물, 인산염 및 황화물을 함유하고 있는 시료에 적용
③ 질산-황산 분해법 : 유기물 등을 많이 함유하고 있는 대부분의 시료에 적용
④ 질산-과염소산 분해법 : 유기물을 높은 비율로 함유하고 있으면서 산화분해가 어려운 시료에 적용
⑤ 질산-과염소산-불화수소산 분해법 : 점토질 또는 규산염이 높은 비율로 함유된 시료에 적용
⑥ 암기법 : 질 낮은 시료는/염산인금주고/황 많은/과 산화가 어려우면/과불이 점규한다.

48 폐기물공정시험기준 유도결합플라스마-원자발광분광법으로 측정할 수 있는 항목으로 틀린 것은 어느 것인가?

㉮ 6가 크롬　　㉯ 수은
㉰ 비소　　㉱ 크롬

풀이 항목별 분석방법
㉮ 6가 크롬 : 원자흡수분광광도법, 유도결합플라스마-원자발광분광법, 자외선/가시선분광법(다이페닐카바자이드법)
㉯ 수은 : 원자흡수분광광도법(환원기화법), 자외선/가시선 분광법(디티존법)
㉰ 비소 : 원자흡수분광광도법, 유도결합플라스마-원자발광분광법, 자외선/가시선 분광법
㉱ 크롬 : 원자흡수분광광도법, 유도결합플라스마-원자발광분광법, 자외선/가시선 분광법(다이페닐카바자이드법)

49 이온전극법을 이용한 시안측정에 대한 내용으로 틀린 것은 어느 것인가?

㉮ pH 4 이하의 산성으로 조절한 후 시안 이온전극과 비교전극을 사용하여 전위를 측정한다.
㉯ 시안화합물을 측정할 때 방해물질들은 증류하면 대부분 제거된다.
㉰ 다량의 지방성분을 함유한 시료는 아세트산 또는 수산화나트륨용액으로 pH 6~7로 조절한 후 시료의 약 2%에 해당하는 부피의 노말 헥산 또는 클로로폼을 넣어 추출하여 유기층은 버리고 수층을 분리하여 사용한다.
㉱ 시료는 미리 세척한 유리 또는 폴리에틸렌용기에 채취한다.

풀이 ㉮ pH 12 ~ 13의 알칼리성으로 조절한 후 시안 이온전극과 비교전극을 사용하여 전위를 측정한다.

50 대상 폐기물의 양이 50ton인 경우 시료는 최소 수는 얼마인가?

㉮ 6　　㉯ 10
㉰ 14　　㉱ 20

풀이 대상폐기물의 양과 시료의 최소 수

대상폐기물의 양 (단위 : ton)	시료의 최소 수	대상폐기물의 양 (단위 : ton)	시료의 최소 수
~ 1미만	6	100이상 ~ 500미만	30
1이상 ~ 5미만	10	500이상 ~ 1,000미만	36
5이상 ~ 30미만	14	1,000이상 ~ 5,000미만	50
30이상 ~ 100미만	20	5,000이상	60

51 원자흡수분광광도법(공기-아세틸렌 불꽃)으로 크롬을 분석할 때, 철, 니켈 등의 공존물질에 의한 방해영향이 크다. 이 때 어떤 시약을 넣어 측정하는가?

㉮ 질산나트륨　　㉯ 인산나트륨
㉰ 황산나트륨　　㉱ 염산나트륨

풀이 크롬 분석 시 철, 니켈의 방해는 황산나트륨으로 제거한다.

answer 48 ㉯ 49 ㉮ 50 ㉱ 51 ㉰

52 다음 설명하는 시료의 분할채취방법은 어느 것인가?

- 분쇄한 대시료를 단단하고 깨끗한 평면위에 원추형으로 쌓는다.
- 원추를 장소를 바꾸어 다시 쌓는다.
- 원추에서 일정량을 취하여 장방향으로 도포하고 계속해서 일정량을 취하여 그 위에 입체로 쌓는다.
- 육면체의 측면을 교대로 돌면서 균등량씩을 취하여 두 개의 원추를 쌓는다.
- 하나의 원추는 버리고 나머지 원추를 앞의 조작을 반복하면서 적당한 크기까지 줄인다.

㉮ 구획법 ㉯ 교호삽법
㉰ 원추 4분법 ㉱ 원추 분할법

풀이 ㉱ 교호삽법에 대한 설명이며, 핵심 내용인 "원추형, 육면체, 원추 쌓기 = 교호삽법"임을 숙지하시면 됩니다.

53 편광현미경법으로 석면 분석시 시료의 채취량에 대한 설명으로 알맞은 것은 어느 것인가?

㉮ 시료의 양은 1회에 최소한 면적단위로는 $1\ cm^2$, 부피단위로 $1\ cm^3$, 질량단위는 1g 이상 채취한다.
㉯ 시료의 양은 1회에 최소한 면적단위로는 $1\ cm^2$, 부피단위로 $1\ cm^3$, 질량단위는 2g 이상 채취한다.
㉰ 시료의 양은 1회에 최소한 면적단위로는 $1\ cm^2$, 부피단위로 $2\ cm^3$, 질량단위는 3g 이상 채취한다.
㉱ 시료의 양은 1회에 최소한 면적단위로는 $2\ cm^2$, 부피단위로 $2\ cm^3$, 질량단위는 3g 이상 채취한다.

풀이 석면분석 시 시료 채취량
① 면적단위 : $1cm^2$
② 부피단위 : $1cm^3$
③ 무게단위 : 2g 이상

54 유도결합플라스마 원자발광분광법으로 금속류를 분석할 때 잘못된 내용은 어느 것인가?

㉮ 대부분의 간섭 물질은 산 분해에 의해 제거된다.
㉯ 장비가 허용된다면 가능한 파장의 간섭을 알기 위해 전 파장 분석을 수행한다.
㉰ 플라스마 가스는 액화 또는 압축헬륨으로 순도는 99.99% 이상인 것을 사용한다.
㉱ 분석장치는 시료도입부, 고주파전원부, 광원부, 분광부, 연산처리부 및 기록부로 구성되어 있다.

풀이 ㉰ 플라스마 가스는 액화 또는 압축 아르곤으로서 순도는 99.99 V/V% 이상인 것을 사용한다.

answer 52 ㉯ 53 ㉯ 54 ㉰

55 고상 또는 반고상 폐기물의 pH 측정법으로 알맞은 것은 어느 것인가?

㉮ 시료 10g을 100mL 비커에 취한 다음 정제수 50mL를 넣어 잘 교반하여 10분 이상 방치
㉯ 시료 10g을 100mL 비커에 취한 다음 정제수 50mL를 넣어 잘 교반하여 30분 이상 방치
㉰ 시료 10g을 50mL 비커에 취한 다음 정제수 25mL를 넣어 잘 교반하여 10분 이상 방치
㉱ 시료 10g을 50mL 비커에 취한 다음 정제수 25mL를 넣어 잘 교반하여 30분 이상 방치

풀이 고상 또는 반고상 폐기물의 pH 측정법

시료 10g → 50mL 비커 $\xrightarrow[\text{교반}]{\text{정제수 25mL}}$ 30분 이상 방치

56 폐기물 용출조작에 대한 내용으로 잘못된 것은 어느 것인가?

㉮ 상온, 상압에서 진탕회수가 매분 당 약 200회로 한다.
㉯ 진폭이 5~6cm의 진탕기를 사용한다.
㉰ 진탕기로 6시간 연속 진탕한다.
㉱ 여과가 어려운 경우 원심분리기를 사용하여 매분 당 3,000회전 이상으로 20분 이상 원심 분리한다.

풀이 ㉯ 진폭이 4~5cm의 진탕기를 사용한다.

57 고형물의 함량이 50%, 수분함량이 50%, 강열감량이 85%인 폐기물이 있다. 이때 폐기물의 고형물 중 유기물 함량(%)은 얼마인가?

㉮ 50% ㉯ 60%
㉰ 70% ㉱ 80%

풀이 유기물 함량(%) $= \dfrac{\text{휘발성 고형물(\%)}}{\text{고형물(\%)}} \times 100$

① 휘발성 고형물(%) = 강열감량(%) − 수분(%)
= 85% − 50% = 35%

② 고형물(%) = 50%

③ 유기물 함량(%) $= \dfrac{35\%}{50\%} \times 100 = 70\%$

58 다음은 유리전극법에 의한 pH 측정시에 정밀도에 대한 설명이다. (　)안에 알맞은 말은 어느 것인가?

> 임의의 한 종류의 pH 표준용액에 대하여 검출부를 정제수로 잘 씻은 다음 5회 되풀이하여 pH를 측정하였을 때 그 재현성이 (　) 이내이어야 한다.

㉮ ±0.01 ㉯ ±0.05
㉰ ±0.1 ㉱ ±0.5

풀이 유리전극법에 의한 pH 측정 시 핵심 내용은 "5회, ±0.05"임을 숙지하시면 됩니다.

answer 55 ㉱ 56 ㉯ 57 ㉰ 58 ㉯

59 다음은 용출을 위한 시료용액의 조제에 대한 설명이다. (　　)안에 알맞은 말은 어느 것인가?

> 시료의 조제방법에 따라 조제한 시료 (①) 이상을 정확히 달아 정제수에 염산을 넣어 pH를 (②)으로 한 용매(mL)를 시료 : 용매 = 1 : 10(W/V)의 비로 2,000mL 삼각플라스크에 넣어 혼합한다.

㉮ ① : 50g, ② : 5.8~6.3
㉯ ① : 100g, ② : 5.8~6.3
㉰ ① : 50g, ② : 4.3~5.8
㉱ ① : 100g, ② : 4.3~5.8

풀이 용출을 위한 시료용액 조제
① 시료의 양 : 100g 이상
② pH : 5.8~6.3으로 조절
③ 시료 : 용매 = 1:10(W:V)
④ 용기 : 2,000mL 삼각플라스크

60 다음은 폐기물 소각시설의 소각재 시료 채취 방법 중 연속식 연소방식의 소각재 반출설비에서의 시료 채취에 대한 설명이다. (　　)안에 알맞은 말은 어느 것인가?

> 야적더미에서 채취하는 경우는 야적더미를 (　　) 높이마다 각각의 층으로 나누고 각 층별로 적절한 지점에서 500g 이상의 시료를 채취한다.

㉮ 0.3m　　㉯ 0.5m
㉰ 1m　　㉱ 2m

풀이 연속식 연소방식의 소각재 반출설비(야적더미 기준)
① 층의 기준 : 2m 높이마다
② 채취 시 시료량 : 500g 이상

answer　59 ㉯　60 ㉱

2015
1회
기출문제

| 제1과목 | 폐기물개론

01 폐기물의 발생량 조사방법 중 전수조사의 장점으로 틀린 것은 어느 것인가?

㉮ 조사기간이 짧다.
㉯ 표본치의 보정역할이 가능하다.
㉰ 행정시책에 대한 이용도가 높다.
㉱ 표본오차가 작아 신뢰도가 높다.

풀이 ㉮ 조사기간이 길다.

02 유해 폐기물을 소각할 때 발생하는 물질로서 광화학 스모그의 원인이 되는 주된 물질은 어느 것인가?

㉮ 일산화탄소(CO)
㉯ 염화수소(HCl)
㉰ 일산화질소(NO)
㉱ 이산화황(SO_2)

풀이 광화학스모그의 원인 물질 중 유해 폐기물의 소각시 발생하는 물질은 일산화질소(NO)이다.

TIP
광학 스모그 3대 요소
① 질소산화물(NO_X)
② 올레핀계 HC
③ 자외선

03 트롬멜 스크린에 관한 내용으로 틀린 것은 어느 것인가?

㉮ [원통형 임계속도×1.45 = 최적속도]로 나타낸다.
㉯ 원통의 경사도가 크면 부하율이 커진다.
㉰ 스크린 중에서 선별효율이 좋고 유지관리상의 문제가 적다.
㉱ 원통의 경사도가 크면 효율이 떨어진다.

풀이 ㉮ [원통형 임계속도×0.45 = 최적속도]로 나타낸다.

04 폐기물의 80%를 5cm보다 작게 파쇄하고자 할 때 특성입자 크기(X_o)는 얼마인가? (단, Rosin-Rammler 모델 기준, n=1이다.)

㉮ 약 3.1cm ㉯ 약 3.8cm
㉰ 약 4.2cm ㉱ 약 4.9cm

풀이 $Y = 1 - \exp\left[-\left(\frac{X}{X_o}\right)^n\right]$

여기서 Y : 체하분율
X : 폐기물 입자의 크기
X_o : 특성입자의 크기
n : 상수

따라서 $0.80 = 1 - \exp\left[-\left(\frac{5cm}{X_o}\right)^1\right]$

$\therefore X_o = \frac{-5cm}{LN(1-0.80)} = 3.11cm$

TIP
$$Y = 1 - \exp\left[-\left(\frac{X}{X_o}\right)^n\right] \Rightarrow X_o = \frac{-X}{LN(1-Y)}$$

answer 01 ㉮ 02 ㉰ 03 ㉮ 04 ㉮

05 쓰레기 발생량 조사방법 중 주로 산업폐기물 발생량을 추산할 때 이용하는 방법으로 조사하고자 하는 계의 경계가 정확하여야 하는 것은 어느 것인가?

㉮ 물질수지법
㉯ 직접계근법
㉰ 적재차량 계수분석법
㉱ 경향법

풀이 ㉮ 물질수지법에 대한 설명이며, 핵심 내용인 "산업폐기물 발생량 추산 = 물질수지법"임을 숙지하시면 됩니다.

06 수소 15.0%, 수분 0.4%인 중유의 고위발열량이 12,000kcal/kg일 때, 저위발열량(kcal/kg)은 얼마인가?

㉮ 11,188kcal/kg ㉯ 11,253kcal/kg
㉰ 11,324kcal/kg ㉱ 11,496kcal/kg

풀이 Hl = Hh-600(9H+W)(kcal/kg)
여기서 Hl : 저위발열량(kcal/kg)
Hh : 고위발열량(kcal/kg)
H : 수소의 함량
W : 수분의 함량
따라서
Hl = 12,000kcal/kg-600×(9×0.15+0.004)
= 11,187.6kcal/kg

07 쓰레기의 발생량 예측 방법 중 최저 5년 이상의 과거 처리 실적을 바탕으로 예측하며 시간과 그에 따른 쓰레기의 발생량 간의 상관관계만을 고려하는 방법은 무엇인가?

㉮ WRAP 모델 ㉯ 경향법
㉰ 다중회귀모델 ㉱ 동적모사모델

풀이 ㉯ 경향법에 대한 설명이며, 핵심 내용인 "최저 5년 이상의 과거 실적 기준 = 경향법"임을 숙지하시면 됩니다.

08 다음 중 유해성이 있다고 판단할 수 있는 폐기물의 성질로 틀린 것은 어느 것인가?

㉮ 반응성 ㉯ 인화성
㉰ 부식성 ㉱ 부패성

풀이 유해성을 구분하는 분류기준으로는 폭발성, 반응성, 인화성, 부식성, EP독성, 유해가능성, 난분해성, 용출특성이 있다.

09 쓰레기와 슬러지를 혼합하여 퇴비화 할 때의 장점으로 틀린 것은 어느 것인가?

㉮ 쓰레기 단독으로 퇴비화 할 때보다 통기성이 좋다.
㉯ 수분을 슬러지가 보충해준다.
㉰ 미생물의 접종 효과가 있다.
㉱ 쓰레기는 슬러지의 Bulking Agent의 역할을 할 수 있다.

풀이 ㉮ 쓰레기 단독으로 퇴비화 할 때보다 통기성이 나쁘다.

answer 05 ㉮ 06 ㉮ 07 ㉯ 08 ㉱ 09 ㉮

10 쓰레기의 저위발열량을 추정하기 위한 쓰레기 3성분으로 틀린 것은 어느 것인가?

㉮ 수분 ㉯ 가연분
㉰ 고정탄소 ㉱ 회분

풀이 3성분에 의한 저위발열량 구하는 공식
저위발열량(Hl)
= 4,500×가연분(VS) - 600×수분(W)(kcal/kg)

TIP
폐기물의 개략분석
① 3성분 : 수분, 가연분, 회분
② 4성분 : 고정탄소, 휘발분, 수분, 회분

11 쓰레기 관리 체계에서 비용이 가장 많이 소요되는 단계는 어느 것인가?

㉮ 수거 ㉯ 처리
㉰ 저장 ㉱ 분석

풀이 쓰레기 관리 체계에서 비용이 가장 많이 소요되는 단계는 수거단계이며, 수거단계가 전체 비용의 60% 이상을 차지한다.

12 폐기물선별방법 중 분쇄한 전기줄로부터 금속을 회수하거나 분쇄된 자동차나 연소재로부터 알루미늄, 구리 등을 회수하는 데 사용되는 선별장치는 어느 것인가?

㉮ Fluidized bed separators
㉯ Stoners
㉰ Optical sorting
㉱ Jigs

풀이 ㉮ 유동상선별법(Fluidized bed separators)에 대한 설명이며, 핵심 내용인 "분쇄한 전기줄로부터 금속회수 = 유동상선별법"임을 숙지하시면 됩니다.

13 어떤 공장에 배출되는 폐기물의 성상을 분석한 결과 비가연성 물질의 함유율이 75%(질량기준)이었다. 이 폐기물의 밀도가 500kg/m^{3}이라면 20m^{3}에 포함되어 있는 가연성물질의 양(kg)은 얼마인가?

㉮ 1,500kg ㉯ 2,500kg
㉰ 3,500kg ㉱ 4,500kg

풀이 가연성 물질의 양(kg)

$$= \text{폐기물의 양}(m^3) \times \text{폐기물의 밀도}(kg/m^3) \times \frac{100 - \text{비가연성분}(\%)}{100}$$

$$= 20m^3 \times 500kg/m^3 \times \frac{100 - 75\%}{100}$$

$$= 2{,}500\,kg$$

14 폐기물 수거를 위한 노선을 결정할 때 고려해야 할 사항으로 틀린 것은 어느 것인가?

㉮ 언덕지역에서는 언덕의 꼭대기에서부터 시작하여 적재하면서 차량이 아래로 진행하도록 한다.
㉯ 아주 많은 양의 쓰레기가 발생되는 발생원은 하루 중 가장 나중에 수거한다.
㉰ 적은 양의 쓰레기가 발생하나 동일한 수거빈도를 받기를 원하는 적재지점은 가능한 한 같은 날 왕복 내에서 수거하도록 한다.
㉱ 가능한 한 시계방향으로 수거노선을 결정한다.

풀이 ㉯ 아주 많은 양의 쓰레기가 발생되는 발생원은 하루 중 가장 먼저 수거한다.

answer 10 ㉰ 11 ㉮ 12 ㉮ 13 ㉯ 14 ㉯

15 다음 중 수거효율을 결정하기 위해서 흔히 사용되는 동적시간조사(time-motion study)를 통한 자료로 틀린 것은 어느 것인가?

㉮ 수거차량당 수거인부수
㉯ 수거인부의 시간당 수거 가옥수
㉰ 수거인부의 시간당 수거 톤수
㉱ 수거톤당 인력 소요시간

풀이 ㉯ SMH(services · hr/man)
㉰ TMH(ton · hr/man)
㉱ MHT(man · hr/ton)

16 수거대상인구 5,252,000명, 쓰레기 수거량 4,412,000톤/년일 때 쓰레기 발생량은 얼마인가?

㉮ 1.8kg/인 · 일　㉯ 2.3kg/인 · 일
㉰ 2.7kg/인 · 일　㉱ 3.2kg/인 · 일

풀이 쓰레기 발생량(kg/인 · 일)

$$= \frac{\text{쓰레기 수거량(kg/일)}}{\text{인구수(인)}}$$

$$= \frac{4,412,000\text{톤/년} \times 10^3\text{kg/톤} \times 1\text{년}/365\text{일}}{5,252,000\text{인}}$$

$$= 2.30\text{kg/인} \cdot \text{일}$$

17 원소분석에 의한 이론적인 발열량을 산출할 수 있는 계산식으로 틀린 것은 어느 것인가?

㉮ Dulong식　㉯ Steuer식
㉰ Rettinger식　㉱ Scheure-Kestner식

풀이 ㉰ Rettinger식은 폐기물 파쇄에 대한 계산식이다.

18 어느 도시쓰레기의 조성이 탄소 48%, 수소 6.4%, 산소 37.6%, 질소 2.6%, 황 0.4% 그리고 회분 5%일 때 고위발열량(kcal/kg)은 얼마인가? (단, Dulong식을 적용하시오.)

㉮ 약 7,500kcal/kg　㉯ 약 6,500kcal/kg
㉰ 약 5,500kcal/kg　㉱ 약 4,500kcal/kg

풀이 Dulong식에서 고위발열량(Hh)

$$Hh = 8,100C + 34,000\left(H - \frac{O}{8}\right) + 2,500S(\text{kcal/kg})$$

$$= 8,100 \times 0.48 + 34,000 \times \left(0.064 - \frac{0.376}{8}\right) + 2,500 \times 0.004$$

$$= 4,476\text{kcal/kg}$$

19 원료의 취득에서 연구개발, 제품의 생산과 포장, 수송 · 유통 · 판매 과정, 소비자 사용 및 최종 폐기에 이르는 제품의 전체 과정상에서 환경영향을 평가하고 최소화하기 위한 조직적인 방법론을 의미하는 것은 어느 것인가?

㉮ LCA　㉯ ISO 14000
㉰ EMAS　㉱ MEP

풀이 ㉮ 전과정평가(LCA)에 대한 설명이며, 핵심 내용인 "제품 전과정에서 환경영향평가 = LCA"임을 숙지하시면 됩니다.

실전문제

과년도 기출문제

answer 15 ㉮ 16 ㉯ 17 ㉰ 18 ㉱ 19 ㉮

20 물렁거리는 가벼운 물질로부터 딱딱한 물질을 선별하는데 이용되며, 경사진 컨베이어를 통해 폐기물을 주입시켜 회전하는 드럼 위에 떨어뜨려 분류하는 선별 방식은 어느 것인가?

㉮ Stoners ㉯ Jigs
㉰ Secators ㉱ float Separtor

풀이 ㉰ 세카터(Secators)에 대한 설명이며, 핵심 내용인 "물렁거리는 가벼운 물질에서 딱딱한 물질 선별 = 세카터"임을 숙지하시면 됩니다.

| 제2과목 | 폐기물처리기술

21 메탄 $1Sm^3$를 공기과잉계수 1.8로 연소시킬 경우, 실제 습윤 연소가스량(Sm^3)은 얼마인가?

㉮ 약 $18.1Sm^3$ ㉯ 약 $19.1Sm^3$
㉰ 약 $20.1Sm^3$ ㉱ 약 $21.1Sm^3$

풀이 $CH_4+2O_2 \rightarrow CO_2+2H_2O$
실제 습윤연소가스량(Gw)
$= (m-0.21)A_o+CO_2량+H_2O량(Sm^3/Sm^3)$
$= (1.8-0.21)\times\frac{2}{0.21}+1+2$
$= 18.14(Sm^3/Sm^3)$

22 1일 쓰레기 발생량이 29.8t인 도시 쓰레기를 깊이 2.5m의 도랑식(trench)으로 매립하고자 한다. 쓰레기 밀도 $500kg/m^3$, 도랑점유율 60%, 부피감소율 40%일 경우 5년간 필요한 부지면적(m^2)은 얼마인가?

㉮ $43,500m^2$ ㉯ $56,400m^2$
㉰ $67,300m^2$ ㉱ $78,700m^2$

풀이 필요한 부지면적(m^2)
$$= \frac{\text{쓰레기 발생량}(kg)\times(1-\text{부피감소율})}{\text{쓰레기 밀도}(kg/m^3)\times\text{깊이}(m)}\times\frac{1}{\text{도랑 점유율}}$$
$$= \frac{29.8\times10^3 kg/\text{일}\times365\text{일}/\text{년}\times5\text{년}\times(1-0.40)}{500kg/m^3\times2.5m}\times\frac{1}{0.60} = 43,508m^2$$

23 합성차수막 중 PVC의 장·단점으로 잘못된 것은 어느 것인가?

㉮ 접합이 용이하다.
㉯ 자외선, 오존, 기후에 약하다.
㉰ 대부분의 유기화학물질에 약하다.
㉱ 강도가 약하다.

풀이 ㉱ 강도가 강하다.

24 해안매립공법 중 박층 뿌림공법에 대한 내용으로 잘못된 것은 어느 것인가?

㉮ 쓰레기지만 안정화에 유리하다.
㉯ 매립효율이 떨어진다.
㉰ 매립부지의 조기이용에 유리하다.
㉱ 호안측에서부터 쓰레기를 투입하여 순차적으로 육지화한다.

풀이 ㉱번은 순차투입공법에 대한 설명이다.

answer 20 ㉰ 21 ㉮ 22 ㉮ 23 ㉱ 24 ㉱

25 위생매립(복토+침출수 처리)의 장·단점으로 잘못된 것은 어느 것인가?

㉮ 처분 대상 폐기물의 증가에 따른 추가인원 및 장비가 크게 늘어난다.
㉯ 인구밀집지역에서는 경제적 수송거리 내에서 부지확보가 어렵다.
㉰ 추가적인 처리과정이 요구되는 소각이나 퇴비화와는 달리 위생매립은 최종처분 방법이다.
㉱ 거의 모든 종류의 폐기물 처분이 가능하다.

풀이 ㉮ 처분 대상 폐기물의 증가에 따른 추가 인원 및 장비의 증가가 없다.

26 5%의 고형물을 함유하는 500m^3/일의 슬러지를 진공여과시켜 80%의 수분을 함유하는 슬러지 케이크를 만들 때 생산되는 슬러지 케이크의 양(m^3/일)은 얼마인가? (단, 슬러지 비중은 모두 1.0이다.)

㉮ 100m^3/일 ㉯ 125m^3/일
㉰ 150m^3/일 ㉱ 175m^3/일

풀이 슬러지 케이크의 양(m^3/일)

$$= \frac{\text{고형물의 농도}(kg/m^3)\times\text{슬러지량}(m^3/day)}{\text{비중량}(kg/m^3)} \times \frac{100}{100-\text{함수율}(\%)}$$

$$= \frac{50kg/m^3\times 500m^3/\text{일}}{1{,}000kg/m^3}\times\frac{100}{100-80\%}$$

$= 125m^3$/일

TIP

① $\% \xrightarrow{\times 10^4} ppm(mg/L) \xrightarrow{\times 10^{-3}} kg/m^3$

② $\% \xrightarrow{\times 10} kg/m^3$이므로 고형물 $5\% = 50kg/m^3$

③ 비중 $\xrightarrow{\times 10^3}$ 비중량(kg/m^3)이므로
비중 $1.0 = 1{,}000kg/m^3$

27 분뇨 처리과정 중 고형물 농도 10%, 유기물 함유율 70%인 농축슬러지는 소화과정을 통해 유기물의 100%가 분해되었다. 소화된 슬러지의 고형물 함량이 6.0%일 때 전체 슬러지량은 얼마가 감소되는가? (단, 비중은 1.0으로 가정한다.)

㉮ 1/4 ㉯ 1/3
㉰ 1/2 ㉱ 1/1.5

풀이 슬러지의 비율 $= \frac{\text{소화슬러지}}{\text{농축슬러지}}$

① 소화슬러지량 계산
소화 후 VS량 = 0.1×0.70×0 = 0
∴ 소화 후 VS량 = 0%
소화 후 FS량 = 0.1×(1-0.70) = 0.03
∴ 소화 후 FS량 = 3%
따라서 소화슬러지량

$$= (\text{소화 후 VS량}+\text{소화 후 FS량})\times\frac{100}{\text{소화 후 고형물 함량}(\%)}$$

$$= (0\%+3\%)\times\frac{100}{6.0\%} = 50\%$$

② 슬러지의 비율 $= \frac{\text{소화슬러지}}{\text{농축슬러지}} = \frac{50\%}{100\%} = \frac{1}{2}$

실전문제

과년도 기출문제

answer 25 ㉮ 26 ㉯ 27 ㉰

28 슬러지의 유량이 50m³/day, 슬러지의 고형물농도가 10%, 소화조의 부피는 500m³, 슬러지의 고형물내 VS 함유도가 70%라면 소화조에 주입되는 TS (kg/m³·d)·VS(kg/m³·d) 부하는 각각 얼마인가? (단, 슬러지의 비중은 1.0으로 가정한다.)

㉮ TS : 5.0, VS : 0.35
㉯ TS : 5.0, VS : 0.70
㉰ TS : 10.0, VS : 3.50
㉱ TS : 10.0, VS : 7.0

풀이 ① TS(kg/m³·day)

$$= \frac{\text{슬러지 유량}(m^3/day)\times\text{고형물 농도}(kg/m^3)}{\text{소화조 부피}(m^3)}$$

$$= \frac{50m^3/day\times100kg/m^3}{500m^3}$$

$= 10kg/m^3\cdot day$

② VS(kg/m³·day)

$$= \frac{\text{슬러지 유량}(m^3/day)\times\text{고형물 농도}(kg/m^3)\times VS\text{ 함량}}{\text{소화조 부피}(m^3)}$$

$$= \frac{50m^3/day\times100kg/m^3\times0.70}{500m^3}$$

$= 7kg/m^3\cdot day$

TIP

① $\% \xrightarrow{\times10^4} ppm(mg/L) \xrightarrow{\times10^{-3}} kg/m^3$

② $\% \xrightarrow{\times10} kg/m^3$이므로 TS 10% = 100kg/m³

29 분뇨를 소화 처리함에 있어 소화 대상 분뇨량이 100m³/일이고, 분뇨내 유기물 농도가 10,000mg/L라면 가스발생량(m³/일)은 얼마인가? (단, 유기물 소화에 따른 가스발생량은 500L/kg-유기물, 유기물전량 소화, 분뇨비중은 1.0으로 가정한다.)

㉮ 500m³/일 ㉯ 1,000m³/일
㉰ 1,500m³/일 ㉱ 2,000m³/일

풀이 가스발생량(m³/day)
= 분뇨량(m³/일)×유기물 농도(kg/m³)×가스발생량(m³/kg)
= 100m³/일×10kg/m³×500L/kg×10⁻³m³/L
= 500m³/일

TIP

① $ppm = mg/L \xrightarrow{\times10^{-3}} kg/m^3$

② $L \xrightarrow{\times10^{-3}} m^3$

30 연직 차수막 공법의 종류로 틀린 것은 어느 것인가?

㉮ 강널말뚝
㉯ 어스 라이닝
㉰ 굴착에 의한 차수시트 매설법
㉱ 어스 댐 코아

풀이 ㉯ 그라우트 공법

answer 28 ㉱ 29 ㉮ 30 ㉯

31 어느 매립지의 침출수 농도가 반으로 감소하는데 4.4년이 걸린다면 이 침출수 농도가 90% 분해되는데 걸리는 시간(년)은 얼마인가? (단, 1차 반응기준이다.)

㉮ 10.2년 ㉯ 11.3년
㉰ 12.8년 ㉱ 14.6년

풀이 1차반응식 : $\ln\frac{C_t}{C_o} = -k \times t$

여기서 C_o : 초기농도(%)
C_t : t시간 후 농도(%)
k : 상수(/년)
t : 시간(년)

① $\ln\frac{1}{2} = -k \times 4.4$년

$\therefore k = \frac{\ln\frac{1}{2}}{-4.4년} = 0.1575/년$

② $\ln\frac{(100-90\%)}{100\%} = -0.1575/년 \times t$

$\therefore t = \frac{\ln\frac{(100-90\%)}{100\%}}{-0.1575/년} = 14.62년$

32 혐기성소화를 적용하여 분뇨를 처리하는 어느 처리장에서 발생 가스량이 $200m^3$/day였다. 이 소화조가 정상적으로 운영되고 있다면 발생되는 CH_4가스의 양(m^3/day)으로 알맞은 것은 어느 것인가?

㉮ 약 $120m^3$/day ㉯ 약 $80m^3$/day
㉰ 약 $60m^3$/day ㉱ 약 $40m^3$/day

풀이 소화조가 정상적으로 운영되는 경우 발생가스 중 메탄의 함량이 60% 이상이므로 발생되는 CH_4 가스의 양은 $200m^3/day \times 0.60 = 120m^3/day$

33 분뇨 저류 포기조에 500kL의 분뇨를 유입시켜 5일 동안 연속 포기하였더니 BOD가 50% 제거되었다. BOD 제거 kg 당 공기공급량 $50m^3$로 하였을 때 시간당 공기공급량(m^3/hr)은 얼마인가? (단, 분뇨의 BOD는 20,000mg/L, 비중 : 1.0이다.)

㉮ 약 $1,892m^3$/hr ㉯ 약 $1,943m^3$/hr
㉰ 약 $2,083m^3$/hr ㉱ 약 $2,161m^3$/hr

풀이 공급공기량(m^3/hr)

$= 유입분뇨량(m^3) \times \frac{1}{포기시간(hr)} \times BOD 농도(kg/m^3) \times \frac{BOD 제거율(\%)}{100} \times 공기공급량(m^3/kg)$

$= 500m^3 \times \frac{1}{5일} \times 1일/24hr \times 20kg/m^3 \times 0.50 \times 50m^3/kg$

$= 2,083.33m^3/hr$

TIP

① $mg/L \xrightarrow{\times 10^{-3}} kg/m^3$이므로
BOD $20,000mg/L = 20kg/m^3$
② 유입분뇨량 $500kL = 500m^3$

실전문제

과년도 기출문제

answer 31 ㉱ 32 ㉮ 33 ㉰

34 쓰레기 소각로에서 로의 열부하가 50,000 kcal/m³·hr 이며 쓰레기의 저위발열량 600kcal/kg, 쓰레기질량 20,000kg이다. 로의 용량(m³)은 얼마인가? (단, 8시간 가동한다.)

㉮ $15m^3$　　㉯ $20m^3$
㉰ $25m^3$　　㉱ $30m^3$

풀이 로의 열부하(kcal/m³·hr)

$$= \frac{\text{저위발열량(kcal/kg)} \times \text{쓰레기의 양(kg/hr)}}{\text{로의 용량}(m^3)}$$

따라서

$$50,000\text{kcal/m}^3\cdot\text{hr} = \frac{600\text{kcal/kg} \times \frac{20,000\text{kg}}{8\text{hr}}}{\text{로의 용량}(m^3)}$$

$$\therefore \text{로의 용량} = \frac{600\text{kcal/kg} \times \frac{20,000\text{kg}}{8\text{hr}}}{50,000\text{kcal/m}^3\cdot\text{hr}} = 30m^3$$

35 유해 폐기물을 고화 처리하는 방법 중 피막형성법에 대한 내용으로 틀린 것은 어느 것인가?

㉮ 낮은 혼합률(MR)을 가진다.
㉯ 에너지 소요가 작다.
㉰ 화재 위험성이 있다.
㉱ 침출성이 낮다.

풀이 ㉯ 에너지 소요가 크다.

TIP

$$\text{혼합율((MR)} = \frac{\text{첨가제의 질량}}{\text{폐기물의 질량}}$$

36 탄소 85%, 수소 13%, 황 2%를 함유하는 중유 10kg 연소에 필요한 이론산소량(Sm³)은 얼마인가?

㉮ 약 $9.8Sm^3$　　㉯ 약 $16.7Sm^3$
㉰ 약 $23.3Sm^3$　　㉱ 약 $32.4Sm^3$

풀이 ① 이론산소량(Sm³/kg)

$$= 1.867C + 5.6\left(H - \frac{O}{8}\right) + 0.7S$$
$$= 1.867 \times 0.85 + 5.6 \times 0.13 + 0.7 \times 0.02$$
$$= 2.329\,Sm^3/kg$$

② $2.329Sm^3/kg \times 10kg = 23.29\,Sm^3/kg$

37 BOD 15,000mg/L, Cl⁻ 800mg/L인 분뇨를 희석하여 활성슬러지법으로 처리한 결과 BOD 100mg/L, Cl⁻ 50mg/L 이었을 때 활성슬러지법의 BOD 처리효율(%)은 얼마인가? (단, 염소는 활성슬러지법에 의해 처리되지 않는다.)

㉮ 83.5%　　㉯ 89.3%
㉰ 91.4%　　㉱ 95.1%

풀이 BOD 처리효율(%)

$$= \left(1 - \frac{\text{유출수의 BOD} \times P}{\text{유입수의 BOD}}\right) \times 100$$

① 희석배수치(P) $= \frac{\text{유입수의 } Cl^-}{\text{유출수의 } Cl^-} = \frac{800mg/L}{50mg/L} = 16$

② BOD 처리효율(%)

$$= \left(1 - \frac{100mg/L \times 16}{15,000mg/L}\right) \times 100 = 89.33\%$$

answer 34 ㉱　35 ㉯　36 ㉰　37 ㉯

38 함수율이 50%인 쓰레기를 건조시켜 함수율 10%인 쓰레기로 만들기 위한 쓰레기 1ton당 수분 증발량(kg)은 얼마인가? (단, 쓰레기 비중은 1.0으로 가정한다.)

㉮ 375kg ㉯ 415kg
㉰ 444kg ㉱ 455kg

풀이 ① W_2를 계산한다.

$$W_1 \times (100 - P_1) = W_2 \times (100 - P_2)$$

$$1{,}000\text{kg} \times (100 - 50\%) = W_2 \times (100 - 10\%)$$

$$\therefore W_2 = \frac{1{,}000\text{kg} \times (100 - 50\%)}{(100 - 10\%)} = 555.56\text{kg}$$

② 수분증발량 $= W_1 - W_2$

$$= 1{,}000\text{kg} - 555.56\text{kg} = 444.44\text{kg}$$

39 분뇨 100kL/day를 중온 소화하였다. 1일 동안 얻어지는 열량(kcal/day)은 얼마인가? (단, CH_4 발열량은 6,000kcal/ m^3으로 하며 발생가스는 전량 메탄으로 가정하고 발생가스량은 분뇨투입량의 8배로 한다.)

㉮ 2.8×10^6kcal/day
㉯ 3.4×10^7kcal/day
㉰ 4.8×10^6kcal/day
㉱ 5.2×10^7kcal/day

풀이 발생되는 열량(kcal/day)

= 분뇨량(m^3/day) × 발생되는 메탄량 × 메탄의 발열량(kcal/m^3)

$$= 100\text{m}^3/\text{day} \times 8\text{배} \times 6{,}000\text{kcal/m}^3$$

$$= 4.8 \times 10^6 \text{ kcal/day}$$

TIP
kL/day = m^3/day이므로 분뇨 100kL/day = 100m^3/day

40 유효공극율 0.2, 점토층 위의 침출수가 수두 1.5m인 점토 차수층 1.0m를 통과하는데 10년이 걸렸다면 점토 차수층의 투수계수(cm/sec)는 얼마인가?

㉮ 5.54×10^{-8} ㉯ 5.54×10^{-7}
㉰ 2.54×10^{-8} ㉱ 2.54×10^{-7}

풀이

$$t = \frac{d^2 \cdot n}{k(d+h)}$$

여기서 t : 침출수가 점토층을 통과하는 시간(년)
d : 점토층의 두께(m)
n : 유효공극율
k : 투수계수(m/년)
h : 침출수 수두(m)

① $k = \dfrac{d^2 \cdot n}{t(d+h)} = \dfrac{(1.0\text{m})^2 \times 0.2}{10\text{년} \times (1.0\text{m} + 1.5\text{m})}$
$= 0.008\text{m/년}$

② k(cm/sec)

$$= \frac{0.008\text{m}}{\text{년}} \times \frac{10^2\text{cm}}{1\text{m}} \times \frac{1\text{년}}{365\text{일}} \times \frac{1\text{일}}{24\text{hr}} \times \frac{1\text{hr}}{3{,}600\text{sec}}$$

$$= 2.54 \times 10^{-8} \text{ cm/sec}$$

| 제3과목 | 폐기물공정시험기준

41 시료 중의 수은을 금속수은으로 환원시키는데 사용되는 환원제는 무엇인가? (단, 원자흡수분광광도법 기준이다.)

㉮ 염화제이철 ㉯ 아연분말
㉰ 이염화주석 ㉱ 과망간산칼륨

풀이 수은의 원자흡수분광광도법
① 환원제 : 이염화주석
② 측정파장 : 253.7nm
③ 정량한계 : 0.0005mg/L
④ 불꽃조합 : 공기-아세틸렌

answer 38 ㉰ 39 ㉰ 40 ㉰ 41 ㉰

42 다음은 용출시험을 위한 시료 용액 조제에 대한 설명이다. (　)안에 알맞은 것은 어느 것인가?

> 시료의 조제방법에 따라 조제한 시료 100g 이상을 정확히 달아 정제수에 염산을 넣어 (　)(으)로 한 용매(mL)를 시료 : 용매 = 1 : 10(W : V)의 비로 2,000mL 삼각플라스크에 넣어 혼합한다.

㉮ pH 3.8 ~ 4.5　　㉯ pH 4.5 ~ 5.8
㉰ pH 5.8 ~ 6.3　　㉱ pH 6.3 ~ 7.2

풀이 용출시험을 위한 시료용액 조제
① 시료의 양 : 100g 이상
② pH : 5.8~6.3으로 조절
③ 시료 : 용매 = 1:10(W:V)
④ 용기 : 2,000mL 삼각플라스크

43 취급 또는 저장하는 동안에 이물질이 들어가거나 또는 내용물이 손실되지 아니하도록 보호하는 용기는 어느 것인가?

㉮ 차광용기　　㉯ 기밀용기
㉰ 밀봉용기　　㉱ 밀폐용기

풀이 용기
㉮ 차광용기 : 광선
㉯ 기밀용기 : 공기
㉰ 밀봉용기 : 미생물
㉱ 밀폐용기 : 이물질

44 폐기물공정시험기준상 시료를 채취할 때 시료의 양은 1회에 최소 얼마 이상 채취하여야 하는가? (단, 소각재는 제외한다.)

㉮ 100g 이상　　㉯ 200g 이상
㉰ 500g 이상　　㉱ 1000g 이상

풀이 시료의 채취량
① 일반시료 : 100g 이상
② 소각재 시료 : 500g 이상

45 자외선/가시선 분광법에 의한 비소의 측정방법으로 알맞은 것은 어느 것인가?

㉮ 적자색의 흡광도를 430nm에서 측정
㉯ 적자색의 흡광도를 530nm에서 측정
㉰ 청색의 흡광도를 430nm에서 측정
㉱ 청색의 흡광도를 530nm에서 측정

풀이 비소의 자외선/가시 선분광법
① 환원제 : 아연
② 발색 시약 : 다이에틸다이티오카르바민산은
③ 측정 : 적자색의 흡광도를 530nm에서 측정

46 다음은 시료의 분할채취방법 중 구획법에 대한 설명이다. (　)안에 들어갈 알맞은 것은 어느 것인가?

> ① 모아진 대시료를 네모꼴로 엷게 균일한 두께로 편다.
> ② (　)
> ③ 각 부분에서 균등량씩을 취하여 혼합하여 하나의 시료로 한다.

㉮ 이것을 가로 2등분 세로 3등분하여 6개의 덩어리로 나눈다.
㉯ 이것을 가로 3등분 세로 4등분하여 12개의 덩어리로 나눈다.
㉰ 이것을 가로 4등분 세로 5등분하여 20개의 덩어리로 나눈다.
㉱ 이것을 가로 5등분 세로 6등분하여 30개의 덩어리로 나눈다.

answer　42 ㉰　43 ㉱　44 ㉮　45 ㉯　46 ㉰

풀이 구획법의 핵심 내용인 "가로 4등분, 세로 5등분, 20개의 덩어리"임을 숙지하시면 됩니다.

47 다음은 크롬을 원자흡수분광광도법으로 분석할 때 간섭물질에 대한 설명이다. ( )안에 들어갈 알맞은 것은 어느 것인가?

> 공기-아세틸렌 불꽃에서는 철, 니켈 등의 공존물질에 의한 방해영향이 크므로 이때는 ( ) 넣어서 측정한다.

㉮ 황산나트륨 1% 정도
㉯ 시안화칼륨 1% 정도
㉰ 수산화칼슘 1% 정도
㉱ 수산화칼륨 1% 정도

풀이 철, 니켈 등의 방해는 황산나트륨 1% 정도를 주입하여 제거한다.

48 자외선/가시선 분광법으로 시안을 분석할 경우에 정량한계는 얼마인가?

㉮ 0.01mg/L ㉯ 0.02mg/L
㉰ 0.05mg/L ㉱ 0.1mg/L

풀이 시안의 측정방법 및 정량한계
① 자외선/가시선분광법 : 0.1mg/L
② 이온전극법 : 0.5mg/L
③ 연속흐름법 : 0.01mg/L

49 시료채취 시 사용되는 용기로 갈색 경질의 유리병을 사용하여야 하는 경우가 아닌 것은 어느 것인가?

㉮ 휘발성 저급 염소화 탄화수소류 실험을 위한 시료채취 시
㉯ 유기인 실험을 위한 시료채취 시
㉰ PCBs 실험을 위한 시료채취 시
㉱ 시안 실험을 위한 시료채취 시

풀이 갈색 경질의 유리병만 사용해야 하는 시료는 노말헥산 추출물질, 유기인, 폴리클로리네이티드비페닐(PCBs), 휘발성 저급 염소화 탄화수소류이다.

50 시료채취 방법에 대한 설명으로 잘못된 것은 어느 것인가?

㉮ 시료채취는 일반적으로 폐기물이 생성되는 단위공정별로 구분하여 채취한다.
㉯ 액상혼합물의 경우는 원칙적으로 최종지점의 낙하구에서 흐르는 도중에 채취한다.
㉰ 일반적으로 서로 다른 종류의 시료가 혼재되어 있을 경우는 잘 섞어서 채취한다.
㉱ 대형의 콘크리트 고형화물로써 분쇄가 어려운 경우, 임의의 5개소에서 채취하여 각각 파쇄하여 100g씩 균등양을 혼합하여 채취한다.

풀이 ㉰ 일반적으로 서로 다른 종류의 시료가 혼재되어 있을 경우는 혼재된 폐기물의 성분별로 각각에 대해 시료를 채취한다.

실전문제

과년도 기출문제

answer 47 ㉮ 48 ㉮ 49 ㉱ 50 ㉰

51 유기인의 기체크로마토그래프 분석시 간섭물질에 대한 설명으로 잘못된 것은 어느 것인가?

㉮ 추출 용매 안에 함유되어 있는 불순물이 분석을 방해할 수 있다.
㉯ 고순도의 시약이나 용매를 사용하면 방해물질을 최소화 할 수 있다.
㉰ 매트릭스로부터 추출되어 나오는 방해물질이 있을 수 있는데 이는 시료마다 다르다.
㉱ 유리기구류는 세정수로 닦아준 후 깨끗한 곳에서 건조하여 사용한다.

풀이 ㉱ 유리기구류는 세정제, 수돗물, 정제수 그리고 아세톤의 차례로 닦아준 후 400℃에서 15~30분 동안 가열한 후 식혀 알루미늄박으로 덮어 깨끗한 곳에 보관하여 사용한다.

52 다음 농도의 표시 방법에 대한 설명으로 잘못된 것은 어느 것인가?

㉮ 용액의 농도를 %로만 표시된 것은 W/W% 또는 V/V%를 말한다.
㉯ 백만분율(Parts Per Million)을 표시할 때는 mg/L, mg/kg의 기호를 쓴다.
㉰ 단위 면적(A, area) 중 성분의 면적(A)를 표시할 때는 A/A%(area)의 기호로 쓴다.
㉱ 기체 중의 농도는 표준상태(0℃, 1기압)로 환산 표시한다.

풀이 ㉮ 용액의 농도를 %로만 표시된 것은 W/V%를 말한다.

53 다량의 점토질 또는 규산염을 함유한 시료에 적용하는 산분해법은 어느 것인가?

㉮ 질산 - 염산 분해법
㉯ 질산 - 과염소산 분해법
㉰ 질산 - 염산 - 과염소산 분해법
㉱ 질산 - 과염소산 - 불화수소산 분해법

풀이 시료의 전처리방법(산분해법)
① 질산 분해법 : 유기물 함량이 낮은 시료
② 질산 - 염산 분해법 : 유기물 함량이 비교적 높지 않고 금속의 수산화물, 산화물, 인산염 및 황화물을 함유하고 있는 시료
③ 질산 - 황산 분해법 : 유기물 등을 많이 함유하고 있는 대부분의 시료
④ 질산 - 과염소산 분해법 : 유기물을 높은 비율로 함유하고 있으면서 산화분해가 어려운 시료
⑤ 질산 - 과염소산 - 불화수소산 분해법 : 점토질 또는 규산염이 높은 비율로 함유된 시료에 적용
⑥ 암기법 : 질 낮은 시료는/염산인금주고/황 많은/과산화가 어려우면/과불이 점규한다.

54 다음은 감염성 미생물(멸균테이프 검사법) 분석시 시료채취 및 관리에 대한 설명이다. (   )안에 알맞은 것은 어느 것인가?

> 시료의 채취는 가능한 한 무균적으로 하고 멸균된 용기에 넣어 (①)에 실험실로 운반, 실험하여야 하며 그 이상의 시간이 소요될 경우에는 10℃ 이하로 냉장하여 (②)에 실험실로 운반하고 실험실에 도착한 후 (③)에 배양조작을 완료하여야 한다.

㉮ ① : 1시간 이내, ② : 4시간 이내, ③ : 1시간 이내
㉯ ① : 1시간 이내, ② : 6시간 이내, ③ : 2시간 이내

answer 51 ㉱ 52 ㉮ 53 ㉱ 54 ㉯

㉰ ① : 2시간 이내, ② : 6시간 이내,
③ : 1시간 이내
㉱ ① : 2시간 이내, ② : 8시간 이내,
③ : 2시간 이내

풀이 감염성 미생물의 멸균테이프 검사법에서 시료관리
① 무균, 멸균용기 이용 : 1시간 이내
② 10℃ 이하로 냉장 : 6시간 이내
③ 배양조작 완료 : 2시간 이내

55 대상폐기물의 양이 150톤일 때 시료의 최소 수는 얼마인가?

㉮ 14 ㉯ 20
㉰ 30 ㉱ 36

풀이 대상폐기물의 양과 시료의 최소 수

대상폐기물의 양 (단위 : ton)	시료의 최소 수	대상폐기물의 양 (단위 : ton)	시료의 최소 수
~1 미만	6	100 이상~500 미만	30
1 이상~5 미만	10	500 이상~1,000 미만	36
5 이상 ~30 미만	14	1,000 이상~5,000 미만	50
30 이상 ~100 미만	20	5,000 이상	60

56 다음은 용출시험의 결과 산출시 시료 중의 수분함량 보정에 대한 내용이다. ( )안에 알맞은 것은 어느 것인가?

> 함수율 85% 이상인 시료에 한하여 ( )을 곱하여 계산된 값으로 한다.

㉮ 15 + {100 - 시료의 함수율(%)}
㉯ 15 - {100 - 시료의 함수율(%)}
㉯ 15 × {100 - 시료의 함수율(%)}
㉱ 15 ÷ {100 - 시료의 함수율(%)}

57 다음은 반고상 또는 고상폐기물의 유리전극법에 의한 pH 측정에 대한 내용이다. ( )안에 알맞은 것은 어느 것인가?

> 시료 (①)g을 (②)mL 비커에 취하여 정제수 (③)mL를 넣어 잘 교반하여 30분 이상 방치한 다음 이 현탁액을 시료용액으로 하여 pH를 측정한다.

㉮ ① : 10, ② : 50, ③ : 25
㉯ ① : 10, ② : 100, ③ : 50
㉰ ① : 50, ② : 250, ③ : 100
㉱ ① : 50, ② : 500, ③ : 200

풀이 고상 또는 반고상 폐기물의 pH 측정법
시료 10g → 50mL 비커 $\xrightarrow[\text{교반}]{\text{정제수 25mL}}$ 30분 이상 방치
→ pH 측정

58 다음은 자외선/가시선 분광법으로 구리를 분석할 때의 간섭물질에 대한 내용이다. ( ) 안에 알맞은 것은 어느 것인가?

> 비스무트(Bi)가 구리의 양보다 2배 이상 존재할 경우에는 ( )을 나타내어 방해한다.

㉮ 적자색 ㉯ 황색
㉰ 청색 ㉱ 황갈색

실전문제
과년도 기출문제

answer 55 ㉰ 56 ㉱ 57 ㉮ 58 ㉯

59 크롬을 자외선/가시선 분광법으로 측정하는 방법에서 적용되는 흡광도 파장(nm)으로 알맞은 것은 어느 것인가?

㉮ 340nm ㉯ 440nm
㉰ 540nm ㉱ 640nm

풀이 크롬의 자외선/가시선분광법
① 강산화제 : 과망간산칼륨($KMnO_4$)
② 발색 시약 : 다이페닐카바자이드
③ 측정 : 적자색의 착화화물의 흡광도를 540nm에서 측정

60 질량법에 의한 기름성분 분석 방법(절차)에 대한 설명으로 잘못된 것은 어느 것인가?

㉮ 시료 적당량을 분별깔때기에 넣고 메틸오렌지용액(0.1%)을 2~3방울 넣고 황색이 적색으로 변할 때까지 염산(1+1)을 넣어 pH 4 이하로 조절한다.
㉯ 시료가 반고상 또는 고상폐기물인 경우에는 폐기물의 양에 약 2.5배에 해당하는 물을 넣어 잘 혼합한 다음 pH 4 이하로 조절한다.
㉰ 노말헥산 추출물질의 함량이 5mg/L 이하로 낮은 경우에는 5L 부피 시료병에 시료 4L를 채취하여 염화철(Ⅲ)용액 4mL를 넣고 자석교반기로 교반하면서 탄산나트륨 용액(20W/V%)을 넣어 pH 7~9로 조절한다.
㉱ 증발용기 외부의 습기를 깨끗이 닦고 실리카겔 데시케이터에 1시간 이상 수분 제거 후 질량을 단다.

풀이 ㉱ 증발용기 외부의 습기를 깨끗이 닦고 (80±5)℃의 건조기 중에 30분간 건조하고 실리카겔 데시케이터에 넣어 정확히 30분간 식힌 후 질량을 단다.

answer 59 ㉰ 60 ㉱

2015 2회 기출문제

| 제1과목 | 폐기물개론

01 선별방식 중 각 물질의 비중차를 이용하는 방법으로 약간 경사진 평판에 폐기물을 흐르게 한 후 좌우로 빠른 진동과 느린 진동을 주어 분류하는 방법은 어느 것인가?

㉮ Secators　　㉯ Stoners
㉰ Table　　㉱ Jig

풀이 ㉰ Table에 대한 설명이며, 핵심 내용인 "빠른 진동과 느린 진동 = Table"임을 숙지하시면 됩니다.

02 다음 중 폐기물이 가지고 있는 특성을 중심으로 위해성을 판단하는 인자로 틀린 것은 어느 것인가?

㉮ 부식성
㉯ 부패성
㉰ 반응성 또는 인화성
㉱ 용출특성

풀이 위해성을 판단하는 인자로는 폭발성, 반응성, 인화성, 부식성, EP독성, 유해가능성, 난분해성, 용출특성이 있다.

03 1992년 리우데자네이로에서 가진 유엔환경 개발회의에서 대두된 용어(약자)로 [친환경적이면서 지속 가능한 개발]이란 뜻을 가진 것은 어느 것인가?

㉮ EPSS　　㉯ ESSK
㉰ ECCZ　　㉱ ESSD

풀이 ㉱ ESSD(Environmentally Sound and Sustainable Development)에 대한 내용이며, 핵심 약자는 "환경의 E, 개발의 D"임을 숙지하시면 됩니다.

04 폐기물 중 철금속(Fe)/비철금속(Al, Cu)/유리병의 3종류를 각각 분리할 수 있는 방법으로 가장 알맞은 것은 어느 것인가?

㉮ 자력선별법　　㉯ 정전기선별법
㉰ 와전류선별법　　㉱ 풍력선별법

풀이 ㉰ 와전류선별법에 대한 설명이며, 핵심 내용인 "비철금속 회수 = 와전류선별법"임을 숙지하시면 됩니다.

answer 01 ㉰ 02 ㉯ 03 ㉱ 04 ㉰

05 폐기물의 강열감량을 산출하는 식으로 알맞은 것은 어느 것인가?

㉮ 수분함량 + 가연분함량 + 회분함량
㉯ 가연분함량 + 회분함량
㉰ 수분함량 + 회분함량
㉱ 수분함량 + 가연분함량

풀이 강열감량(%) = 수분함량(%)+가연분함량(%)

TIP
강열감량이란 분석시료(폐기물)를 가열하였을 때의 질량의 감소분을 의미한다.

06 폐기물 매립시 파쇄를 통해 얻을 수 있는 이점으로 틀린 것은 어느 것인가?

㉮ 매립작업만으로 고밀도 매립이 가능하다.
㉯ 표면적 감소로 미생물 작용이 촉진되어 매립지 조기안정화가 가능하다.
㉰ 곱게 파쇄하면 복토 요구량이 절감된다.
㉱ 폐기물의 밀도가 증가되어 바람에 멀리 날아갈 염려가 적다.

풀이 ㉯ 표면적 증가로 미생물 작용이 촉진되어 매립지 조기안정화가 가능하다.

07 폐기물 1ton을 건조시켜 함수율을 50%에서 25%로 감소시켰다. 폐기물의 질량은 얼마로 되겠는가?

㉮ 0.33ton ㉯ 0.5ton
㉰ 0.67ton ㉱ 0.75ton

풀이 $W_1 \times (100 - P_1) = W_2 \times (100 - P_2)$
여기서 W_1 : 건조 전 폐기물
P_1 : 건조 전 함수율
W_2 : 건조 후 폐기물
P_2 : 건조 후 함수율
따라서 $1\text{ton} \times (100 - 50) = W_2 \times (100 - 25)$

$$\therefore W_2 = \frac{1\text{ton} \times (100 - 50)}{(100 - 25)} = 0.67\text{ton}$$

08 쓰레기 발생량을 예측하는 방법 중 쓰레기 배출에 영향을 주는 모든 인자를 시간에 대한 함수로 나타낸 후 시간에 대한 함수로 표현된 각 영향인자들 간의 상관관계를 수식화한 모델은 어느 것인가?

㉮ 경향법 ㉯ 추정법
㉰ 동적모사모델 ㉱ 다중회귀모델

풀이 ㉰ 동적모사모델에 대한 설명이며, 핵심 내용인 "각 영향인자들 간의 상관관계를 수식화 = 동적모사모델"임을 숙지하시면 됩니다.

09 폐기물 성분 중 비가연성이 50wt%를 차지하고 있다. 밀도가 480kg/m^{3}인 폐기물이 12m^{3}있을 때 가연성 물질의 양(kg)은 얼마인가?

㉮ 2,240kg ㉯ 2,430kg
㉰ 2,880kg ㉱ 2,960kg

풀이 가연물질의 양(kg)
= 폐기물의 양(m^3)×밀도(kg/m^3)×(1-비가연성분)
= $12\text{m}^3 \times 480\text{kg/m}^3 \times (1 - 0.5)$
= 2,880kg

answer 05 ㉱ 06 ㉯ 07 ㉰ 08 ㉰ 09 ㉰

10 하나의 수식으로 각 인자들의 효과를 총괄적으로 나타내어 복잡한 시스템의 분석에 유용하게 사용할 수 있는 쓰레기 발생량 예측방법으로 가장 적절한 것은?

㉮ 경향법 ㉯ 동적모사모델
㉰ 정적모사모델 ㉱ 다중회귀모델

풀이 ㉱ 다중회귀모델에 대한 설명이며, 핵심 내용인 "복잡한 시스템의 분석 = 다중회귀모델"임을 숙지하시면 됩니다.

11 폐기물의 관리에 있어서 가장 우선적으로 고려하여야 할 사항은 어느 것인가?

㉮ 재회수 ㉯ 재활용
㉰ 감량화 ㉱ 소각

풀이 폐기물의 관리에 있어서 가장 우선적으로 고려하여야 할 사항은 감량화이며, 관리 순서는 감량화 → 재사용 → 물질 재활용 → 에너지 회수 → 최종처분 순이다.

12 쓰레기 발생량 조사방법으로 틀린 것은 어느 것인가?

㉮ 물질수지법(material balance method)
㉯ 적재차량 계수분석법(load count analysis)
㉰ 수거트럭 수지법(collection truck balance method)
㉱ 직접계근법(direct weighting method)

풀이 ① 폐기물 발생량 예측방법 : 다중회귀모델, 동적모사모델, 경향모델
② 쓰레기 발생량 조사방법 : 물질수지법, 직접계근법, 적재차량계수법, 통계조사법
③ 암기법 : 예측은 다중이 동적으로 경향을 파악하고 /조사는 물질을 직접 적재한 통계로 한다.

13 쓰레기 수거능을 판별할 수 있는 MHT라는 용어에 대한 설명으로 알맞은 것은 어느 것인가?

㉮ 1톤의 쓰레기를 수거하는데 수거인부 1인이 소요하는 총 시간
㉯ 1톤의 쓰레기를 수거하는데 소요되는 인부수
㉰ 수거인부 1인이 시간당 수거하는 쓰레기 톤 수
㉱ 수거인부 1인이 수거하는 쓰레기 톤 수

풀이 MHT는 man · hr/ton이므로 ㉮번을 의미한다.

14 도시쓰레기 중 연탄재 함량이 감소됨에 따라 나타난 현상으로 틀린 것은 어느 것인가?

㉮ 도시쓰레기를 구성성분으로 분류할 때 회분함량이 감소된다.
㉯ 도시쓰레기의 겉보기 밀도가 감소되었다.
㉰ RDF제조시 산술적 환산량(arithmetic equivalence)이 증가되었다.
㉱ 연탄재 감소로 매립시 복토재 사용량이 감소되었다.

풀이 ㉱ 연탄재 감소로 매립시 복토재 사용량이 증가되었다.

15 쓰레기 3성분의 조성비를 이용하여 쓰레기의 저위발열량을 측정하는 방법은 어느 것인가?

㉮ 원소분석에 의한 방법
㉯ 추정식에 의한 방법
㉰ 조성분식에 의한 방법
㉱ 단열열량계에 의한 방법

answer 10 ㉱ 11 ㉰ 12 ㉰ 13 ㉮ 14 ㉱ 15 ㉯

풀이 쓰레기 3성분의 조성비는 가연성분, 수분, 회분이며, 추정식에 의한 방법으로 저위발열량을 계산한다.

16 어느 도시의 쓰레기를 분류하여 다음 표와 같은 결과를 얻었다. 이 쓰레기의 함수율(%)은 얼마인가?

성 분	구성비(질량%)	함수율(%)
연탄재 및 기타	80	20
식품 폐기물	15	70
종이류	5	20

㉮ 20.7% ㉯ 27.5%
㉰ 33.3% ㉱ 38.5%

풀이 쓰레기의 함수율(%)

$$= \frac{합\{구성비(\%) \times 함수율(\%)\}}{합\{구성비(\%)\}}$$

$$= \frac{80\% \times 20\% + 15\% \times 70\% + 5\% \times 20\%}{80\% + 15\% + 5\%}$$

$= 27.5\%$

17 삼성분이 다음과 같은 쓰레기의 저위발열량(kcal/kg)은 얼마인가?

[조건]
수분 : 60%, 가연분 : 30%, 회분 : 10%

㉮ 약 890kcal/kg ㉯ 약 990kcal/kg
㉰ 약 1,190kcal/kg ㉱ 약 1,290kcal/kg

풀이 $Hl = 45 \times VS(\%) - 6 \times W(\%)$
여기서 Hl : 저위발열량(kcal/kg)
VS : 가연성분(%)
W : 수분함량(%)
따라서 $Hl = 45 \times 30\% - 6 \times 60\%$
$= 990\text{kcal/kg}$

18 어떤 폐기물의 밀도가 200kg/m^{3}인 것을 500kg/m^{3}으로 압축시킬 때 폐기물의 부피변화(%)는 얼마인가?

㉮ 60% 감소 ㉯ 64% 감소
㉰ 67% 감소 ㉱ 70% 감소

풀이 ① 부피를 계산한다.

$$V_1 = 1\text{kg} \times \frac{1}{200\text{kg/m}^3} = 0.005\text{m}^3$$

$$V_2 = 1\text{kg} \times \frac{1}{500\text{kg/m}^3} = 0.002\text{m}^3$$

② $부피감소율(\%) = \left(1 - \frac{V_2}{V_1}\right) \times 100$

$$= \left(1 - \frac{0.002\text{m}^3}{0.005\text{m}^3}\right) \times 100 = 60\%$$

19 쓰레기 10ton을 소각했더니 재의 용적이 1.14m^3 발생되었다. 재의 밀도(kg /m^3)는 얼마인가? (단, 재의 질량은 쓰레기 질량의 1/100이다.)

㉮ 55kg/m^3 ㉯ 67kg/m^3
㉰ 88kg/m^3 ㉱ 92kg/m^3

풀이 $재의\ 밀도(\text{kg/m}^3) = \frac{재의\ 질량(\text{kg})}{재의\ 용적(\text{m}^3)}$

$$= \frac{10 \times 10^3\text{kg} \times \frac{1}{100}}{1.14\text{m}^3}$$

$= 87.72\,\text{kg/m}^3$

TIP
$10\text{ton} = 10 \times 10^3\text{kg}$

answer 16 ㉯ 17 ㉯ 18 ㉮ 19 ㉰

20 적환장에 관한 내용으로 틀린 것은 어느 것인가?

㉮ 최종처리장과 수거지역의 거리가 먼 경우 사용하는 것이 바람직하다.
㉯ 저밀도 거주지역이 존재할 때 설치한다.
㉰ 재사용 가능한 물질의 선별시설 설치가 가능하다.
㉱ 대용량의 수집차량을 사용할 때 설치한다.

풀이 ㉱ 소용량의 수집차량을 사용할 때 설치한다.

| 제2과목 | 폐기물처리기술

21 유입수의 BOD가 250ppm이고 정화조의 BOD제거율이 80%라면 정화조를 거친 방류수의 BOD(ppm)는 얼마인가?

㉮ 50ppm　㉯ 60ppm
㉰ 70ppm　㉱ 80ppm

풀이 $\text{제거율(\%)} = \left(1 - \frac{\text{유출수의 BOD}}{\text{유입수의 BOD}}\right) \times 100$

$80\% = \left(1 - \frac{\text{유출수의 BOD}}{250\text{ppm}}\right) \times 100$

$\therefore \text{유출수의 BOD} = 250\text{ppm} \times (1 - 0.80) = 50\text{ppm}$

22 내륙매립공법 중 도랑형공법에 관한 내용으로 틀린 것은 어느 것인가?

㉮ 전처리로 압축시 발생되는 수분처리가 필요하다.
㉯ 침출수 수집장치나 차수막 설치가 어렵다.
㉰ 사전 정비작업이 그다지 필요하지 않으나 매립용량이 낭비된다.
㉱ 파낸 흙을 복토재로 이용 가능한 경우 경제적이다.

풀이 ㉮번의 설명은 압축매립공법이다.

23 다음 중 탄질비(C/N, 건조질량비)의 값이 가장 작은 것은 어느 것인가?

㉮ 소나무
㉯ 낙엽
㉰ 돼지 분뇨
㉱ 소화 전 활성슬러지

풀이 탄소(C)에 비해 질소(N)의 함량이 높은 것이 탄질비가 작게 되므로 정답은 ㉱번이다.

24 유효공극율 0.2, 점토층 위의 침출수 수두 1.5m인 점토차수층 1.0m를 통과하는데 10년이 걸렸다면 점토차수층의 투수계수(cm/sec)는 얼마인가?

㉮ 1.54×10^{-8}　㉯ 2.54×10^{-8}
㉰ 3.54×10^{-8}　㉱ 4.54×10^{-8}

풀이 ① $t = \frac{d^2 \times n}{k \times (d + h)}$

여기서 t : 침출수가 점토층을 통과하는 시간(년)
d : 점토층의 두께(m)
n : 유효공극률
k : 투수계수(m/년)
h : 침출수 수두(m)

따라서 $10\text{년} = \frac{(1.0\text{m})^2 \times 0.2}{k \times (1.0\text{m} + 1.5\text{m})}$

$\therefore k = \frac{(1.0\text{m})^2 \times 0.2}{10\text{년} \times (1.0\text{m} + 1.5\text{m})} = 0.008\text{m/년}$

② k(cm/sec)

$= \frac{0.008\text{m}}{\text{년}} \times \frac{10^2\text{cm}}{1\text{m}} \times \frac{1\text{년}}{365\text{일}} \times \frac{1\text{일}}{24\text{hr}} \times \frac{1\text{hr}}{3{,}600\text{sec}}$

$= 2.54 \times 10^{-8}\text{cm/sec}$

answer　20 ㉱　21 ㉮　22 ㉮　23 ㉱　24 ㉯

25 소각시 다이옥신(Dioxin)의 발생억제(또는 제거) 방법으로 틀린 것은 어느 것인가?

㉮ 로내 온도를 300 ~ 350℃ 범위로 일정하게 운전하여 다이옥신성분 발생을 최소화한다.

㉯ 배기가스 conditioning시 칼슘 및 활성탄 분말 투입시설을 설치하여 다이옥신과 반응 후 집진함으로서 줄일 수 있다.

㉰ 유기 염소계 화합물(PVC 제품류) 반입을 제한한다.

㉱ 페인트가 칠해져 있거나 페인트로 처리된 목재, 가구류 반입을 억제, 제한한다.

풀이 ㉮ 로내 온도를 1,000℃ 범위로 일정하게 운전하여 다이옥신성분 발생을 최소화한다.

26 폐기물의 고형화(고체화) 처리에 대한 내용으로 틀린 것은 어느 것인가?

㉮ 재이용 가능한 농도이어야 한다.

㉯ 고형화 시킨 후 침출수와는 관련이 없다.

㉰ 분해불가능하고, 연소 불가능한 것이어야 한다.

㉱ Equilibrium leaching test로써 유해물질의 침출 여부를 결정한다.

풀이 ㉯ 고형화 시킨 후 침출수의 발생이 없어야 한다.

TIP

Equilibrium leaching test
= 평형상태의 거른 액 실험

27 다음과 같은 조성의 쓰레기를 소각처분하고자 할 때 이론적으로 필요한 공기의 양(m^3) 은 표준상태에서 쓰레기 1kg당 얼마인가?

[조건] 쓰레기 조성(질량%)
탄소(C) : 9.5%, 수소(H) : 2.8%,
산소(O) : 10.5%, 불연소성분 : 77.2%

㉮ 약 $1.25m^3$ ㉯ 약 $2.25m^3$

㉰ 약 $3.25m^3$ ㉱ 약 $4.25m^3$

풀이 이론공기량(A_o)

$$= 8.89C + 26.67\left(H - \frac{O}{8}\right) + 3.33S\,(Sm^3/kg)$$

$$= 8.89 \times 0.095 + 26.67 \times \left(0.028 - \frac{0.105}{8}\right)$$

$$= 1.24Sm^3/kg$$

28 대표적인 고형화 처리방법인 석회기초법에 대한 내용으로 틀린 것은 어느 것인가?

㉮ 가격이 매우 싸고 널리 이용되고 있다.

㉯ 석회 - 포졸란 화학반응이 간단하고 용이하다.

㉰ pH가 낮을 때 폐기물 성분의 용출가능성이 증가한다.

㉱ 탈수가 필요하다.

풀이 ㉱ 탈수가 필요없다.

answer 25 ㉮ 26 ㉯ 27 ㉮ 28 ㉱

29 폐기물의 열분해에 대한 내용으로 틀린 것은 어느 것인가?

㉮ 열분해를 통하여 얻어지는 연료의 성질을 결정짓는 요소로는 운전온도, 가열속도, 폐기물의 성질 등으로 알려져 있다.
㉯ 열분해 방법은 저온법과 고온법이 있는데, 통상적으로 저온은 500 ~ 900℃, 고온은 1,100 ~ 1,500℃를 말한다.
㉰ 열분해 온도에 따르는 가스의 구성비는 고온이 될수록 CO_2함량이 늘고 수소함량은 줄어든다.
㉱ 열분해에 의해 생성되는 액체물질에는 식초산, 아세톤, 메탄올, 오일, 타르, 방향성 물질이 있다.

풀이 ㉰ 열분해 온도에 따르는 가스의 구성비는 고온이 될수록 CO_2함량이 감소하고, 수소함량은 증가한다.

30 분뇨 100kL에서 SS 24,500mg/L을 제거하였다. SS의 함수율이 96%라고 하면 그 부피(m^3)는 얼마인가? (단, 비중은 1.0 기준이다.)

㉮ $25m^3$　㉯ $40m^3$
㉰ $61m^3$　㉱ $83m^3$

풀이 슬러지량(m^3)

$$= \frac{\text{제거SS량}(kg/m^3) \times \text{분뇨량}(m^3)}{\text{비질량}(kg/m^3)} \times \frac{100}{100\text{-함수율}(\%)}$$

$$= \frac{24.5kg/m^3 \times 100m^3}{1,000kg/m^3} \times \frac{100}{100-96\%} = 61.25m^3$$

TIP

① mg/L $\xrightarrow{\times 10^{-3}}$ kg/m^3이므로
SS 24,500mg/L = $24.5kg/m^3$
② kL = m^3이므로 100kL = $100m^3$
③ 비중(g/cm^3) $\xrightarrow{\times 10^3}$ 비중량(kg/m^3)이므로
비중 1.0 = $1,000kg/m^3$

31 유기적 고형화에 대한 일반적인 내용으로 틀린 것은 어느 것인가?

㉮ 수밀성이 작고 적용 가능 폐기물이 적음
㉯ 처리비용이 고가
㉰ 방사선 폐기물처리에 적용함
㉱ 미생물 및 자외선에 대한 안정성이 약함

풀이 ㉮ 수밀성이 크고 다양한 폐기물에 적용할 수 있다.

32 해안매립공법에 관한 내용으로 틀린 것은 어느 것인가?

㉮ 순차투입방법은 호안측으로부터 순차적으로 쓰레기를 투입하여 육지화하는 방법이다.
㉯ 수심이 깊은 처분장에서는 건설비 과다로 내수를 완전히 배제하기가 곤란한 경우가 많아 순차투입방법을 택하는 경우가 많다.
㉰ 처분장은 면적이 크고 1일 처분량이 많다.
㉱ 수중부에 쓰레기를 깔고 압축작업과 복토를 실시하므로 근본적으로 내륙매립과 같다.

풀이 ㉱ 수중부에 쓰레기를 투여하고 압축작업과 복토를 실시하기 어려워 근본적으로 내륙매립과 다르다.

answer 29 ㉰ 30 ㉰ 31 ㉮ 32 ㉱

33 매립지에서 발생하는 침출수의 특성이 COD/TOC : 2.0 ~ 2.8, BOD/COD : 0.1 ~0.5, 매립연한 : 5년~10년, COD(mg/L) : 500~10,000일 때 효율성이 가장 양호한 처리공정은 어느 것인가?

㉮ 생물학적 처리 ㉯ 이온교환수지
㉰ 활성탄 흡착 ㉱ 역삼투

풀이 ㉱ 역삼투에 대한 설명이다.

34 일반적으로 열용량(kcal/kg)이 가장 높고 회분량(%)이 10 ~ 20%, 수분함량이 4% 이하인 RDF의 종류는 어느 것인가?

㉮ Bulk RDF ㉯ Powder RDF
㉰ Pellet RDF ㉱ Fluff RDF

풀이 ㉯ Powder RDF에 대한 설명이며, 핵심 내용인 "수분함량이 4% 이하 = Powder RDF"임을 숙지하시면 됩니다.

35 매립지에서 발생되는 가스를 회수, 재활용하기 위하여 일반적으로 요구되는 매립 폐기물 및 발생가스 조건으로 틀린 것은 어느 것인가?

㉮ 폐기물 중에는 약 50%의 분해 가능한 물질이 있어야 한다.
㉯ 폐기물 중 분해가능한 물질의 50% 이상이 실제 분해하여 기체를 발생시켜야 한다.
㉰ 발생기체의 50% 이상을 포집할 수 있어야 한다.
㉱ 기체의 발열량은 6,200kcal/Nm^3 이상이어야 한다.

풀이 ㉱ 기체의 발열량은 2,200kcal/Nm^3 이상이어야 한다.

36 쓰레기 소각로의 저온부식에서 부식속도가 가장 빠른 온도범위는 어느 것인가?

㉮ 100 ~ 150℃ ㉯ 150 ~ 200℃
㉰ 200 ~ 250℃ ㉱ 250 ~ 300℃

풀이 저온부식은 노점온도(150℃) 이하에서 발생한다.

37 매립후 경과기간에 따른 가스 구성성분의 변화단계 중 CH_4와 CO_2의 함량이 거의 일정한 정상상태의 단계는 어느 것인가?

㉮ Ⅰ단계 - 호기성 단계(초기조절단계)
㉯ Ⅱ단계 - 혐기성 단계(전이단계)
㉰ Ⅲ단계 - 혐기성 단계(산형성단계)
㉱ Ⅳ단계 - 혐기성 단계(메탄발효단계)

풀이 ㉱ Ⅳ단계에 대한 설명이며, 발생되는 CH_4는 55%, CO_2는 45% 정도이다.

38 다음 중 퇴비화를 위한 설비로 틀린 것은 어느 것인가?

㉮ 공기공급시설 ㉯ 수분조절시설
㉰ 교반시설 ㉱ 가온시설

풀이 퇴비화를 위한 설비로는 공기공급시설, 수분조절시설, 교반시설이 있다.

answer 33 ㉱ 34 ㉯ 35 ㉱ 36 ㉮ 37 ㉱ 38 ㉱

39 오염된 토양의 처리법 중 토양세척법으로 틀린 것은 어느 것인가?

㉮ Steam/고온수법
㉯ 전자수용체 주입법
㉰ 계면활성제법
㉱ 용제법

풀이 ㉯ 전자수용체 주입법은 생물학적 분해법에 해당한다.

40 메탄올(CH_3OH) 3kg을 완전연소하는데 필요한 이론공기량(Sm^3)은 얼마인가?

㉮ $10Sm^3$　　㉯ $15Sm^3$
㉰ $20Sm^3$　　㉱ $25Sm^3$

풀이 ① 이론산소량(Sm^3)을 계산한다.

$CH_3OH+1.5O_2 \rightarrow CO_2+2H_2O$

32kg : $1.5\times22.4Sm^3$

3kg : $O_o(Sm^3)$

$$\therefore \text{이론산소량}(O_o) = \frac{3kg\times1.5\times22.4Sm^3}{32kg} = 3.15Sm^3$$

② 이론공기량(Sm^3)을 계산한다.

$$\text{이론공기량}(A_o) = \text{이론산소량}(Sm^3)\times\frac{1}{0.21} = 3.15Sm^3\times\frac{1}{0.21} = 15Sm^3$$

| 제3과목 | 폐기물공정시험기준

41 기름성분(질량법)의 정량한계로 알맞은 것은 어느 것인가? (단, 폐기물공정시험기준)

㉮ 0.05% 이하　　㉯ 0.1% 이하
㉰ 0.3% 이하　　㉱ 0.5% 이하

풀이 기름성분(질량법)의 정량한계는 0.1%이다.

42 기체크로마토그래피로 휘발성 저급염소화탄화수소류를 측정할 때 간섭물질에 대한 설명으로 틀린 것은 어느 것인가?

㉮ 추출용매에는 분석성분의 머무름 시간에서 피크가 나타나는 간섭물질이 있을 수 있다.
㉯ 다이클로로메탄과 같이 머무름 시간이 긴 화합물은 용매나 용질의 피크와 겹쳐 분석을 방해할 수 있다.
㉰ 플루오르화탄소나 다이클로로메탄과 같은 휘발성 유기물은 보관이나 운반 중에 격막을 통해 시료안으로 확산되어 시료를 오염시킬 수 있다.
㉱ 시료에 혼합표준액 일정량을 첨가하여 크로마토그램을 작성하고 미지의 다른 성분과 피크의 중복여부를 확인한다.

풀이 ㉯ 다이클로로메탄과 같이 머무름 시간이 짧은 화합물은 용매의 피크와 겹쳐 분석을 방해할 수 있다.

43 다음 중 농도가 가장 낮은 것은?

㉮ 1mg/L　　㉯ $100\mu g/L$
㉰ 100ppb　　㉱ 0.01ppm

풀이 ㉮ 1mg/L = 1ppm
㉯ $100\mu g/L$ = 0.1mg/L = 0.1ppm
㉰ 100ppb = 0.1ppm
㉱ 0.01ppm

TIP

$$ppb(\mu g/L) \xrightarrow{\times10^{-3}} ppm(mg/L)$$

실전문제

과년도 기출문제

answer　39 ㉯　40 ㉯　41 ㉯　42 ㉯　43 ㉱

44 원자흡수분광광도법에 의한 비소 측정시 사용하는 아연분말은 비소함량(ppm)이 얼마 이하의 것을 사용하여야 하는가?

㉮ 5ppm　　㉯ 0.5ppm
㉰ 0.05ppm　　㉱ 0.005ppm

풀이 환원제로 사용하는 아연분말은 비소함량이 0.005ppm 이하여야 한다.

45 기름성분을 분석하기 위한 노말헥산 추출 시험법을 노말헥산을 증발시키기 위한 조작온도는 얼마인가?

㉮ 50℃　　㉯ 60℃
㉰ 70℃　　㉱ 80℃

풀이 노말헥산을 증발시키기 위한 조작 온도는 80℃이다.

46 시료용액의 조제에 대한 내용으로 알맞은 것은 어느 것인가?

㉮ 조제한 시료 100g 이상을 정밀히 달아 정제수에 염산을 넣어 pH 5.8 ~ 6.3으로 맞춘 용매(mL)를 1 : 10(W : V)의 비로 2,000mL 삼각플라스크에 넣어 혼합한다.
㉯ 조제한 시료 100g 이상을 정밀히 달아 정제수에 황산을 넣어 pH 5.8 ~ 6.3으로 맞춘 용매(mL)를 1 : 10(W : V)의 비로 2,000mL 삼각플라스크에 넣어 혼합한다.
㉰ 조제한 시료 100g 이상을 정밀히 달아 정제수에 질산을 넣어 pH 5.8 ~ 6.3으로 맞춘 용매(mL)를 1 : 10(W : V)의 비로 2,000mL 삼각플라스크에 넣어 혼합한다.
㉱ 조제한 시료 100g 이상을 정밀히 달아 정제수에 탄산을 넣어 pH 5.8 ~ 6.3으로 맞춘 용매(mL)를 1 : 10(W : V)의 비로 2,000mL 삼각플라스크에 넣어 혼합한다.

풀이 용출시험방법
① 시료 : 100g 이상
② pH 조절 용액 : 염산
③ pH : 5.8~6.3으로 조절
③ 시료 : 용매 = 1:10(W:V)
④ 용기 : 2,000mL 삼각플라스크

47 기체크로마토그래피 분석법으로 측정하여야 하는 항목은 어느 것인가?

㉮ 유기인　　㉯ 시안
㉰ 기름성분　　㉱ 비소

풀이 항목별 분석방법
㉮ 유기인 : 기체크로마토그래피
㉯ 시안 : 자외선/가시선분광법, 이온전극법, 연속흐름법
㉰ 기름성분 : 질량법
㉱ 비소 : 원자흡수분광광도법, 유도결합플라스마 - 원자발광분광법, 자외선/가시선 분광법

48 흡광도가 0.35인 시료의 투과도는 얼마인가?

㉮ 0.447　　㉯ 0.547
㉰ 0.647　　㉱ 0.747

풀이 $\text{흡광도(A)} = \log\frac{1}{\text{투과도}}$
$\text{투과도} = 10^{-A} = 10^{-0.35} = 0.447$

answer 44 ㉱ 45 ㉱ 46 ㉮ 47 ㉮ 48 ㉮

49 $K_2Cr_2O_7$을 사용하여 크롬 표준원액(100mg Cr/L) 100mL를 제조할 때 $K_2Cr_2O_7$은 얼마나 취해야 하는가? (단, 원자량 K = 39, Cr = 52, O = 16)

㉮ 14.1mg ㉯ 28.3mg
㉰ 35.4mg ㉱ 56.5mg

풀이 $K_2Cr_2O_7 : 2Cr^{3+}$
294g : 2×52g
X : 100mg/L×0.1L

$$\therefore X = \frac{294g \times 100mg/L \times 0.1L}{2 \times 52g} = 28.27mg$$

TIP
① $K_2Cr_2O_7$의 분자량 = 39×2+52×2+16×7 = 294
② 100mL = 0.1L

50 다음은 자외선/가시선 분광법으로 비소를 측정하는 내용이다. (　　)안에 알맞은 것은?

> 시료 중의 비소를 3가 비소로 환원시킨 다음 아연을 넣어 발생되는 비화수소를 다이에틸다이티오카르바민산은의 피리딘용액에 흡수시켜 이때 나타나는 (　) 에서 측정하는 방법이다.

㉮ 적자색의 흡광도를 430nm
㉯ 적자색의 흡광도를 530nm
㉰ 청색의 흡광도를 430nm
㉱ 청색의 흡광도를 530nm

풀이 비소의 자외선/가시선분광법
① 환원제 : 아연
② 흡광도 측정 : 적자색의 흡광도를 530nm에서 측정
③ 정량한계 : 0.002mg

51 구리를 자외선/가시선 분광법으로 정량하기 위해 사용하는 시약과 그 목적으로 틀린 것은 어느 것인가?

㉮ 구연산이암모늄용액 - 발색 보조제
㉯ 아세트산부틸 - 구리의 추출
㉰ 암모니아수 - pH 조절
㉱ 다이에틸다이티오카르바민산 나트륨 - 구리의 발색

풀이 자외선/가시선 분광법으로 구리를 분석할 때
㉮ 구연산이암모늄용액은 사용하지 않는다.

52 원자흡수분광광도법에 의한 비소 정량에 대한 내용으로 틀린 것은 어느 것인가?

㉮ 과망간산칼륨으로 6가 비소로 산화시킨다.
㉯ 아연을 넣으면 비화수소가 발생한다.
㉰ 아르곤-수소 불꽃에 주입하여 분석한다.
㉱ 정량한계는 0.005mg/L이다.

풀이 비소의 원자흡수분광광도법(수소화물생성 원자흡수분광광도법)는 전처리한 시료 용액중에 아연 또는 나트륨붕소수화물을 넣어 생성된 수소화비소를 원자화시켜 193.7nm에서 흡광도를 측정하고 비소를 정량하는 방법이며, 정량한계는 0.005mg/L이다.

answer 49 ㉯ 50 ㉯ 51 ㉮ 52 ㉮

53 시료의 전처리방법 중 회화에 의한 유기물 분해에 대한 설명으로 알맞은 것은 어느 것인가?

㉮ 목적성분이 600℃ 이상에서 휘산되어 쉽게 회화 가능한 시료에 적용된다.
㉯ 목적성분이 600℃ 이상에서 휘산되지 않고 쉽게 회화 가능한 시료에 적용된다.
㉰ 목적성분이 400℃ 이상에서 휘산되어 쉽게 회화 가능한 시료에 적용된다.
㉱ 목적성분이 400℃ 이상에서 휘산되지 않고 쉽게 회화 가능한 시료에 적용된다.

54 운반차량에서 시료를 채취할 경우, 5톤 미만의 차량에 폐기물이 적재되어 있을 때 평면상에서 몇 등분하여 각 등분마다 채취하는가?

㉮ 3등분 ㉯ 6등분
㉰ 9등분 ㉱ 12등분

풀이 ① 5톤 미만의 차량 : 6등분
② 5톤 이상의 차량 : 9등분

55 카드뮴을 정량분석하는 방법으로 틀린 것은 어느 것인가?

㉮ 유도결합플라스마 원자발광분광법
㉯ 원자흡수분광광도법
㉰ 자외선/가시선 분광법(디티존법)
㉱ 이온크로마토그래피법

풀이 카드뮴을 정량분석하는 방법으로는 유도결합플라스마 - 원자발광분광법, 원자흡수분광광도법, 자외선/가시선 분광법(디티존법)이 있다.

56 유기인의 정제용 칼럼으로 틀린 것은 어느 것인가?

㉮ 실리카겔 칼럼 ㉯ 인산염 칼럼
㉰ 플로리실 칼럼 ㉱ 활성탄 칼럼

풀이 유기인의 정제용 칼럼으로는 실리카겔 칼럼, 플로리실 칼럼, 활성탄 칼럼이 있다.

57 자외선/가시선 분광법에 의한 구리의 정량에 관한 내용으로 틀린 것은 어느 것인가?

㉮ 추출용매는 아세트산부틸을 사용한다.
㉯ 정량한계는 0.002mg이다.
㉰ 비스무트(Bi)가 구리의 양보다 2배 이상 존재할 경우에는 청색을 나타내어 방해한다.
㉱ 시료의 전처리를 하지 않고 직접 시료를 사용하는 경우 시료 중에 시안화합물이 함유되어 있으면 염산으로 산성 조건을 만든 후 끓여 시안화물을 완전히 분해 제거한 다음 시험한다.

풀이 ㉰ 비스무트(Bi)가 구리의 양보다 2배 이상 존재할 경우에는 황색을 나타내어 방해한다.

answer 53 ㉱ 54 ㉯ 55 ㉱ 56 ㉯ 57 ㉰

58 폐기물 시료채취를 위한 채취도구 및 시료용기에 대한 내용으로 틀린 것은 어느 것인가?

㉮ 노말헥산 추출물질 실험을 위한 시료채취시는 갈색경질의 유리병을 사용하여야 한다.

㉯ 유기인 실험을 위한 시료채취시는 갈색경질의 유리병을 사용하여야 한다.

㉰ 시료 중에 다른 물질의 혼입이나 성분의 손실을 방지하기 위하여 코르크 마개를 사용하며, 다만 고무마개는 셀로판지를 씌워 사용할 수도 있다.

㉱ 시료용기에는 폐기물의 명칭, 대상 폐기물의 양, 채취장소, 채취시간 및 일기, 시료번호, 채취책임자 이름, 시료의 양, 채취방법, 기타 참고자료를 기재한다.

풀이 ㉰ 시료 중에 다른 물질의 혼입이나 성분의 손실을 방지하기 위하여 코르크 마개를 사용하여서는 안 된다. 다만 고무마개는 셀로판지를 씌워 사용할 수도 있다.

59 시안(자외선/가시선 분광법) 측정 시 정량한계로 알맞은 것은 어느 것인가?

㉮ 0.01mg/L　　㉯ 0.001mg/L

㉰ 0.003mg/L　　㉱ 0.0001mg/L

풀이 시안의 측정방법 및 정량한계

① 자외선/가시선분광법 : 0.01mg/L

② 이온전극법 : 0.5mg/L

③ 연속흐름법 : 0.01mg/L

60 폐기물공정시험기준상 측정대상 물질 측정시 적용되는 시약으로 틀린 것은 어느 것인가? (단, 자외선/가시선 분광법 기준)

㉮ 구리 - 다이에틸다이티오카르바민산나트륨

㉯ 비소 - 다이에틸다이티오카르바민산은

㉰ 카드뮴 - 다이페닐카바자이드

㉱ 시안 - 피리딘 · 피리졸론 혼액

풀이 ㉰ 카드뮴 - 수산화나트륨과 시안화칼륨

실전문제

과년도 기출문제

answer 58 ㉰ 59 ㉮ 60 ㉰

2015 4회 기출문제

| 제1과목 | 폐기물개론

01 어떤 쓰레기의 입도를 분석하였더니 입도 누적곡선상의 10%(D_{10}), 30%(D_{30}), 60%(D_{60}), 90%(D_{90})의 입경이 각각 2, 6, 15, 25mm 라면 곡률계수는 얼마인가?

㉮ 15　　㉯ 7.5
㉰ 2.0　　㉱ 1.2

풀이

$$곡률계수 = \frac{(D_{30\%})^2}{(D_{10\%} \times D_{60\%})} = \frac{(6\,mm)^2}{(2\,mm \times 15\,mm)} = 1.2$$

TIP

① 유효입경 = $D_{10\%}$

② 균등계수 = $\frac{D_{60\%}}{D_{10\%}}$

02 다음은 다양한 쓰레기 수집 시스템에 대한 내용이다. 각 시스템에 관한 설명으로 틀린 것은 어느 것인가?

㉮ 모노레일 수송은 쓰레기를 적환장에서 최종처분장까지 수송하는데 적용할 수 있다.

㉯ 콘베이어 수송은 지상에 설치한 콘베이어에 의해 수송하는 방법으로 신속 정확한 수송이 가능하나 악취와 경관에 문제가 있다.

㉰ 콘테이너 철도수송은 광대한 지역에서 적용할 수 있는 방법이며 콘테이너의 세정에 많은 물이 요구되어 폐수처리의 문제가 발생한다.

㉱ 관거를 이용한 수거는 자동화, 무공해화가 가능하나 조대쓰레기는 파쇄, 압축 등의 전처리가 필요하다.

풀이 ㉯ 콘베이어 수송은 지상에 설치한 콘베이어에 의해 수송하는 방법으로 신속 정확한 수송이 가능하며 악취와 경관보전이 가능하다.

03 반경이 2.5m인 트롬멜 스크린의 임계속도(rpm)는 얼마인가?

㉮ 약 19rpm　　㉯ 약 27rpm
㉰ 약 32rpm　　㉱ 약 38rpm

풀이

$$N_C = \sqrt{\frac{g}{4\pi^2 r}} \times 60$$

여기서 N_C : 임계속도(rpm = 회/min)
g : 중력가속도(9.8m/sec^2)
r : 스크린 반경(m)

$$따라서\ N_C = \sqrt{\frac{9.8\,m/s^2}{4 \times \pi^2 \times 2.5\,m}} \times 60 = 18.90\,rpm$$

TIP

최적속도(N_S) = 임계속도(N_C)×0.45

answer　01 ㉱　02 ㉯　03 ㉮

04 폐기물의 발생량은 부피와 질량으로 표시 가능하다. 이 중 부피로 표시할 때 반드시 명시하여야 하는 사항은 어느 것인가?

㉮ 폐기물의 압축정도
㉯ 폐기물의 보관기간
㉰ 폐기물의 발생원
㉱ 폐기물의 조성

풀이 폐기물의 발생량을 부피로 표시할 때 반드시 폐기물의 압축정도를 명시하여야 한다.

05 다음 중 원소 분석 결과를 이용한 발열량 산정식으로 틀린 것은 어느 것인가?

㉮ Steuer식
㉯ Dulong식
㉰ Scheurer-Kestner식
㉱ Lambert식

풀이 원소 분석 결과를 이용한 발열량 산정식으로는 Steuer(스튜어)식, Dulong(듀롱)식, Scheurer- Kestner(쉴레-케스트너)식이 있다.

06 분뇨에 포함되어 있는 협잡물의 양과 질은 도시, 농촌, 공장지대 등 발생지역에 따라서 그 차가 크며, 우리나라의 경우는 평균 4~7% 정도라고 보고 있다. 이러한 우리나라 분뇨의 물리·화학적 성질로서 틀린 것은 어느 것인가?

㉮ 외관상 황색-다갈색
㉯ 점도는 비점도로 1.2 ~ 2.2 정도
㉰ 비중은 1.02 정도
㉱ BOD는 8,000 ~ 13,500ppm 정도

풀이 ㉱ BOD는 20,000ppm 정도

07 다음 중 조대형폐기물에 속하지 않는 것은 어느 것인가?

㉮ 폐플라스틱　　㉯ 모포
㉰ 타이어　　㉱ 나무류

풀이 조대형폐기물에는 모포, 타이어, 나무류 등이 있다.

08 쓰레기를 압축시켜 용적감소율(Volume reduction)이 45%인 경우 압축비(compaction ratio)는 얼마인가?

㉮ 약 1.5　　㉯ 약 1.8
㉰ 약 2.2　　㉱ 약 2.8

풀이

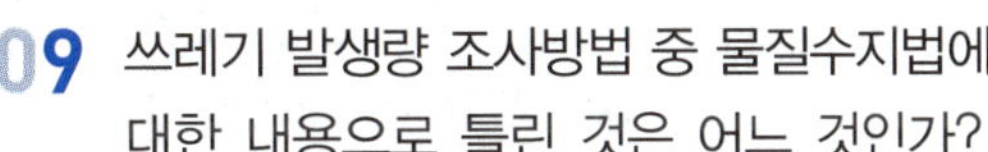

$$압축비 = \frac{100}{100 - 부피감소율(\%)}$$

$$= \frac{100}{100 - 45\%} = 1.82$$

09 쓰레기 발생량 조사방법 중 물질수지법에 대한 내용으로 틀린 것은 어느 것인가?

㉮ 주로 산업폐기물 발생량을 추산할 때 이용된다.
㉯ 먼저 조사하고자 하는 계의 경계를 정확하게 설정한다.
㉰ 물질수지를 세울 수 있는 상세한 데이터가 있는 경우에 가능하다.
㉱ 모든 인자를 수식화하여 비교적 정확하며 비용이 저렴하다.

풀이 ㉱ 비용이 많이 들고 작업량이 많아 널리 이용되지 않는다.

실전문제

과년도 기출문제

answer 04 ㉮ 05 ㉱ 06 ㉱ 07 ㉮ 08 ㉯ 09 ㉱

10 함수율 40%인 슬러지를 건조시켜 함수율을 20%로 하였을 경우 1톤당 증발되는 수분의 양은?

㉮ 0.15ton　㉯ 0.20ton
㉰ 0.25ton　㉱ 0.30ton

풀이 ① $W_1 \times (100 - P_1) = W_2 \times (100 - P_2)$

여기서 W_1 : 건조 전 폐기물의 질량(ton)
P_1 : 건조 전 함수율(%)
W_2 : 건조 후 폐기물의 질량(ton)
P_2 : 건조 후 함수율(%)

$1\,\text{ton} \times (100 - 40) = W_2 \times (100 - 20)$

$\therefore W_2 = \dfrac{1\,\text{ton} \times (100 - 40)}{(100 - 20)} = 0.75\,\text{ton}$

② 증발되는 수분량 $= W_1 - W_2$
$= 1\,\text{ton} - 0.75\,\text{ton} = 0.25\,\text{ton}$

11 어떤 도시에서 발생되는 쓰레기를 인부 50명이 수거 운반할 때의 MHT는 얼마인가? (단, 1일 10시간 작업, 연간 수거실적은 1,220,000ton, 휴가일수 60일/년·인)

㉮ 약 1.05　㉯ 약 0.81
㉰ 약 0.33　㉱ 약 0.13

풀이 MHT(man · hr/ton)

$= \dfrac{\text{수거인부수(man)} \times \text{작업시간(hr)}}{\text{쓰레기 수거실적(ton)}}$

$= \dfrac{50\text{명} \times 10\text{hr/day} \times 305\text{day/년}}{1{,}220{,}000\text{ton/년}} = 0.13\,\text{MHT}$

12 적환장을 설치하는 경우로 틀린 것은 어느 것인가?

㉮ 슬러지 수송이나 공기 수송방식을 사용할 경우
㉯ 불법투기가 발생할 경우
㉰ 작은 용량의 수집차량을 사용할 경우
㉱ 고밀도 거주지역이 존재할 경우

풀이 ㉱ 저밀도 거주지역이 존재할 경우

13 3성분의 조성비에 의한 저위발열량 분석 시 3성분에 해당하지 않는 것은 어느 것인가?

㉮ 수분　㉯ 고형분
㉰ 가연분　㉱ 회분

풀이 3성분에는 가연분, 수분, 회분이 있으며, 이를 이용하여 저위발열량을 계산하는 방법은 추정식에 의한 방법이다.

14 어느 주거지역에서 1일 1인당 1.2kg의 폐기물이 발생되고 1가구당 3인이 살며 이 지역의 총가구수는 3,000 가구일 때 5일간의 총폐기물 발생량(kg)은 얼마인가?

㉮ 58,000kg　㉯ 54,000kg
㉰ 31,600kg　㉱ 30,800kg

풀이 총발생량(kg)
= 1.2kg/인 · 일×3인/1가구×3,000가구×5일
= 54,000kg

answer 10 ㉰ 11 ㉱ 12 ㉱ 13 ㉯ 14 ㉯

15 쓰레기 발생량에 영향을 주는 인자에 대한 내용으로 알맞은 것은 어느 것인가?

㉮ 쓰레기통이 작을수록 쓰레기 발생량이 증가한다.
㉯ 수집빈도가 높을수록 쓰레기 발생량이 증가한다.
㉰ 생활수준이 높을수록 쓰레기 발생량이 감소한다.
㉱ 도시규모가 작을수록 쓰레기 발생량이 증가한다.

풀이 ㉮ 쓰레기통이 작을수록 쓰레기 발생량이 감소한다.
㉰ 생활수준이 높을수록 쓰레기 발생량이 증가한다.
㉱ 도시규모가 작을수록 쓰레기 발생량이 감소한다.

16 폐기물을 분석한 결과 수분 20%, 회분 15%, 고정탄소 25%, 휘발분이 40%이고, 휘발분을 원소 분석한 결과 수소 20%, 황 5%, 산소 25%, 탄소 50%이었다. 이 때 이 폐기물의 고위발열량(kcal/kg)은 얼마인가? (단, Dulong식 적용하시오.)

㉮ 약 6,000kcal/kg ㉯ 약 7,000kcal/kg
㉰ 약 8,000kcal/kg ㉱ 약 9,000kcal/kg

풀이 $Hh = 8,100C + 34,000(H - \frac{O}{8}) + 2,500S(kcal/kg)$
$= 8,100 \times (0.25 + 0.4 \times 0.5) + 34,000 \times \left(0.4 \times 0.2 - \frac{0.4 \times 0.25}{8}\right) + 2,500 \times 0.4 \times 0.05$
$= 5,990kcal/kg$

17 MBT에 관한 내용으로 틀린 것은 어느 것인가?

㉮ MBT 시설에서 가연성물질을 고형연료로 가공하는 시설이 포함되어 있다.
㉯ MBT는 주로 생활폐기물 전처리 시스템으로서 재활용 가치가 있는 물질을 회수하는 시설이다.
㉰ MBT는 주로 생물학적, 화학적 처리를 통해 재활용 가치가 있는 물질을 회수하는 시설이다.
㉱ MBT는 생활폐기물을 소각 또는 매립하기 전에 재활용 물질을 회수하는 시설 중 한 종류이다.

풀이 ㉰ MBT는 주로 기계적 처리를 통해 재활용 가치가 있는 물질을 회수하는 시설이다.

TIP
MBT = Mechanical Biological Treatment이며 생활쓰레기 전처리시설이다.

18 어느 쓰레기 시료의 초기 질량이 70kg이었고 이것을 완전건조(함수율 0%) 시킨 후 질량을 측정한 결과 40kg이 되었다면 건조 전 시료의 함수율(%)은 얼마인가?

㉮ 35% ㉯ 43%
㉰ 57% ㉱ 60%

풀이 $W_1 \times (100 - P_1) = W_2 \times (100 - P_2)$
여기서 W_1 : 건조 전 폐기물의 질량(kg)
P_1 : 건조 전 함수율(%)
W_2 : 건조 후 폐기물의 질량(kg)
P_2 : 건조 후 함수율(%)
따라서 $70kg \times (100 - P_1) = 40kg \times (100 - 0)$
$\therefore P_1 = 100 - \frac{40kg \times (100 - 0)}{70kg} = 42.86\%$

실전문제
과년도 기출문제

answer 15 ㉯ 16 ㉮ 17 ㉰ 18 ㉯

19 어느 도시에서 발생하는 쓰레기의 성분 중 가연성물질이 약 40%(질량비)를 차지하는 것으로 조사되었다. 밀도 500 kg/m^3인 쓰레기 10m^3 중 가연성물질의 양(ton)은 얼마인가?

㉮ 1.2ton ㉯ 1.5ton
㉰ 2ton ㉱ 3ton

풀이 가연성 물질의 양(ton)

$= \text{쓰레기의 양}(m^3) \times \text{밀도}(kg/m^3) \times \frac{\text{가연성물질의 함량}(\%)}{100}$

$= 10m^3 \times 500kg/m^3 \times 0.40 = 2{,}000kg = 2ton$

20 폐기물의 새로운 수송수단 중 Pipe line 수송에 관한 내용으로 틀린 것은 어느 것인가?

㉮ 가설 후에 경로변경이 곤란하다.
㉯ 자동화, 무공해화 등의 장점이 있다.
㉰ 조대쓰레기에 대한 파쇄, 압축 등의 전처리가 필요하다.
㉱ 쓰레기 발생밀도가 낮은 곳에서 주로 사용한다.

풀이 ㉱ 쓰레기 발생밀도가 높은 곳에서 주로 사용한다.

| 제2과목 | 폐기물처리기술

21 다음 중 우리나라 음식물 쓰레기를 퇴비로 재활용하는데 있어서 가장 큰 문제점으로 지적되는 사항으로 알맞은 것은 어느 것인가?

㉮ 염분함량 ㉯ 발열량
㉰ 유기물함량 ㉱ 밀도

풀이 우리나라 음식물 쓰레기를 퇴비로 재활용하는데 있어서 가장 큰 문제점은 염분함량이다.

22 유동층 소각로의 장점으로 틀린 것은 어느 것인가?

㉮ 기계적 구동부분이 적어 고장률이 낮다.
㉯ 가스의 온도가 낮고 과잉공기량이 적다.
㉰ 로 내 온도의 자동제어와 열회수가 용이하다.
㉱ 열용량이 커서 파쇄 등 전처리가 필요 없다.

풀이 ㉱ 로 내로 투입전 파쇄 등의 전처리가 필요하다.

23 물리학적으로 분류된 토양수분인 흡습수에 대한 설명으로 틀린 것은 어느 것인가?

㉮ 중력수 외부에 표면장력과 중력이 평형을 유지하며 존재하는 물을 말한다.
㉯ 흡습수는 pF 4.5 이상으로 강하게 흡착되어 있다.
㉰ 식물이 직접 이용할 수 없다.
㉱ 부식토에서의 흡습수의 양은 질량비로 70%에 달한다.

풀이 ㉮번의 설명은 모세관수에 대한 설명이며, 모세관수의 pF는 2.7~4.2 정도이다.

answer 19 ㉰ 20 ㉱ 21 ㉮ 22 ㉱ 23 ㉮

24 500ton/day 규모의 폐기물 에너지 전환시설의 폐기물 에너지 함량을 2,400 kcal/kg로 가정할 때 이로부터 생성되는 열발생률(kcal/kWh)은 얼마인가? (단, 엔진에서 발생한 전기 에너지는 20,000kW이며, 전기공급에 따른 손실은 10%라고 가정한다.)

㉮ 2,778 ㉯ 3,624
㉰ 4,342 ㉱ 5,198

풀이 열발생률(kcal/kWh)

$$= \frac{2,400\,\text{kcal/kg}}{20,000\,\text{kW}} \times \frac{500 \times 10^3\,\text{kg}}{\text{day}} \times \frac{1\text{day}}{24\text{hr}} \times \frac{100}{(100-10)\%}$$

$= 2,777.78\,\text{kcal/kWh}$

25 폐기물 매립 후 경과 기간에 따른 가스 구성성분의 변화에 관한 내용으로 틀린 것은 어느 것인가?

㉮ 1단계 : 호기성 단계로 폐기물 내의 수분이 많은 경우에는 반응이 가속화되고 용존산소가 쉽게 고갈된다.
㉯ 2단계 : 호기성 단계로 임의성 미생물에 의해서 SO_4^{-2}와 NO_3^-가 환원되는 단계이다.
㉰ 3단계 : 혐기성 단계로 CH_4가 생성되며 온도가 약 55℃까지는 증가한다.
㉱ 4단계 : 혐기성 단계로 가스 내의 CH_4와 CO_2의 함량이 거의 일정한 정상상태의 단계이다.

풀이 ㉯2단계 : 혐기성 단계지만 CH_4가 형성되지 않고, H_2가 생성되기 시작하고 SO_4^{-2}와 NO_3^- 등이 환원되는 단계이다.

26 유기물의 산화공법으로 적용되는 Fenton 산화반응에 사용되는 것으로 알맞은 것은 어느 것인가?

㉮ 아연과 자외선
㉯ 마그네슘과 자외선
㉰ 철과 과산화수소
㉱ 아연과 과산화수소

풀이 Fenton 산화반응에서 Fenton 시약은 과산화수소이고 촉매는 철염이다.

27 고형물 중 유기물이 90% 이고 함수율이 96%인 슬러지 500m³를 소화시킨 결과 유기물 중 2/3가 제거되고 함수율 92%인 슬러지로 변했다면 소화슬러지의 부피(m³)는 얼마인가? (단, 모든 슬러지의 비중은 1.0 기준이다.)

㉮ 100m^3 ㉯ 150m^3
㉰ 200m^3 ㉱ 250m^3

풀이 소화 후 슬러지량(m³)

$$= (\text{VS}+\text{FS}) \times \frac{100}{100-\text{P}(\%)}$$

① 소화 후 VS량(m³)

$$= 500\text{m}^3 \times (1-0.96) \times 0.9 \times (1-\frac{2}{3}) = 6\text{m}^3$$

② 소화 후 FS량(m³)

$$= 500\text{m}^3 \times (1-0.96) \times (1-0.90) = 2\text{m}^3$$

③ 소화 후 슬러지량(m³)

$$= (6\text{m}^3 + 2\text{m}^3) \times \frac{100}{100-92\%} = 100\text{m}^3$$

TIP

① 고형물(TS) = 100-함수율(%)
= 100-96% = 4%
② 휘발성고형물(유기물)
+잔류성고형물(무기물) = 100%
③ 잔류성고형물(무기물)
= 100 - 휘발성고형물(무기물)

실전문제

과년도 기출문제

answer 24 ㉮ 25 ㉯ 26 ㉰ 27 ㉮

28 밀도가 300kg/m^{3}인 폐기물 중 비가연분이 질량비로 50%이다. 폐기물 10m^3 중 가연분의 양(kg)은 얼마인가?

㉮ 1,500kg ㉯ 2,100kg
㉰ 3,000kg ㉱ 3,500kg

풀이 가연분의 양(kg)

$= \text{폐기물의 양}(m^3) \times \text{밀도}(kg/m^3) \times \frac{100 - \text{비가연분의 함량}(\%)}{100}$

$= 10m^3 \times 300kg/m^3 \times (1-0.50) = 1,500kg$

29 소각로 설계의 기준이 되고 있는 발열량은 어느 것인가?

㉮ 고위발열량 ㉯ 저위발열량
㉰ 평균발열량 ㉱ 최대발열량

풀이 소각로 설계의 기준이 되고 있는 발열량은 저위발열량이다.

30 매립지 발생가스 중 이산화탄소는 밀도가 커서 매립지 하부로 이동하여 지하수와 접촉하게 된다. 지하수에 용해된 이산화탄소에 의한 영향으로 틀린 것은 어느 것인가?

㉮ 지하수 중 광물의 함량을 증가시킨다.
㉯ 지하수의 경도를 높인다.
㉰ 지하수의 pH를 낮춘다.
㉱ 지하수의 SS 농도를 감소시킨다.

풀이 ㉱번은 이산화탄소와는 무관하다.

31 다음 중 내륙매립공법으로 틀린 것은 어느 것인가?

㉮ 샌드위치공법 ㉯ 셀공법
㉰ 순차투입공법 ㉱ 압축매립공법

풀이 ㉰ 순차투입공법은 해안매립공법에 해당한다.

TIP

매립공법의 종류
(1) 내륙매립공법의 종류
① 샌드위치공법 ② 셀공법
③ 압축매립공법 ④ 도랑형공법
(2) 해안매립공법의 종류
① 박층뿌림공법 ② 순차투입공법
③ 내수배제 및 수중투기공법

32 함수율 98%인 슬러지를 농축하여 함수율 92%로 하였다면 슬러지의 부피변화율은 어떻게 변화하는가?

㉮ 1/2로 감소 ㉯ 1/3로 감소
㉰ 1/4로 감소 ㉱ 1/5로 감소

풀이 $V_1 \times (100 - P_1) = V_2 \times (100 - P_2)$

슬러지의 부피 변화율

$\left(\frac{V_2}{V_1}\right) = \left(\frac{100 - P_1}{100 - P_2}\right) = \left(\frac{100 - 98}{100 - 92}\right) = \frac{2}{8} = \frac{1}{4}$

따라서 $\frac{1}{4}$ 배로 감소한다.

answer 28 ㉮ 29 ㉯ 30 ㉱ 31 ㉰ 32 ㉰

33 유효공극율 0.2, 점토층 위의 침출수 수두 1.5m인 점토 차수층 1.0m를 통과하는데 10년이 걸렸다면 점토 차수층의 투수계수(cm/sec)는 얼마인가?

㉮ 2.54×10^{-7}　　㉯ 3.54×10^{-7}
㉰ 2.54×10^{-8}　　㉱ 3.54×10^{-8}

풀이 $t = \frac{d^2 n}{k(d+h)}$

여기서 t : 침출수가 점토층을 통과하는 시간(년)
d : 점토층의 두께(m)
n : 유효공극률
k : 투수계수(m/년)
h : 침출수 수두(m)

① $t = \frac{d^2 n}{k(d+h)}$

$10년 = \frac{(1.0m)^2 \times 0.2}{k \times (1.0m + 1.5m)}$

$\therefore k = \frac{(1.0m)^2 \times 0.2}{10년 \times (1.0m + 1.5m)} = 0.008m/년$

② k(cm/sec)

$= \frac{0.008\,m}{년} \times \frac{10^2\,cm}{1\,m} \times \frac{1년}{365\,day} \times \frac{1\,day}{24\,hr} \times \frac{1\,hr}{3,600\,sec}$

$= 2.54 \times 10^{-8} cm/sec$

34 어느 매립지역의 연평균 강수량과 증발산량이 각각 1,400mm와 800mm일 때, 유출량을 통제하여 발생 침출수량을 350 mm 이하로 하고자 한다. 이 매립지역의 유출량(mm)은 얼마인가?

㉮ 150mm 이하　　㉯ 150mm 이상
㉰ 250mm 이하　　㉱ 250mm 이상

풀이 매립지의 유출량(mm)
= 강수량 - 증발산량 - 침출수량의 기준치
= 1,400mm - 800mm - 350mm
= 250mm

35 혐기성 소화와 호기성 소화를 비교한 내용으로 틀린 것은 어느 것인가?

㉮ 호기성 소화 시 상층액의 BOD 농도가 낮다.
㉯ 호기성 소화 시 슬러지 발생량이 많다.
㉰ 혐기성 소화 슬러지 탈수성이 불량하다.
㉱ 혐기성 소화 운전이 어렵고 반응시간도 길다.

풀이 ㉰ 혐기성 소화 슬러지 탈수성이 양호하다.

36 배연 탈황 시 발생된 슬러지 처리에 많이 쓰이는 고형화 처리법으로 알맞은 것은 어느 것인가?

㉮ 시멘트 기초법
㉯ 석회 기초법
㉰ 자가 시멘트법
㉱ 열가소성 플라스틱법

풀이 배연 탈황 시 발생된 슬러지 처리에 많이 쓰이는 고형화 처리법은 자가 시멘트법이다.

37 퇴비를 효과적으로 생산하기 위하여 퇴비화 공정 중에 주입하는 Bulking Agent에 관한 내용으로 틀린 것은 어느 것인가?

㉮ 처리내상물질의 수분함량을 조절한다.
㉯ 미생물의 지속적인 공급으로 퇴비의 완숙을 유도한다.
㉰ 퇴비의 질(C/N비)개선에 영향을 준다.
㉱ 처리대상물질 내의 공기가 원활히 유통될 수 있도록 한다.

풀이 ㉯ 팽화제는 퇴비생산에 필요한 탄소나 질소를 함유시켜 제공한다.

answer 33 ㉰ 34 ㉱ 35 ㉰ 36 ㉰ 37 ㉯

38 다음 중 주로 이용되는 집진장치의 집진원리(기구)로 틀린 것은 어느 것인가?

㉮ 원심력을 이용
㉯ 반데르바알스힘을 이용
㉰ 필터를 이용
㉱ 코로나 방전을 이용

풀이 ㉮ 원심력을 이용 : 원심력 집진장치
㉯ 반데르바알스힘을 이용 : 물리적 흡착
㉰ 필터를 이용 : 여과 집진장치
㉱ 코로나 방전을 이용 : 전기 집진장치

39 인간이 1인 1일당 평균 BOD 13g이고 분뇨 평균 배출량이 1L라면 분뇨 BOD 농도(ppm) 는 얼마인가?

㉮ 13,000ppm ㉯ 15,000ppm
㉰ 17,000ppm ㉱ 20,000ppm

풀이 분뇨 BOD 농도(ppm = mg/L)

$$= \frac{13 \times 10^3 \text{mg}}{1\text{L}} = 13,000\text{mg/L}$$

40 아래의 폐기물 중간처리기술들에서 처리 후 잔류하는 고형물의 양이 적은 순서대로 나열된 것은 어느 것인가?

㉠ 소각 ㉡ 용융 ㉢ 고화

㉮ ㉠-㉡-㉢ ㉯ ㉢-㉡-㉠
㉰ ㉠-㉢-㉡ ㉱ ㉡-㉠-㉢

풀이 잔류하는 고형물의 양은 용융 < 소각 < 고화 순서이다.

| 제3과목 | 폐기물공정시험기준

41 폐기물에 함유되어 있는 수분을 측정코자 한다. 증발접시에 시료를 넣고 물중탕 후 건조 시킬 때 건조기 안에서 건조시간 및 건조온도로 알맞은 것은 어느 것인가?

㉮ 2시간, 105 ~ 110℃
㉯ 2시간, 115 ~ 120℃
㉰ 4시간, 105 ~ 110℃
㉱ 4시간, 115 ~ 120℃

풀이 수분 및 고형물 - 중량법
① 건조온도 : 105~110℃
② 건조시간 : 4시간
③ 적용범위 : 0.1%

42 강도 I_o의 단색광이 정색액을 통과할 때 그 빛의 80%가 흡수되었다면 흡광도는 얼마인가?

㉮ 약 0.5 ㉯ 약 0.6
㉰ 약 0.7 ㉱ 약 0.8

풀이

$$\text{흡광도(A)} = \log\frac{1}{\text{투과도}} = \log\frac{1}{0.20} = 0.70$$

TIP
① $\text{흡광도(A)} = \log\frac{1}{\text{투과도}}$
② 투과%+흡수% = 100%
③ 투과% = 100 - 흡수%

answer 38 ㉯ 39 ㉮ 40 ㉱ 41 ㉰ 42 ㉰

43 유도결합플라스마-원자발광분광법에 의한 금속류 분석방법에 대한 내용으로 틀린 것은 어느 것인가?

㉮ 시료를 고주파유도코일에 의하여 형성된 석영플라스마에 주입하여 1,000 ~ 2,000K에서 들뜬 원자가 바닥상태로 이동할 때 방출하는 발광선 및 발광강도를 측정한다.
㉯ 대부분의 간섭 물질은 산 분해에 의해 제거된다.
㉰ 물리적 간섭은 특히 시료 중에 산의 농도가 10v/v% 이상으로 높거나 용존 고형물질이 1,500mg/L 이상으로 높은 반면, 검정용 표준용액의 산의 농도는 5% 이하로 낮을 때에 발생한다.
㉱ 간섭효과가 의심되면 대부분의 경우가 시료의 매질로 인해 발생하므로 원자흡수분광도법 또는 유도결합플라스마-질량분석법과 같은 대체방법과 비교하는 것도 간섭효과를 막는 방법이 될 수 있다.

풀이 ㉮ 시료를 고주파유도코일에 의하여 형성된 아르곤 플라스마에 주입하여 6,000 ~ 8,000K에서 들뜬 원자가 바닥상태로 이동할 때 방출하는 발광선 및 발광강도를 측정한다.

44 이온전극법에 의한 시안 측정에 대한 설명이다. ( )안에 알맞은 말은 어느 것인가?

> 액상폐기물과 고상폐기물을 pH ( )의 ( )으로 조절한 후 시안 이온전극과 비교전극을 사용하여 전위를 측정하고 그 전위차로부터 시안을 정량한다.

㉮ 4 이하, 산성
㉯ 6 ~ 8, 중성
㉰ 9 ~ 10, 알칼리성
㉱ 12 ~ 13, 알칼리성

풀이 시안의 분석방법별 pH 조절범위
① 자외선/가시선 분광법 : pH 2 이하의 산성
② 이온전극법 : pH 12~13의 알칼리성

45 환원기화-원자흡수분광광도법을 이용하여 측정할 수 있는 물질은 어느 것인가?

㉮ 시안
㉯ 유기인
㉰ 수은
㉱ 할로겐화 유기물질

풀이 환원기화 - 원자흡수분광광도법을 이용하여 측정할 수 있는 물질은 중금속인 수은이다.

46 다음 물질 중 다이에틸다이티오카르바민산은의 피리딘 용액에 흡수시켜 적자색의 흡광도를 측정하여 정량하는 물질은 어느 것인가?

㉮ 6가 크롬 ㉯ 구리
㉰ 수은 ㉱ 비소

풀이 비소의 자외선/가시선 분광법에 대한 설명이며, 적자색의 흡광도를 530nm에서 측정한다.

answer 43 ㉮ 44 ㉱ 45 ㉰ 46 ㉱

47 다음 중 휘발성 저급 염소화 탄화수소류의 분석방법으로 알맞은 것은 어느 것인가? (단, 폐기물공정시험기준에 준한다.)

㉮ Atomic Absorption Spectrophotometry
㉯ UV/Visible Spectrometry
㉰ Inductively Coupled Plasma-Atomic Emission Spectrometry
㉱ Gas Chromatography

풀이 휘발성 저급 염소화 탄화수소류의 분석은 기체크로마토그래피를 적용한다.

48 폐기물 중 기름성분을 측정하는 방법인 기름성분-질량법에 대한 설명으로 틀린 것은 어느 것인가?

㉮ 폐기물 중의 비교적 휘발되지 않는 탄화수소, 탄화수소 유도체, 그리스유상물질 중 노말헥산에 용해되는 성분에 적용한다.
㉯ 시료 적당량을 분별깔대기에 넣고 메틸오렌지용액(0.1%)을 2 ~ 3방울 넣고 황색이 적색으로 변할 때까지 염산(1+1)을 넣어 pH 4 이하로 조절한다.
㉰ 노말헥산층에서 수분을 제거하기 위해서는 무수탄산나트륨을 넣고 흔들어 섞은 후 여과한다.
㉱ 이 시험기준의 정량한계는 0.1% 이하로 한다.

풀이 ㉰ 노말헥산층에서 수분을 제거하기 위해서는 무수황산나트륨을 3 ~ 5g을 넣어 흔들어 섞은 후 여과한다.

49 총칙에서 규정하고 있는 설명 중 알맞은 것은 어느 것인가?

㉮ '약'이라 함은 기재된 양에 대하여 ±5% 이상의 차가 있어서는 안 된다.
㉯ '방울수'라 함은 0℃에서 정제수 20방울을 적하할 때 그 부피가 약 1mL가 되는 것을 말한다.
㉰ '감압 또는 진공'이라 함은 5mmHg 이하를 말한다.
㉱ '냄새가 없다'라고 기재한 것은 냄새가 없거나, 또는 거의 없는 것을 표시하는 것이다.

풀이 ㉮ '약'이라 함은 기재된 양에 대하여 ±10% 이상의 차가 있어서는 안 된다.
㉯ '방울수'라 함은 20℃에서 정제수 20방울을 적하할 때 그 부피가 약 1mL가 되는 것을 말한다.
㉰ '감압 또는 진공'이라 함은 15mmHg 이하를 말한다.

50 폐기물의 노말헥산 추출물질의 양을 측정하기 위해 다음과 같은 결과를 얻었을 때 노말헥산 추출물질의 농도(mg/L)는 얼마인가?

- 시료의 양 : 500mL
- 시험 전 증발접시의 질량 : 25g
- 시험 후 증발접시의 질량 : 13g
- 바탕시험 전 증발접시의 질량 : 5g
- 바탕시험 후 증발접시의 질량 : 4.8g

㉮ 11,800mg/L ㉯ 23,600mg/L
㉰ 32,400mg/L ㉱ 53,800mg/L

풀이 노말헥산 추출물질의 농도(mg/L)

$$= \frac{\{(25-13)-(5-4.8)\}\text{g} \times 10^3\text{mg/g}}{500\text{mL} \times 10^{-3}\text{L/mL}}$$

$= 23,600\text{mg/L}$

answer 47 ㉱ 48 ㉰ 49 ㉱ 50 ㉯

51 대상 폐기물의 양이 550톤이라면 시료의 최소수는 얼마인가?

㉮ 32　　㉯ 34
㉰ 36　　㉱ 38

풀이 대상폐기물의 양과 시료의 최소 수

대상폐기물의 양 (단위 : ton)	시료의 최소 수	대상폐기물의 양 (단위 : ton)	시료의 최소 수
~1 미만	6	100 이상~500 미만	30
1 이상~5 미만	10	500 이상~1,000 미만	36
5 이상 ~30 미만	14	1,000 이상~5,000 미만	50
30 이상 ~100 미만	20	5,000 이상	60

52 염화암모늄을 다량 함유한 시료를 회화법에 의한 유기물분해 하고자 할 경우 휘산되어 손실의 우려가 있는 금속으로 틀린 것은 어느 것인가?

㉮ 납　　㉯ 주석
㉰ 아연　　㉱ 마그네슘

풀이 시료 중에 염화암모늄, 염화마그네슘, 염화칼슘 등이 다량 함유된 경우에는 납, 철, 주석, 아연, 안티몬 등이 휘산되어 손실을 가져오므로 주의하여야 한다.

53 자외선/가시선 분광법에 의한 구리 분석 방법에 대한 내용으로 알맞은 것은 어느 것인가?

㉮ 구리이온은 산성에서 다이에틸다이티오카르바민산나트륨과 반응하여 황갈색의 킬레이트 화합물을 생성한다.
㉯ 구리이온은 산성에서 다이에틸다이티오카르바민산나트륨과 반응하여 적자색의 킬레이트 화합물을 생성한다.
㉰ 구리이온은 알칼리성에서 다이에틸다이티오카르바민산나트륨과 반응하여 황갈색의 킬레이트 화합물을 생성한다.
㉱ 구리이온은 알칼리성에서 다이에틸다이티오카르바민산나트륨과 반응하여 적자색의 킬레이트 화합물을 생성한다.

풀이 구리의 자외선/가시선 분광법
① 액성 : 알칼리성
② 발색제 : 다이에틸다이티오카르바민산 나트륨
③ 추출용매 : 아세트산부틸
④ 흡광도 측정 : 황갈색, 440nm에서 측정

54 $Pb(NO_3)_2$를 사용하여 0.5mg/mL의 납표준원액(1,000mg/L) 1,000mL를 제조하려고 한다. $Pb(NO_3)_2$을 얼마나 취해야 하는가? (단, Pb의 원자량 : 207.2)

㉮ 약 200mg　　㉯ 약 400mg
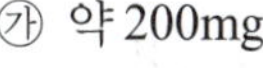
㉰ 약 600mg　　㉱ 약 800mg

풀이 $Pb(NO_3)_2$: Pb^{2+}
331.2g : 207.2g
X : 0.5mg/mL×1,000mL

$$\therefore X = \frac{331.2\,g \times 0.5\,mg/mL \times 1,000\,mL}{207.2\,g} = 799.23\,mg$$

TIP
$pb(NO_3)_2$의 분자량 = 207.2+14×2+16×3×2 = 331.2

answer 51 ㉰ 52 ㉱ 53 ㉰ 54 ㉱

55 기체크로마토그래피로 유기인화합물을 분리하고자 할 때 사용되는 정제용 칼럼으로 틀린 것은 어느 것인가?

㉮ 규산 칼럼 ㉯ 플로리실 칼럼
㉰ 활성탄 칼럼 ㉱ 실리카겔 칼럼

풀이 기체크로마토그래피로 유기인화합물을 분리하고자 할 때 사용되는 정제용 칼럼으로는 플로리실 칼럼, 활성탄 칼럼, 실리카겔 칼럼이 있다.

56 시료의 조제방법 중 시료의 축소방법으로 틀린 것은 어느 것인가?

㉮ 구획법 ㉯ 구분축소법
㉰ 원추 4분법 ㉱ 교호삽법

풀이 시료의 축소방법으로는 구획법, 원추 4분법, 교호삽법이 있다.

57 유리전극법을 적용한 수소이온농도 측정 개요에 대한 내용으로 틀린 것은 어느 것인가?

㉮ pH를 0.01까지 측정한다.
㉯ 유리전극은 일반적으로 용액의 색도, 탁도, 콜로이드성 물질들에 의해 간섭을 받지 않는다.
㉰ 유리전극은 일반적으로 용액의 산화 및 환원성 물질들 그리고 염도에 의해 간섭을 받지 않는다.
㉱ pH 4 이하에서는 나트륨에 대한 오차가 발생할 수 있으므로 "낮은 나트륨 오차 전극"을 사용한다.

풀이 ㉱pH 10 이하에서는 나트륨에 대한 오차가 발생할 수 있으므로 "낮은 나트륨 오차 전극"을 사용한다.

58 원자흡수분광광도법에 의한 6가크롬의 측정원리에 관한 내용으로 알맞은 것은 어느 것인가?

㉮ 정량한계는 0.1mg/L이다.
㉯ 아세틸렌-아산화질소는 철, 니켈의 방해는 많으나 감도가 높다.
㉰ 정량범위는 장치 및 조건에 따라 다르나 267.72nm에서 2.0 ~ 5mg/L 정도이다.
㉱ 공기, 아세틸렌으로는 아세틸렌 유량이 많은 쪽이 감도가 높다.

풀이 ㉮ 정량한계는 0.01mg/L이다.
㉯ 아세틸렌-아산화질소는 철, 니켈의 방해는 적으나 감도가 낮다.
㉰ 정량범위는 장치 및 조건에 따라 다르나 357.9nm에서 0.01 ~ 5mg/L 정도이다.

59 시안을 자외선/가시선 분광법으로 측정할 때 클로라민-T와 피리딘·피라졸론 혼합액을 넣어 나타나는 색으로 알맞은 것은 어느 것인가?

㉮ 적색 ㉯ 황갈색
㉰ 적자색 ㉱ 청색

풀이 시안의 자외선/가시선 분광법
① pH 2이하의 산성으로 조절
② 청색을 620nm에서 흡광도 측정

answer 55 ㉮ 56 ㉯ 57 ㉱ 58 ㉱ 59 ㉱

60 자외선/가시선 분광광도계 광원부의 광원 중 가시부와 근적외부의 광원으로 알맞은 것은 어느 것인가?

㉮ 중수소방전관 ㉯ 광전자증배관
㉰ 텅스텐램프 ㉱ 석영방전관

풀이 광원부의 광원
① 가시부와 근적외부 : 텅스텐램프
② 자외부 : 중수소방전관

answer 60 ㉰

2016 1회 기출문제

| 제1과목 | 폐기물개론

01 쓰레기를 4분법으로 축분도중 2번째에서 모포가 걸렸다. 이후 4회 더 축분하였다면 추후 모포의 함유율(%)은 얼마인가?

㉮ 25% ㉯ 12.5%
㉰ 6.25% ㉱ 3.13%

풀이 $\left(\frac{1}{2}\right)^4 = 0.0625$ 따라서 6.25%이다.

02 공원, 도로 등의 개방지역에서 배출되는 쓰레기의 조성을 크게 3가지로 구분하였을 경우, 가장 적합한 내용은 어느 것인가?

㉮ 토사, 음식물류, 종이(휴지)류
㉯ 음식물류, 종이(휴지)류, 비닐류
㉰ 포장재류, 목재류(나뭇잎), 비닐류
㉱ 토사, 목재류(나뭇잎), 포장재류

풀이 공원이나 도로 등의 개방지역에서 배출되는 쓰레기의 조성은 주로 토사, 목재류(나뭇잎), 포장재류로 구분할 수 있다.

03 습량기준 회분율(A, %)을 구하는 식으로 알맞은 것은 어느 것인가?

㉮ 건조쓰레기 회분 $\times \frac{100 - \text{시료중량}}{100}$

㉯ 수분 $\times \frac{100 - \text{회분함량}}{100}$

㉰ 건조쓰레기 회분 $\times \frac{100 - \text{수분함량}}{100}$

㉱ 습량기준 질량비 $\times \frac{\text{건조전 시료질량} - \text{수분함량}}{100}$

풀이 습량기준 회분율(%)
$= \text{건조쓰레기 회분} \times \frac{100 - \text{수분함량}}{100}$

04 쓰레기 관리 체계에서 비용이 가장 많이 드는 단계는 무엇인가?

㉮ 수거 ㉯ 저장
㉰ 처리 ㉱ 처분

풀이 쓰레기 관리 체계에서 비용이 가장 많이 드는 단계는 수거이며, 수거단계가 전체 비용의 60% 이상을 차지한다.

answer 01 ㉰ 02 ㉱ 03 ㉰ 04 ㉮

05 수거 노선을 설정할 때 주의사항으로 틀린 것은 어느 것인가?

㉮ U자형 회전을 피하여 수거한다.
㉯ 아주 많은 양의 쓰레기가 발생되는 발생원은 가능한 한 같은 날 왕복내에서 수거한다.
㉰ 수거지점과 수거빈도를 정하는데 있어서 기존정책이나 규정을 참고한다.
㉱ 수거인원 및 차량형식이 같은 기존 시스템의 조건들을 서로 관련시킨다.

풀이 ㉯ 아주 많은 양의 쓰레기가 발생되는 발생원은 하루 중 가장 먼저 수거한다.

06 다음은 폐기물 수거에 대한 효율을 결정하기 위한 자료이다. A도시의 수거효율은 얼마인가?

	A도시	B도시
폐기물 발생량(톤/일)	1,500	2,000
수거인력(인/일)	300	250
근무시간(시간/일)	8	12

㉮ B도시와 같다.
㉯ B도시보다 높다.
㉰ B도시보다 낮다.
㉱ 이 자료로는 알 수 없다.

풀이 $\text{MHT}(\text{man}\cdot\text{hr}/\text{ton}) = \dfrac{\text{수거인부수} \times \text{작업시간}}{\text{쓰레기 수거실적}}$

① A도시 MHT $= \dfrac{300\text{인} \times 8\text{hr}/\text{day}}{1{,}500\text{ton}/\text{day}} = 1.6$

② B 도시 MHT $= \dfrac{250\text{인} \times 12\text{hr}/\text{day}}{2{,}000\text{ton}/\text{day}} = 1.5$

∴ A도시의 수거효율은 B도시보다 낮다.

TIP
MHT의 값이 클수록 수거효율은 낮다.

07 폐기물의 분석방법은 개략분석(proxi mately analysis)과 극한분석(ultimately analysis)으로 구분된다. 다음 중 극한분석에 해당하는 것은 어느 것인가?

㉮ 원소 분석 ㉯ 삼성분 분석
㉰ 사성분 분석 ㉱ 발열량 분석

풀이 ① 극한분석은 원소 분석이다.
② 개략분석은 3성분, 4성분 분석이다.

08 연속적으로 변화하는 자장 속에 비자성이며, 전기전도성이 좋은 구리, 알루미늄, 아연 등을 넣어 금속 내에 소용돌이 전류를 발생시켜 생기는 반발력의 차를 이용하여 분리하는 선별장치는 어느 것인가?

㉮ 정전기선별장치 ㉯ 자력선별장치
㉰ 와전류선별장치 ㉱ 비중선별장치

풀이 ㉰ 와전류선별장치에 대한 설명이며, 핵심 내용인 "비철금속(Cu, Al, Zn)선별 = 와전류선별장치" 임을 숙지하시면 됩니다.

09 일반폐기물과 지정폐기물의 분류기준은 어느 것인가?

㉮ 발생원 ㉯ 유해성
㉰ 용융성 ㉱ 발생량

풀이 일반폐기물과 지정폐기물의 분류기준은 유해성이다.

answer 05 ㉯ 06 ㉰ 07 ㉮ 08 ㉰ 09 ㉯

10 중금속을 함유한 슬러지를 시멘트 고형화할 때 고형화 전의 슬러지 용적 대비 고형화 후의 슬러지 용적(%)은 얼마인가? (단, 고화처리 전 중금속 슬러지 비중은 1.1, 고화처리 후 폐기물의 비중은 1.2, 시멘트 첨가량은 슬러지 질량의 30%)

㉮ 약 100%　㉯ 약 110%
㉰ 약 120%　㉱ 약 130%

풀이 부피변화율(VCF) $= (1 + MR) \times \dfrac{\rho_1}{\rho_2}$

여기서, MR(혼합율) $= \dfrac{\text{첨가제의 질량}}{\text{폐기물의 질량}} = \dfrac{30\%}{100\%} = 0.3$

ρ_1 : 고화처리 전 밀도(g/cm³)
ρ_2 : 고화처리 후 밀도(g/cm³)

따라서 $VCF = (1+0.3) \times \dfrac{1.1\,g/cm^3}{1.2\,g/cm^3} = 1.191 = 119\%$

11 물질회수를 위한 선별방법 중 플라스틱에서 종이를 선별할 수 있는 방법으로 알맞은 것은 어느 것인가?

㉮ 와전류선별　㉯ Jig 선별
㉰ 광학 선별　㉱ 정전기적 선별

풀이 ㉱ 정전기적 선별에 해당하며, 핵심 내용인 "플라스틱에서 종이 선별 = 정전기적 선별법"임을 숙지하시면 됩니다.

12 쓰레기의 발생량과 성상에 대한 내용으로 틀린 것은 어느 것인가?

㉮ 일반적으로 수집빈도가 높을수록 또는 쓰레기통이 클수록 쓰레기 발생량이 증가한다.
㉯ 도시의 규모가 커질수록 쓰레기 발생량이 증가한다.
㉰ 생활수준이 증가할수록 쓰레기의 종류는 다양화되고 발생량은 감소한다.
㉱ 재활용품의 회수 및 재이용률이 증가할수록 쓰레기발생량은 감소한다.

풀이 ㉰ 생활수준이 증가할수록 쓰레기의 종류는 다양화되고 발생량은 증가한다.

13 폐기물의 성질을 조사하기 위해 시료 채취 방법으로 원추 4분법을 이용하여 4회 실시한 후 시료를 얻었다. 만일 초기에 조대형 쓰레기를 선별하여 질량을 측정한 결과 60kg 이라면 이 중 몇 kg이 시료에 포함되어야 하는가? (단, 조대형쓰레기의 비중은 동일하다고 가정한다.)

㉮ 60kg　㉯ 15kg
㉰ 7.5kg　㉱ 3.75kg

풀이 분석용 시료량(kg)

$= \text{전체 시료량(kg)} \times \left(\dfrac{1}{2}\right)^n = 60\,kg \times \left(\dfrac{1}{2}\right)^4 = 3.75\,kg$

answer　10 ㉰　11 ㉱　12 ㉰　13 ㉱

14 모든 인자를 시간에 따른 함수로 나타낸 후, 시간에 대한 함수로 표시된 각 인자간의 상호관계를 수식화하여 쓰레기 발생량을 예측하는 방법은 어느 것인가?

㉮ 동적모사모델 ㉯ 다중회귀모델
㉰ 시간인자모델 ㉱ 다중인자모델

풀이 ㉮ 동적모사모델에 대한 설명이며, 핵심 내용인 "각 인자간의 상호관계를 수식화 = 동적모사모델"임을 숙지하시면 됩니다.

15 쓰레기 압축처리 방법 중 포장기(baler) 대한 설명으로 틀린 것은 어느 것인가?

㉮ 압축 후 삼베나 가죽 또는 철끈으로 묶는다.
㉯ 관리에 용이한 크기나 질량으로 포장한다.
㉰ 완전하게 건조되지 못한 폐기물은 취급하기 곤란하다.
㉱ 매립지에서는 포장을 해체하여 최종처분한다.

풀이 ㉱ 매립지에서는 특별한 경우를 제외하면 포장을 해체하지 않고 그대로 매립한다.

16 폐기물의 총 고정탄소량이 강열감량의 50%이다. 폐기물의 초기 함수율이 70%이고 강열감량분이 건조 고형물의 60%라면 총 고정탄소량의 질량(kg)은 얼마인가? (단, 초기폐기물의 질량 : 1,000kg, 고형물 비중 : 1.0)

㉮ 180kg ㉯ 120kg
㉰ 90kg ㉱ 60kg

풀이 총 고정탄소량= 초기 폐기물의 질량×강열감량×0.5
① 고형물=100−함수율=100−70%=30%
② 강열감량=고형물×0.6=0.3×0.6=0.18
∴ 총 고정탄소량=1,000kg×0.18×0.5=90kg

TIP
강열감량이란 분석시료(폐기물)를 가열하였을 때의 질량의 감소분을 의미한다.

17 파쇄방법 중 취성도가 큰 물질에 가장 효과적인 방법은 어느 것인가?

㉮ 전단파쇄 ㉯ 인장파쇄
㉰ 압축파쇄 ㉱ 원심파쇄

풀이 취성도가 큰 물질에 가장 효과적인 방법은 압축파쇄이다.

TIP
취성도란 물질이 외부에서 힘을 받았을 때 소형변형을 거의 보이지 않고 파괴되는 정도를 의미한다.

18 폐기물 발생량 조사방법으로 틀린 것은 어느 것인가?

㉮ 적재차량 계수분석법
㉯ 정량조사법
㉰ 직접계근법
㉱ 물질수지법

풀이 폐기물 발생량 조사방법으로는 물질수지법, 직집세근법, 적재차량계수법, 통계조사법(표본조사, 전수조사)가 있다.

answer 14 ㉮ 15 ㉱ 16 ㉰ 17 ㉰ 18 ㉯

19 쓰레기 수송법 중 관거(pipe line) 방법에 대한 내용으로 틀린 것은 어느 것인가?

㉮ 초기 투자비용이 많이 소요된다.
㉯ 쓰레기 발생밀도가 상대적으로 높은 지역에서 사용 가능하다.
㉰ 장거리 수송이 경제적으로 현실성이 있다.
㉱ 관거 설치 후에 노선변경이 어렵다.

풀이 ㉰ 단거리 수송이 경제적으로 현실성이 있다.

20 쓰레기의 파쇄에 관한 내용으로 틀린 것은 어느 것인가?

㉮ 파쇄 후 부피가 감소하는 것이 대부분이나 때로는 파쇄 후의 부피가 파쇄전보다 커질 수도 있다.
㉯ 파쇄는 흔히 소각 및 매립의 전처리공정으로 이용된다.
㉰ 폐기물 입자의 표면적이 감소되어 미생물 작용이 촉진된다.
㉱ 압축시에 밀도증가율이 크므로 운반비가 감소된다.

풀이 ㉰ 폐기물 입자의 표면적이 증가되어 미생물 작용이 촉진된다.

| 제2과목 | 폐기물처리기술

21 슬러지를 개량(conditioning)하는 주된 목적은 무엇인가?

㉮ 농축 성질을 향상시킨다.
㉯ 탈수 성질을 향상시킨다.
㉰ 소화 성질을 향상시킨다.
㉱ 구성성분 성질을 개선, 향상시킨다.

풀이 슬러지를 개량하는 주된 목적은 탈수 성질을 향상시킨다.

22 분뇨의 혐기성 소화처리 방식의 단점으로 틀린 것은 어느 것인가?

㉮ 처리과정에서 취기가 발생하고 위생해충이 발생하기 쉬우므로 오니 등의 취급에 대해서는 위생상 특히 주의가 필요하다.
㉯ 유지관리시 특별한 기술을 요하지 않고 비교적 용이하며, 관리비가 적게 든다.
㉰ 호기성 산화방식에 비하여 소화속도가 늦다.
㉱ 소화조의 용적이 비교적 대용량이 되므로 처리시설의 건설에 넓은 부지를 필요로 한다.

풀이 ㉯유지관리시 특별한 기술을 요구하고, 운전이 어렵다.

answer 19 ㉰ 20 ㉰ 21 ㉯ 22 ㉯

23 함수율이 95%인 슬러지 2,000m³을 함수율 20%로 처리하여 매립하였다면 매립된 슬러지의 질량(톤)은 얼마인가? (단, 슬러지 비중 1.0이다.)

㉮ 110톤 ㉯ 125톤
㉰ 130톤 ㉱ 135톤

풀이 $W_1 \times (100 - P_1) = W_2 \times (100 - P_2)$

여기서, W_1 : 매립전 슬러지량(톤)
P_1 : 매립전 함수율(%)
W_2 : 매립후 슬러지량(톤)
P_2 : 매립후 함수율(%)

따라서 $2{,}000\text{톤} \times (100-95) = W_2 \times (100-20)$

$\therefore W_2 = \dfrac{2{,}000\text{톤} \times (100-95)}{(100-20)} = 125\text{톤}$

TIP
① 비중의 단위
$g/cm^3 = g/mL = kg/L = ton/m^3$
② $2{,}000m^3 \times 1.0ton/m^3 = 2{,}000ton$

24 폐기물 열분해에 대한 내용으로 틀린 것은 어느 것인가?

㉮ 폐기물을 산소의 공급 없이 가열하여 기체, 고체의 3성분으로 분리한다.
㉯ 고도의 발열반응으로 폐열회수가 가능하다.
㉰ 고온 열분해에서 1,700℃까지 온도를 올리면 생산되는 모든 재는 slag로 배출된다.
㉱ 열분해에서 일반적으로 저온이라 함은 500~900℃, 고온은 1,100~1,500℃를 말한다.

풀이 ㉯ 흡열반응이다.

25 5%의 고형물을 함유하는 500m³/day의 슬러지를 진공 여과시켜 75%의 수분을 함유하는 슬러지 케이크를 만든다면 하루 생산되는 슬러지 케이크의 양(m³)은 얼마인가? (단, 비중은 1.0 기준이다.)

㉮ 100m³ ㉯ 90m³
㉰ 83m³ ㉱ 75m³

풀이 $V_1 \times TS_1 = V_2 \times (100 - P_2)$

따라서 $500m^3/day \times 5\% = V_2 \times (100-75)$

$\therefore V_2 = \dfrac{500m^3/day \times 5\%}{(100-75)} = 100m^3/day$

TIP
① 고형분(%)+함수율(%)=100%
② 함수율(%)=100%−고형분(%)

26 슬러지의 퇴비화에 관한 내용으로 틀린 것은 어느 것인가?

㉮ 최적 수분함량은 50~60% 가량이다.
㉯ pH는 대체로 5.5~8.0이 좋다.
㉰ C/N비는 25~35 정도가 좋다.
㉱ 온도는 70℃ 이상으로 유지시키면 좋다.

풀이 ㉱ 퇴비단의 온도는 초기 며칠간은 50~55℃를 유지하여야 하며 활발한 분해를 위해서는 55~60℃가 적당하다.

27 혐기성 소화시에 생성되는 유기산의 종류로 틀린 것은 어느 것인가?

㉮ Formic Acid ㉯ Propionic Acid
㉰ Butyric Acid ㉱ Glutamic Acid

풀이 ㉱ 글루탐산(Glutamic Acid)은 단백질의 생합성에 사용되는 α-아미노산이다.

실전문제
과년도 기출문제

answer 23 ㉯ 24 ㉯ 25 ㉮ 26 ㉱ 27 ㉱

28 합성차수막인 PVC의 장·단점으로 틀린 것은 어느 것인가?

㉮ 강도가 높다.
㉯ 접합이 용이하다.
㉰ 자외선, 오존, 기후에 약하다.
㉱ 대부분의 유기화학물질에 강하다.

풀이 ㉱ 대부분의 유기화학물질에 약하다.

29 질소와 인을 제거하기 위한 생물학적 고도처리공법 중 호기조의 역할로 틀린 것은 어느 것인가?

㉮ 질산화 ㉯ 탈질화
㉰ 유기물의 산화 ㉱ 인의 과잉섭취

풀이 ㉯ 탈질화는 무산조소에서 일어난다.

30 처리장으로 유입되는 생분뇨의 BOD가 15,000ppm, 이때의 염소이온 농도가 6,000ppm이었다. 이 생분뇨를 희석한 후 활성슬러지법으로 처리한 처리수의 BOD는 60ppm, 염소이온은 200ppm이었다면 활성슬러지법에서의 BOD 제거율(%)은 얼마인가?

㉮ 73% ㉯ 78%
㉰ 82% ㉱ 88%

풀이

$$\text{BOD 제거효율}(\%) = \left(1 - \frac{BOD_o \times P}{BOD_i}\right) \times 100$$

① $\text{희석배수치(P)} = \dfrac{\text{유입수의 염소이온농도}}{\text{유출수의 염소이온농도}} = \dfrac{6,000\,ppm}{200\,ppm} = 30$

② $\text{BOD 제거효율}(\%) = \left(1 - \dfrac{60\,ppm \times 30}{15,000\,ppm}\right) \times 100 = 88\%$

31 매립지 설계시 침출수 집배수층의 조건으로 만족 여부를 판단하기 위해 D_{15}, d_{85}, d_{15}가 사용된다. 여기에서 D_{15}가 의미하는 것은 어느 것인가?

㉮ 여과층
㉯ 집배수층 주변물질
㉰ 집배수층과 폐기물사이의 토양층
㉱ 침출수 집배수층 재료의 입경

풀이 용어설명
① $D_{15\%}$: 입도누적곡선상 15%에 상당하는 침출수의 집배수층 필터재료의 입경
② $d_{85\%}$: 입도누적곡선상 85%에 상당하는 침출수의 집배수층 주변 토양의 입경
③ $d_{15\%}$: 입도누적곡선상 15%에 상당하는 침출수의 집배수층 주변 토양의 입경

32 쓰레기를 소각할 경우 발생하는 기체로 틀린 것은 어느 것인가?

㉮ NO_X ㉯ CH_4
㉰ CO_2 ㉱ CO

풀이 메탄(CH_4)은 유기물의 혐기성 분해시 발생하는 물질이다.

33 점토가 차수막으로 적합하기 위한 포괄적 조건으로 틀린 것은 어느 것인가?

㉮ 소성지수 : 10% 미만
㉯ 투수계수 : 10^{-7}cm/sec 미만
㉰ 점토 및 미사토 함유량 : 20% 이상
㉱ 액성한계 : 30% 이상

풀이 ㉮ 소성지수 : 10% 이상 30% 미만

answer 28 ㉱ 29 ㉯ 30 ㉱ 31 ㉱ 32 ㉯ 33 ㉮

34 수거분뇨 중의 협잡물을 제거할 때 사용하는 것은 어느 것인가?

㉮ Decanter　㉯ Drum Screen
㉰ Filter Press　㉱ Vaccum Filter

풀이 협잡물을 제거할 때 사용하는 것은 Drum Screen이다.

35 불포화토양층내에 산소를 공급함으로써 미생물의 분해를 통해 유기물질의 분해를 도모하는 토양정화방법은 어느 것인가?

㉮ 생물학적분해법(biodegradation)
㉯ 생물주입배출법(biobenting)
㉰ 토양경작법(landfarming)
㉱ 토양세정법(soil flushing)

풀이 ㉯ 생물주입배출법에 대한 설명이며, 핵심 내용인 "미생물의 분해로 유기물질 분해 = 생물주입배출법"임을 숙지하시면 됩니다.

36 RDF의 구비조건으로 틀린 것은 어느 것인가?

㉮ 대기오염이 적을 것
㉯ 함수량이 낮을 것
㉰ 발열량이 낮을 것
㉱ 재의 양이 적을 것

풀이 ㉰ 발열량이 높을 것

37 분뇨처리장의 제1소화조 슬러지량은 30%가 되어야 한다. 1일 100kL 투입에서 슬러지량(kL)은 얼마인가? (단, 제1소화조의 소화일수는 15일로 한다.)

㉮ 150kL　㉯ 250kL
㉰ 350kL　㉱ 450kL

풀이 슬러지량(kL) $= 100\text{kL/day} \times 15\text{day} \times 0.3$
$= 450\text{kL}$

38 퇴비화 과정에서 팽화제로 이용되는 물질로 틀린 것은 어느 것인가?

㉮ 톱밥　㉯ 왕겨
㉰ 볏짚　㉱ 하수슬러지

풀이 톱밥, 볏짚, 낙엽, 왕겨에 기존 퇴비를 혼합하여 퇴비화시키는 것을 팽화제라 한다.

39 슬러지나 폐기물을 토양에 주입할 때 발생할 수 있는 이익으로 틀린 것은 어느 것인가?

㉮ 토양의 침식이 감소한다.
㉯ 토양의 투수성이 증가한다.
㉰ 폐기물을 방치하는 것보다 농경지와 같은 비점원오염원으로부터의 오염물질 배출량이 감소된다.
㉱ 토양의 수분함량이 감소한다.

풀이 ㉱ 토양의 수분함량이 증가한다.

과년도 기출문제

answer　34 ㉯　35 ㉯　36 ㉰　37 ㉱　38 ㉱　39 ㉱

40 표면차수막과 연직차수막을 비교한 내용으로 틀린 것은 어느 것인가?

㉮ 차수성 확인 : 연직차수막은 지하에 매설하기 때문에 확인이 어렵다.
㉯ 경제성 : 표면차수막은 단위면적당 공사비가 비싼 반면 총 공사비는 싸다.
㉰ 보수 : 연직차수막은 차수막 보강시공이 가능하다.
㉱ 지하수집배수시설 : 표면차수막은 필요하다.

풀이 ㉯ 경제성 : 표면차수막은 단위면적당 공사비가 싸지만 총공사비는 비싸다.

| 제3과목 | 폐기물공정시험기준

41 다음 기구 및 기기 중 기름성분 측정시험(질량법)에 필요한 것들만 나열한 것은 어느 것인가?

a. 80℃ 온도조절이 가능한 전기열판 또는 전기맨틀
b. 알루미늄박으로 만든 접시, 비커 또는 증류플라스크로써 용량이 50~250mL인 것
c. ㅏ자형 연결관 및 리비히 냉각관(증류플라스크를 사용할 경우)
d. 구데르나다니쉬 농축기
e. 아세틸렌 토오치

㉮ a, b, c　　㉯ b, c, d
㉰ c, d, e　　㉱ a, c, e

TIP

분석기기 및 기구
① 전기열판 또는 전기맨틀 : 80℃ 온도조절이 가능한 것을 사용한다.
② 증발접시 : 알루미늄박으로 만든 접시, 비커 또는 증류플라스크로써 부피는 50 ~250mL인 것을 사용한다.
③ ㅏ자형 연결관 및 리비히 냉각관 : 증류플라스크를 사용할 경우 사용한다.

42 폐기물 중에 함유된 기름성분 측정에 사용되는 추출 용매는 어느 것인가?

㉮ 메틸오렌지
㉯ 노말헥산
㉰ 알코올
㉱ 디에틸디티오카르바민산

풀이 기름성분의 질량법은 시료를 직접 사용하거나, 시료에 적당한 응집제 또는 흡착제 등을 넣어 노말헥산 추출물질을 포집한 다음 노말헥산으로 추출하고 잔류물의 질량으로부터 구하는 방법이다.

43 유도결합플라스마-원자발광분광법에서 일어날 수 있는 간섭 중 화학적 간섭이 발생할 수 있는 경우에 해당하는 것은 어느 것인가?

㉮ 분석에 사용하는 스펙트럼선이 다른 인접선과 완전히 분리되지 않은 경우
㉯ 시료용액의 점도가 높아져 분무 능률이 저하하는 경우
㉰ 불꽃 중에서 원자가 이온화하는 경우
㉱ 분석에 사용하는 스펙트럼선이 불꽃 중에서 생성되는 목적원소의 원자증기 이외의 물질에 의하여 흡수되는 경우

answer 40 ㉯ 41 ㉮ 42 ㉯ 43 ㉰

풀이 화학적 간섭이 발생할 수 있는 경우에는 분자 생성, 이온화 효과, 열화학 효과 등이 시료 분무와 원자화 과정에서 방해요인으로 나타난다.

44 실험실에서 폐기물의 수분을 측정하기 위해 다음과 같은 결과를 얻었다. 폐기물의 수분함량(%)은 얼마인가?

- 건조 전 시료질량 : 20g
- 증발접시 질량 : 2.345g
- 증발접시 및 시료의 건조 후 질량 : 17.287g

㉮ 25.3% ㉯ 28.3%
㉰ 34.3% ㉱ 38.6%

풀이 $수분(\%) = \frac{(W_2 - W_3)}{(W_2 - W_1)} \times 100$

여기서, W_1 : 증발접시의 질량(g)

W_2 : 건조 전 증발접시와 시료의 질량(g)

W_3 : 건조 후 증발접시와 시료의 질량(g)

따라서, $수분(\%) = \frac{(2.345\,g + 20\,g) - 17.287\,g}{(2.345\,g + 20\,g) - 2.345\,g} \times 100 = 25.29\%$

45 4℃의 물 500mL에 순도가 75%인 시약용 납을 5mg을 녹였다. 이 용액의 납 농도(ppm)는 얼마인가?

㉮ 2.5ppm ㉯ 5.0ppm
㉰ 7.5ppm ㉱ 10.0ppm

풀이 ppm의 단위는 mg/L, mg/kg이다.

$납\ 농도(ppm) = mg/L \times \frac{순도(\%)}{100}$

$= \frac{5\,mg}{(500\,mL \times 10^{-3})\,L} \times \frac{75\%}{100}$

$= 7.5\,ppm$

46 자외선/가시선 분광법에 의한 비소의 측정방법으로 알맞은 것은 어느 것인가?

㉮ 적자색의 흡광도를 430nm에서 측정
㉯ 적자색의 흡광도를 530nm에서 측정
㉰ 청색의 흡광도를 430nm에서 측정
㉱ 청색의 흡광도를 530nm에서 측정

풀이 비소의 자외선/가시선분광법
① 환원제 : 아연
② 흡광도 측정 : 적자색의 흡광도를 530nm에서 측정
③ 정량한계 : 0.002mg

47 질량법에 관한 내용으로 틀린 것은 어느 것인가?

㉮ 수분 시험 시 물중탕 후 105~110℃의 건조기 안에서 4시간 건조한다.
㉯ 고형물 시험 시 물중탕 후 105~110℃의 건조기 안에서 4시간 건조한다.
㉰ 강열감량 시험 시 600±25℃에서 1시간 강열한다.
㉱ 강열감량 시험 시 25% 질산암모늄용액을 사용한다.

풀이 ㉰ 강열감량 시험 시 600±25℃에서 3시간 강열한다.

48 자외선/가시선 분광법에 의한 시안 측정 시 사용하는 시약 중 잔류염소를 제거하기 위한 시약은 어느 것인가?

㉮ 질산(1+4)
㉯ 클로라민 T
㉰ L-아스코빈산
㉱ 아세트산아연 용액

풀이 잔류염소가 함유된 시료는 잔류염소 20mg당 L-아스

answer 44 ㉮ 45 ㉰ 46 ㉯ 47 ㉰ 48 ㉰

코빈산(10W/V%) 0.6mL 또는 이산화비소산나트륨 용액(10W/V%) 0.7mL를 넣어 제거한다.

49 폐기물 중에 함유되어 있는 시안을 자외선/가시선 분광법으로 측정코자 한다. 폐기물공정시험 기준상 규정된 시안측정법은 어느 것인가?

㉮ 피리딘피라졸론법
㉯ 다이에틸다이티오카르바민산법
㉰ 디티존법
㉱ 다이페닐카르바지드법

풀이 시안의 측정방법
① 자외선/가시선 분광법
② 이온전극법
③ 연속흐름법

50 폐기물공정시험기준에 규정된 시료의 축소방법으로 틀린 것은 어느 것인가?

㉮ 원추이분법 ㉯ 원추사분법
㉰ 교호삽법 ㉱ 구획법

풀이 시료의 축소방법으로는 원추사분법, 교호삽법, 구획법이 있다.

51 기체크로마토그래피법으로 휘발성 저급 염소화탄화수소류를 측정하는데 사용되는 검출기로 알맞은 것은 어느 것인가?

㉮ ECD ㉯ FID
㉰ FPD ㉱ TCD

풀이 휘발성 저급염소화탄화수소류를 측정하는데 사용되는 검출기는 전자포획형검출기(ECD)이다.

52 총칙에서 규정하고 있는 용어 정의로 틀린 것은 어느 것인가?

㉮ 질량을 "정확히 단다"라 함은 규정된 수치의 질량을 0.1mg까지 다는 것을 말한다.
㉯ "정확히 취하여"라 하는 것은 규정한 양의 액체를 홀피펫으로 눈금까지 취하는 것을 말한다.
㉰ "정밀히 단다"라 함은 규정된 양의 시료를 취하여 화학저울 또는 미량저울로 칭량함을 말한다.
㉱ "용기"라 함은 물질을 취급 또는 저장하기 위한 것으로 일정 기준 이상의 것으로 한다.

풀이 ㉱ "용기"라 함은 시험용액 또는 시험에 관계된 물질을 보존, 운반 또는 조작하기 위하여 넣어 두는 것으로 시험에 지장을 주지 않도록 깨끗한 것을 뜻한다.

53 조제된 pH 표준액 중 가장 높은 pH를 갖는 표준용액은 어느 것인가?

㉮ 수산염 표준액 ㉯ 프탈산염 표준액
㉰ 탄산염 표준액 ㉱ 인산염 표준액

풀이 표준액의 pH값 순서
수산염 표준액 < 프탈산염 표준액 < 인산염 표준액 < 붕산염 표준액 < 탄산염 표준액 < 수산화칼슘 표준액 순이이며, 암기법은 "수프인 7부옷에 탄숨"임을 숙지하시면 됩니다.

answer 49 ㉮ 50 ㉮ 51 ㉮ 52 ㉱ 53 ㉰

54 폐기물의 수소이온농도 측정시 적용되는 정밀도에 관한 기준으로 알맞은 것은 어느 것인가?

㉮ 임의의 한 종류의 pH 표준용액에 대해 검출부를 정제수로 잘 씻은 다음 5회 되풀이 하여 pH를 측정하였을 때 그 재현성이 ±0.05이내이어야 한다.
㉯ 임의의 한 종류의 pH 표준용액에 대해 검출부를 정제수로 잘 씻은 다음 5회 되풀이 하여 pH를 측정하였을 때 그 재현성이 ±0.1이내이어야 한다.
㉰ 임의의 한 종류의 pH 표준용액에 대해 검출부를 정제수로 잘 씻은 다음 10회 되풀이 하여 pH를 측정하였을 때 그 재현성이 ±0.05이내이어야 한다.
㉱ 임의의 한 종류의 pH 표준용액에 대해 검출부를 정제수로 잘 씻은 다음 10회 되풀이 하여 pH를 측정하였을 때 그 재현성이 ±0.1 이내이어야 한다.

풀이 수소이온농도 측정 시 정밀도에서는 핵심 내용인 "5회, ± 0.05 이내"임을 숙지하시면 됩니다.

55 마이크로파 및 마이크로파를 이용한 시료의 전처리(유기물 분해)에 대한 설명으로 틀린 것은 어느 것인가?

㉮ 가열속도가 빠르고 재현성이 좋다.
㉯ 마이크로파는 금속과 같은 반사물질과 매질이 없는 진공에서는 투과하지 않는다.
㉰ 마이크로파는 전자파 에너지의 일종으로 빛의 속도로 이동하는 교류와 자기장으로 구성되어 있다.
㉱ 마이크로파영역에서 극성분자나 이온이 쌍극자 모멘트와 이온전도를 일으켜 온도가 상승하는 원리를 이용한다.

풀이 ㉯ 마이크로파는 금속과 같은 반사물질과 매질이 없는 진공에서도 투과한다.

56 원자흡수분광광도계에서 불꽃을 만들기 위해 사용되는 가연성가스와 조연성가스 중 내화성 산화물을 만들기 쉬운 원소의 분석에 적당한 것은 어느 것인가?

㉮ 수소 - 공기
㉯ 아세틸렌 - 공기
㉰ 아세틸렌 - 일산화이질소
㉱ 프로판 - 공기

풀이 ㉰ 아세틸렌 - 일산화이질소에 대한 설명이며, 핵심 내용인 "내화성 산화물 분석 = 아세틸렌-일산화이질소"임을 숙지하시면 됩니다.

TIP
① 아세틸렌 = C_2H_2
② 일산화이질소 = 아산화질소 = N_2O

answer 54 ㉮ 55 ㉯ 56 ㉰

57 카드뮴 측정을 위한 자외선/가시선 분광법의 측정원리에 관한 내용으로 (　　)에 알맞은 말은 어느 것인가?

> 카드뮴 이온을 시안화칼륨이 존재하는 알칼리성에서 디티존과 반응시켜 생성하는 카드뮴착염을 사염화탄소로 추출하고, 추출한 카드뮴착염을 타타르산용액으로 역추출한 다음 수산화나트륨과 시안화칼륨을 넣어 디티존과 반응하여 생성하는 (　)의 카드뮴착염을 사염화탄소로 추출하여 그 흡광도를 520nm에서 측정하는 방법이다.

㉮ 청색　　㉯ 남색
㉰ 적색　　㉱ 황갈색

풀이 카드뮴의 자외선/가시선 분광법은 적색의 카드뮴착염을 사염화탄소로 추출하여 흡광도를 520nm에서 측정한다.

58 감염성미생물에 대한 검사방법으로 틀린 것은 어느 것인가?

㉮ 아포균 검사법
㉯ 세균배양 검사법
㉰ 멸균테이프 검사법
㉱ 일반세균 검사법

풀이 감염성 미생물 검사법으로는 아포균 검사법, 세균배양 검사법, 멸균테이프 검사법이 있다.

59 기체크로마토그래피법을 이용하여 '유기인'을 분석하는 원리로 틀린 것은 어느 것인가?

㉮ 유기인 화합물 중 이피엔, 파라티온, 메틸디메톤, 다이아지논 및 펜토에이트의 측정에 적용된다.
㉯ 농축장치는 구데루나다니쉬 농축기를 사용한다.
㉰ 컬럼충전제는 2종 이상을 사용하여 그 중 1종 이상에서 확인된 성분은 정량한다.
㉱ 유효측정농도는 0.0005mg/L 이상으로 한다.

풀이 ㉰ 정제용 컬럼은 실리카겔 컬럼, 플로리실 컬럼, 활성탄 컬럼을 사용한다.

60 순수한 물 500mL에 HCl(비중 1.18) 100mL를 혼합할 때 이 용액의 염산농도(W/W)는 얼마인가?

㉮ 14.24%　　㉯ 17.4%
㉰ 19.1%　　㉱ 23.6%

풀이 염산농도(W/W%)

$$= \frac{\text{용질}}{\text{용질} + \text{용매}} \times 100$$

$$= \frac{100\,\text{mL} \times 1.18\,\text{g/mL}}{100\,\text{mL} \times 1.18\,\text{g/mL} + 500\,\text{mL} \times 1.0\,\text{g/mL}} \times 100$$

$$= 19.1\%$$

answer 57 ㉰ 58 ㉱ 59 ㉰ 60 ㉰

기출문제

| 제1과목 | 폐기물개론

01 인구 200만명의 도시에서 발생되는 폐기물의 가연성분을 이용하여 RDF를 생산하고자 할 때 최대생산량(ton/일)은 얼마인가? (단, 폐기물 중 가연성분 80%(질량기준), 가연성분 회수율 50% (질량기준), 폐기물 발생량은 1.3kg/인·일이다.)

㉮ 4,180ton/일　　㉯ 3,210ton/일
㉰ 2,350ton/일　　㉱ 1,040ton/일

풀이 RDF 생산량(ton/일)

$$= \text{폐기물 발생량(ton/일)} \times \frac{\text{가연성분(\%)}}{100} \times \frac{\text{가연성분 회수율(\%)}}{100}$$

$$= 1.3\text{kg/인·일} \times 10^{-3}\text{ton/kg} \times 2{,}000{,}000\text{인} \times 0.8 \times 0.5$$

$$= 1{,}040\text{ton/일}$$

02 함수율 70%인 고형폐기물이 건조되어 함수율 10%로 되었다면 건조 후 질량은 처음의 몇 %인가? (단, 비중은 1.0 기준)

㉮ 23.3%　　㉯ 33.3%
㉰ 43.3%　　㉱ 53.3%

풀이 $W_1 \times (100 - P_1) = W_2 \times (100 - P_2)$

여기서 W_1 : 처음 쓰레기량
P_1 : 처음 함수율
W_2 : 감소후 쓰레기량
P_2 : 감소후 함수율

따라서 $W_1 \times (100 - 70) = W_2 \times (100 - 10)$

$$\therefore \frac{W_2}{W_1} = \frac{(100-70)}{(100-10)} = 0.3333$$

$\therefore W_2 = 0.3333W_1$ 이므로 처음의 33.33%가 된다.

03 함수율 40%인 3kg의 쓰레기를 건조시켜 함수율 15%로 하였을 때 건조 쓰레기의 질량(kg)은 마인가? (단, 비중은 1.0 기준)

㉮ 1.12kg　　㉯ 1.41kg
㉰ 2.12kg　　㉱ 2.41kg

풀이 $W_1 \times (100 - P_1) = W_2 \times (100 - P_2)$

여기서 W_1 : 건조전 슬러지량(kg)
P_1 : 건조전 함수율(%)
W_2 : 건조후 슬러지량(kg)
P_2 : 건조후 함수율(%)

따라서 $3\text{kg} \times (100 - 40) = W_2 \times (100 - 15)$

$$\therefore W_2 = \frac{3\text{kg} \times (100-40)}{(100-15)} = 2.12\text{kg}$$

answer 01 ㉱ 02 ㉯ 03 ㉰

04 약간 경사진 판에 진동을 줄 때 무거운 것이 빨리 판의 경사면 위로 올라가는 원리를 이용한 것으로 Pneumatic Table이라고도 하는 것은 어느 것인가?

㉮ Stoners ㉯ Flotation
㉰ Separators ㉱ Secators

풀이 ㉮ Stoners에 대한 설명이며, 핵심 내용인 "무거운 것이 빨리 판의 경사면 위로 올라가는 원리 = 스토너"임을 숙지하시면 됩니다.

05 폐기물 발생량 예측방법 중 모든 인자를 시간에 대한 함수로 나타낸 후 시간에 대한 함수로 표현된 각 영향 인자들 간의 상관관계를 수식화하는 방법은 어느 것인가?

㉮ CORAP
㉯ Trend Method
㉰ Dynamic Simulation Model
㉱ Multiple Regression Model

풀이 ㉰ 동적모사모델(Dynamic Simulation Model)에 대한 설명이며, 핵심 내용인 "각 영향인자들 간의 상관관계 수식화 = 동적모사모델"임을 숙지하시면 됩니다.

06 폐기물 관리시 비용이 가장 많이 드는 단계는 어느 것인가?

㉮ 수거 및 운반 ㉯ 중간처리
㉰ 저장 ㉱ 최종처리

풀이 폐기물 관리시 비용이 가장 많이 드는 단계는 ㉮ 수거 및 운반 단계이며, 총 비용의 60% 이상을 차지한다.

07 어느 도시의 인구가 50,000명이고 분뇨의 1인 1일당 발생량은 1.1L이다. 수거된 분뇨의 BOD 농도를 측정하였더니 60,000mg/L이었고, 분뇨의 수거율이 30%라고 할 때 수거된 분뇨의 1일 발생 BOD량(kg)은 얼마인가? (단, 분뇨의 비중은 1.0 기준이다.)

㉮ 790kg ㉯ 890kg
㉰ 990kg ㉱ 1,190kg

풀이 BOD 발생량(kg/일)

$$= \frac{1.1\,L}{인 \cdot 일} \times \frac{m^3}{10^3 L} \times 50,000인 \times \frac{60\,kg}{m^3} \times 0.30$$

$= 990\,kg/일$

08 다음의 폐기물의 성상분석의 절차 중 가장 먼저 시행하는 것은 어느 것인가?

㉮ 분류
㉯ 물리적 조성
㉰ 화학적 조성분석
㉱ 발열량 측정

풀이 폐기물의 성상분석의 절차는 시료 → 밀도 측정 → 물리적 조성 → 분류 → 전처리 → 조성 분석 순이다.

09 다음 중 LCA(Life Cycle Assessment)의 구성요소로 틀린 것은 어느 것인가?

㉮ 개선평가 ㉯ 목록분석
㉰ 영향평가 ㉱ 수행평가

풀이 전과정 평가의 순서는 목적 및 범위의 설정 → 목록분석 → 영향평가 → 개선평가 및 해석 순이다.

answer 04 ㉮ 05 ㉰ 06 ㉮ 07 ㉰ 08 ㉯ 09 ㉱

10 밀도가 1.5t/m³인 쓰레기 300ton을 유효 적재가능 용적이 5m³인 트럭 1대를 이용하여 적환장에 운반하려고 한다면 적환장까지 몇 회를 운반하여야 하는가? (단, 기타 조건은 고려하지 않는다.)

㉮ 30회　　㉯ 40회
㉰ 50회　　㉱ 60회

풀이 차량 운행 회수

$$= \frac{\text{쓰레기 배출량}}{\text{차량의 1회 수거량}}$$

$$= \frac{300\text{ton}}{5\text{m}^3/\text{대} \times 1.5\text{ton}/\text{m}^3 \times 1\text{대}/1\text{회}} = 40\text{회}$$

11 함수율 60%인 쓰레기와 함수율 90%인 하수슬러지를 5 : 1의 비율로 혼합하면 함수율 (%)은 얼마인가? (단, 비중은 1.0 기준)

㉮ 60%　　㉯ 65%
㉰ 70%　　㉱ 75%

풀이 $\text{함수율(\%)} = \frac{60\% \times 5 + 90\% \times 1}{5+1} = 65\%$

12 수거 대상 인구가 200,000명인 지역에서 1주일 동안 생활폐기물 수거상태를 조사한 결과 다음과 같다. 이 지역의 1인당 1일 폐기물 발생량(kg/인·일)은 얼마인가?

- 트럭수 : 50대/회
- 쓰레기 수거 횟수 : 7회/주
- 트럭용적 : 8m³/대
- 적재시 쓰레기 밀도 : 700kg/m³

㉮ 1.4kg/인·일　　㉯ 1.6kg/인·일
㉰ 1.8kg/인·일　　㉱ 2.0kg/인·일

풀이 폐기물 발생량(kg/인·일)

$$= \frac{\text{폐기물 수거량(kg/일)}}{\text{인구수(인)}}$$

$$= \frac{8\text{m}^3/\text{대} \times 50\text{대}/\text{회} \times 7\text{회}/\text{주} \times 1\text{주}/7\text{일} \times 700\text{kg}/\text{m}^3}{200{,}000\text{인}}$$

$= 1.4\text{kg/인·일}$

13 폐기물의 효과적인 수거를 위한 수거노선을 결정할 때, 유의할 사항으로 틀린 것은 어느 것인가?

㉮ 기존 정책이나 규정을 참조한다.
㉯ 가능한 한 시계방향으로 수거노선을 정한다.
㉰ U자형 회전은 가능한 피하도록 한다.
㉱ 적은 양의 쓰레기가 발생하는 곳부터 수거한다.

풀이 ㉱ 많은 양의 쓰레기가 발생하는 곳부터 수거한다.

14 도시 생활쓰레기를 분류하여 다음과 같은 결과를 얻었을 때 이 쓰레기의 함수율(%)은 얼마인가?

성분	질량(%)	함수율(%)
플라스틱류	30	15
음식물류	40	40
종이류	30	20

㉮ 21.5　　㉯ 26.5
㉰ 32.5　　㉱ 34.5

풀이 $\text{함수율(\%)} = \frac{\text{합(질량비} \times \text{함수율)}}{\text{합(질량비)}}$

$$= \frac{30\% \times 15\% + 40\% \times 40\% + 30\% \times 20\%}{30\% + 40\% + 30\%}$$

$= 26.5\%$

과년도 기출문제

answer　10 ㉯　11 ㉯　12 ㉮　13 ㉱　14 ㉯

15 평균 입경이 20cm인 폐기물을 입경 1cm가 되도록 파쇄할 때 소요되는 에너지는 입경을 4cm로 파쇄할 때 소요되는 에너지의 몇 배인가? (단, Kick의 법칙 적용, n=1)

㉮ 1.86배 ㉯ 2.64배
㉰ 3.72배 ㉱ 4.12배

풀이 Kick의 법칙

$$동력(E) = C\ln\left(\frac{dp_1}{dp_2}\right)$$

여기서 dp_1 : 평균 크기
dp_2 : 최종 크기

① $E_1 = C\ln\left(\frac{20cm}{1cm}\right) = C\ \ln 20$

② $E_2 = C\ln\left(\frac{20cm}{4cm}\right) = C\ \ln 5$

③ 소요에너지의 변화 $= \frac{E_1}{E_2} = \frac{C\ \ln 20}{C\ \ln 5} = 1.86$배

16 산업폐기물 및 광산폐기물에 흔히 함유되어 있으며, 만성중독에 의해 이타이이타이병을 유발시키는 물질은 어느 것인가?

㉮ Hg ㉯ Cr
㉰ As ㉱ Cd

풀이 이타이이타이병을 유발시키는 물질은 카드뮴(Cd)이다.

17 다음 경우의 쓰레기 수거 노동력(MHT)은 얼마인가? (단, 기타 사항은 고려하지 않는다.)

> 일일발생량 : 50톤, 수거인원 : 20명,
> 일일수거시간 : 10시간/일

㉮ 1 ㉯ 2
㉰ 3 ㉱ 4

풀이

$$MHT = \frac{수거인부수 \times 작업시간}{쓰레기\ 수거실적} = \frac{20인 \times 10hr/day}{50ton/day} = 4.0MHT$$

18 슬러지 탈수 시 가장 탈수되기 어려운 슬러지 내 수분은 어느 것인가?

㉮ 간극모관결합수 ㉯ 모관결합수
㉰ 표면부착수 ㉱ 내부수

풀이 슬러지내의 탈수성 순서는 간극모관결합수 > 모관결합수 > 쐐기상모관결합수 > 표면부착수 > 내부수 순이다.

19 폐기물의 입도 분석결과 입도 누적곡선상의 10%, 30%, 60%, 90%의 입경이 각각 1, 5, 10, 20mm였다. 이때 균등계수와 곡률계수는 얼마인가?

㉮ 균등계수 10, 곡률계수 1.0
㉯ 균등계수 10, 곡률계수 2.5
㉰ 균등계수 1, 곡률계수 1.0
㉱ 균등계수 1, 곡률계수 2.5

풀이

① 균등계수 $= \frac{D_{60\%}}{D_{10\%}} = \frac{10mm}{1mm} = 10$

② 곡률계수 $= \frac{(D_{30\%})^2}{(D_{10\%} \times D_{60\%})} = \frac{(5mm)^2}{(1mm \times 10mm)} = 2.5$

TIP

유효입경 $= D_{10\%}$

answer 15 ㉮ 16 ㉱ 17 ㉱ 18 ㉱ 19 ㉯

20 폐기물 1톤의 초기 겉보기 비중이 0.1, 압축 후 겉보기 비중이 0.6인 경우 부피감소율(VR, %)과 압축비(CR)는 각각 얼마인가?

㉮ 81.1%, 3　㉯ 83.3%, 3
㉰ 81.1%, 6　㉱ 83.3%, 6

풀이 ① 부피감소율(%) $= \left(1 - \frac{V_2}{V_1}\right) \times 100$

여기서 V_1 : 압축 전 부피(m^3)
V_2 : 압축 후 부피(m^3)

$V_1 = 1\,ton \times \frac{1}{0.1\,ton/m^3} = 10m^3$

$V_2 = 1\,ton \times \frac{1}{0.6\,ton/m^3} = 1.67m^3$

따라서 부피 감소율(%) $= \left(1 - \frac{1.67m^3}{10m^3}\right) \times 100$
$= 83.3\%$

② 압축비 $= \frac{100}{100 - VR}$

여기서 VR : 용적감소율(%)

따라서 압축비 $= \frac{100}{100 - 83.3\%} = 5.99$

| 제2과목 | 폐기물처리기술

21 오염된 농경지의 정화를 위해 다른 장소로부터 비오염 토양을 운반하여 넣는 정화기술은 무엇인가?

㉮ 객토　㉯ 반전
㉰ 희석　㉱ 배토

풀이 ㉮ 객토에 대한 설명이며, 핵심 내용인 "비오염 토양을 넣는 정화기술 = 객토"임을 숙지하시면 됩니다.

22 소각로에서 NO_X 배출농도가 270ppm, 산소 배출농도가 12%일 때 표준산소(6%)로 환산한 NO_X 농도(ppm)는 얼마인가?

㉮ 120ppm　㉯ 135ppm
㉰ 162ppm　㉱ 450ppm

풀이 $C = Ca \times \frac{21 - Os}{21 - Oa}$

$= 270\,ppm \times \frac{21 - 6\%}{21 - 12\%}$

$= 450\,ppm$

23 도시폐기물 유기성분 중 가장 생분해가 느린 성분은 어느 것인가?

㉮ 단백질　㉯ 지방
㉰ 셀룰로우스　㉱ 리그닌

풀이 ㉱ 리그닌에 대한 설명이며, 리그닌은 침엽수나 활엽수 등의 목질부를 구성하는 성분 중 지용성 페놀고분자이다.

24 슬러지 $100m^3$의 함수율이 98%이다. 탈수 후 슬러지의 체적을 1/10로 하면 슬러지 함수율(%)은 얼마인가? (단, 모든 슬러지의 비중은 1이다.)

㉮ 20%　㉯ 40%
㉰ 60%　㉱ 80%

풀이 $V_1 \times (100 - P_1) = V_2 \times (100 - P_2)$

여기서 V_1 : 건조 전 슬러지량(m^3)
P_1 : 건조 전 함수율(%)
V_2 : 건조 후 슬러지량(m^3)
P_2 : 건조 후 함수율(%)

따라서 $100m^3 \times (100 - 98) = 100m^3 \times \frac{1}{10} \times (100 - P_2)$

$\therefore P_2 = 100 - \frac{100m^3 \times (100 - 98)}{100m^3 \times \frac{1}{10}} = 80\%$

answer　20 ㉱　21 ㉮　22 ㉱　23 ㉱　24 ㉱

25 퇴비화 숙성도의 지표로 이용할 수 없는 것은 어느 것인가?

㉮ 탄질비
㉯ CO_2발생량
㉰ 식물생육 억제정도
㉱ 수분함량

풀이 퇴비화 숙성도의 지표에는 탄질비(C/N비), CO_2 발생량, 식물생육 억제 정도, BOD, 온도, 냄새, 색깔 등이 있다.

26 폐기물 처리시에는 각종 먼지가 다량 배출되며 먼지의 제거시에는 집진장치가 이용된다. 먼지의 특성 중 집진성능에 영향을 미치지 않는 것은 어느 것인가?

㉮ 입경 ㉯ 비저항
㉰ 밀도 ㉱ 중력가속도

풀이 ㉱ 중력가속도는 먼지의 특성에 해당하지 않는다.

27 분뇨의 처리방식 중 습식 산화방식의 특징으로 틀린 것은 어느 것인가?

㉮ 완전 살균이 가능하다.
㉯ 슬러지는 반응탑에서 연소된다.
㉰ COD가 높은 슬러지처리에 전용될 수 있다.
㉱ 건설비, 유지보수비, 전기료가 적게 든다.

풀이 ㉱ 건설비, 유지보수비, 전기료가 많이 든다.

28 퇴비화 공정의 운영인자 중 C/N 비에 대한 내용으로 틀린 것은 어느 것인가?

㉮ C는 퇴비화 미생물의 에너지원이며 N은 미생물을 구성하는 인자가 된다.
㉯ C/N이 높을 때(80 이상) 질소과잉 현상으로 퇴비화반응이 느려진다.
㉰ 퇴비화 초기 C/N비는 25~40 정도가 적당하다.
㉱ C/N이 낮을 때 (20이하) 유기질소가 암모니아화하여 악취가 발생될 가능성이 높다.

풀이 ㉯C/N이 높을 때(80 이상) 질소부족 현상으로 퇴비화 반응이 느려진다.

29 탄소, 수소 및 황의 질량비가 83%, 14%, 3%인 폐유 3kg/hr을 소각시키는 경우 배기가스의 분석치가 CO_2 12.5%, O_2 3.5%, N_2 84% 이었다면 매시 필요한 공기량(Sm^3/hr) 은 얼마인가?

㉮ 35Sm^3/hr ㉯ 40Sm^3/hr
㉰ 45Sm^3/hr ㉱ 50Sm^3/hr

풀이 공급공기량(Sm^3/hr)
=공기비(m)×이론공기량(A_o)×연료량(kg/hr)

① 공기비(m) $= \dfrac{N_2\%}{N_2\% - 3.76 \times O_2\%}$

$= \dfrac{84\%}{84\% - 3.76 \times 3.5\%} = 1.1858$

② 이론공기량(A_o)

$= 8.89C + 26.67\left(H - \dfrac{O}{8}\right) + 3.33S\,(Sm^3/kg)$

$= 8.89 \times 0.83 + 26.67 \times 0.14 + 3.33 \times 0.03$

$= 11.2124\,Sm^3/kg$

③ 공급공기량

$= 1.1858 \times 11.2124 Sm^3/kg \times 3kg/hr$

$= 39.89\,Sm^3/hr$

answer 25 ㉱ 26 ㉱ 27 ㉱ 28 ㉯ 29 ㉯

TIP

배출가스 분석치 CO_2%, O_2%, N_2%

$$\text{공기비}(m) = \frac{N_2\%}{N_2\% - 3.76 \times O_2\%}$$

30 RDF에 대한 내용으로 틀린 것은 어느 것인가?

㉮ RDF의 조성은 주로 유기물질이므로 수분함량에 따라 부패되기 쉽다.

㉯ RDF 중에 Cl 함량이 크면 다이옥신 발생 위험성이 높다.

㉰ Pellet RDF의 수분함량은 4% 이하를 유지한다.

㉱ Fluff RDF의 발열량은 약 2,500~3,500 kcal/kg 정도의 범위이다.

풀이 ㉰ Pellet RDF의 수분함량은 12~18% 정도이다.

31 호기성 퇴비화 공정의 설계 운영고려 인자에 관한 내용으로 틀린 것은 어느 것인가?

㉮ C/N비 : 초기 C/N비가 낮은 경우는 암모니아 가스가 발생하며 생물학적 활성이 떨어진다.

㉯ 입자 크기 : 폐기물의 적정입자크기는 5~10mm 정도이다.

㉰ pH : 적당한 분해작용을 위해서 pH 7~7.5범위를 유지한다.

㉱ 공기공급 : 공간부피는 30~36%가 적합하다.

풀이 ㉯ 입자 크기 : 폐기물의 적정입자크기는 100~200mm 정도이다.

32 일일복토로 사용하는데 가장 적합한 토양은 어느 것인가?

㉮ 통기성이 나쁜 점성토계의 토양

㉯ 투수성, 통기성이 좋은 사질토계의 토양

㉰ 부식물질을 적절히 함유한 양토계 토양

㉱ 적당한 규격에 맞춘 slag

풀이 복토재는 양질의 토양을 사용하므로 ㉯ 투수성, 통기성이 좋은 사질토계의 토양을 사용한다.

33 매립물의 조성이 $C_{40}H_{83}O_{30}N$인 경우 이 매립물 1mol당 발생하는 메탄(mol)은 얼마인가? (단, 혐기성 반응이다.)

㉮ 22.5 ㉯ 28.5

㉰ 32.5 ㉱ 38.5

풀이 $C_{40}H_{83}O_{30}N$: $22.5CH_4$

1mol : 22.5mol

TIP

혐기성 반응에서 CH_4의 계수 구하는 공식

$$C_{40}H_{83}O_{30}N \rightarrow \left(\frac{4a+b-2c-3d}{8}\right)CH_4$$

여기서 a = 40, b = 83, c = 30, d = 1이므로

$$\frac{(4\times40)+83-(2\times30)-(3\times1)}{8} = 22.5$$

34 매립된 지 10년 이상인 매립지에서 발생되는 침출수를 처리하기 위한 공정으로 효율성이 가장 양호한 방법은 어느 것인가? (단, 침출수 특성 : COD/TOC 〈 2.0, BOD/COD 〈 0.1, COD 〈 500ppm)

㉮ 역삼투 ㉯ 화학적 침전

㉰ 오존처리 ㉱ 생물학적 처리

풀이 ㉮ 역투삼에 대한 설명이다.

answer 30 ㉰ 31 ㉯ 32 ㉯ 33 ㉮ 34 ㉮

실전문제

과년도 기출문제

35 프로판(C_3H_8) 5Sm^3의 연소에 필요한 이론 공기량(Sm^3)은 얼마인가?

㉮ 94Sm^3 ㉯ 106Sm^3
㉰ 119Sm^3 ㉱ 124Sm^3

풀이 ① $C_3H_8+5O_2 \rightarrow 3CO_2+4H_2O$
22.4Sm^3 : 5×22.4m^3
5Sm^3 : 이론산소량(Sm^3)

$\therefore$ 이론산소량 $= \dfrac{5\times 22.4Sm^3 \times 5Sm^3}{22.4Sm^3}$
$= 25Sm^3$

② 이론공기량(Sm^3)$= \dfrac{\text{이론산소량}(Sm^3)}{0.21}$
$= \dfrac{25Sm^3}{0.21} = 119.05Sm^3$

TIP
① 체적(Sm^3)=계수×22.4(Sm^3)
② 질량(kg)=계수×분자량(kg)

36 도시쓰레기 자원화의 목적으로 틀린 것은 어느 것인가?

㉮ 쓰레기의 감량화
㉯ 자연보호
㉰ 노동력 창출
㉱ 매립지의 수명 연장

풀이 ㉰번은 자원화의 목적과 관계 없다.

37 HDPE&LDPE 합성차수막의 장점으로 틀린 것은 어느 것인가?

㉮ 대부분의 화학물질에 대한 저항성이 높다.
㉯ 유연하여 손상의 우려가 적다.
㉰ 접합상태가 양호하다.
㉱ 온도에 대한 저항성이 높다.

풀이 ㉯ 유연하지 못하여 손상의 우려가 높다.

38 폐기물 소각의 장점으로 틀린 것은 어느 것인가?

㉮ 부피감소가 가능하다.
㉯ 위생적 처리가 가능하다.
㉰ 폐열이용이 가능하다.
㉱ 2차 대기오염이 적다.

풀이 ㉱ 2차 대기오염이 많다.

39 매립지의 최종복토설비의 주요기능으로 틀린 것은 어느 것인가?

㉮ 침출수발생량 감소 기능
㉯ 생분해가능 조건 형성
㉰ 식물성장 토양층 제공
㉱ 병원균 매개체 서식 방지

풀이 ㉯ 비산방지

40 비정상적으로 작동하는 소화조에 석회를 주입하는 이유는 무엇인가?

㉮ 유기산균을 증가시키기 위해
㉯ 효소의 농도를 증가시키기 위해
㉰ 칼슘 농도를 증가시키기 위해
㉱ pH를 높이기 위해

풀이 비정상적으로 작동하는 소화조에 알칼리성 물질인 석회를 주입하는 이유는 pH를 높이기 위해서이다.

answer 35 ㉰ 36 ㉰ 37 ㉯ 38 ㉱ 39 ㉯ 40 ㉱

| 제3과목 | 폐기물공정시험기준

41 수분 40%, 고형물 60%, 휘발성고형물 30%인 쓰레기의 유기물 함량(%)은 얼마인가?

㉮ 35% ㉯ 40%
㉰ 45% ㉱ 50%

풀이 $\text{유기물 함량(\%)} = \frac{\text{휘발성 고형물(\%)}}{\text{고형물(\%)}} \times 100$

$= \frac{30\%}{60\%} \times 100 = 50\%$

42 자외선/가시선 분광법으로 분석되는 '항목–측정방법–측정파장–발색'의 순서대로 연결된 것은 어느 것인가?

㉮ 카드뮴 - 디티존법 - 460nm - 청색
㉯ 시안 - 디페닐카바지드법 - 540nm - 적자색
㉰ 구리 - 다이에틸다이티오카르바민산법 - 440nm - 황갈색
㉱ 비소 - 비화수소증류법 - 510nm - 적자색

풀이 ㉮ 카드뮴 - 디티존법 - 520nm - 적색
㉯ 시안 - 피리딘피라졸론법 - 620nm - 청색
㉱ 비소 - 자외선/가시선 분광법 - 530nm - 적자색

43 기체크로마토그래프 분석에 사용하는 검출기 중에서 방사선 동위원소로부터 방출되는 β선을 이용하며 유기할로겐화합물, 나이트로화합물, 유기금속화합물을 선택적으로 검출할 수 있는 검출기는 어느 것인가?

㉮ 열전도도 검출기(TCD)
㉯ 수소염이온화 검출기(FID)
㉰ 전자포획 검출기(ECD)
㉱ 불꽃광도 검출기(FPD)

풀이 ㉰ 전자포획 검출기(ECD)에 대한 설명이며, 핵심 내용인 "β선 이용, 유기할로겐, 나이트로화합물 = ECD"임을 숙지하시면 됩니다.

44 6톤 운반차량에 적재되어 있는 폐기물의 시료채취방법으로 알맞은 것은 어느 것인가?

㉮ 적재 폐기물을 평면상에서 6등분한 후 각 등분마다 시료를 채취한다.
㉯ 적재 폐기물을 평면상에서 9등분한 후 각 등분마다 시료를 채취한다.
㉰ 적재 폐기물을 평면상에서 10등분한 후 각 등분마다 시료를 채취한다.
㉱ 적재 폐기물을 평면상에서 14등분한 후 각 등분마다 시료를 채취한다.

풀이 ① 5톤 미만 : 6등분
② 5톤 이상 : 9등분

45 폐기물시료 200g을 취하여 기름성분(질량법)을 시험한 결과, 시험 전·후의 증발접시의 질량차가 13.591g으로 나타났고, 바탕시험 전·후의 증발접시의 질량차는 13.557g으로 나타났다. 이 때의 노말헥산 추출물질 농도(%)는 얼마인가?

㉮ 0.013% ㉯ 0.017%
㉰ 0.023% ㉱ 0.034%

풀이 노말헥산 추출물질 농도(%)

$= \frac{(a-b)}{V} \times 100$

$= \frac{(13.591\,g - 13.557\,g)}{200\,g} \times 100 = 0.017\%$

answer 41 ㉱ 42 ㉰ 43 ㉰ 44 ㉯ 45 ㉯

실전문제
과년도 기출문제

46 유도결합플라즈마-원자발광분광기 장치의 구성으로 알맞은 것은 어느 것인가?

㉮ 시료도입부 - 고주파전원부 - 광원부 - 분광부 - 연산처리부 - 기록부
㉯ 전개부(용리액조+펌프) - 분리부 - 검출부(써프레서+검출기) - 지시부
㉰ 가스유로계 - 시료도입부 - 분리관 - 검출기 - 기록계
㉱ 광원부 - 파장선택부 - 시료부 - 측광부

풀이 유도결합플라즈마-원자발광분광기의 구성은 ㉮번이며, 암기법은 "유도는 시고 광분 연기이다."로 숙지하시면 됩니다.

47 기체크로마토그래피로 폴리클로리네이티드비페닐을 분석할 때 사용되는 전자포획형 검출기(ECD)의 운반가스로 사용 가능한 가스는 어느 것인가?

㉮ 99.9% He　㉯ 99.9% H_2
㉰ 99.999% N_2　㉱ 99.999% H_2

풀이 운반기체로서는 부피백분율 99.999% 이상의 질소(N_2)를 사용한다.

48 유도결합플라즈마-원자발광분광법에서 정량법으로 사용되는 방법으로 틀린 것은 어느 것인가?

㉮ 절대검정곡선법 ㉯ 상대검정곡선법
㉰ 표준물첨가법　㉱ 넓이백분율법

풀이 유도결합플라즈마-원자발광분광법에서 정량법에는 절대검정곡선법, 표준물첨가법, 상대검정곡선법이 있다.

49 감염성미생물(아포균 검사법) 측정에 적용되는 '지표생물포자'에 대한 내용으로 알맞은 것은 어느 것인가?

㉮ 감염성 폐기물의 멸균 잔류물에 대한 멸균 여부의 판정은 병원성미생물보다 열저항성이 약하고 비병원성인 아포형성 미생물을 이용하는데 이를 지표생물포자라 한다.
㉯ 감염성 폐기물의 멸균 잔류물에 대한 멸균 여부의 판정은 병원성미생물보다 열저항성이 강하고 비병원성인 아포형성 미생물을 이용하는데 이를 지표생물포자라 한다.
㉰ 감염성 폐기물의 멸균 잔류물에 대한 멸균여부의 판정은 비병원성미생물보다 열저항성이 약하고 병원성인 아포형성 미생물을 이용하는데 이를 지표생물포자라 한다.
㉱ 감염성 폐기물의 멸균 잔류물에 대한 멸균 여부의 판정은 비병원성미생물보다 열저항성이 강하고 병원성인 아포형성 미생물을 이용하는데 이를 지표생물포자라 한다.

풀이 지표생물포자 조건
① 병원성 미생물보다 열저항성이 강하고
② 비병원성인 아포형성 미생물

answer 46 ㉮ 47 ㉰ 48 ㉱ 49 ㉯

50 폐기물공정시험기준 중 성상에 따른 시료 채취방법으로 틀린 것은 어느 것인가?

㉮ 폐기물 소각시설 소각재란 연소실 바닥을 통해 배출되는 바닥재와 폐열 보일러 및 대기오염 방지시설을 통해 배출되는 비산재를 말한다.

㉯ 공정상 소각재에 물을 분사하는 경우를 제외하고는 가급적 물을 분사한 후에 시료를 채취한다.

㉰ 비산재 저장조의 경우 낙하구 밑에서 채취하고, 운반차량에 적재된 소각재는 적재차량에서 채취하는 것을 원칙으로 한다.

㉱ 회분식 연소방식 반출 설비에서 채취하는 소각재는 하루 동안의 운전 횟수에 따라 매 운전시마다 2회 이상 채취하는 것을 원칙으로 한다.

풀이 ㉯ 공정상 소각재에 물을 분사하는 경우를 제외하고는 가급적 물을 분사하기 전에 시료를 채취한다.

51 질량법에 의한 기름성분 분석방법에 대한 내용으로 틀린 것은 어느 것인가?

㉮ 시료 적당량을 분별깔때기에 넣고 메틸오렌지용액(0.1%)을 2~3방울 넣고 황색이 적색으로 변할 때까지 염산(1+1)을 넣어 pH 4 이하로 소설한다.

㉯ 시료가 반고상 또는 고상 폐기물인 경우에는 폐기물의 양에 약 2.5배에 해당하는 물을 넣어 잘 혼합한 다음 pH 4 이하로 조절한다.

㉰ 노말헥산 추출물질의 함량이 5mg/L 이하로 낮은 경우에는 5L 부피 시료병에 시료 4L를 채취하여 염화철(Ⅲ)용액 4mL를 넣고 자석교반기로 교반하면서 탄산나트륨용액(20W/V%)을 넣어 pH 7~9로 조절한다.

㉱ 증발용기 외부의 습기를 깨끗이 닦고 (80±5)℃의 건조기 중에 2시간 건조하고 황산 데시케이터에 넣어 정확히 1시간 식힌 후 질량을 단다.

풀이 ㉱ 증발용기 외부의 습기를 깨끗이 닦고 (80±5) ℃의 건조기 중에 30분간 건조하고 실리카겔 데시케이터에 넣어 정확히 30분간 식힌 후 질량을 단다.

52 용매추출법에 의한 GC분석 시 트리클로로에틸렌의 추출용매로 알맞은 것은 어느 것인가?

㉮ 디티존　　㉯ 노말헥산

㉰ 아세톤　　㉱ 사염화탄소

풀이 휘발성 저급염소화 탄화수소류

① 분석물질 : 트리클로로에틸렌, 테트라클로로에틸렌

② 용매추출 : 헥산

③ 트리클로로에틸렌의 정량한계 : 0.008mg/L

④ 테트라클로로에틸렌의 정량한계 : 0.002mg/L

53 유기물 함량이 낮은 시료에 적용하는 산분해법은 어느 것인가?

㉮ 염산 분해법　　㉯ 황산 분해법

㉰ 질산 분해법　　㉱ 염산-질산 분해법

풀이 ㉰ 질산분해법에 대한 설명이며, 암기법은 "질낮은 시료"임을 숙지하시면 됩니다.

answer 50 ㉯ 51 ㉱ 52 ㉯ 53 ㉰

54 수소이온농도가 2.8×10^{-5}mole/L인 수용액의 pH는 얼마인가?

㉮ 2.8 ㉯ 3.4
㉰ 4.6 ㉱ 5.4

풀이 $pH = -\log[H^+] = -\log[2.8 \times 10^{-5}] = 4.55$

55 원자흡수분광광도법으로 크롬을 정량할 때 전처리조작으로 $KMnO_4$를 사용하는 목적은 무엇인가?

㉮ 철이나 니켈금속 등 방해물질을 제거하기 위하여
㉯ 시료 중의 6가 크롬을 3가 크롬으로 환원하기 위하여
㉰ 시료 중의 3가 크롬을 6가 크롬으로 산화하기 위하여
㉱ 디페닐카르바지드와 반응성을 높이기 위하여

풀이 과망간산칼륨($KMnO_4$)은 강산화제이므로 ㉰번이 정답이 된다.

56 용출 조작 시 진탕 회수 기준으로 알맞은 것은 어느 것인가? (단, 상온, 상압 조건, 진폭은 4~5cm)

㉮ 매분당 약 200회 ㉯ 매분당 약 300회
㉰ 매분당 약 400회 ㉱ 매분당 약 500회

풀이 용출조작 시 진탕 기준
① 진탕 횟수 : 매분당 200회
② 진탕 시간 : 6시간
③ 진폭 : 4~5cm

57 원자흡수분광광도법을 이용한 6가크롬 측정에 대한 내용으로 틀린 것은 어느 것인가?

㉮ 정량범위는 사용하는 장치 및 측정조건 등에 따라 다르나 357.9nm에서 최종용액 중에서 0.01~5mg/L이다.
㉯ 공기-아세틸렌 불꽃에서는 철, 니켈 등의 공존물질에 의한 방해영향이 크므로 이 때는 황산나트륨을 1% 정도 넣어서 측정한다.
㉰ 시료 중에 칼륨, 나트륨, 리튬, 세슘과 같이 이온화가 어려운 원소가 100mg/L 이상의 농도로 존재할 때에는 측정을 간섭한다.
㉱ 염이 많은 시료를 분석하면 버너 헤드 부분에 고체가 생성되어 불꽃이 자주 꺼지고 버너 헤드를 청소해야 하는데 이를 방지하기 위해서는 시료를 묽혀 분석하거나, 메틸아이소부틸케톤 등을 사용하여 추출하여 분석한다.

풀이 ㉰ 시료 중에 칼륨, 나트륨, 리튬, 세슘과 같이 쉽게 이온화가 되는 원소가 1,000mg/L 이상의 농도로 존재할 때에는 측정을 간섭한다.

58 자외선/가시선 분광법으로 6가크롬을 측정할 때 흡수셀 세척 시 사용되는 시약으로 틀린 것은 어느 것인가?

㉮ 탄산나트륨 ㉯ 질산
㉰ 과망간산칼륨 ㉱ 에틸알코올

풀이 ㉰ 과망간산칼륨($KMnO_4$)은 강산화제이다.

answer 54 ㉰ 55 ㉰ 56 ㉮ 57 ㉰ 58 ㉰

59 휘발성 유기물질 중에서 트리할로메탄(THM_S) 분석시에 (1+1) HCl을 가하는 이유는 무엇인가?

㉮ THM_S이 환원성물질에 의해 환원되는 것을 막기 위하여

㉯ THM_S이 산화성물질에 의해 산화되는 것을 막기 위하여

㉰ THM_S이 알칼리성 쪽에서 생성되는 것을 막기 위하여

㉱ THM_S이 산성쪽에서 생성되는 것을 막기 위하여

60 반고상 또는 고상폐기물의 pH 측정 시 시료 10g에 정제수 몇 mL를 넣어 잘 교반하여야 하는가?

㉮ 10mL　　㉯ 25mL

㉰ 50mL　　㉱ 100mL

풀이 고상 또는 반고상 폐기물의 pH 측정법

시료 10g → 50mL 비커 $\xrightarrow[\text{교반}]{\text{정제수 25mL}}$

30분 이상 방치

answer 59 ㉰ 60 ㉯

2016 4회 기출문제

| 제1과목 | 폐기물개론

01 도시쓰레기의 특성으로 틀린 것은 어느 것인가?

㉮ 배출량은 생활수준의 향상, 생활양식, 수집형태 등에 따라 좌우된다.
㉯ 쓰레기의 질은 지역, 기후 등에 따라 달라진다.
㉰ 도시쓰레기의 처리는 성상에 크게 지배된다.
㉱ 쓰레기 발생량은 계절에 따라 일정하다.

풀이 ㉱ 쓰레기 발생량은 계절에 따라 달라진다.

02 수거대상 인구가 1,200명인 지역에서 1주 동안의 쓰레기 수거상태를 조사하여 다음 표와 같은 결과를 얻었다. 이 지역의 1일당 1인 쓰레기 발생량(kg)은 얼마인가?

- 트럭수 : 1대
- 쓰레기 수거회수 : 4회/주
- 트럭용적 : $11m^3$
- 적재 시 쓰레기밀도 : $0.5ton/m^3$

㉮ 1.21 ㉯ 1.82
㉰ 2.38 ㉱ 2.62

풀이 쓰레기 발생량(kg/인 · 일)

$$= \frac{\text{쓰레기 발생량(kg/일)}}{\text{인구수(인)}}$$

$$= \frac{11\,m^3 \times 0.5 \times 10^3\,kg/m^3 \times 4\text{회/주} \times 1\text{대/1회} \times 1\text{주/7일}}{1{,}200\text{인}}$$

$= 2.62$ kg/인 · 일

03 $10m^3$의 폐기물을 압축비 8로 압축하였을 때 압축 후의 부피(m^3)는 얼마인가?

㉮ $0.85m^3$ ㉯ $0.95m^3$
㉰ $1.15m^3$ ㉱ $1.25m^3$

풀이 $\text{압축비} = \frac{\text{압축 전 부피}}{\text{압축 후 부피}}$

$8 = \frac{10\,m^3}{\text{압축후 부피}}$

따라서 압축 후 부피 $= \frac{10\,m^3}{8} = 1.25$

04 밀도가 $550kg/m^3$인 쓰레기 $3m^3$ 중 가연성 쓰레기가 30wt%일 때, 가연성 물질의 질량(kg)은 얼마인가?

㉮ 약 415kg ㉯ 약 435kg
㉰ 약 455kg ㉱ 약 495kg

풀이 가연성 물질(kg)

$= \text{쓰레기의 양}(m^3) \times \text{밀도}(kg/m^3) \times \frac{\text{가연성분}(\%)}{100}$

$= 3m^3 \times 550\,kg/m^3 \times 0.30$

$= 495\,kg$

answer 01 ㉱ 02 ㉱ 03 ㉱ 04 ㉱

05 다음 중 지정폐기물인 것은 어느 것인가?

㉮ 수소이온(H^+) 농도지수가 1.5인 폐산
㉯ 수소이온(H^+) 농도지수가 12.0인 폐알칼리
㉰ 광재로서 철금속이 함유된 제철소 발생 고로슬래그
㉱ 폐유로서 튀김 후 폐기되는 폐식용유

풀이 폐산(액체의 폐기물로서 수소이온 농도지수가 2.0 이하인 것으로 한정한다)

06 석면 폐기물 발생원이 아닌 것은 어느 것인가?

㉮ 보일러 공장 ㉯ 발전소
㉰ 자동차 공장 ㉱ 피혁 공장

풀이 ㉱ 피혁 공장에서는 크롬이 배출된다.

07 정원 쓰레기의 재활용 용도로 가장 부적절한 것은 어느 것인가?

㉮ 퇴비의 생산
㉯ 바이오메스 연료로의 이용
㉰ 매립지 최종 복토재
㉱ 조경용 멀취(mulch) 생산

풀이 ㉰ 매립지 최종 복토재는 양질의 토양을 이용해야 하므로 정원 쓰레기는 사용할 수 없다.

08 폐기물의 소각처리에 중요한 연료특성인 발열량에 관한 내용으로 알맞은 것은 어느 것인가?

㉮ 저위발열량은 연소에 의해 생성된 수분이 응축하였을 경우의 발열량이다.
㉯ 고위발열량은 소각로의 설계기준이 되는 발열량으로 진발열량이라고도 한다.
㉰ 단열열량계로 측정한 발열량은 고위발열량이다.
㉱ 발열량은 플라스틱의 혼입률이 많으면 증가하지만 계절적 변동과 상관없이 일정하다.

풀이 ㉮ 고위발열량은 연소에 의해 생성된 수분이 응축하였을 경우의 발열량이다.
㉯ 저위발열량은 소각로의 설계기준이 되는 발열량으로 진발열량이라고도 한다.
㉱ 발열량은 플라스틱의 혼입률이 많으면 감소한다.

09 쓰레기의 발생량 예측에 사용되는 방법으로 틀린 것은 어느 것인가?

㉮ 경향법(Trend method)
㉯ 물질수지법(Material balance method)
㉰ 다중회귀모델(Multiple regression model)
㉱ 동적모사모델(Dynamic simulation model)

풀이 ㉯ 물질수지법은 쓰레기 발생량 조사방법이다.

TIP
쓰레기의 발생량의 조사 방법에는 물질수지법, 직접계근법, 적재차량계수법, 통계조사법이 있다.

10 폐기물의 성상 분석을 위해 일반적으로 분석하는 항목이 아닌 것은 어느 것인가?

㉮ 진비중 ㉯ 저위발열량
㉰ 원소분석치 ㉱ 물리적 조성

answer 05 ㉮ 06 ㉱ 07 ㉰ 08 ㉰ 09 ㉯ 10 ㉮

11 폐기물의 고위발열량 계산에 기초로 활용되는 것은 어느 것인가?

㉮ 물리적 조성 ㉯ 수분량
㉰ 화학적 조성 ㉱ 산성분

풀이 고위발열량 계산에 기초로 활용되는 것은 화학적 조성이다.

12 쓰레기의 수거방법 중 수거시간이 가장 많이 소요되는 형태는 어느 것인가?

㉮ Alley ㉯ Curb
㉰ Setout-setback ㉱ Back Yard Carry

13 pH가 8과 pH가 10인 폐알칼리액을 동일량으로 혼합하였을 경우 이 용액의 pH는 얼마인가?

㉮ 8.3 ㉯ 9.0
㉰ 9.7 ㉱ 10.0

풀이 ① $C_m = \dfrac{Q_1C_1 + Q_2C_2}{Q_1 + Q_2}$

$= \dfrac{10^{-6}\,mol/L + 10^{-4}\,mol/L}{1+1}$

$= 5.05 \times 10^{-5}\,mol/L$

② $pH = 14 + \log[OH^-]$

$= 14 + \log[5.05 \times 10^{-5}\,mol/L] = 9.70$

TIP

① pH 8 ⇒ pOH=14−8=6
② pH 10 ⇒ pOH=14−10=4
③ $[OH^-]=10^{-pOH}$mol/L
④ 알칼리성 물질에서 $pH=14+\log[OH^-]$

14 물질의 전기전도성을 이용하여 도체물질과 부도체물질로 분리하는 선별법은 어느 것인가?

㉮ 자력선별법 ㉯ 트롬멜선별법
㉰ 와전류선별법 ㉱ 정전기선별법

풀이 ㉱ 정전기선별법에 대한 설명이며, 핵심 내용인 "전기전도성 이용 = 정전기선별법"임을 숙지하시면 됩니다.

15 목재, 고무, 플라스틱 등의 폐기물을 파쇄하는데 적당한 형식의 파쇄장치가 아닌 것은 어느 것인가?

㉮ Von Roll ㉯ Hazemag
㉰ Lindemann ㉱ Tollemacshe

16 인구 3만인 중소도시에서 쓰레기 발생량 $100m^3$/day(밀도는 $650kg/m^3$)를 적재질량 4ton 트럭으로 운반하려면 1일 소요될 트럭 운반대수는 얼마인가? (단, 트럭의 1일 운반횟수는 1회 기준)

㉮ 11대 ㉯ 13대
㉰ 15대 ㉱ 17대

풀이 운반대수 $= \dfrac{\text{쓰레기 발생량}}{\text{적재질량}}$

$= \dfrac{100\,m^3/day \times 650\,kg/m^3 \times 10^{-3}\,ton/kg}{4\,ton/\text{대} \times 1\text{회}/1\text{일}}$

$= 17\text{대}/\text{회}$

answer 11 ㉰ 12 ㉱ 13 ㉰ 14 ㉱ 15 ㉯ 16 ㉱

17 폐기물 발생량 저감 차원에서 중요시 되고 있는 폐기물관리의 3R 중에 포함되지 않는 것은 어느 것인가?

㉮ Refuse ㉯ Reduce
㉰ Reuse ㉱ Recycle

풀이 Reduce(감량화), Reuse(재이용), Recycle(재활용), Recovery(회수이용)이 있다.

18 전단파쇄기에 대한 내용으로 틀린 것은 어느 것인가?

㉮ 대체로 충격파쇄기에 비해 파쇄속도가 빠르다.
㉯ 이물질의 혼입에 대하여 약하다.
㉰ 파쇄물의 크기를 고르게 할 수 있다.
㉱ 주로 목재류, 플라스틱류 및 종이류를 파쇄하는데 이용된다.

풀이 ㉮ 대체로 충격파쇄기에 비해 파쇄속도가 느리다.

19 폐수처리장에서 발생되는 액상폐기물을 관리할 때 최우선으로 고려할 사항은 어느 것인가?

㉮ 소독 ㉯ 탈수
㉰ 운반 ㉱ 소각

풀이 액상폐기물을 관리할 때 최우선으로 고려할 사항은 탈수이다.

20 고로슬래그의 입도분석 결과 입도누적 곡선상의 10%, 60%, 입경이 각각 0.5mm, 1.0mm이라면 유효입경(mm)은?

㉮ 0.1 ㉯ 0.5
㉰ 1.0 ㉱ 2.0

풀이 유효입경은 입도누적곡선상의 10%에 해당하는 입경($D_{10\%}$)이므로 0.5mm가 정답이다.

TIP

① 유효입경$=D_{10\%}$

② 균등계수$=\dfrac{D_{60\%}}{D_{10\%}}$

③ 곡률계수$=\dfrac{(D_{30\%})^2}{(D_{10\%}\times D_{60\%})}$

| 제2과목 | 폐기물처리기술

21 매립 후 정상상태의 단계에서 발생하는 가스 중 두 번째로 큰 부분을 차지하는 가스는 어느 것인가? (단, 가스구성비 %, 부피기준)

㉮ 이산화탄소(CO_2)
㉯ 메탄(CH_4)
㉰ 황화수소(H_2S)
㉱ 수소(H_2)

풀이 가장 많은 가스가 메탄(CH_4)이고 다음이 이산화탄소(CO_2)이다.

실전문제

과년도 기출문제

answer 17 ㉮ 18 ㉮ 19 ㉯ 20 ㉯ 21 ㉮

22 합성차수막 중 PVC에 대한 내용으로 틀린 것은 어느 것인가?

㉮ 작업이 용이하다.
㉯ 접합이 용이하고 가격이 저렴하다.
㉰ 자외선, 오존, 기후에 약하다.
㉱ 대부분의 유기화학물질에 강하다.

풀이 ㉱ 대부분의 유기화학물질에 약하다.

23 매립지 위치선정 시 적당한 곳은 어디인가?

㉮ 홍수범람지역 ㉯ 습지대
㉰ 단층지역 ㉱ 지하수위 낮은 곳

풀이 매립지 위치선정 시 적당한 곳은 지하수위가 낮은 곳이다.

24 고형화 처리된 폐기물 검사항목으로 가장 거리가 먼 것은 어느 것인가?

㉮ 투수율 ㉯ 함수율
㉰ 압축강도 ㉱ 용출시험

풀이 고형화 처리된 폐기물 검사항목은 투수율, 압축강도, 용출시험이다.

25 내륙매립공법 중 도랑형공법에 대한 내용으로 틀린 것은 어느 것인가?

㉮ 침출수 수집장치나 차수막 설치가 용이
㉯ 사전 정비작업이 그다지 필요하지 않으나 매립 용량 낭비
㉰ 파낸 흙을 복토재로 이용 가능한 경우 경제적
㉱ 대개 폭 20m 및 깊이 10m 정도의 도랑을 판 후 매립

풀이 ㉮ 침출수 수집장치나 차수막 설치가 용이하지 못하다.

26 소각로 중 회전로에 관한 내용으로 틀린 것은 어느 것인가?

㉮ 폐기물의 소각에 방해됨이 없이 연속적으로 재를 배출할 수 있다.
㉯ 용융상태의 물질에 의하여 방해받지 않는다.
㉰ 습식 가스세정시스템과 함께 사용할 수 있다.
㉱ 대기오염제어시스템에 대한 먼지부하율 및 열효율이 낮은 편이다.

풀이 ㉱ 대기오염제어시스템에 대한 먼지부하율은 높고 열효율은 낮은 편이다.

27 분뇨처리장에서 생물학적 처리를 함에 있어 보통 희석수는 원수의 얼마 정도인가?

㉮ 약 20배 정도 ㉯ 약 50배 정도
㉰ 약 100배 정도 ㉱ 약 200배 정도

풀이 분뇨처리장에서 생물학적 처리를 할 경우 희석수는 원수의 약 20배 정도이다.

answer 22 ㉱ 23 ㉱ 24 ㉯ 25 ㉮ 26 ㉱ 27 ㉮

28 소화된 슬러지를 토양에 이용하여 얻어지는 토양의 물리적 개량에 관한 내용으로 틀린 것은 어느 것인가?

㉮ 수분보유력이 증가하며 경작이 수월해진다.
㉯ 살충제가 스며드는 양이 커져 살충효과가 지속된다.
㉰ 유기물 함량이 증가되어 토양미생물 성장이 활성화된다.
㉱ 토양속의 통기성 및 공극률이 증가된다.

풀이 ㉯ 살충제가 스며드는 양이 작아 살충효과가 낮다.

29 오염된 토양의 현지 생물학적 복원에 관한 내용으로 틀린 것은 어느 것인가?

㉮ 저농도의 오염물도 처리가 가능하다.
㉯ 물리화학적 방법에 비하여 처리면적이 작다.
㉰ 포화 대수층뿐만 아니라 불포화대수층의 처리도 가능하다.
㉱ 원래 오염물질보다 독성이 더 큰 중간생성물이 생성될 수 있다.

풀이 ㉯ 물리화학적 방법에 비하여 처리면적이 크다.

30 열분해기술에 대한 내용이 아닌 것은?

㉮ 무산소, 저산소 상태로 가열한다.
㉯ 폐기물 중의 가스, 기름 등을 회수할 수 있는 자원화 기술이다.
㉰ 환원성 분위기가 유지되므로 Cr^3가 Cr^6로 변할 수 있다.
㉱ 배기 가스량이 적다.

풀이 ㉰ 환원성 분위기가 유지되므로 Cr^3가 Cr^6로 전환되기가 어렵다.

31 퇴비화 과정 중에 출현하는 미생물과 분해작용에 관한 내용으로 틀린 것은 어느 것인가?

㉮ 퇴비화는 중온균과 고온균이 주된 역할을 한다.
㉯ 고온영역에서는 세균과 방선균이 분해에 주된 역할을 한다.
㉰ 숙성단계에서는 사상균(곰팡이)이 분해에 주된 역할을 한다.
㉱ 초기에는 중온성 진균과 세균이 주로 분해에 주된 역할을 한다.

풀이 ㉰ 숙성단계에서는 방선균이 분해에 주된 역할을 한다.

32 슬러지 함수율을 99%에서 92%로 낮출 경우 감소하는 슬러지 부피는 얼마인가? (단, 슬러지 비중=1.0)

㉮ 1/5　　㉯ 1/6
㉰ 1/7　　㉱ 1/8

풀이 $V_1 \times (100 - P_1) = V_2 \times (100 - P_2)$

$$\therefore \frac{V_2}{V_1} = \frac{100 - P_1}{100 - P_2} = \frac{100 - 99\%}{100 - 92\%} = \frac{1}{8}$$

과년도 기출문제

answer 28 ㉯ 29 ㉯ 30 ㉰ 31 ㉰ 32 ㉱

33 매립지 표면차수막에 대한 내용으로 틀린 것은 어느 것인가?

㉮ 매립지 바닥의 투수계수가 큰 경우에 사용하는 방법이다.
㉯ 매립 전이라면 보수가 용이하지만 매립 후는 어렵다.
㉰ 지하수 집배수시설이 불필요하다.
㉱ 차수막 단위면적당 공사비는 싸지만 매립지 전체를 시공하는 경우가 많아 총공사비는 비싸다.

풀이 ㉰ 지하수 집배수시설이 필요하다.

34 안정화방법 중 습식산화에 대한 내용으로 틀린 것은 어느 것인가?

㉮ 액상슬러지에 열과 압력을 작용시켜 용존산소에 의하여 화학적으로 슬러지 내의 유기물을 산화시킨다.
㉯ 반응탑, 고압펌프, 공기압축기, 열교환기 등으로 구성되어 있다.
㉰ 산화범위에 융통성이 있고 슬러지의 질에 영향을 받지 않으나 냄새가 나고 건설비가 많이 요구된다.
㉱ 고도의 운전기술이 필요하며 처리된 슬러지의 탈수가 잘 되지 않는 단점이 있다.

풀이 ㉱ 고도의 운전기술이 필요없고 처리된 슬러지의 탈수가 용이하다.

35 인공 복토재의 조건으로 틀린 것은 어느 것인가?

㉮ 투수계수가 높아야 한다.
㉯ 연소가 잘 되지 않아야 한다.
㉰ 생분해가 가능하여야 한다.
㉱ 살포가 용이해야 한다.

풀이 ㉮ 투수계수가 낮아야 한다.

36 분뇨처리 과정에서 포기조의 상태를 검사하기 위하여 임호프콘으로 측정한 결과, 유입수의 침전물이 5mL이고 유출수의 침전물이 0.3mL일 때의 제거율(%)은 얼마인가?

㉮ 85%　　㉯ 90%
㉰ 94%　　㉱ 98%

풀이

$$\text{제거율}(\%) = \left(1 - \frac{\text{유출수의 침전물}}{\text{유입수의 침전물}}\right) \times 100$$

$$= \left(1 - \frac{0.3\,\text{mL}}{5\,\text{mL}}\right) \times 100 = 94\%$$

37 분뇨의 총고형물(TS)이 40,000mg/L이고, 그 중 휘발성고형물(VS)은 60%이며, CH_4의 발생량은 VS 1kg당 0.6m^3이라면 분뇨 1m^3당의 CH_4 가스발생량(m^3)은 얼마인가?

㉮ 16.4m^3　　㉯ 14.4m^3
㉰ 12.4m^3　　㉱ 10.4m^3

풀이 CH_4의 가스발생량

$= 1\,m^3 \times 40\,kg/m^3 \times 0.60 \times 0.6\,m^3/kg$

$= 14.4\,m^3$

TIP

① $mg/L \xrightarrow{\times 10^{-3}} kg/m^3$

② $40,000mg/L = 40kg/m^3$

answer 33 ㉰ 34 ㉱ 35 ㉮ 36 ㉰ 37 ㉯

38 유기물(포도당, $C_6H_{12}O_6$) 1kg을 혐기성소화 시킬 때 이론적으로 발생되는 메탄량(kg)은 얼마인가?

㉮ 약 0.09kg ㉯ 약 0.27kg
㉰ 약 0.73kg ㉱ 약 0.93kg

풀이 $C_6H_{12}O_6 \rightarrow 3CH_4 + 3CO_2$
180kg : 3×16kg
1kg : X

$$\therefore X = \frac{1kg \times 3 \times 16kg}{180kg} = 0.27kg$$

39 일반적인 슬러지처리 순서로 가장 거리가 먼 것은?

㉮ 농축 - 개량 - 탈수 - 최종처분
㉯ 농축 - 안정화 - 개량 - 건조
㉰ 농축 - 탈수 - 건조 - 최종처분
㉱ 농축 - 개량 - 안정화 - 탈수

풀이 일반적인 슬러지처리 순서는 농축 - 안정화 - 개량 - 탈수 - 건조 - 최종처분 이다.

40 바닥 상에서 연소재의 분리가 어렵고, 투입 시 파쇄가 필요하며, 내부에 매체를 간헐적으로 보충해야 하는 단점을 가진 소각로는 어느 것인가?

㉮ 화격자식 소각로
㉯ 회전원통형 소각로
㉰ 유동층식 소각로
㉱ 다단로상식 소각로

풀이 ㉰ 유동층식 소각로에 대한 설명이며, 핵심 내용인 "파쇄 필요, 유동매체 보충 = 유동층식 소각로"임을 숙지하시면 됩니다.

| 제3과목 | 폐기물공정시험기준

41 5g 증발접시에 적당량의 시료를 취하여 증발접시와 질량을 달았더니 20g이었다. 105~110℃ 건조기 안에서 4시간 건조시킨 후 항량으로 질량을 달았더니 10g이었다. 수분과 고형물의 함유율(%)은 얼마인가?

㉮ 수분 : 50%, 고형물 : 50%
㉯ 수분 : 67%, 고형물 : 33%
㉰ 수분 : 33%, 고형물 : 67%
㉱ 수분 : 30%, 고형물 : 70%

풀이
① 수분(%) $= \frac{W_2 - W_3}{W_2 - W_1} \times 100 = \frac{20g - 10g}{20g - 5g} \times 100 = 66.67\%$

② 고형물(%) $= \frac{W_3 - W_1}{W_2 - W_1} \times 100 = \frac{10g - 5g}{20g - 5g} \times 100 = 33.33\%$

42 기체크로마토그래피법으로 PCB_S 측정시 시료의 전처리과정에서 유분의 제거를 위한 알칼리 분해제는 어느 것인가?

㉮ 수산화나트륨 ㉯ 수산화칼륨
㉰ 염화나트륨 ㉱ 수산화칼슘

풀이 폴리클로리네이티드비페닐(PCB_S) 측정 시 유분 제거를 위한 알칼리 분해제는 수산화칼륨(KOH)이다.

answer 38 ㉯ 39 ㉱ 40 ㉰ 41 ㉯ 42 ㉯

43 카드뮴의 분석방법으로 알맞은 것은 어느 것인가?

㉮ 다이페닐카르바지드법
㉯ 다이에틸다이티오카르바민산법
㉰ 디티존법
㉱ 환원기화법

풀이 카드뮴의 분석방법으로는 원자흡수분광광도법, 유도결합플라스마-원자발광분광법, 자외선/가시선 분광법(디티존법)이 있다.

44 폐기물공정시험기준에서 기체크로마토그래피법을 이용해 분석하는 항목으로 틀린 것은 어느 것인가?

㉮ PCB
㉯ 유기인
㉰ 수은
㉱ 휘발성 저급 염소화 탄화수소류

풀이 수은의 분석방법으로는 원자흡수분광광도법(환원기화법), 자외선/가시선 분광법(디티존법)이 있다.

45 폐기물 중 시안을 측정(이온전극법)할 때 시료채취 및 관리에 대한 설명이다. ( )에 들어갈 알맞은 말은 어느 것인가?

> 시료는 수산화나트륨용액을 가하여 (①)으로 조절하여 냉암소에서 보관한다. 최대 보관시간은 (②)이며 가능한 한 즉시 실험한다.

㉮ ① pH 10 이상, ② 8시간
㉯ ① pH 10 이상, ② 24시간
㉰ ① pH 12 이상, ② 8시간
㉱ ① pH 12 이상, ② 24시간

풀이 시안의 시료채취 및 관리
① pH : 수산화나트륨(NaOH)을 가해 pH 12 이상으로 조절
② 최대보관시간 : 24시간

46 폐기물 중의 기름성분의 추출에 사용되는 물질은 어느 것인가?

㉮ 클로로폼　　㉯ 사염화탄소
㉰ 벤젠　　㉱ 노말헥산

풀이 기름성분의 추출용매는 노말헥산이다.

47 잔류염소가 함유된 시안측정 시료에서 잔류염소를 제거하기 위해 첨가하는 시약은 어느 것인가?

㉮ 아세트산아연용액(10W/V%)
㉯ L-아스코르빈산용액(10W/V%)
㉰ 10% 황산제일철 암모늄 용액
㉱ 5% 피로인산나트륨 용액

풀이 잔류염소를 제거하기 위해 첨가하는 시약은 L-아스코르빈산용액(10W/V%), 이산화비소산나트륨용액(10W/V%)이다.

48 폐기물 용출조작에 대한 내용으로 틀린 것은 어느 것인가?

㉮ 상온, 상압에서 진탕회수를 매분 당 약 200회로 한다.
㉯ 진폭 6~8cm의 진탕기를 사용한다.
㉰ 진탕기로 6시간 연속 진탕한다.
㉱ 여과가 어려운 경우 원심분리기를 사용

answer 43 ㉰ 44 ㉰ 45 ㉱ 46 ㉱ 47 ㉯ 48 ㉯

하여 매 분당 3,000회전 이상으로 20분 이상 원심 분리한다.

풀이 ㉯ 진폭 4~5cm의 진탕기를 사용한다.

49 Lambert-Beer의 법칙에 대한 설명으로 틀린 것은 어느 것인가?

㉮ 투광도는 용액의 농도에 반비례한다.
㉯ 투광도는 층장의 두께에 비례한다.
㉰ 흡광도는 층장의 두께에 비례한다.
㉱ 흡광도는 용액의 농도에 비례한다.

풀이 ㉯ 투광도는 층장의 두께에 반비례한다.

50 크롬(자외선/가시선 분광법) 측정 시 첨가한 표준물질의 농도에 대한 측정 평균값의 상대 백분율로 나타내는 정확도 값은 얼마인가?

㉮ 90~110% 이내　㉯ 85~115% 이내
㉰ 80~120% 이내　㉱ 75~125% 이내

풀이 ① 정확도 : 75~125%
② 정밀도 : ± 25% 이내

51 폐기물의 pH(유리전극법)측정 시 사용되는 표준용액으로 틀린 것은 어느 것인가?

㉮ 수산염 표준용액
㉯ 수산화칼슘 표준용액
㉰ 황산염 표준용액
㉱ 프탈산염 표준용액

풀이 표준물질의 종류로는 수산염표준액, 프탈산염표준액, 인산염표준액, 붕산염표준액, 탄산염표준액, 수산화칼슘표준액이 있으며, 암기법은 "수프인 7부옷에 탄숨"으로 숙지하시면 됩니다.

52 자외선/가시선 분광법으로 수은을 측정하는 방법이다. (　　)에 들어갈 말은 어느 것인가?

> 수은을 황산산성에서 디티존사염화탄소로 일차 추출하고, 브롬화칼륨 존재하에 황산산성에서 역추출하여 방해성분과 분리한 다음, 알칼리성에서 디티존사염화탄소로 수은을 추출하여 (　　)에서 흡광도 측정

㉮ 340nm　㉯ 490nm
㉰ 540nm　㉱ 580nm

풀이 수은의 자외선/가시선 분광법
① 추출용매 : 디티존사염화탄소
② 흡광도 측정 : 490nm에서 측정
③ 정량한계 : 0.001mg

53 시료의 전처리 방법 중 점토질 또는 규산염이 높은 비율로 함유된 시료에 적용하는 것은 어느 것인가?

㉮ 질산 - 과염소산 분해법
㉯ 질산 - 과염소산 - 불화수소산 분해법
㉰ 질산 - 과염소산 - 염화수소산 분해법
㉱ 질산 - 과염소산 - 황화수소산 분해법

풀이 ㉯ 질산 - 과염소산 - 불화수소산 분해법에 대한 설명이며, 암기법은 "과불이 점규"로 숙지하시면 됩니다.

answer 49 ㉯ 50 ㉱ 51 ㉰ 52 ㉯ 53 ㉯

54 폐기물공정시험법의 시약 및 용액의 조제 방법에 대한 내용이다. ( )에 들어갈 말은 어느 것인가?

> 수산화나트륨용액(1M)을 조제할 때 수산화나트륨 42g을 물 950mL에 넣어 녹이고, 새로 만든 ( )용액을 침전이 생기지 않을 대까지 한 방울씩 떨어뜨려 잘 섞고, 마개를 하여 24시간 방치한 다음 여과하여 사용한다.

㉮ 시안화칼륨　　㉯ 산화칼슘
㉰ 수산화바륨　　㉱ 에틸알콜

55 성상에 따른 시료의 채취 방법으로 틀린 것은 어느 것인가?

㉮ 고상혼합물의 경우 적당한 채취 도구를 사용하며 한 번에 일정량씩 채취한다.
㉯ 액상혼합물의 경우 원칙적으로 최종지점의 낙하구에서 흐르는 도중에 채취한다.
㉰ 액상혼합물이 용기에 들어 있는 경우 잘 혼합하여 균일한 상태로 하여 채취한다.
㉱ 대형 콘크리트 고형화물로서 분쇄가 어려울 경우에는 임의의 5개소에서 채취하여 각각 파쇄하여 50g씩 균등량을 혼합하여 채취한다.

풀이 ㉱ 대형 콘크리트 고형화물로서 분쇄가 어려울 경우에는 임의의 5개소에서 채취하여 각각 파쇄하여 100g씩 균등량을 혼합하여 채취한다.

56 5g의 NaCN를 정제수 4L에 녹이면 이 수용액 중 CN의 농도(mg/L)는 얼마인가? (단, Na 원자량=23)

㉮ 433mg/L　　㉯ 523mg/L
㉰ 663mg/L　　㉱ 783mg/L

풀이 NaCN : CN^-
49g : 26g

$\frac{5\times10^3\,mg}{4L}$: X

$$\therefore X = \frac{\frac{5\times10^3\,mg}{4L}\times 26\,g}{49\,g} = 663.27\,mg/L$$

57 수소이온농도(pH)가 10이라면 $[OH^-]$의 농도(mol/L)는 얼마인가?

㉮ 10^{-9}　　㉯ 10^{-8}
㉰ 10^{-6}　　㉱ 10^{-4}

풀이 pH 10일 때 pOH=14−10=4
$[OH^-]=10^{-pOH}$mol/L$=10^{-4}$mol/L

TIP
① $pH=-\log[H^+] \Rightarrow [H^+]=10^{-pH}$mol/L
② $pOH=-\log[OH^-] \Rightarrow [OH^-]=10^{-pOH}$mol/L

answer 54 ㉰ 55 ㉱ 56 ㉰ 57 ㉱

58 폐기물공정시험방법의 총칙에 명시된 용어 설명으로 틀린 것은 어느 것인가?

㉮ "항량으로 될 때까지 건조한다."라 함은 같은 조건에서 1시간 더 건조할 때 전후 질량 차가 g당 0.3mg이하일 때를 말한다.
㉯ "약"이라 함은 기재된 양에 대하여 ±10% 이상의 차가 있어서는 안된다.
㉰ "정확히 단다."라 함은 규정된 양의 검체를 취하여 분석용 저울로 0.1mg까지 다는 것을 말한다.
㉱ "감압 또는 진공"이라 함은 따로 규정이 없는 한 15mmH_2O 이하를 말한다.

풀이 ㉱ "감압 또는 진공"이라 함은 따로 규정이 없는 한 15mmHg 이하를 말한다.

59 폐기물공정시험방법에서 원자흡수분광광도법에 의한 비소의 측정시 연소가스는 어느 것인가?

㉮ 아세틸렌 - 공기 ㉯ 수소 - 공기
㉰ 아르곤 - 수소 ㉱ 아세틸렌 - 수소

풀이 비소를 원자흡수분광광도법으로 분석 시 사용하는 불꽃조합은 아르곤(Ar) - 수소(H_2)이다.

60 수산화나트륨(NaOH) 10g을 정제수 500 mL에 용해시킨 용액의 농도(N)는 얼마인가? (단, 나트륨 원자량은 23)

㉮ 0.5N ㉯ 0.4N
㉰ 0.3N ㉱ 0.2N

$$N = \frac{질량(g)}{부피(L)} \times \frac{1eq}{1당량\,g} = \frac{10g}{0.5L} \times \frac{1eq}{40g} = 0.5N$$

TIP

① N농도=eq/L
② NaOH는 1가이므로 1eq=40g

answer 58 ㉱ 59 ㉰ 60 ㉮

2017 1회 기출문제

| 제1과목 | 폐기물개론

01 쓰레기의 입도를 분석하였더니 입도누적 곡선상의 10%, 30%, 60%, 90%의 입경이 각각 2, 5, 10, 20mm일 때 곡률계수는 얼마인가?

㉮ 2.75 ㉯ 2.25
㉰ 1.75 ㉱ 1.25

풀이 $곡률계수 = \frac{(D_{30\%})^2}{(D_{10\%} \times D_{60\%})} = \frac{(5mm)^2}{(2mm \times 10mm)} = 1.25$

TIP
① 유효입경 = $D_{10\%}$
② 균등계수 = $\frac{D_{60\%}}{D_{10\%}}$

02 RCRA 분류체계와 관계없는 것은 어느 것인가?

㉮ 부식성 ㉯ 인화성
㉰ 독성 ㉱ 오염성

풀이 지정폐기물의 유해성 분류기준으로는 폭발성, 반응성, 인화성, 부식성, EP독성, 유해가능성, 난분해성, 용출특성이 있다.

03 생활폐기물의 발생량을 나타내는 발생원 단위로 알맞은 것은 어느 것인가?

㉮ kg/capita · day
㉯ ppm/capita · day
㉰ m^3/capita · day
㉱ L/capita · day

풀이 kg/capita · day = kg/인 · day

04 폐기물을 분쇄하거나 파쇄하는 목적으로 틀린 것은 어느 것인가?

㉮ 겉보기 비중의 감소
㉯ 유가물의 분리
㉰ 비표면적의 증가
㉱ 입경분포의 균일화

풀이 ㉮ 겉보기 비중의 증가

05 슬러지의 함유수분 중 가장 많은 수분함유도를 유지하고 있는 물은 어느 것인가?

㉮ 표면부착수 ㉯ 모관결합수
㉰ 간극수 ㉱ 내부수

풀이 ① 가장 많은 수분함유도를 유지하고 있는 물은 간극수(간극모관결합수)
② 슬러지내의 탈수성이 가장 양호한 물은 간극모관결합수
③ 슬러지내의 탈수성이 가장 어려운 물은 내부수

answer 01 ㉱ 02 ㉱ 03 ㉮ 04 ㉮ 05 ㉰

06 채취한 쓰레기 시료에 대한 성상분석을 위한 절차 중 가장 먼저 실시하는 단계는 어느 것인가?

㉮ 건조 ㉯ 분류
㉰ 전처리 ㉱ 밀도측정

풀이 시료에 대한 성상분석 순서는 시료→밀도측정→물리적조성→건조→분류→전처리→조성분석 순이다.

07 도시의 폐기물 수거량이 2,000,000 ton/year이며, 수거인부는 1일 3,255명이고, 수거 대상 인구는 5,000,000인이다. 수거인부의 일 평균작업 시간은 5시간이라고 할 때, MHT는 얼마인가? (단, 1년은 365일 기준)

㉮ 1.83 ㉯ 2.97
㉰ 3.65 ㉱ 4.21

풀이 $\text{MHT} = \dfrac{\text{수거인부수} \times \text{작업시간}}{\text{쓰레기 수거 실적}}$

$= \dfrac{3{,}255\text{인} \times 5\text{hr/day} \times 365\text{day/년}}{2{,}000{,}000\text{ton/년}}$

$= 2.97\text{MHT}$

TIP

① MHT = man · hr/ton
② 1ton의 쓰레기를 수거하는데 수거인부 1인이 소요하는 총 시간

08 한 가구 평균가족수가 4인으로 구성된 75,000세대 아파트 단지에서 쓰레기 수거상황을 조사한 결과가 다음과 같은 조건일 때 1인 1일 쓰레기 발생량(kg/인·일)은 얼마인가? (단, 수거용적 3,500m³ /주, 적재시 밀도 700kg/m³)

㉮ 약 0.6 ㉯ 약 0.8
㉰ 약 1.2 ㉱ 약 1.6

풀이 쓰레기 발생량(kg/인·일)

$= \dfrac{\text{쓰레기 수거량(kg/day)}}{\text{인구수(인)}}$

$= \dfrac{3{,}500\text{m}^3/\text{주} \times 1\text{주}/7\text{일} \times 700\text{kg/m}^3}{75{,}000\text{세대} \times 4\text{인/세대}}$

$= 1.17\text{kg/인·일}$

09 발열량과 발열량 분석에 대한 내용으로 틀린 것은 어느 것인가?

㉮ 발열량은 쓰레기 1kg을 완전연소시킬 때 발생하는 열량(kcal)을 말한다.
㉯ 고위발열량(Hh)은 발열량계에서 측정한 값에서 물의 증발잠열을 뺀 값을 말한다.
㉰ 발열량 분석은 원소분석 결과를 이용하는 방법으로 고위발열량과 저위발열량을 추정할 수 있다.
㉱ 저위발열량(H_l, kcal/kg)을 산정하는 방법은 $H_h - 600(9H + W)$을 사용한다.

풀이 ㉯ 고위발열량(H_h)은 발열량계에서 측정한 값에서 물의 증발잠열을 포함한 값을 말한다.

실전문제

과년도 기출문제

answer 06 ㉱ 07 ㉯ 08 ㉰ 09 ㉯

10 적환장에서 폐기물을 차량에 적재하는데 사용하는 방법으로 틀린 것은 어느 것인가?

㉮ 직접투하(direct discharge)
㉯ 저장투하(storage discharge)
㉰ 압축투하(compact discharge)
㉱ 직접 · 저장투하(direct and storage discharge)

풀이 적환장에서 폐기물을 차량에 적재하는데 사용하는 방법으로는 직접투하, 저장투하, 직접 · 저장투하방식이 있다.

11 밀도 680kg/m^{3}인 쓰레기 200kg이 압축되어 밀도가 960kg/m^{3}으로 되었다면 압축비는 얼마인가?

㉮ 약 1.1 ㉯ 약 1.4
㉰ 약 1.7 ㉱ 약 2.1

풀이

$$\text{압축비} = \frac{V_1}{V_2}$$

여기서 V_1 : 압축 전의 부피
V_2 : 압축 후의 부피

$$V_1 = 200\,\text{kg} \times \frac{1}{680\,\text{kg/m}^3} = 0.29\text{m}^3$$

$$V_2 = 200\,\text{kg} \times \frac{1}{960\,\text{kg/m}^3} = 0.208\text{m}^3$$

$$\text{따라서 압축비} = \frac{V_1}{V_2} = \frac{0.29\text{m}^3}{0.208\text{m}^3} = 1.39$$

12 파쇄시 발생하는 먼지를 제거하기 위한 집진시설에서는 가연성 위험물과 충돌, 마찰에 의해서 먼지 폭발이 일어날 수 있다. 이에 대한 일반적인 대책으로 틀린 것은 어느 것인가?

㉮ 집진 유속을 낮춘다.
㉯ 폭풍유도구를 설치한다.
㉰ 살수노즐을 설치한다.
㉱ 산소 농도를 20% 이하로 유지한다.

풀이 ㉮ 집진 유속을 높인다.

13 쓰레기의 발생량 조사 방법으로 틀린 것은 어느 것인가?

㉮ 경향법
㉯ 적재차량 계수분석법
㉰ 직접 계근법
㉱ 물질 수지법

풀이 ① 쓰레기 발생량 예측방법 : 다중회귀모델, 동적모사모델, 경향모델
② 쓰레기 발생량 조사방법 : 물질수지법, 직접계근법, 적재차량계수법, 통계조사법
③ 암기법 : 예측은 다중이 동적으로 경향을 파악하고/조사는 물질을 직접 적재한 통계로 한다.

14 고형분이 50%인 음식쓰레기 10ton을 소각하기 위해 수분 함량을 20%가 되도록 건조시켰다. 건조된 쓰레기의 최종질량(ton)은 얼마인가? (단, 비중은 1.0 기준)

㉮ 약 3.0ton ㉯ 약 4.1ton
㉰ 약 5.2ton ㉱ 약 6.3ton

풀이 $W_1 \times (100 - P_1) = W_2 \times (100 - P_2)$

answer 10 ㉰ 11 ㉯ 12 ㉮ 13 ㉮ 14 ㉱

여기서 W_1 : 건조 전 음식쓰레기(톤)
P_1 : 건조 전 수분량(%)
W_2 : 건조 후 음식쓰레기(톤)
P_2 : 건조 후 수분량(%)
따라서 $10톤 \times (100-50) = W_2 \times (100-20)$

$$\therefore W_2 = \frac{10톤 \times (100-50)}{(100-20)} = 6.25톤$$

TIP
수분량(%) = 100-고형분(%)
= 100-50% = 50%

15 폐기물의 퇴비화 조건으로 틀린 것은 어느 것인가?

㉮ 퇴비화하기 쉬운 물질을 선정한다.
㉯ 분뇨, 슬러지 등 수분이 많을 경우 Bulking Agent를 혼합한다.
㉰ 미생물 식종을 위해 부숙 중인 퇴비의 일부를 반송하여 첨가한다.
㉱ pH가 5.5 이하인 경우 인위적인 pH 조절을 위해 탄산칼슘을 첨가한다.

풀이 ㉰ 미생물 식종이 필요한 경우 퇴비에 슬러지를 추가한다.

16 폐기물 재활용 정책 중 EPR의 의미로 알맞은 것은 어느 것인가?

㉮ 폐기물 자원화 기술개발 제도
㉯ 생산자 책임 재활용 제도
㉰ 재활용 제품 소비 촉진 제도
㉱ 고부가 자원화 사업 지원 제도

풀이 EPR은 Extended Producer Responsibility의 약자로 생산자 책임 재활용 제도를 의미한다.

17 폐기물처리 대책의 기본방향으로 틀린 것은 어느 것인가?

㉮ 무해화　　㉯ 발생억제
㉰ 재생이용　　㉱ 다량소비

풀이 ㉱ 감량화

18 폐기물 선별법 중 와전류 분리법으로 선별하기 어려운 물질은 어느 것인가?

㉮ 구리　　㉯ 철
㉰ 아연　　㉱ 알루미늄

풀이 와전류 분리법은 비자성이며, 전기전도성이 좋은 구리, 알루미늄, 아연 등을 선별하는 방법이다.

19 폐기물 수거의 효율성을 향상시키기 위해 적환장 설치 위치를 선정할 때, 고려사항으로 틀린 것은 어느 것인가?

㉮ 쉽게 간선도로에 연결되며, 2차 보조 수송수단으로 연결이 쉬운 곳
㉯ 건설비와 운영비가 적게 들고 경제적인 곳
㉰ 수거 쓰레기 발생지역의 질량중심에서 가능한 한 먼 곳
㉱ 주민의 반대가 적고, 환경적 영향이 최소인 곳

풀이 ㉰ 수거 쓰레기 발생지역의 질량중심에서 가능한 한 가까운 곳

answer　15 ㉰　16 ㉯　17 ㉱　18 ㉯　19 ㉰

20 건설재료로 재이용이 불가능한 폐기물 형태는 어느 것인가?

㉮ 슬래그
㉯ 소각재
㉰ 탈수된 하수슬러지
㉱ 무기성 슬러지

풀이 탈수된 하수슬러지는 주성분이 유기물이므로 건설재료로 재이용이 불가능하다.

| 제2과목 | 폐기물처리기술

21 일시적으로 다량의 분뇨가 소화조에 투입되었을 경우에 발생하는 장애현상으로 틀린 것은 어느 것인가?

㉮ 소화조 내의 부하가 불균등하게 되어 안정된 처리조건을 유지하기 어렵다.
㉯ 소화조 내의 가스압이 저하한다.
㉰ 소화조 내의 온도가 저하한다.
㉱ 탈리액의 인출이 불균등하게 된다.

풀이 ㉯ 소화조 내의 가스압이 증가한다.

22 CO 10kg을 완전 연소시킬 때 필요한 이론적산소량(Sm^3)은 얼마인가?

㉮ $4Sm^3$　　㉯ $6Sm^3$
㉰ $8Sm^3$　　㉱ $10Sm^3$

풀이 $CO + 0.5O_2 \rightarrow CO_2$
$28kg : 0.5 \times 22.4Sm^3$
$10kg : O_o$(이론적 산소량)

$$\therefore O_o(\text{이론적 산소량}) = \frac{10kg \times 0.5 \times 22.4Sm^3}{28kg} = 4Sm^3$$

TIP
① 질량(kg) = 계수×분자량(kg)
② 체적(Sm^3) = 계수×22.4(Sm^3)
③ CO의 분자량(kg) = 12+16 = 28kg

23 폐기물 고화처리방법 중 자가시멘트법의 장·단점으로 틀린 것은 어느 것인가?

㉮ 혼합률이 높은 단점이 있다.
㉯ 중금속 저지에 효과적인 장점이 있다.
㉰ 탈수 등 전처리가 필요 없는 장점이 있다.
㉱ 보조에너지가 필요한 단점이 있다.

풀이 ㉮ 혼합률이 낮은 장점이 있다.

TIP

$$\text{혼합율}((MR) = \frac{\text{첨가제의 질량}}{\text{폐기물의 질량}}$$

24 다음 물질 중 표면연소가 되는 물질은 어느 것인가?

㉮ 플라스틱　　㉯ 나무
㉰ 석유　　㉱ 무연탄

풀이 표면연소는 코크스나 석탄등이 고온 연소시 고체표면이 빨갛게 빛을 내면서 반응하는 연소로 화염이 없는 연소형태이다.

answer 20 ㉰ 21 ㉯ 22 ㉮ 23 ㉮ 24 ㉱

25 분뇨처리 중 토사트랩에 걸린 침사를 제거하는데 쓰이는 장치로 틀린 것은 어느 것인가?

㉮ 진공펌프
㉯ 그래뉼펌프
㉰ Sand펌프
㉱ basket형 운반장치

26 도시 생활쓰레기를 처리하는데 가장 부적합한 소각로는 어느 것인가?

㉮ 화격자식　　㉯ 습식산화식
㉰ 유동상식　　㉱ 회전로식

풀이 ㉯ 습식산화법(짐머만공법)은 액상 슬러지에 열과 압력을 작용시켜 용존산소에 의하여 화학적으로 슬러지내의 유기물을 산화시키는 방법이다.

27 분뇨 저장탱크내에 악취발생 공간 체적이 $100m^3$이고, 이를 시간당 2차례씩 교환하고자 한다. 발생된 악취공기를 퇴비여과 방식을 채용하여, 투과속도 15m/hr으로 처리하고자 한다면 필요한 퇴비 여과상의 면적(m^2)은 얼마인가?

㉮ 약 $8m^2$　　㉯ 약 $10m^2$
㉰ 약 $13m^2$　　㉱ 약 $18m^2$

풀이 퇴비 여과상의 면적(m^2)

$$= 100m^3 \times \frac{hr}{15m} \times \frac{2회}{hr} = 13.33m^2$$

28 건조된 슬러지 고형분의 비중이 1.28이며, 건조 이전의 슬러지 내 고형분 함량이 35%일 때 건조 전 슬러지의 비중은 얼마인가?

㉮ 약 1.038　　㉯ 약 1.083
㉰ 약 1.118　　㉱ 약 1.127

풀이 $$\frac{1}{\rho_{SL}} = \frac{W_{TS}}{\rho_{TS}} + \frac{W_P}{\rho_P}$$

여기서 ρ_{SL} : 슬러지 비중
ρ_{TS} : 고형물의 비중
W_{TS} : 고형물의 함량
ρ_P : 수분의 비중
W_P : 수분의 함량

따라서 $$\frac{1}{\rho_{SL}} = \frac{0.35}{1.28} + \frac{0.65}{1.0} = 0.9234$$

$$\therefore \rho_{SL} = \frac{1}{0.9234} = 1.083$$

TIP
① 고형물(%)+수분(%) = 100%
② 수분(%) = 100-고형물(%)
③ 수분(물)의 비중 = 1.0

과년도 기출문제

29 폐기물 매립지의 침출수 처리방법 중 혐기성 공정의 장점으로 틀린 것은 어느 것인가?

㉮ 고농도의 침출수를 희석없이 처리할 수 있다.
㉯ 미생물의 낮은 증식으로 인하여 슬러지 처리비용이 감소된다.
㉰ 호기성 공정에 비하여 낮은 영양물 요구량을 갖는다.
㉱ 호기성 공정에 비하여 온도에 대한 영향이 적다.

풀이 ㉱ 호기성 공정에 비하여 온도에 대한 영향이 크다.

answer 25 ㉯ 26 ㉯ 27 ㉰ 28 ㉯ 29 ㉱

30 소각시 탈취방법인 촉매연소법의 장점으로 틀린 것은 어느 것인가?

㉮ 제거효율이 좋다.
㉯ 처리경비가 저렴하다.
㉰ 저농도 유해물질 처리도 가능하다.
㉱ 처리대상 가스의 제한이 없다.

풀이 ㉱ 처리대상 가스의 제한이 있다.

31 수분을 증발시키는데 소요되는 기화잠열(kcal/L)은 얼마인가?

㉮ 539　㉯ 459
㉰ 359　㉱ 80

풀이 수분의 기화(증발)잠열은 539kcal/kg이다.

TIP
물의 비중은 1.0일 때 kacl/L÷1.0kg/L = kcal/kg

32 $C_{70}H_{130}O_{40}N_5$의 분자식을 가진 물질 100kg이 완전히 혐기분해 될 때 생성되는 이론적 암모니아의 부피(Sm^3)를 아래식을 이용하여 계산하면 얼마인가?

$C_{70}H_{130}O_{40}N_5$+(가) H_2O
→(나) CH_4+(다) CO_2+(라) NH_3

㉮ $3.7Sm^3$　㉯ $4.7Sm^3$
㉰ $5.7Sm^3$　㉱ $6.7Sm^3$

풀이 $C_{70}H_{130}O_{40}N_5$: $5NH_3$
1,680kg : $5\times22.4Sm^3$
100kg : X

$$\therefore X = \frac{100kg\times5\times22.4Sm^3}{1,680kg} = 6.67Sm^3$$

TIP
$C_{70}H_{130}O_{40}N_5$의 분자량
= 70×12+130×1+40×16+5×14
= 1,680kg

33 굴뚝에 설치되며 보일러 전열면을 통하여 연소가스의 여열로 보일러 급수를 예열함으로서 보일러의 효율을 높이는 장치는 어느 것인가?

㉮ 재열기　㉯ 절탄기
㉰ 과열기　㉱ 공기예열기

풀이 ㉯ 절탄기에 대한 설명이며, 핵심 내용인 "보일러 급수 예열 = 절탄기"임을 숙지하시면 됩니다.

34 매립지에서의 분해반응과 가장 관련이 적은 것은 어느 것인가?

㉮ C/N　㉯ 수분량
㉰ 폐기물밀도　㉱ 폐기물조성

풀이 폐기물밀도는 매립지에서 분해반응과 관계없다.

35 쓰레기와 슬러지를 합성하여 퇴비화 할 경우에 대한 내용으로 틀린 것은 어느 것인가?

㉮ 미생물의 접종 효과가 있다.
㉯ Bulking Agent 역할을 쓰레기가 할 수 있다.
㉰ 슬러지에 함유될 수 있는 유독물질 여부의 점검이 필요하다.
㉱ 쓰레기 단독으로 퇴비화할 때 보다 통기성이 좋다.

answer 30 ㉱ 31 ㉮ 32 ㉱ 33 ㉯ 34 ㉰ 35 ㉱

풀이 ㉣ 쓰레기 단독으로 퇴비화할 때 보다 통기성이 나빠진다.

36 빈용기보증금제도 하에서 주류용기의 미회수율이 16%라고 할 때 주류용기의 재사용 횟수로 알맞은 것은 어느 것인가?

㉮ 4회 ㉯ 7회
㉰ 10회 ㉱ 13회

풀이 이 문제는 재출제 시 동일하게 출제될 것으로 예상되는 문제이므로 정답만 숙지하시면 됩니다.

37 생활폐기물 매립장에서 발생하는 침출수의 특성에 대한 내용으로 틀린 것은 어느 것인가?

㉮ 매립초기에는 침출수의 pH가 약알칼리성이며, 매립연한이 오래된 경우에는 약산성을 나타낸다.
㉯ 매립초기에는 생분해성이 높은 유기물 함량이 높은 반면 매립연한이 오래된 경우에는 난분해성 유기물 함량이 높다.
㉰ 침출수의 수질은 연차별, 계절별로 변화한다.
㉱ 통상 침출수의 암모니아성 질소 농도는 상당기간 동안 높은 값을 보인다.

풀이 ㉮ 매립초기에는 침출수의 pH가 약산성이며, 매립연한이 오래된 경우에는 약알칼리성을 나타낸다.

38 축분과 톱밥 쓰레기를 혼합한 후 퇴비화하여 함수량 20%의 퇴비를 만들었다면 퇴비량(ton)은 얼마인가? (단, 퇴비화 시 수분 감량만 고려, 비중=1.0)

성분	쓰레기양(ton)	함수량(%)
축분	12.0	85.0
톱밥	2.0	5.0

㉮ 4.63ton ㉯ 5.23ton
㉰ 6.33ton ㉱ 7.83ton

풀이 ① 축분과 톱밥 쓰레기의 혼합 후 함수율 계산

$$함수율(\%) = \frac{12톤 \times 85\% + 2톤 \times 5\%}{12톤 + 2톤} = 73.57\%$$

② 퇴비량 계산

$W_1 \times (100 - P_1) = W_2 \times (100 - P_2)$

$14톤 \times (100 - 73.57\%) = W_2 \times (100 - 20\%)$

$\therefore W_2 = 4.63톤$

TIP
W_1 = 축분+톱밥 = 12ton+2ton = 14ton

39 매립지로부터 가스가 발생될 것이 예상되면 발생가스에 대한 적절한 대책이 수립되어야 한다. 이 중 최소한의 환기설비 또는 가스대책 설비를 계획하여야 하는 경우로 틀린 것은 어느 것인가?

㉮ 발생가스의 축적으로 덮개설비에 손상이 갈 우려가 있는 경우
㉯ 식물 식생의 과다로 지중 가스 축적이 가중되는 경우
㉰ 유독가스가 방출될 우려가 있는 경우
㉱ 매립지 위치가 주변개발지역과 인접한 경우

풀이 ㉯번은 환기설비 및 가스대책 설비 계획과는 무관하다.

answer 36 ㉯ 37 ㉮ 38 ㉮ 39 ㉯

실전문제 과년도 기출문제

40 호기성 퇴비화 설계 운영고려 인자 중 C/N비로 알맞은 것은 어느 것인가?

㉮ 초기 C/N비 5~10이 적당하다.
㉯ 초기 C/N비 25~50이 적당하다.
㉰ 초기 C/N비 80~150이 적당하다.
㉱ 초기 C/N비 200~350이 적당하다.

풀이 ㉯ 호기성 퇴비화 설계 운영고려 인자 중 C/N비는 30 전후가 적당하다.

| 제3과목 | 폐기물공정시험기준

41 환원기화 – 원자흡수분광광도법으로 수은을 분석할 경우 시료채취 및 관리에 대한 내용이다. ( )에 들어갈 알맞은 말은?

> 시료가 액상 폐기물의 경우는 진한 질산으로 pH (①) 이하로 조절하고 채취시료는 수분, 유기물 등 함유성분의 변화가 일어나지 않도록 0~4℃이하의 냉암소에 보관하여야 하며 가급적 빠른 시간내에 분석하여야 하나 최대 (②)일 안에 분석한다.

㉮ ① 2, ② 14　　㉯ ① 3, ② 24
㉰ ① 2, ② 28　　㉱ ① 3, ② 32

풀이 수은 분석 시 시료가 액상 폐기물인 경우
① 진한 질산으로 pH 2 이하로 조절
② 0~4℃ 이하의 냉암소에서 보관
③ 최대 28일 이내에 분석

42 노말헥산 추출시험방법에 의한 기름성분 함량 측정시 증발용기를 실리카겔 데시케이터 에 넣고 정확히 얼마동안 방냉 후 질량을 측정하는가?

㉮ 30분　　㉯ 1시간
㉰ 2시간　　㉱ 4시간

풀이 방냉 시간은 30분이다.

43 아포균 검사법에 의한 감염성 미생물의 분석방법으로 틀린 것은 어느 것인가?

㉮ 표준 지표생물포자가 10^4개 이상 감소하면 멸균된 것으로 본다.
㉯ 온도가 (32±1)℃ 또는 (55±)℃ 이상 유지되는 항온배양기를 사용한다.
㉰ 표준 지표생물의 아포밀도는 세균현탁액 1mL에 1×10^4개 이상의 아포를 함유하여야 한다.
㉱ 시료의 채취는 가능한 한 무균적으로 하고 멸균된 용기에 넣어 2시간 이내에 실험실로 운반·실험하여야 하며, 그 이상의 시간이 소요될 경우에는 10℃이하로 냉장하여 4시간 이내에 실험실로 운반하고 실험실에 도착한 후 2시간 이내에 배양조작을 완료하여야 한다.

풀이 ㉱ 시료의 채취는 가능한 한 무균적으로 하고 멸균된 용기에 넣어 1시간 이내에 실험실로 운반·실험하여야 하며, 그 이상의 시간이 소요될 경우에는 1 0℃ 이하로 냉장하여 6시간 이내에 실험실로 운반하고 실험실에 도착한 후 2시간 이내에 배양조작을 완료하여야 한다.

answer 40 ㉯ 41 ㉰ 42 ㉮ 43 ㉱

44 강도 I_0의 단색광이 정색용액을 통과할 때 그 빛의 80%가 흡수된다면 흡광도는 얼마인가?

㉮ 0.6 ㉯ 0.7
㉰ 0.8 ㉱ 0.9

풀이 투과도 = 100-흡수율(%) = 100-80% = 20%

흡광도(A) = $\log\frac{1}{\text{투과도}} = \log\frac{1}{0.2} = 0.70$

45 시료의 전처리 방법 중 유기물 함량이 비교적 높지 않고 금속의 수산화물, 산화물, 인산염 및 황화물을 함유하고 있는 시료에 적용되는 방법은 어느 것인가?

㉮ 질산 - 아세트산법
㉯ 질산 - 황산법
㉰ 질산 - 염산법
㉱ 질산 - 과염소산법

풀이 ㉰ 질산 - 염산법에 대한 설명이며, 암기법은 "염산은 인금주고"임을 숙지하시면 됩니다.

46 자외선/가시선 분광법에 의한 시안시험방법에서 방해물 제거방법으로 사용되지 않는 것은?

㉮ 유지류는 pH 6~7로 조절하여 클로로폼으로 추출
㉯ 유지류는 pH 6~7로 조절하여 노말헥산으로 추출
㉰ 잔류염소는 질산은을 첨가하여 제거
㉱ 황화물은 아세트산아연용액을 첨가하여 제거

풀이 ㉰ 잔류염소는 L-아스코빈산 또는 이산화비소산나트륨용액을 첨가하여 제거

47 편광현미경과 입체현미경으로 고체 시료 중 석면의 특징을 관찰하여 정성과 정량 분석 할 때 입체현미경의 배율범위로 알맞은 것은 어느 것인가?

㉮ 배율 2~4배 이상
㉯ 배율 4~8배 이상
㉰ 배율 10~45배 이상
㉱ 배율 50~200배 이상

풀이 입체현비경의 배율범위는 배율 10~45배 이상이다.

48 자외선/가시선 분광법으로 크롬 측정시 크롬이온 전체를 6가 크롬으로 산화시키기 위해 가하는 산화제는 어느 것인가?

㉮ 과산화수소 ㉯ 과망간산칼륨
㉰ 중크롬산칼륨 ㉱ 염화제일주석

풀이 크롬이온 전체를 6가 크롬으로 산화시키기 위해 가하는 산화제는 과망간산칼륨이다.

49 수소이온농도-유리전극법에 대한 내용으로 틀린 것은 어느 것인가?

㉮ 시료의 온도는 pH 표준액의 온도와 동일한 것이 좋다.
㉯ 반고상폐기물 5g을 100mL 비커에 취한 다음 정제수 50mL를 넣어 30분 이상 교반, 침전 후 사용한다.
㉰ 고상폐기물 10g을 50mL 비커에 취한 다음 정제수 25mL를 넣어 잘 교반하여 30분 이상 방치한 후 이 현탁액을 시료용액으로 한다.
㉱ pH 미터는 전원을 넣은 후 5분 이상 경과 후에 사용한다.

실전문제

과년도 기출문제

answer 44 ㉯ 45 ㉰ 46 ㉰ 47 ㉰ 48 ㉯ 49 ㉯

풀이 ㉯ 반고상폐기물 10g을 50mL 비커에 취한 다음 정제수 25mL를 넣어 30분 이상 교반, 침전 후 사용한다.

50 질량법으로 폐기물의 강열감량 및 유기물 함량을 측정방법이다. (　　)에 들어갈 알맞은 말은?

> 시료를 질산암모늄 용액(25%)을 넣고 가열하여 (①)℃의 전기로 안에서 (②) 시간 강열한 다음 데시케이터에서 식힌 후 질량을 측정하여 증발용기의 질량차이로부터 강열감량(%) 및 유기물함량(%)을 구한다.

㉮ ① 500±25, ② 2
㉯ ① 600±25, ② 3
㉰ ① 700±30, ② 4
㉱ ① 800±30, ② 5

풀이 ① 사용 시약 : 질산암모늄용액(25%)
② 강열온도 : (600±25)℃
③ 강열시간 : 3시간

51 다음 중 농도가 가장 낮은 것은 어느 것인가?

㉮ 1mg/L　　㉯ 1,000μg/L
㉰ 100ppb　　㉱ 0.01ppm

풀이 ㉮ 1mg/L
㉯ $1,000\times10^{-3}$mg/L = 1mg/L
㉰ 100×10^{-3}mg/L = 1mg/L
㉱ 0.01mg/L

TIP
① ppm = mg/L
② ppb = μg/.L

52 반고상 또는 고상폐기물내의 기름성분을 분석하기 위해 노말헥산 추출시험방법에 의해 폐기물 양에 약 2.5배에 해당하는 물을 넣고 잘 혼합한 후 pH를 조절한다. 이때 pH 범위는 얼마인가?

㉮ pH 4 이하　　㉯ pH 4~7
㉰ pH 7~9　　㉱ pH 9 이상

풀이 기름성분을 중량법으로 분석 시 모든 시료에 상관없이 pH는 4 이하로 조절한다고 숙지하시면 됩니다.

53 정도보증/정도관리(QA/QC)에서 검정곡선을 그리는 방법으로 틀린 것은 어느 것인가?

㉮ 절대검정곡선법　㉯ 검출한계작성법
㉰ 표준물질첨가법　㉱ 상대검정곡선법

풀이 검정곡선을 그리는 방법에는 절대검정곡선법, 표준물질첨가법, 상대검정곡선법이 있다.

54 폐기물용출시험방법에 대한 내용으로 틀린 것은 어느 것인가?

㉮ 진탕회수는 매분당 약 200회로 한다.
㉯ 진탕 후 1.0μm 유리섬유 여과지로 여과한다.
㉰ 진폭이 4~5cm의 진탕기로 4시간 연속 진탕한다.
㉱ 여과가 어려운 경우에는 매분당 3,000회전 이상으로 20분 이상 원심분리한다.

풀이 ㉰ 진폭이 4~5cm의 진탕기로 6시간 연속 진탕한다.

answer 50 ㉯ 51 ㉱ 52 ㉮ 53 ㉯ 54 ㉰

55 기체크로마토그래피법에 의한 PCBs 시험 시 실리카겔 칼럼을 사용하는 주 목적은 무엇인가?

㉮ 시료중의 수용성 염류분리
㉯ 시료중의 수분 흡수
㉰ PCBs의 흡착
㉱ PCBs 이외의 불순물 분리

풀이 실리카겔 칼럼을 사용하는 주 목적은 불순물 분리이다.

56 대상폐기물의 양이 2,000톤인 경우 채취할 현장 시료의 최소수는 얼마인가?

㉮ 24 ㉯ 36
㉰ 50 ㉱ 60

풀이 대상폐기물의 양과 시료의 최소 수

대상폐기물의 양 (단위 : ton)	시료의 최소 수	대상폐기물의 양 (단위 : ton)	시료의 최소 수
~1미만	6	100이상~500미만	30
1이상~5미만	10	500이상~1,000미만	36
5이상~30미만	14	1,000이상~5,000미만	50
30이상~100미만	20	5,000이상	60

57 다음 설명에 해당하는 시료의 분할 채취 방법은 어느 것인가?

- 모아진 대시료를 네모꼴로 엷게 균일한 두께로 편다.
- 이것을 가로 4등분, 세로 5등분하여 20개의 덩어리로 나눈다.
- 20개의 각 부분에서 균등한 양을 취한 후 혼합하여 하나의 시료로 한다.

㉮ 교호삽법 ㉯ 구획법
㉰ 균등분할법 ㉱ 원추4분법

풀이 ㉯ 구획법에 대한 설명이며, 핵심 내용인 "가로 4등분, 세로 5등분, 20개의 덩어리 = 구획법"임을 숙지하시면 됩니다.

58 기체크로마토그래피-질량분석법에 따른 유기인 분석방법으로 틀린 것은 어느 것인가?

㉮ 운반기체는 부피백분율 99.999% 이상의 헬륨을 사용한다.
㉯ 질량분석기는 자기장형, 사중극자형 및 이온트랩형 등의 성능을 가진 것을 사용한다.
㉰ 질량분석기의 이온화방식은 전자충격법(EI)을 사용하며 이온화에너지는 35~70eV을 사용한다.
㉱ 질량분석기의 정량분석에는 메트릭스 검출법을 이용하는 것이 바람직하다.

풀이 ㉱ 질량분석기의 정량분석에는 선택이온 검출법을 이용하는 것이 바람직하다.

answer 55 ㉱ 56 ㉰ 57 ㉯ 58 ㉱

59 ICP 분석에서 시료가 도입되는 플라스마의 온도범위는 얼마인가?

㉮ 1,000~3,000K
㉯ 3,000~6,000K
㉰ 6,000~8,000K
㉱ 15,000~20,000K

60 수은을 환원기화－원자흡수분광광도법으로 측정하는 방법이다. (　　)에 들어갈 알맞은 말은?

> 시료 중 수은을 (　　)을 넣어 금속수은으로 환원시킨 다음 이 용액에 통기하여 발생하는 수은증기를 원자흡수분광광도법으로 정량한다.

㉮ 아연분말
㉯ 이염화주석
㉰ 염산히드록실아민
㉱ 과망간산칼륨

풀이 수은의 환원기화－원자흡수분광광도법
① 환원제 : 이염화주석
② 측정파장 : 253.7nm
③ 정량한계 : 0.0005mg/L

answer 59 ㉰ 60 ㉯

2017 2회 기출문제

| 제1과목 | 폐기물개론

01 매립시 쓰레기 파쇄로 인한 이점으로 알맞은 것은 어느 것인가?

㉮ 압축장비가 없어도 고밀도의 매립이 가능하다.
㉯ 매립시 복토 요구량이 증가된다.
㉰ 폐기물 입자의 표면적이 감소되어 미생물작용이 촉진된다.
㉱ 매립시 밀도가 감소하여 폐기물의 비산이 증가한다.

풀이 ㉯ 매립시 복토 요구량이 감소된다.
㉰ 폐기물 입자의 표면적이 증가되어 미생물작용이 촉진된다.
㉱ 매립시 밀도가 증가하여 폐기물의 비산이 감소한다.

TIP
파쇄처리의 효과
① 겉보기비중의 증가
② 비표면적 증가
③ 폐기물 소각시 연소효율 증가
④ 고가금속 회수가능
⑤ 운반비의 절감
⑥ 입경분포의 균일화
⑦ 유가물의 분리

02 난분해성 유기화합물의 생물학적 반응으로 틀린 것은 어느 것인가?

㉮ 탈수소반응(가수분해반응)
㉯ 고리분할
㉰ 탈알킬화
㉱ 탈할로겐화

풀이 ㉮ 탈수소반응(가수분해반응)은 분해성 유기화합물의 생물학적 반응이다.

03 유해폐기물을 소각할 때 발생하는 물질로서 광화학스모그의 원인이 되는 주된 물질은 어느 것인가?

㉮ 일산화탄소(CO)
㉯ 염화수소(HCl)
㉰ 일산화질소(NO)
㉱ 이산화황(SO_2)

풀이 광화학반응의 3대 요소
① 질소산화물(NO_X)
② 올레핀계 탄화수소
③ 자외선

answer 01 ㉮ 02 ㉮ 03 ㉰

04 쓰레기의 운송기술 중 관거를 이용한 공기 수송에 대한 내용으로 틀린 것은 어느 것인가?

㉮ 진공수송의 경제적인 수송거리는 약 2km 정도이다.
㉯ 진공수송에 있어서 진공도는 최대 $0.5kg/cm^2$ Vac 정도이다.
㉰ 가압수송으로 연속수송을 하고자 할 경우에는 크기가 불균일해서 부착되기 쉽고 유동성이 나쁜 쓰레기를 정압으로 연속정량 공급하는 것이 곤란하다.
㉱ 가압수송은 진공수송에 비하여 경제적이나 수송거리가 약 1km 내외로 짧은 것이 단점이다.

풀이 ㉱ 가압수송은 진공수송에 비하여 경제적이며, 수송거리는 약 5km 정도로 긴 것이 장점이다.

05 채취한 쓰레기 시료에 대한 성상분석 절차는 알맞은 것은 어느 것인가?

㉮ 밀도 측정 → 물리적 조성 → 건조 → 분류
㉯ 밀도 측정 → 물리적 조성 → 분류 → 건조
㉰ 물리적 조성 → 밀도 측정 → 건조 → 분류
㉱ 물리적 조성 → 밀도 측정 → 분류 → 건조

풀이 시료에 대한 성상분석 순서는 시료 → 밀도측정 → 물리적조성 → 건조 → 분류 → 전처리 → 조성분석 순이다.

06 폐기물 파쇄기에 관한 내용으로 틀린 것은 어느 것인가?

㉮ 전단파쇄기는 주로 목재류, 플라스틱류 및 종이류를 파쇄하는데 이용된다.
㉯ 전단파쇄기는 대체로 충격파쇄기에 비해 파쇄속도가 느리고 이물질의 혼입에 대하여 약하다.
㉰ 충격파쇄기는 기계의 압착력을 이용하는 것으로 주로 왕복식을 적용한다.
㉱ 압축파쇄기는 파쇄기의 마모가 적고 비용이 적게 소요되는 장점이 있다.

풀이 ㉰ 충격파쇄기는 주로 회전식을 적용한다.

07 도시폐기물 최종 분석 결과를 Dulong공식으로 발열량을 계산하고자 할 때 필요하지 않은 성분은 어느 것인가?

㉮ H ㉯ C
㉰ S ㉱ Cl

풀이 듀롱(Dulong) 공식

$$Hh = 8,100C + 34,000\left(H - \frac{O}{8}\right) + 2,500S(kcal/kg)$$

08 지정폐기물 중 부식성폐기물에 속하는 것은 어느 것인가?

㉮ 폐산 ㉯ 광재
㉰ 소각재 ㉱ 폐촉매

풀이 지정폐기물 중 부식성폐기물은 폐산과 폐알칼리이다.

answer 04 ㉱ 05 ㉮ 06 ㉰ 07 ㉱ 08 ㉮

09 수분이 75%인 젖은 쓰레기를 풍건시켜서 수분이 60%로 되었다면, 건조 전 쓰레기에 비하여 감소된 질량(%)은 얼마인가? (단, 쓰레기 비중은 1.0으로 가정)

㉮ 27.5% ㉯ 37.5%
㉰ 57.5% ㉱ 67.5%

풀이 ① $W_1 \times (100 - P_1) = W_2 \times (100 - P_2)$
여기서 W_1 : 건조 전 쓰레기량
P_1 : 건조 전 함수율
W_2 : 건조 후 쓰레기량
P_2 : 건조 후 함수율
따라서 $W_1 \times (100 - 75\%)$
$= W_2 \times (100 - 60\%)$
$\therefore \frac{W_2}{W_1} = \frac{(100-75\%)}{(100-60\%)} = 0.625$ 따라서 62.5%
② 감소된 질량(%) = 100 − 62.5% = 37.5%

10 폐기물의 밀도 측정에 대한 내용으로 알맞은 것은 어느 것인가?

㉮ 미리 부피를 알고 있는 용기를 측정에 사용한다.
㉯ 밀도 측정시 용기내 쓰레기를 다지기 위해서는 50 cm 높이에서 낙하시킨다.
㉰ 밀도 측정을 위해서는 재빨리 괴잉의 수분을 제거한다.
㉱ 측정되는 쓰레기의 밀도는 진밀도이다.

풀이 ㉯ 밀도 측정시 용기내 쓰레기를 다지기 위해서는 30 cm 높이에서 3회 낙하시킨다.
㉰ 눈금이 감소하면 감소된 분량만큼 시료를 추가하며, 이 작업은 눈금이 감소하지 않을 때까지 반복한다.
㉱ 측정되는 쓰레기의 밀도는 겉보기 밀도이다.

11 슬러지내 존재하는 물의 형태 중 아주 많은 양을 차지하며 고형물질과 직접 결합해 있지 않기 때문에 농축 등의 방법으로 용이하게 분리할 수 있는 물은 어느 것인가?

㉮ 부착수 ㉯ 모관결합수
㉰ 간극수 ㉱ 내부수

풀이 ㉰ 간극수(간극모관결합수)에 대한 설명이며, 핵심 내용인 "아주 많은 양, 용이하게 분리 = 간극수"임을 숙지하시면 됩니다.

12 폐기물의 관리에 있어서 중점을 두어야 하는 우선순위가 가장 높은 것은 어느 것인가?

㉮ 재이용 ㉯ 재활용
㉰ 퇴비화 ㉱ 감량화

풀이 폐기물 관리의 최우선 순위는 감량화이며, 관리 순서는 감량화 → 재사용 → 물질 재활용 → 에너지 회수 → 최종처분 순이다.

13 Worrell의 제안식을 적용한 선별결과가 다음과 같을 때, 선별효율(%)은 얼마인가? (단, 투입량 = 10톤/일, 회수량 = 7톤/일(회수대상물질 5톤/일), 제거대상물질 = 3톤/일(회수대상물질 0.5톤/일))

㉮ 약 50% ㉯ 약 60%
㉰ 약 70% ㉱ 약 80%

풀이
Worrell 선별효율(E) $= \left(\frac{X_C}{X_i} \times \frac{Y_o}{Y_i}\right) \times 100$
여기서 X_C : 회수량 중 회수대상물질
X_i : 투입량 중 회수대상물질
Y_o : 제거량 중 비회수대상물질

answer 09 ㉯ 10 ㉮ 11 ㉰ 12 ㉱ 13 ㉮

실전문제

과년도 기출문제

Y_i : 투입량 중 비회수대상물질

따라서 $E = \left(\frac{5톤/일}{5.5톤/일} \times \frac{2.5톤/일}{4.5톤/일}\right) \times 100$

$= 50.51\%$

TIP

① Rietema의 선별효율 공식

$$E = \left| \frac{X_C}{X_i} - \frac{Y_C}{Y_i} \right| \times 100$$

② 문제조건에서

$X_i = 5.5톤/일,\ X_o = 0.5톤/일,\ X_C = 5톤/일$

$Y_i = 4.5톤/일,\ Y_o = 2.5톤/일,\ Y_C = 2톤/일$

14 폐기물 발생량 조사방법 중 물질수지법에 대한 내용으로 틀린 것은 어느 것인가?

㉮ 물질수지를 세울 수 있는 상세한 데이터가 있는 경우에 가능하다.

㉯ 주로 생활폐기물의 종류별 발생량 추산에 사용된다.

㉰ 조사하고자 하는 계(system)의 경계를 명확하게 설정하여야 한다.

㉱ 계(system)로 유입되는 모든 물질들과 유출되는 물질들 간의 물질수지를 세움으로써 폐기물 발생량을 추정한다.

풀이 ㉯ 주로 산업폐기물의 발생량 추산에 사용된다.

15 함수율 80%인 음식쓰레기와 함수율 50%인 퇴비를 3 : 1의 질량비로 혼합하면 함수율(%)은 얼마인가? (단, 비중은 1.0 기준)

㉮ 66.5% ㉯ 68.5%

㉰ 72.5% ㉱ 74.5%

풀이 혼합 함수율 $= \frac{80\% \times 3 + 50\% \times 1}{3+1} = 72.5\%$

16 청소상태를 평가하는 평가법 중 서비스를 받는 시민들의 만족도를 설문조사하여 계산되는 사용자 만족도 지수는 어느 것인가?

㉮ CEI ㉯ USI

㉰ PPI ㉱ CPI

풀이 청소상태 평가법

① CEI : 지역사회 효과지수

② USI : 사용자 만족도 지수

17 쓰레기 발생량이 증가하는 이유로 틀린 것은 어느 것인가?

㉮ 도시의 규모가 커진다.

㉯ 수집빈도가 낮아진다.

㉰ 쓰레기통이 커진다.

㉱ 생활수준이 높아진다.

풀이 ㉯ 수집빈도가 높아진다.

18 쓰레기를 소각했을 때 남은 재의 질량은 쓰레기 질량의 약 1/5이다. 쓰레기 95ton을 소각했을 때 재의 용적이 $7m^3$라고 하면 재의 밀도(ton/m^3)는 얼마인가?

㉮ 약 $2.31ton/m^3$ ㉯ 약 $2.51ton/m^3$

㉰ 약 $2.71ton/m^3$ ㉱ 약 $2.91ton/m^3$

풀이 재의 밀도(ton/m^3)

$= \frac{재의\ 질량(ton)}{재의\ 용적(m^3)} = \frac{95ton \times \frac{1}{5}}{7m^3}$

$= 2.71ton/m^3$

answer 14 ㉯ 15 ㉰ 16 ㉯ 17 ㉯ 18 ㉰

19 폐기물 수거노선을 결정할 때 고려사항으로 틀린 것은 어느 것인가?

㉮ 가능한 한 시계방향으로 수거노선을 정한다.
㉯ 유턴(U-turn) 운행은 피한다.
㉰ 수거의 시작은 차고와 가까운 곳에서 한다.
㉱ 저지대에서 고지대로 상향식으로 운행한다.

풀이 ㉱ 고지대에서 저지대로 하향식으로 운행한다.

20 폐기물 압축을 위한 장치는 압력의 강도에 의해 분류할 수 있다. 저압력 압축기의 기준으로 알맞은 것은 어느 것인가?

㉮ 5기압 이하　　㉯ 7기압 이하
㉰ 10기압 이하　　㉱ 12기압 이하

풀이 저압력 압축기의 기준은 7기압 이하이다.

| 제2과목 | 폐기물처리기술

21 연소가스 탈황시 발생된 슬러지(FGD Sludge)처리에 많이 사용되는 고형화 방법으로 알맞은 것은 어느 것인가?

㉮ 자가시멘트법　　㉯ 시멘트기초법
㉰ 피막시멘트법　　㉱ 석회기초법

풀이 ㉮ 자가시멘트법에 대한 설명이며, 핵심 내용인 "탈황 슬러지 = 자가시멘트법"임을 숙지하시면 됩니다.

22 3,785m^3/day 규모의 하수처리장 유입수의 BOD와 SS 농도가 각각 200mg/L라고 하고 1차 침전에 의하여 SS는 50%, BOD는 30%(SS제거에 따른 감소)가 제거된다고 할 때 1차 슬러지의 양(kg/day)은 얼마인가? (단, 비중은 1.0, 고형물 기준)

㉮ 378.5kg/day　　㉯ 400.1kg/day
㉰ 512.4kg/day　　㉱ 605.6kg/day

풀이 1차 슬러지의 양(kg/day)
= SS농도(kg/m^3)×유량(m^3/day)×(1-제거율)
= 0.2kg/m^3×3,785m^3/day×(1-0.5)
= 378.5kg/day

TIP

mg/L $\xrightarrow{\times 10^{-3}}$ kg/m^3이므로 SS 200mg/L = 0.2kg/m^3

23 폐기물 소각로의 폐열회수시설 중 가장 낮은 온도에서 열회수가 이루어지는 장치는 어느 것인가?

㉮ 과열기　　㉯ 재열기
㉰ 절탄기　　㉱ 공기예열기

풀이 ㉱ 공기예열기에 대한 설명이다.

24 Humus(부식질)의 특징으로 틀린 것은 어느 것인가?

㉮ 악취가 거의 없으며 흙냄새가 난다.
㉯ 물 보유력과 양이온교환능력이 좋다.
㉰ 탄질비(C/N)가 거의 1에 가깝다.
㉱ 짙은 갈색을 띤다.

풀이 ㉰ 탄질비(C/N)가 10 내외이다.

answer　19 ㉱　20 ㉯　21 ㉮　22 ㉮　23 ㉱　24 ㉰

25 침출수의 수질 특성으로 틀린 것은 어느 것인가?

㉮ 암모니아성 질소의 농도가 질산성 질소 농도보다 높다.
㉯ 침출수의 pH는 6~8 사이이며, 침출수에 접촉하는 매립가스 중 CO_2 분압에 의해서도 변한다.
㉰ COD의 경우, 매립초기는 BOD값보다 약간 높으나 시간이 흐름에 따라 BOD값보다 낮아진다.
㉱ 침출수 중 중금속 농도는 산생성 단계에서는 상대적으로 높고, 메탄발효 단계에서는 상대적으로 낮다.

풀이 ㉰ BOD의 경우, 매립초기는 COD값보다 약간 높으나 시간이 흐름에 따라 COD값보다 낮아진다.

26 매립시 표면 차수막에 대한 내용으로 틀린 것은 어느 것인가?

㉮ 지중에 수평방향의 차수층이 존재하는 경우에 적용한다.
㉯ 시공시에는 눈으로 차수성 확인이 가능하나 매립 후에는 곤란하다.
㉰ 지하수 집배수시설이 필요하다.
㉱ 차수막 단위면적당 공사비는 싸지만 매립지 전체를 시공하는 경우가 많아 총공사비는 비싸다.

풀이 ㉮번은 연직차수막에 대한 설명이다.

27 밀도 $0.5ton/m^3$인 도시쓰레기가 400,000 kg/일로 발생된다면 매립지 사용일수(day)는 얼마인가? (단, 매립지 용량은 10^5m^3, 다짐에 의한 쓰레기 부피감소율은 50%이다.)

㉮ 125일　㉯ 250일
㉰ 312일　㉱ 421일

풀이 매립지 사용일수

$$= \frac{매립용적(m^3)}{쓰레기\ 발생량(m^3) \times (1 - 부피감소율)}$$

$$= \frac{10^5\,m^3}{400{,}000kg/day \times \frac{1}{500kg/m^3} \times (1 - 0.5)}$$

= 250일

28 수분함량이 97%인 슬러지의 비중은 얼마인가? (단, 고형물의 비중은 1.35)

㉮ 약 1.062　㉯ 약 1.042
㉰ 약 1.028　㉱ 약 1.008

풀이 $\frac{1}{\rho_{SL}} = \frac{W_{TS}}{\rho_{TS}} + \frac{W_P}{\rho_P}$

여기서 ρ_{SL} : 슬러지의 비중
ρ_{TS} : 고형물의 비중
W_{TS} : 고형물의 함량
ρ_P : 수분의 비중
W_P : 수분의 함량

따라서 $\frac{1}{\rho_{SL}} = \frac{0.03}{1.35} + \frac{0.97}{1.0} = 0.9922$

$\therefore \rho_{SL} = \frac{1}{0.9922} = 1.008$

answer 25 ㉰ 26 ㉮ 27 ㉯ 28 ㉱

29 유기성 폐기물 퇴비화의 단점으로 틀린 것은 어느 것인가?

㉮ 낮은 비료가치
㉯ 부지선정의 어려움
㉰ 퇴비화 과정 중 외부 가온 필요
㉱ 악취발생 가능성

풀이 ㉰ 퇴비화 과정 중 외부 가온 불필요하다.

30 슬러지 처분을 위한 고형화의 목적으로 틀린 것은 어느 것인가?

㉮ 슬러지의 취급이 용이
㉯ 부피의 감소에 따른 운반비용 절감효과
㉰ 슬러지 내의 각종 유해물질의 용출방지
㉱ 고형화에 의하여 토목 및 건축재료로 자원화 가능

풀이 ㉯ 슬러지를 고형화하면 부피는 증가한다.

31 슬러지를 낙엽과 혼합하여 퇴비화하려 한다. 퇴비화 대상 혼합물의 C/N비를 30으로 할 때, 낙엽 1kg당 필요한 슬러지의 양(kg)은 얼마인가? (단, 고형물 건조질량 기준, 비중=1.0 기준)

	슬러지	낙엽
C/N비	9	50
수분함량	80%	40%
질소함량	건조고형물 중 6%	건조고형물 중 1%

㉮ 0.48　㉯ 0.58
㉰ 0.68　㉱ 0.78

풀이 슬러지량을 Q, 낙엽량을 (1-Q)

$$30 = \frac{9 \times Q + 50 \times (1-Q)}{Q + (1-Q)}$$

$\therefore$ Q(슬러지량) = 0.4878
낙엽량 = 1-Q = 1-0.4878 = 0.5122

32 소각을 위한 연소기 중 화격자 연소기에 관한 내용으로 틀린 것은 어느 것인가?

㉮ 기계적 작동으로 교반력이 강하다.
㉯ 연속적인 소각과 배출이 가능하다.
㉰ 체류시간이 길다.
㉱ 국부가열이 발생할 염려가 있다.

풀이 ㉮ 화격자연소기는 교반력이 약하다.

33 매립지 내에서 분해단계(4단계) 중 호기성 단계에 대한 내용으로 틀린 것은 어느 것인가?

㉮ N_2의 발생이 급격히 증가된다.
㉯ O_2가 소모된다.
㉰ 주요 생성기체는 CO_2이다.
㉱ 매립물의 분해속도에 따라 수 일에서 수 개월동안 지속된다.

풀이 ㉮ 질소(N_2)가 감소한다.

34 오염된 농경지의 정화를 위해 다른 장소로부터 비오염 토양을 운반하여 혼합하는 정화기술은 무엇인가?

㉮ 객토　㉯ 반전
㉰ 희석　㉱ 배토

풀이 ㉮ 객토에 대한 설명이며, 핵심 내용인 "비오염 토양 혼합 = 객토"임을 숙지하시면 됩니다.

answer 29 ㉰ 30 ㉯ 31 ㉮ 32 ㉮ 33 ㉮ 34 ㉮

35 쓰레기 열분해시 열분해 온도(열공급 속도)가 상승함에 따라 발생량이 감소하는 가스는?

㉮ H_2 ㉯ CH_4
㉰ CO ㉱ CO_2

풀이 열분해 공정이 연료를 생산하는 공정이므로 가연성 물질은 증가하고 불연성 물질은 감소한다.

36 매립장에서 적용되는 점토와 합성수지계 차수막에 대한 내용으로 틀린 것은 어느 것인가?

㉮ 점토는 벤토나이트 첨가시 차수성이 더 좋아진다.
㉯ 점토는 바닥처리가 나쁘면 부등침하 및 균열위험이 있다.
㉰ 합성수지계 차수막은 점토에 비하여 내구성이 높으나 열화 위험이 있다.
㉱ 합성수지계 차수막은 점토에 비하여 가격은 저렴하나 시공이 어렵다.

풀이 ㉱ 합성수지계 차수막은 점토에 비하여 가격은 비싸지만 시공이 용이하다.

37 유동층 소각로의 장점으로 틀린 것은 어느 것인가?

㉮ 폐기물의 크기가 50mm 이상인 조대폐기물의 소각에 용이하다.
㉯ 반응시간이 빨라 소각시간이 짧다.
㉰ 기계의 구동부분이 적어 고장율이 적다.
㉱ 단기간 정지 후 가동시에 보조연료 없이 정상가동이 가능하다.

풀이 ㉮ 조대쓰레기는 파쇄 등의 전처리가 필요하다.

38 침출수를 혐기성 여상으로 처리할 때 유입유량 3,000m^3/day이고 BOD가 600 mg/L이며 처리효율이 95%일 때 발생되는 메탄가스의 양(Sm^3/day)은 얼마인가? (단, 1.5m^3 가스/kgBOD, 가스 중 메탄 함량 60%, 표준상태 기준)

㉮ 약 1,270
㉯ 약 1,367
㉰ 약 1,420
㉱ 약 1,539

풀이 메탄가스 발생량(Sm^3/day)

$$= \frac{3,000\,m^3}{day} \times \frac{0.6\,kg}{m^3} \times 0.95 \times \frac{1.5\,m^3 가스}{kg\,BOD} \times 0.6$$

$= 1,539\,Sm^3/day$

TIP

mg/L $\xrightarrow{\times 10^{-3}}$ kg/m^{3}이므로 BOD 600mg/L = 0.6kg/m^3

39 소각시 다이옥신이 생성될 수 있는 가능성이 가장 큰 물질은 어느 것인가?

㉮ 노르말헥산
㉯ 에탄올
㉰ PVC
㉱ 오존

풀이 유기염소계화합물인 PVC 소각시 다이옥신이 많이 배출된다.

answer 35 ㉱ 36 ㉱ 37 ㉮ 38 ㉱ 39 ㉰

40 측정한 소화조 가스의 열량이 5,400 kcal/m³일 때 메탄가스의 함유량(%)은 얼마인가? (단, 메탄가스 열량은 9,000 kcal/m³, 메탄이외의 가스는 불연소성이라 가정)

㉮ 55% ㉯ 60%
㉰ 65% ㉱ 70%

풀이 메탄가스 함유량(%)

$$= \frac{\text{소화조 가스의 열량}(kcal/m^3)}{\text{메탄가스의 열량}(kcal/m^3)} \times 100$$

$$= \frac{5,400kcal/m^3}{9,000kcal/m^3} \times 100$$

$= 60\%$

| 제3과목 | 폐기물공정시험기준

41 납을 자외선/가시선분광법으로 측정하는 방법이다. ( )에 들어갈 알맞은 말은?

> 납이온이 시안화칼륨의 공존하에 알칼리성에서 (①)과(와) 반응하여 생성하는 착염을 (②)(으)로 추출하고 (중략) 흡광도를 520nm에서 측정하는 방법이다.

㉮ ① 디티존, ② 사염화탄소
㉯ ① 디티존, ② 클로로포름
㉰ ① DDTC-MIBK, ② 노말헥산
㉱ ① DDTC-MIBK, ② 아세톤

풀이 납의 자외선/가시선 분광법
① 시안화칼륨 공존하에 알칼리성에서 디티존과 반응
② 추출용매 : 사염화탄소
③ 520nm에서 흡광도 측정
④ 정량한계 : 0.001mg

42 pH 표준액 중 pH 4에 가장 근접한 용액은 어느 것인가?

㉮ 수산염 표준액
㉯ 프탈산염 표준액
㉰ 인산염 표준액
㉱ 붕산염 표준액

풀이 pH 4에 가장 근접한 표준액은 프탈산염 표준액이다.

43 대상폐기물의 양이 600톤인 경우 현장 시료의 최소수는 얼마인가?

㉮ 30 ㉯ 36
㉰ 50 ㉱ 60

풀이 대상폐기물의 양과 시료의 최소 수

대상폐기물의 양 (단위 : ton)	시료의 최소 수	대상폐기물의 양 (단위 : ton)	시료의 최소 수
~1미만	6	100이상~500미만	30
1이상~5미만	10	500이상~1,000미만	36
5이상~30미만	14	1,000이상~5,000미만	50
30이상~100미만	20	5,000이상	60

실전문제

과년도 기출문제

answer 40 ㉯ 41 ㉮ 42 ㉯ 43 ㉯

44 원자흡수분광광도법으로 크롬을 정량할 때 전처리 조작으로 $KMnO_4$를 사용하는 목적은 무엇인가?

㉮ 철이나 니켈금속 등 방해물질을 제거하기 위해서이다.
㉯ 시료 중의 6가크롬을 3가크롬으로 환원시키기 위해서이다.
㉰ 시료 중의 3가크롬을 6가크롬으로 산화시키기 위해서이다.
㉱ 디페닐카르바지드와 반응을 쉽게 하기 위해서이다.

풀이 $Cr^{3+} \xrightarrow[\text{강산화제}]{KMnO_4} Cr^{6+}$

45 유도결합플라스마-원자발광분광법에 의한 카드뮴 분석방법으로 틀린 것은 어느 것인가?

㉮ 정량범위는 사용하는 장치 및 측정조건에 따라 다르지만 330nm에서 0.004~0.3mg/L 정도이다.
㉯ 아르곤가스는 액화 또는 압축 아르곤으로서 99.99V/V% 이상의 순도를 갖는 것이어야 한다.
㉰ 시료용액의 발광강도를 측정하고 미리 작성한 검정곡선으로부터 카드뮴의 양을 구하여 농도를 산출한다.
㉱ 검정곡선 작성시 카드뮴 표준용액과 질산, 염산, 정제수가 사용된다.

풀이 ㉮ 정량범위는 사용하는 장치 및 측정조건에 따라 다르지만 226.50nm에서 0.004~50mg/L 정도이다.

46 용출실험 결과 시료중의 수분함량을 보정해주기 위해 적용(곱)하는 식으로 알맞은 것은 어느 것인가? (단, 함수율 85% 이상인 시료에 한함)

㉮ 85/{100-함수율(%)}
㉯ {100-함수율(%)}/85
㉰ 15/{100-함수율(%)}
㉱ {100-함수율(%)}/15

풀이 함수율이 85% 이상인 시료의 보정계수

$$= \frac{15}{100 - \text{함수율}(\%)}$$

47 폐기물공정시험기준상의 용어로 (　)에 들어갈 수치 중 가장 작은 것은 어느 것인가?

㉮ "방울수"는 (　)℃에서 정제수 20방울을 적하시켰을 때 부피가 약 1mL가 된다.
㉯ "냉수"는 (　)℃ 이하를 말한다.
㉰ "약"이라 함은 기재된 양에 대해서 ±(　)% 이상의 차가 있어서는 안 된다.
㉱ "진공"이라 함은 (　)mmHg 이하의 압력을 말한다.

풀이 ㉮ "방울수"는 20℃에서 정제수 20방울을 적하시켰을 때 부피가 약 1mL가 된다.
㉯ "냉수"는 15℃ 이하를 말한다.
㉰ "약"이라 함은 기재된 양에 대해서 ±10% 이상의 차가 있어서는 안 된다.
㉱ "진공"이라 함은 15mmHg 이하의 압력을 말한다.

answer 44 ㉰ 45 ㉮ 46 ㉰ 47 ㉰

48 다음과 같은 조건에서 유기물함량(%)은 얼마인가?

> - 증발용기의 질량(W_1) = 22.5g
> - 강열 전의 증발용기와 시료의 질량(W_2) = 65.8g
> - 강열 후의 증발용기와 시료의 질량(W_3) = 38.8g

㉮ 약 52%　　㉯ 약 62%
㉰ 약 72%　　㉱ 약 82%

풀이

$$\text{유기물함량(\%)} = \left(\frac{W_2 - W_3}{W_2 - W_1}\right) \times 100$$
$$= \left(\frac{65.8g - 38.8g}{65.8g - 22.5g}\right) \times 100$$
$$= 62.36\%$$

TIP
강열감량(%)과 유기물함량(%)은 동일한 식을 이용해서 계산하므로 계산값도 동일함을 숙지하셔야 합니다.

49 자외선/가시선 분광법에 의한 비소의 측정방법으로 알맞은 것은 어느 것인가?

㉮ 적자색의 흡광도를 430nm에서 측정
㉯ 적자색의 흡광도를 530nm에서 측정
㉰ 청색의 흡광도를 430nm에서 측정
㉱ 청색의 흡광도를 530nm에서 측정

50 폐기물공정시험기준에 의한 온도의 기준이 틀린 것은 어느 것인가?

㉮ 표준온도 : 0℃ 이하
㉯ 상온 : 15~25℃
㉰ 실온 : 25~45℃
㉱ 찬 곳 : 0~15℃의 곳(따로 규정이 없는 경우)

풀이 ㉰ 실온 : 1~35℃

51 자외부 파장범위에서 일반적으로 사용하는 흡수셀의 재질은 어느 것인가?

㉮ 유리　　㉯ 석영
㉰ 플라스틱　　㉱ 백금

풀이 파장에 따른 흡수셀의 재질
① 유리제 : 가시 및 근적외부
② 석영제 : 자외부

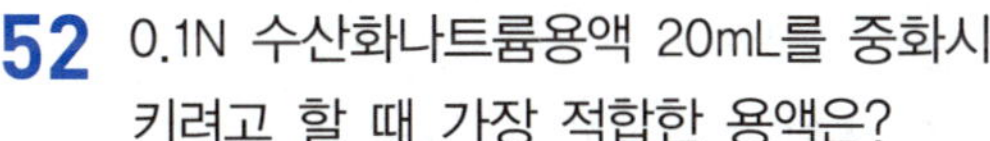

52 0.1N 수산화나트륨용액 20mL를 중화시키려고 할 때 가장 적합한 용액은?

㉮ 0.1M 황산 20mL
㉯ 0.1M 염산 10mL
㉰ 0.1M 황산 10mL
㉱ 0.1M 염산 40mL

풀이 황산은 2당량이므로 0.1M은 0.2N이 되므로 중화에 필요한 양은 10mL이다.

answer　48 ㉯　49 ㉯　50 ㉰　51 ㉯　52 ㉰

53 시료의 전처리방법에서 회화에 의한 유기물 분해시 증발접시의 재질로 틀린 것은 어느 것인가?

㉮ 백금 ㉯ 실리카
㉰ 사기제 ㉱ 알루미늄

풀이 회화에 의한 유기물 분해 시 증발접시의 재질은 백금, 실리카, 사기제를 사용한다.

54 폐기물 소각시설의 소각재 시료 채취 방법 중 연속식 연소방식의 소각재 반출 설비에서의 시료채취에 관한 내용이다. ( )에 들어갈 알맞은 말은?

> 야적더미에서 채취하는 경우는 야적더미를 ( ) 높이마다 각각의 층으로 나누고 각 층별로 적절한 지점에서 500 g 이상의 시료를 채취한다.

㉮ 0.3m ㉯ 0.5m
㉰ 1m ㉱ 2m

풀이 소각재 반출 설비에서 시료채취
① 야적더비 높이 : 2m 마다
② 시료의 양 : 500g 이상

55 폐기물의 용출시험방법에 대한 설명으로 틀린 것은 어느 것인가?

㉮ 상온, 상압에서 진탕회수가 매분당 약 200회, 진폭이 4~5cm의 진탕기를 사용, 6시간 연속 진탕한다.
㉯ 진탕이 어려운 경우 원심분리기를 사용하여 매분당 2,000회전 이상으로 30분 이상 원심분리한다.
㉰ 용출시험시 용매는 염산으로 pH를 5.8~6.3으로 한다.
㉱ 용출시험시 폐기물시료와 용출용매를 1 : 10(W : V)의 비로 혼합한다.

풀이 ㉯ 진탕이 어려운 경우 원심분리기를 사용하여 매분당 3,000회전 이상으로 20분 이상 원심분리한다.

56 취급 또는 저장하는 동안에 이물질이 들어가거나 또는 내용물이 손실되지 아니하도록 보호하는 용기는 어느 것인가?

㉮ 기밀용기
㉯ 밀폐용기
㉰ 밀봉용기
㉱ 차광용기

풀이 ㉯ 밀폐용기에 대한 설명이며, 핵심 내용인 "이물질 = 밀폐용기"임을 숙지하시면 됩니다.

answer 53 ㉱ 54 ㉱ 55 ㉯ 56 ㉯

57 시료 채취방법에 대한 설명으로 틀린 것은 어느 것인가?

㉮ 시료의 양은 1회에 100g 이상 채취한다.
㉯ 채취된 시료는 0~4℃ 이하의 냉암소에서 보관하여야 한다.
㉰ 폐기물이 적재되어 있는 운반차량에서 현장시료를 채취할 경우에는 적재 폐기물의 성상이 균일하다고 판단되는 깊이에서 현장시료를 채취한다.
㉱ 대형의 콘크리트 고형화물로써 분쇄가 어려운 경우 같은 성분의 물질로 대체할 수 있다.

풀이 ㉱ 대형의 콘크리트 고형화물로써 분쇄가 어려운 경우 임의의 5개소에서 채취하여 각각 파쇄하여 100g씩 균등 양 혼합하여 사용한다.

58 시안(CN)을 자외선/가시선분광법으로 분석할 때 시안(CN)이온을 염화시안으로 하기 위해 사용하는 시약은 어느 것인가?

㉮ 염산
㉯ 클로라민-T
㉰ 염화나트륨
㉱ 염화제2철

풀이 시안이온(CN^-) $\xrightarrow{\text{클로라민}-T}$ 염화시안(CNCl)

59 일반적인 자외선/가시선 분광광도계의 구성으로 알맞은 것은 어느 것인가?

㉮ 광원부 - 시료부 - 측광부 - 파장선택부
㉯ 광원부 - 파장선택부 - 측광부 - 시료부
㉰ 광원부 - 파장선택부 - 시료부 - 측광부
㉱ 광원부 - 시료부 - 파장선택부 - 측광부

풀이 자외선/가시선 분광광도계의 구성장치 암기법은 "광파시측"임을 숙지하시면 됩니다.

60 폐기물에 포함된 구리를 분석하기 위한 방법인 원자흡수분광광도법에 대한 내용으로 틀린 것은 어느 것인가?

㉮ 측정파장은 324.7nm이다.
㉯ 정확도는 상대표준편차(RSD) 결과치의 20% 이내이다.
㉰ 공기-아세틸렌 불꽃에 주입하여 분석한다.
㉱ 정량한계는 0.008mg/L이다.

풀이 정밀도는 상대표준편차(RSD)가 ±25% 이내이고, 정확도는 75~125%이다.

answer 57 ㉱ 58 ㉯ 59 ㉰ 60 ㉯

2017 4회

기출문제

| 제1과목 | 폐기물개론

01 와전류선별기로 주로 분리하는 비철금속에 대한 설명으로 알맞은 것은 어느 것인가?

㉮ 자성이며 전기전도성이 좋은 금속
㉯ 자성이며 전기전도성이 나쁜 금속
㉰ 비자성이며 전기전도성이 좋은 금속
㉱ 비자성이며 전기전도성이 나쁜 금속

풀이 와전류 선별기는 비자성이며, 전기전도성이 좋은 구리, 알루미늄, 아연 등의 금속을 선별하는데 이용된다.

02 폐기물을 파쇄하여 균일화 및 세립화 하였을 때의 장점으로 틀린 것은 어느 것인가?

㉮ 불균일한 조성을 가진 폐기물을 서로 혼합할 때 균일화가 용이하게 되어 연소효율을 높이고 변동이 비교적 적은 연소효율을 높이고 변동이 비교적 적은 성상연료를 가능하게 한다.
㉯ 거칠고 큰 폐기물을 파쇄하여 소각하면 조대쓰레기에 의한 소각로의 손상을 방지한다.
㉰ 파쇄하면 Bulk되어 용적이 늘어나므로 운반비는 상승하나, 고밀도 매립이 가능하여 결국 경제적이다.
㉱ 파쇄물질 속에 함유된 고가금속 등을 자선기 등을 사용하여 회수할 수 있다.

풀이 ㉰ 파쇄하면 용적이 줄어들어 운반비가 감소하며, 고밀도 매립이 가능하여 경제적이다.

03 청소상태 만족도 평가를 위한 지역사회 효과 지수인 CEI(Community Effects Index)에 대한 내용으로 알맞은 것은 어느 것인가?

㉮ 적환장 크기와 수거량의 관계로 결정한다.
㉯ 수거방법에 따른 MHT 변화로 측정한다.
㉰ 가로 청소상태를 기준으로 측정한다.
㉱ 일반대중들에 대한 설문조사를 통하여 결정한다.

풀이 지역사회 효과 지수인 CEI는 가로 청소상태를 기준으로 측정한다.

TIP

① CEI : 지역사회 효과 지수
② USI : 사용자 만족도 지수

04 10,000명이 거주하는 지역에서 한 가구당 20L 종량제봉투가 1주일에 2개씩 발생되고 있다. 한 가구당 2.5명이 거주할 때 지역에서 발생되는 쓰레기 발생량(L/인·주)은 얼마인가?

㉮ 15.0　　㉯ 16.0
㉰ 17.0　　㉱ 18.0

answer 01 ㉰ 02 ㉰ 03 ㉰ 04 ㉯

풀이 쓰레기 발생량(L/인·주)

$$= \frac{\text{쓰레기 발생량(L/주)}}{\text{인구수(인)}}$$

$$= \frac{20L/\text{가구} \times 2\text{개}/\text{주}}{2.5\text{인}/\text{가구}} = 16L/\text{인}\cdot\text{주}$$

05 폐기물의 70%를 5cm보다 작게 파쇄하고자 할 때 특성 입자 크기(X_o, cm)는 얼마인가? (단, Rosin-Rammler 모델 기준, $n=1$)

㉮ 약 3.1cm ㉯ 약 3.8cm
㉰ 약 4.2cm ㉱ 약 4.9cm

풀이

$$Y = 1 - \exp\left[-\left(\frac{X}{X_o}\right)^n\right]$$

여기서 Y : 체하분율(%)
X : 폐기물 입자의 크기
X_o : 특성입자의 크기
n : 상수

$$\text{따라서 } 70\% = 1 - \exp\left[-\left(\frac{5\,cm}{X_o}\right)^1\right]$$

$$\exp\left[-\left(\frac{5\,cm}{X_o}\right)^1\right] = 1 - 0.70$$

$$-\left(\frac{5cm}{X_o}\right) = LN(1-0.70)$$

$$X_o = \frac{-5cm}{LN(1-0.70)} = 4.15\,cm$$

TIP

$$Y = 1 - \exp\left[-\left(\frac{X}{X_o}\right)^n\right] \Rightarrow X_o = \frac{-X}{LN(1-Y)}$$

06 생활쓰레기 수거형태 중 효율이 가장 좋은 방식은 어느 것인가?

㉮ 문전수거 ㉯ 집안이동수거
㉰ 타종수거 ㉱ 노변수거

풀이 생활쓰레기 수거형태 중 효율이 가장 좋은 방식은 타종수거이다.

07 도시 쓰레기 성분 및 혼합물 밀도의 대표값으로 틀린 것은 어느 것인가?

㉮ 종이 : 85 kg/m^3
㉯ 플라스틱 : 150 kg/m^3
㉰ 고무 : 130 kg/m^3
㉱ 유리 : 195 kg/m^3

풀이 이 문제는 재출제시 동일하게 출제될 것으로 예상되는 문제이므로 정답만 숙지하시면 됩니다.

08 폐기물의 성상분석 절차로 알맞은 것은 어느 것인가?

㉮ 건조→전처리→물리적 조성→밀도측정→분류
㉯ 밀도측정→건조→전처리→분류→물리적 조성
㉰ 전처리→건조→전처리→분류→물리적 조성
㉱ 밀도측정→물리적 조성→건조→분류→전처리

풀이 시료에 대한 성상분석 순서는 시료→밀도측정→물리적조성→건조→분류→전처리→조성분석 순이다.

answer 05 ㉰ 06 ㉰ 07 ㉯ 08 ㉱

09 폐기물 발생량이 2,000m^3/일, 밀도 840kg/m^3일 때, 5톤 트럭으로 운반하려면 1일 필요한 차량수(대)는 얼마인가? (단, 예비차량 2대 포함, 기타 조건은 고려하지 않음)

㉮ 334　　㉯ 336
㉰ 338　　㉱ 340

풀이
$$차량수 = \frac{쓰레기의 총 발생량(톤/일)}{차량의 적재용량(톤/일)} + 예비차량$$
$$= \frac{2,000m^3/일 \times 0.84톤/m^3}{5톤/대} + 2$$
$$= 338대$$

TIP
① $체적(m^3) = 질량(kg) \times \frac{1}{밀도(kg/m^3)}$
② $질량(kg) = 체적(m^3)\ 밀도(kg/m^3)$

10 폐기물 처리계획의 기본요소로 틀린 것은 어느 것인가?

㉮ 간편화　　㉯ 안정화
㉰ 무해화　　㉱ 감량화

풀이 ㉮ 안전화

11 다음의 경우 Worrell식에 의한 선별효율(%)은 얼마인가?

- 총 투입 폐기물 : 100톤
- 회수량 : 85톤
- 회수량 중 회수대상 물질 : 75톤
- 제거량 중 회수대상 물질 : 10톤

㉮ 29.4%　　㉯ 53.8%
㉰ 62.5%　　㉱ 71.4%

풀이
$$Worrell\ 선별효율(E) = \left(\frac{X_c}{X_i} \times \frac{Y_o}{Y_i}\right) \times 100$$
여기서 X_c : 회수량 중 회수대상물질
X_i : 투입량 중 회수대상물질
Y_o : 제거량 중 비회수대상물질
Y_i : 투입량 중 비회수대상물질
따라서 $E = \left(\frac{75톤}{85톤} \times \frac{5톤}{15톤}\right) \times 100 = 29.41\%$

TIP
① Rietema의 선별효율 공식
$$E = \left|\frac{X_c}{X_i} - \frac{Y_c}{Y_i}\right| \times 100(\%)$$
② 문제 조건에서
$X_i = 85톤,\ X_o = 10톤,\ X_c = 75톤$
$Y_i = 15톤,\ Y_o = 5톤,\ Y_c = 10톤$

12 쓰레기 소각로 설계의 기준이 되고 있는 발열량은 어느 것인가?

㉮ 고위 발열량　　㉯ 저위 발열량
㉰ 총 발열량　　㉱ 건식 발열량

풀이 쓰레기 소각로 설계의 기준은 저위 발열량이다.

13 쓰레기를 압축할 때 통상적인 경제적 압축밀도(kg/m^3)로 알맞은 것은 어느 것인가?

㉮ 1,000kg/m^3　　㉯ 2,000kg/m^3
㉰ 3,000kg/m^3　　㉱ 4,000kg/m^3

풀이 통상적인 경제적 압축밀도는 1,000kg/m^3이다.

answer 09 ㉰ 10 ㉮ 11 ㉮ 12 ㉯ 13 ㉮

14 폐기물 발생량 예측방법 중 모든 인자를 시간에 함수로 나타낸 후 시간에 대한 함수로 표현된 각 영향인자간의 상관계수를 수식화 한 모델은 어느 것인가?

㉮ 상관모사모델
㉯ 시간추정모델
㉰ 동적모사모델
㉱ 다중회귀모델

풀이 ㉰ 동적모사모델에 대한 설명이며, 핵심 내용인 "각 영향인자들 간의 상관관계를 수식화 = 동적모사모델"임을 숙지하시면 됩니다.

15 유해폐기물의 평가기준으로 틀린 것은 어느 것인가?

㉮ 인화성　㉯ 부식성
㉰ 반응성　㉱ 다발성

풀이 지정폐기물의 유해성 분류기준으로는 폭발성, 반응성, 인화성, 부식성, EP독성, 유해가능성, 난분해성, 용출특성이 있다.

16 폐플라스틱의 재생방법으로 틀린 것은 어느 것인가?

㉮ 용융재생　㉯ 용해재생
㉰ 파쇄재생　㉱ 산화재생

풀이 폐플라스틱의 재생방법으로는 용융재생, 용해재생, 파쇄재생이 있다.

17 국내 폐기물은 1990년대 말의 쓰레기 배출을 조사해보면, 초기의 연탄재에서 말기의 종이류로 질적인 변화가 뚜렷하다. 이에 대한 설명으로 틀린 것은 어느 것인가?

㉮ 전체적인 배출량은 감소하였다.
㉯ 발열량이 높아졌다.
㉰ 쓰레기의 배출밀도가 커졌다.
㉱ 재활용 가능성이 높아졌다.

풀이 ㉰ 쓰레기의 배출밀도가 작아졌다.

18 쓰레기 발생량 조사방법으로 틀린 것은 어느 것인가?

㉮ 물질수지법(material balance method)
㉯ 적재차량 계수분석법(load count analysis)
㉰ 수거트럭 수지법(collection truck balance method)
㉱ 직접계근법(direct weighting method)

풀이 ① 쓰레기 발생량 예측방법 : 다중회귀모델, 동적모사모델, 경향모델
② 쓰레기 발생량 조사방법 : 물질수지법, 직접계근법, 적재차량계수법, 통계조사법
③ 암기법 : 예측은 다중이 동적으로 경향을 파악하고/조사는 물질을 직접 적재한 통계로 한다.

실전문제

과년도 기출문제

answer　14 ㉰　15 ㉱　16 ㉱　17 ㉰　18 ㉰

19 폐기물의 물리적 조성을 측정하는 방법 중 수분함량을 측정하는 방법으로 알맞은 것은 어느 것인가?

㉮ 습량기준으로 시료를 비례 채취하여 수분함량을 측정한다.
㉯ 건량기준으로 시료를 비례 채취하여 수분함량을 측정한다.
㉰ 재질의 수분흡수능력에 따라 몇 개의 군으로 나누어 수분함량을 각각 측정한 후 건량 기준으로 가중평균한다.
㉱ 재질의 수분흡수능력에 따라 몇 개의 군으로 나누어 건량기준으로 가중평균한다.

20 자동화, 무공해화, 안전화 등의 장점은 있으나 장거리 수송이 곤란하거나 잘못 투입된 물건의 회수가 곤란하다는 점 등 때문에 보다 많은 연구가 필요한 새로운 쓰레기 수집·수송 수단으로 알맞은 것은 어느 것인가?

㉮ Mono-rail 수송 ㉯ Conveyor 수송
㉰ Container 수송 ㉱ Pipe-line 수송

풀이 ㉱ 관거(Pipe-line) 수송 방법에 대한 설명이며, 핵심 내용인 "잘못 투입된 물건 회수 곤란 = 관거수송 방법"임을 숙지하시면 됩니다.

| 제2과목 | 폐기물처리기술

21 pH가 10에서 $Ca(OH)_2$가 침전을 하려면 Cd^{2+}의 농도(M)는 얼마 이상이어야 하는가? (단, $Cd(OH)_2$의 $Ksp = 10^{-13.6}$)

㉮ $10^{-3.6}$M ㉯ $10^{-5.6}$M
㉰ $10^{-9.5}$M ㉱ $10^{-13.6}$M

풀이 $Ca(OH)_2 \rightarrow Cd^{2+} + 2OH^-$
$Ksp = [Cd^{2+}][OH^-]^2$

$$[Cd^{2+}] = \frac{Ksp}{[OH^-]^2} = \frac{10^{-13.6}}{[10^{-4}M]^2} = 2.5\times10^{-6}M$$

22 소각처리에 있어서 생성된 다이옥신의 배출을 최소화할 수 있는 기술로써 보편적으로 활성탄 주입시설과 함께 가장 많이 사용되는 집진 설비는 어느 것인가?

㉮ 원심력 집진기 ㉯ 전기 집진기
㉰ 세정식 집진기 ㉱ 백필터 집진기

풀이 ㉱ 백필터 집진기에 대한 설명이며, 핵심 내용인 "활성탄 주입시설과 함께 사용 = 백필터"임을 숙지하시면 됩니다.

23 슬러지를 건조상으로 탈수할 때 나타나는 장점으로 틀린 것은 어느 것인가?

㉮ 특별한 기술이 필요치 않다.
㉯ 운전비용이 적게 소요된다.
㉰ 소요부지가 좁다.
㉱ 생산된 cake에 수분이 적다.

풀이 ㉰ 소요부지가 넓다.

answer 19 ㉰ 20 ㉱ 21 ㉯ 22 ㉱ 23 ㉰

24 오염된 지하수의 복원 방법에 대한 내용으로 틀린 것은 어느 것인가?

㉮ 유해폐기물의 펌프-처리복원 방법은 규제기준이 달성되어 펌핑을 멈출 때 탈착 현상이 발생한다.
㉯ 토양증기추출 시 공기는 지하수면 위에 주입되고, 배출정에서 휘발성화합물질을 수집한다.
㉰ 토양증기추출 시 하나의 추출정으로 반지름 10피트 이상의 넓은 영역에 걸쳐 적용 가능하다.
㉱ 생물학적 복원은 굴착, 드럼으로 폐기 등과 비교하여 낮은 비용으로 적용가능하다.

풀이 ㉰ 토양증기추출법은 넓은 영역에 걸쳐 적용이 어렵다.

25 매립공법에 의한 분류 중 육상매립 방법으로 틀린 것은 어느 것인가?

㉮ 도랑형공법(Trench system)
㉯ 셀공법(Cell system)
㉰ 박층공법(Thin layer system)
㉱ 압축매립공법(Baling system)

풀이 ㉰ 박층공법은 해안매립공법이다.

26 분뇨를 소화처리 시 유기물 농도 V_s = 30,000mg/L, 유기물 (분뇨)량 Q = 100m³/일, 유기물 부하치 L_{VS} = 5kg/m³ · 일이라면 소화탱크 용량 V (m³)은 얼마인가?

㉮ 60,000m³ ㉯ 6,000m³
㉰ 600m³ ㉱ 60m³

풀이 유기물의 용적부하(kg/m³ · day)

$$= \frac{\text{유기물농도}(\text{kg/m}^3) \times \text{유기물량}(\text{m}^3/\text{day})}{\text{용량}(\text{m}^3)}$$

$$\text{따라서 } 5\text{kg/m}^3 \cdot \text{day} = \frac{30\text{kg/m}^3 \times 100\text{m}^3/\text{day}}{\text{용량}(\text{m}^3)}$$

$\therefore$ 용량 = 600m³

TIP

$\text{mg/L} \xrightarrow{\times 10^{-3}} \text{kg/m}^3$이므로 VS 30,000mg/L = 30kg/m³

27 매립층 바닥층이 두껍고 복토로 적합한 지역에 이용하는 매립방법은 어느 것인가?

㉮ 도랑법 ㉯ 지역법
㉰ 경사법 ㉱ 계곡매립법

풀이 매립층 바닥층이 두껍고 복토로 적합한 지역에는 도랑법이 적합하며, 도랑형 공법은 폭 20m, 깊이 10m 정도의 도랑을 파서 매립하는 형태이다.

28 호기성처리로 200kL/d의 분뇨를 처리할 경우 처리장에 필요한 송풍량(m³/hr)은 얼마인가? (단, BOD : 20,000ppm, 제거율 : 80%, 제거 BOD당 필요송풍량 : 100m³/BODkg, 분뇨비중 : 1.0, 24시간 연속 가동 기준)

㉮ 약 3,333m³/hr
㉯ 약 13,333m³/hr
㉰ 약 320,000m³/hr
㉱ 약 400,000m³/hr

풀이 ① 제거된 BOD 총량(kg/hr)
= BOD 농도(kg/m³)×분뇨량(m³/day)×제거율
= 20kg/m³×200m³/day×1day/24hr×0.80
= 133.33kg/hr

answer 24 ㉰ 25 ㉰ 26 ㉰ 27 ㉮ 28 ㉯

실전문제

과년도 기출문제

② 필요한 송풍량(m^3/hr)
= 제거된 BOD 총량(kg/hr)×제거 BOD당 필요풍량(m^3/kg)
= 133.33kg/hr×100m^3/kg
= 13,333m^3/hr

TIP

① KL/day = m^3/day이므로 200KL/day = 200m^3/day

② mg/L $\xrightarrow{\times 10^{-3}}$ kg/m^3이므로
BOD 20,000ppm = 20kg/m^3

29 유기성폐기물의 자원화방법으로 틀린 것은 어느 것인가?

㉮ 퇴비화 ㉯ 유가금속 회수
㉰ 연료화 ㉱ 건설자재화

풀이 ㉯번은 파쇄의 효과이다.

30 옥탄(C_8H_{18})이 완전 연소되는 경우에 공기연료비(AFR, 질량기준)는 얼마인가?

㉮ 13kg 공기/kg 연료
㉯ 15kg 공기/kg 연료
㉰ 17kg 공기/kg 연료
㉱ 19kg 공기/kg 연료

풀이 $C_8H_{18}+12.5O_2 \rightarrow 8CO_2+9H_2O$

$$AFR(kg/kg) = \frac{\text{산소 개수} \times 32kg \times \frac{1}{0.232}}{\text{연료 개수} \times \text{연료의 분자량}(kg)} = \frac{12.5 \times 32kg \times \frac{1}{0.232}}{114kg} = 15.12$$

TIP

① 완전연소 반응식
$$C_mH_n + \left(m+\frac{n}{4}\right)O_2 \rightarrow mCO_2 + \frac{n}{2}H_2O$$
② 체적(Sm^3) = 계수×22.4(Sm^3)
③ 질량(kg) = 계수×분자량(kg)
④ 공기량(kg) = 산소량(kg)×$\frac{1}{0.232}$
⑤ C_8H_{18}의 분자량 = (8×12)+(18×1) = 114kg

31 도시쓰레기 매립장에서 생산되는 가스 중 초기 (호기성상태)에 가장 많이 발생하는 가스는 어느 것인가?

㉮ CO_2 ㉯ CH_4
㉰ NH_3 ㉱ H_2S

풀이 초기 (호기성상태)에 가장 많이 발생하는 가스는 이산화탄소(CO_2)이다.

32 토양의 현장처리기법인 토양세척법과 관련된 주요인자로 틀린 것은 어느 것인가?

㉮ 헨리상수
㉯ 지하수 차단벽의 유무
㉰ 투수계수
㉱ 분배계수

풀이 ㉮ 헨리상수는 토양증기추출법과 관계가 있으며, 용해도가 작은 기체일수록 헨리상수가 크다.

answer 29 ㉯ 30 ㉯ 31 ㉮ 32 ㉮

33 합성차수막 중 PVC의 장·단점으로 틀린 것은 어느 것인가?

㉮ 접합이 용이하다.
㉯ 자외선, 오존, 기후에 약하다.
㉰ 대부분의 유기화학물질에 약하다.
㉱ 강도가 낮다.

풀이 ㉱ 강도가 크다.

34 메탄 1Sm³를 공기과잉계수 1.8로 연소시킬 경우, 실제 습윤 연소 가스량(Sm³)은 얼마인가?

㉮ 약 18.1Sm³ ㉯ 약 19.1Sm³
㉰ 약 20.1Sm³ ㉱ 약 21.1Sm³

풀이 $CH_4+2O_2 \rightarrow CO_2+2H_2O$

Gw = $(m-0.21)A_o + CO_2$량 + H_2O량(Sm^3/Sm^3)

$= (1.8-0.21)\times\frac{2}{0.21}+1+2$

$= 18.14Sm^3/Sm^3$

TIP

① Gw : 실제습윤 연소가스량
② m : 공기비(과잉공기계수)
③ A_o(이론공기량) $= \frac{\text{이론산소량}}{0.21}$
④ Sm^3/Sm^3 = 체적비 = 개수비

35 Rotary Kiln 소각로의 장단점으로 틀린 것은 어느 것인가?

㉮ 습식가스 세정시스템과 함께 사용할 수 있는 장점이 있다.
㉯ 비교적 열효율이 낮은 단점이 있다.
㉰ 용융상태의 물질에 의하여 방해를 받는 단점이 있다.
㉱ 폐기물의 체류시간을 로의 회전속도 조절로 제어할 수 있는 장점이 있다.

풀이 ㉰ 용융상태의 물질에 의하여 방해를 받지 않는 장점이 있다.

36 유해폐기물의 고화처리방법 중 열가소성 플라스틱법의 장·단점으로 틀린 것은 어느 것인가?

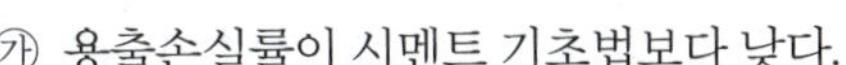

㉮ 용출손실률이 시멘트 기초법보다 낮다.
㉯ 폐기물을 건조시켜야 한다.
㉰ 고온분해되는 물질에는 사용할 수 없다.
㉱ 혼합율이 비교적 낮다.

풀이 ㉱ 혼합율이 비교적 높다.

TIP

혼합율((MR) $= \frac{\text{첨가제의 질량}}{\text{폐기물의 질량}}$

answer 33 ㉱ 34 ㉮ 35 ㉰ 36 ㉱

37 분뇨처리장에서 분뇨를 소화 후 소화된 슬러지를 탈수하고 있다. 소화된 슬러지의 발생량은 1일 분뇨투입량의 10%이며 소화된 슬러지의 함수량이 95%라면 1일 탈수된 슬러지의 양(m^3)은 얼마인가? (단, 슬러지의 비중=1.0, 분뇨투입량=200kL/day, 탈수된 슬러지의 함수율=75%)

㉮ $7m^3$ ㉯ $6m^3$
㉰ $5m^3$ ㉱ $4m^3$

풀이 $V_1 \times (100-P_1) = V_2 \times (100-P_2)$
$200m^3/day \times 0.1 \times (100-95\%) = V_2 \times (100-75\%)$
$V_2 = 4m^3/day$

TIP
① $KL/day = m^3/day$
② $200KL/day = 200m^3/day$

38 유해폐기물 고화처리방법인 자가시멘트법에 대한 설명으로 틀린 것은 어느 것인가?

㉮ 연소가스 탈황 시 발생된 슬러지 처리에 사용됨
㉯ 폐기물이 스스로 고형화되는 성질을 이용하여 개발됨
㉰ 중금속 저지에 효과적이며 혼합률이 낮음
㉱ 숙련된 기술과 보조에너지가 필요 없음

풀이 ㉱ 숙련된 기술과 보조에너지가 필요하다.

39 매립 후 2년이 경과하여 혐기성 단계로 발생되는 가스의 구성비가 거의 일정한 정상상태가 되었을 때의 가스구성비(메탄 : 이산화탄소)로 알맞은 것은 어느 것인가?

㉮ 55% : 45% ㉯ 65% : 35%
㉰ 75% : 25% ㉱ 85% : 15%

풀이 매립 후 정상 상태에서 발생되는 메탄과 이산화탄소의 비는 55% : 45%이다.

40 호기성 퇴비화공정의 설계 운영고려 인자에 대한 내용으로 틀린 것은 어느 것인가?

㉮ C/N비가 낮으면 암모니아 가스가 발생하며 생물학적 활성이 떨어진다.
㉯ 하수슬러지는 폐기물과 함께 퇴비화가 가능하며 슬러지를 첨가할 경우 최종 수분함량이 중요한 인자로 작용한다.
㉰ 퇴비내 공기는 채널링 효과를 유지하기 위해 반응기간 동안 규칙적으로 교반하거나 뒤집어 주어야 한다.
㉱ 암모니아 가스에 의한 질소 손실을 줄이기 위해서 pH가 8.5이상 올라가지 않도록 주의한다.

풀이 ㉰ 퇴비내 공기의 채널링 현상을 방지하기 위해 반응기간 동안 규칙적으로 교반하거나 뒤집어 주어야 한다.

answer 37 ㉱ 38 ㉱ 39 ㉮ 40 ㉰

| 제3과목 | 폐기물공정시험기준

41 원자흡수분광광도법에서 불꽃의 온도가 높기 때문에 불꽃 중에서 해리하기 어렵고, 내화성 산화물을 만들기 쉬운 원소를 분석하는 데 사용되는 것은 어느 것인가?

㉮ 수소-공기
㉯ 아세틸렌-아산화질소
㉰ 프로판-공기
㉱ 아세틸렌-공기

풀이 ㉯ 아세틸렌(C_2H_2) - 아산화질소(N_2O)에 대한 설명이며, 핵심 내용인 "처리하기 어려운 내화성 산화물 = 아세틸렌-아산화질소"임을 숙지하시면 됩니다.

42 폐기물공정시험기준상 시료를 채취할 때 시료의 양은 1회에 최소 얼마 이상 채취하여야 하는가? (단, 소각재 제외)

㉮ 100g 이상　　㉯ 200g 이상
㉰ 500g 이상　　㉱ 1,000g 이상

풀이 시료의 양은 1회에 100g 이상 채취한다. 다만, 소각재의 경우에는 1회에 500g 이상을 채취한다.

43 황산산성에서 디티존사염화탄소로 1차추출하고 브롬화칼륨 존재하에 황산산성에서 역추출하여 방해성분과 분리한 다음 알칼리성에서 디티존사염화탄소로 추출하는 중금속 항목은 어느 것인가?

㉮ Cd　　㉯ Cu
㉰ Pb　　㉱ Hg

풀이 ㉱ 수은의 자외선/가시선 분광법에 대한 설명이며, 핵심 내용인 "추출용매가 디티존사염화탄소 = 수은"임을 숙지하시면 됩니다.

44 액상폐기물에서 트리클로로에틸렌을 용매추출법으로 추출하고자 할 때 사용되는 추출용매의 종류는 어느 것인가?

㉮ 아세톤　　㉯ 디티존
㉰ 사염화탄소　　㉱ 헥산

풀이 추출용매는 헥산이다.

45 폐기물공정시험기준의 궁극적인 목적은 무엇인가?

㉮ 국민의 보건향상을 위하여
㉯ 분석의 정확과 통일을 기하기 위하여
㉰ 오염실태를 파악하기 위하여
㉱ 폐기물의 성상을 분석하기 위하여

46 시료의 전처리 방법인 마이크로파에 의한 유기물분해에 대한 내용으로 틀린 것은 어느 것인가?

㉮ 산과 함께 시료를 용기에 넣고 마이크로파를 가한다.
㉯ 재현성이 떨어지는 단점이 있다.
㉰ 가열속도가 빠른 장점이 있다.
㉱ 유기물이 다량 함유된 시료의 전처리에 이용된다.

풀이 ㉯ 재현성이 높다.

answer 41 ㉯ 42 ㉮ 43 ㉱ 44 ㉱ 45 ㉯ 46 ㉯

47 회분식 연소방식에 소각재 반출설비에서의 시료채취에 대한 설명이다. (   )에 들어갈 알맞은 말은?

> 회분식 연소방식의 소각재 반출설비에서 채취하는 경우에는 하루 동안의 운전 횟수에 따라 매 운전 시마다 2회 이상 채취하는 것을 원칙으로 하고, 시료의 양은 1회에 (   ) 이상으로 한다.

㉮ 100g　　㉯ 200g
㉰ 300g　　㉱ 500g

풀이 시료의 양은 1회에 100g 이상 채취한다. 다만, 소각재의 경우에는 1회에 500g 이상을 채취한다.

48 기체크로마토그래피 분석법으로 휘발성 저급염소화 탄화수소류를 측정할 때 사용하는 운반가스는 무엇인가?

㉮ 질소　　㉯ 산소
㉰ 수소　　㉱ 아르곤

풀이 사용하는 운반가스는 부피백분율 99.999% 이상의 헬륨 또는 질소를 사용한다.

49 시료용기에 대한 내용으로 틀린 것은 어느 것인가?

㉮ 노말헥산 추출물질, 유기인 시험을 위한 시료 채취 시는 갈색경질유리병을 사용한다.
㉯ PCB 및 휘발성저급염소화탄화수소류 시험을 위한 시료 채취 시는 갈색경질유리병을 사용한다.
㉰ 채취용기는 기밀하고 누수나 흡습성이 없어야 한다.
㉱ 시료의 부패를 막기 위해 공기가 통할 수 있는 코르크마개를 사용한다.

풀이 ㉱ 시료 중에 다른 물질의 혼입이나 성분의 손실을 방지하기 위하여 밀봉할 수 있는 마개를 사용하며, 코르크마개를 사용하여서는 안된다. 다만, 고무나 코르크 마개에 파라핀지, 유지 또는 셀로판지를 씌워 사용할 수도 있다.

50 기체-액체크로마토그래피법에서 사용하는 담체로 틀린 것은 어느 것인가?

㉮ 내화벽돌　　㉯ 알루미나
㉰ 합성수지　　㉱ 규조토

풀이 ① 기체-액체크로마토그래피 : 내화벽돌, 유리, 석영, 합성수지
② 기체-고체크로마토그래피 : 실리카겔, 활성탄, 알루미나, 합성제올라이트

51 용출시험 방법에서 사용되는 용출시험 결과에 대한 수분함량 보정식은 어느 것인가? (단, 시료의 함수율 85% 이상이다.)

㉮ $\dfrac{15}{100-\text{함수율}(\%)}$

㉯ $\dfrac{100}{\text{함수율}(\%)-15}$

㉰ $\dfrac{\text{함수율}(\%)}{100}$

㉱ $\dfrac{\text{함수율}(\%)-15}{100}$

answer 47 ㉱ 48 ㉮ 49 ㉱ 50 ㉯ 51 ㉮

52 다음 중 온도에 대한 규정으로 틀린 것은 어느 것인가?

㉮ 표준온도는 0℃ ㉯ 상온은 15～25℃
㉰ 실온은 4～25℃ ㉱ 찬곳은 0～15℃

풀이 ㉰ 실온은 1～35℃

53 흡광도가 0.35인 시료의 투과도는 얼마인가?

㉮ 0.447 ㉯ 0.547
㉰ 0.647 ㉱ 0.747

풀이 $흡광도(A) = \log \frac{1}{투과도}$

$\therefore 투과도 = 10^{-A} = 10^{-0.35} = 0.447$

54 자외선/가시선 분광법에 의한 구리의 정량에 대한 설명으로 틀린 것은 어느 것인가?

㉮ 추출용매는 아세트산부틸을 사용한다.
㉯ 정량한계는 0.002mg이다.
㉰ 비스무트(Bi)가 구리의 양보다 2배 이상 존재할 경우에는 청색을 나타내어 방해한다.
㉱ 시료의 전처리를 하지 않고 직접 시료를 사용하는 경우 시료 중에 시안화합물이 함유 되어 있으면 염산으로 산성 조건을 만든 후 끓여 시안화물을 완전히 분해 제거한 다음 시험한다.

풀이 ㉰ 비스무트(Bi)가 구리의 양보다 2배 이상 존재할 경우에는 황색을 나타내어 방해한다.

55 기름성분을 분석하는 노말헥산 추출시험법에서 노말헥산을 증발시키기 위한 조작 온도는 얼마인가?

㉮ 50℃ ㉯ 60℃
㉰ 70℃ ㉱ 80℃

56 표준용액의 pH 값으로 틀린 것은 어느 것인가? (단, 0℃ 기준)

㉮ 수산염 표준용액 : 1.67
㉯ 붕산염 표준용액 : 9.46
㉰ 프탈산염 표준용액 : 4.01
㉱ 수산화칼슘 표준용액 : 10.43

풀이 ㉱ 수산화칼슘 표준용액 : 13.43

과년도 기출문제

57 이온전극법을 이용한 시안 측정에 대한 설명이다. ( )에 들어갈 알맞은 말은?

> 이 시험기준은 폐기물 중 시안을 측정하는 방법으로 액상 폐기물과 고상 폐기물을 ( )으로 조절한 후 시안 이온전극과 비교전극을 사용하여 전위를 측정하고 그 전위차로부터 시안을 정량하는 방법이다.

㉮ pH 4 이하의 산성
㉯ pH 6～7의 중성
㉰ pH 10의 알칼리성
㉱ pH 12～13의 알칼리성

풀이 시안의 측정방법별 pH 조절
① 자외선/가시선 분광법 : pH 2 이하의 산성으로 조절
② 이온전극법 : pH 12~13의 알칼리성으로 조절

answer 52 ㉰ 53 ㉮ 54 ㉰ 55 ㉱ 56 ㉱ 57 ㉱

58 용액의 정의에 대한 설명에서 10w/v%가 의미하는 것은 어느 것인가?

㉮ 용질 1g을 물에 녹여 10mL로 한 것이다.
㉯ 용질 10g을 물 90mL에 녹인 것이다.
㉰ 용질 10g을 물에 녹여 100mL로 한 것이다.
㉱ 용질 10mL를 물에 녹여 100mL로 한 것이다.

풀이 10W/V%는 용질 10g을 물에 녹여 100mL로 한 것이므로 정답은 ㉮번이 된다.

59 유기인의 기체크로마토그래피 분석 시 간섭물질에 대한 설명으로 틀린 것은 어느 것인가?

㉮ 추출 용매 안에 함유되어 있는 불순물이 분석을 방해할 수 있다.
㉯ 고순도의 시약이나 용매를 사용하면 방해물질을 최소화할 수 있다.
㉰ 매트릭스로부터 추출되어 나오는 방해물질이 있을 수 있는데 이는 시료마다 다르다.
㉱ 유리기구류는 세정수로만 닦아준 후 깨끗한 곳에서 건조하여 사용한다.

풀이 ㉱ 유리기구류는 세정제, 수돗물, 정제수 그리고 아세톤으로 차례로 닦아준 후 400℃에서 15~30분 동안 가열한 후 식혀 알루미늄포일로 덮어 깨끗한 곳에 보관하여 사용한다.

60 카드뮴을 원자흡수분광광도법으로 분석하는 경우 측정 파장(nm)은 얼마인가?

㉮ 228.8 ㉯ 283.3
㉰ 324.7 ㉱ 357.9

풀이 카드뮴의 원자흡수분광광도법
① 측정파장 : 228.8nm
② 정량한계 : 0.002mg/L
③ 불꽃기체 : 공기-아세틸렌

answer 58 ㉮ 59 ㉱ 60 ㉮

2018 1회

기출문제

| 제1과목 | 폐기물개론

01 쓰레기 수집 시스템에 관한 설명으로 틀린 것은?

㉮ 모노레일 수송은 쓰레기를 적환장에서 최종처분장까지 수송하는데 적용할 수 있다.
㉯ 컨베이어 수송은 지상에 설치한 컨베이어에 의해 수송하는 방법으로 신속 정확한 수송이 가능하나 악취와 경관에 문제가 있다.
㉰ 컨테이너 철도수송은 광대한 지역에서 적용할 수 있는 방법이며 컨테이너의 세정에 많은 물이 요구되어 폐수처리의 문제가 발생한다.
㉱ 관거를 이용한 수거는 자동화, 무공해화가 가능하나 조대쓰레기는 파쇄, 압축 등이 전처리가 필요하다.

풀이 ㉯ 컨베이어 수송은 지하에 설치한 컨베이어에 의해 수송하는 방법으로 신속 정확한 수송이 가능하고 악취와 경관에 문제가 없다.

02 쓰레기 재활용의 장점에 관한 설명 중 틀린 것은?

㉮ 자원 절약이 가능하다.
㉯ 최종 처분할 쓰레기양이 감소된다.
㉰ 쓰레기 종류에 관계없이 경제성이 있다.
㉱ 2차 환경오염을 줄일 수 있다.

풀이 ㉰ 경제성은 쓰레기 종류에 관계가 있다.

03 쓰레기 발생량 예측방법으로 틀린 것은?

㉮ 경향법
㉯ 계수분석모델
㉰ 다중회귀모델
㉱ 동적모사모델

풀이 쓰레기 발생량
① 예측방법 : 다중회귀모델, 동적모사모델, 경향모델
② 조사방법 : 물질수지법, 직접계근법, 적재차량계수법, 통계조사법
③ 암기법 : 예측은 다중이 동석으로 경향을 파악하고/조사는 물질을 직접 적재한 통계로 한다.

answer 01 ㉯ 02 ㉰ 03 ㉯

04 수분이 96%이고 무게 100kg인 폐수슬러지를 탈수시켜 수분이 70%인 폐수슬러지로 만들었다. 탈수된 후 폐수슬러지의 무게(kg)는? (단, 슬러지 비중 = 1.0)

㉮ 11.3kg　　㉯ 13.3kg
㉰ 16.3kg　　㉱ 18.3kg

풀이 $W_1 \times (100 - P_1) = W_2 \times (100 - P_2)$
$100\text{kg} \times (100 - 96) = W_2 \times (100 - 70)$
$\therefore W_2 = \dfrac{100\text{kg} \times (100 - 96)}{(100 - 70)} = 13.33\text{kg}$

05 폐기물관리법 제도하에서 관리하는 폐기물은 어느 것인가?

㉮ 인분뇨
㉯ 병원폐기물(적출물)
㉰ 방사성 폐기물
㉱ 가축분뇨

풀이 폐기물관리법 제도하에서 관리하는 폐기물은 병원폐기물(적출물)이다.

06 함수율 85%인 슬러지 $100m^3$과 함수율 40%인 $1,000m^3$의 슬러지를 혼합했을 때 함수율(%)은 얼마인가? (단, 모든 슬러지의 비중 = 1)

㉮ 약 41.3%　　㉯ 약 44.1%
㉰ 약 46.0%　　㉱ 약 49.3%

풀이 $\text{함수율}(\%) = \dfrac{100m^3 \times 85\% + 1,000m^3 \times 40\%}{100m^3 + 1,000m^3}$
$= 44.09\%$

07 국내에서 재활용률이 가장 낮은 것은?

㉮ 유리병　　㉯ 고철
㉰ 폐지　　㉱ 형광등

풀이 국내에서 재활용률이 가장 낮은 것은 보기 중 ㉱ 형광등이다.

08 파쇄에 관한 설명으로 틀린 것은?

㉮ 파쇄를 통해 폐기물의 크기가 보다 균일해 진다.
㉯ 파쇄 후 폐기물의 부피는 증가한다.
㉰ 파쇄된 입자의 무게기준으로 63.2%가 통과할 수 있는 체의 눈의 크기를 평균특성입자라고 한다.
㉱ Rosin-Rammler Model은 파쇄된 입자크기 분포에 대한 수식적 모델이다.

풀이 ㉯ 파쇄 후 폐기물의 부피는 감소한다.

09 수분이 적당히 있는 상태에서 플라스틱으로부터 종이를 선별할 수 있는 방법으로 가장 적절한 것은?

㉮ 자력선별　　㉯ 정전기선별
㉰ 와전류선별　　㉱ 광학선별

풀이 ㉯ 정전기선별에 대한 설명이다.

10 쓰레기 성상분석을 위한 시료의 조정방법으로 틀린 것은 ?

㉮ 원추 4분법　　㉯ 단열계법
㉰ 교호삽법　　㉱ 구획법

answer 04 ㉯ 05 ㉯ 06 ㉯ 07 ㉱ 08 ㉯ 09 ㉯ 10 ㉯

풀이 시료의 분할채취방법
① 원추 4분법
② 교호삽법
③ 구획법

11 다음의 쓰레기 성상분석 과정 중에서 일반적으로 가장 먼저 이루어지는 절차는?

㉮ 분류
㉯ 절단 및 분쇄
㉰ 건조
㉱ 화학적 조성 분석

풀이 쓰레기 시료의 분석절차는 시료→밀도 측정→물리적 조성→건조→분류→전처리(절단 및 분쇄)→화학적 조성 분석 순서이다.

12 폐기물의 분쇄에 대한 이론이 아닌 것은?

㉮ Nernst 이론 ㉯ Rittinger 이론
㉰ Kick 이론 ㉱ Bond 이론

풀이 폐기물의 분쇄에 대한 이론
① Rittinger 이론
② Kick 이론
③ Bond 이론

13 분리수거의 장점으로 적합하지 않은 사항은?

㉮ 지하수 및 토양오염은 불가피하다.
㉯ 폐기물의 자원화가 이루어진다.
㉰ 최종 처분장의 면적이 줄어든다.
㉱ 쓰레기 처리의 효율성이 증대된다.

풀이 ㉮ 지하수 및 토양오염을 방지할 수 있다.

14 국내에서 실시하고 있는 쓰레기 종량제에 대한 개념을 설명한 것으로 틀린 것은?

㉮ 쓰레기 배출량에 따라 수거처리 비용을 부담하는 원인자 부담원칙을 적용하는 제도이다.
㉯ 가정생활 쓰레기 및 상가, 시장, 업소, 사업장에서 발생하는 대형 쓰레기도 적용 대상이다.
㉰ 재활용품, 연탄재쓰레기 등은 종량제 대상에서 제외된다.
㉱ 관급 규격봉투에 쓰레기를 담아 배출하여야 한다.

풀이 ㉯ 가정생활 쓰레기 및 상가, 시장, 업소, 사업장에서 발생하는 대형 쓰레기는 적용대상이 아니다.

15 쓰레기 성상분석에 관한 설명으로 올바른 것은?

㉮ 쓰레기 채취는 신속하게 작업하되 축소작업 개시부터 60분 이내에 완료해야 된다.
㉯ 수집운반차로부터 시료를 채취하되 무작위 채취방식으로 하고 수거차마다 배출지역이 다를 경우 층별채취법은 바람직하지 않다.
㉰ 1대의 차량으로부터 대표되는 시류를 10kg 이상 채취하고 원시료의 총량을 200kg 이하가 되도록 한다.
㉱ 쓰레기 성상조사는 적어도 1년에 4회 측정하되 수분의 平균치를 알기 위해서 비오는 날 수집은 피하는 것이 바람직하다.

answer 11 ㉰ 12 ㉮ 13 ㉮ 14 ㉯ 15 ㉱

16 폐기물의 초기함수율이 65%이고, 건조시킨 후의 함수율이 45%로 감소되었다면 증발된 물의 양(kg)은? (단, 초기폐기물의 무게 = 100kg, 폐기물의 비중 = 1)

㉮ 약 31.2 ㉯ 약 32.6
㉰ 약 34.5 ㉱ 약 36.4

풀이 ① $W_1 \times (100 - P_1) = W_2 \times (100 - P_2)$
여기서 W_1 : 건조 전 폐기물 무게(kg)
P_1 : 건조 전 함수율(%)
W_2 : 건조 후 폐기물 무게(kg)
P_2 : 건조 후 함수율(%)
따라서 $100\text{kg} \times (100 - 65) = W_2 \times (100 - 45)$
$\therefore W_2 = \dfrac{100\text{kg} \times (100 - 65)}{(100 - 45)} = 63.64\text{kg}$
② 수분의 증발량(kg) $= W_1 - W_2$
$= 100\text{kg} - 63.64\text{kg}$
$= 36.36\text{kg}$

17 폐기물 발생량에 영향을 미치는 인자로 틀린 것은?

㉮ 가구당 인원수
㉯ 생활수준
㉰ 쓰레기통의 크기
㉱ 처리방법

풀이 폐기물 발생량에 영향을 미치는 인자
① 가구당 인원수
② 생활수준
③ 쓰레기통의 크기
④ 수거빈도
⑤ 계절

18 우리나라에서 효율적인 쓰레기의 수거노선을 결정하기 위한 방법으로 적당한 것은?

㉮ 가능한 U자형 회전을 하여 수거한다.
㉯ 급경사지역은 하단에서 상단으로 이동하면서 수거한다.
㉰ 가능한 한 시계방향으로 수거노선을 정한다.
㉱ 쓰레기 수거는 소량 발생지역부터 실시한다.

풀이 ㉮ 가능한 U자형 회전을 피하여 수거한다.
㉯ 급경사지역은 상단에서 하단으로 이동하면서 수거한다.
㉱ 쓰레기 수거는 대량 발생지역부터 실시한다.

19 열분해에 의한 에너지회수법과 소각에 의한 에너지회수법을 비교하였을 때 열분해에 의한 에너지회수법의 장점으로 틀린 것은?

㉮ 저장 및 수송이 가능한 연료를 회수할 수 있다.
㉯ NOx의 발생량이 적다.
㉰ 감량비가 크며, 잔사가 안정화된다.
㉱ 발생되는 배출가스량이 적어 가스처리 장치가 소형이어도 된다.

풀이 ㉰ 감량비가 작으며, 잔사가 안정화 되어있지 않다.

20 불완전 연소를 가정하여 O의 반은 H_2O로, 남은 반은 CO의 형태로 있는 것으로 가정하여 발열량을 구하는 식은?

㉮ Dulong ㉯ Steuer
㉰ Scheuer-Kester ㉱ Kunle

answer 16 ㉱ 17 ㉱ 18 ㉰ 19 ㉰ 20 ㉯

풀이 ㉯ 스튜어(Steuer)식에 대한 설명이다.

TIP

스튜어(Steuer)식

$$Hh = 8,100 \times (C - \frac{3}{8} \times O) + 5,700 \times \frac{3}{8} \times O + 34,500 \times (H - \frac{O}{16}) + 2,500 \times S$$

| 제2과목 | 폐기물처리기술

21 함수율 98%인 슬러지를 농축하여 함수율 92%로 하였다면 슬러지의 부피 변화율은? (단, 비중 = 1.0)

㉮ 1/2로 감소　　㉯ 1/3로 감소
㉰ 1/4로 감소　　㉱ 1/5로 감소

풀이 $V_1 \times (100 - P_1) = V_2 \times (100 - P_2)$

여기서 V_1 : 농축 전 슬러지량
P_1 : 농축 전 함수율
V_2 : 농축 후 슬러지량
P_2 : 농축 후 함수율

따라서 $V_1 \times (100 - 98) = V_2 \times (100 - 92)$

$$\therefore \frac{V_2}{V_1} = \frac{(100-98)}{(100-92)} = \frac{2}{8} = \frac{1}{4}$$

22 폐기물 고형화처리의 목적으로 틀린 것은?

㉮ 폐기물의 독성이 감소한다.
㉯ 폐기물의 취급을 용이하게 한다.
㉰ 폐기물내 오염물질의 용해도가 감소한다.
㉱ 폐기물의 부피를 감소시켜 매립용적을 감소시킨다.

풀이 폐기물을 고형화를 하면 폐기물의 부피가 증가되어 매립용적이 증가 하므로 고형화처리의 목적은 아니다.

23 분뇨처리장에서 악취의 원인이 되는 가스가 아닌 것은?

㉮ NH_3　　㉯ H_2S
㉰ CO_2　　㉱ 메르캅탄

풀이 ㉰ 이산화탄소(CO_2)는 무색, 무취의 기체이다.

24 다음 조건과 같은 매립지내 침출수가 차수층을 통과하는데 소요되는 시간(년)은 얼마인가? (단, 점토층 두께 = 1.0m, 유효공극률 = 0.2, 투수계수 = 10^{-7}cm/sec, 상부침출수 수두 = 0.4m)

㉮ 약 7.83　　㉯ 약 6.53
㉰ 약 5.33　　㉱ 약 4.53

풀이
$$t = \frac{d^2 \cdot n}{k(d+h)}$$

여기서 t : 침출수가 점토층을 통과하는 시간(년)
d : 점토층의 두께(m)
n : 유효공극률
k : 투수계수(m/년)
h : 침출수 수두(m)

① k(m/년)

$$= \frac{10^{-7}\,cm}{sec} \times \frac{1\,m}{10^2\,cm} \times \frac{3,600\,sec}{1\,hr} \times \frac{24\,hr}{1\,day} \times \frac{365\,day}{1년}$$

$= 3.15 \times 10^{-2}$ m/년

② $$t = \frac{(1.0m)^2 \times 0.2}{3.15 \times 10^{-2}\,m/년 \times (1.0m + 0.4m)}$$

= 4.54년

answer 21 ㉰ 22 ㉱ 23 ㉰ 24 ㉱

25 토양의 양이온 교환능력은 침출수가 누출될 경우 오염물질의 이동에 영향을 미친다. 침출수의 pH가 높아지면 토양의 양이온 교환능력의 변화는?

㉮ 낮아진다. ㉯ 변화없다.
㉰ 높아진다. ㉱ 알 수 없다.

풀이 침출수의 pH가 높아지면 알칼리성(OH^- 이온이 증가)이므로 토양의 양이온 교환능력의 변화는 높아진다.

26 물리학적으로 분류된 토양수분인 흡습수에 관한 내용으로 틀린 것은?

㉮ 중력수 외부에 표면장력과 중력이 평형을 유지하며 존재하는 물을 말한다.
㉯ 흡습수는 pF 4.5 이상으로 강하게 흡착되어 있다.
㉰ 식물이 직접 이용할 수 없다.
㉱ 부식토에서의 흡습수의 양은 무게비로 70%에 달한다.

풀이 ㉮번에 대한 설명은 모세관수이다.

27 폐기물 소각 시 발생되는 황산화물 처리법 중 건식법인 것은?

㉮ 암모니아법 ㉯ 아황산칼륨법
㉰ 석회흡수법 ㉱ 접촉산화법

풀이 황산화물 처리법 중 건식법에는 건식석회석주입법(석회흡수법), 활성산화망간법, 알칼리성 알루미나 흡수법, 활성탄흡수법이 있다.

28 분뇨의 혐기성 소화처리방식의 장점으로 틀린 것은?

㉮ 소화가스를 열원으로 이용
㉯ 병원균이나 기생충란 사멸
㉰ 호기성 처리방법에 비해 유지관리비가 적음
㉱ 호기성 처리방법에 비해 소화속도 빠름

풀이 ㉱ 호기성 처리방법에 비해 소화속도 느림

29 다음 중 지정폐기물의 최종처리시설로 가장 적합한 것은?

㉮ 소각시설
㉯ 해양투기
㉰ 위생형 매립시설
㉱ 차단형 매립시설

풀이 지정폐기물의 최종처리시설은 차단형 매립시설이다.

30 쓰레기의 퇴비화를 고려할 때 가장 적당한 탄소와 질소의 비(C/N)는 얼마인가?

㉮ 70~80 ㉯ 35~50
㉰ 15~25 ㉱ 10~15

풀이 쓰레기의 퇴비화 고려인자
① 수분함량 : 50~60%
② pH : 6~8
③ C/N비 : 35~50
④ 적정입경 : 100~200mm
⑤ 온도 : 60~70℃

answer 25 ㉰ 26 ㉮ 27 ㉰ 28 ㉱ 29 ㉱ 30 ㉯

31 도시 분뇨 농도는 TS가 6%이고, TS의 65%가 VS이다. 이 분뇨를 혐기성 소화처리 한다면 분뇨 $10m^3$당 발생하는 CH_4가스의 양(m^3)은 얼마인가? (단, 비중 = 1.0, 분뇨의 VS 1kg당 $0.4m^3$의 CH_4가스 발생)

㉮ 122 ㉯ 131
㉰ 142 ㉱ 156

풀이 CH_4 가스의 발생량(m^3)

$= 분뇨량(m^3) \times 고형물량(kg/m^3) \times 유기물의\ 함량 \times \frac{m^3\ CH_4}{kg\ VS}$

$= 10m^3 \times 60kg/m^3 \times 0.65 \times 0.4m^3/kg$

$= 156m^3$

TIP

① $\% \xrightarrow{\times 10^4} ppm$
② ppm = mg/L
③ $mg/L \xrightarrow{\times 10^{-3}} kg/m^3$
④ TS $6\% = 6 \times 10^4 mg/L = 60kg/m^3$

32 일반적으로 탈수에 이용되지 않는 방법은?

㉮ 부상원리 ㉯ 진공여과
㉰ 원심분리 ㉱ 가압여과

풀이 ㉮ 부상원리는 부유고형물이나 유분을 제거하는 방법이다.

33 투입분뇨의 토사, 협잡물 등을 분리시키기 위하여 설치하는 것은?

㉮ 토사트랩(sand trap)
㉯ 파쇄기
㉰ Sand 펌프
㉱ Basket형 운반장치

풀이 투입분뇨의 토사, 협잡물 등을 분리시키기 위하여 설치하는 것은 토사트랩이다.

34 토양 중에서 액체의 밀도가 2배 증가하면 투수계수(K)는 얼마인가?

㉮ 처음의 1/2로 된다.
㉯ 변함없다.
㉰ 2배 증가한다.
㉱ 4배 증가한다.

풀이 밀도와 투수계수는 반비례관계이므로 밀도가 2배가 되면 투수계수는 1/2배가 된다.

35 매립장의 연평균 강우량이 1,200mm이고, 매립장 면적이 $30,000m^2$이다. 합리식으로 계산 하였을 때 일평균침출수 발생량(m^3/일)은 얼마인가? (단, 침출계수(유출계수) = 0.4 적용)

㉮ 약 40 ㉯ 약 72
㉰ 약 100 ㉱ 약 144

풀이 $Q = \frac{1}{1000} \times C \times I \times A$

여기서 C(유출계수) = 0.4

$I(강우강도) = \frac{1,200\,mm}{365\,day} = 3.29\,mm/day$

$A(면적) = 30,000\,m^2$

따라서

$Q = \frac{1}{1000} \times 0.4 \times 3.29\,mm/day \times 30,000\,m^2$

$= 39.48\,m^3/day$

TIP

공식에서 $\frac{1}{1,000}$은 강우강도(mm/day)에서 mm를 m으로 환산한 값임에 주의해야 한다.

answer 31 ㉱ 32 ㉮ 33 ㉮ 34 ㉮ 35 ㉮

실전문제

과년도 기출문제

36 기계식 퇴비공법의 장점이 아닌 것은?

㉮ 안정된 퇴비가 생성된다.
㉯ 기후의 영향을 받지 않는다.
㉰ 악취통제가 쉽다.
㉱ 좁은 공간을 활용할 수 있다.

풀이 ㉮ 안정적으로 퇴비가 생성되지 않는다.

37 폐기물 소각방법 중 다단로상식 소각로의 장점으로 틀린 것은?

㉮ 먼지발생률이 낮다.
㉯ 다양한 질의 폐기물에 대하여 혼소가 가능하다.
㉰ 체류시간이 길어서 연소효율이 높다.
㉱ 다량의 수분이 증발되므로 다습 폐기물의 처리에 유효하다.

풀이 ㉮ 먼지발생률이 높다.

38 슬러지를 비료로 이용하고자 한다. 이에 대한 설명으로 틀린 것은?

㉮ 분뇨 및 도시하수처리장에서 생성되는 슬러지는 일반적으로 유기물이 많고 식물에 유해한 성분이 적으므로 토양개량제로 이용에 지장이 없다.
㉯ 산업폐수처리에서 발생한 슬러지는 발생원칙에 따라 사전에 충분한 조사를 필요로 한다.
㉰ 슬러지의 비료가치를 판단하는데 있어서 증식이 되는 영양소(N, P_2O_5, K_2O)만을 중시하는 것은 오히려 불균형한 토양 조성이 될 수 있다.
㉱ 슬러지는 영양소가 충분하고 유해물질이 없어 식물에 대한 재배 실험이 필요하지 않다.

풀이 ㉱ 슬러지는 영양소가 충분하지만 유해물질이 존재하므로 식물에 대한 재배 실험이 필요하다.

39 퇴비화 공정설계 및 조작인자에 관한 설명으로 틀린 것은?

㉮ 함수율은 50~70% 정도이다.
㉯ 포기혼합, 온도조절 등이 필요하다.
㉰ 수분함량에 관계없이 blulking agent를 주입해야 한다.
㉱ 유기물이 가장 빠른 속도로 분해하는 온도범위는 60~80℃이다.

풀이 ㉰ 수분함량을 고려하여 팽화제(blulking agent)를 주입해야 한다.

40 폐기물 소각의 가장 주된 목적은 무엇인가?

㉮ 부피감소　　㉯ 위생처리
㉰ 고도처리　　㉱ 폐열회수

풀이 폐기물 소각의 가장 주된 목적은 부피감소이다.

| 제3과목 | 폐기물 공정시험기준

41 시료 채취에 관한 설명으로 옳지 않은 것은?

㉮ 5톤 미만인 차량에 적재되어 있는 폐기물은 평면상에서 9등분한 후 각 등분마다 채취한다.
㉯ 시료의 양은 1회에 100g 이상 채취한다.

answer 36 ㉮ 37 ㉮ 38 ㉱ 39 ㉰ 40 ㉮ 41 ㉮

㉰ 액상혼합물의 경우 원칙적으로는 최종 지점의 낙하구에서 흐르는 도중에 채취한다.
㉱ 고상혼합물의 경우 한 번에 일정량씩 채취한다.

풀이 ㉮ 5톤 미만인 차량에 적재되어 있는 폐기물은 평면상에서 6등분한 후 각 등분마다 채취한다.

42 자외선/가시선분광법으로 구리를 분석할 때의 간섭물질에 관한 설명으로 ( )에 들어갈 알맞은 말은?

> 비스무트(Bi)가 구리의 양보다 2배 이상 존재할 경우에는 ( )을 나타내어 방해한다.

㉮ 적자색 ㉯ 황색
㉰ 청색 ㉱ 황갈색

풀이 비스무트(Bi)가 구리의 양보다 2배 이상 존재할 경우에는 황색을 나타내어 방해한다.

43 유도결합플라즈마-원자발광분광법을 분석에 사용하지 않는 측정 항목은?

㉮ 납 ㉯ 비소
㉰ 수은 ㉱ 6가크롬

풀이 분석방법
㉮ 납 : 원자흡수분광광도법, 유도결합플라즈마-원자발광분광법, 자외선/가시선 분광법
㉯ 비소 : 원자흡수분광광도법, 유도결합플라즈마-원자발광분광법, 자외선/가시선 분광법
㉰ 수은 : 원자흡수분광광도법, 자외선/가시선 분광법
㉱ 6가크롬 : 원자흡수분광광도법, 유도결합플라즈마-원자발광분광법, 자외선/가시선 분광법

44 폐기물 용출시험방법 중 시료용액 조제 시 용매의 pH범위로 가장 옳은 것은?

㉮ pH 4.3~5.2 ㉯ pH 5.2~5.8
㉰ pH 5.8~6.3 ㉱ pH 6.3~7.2

풀이 폐기물 용출시험방법
① 시료량 : 100g 이상
② pH범위 : pH 5.8~6.3
③ 시료 : 용매의 비 = 1 : 10(W/V)

45 원자흡수분광광도법에 의한 카드뮴 정량 시 가장 오차를 크게 유발하는 물질은?

㉮ NaCl ㉯ $Pb(OH)_2$
㉰ $FeSO_4$ ㉱ $KMnO_4$

풀이 원자흡수분광광도법에 의한 카드뮴 정량 시 가장 오차를 크게 유발하는 물질은 염화나트륨(NaCl)이다.

46 십억분율(Parts Per Billion)을 올바르게 표시한 것은?

㉮ ng/kg ㉯ mg/kg
㉰ μg/L ㉱ ppm

풀이 단위
① ppm = 백만분율 = mg/L
② ppb = 10억분율 = μg/L

answer 42 ㉯ 43 ㉰ 44 ㉰ 45 ㉮ 46 ㉰

47 유기물 함량이 비교적 높지 않고 금속의 수산화물, 산화물, 인산염 및 황화물을 함유하고 있는 시료에 적용되는 산분해법은 어느 것인가?

㉮ 질산-황산 분해법
㉯ 질산-염산 분해법
㉰ 질산-과염소산 분해법
㉱ 질산-불화수소산 분해법

풀이 산분해법
㉮ 질산-황산 분해법 : 유기물 등을 많이 함유하고 있는 대부분의 시료
㉯ 질산-염산 분해법 : 유기물 함량이 비교적 높지 않고 금속의 수산화물, 산화물, 인산염 및 황화물을 함유하고 있는 시료
㉰ 질산-과염소산 분해법 : 유기물을 높은 비율로 함유하고 있으면서 산화분해가 어려운 시료
㉱ 질산-과염소산-불화수소산 분해법 : 점토질 또는 규산염이 높은 비율로 함유된 시료

48 폐기물의 유분 분석 과정에서 추출된 노말헥산 층에 무수황산나트륨을 넣은 이유는?

㉮ 분해율 향상　㉯ 추출률 향상
㉰ 수분제거　㉱ 유기물 산화

풀이 추출된 노말헥산 층에 무수황산나트륨을 넣은 이유는 수분제거이다.

49 감염성미생물(멸균테이프 검사법) 분석 시 분석절차에 관한 설명으로 (　　)에 들어갈 알맞은 말은?

> 멸균취약지점을 포함하여 멸균기 안의 정상 운전조건을 대표할 수 있는 적절한 위치에 멸균테이프를 (㉠) 이상 부착한다. 감염성 폐기물을 멸균기의 (㉡) 또는 그 이하를 투입한다.

㉮ ㉠ 3개, ㉡ 최소 부하량
㉯ ㉠ 5개, ㉡ 허용 부하량
㉰ ㉠ 7개, ㉡ 최소 부하량
㉱ ㉠ 10개, ㉡ 허용 부하량

풀이 멸균테이프 검사법
① 멸균테이프 부착갯수 : 10개 이상
② 감염성폐기물 투입량 : 멸균기의 허용부하량 또는 그 이하

50 원자흡수분광광도계의 광원으로 주로 사용되는 램프는?

㉮ 속빈음극램프
㉯ 열음극램프
㉰ 방전램프
㉱ 텅스텐램프

풀이 원자흡수분광광도계의 광원은 속빈음극램프이다.

51 용출용액 중의 PCBs 분석(기체크로마토그래피법)에 관한 내용으로 틀린 것은?

㉮ 용출용액 중의 PCBs를 헥산으로 추출한다.
㉯ 액상 폐기물의 정량한계는 0.0005mg/L이다.
㉰ 전자포획 검출기를 사용한다.
㉱ 검출기의 온도는 270~320℃ 범위이다.

풀이 ㉯ 액상 폐기물의 정량한계는 0.05mg/L이다.

TIP
용출용액 정량한계 : 0.0005mg/L

answer 47 ㉯ 48 ㉰ 49 ㉱ 50 ㉮ 51 ㉯

52 방울수에 대한 설명으로 ( )에 들어갈 알맞은 말은?

> (㉠)에서 정제수 (㉡)을 적하할 때 그 부피가 약 1mL 되는 것을 뜻한다.

㉮ ㉠ 15℃, ㉡ 10방울
㉯ ㉠ 15℃, ㉡ 20방울
㉰ ㉠ 20℃, ㉡ 10방울
㉱ ㉠ 20℃, ㉡ 20방울

53 유기질소 화합물 및 유기인 화합물을 선택적으로 검출할 수 있는 기체크로마토그래피의 검출기는 어느 것인가?

㉮ 알칼리열 이온화 검출기
㉯ 열전도도 검출기
㉰ 불꽃이온화 검출기
㉱ 불꽃광도형 검출기

풀이 ㉮ 알칼리열 이온화 검출기(FTD)에 대한 설명이다.

54 고형물의 함량이 50%, 수분함량이 50%, 강열감량이 85%인 폐기물이 있다. 이 때 폐기물의 고형물 중 유기물 함량(%)은 얼마인가?

㉮ 50% ㉯ 60%
㉰ 70% ㉱ 80%

풀이 유기물 함량(%) $= \dfrac{\text{휘발성 고형물(\%)}}{\text{고형물(\%)}} \times 100$

휘발성 고형물(%) = 강열감량(%) − 수분(%)
= 85% − 50% = 35%

따라서 유기물 함량(%) $= \dfrac{35\%}{50\%} \times 100 = 70\%$

TIP
강열감량 : 분석 시료를 가열하였을 때의 질량의 감소분

55 취급 또는 저장하는 동안에 밖으로부터의 공기 또는 다른 가스가 침입하지 아니하도록 내용물을 보호하는 용기는 어느 것인가?

㉮ 기밀용기
㉯ 밀폐용기
㉰ 밀봉용기
㉱ 차광용기

풀이 ㉮ 기밀용기에 대한 설명이다.

TIP
용기
① 밀폐용기 : 이물질
② 밀봉용기 : 기체 또는 미생물
③ 기밀용기 : 공기 또는 다른 가스
④ 차광용기 : 광선

56 시안을 이온전극으로 측정하고자 할 때 조절하여야 할 시료의 pH범위는?

㉮ pH 3~4 ㉯ pH 6~7
㉰ pH 10~12 ㉱ pH 12~13

풀이 시안의 pH범위
① 자외선/가시선 분광법 : pH 2 이하의 산성
② 이온전극법 : pH 12~13의 알칼리성
③ 연속흐름법 : 산성상태에서 가열 증류

answer 52 ㉱ 53 ㉮ 54 ㉰ 55 ㉮ 56 ㉱

57 20ppm은 몇 %인가?

㉮ 0.2%　　㉯ 0.02%

㉰ 0.002%　　㉱ 0.0002%

$\text{ppm} \xrightarrow{\times 10^{-4}} \%$ 이므로

$20\,\text{ppm} \xrightarrow{\times 10^{-4}} 0.002\%$

TIP

단위환산

① $\text{ppm} \xrightarrow{\times 10^{-4}} \%$

② $\% \xrightarrow{\times 10^{4}} \text{ppm}$

58 강도 I_o의 단색광이 정색액을 통과할 때 그 빛이 80%가 흡수되었다면 흡광도는 얼마인가?

㉮ 0.823　　㉯ 0.768

㉰ 0.699　　㉱ 0.597

$$\text{흡광도(A)} = \log\frac{1}{\text{투과도}}$$
$$= \log\frac{1}{0.20} = 0.699$$

TIP

① $\text{흡광도(A)} = \log\frac{1}{\text{투과도}}$

② 투과율+흡수율 = 100%

③ 투과율 = 100-흡수율

59 중금속 원자 중 시료에 이염화주석을 넣고 금속원소로 환원시킨 다음 이 용액에 통기하여 발생되는 원자증기를 원자흡수분광광도법으로 정량하는 것은?

㉮ 카드뮴　　㉯ 수은

㉰ 납　　㉱ 아연

풀이 ㉯ 수은의 원자흡수분광광도법에 대한 설명이다.

60 2N 황산용액을 만들고자 할 때 가장 적절한 방법은? (단, 황산은 95% 이상)

㉮ 물 1L 중에 황산 49mL를 가한다.

㉯ 물에 황산 60mL를 가하고, 최종액량을 1L로 한다.

㉰ 황산 60mL를 물 1L 중에 섞으면서 천천히 넣어 식힌다.

㉱ 물에 황산 30mL를 가하고, 최종액량을 1L로 한다.

풀이 공정시험기준에 따른 조제방법

① 0.1N 황산 : 물 1L에 황산 3mL를 서서히 가해서 조제

② 2N 황산 : 물 1L에 황산 60mL를 서서히 가해서 조제

answer 57 ㉰ 58 ㉰ 59 ㉯ 60 ㉰

2018 2회 기출문제

| 제1과목 | 폐기물개론

01 지정폐기물에 대한 설명으로 틀린 것은?

㉮ pH가 2이하인 폐산은 지정폐기물이다.
㉯ pOH가 1.5이하인 폐알칼리는 지정폐기물이다.
㉰ 농촌에서 농부가 사용하고 남은 폐농약은 지정폐기물이다.
㉱ 샌드블라스트 폐사에서 0.3mg/L이상의 카드뮴이 용출되어 나오면 지정폐기물에 해당된다.

풀이 ㉰ 폐농약(농약의 제조·판매업소에서 발생되는 것으로 한정)

02 우리나라 인구 1인당 1일 생활쓰레기 평균 발생량(kg)으로 가장 알맞은 것은?

㉮ 약 0.2　　㉯ 약 1.0
㉰ 약 2.2　　㉱ 약 3.2

풀이 우리나라 인구 1인당 1일 생활쓰레기 평균 발생량은 약 1.0kg이다.

03 쓰레기 발생량 조사방법 중 물질수지법에 관한 설명으로 틀린 것은?

㉮ 시스템에 유입되는 대표적 물질을 설정하여 발생량을 추산하여야 한다.
㉯ 주로 산업폐기물의 발생량 추산에 이용된다.
㉰ 물질수지를 세울 수 있는 상세한 데이터가 있는 경우에 가능하다.
㉱ 우선적으로 조사하고자 하는 계의 경계를 정확하게 설정하여야 한다.

풀이 ㉮ 시스템에 유입되는 쓰레기 양과 유출되는 쓰레기 양에 대해서 물질수지를 세워 발생되는 쓰레기의 양을 추정하는 방법이다.

04 도시 일반폐기물의 조성성분 중 가장 적게 차지하는 성분이라고 생각되는 것은?

㉮ 수분　　㉯ 황
㉰ 탄소　　㉱ 산소

풀이 ㉯ 황(S)은 주로 화석연료에 포함되어 있다.

answer 01 ㉰ 02 ㉯ 03 ㉮ 04 ㉯

05 폐기물의 밀도가 200kg/m³인 것을 500 kg/m³으로 압축시킬 때 폐기물의 부피변화는?

㉮ 60% 감소 ㉯ 64% 감소
㉰ 67% 감소 ㉱ 70% 감소

풀이
$$\text{부피 감소율(\%)} = (1-\frac{\text{압축 전 밀도}}{\text{압축 후 밀도}})\times 100$$
$$= (1-\frac{200\,kg/m^3}{500\,kg/m^3})\times 100$$
$$= 60\%$$

06 쓰레기 재활용 측면에서 가장 효과적인 수거 방법은?

㉮ 집단수거 ㉯ 타종수거
㉰ 분리수거 ㉱ 혼합수거

풀이 ① 쓰레기 재활용 측면에서 가장 효과적인 수거 방법 : 분리수거
② 수거효율이 가장 큰 수거방법 : 타종수거

07 pH가 3인 폐산 용액은 pH가 5인 폐산 용액에 비하여 수소이온이 몇 배 더 함유되어 있는가?

㉮ 2배 ㉯ 15배
㉰ 20배 ㉱ 100배

풀이 $pH = 3 \Rightarrow [H^+] = 10^{-3}\,mol/L$
$pH = 5 \Rightarrow [H^+] = 10^{-5}\,mol/L$
따라서 $\frac{pH3}{pH5} = \frac{10^{-3}\,mol/L}{10^{-5}\,mol/L} = 100$배

TIP
$pH = -\log[H^+] \Rightarrow [H^+] = 10^{-pH}\,mol/L$
$pOH = -\log[OH^-] \Rightarrow [OH^-] = 10^{-pOH}\,mol/L$

08 쓰레기 수거 시 물과 섞어 잘게 분쇄한 뒤 용적을 감소시켜 수거하며, 반드시 폐수처리시설이 있어야만 사용할 수 있는 장치는?

㉮ Pulverizer
㉯ Stationary Compactors
㉰ Baler
㉱ Rotary Compactors

풀이 ㉮ 펄버라이저(Pulverizer)에 대한 설명이다.

09 쓰레기 발생량에 영향을 주는 모든 인자를 시간에 대한 함수로 나타낸 후, 시간에 대한 함수로 표현된 각 영향인자들간의 상관관계를 수식화하는 쓰레기 발생량 예측 모델은?

㉮ 시간인지회귀모델
㉯ 다중회귀모델
㉰ 정적모사모델
㉱ 동적모사모델

풀이 동적모사모델의 핵심용어가 "영향인자, 독립적인 종속인자"임을 기억해서 정답을 찾으면 된다.

10 쓰레기의 물리적 성상분석에 관한 설명으로 틀린 것은?

㉮ 수분함량을 측정하기 위해서는 105~110℃에서 4시간 건조시킨다.
㉯ 회분함량 측정을 위해 가열하는 온도는 600±25℃이어야 한다.
㉰ 종류별 성상분석은 일반적으로 손선별로 한다.
㉱ 쓰레기 밀도는 겉보기밀도가 아닌 진밀도를 측정하여야 한다.

answer 05 ㉮ 06 ㉰ 07 ㉱ 08 ㉮ 09 ㉱ 10 ㉱

풀이 ㉱ 쓰레기 밀도는 진밀도가 아닌 겉보기밀도를 측정하여야 한다.

11 수거노선 설정 시 유의사항으로 틀린 것은?

㉮ 고지대에서 저지대로 차량을 운행한다.
㉯ 다량 발생되는 배출원은 하루 중 가장 나중에 수거한다.
㉰ 반복운행, U자 회전을 피한다.
㉱ 가능한 한 시계방향으로 수거노선을 정한다.

풀이 ㉯ 다량 발생되는 배출원은 하루 중 가장 먼저 수거한다.

12 다음 중 특정 물질의 연소계산에 있어 그 값이 가장 적은 값은?

㉮ 실제 공기량
㉯ 이론 연소가스량
㉰ 이론 산소량
㉱ 이론 공기량

풀이 이론산소량 < 이론공기량 < 실제공기량 < 이론연소가스량 < 실제연소가스량 순으로 큰값을 가진다.

13 인구가 6,000,000명이 사는 도시에서 1년에 3,000,000ton의 폐기물이 발생된다. 이 폐기물을 4,500명의 인부가 수거할 때 MHT는 얼마인가? (단, 수거인부의 1일 작업시간 = 8시간, 1년 작업일수 = 300일)

㉮ 2.3　　㉯ 3.6
㉰ 4.7　　㉱ 8.8

풀이

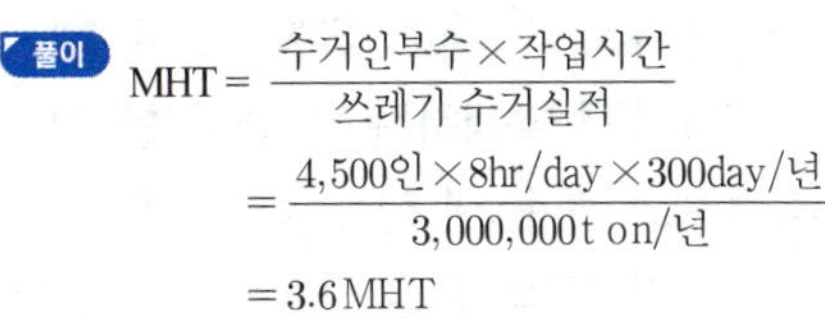

$$\text{MHT} = \frac{\text{수거인부수} \times \text{작업시간}}{\text{쓰레기 수거실적}} = \frac{4{,}500\text{인} \times 8\text{hr/day} \times 300\text{day/년}}{3{,}000{,}000\text{ton/년}} = 3.6\,\text{MHT}$$

TIP

① MHT = man·hr/ton
② MHT : 1ton의 쓰레기를 수거하는데 수거인부 1인이 소요되는 총시간
③ MHT가 클수록 수거효율이 낮다.

14 중유 1kg을 완전연소시킬 때의 저위발열량(kcal/kg)은 얼마인가? (단, Hh = 12,000kcal/kg, 원소 분석에 의한 수소 분석비 = 20%, 수분함량 = 20%)

㉮ 10,800　　㉯ 11,988
㉰ 20,988　　㉱ 21,988

풀이 $Hl = Hh - 600(9H + W)$ (kcal/kg)

여기서 Hl : 저위 발열량(kcal/kg)
Hh : 고위 발열량(kcal/kg)
H : 수소의 함량
W : 수분의 함량

따라서

$Hl = 12{,}000\text{kcal/kg} - 600 \times (9 \times 0.2 + 0.2)$
$= 10{,}800\text{kcal/kg}$

answer　11 ㉯　12 ㉰　13 ㉯　14 ㉮

15 제품의 원료채취, 제조, 유통, 소비, 폐기의 전단계에서 발생하는 환경부하를 전과정평가(LCA)를 통해 정량적인 수치로 표시하는 우리나라의 환경 라벨링 제도는 무엇인가?

㉮ 환경마크제도(EM)
㉯ 환경성적표지제도(EDP)
㉰ 우수재활용마크제도(GR)
㉱ 에너지절약마크제도(ES)

풀이 ㉯ 환경성적표지제도(EDP)에 대한 설명이다.

16 쓰레기를 압축시켜 용적감소율(VR)이 33%인 경우 압축비(CR)는 얼마인가?

㉮ 1.29　　㉯ 1.31
㉰ 1.49　　㉱ 1.57

풀이

$$압축비 = \frac{100}{100 - 용적\ 감소율(\%)} = \frac{100}{100 - 33\%} = 1.49$$

17 적환장을 설치하였을 경우 나타나는 현상으로 틀린 것은?

㉮ 폐기물 처리시설과의 거리가 멀어질수록 경제적이다.
㉯ 쓰레기 차량의 출입이 빈번해진다.
㉰ 소음 및 비산먼지, 악취 등이 발생한다.
㉱ 재활용품이 회수되지 않는다.

풀이 ㉱ 재활용품을 회수 할 수 있다.

TIP

적재방식에 따른 분류

① 직접투하방식 : 주택지역과 거리가 먼 교외지역에서 사용하는 방식이다.
② 저장투하방식 : 대도시에서 적합하며, 수거차의 대기시간이 없어 교통체증현상이 없다.
③ 직접·저장 결합방식 : 부패성 폐기물은 직접 적재하고 재활용품은 선별 후 적재하는 방식으로 재활용품의 회수율을 높이기 위한 적재방식이다.

18 파쇄 메카니즘과 가장 거리가 먼 것은?

㉮ 압축작용　　㉯ 전단작용
㉰ 회전작용　　㉱ 충격작용

풀이 **파쇄 메카니즘**
① 압축작용
② 전단작용
③ 충격작용

TIP

파쇄기의 종류를 생각하면 정답을 쉽게 찾을 수 있다.

19 폐기물 압축기를 형태에 따라 구별한 것이라 볼 수 없는 것은?

㉮ 왕복식 압축기　　㉯ 백(bag) 압축기
㉰ 수직식 압축기　　㉱ 회전식 압축기

풀이 ㉮ 고정식 압축기

20 쓰레기의 발생량 예측 방법 중 최저 5년 이상의 과거 처리 실적을 바탕으로 예측하며 시간과 그에 따른 쓰레기 발생량 간의 상관관계만을 고려하는 방법은?

㉮ 직접계근법　　㉯ 경향법
㉰ 다중회귀모델　　㉱ 동적모사모델

풀이 ㉯ 경향법에 대한 설명이다.

answer 15 ㉯ 16 ㉰ 17 ㉱ 18 ㉰ 19 ㉮ 20 ㉯

| 제2과목 | 폐기물처리기술

21 매립장의 사용년한을 더 연장하기 위하여 압축매립 시 사용하는 압축기로 적합한 것은?

㉮ 고정식 압축기
㉯ 백 압축기
㉰ 회전식 압축기
㉱ 베일러(baler)

풀이 ㉱ 베일러(baler)에 대한 설명이다.

22 유기성 폐기물 자원화 기술 중 퇴비화의 장·단점으로 틀린 것은?

㉮ 운영 시 에너지 소모가 비교적 적다.
㉯ 퇴비가 완성되어도 부피가 크게 감소(50% 이하) 되지 않는다.
㉰ 생산된 퇴비는 비료가치가 높다.
㉱ 다양한 재료를 이용하므로 퇴비제품의 품질표준화가 어렵다.

풀이 ㉰ 생산된 퇴비는 비료가치가 낮다.

23 토양 중에서 1분 동안 12m를 침출수가 이동(겉보기 속도)하였다면, 이때 토양공극 내의 침출수 속도(m/s)는 얼마인가? (단, 유효공극률 = 0.4)

㉮ 0.08 ㉯ 0.2
㉰ 0.5 ㉱ 0.8

풀이

$$\text{침출수 속도(m/s)} = \frac{12\,\text{m/min} \times 1\,\text{min}/60\,\text{sec}}{0.4} = 0.5\,\text{m/sec}$$

24 퇴비화공정의 운전척도에 대한 설명으로 틀린 것은?

㉮ 수분함량이 너무 크면 퇴비화가 지연되므로 적정 수분함량은 30~40% 정도가 적절하다.
㉯ 온도가 서서히 내려가 40~45℃에서는 퇴비화가 거의 완성된 상태로 간주한다.
㉰ 퇴비가 되면 진한 회색을 띠며 약간의 갈색을 나타낸다.
㉱ pH는 변동이 크지 않다.

풀이 ㉮ 적정 수분함량은 50~60% 정도가 적절하다.

25 매립지의 침출수 농도가 반으로 감소하는데 4년이 걸린다면, 이 침출수 농도가 90% 분해되는데 걸리는 시간(년)은 얼마인가? (단, 1차 반응기준)

㉮ 약 11.3 ㉯ 약 13.3
㉰ 약 15.3 ㉱ 약 17.3

풀이

1차반응식 : $\ln\frac{C_t}{C_o} = -k \times t$

여기서 C_o : 초기농도
C_t : t시간후의 농도
k : 상수
t : 시간

① $\ln\frac{1}{2} = -k \times 4\text{년}$

$$\therefore k = \frac{\ln\frac{1}{2}}{-4\text{년}} = 0.1733/\text{년}$$

② $\ln\frac{10\%}{100\%} = -0.1733/\text{년} \times t$

$$\therefore t = \frac{\ln\frac{10\%}{100\%}}{-0.1733/\text{년}} = 13.29\text{년}$$

TIP
$C_t = 100\text{-}90\% = 10\%$

과년도 기출문제

answer 21 ㉱ 22 ㉰ 23 ㉰ 24 ㉮ 25 ㉯

26 분뇨 정화조(PVC 원형 정화조)의 처리순서가 가장 올바르게 연결된 것은?

㉮ 부패조 - 여과조 - 산화조 - 소독조
㉯ 산화조 - 부패조 - 여과조 - 소독조
㉰ 부패조 - 산화조 - 소독조 - 여과조
㉱ 산화조 - 여과조 - 부패조 - 소독조

풀이 분뇨 정화조(PVC 원형 정화조)의 처리순서는 부패조 - 여과조 - 산화조 - 소독조 순이다.

27 분뇨의 활성슬러지법에 대한 설명으로 틀린 것은?

㉮ 2단계 활성슬러지 처리 방식에는 2개의 폭기조가 필요하다.
㉯ 1단계 활성슬러지 처리 방식은 분뇨의 희석 없이, 예비 폭기 후 희석수를 가하여 활성슬러지 방법으로 처리하는 것이다.
㉰ 1단계 활성슬러지 처리 방식에서 예비 폭기 기간은 8시간이다.
㉱ 희석포기처리 방식의 특징은 희석포기하여 폭기조의 유출수를 침전시킨 후에 슬러지를 폭기조로 반송시키지 않는다는 것이다.

28 하루에 45ton을 처리하는 폐기물에너지 전환 시설로부터 생성되는 열발생률(kcal/kwh)은 얼마인가? (단, 폐기물의 에너지 함량 = 2,800kcal/kg, 발전된 순수 전기에너지 = 800kW)

㉮ 약 4,563 ㉯ 약 5,563
㉰ 약 6,563 ㉱ 약 7,563

풀이 열발생률(kcal/kwh)

$$= \frac{2,800\,\text{kcal/kg} \times 45 \times 10^3\,\text{kg/day} \times 1\,\text{day}/24\,\text{hr}}{800\,\text{kw}}$$

$= 6,562.5\,\text{kcal/kwh}$

29 하수슬러지를 토양에 주입 시 부하율 결정 인자로 틀린 것은?

㉮ 토양의 종류
㉯ 냄새 유발 여부
㉰ 중금속
㉱ 생태보전지역 여부

풀이 하수슬러지를 토양에 주입 시 부하율 결정인자
① 토양의 종류
② 냄새유발 물질
③ 중금속

30 매립지 내에서 일어나는 물리·화학적 및 생물학적 변화로 중요도가 가장 낮은 것은?

㉮ 유기물질의 호기성 또는 혐기성 반응에 의한 분해
㉯ 가스의 이동 및 방출
㉰ 분해물질의 농도구배 및 삼투압에 의한 이동
㉱ 무기물질의 용출 및 분해

풀이 물리·화학적 및 생물학적 변화가 거의 일어나지 않는 것은 무기물질이므로 중요도가 가장 낮게 된다.

answer 26 ㉮ 27 ㉰ 28 ㉰ 29 ㉱ 30 ㉱

31 다음과 같은 조성의 쓰레기를 소각처분하고자 할 때 이론적으로 필요한 공기의 양(m^3)은 표준상태에서 쓰레기 1kg당 얼마인가?

> 쓰레기 조성(질량%)
> 탄소(C) = 9.5%, 수소(H) = 2.8%,
> 산소(O) = 10.5%, 불연소성분 = 77.2%

㉮ 약 1.25 ㉯ 약 2.25
㉰ 약 3.25 ㉱ 약 4.25

풀이 이론공기량(A_o)

$= 8.89C + 26.67\times(H-\frac{O}{8}) + 3.33\times S\,(Sm^3/kg)$

$= 8.89\times0.095 + 26.67\times(0.028-\frac{0.105}{8})$

$= 1.24\,Sm^3/kg$

32 발열량을 측정하는 방법으로 알맞지 않은 것은?

㉮ 원소 분석에 의한 방법
㉯ 오르자트(orsat) 분석에 의한 방법
㉰ 추정식에 의한 방법
㉱ 물리조성 분석치에 의한 방법

풀이 ㉯번은 농도를 구하는 방법이다.

33 분뇨를 혐기성 소화법으로 처리하고 있다. 정상적인 작동 여부를 확인하려고 할 때 조사항목으로 틀린 것은?

㉮ 소화가스량
㉯ 소화가스 중 메탄과 이산화탄소 함량
㉰ 유기산 농도
㉱ 투입 분뇨의 비중

풀이 ㉮, ㉯, ㉰외에 체류시간, pH, 온도, 소화시간 등이 있다.

34 매립지를 선정하고자 할 때 고려되는 사항으로 가장 관련이 적은 것은?

㉮ 장래토지이용계획
㉯ 접근난이도
㉰ 주위경관
㉱ 지하수위

풀이 ㉰ 주위경관은 매립지 선정 시 고려사항에 해당하지 않는다.

35 토양 및 지하수 오염 복원 기술 중 포화토양층 내에 존재하는 휘발성 유기오염물질을 원위치에서 처리하는 기술은?

㉮ pump and treat 기술
㉯ air sparging 기술
㉰ bioventing 기술
㉱ 토양세척법(soil washing)

풀이 ㉯ 공기살포(air sparging)기술에 대한 설명이다.

answer 31 ㉮ 32 ㉯ 33 ㉱ 34 ㉰ 35 ㉯

36 알칼리도를 감소하기 위해 희석수를 사용하여 슬러지를 개량시키는 방법은?

㉮ 동결융해(Freeze-Thaw)
㉯ 세정(Elutriation)
㉰ 농축(Thickening)
㉱ 용매추출(Solvent Extraction)

풀이 알칼리도를 감소하기 위해 희석수를 사용하여 슬러지를 개량시키는 방법은 세정이다.

37 슬러지의 탈수 가능성을 표현하는 용어로 가장 적합한 것은?

㉮ 균등계수(Uniformity coefficient)
㉯ 투수계수(Coefficient of permeability)
㉰ 유효입경(Effective diameter)
㉱ 비저항계수(Specific resistance coefficient)

풀이 슬러지의 탈수 가능성을 표현하는 용어는 비저항계수이다.

38 함수율이 98%인 슬러지를 함수율 80%의 슬러지로 탈수시켰을 때 탈수 후/전의 슬러지체적비(탈수 후/전)는 얼마인가? (단, 비중 = 1.0 기준)

㉮ 1/9　　㉯ 1/10
㉰ 1/15　　㉱ 1/20

풀이 $V_1 \times (100-P_1) = V_2 \times (100-P_2)$

$V_1 \times (100-98\%) = V_2 \times (100-80\%)$

$\therefore \frac{V_2}{V_1} = \frac{(100-98\%)}{(100-80\%)} = \frac{2}{20} = \frac{1}{10}$

39 화격자식(stoker) 소각로에 대한 설명으로 틀린 것은?

㉮ 연속적인 소각과 배출이 가능하다.
㉯ 체류시간이 짧고 교반력이 강하여 국부가열 발생이 적다.
㉰ 고온 중에서 기계적으로 구동하기 때문에 금속부의 마모손실이 심하다.
㉱ 플라스틱 등과 같이 열에 쉽게 용해되는 물질은 화격자가 막힐 염려가 있다.

풀이 ㉯ 체류시간이 길고 교반력이 약하여 국부가열이 발생할 염려가 크다.

40 분뇨의 혐기성 분해 시 가장 많이 발생하는 가스는?

㉮ NH_3　　㉯ CO_2
㉰ H_2S　　㉱ CH_4

풀이 분뇨의 혐기성 분해 시 가장 많이 발생하는 가스는 메탄(CH_4)이다.

| 제3과목 | 폐기물 공정시험기준

41 공정시험법의 내용에 속하지 않은 것은?

㉮ 함량시험법　　㉯ 총칙
㉰ 일반시험법　　㉱ 기기분석법

answer 36 ㉯ 37 ㉱ 38 ㉯ 39 ㉯ 40 ㉱ 41 ㉮

42 이온전극법에서 사용하는 이온전극의 종류가 아닌 것은?

㉮ 유리막 전극 ㉯ 고체막 전극
㉰ 격막형 전극 ㉱ 액막형 전극

풀이 이온전극의 종류
① 유리막 전극
② 고체막 전극
③ 격막형 전극

43 자외선/가시선 분광법에 의한 구리 분석 방법에 관한 설명으로 옳은 것은?

> 구리이온은 (㉠)에서 다이에틸다이티오카르바민산나트륨과 반응하여 (㉡)의 킬레이트 화합물을 생성한다.

㉮ ㉠ 산성, ㉡ 황갈색
㉯ ㉠ 산성, ㉡ 적자색
㉰ ㉠ 알칼리성, ㉡ 황갈색
㉱ ㉠ 알칼리성, ㉡ 적자색

풀이 구리의 자외선/가시선 분광법
구리이온은 알칼리성에서 다이에틸다이티오카르바민산나트륨과 반응하여 황갈색의 킬레이트 화합물을 아세트산부틸로 추출하여 흡광도를 440nm에서 측정한다.

44 기체크로마토그래프용 검출기 중 전자포획형 검출기(ECD)로 검출할 수 있는 물질이 아닌 것은?

㉮ 유기할로겐화합물
㉯ 나이트로 화합물
㉰ 유황화합물
㉱ 유기금속화합물

풀이 ㉰ 유황화합물은 불꽃광도검출기(FPD)로 검출한다.

45 채취대상 폐기물 양과 최소 시료수에 대한 내용으로 틀린 것은?

㉮ 대상 폐기물양이 300톤이면, 최소 시료수는 30이다.
㉯ 대상 폐기물양이 1000톤이면, 최소 시료수는 40이다.
㉰ 대상 폐기물양이 2500톤이면, 최소 시료수는 50이다.
㉱ 대상 폐기물양이 5000톤이면, 최소 시료수는 60이다.

풀이 대상폐기물의 양과 시료의 최소 수

대상폐기물의 양 (단위 : ton)	시료의 최소 수	대상폐기물의 양 (단위 : ton)	시료의 최소 수
~1 미만	6	100 이상~ 500 미만	30
1 이상~5 미만	10	500 이상~ 1000 미만	36
5 이상~30 미만	14	1,000 이상~ 5,000 미만	50
30 이상~ 100 미만	20	5,000 이상	60

46 원자흡수분광광도법에서 내화성 산화물을 만들기 쉬운 원소분석 시 사용하는 가연성 가스와 조연성가스로 적합한 것은?

㉮ 수소 - 공기
㉯ 아세틸렌 - 공기
㉰ 프로판 - 공기
㉱ 아세틸렌 - 일산화이질소

풀이 ㉱ 아세틸렌(C_2H_2) - 일산화이질소(N_2O)에 대한 설명이다.

answer 42 ㉱ 43 ㉰ 44 ㉰ 45 ㉯ 46 ㉱

실전문제

과년도 기출문제

47 구리를 정량하기 위해 사용하는 시약과 그 목적이 잘못 연결된 것은?

㉮ 구연산이암모늄용액 - 발색 보조제
㉯ 초산부틸 - 구리의 추출
㉰ 암모니아수 - pH 조절
㉱ 다이에틸다이티오카르바민산 나트륨 - 구리의 발색

풀이 ㉮ 구연산이암모늄용액은 구리 정량 시 사용하는 시약이 아니다.

48 유리전극법에 의한 pH 측정 시 정밀도에 관한 설명으로 ( )에 들어갈 알맞은 말은?

> pH미터는 임의의 한 종류의 pH표준용액에 대하여 검출부를 정제수로 잘 씻은 다음 5회 되풀이하여 pH를 측정하였을 때 그 재현성이 ( )이내 이어야 한다.

㉮ ±0.01　　㉯ ±0.05
㉰ ±0.1　　㉱ ±0.5

풀이 5회 되풀이하여 pH를 측정하였을 때 그 재현성이 ±0.05이내 이어야 한다.

TIP
5회, ±0.05가 중요하며, 숫자 5에 집중!!

49 순수한 물 500mL에 HCl(비중 1.2) 99mL를 혼합하였을 때 용액의 염산농도(중량%)는 얼마인가?

㉮ 약 16.1%　　㉯ 약 19.2%
㉰ 약 23.8%　　㉱ 약 26.9%

풀이 염산농도(wt%)

$$= \frac{\text{용질}}{\text{용질} + \text{용매}} \times 100$$

$$= \frac{99\text{mL} \times 1.2\text{g/mL}}{99\text{mL} \times 1.2\text{g/mL} + 500\text{mL} \times 1.0\text{g/mL}} \times 100$$

$$= 19.20\%$$

TIP
① 질량(g) = 부피(mL)×비중(g/mL)
② 물의 비중은 1.0g/mL이다.

50 pH값 크기순으로 pH 표준액을 바르게 나열한 것은? (단, 20℃ 기준)

㉮ 수산염표준액 < 프탈산염표준액 < 붕산염표준액 < 수산화칼슘표준액
㉯ 프탈산염표준액 < 인산염표준액 < 탄산염 표준액 < 수산염표준액
㉰ 탄산염표준액 < 붕산염표준액 < 수산화칼슘표준액 < 수산염표준액
㉱ 인산염표준액 < 수산염표준액 < 붕산염표준액 < 탄산염표준액

풀이 pH값 크기 순서는 수산염표준액 < 프탈산염표준액 < 인산염표준액 < 붕산염표준액 < 탄산염표준액 < 수산화칼슘표준액 순이다.

TIP
암기법 : 수프인 7부옷에 탄슘!!

51 폐기물시료 축소단계에서 원추꼭지를 수직으로 눌러 평평하게 한 후 부채꼴로 4등분하여 일정 부분을 취하고 적당한 크기까지 줄이는 방법은?

㉮ 원추구획법　　㉯ 교호삽법
㉰ 원추사분법　　㉱ 사면축소법

answer 47 ㉮ 48 ㉯ 49 ㉯ 50 ㉮ 51 ㉰

풀이 ㉰ 원추사분법에 대한 설명이다.

TIP
시료의 분할 채취방법 암기사항
① 구획법 : 가로 4등분, 세로 5등분하여 20개의 덩어리
② 교호삽법 : 원추형, 육면체, 원추로 쌓기
③ 원추 4분법 : 원추형, 부채꼴로 4등분

52 온도의 영향이 없는 고체상태 시료의 시험조작은 어느 상태에서 실시하는가?

㉮ 상온 ㉯ 실온
㉰ 표준온도 ㉱ 측정온도

풀이 온도의 영향이 없는 고체상태 시료의 시험조작은 상온상태에서 실시한다.

TIP
① 온도의 영향이 없는 시료 : 상온
② 온도의 영향이 있는 시료 : 표준온도

53 시안을 자외선/가시선 분광법으로 측정할 때 클로라민-T와 피리딘·피라졸론 혼합액을 넣어 나타나는 색으로 옳은 것은?

㉮ 적색 ㉯ 황갈색
㉰ 적자색 ㉱ 청색

풀이 **시안의 분석방법 중 핵심내용**
① 자외선/가시선분광법 : pH 2 이하의 산성, 청색, 620nm, 0.01mg/L
② 이온전극법 : pH 12 ~ 13의 알칼리성, 전위차로 정량, 0.5mg/L
③ 연속흐름법 : 산성상태, 청색, 620nm, 0.01mg/L

54 자외선/가시선분광법으로 측정 시 정량한계로 틀린 것은?

㉮ 구리 : 0.001mg
㉯ 카드뮴 : 0.001mg
㉰ 수은 : 0.001mg
㉱ 납 : 0.001mg

풀이 ㉮ 구리 : 0.002mg

55 유기인 및 PCBs의 실험에 사용되는 증발농축장치의 종류는?

㉮ 추출형 냉각기형
㉯ 환류형 냉각기형
㉰ 구데르나다니쉬형
㉱ 리비히 냉각기형

풀이 **증발농축장치**
① 유기인 : 구데르나다니쉬형
② PCBs : 구데르나다니쉬형, 회전증발농축기

실전문제 과년도 기출문제

56 액체시약의 농도에 있어서 황산(1+10)이라고 되어 있을 경우 옳은 것은?

㉮ 물 1mL와 황산 10mL를 혼합하여 조제할 것
㉯ 물 1mL와 황산 9mL를 혼합하여 주제할 것
㉰ 황산 1mL와 물 9mL를 혼합하여 조제할 것
㉱ 황산 1mL와 물 10mL를 혼합하여 조제할 것

풀이 황산(1+10)은 황산 1mL와 물 10mL를 혼합하여 조제한다

answer 52 ㉮ 53 ㉱ 54 ㉮ 55 ㉰ 56 ㉱

57 투사광의 강도 I_t가 입사광 강도 I_o의 10%라면 흡광도(A)는 얼마인가?

㉮ 0.5 ㉯ 1.0
㉰ 2.0 ㉱ 5.0

풀이
$$흡광도(A) = \log\frac{1}{투과도}$$
$$= \log\frac{1}{0.10} = 1.0$$

TIP

① $흡광도(A) = \log\frac{1}{투과도}$
② 투과율+흡수율 = 100%
③ 투과율 = 100-흡수율

58 용출시험의 결과 산출 시 시료 중의 수분함량 보정에 관한 설명으로 (   )에 들어갈 알맞은 말은?

> 함수율 85% 이상인 시료에 한하여 (   )을 곱하여 계산된 값으로 한다.

㉮ 15×{100-시료의 함수율(%)}
㉯ 15-{100-시료의 함수율(%)}
㉰ 15/{100-시료의 함수율(%)}
㉱ 15+{100-시료의 함수율(%)}

풀이
$$보정계수 = \frac{15}{100 - 시료의\ 함수율(\%)}$$

59 GC법에서 인화합물 및 황화합물에 대하여 선택적으로 검출하는 고감도 검출기는?

㉮ 열전도도 검출기(TCD)
㉯ 불꽃이온화 검출기(FID)
㉰ 불꽃광도형 검출기(FPD)
㉱ 불꽃열이온화 검출기(FTD)

풀이 기체크로마토그래피(GC)에서 인 화합물 및 황 화합물을 검출하는 검출기는 불꽃광도형 검출기(FPD)이다.

60 폐기물공정시험방법에서 정의하고 있는 용어의 설명으로 맞는 것은?

㉮ 고상폐기물이라 함은 고형물의 함량이 5% 미만인 것을 말한다.
㉯ 상온은 15~20℃이고, 실온은 4~25℃이다.
㉰ 감압 또는 진공이라 함은 따로 규정이 없는 한 15mmH_2O 이하를 말한다.
㉱ 항량으로 될 때까지 강열한다 함은 같은 조건에서 1시간 더 강열할 때 전후 무게의 차가 g당 0.3mg 이하일 때를 말한다.

풀이 ㉮ 고상폐기물이라 함은 고형물의 함량이 15% 이상인 것을 말한다.
㉯ 상온은 15~25℃이고, 실온은 1~35℃이다.
㉰ 감압 또는 진공이라 함은 따로 규정이 없는 한 15mmHg 이하를 말한다.

answer 57 ㉯ 58 ㉰ 59 ㉰ 60 ㉱

2018 4회 기출문제

| 제1과목 | 폐기물개론

01 도시쓰레기의 조성이 탄소 48%, 수소 6.4%, 산소 37.6%, 질소 2.6%, 황 0.4% 그리고 회분 5%일 때 고위 발열량(kcal/kg)은 얼마인가? (단, Dulong 식을 적용할 것)

㉮ 약 7,500　　㉯ 약 6,500
㉰ 약 5,500　　㉱ 약 4,500

풀이 고위 발열량(Hh)

$$=8,100C+34,000\left(H-\frac{O}{8}\right)+2,500S(kcal/kg)$$

$$=8,100\times0.48+34,000\times\left(0.064-\frac{0.376}{8}\right)+2,500\times0.004$$

$$=4,476\,kcal/kg$$

02 다음 중 산성이 가장 강한 수용액상 폐액은?

㉮ pOH = 11인 수용액상 폐액
㉯ pOH = 1인 수용액상 폐액
㉰ pH = 2인 수용액상 폐액
㉱ pH = 4인 수용액상 폐액

풀이 pH+pOH = 14이며, pH값이 작을수록 강산성 물질이므로 ㉰번이 정답이다.

TIP
㉮ pOH = 11이면 pH = 14-11 = 3
㉯ pOH = 1이면 pH = 14-1 = 13

03 쓰레기 발생량 예측모델 중 쓰레기 발생량에 영향을 주는 모든 인자를 시간에 대한 함수로 하여 각 영향 인자들 간의 상관관계를 수식화 하는 방법은?

㉮ 시간경향모델　　㉯ 다중회귀모델
㉰ 동적모사모델　　㉱ 시간수지모델

풀이 ㉰ 동적모사모델에 대한 설명이다.

TIP
동적모사모델의 핵심용어 : 영향인자, 독립적인 종속인자

04 쓰레기 3성분을 조사하기 위한 실험 결과가 다음과 같을 때 가연분의 함량(%)은 얼마인가? (단, 원시료 무게 = 5.40kg, 건조 후 무게 = 3.67kg, 강열 후 무게 = 1.07kg)

㉮ 약 20　　㉯ 약 32
㉰ 약 48　　㉱ 약 68

풀이 $$\text{가연분의 함량(\%)} = \frac{3.67\,kg-1.07\,kg}{5.40\,kg}\times100 = 48.15\%$$

answer 01 ㉱ 02 ㉰ 03 ㉰ 04 ㉰

05 사용한 자원 및 에너지, 환경으로 배출되는 환경오염물질을 규명하고 정량화함으로써 한 제품이나 공정에 관련된 환경 부담을 평가하고 그 에너지와 자원, 환경부하 영향을 평가하여, 환경을 개선시킬 수 있는 기회를 규명하는 과정으로 정의되는 것은?

㉮ ESSA　　㉯ LCA
㉰ EPA　　㉱ TRA

풀이 ㉯ 전과정평가(LCA)에 대한 설명이다.

전과정평가(LCA)의 순서
목록 및 범위설정 → 목록분석 → 영향평가 → 개선평가 및 해석

06 탄소 12kg을 연소시킬 때 필요한 산소량(kg)과 발생하는 이산화탄소량(kg)은 얼마인가?

㉮ 8, 20　　㉯ 16, 28
㉰ 32, 44　　㉱ 48, 60

풀이 $C + O_2 \rightarrow CO_2$
12kg : 32kg : 44kg
12kg : X : Y

$$\therefore X = \frac{12\,kg \times 32\,kg}{12\,kg} = 32\,kg$$

$$\therefore Y = \frac{12\,kg \times 44\,kg}{12\,kg} = 44\,kg$$

07 다음 조건에서 폐기물의 발생가능시점과 재활용가능시점을 순서대로 나열한 것은?

1) 주관적인 가치가 0인 지점 : A
2) 객관적인 가치가 0인 지점 : B
3) 주관적 가치 ≥ 객관적 가치인 교점 : C
4) 객관적 가치 ≥ 주관적 가치인 교점 : D

㉮ A지점 이후, D지점 이후
㉯ A지점 이후, C지점 이후
㉰ B지점 이후, D지점 이후
㉱ B지점 이후, C지점 이후

풀이 ① 폐기물 발생시점 : A지점 이후
② 재활용 가능 시점: C지점 이후

08 분쇄된 폐기물을 가벼운 것(유기물)과 무거운 것(무기물)으로 분리하기 위하여 탄도학을 이용하는 선별법은?

㉮ 중액선별　　㉯ 스크린선별
㉰ 부상선별　　㉱ 관성선별법

풀이 ㉱ 관성선별법에 대한 설명이다.

09 $5m^3$의 용적을 갖는 쓰레기를 압축하였더니 $3m^3$으로 감소되었을 때 압축비(CR)는 얼마인가?

㉮ 0.43　　㉯ 0.60
㉰ 1.67　　㉱ 2.50

풀이 압축비 $= \frac{V_1}{V_2}$
여기서 V_1 : 압축 전의 부피

answer 05 ㉯ 06 ㉰ 07 ㉯ 08 ㉱ 09 ㉰

V_2 : 압축 후의 부피

따라서 압축비 $= \frac{5m^3}{3m^3} = 1.67$

10 폐기물 발생량에 영향을 미치는 인자들에 대한 설명으로 맞는 것은?

㉮ 대도시보다는 문화수준이 열악한 중소도시의 주민이 쓰레기를 더 많이 발생시킨다.

㉯ 쓰레기 발생량은 주방쓰레기량에 영향을 많이 받으므로, 엥겔지수가 높은 서민층의 쓰레기가 부유층 보다 많다.

㉰ 쓰레기를 자주 수거해가면 쓰레기발생량이 증가한다.

㉱ 쓰레기통이 클수록 유효용적이 증가하여 발생량이 감소한다.

풀이 ㉮ 대도시보다는 문화수준이 열악한 중소도시의 주민이 쓰레기를 적게 발생시킨다.
㉯ 쓰레기 발생량은 주방쓰레기량에 영향을 많이 받으므로, 엥겔지수가 높은 서민층의 쓰레기가 부유층 보다 적다.
㉱ 쓰레기통이 클수록 유효용적이 증가하여 발생량이 증가한다.

11 폐기물 조성별 재활용 기술로 적절치 못한 것은?

㉮ 부패성 쓰레기 - 퇴비화

㉯ 가연성 폐기물 - 열회수

㉰ 난연성 쓰레기 - 열분해

㉱ 연탄재 - 물질회수

풀이 ㉱ 연탄재 - 복토재

12 다음 고-액 분리 장치가 아닌 것은?

㉮ 관성분리기 ㉯ 원심분리기

㉰ filter press ㉱ belt press

풀이 ㉮ 관성분리기는 고체 분리장치이다.

13 적환장에 대한 설명 중 틀린 것은?

㉮ 적환장은 폐기물 처분지가 멀리 위치할수록 필요성이 더 높다.

㉯ 고밀도 거주지역이 존재할수록 적환장의 필요성이 더 높다.

㉰ 공기를 이용한 관로수송시스템 방식을 이용할수록 적환장의 필요성이 더 높다.

㉱ 작은 용량의 수집차량을 사용할수록 적환장의 필요성이 더 높다.

풀이 ㉯ 저밀도 거주지역이 존재할수록 적환장의 필요성이 더 높다.

14 파쇄기에 관한 설명으로 틀린 것은?

㉮ 압축파쇄기로 금속, 고무, 연질플라스틱류의 파쇄는 어렵다.

㉯ 충격파쇄기는 대개 왕복식을 사용하며 유리나 목질류 등을 파쇄하는데 이용된다.

㉰ 전단파쇄기는 충격파쇄기에 비해 파쇄속도가 느리고 이물질의 혼입에 대하여 약하다.

㉱ 압축파쇄기는 파쇄기의 마모가 적고 비용이 적게 소요되는 장점이 있다.

풀이 ㉯ 충격파쇄기는 대개 회전식을 사용하며, 유리나 목질류 등을 파쇄하는데 이용된다.

answer 10 ㉰ 11 ㉱ 12 ㉮ 13 ㉯ 14 ㉯

15 산업폐기물의 종류와 처리방법을 서로 연결한 것 중 가장 부적절한 것은?

㉮ 유해성 슬러지 - 고형화법
㉯ 폐알칼리 - 중화법
㉰ 폐유류 - 이온교환법
㉱ 폐용제류 - 증류회수법

풀이 ㉰ 폐유류 - 소각처리법

16 인구 1,200만인 도시에서 년간 배출된 총 쓰레기량이 970만 톤이었다면 1인당 하루 배출량(kg/인 · 일)은 얼마인가? (단, 1년은 365일 임)

㉮ 약 2.0　　㉯ 약 2.2
㉰ 약 2.4　　㉱ 약 2.6

풀이 쓰레기 발생량(kg/인 · 일)

$$= \frac{\text{쓰레기 발생량(kg/일)}}{\text{인구수(인)}}$$

$$= \frac{9{,}700{,}000\,\text{ton/년} \times 10^3\,\text{kg/ton} \times 1\text{년}/365\text{일}}{12{,}000{,}000\text{인}}$$

$= 2.22$kg/인 · 일

17 발열량을 측정하는 방법 중에서 원소분석과 관련이 없는 것은?

㉮ Dulong의 식　　㉯ Bomb의 식
㉰ Kunle의 식　　㉱ Gumz의 식

풀이 ㉯ Bomb의 식은 기체연료의 발열량 측정방법이다.

18 폐기물의 자원화 및 재생이용을 위한 선별방법으로 체의 눈 크기, 폐기물의 부하특성, 기울기, 회전속도 등의 공정인자에 의해 영향 받는 방법은?

㉮ 부상선별　　㉯ 풍력선별
㉰ 스크린선별　　㉱ 관성선별

풀이 ㉰ 스크린선별에 대한 설명이다.

19 인구 1,000,000명이고 1인 1일 쓰레기 배출량은 1.4kg/인 · 일이라 한다. 쓰레기의 밀도가 650kg/m³라고 하면 적재량 12m³인 트럭(1대 기준)으로 1일 동안 배출된 쓰레기 전량을 운반하기 위한 횟수(회)는 얼마인가?

㉮ 150　　㉯ 160
㉰ 170　　㉱ 180

풀이 차량 운행 회수

$$= \frac{\text{쓰레기 배출량}}{\text{차량의 1회 수거량}}$$

$$= \frac{1.4\text{kg/인} \cdot \text{일} \times 1{,}000{,}000\text{인}}{12\text{m}^3/1\text{회} \times 650\text{kg/m}^3} = 180\text{회}$$

20 쓰레기의 겉보기 비중을 구하는 방법에 대한 설명 중 옳지 않은 것은?

㉮ 30cm 높이에서 3회 낙하시킨다.
㉯ 용적을 알고 있는 용기에 시료를 넣는다.
㉰ 낙하시켜 감소된 양을 측정한다.
㉱ 단위는 kg/m³ 또는 ton/m³으로 한다.

풀이 ㉰ 낙하시켜 눈금이 감소하면 감소된 분량만큼 시료를 추가한다.

answer 15 ㉰ 16 ㉯ 17 ㉯ 18 ㉰ 19 ㉱ 20 ㉰

| 제2과목 | 폐기물처리기술

21 혐기성 소화와 호기성 소화를 비교한 내용으로 틀린 것은?

㉮ 호기성 소화 시 상층액의 BOD 농도가 낮다.
㉯ 호기성 소화 시 슬러지 발생량이 많다.
㉰ 혐기성 소화 시 슬러지 탈수성이 불량하다.
㉱ 혐기성 소화 시 운전이 어렵고 반응시간도 길다.

풀이 ㉰ 혐기성 소화 시 슬러지 탈수성이 양호하다.

22 매립 시 표면차수막(연직차수막과 비교)에 관한 설명으로 틀린 것은?

㉮ 지하수 집배수시설이 필요하다.
㉯ 경제성에 있어서 차수막 단위면적당 공사비는 고가이나 총공사비는 싸다.
㉰ 보수 가능성면에 있어서는 매립 전에는 용이하나 매립 후에는 어렵다.
㉱ 차수성 확인에 있어서는 시공시에는 확인되지만 매립 후에는 곤란하다.

풀이 ㉯ 경제성에 있어서 차수막 단위면적당 공사비는 싸지만 총공사비는 비싸다.

23 불포화토양층 내에 산소를 공급함으로써 미생물의 분해를 통해 유기물질의 분해를 도모하는 토양정화방법은?

㉮ 생물학적분해법(biodegradation)
㉯ 생물주입배출법(biobenting)
㉰ 토양경작법(landfarming)
㉱ 토양세정법(soil flushing)

풀이 ㉯ 생물주입배출법에 대한 설명이다.

TIP
생물주입배출법의 핵심 용어 : 미생물

24 1일 쓰레기 발생량이 29.8ton인 도시 쓰레기를 깊이 2.5m의 도랑식(trench)으로 매립하고자 한다. 쓰레기 밀도 $500kg/m^3$, 도랑 점유율 60%, 부피 감소율 40%일 경우 5년간 필요한 부지면적(m^2)은 얼마인가?

㉮ 43,500 ㉯ 56,400
㉰ 67,300 ㉱ 78,700

풀이 필요한 부지면적(m^2)

$$= \frac{\text{쓰레기 발생량}(kg/\text{년}) \times (1 - \text{부피감소율})}{\text{쓰레기 밀도}(kg/m^3) \times \text{깊이}(m) \times \text{점유율}}$$

$$= \frac{29.8 \times 10^3 kg/\text{일} \times 365\text{일}/\text{년} \times 5\text{년} \times (1-0.4)}{500kg/m^3 \times 2.5m \times 0.6}$$

$$= 43,508\,m^2$$

25 밀도가 $300kg/m^3$인 폐기물 중 비가연분이 무게비로 50%일 때 폐기물 $10m^3$ 중 가연분의 양(kg)은 얼마인가?

㉮ 1,500 ㉯ 2,100
㉰ 3,000 ㉱ 3,500

풀이 가연성물질의 양(kg)

$= \text{쓰레기량}(m^3) \times \text{밀도}(kg/m^3) \times \text{가연성 쓰레기 함량}$

$= 10m^3 \times 300kg/m^3 \times (1-0.5)$

$= 1,500\,kg$

실전문제

과년도 기출문제

answer 21 ㉰ 22 ㉯ 23 ㉯ 24 ㉮ 25 ㉮

26 유동층 소각로의 총 물질의 특성에 대한 설명으로 틀린 것은?

㉮ 활성일 것
㉯ 내마모성이 있을 것
㉰ 비중이 작을 것
㉱ 입도 분포가 균일할 것

풀이 ㉮ 비활성일 것

27 슬러지를 개량(conditioning)하는 주된 목적은?

㉮ 농축 성질을 향상시킨다.
㉯ 탈수 성질을 향상시킨다.
㉰ 소화 성질을 향상시킨다.
㉱ 구성성분 성질을 개선, 향상시킨다.

풀이 슬러지를 개량하는 목적은 탈수성 향상이다.

28 오염된 농경지의 정화를 위해 다른 장소로부터 비오염 토양을 운반하여 넣는 정화기술은?

㉮ 객토 ㉯ 반전
㉰ 희석 ㉱ 배토

풀이 ㉮ 객토에 대한 설명이다.

29 혐기성 분해 시 메탄균의 최적 pH는 얼마인가?

㉮ 5.2~5.4 ㉯ 6.2~6.4
㉰ 7.2~7.4 ㉱ 8.2~8.4

풀이 혐기성 분해 시 메탄균의 최적 pH는 7.2~7.4이다.

30 분뇨 100kL/day를 중온 소화하였다. 1일 동안 얻어지는 열량(kcal/day)은 얼마인가? (단, CH_4 발열량은 6,000kcal/m^3으로 하며 발생 가스는 전량 메탄으로 가정하고 발생가스량은 분뇨투입량의 8배로 한다.)

㉮ 2.8×10^6 ㉯ 3.4×10^7
㉰ 4.8×10^6 ㉱ 5.2×10^7

풀이 메탄가스 생성열량(kcal/일)
= 분뇨처리량(m^3/day) × CH_4 가스량 × CH_4의 열량(kcal/m^3)
= 100m^3/일 × 8배 × 6,000kcal/m^3
= 4,800,000 kcal/day
= 4.8×10^6 kcal/day

TIP
100kL/day = 100m^3/day

31 슬러지 등 유기물의 토지주입에 대한 설명으로 틀린 것은?

㉮ 슬러지를 토지주입 시 중금속의 흡수량 감소를 위해 토양의 pH는 6.5 또는 그 이상이어야 한다.
㉯ 용수슬러지에는 다량의 lime이 포함되어 있어 pH는 6.5 또는 그 이상이어야 한다.
㉰ 각종 중금속의 허용범위 내에서 주입시켜야 할 슬러지 양은 하수슬러지가 용수슬러지보다 적다.
㉱ 토양의 산도를 중화시키기 위한 lime의 소요량은 토양 pH가 5.5이하일 때가 5.5 이상일 때보다 많다.

풀이 ㉰ 각종 중금속의 허용범위 내에서 주입시켜야 할 슬러지 양은 하수슬러지가 용수슬러지 보다 크다.

answer 26 ㉮ 27 ㉯ 28 ㉮ 29 ㉰ 30 ㉰ 31 ㉰

32 도시폐기물 유기성분 중 가장 생분해가 느린 성분은?

㉮ 단백질　　㉯ 지방
㉰ 셀룰로우스　　㉱ 리그닌

풀이 도시폐기물 유기성분 중 가장 생분해가 느린 성분은 리그닌이다.

리그닌은 세포벽에서 많이 볼 수 있는 고분자 화합물이다.

33 도시 쓰레기를 퇴비화 할 경우 적정 수분함량에 가장 가까운 것은?

㉮ 15%　　㉯ 35%
㉰ 55%　　㉱ 75%

풀이 적정한 수분함량은 50~60%이다.

34 1일 20톤 폐기물을 소각처리하기 위한 로의 용적(m^3)은 얼마인가? (단, 저위발열량 = 700kcal/kg, 로내 열부하 = 20,000kcal/m^3 · hr, 1일 가동시간 = 14시간)

㉮ 25　　㉯ 30
㉰ 45　　㉱ 50

풀이 노내 열부하(kcal/m^3 · hr)

$$= \frac{\text{저위발열량(kcal/kg)} \times \text{폐기물의 양(kg/hr)}}{\text{로의 용적}(m^3)}$$

따라서

$$20{,}000\text{kcal}/m^3 \cdot \text{hr} = \frac{700\text{kcal/kg} \times 20{,}000\text{kg/day} \times 1\text{day}/14\text{hr}}{\text{로의 용적}(m^3)}$$

∴ 로의 용적

$$= \frac{700\text{kcal/kg} \times 20{,}000\text{kg/day} \times 1\text{day}/14\text{hr}}{20{,}000\text{kcal}/m^3 \cdot \text{hr}}$$

$= 50m^3$

35 탄소 85%, 수소 13%, 황 2%를 함유하는 중유 10kg 연소에 필요한 이론산소량(Sm^3)은 얼마인가?

㉮ 약 9.8　　㉯ 약 16.7
㉰ 약 23.3　　㉱ 약 32.4

풀이 ① 이론산소량(Sm^3/kg)

$$= 1.867C + 5.6\left(H - \frac{O}{8}\right) + 0.7S$$

$$= 1.867 \times 0.85 + 5.6 \times 0.13 + 0.7 \times 0.02$$

$$= 2.33\ Sm^3/kg$$

② $2.33\,Sm^3/kg \times 10kg = 23.3\,Sm^3$

36 여타 매립구조에 비해 운전비가 높은 단점이 있으나 안정화가 가장 빠른 매립구조는?

㉮ 혐기성매립
㉯ 호기성매립
㉰ 준호기성매립
㉱ 개량형 혐기성매립

풀이 ㉯ 호기성매립에 대한 설명이다.

호기성매립의 핵심은 빠른 안정화이다.

37 유해폐기물 고화처리 시 흔히 사용하는 지표인 혼합률(MR)은 고화제 첨가량과 폐기물양의 중량비로 정의된다. 고화처리 전 폐기물의 밀도가 1.0g/cm^3, 고화처리된 폐기물의 밀도가 1.3g/cm^3이라면 혼합률(MR)이 0.755일 때 고화처리된 폐기물의 부피변화율(VCF)은 얼마인가?

㉮ 1.95　　㉯ 1.56
㉰ 1.35　　㉱ 1.15

과년도 기출문제

answer 32 ㉱ 33 ㉰ 34 ㉱ 35 ㉰ 36 ㉯ 37 ㉰

풀이 부피변화율(VCF) $= (1+\text{MR}) \times \dfrac{\rho_1}{\rho_2}$

여기서 MR : 혼합률 $\left(\text{MR} = \dfrac{\text{첨가제의 질량}}{\text{폐기물의 질량}}\right)$

ρ_1 : 고화처리 전 폐기물의 밀도

ρ_2 : 고화처리 후 폐기물의 밀도

따라서

부피변화율(VCF) $= (1+0.755) \times \dfrac{1.0\text{g/cm}^3}{1.3\text{g/cm}^3}$

$= 1.35$

38 분뇨를 소화 처리함에 있어 소화 대상 분뇨량이 100m^3/day이고, 분뇨 내 유기물 농도가 10,000mg/L라면 가스 발생량(m^3/day)은 얼마인가? (단, 유기물 소화에 따른 가스발생량은 500L/kg-유기물, 유기물전량 소화, 분뇨비중 = 1.0)

㉮ 500 ㉯ 1,000
㉰ 1,500 ㉱ 2,000

풀이 가스발생량(m^3/일)

$= \text{분뇨량}(\text{m}^3/\text{일}) \times \text{유기물 농도}(\text{kg/m}^3) \times \text{가스발생량}(\text{m}^3/\text{kg})$

$= 100\text{m}^3/\text{day} \times 10\text{kg/m}^3 \times 0.5\text{m}^3/\text{kg}$

$= 500\text{m}^3/\text{일}$

TIP

① 10,000mg/L = 10,000ppm

② $\text{mg/L} \xrightarrow{\times 10^{-3}} \text{kg/m}^3$

③ $10{,}000\text{mg/L} = 10\text{kg/m}^3$

④ 500L/kg-유기물 $= 0.5\text{m}^3$/kg-유기물

39 인구 200,000명인 도시에 매립지를 조성하고자 한다. 1인1일 쓰레기 발생량은 1.3kg이고 쓰레기 밀도는 0.5ton/m^3이며 이 쓰레기를 압축하면 그 용적이 2/3로 줄어든다. 압축한 쓰레기를 매립할 경우, 년간 필요한 매립면적(m^2)은 얼마인가? (단, 매립지 깊이 = 2m, 기타 조건은 고려하지 않음)

㉮ 약 42,500 ㉯ 약 51,800
㉰ 약 63,300 ㉱ 약 76,200

풀이 매립면적(m^2/년)

$= \dfrac{\text{쓰레기 발생량}(\text{kg/년}) \times (1-\text{부피감소율})}{\text{쓰레기밀도}(\text{kg/m}^3) \times \text{매립지 깊이}(\text{m})}$

×(1- 용적감소율)

$= \dfrac{1.3\text{kg/인}\cdot\text{일} \times 200{,}000\text{인} \times 365\text{일/년} \times \frac{2}{3}}{500\text{kg/m}^3 \times 2\text{m}}$

$= 63{,}266.67\text{m}^2/\text{년}$

40 위생매립(복토+침출수 처리)의 장 · 단점으로 틀린 것은?

㉮ 처분 대상 폐기물의 증가에 따른 추가인원 및 장비가 크다.

㉯ 인구밀집지역에서는 경제적 수송거리 내에서 부지확보가 어렵다.

㉰ 추가적인 처리과정이 요구되는 소각이나 퇴비화와는 달리 위생매립은 최종처분 방법이다.

㉱ 거의 모든 종류의 폐기물 처분이 가능하다.

풀이 ㉮ 처분 대상 폐기물의 증가에 따른 추가인원 및 장비가 크지 않다.

answer 38 ㉮ 39 ㉰ 40 ㉮

| 제3과목 | 폐기물 공정시험기준

41 5톤 이상의 차량에 적재되어 있을 때에는 적재폐기물을 평면상에 몇 등분한 후 각 등분마다 시료를 채취해야 하는가?

㉮ 3 ㉯ 6
㉰ 9 ㉱ 12

풀이 시료채취
① 5톤 미만의 차량 : 6등분
② 5톤 이상의 차량 : 9등분

42 시료용액의 조제를 위한 용출조작 중 진탕 회수와 진폭으로 옳은 것은? (단, 상온, 상압 기준)

㉮ 분당 약 200회, 진폭 4~5cm
㉯ 분당 약 200회, 진폭 5~6cm
㉰ 분당 약 300회, 진폭 4~5cm
㉱ 분당 약 300회, 진폭 5~6cm

풀이 ① 진탕횟수 : 분당 200회
② 진폭 : 4~5cm
③ 진탕시간 : 6시간

43 염산(1+2)용액 1,000mL의 염산농도(% W/V)는 얼마인가? (단, 염산 비중 = 1.18)

㉮ 약 11.8 ㉯ 약 33.33
㉰ 약 39.33 ㉱ 약 66.67

풀이 염산농도(% W/V)

$$= \frac{333.33\,\text{mL} \times 1.18\,\text{g/mL}}{1{,}000\,\text{mL}} \times 100$$

$$= 39.33\%$$

TIP
① 염산(1+2)용액 1,000mL
= 염산 333.33mL+물 666.66mL
② 염산비중 1.18 = 1.18g/mL

44 유도결합플라즈마-원자발광분광기(ICP)에 대한 설명으로 틀린 것은?

㉮ ICP는 분석장치에서 에어로졸 상태로 분무된 시료는 가장 안쪽의 관을 통하여 도너츠모양의 플라즈마의 중심부에 도달한다.
㉯ 플라즈마의 온도는 최고 15,000K의 고온에 도달한다.
㉰ ICP는 아르곤 가스를 플라즈마 가스로 사용하여 수정발전식 고주파발생기로부터 발생된 주파수 27.13MHz 영역에서 유도코일에 의하여 플라즈마를 발생시킨다.
㉱ 플라즈마는 그 자체가 광원으로 이용되기 때문에 매우 좁은 농도범위의 시료를 측정하는데 주로 활용된다.

풀이 ㉱ 플라즈마는 그 자체가 광원으로 이용되기 때문에 매우 넓은 농도범위의 시료를 측정하는데 주로 활용된다.

45 폐기물 중 기름성분을 중량법으로 측정할 때 정량한계는 얼마인가?

㉮ 0.1% 이하 ㉯ 0.2% 이하
㉰ 0.3% 이하 ㉱ 0.5% 이하

풀이 기름성분을 중량법으로 측정할 때 정량한계는 0.1% 이하이다.

answer 41 ㉰ 42 ㉮ 43 ㉰ 44 ㉱ 45 ㉮

46 이온전극법을 이용한 시안측정에 관한 설명으로 틀린 것은?

㉮ pH 4 이하의 산성으로 조절한 후 시안 이온전극과 비교전극을 사용하여 전위를 측정한다.

㉯ 시안화합물을 측정할 때 방해물질들은 증류하면 대부분 제거된다.

㉰ 다량의 지방성분을 함유한 시료는 아세트산 또는 수산화나트륨용액으로 pH 6~7로 조절한 후 시료의 약 2%에 해당하는 부피의 노말 헥산 또는 클로로폼을 넣어 추출하여 유기층은 버리고 수층을 분리하여 사용한다.

㉱ 시료는 미리 세척한 유리 또는 폴리에틸렌용기에 채취한다.

풀이 ㉮ pH 12~13 이상의 알칼리성으로 조절한 후 시안 이온전극과 비교전극을 사용하여 전위를 측정한다.

TIP

시안의 분석방법 중 핵심내용

① 자외선/가시선분광법 : pH 2 이하의 산성, 청색, 620nm, 0.01mg/L
② 이온전극법 : pH 12～13의 알칼리성, 전위차로 정량, 0.5mg/L
③ 연속흐름법 : 산성상태, 청색, 620nm, 0.01mg/L

47 고형물 함량이 50%, 강열감량이 80%인 폐기물의 유기물 함량(%)은 얼마인가?

㉮ 30　㉯ 40
㉰ 50　㉱ 60

풀이 유기물 함량(%)

$$= \frac{\text{휘발성 고형물(\%)}}{\text{고형물(\%)}} \times 100$$

$$= \frac{30\%}{50\%} \times 100$$

$$= 60\%$$

TIP

① 휘발성 고형물(%) = 강열감량(%) - 수분(%)
= 80% - 50% = 30%
② 수분(%) = 100-고형물 함량(%) = 100-50% = 50%
③ 강열감량 : 분석 시료를 가열하였을 때의 질량의 감소분

48 원자흡수분광광도법 분석에 사용되는 연료 중 불꽃의 온도가 가장 높은 것은?

㉮ 공기-프로판
㉯ 공기-수소
㉰ 공기-아세틸렌
㉱ 일산화이질소-아세틸렌

풀이 ㉱ 일산화이질소(N_2O)-아세틸렌(C_2H_2)에 대한 설명이다.

49 4℃의 물 0.55L는 몇 cc가 되는가?

㉮ 5.5　㉯ 55
㉰ 550　㉱ 5500

풀이 cc = mL이므로 $0.55L = 0.55 \times 10^3 mL = 550mL$이다.

50 자외선/가시선 분광법으로 크롬을 측정할 때 시료 중에 총 크롬을 6가크롬으로 산화시키는데 사용되는 시약은?

㉮ 아황산나트륨　㉯ 염화제일주석
㉰ 티오황산나트륨　㉱ 과망간산칼륨

풀이 총 크롬을 6가크롬으로 산화 시키는데 사용되는 시약은 과망간산칼륨이다.

TIP

과망간산칼륨($KMnO_4$)는 강산화제이다.

answer 46 ㉮ 47 ㉱ 48 ㉱ 49 ㉰ 50 ㉱

51 함수율 90%인 하수오니의 폐기물 명칭은?

㉮ 액상폐기물
㉯ 반고상폐기물
㉰ 고상폐기물
㉱ 폐기물은 상(相, phase)을 구분하지 않음

풀이 함수율이 90%이면 고형물은 10%이므로 반고상폐기물이다.

TIP

폐기물의 종류
① 액상폐기물 : 고형물의 함량이 5% 미만
② 반고상폐기물 : 고형물의 함량이 5% 이상 15% 미만
③ 고상폐기물 : 고형물의 함량이 15% 이상

52 폐기물공정시험기준(방법)의 총칙에 관한 내용 중 옳은 것은?

㉮ 용액의 농도를 (1→10)으로 표시한 것은 고체성분 1mg을 용매에 녹여 전량을 10mL로 하는 것이다.
㉯ 염산(1+2)라 함은 물 1mL와 염산 2mL를 혼합한 것이다.
㉰ 감압 또는 진공이라 함은 따로 규정이 없는 한 15mmH_2O 이하를 말한다.
㉱ '정밀히 단다'라 함은 규정된 양의 시료를 취하여 화학저울 또는 미량저울로 칭량함을 말한다.

풀이 ㉮ 용액의 농도를 (1→10)으로 표시한 것은 고체성분 1g을 용매에 녹여 전량을 10mL로 하는 것이다.
㉯ 염산(1+2)라 함은 물 2mL와 염산 1mL를 혼합한 것이다.
㉰ 감압 또는 진공이라 함은 따로 규정이 없는 한 15mmHg 이하를 말한다.

TIP

정확히 단다 : 규정된 수치의 무게가 0.1mg까지 다는 것이다.

53 기체크로마토그래피의 검출기 중 불꽃이온화 검출기(FID)에 알칼리 또는 알칼리 토류 금속염의 튜브를 부착한 것으로 유기질소 화합물 및 유기인화합물을 선택적으로 검출할 수 있는 것은?

㉮ 열전도도 검출기(Thermal Conductivity Detector, TCD)
㉯ 전자포획 검출기(Electron Capture Detector, ECD)
㉰ 불꽃광도 검출기(Flame Photometric Detector, FPD)
㉱ 불꽃열이온 검출기(Flame Thermionic Deterctor, FTD)

풀이 ㉱ 불꽃열이온 검출기(FTD)에 대한 설명이다.

54 용출시험의 결과 산출 시 시료 중의 수분함량 보정에 관한 설명으로 (   )에 알맞은 것은?

> 함수율 85% 이상인 시료에 한하여 (   )을 곱하여 계산된 값으로 한다.

㉮ 15+{100-시료의 함수율(%)}
㉯ 15-{100-시료의 함수율(%)}
㉰ 15×{100-시료의 함수율(%)}
㉱ 15÷{100-시료의 함수율(%)}

answer 51 ㉯ 52 ㉱ 53 ㉱ 54 ㉱

55 용액 100g 중의 성분 부피(mL)를 표시하는 것은?

㉮ W/W%　　㉯ W/V%
㉰ V/W%　　㉱ V/V%

풀이 $\frac{mL}{100g} = \frac{V}{W}$

56 폐기물공정시험기준에서 유기물질을 함유한 시료의 전처리방법이 아닌 것은?

㉮ 산화-환원에 의한 유기물분해
㉯ 회화에 의한 유기물분해
㉰ 질산-염산에 의한 유기물분해
㉱ 질산-황산에 의한 유기물분해

풀이 시료의 전처리방법
① 질산 분해법
② 질산-염산 분해법
③ 질산-황산 분해법
④ 질산-과염소산 분해법
⑤ 질산-과염소산-불화수소산 분해법
⑥ 회화법
⑦ 마이크로파 산분해법

57 대상 폐기물의 양이 550톤이라면 시료의 최소 수(개)는 얼마인가?

㉮ 32　　㉯ 34
㉰ 36　　㉱ 38

풀이 대상폐기물의 양이 550톤일 경우 시료의 최소수는 36이다.

TIP

대상폐기물의 양과 시료의 최소수

대상폐기물의 양 (단위 : ton)	시료의 최소 수	대상폐기물의 양 (단위 : ton)	시료의 최소 수
~1 미만	6	100 이상~500 미만	30
1 이상~5 미만	10	500 이상~1,000 미만	36
5 이상~30 미만	14	1,000 이상~5,000 미만	50
30 이상~100 미만	20	5,000 이상	60

58 시료의 채취방법으로 옳은 것은?

㉮ 액상혼합물은 원칙적으로 최종지점의 낙하구에서 흐르는 도중에 채취한다.
㉯ 콘크리트 고형화물의 경우 대형의 고형화물로 분쇄가 어려울 경우에는 임의의 10개소에서 채취하여 각각 파쇄하여 100g씩 균등량 혼합하여 채취한다.
㉰ 유기인 시험을 위한 시료채취는 폴리에틸렌병을 사용한다.
㉱ 시료의 양은 1회에 1kg 이상 채취한다.

풀이 ㉯ 콘크리트 고형화물의 경우 대형의 고형화물로 분쇄가 어려울 경우에는 임의의 5개소에서 채취하여 각각 파쇄하여 100g씩 균등량 혼합하여 채취한다.
㉰ 유기인 시험을 위한 시료채취는 갈색경질유리병를 사용한다.
㉱ 시료의 양은 1회에 100g 이상 채취한다.

TIP

갈색경질유리병에 보관해야 하는 시료
노말헥산추출물질, 유기인, PCBs, 휘발성저급염소화탄화수소류

answer 55 ㉱ 56 ㉮ 57 ㉰ 58 ㉮

59 '곧은 섬유와 섬유 다발'형태가 아닌 석면의 종류는? (단, 편광현미경법 기준)

㉮ 직섬석 ㉯ 청석면
㉰ 갈석면 ㉱ 백석면

풀이 ㉱ 백석면은 꼬인 물결모양의 섬유이다.

60 유리전극법에 의한 pH 측정 시 정밀도에 관한 내용으로 ( )에 들어갈 내용으로 옳은 것은?

> 임의의 한 종류의 pH 표준용액에 대하여 검출부를 정제수로 잘 씻은 다음 5회 되풀이하여 pH를 측정 하였을 때 그 재현성이 ( ) 이내이어야 한다.

㉮ ± 0.01 ㉯ ± 0.05
㉰ ± 0.1 ㉱ ± 0.5

TIP
암기사항 : 5회, ±0.05이므로 숫자 5에 집중!!

answer 59 ㉱ 60 ㉯

2019 1회 기출문제

| 제1과목 | 폐기물개론

01 다음 중 수거 분뇨의 성질에 영향을 주는 요소로 틀린 것은?

㉮ 배출지역의 기후
㉯ 분뇨 저장기간
㉰ 저장탱크의 구조와 크기
㉱ 종말처리방식

풀이 수거 분뇨의 성질에 영향 요소
① 배출지역의 기후
② 분뇨 저장기간
③ 저장탱크의 구조와 크기

02 적환장의 일반적인 설치 필요조건으로 틀린 것은?

㉮ 작은 용량의 수집차량을 사용할 때
㉯ 슬러지 수송이나 공기수송 방식을 사용할 때
㉰ 불법 투기와 다량의 어질러진 쓰레기들이 발생할 때
㉱ 고밀도 거주지역이 존재할 때

풀이 ㉱ 저밀도 거주지역이 존재할 때

03 유기성 폐기물의 퇴비화과정에 대한 설명으로 틀린 것은?

㉮ 암모니아 냄새가 유발될 경우 건조된 낙엽과 같은 탄소원을 첨가해야 한다.
㉯ 발효초기 원료의 온도가 40～60℃까지 증가하면 효모나 질산화균이 우점한다.
㉰ C/N비가 너무 낮으면 질소가 암모니아로 변하여 pH를 증가시킨다.
㉱ 염분함량이 높은 원료를 퇴비화하여 토양에 시비하면 토양경화의 원인이 된다.

풀이 ㉯ 발효초기 원료의 온도가 40～60℃까지 증가하면 고온성 세균과 방선균이 우점한다.

04 압축기에 관한 설명으로 틀린 것은?

㉮ 회전식 압축기는 회전력을 이용하여 압축한다.
㉯ 고정식 압축기는 압축 방법에 따라 수평식과 수직식이 있다.
㉰ 백(bag) 압축기는 연속식과 회분식으로 구분할 수 있다.
㉱ 압축결속기는 압축이 끝난 폐기물을 끈으로 묶는 장치이다.

풀이 ㉮ 회전식 압축기는 수압을 이용하여 압축한다.

answer 01 ㉱ 02 ㉱ 03 ㉯ 04 ㉮

05 폐기물 파쇄 시 작용하는 힘과 가장 거리가 먼 것은?

㉮ 충격력 ㉯ 압축력
㉰ 인장력 ㉱ 전단력

풀이 파쇄 시 작용하는 힘
① 충격력
② 압축력
③ 전단력

TIP
파쇄기의 종류를 생각하면 정답을 쉽게 찾을 수 있다.

06 유해물질, 배출원, 그에 따른 인체의 영향으로 틀린 것은?

㉮ 수은-온도계 제조시설-미나마따병
㉯ 카드뮴-도금시설-이따이이따이병
㉰ 납-농약 제조시설-헤모글로빈 생성 촉진
㉱ PCB-트렌스유 제조시설-카네미유증

풀이 ㉰ 납-축전지, 인쇄공업-헤모글로빈 생성 저해

07 우리나라 폐기물 중 가장 큰 구성비율을 차지하는 것은?

㉮ 생활폐기물
㉯ 사업장 폐기물 중 처리시설 폐기물
㉰ 사업장 폐기물 중 건설폐기물
㉱ 사업장 폐기물 중 지정폐기물

풀이 우리나라 폐기물 중 가장 큰 구성비율을 차지하는 것은 ㉰ 사업장 폐기물 중 건설폐기물이다.

08 삼성분의 조성비를 이용하여 발열량을 분석할 때 이용되는 추정식에 대한 설명으로 맞는 것은?

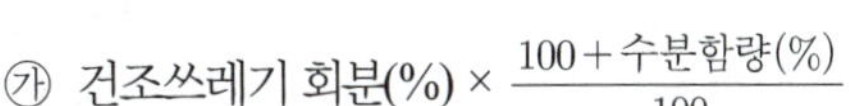

Q(kcal/kg) = (4,500×V/100)-(600×W/100)

㉮ 600은 물의 포화수증기압을 의미한다.
㉯ V는 쓰레기 가연분의 조성비(%)이다.
㉰ W는 회분의 조성비(%)이다.
㉱ 이 식은 고위발열량을 나타낸다.

풀이 ㉮ 600은 물의 증발잠열(응축열)을 의미한다.
㉰ W는 수분의 조성비(%)이다.
㉱ 이 식은 저위발열량을 나타낸다.

09 습량기준 회분율(A, %)을 구하는 식으로 맞는 것은?

㉮ 건조쓰레기 회분(%) × $\frac{100+\text{수분함량}(\%)}{100}$

㉯ 수분함량(%) × $\frac{100-\text{건조쓰레기회분}(\%)}{100}$

㉰ 건조쓰레기 회분(%) × $\frac{100-\text{수분함량}(\%)}{100}$

㉱ 수분함량(%) × $\frac{\text{수분함량}(\%)}{100}$

풀이 습량기준 회분율(A, %)

$= \text{수분함량}(\%) \times \frac{100-\text{건조쓰레기회분}(\%)}{100}$

실전문제

과년도 기출문제

answer 05 ㉰ 06 ㉰ 07 ㉰ 08 ㉯ 09 ㉯

10 매립 시 파쇄를 통해 얻는 이점을 설명한 것으로 틀린 것은?

㉮ 압축장비가 없어도 고밀도의 매립이 가능하다.
㉯ 곱게 파쇄하면 매립 시 복토가 필요 없거나 복토요구량이 절감된다.
㉰ 폐기물과 잘 섞여서 혐기성 조건을 유지하므로 메탄 등의 재회수가 용이하다.
㉱ 폐기물 입자의 표면적이 증가되어 미생물작용이 촉진된다.

풀이 ㉰ 폐기물과 잘 혼합되며 호기성 조건을 유지한다.

11 폐기물의 80% 3cm 보다 작게 파쇄하려 할 때 Rosin-Rammler 입자크기 분포모델을 이용한 특성입자의 크기(cm)는? (단, n = 1)

㉮ 1.36　　㉯ 1.86
㉰ 2.36　　㉱ 2.86

풀이

$$Y = 1 - \exp\left[-\left(\frac{dp_1}{dp_2}\right)^n\right]$$

여기서 dp_1 : 폐기물 입자의 크기
dp_2 : 특성입자의 크기
n : 상수

따라서 $0.80 = 1 - \exp\left[-\left(\frac{3\text{cm}}{dp_2}\right)^1\right]$

$\therefore dp_2 = \frac{-3\text{cm}}{LN(1-0.80)}$

$= 1.86\text{cm}$

TIP

Rosin-Rammler 입자크기 분포모델식

$$Y = 1 - \exp\left[-\left(\frac{dp_1}{dp_2}\right)^n\right]$$

특성입자 크기(dp_2)= $\frac{-dp_1}{LN(1-Y)}$

12 쓰레기의 발생량 조사방법인 직접계근법에 관한 내용으로 틀린 것은?

㉮ 입구에서 쓰레기가 적재되어 있는 차량과 출구에서 쓰레기를 적하한 공차량을 각각 계근하여 그 차이로 쓰레기량을 산출한다.
㉯ 적재차량 계수분석에 비하여 작업량이 적고 간단하다.
㉰ 비교적 정확한 쓰레기 발생량을 파악할 수 있다.
㉱ 일정기간동안 특정지역의 쓰레기를 수거한 운반차량을 중간적하장이나 중계처리장에서 직접 계근하는 방법이다.

풀이 ㉯ 적재차량 계수분석에 비하여 작업량이 많고 번거롭다.

13 채취한 쓰레기 시료 분석 시 가장 먼저 진행하여야 하는 분석 절차는?

㉮ 절단 및 분쇄
㉯ 건조
㉰ 분류(가연성, 불연성)
㉱ 밀도측정

풀이 쓰레기 시료 분석절차는 시료→밀도 측정→물리적 조성→분류→전처리→화학적조성 분석 순서이다.

14 수분이 60%, 수소가 10%인 폐기물의 고위발열량이 4,500kcal/kg이라면 저위발열량(kcal/kg)은?

㉮ 약 4,010　　㉯ 약 3,930
㉰ 약 3,820　　㉱ 약 3,600

answer 10 ㉰ 11 ㉯ 12 ㉯ 13 ㉱ 14 ㉱

풀이 Hl = Hh − 600(9H + W)(kcal/kg)
여기서 Hl : 저위 발열량(kcal/kg)
Hh : 고위 발열량(kcal/kg)
H : 수소의 함량
W : 수분의 함량
따라서 Hl = 4,500kcal/kg − 600 × (9 × 0.1 + 0.6)
= 3,600 kcal/kg

15 종량제에 대한 설명으로 틀린 것은?

㉮ 처리비용을 배출자가 부담하는 원인자 부담원칙을 확대한 제도이다.
㉯ 시장, 군수, 구청장이 수거체제의 관리책임을 가진다.
㉰ 가전제품, 가구 등 대형폐기물을 우선으로 수거한다.
㉱ 수수료 부과기준을 현실화하여 폐기물 감량화를 도모하고, 처리재원을 확보한다.

풀이 ㉰ 일상생활에서 발생하는 소형폐기물을 우선으로 수거한다.

16 선별방법 중 주로 물렁거리는 가벼운 물질에서부터 딱딱한 물질을 선별하는 데 사용되는 것은?

㉮ Flotation
㉯ Heavy media separator
㉰ Stoners
㉱ Secators

풀이 ㉱ 세카터(Secators)에 대한 설명이다.

17 대상가구 3,000세대, 세대당 평균인구수 2.5인, 쓰레기 발생량 1.05kg/인 · 일, 1주일에 2회 수거하는 지역에서 한 번에 수거되는 쓰레기양(톤)은?

㉮ 약 25　　㉯ 약 28
㉰ 약 30　　㉱ 약 32

풀이 수거되는 쓰레기량

$$= \frac{1.05\,\text{kg}}{\text{인·일}} \times \frac{1\text{톤}}{10^3\,\text{kg}} \times \frac{2.5\text{인}}{1\text{세대}} \times 3{,}000\text{세대} \times \frac{7\text{일}}{1\text{주}} \times \frac{1\text{주}}{2\text{회}}$$

= 27.56톤

TIP

① $\text{kg} \xrightarrow{\times 10^{-3}} \text{ton}$

② 단위 환산 문제이다.

과년도 기출문제

18 함수율이 80%이며 건조고형물의 비중이 1.42인 슬러지의 비중은? (단, 물의 비중 = 1.0)

㉮ 1.021　　㉯ 1.063
㉰ 1.127　　㉱ 1.174

풀이 $\frac{1}{\rho_{SL}} = \frac{W_{TS}}{\rho_{TS}} + \frac{W_P}{\rho_P}$

여기서 ρ_{SL} : 슬러지의 비중
W_{TS} : 고형물의 함량
ρ_{TS} : 고형물의 비중
W_P : 수분의 함량
ρ_P : 수분의 비중

따라서 $\frac{1}{\rho_{SL}} = \frac{0.2}{1.42} + \frac{0.8}{1.0}$

$\therefore \frac{1}{\rho_{SL}} = 0.940845$

$\therefore \rho_{SL} = \frac{1}{0.940845} = 1.0629$

answer 15 ㉰ 16 ㉱ 17 ㉯ 18 ㉯

TIP

① 물의 비중은 1.0 이다.
② 고형물(TS)+수분(P) = 100%
③ 고형물의 함량(TS) = 100% - 수분의 함량(%)

19 폐기물발생량 측정방법이 아닌 것은?

㉮ 적재차량계수분석법
㉯ 직접계근법
㉰ 물질수지법
㉱ 물리적조성법

풀이 폐기물 발생량
① 예측방법 : 다중회귀모델, 동적모사모델, 경향모델
② 조사방법 : 물질수지법, 직접계근법, 적재차량계수법, 통계조사법
③ 암기법 : 예측은 다중이 동적으로 경향을 파악하고/조사는 물질을 직접 적재한 통계로 한다.

20 폐기물 재활용 촉진을 위한 정책 중 국내에서 가장 먼저 시행된 제도는?

㉮ 주류공병 보증금제도
㉯ 합성수지제품 부과금제도
㉰ 농약빈병 시상금제도
㉱ 고철 보조금제도

풀이 폐기물 재활용 촉진을 위한 정책 중 국내에서 가장 먼저 시행된 제도는 합성수지제품 부과금제도이다.

| 제2과목 | 폐기물처리기술

21 퇴비화 반응의 분해정도를 판단하기 위해 제안된 방법으로 가장 거리가 먼 것은?

㉮ 온도 감소
㉯ 공기공급량 증가
㉰ 퇴비의 발열능력 감소
㉱ 산화 · 환원전위의 증가

풀이 ㉯ 공기공급량 감소

22 합성차수막 중 PVC에 관한 설명으로 틀린 것은?

㉮ 작업이 용이하다.
㉯ 접합이 용이하고 가격이 저렴하다.
㉰ 자외선, 오존, 기후에 약하다.
㉱ 대부분의 유기화학물질에 강하다.

풀이 ㉱ 대부분의 유기화학물질에 약하다.

23 토양수분장력이 5기압에 해당되는 경우 pF의 값은? (단, log2 = 0.301)

㉮ 약 0.3　　㉯ 약 0.7
㉰ 약 3.7　　㉱ 약 4.0

풀이 $1atm = 1033cmH_2O$ 이므로

$H = 5atm = 5 \times 1033cmH_2O = 5 \times 10^3 cmH_2O$

따라서 $pF = \log[H]$

$= \log[5 \times 10^3 cmH_2O] = 3.70$

TIP

① $pF = \log[H]$
② $pF = \log[H\ cmH_2O]$

answer 19 ㉱ 20 ㉯ 21 ㉯ 22 ㉱ 23 ㉰

③ 1atm = 760mmHg
= $10332mmH_2O$
= $1033cmH_2O$

24 폐산 또는 폐알칼리를 재활용하는 기술을 설명한 것 중 틀린 것은?

㉮ 폐염산, 염화 제2철 폐액을 이용한 폐수처리제, 전자회로 부식제 생산
㉯ 폐황산, 폐염산을 이용한 수처리 응집제 생산
㉰ 구리 에칭액을 이용한 황산구리 생산
㉱ 폐 IPA를 이용한 액체 세제 생산

풀이 ㉱ 폐 IPA(아이소프로필 알콜)은 인체에 유해성이 있으므로 액체 세제로는 부적당하다.

25 폐기물 중간처리기술 중 처리 후 잔류하는 고형물의 양이 적은 것부터 큰 것까지 순서대로 나열된 것은?

㉠ 소각 ㉡ 용융 ㉢ 고화

㉮ ㉠-㉡-㉢ ㉯ ㉢-㉡-㉠
㉰ ㉠-㉢-㉡ ㉱ ㉡-㉠-㉢

풀이 잔류 고형물의 양은 용융 → 소각 → 고화 순으로 많아진다.

26 분뇨를 혐기성 소화법으로 처리하고 있다. 정상적인 작동 여부를 확인하려고 할 때 조사항목으로 틀린 것은?

㉮ 소화가스량
㉯ 소화가스 중 메탄과 이산화탄소 함량
㉰ 유기산 농도
㉱ 투입 분뇨의 비중

풀이 정상적인 작동 여부 확인 조사항목
① 소화가스량
② 소화가스 중 메탄과 이산화탄소 함량
③ 유기산 농도
④ pH
⑤ 온도
⑥ 소화시간

27 매립가스의 이동현상에 대한 설명으로 틀린 것은?

㉮ 토양 내에 발생된 가스는 분자확산에 의해 대기로 방출된다.
㉯ 대류에 의한 이동은 가스 발생량이 많은 경우에 주로 나타난다.
㉰ 매립가스는 수평보다 수직 방향으로의 이동 속도가 높다.
㉱ 미량가스는 확산보다 대류에 의한 이동 속도가 높다.

풀이 ㉱ 미량가스는 대류보다 확산에 의한 이동속도가 높다.

28 8kL/day 용량의 분뇨처리장에서 발생하는 메탄의 양(m^3/day)은? (단, 가스생성량 = $8m^3$/kL, 가스 중 CH_4 함량 = 75%)

㉮ 22 ㉯ 32
㉰ 48 ㉱ 56

풀이
$$\text{메탄의 양}(m^3/day) = \frac{8kL}{day} \times \frac{8m^3}{kL} \times \frac{75\%}{100} = 48m^3/day$$

answer 24 ㉱ 25 ㉱ 26 ㉱ 27 ㉱ 28 ㉰

실전문제
과년도 기출문제

29 다음의 특징을 가진 소각로의 형식은?

- 전처리가 거의 필요없다.
- 소각로의 구조는 회전 연속 구동 방식이다.
- 소각에 방해됨이 없이 연속적인 재배출이 가능하다.
- 1,400℃ 이상에서 가동할 수 있어서 독성물질의 파괴에 좋다.

㉮ 다단 소각로
㉯ 유동층 소각로
㉰ 로타리킬른 소각로
㉱ 건식 소각로

풀이 ㉰ 로타리킬른 소각로에 대한 설명이다.

30 PCB와 같은 난연성의 유해폐기물의 소각에 가장 적합한 소각로 방식은?

㉮ 스토커 소각로
㉯ 유동층 소각로
㉰ 회전식 소각로
㉱ 다단 소각로

풀이 ㉯ 유동층 소각로에 대한 설명이다.

31 생물학적 복원기술의 특징으로 옳은 것은?

㉮ 상온, 상압 상태의 조건에서 이용하기 때문에 많은 에너지가 필요하지 않다.
㉯ 2차 오염 발생률이 높다.
㉰ 원위치에서도 오염정화가 가능하다.
㉱ 유해한 중간물질을 만드는 경우가 있어 분해생성물의 유무를 미리 조사하여야 한다.

풀이 ㉮ 상온, 상압 상태의 조건에서 이용하기 때문에 많은 에너지가 필요하다.
㉰ 원위치에서는 오염정화가 불가능하다.
㉱ 유해한 중간물질을 만드는 경우에도 분해생성물의 유무를 미리 조사해야 할 필요는 없다.

32 오염된 지하수의 Darcy 속도(유출속도)가 0.15m/day이고, 유효 공극률이 0.4일 때 오염원으로부터 1,000m 떨어진 지점에 도달하는데 걸리는 기간(년)은? (단, 유출속도 : 단위시간에 흙의 전체 단면적을 통하여 흐르는 물의 속도)

㉮ 약 6.5　　㉯ 약 7.3
㉰ 약 7.9　　㉱ 약 8.5

풀이
$$\text{도달시간(년)} = \frac{\text{이동거리(m)} \times \text{유효공극률}}{\text{유출속도(m/년)}}$$
$$= \frac{1{,}000\text{m} \times 0.4}{0.15\text{m/day} \times 365\text{day/년}} = 7.31\text{년}$$

33 슬러지 $100m^3$의 함수율이 98%이다. 탈수 후 슬러지의 체적을 1/10로 하면 슬러지 함수율(%)은? (단, 모든 슬러지의 비중 = 1)

㉮ 20　　㉯ 40
㉰ 60　　㉱ 80

풀이 $V_1 \times (100 - P_1) = V_2 \times (100 - P_2)$

여기서 V_1 : 탈수 전 슬러지량(m^3)
P_1 : 탈수 전 함수율(%)
V_2 : 탈수 후 슬러지량(m^3)
P_2 : 탈수 후 함수율(%)

따라서

$$100m^3 \times (100 - 98) = 100m^3 \times \frac{1}{10} \times (100 - P_2)$$

answer 29 ㉰ 30 ㉯ 31 ㉯ 32 ㉯ 33 ㉱

$$\therefore P_2 = 100 - \left(\frac{100\text{m}^3 \times (100-98)}{100\text{m}^3 \times \frac{1}{10}} \right)$$
$$= 80\%$$

34 다음 설명에 해당하는 분뇨 처리 방법은?

- 부지 소요면적이 적다.
- 고온반응이므로 무균상태로 유출되어 위생적이다.
- 슬러지 탈수성이 좋아서 탈수 후 토양 개량제로 이용된다.
- 기액분리시 기체 발생량이 많아 탈기 해야 한다.

㉮ 혐기성소화법
㉯ 호기성소화법
㉰ 질산화 - 탈질산화법
㉱ 습식산화법

풀이 ㉱ 습식산화법에 대한 설명이다.

35 유기물의 산화공법으로 적용되는 Fenton 산화반응에 사용되는 것으로 가장 적절한 것은?

㉮ 아연과 자외선
㉯ 마그네슘과 자외선
㉰ 철과 과산화수소
㉱ 아연과 과산화수소

풀이 Fenton 산화반응에 사용되는 시약은 과산화수소와 촉매는 철염(황산제1철)이다.

36 회전판에 놓인 종이 백(bag)에 폐기물을 충전 · 압축하여 포장하는 소형 압축기는?

㉮ 회전식 압축기(Rotary Compactor)
㉯ 소용돌이식 압축기(Console Compactor)
㉰ 백 압축기(Bag Compactor)
㉱ 고정식 압축기(Stationary Compactor)

풀이 ㉮ 회전식 압축기에 대한 설명이다.

37 1차 반응속도에서 반감기(농도가 50% 줄어드는 시간)가 10분이다. 초기농도의 75%가 줄어드는데 걸리는 시간(분)은?

㉮ 30　　㉯ 25
㉰ 20　　㉱ 15

풀이 ① 반감기 반응식

$$\ln\frac{1}{2} = -k \times t$$

여기서 k : 상수
　　　t : 시간

따라서 $\ln\frac{1}{2} = -k \times 10\text{min}$

$$\therefore k = \frac{\ln\frac{1}{2}}{-10\text{min}} = 0.0693/\text{min}$$

② 1차 반응식 : $\ln\frac{C_t}{C_o} = -k \times t$

여기서 C_o : 초기농도
　　　C_t : t시간 후 농도
　　　k : 상수
　　　t : 시간

따라서 $\ln\frac{25}{100} = -0.0693/\text{min} \times t$

$$\therefore t = \frac{\ln\frac{25}{100}}{-0.0693/\text{min}} = 20\text{min}$$

TIP
$C_t = 100\% - 75\% = 25\%$

answer 34 ㉱ 35 ㉰ 36 ㉮ 37 ㉰

실전문제 과년도 기출문제

38 분뇨처리장의 방류수량이 $1,000m^3$/day일 때 15분간 염소소독을 할 경우 소독조의 크기(m^3)는?

㉮ 약 16.5 ㉯ 약 13.5
㉰ 약 10.5 ㉱ 약 8.5

풀이 소독조의 크기

$$= \frac{1,000\,m^3}{day} \times 15\,min \times \frac{1\,day}{24\,hr} \times \frac{1\,hr}{60\,min}$$

$$= 10.42\,m^3$$

39 소각로에서 NO_X 배출농도가 270ppm, 산소 배출농도가 12%일 때 표준산소(6%)로 환산한 NO_X 농도(ppm)는?

㉮ 120 ㉯ 135
㉰ 162 ㉱ 450

풀이 $C = Ca \times \frac{21 - O_s}{21 - O_a}$

$$= 270ppm \times \frac{21 - 6\%}{21 - 12\%} = 450\,ppm$$

TIP

① 오염물질 농도 보정식

$$C = C_a \times \frac{21 - O_s}{21 - O_a}$$

② 배출가스 유량 보정식

$$Q = Q_a \div \frac{21 - O_s}{21 - O_a}$$

40 매립지 설계 시 침출수 집배수층의 조건으로 옳은 것은?

㉮ 투수계수 : 최대 1cm/sec
㉯ 두께 : 최대 30cm
㉰ 집배수층 재료 입경 : 10~13cm 또는 16~32cm
㉱ 바닥경사 : 2~4%

풀이 ㉮ 투수계수 : 최소 1cm/sec
㉯ 두께 : 최소 30cm
㉰ 집배수층 재료 입경 : 10~13mm 또는 16~32mm

| 제3과목 | 폐기물 공정시험기준

41 pH가 2인 용액 2L와 pH가 1인 용액 2L를 혼합하였을 때 혼합용액의 pH는?

㉮ 1.0 ㉯ 1.3
㉰ 1.5 ㉱ 2.0

풀이 $pH = 2 \Rightarrow [H^+] = 10^{-2}\,mol/L$

$pH = 1 \Rightarrow [H^+] = 10^{-1}\,mol/L$

혼합용액의 농도

$$= \frac{10^{-2}\,mol/L \times 2L + 10^{-1}\,mol/L \times 2L}{2L + 2L}$$

$$= 0.055\,mol/L$$

혼합용액의 $pH = -\log[H^+]$

$= -\log[0.055\,mol/L]$

$= 1.26$

TIP

① $pH = -\log[H^+] \Rightarrow$
$[H^+] = 10^{-pH}\,mol/L$

② $pOH = -\log[OH^-] \Rightarrow$
$[OH^-] = 10^{-pOH}\,mol/L$

③ 산성 물질에서 $pH = -\log[H^+]$

④ 알칼리성 물질에서 $pH = 14 + \log[OH^-]$

answer 38 ㉰ 39 ㉱ 40 ㉱ 41 ㉯

42 시험분석 대상물질을 기기가 검출할 수 있는 최소한의 농도 또는 양을 나타내는 기기검출한계에 관한 내용으로 (　　)에 옳은 것은?

> 바탕시료를 반복 측정 분석한 결과의 표준편차에 (　)한 값

㉮ 2배　　㉯ 3배
㉰ 5배　　㉱ 10배

풀이 기기검출한계 = 표준편차 × 3

43 폐기물의 노말헥산 추출물질의 양을 측정하기 위해 다음과 같은 결과를 얻었을 때 노말헥산 추출물질의 농도(mg/L)는?

> • 시료의 양 : 500mL
> • 시험 전 증발용기의 무게 : 25g
> • 시험 후 증발용기의 무게 : 13g
> • 바탕시험 전 증발용기의 무게 : 5g
> • 바탕시험 후 증발용기의 무게 : 4.8g

㉮ 11,800　　㉯ 23,600
㉰ 32,400　　㉱ 53,800

풀이 노말헥산 추출물질의 농도(mg/L)

$$= \frac{(25-13)\,g-(5-4.8)\,g}{0.5\,L}$$

$$= 23.6\,g/L = 23,600\,mg/L$$

44 유기물 등을 많이 함유하고 있는 대부분 시료의 전처리에 적용되는 분해방법으로 가장 적절한 것은?

㉮ 질산 분해법
㉯ 질산-염산분해법
㉰ 질산-불화수소산 분해법
㉱ 질산-황산 분해법

풀이 ㉮ 질산 분해법 : 유기물의 함량이 낮은 시료에 적용
㉯ 질산-염산분해법 : 유기물 함량이 비교적 높지 않고 금속의 수산화물, 산화물, 인산염 및 황화물을 함유하고 있는 시료에 적용
㉰ 질산-과염소산-불화수소산 분해법 : 점토질 또는 규산염이 높은 비율로 함유된 시료에 적용

45 1ppm이란 몇 ppb를 말하는가?

㉮ 10ppb　　㉯ 100ppb
㉰ 1,000ppb　　㉱ 10,000ppb

풀이 $1\,ppm \times 10^3 = 1,000\,ppb$

TIP

① ppm $\xrightarrow{\times 10^3}$ ppb

② ppb $\xrightarrow{\times 10^{-3}}$ ppm

46 할로겐화 유기물질(기체크로마토그래피-질량분석법)의 정량한계는?

㉮ 0.1mg/kg　　㉯ 1.0mg/kg
㉰ 10mg/kg　　㉱ 100mg/kg

풀이 할로겐화 유기물질의 정량한계
① 기체크로마토그래피-질량분석법 : 10mg/kg
② 기체크로마토그래피 : 10mg/kg

answer　42 ㉯　43 ㉯　44 ㉱　45 ㉰　46 ㉰

47 폐기물 시료 채취에 관한 설명으로 틀린 것은?

㉮ 대상폐기물의 양이 500톤 이상~1,000톤 미만인 경우 시료의 최소 수는 30이다.
㉯ 5톤 미만의 차량에 적재되어 있을 경우에는 적재폐기물을 평면상에서 6등분한 후 각 등분마다 시료를 채취한다.
㉰ 5톤 이상의 차량에 적재되어 있을 경우에는 적재폐기물을 평면상에서 9등분한 후 각 등분마다 시료를 채취한다.
㉱ 채취 시료는 수분, 유기물 등 함유성분의 변화가 일어나지 않도록 0~4℃ 이하의 냉암소에 보관하여야 한다.

풀이 ㉮ 대상폐기물의 양이 500톤 이상~1,000톤 미만인 경우 시료의 최소 수는 36이다.

48 함수율 83%인 폐기물이 해당되는 것은?

㉮ 유기성 폐기물 ㉯ 액상폐기물
㉰ 반고상폐기물 ㉱ 고상폐기물

풀이 함수율 83%인 폐기물의 고형물은 17%이다. 따라서 고상폐기물에 해당한다.

TIP
폐기물의 종류
① 액상폐기물 : 고형물의 함량이 5% 미만
② 반고상폐기물 : 고형물의 함량이 5% 이상 15% 미만
③ 고상폐기물 : 고형물의 함량이 15% 이상

49 자외선/가시선 분광법으로 크롬을 정량하기 위해 크롬이온 전체를 6가크롬으로 변화시킬 때 사용하는 시약은?

㉮ 다이페닐카바자이드
㉯ 질산암모늄
㉰ 과망간산칼륨
㉱ 염화제일주석

풀이 산화제인 과망간산칼륨($KMnO_4$)을 사용한다.

TIP
크롬의 자외선/가시선 분광법
시료중에 총크롬을 과망간산칼륨을 사용하여 6가크롬으로 산화시킨 다음 산성에서 다이페닐카바자이드와 반응하여 생성되는 적자색 착화합물의 흡광도를 540nm에서 측정하여 총크롬을 정량하는 방법이다.

50 기체크로마토그래피에서 운반가스로 사용할 수 있는 기체로 틀린 것은?

㉮ 수소 ㉯ 질소
㉰ 산소 ㉱ 헬륨

풀이 ㉰ 산소(O_2)는 조연성 기체이다.

51 시료채취 방법으로 옳은 것은?

㉮ 시료는 일반적으로 폐기물이 생성되는 단위공정별로 구분하여 채취하여야 한다.
㉯ 시료 채취도구는 녹이 생기는 재질의 것을 사용해도 된다.
㉰ PCB 시료는 반드시 폴리에틸렌 백을 사용하여 시료를 채취한다.
㉱ 시료가 채취된 병은 코르크 마개를 사용하여 밀봉한다.

풀이 ㉯ 시료 채취도구는 녹이 생기지 않는 재질의 것을 사용해야 한다.
㉰ PCB 시료는 반드시 갈색경질유리병을 사용하여 시료를 채취한다.
㉱ 시료가 채취된 병은 코르크 마개를 사용하여서는 안된다.

answer 47 ㉮ 48 ㉱ 49 ㉰ 50 ㉰ 51 ㉮

TIP

갈색경질유리병에 보관해야 하는 시료
노말헥산추출물질, 유기인, PCBs, 휘발성저급염소화탄화수소류

52 천분율 농도를 표시할 때 그 기호로 알맞은 것은?

㉮ mg/L ㉯ mg/kg
㉰ μg/kg ㉱ ‰

풀이 천분율을 나타내는 기호는 ‰, g/L, g/kg이다.

53 자외선/가시선 분광광도계의 구성으로 옳은 것은?

㉮ 광원부 - 파장선택부 - 측광부 - 시료부
㉯ 광원부 - 가시부 - 측광부 - 시료부
㉰ 광원부 - 가시부 - 시료부 - 측광부
㉱ 광원부 - 파장선택부 - 시료부 - 측광부

풀이 자외선/가시선 분광광도계는 광원부 - 파장선택부 - 시료부 - 측광부로 구성되어 있다.

54 기체크로마토그래피로 측정할 수 없는 항목은?

㉮ 유기인
㉯ PCBs
㉰ 휘발성저급염소화탄화수소류
㉱ 시안

풀이 ㉱ 시안의 분석법은 자외선/가시선 분광법, 이온전극법, 연속흐름법이다.

55 폐기물공정시험기준의 총칙에 관한 설명으로 틀린 것은?

㉮ "여과한다"란 거름종이 5종 A 또는 이하 동등한 여지를 사용하여 여과하는 것을 말한다.
㉯ 온도의 영향이 있는 것의 판정은 표준온도를 기준온도로 한다.
㉰ 염산(1+2)이라고 하는 것은 염산 1mL에 물 1mL을 배합 조제하여 전체 2mL가 되는 것을 말한다.
㉱ 시험에 쓰는 물은 따로 규정이 없는 한 정제수를 말한다.

풀이 ㉰ 염산(1+2)이라고 하는 것은 염산 1mL에 물 2mL을 배합 조제하여 전체 3mL이 되는 것을 말한다.

56 폐기물공정시험기준의 적용범위에 관한 내용으로 틀린 것은?

㉮ 폐기물관리법에 의한 오염실태 조사 중 폐기물에 대한 것은 따로 규정이 없는 한 공정시험기준의 규정에 의하여 시험한다.
㉯ 공정시험기준에서 규정하지 않은 사항에 대해서는 일반적인 화학적 상식에 따르도록 한다.
㉰ 공정시험기준에 기재한 방법 중 세부조작은 시험의 본질에 영향을 주지 않는다면 실험자가 일부를 변경할 수 있다.
㉱ 하나 이상의 공정시험기준으로 시험한 결과가 서로 달라 제반 기준의 적부 판정에 영향을 줄 경우에는 판정을 유보하고 재실험하여야 한다.

풀이 ㉱ 하나 이상의 공정시험기준으로 시험한 결과가 서로 달라 제반 기준의 적부 판정에 영향을 줄 경우에는 공정시험기준의 항목별 주시험법에 의한 분석성적에 의하여 판정한다.

answer 52 ㉱ 53 ㉱ 54 ㉱ 55 ㉰ 56 ㉱

57 원자흡수분광광도법에 의한 비소 정량에 관한 설명으로 틀린 것은?

㉮ 과망간산칼륨으로 6가 비소로 산화시킨다.
㉯ 아연을 넣으면 수소화 비소가 발생한다.
㉰ 아르곤-수소 불꽃에 주입하여 분석한다.
㉱ 정량한계는 0.005mg/L이다.

풀이 비소의 원자흡수분광광도법(수소화물생성 원자흡수분광광도법)는 전처리한 시료 용액중에 아연 또는 나트륨 붕소수화물을 넣어 생성된 수소화비소를 원자화시켜 193.7nm에서 흡광도를 측정하고 비소를 정량하는 방법이며, 정량한계는 0.005mg/L이다.

58 PCB 분석 시 기체크로마토그래피법의 다음 항목이 틀리게 연결된 것은?

㉮ 검출기 : 전자포획 검출기(ECD)
㉯ 운반기체 : 부피백분율 99.999% 이상의 질소
㉰ 컬럼 : 활성탄 컬럼
㉱ 농축장치 : 구데르나다니쉬농축기

풀이 ㉰ 컬럼 : 플로리실컬럼, 실리카겔컬럼

59 $K_2Cr_2O_7$을 사용하여 크롬 표준원액 (100mg Cr/L) 100mL를 제조할 때 취해야 하는 $K_2Cr_2O_7$의 양(mg)은? (단, 원자량 K = 39, Cr = 52, O = 16)

㉮ 14.1　　㉯ 28.3
㉰ 35.4　　㉱ 56.5

풀이 $K_2Cr_2O_7$: $2Cr^{3+}$
294g : 2×52g
X : 100mg/L×0.1L

$$\therefore X = \frac{294g \times 100mg/L \times 0.1L}{2 \times 52g} = 28.27mg$$

TIP
① $K_2Cr_2O_7$의 분자량 = 39×2+52×2+16×7 = 294g
② 1,000mL = 1L

60 기름성분을 중량법으로 측정하고자 할 때 시험기준의 정량한계는?

㉮ 1% 이하　　㉯ 0.1% 이하
㉰ 0.01% 이하　　㉱ 0.0011% 이하

풀이 기름성분을 중량법으로 측정하고자 할 때 시험기준의 정량한계는 0.1% 이하이다.

answer 57 ㉮ 58 ㉰ 59 ㉯ 60 ㉯

2019 2회 기출문제

| 제1과목 | 폐기물개론

01 쓰레기 발생원과 발생 쓰레기 종류의 연결로 가장 거리가 먼 것은?

㉮ 주택지역 - 조대폐기물
㉯ 개방지역 - 건축폐기물
㉰ 농업지역 - 유해폐기물
㉱ 상업지역 - 합성수지류

풀이 ㉯ 개방지역 - 생활폐기물

02 쓰레기를 압축시켜 용적 감소율(volume reduction)이 61%인 경우 압축비는?

㉮ 2.1　　㉯ 2.6
㉰ 3.1　　㉱ 3.6

풀이

$$\text{압축비} = \frac{100}{100 - \text{용적 감소율}(\%)} = \frac{100}{100-61\%} = 2.56$$

03 함수율이 각각 90%, 70%인 하수슬러지를 무게비 3 : 1로 혼합하였다면 혼합 하수 슬러지의 함수율(%)은? (단, 하수 슬러지 비중 = 1.0)

㉮ 81　　㉯ 83
㉰ 85　　㉱ 87

풀이 혼합 하수 슬러지의 함수율(%)

$$= \frac{90\% \times 3 + 70\% \times 1}{3+1} = 85\%$$

04 물렁거리는 가벼운 물질로부터 딱딱한 물질을 선별하는 데 이용되며, 경사진 컨베이어를 통해 폐기물을 주입시켜 회전하는 드럼 위에 떨어뜨려 분류하는 선별 방식은?

㉮ Stoners　　㉯ Jigs
㉰ Secators　　㉱ Float Separator

풀이 ㉰ 세카터(Secators)에 대한 설명이다.

05 제품 및 제품에 의해 발생된 폐기물에 대하여 포괄적인 생산자의 책임을 원칙으로 하는 제도는?

㉮ 종량제　　㉯ 부담금제도
㉰ EPR제도　　㉱ 전표제도

풀이 ㉰ 생산자책임재활용제도(EPR)에 대한 설명이다.

answer 01 ㉯ 02 ㉯ 03 ㉰ 04 ㉰ 05 ㉰

06 폐기물의 퇴비화 조건이 아닌 것은?

㉮ 퇴비화하기 쉬운 물질을 선정한다.

㉯ 분뇨, 슬러지 등 수분이 많을 경우 Bulking Agent를 혼합한다.

㉰ 미생물 식종을 위해 부숙 중인 퇴비의 일부를 반송하여 첨가한다.

㉱ pH가 5.5 이하인 경우 인위적인 pH 조절을 위해 탄산칼슘을 첨가한다.

풀이 ㉰ 미생물 식종을 위해 숙성퇴비의 일부를 반송하여 첨가한다.

TIP

Bulking Agent(팽화제 = 수분조절제)
톱밥, 볏짚, 낙엽

07 발열량과 발열량 분석에 관한 설명으로 틀린 것은?

㉮ 발열량은 쓰레기 1kg을 완전연소시킬 때 발생하는 열량(kcal)을 말한다.

㉯ 고위발열량(Hh)은 발열량계에서 측정한 값에서 물의 증발잠열을 뺀 값을 말한다.

㉰ 발열량 분석은 원소분석 결과를 이용하는 방법으로 고위발열량과 저위발열량을 추정할 수 있다.

㉱ 저위발열량(Hl, kcal/kg)을 산정하는 방법은 Hh-600(9H+W)을 사용한다.

풀이 ㉯ 저위발열량(Hh)은 발열량계에서 측정한 고위발열량값에서 물의 증발잠열을 뺀 값을 말한다.

08 쓰레기 수거능을 판별할 수 있는 MHT에 대한 설명으로 가장 적절한 것은?

㉮ 1톤의 쓰레기를 수거하는 데 수거인부 1인이 소요하는 총 시간

㉯ 1톤의 쓰레기를 수거하는 데 소요되는 인부 수

㉰ 수거인부 1인이 시간당 수거하는 쓰레기 톤수

㉱ 수거인부 1인이 수거하는 쓰레기 톤 수

풀이 MHT(man · hr/ton)은 1톤의 쓰레기를 수거하는 데 수거인부 1인이 소요하는 총 시간을 의미한다.

09 쓰레기의 발생량 조사방법이 아닌 것은?

㉮ 경향법

㉯ 적재차량 계수분석법

㉰ 직접 계근법

㉱ 물질 수지법

풀이 쓰레기 발생량

① 예측방법 : 다중회귀모델, 동적모사모델, 경향모델
② 조사방법 : 물질수지법, 직접계근법, 적재차량계수법, 통계조사법
③ 암기법 : 예측은 다중이 동적으로 경향을 파악하고/조사는 물질을 직접 적재한 통계로 한다.

10 선별에 관한 설명으로 맞는 것은?

㉮ 회전스크린은 회전자를 이용한 탄도식 선별장치이다.

㉯ 와전류 선별기는 철로부터 알루미늄과 구리의 2가지를 모두 분리할 수 있다.

㉰ 경사 컨베이어 분리기는 부상선별기의 한 종류이다.

㉱ Zigzag 공기선별기는 column의 난류를 줄여줌으로써 선별 효율은 높일 수 있다.

answer 06 ㉰ 07 ㉯ 08 ㉮ 09 ㉮ 10 ㉯

11 폐기물에 함유된 유용 성분을 분리해 내기 위해 1,000kg의 폐기물을 처리하여 700kg과 300kg으로 분류하였다. 이들 각 폐기물에 함유된 유용성분의 함량을 조사 하였더니 각각의 무게의 30%와 0.15%를 차지하고 있음을 알았다. 그러면 전체 폐기물에 함유되어 있는 유용성분의 함량(%)은 얼마인가? (단, 무게 기준)

㉮ 21%　　㉯ 27%
㉰ 31%　　㉱ 34%

풀이 유용성분의 함량(%)

$$= \frac{\text{유용성분 함유 폐기물(kg)}}{\text{폐기물의 양(kg)}} \times 100$$

① 유용성분 함유 폐기물(kg)

$= 700\text{kg} \times 0.3 + 300\text{kg} \times 0.0015$

$= 210.45\text{kg}$

② 유용성분의 함량(%) $= \frac{210.45\text{kg}}{1000\text{kg}} \times 100$

$= 21.05\%$

12 쓰레기의 발생량 조사 방법인 물질수지법에 관한 설명으로 옳지 않은 것은?

㉮ 주로 산업폐기물 발생량을 추산할 때 이용된다.
㉯ 비용이 저렴하고 정확한 조사가 가능하여 일반적으로 많이 활용된다.
㉰ 조사하고자 하는 계의 경계를 정확하게 설정하여야 한다.
㉱ 물질수지를 세울 수 있는 상세한 데이터가 있는 경우에 가능하다.

풀이 ㉯ 비용이 많이 들고 정확한 조사가 어려워 많이 활용되지 않는다.

13 슬러지의 함유수분 중 가장 많은 수분함유도를 유지하고 있는 것은?

㉮ 표면부착수　　㉯ 모관결합수
㉰ 간극수　　㉱ 내부수

풀이 ㉰ 간극수에 대한 설명이다.

TIP

수분의 함유형태

① 간극수(간극모관결합수) : 큰 고형물입자 간극에 존재하는 수분으로 슬러지내의 수분 중 일반적으로 가장 많은 양을 차지하며 고형물질과 직접 결합해 있지 않기 때문에 농축 등의 방법으로 용이하게 분리할 수 있는 수분이다.
② 모관결합수 : 미세한 슬러지 고형물의 입자사이의 얇은 틈에 존재하는 수분으로 모세관압으로 결합되어 있는 수분이며, 원심력, 진공압 등 기계적 압착으로 분리시킨다.
③ 부착수(표면부착수) : 콜로이드상 결합수로 수분제거가 용이하지 못하다.
④ 내부수 : 세포내부에 강하게 결합된 수분으로 슬러지 건조 시 증발이 가장 어려운 수분이므로 탈수가 가장 어려운 수분이다.

14 폐기물관리법의 적용을 받는 폐기물은?

㉮ 방사능 폐기물
㉯ 용기에 들어 있지 않은 기체상 물질
㉰ 분뇨
㉱ 폐유독물

풀이 ㉱ 폐기물관리법의 적용을 받는 폐기물은 폐유독물이다.

answer 11 ㉮ 12 ㉯ 13 ㉰ 14 ㉱

15 연간 폐기물 발생량이 8,000,000톤인 지역에서 1일 평균 수거인부가 3,000명이 소요되었으며, 1일 작업시간이 평균 8시간일 경우 MHT는? (단, 1년 = 365일로 산정)

㉮ 1.0 ㉯ 1.1
㉰ 1.2 ㉱ 1.3

풀이 $\text{MHT} = \dfrac{\text{수거인부수} \times \text{작업시간}}{\text{쓰레기 수거 실적}}$

$= \dfrac{3{,}000\text{인} \times 8\text{hr/day} \times 365\text{day/년}}{8{,}000{,}000\text{ton/년}}$

$= 1.10\text{MHT}$

TIP
① MHT = man·hr/ton
② 1ton의 쓰레기를 수거하는데 수거인부 1인이 소요하는 총 시간
③ MHT의 값이 작을수록 수거효율이 높다.

16 적환장에 대한 설명으로 옳지 않은 것은?

㉮ 최종처리장과 수거지역의 거리가 먼 경우 사용하는 것이 바람직하다.
㉯ 저밀도 거주지역이 존재할 때 설치한다.
㉰ 재사용 가능한 물질의 선별시설 설치가 가능하다.
㉱ 대용량의 수집차량을 사용할 때 설치한다.

풀이 ㉱ 소용량의 수집차량을 사용할 때 설치한다.

17 고형분이 50%인 음식물쓰레기 10ton을 소각하기 위해 수분 함량을 20%가 되도록 건조 시켰다. 건조된 쓰레기의 최종중량(ton)은? (단, 비중은 1.0 기준)

㉮ 약 3.0 ㉯ 약 4.1
㉰ 약 5.2 ㉱ 약 6.3

풀이 $W_1 \times Ts_1 = W_2 \times (100 - P_2)$

여기서 W_1 : 소각 전 쓰레기량(kg)
Ts_1 : 소각 전 고형물량(%)
W_2 : 소각 후 쓰레기량(kg)
P_2 : 소각 후 함수율(%)

따라서 $10\text{ton} \times 50\% = W_2 \times (100 - 20\%)$

$\therefore W_2 = \dfrac{10\text{ton} \times 50\%}{(100 - 20\%)} = 6.25\text{ton}$

18 LCA(전과정 평가, Life Cycle Assessment)의 구성요소에 해당하지 않는 것은?

㉮ 목적 및 범위의 설정
㉯ 분석평가
㉰ 영향평가
㉱ 개선평가

풀이 ㉯ 목록분석

19 생활폐기물의 발생량을 나타내는 발생 원단위로 가장 적합한 것은?

㉮ kg/capita · day ㉯ ppm/capita · day
㉰ m^3/capita · day ㉱ L/capita · day

풀이 발생 원단위 : kg/capita · day = kg/인 · day

20 폐기물의 열분해(Pyrolysis)에 관한 설명으로 틀린 것은?

㉮ 무산소 또는 저산소 상태에서 반응한다.
㉯ 분해와 응축반응이 일어난다.
㉰ 발열반응이다.
㉱ 반응 시 생성되는 Gas는 주로 메탄, 일산화탄소, 수소가스이다.

풀이 ㉰ 흡열반응이다.

answer 15 ㉯ 16 ㉱ 17 ㉱ 18 ㉯ 19 ㉮ 20 ㉰

| 제2과목 | 폐기물처리기술

21 혐기성 소화의 장·단점이라 할 수 없는 것은?

㉮ 동력시설을 거의 필요로 하지 않으므로 운전비용이 저렴하다.
㉯ 소화 슬러지의 탈수 및 건조가 어렵다.
㉰ 반응이 더디고 소화기간이 비교적 오래 걸린다.
㉱ 소화가스는 냄새가 나며 부식성이 높은 편이다.

풀이 ㉯ 소화 슬러지의 탈수 및 건조가 용이하다.

22 함수율이 99%인 잉여슬러지 $40m^3$를 농축하여 96%로 했을 때 잉여슬러지의 부피(m^3)는?

㉮ 5　　㉯ 10
㉰ 15　　㉱ 20

풀이 $V_1 \times (100-P_1) = V_2 \times (100-P_2)$

여기서 V_1 : 농축 전 잉여슬러지량(m^3)
P_1 : 농축 전 함수율(%)
V_2 : 농축 후 잉여슬러지량(m^3)
P_2 : 농축 후 함수율(%)

따라서 $40m^3 \times (100-99) = V_2 \times (100-96)$

$$\therefore V_2 = \frac{40m^3 \times (100-99)}{(100-96)} = 10m^3$$

23 사업장폐기물의 퇴비화에 대한 내용으로 틀린 것은?

㉮ 퇴비화 이용이 불가능하다.
㉯ 토양오염에 대한 평가가 필요하다.
㉰ 독성물질의 함유농도에 따라 결정하여야 한다.
㉱ 중금속 물질의 전처리가 필요하다.

풀이 ㉮ 퇴비화 이용이 가능하다.

24 일반폐기물의 소각처리에서 통상적인 폐기물의 원소 분석치를 이용하여 얻을 수 있는 항목으로 가장 거리가 먼 것은?

㉮ 연소의 공기량
㉯ 배기가스양 및 조성
㉰ 유해가스의 종류 및 양
㉱ 소각재의 성분

풀이 폐기물의 원소 분석치를 이용하여 얻을 수 있는 항목
① 연소의 공기량
② 배기가스양 및 조성
③ 유해가스의 종류 및 양

25 해안 매립공법에 대한 설명으로 옳지 않은 것은?

㉮ 순차투입방법은 호안측에서부터 순차적으로 쓰레기를 투입하여 육지화하는 방법이다.
㉯ 수심이 깊은 처분장에서는 건설비 과다로 내수를 완전히 배제하기가 곤란한 경우가 많아 순차투입방법을 택하는 경우가 많다.
㉰ 처분장은 면적이 크고 1일 처분량이 많다.

answer 21 ㉯ 22 ㉯ 23 ㉮ 24 ㉱ 25 ㉱

㉱ 수중부에 쓰레기를 깔고 압축작업과 복토를 실시하므로 근본적으로 내륙매립과 같다.

풀이 ㉱ 수중부에 쓰레기를 깔고 압축작업과 복토를 실시하기가 불가능하므로 근본적으로 내륙매립과 다르다.

26 쓰레기 소각로의 열부하가 50,000kcal/m³·hr이며 쓰레기의 저위발열량 1,800kcal/kg, 쓰레기 중량 20,000kg 일 때 소각로의 용량(m³)은? (단, 소각로는 8시간 가동)

㉮ 15 ㉯ 30
㉰ 60 ㉱ 90

풀이 소각로내의 열부하(kcal/m³·hr)

$$= \frac{\text{발열량(kcal/kg)} \times \text{쓰레기의 양(kg/hr)}}{\text{로의 부피}(m^3)}$$

따라서

50,000kcal/m³·hr

$$= \frac{1,800\text{kcal/kg} \times 20,000\text{kg/8hr}}{\text{로의 부피}(m^3)}$$

∴ 로의 부피

$$= \frac{1,800\text{kcal/kg} \times 20,000\text{kg/8hr}}{50,000\text{kcal/m}^3\cdot\text{hr}}$$

$= 90m^3$

27 매립된 쓰레기양이 1,000ton이고, 유기물 함량이 40%이며, 유기물에서 가스로 전환율이 70%이다. 유기물 kg당 0.5m³의 가스가 생성되고 가스 중 메탄함량이 40% 일 때 발생되는 총 메탄의 부피(m³)는? (단, 표준상태로 가정)

㉮ 46,000 ㉯ 56,000
㉰ 66,000 ㉱ 76,000

풀이 CH_4 발생량(m³)

= 쓰레기량(kg) × 유기물의 함량 × 가스전환율 × 가스 발생량(m³/kg) × 메탄의 함량

$= 1,000 \times 10^3\text{ kg} \times 0.4 \times 0.7 \times 0.5\text{m}^3/\text{kg} \times 0.4$

$= 56,000\text{m}^3$

28 폐타이어의 재활용 기술로 가장 거리가 먼 것은?

㉮ 열분해를 이용한 연료 회수
㉯ 분쇄 후 유동층 소각로의 유동매체로 재활용
㉰ 열병합 발전의 연료로 이용
㉱ 고무 분말 제조

풀이 ㉯ 유동층 소각로의 유동매체로는 주로 모래가 이용되므로 분쇄된 폐타이어는 사용할 수 없다.

29 오염된 농경지의 정화를 위해 다른 장소로부터 비오염 토양을 운반하여 넣는 정화기술은?

㉮ 객토 ㉯ 반전
㉰ 희석 ㉱ 배토

풀이 오염된 농경지의 정화를 위해 다른 장소로부터 비오염 토양을 운반하여 넣는 정화기술은 객토이다.

30 일반적으로 매립지 내 분해속도가 가장 느린 구성물질은?

㉮ 지방 ㉯ 단백질
㉰ 탄수화물 ㉱ 섬유질

풀이 ① 매립지 내 분해속도가 가장 느린 구성물질은 섬유질이다.

answer 26 ㉱ 27 ㉯ 28 ㉯ 29 ㉮ 30 ㉱

② 매립지 내 분해속도가 가장 빠른 구성물질은 탄수화물이다.

31 매립장 침출수의 차단방법 중 표면차수막에 관한 설명으로 가장 거리가 먼 것은?

㉮ 보수는 매립 전이라면 용이하지만 매립 후는 어렵다.
㉯ 시공 시에는 눈으로 차수성 확인이 가능하지만 매립이 이루어지면 어렵다.
㉰ 지하수 집배수시설이 필요하지 않다.
㉱ 차수막의 단위면적당 공사비는 비교적 싸지만 총공사비는 비싸다.

풀이 ㉰ 지하수 집배수시설이 필요하다.

TIP
연직차수막과 표면차수막의 비교

	연직차수막	표면차수막
차수성 확인	지하에 매설하기 때문에 확인이 어렵다.	시공시에는 가능하나 매립후에는 곤란하다.
경제성	단위면적당 공사비가 비싼 반면 총공사비는 싸다.	단위면적당 공사비는 싸지만 매립지 전체를 시공하는 경우가 많아 총공사비는 비싸다.
보수성	차수막 보강시공이 가능하다.	매립전에는 가능하나 매립후에는 어렵다.
지하수 집배수 시설	필요없다.	필요하다.

32 일반적인 슬러지 처리 계통도가 가장 올바르게 나열된 것은?

㉮ 농축 → 안정화 → 개량 → 탈수 → 소각
㉯ 탈수 → 개량 → 건조 → 안정화 → 소각
㉰ 개량 → 안정화 → 농축 → 탈수 → 소각
㉱ 탈수 → 건조 → 안정화 → 개량 → 소각

풀이 슬러지 처리 계통도 순서는 농축 → 안정화 → 개량 → 탈수 → 소각 순이다.

33 내륙매립공법 중 도랑형공법에 대한 설명으로 옳지 않은 것은?

㉮ 전처리로 압축 시 발생되는 수분처리가 필요하다.
㉯ 침출수 수집장치나 차수막 설치가 어렵다.
㉰ 사전 정비작업이 그다지 필요하지 않으나 매립용량이 낭비된다.
㉱ 파낸 흙을 복토제로 이용 가능한 경우에 경제적이다.

풀이 ㉮ 전처리로 압축 시 발생되는 수분처리는 불필요하다.

34 쓰레기 퇴비장(야적)의 세균 이용법에 해당하는 것은?

㉮ 대장균 이용
㉯ 혐기성 세균의 이용
㉰ 호기성 세균의 이용
㉱ 녹조류의 이용

풀이 ㉰ 쓰레기 퇴비장(야적)의 세균 이용법은 호기성 세균을 이용하는 방법이다.

실전문제
과년도 기출문제

answer 31 ㉰ 32 ㉮ 33 ㉮ 34 ㉰

35 폐기물 고화처리 시 고화재의 종류에 따라 무기적 방법과 유기적 방법으로 나눌 수 있다. 유기적 고형화에 관한 설명으로 틀린 것은?

㉮ 수밀성이 크며 다양한 폐기물에 적용할 수 있다.
㉯ 최종 고화체의 체적 증가가 거의 균일하다.
㉰ 미생물, 자외선에 대한 안정성이 약하다.
㉱ 상업화된 처리법의 현장자료가 빈약하다.

풀이 ㉯ 최종 고화체의 체적 증가가 다양하다.

36 고형화 처리의 목적에 해당하지 않는 것은?

㉮ 취급이 용이하다.
㉯ 폐기물 내 독성이 감소한다.
㉰ 폐기물 내 오염물질의 용해도가 감소한다.
㉱ 폐기물 내 손실성분이 증가한다.

풀이 ㉱ 폐기물 내 손실성분이 감소한다.

37 매립지에서 흔히 사용되는 합성차수막이 아닌 것은?

㉮ LFG　㉯ HDPE
㉰ CR　㉱ PVC

풀이 ㉮ LFG는 매립장에서 발생하는 가스이다.

TIP
합성차수막의 종류에는 CR, PVC, CSPE, HDPE & LDPE 등이 있다.

38 소화 슬러지의 발생량은 투입량(200kL)의 10%이며, 함수율이 95%이다. 탈수기에서 함수율을 80%로 낮추면 탈수된 cake의 부피(m^3)는? (단, 슬러지의 비중 = 1.0)

㉮ 2.0　㉯ 3.0
㉰ 4.0　㉱ 5.0

풀이 $V_1 \times (100 - P_1) = V_2 \times (100 - P_2)$

여기서 V_1 : 탈수 전 슬러지량(m^3)
P_1 : 탈수 전 함수율(%)
V_2 : 탈수 후 슬러지량(m^3)
P_2 : 탈수 후 함수율(%)

따라서

$200m^3 \times 0.1 \times (100 - 95) = V_2 \times (100 - 80)$

$$\therefore V_2 = \frac{200m^3 \times 0.1 \times (100-95)}{(100-80)} = 5m^3$$

TIP
① $KL = m^3$
② V_1은 $200m^3$의 10%이므로
$V_1 = 200m^3 \times 0.1$

39 혐기성 분해에 영향을 주는 인자로서 가장 거리가 먼 것은?

㉮ 탄질비　㉯ pH
㉰ 유기산농도　㉱ 온도

풀이 혐기성 분해에 영향을 주는 인자로서 pH, 유기산농도, 온도 등이다.

answer 35 ㉯ 36 ㉱ 37 ㉮ 38 ㉱ 39 ㉮

40 다양한 종류의 호기성미생물과 효소를 이용하여 단기간에 유기물을 발효시켜 사료를 생산하는 습식방식에 의한 사료화의 특징이 아닌 것은?

㉮ 처리 후 수분함량이 30% 정도로 감소한다.
㉯ 종균제 투입 후 30~60℃에서 24시간 발효와 350℃에서 고온 멸균처리한다.
㉰ 비용이 적게 소요된다.
㉱ 수분함량이 높아 통기성이 나쁘고 변질 우려가 있다.

풀이 ㉮ 처리 후 수분함량이 70~80% 정도로 하여 가축에게 공급한다.

| 제3과목 | 폐기물 공정시험기준

41 다음에 제시된 온도의 최대 범위 중 가장 높은 온도를 나타내는 것은?

㉮ 실온
㉯ 상온
㉰ 온수
㉱ 추출된 노밀헥산의 증류온도

풀이 온도
㉮ 실온 : 1~35℃
㉯ 상온 : 15~25℃
㉰ 온수 : 60~70℃
㉱ 추출된 노말헥산의 증류온도 : 80℃

42 다음 설명에서 ( )에 알맞은 것은?

> 어떤 용액에 산 또는 알칼리를 가해도 그 수소이온농도가 변화하기 어려운 경우에, 그 용액을 ( )이라 한다.

㉮ 규정액　㉯ 표준액
㉰ 완충액　㉱ 중성액

풀이 ㉰ 완충액에 대한 설명이다.

43 pH 측정의 정밀도에 관한 내용으로 ( )에 옳은 내용은?

> 임의의 한 종류의 pH 표준용액에 대하여 검출부를 정제수로 잘 씻은 다음 (㉠) 되풀이하여 pH를 측정했을 때 그 재현성이 (㉡)이내 이어야 한다.

㉮ ㉠ 3회, ㉡ ±0.5
㉯ ㉠ 3회, ㉡ ±0.05
㉰ ㉠ 5회, ㉡ ±0.5
㉱ ㉠ 5회, ㉡ ±0.05

풀이 문제풀이 시 5회, ±0.05가 중요하므로 숫자 5에 집중하면 된다.

44 폐기물의 고형물 함량을 측정하였더니 18%로 측정되었다. 고형물 함량으로 분류할 때 해당되는 것은?

㉮ 고상폐기물　㉯ 액상폐기물
㉰ 반고상폐기물　㉱ 알 수 없음

실전문제
과년도 기출문제

answer 40 ㉮ 41 ㉱ 42 ㉰ 43 ㉱ 44 ㉮

풀이 폐기물의 분류

① 액상폐기물 : 고형물의 함량이 5% 미만
② 반고상폐기물 : 고형물의 함량이 5% 이상 15% 미만
③ 고상폐기물 : 고형물의 함량이 15% 이상

45 유도결합플라즈마-원자발광분광법에 대한 설명으로 틀린 것은?

㉮ 플라즈마가스로는 순도 99.99%(V/V%) 이상의 압축아르곤가스가 사용된다.
㉯ 플라즈마 상태에서 원자가 여기상태로 올라갈 때 방출하는 발광선으로 정량분석을 수행한다.
㉰ 플라즈마는 그 자체가 광원으로 이용되기 때문에 매우 넓은 농도 범위에서 시료를 측정할 수 있다.
㉱ 많은 원소를 동시에 분석이 가능하다.

풀이 ㉯ 플라즈마 상태에서 원자가 기저상태(바닥상태)로 이동할 때 방출하는 발광선으로 정량분석을 수행한다.

46 폐기물 용출조작에 관한 설명으로 틀린 것은?

㉮ 상온, 상압에서 진탕회수를 매분 당 약 200회로 한다.
㉯ 진폭 6~8cm의 진탕기를 사용한다.
㉰ 진탕기로 6시간 연속 진탕한다.
㉱ 여과가 어려운 경우 원심분리기를 사용하여 매 분당 3000회전 이상으로 20분 이상 원심 분리한다.

풀이 ㉯ 진폭 4~5cm의 진탕기를 사용한다.

TIP

용출 시험방법

(1) 시료용액의 조제
시료의 조제방법에 따라 조제한 시료 100g 이상을 정확히 달아 정제수에 염산을 넣어 pH를 5.8~6.3으로 한 용매(mL)를 시료 : 용매 = 1 : 10(W : V)의 비로 2,000mL 삼각플라스크에 넣어 혼합한다.

(2) 용출조작
① 시료용액의 조제가 끝난 혼합액을 상온 상압에서 진탕회수가 매분 당 약 200회, 진폭이 4~5cm의 진탕기를 사용하여 6시간 연속 진탕한다.
② 1.0μm의 유리섬유 여과지로 여과하고 여과액을 적당량 취하여 용출실험용시료용액으로 한다.
③ 여과가 어려운 경우에는 원심분리기를 사용하여 매분당 3,000회전 이상으로 20분 이상 원심분리한 다음 상징액을 적당량 취하여 용출실험용 시료용액으로 한다.

47 반고상 또는 고상 폐기물의 pH 측정법으로 ( )에 옳은 것은?

> 시료 10g을 (㉠) 비커에 취한 다음 정제수 (㉡)를 넣어 잘 교반하여 (㉢) 이상 방치

㉮ ㉠ 100mL, ㉡ 50mL, ㉢ 10분
㉯ ㉠ 100mL, ㉡ 50mL, ㉢ 30분
㉰ ㉠ 50mL, ㉡ 25mL, ㉢ 10분
㉱ ㉠ 50mL, ㉡ 25mL, ㉢ 30분

풀이 반고상 또는 고상 폐기물의 pH 측정법

시료 10g을 50mL 비커에 취한 다음 정제수 25mL를 넣어 잘 교반하여 30분 이상 방치한 후 이 현탁액을 시료용액으로 하거나 원심분리한 후 상층액을 시료용액으로 사용한다.

answer 45 ㉯ 46 ㉯ 47 ㉱

48 함수율이 90%인 슬러지를 용출시험하여 구리의 농도를 측정하니 1.0mg/L로 나타났다. 수분함량을 보정한 용출시험 결과치(mg/L)는?

㉮ 0.6 ㉯ 0.9
㉰ 1.1 ㉱ 1.5

풀이 ① 시료중의 함수율이 85%이상인

시료의 보정계수는 $\frac{15}{100-\text{시료의 함수율}(\%)}$

따라서 보정계수 $= \frac{15}{100-90\%} = 1.5$

② $1.0\text{mg/L} \times 1.5 = 1.5\text{mg/L}$

49 폐기물 중 시안을 측정(이온전극법)할 때 시료채취 및 관리에 관한 내용으로 ( )에 알맞은 것은?

> 시료는 수산화나트륨용액을 가하여 (㉠) 으로 조절하여 냉암소에서 보관한다. 최대 보관시간은 (㉡)이며 가능한 한 즉시 실험한다.

㉮ ㉠ pH 10 이상, ㉡ 8시간
㉯ ㉠ pH 10 이상, ㉡ 24시간
㉰ ㉠ pH 12 이상, ㉡ 8시간
㉱ ㉠ pH 12 이상, ㉡ 24시간

풀이 **시안을 측정(이온전극법)할 때 시료채취 및 관리**
시료는 수산화나트륨용액을 가하여 pH 12 이상으로 조절하여 냉암소에서 보관하며, 최대 보관시간은 24시간이며 가능한 한 즉시 실험한다.

TIP
시안의 보관방법 암기법
12시에 만나요. 24시간 동안
12 ⇒ pH 12, 시 ⇒ 시안, 나 ⇒ 수산화나트륨용액,
24시간 ⇒ 최대보관시간

50 pH가 2인 용액 2L와 pH가 1인 용액 2L를 혼합하면 pH는?

㉮ 1.0 ㉯ 1.3
㉰ 2.0 ㉱ 2.3

풀이 ① 혼합용액의 농도

$$= \frac{10^{-2}\text{mol/L} \times 2\text{L} + 10^{-1}\text{mol/L} \times 2\text{L}}{2\text{L} + 2\text{L}}$$

$= 0.055\text{mol/L}$

② $\text{pH} = -\log[\text{H}^+]$

$= -\log[0.055\text{mol/L}]$

$= 1.26$

TIP
① pH 2의 농도는
$[\text{H}^+] = 10^{-\text{pH}}\text{mol/L} = 10^{-2}\text{mol/L}$
② pH 1의 농도는
$[\text{H}^+] = 10^{-\text{pH}}\text{mol/L} = 10^{-1}\text{mol/L}$
③ 산성물질에서 $\text{pH} = -\log[\text{H}^+]$
④ 알칼리성물질에서 $\text{pH} = 14+\log[\text{OH}^-]$

51 기체크로마토그래피에 사용되는 분리용 컬럼의 McReynold 상수가 작다는 것이 의미하는 것은?

㉮ 비극성컬럼이다.
㉯ 이론단수가 작다.
㉰ 체류시간이 짧다.
㉱ 분리효율이 떨어진다.

풀이 분리용 컬럼의 McReynold 상수가 작다는 것은 비극성컬럼을 의미한다.

answer 48 ㉱ 49 ㉱ 50 ㉯ 51 ㉮

52 자외선/가시선분광법을 이용한 시안 분석을 위해 시료를 증류할 때 증기로 유출되는 시안의 형태는?

㉮ 시안산　　㉯ 시안화수소
㉰ 염화시안　　㉱ 시아나이드

풀이 자외선/가시선분광법을 이용한 시안 분석을 위해 시료를 증류할 때 증기로 유출되는 시안의 형태는 시안화수소이다.

53 폐기물 시료채취를 위한 채취도구 및 시료용기에 관한 설명으로 틀린 것은?

㉮ 노말헥산 추출물질 시험을 위한 시료 채취 시는 갈색경질의 유리병을 사용하여야 한다.
㉯ 유기인 실험을 위한 시료 채취 시는 갈색경질의 유리병을 사용하여야 한다.
㉰ 시료 중에 다른 물질의 혼입이나 성분의 손실을 방지하기 위하여 코르크 마개를 사용하며, 다만 고무마개는 셀로판지를 씌워 사용할 수도 있다.
㉱ 시료용기에는 폐기물의 명칭, 대상 폐기물의 양, 채취장소, 채취시간 및 일기, 시료번호, 채취책임자 이름, 시료의 양, 채취방법, 기타 참고자료를 기재한다.

풀이 ㉰ 시료 중에 다른 물질의 혼입이나 성분의 손실을 방지하기 위하여 밀봉할 수 있는 마개를 사용하며 코르크 마개를 사용하여서는 안 된다. 다만, 고무나 코르크 마개에 파라핀지, 유지 또는 셀로판지를 씌워 사용할 수도 있다.

TIP
갈색경질유리병에 보관해야 할 시료
노말헥산추출물질, 유기인, PCBs, 휘발성저급염소화탄화수소류

54 원자흡수분광광도법(공기-아세틸렌 불꽃)으로 크롬을 분석할 때 철, 니켈 등의 공존물질에 의한 방해를 방지하기 위해 넣어 주는 시약은?

㉮ 질산나트륨　　㉯ 인산나트륨
㉰ 황산나트륨　　㉱ 염산나트륨

풀이 원자흡수분광광도법으로 크롬을 분석할 때 철, 니켈 등의 공존물질에 의한 방해를 방지하기 위해 넣어 주는 시약은 황산나트륨이다.

55 시료의 전처리 방법 중 점토질 또는 규산염이 높은 비율로 함유된 시료에 적용하는 것은?

㉮ 질산-과염소산 분해법
㉯ 질산-과염소산-불화수소산 분해법
㉰ 질산-과염소산-염화수소산 분해법
㉱ 질산-과염소산-황화수소산 분해법

풀이 ㉯ 질산-과염소산-불화수소산 분해법에 대한 설명이다.

TIP
암기법 : 과불절(점)규

56 시료의 전처리방법에서 유기물을 높은 비율로 함유하고 있으면서 산화 분해가 어려운 시료에 적용되는 방법은?

㉮ 질산-황산 분해법
㉯ 질산-과염소산 분해법
㉰ 질산-과염소산-불화수소 분해법
㉱ 질산-염산 분해법

풀이 ㉯ 질산-과염소산 분해법에 대한 설명이다.

answer 52 ㉯ 53 ㉰ 54 ㉰ 55 ㉯ 56 ㉯

TIP

암기법 : 과산화가 어려운

TIP

산분해법

① 질산분해법 : 유기물 함량이 낮은 시료
② 질산-황산 분해법 : 유기물 등을 많이 함유하고 있는 대부분의 시료
③ 질산-염산 분해법 : 유기물 함량이 비교적 높지 않고 금속의 수산화물, 산화물, 인산염 및 황화물을 함유하고 있는 시료
④ 질산-과염소산 분해법 : 유기물을 높은 비율로 함유하고 있으면서 산화분해가 어려운 시료
⑤ 질산-과염소산-불화수소산 분해법 : 점토질 또는 규산염이 높은 비율로 함유된 시료

57 기체크로마토그래피법에서 유기인 화합물의 분석에 사용되는 검출기와 가장 거리가 먼 것은?

㉮ 전자포획형 검출기
㉯ 알칼리열이온화 검출기
㉰ 불꽃광도 검출기
㉱ 열전도도 검출기

풀이 유기인 화합물의 분석에 사용되는 검출기는 전자포획형 검출기, 알칼리열이온화 검출기, 불꽃광도 검출기이다.

58 자외선/가시선 분광법으로 6가크롬을 측정할 때 흡수셀 세척에 사용되는 시약이 아닌 것은?

㉮ 탄산나트륨 ㉯ 질산(1+5)
㉰ 과망간산나트륨 ㉱ 에틸알코올

풀이 흡수셀 세척에 사용되는 시약은 탄산나트륨, 질산(1+5), 에틸알코올, 과산화수소, 에틸에테르 등이다.

TIP

과망간산칼륨($KMnO_4$)은 강산화제이므로 3가크롬을 6가 크롬으로 산화시키는 역할을 한다.

59 원자흡수분광광도법으로 측정할 수 없는 것은?

㉮ 시안, 유기인 ㉯ 구리, 납
㉰ 비소, 수은 ㉱ 철, 니켈

풀이 원자흡수분광광도법은 중금속을 측정하는 방법이므로 보기 중에서 중금속이 아닌 물질이 정답이다.

TIP

① 시안의 분석방법 : 자외선/가시선분광법, 이온전극법, 연속흐름법
② 유기인의 분석방법 : 기체크로마토그래피

60 편광현미경법으로 석면을 측정할 때 석면의 정량범위는?

㉮ 1~25% ㉯ 1~50%
㉰ 1~75% ㉱ 1~100%

풀이 **석면의 측정방법**
① 편광현미경법 : 정량범위는 1~100%
② X-선 회절기법 : 정량범위는 0.1~100.0wt%

실전문제

과년도 기출문제

answer 57 ㉱ 58 ㉰ 59 ㉮ 60 ㉱

2019 4회 기출문제

| 제1과목 | 폐기물개론

01 함수율 80%인 슬러지 500g을 완전건조 시켰을 때 건조된 슬러지의 중량(g)은? (단, 슬러지의 비중 = 1.0)

㉮ 100 ㉯ 200
㉰ 300 ㉱ 400

풀이 $W_1 \times (100 - P_1) = W_2 \times (100 - P_2)$

여기서 W_1 : 건조 전 슬러지량(g)
P_1 : 건조 전 함수율(%)
W_2 : 건조 후 슬러지량(g)
P_2 : 건조 후 함수율(%)

따라서 $500g \times (100 - 80) = W_2 \times (100 - 0)$

$\therefore W_2 = \dfrac{500g \times (100 - 80)}{(100 - 0)} = 100g$

TIP
문제에서 완전건조 시켰다는 조건에 의해서 $P_2 = 0\%$이다.

02 우리나라에서 가장 많이 발생하는 사업장 폐기물(지정폐기물)은?

㉮ 먼지
㉯ 폐알카리
㉰ 폐유 및 폐유기용제
㉱ 폐합성 고분자화합물

풀이 우리나라에서 가장 많이 발생하는 사업장 폐기물(지정폐기물)은 폐유 및 폐유기용제이다.

TIP
우리나라에서 가장 많이 배출되는 사업장폐기물은 건설폐기물이다.

03 쓰레기의 입도를 분석하였더니 입도누적 곡선상의 10%(D_{10}), 30%(D_{30}), 60%(D_{60}), 90%(D_{90})의 입경이 각각 2, 6, 15, 25mm이라면 곡률계수는?

㉮ 15 ㉯ 7.5
㉰ 2.0 ㉱ 1.2

풀이
$$곡률계수 = \frac{(D_{30\%})^2}{(D_{10\%} \times D_{60\%})} = \frac{(6mm)^2}{(2mm \times 15mm)} = 1.2$$

TIP
① 유효입경 = $D_{10\%}$ = 2mm
② 균등계수 = $\dfrac{D_{60\%}}{D_{10\%}} = \dfrac{15mm}{2mm} = 7.5$

answer 01 ㉮ 02 ㉰ 03 ㉱

04 가연분 함량을 구하는 식으로 옳은 것은?

㉮ 가연분(%) = 100-불연성물질(%)-가연성물질(%)

㉯ 가연분(%) = 100-시료무게(%)-회분(%)

㉰ 가연분(%) = 100-수분(%)-회분(%)

㉱ 가연분(%) = 100-분자량(%)-회분(%)

풀이 가연분 함량(%) = 100-불연분 함량(%)
=100- 수분(%)-회분(%)

05 도시의 인구가 50,000명이고 분뇨의 1인 1일당 발생량은 1.1L이다. 수거된 분뇨의 BOD농도를 측정하였더니 60,000mg/L 이었고, 분뇨의 수거율이 30%라고 할 때 수거된 분뇨의 1일 발생 BOD량(kg)은? (단, 분뇨의 비중 = 1.0 기준)

㉮ 790 ㉯ 890
㉰ 990 ㉱ 1190

풀이 발생 BOD량(kg/day)

$= 1.1\,L/day \cdot 인 \times 50,000인 \times 60,000\,mg/L \times 10^{-6}\,kg/mg \times 0.30$

$= 990\,kg/day$

06 수거효율을 결정하기 위해서 흔히 사용되는 동적시간조사(time-motion study)를 통한 자료와 가장 거리가 먼 것은?

㉮ 수거차량당 수거인부수

㉯ 수거인부의 시간당 수거 가옥수

㉰ 수거인부의 시간당 수거톤수

㉱ 수거톤당 인력 소요시간

풀이 문제조건 중 시간과 무관한 ㉮번이 정답이 된다.

07 연질플라스틱과 종이류가 혼합된 폐기물을 파쇄 하는데 효과적이고, 파쇄속도가 느리고 이물질의 혼입에 대해 취약하지만 파쇄물의 크기를 고르게 절단할 수 있는 파쇄기는?

㉮ 전단파쇄기 ㉯ 충격파쇄기
㉰ 압축파쇄기 ㉱ 해머빌

풀이 ㉮ 전단파쇄기에 대한 설명이다.

08 쓰레기 3성분을 조사하기 위한 실험 결과가 다음과 같을 때 가연분의 함량(%)은 얼마인가? (단, 원시료 무게 = 5.40kg, 건조 후 무게 = 3.67kg, 강열 후 무게 = 1.07kg)

㉮ 약 20 ㉯ 약 32
㉰ 약 48 ㉱ 약 68

풀이

$$가연분의\ 함량(\%) = \frac{3.67\,kg - 1.07\,kg}{5.40\,kg} \times 100 = 48.15\%$$

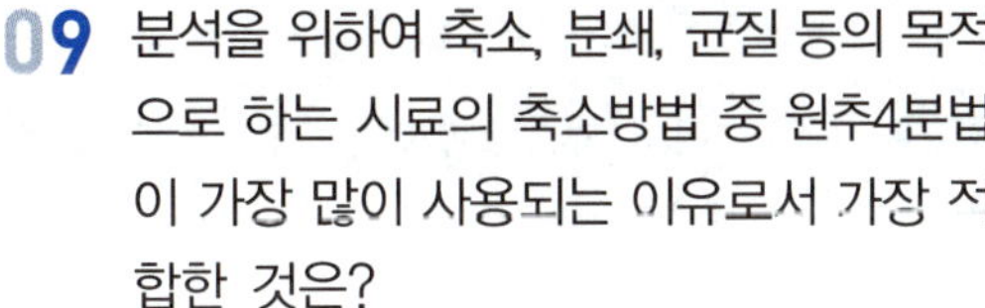

09 분석을 위하여 축소, 분쇄, 균질 등의 목적으로 하는 시료의 축소방법 중 원추4분법이 가장 많이 사용되는 이유로서 가장 적합한 것은?

㉮ 원추를 쌓기 때문이다.

㉯ 축소비율이 일정하기 때문이다.

㉰ 한 번의 조작으로 시료가 축소되기 때문이다.

㉱ 타 방법들이 공인되지 않았기 때문이다.

풀이 시료의 축소방법 중 원추4분법이 가장 많이 사용되는 이유는 축소비율이 일정하기 때문이다.

answer 04 ㉰ 05 ㉰ 06 ㉮ 07 ㉮ 08 ㉰ 09 ㉯

10 파이프라인을 이용한 쓰레기 수송방법에 대한 설명으로 가장 거리가 먼 것은?

㉮ 쓰레기 발생밀도가 낮은 곳에서 현실성이 있다.
㉯ 잘못 투입된 물건을 회수하기가 곤란하다.
㉰ 조대쓰레기는 파쇄, 압축 등의 전처리가 필요하다.
㉱ 2.5km 이상의 장거리에서는 이용이 곤란하다.

풀이 ㉮ 쓰레기 발생밀도가 낮은 곳에서는 현실성이 없다.

11 물질회수를 위한 선별방법 중 손선별에 관한 설명으로 옳지 않은 것은?

㉮ 컨베이어 벨트를 이용하여 손으로 종이류, 플라스틱류, 금속류, 유리류 등을 분류한다.
㉯ 작업효율은 0.5ton/man · hr 정도이다.
㉰ 컨베이어 벨트의 속도는 일반적으로 약 9m/min 이하이다.
㉱ 정확도가 떨어지고 폭발로 인한 위험에 노출되는 단점이 있다.

풀이 ㉱ 정확도가 높아지고 폭발로 인한 위험을 방지할 수 있는 장점이 있다.

12 트롬멜 스크린의 선별효율에 영향을 주는 인자가 아닌 것은?

㉮ 체의 눈 크기　　㉯ 트롬멜 무게
㉰ 경사도　　㉱ 회전속도(rpm)

풀이 ㉯ 트롬멜의 길이

13 인구 3,800명인 도시에서 하루 동안 발생되는 쓰레기를 수거하기 위하여 용량 $8m^3$인 청소 차량이 5대, 1일 2회 수거, 1일 근무시간이 8시간인 환경미화원이 5명 동원된다. 이 쓰레기의 적재밀도가 $0.3ton/m^3$일 때 MHT값(man · hour/ton)은? (단, 기타 조건은 고려하지 않음)

㉮ 1.38　　㉯ 1.42
㉰ 1.67　　㉱ 1.83

풀이
$$\text{MHT} = \frac{\text{수거인부수} \times \text{작업시간}}{\text{쓰레기 수거실적}}$$
$$= \frac{5\text{인} \times 8\text{hr/day}}{8\text{m}^3/1\text{회}\cdot 1\text{대} \times 2\text{회}/1\text{일} \times 5\text{대} \times 0.3\text{ton/m}^3}$$
$$= 1.67\text{MHT}$$

TIP
① MHT = man · hr/ton
② MHT : 1ton의 쓰레기를 수거하는데 수거인부 1인이 소요하는 총시간
③ MHT가 클수록 수거효율이 낮다.

14 채취한 쓰레기 시료에 대한 성상분석 절차는?

㉮ 밀도 측정 → 물리적 조성 → 건조 → 분류
㉯ 밀도 측정 → 물리적 조성 → 분류 → 건조
㉰ 물리적 조성 → 밀도 측정 → 건조 → 분류
㉱ 물리적 조성 → 밀도 측정 → 분류 → 건조

풀이 채취한 시료의 성상분석 절차는 밀도 측정 → 물리적 조성 → 건조 → 분류 순이다.

answer 10 ㉮ 11 ㉱ 12 ㉯ 13 ㉰ 14 ㉮

15 우리나라 쓰레기의 배출특성에 대한 설명으로 가장 거리가 먼 것은?

㉮ 계절적 변동이 심하다.
㉯ 쓰레기의 발열량이 높다.
㉰ 음식물 쓰레기 조성이 높다.
㉱ 수분과 회분함량이 많다.

풀이 ㉯ 쓰레기의 발열량이 낮다.

16 폐기물 발생량 및 성상 예측 시 고려되어야할 인자가 아닌 것은?

㉮ 소득수준 ㉯ 자원회수량
㉰ 사용연료 ㉱ 지역습도

풀이 폐기물 발생량 및 성상 예측 시 고려되어야 할 인자로는 소득수준, 자원회수량, 사용연료, 계절 등이다.

17 지정폐기물과 관련된 설명으로 알맞은 것은?

㉮ 모든 폐유기용제는 지정폐기물이다.
㉯ 폐촉매 중에 코발트가 다량 포함되면 지정폐기물이다.
㉰ 기름성분(엔진오일, 폐식용유 등)을 5% 이상 함유하면 지정폐기물이다.
㉱ 6가크롬을 다량 함유하고 고형물함량이 5% 미만인 도금공장 발생 공정오니는 지정폐기물이다.

풀이 ㉯ 폐촉매
㉰ 폐유(기름성분을 5퍼센트 이상 함유한 것 포함하고, 폐식용류 등은 제외)
㉱ 6가크롬을 다량 함유하고 고형물함량이 5% 이상인 도금공장 발생 공정오니

18 자력선별에서 사용하는 자력의 단위는?

㉮ emf ㉯ mV(미리 볼트)
㉰ T(테슬라) ㉱ F(파라데이)

풀이 자력선별에서 사용하는 자력의 단위는 T(테슬라)이다.

19 쓰레기 수거능을 판별할 수 있는 MHT라는 용어에 대한 가장 적절한 표현은?

㉮ 수거인부 1인이 수거하는 쓰레기 톤수
㉯ 수거인부 1인이 시간당 수거하는 쓰레기 톤수
㉰ 1톤의 쓰레기를 수거하는데 소요되는 인부수
㉱ 1톤의 쓰레기를 수거하는데 수거인부 1인이 소요하는 총시간

풀이 MHT(man·hr/ton)는 1톤의 쓰레기를 수거하는데 수거인부 1인이 소요하는 총시간을 의미한다.

20 폐기물 처리방법 중 에너지 혹은 자원회수 방법으로 가장 비경제적인 것은?

㉮ 퇴비화 ㉯ 열 분해
㉰ 혐기성 소화 ㉱ 호기성 소화

풀이 ㉱ 호기성 소화는 에너지를 회수하는 방법이 아니다.

answer 15 ㉯ 16 ㉱ 17 ㉮ 18 ㉰ 19 ㉱ 20 ㉱

I 제2과목 I 폐기물처리기술

21 처리용량이 20kL/day인 분뇨처리장에 가스 저장탱크를 설계하고자 한다. 가스 저류기간을 3hr로 하고 생성가스량을 투입량의 8배로 가정한다면 가스탱크의 용량(m^3)은? (단, 비중 = 1.0 기준)

㉮ 20 ㉯ 60
㉰ 80 ㉱ 120

풀이 가스탱크의 용량(m^3)

$= 처리용량(m^3/day) \times 가스저류시간(day) \times 생성가스량$

$= 20m^3/day \times \left(\frac{3hr}{24}\right)day \times 8배$

$= 20m^3$

TIP

$KL/day = m^3/day$

22 비정상적으로 작동하는 소화조에 석회를 주입하는 이유는?

㉮ 유기산균을 증가시키기 위해
㉯ 효소의 농도를 증가시키기 위해
㉰ 칼슘 농도를 증가시키기 위해
㉱ pH를 높이기 위해

풀이 비정상적으로 작동하는 소화조에 석회를 주입하는 이유는 pH를 높이기 위해서이다.

TIP

석회(Lime)은 칼슘이 포함된 무기화합물을 일컫는 용어로 주로 산화칼슘(CaO)과 수산화칼슘($Ca(OH)_2$)을 의미한다.

23 연직 차수막 공법의 종류와 가장 거리가 먼 것은?

㉮ 강널말뚝
㉯ 어스 라이닝
㉰ 굴착에 의한 차수시트 매설법
㉱ 어스 댐 코아

풀이 ㉯ 그라우트 공법

24 다음 중 열회수시설이 아닌 것은?

㉮ 절탄기 ㉯ 과열기
㉰ SCR ㉱ 공기예열기

풀이 ㉰ 재열기

TIP

열교환기

① 과열기 : 포화증기에 포함되어 있는 수분을 제거하고, 증기의 과열도를 높이는 장치이다.
② 재열기 : 포화증기에 도달한 증기를 다시 가열하여 터빈에 되돌려 팽창시키는 장치이다.
③ 절탄기(이코노마이저) : 연소가스의 여열로 보일러 급수를 예열하여 보일러 효율을 증가시키는 장치이다.
④ 공기예열기 : 굴뚝 가스 여열을 이용하여 연소용 공기를 예열하여 보일러 효율을 증가시키는 장치이다.

25 오염된 토양의 처리를 위해 고형화 처리 시 토양 $1m^3$ 당 고형화재의 첨가량(kg)은?

㉮ 100 ㉯ 150
㉰ 200 ㉱ 250

풀이 오염된 토양의 처리를 위해 고형화 처리 시 토양 $1m^3$ 당 고형화재의 첨가량은 150kg이다.

answer 21 ㉮ 22 ㉱ 23 ㉯ 24 ㉰ 25 ㉯

26 효과적으로 퇴비화를 진행시키기 위한 가장 직접적인 중요 인자는?

㉮ 온도
㉯ 함수율
㉰ 교반 및 공기공급
㉱ C/N비

풀이 효과적으로 퇴비화를 진행시키기 위한 가장 직접적인 중요 인자는 C/N비이다.

27 매립지의 구분방법으로 옳지 않은 것은?

㉮ 매립구조에 따라 혐기성, 혐기성 위생, 개량 혐기성위생, 준호기성, 호기성 매립으로 구분한다.
㉯ 매립방법에 따라 불량, 친환경, 안전매립으로 구분한다.
㉰ 매립위치에 따라 육상, 해안매립으로 구분한다.
㉱ 위생매립(Cell 공법)은 도랑식, 경사식, 지역식 매립으로 구분한다.

풀이 ㉯ 매립방법에 따라 단순매립, 위생매립, 안전매립으로 구분한다.

28 유해 폐기물을 고화 처리하는 방법 중 피막형성법에 관한 설명으로 옳지 않은 것은?

㉮ 낮은 혼합률(MR)을 가진다..
㉯ 에너지 소요가 적다.
㉰ 화재 위험성이 있다.
㉱ 침출성이 낮다.

풀이 ㉯ 에너지 소요가 높다.

TIP

$$\text{혼합률(MR)} = \frac{\text{첨가제의 질량}}{\text{폐기물의 질량}}$$

29 메탄올(CH_3OH) 8kg을 완전 연소하는데 필요한 이론공기량(Sm^3)은? (단, 표준상태 기준)

㉮ 35 ㉯ 40
㉰ 45 ㉱ 50

풀이 ① $CH_3OH + 1.5O_2 \rightarrow CO_2 + 2H_2O$

32kg : $1.5 \times 22.4\ Sm^3$

8kg : O_o(이론산소량)

$$\therefore O_o(\text{이론산소량}) = \frac{8kg \times 1.5 \times 22.4Sm^3}{32kg} = 8.4Sm^3$$

② $$\text{이론공기량}(Sm^3) = \text{이론산소량}(Sm^3) \times \frac{1}{0.21} = 8.4Sm^3 \times \frac{1}{0.21} = 40Sm^3$$

TIP

① CH_3OH = 메탄올 = 메틸알콜
② CH_3OH의 분자량(kg) $= 12 + (3 \times 1) + 16 + 1 = 32kg$
③ 체적(Sm^3) = 계수 × 22.4(Sm^3)
④ 질량(kg) = 계수 × 분자량(kg)

30 분뇨를 혐기성 소화방식으로 처리하기 위하여 직경 10m, 높이 6m의 소화조를 실시하였다. 분뇨주입량을 1일 $24m^3$으로 할 때 소화조 내 체류시간(day)은?

㉮ 약 10 ㉯ 약 15
㉰ 약 20 ㉱ 약 25

과년도 기출문제

answer 26 ㉱ 27 ㉯ 28 ㉯ 29 ㉯ 30 ㉰

풀이

$$\text{소화조 내 체류시간(day)} = \frac{\frac{\pi \times (10m)^2}{4} \times 6m}{24m^3/day} = 19.64\,day$$

TIP

① 체적(V) = 면적(A)×높이(H)

② $\text{체류시간(day)} = \dfrac{\text{체적}(m^3)}{\text{분뇨주입량}(m^3/day)}$

31 슬러지에서 고액분리 약품이 아닌 것은?

㉮ 알루미늄염 ㉯ 염소
㉰ 철염 ㉱ 석회카바이트

풀이 고액분리 약품은 응집제를 의미하며, 염소는 소독제이다.

32 분뇨의 악취발생 물질에 들어가지 않는 것은?

㉮ Skatole 및 Indole
㉯ CH_4와 CO_2
㉰ NH_3와 H_2S
㉱ R-SH

풀이 ㉯ CH_4와 CO_2는 무취의 기체이다.

33 소각로에서 NOx 배출농도가 270ppm, 산소배출농도가 12%일 때 표준산소(6%)로 환산한 NOx 농도(ppm)는?

㉮ 120 ㉯ 135
㉰ 162 ㉱ 450

풀이

$$C = Ca \times \frac{21 - O_s}{21 - O_a}$$

여기서 C : 오염물질 농도(ppm)
Ca : 실측오염물질 농도(ppm)
O_s : 표준산소농도(%)
O_a : 실측산소농도(%)

따라서 $C = 270ppm \times \dfrac{21 - 6\%}{21 - 12\%}$
$= 450\,ppm$

34 함수율 99%의 잉여슬러지 $30m^3$를 농축하여 함수율 95%로 했을 때 슬러지 부피(m^3)는? (단, 비중 = 1.0 기준)

㉮ 10 ㉯ 8
㉰ 6 ㉱ 4

풀이 $V_1 \times (100 - P_1) = V_2 \times (100 - P_2)$

여기서 V_1 : 농축 전 슬러지량(m^3)
P_1 : 농축 전 함수율(%)
V_2 : 농축 후 슬러지량(m^3)
P_2 : 농축 후 함수율(%)

따라서 $30m^3 \times (100 - 99) = V_2 \times (100 - 95)$

$$\therefore V_2 = \frac{30m^3 \times (100 - 99)}{(100 - 95)} = 6.0m^3$$

35 폐산의 처리 방법 중 배소법에 관한 설명은?

㉮ 폐염산을 고온로 내로 공급하여 수분의 증발, 염화철의 분해를 이용하여 생성되는 염화수소를 염산으로 회수하는 방법
㉯ 폐산 중에 쇠부스러기를 가해서 반응시켜 황산철로 한 후 냉각시켜 $FeSO_4 \cdot 7H_2O$를 분리하는 방법
㉰ 농황산을 농축하여 30~97%의 황산을 회수하여 황산철 1수염을 정출 분리 하는 방법
㉱ 폐산을 냉각하여 염을 석출 분리하는 방법

answer 31 ㉯ 32 ㉯ 33 ㉱ 34 ㉰ 35 ㉮

풀이 폐산의 처리 방법 중 배소법이란 폐염산을 고온로 내로 공급하여 수분의 증발, 염화철의 분해를 이용하여 생성되는 염화수소를 염산으로 회수하는 방법이다.

36 매립지에서 최소한의 환기설비 또는 가스 대책 설비를 계획하여야 하는 경우와 가장 거리가 먼 것은?

㉮ 발생가스의 축적으로 덮개설비에 손상이 갈 우려가 있는 경우
㉯ 식물 식생의 과다로 지중 가스 축적이 가중되는 경우
㉰ 유독가스가 방출될 우려가 있는 경우
㉱ 매립지 위치가 주변개발지역과 인접한 경우

풀이 ㉯ 식물 식생이 과다한 경우 식물에 의한 유기물의 소모로 지중의 가스 축적이 적다.

37 유기물(포도당, $C_6H_{12}O_6$) 1kg을 혐기성 소화시킬 때 이론적으로 발생하는 메탄량(kg)은?

㉮ 약 0.09　　㉯ 약 0.27
㉰ 약 0.73　　㉱ 약 0.93

풀이 $C_6H_{12}O_6 \rightarrow 3CO_2 + 3CH_4$
180kg : 3×16kg
1kg : X
$\therefore X = \frac{1kg \times 3 \times 16kg}{180kg} = 0.27kg$

38 매립지 위치 선정 시 적당한 곳은?

㉮ 홍수범람지역
㉯ 습지대
㉰ 단층지역
㉱ 지하수위 낮은 곳

풀이 매립지 위치선정 시 적당한 곳은 지하수오염을 고려해야 하므로 지하수위가 낮은 곳을 선정해야 한다.

39 매립지의 침출수 수질을 결정하는 가장 큰 요인은?

㉮ 폐기물의 매립량
㉯ 폐기물의 조성
㉰ 매립방법
㉱ 강우량

풀이 매립지의 침출수 수질을 결정하는 가장 큰 요인은 폐기물의 조성이다.

40 슬러지를 최종 처분하기 위한 가장 합리적인 처리공정 순서는?

A : 최종처분, B : 건조, C : 개량,
D : 탈수, E : 농축,
F : 유기물 안정화(소화)

㉮ E - F - D - C - B - A
㉯ E - D - F - C - B - A
㉰ E - F - C - D - B - A
㉱ E - D - C - F - B - A

풀이 슬러지의 처리공정은 농축 → 유기물 안정화(소화) → 개량 → 탈수 → 건조 → 소각 → 최종처분 순서이다.

실전문제 과년도 기출문제

answer 36 ㉯ 37 ㉯ 38 ㉱ 39 ㉯ 40 ㉰

| 제3과목 | 폐기물 공정시험기준

41 자외부 파장범위에서 일반적으로 사용하는 흡수셀의 재질은?

㉮ 유리 ㉯ 석영
㉰ 플라스틱 ㉱ 백금

풀이 흡수셀의 재질
① 유리제 : 가시 및 근적외부 파장범위
② 석영제 : 자외부 파장범위
③ 플라스틱제 : 근적외부 파장범위

42 원자흡수분광광도법에서 사용되는 불꽃의 용도는?

㉮ 원자의 여기화(Excitation)
㉯ 원자의 증기화(Vaporization)
㉰ 원자의 이온화(Ionization)
㉱ 원자화(Atomization)

풀이 원자흡수분광광도법에서 사용되는 불꽃의 용도는 원자의 증기화이다.

43 석면(편광현미경법)의 시료 채취 양에 관한 내용으로 (   )에 옳은 것은?

> 시료의 양은 1회에 최소한 면적단위로는 $1cm^2$, 부피단위로는 $1cm^3$, 무게단위로는 ( )이상 채취한다.

㉮ 1g ㉯ 2g
㉰ 3g ㉱ 4g

풀이 시료의 양은 1회에 최소한 면적단위로는 $1cm^2$, 부피단위로는 $1cm^3$, 무게단위로는 2g 이상 채취한다.

44 시안(CN)을 자외선/가시선분광법으로 분석할 때 시안(CN)이온을 염화시안으로 하기 위해 사용하는 시약은?

㉮ 염산 ㉯ 클로라민-T
㉰ 염화나트륨 ㉱ 염화제2철

풀이 시안(CN)이온을 염화시안으로 하기 위해 사용하는 시약은 클로라민-T이다.

45 시료 채취방법에 관한 내용 중 틀린 것은?

㉮ 시료의 양은 1회에 100g이상 채취한다.
㉯ 채취한 시료는 0~4℃ 이하의 냉암소에서 보관하여야 한다.
㉰ 폐기물이 적재되어 있는 운반차량에서 현장 시료를 채취할 경우에는 적재 폐기물의 성상이 균일하다고 판단되는 깊이에서 현장 시료를 채취한다.
㉱ 대형의 콘크리트 고형화물로써 분쇄가 어려운 경우 같은 성분의 물질로 대체할 수 있다.

풀이 ㉱ 대형의 콘크리트 고형화물로써 분쇄가 어려운 경우 임의의 5개소에서 채취하여 각각 파쇄하여 100g씩 균등 양 혼합하여 채취한다.

46 이물질이 들어가거나 또는 내용물이 손실되지 아니하도록 보호하는 용기는?

㉮ 밀폐용기 ㉯ 기밀용기
㉰ 밀봉용기 ㉱ 차광용기

풀이 ㉮ 밀폐용기에 대한 설명이다.

TIP
용기
① 밀폐용기 : 이물질

answer 41 ㉯ 42 ㉯ 43 ㉯ 44 ㉯ 45 ㉱ 46 ㉮

② 기밀용기 : 공기 또는 다른 가스
③ 밀봉용기 : 기체 또는 미생물
④ 차광용기 : 광선

47 폐기물공정시험기준 중 성상에 따른 시료 채취방법으로 가장 거리가 먼 것은?

㉮ 폐기물 소각시설 소각재란 연소실 바닥을 통해 배출되는 바닥재와 폐열보일러 및 대기오염 방지시설을 통해 배출되는 비산재를 말한다.
㉯ 공정상 소각재에 물을 분사하는 경우를 제외하고는 가급적 물을 분사한 후에 시료를 채취한다.
㉰ 비산재 저장조의 경우 낙하구 밑에서 채취하고, 운반차량에 적재된 소각재는 적재차량에서 채취하는 것을 원칙으로 한다.
㉱ 회분식 연소방식 반출설비에서 채취하는 소각재는 하루 동안의 운전 횟수에 따라 매 운전시마다 2회 이상 채취하는 것을 원칙으로 한다.

풀이 ㉯ 공정상 소각재에 물을 분사하는 경우를 제외하고는 가급적 물을 분사하기 전에 시료를 채취한다.

48 용액 100g 중 성분용량(mL)을 표시하는 것은?

㉮ W/V% ㉯ V/V%
㉰ V/W% ㉱ W/W%

풀이 $\frac{\text{성분용량(mL)}}{100\,g} = \frac{V}{W}(\%)$

49 기체크로마토그래프–질량분석법에 따른 유기인 분석방법을 설명한 것으로 틀린 것은?

㉮ 운반기체는 부피백분율 99.999% 이상의 헬륨을 사용한다.
㉯ 질량분석기는 자기장형, 사중극자형 및 이온트랩형 등의 성능을 가진 것을 사용한다.
㉰ 질량분석기의 이온화방식은 전자충격법(EI)을 사용하며 이온화에너지는 35~70eV를 사용한다.
㉱ 질량분석기의 정량분석에는 메트릭스 검출법을 이용하는 것이 바람직하다.

풀이 ㉱ 질량분석기의 정량분석에는 선택이온 검출법(SIM)을 이용하는 것이 바람직하다.

50 강열감량 시험에서 얻어진 다음 데이터로부터 구한 강열감량(%)은?

- 접시무게(W_1) = 30.5238g
- 접시와 시료의 무게(W_2) = 58.2695g
- 강열, 방랭 후 접시와 시료의 무게(W_3) = 43.3767g

㉮ 43.68 ㉯ 53.68
㉰ 63.68 ㉱ 73.68

풀이
$$\text{강열감량(\%)} = \frac{(W_2 - W_3)}{(W_2 - W_1)} \times 100 = \frac{(58.2695\,g - 43.3767\,g)}{(58.2695\,g - 30.5238\,g)} \times 100 = 53.68\%$$

TIP
① 강열감량 : 분석 시료를 가열하였을 때의 질량의 감소분
② 휘발성고형물(%) = 강열감량(%) - 수분(%)

실전문제

과년도 기출문제

answer 47 ㉯ 48 ㉰ 49 ㉱ 50 ㉯

51 기체크로마토그래피법에 사용되고 있는 전자포획형 검출기(ECD)로 선택적으로 검출할 수 있는 물질이 아닌 것은?

㉮ 유기할로겐화합물
㉯ 나이트로화합물
㉰ 유기금속화합물
㉱ 유황화합물

풀이 ㉱ 유황화합물은 불꽃광도검출기(FPD)를 이용하여 검출한다.

52 폐기물 공정시험방법의 총칙에서 규정하고 있는 사항 중 옳지 않은 것은?

㉮ 온도의 영향이 있는 것의 판정은 표준온도를 기준으로 한다.
㉯ 방울수라 함은 20℃에서 정제수 20 방울을 적하할 때 그 부피가 약 1mL가 되는 것을 말한다.
㉰ 액상 폐기물이라 함은 고형물의 함량이 10% 미만인 것을 말한다.
㉱ 약이라 함은 기재된 양에 대하여 ± 10% 이상의 차가 있어서는 안 된다.

풀이 ㉰ 액상 폐기물이라 함은 고형물의 함량이 5% 미만인 것을 말한다.

TIP

폐기물의 종류

① 액상 폐기물 : 고형물의 함량이 5% 미만
② 반고상 폐기물 : 고형물의 함량이 5% 이상 15% 미만
③ 고상 폐기물 : 고형물의 함량이 15% 이상

53 원자흡수분광분석 시 장치나 불꽃의 성질에 기인하여 일어나는 간섭으로 옳은 것은?

㉮ 분광학적 간섭
㉯ 물리적 간섭
㉰ 화학적 간섭
㉱ 이온화 간섭

풀이 ㉮ 분광학적 간섭에 해당한다.

54 총칙에서 규정하고 있는 '함침성 고상폐기물'의 정의로 옳은 것은?

㉮ 종이, 목재 등 수분을 흡수하는 변압기 내부 부재(종이, 나무와 금속이 서로 혼합되어 분리가 어려운 경우를 포함)를 말한다.
㉯ 종이, 목재 등 수분을 흡수하는 변압기 내부 부재(종이, 나무와 금속이 서로 혼합되어 분리가 어려운 경우는 제외)를 말한다.
㉰ 종이, 목재 등 기름을 흡수하는 변압기 내부 부재(종이, 나무와 금속이 서로 혼합되어 분리가 어려운 경우를 포함)를 말한다.
㉱ 종이, 목재 등 기름을 흡수하는 변압기 내부 부재(종이, 나무와 금속이 서로 혼합되어 분리가 어려운 경우는 제외)를 말한다.

풀이 함침성 고상폐기물란 종이, 목재 등 기름을 흡수하는 변압기 내부 부재(종이, 나무와 금속이 서로 혼합되어 분리가 어려운 경우를 포함)를 말한다.

55 수은을 원자흡수분광광도법(환원기화법)으로 측정할 때 정밀도(RSD)는?

㉮ ± 10% ㉯ ± 15%
㉰ ± 20% ㉱ ± 25%

풀이 수은을 원자흡수분광광도법(환원기화법)으로 측정할 때 정밀도(RSD)는 ± 25%이다.

answer 51 ㉱ 52 ㉰ 53 ㉮ 54 ㉰ 55 ㉱

56 다음 설명하는 시료의 분할채취방법은?

- 분쇄한 대시료를 단단하고 깨끗한 평면위에 원추형으로 쌓는다.
- 원추를 장소를 바꾸어 다시 쌓는다.
- 원추에서 일정량을 취하여 장방형으로 도포하고 계속해서 일정량을 취하여 그 위에 입체로 쌓는다.
- 육면체의 측면을 교대로 돌면서 균등량씩을 취하여 두 개의 원추를 쌓는다.
- 하나의 원추는 버리고 나머지 원추를 앞의 조작을 반복하면서 적당한 크기까지 줄인다.

㉮ 구획법　　㉯ 교호삽법
㉰ 원추4분법　　㉱ 분할법

 풀이 ㉯ 교호삽법에 대한 설명이다.

TIP
교호삽법 암기사항 : 원추형, 육면체, 원추쌓기

57 원자흡수분광광도법으로 크롬을 정량할 때 전처리조작으로 $KMnO_4$를 사용하는 목적은?

㉮ 철이나 니켈금속 등 방해 물질을 제거하기 위하여
㉯ 시료 중의 6가 크롬을 3가 크롬으로 환원하기 위하여
㉰ 시료 중의 3가 크롬을 6가 크롬으로 산화하기 위하여
㉱ 다이페닐카르바지드와 반응성을 높이기 위하여

풀이 과망간산칼륨($KMnO_4$)은 강산화제이므로 시료 중의 3가 크롬을 6가 크롬으로 산화하기 위해 사용한다.

58 수산화나트륨(NaOH) 10g을 정제수 500 mL에 용해시킨 용액의 농도(N)는? (단, 나트륨 원자량 = 23)

㉮ 0.5　　㉯ 0.4
㉰ 0.3　　㉱ 0.2

 풀이

$$N = \frac{질량(g)}{부피(L)} \times \frac{1\,eq}{1당량\,g}$$

$$= \frac{10\,g}{0.5\,L} \times \frac{1\,eq}{40\,g} = 0.5\,N$$

TIP
① N농도 = eq/L
② NaOH는 1가이므로

$$1\,eq = \frac{분자량(g)}{가수} = \frac{40g}{1} = 40g$$

59 4℃의 물 500mL에 순도가 75%인 시약용 납을 5mg을 녹였을 때 용액의 납 농도(ppm)는?

㉮ 2.5　　㉯ 5.0
㉰ 7.5　　㉱ 10.0

풀이 납의 농도(mg/L) $= \frac{5\,mg \times 0.75}{0.5\,L} = 7.5\,mg/L$

TIP
ppm = mg/L

실전문제
과년도 기출문제

answer 56 ㉯ 57 ㉰ 58 ㉮ 59 ㉰ 60 ㉮

60 유도결합플라스마-원자발광분광법에 의한 카드뮴 분석방법에 관한 설명으로 틀린 것은?

㉮ 정량범위는 사용하는 장치 및 측정조건에 따라 다르지만 330nm에서 0.004~0.3mg/L정도이다.

㉯ 아르곤가스는 액화 또는 압축 아르곤으로서 99.99V/V% 이상의 순도를 갖는 것이어야 한다.

㉰ 시료용액의 발광강도를 측정하고 미리 작성한 검정곡선으로부터 카드뮴의 양을 구하여 농도를 산출한다.

㉱ 검정곡선 작성 시 카드뮴 표준용액과 질산, 염산, 정제수가 사용된다.

풀이 ㉮ 정량범위는 사용하는 장치 및 측정조건에 따라 다르지만 226.50nm에서 0.004~50mg/L이다.

2020 1·2회 기출문제

| 제1과목 | 폐기물개론

01 폐기물에 혼합되어 있는 철금속성분의 폐기물을 분류하기 위하여 사용할 수 있는 가장 적합한 방법은?

㉮ 자력선별　　㉯ 광학분류기
㉰ 스크린법　　㉱ Air Separation

풀이 폐기물에 혼합되어 있는 철금속성분의 폐기물을 분류하는 방법은 자력선별법이다.

02 함수율 40%인 3kg의 쓰레기를 건조시켜 함수율 15%로 하였을 때 건조 쓰레기의 무게(kg)는? (단, 비중 = 1.0 기준)

㉮ 1.12　　㉯ 1.41
㉰ 2.12　　㉱ 2.41

풀이 $W_1 \times (100-P_1) = W_2 \times (100-P_2)$

여기서 W_1 : 탈수 전 슬러지량(kg)
P_1 : 탈수 전 함수율(%)
W_2 : 탈수 후 슬러지량(kg)
P_2 : 탈수 후 함수율(%)

따라서 $3kg \times (100-40) = W_2 \times (100-15)$

$\therefore W_2 = \frac{3kg \times (100-40)}{(100-15)} = 2.12kg$

03 직경이 3.5m인 트롬멜 스크린의 최적속도(rpm)는?

㉮ 25　　㉯ 20
㉰ 15　　㉱ 10

풀이 ① $N_c = \sqrt{\frac{g}{4\pi^2 r}} \times 60$

여기서 N_c : 임계속도(rpm)
g : 중력가속도($9.8m/sec^2$)
r : 반경(m)

따라서 $N_c = \sqrt{\frac{9.8m/sec^2}{4 \times \pi^2 \times \left(\frac{3.5m}{2}\right)}} \times 60$

$= 22.60rpm$

② $N_s = N_c \times 0.45$

여기서 N_s : 최적속도(rpm)
N_c : 임계속도(rpm)

따라서 $N_s = 22.60rpm \times 0.45 = 10.17rpm$

TIP
① rpm = 회/min
② 회/sec × 60sec/min = rpm

answer 01 ㉮ 02 ㉰ 03 ㉱

04 퇴비화에 관한 설명 중 맞는 것은?

㉮ 퇴비화과정 중 병원균은 거의 사멸되지 않는다.
㉯ 함수율이 높을 경우 침출수가 발생된다.
㉰ 호기성보다 혐기성 방법이 퇴비화에 소요되는 시간이 짧다.
㉱ C/N비가 클수록 퇴비화가 잘 이루어진다.

풀이 ㉮ 퇴비화과정 중 병원균은 거의 사멸된다.
㉰ 호기성보다 혐기성 방법이 퇴비화에 소요되는 시간이 길다.
㉱ C/N비가 클수록 퇴비화에 소요되는 시간이 길어진다.

05 트롬멜 스크린에 대한 설명으로 옳지 않은 것은?

㉮ 원통의 최적 회전속도 = 원통의 임계 회전속도×1.45
㉯ 원통의 경사도가 크면 부하율이 커진다.
㉰ 스크린 중에서 선별효율이 좋고 유지관리상의 문제가 적다.
㉱ 원통의 경사도가 크면 효율이 저하된다.

풀이 ㉮ 원통의 최적 회전속도 = 원통의 임계 회전속도 ×0.45

06 적환장 설치에 따른 효과로 가장 거리가 먼 것은?

㉮ 수거효율 향상
㉯ 비용 절감
㉰ 매립장 작업효율 저하
㉱ 효과적인 인원배치계획이 가능

풀이 ㉰ 매립장 작업효율 상승

07 폐기물 성상분석의 절차 중 가장 먼저 시행하는 것은?

㉮ 분류
㉯ 물리적 조성분석
㉰ 화학적 조성분석
㉱ 발열량 측정

풀이 쓰레기 시료의 분석절차는 시료 → 밀도 측정 → 물리적 조성 → 분류 → 전처리 → 조성 분석 순서이다.

08 폐기물 중 철금속(Fe)/비철금속(Al, Cu)/유리병의 3종류를 각각 분리할 수 있는 방법으로 가장 적절한 것은?

㉮ 자력선별법 ㉯ 정전기선별법
㉰ 와전류선별법 ㉱ 풍력선별법

풀이 폐기물 중 철금속(Fe)/비철금속(Al, Cu)/유리병의 3종류를 각각 분리할 수 있는 방법은 와전류선별법이다.

09 도시폐기물의 해석에서 Rosin-Rammler Model에 대한 설명으로 가장 거리가 먼 것은? (단, $Y = 1-\exp[-(x/x_o)^n]$ 기준)

㉮ 도시폐기물의 입자크기분포에 대한 수식적 모델이다.
㉯ Y는 크기가 X 보다 큰 입자의 총 누적무게분율이다.
㉰ X_o는 특성입자 크기를 의미한다.
㉱ 특성입자크기는 입자의 무게기준으로 63.2%가 통과할 수 있는 체의 눈의 크기이다.

풀이 ㉯ Y는 크기가 X 보다 작은 입자의 총 누적무게분율이다.

answer 04 ㉯ 05 ㉮ 06 ㉰ 07 ㉯ 08 ㉰ 09 ㉯

10 폐기물에 관한 설명으로 틀린 것은?

㉮ 액상폐기물의 수분 함량은 90% 초과한다.
㉯ 반고상폐기물의 고형물 함량은 5% 이상 15% 미만이다.
㉰ 고상폐기물의 수분 함량은 85% 미만이다.
㉱ 액상폐기물을 직매립할 수는 없다.

풀이 ㉮ 액상폐기물의 수분 함량은 95% 초과한다.

TIP
① 액상폐기물 : 고형물의 함량이 5% 미만
② 반고상폐기물 : 고형물의 함량이 5% 이상 15% 미만
③ 고상폐기물 : 고형물의 함량이 15% 이상

11 소각로 설계에 사용되는 발열량은?

㉮ 저위발열량
㉯ 고위발열량
㉰ 총발열량
㉱ 단열열량계로 측정한 열량

풀이 소각로 설계에 사용되는 발열량은 저위발열량을 기준으로 한다.

12 폐기물의 효과적인 수거를 위한 수거노선을 결정할 때, 유의할 사항과 가장 거리가 먼 것은?

㉮ 기존 정책이나 규정을 참조한다.
㉯ 가능한 한 시계방향으로 수거노선을 정한다.
㉰ U자형 회전은 가능한 피하도록 한다.
㉱ 적은 양의 쓰레기가 발생하는 곳부터 먼저 수거한다.

풀이 ㉱ 많은 양의 쓰레기가 발생하는 곳부터 먼저 수거한다.

13 쓰레기 관리체계에서 가장 비용이 많이 드는 과정은?

㉮ 수거 및 운반 ㉯ 처리
㉰ 저장 ㉱ 재활용

풀이 쓰레기 관리체계에서 가장 비용이 많이 드는 과정은 수거 및 운반이다.

14 원통의 체면을 수평보다 조금 경사진 축의 둘레에서 회전시키면서 체로 나누는 방법은?

㉮ Cascade 선별
㉯ Trommel 선별
㉰ Electrostatic 선별
㉱ Eddy-Current 선별

풀이 원통의 체면을 수평보다 조금 경사진 축의 둘레에서 회전시키면서 체로 나누는 방법은 Trommel 선별법이다.

15 모든 인자를 시간에 따른 함수로 나타낸 후, 각 인자간의 상호관계를 수식화하여 쓰레기발생량을 예측하는 방법은?

㉮ 동적모사모델 ㉯ 다중회귀모델
㉰ 시간인자모델 ㉱ 다중인자모델

풀이 **폐기물 발생량 예측방법**
① 다중회귀모델 : 하나의 수식으로 각 인자들이 효과를 총괄적으로 나타내어 복잡한 시스템의 분석에 유용하게 사용할 수 있는 쓰레기 발생량 예측방법
② 동적모사모델 : 쓰레기 배출에 영향을 주는 모든 인자를 시간에 대한 함수로 나타낸 후 시간에 대한 함수로 각 영향인자들간에 상관관계를 수식화 한 것
③ 경향모델 : 폐기물 발생량 예측방법 중 모든 인자를 시간에 대한 함수로 하여 모델화시켜 예측하는 방법

answer 10 ㉮ 11 ㉮ 12 ㉱ 13 ㉮ 14 ㉯ 15 ㉮

16 pH 8과 pH 10인 폐수를 동량의 부피로 혼합하였을 경우 이 용액의 pH는?

㉮ 8.3　　㉯ 9.0
㉰ 9.7　　㉱ 10.0

풀이 $pH = 8 \Rightarrow pOH = 14 - pH = 14 - 8 = 6$이므로

$[OH^-] = 10^{-6}\,mol/L$

$pH = 10 \Rightarrow pOH = 14 - pH = 14 - 10 = 4$이므로

$[OH^-] = 10^{-4}\,mol/L$

$$[OH^-] = \frac{10^{-6}\,mol/L \times 1 + 10^{-4}\,mol/L \times 1}{1+1}$$
$$= 5.05 \times 10^{-5}\,mol/L$$

$$pH = 14 + \log[OH^-]$$
$$= 14 + \log[5.05 \times 10^{-5}\,mol/L]$$
$$= 9.70$$

17 비가연성 성분이 90wt%이고 밀도가 $900kg/m^3$인 쓰레기 $20m^3$에 함유된 가연성 물질의 질량(kg)은?

㉮ 1,600　　㉯ 1,700
㉰ 1,800　　㉱ 1,900

풀이 가연성물질의 질량(kg)

$= 쓰레기량(m^3) \times 밀도(kg/m^3) \times 가연성\ 쓰레기\ 함량$

$= 20m^3 \times 900kg/m^3 \times (1 - 0.90)$

$= 1,800\,kg$

18 폐기물의 소각처리에 중요한 연료특성인 발열량에 대한 설명으로 옳은 것은?

㉮ 저위발열량은 연소에 의해 생성된 수분이 응축하였을 경우의 발열량이다.
㉯ 고위발열량은 소각로의 설계기준이 되는 발열량으로 진발열량이라고도 한다.
㉰ 단열열량계로 측정한 발열량은 고위발열량이다.
㉱ 발열량은 플라스틱의 혼입이 많으면 증가하지만 계절적 변동과 상관없이 일정하다.

풀이 ㉮ 고위발열량은 연소에 의해 생성된 수분이 응축하였을 경우의 발열량이다.
㉯ 저위발열량은 소각로의 설계기준이 되는 발열량으로 진발열량이라고도 한다.
㉱ 발열량은 플라스틱의 혼입이 많으면 증가하지만 계절적 변동과 관계있다.

19 쓰레기 발생량을 조사하는 방법이 아닌 것은?

㉮ 적재차량 계수분석법
㉯ 직접계근법
㉰ 경향법
㉱ 물질수지법

풀이 ① 폐기물 발생량 예측방법 : 다중회귀모델, 동적모사모델, 경향모델
② 폐기물 발생량 조사방법 : 물질수지법, 직접계근법, 적재차량계수법, 통계조사법
③ 암기법 : 예측은 다중이 동적으로 경향을 파악하고/ 조사는 물질을 직접 적재한 통계로 한다.

20 폐기물의 파쇄 시 에너지 소모량이 크기 때문에 에너지 소모량을 예측하기 위한 여러가지 방법들이 제안된다. 이들 가운데 고운 파쇄(2차 파쇄)에 가장 적합한 예측모형은?

㉮ Rosin-Rammler Model
㉯ Kick의 법칙
㉰ Rittinger의 법칙
㉱ Bond의 법칙

풀이 ㉯ Kick의 법칙에 대한 설명이다.

TIP
파쇄의 법칙 = 킥의 법칙임을 기억!!

answer 16 ㉰ 17 ㉰ 18 ㉰ 19 ㉰ 20 ㉯

| 제2과목 | 폐기물처리기술

21 펠레트형(Pellet type) RDF의 주된 특성이 아닌 것은?

㉮ 형태 및 크기는 각각 직경이 10~20mm이고 길이가 30~50mm이다.
㉯ 발열량이 3300~4000kcal/kg으로 fluff형보다 다소 높다.
㉰ 수분함량이 4% 이하로 반영구적으로 보관이 가능하다.
㉱ 회분함량이 12~25%로 powder형보다 다소 높다.

풀이 ㉰ 수분함량이 12~18% 정도이다.

22 부피가 $500m^3$인 소화조에 고형물농도 10%, 고형물내 VS 함유도 70%인 슬러지가 $50m^3/d$로 유입될 때, 소화조에 주입되는 TS, VS 부하는 각각 몇 $kg/m^3 \cdot d$인가? (단, 슬러지의 비중은 1.0으로 가정한다.)

㉮ TS : 5.0, VS : 0.35
㉯ TS : 5.0, VS : 0.70
㉰ TS : 10.0, VS : 3.50
㉱ TS : 10.0, VS : 7.0

풀이 ① TS 부하($kg/m^3 \cdot d$)

$$= \frac{100kg/m^3 \times 50m^3/day}{500m^3} = 10kg/m^3 \cdot day$$

② VS 부하($kg/m^3 \cdot d$)

$$= \frac{100kg/m^3 \times 50m^3/day \times 0.70}{500m^3} = 7.0kg/m^3 \cdot day$$

TIP

① $\% \xrightarrow{\times 10^4} ppm(mg/L) \xrightarrow{\times 10^{-3}} kg/m^3$

② $\% \xrightarrow{\times 10} kg/m^3$

③ 고형물의 농도 10% = $100kg/m^3$

23 바이오리액터형 매립공법의 장점과 거리가 먼 것은?

㉮ 매립지의 수명연장이 가능하다.
㉯ 침출수 처리비용의 절감이 가능하다.
㉰ 악취 발생이 감소한다.
㉱ 매립가스 회수율이 증가한다.

풀이 ㉰ 악취 발생이 증가한다.

24 매립방법에 따른 매립이 아닌 것은?

㉮ 단순매립　㉯ 내륙매립
㉰ 위생매립　㉱ 안전매립

풀이 ㉯ 매립위치에 따라 내륙매립과 해안매립이 있다.

25 배연 탈황 시 발생된 슬러지 처리에 많이 쓰이는 고형화처리법은?

㉮ 시멘트 기초법
㉯ 석회 기초법
㉰ 자가 시멘트법
㉱ 열가소성 플라스틱법

풀이 배연 탈황 시 발생된 슬러지 처리에 많이 쓰이는 고형화처리법은 자가 시멘트법이다.

answer 21 ㉰ 22 ㉱ 23 ㉰ 24 ㉯ 25 ㉰

26 아래와 같이 운전되는 batch type 소각로의 쓰레기 kg 당 전체발열량(저위발열량+공기예열에 소모된 열량, kcal/kg)은?
(단, 과잉공기비 = 2.4, 이론공기량 = $1.8Sm^3/kg$ 쓰레기, 공기예열온도 = 180℃, 공기정압비열 = $0.32kcal/Sm^3 \cdot ℃$, 쓰레기 저위발열량 = 2,000 kcal/kg, 공기온도 = 0℃)

㉮ 약 2,050 ㉯ 약 2,250
㉰ 약 2,450 ㉱ 약 2,650

풀이 ① 쓰레기의 발열량(kcal/kg) $= G \times C \times (t_2 - t_1)$
여기서 G : 실제공기량(mA_o)(Sm^3/kg)
C : 공기정압비열($kcal/Sm^3 \cdot ℃$)
t_2 : 공기예열온도(℃)
t_1 : 공기온도(℃)
따라서
쓰레기의 발열량
$= 2.4 \times 1.8Sm^3/kg \times 0.32kcal/Sm^3 \cdot ℃ \times (180-0)℃$
$= 248.832 kcal/kg$
② 전체 발열량(kcal/kg)
= 쓰레기의 발열량 + 쓰레기의 저위발열량
$= 248.832kcal/kg + 2,000 kcal/kg$
$= 2,248.83 kcal/kg$

27 석회를 주입하여 슬러지 중의 병원성 미생물을 사멸시키기 위한 pH 유지 농도로 적합한 것은? (단, 온도는 15℃, 4시간 지속시간 기준)

㉮ pH 5 이상 ㉯ pH 7 이상
㉰ pH 9 이상 ㉱ pH 11 이상

풀이 석회를 주입하여 슬러지 중의 병원성 미생물을 사멸시키기 위해 pH 11 이상으로 유지해야 한다.

28 매립지 일일 복토재 기능으로 잘못된 설명은?

㉮ 복토층 구조
㉯ 최종 투수성
㉰ 매립사면 안정화
㉱ 식물 성장층 제공

풀이 매립지 일일 복토재 기능은 복토층 구조, 최종 투수성, 매립사면 안정화이다.

29 슬러지의 탈수특성을 파악하기 위한 여과비저항 실험결과 다음과 같은 결과를 얻었을 때, 여과비저항계수(s^2/g)는?
(단, 여과비저항(r)$= \frac{2a \cdot P \cdot A^2}{\eta \cdot c}$ 이다.)

〈실험조건 및 결과〉
- 고형물량 : 0.065g/mL
- 여과압 : $0.98kg/cm^2$
- 점성 : $0.0112g/cm \cdot s$
- 여과면적 : $43.5cm^2$
- 기울기 : $4.90s/cm^6$

㉮ 2.18×10^8 ㉯ 2.76×10^9
㉰ 2.50×10^{10} ㉱ 2.67×10^{11}

풀이 여과비저항(r)
$= \frac{2 \times a \times P \times A^2}{\eta \times c}$
$= \frac{2 \times 4.90 s/cm^6 \times 0.98 \times 10^3 g/cm^2 \times (43.5 cm^2)^2}{0.0112 g/cm \cdot s \times 0.065g/mL}$
$= 2.50 \times 10^{10} s^2/g$

TIP
① 고형물량(c) = 0.065g/mL = $0.065g/cm^3$
② 여과압(P) = $0.98kg/cm^2 \times 10^3 g/1kg$
$= 0.98 \times 10^3 g/cm^2$
③ 점성(η) = $0.0112g/cm \cdot s$

answer 26 ㉯ 27 ㉱ 28 ㉱ 29 ㉰

④ 여과면적(A) =43.5cm^2
⑤ 기울기(a) = 4.90s/cm^6
⑥ mL = cc = cm^3

30 퇴비화 과정에서 공급되는 공기의 기능과 가장 거리가 먼 것은?

㉮ 미생물이 호기적 대사를 할 수 있게 한다.
㉯ 온도를 조절한다.
㉰ 악취를 희석시킨다.
㉱ 수분과 가스 등을 제거한다.

풀이 퇴비화 과정에서 공급되는 공기의 기능
① 미생물이 호기적 대사를 할 수 있게 한다.
② 온도를 조절한다.
③ 수분과 가스 등을 제거한다.

TIP
악취는 NH_3와 관련이 있으며, C/N비가 20 이하인 경우에 NH_3가 발생한다.

31 폐기물 처리방법 중 열적 처리방법이 아닌 것은?

㉮ 탈수방법 ㉯ 소각방법
㉰ 열분해방법 ㉱ 건류가스화방법

풀이 폐기물 처리방법 중 열적 처리방법으로는 소각방법, 열분해방법, 건류가스화방법이 있다.

32 응집제로 가장 부적합한 것은?

㉮ 황산나트륨($Na_2SO_4 \cdot 10H_2O$)
㉯ 황산알루미늄($Al_2(SO_4)_3 \cdot 18H_2O$)
㉰ 염화제이철($FeCl_3 \cdot 6H_2O$)
㉱ 폴리염화알루미늄(PAC)

풀이 응집제의 종류로는 주로 알루미늄과 철염이 대표적이며, 황산알루미늄, 염화제이철, 염화제일철, 폴리염화알루미늄 등이 있다.

33 360kL/d 처리장에 투입구의 소요개수는? (단, 수거차량 1.8kL/대, 자동차 1대 투입시간 20min, 자동차 1대 작업시간 8hr이고, 안전율은 1.2이다.)

㉮ 10개 ㉯ 7개
㉰ 5개 ㉱ 3개

풀이 투입구수

$$= \frac{\text{수거분뇨량}}{\text{수거차량의 용량} \times \text{수거차량 작업시간} \times \text{수거차량의 분뇨투입시간}} \times \text{안전율}$$

$$= \frac{360\text{kL/day}}{1.8\text{kL/대} \times 8\text{hr/1대} \times 1\text{대/20min} \times 60\text{min/hr}} \times 1.2$$

$= 10$개

34 도시폐기물을 위생적인 매립방법으로 매립하였을 경우 매립초기에 가장 많이 발생하는 가스의 종류는?

㉮ NH_3 ㉯ CO_2
㉰ H_2S ㉱ CH_4

풀이 ① 매립초기에 가장 많이 발생하는 가스 : 이산화탄소(CO_2)
② 매립후기에 가장 많이 발생하는 가스 : 메탄(CH_4)

35 시멘트 고형화 처리가 관계없는 반응은?

㉮ 수화반응 ㉯ 포졸란반응
㉰ 탄산화반응 ㉱ 질산화반응

풀이 ㉱ 질산화반응은 질소화합물이 산소와 결합하는 반응이다.

실전문제
과년도 기출문제

answer 30 ㉰ 31 ㉮ 32 ㉮ 33 ㉮ 34 ㉯ 35 ㉱

36 분뇨처리에 관한 사항 중 틀린 것은?

㉮ 분뇨의 악취발생은 주로 NH_3와 H_2S이다.
㉯ 분뇨의 혐기성 소화처리 방식은 호기성 소화처리 방식에 비하여 소화속도가 빠르다.
㉰ 분뇨의 혐기성 소화에서 적정 중온 소화 온도는 35±2℃이다.
㉱ 분뇨의 호기성 처리시 희석배율은 20~30배가 적당하다.

풀이 ㉯ 분뇨의 혐기성 소화처리 방식은 호기성 소화처리 방식에 비하여 소화속도가 느리다.

37 전기집진장치의 장점이 아닌 것은?

㉮ 집진효율이 높다.
㉯ 설치 시 소요 부지면적이 적다.
㉰ 운전비, 유지비가 적게 소요된다.
㉱ 압력손실이 적고 대량의 먼지함유가스를 처리할 수 있다.

풀이 ㉯ 설치 시 소요 부지면적이 넓다.

38 가연성 쓰레기의 연료화 장점에 해당하지 않은 것은?

㉮ 저장이 용이하다.
㉯ 수송이 용이하다.
㉰ 일반로에서 연소가 가능하다.
㉱ 쓰레기로부터 폐열을 회수할 수 있다.

풀이 ㉰ 일반로에서 연소가 불가능하다.

39 쓰레기의 혐기성 소화에 관여하는 미생물은?

㉮ 산(酸)생성 박테리아
㉯ 질산화 박테리아
㉰ 대장균군
㉱ 질소고정 박테리아

풀이 쓰레기의 혐기성 소화에 관여하는 미생물은 산(酸)생성 박테리아이다.

40 도시의 오염된 지하수의 Darcy 속도(유출속도)가 0.1m/day이고, 유효 공극률이 0.4일 때, 오염원으로부터 600m 떨어진 지점에 도달하는데 걸리는 시간(년)은? (단, 유출속도 : 단위시간에 흙의 전체 단면적을 통하여 흐르는 물의 속도)

㉮ 약 3.3　　㉯ 약 4.4
㉰ 약 5.5　　㉱ 약 6.6

풀이

$$도달시간(년) = \frac{이동거리(m) \times 유효공극률}{유출속도(m/년)}$$

$$= \frac{600m \times 0.4}{0.1m/day \times 365day/년} = 6.58년$$

answer 36 ㉯ 37 ㉯ 38 ㉰ 39 ㉮ 40 ㉱

| 제3과목 | 폐기물 공정시험기준

41 원자흡수분광광도법(공기-아세틸렌 불꽃)으로 크롬을 분석할 때 철, 니켈 등의 공존물질에 의한 방해영향이 크다. 이 때 어떤 시약을 넣어 측정하는가?

㉮ 인산나트륨　㉯ 황산나트륨
㉰ 염화나트륨　㉱ 질산나트륨

풀이 철이나 니켈 등의 공존물질에 의한 방해 영향은 황산나트륨을 1% 정도 넣어 측정한다.

42 폐기물공정시험기준의 온도 표시로 옳지 않은 것은?

㉮ 표준온도 : 0℃　㉯ 상온 : 0～15℃
㉰ 실온 : 1～35℃　㉱ 온수 : 60～70℃

풀이 ㉯ 상온 : 15～25℃

43 시료용기를 갈색경질의 유리병을 사용하여야 하는 경우가 아닌 것은?

㉮ 노말헥산 추출물질 분석 실험을 위한 시료 채취 시
㉯ 시안화물 분석 실험을 위한 시료 채취 시
㉰ 유기인 분석 실험을 위한 시료 채취 시
㉱ PCBs 및 휘발성 저급 염소화 탄화수소류 분석 실험을 위한 시료 채취 시

풀이 갈색경질 유리병 사용시료는 노말헥산 추출물질, 유기인, 폴리클로리네이티드비페닐(PCBs), 휘발성 저급 염소화 탄화수소류이다.

44 마이크로파 및 마이크로파를 이용한 시료의 전처리(유기물 분해)에 관한 내용으로 틀린 것은?

㉮ 가열속도가 빠르고 재현성이 좋다.
㉯ 마이크로파는 금속과 같은 반사물질과 매질이 없는 진공에서는 투과하지 않는다.
㉰ 마이크로파는 전자파 에너지의 일종으로 빛의 속도로 이동하는 교류와 자기장으로 구성되어 있다.
㉱ 마이크로파영역에서 극성분자나 이온이 쌍극자 모멘트와 이온전도를 일으켜 온도가 상승하는 원리를 이용한다.

풀이 ㉯ 마이크로파는 금속과 같은 반사물질과 매질이 없는 진공에서도 투과한다.

45 용출시험방법의 범위에 해당하지 않는 것은?

㉮ 고상 또는 액상 폐기물에 대하여 적용
㉯ 지정폐기물의 판정
㉰ 지정폐기물의 중간처리 방법 결정
㉱ 지정폐기물의 매립방법 결정

풀이 ㉮ 고상 또는 반고상 폐기물에 대하여 적용

실전문제

과년도 기출문제

answer 41 ㉯ 42 ㉯ 43 ㉯ 44 ㉯ 45 ㉮

46 다음 설명에 해당하는 시료의 분할 채취 방법은?

- 모아진 대시료를 네모꼴로 엷게 균일한 두께로 편다.
- 이것을 가로 4등분, 세로 5등분하여 20개의 덩어리로 나눈다.
- 20개의 각 부분에서 균등한 양을 취한 후 혼합하여 하나의 시료로 한다.

㉮ 교호삽법 ㉯ 구획법
㉰ 균등분할법 ㉱ 원추 4분법

풀이 ㉮ 구획법에 대한 설명이다.

TIP
시료의 분할 채취방법 암기사항
① 구획법 : 가로 4등분, 세로 5등분, 20개의 덩어리
② 교호삽법 : 원추형, 육면체, 원추 쌓기
③ 원추 4분법 : 원추형, 부채꼴로 4등분

47 수소이온의 농도가 2.8×10^{-5}mol/L인 수용액의 pH는?

㉮ 2.8 ㉯ 3.4
㉰ 4.6 ㉱ 5.8

풀이 $pH = -\log[H^+] = -\log[2.8\times10^{-5}\,mol/L] = 4.55$

48 유도결합플라스마-원자발광분광법에 의한 금속류 분석방법에 관한 설명으로 옳지 않은 것은?

㉮ 시료를 고주파유도코일에 의하여 형성된 석영 플라스마에 주입하여 1,000~2,000K에서 들뜬 원자가 바닥상태로 이동할 때 방출하는 발광선 및 발광강도를 측정한다.
㉯ 대부분의 간섭 물질은 산 분해에 의해 제거된다.
㉰ 물리적 간섭은 특히 시료 중에 산의 농도가 10V/V% 이상으로 높거나 용존 고형물질이 1,500mg/L 이상으로 높은 반면, 검정용 표준용액의 산의 농도는 5% 이하로 낮을 때에 발생한다.
㉱ 간섭효과가 의심되면 대부분의 경우가 시료의 매질로 인해 발생하므로 원자흡수분광광도법 또는 유도결합플라즈마-질량분석법과 같은 대체방법과 비교하는 것도 간섭효과를 막는 방법이 될 수 있다.

풀이 ㉮ 시료를 고주파유도코일에 의하여 형성된 아르곤 플라스마에 주입하여 6,000~8,000K에서 들뜬 원자가 바닥상태로 이동할 때 방출하는 발광선 및 발광강도를 측정한다.

49 자외선/가시선 분광법에 의한 카드뮴 분석 방법에 관한 설명으로 옳지 않은 것은?

㉮ 황갈색의 카드뮴착염을 사염화탄소로 추출하여 그 흡광도를 480nm에서 측정하는 방법이다.
㉯ 카드뮴의 정량범위는 0.001~0.03mg이고, 정량한계는 0.001mg이다.
㉰ 시료 중 다량의 철과 망간을 함유하는 경우 디티존에 의한 카드뮴추출이 불완전하다.
㉱ 시료에 다량의 비스무트(Bi)가 공존하면 시안화칼륨용액으로 수회 씻어도 무색이 되지 않는다.

풀이 ㉮ 적색의 카드뮴착염을 사염화탄소로 추출하여 그 흡광도를 520nm에서 측정하는 방법이다.

answer 46 ㉯ 47 ㉰ 48 ㉮ 49 ㉮

50 폐기물의 pH(유리전극법)측정 시 사용되는 표준용액이 아닌 것은?

㉮ 수산염 표준용액
㉯ 수산화칼슘 표준용액
㉰ 황산염 표준용액
㉱ 프탈산염 표준용액

풀이 pH(유리전극법)측정 시 사용되는 표준용액으로는 수산염, 프탈산염, 인산염, 붕산염, 탄산염, 수산화칼슘 표준액이 있다.

TIP
암기법 : 수프인 7부옷에 탄숨

51 폐기물공정시험기준에서 규정하고 있는 고상폐기물의 고형물 함량으로 옳은 것은?

㉮ 5% 이상　　㉯ 10% 이상
㉰ 15% 이상　　㉱ 20% 이상

풀이 폐기물 분류
① 액상 폐기물 : 고형물의 함량이 5% 미만
② 반고상 폐기물 : 고형물의 함량이 5% 이상 15% 미만
③ 고상 폐기물 : 고형물의 함량이 15% 이상

52 중량법에 의한 기름성분 분석 방법(절차)에 관한 내용으로 틀린 것은?

㉮ 시료 적당량을 분별깔때기에 넣고 메틸오렌지용액(0.1%)을 2~3방울 넣고 황색이 적색으로 변할 때까지 염산(1+1)을 넣어 pH 4 이하로 조절한다.
㉯ 시료가 반고상 또는 고상 폐기물인 경우에는 폐기물의 양에 약 2.5배에 해당하는 물을 넣어 잘 혼합한 다음 pH 4 이하로 조절한다.
㉰ 노말헥산 추출물질인 함량이 5mg/L 이하로 낮은 경우에는 5L 부피 시료병에 시료 4L를 채취하여 염화철(Ⅲ) 용액 4mL를 넣고 자석교반기로 교반하면서 탄산나트륨용액(20W/V%)을 넣어 pH 7~9로 조절한다.
㉱ 증발용기 외부의 습기를 깨끗이 닦고 실리카겔 데시케이터에 1시간 이상 수분 제거 후 무게를 단다.

풀이 ㉱ 증발용기 외부의 습기를 깨끗이 닦고 실리카겔 데시케이터에 30분간 수분 제거 후 무게를 단다.

53 다음 중 농도가 가장 낮은 것은?

㉮ 1mg/L　　㉯ 1000μg/L
㉰ 100ppb　　㉱ 0.01ppm

풀이 ㉮ 1mg/L = 1ppm
㉯ 1,000μg/L = 1ppm
㉰ 100ppb = 0.1ppm
㉱ 0.01ppm

54 유도결합플라스마-원자발광분광법으로 측정할 수 있는 항목과 가장 거리가 먼 것은? (단, 폐기물공정시험기준 기준)

㉮ 6가크롬　　㉯ 수은
㉰ 비소　　㉱ 크롬

풀이 수은의 분석방법은 원자흡수분광광도법(환원기화법)과 자외선/가시선 분광법(디티존법)이 있다.

answer 50 ㉰ 51 ㉰ 52 ㉱ 53 ㉱ 54 ㉯

55 공정시험기준에서 기체의 농도는 표준상태로 환산한다. 다음 중 표준상태로 알맞은 것은?

㉮ 25℃, 0기압　㉯ 25℃, 1기압
㉰ 0℃, 0기압　㉱ 0℃, 1기압

풀이 표준상태는 0℃, 1기압이다.

56 금속류의 원자흡수분광광도법에 대한 설명으로 틀린 것은?

㉮ 구리의 측정파장은 324.7nm이고, 정량한계는 0.008mg/L이다.
㉯ 납의 측정파장은 283.3nm이고, 정량한계는 0.04mg/L이다.
㉰ 카드뮴의 측정파장은 228.8nm이고, 정량한계는 0.002mg/L이다.
㉱ 수은의 측정파장은 253.7nm이고, 정량한계는 0.05mg/L이다.

풀이 ㉱ 수은의 측정파장은 253.7nm이고, 정량한계는 0.0005mg/L이다.

57 수은 표준원액(0.1mgHg/mL) 1L를 조제하기 위해 염화제이수은은 몇 g이 필요한가? (단, Hg = 200.61, Cl = 35.46)

㉮ 0.118　㉯ 0.228
㉰ 0.338　㉱ 0.448

풀이 Hg_2Cl_2 : 2Hg
472.14g : 2×200.61g
X : 0.1mg/mL(= g/L)
∴ X = 0.1177g/L

58 편광현미경과 입체현미경으로 고체 시료 중 석면의 특성을 관찰하여 정성과 정량 분석할 때 입체현미경의 배율범위로 가장 옳은 것은?

㉮ 배율 2~4배 이상
㉯ 배율 4~8배 이상
㉰ 배율 10~45배 이상
㉱ 배율 50~200배 이상

풀이 편광현미경과 입체현미경으로 고체 시료 중 석면의 특성을 관찰하여 정성과 정량 분석할 때 입체현미경의 배율범위는 배율 10~45배 이상이다.

59 구리를 자외선/가시선 분광법으로 정량하고자 할 때 설명으로 가장 거리가 먼 것은?

㉮ 시료 중에 시안화합물이 존재 시 황산 산성하에서 끓여 시안화물을 완전히 분해 제거한다.
㉯ 비스무스(Bi)가 구리의 양보다 2배 이상 존재 시 황색을 나타내어 방해한다.
㉰ 추출용매는 아세트산부틸 대신 사염화탄소, 클로로폼, 벤젠 등을 사용할 수도 있다.
㉱ 무수황산나트륨 대신 건조여지를 사용하여 여과하여도 된다.

풀이 ㉮ 시료 중에 시안화합물이 존재 시 염산 산성하에서 끓여 시안화물을 완전히 분해 제거한다.

TIP
① 아세트산부틸 = 초산부틸
② 클로로폼 = 클로로포름

answer 55 ㉱ 56 ㉱ 57 ㉮ 58 ㉰ 59 ㉮

60 원자흡수분광광도법은 원자가 어떤 상태에서 특유 파장의 빛을 흡수하는 원리를 이용한 것인가?

㉮ 전자상태 ㉯ 이온상태
㉰ 기저상태 ㉱ 분자상태

풀이 원자흡수분광광도법은 원자가 기저상태에서 특유 파장의 빛을 흡수하는 원리를 이용한다.

answer 60 ㉰

2020 3회 기출문제

| 제1과목 | 폐기물개론

01 폐기물 자원화하는 방법 중 에너지 회수 방법에 속하는 것은?

㉮ 물질 회수　　㉯ 직접열 회수
㉰ 추출형 회수　　㉱ 변환형 회수

풀이 에너지 회수방법은 직접열 회수이다.

02 부피 $100m^3$인 폐기물의 부피를 $10m^3$로 압축하는 경우 압축비는?

㉮ 0.1　　㉯ 1
㉰ 10　　㉱ 90

풀이 $\text{압축비} = \frac{\text{압축 전 부피}(m^3)}{\text{압축 후 부피}(m^3)} = \frac{100m^3}{10m^3} = 10$

03 폐기물의 성상 분석 절차로 가장 적합한 것은?

㉮ 밀도측정 - 물리적 조성분석 - 건조 - 분류(타는 물질, 안타는 물질)
㉯ 밀도측정 - 건조 - 화학적 조성분석 - 전처리(절단 및 분쇄)
㉰ 전처리(절단 및 분쇄) - 밀도측정 - 화학적 조성분석 - 분류(타는 물질, 안타는 물질)
㉱ 전처리(절단 및 분쇄) - 건조 - 물리적 조성분석 - 발열량측정

풀이 폐기물의 성상 분석 절차 순서는 밀도측정 - 물리적 조성분석 - 건조 - 분류(타는 물질, 안타는 물질) 순이다.

04 건조된 고형물의 비중이 1.65이고 건조 전 슬러지의 고형분 함량이 35%, 건조중량이 400kg이라 할 때 건조 전 슬러지의 비중은?

㉮ 1.02　　㉯ 1.16
㉰ 1.27　　㉱ 1.35

풀이 $\frac{1}{\rho_{SL}} = \frac{W_{TS}}{\rho_{TS}} + \frac{W_P}{\rho_P}$

여기서 ρ_{SL} : 슬러지의 비중
ρ_{TS} : 고형물의 비중
ρ_P : 물(수분)의 비중
W_{TS} : 고형물의 함량
W_P : 물(수분)의 함량

따라서 $\frac{1}{\rho_{SL}} = \frac{0.35}{1.65} + \frac{0.65}{1.0}$

$\rho_{SL} = \frac{1}{0.8621} = 1.16$

TIP
① 고형물(%) + 수분(%) = 100%
② 수분(%) = 100 − 고형물(%)
③ 물의 비중 = 1.0

answer 01 ㉯ 02 ㉰ 03 ㉮ 04 ㉯

05 관거(pipe)를 이용한 폐기물 수송의 특징과 가장 거리가 먼 것은?

㉮ 10km 이상의 장거리 수송에 적당하다.
㉯ 잘못 투입된 폐기물의 회수는 곤란하다.
㉰ 조대폐기물은 파쇄, 압축 등의 전처리를 해야 한다.
㉱ 화재, 폭발 등의 사고 발생 시 시스템 전체가 마비되며 대체 시스템의 전환이 필요하다.

풀이 ㉮ 2.5km이내의 단거리 수송에 적당하다.

06 함수율 80%인 폐기물 10ton을 건조시켜 함수율 30%로 만들 경우 감소하는 폐기물의 질량(ton)은? (단, 비중 = 1.0)

㉮ 2.6 ㉯ 2.9
㉰ 3.2 ㉱ 3.5

풀이 $W_1 \times (100 - P_1) = W_2 \times (100 - P_2)$

여기서 W_1 : 건조 전 폐기물(톤)
P_1 : 건조 전 함수율(%)
W_2 : 건조 후 폐기물(톤)
P_2 : 건조 후 함수율(%)

따라서 $10톤 \times (100-80) = W_2 \times (100-30)$

$$\therefore W_2 = \frac{10톤 \times (100-80)}{(100-30)} = 2.86톤$$

07 적환장에 대한 설명으로 가장 거리가 먼 것은?

㉮ 최종 처리장과 수거지역의 거리가 먼 경우 사용하는 것이 바람직하다.
㉯ 폐기물의 수거와 운반을 분리하는 기능을 한다.
㉰ 주거지역의 밀도가 낮을 때 적환장을 설치한다.
㉱ 적환장의 위치는 수거하고자 하는 개별적 고형물 발생지역의 하중 중심과 적절한 거리를 유지하여야 한다.

풀이 ㉱ 적환장의 위치는 수거하고자 하는 개별적 고형물 발생지역의 하중 중심과 가깝게 위치하여야 한다.

08 쓰레기 재활용 측면에서 가장 효과적인 수거 방법은?

㉮ 문전수거 ㉯ 타종수거
㉰ 분리수거 ㉱ 혼합수거

풀이 ① 재활용 측면에서 효과적인 수거방법 : 분리수거
② 수거효율이 가장 우수한 수거방법 : 타종수거

09 도시폐기물 최종 분석 결과를 Dulong 공식으로 발열량을 계산하고자 할 때 필요하지 않은 성분은?

㉮ H ㉯ C
㉰ S ㉱ Cl

TIP
듀롱공식의 고유발열량(Hh)
$= 8,100C + 34,000(H - \frac{O}{8}) + 2,500S(kcal/kg)$

10 물질회수를 위한 선별방법 중 플라스틱에서 종이를 선별할 수 있는 방법으로 가장 적절한 것은?

㉮ 와전류 선별 ㉯ Jig 선별
㉰ 광학 선별 ㉱ 정전기적 선별

풀이 ㉮ 와전류 선별 : 철금속/비철금속/유리병의 3종류를 각각 분리

answer 05 ㉮ 06 ㉯ 07 ㉱ 08 ㉰ 09 ㉱ 10 ㉱

실전문제
과년도 기출문제

㉯ Jig 선별 : 사금선별
㉰ 광학 선별 : 불투명한 것(돌, 코르크 등)과 투명한 것(유리 등)의 분리

11 쓰레기를 파쇄할 경우 발생하는 이점으로 가장 거리가 먼 것은?

㉮ 일반적으로 압축 시 밀도 증가율이 크다.
㉯ 매립 시 폐기물이 잘 섞여서 혐기성을 유지하므로 메탄 발생량이 많아진다.
㉰ 조대쓰레기에 의한 소각로의 손상을 방지한다.
㉱ 고밀도 매립이 가능하다.

풀이 ㉯ 매립 시 폐기물이 잘 섞이므로 혐기성이 방지된다.

12 난분해성 유기화합물의 생물학적 반응이 아닌 것은?

㉮ 탈수소반응(가수분해반응)
㉯ 고리분할
㉰ 탈알킬화
㉱ 탈할로겐화

풀이 난분해성 유기화합물의 생물학적 반응은 고리분할, 탈알킬화, 탈할로겐화이다.

TIP
난분해성 유기화합물은 물에 잘 녹지 않으므로 물과 반응시키는 가수분해반응은 적합하지 않다.

13 파쇄에 필요한 에너지를 구하는 법칙으로 고온파쇄 또는 2차분쇄에 잘 적용되는 법칙은?

㉮ 도플러의 법칙 ㉯ 킥의 법칙
㉰ 패러데이의 법칙 ㉱ 케스터너의 법칙

풀이 파쇄에 필요한 에너지를 구하는 법칙으로 고온파쇄 또는 2차분쇄에 잘 적용되는 법칙은 킥의 법칙이다.

TIP
파쇄의 법칙 = 킥의 법칙임을 기억!!

14 폐기물의 관리에 있어서 가장 중점적으로 우선순위를 갖는 요소는?

㉮ 재활용 ㉯ 소각
㉰ 최종처분 ㉱ 감량화

풀이 폐기물의 관리에 있어서 가장 중점적으로 우선순위를 갖는 요소는 감량화이다.

15 인구가 800,000명인 도시에서 연간 1,000,000 ton의 폐기물이 발생한다면 1인 1일 폐기물의 발생량(kg/cap · day)은?

㉮ 3.12 ㉯ 3.22
㉰ 3.32 ㉱ 3.42

풀이 쓰레기 발생량 (kg/ cap · 일)

$$= \frac{\text{폐기물 발생량(kg/일)}}{\text{인구수(인)}}$$

$$= \frac{1,000,000\text{ton/년} \times 10^3\text{kg/ton} \times 1\text{년}/365\text{일}}{800,000\text{인}}$$

$$= 3.42\ \text{kg/인·일}$$

TIP
kg/cap·day = kg/인· day

answer 11 ㉯ 12 ㉮ 13 ㉯ 14 ㉱ 15 ㉱

16 쓰레기를 원추4분법으로 축분 도중 2번째에서 모포가 걸렸다. 이후 4회 더 축분하였다면 추후 모포의 함유율(%)은?

㉮ 25　　㉯ 12.5
㉰ 6.25　　㉱ 3.13

풀이 모포의 함유율(%) = $\left(\frac{1}{2}\right)^4 \times 100 = 6.25\%$

TIP

원추 4분법

① 분쇄한 대시료를 단단하고 깨끗한 평면 위에 원추형으로 쌓아 올린다.
② 앞의 원추를 장소를 바꾸어 다시 쌓는다.
③ 원추의 꼭지를 수직으로 눌러서 평평하게 만들고 이것을 부채꼴로 사등분한다.
④ 마주 보는 두 부분을 취하고 반은 버린다.
⑤ 반으로 준 시료를 앞의 조작을 반복하여 적당한 크기까지 줄인다.

17 지정폐기물의 종류와 분류물질의 연결이 틀린 것은?

㉮ 폐유독물질 - 폐촉매
㉯ 부식성 - 폐산(pH 2.0이하)
㉰ 부식성 - 폐알칼리(pH 12.5이상)
㉱ 유해물질함유 - 소각재

풀이 ㉮ 유해물질함유 폐기물 - 폐촉매

18 폐기물 발생량의 표시에 가장 많이 이용되는 단위는?

㉮ m^3/인·일　　㉯ kg/인·일
㉰ 개/인·일　　㉱ 봉투/인·일

풀이 폐기물 발생량의 표시에 가장 많이 이용되는 단위는 kg/인·일(kg/cap·day)이다.

19 물렁거리는 가벼운 물질로부터 딱딱한 물질을 선별하는데 사용되는 것으로 경사진 Conveyor를 통해 폐기물을 주입시켜 천천히 회전하는 드럼 위에 떨어뜨려서 분류하는 장치는?

㉮ Stoners
㉯ Ballistic Separator
㉰ Fluidized Bed Separators
㉱ Secators

풀이 ㉱ 세카터(Secators)에 대한 설명이다.

20 적환장의 기능으로 적합하지 않은 것은?

㉮ 분리선별　　㉯ 비용분석
㉰ 압축파쇄　　㉱ 수송효율

풀이 적환장의 기능은 분리선별, 압축파쇄, 수송효율 등이다.

TIP

적환장은 최종처리장과 수거지역의 거리가 먼 경우에 설치하며, 소형차량에서 대형차량으로 적재하는 방식에 따라 직접투하방식, 저장투하방식, 직접·저장결합방식이 있다.

| 제2과목 | 폐기물처리기술

21 소각로에서 PVC 같은 염소를 함유한 물질을 태울 때 발생하며 맹독성을 갖는 것으로 분자구조는 염소가 달린 두 개의 벤젠고리 사이에 한 개의 산소원자가 있고, 135개의 이성체를 갖는 것은?

㉮ THM　　㉯ Furan

answer 16 ㉰ 17 ㉮ 18 ㉯ 19 ㉱ 20 ㉯ 21 ㉯

실전문제 과년도 기출문제

㉰ PCB ㉱ BPHC

풀이 ㉯ 퓨란(Furan)에 대한 설명이다.

TIP

다이옥신은 산소원자가 2개인 PCDD(이성질체 75개)와 산소원자기 1개인 PCDF(이성질체 135개)이다.

22 일반적으로 사용되는 분뇨처리의 혐기성 소화를 기술한 것으로 가장 거리가 먼 것은?

㉮ 혐기성 미생물을 이용하여 유기물질을 제거하는 것이다.

㉯ 다른 방법들보다 장기적인 면에서 볼 때 경제적이며 운영비가 적다는 이점이 있다.

㉰ 유용한 CH_4가 생성된다.

㉱ 분뇨량이 많으면 소화조를 70℃ 이상 가열시켜 줄 필요가 있다.

풀이 ㉱ 중온반응조의 경우 30~38℃이고, 고온반응조의 경우 55~60℃이다.

23 함수율이 95%인 슬러지를 함수율 75%의 슬러지로 탈수시켰을 때 탈수 후/전의 슬러지 체적비(탈수 후/전)는 얼마인가?

㉮ 1/3 ㉯ 1/4

㉰ 1/5 ㉱ 1/6

풀이 $V_1 \times (100 - P_1) = V_2 \times (100 - P_2)$

여기서 V_1 : 탈수 전 슬러지량

P_1 : 탈수 전 함수율

V_2 : 탈수 후 슬러지량

P_1 : 탈수 후 함수율

따라서 $V_1 \times (100-95) = V_2 \times (100-75)$

$$\therefore \frac{V_2}{V_1} = \frac{(100-95)}{(100-75)} = \frac{5}{25} = \frac{1}{5}\text{배}$$

24 산업폐기물의 처리 시 함유 처리항목과 그 조건이 잘못 짝지어진 것은?

㉮ 특정유해 함유물질 : 수분 함량 85% 이하일 경우 고온열분해 시킨다.

㉯ 폐합성수지 : 편의 크기를 45cm 이상으로 절단시켜 소각, 용융시킨다.

㉰ 유기물계통 일반산업폐기물 : 수분함량 85% 이하로 유지시켜 소각시킨다.

㉱ 폐유 : 수분함량 5ppm 이하일 경우 소각시킨다.

풀이 ㉯ 폐합성수지 : 편의 크기를 45cm 이하로 절단시켜 소각, 용융시킨다.

25 제1, 2차 활성슬러지공법과 희석 방법을 적용하여 분뇨를 처리할 때, 처리 전 수거 분뇨의 BOD가 20,000mg/L이며 제1차 활성슬러지처리에서의 BOD제거율은 70%이고 20배 희석 후의 방류수에서의 BOD가 30mg/L라면 제2차 활성슬러지 처리에서의 BOD제거율(%)은?

㉮ 60 ㉯ 70

㉰ 80 ㉱ 90

풀이 $$\text{제거효율(\%)} = \left(1 - \frac{BOD_o \times \text{희석배수}}{BOD_i}\right) \times 100$$

① $BOD_i = 20{,}000\text{mg/L} \times (1-0.70) = 6{,}000\text{mg/L}$

② $BOD_o = 30\text{mg/L}$

③ $$\text{제거효율(\%)} = \left(1 - \frac{30\text{mg/L} \times 20\text{배}}{6{,}000\text{mg/L}}\right) \times 100 = 90\%$$

answer 22 ㉱ 23 ㉰ 24 ㉯ 25 ㉱

26 우리나라 음식물쓰레기를 퇴비로 재활용하는데 있어서 가장 큰 문제점으로 지적되는 것은?

㉮ 염분함량 ㉯ 발열량
㉰ 유기물함량 ㉱ 밀도

풀이 우리나라 음식물쓰레기를 퇴비로 재활용하는데 있어서 가장 큰 문제점으로 지적되는 것은 높은 염분함량이다.

27 폭 1.0m, 길이 100m인 침출수 집배수시설의 투수계수 1.0×10^{-2}cm/s, 바닥 구배가 2%일 때 년간 집배수량(ton)은? (단, 침출수의 밀도 = $1 ton/m^3$)

㉮ 1,051 ㉯ 5,000
㉰ 6,307 ㉱ 20,000

풀이 $1 ton/m^3 \times 1.0 m \times 100 m \times 1.0 \times 10^{-4} m/s \times \frac{3,600 sec}{1 hr} \times \frac{24 hr}{1 day} \times \frac{365 day}{1년} \times \frac{2\%}{100}$
$= 6,307.2 ton/년$

TIP
$1.0 \times 10^{-2} cm/sec \xrightarrow{\times 10^{-2}} 1.0 \times 10^{-4} m/sec$

28 슬러지를 고형화하는 목적으로 가장 거리가 먼 것은?

㉮ 취급이 용이하며, 운반무게가 감소한다.
㉯ 유해물질의 독성이 감소한다.
㉰ 오염물질의 용해도를 낮춘다.
㉱ 슬러지 표면적이 감소한다.

풀이 ㉮ 취급이 용이하며, 운반무게가 증가한다.

29 폐기물을 매립한 후 복토를 실시하는 목적으로 가장 거리가 먼 것은?

㉮ 폐기물을 보이지 않게 하여 미관상 좋게 한다.
㉯ 우수를 효과적으로 배제한다.
㉰ 쥐나 파리 등 해충 및 야생동물의 서식처를 없앤다.
㉱ CH_4 가스가 내부로 유입되는 것을 방지한다.

풀이 ㉱ 화재를 예방하고, 악취를 방지한다.

30 유동층 소각로의 장단점이라 볼 수 없는 것은?

㉮ 미연소분 배출로 2차 연소실이 필요하다.
㉯ 가스의 온도가 낮고 과잉공기량이 적다.
㉰ 상(床)으로부터 찌꺼기 분리가 어렵다.
㉱ 기계적 구동부분이 적어 고장율이 낮다.

풀이 ㉮ 미연소분의 배출이 적어 2차 연소실이 불필요하다.

31 Rotary Kiln에 관한 설명으로 가장 거리가 먼 것은?

㉮ 모든 폐기물을 소각시킬 수 있다.
㉯ 부유성 물질의 발생이 적다.
㉰ 연속적으로 재가 방출된다.
㉱ 1,400℃ 이상의 운전 가능하다.

풀이 ㉯ 부유성 물질의 발생이 많다.

TIP
Rotary Kiln = 회전로 소각로

answer 26 ㉮ 27 ㉰ 28 ㉮ 29 ㉱ 30 ㉮ 31 ㉯

32 오염된 농경지의 정화를 위해 다른 장소로부터 비오염 토양을 운반하여 혼합하는 정화기술은?

㉮ 객토 ㉯ 반전
㉰ 희석 ㉱ 배토

풀이 오염된 농경지의 정화를 위해 다른 장소로부터 비오염 토양을 운반하여 혼합하는 정화기술은 객토이다.

33 유기성 폐기물 퇴비화의 단점이라 할 수 없는 것은?

㉮ 퇴비화 과정 중 외부 가온 필요
㉯ 부지선정의 어려움
㉰ 악취발생 가능성
㉱ 낮은 비료가치

풀이 ㉮ 퇴비화 과정 중 외부 가온이 필요없다.

34 퇴비화의 메탄발효 조건이 아닌 것은?

㉮ 영양조건 ㉯ 혐기조건
㉰ 호기조건 ㉱ 유기물량

풀이 퇴비화의 메탄발효 조건은 영양조건, 혐기조건, 유기물량, 수분함량, pH, C/N비, 온도 등이다.

35 소각 시 다이옥신이 생성될 수 있는 가능성이 가장 큰 물질은?

㉮ 노말헥산 ㉯ 에탄올
㉰ PVC ㉱ 오존

풀이 소각 시 다이옥신이 생성될 수 있는 가능성이 가장 큰 물질은 염소가 포함되어 있는 PVC 등이다.

36 폐기물 고형화 방법 중 유기중합체법의 특징이 아닌 것은?

㉮ 가장 많이 사용되는 방법은 우레아폼(UF)방법이다.
㉯ 고형성분만 처리 가능하다.
㉰ 고형화 시키는데 많은 양의 첨가제가 필요하다.
㉱ 최종처리 시 2차용기에 넣어 매립해야 한다.

풀이 ㉰ 고형화 시키는데 많은 양의 첨가제가 필요하지 않다.

37 고형분 30%인 주방찌꺼기 10톤의 소각을 위하여 함수율이 50% 되게 건조시켰다면 이때의 질량(톤)은? (단, 비중 = 1.0 가정)

㉮ 2 ㉯ 3
㉰ 6 ㉱ 8

풀이 $W_1 \times TS_1 = W_2 \times (100 - P_2)$

여기서 W_1 : 건조 전 주방찌꺼기(ton)
TS_1 : 건조 전 고형물(%)
W_2 : 건조 후 주방찌꺼기(ton)
P_2 : 건조 후 함수율(%)

따라서 $10\text{ton} \times 30 = W_2 \times (100 - 50)$

$\therefore W_2 = \dfrac{10\text{ton} \times 30}{(100-50)} = 6\text{ton}$

answer 32 ㉮ 33 ㉮ 34 ㉰ 35 ㉰ 36 ㉰ 37 ㉰

38 알칼리성 폐수의 중화제가 아닌 것은?

㉮ 황산 ㉯ 염산
㉰ 탄산가스 ㉱ 가성소다

풀이 알칼리성 폐수의 중화제는 산성시약이다.
㉱ 가성소다는 알칼리성 시약이므로 산성폐수의 중화제이므로 정답이다.

39 유효공극율 0.2, 점토층 위의 침출수가 수두 1.5m인 점토 차수층 1.0m를 통과하는데 10년이 걸렸다면 점토 차수층의 투수계수(cm/s)는?

㉮ 2.54×10^{-7} ㉯ 2.54×10^{-8}
㉰ 5.54×10^{-7} ㉱ 5.54×10^{-8}

풀이 ① $t=\frac{d^2\cdot n}{k(d+h)}$

여기서 t : 침출수가 점토층을 통과하는 시간(년)
d : 점토층의 두께(m)
n : 유효공극률
k : 투수계수(m/년)
h : 침출수 수두(m)

따라서 $k=\frac{d^2\cdot n}{t(d+h)}$

$=\frac{(1.0\text{m})^2\times0.2}{10\text{년}\times(1.0\text{m}+1.5\text{m})}$

$=0.008\text{m/년}$

② k(cm/sec)

$=\frac{0.008\text{m}}{\text{년}}\times\frac{10^2\text{cm}}{1\text{m}}\times\frac{1\text{년}}{365\text{일}}\times\frac{1\text{일}}{24\text{hr}}\times\frac{1\text{hr}}{3,600\text{sec}}$

$=2.54\times10^{-8}\text{cm/sec}$

40 매립지 내에서 분해단계(4단계) 중 호기성 단계에 관한 설명으로 적절치 못한 것은?

㉮ N_2의 발생이 급격히 증가된다.
㉯ O_2가 소모된다.
㉰ 주요 생성기체는 CO_2이다.
㉱ 매립물의 분해속도에 따라 수 일에서 수 개월 동안 지속된다.

풀이 ㉮ 질소(N_2)의 발생이 감소한다.

| 제3과목 | 폐기물 공정시험기준

41 시료의 분할채취방법 중 구획법에 의해 축소할 때 몇 등분 몇 개의 덩어리로 나누는가?

㉮ 가로 4등분, 세로 4등분, 16개 덩어리
㉯ 가로 4등분, 세로 5등분, 20개 덩어리
㉰ 가로 5등분, 세로 5등분, 25개 덩어리
㉱ 가로 5등분, 세로 6등분, 30개 덩어리

풀이 구획법은 가로 4등분, 세로 5등분 20개 덩어리로 나눈다.

TIP

시료의 분할 채취방법 암기사항
① 구획법 : 가로 4등분, 세로 5등분, 20개의 덩어리
② 교호삽법 : 원추형, 육면체, 원추 쌓기
③ 원추 4분법 : 원추형, 부채꼴로 4등분

answer 38 ㉱ 39 ㉯ 40 ㉮ 41 ㉯

42 크롬을 원자흡수분광광도법으로 분석할 때 간섭물질에 관한 내용으로 ( )에 옳은 것은?

> 공기-아세틸렌 불꽃에서는 철, 니켈 등의 공존물질에 의한 방해 영향이 크므로 이때는( ) 1% 정도 넣어서 측정한다.

㉮ 황산나트륨 ㉯ 시안화칼륨
㉰ 수산화칼슘 ㉱ 수산화칼륨

풀이 크롬을 원자흡수분광광도법으로 분석할 때 간섭물질은 공기-아세틸렌 불꽃에서는 철, 니켈 등의 공존물질에 의한 방해영향이 크므로 이때는 황산나트륨 1% 정도 넣어서 측정한다.

43 시료의 전처리방법에서 회화에 의한 유기물 분해 시 증발접시의 재질로 적당하지 않은 것은?

㉮ 백금 ㉯ 실리카
㉰ 사기제 ㉱ 알루미늄

풀이 회화에 의한 유기물 분해 시 증발접시의 재질은 백금, 실리카, 사기제이다.

44 감염성미생물(아포균 검사법) 측정에 적용되는 '지표생물포자'에 관한 설명으로 ( )에 알맞은 것은?

> 감염성 폐기물의 멸균 잔류물에 대한 멸균 여부의 판정은 병원성미생물보다 열저항성이 (㉠)하고 (㉡)인 아포형성 미생물을 이용하는데 이를 지표생물포자라 한다.

㉮ ㉠ 약, ㉡ 비병원성
㉯ ㉠ 강, ㉡ 비병원성
㉰ ㉠ 약, ㉡ 병원성
㉱ ㉠ 강, ㉡ 병원성

풀이 지표생물포자는 감염성 폐기물의 멸균 잔류물에 대한 멸균 여부의 판정은 병원성미생물보다 열저항성이 강하고 비병원성인 아포형성 미생물을 이용한다.

45 검정곡선에 대한 설명으로 틀린 것은?

㉮ 검정곡선은 분석물질의 농도변화에 따른 지시값을 나타낸 것이다.
㉯ 절대검정곡선법이란 시료의 농도와 지시값과의 상관성을 검정곡선식에 대입하여 작성하는 방법이다.
㉰ 표준물질첨가법이란 시료와 동일한 매질에 일정량의 표준물질을 첨가하여 검정곡선을 작성하는 방법이다.
㉱ 상대검정곡선법이란 검정곡선 작성용 표준용액과 시료에 서로 다른 양의 내부표준 물질을 첨가하여 시험분석 절차, 기기 또는 시스템의 변동으로 발생하는 오차를 보정하기 위해 사용하는 방법이다.

풀이 ㉱ 상대검정곡선법이란 검정곡선 작성용 표준용액과 시료에 동일한 양의 내부표준물질을 첨가하여 시험분석 절차, 기기 또는 시스템의 변동으로 발생하는 오차를 보정하기 위해 사용하는 방법이다.

answer 42 ㉮ 43 ㉱ 44 ㉯ 45 ㉱

46 폐기물공정시험기준에서 규정하고 있는 사항 중 올바른 것은?

㉮ 용액의 농도를 단순히 "%"로만 표시할 때는 V/V%를 말한다.
㉯ "정확히 취한다"라 함은 규정된 양의 검체, 시액을 홀피펫으로 눈금의 1/10까지 취하는 것을 말한다.
㉰ "수욕상에서 가열한다"라 함은 규정이 없는 한 수온 60~70℃에서 가열함을 뜻한다.
㉱ "약"이라 함은 기재된 양에 대하여 ±10% 이상의 차가 있어서는 안 된다.

풀이 ㉮ 용액의 농도를 단순히 "%"로만 표시할 때는 W/V%를 말한다.
㉯ "정확히 취한다"라 함은 규정된 양의 검체, 시액을 홀피펫으로 눈금까지 취하는 것을 말한다.
㉰ "수욕상에서 가열한다"라 함은 규정이 없는 한 수온 100℃에서 가열함을 뜻한다.

47 흡광광도법에서 Lambert-Beer의 법칙에 관계되는 식은? (단, a = 투사광의 강도, b = 입사광의 강도, c = 농도, d = 빛의 투과거리, E = 흡광계수)

㉮ $a/b = 10^{-cdE}$ ㉯ $b/a = 10^{-cdE}$
㉰ $a/cd = E\times10^{-b}$ ㉱ $b/cd = E\times10^{-a}$

풀이 흡광광도법에서 Lambert-Beer의 법칙에 관계되는 식은 $a = b \cdot 10^{-cdE}$ 이므로 $a/b = 10^{-cdE}$ 이다.

TIP
흡광광도법 = 자외선/가시선분광법

48 기체크로마토그래피법으로 유기물질을 분석하는 기본 원리에 대한 설명으로 틀린 것은?

㉮ 컬럼을 통과하는 동안 유기물질이 성분별로 분리된다.
㉯ 검출기는 유기물질을 성분별로 분리 검출한다.
㉰ 기록계에 나타난 피크의 넓이는 물질의 온도에 비례한다.
㉱ 기록계에 나타난 머무름시간으로 유기물질을 정성 분석할 수 있다.

풀이 ㉰ 기록계에 나타난 피크의 넓이는 시료의 성분에 비례한다.

49 환원기화－원자흡수분광광도법으로 수은을 분석할 경우 시료채취 및 관리에 관한 설명으로 ( )에 알맞은 것은?

> 시료가 액상 폐기물의 경우는 질산으로 pH (㉠) 이하로 조절하고 채취 시료는 수분, 유기물 등 함유성분의 변화가 일어나지 않도록 0~4℃ 이하의 냉암소에 보관하여야 하며 가급적 빠른 시간 내에 분석하여야 하나 최대 (㉡)일 안에 분석한다.

㉮ ㉠ 2, ㉡ 14 ㉯ ㉠ 3, ㉡ 24
㉰ ㉠ 2, ㉡ 28 ㉱ ㉠ 3, ㉡ 32

풀이 환원기화－원자흡수분광광도법으로 수은을 분석 시 액상 폐기물인 경우
① 질산으로 pH 2 이하로 조절
② 0~4℃ 이하의 냉암소에 보관
③ 최대 28일 안에 분석

실전문제
과년도 기출문제

answer 46 ㉱ 47 ㉮ 48 ㉰ 49 ㉰

50 기체크로마토그래피의 전자포획검출기에 관한 설명으로 ( )에 내용으로 옳은 것은?

> 전자포획검출기는 방사선 동위 원소(^{63}Ni, ^{3}H 등)로부터 방출되는 ( )이 운반 기체를 전리하여 미소전류를 흘려보낼 때 시료 중의 할로겐이나 산소와 같이 전자포획력이 강한 화합물에 의하여 전자가 포획되어 전류가 감소하는 것을 이용하는 방법이다.

㉮ 알파(α)선　㉯ 베타(β)선
㉰ 감마(ν)선　㉱ X선

51 10g의 도가니에 20g의 시료를 취한 후 25% 질산암모늄용액을 넣어 강열시킨 다음 600±25℃의 전기로에서 3시간 강열하였다. 데시케이터에서 식힌 후 도가니와 시료의 무게가 25g이었다면 강열감량(%)은?

㉮ 15　㉯ 20
㉰ 25　㉱ 30

풀이

$$강열감량(\%) = \frac{W_2 - W_3}{W_2 - W_1} \times 100$$

여기서 W_1 : 도가니의 무게
W_2 : 강열 전의 도가니와 시료의 무게
W_3 : 강열 후의 도가니와 시료의 무게

$$따라서\ 강열감량(\%) = \frac{(20g+10g)-(25g)}{(20g+10g)-(10g)} \times 100 = 25\%$$

TIP
강열감량 : 분석시료를 가열하였을 때의 잘량의 감소분을 의미한다.

52 시료 내 수은을 환원기화–원자흡수분광광도법으로 측정할 때의 내용으로 ( )에 옳은 것은?

> 시료 중 수은을 ( )을 넣어 금속수은으로 환원시킨 다음 이 용액에 통기하여 발생하는 수은 증기를 원자흡수분광광도법에 따라 정량하는 방법이다.

㉮ 시안화칼륨　㉯ 과망간산칼륨
㉰ 아연분말　㉱ 이염화주석

풀이 수은 - 환원기화-원자흡수분광광도법은 시료 중 수은을 이염화주석을 넣어 금속수은으로 환원시킨 다음 이 용액에 통기하여 발생하는 수은 증기를 원자흡수분광광도법에 따라 정량하는 방법이다.

53 온도 표시에 관한 내용으로 옳지 않은 것은?

㉮ 찬 곳은 따로 규정이 없는 한 0~15℃의 곳을 뜻한다.
㉯ 냉수는 4℃ 이하를 말한다.
㉰ 온수는 60~70℃를 말한다.
㉱ 상온은 15~25℃를 말한다.

풀이 ㉯ 냉수는 15℃ 이하를 말한다.

54 원자흡수분광광도법에서 중공음극램프선을 흡수하는 것은?

㉮ 기저상태의 원자
㉯ 여기상태의 원자
㉰ 이온화된 원자
㉱ 불꽃중의 원자쌍

풀이 원자흡수분광광도법에서 중공음극램프선을 흡수

answer 50 ㉯ 51 ㉰ 52 ㉱ 53 ㉯ 54 ㉮

하는 것은 기저상태의 원자이다.

55 수분과 고형물의 함량에 따라 폐기물을 구분할 때 다음 중 포함되지 않은 것은?

㉮ 액상 폐기물 ㉯ 반액상 폐기물
㉰ 반고상 폐기물 ㉱ 고상 폐기물

풀이 폐기물의 종류
① 액상 폐기물 : 고형물의 함량이 5% 미만
② 반고상 폐기물 : 고형물의 함량이 5% 이상 15% 미만
③ 고상 폐기물 : 고형물의 함량이 15% 이상

56 0.1N 수산화나트륨용액 20mL를 중화시키려고 할 때 가장 적합한 용액은?

㉮ 0.1M 황산 20mL
㉯ 0.1M 염산 10mL
㉰ 0.1M 황산 10mL
㉱ 0.1M 염산 40mL

풀이 중화적정공식 : $N_1 \times V_1 = N_2 \times V_2$
① 황산 0.1M인 경우 :
$0.1N \times 20mL = 0.1 \times 2N \times V_2$
$\therefore V_2 = 10mL$
② 염산 0.1M인 경우 :
$0.1N \times 20mL = 0.1N \times V_2$
$\therefore V_2 = 20mL$

TIP
① M농도 $\xrightarrow{\times 가수}$ N농도
② H_2SO_4(황산)은 2가 물질이므로
0.1M $\xrightarrow{\times 2}$ 0.2N이 된다.
③ HCl(염산)은 1가 물질이므로
0.1M $\xrightarrow{\times 1}$ 0.1N이 된다.

57 유리전극법으로 수소이온농도를 측정할 때 간섭물질에 대한 내용으로 옳지 않은 것은?

㉮ 유리전극은 일반적으로 용액의 색도, 탁도에 의해 간섭을 받지 않는다.
㉯ 유리전극은 산화 및 환원성 물질 그리고 염도에 간섭을 받는다.
㉰ pH 10 이상에서 나트륨에 의해 오차가 발생할 수 있는데 이는 낮은 나트륨 오차 전극을 사용하여 줄일 수 있다.
㉱ pH는 온도변화에 따라 영향을 받는다.

풀이 ㉯ 유리전극은 산화 및 환원성 물질 그리고 염도에 간섭을 받지 않는다.

58 절연유 중에 포함된 폴리클로리네이티드 비페닐(PCBs)을 신속하게 분석하는 방법에 대한 설명으로 틀린 것은?

㉮ 절연유를 진탕 알칼리 분해하고 대용량 다층 실리카겔 컬럼을 통과시켜 정제한다.
㉯ 기체크로마토그래프-열전도검출기에 주입하여 크로마토그램에 나타난 피크 형태로부터 정량분석 한다.
㉰ 정량한계는 0.5mg/L 이상이다.
㉱ 기체크로마토그래프의 운반기체는 부피백분율 99.999% 이상의 헬륨 또는 질소를 이용한다.

풀이 ㉯ 기체크로마토그래프-전자포획검출기에 주입하여 크로마토그램에 나타난 피크형태로부터 정량분석한다.

answer 55 ㉯ 56 ㉰ 57 ㉯ 58 ㉯

59 pH = 1인 폐산과 pH = 5인 폐산의 수소이온농도 차이(배)는?

㉮ 4배 ㉯ 4백배
㉰ 만배 ㉱ 10만배

풀이 $pH = 1 \Rightarrow [H^+] = 10^{-1}mol/L$
$pH = 5 \Rightarrow [H^+] = 10^{-5}mol/L$
따라서 $\frac{pH1}{pH5} = \frac{10^{-1}mol/L}{10^{-5}mol/L} = 10{,}000$배

TIP
$pH = -\log[H^+] \Rightarrow [H^+] = 10^{-pH}mol/L$
$pOH = -\log[OH^-]$
$\Rightarrow [OH^-] = 10^{-pOH}mol/L$

60 폐기물공정시험기준상 ppm(parts per million)단위로 틀린 것은?

㉮ mg/m^3 ㉯ g/m^3
㉰ mg/kg ㉱ mg/L

풀이 ppm(parts per million)
$= mg/L = mg/kg = g/m^3$

answer 59 ㉰ 60 ㉮

CBT 모의고사

| 제1과목 | 대기오염개론

01 폐기물을 수거하여 분석한 결과 함수율이 40%이고 총 휘발성 고형물은 총고형물의 80%, 유기탄소량은 총 휘발성 고형물의 90%이었다. 또한 총질소량은 총 고형물의 2%라 할 때 이 폐기물의 C/N(유기탄소량/총질소량)은? (단, 비중은 1.0이다.)

㉮ 26　　㉯ 36
㉰ 46　　㉱ 56

풀이 $\text{C/N비} = \frac{\text{탄소량}}{\text{질소량}} = \frac{(1-0.4)\times0.8\times0.9}{(1-0.4)\times0.02} = 36$

02 어느 도시폐기물 중 비가연성분이 40%(W/W%)이다. 밀도가 300kg/m³인 폐기물 10m³중 가연성물질의 양은? (단, 비가연성분과 가연성분으로 구분 기준)

㉮ 1.2ton　　㉯ 1.4ton
㉰ 1.6ton　　㉱ 1.8ton

풀이 가연성 물질의 양(ton)

$= \text{폐기물의 양}(m^3)\times\text{밀도}(ton/m^3) \times \frac{100-\text{비가연성 성분}(\%)}{100}$

$= 10m^3 \times 0.3ton/m^3 \times (1-0.4)$

$= 1.8ton$

TIP

① 질량(ton) = 폐기물의 양(m^3)×밀도(ton/m^3)
② 가연성 성분(%) = 100-비가연성 성분(%)
③ 밀도 $300kg/m^3\times10^{-3}ton/kg = 0.3ton/m^3$

03 전단파쇄기에 관한 설명으로 틀린 것은?

㉮ 대체로 충격파쇄기에 비해 파쇄속도가 빠르다.
㉯ 이물질의 혼입에 대하여 약하다.
㉰ 파쇄물의 크기를 고르게 할 수 있다.
㉱ 주로 목재류, 플라스틱류 및 종이류를 파쇄하는데 이용된다.

풀이 ㉮ 대체로 충격파쇄기에 비해 파쇄속도가 느리다.

answer 01 ㉯ 02 ㉱ 03 ㉮

04 적환장의 일반적인 설치 필요조건으로 틀린 것은?

㉮ 작은 용량의 수집차량을 사용할 때
㉯ 슬러지 수송이나 공기수송 방식을 사용할 때
㉰ 불법 투기와 다량의 어질러진 쓰레기들이 발생할 때
㉱ 고밀도 거주지역이 존재할 때

풀이 ㉱ 저밀도 거주지역이 존재할 때

05 $5m^3$의 용적을 갖는 쓰레기를 압축하였더니 $3m^3$으로 감소되었다. 이때 압축비(CR)는?

㉮ 0.43　　㉯ 0.60
㉰ 1.67　　㉱ 2.50

풀이
$$압축비 = \frac{V_1}{V_2}$$
여기서 V_1 : 압축 전의 부피(m^3)
V_2 : 압축 후의 부피(m^3)

따라서 $압축비 = \frac{5m^3}{3m^3} = 1.67$

06 폐기물 매립시 파쇄를 통해 얻을 수 있는 이점으로 틀린 것은?

㉮ 매립작업만으로 고밀도 매립이 가능하다.
㉯ 표면적 감소로 미생물 작용이 촉진되어 매립지 조기안정화가 가능하다.
㉰ 곱게 파쇄하면 복토 요구량이 절감된다.
㉱ 폐기물의 밀도가 증가되어 바람에 멀리 날아갈 염려가 적다.

풀이 ㉯ 표면적 증가로 미생물 작용이 촉진되어 매립지 조기안정화가 가능하다.

07 폐기물 1ton을 건조시켜 함수율을 50%에서 25%로 감소시켰다. 폐기물의 질량은 얼마로 되겠는가?

㉮ 0.33ton　　㉯ 0.5ton
㉰ 0.67ton　　㉱ 0.75ton

풀이 $W_1 \times (100 - P_1) = W_2 \times (100 - P_2)$
여기서 W_1 : 건조 전 폐기물
P_1 : 건조 전 함수율
W_2 : 건조 후 폐기물
P_2 : 건조 후 함수율

따라서 $1ton \times (100-50) = W_2 \times (100-25)$

$$\therefore W_2 = \frac{1ton \times (100-50)}{(100-25)} = 0.67ton$$

08 쓰레기 발생량을 예측하는 방법 중 쓰레기 배출에 영향을 주는 모든 인자를 시간에 대한 함수로 나타낸 후 시간에 대한 함수로 표현된 각 영향인자들 간의 상관관계를 수식화한 모델은?

㉮ 경향법　　㉯ 추정법
㉰ 동적모사모델　　㉱ 다중회귀모델

풀이 ㉰ 동적모사모델에 대한 설명이다.

TIP
동적모사모델의 핵심용어 : 영향인자, 독립적인 종속인자

answer 04 ㉱ 05 ㉰ 06 ㉯ 07 ㉰ 08 ㉰

09 쓰레기의 발생량 조사 방법인 물질수지법에 관한 설명으로 옳지 않은 것은?

㉮ 주로 산업폐기물 발생량을 추산할 때 이용된다.
㉯ 비용이 저렴하고 정확한 조사가 가능하여 일반적으로 많이 활용된다.
㉰ 조사하고자 하는 계의 경계를 정확하게 설정하여야 한다.
㉱ 물질수지를 세울 수 있는 상세한 데이터가 있는 경우에 가능하다.

풀이 ㉯ 비용이 많이 들고 정확한 조사가 어려워 많이 활용되지 않는다.

10 하나의 수식으로 각 인자들의 효과를 총괄적으로 나타내어 복잡한 시스템의 분석에 유용하게 사용할 수 있는 쓰레기 발생량 예측방법으로 가장 적절한 것은?

㉮ 경향법 ㉯ 동적모사모델
㉰ 정적모사모델 ㉱ 다중회귀모델

풀이 ㉱ 다중회귀모델에 대한 설명이다.

TIP
다중회귀모델의 핵심용어 : 복잡한 시스템

11 폐기물의 고위발열량 계산에 기초로 활용되는 것은?

㉮ 물리적 조성 ㉯ 수분량
㉰ 화학적 조성 ㉱ 산성분

풀이 고위발열량 계산에 기초로 활용되는 것은 화학적 조성이다.

12 다음 중 유해폐기물의 불법매립과 가장 관련이 깊은 사건은?

㉮ 포자리카 사건 ㉯ 뮤즈계곡 사건
㉰ 도노라 사건 ㉱ 러브커넬 사건

풀이 ㉱ 러브커넬 사건에 대한 설명이다.

13 pH가 8과 pH가 10인 폐알칼리액을 동일량으로 혼합하였을 경우 이 용액의 pH는?

㉮ 8.3 ㉯ 9.0
㉰ 9.7 ㉱ 10.0

풀이
① $C_m = \dfrac{Q_1C_1 + Q_2C_2}{Q_1 + Q_2}$
$= \dfrac{10^{-6}\,mol/L \times 1 + 10^{-4}\,mol/L \times 1}{1+1}$
$= 5.05 \times 10^{-5}\,mol/L$
② $pH = 14 + \log[OH^-]$
$= 14 + \log[5.05 \times 10^{-5}\,mol/L] = 9.70$

TIP
① $pH8 \Rightarrow pOH = 14 - 8 = 6$
② $pH10 \Rightarrow pOH = 14 - 10 = 4$
③ $[OH^-] = 10^{-pOH}\,mol/L$
④ 알칼리성 물질에서 $pH = 14 + \log[OH^-]$

14 물질의 전기전도성을 이용하여 도체물질과 부도체물질로 분리하는 선별법은?

㉮ 자력선별법 ㉯ 트롬멜선별법
㉰ 와전류선별법 ㉱ 정전기선별법

풀이 ㉱ 정전기선별법에 대한 설명이다.

answer 09 ㉯ 10 ㉱ 11 ㉰ 12 ㉱ 13 ㉰ 14 ㉱

15 폐기물의 소각처리에 중요한 연료특성인 발열량에 관한 내용으로 알맞은 것은?

㉮ 저위발열량은 연소에 의해 생성된 수분이 응축하였을 경우의 발열량이다.
㉯ 고위발열량은 소각로의 설계기준이 되는 발열량으로 진발열량이라고도 한다.
㉰ 단열열량계로 측정한 발열량은 고위발열량이다.
㉱ 발열량은 플라스틱의 혼입률이 많으면 증가하지만 계절적 변동과 상관없이 일정하다.

풀이 ㉮ 고위발열량은 연소에 의해 생성된 수분이 응축하였을 경우의 발열량이다.
㉯ 저위발열량은 소각로의 설계기준이 되는 발열량으로 진발열량이라고도 한다.
㉱ 발열량은 플라스틱의 혼입률이 많으면 감소한다.

16 폐기물 재활용 정책 중 EPR의 의미로 알맞은 것은?

㉮ 폐기물 자원화 기술개발 제도
㉯ 생산자 책임 재활용 제도
㉰ 재활용 제품 소비 촉진 제도
㉱ 고부가 자원화 사업 지원 제도

풀이 EPR은 Extended Producer Responsibility의 약자로 생산자 책임 재활용 제도를 의미한다.

17 폐기물처리 대책의 기본방향으로 틀린 것은?

㉮ 무해화　　㉯ 발생억제
㉰ 재생이용　　㉱ 다량소비

풀이 ㉱ 감량화

18 폐기물 선별법 중 와전류 분리법으로 선별하기 어려운 물질은?

㉮ 구리　　㉯ 철
㉰ 아연　　㉱ 알루미늄

풀이 와전류 분리법은 비자성이며, 전기전도성이 좋은 구리, 알루미늄, 아연 등을 선별하는 방법이다.

TIP
철은 자력선별법으로 선별한다.

19 폐기물 수거의 효율성을 향상시키기 위해 적환장 설치 위치를 선정할 때, 고려사항으로 틀린 것은?

㉮ 쉽게 간선도로에 연결되며, 2차 보조 수송수단으로 연결이 쉬운 곳
㉯ 건설비와 운영비가 적게 들고 경제적인 곳
㉰ 수거 쓰레기 발생지역의 무게중심에서 가능한 한 먼 곳
㉱ 주민의 반대가 적고, 환경적 영향이 최소인 곳

풀이 ㉰ 수거 쓰레기 발생지역의 무게중심에서 가능한 한 가까운 곳

20 건설재료로 재이용이 불가능한 폐기물 형태는?

㉮ 슬래그
㉯ 소각재
㉰ 탈수된 하수슬러지
㉱ 무기성 슬러지

풀이 탈수된 하수슬러지는 주성분이 유기물이므로 건설재료로 재이용이 불가능하다.

answer 15 ㉰ 16 ㉯ 17 ㉱ 18 ㉯ 19 ㉰ 20 ㉰

TIP
① 유기물 : 분해가 가능한 물질
② 무기물 : 분해가 불가능한 물질

| 제2과목 | 폐기물처리기술

21 유기물(포도당, $C_6H_{12}O_6$) 1kg을 혐기성 소화시킬 때 이론적으로 발생되는 메탄량(kg)은?

㉮ 약 0.09　　㉯ 약 0.27
㉰ 약 0.73　　㉱ 약 0.93

풀이 $C_6H_{12}O_6 \rightarrow 3CH_4 + 3CO_2$

180kg : 3×16kg
1kg : X

$$\therefore X = \frac{1kg \times 3 \times 16kg}{180kg} = 0.27kg$$

TIP
① $C_6H_{12}O_6$ = 포도당 = 글루코스
② $C_6H_{12}O_6$의 분자량
$= 6 \times 12 + 12 \times 1 + 6 \times 16 = 180kg$
③ 질량(kg) = 계수 × 분자량(kg)
④ 체적(Sm^3) = 계수 × 22.4(Sm^3)

22 유해폐기물 고화처리시 흔히 사용하는 지표인 혼합률(MR)은 고화제 첨가량과 폐기물양의 질량비로 정의된다. 고화처리 전 폐기물의 밀도가 1.0g/cm^3, 고화처리된 폐기물의 밀도가 1.3g/cm^{3}이라면 혼합률(MR)이 0.755일 때 고화처리된 폐기물의 부피변화율(VCF)은?

㉮ 1.95　　㉯ 1.56
㉰ 1.35　　㉱ 1.15

풀이

$$부피변화율(VCF) = (1 + MR) \times \frac{\rho_1}{\rho_2}$$

여기서 MR : 혼합률
ρ_1 : 고화처리 전 폐기물의 밀도(g/cm^3)
ρ_2 : 고화처리 후 폐기물의 밀도(g/cm^3)

따라서

$$부피변화율(VCF) = (1 + 0.755) \times \frac{1.0g/cm^3}{1.3g/cm^3} = 1.35$$

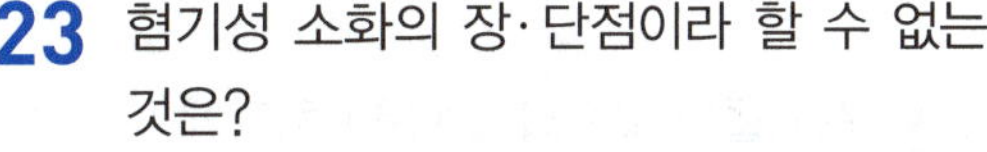

23 혐기성 소화의 장·단점이라 할 수 없는 것은?

㉮ 동력시설을 거의 필요로 하지 않으므로 운전비용이 저렴하다.
㉯ 소화 슬러지의 탈수 및 건조가 어렵다.
㉰ 반응이 더디고 소화기간이 비교적 오래 걸린다.
㉱ 소화가스는 냄새가 나며 부식성이 높은 편이다.

풀이 ㉯ 소화 슬러지의 탈수 및 건조가 용이하다.

answer 21 ㉯ 22 ㉰ 23 ㉯

24 사업장폐기물의 퇴비화에 대한 내용으로 틀린 것은?

㉮ 퇴비화 이용이 불가능하다.
㉯ 토양오염에 대한 평가가 필요하다.
㉰ 독성물질의 함유농도에 따라 결정하여야 한다.
㉱ 중금속 물질의 전처리가 필요하다.

풀이 ㉮ 퇴비화 이용이 가능하다.

25 합성차수막 중 PVC에 관한 설명으로 잘못된 것은?

㉮ 작업이 용이하다.
㉯ 접합이 용이하고 가격이 저렴하다.
㉰ 자외선, 오존, 기후에 약하다.
㉱ 대부분의 유기화학물질에 강하다.

풀이 ㉱ 대부분의 유기화학물질에 약하다.

26 폐기물의 고형화(고체화) 처리에 대한 내용으로 틀린 것은?

㉮ 재이용 가능한 농도이어야 한다.
㉯ 고형화 시킨 후 침출수와는 관련이 없다.
㉰ 분해불가능하고, 연소 불가능한 것이어야 한다.
㉱ Equilibrium leaching test로써 유해물질의 침출 여부를 결정한다.

풀이 ㉯ 고형화 시킨 후 침출수의 발생이 없어야 한다.

TIP
Equilibrium leaching test = 평형상태의 거른 액 실험

27 다음과 같은 조성의 쓰레기를 소각처분하고자 할 때 이론적으로 필요한 공기의 양(m^3)은 표준상태에서 쓰레기 1kg당 얼마인가?

〈조건〉
쓰레기 조성(질량 %)
탄소(C) : 9.5%, 수소(H) : 2.8%,
산소(O) : 10.5%, 불연소성분 : 77.2%

㉮ 약 $1.25m^3$ ㉯ 약 $2.25m^3$
㉰ 약 $3.25m^3$ ㉱ 약 $4.25m^3$

풀이 이론공기량(A_o)

$$= 8.89C + 26.67\left(H - \frac{O}{8}\right) + 3.33S\,(Sm^3/kg)$$

$$= 8.89 \times 0.095 + 26.67 \times \left(0.028 - \frac{0.105}{8}\right)$$

$$= 1.24Sm^3/kg$$

28 대표적인 고형화 처리방법인 석회기초법에 대한 내용으로 틀린 것은?

㉮ 가격이 매우 싸고 널리 이용되고 있다.
㉯ 석회-포졸란 화학반응이 간단하고 용이하다.
㉰ pH가 낮을 때 폐기물 성분의 용출가능성이 증가한다.
㉱ 탈수가 필요하다.

풀이 ㉱ 탈수가 필요없다.

answer 24 ㉮ 25 ㉱ 26 ㉯ 27 ㉮ 28 ㉱

29 폐기물의 열분해에 대한 내용으로 틀린 것은?

㉮ 열분해를 통하여 얻어지는 연료의 성질을 결정짓는 요소로는 운전온도, 가열속도, 폐기물의 성질 등으로 알려져 있다.

㉯ 열분해 방법은 저온법과 고온법이 있는데, 통상적으로 저온은 500~900℃, 고온은 1,100~1,500℃를 말한다.

㉰ 열분해 온도에 따르는 가스의 구성비는 고온이 될수록 CO_2 함량이 늘고 수소함량은 줄어든다.

㉱ 열분해에 의해 생성되는 액체물질에는 식초산, 아세톤, 메탄올, 오일, 타르, 방향성 물질이 있다.

풀이 ㉰ 열분해 온도에 따르는 가스의 구성비는 고온이 될수록 CO_2 함량이 감소하고, 수소함량은 증가한다.

30 분뇨 100kL에서 SS 24,500mg/L을 제거하였다. SS의 함수율이 96%라고 하면 그 부피(m^3)는? (단, 비중은 1.0 기준이다.)

㉮ $25m^3$ ㉯ $40m^3$
㉰ $61m^3$ ㉱ $83m^3$

풀이 슬러지량(m^3)

$$= \frac{\text{제거SS량}(kg/m^3) \times \text{분뇨량}(m^3)}{\text{비중량}(kg/m^3)} \times \frac{100}{100 - \text{함수율}(\%)}$$

$$= \frac{24.5kg/m^3 \times 100m^3}{1{,}000kg/m^3} \times \frac{100}{100-96\%} = 61.25m^3$$

TIP

① $mg/L \xrightarrow{\times 10^{-3}} kg/m^3$

② $SS\ 24{,}500mg/L \times 10^{-3} = 24.5kg/m^3$

③ $kL = m^3$ 이므로 $100kL = 100m^3$

④ 비중$(g/cm^3) \xrightarrow{\times 10^3}$ 비중량(kg/m^3)

⑤ 비중 $1.0g/cm^3 \times 10^3 = 1{,}000kg/m^3$

31 해안매립공법에 관한 내용으로 틀린 것은?

㉮ 순차투입방법은 호안측으로부터 순차적으로 쓰레기를 투입하여 육지화하는 방법이다.

㉯ 수심이 깊은 처분장에서는 건설비 과다로 내수를 완전히 배제하기가 곤란한 경우가 많아 순차투입방법을 택하는 경우가 많다.

㉰ 처분장은 면적이 크고 1일 처분량이 많다.

㉱ 수중부에 쓰레기를 깔고 압축작업과 복토를 실시하므로 근본적으로 내륙매립과 같다.

풀이 ㉱ 수중부에 쓰레기를 투여하고 압축작업과 복토를 실시하기 어려워 근본적으로 내륙매립과 다르다.

32 오염된 농경지의 정화를 위해 다른 장소로부터 비오염 토양을 운반하여 넣는 정화기술은?

㉮ 객토 ㉯ 반전
㉰ 희석 ㉱ 배토

풀이 오염된 농경지의 정화를 위해 다른 장소로부터 비오염 토양을 운반하여 넣는 정화기술은 객토이다.

answer 29 ㉰ 30 ㉰ 31 ㉱ 32 ㉮

33 매립지 표면차수막에 대한 내용으로 틀린 것은?

㉮ 매립지 바닥의 투수계수가 큰 경우에 사용하는 방법이다.
㉯ 매립 전이라면 보수가 용이하지만 매립 후는 어렵다.
㉰ 지하수 집배수시설이 불필요하다.
㉱ 차수막 단위면적당 공사비는 싸지만 매립지 전체를 시공하는 경우가 많아 총공사비는 비싸다.

풀이 ㉰ 지하수 집배수시설이 필요하다.

34 안정화방법 중 습식산화에 대한 내용으로 틀린 것은?

㉮ 액상슬러지에 열과 압력을 작용시켜 용존산소에 의하여 화학적으로 슬러지 내의 유기물을 산화시킨다.
㉯ 반응탑, 고압펌프, 공기압축기, 열교환기 등으로 구성되어 있다.
㉰ 산화범위에 융통성이 있고 슬러지의 질에 영향을 받지 않으나 냄새가 나고 건설비가 많이 요구된다.
㉱ 고도의 운전기술이 필요하며 처리된 슬러지의 탈수가 잘 되지 않는 단점이 있다.

풀이 ㉱ 고도의 운전기술이 필요없고 처리된 슬러지의 탈수가 용이하다.

35 인공 복토재의 조건으로 틀린 것은?

㉮ 투수계수가 높아야 한다.
㉯ 연소가 잘 되지 않아야 한다.
㉰ 생분해가 가능하여야 한다.
㉱ 살포가 용이해야 한다.

풀이 ㉮ 투수계수가 낮아야 한다.

36 일반적인 슬러지 처리 계통도가 가장 올바르게 나열된 것은?

㉮ 농축 → 안정화 → 개량 → 탈수 → 소각
㉯ 탈수 → 개량 → 건조 → 안정화 → 소각
㉰ 개량 → 안정화 → 농축 → 탈수 → 소각
㉱ 탈수 → 건조 → 안정화 → 개량 → 소각

37 생활폐기물 매립장에서 발생하는 침출수의 특성에 대한 내용으로 틀린 것은?

㉮ 매립초기에는 침출수의 pH가 약알칼리성이며, 매립연한이 오래된 경우에는 약산성을 나타낸다.
㉯ 매립초기에는 생분해성이 높은 유기물 함량이 높은 반면 매립연한이 오래된 경우에는 난분해성 유기물 함량이 높다.
㉰ 침출수의 수질은 연차별, 계절별로 변화한다.
㉱ 통상 침출수의 암모니아성 질소 농도는 상당기간 동안 높은 값을 보인다.

풀이 ㉮ 매립초기에는 침출수의 pH가 약산성이며, 매립연한이 오래된 경우에는 약알칼리성을 나타낸다.

answer 33 ㉰ 34 ㉱ 35 ㉮ 36 ㉮ 37 ㉮

38 축분과 톱밥 쓰레기를 혼합한 후 퇴비화하여 함수량 20%의 퇴비를 만들었다면 퇴비량(ton)은? (단, 퇴비화시 수분 감량만 고려, 비중 = 1.0)

성분	쓰레기양(ton)	함수량(%)
축분	12.0	85.0
톱밥	2.0	5.0

㉮ 4.63ton ㉯ 5.23ton
㉰ 6.33ton ㉱ 7.83ton

풀이 ① 축분과 톱밥 쓰레기의 혼합 후 함수율 계산

$$함수율(\%) = \frac{12톤 \times 85\% + 2톤 \times 5\%}{12톤 + 2톤} = 73.57\%$$

② 퇴비량 계산

$$W_1 \times (100 - P_1) = W_2 \times (100 - P_2)$$

$$14톤 \times (100 - 73.57\%) = W_2 \times (100 - 20\%)$$

$$\therefore W_2 = 4.63톤$$

TIP
W_1 = 축분+톱밥 = 12ton+2ton = 14ton

39 매립지로부터 가스가 발생될 것이 예상되면 발생가스에 대한 적절한 대책이 수립되어야 한다. 이 중 최소한의 환기설비 또는 가스대책 설비를 계획하여야 하는 경우로 틀린 것은?

㉮ 발생가스의 축적으로 덮개설비에 손상이 갈 우려가 있는 경우
㉯ 식물 식생의 과다로 지중 가스 축적이 가중되는 경우
㉰ 유독가스가 방출될 우려가 있는 경우
㉱ 매립지 위치가 주변개발지역과 인접한 경우

풀이 ㉯ 식물의 식생과 환기설비 및 가스대책 설비와는 무관하다.

40 호기성 퇴비화 설계 운영고려 인자 중 C/N비로 알맞은 것은?

㉮ 초기 C/N비 5~10이 적당하다.
㉯ 초기 C/N비 25~50이 적당하다.
㉰ 초기 C/N비 80~150이 적당하다.
㉱ 초기 C/N비 200~350이 적당하다.

풀이 ㉯ 호기성 퇴비화 설계 운영고려 인자 중 C/N비는 30전후가 적당하다.

| 제3과목 | 폐기물 공정시험기준

41 자외선/가시선 분광법에 의해 크롬을 정량하기 위해서는 크롬이온 전체를 6가크롬으로 변화시켜야 하는데 이때 사용하는 시약은?

㉮ 다이페닐카바자이드
㉯ 질산암모늄
㉰ 과망간산칼륨
㉱ 염화제일주석

풀이 시약의 용도
① 과망간산칼륨 : 크롬이온 전체를 6가크롬으로 전환시키는 시약(산화제)
② 다이페닐카바자이드 : 적자색으로 발색시키는 시약

answer 38 ㉮ 39 ㉯ 40 ㉯ 41 ㉰

42 폐기물시료 200g을 취하여 기름성분(중량법)을 시험한 결과, 시험 전·후의 증발용기의 무게차는 13.591g으로 나타났고, 바탕시험 전·후의 증발용기의 무게차는 13.557g으로 나타났다. 이때의 노말헥산 추출물질 농도(%)는?

㉮ 0.013% ㉯ 0.017%
㉰ 0.023% ㉱ 0.034%

풀이 노말헥산 추출물질(%)

$$= (a-b) \times \frac{100}{V} = \frac{(a-b)g}{V(g)} \times 100$$

여기서 a : 실험전후의 증발용기의 무게 차(g)
b : 바탕시험 전후의 증발용기의 무게 차(g)
V : 시료의 양(g)

따라서

$$\text{노말헥산 추출물질}(\%) = \frac{(13.591-13.557)g}{200g} \times 100 = 0.017\%$$

43 용출 조작시 진탕 횟수 기준으로 알맞은 것은? (단, 상온, 상압 조건, 진폭은 4~5cm)

㉮ 매분당 약 200회
㉯ 매분당 약 300회
㉰ 매분당 약 400회
㉱ 매분당 약 500회

TIP

용출 시험방법

1. 시료용액의 조제
   시료의 조제방법에 따라 조제한 시료 100g 이상을 정확히 달아 정제수에 염산을 넣어 pH를 5.8~6.3으로 한 용매(mL)를 시료 : 용매 = 1 : 10(W : V)의 비로 2,000mL 삼각플라스크에 넣어 혼합한다.
2. 용출조작
   ① 시료용액의 조제가 끝난 혼합액을 상온 상압에서 진탕회수가 매분 당 약 200회, 진폭이 4~5cm의 진탕기를 사용하여 6시간 연속 진탕한다.
   ② 1.0μm의 유리섬유 여과지로 여과하고 여과액을 적당량 취하여 용출실험용 시료용액으로 한다.
   ③ 여과가 어려운 경우에는 원심분리기를 사용하여 매분당 3,000회전 이상으로 20분 이상 원심분리한 다음 상징액을 적당량 취하여 용출실험용 시료용액으로 한다.

44 다음은 폐기물 시료의 채취에 관한 내용이다. ( )안에 알맞은 것은?

> 시료의 양은 1회에 100g 이상 채취한다. 다만, 소각재의 경우에는 1회에 ( ) 이상을 채취한다.

㉮ 200g ㉯ 300g
㉰ 500g ㉱ 1,000g

풀이 ① 채취하는 시료의 양은 1회 100g 이상
② 소각재의 경우에는 1회 500g 이상

45 자외선/가시선 분광법을 이용한 시안분석방법으로 틀린 것은?

㉮ 포집된 시안이온을 중화하고 클로라민 T와 피리딘 피라졸론 혼합액을 넣어 적자색 510nm에서 측정한다.
㉯ 시료를 pH 2 이하의 산성으로 조절한 후 에틸렌다이아민테트라아세트산이나트륨을 넣고 가열 증류한다.
㉰ 잔류염소가 함유된 시료는 잔류염소 20mg 당 L-아스코빈산(10W/V%) 0.6mL를 넣어 제거한다.
㉱ 황화합물이 함유된 시료는 아세트산아연 용액(10W/V%) 2mL를 넣어 제거한다.

풀이 ㉮ 포집된 시안이온을 중화하고 클로라민 T와 피리

answer 42 ㉯ 43 ㉮ 44 ㉰ 45 ㉮

딘 피라졸론 혼합액을 넣어 청색 620nm에서 측정한다.

46 시료용액의 조제에 대한 내용으로 알맞은 것은?

㉮ 조제한 시료 100g 이상을 정밀히 달아 정제수에 염산을 넣어 pH 5.8~6.3으로 맞춘 용매(mL)를 1:10(W:V)의 비로 2,000mL 삼각플라스크에 넣어 혼합한다.
㉯ 조제한 시료 100g 이상을 정밀히 달아 정제수에 황산을 넣어 pH 5.8~6.3으로 맞춘 용매(mL)를 1:10(W:V)의 비로 2,000mL 삼각플라스크에 넣어 혼합한다.
㉰ 조제한 시료 100g 이상을 정밀히 달아 정제수에 질산을 넣어 pH 5.8~6.3으로 맞춘 용매(mL)를 1:10(W:V)의 비로 2,000mL 삼각플라스크에 넣어 혼합한다.
㉱ 조제한 시료 100g 이상을 정밀히 달아 정제수에 탄산을 넣어 pH 5.8~6.3으로 맞춘 용매(mL)를 1:10(W:V)의 비로 2,000mL 삼각플라스크에 넣어 혼합한다.

47 기체크로마토그래피 분석법으로 측정하여야 하는 항목은?

㉮ 유기인　　㉯ 시안
㉰ 기름성분　　㉱ 비소

풀이 항목별 분석방법
㉮ 유기인 : 기체크로마토그래피
㉯ 시안 : 자외선/가시선 분광법, 이온전극법, 연속흐름법
㉰ 기름성분 : 중량법
㉱ 비소 : 원자흡수분광광도법, 유도결합플라스마-원자발광분광법, 자외선/가시선 분광법

48 흡광도가 0.35인 시료의 투과도는 얼마인가?

㉮ 0.447　　㉯ 0.547
㉰ 0.647　　㉱ 0.747

풀이 $\text{흡광도(A)} = \log\frac{1}{\text{투과도}}$

$\text{투과도} = 10^{-A} = 10^{-0.35} = 0.447$

49 $K_2Cr_2O_7$을 사용하여 크롬 표준원액(100mg Cr/L) 100mL를 제조할 때 $K_2Cr_2O_7$은 얼마나 취해야 하는가? (단, 원자량 K = 39, Cr = 52, O = 16)

㉮ 14.1mg　　㉯ 28.3mg
㉰ 35.4mg　　㉱ 56.5mg

풀이 $K_2Cr_2O_7 : 2Cr^{3+}$
294g : 2 × 52g
X : 100mg/L × 0.1L

$\therefore X = \frac{294g \times 100mg/L \times 0.1L}{2 \times 52g} = 28.27mg$

TIP
① $K_2Cr_2O_7$의 분자량 = 39×2+52×2+16×7 = 294g
② 100mL = 0.1L

answer 46 ㉮ 47 ㉮ 48 ㉮ 49 ㉯

50 다음은 자외선/가시선 분광법으로 비소를 측정하는 내용이다. (   )안에 알맞은 것은?

> 시료 중의 비소를 3가 비소로 환원시킨 다음 아연을 넣어 발생되는 비화수소를 다이에틸다이티오카르바민산은의 피리딘용액에 흡수시켜 이때 나타나는 (   )에서 측정하는 방법이다.

㉮ 적자색의 흡광도를 430nm
㉯ 적자색의 흡광도를 530nm
㉰ 청색의 흡광도를 430nm
㉱ 청색의 흡광도를 530nm

풀이 비소의 자외선/가시선 분광법
① 환원제 : 아연
② 530nm에서 적자색의 흡광도 측정
③ 정량범위 : 0.002~0.01mg
④ 정량한계 : 0.002mg

51 폐기물의 pH(유리전극법)측정 시 사용되는 표준용액으로 틀린 것은?

㉮ 수산염 표준용액
㉯ 수산화칼슘 표준용액
㉰ 황산염 표준용액
㉱ 프탈산염 표준용액

풀이 표준물질의 종류로는 수산염표준액, 프탈산염표준액, 인산염표준액, 붕산염표준액, 탄산염표준액, 수산화칼슘표준액이 있다.

TIP
암기법 : 수프인 7부웃에 탄슘

52 자외선/가시선 분광법으로 수은을 측정하는 방법이다. (   )에 들어갈 말은?

> 수은을 황산 산성에서 디티존사염화탄소로 일차 추출하고, 브롬화칼륨 존재하에 황산 산성에서 역추출하여 방해성분과 분리한 다음, 알칼리성에서 디티존사염화탄소로 수은을 추출하여 (   )에서 흡광도 측정

㉮ 340nm　㉯ 490nm
㉰ 540nm　㉱ 580nm

풀이 수은의 자외선/가시선 분광법
① 추출용매 : 디티존사염화탄소
② 490nm에서 흡광도 측정
③ 정량범위 : 0.001~0.025mg
④ 정량한계 : 0.001mg

53 시료의 전처리 방법 중 다량의 점토질 또는 규산염을 함유한 시료에 적용하는 것은?

㉮ 질산 - 과염소산 분해법
㉯ 질산 - 과염소산 - 불화수소산 분해법
㉰ 질산 - 과염소산 - 염화수소산 분해법
㉱ 질산 - 과염소산 - 황화수소산 분해법

풀이 ㉯ 질산 - 과염소산 - 불화수소산 분해법에 대한 설명이다.

TIP
암기법 : 과불점규

answer 50 ㉯ 51 ㉰ 52 ㉯ 53 ㉯

54 폐기물공정시험법의 시약 및 용액의 조제 방법에 대한 내용이다. ( )에 들어갈 말은?

> 수산화나트륨용액(1M)을 조제할 때 수산화나트륨 42g을 물 95mL에 넣어 녹이고, 새로 만든 ( )용액을 침전이 생기지 않을 때까지 한 방울씩 떨어뜨려 잘 섞고, 마개를 하여 24시간 방치한 다음 여과하여 사용한다.

㉮ 시안화칼륨 ㉯ 산화칼슘
㉰ 수산화바륨 ㉱ 에틸알콜

풀이 **수산화나트륨용액(1M) 조제방법**
수산화나트륨 42g + 물 95mL
$\xrightarrow[\text{침전이 생기지 않을 때까지 적정}]{\text{수산화바륨용액}}$
24시간 방치 → 여과 후 사용

55 성상에 따른 시료의 채취 방법으로 틀린 것은?

㉮ 고상혼합물의 경우 적당한 채취 도구를 사용하며 한 번에 일정량씩 채취한다.
㉯ 액상혼합물의 경우 원칙적으로 최종지점이 낙하구에서 흐르는 도중에 채취한다.
㉰ 액상혼합물이 용기에 들어 있는 경우 잘 혼합하여 균일한 상태로 하여 채취한다.
㉱ 대형 콘크리트 고형화물로서 분쇄가 어려울 경우에는 임의의 5개소에서 채취하여 각각 파쇄하여 50g씩 균등량을 혼합하여 채취한다.

풀이 ㉱ 대형 콘크리트 고형화물로서 분쇄가 어려울 경우에는 임의의 5개소에서 채취하여 각각 파쇄하여 100g씩 균등량을 혼합하여 채취한다.

56 대상폐기물의 양이 2,000톤인 경우 채취할 현장 시료의 최소수는?

㉮ 24 ㉯ 36
㉰ 50 ㉱ 60

풀이 **대상폐기물의 양과 시료의 최소 수**

대상폐기물의 양 (단위 : ton)	시료의 최소 수	대상폐기물의 양 (단위 : ton)	시료의 최소 수
~1 미만	6	100 이상~500 미만	30
1 이상~5 미만	10	500 이상~1,000 미만	36
5 이상~30 미만	14	1,000 이상~5,000 미만	50
30 이상~100 미만	20	5,000 이상	60

57 다음 설명에 해당하는 시료의 분할 채취 방법은?

> • 모아진 대시료를 네모꼴로 엷게 균일한 두께로 편다.
> • 이것을 가로 4등분, 세로 5등분하여 20개의 덩어리로 나눈다.
> • 20개의 각 부분에서 균등한 양을 취한 후 혼합하여 하나의 시료로 한다.

㉮ 교호삽법 ㉯ 구획법
㉰ 균등분할법 ㉱ 원추4분법

풀이 ㉯ 구획법에 대한 설명이다.

TIP
시료의 분할 채취방법 암기사항
① 구획법 : 가로 4등분, 세로 5등분, 20개의 덩어리
② 교호삽법 : 원추형, 육면체, 원추 쌓기
③ 원추 4분법 : 원추형, 부채꼴로 4등분

실전문제
CBT 복원문제

answer 54 ㉰ 55 ㉱ 56 ㉰ 57 ㉯

58 기체크로마토그래피-질량분석법에 따른 유기인 분석방법으로 틀린 것은?

㉮ 운반기체는 부피백분율 99.999% 이상의 헬륨을 사용한다.
㉯ 질량분석기는 자기장형, 사중극자형 및 이온트랩형 등의 성능을 가진 것을 사용한다.
㉰ 질량분석기의 이온화방식은 전자충격법(EI)을 사용하며 이온화에너지는 35~70eV을 사용한다.
㉱ 질량분석기의 정량분석에는 메트릭스 검출법을 이용하는 것이 바람직하다.

풀이 ㉱ 질량분석기의 정량분석에는 선택이온 검출법을 이용하는 것이 바람직하다.

59 ICP 분석에서 시료가 도입되는 플라스마의 온도범위는?

㉮ 1,000~3,000K ㉯ 3,000~6,000K
㉰ 6,000~8,000K ㉱ 15,000~20,000K

60 수은을 환원기화-원자흡수분광광도법으로 측정하는 방법이다. ( )에 들어갈 알맞은 말은?

> 시료 중 수은을 ( )을 넣어 금속수은으로 환원시킨 다음 이 용액에 통기하여 발생하는 수은증기를 원자흡수분광광도법으로 정량한다.

㉮ 아연분말
㉯ 이염화주석
㉰ 염산하이드록실아민
㉱ 과망간산칼륨

풀이 수은의 환원기화-원자흡수분광광도법
① 환원제 : 이염화주석
② 측정파장 : 253.7nm
③ 불꽃 : 공기-아세틸렌
④ 정량한계 : 0.0005mg/L

answer 58 ㉱ 59 ㉰ 60 ㉯

2021 1회 CBT 복원문제

| 제1과목 | 폐기물개론

01 다음 중 폐기물 발생량의 예측방법으로 틀린 것은?

㉮ 다중회귀모델 ㉯ 동적모사모델
㉰ 경향모델 ㉱ 직접계근모델

풀이 폐기물 발생량
① 예측방법 : 다중회귀모델, 동적모사모델, 경향모델
② 조사방법 : 물질수지법, 직접계근법, 적재차량계수법, 통계조사법
③ 암기법 : 예측은 다중이 동적으로 경향을 파악하고/조사는 물질을 직접 적재한 통계로 한다.

02 폐기물 발생량의 조사방법인 물질수지법에 대한 내용으로 틀린 것은?

㉮ 물질수지를 세울 수 있는 상세한 데이터가 있는 경우에 가능하다.
㉯ 우선적으로 조사하고자 하는 계의 경계를 정확하게 설정하여야 한다.
㉰ 비용이 많이 들고 작업량이 많아서 널리 이용되지 않는다.
㉱ 주로 도시생활폐기물의 발생량 추산에 이용된다.

풀이 ㉱ 주로 산업폐기물의 발생량 추산에 이용된다.

03 폐기물 발생의 특징에 대한 내용으로 틀린 것은?

㉮ 쓰레기통이 클수록 쓰레기 발생량은 감소한다.
㉯ 대도시보다는 중소도시에서 쓰레기 발생량이 감소한다.
㉰ 쓰레기를 자주 수거해 가면 쓰레기 발생량은 증가한다.
㉱ 쓰레기 관련 법규는 쓰레기 발생량에 매우 중요한 영향을 미친다.

풀이 ㉮ 쓰레기통이 클수록 쓰레기 발생량은 증가한다.

04 어떤 도시에서 발생되는 쓰레기를 인부 840명이 1일 8시간의 작업으로 수거운반 시 MHT는? (단, 연간 수거실적은 2,851,312ton, 인부 1인당 휴가일수는 연중 60일, 1년은 365일 기준)

㉮ 0.34 ㉯ 0.56
㉰ 0.72 ㉱ 0.96

풀이
$$\text{MHT}(\text{man}\cdot\text{hr/ton}) = \frac{\text{수거시간} \times \text{작업시간}}{\text{쓰레기 수거실적}}$$
$$= \frac{840\text{인} \times 8\text{hr/day} \times 305\text{day/년}}{2{,}851{,}312\text{ton}} = 0.72\text{MHT}$$

TIP
① MHT = man·hr/ton
② MHT : 1ton의 쓰레기를 수거하는데 수거인부 1인이 소요하는 총시간
③ MHT가 클수록 수거효율이 낮다.

answer 01 ㉱ 02 ㉱ 03 ㉮ 04 ㉰

실전문제 CBT 복원문제

05 슬러지 건조 시 가장 증발이 어려운 수분은?

㉮ 간극모관결합수 ㉯ 모관결합수
㉰ 표면부착수 ㉱ 내부수

풀이 슬러지내 탈수성의 순서는 간극모관결합수 > 모관결합수 > 표면부착수 > 내부수 순이다.

06 폐기물을 개략분석으로 분석할 때 3성분에 해당하지 않는 것은?

㉮ 고정탄소 ㉯ 수분
㉰ 가연분 ㉱ 회분

풀이 폐기물의 개략분석
① 3성분 : 수분, 가연분, 회분
② 4성분 : 고정탄소, 휘발분(휘발성고형물), 수분, 회분

07 쓰레기 가연분의 화학적 성분분석 항목을 측정하기 위해 CHONS 자동원소분석기로 사용할 경우, 동시 분석되지 않고 연소관, 환원관 및 흡수관의 충전물을 교환함으로써 분석이 가능한 항목은?

㉮ P ㉯ Ca
㉰ O ㉱ Cl

풀이 ㉰ 산소(O)에 대한 내용이며, 핵심 내용인 "연소관, 환원관 및 흡수관의 충전물을 교환=산소"임을 숙지하시면 됩니다.

08 폐기물처리 부산물인 가스를 최대한 이용하고자 할 때 폐기물 성분 중 가장 큰 영향을 미치는 성분은?

㉮ C ㉯ H
㉰ O ㉱ S

풀이 폐기물 부산물로 발생하는 사용 가능 가스는 가연성 가스이며, 주로 탄소화합물이므로 폐기물을 구성하는 성분 중 탄소(C)가 가장 크게 영향을 미친다.

09 다음 폐기물을 수거하는 방식 중 효율이 가장 우수한 것은?

㉮ 벽면부착식 ㉯ 집안고정식
㉰ 집안이동식 ㉱ 집밖이동식

풀이 MHT의 크기는 벽면부착식(2.38) > 집안고정식(2.24) > 집밖고정식(1.96) > 집안이동식(1.86) > 집밖이동식(1.47) 순이다.

10 쓰레기 수거노선의 결정 시 주의사항으로 알맞은 것은?

㉮ 아주 많은 양의 쓰레기가 발생되는 발생원은 가장 나중에 수거한다.
㉯ 적은 양의 쓰레기가 발생하나 동일한 수거빈도를 받기를 원하는 적재지점은 가능한 한 같은 날 왕복 내에서 수거한다.
㉰ 언덕지역에서는 언덕의 아래에서부터 적재하면서 차량을 위로 진행하도록 한다.
㉱ 가능한 한 반시계 방향으로 수거노선을 정한다.

풀이 ㉮ 아주 많은 양의 쓰레기가 발생되는 발생원은 가장 먼저 수거한다.
㉰ 언덕지역에서는 언덕의 위에서부터 적재하면서 차량을 아래로 진행하도록 한다.
㉱ 가능한 한 시계 방향으로 수거노선을 정한다.

answer 05 ㉱ 06 ㉮ 07 ㉰ 08 ㉮ 09 ㉱ 10 ㉯

11 쓰레기의 수집시스템 중 모노레일 수송에 대한 내용으로 틀린 것은?

㉮ 적환장에서 최종처분장까지 수송하는데 적용할 수 있다.
㉯ 자동 무인화 할 수 있다.
㉰ 가설이 어렵고 설치비가 높다.
㉱ 시설 완료 후에도 경로변경이 용이하다.

풀이 ㉱ 시설 완료 후에는 경로변경이 어렵다.

12 1992년 리우데자네이로에서 가진 유엔환경개발회의에서 대두된 용어(약자)로 [친환경적이면서 지속 가능한 개발]이란 뜻을 가진 것은?

㉮ EPSS ㉯ ESSD
㉰ EEZ ㉱ POHC

풀이 ESSD는 Environmentally Sound and Sustainable Development의 약자로 핵심 내용인 "환경의 E와 개발의 D"를 숙지하시면 됩니다.

13 함수율이 62%이며 건조고형물의 비중이 1.42인 슬러지의 비중은? (단, 물의 비중은 1.0으로 가정한다.)

㉮ 1.021 ㉯ 1.071
㉰ 1.127 ㉱ 1.174

풀이 $\frac{1}{\rho_{SL}} = \frac{W_{TS}}{\rho_{TS}} + \frac{W_P}{\rho_P}$

여기서 ρ_{SL} : 슬러지 비중
ρ_{TS} : 고형물 비중
W_{TS} : 고형물의 함량
ρ_P : 수분의 비중
W_P : 수분의 함량

따라서 $\frac{1}{\rho_{SL}} = \frac{0.38}{1.42} + \frac{0.62}{1.0} = 0.8876$

$\therefore \rho_{SL} = \frac{1}{0.8876} = 1.127$

14 일반적인 적환장 설치 조건으로 틀린 것은?

㉮ 작은 용량의 수집차량을 사용할 때
㉯ 고밀도 거주지역이 존재할 때
㉰ 불법 투기와 다량의 어지러진 쓰레기들이 발생할 때
㉱ 슬러지 수송이나 공기수송 방식을 사용할 때

풀이 ㉯ 저밀도 거주지역이 존재할 때

15 다음 폐기물 관리체계에서 감량화를 시키기 위한 발생원 대책으로 틀린 것은?

㉮ 식단제 개선 ㉯ 분리수거 실시
㉰ 포장재 절약 ㉱ 에너지 회수

풀이 ㉱ 에너지 회수는 발생 후 대책에 해당한다.

16 폐기물 선별방법 중 분쇄한 전기줄로부터 금속을 회수하거나 분쇄된 자동차나 연소재로부터 알루미늄, 구리 등을 회수하는데 사용되는 선별장치는?

㉮ Fluidized bed separators
㉯ Stoners
㉰ Optical sorting
㉱ Jigs

풀이 ㉮ 유동상선별법(Fluidized bed separators)에 대한 내용이며, 핵심 내용인 "분쇄한 전기줄로부터 금속 회수=유동상선별법"임을 숙지하시면 됩니다.

answer 11 ㉱ 12 ㉯ 13 ㉰ 14 ㉯ 15 ㉱ 16 ㉮

17 채취한 쓰레기 시료에 대한 성상분석 절차로 맞는 것은?

㉮ 밀도 측정 → 물리적 조성 → 건조 → 분류
㉯ 밀도 측정 → 분류 → 물리적 조성 → 건조
㉰ 물리적 조성 → 밀도 측정 → 건조 → 분류
㉱ 물리적 조성 → 밀도 측정 → 분류 → 건조

풀이 폐기물의 성상분석 절차 순서는 시료 → 밀도 측정 → 물리적 조성분석 → 건조 → 분류(가연성, 불연성) → 전처리(절단 및 분쇄) → 화학적 조성분석이다.

18 적재량 $15\,m^3$인 수거차량으로 연간 10만 대 분의 쓰레기가 인구 100만명인 도시에서 발생하고 있다. 이때 쓰레기의 밀도가 $600\,kg/m^3$라면 1인 1일 발생하는 양(kg)은? (단, 1년은 365일, 적재계수는 1.0이고, 인구증가율 등은 무시한다.)

㉮ 약 2.13kg ㉯ 약 2.24kg
㉰ 약 2.32kg ㉱ 약 2.47kg

풀이 쓰레기 발생량(kg/인·일)

$$= \frac{\text{쓰레기 발생량(kg/인)}}{\text{인구수(인)}}$$

$$= \frac{15m^3 \times 100{,}000\text{대/년} \times 1\text{년}/365\text{일} \times 600kg/m^3}{1{,}000{,}000\text{인}}$$

$= 2.47\,kg/\text{인}\cdot\text{일}$

19 사금선별을 위해 오래전부터 사용되던 습식 선별방법은?

㉮ Jigs
㉯ Stoners
㉰ Trommel Screen
㉱ Ballistic Separtor

풀이 ㉮ Jigs(수중체)에 대한 설명이며, 핵심 내용인 "사금선별=Jigs"임을 숙지하시면 됩니다.

20 청소상태의 평가법 중에서 지역사회 효과지수를 나타내는 것은?

㉮ CEI ㉯ USI
㉰ SDI ㉱ SVI

풀이 청소상태의 평가법
① CEI : 청소상태 만족도 평가를 위한 지역사회 효과지수
② USI : 서비스를 받는 시민들의 만족도를 설문조사하여 나타내어지는 사용자 만족도 지수

| 제2과목 | 폐기물처리기술

21 점토가 매립지의 차수막으로 적합하기 위한 기준으로 틀린 것은?

㉮ 점토 및 미사토 함유량 : 20% 이상
㉯ 소성지수 : 10% 이상 30% 미만
㉰ 액성한계 : 30% 이상
㉱ 직경이 2.5cm 이상인 입자 함유량 : 5% 미만

풀이 ㉱ 직경이 2.5cm 이상인 입자 함유량 : 0% 미만

answer 17 ㉮ 18 ㉱ 19 ㉮ 20 ㉮ 21 ㉱

22 폐기물 고형화 방법 중 배기가스를 탈황시킬 때 발생되는 슬러지(FGD 슬러지)의 처리에 많이 이용되는 것은?

㉮ 자가 시멘트법
㉯ 시멘트 기초법
㉰ 석회 기초법
㉱ 피막형성법

풀이 ㉮ 자가 시멘트법에 대한 내용이며, 핵심 내용인 "탈황 슬러지=자가 시멘트법"임을 숙지하시면 됩니다.

23 소각 조건의 3T란 무엇인가?

㉮ 온도, 연소량, 혼합
㉯ 온도, 연소량, 압력
㉰ 온도, 압력, 혼합
㉱ 온도, 연소시간, 혼합

풀이 소각 조건의 3T는 온도(Temperature), 연소시간(Time), 혼합(Turbulence)이다.

24 합성차수막의 종류 중 PVC(Polyvinyl Chloride)에 대한 내용으로 틀린 것은?

㉮ 강도가 크다.
㉯ 접합이 용이하다.
㉰ 대부분의 유기화학물질에 약하다.
㉱ 자외선, 오존, 기후에 강하다.

풀이 ㉱ 자외선, 오존, 기후에 약하다.

25 다음 중 흡입통풍에 대한 내용으로 틀린 것은?

㉮ 송풍기의 점검 및 보수가 어렵다.
㉯ 노내압이 정압(+)으로 역화의 우려가 없다.
㉰ 굴뚝의 통풍저항이 큰 경우에 적합하다.
㉱ 이젝트를 사용할 경우 동력이 불필요하다.

풀이 ㉯ 노내압이 부압(-)으로 역화의 우려가 없다.

26 배기가스의 분석치가 CO_2 : 10%, O_2 : 5%, N_2 : 85%이면 연소 시 공기비(m)는?

㉮ 약 1.3　　㉯ 약 1.5
㉰ 약 1.7　　㉱ 약 1.9

풀이 공기비(m)

$$= \frac{N_2\%}{N_2\% - 3.76 \times O_2\%}$$

$$= \frac{85\%}{85\% - 3.76 \times 5\%} = 1.284$$

27 용매추출에 이용 가능성이 높은 폐기물의 특징으로 틀린 것은?

㉮ 높은 분배계수를 가지는 것
㉯ 높은 끓는점을 가질 것
㉰ 물에 대한 용해도가 낮을 것
㉱ 밀도가 물과 다를 것

풀이 ㉯ 낮은 끓는점을 가질 것

answer 22 ㉮ 23 ㉱ 24 ㉱ 25 ㉯ 26 ㉮ 27 ㉯

28 어느 분뇨처리장에서 BOD가 20,000mg/L, SS가 30,000mg/L인 분뇨를 2kL/일 소화처리하고자 한다. 이때 협잡물 제거장치에 의해 SS는 30%, BOD는 20% 제거된다고 하면 소화조에 유입되는 BOD 부하량(kg/일)은? (단, 분뇨 비중은 1.0이고 협잡물 제거 후 소화조로 유입된다.)

㉮ 16kg/일 ㉯ 32kg/일
㉰ 48kg/일 ㉱ 54kg/일

풀이 소화조에 유입되는 BOD 부하량(kg/day)
= 분뇨량(m^3/day) × BOD 농도(kg/m^3) × (1 − BOD 제거율)
= $2m^3/day \times 20kg/m^3 \times (1-0.20) = 32kg/day$

TIP

① ppm(mg/L) $\xrightarrow{\times 10^{-3}}$ kg/m^3 이므로
20,000mg/L = 20kg/m^3
② kL/day = m^3/day 이므로
2kL/day = 2m^3/day

29 다음 중 질소산화물(NO_X)의 발생억제법이 아닌 것은?

㉮ 이단연소법
㉯ 배기가스 재순환법
㉰ 고온도 연소법
㉱ 저과잉공기량 연소법

풀이 ㉰ 저온도 연소법

30 쓰레기 조성을 분석한 결과 C : 50%, H : 18%, O : 32%이었다. 쓰레기 1톤을 소각처리하고자 할 때 이론공기량은?

㉮ 약 5,500 Sm^3 ㉯ 약 6,200 Sm^3
㉰ 약 7,100 Sm^3 ㉱ 약 8,200 Sm^3

풀이 이론공기량(A_o)

$$= 8.89C + 26.67\left(H - \frac{O}{8}\right) + 3.33S\,(Sm^3/kg)$$

$$= 8.89 \times 0.50 + 26.67 \times \left(0.18 - \frac{0.32}{8}\right)$$

$$= 8.1788\,Sm^3/kg$$

따라서

$8.1788\,Sm^3/kg \times 1{,}000kg = 8{,}178.8\,Sm^3$

31 유동층 소각로의 장점으로 틀린 것은?

㉮ 연소효율이 높아 미연소분의 배출이 적고 2차 연소실 활용이 가능하다.
㉯ 유동매체의 열용량이 커서 액상, 기상, 고형 폐기물의 전소 및 혼소가 가능하다.
㉰ 유동매체의 축열량이 높은 관계로 단기간 정지 후 가동시 보조연료 사용없이 정상가동이 가능하다.
㉱ 가스의 온도와 과잉공기량이 낮아서 질소산화물도 적게 배출된다.

풀이 ㉮ 연소효율이 높아 미연소분의 배출이 적고 2차 연소실이 필요 없다.

answer 28 ㉯ 29 ㉰ 30 ㉱ 31 ㉮

32 매시간 10ton의 폐유를 소각하는 소각로에서 황산화물을 탈황하여 부산물인 90% 황산으로 전량 회수한다면 그 부산물량(kg/hr)은? (단, 폐유 중 황성분은 2%이고 탈황률은 90%라고 가정한다.)

㉮ 약 492　　㉯ 약 522
㉰ 약 542　　㉱ 약 612

풀이 $S + O_2 \rightarrow SO_2 + \frac{1}{2}O_2 \rightarrow SO_3 + H_2O \rightarrow H_2SO_4$

32kg : 98kg

$10 \times 10^3 kg/hr \times 0.02 \times 0.90$: $0.9 \times X$

$\therefore X = \frac{10 \times 10^3 kg/hr \times 0.02 \times 0.90 \times 98kg}{32kg \times 0.9}$

$= 612.5kg$

33 분뇨를 혐기성 소화처리할 때 발생하는 CH_4 gas의 부피는 분뇨투입량의 약 8배라고 한다. 1일에 분뇨 600kL씩을 처리하는 소화시설에서 발생하는 CH_4 가스를 에너지원으로 하여 24시간 균등 연소시킬 때 얻을 수 있는 열량(kcal/hr)은? (단, CH_4 가스의 발열량은 $6,000kcal/m^3$)

㉮ $1.0 \times 10^5 kcal/hr$
㉯ $1.2 \times 10^6 kcal/hr$
㉰ $1.6 \times 10^7 kcal/hr$
㉱ $1.8 \times 10^8 kcal/hr$

풀이 발생열량(kcal/hr)
$= 600m^3/day \times 1day/24hr \times 6,000kcal/m^3 \times 8$배
$= 1.2 \times 10^6 kcal/hr$

TIP
$kL/day = m^3/day$ 이므로
$600kL/day = 600m^3/day$

34 분뇨처리장 1차 침전지에서 1일 슬러지 제거량이 $80m^3/day$이고, SS농도가 30,000mg/L이었다. 이 슬러지를 탈수했을 때 탈수된 슬러지의 함수율은 80%이었다면 탈수된 슬러지량(ton/day)은? (단, 슬러지의 비중은 1.0이다.)

㉮ 10ton/day　　㉯ 12ton/day
㉰ 14ton/day　　㉱ 16ton/day

풀이 슬러지량(ton/day)
$=$ 슬러지 제거량$(m^3/day) \times$ SS 농도(kg/m^3)
$\times 10^{-3} ton/kg \times \frac{100}{100 - \text{함수율}(\%)}$
$= 80m^3/day \times 30kg/m^3 \times 10^{-3} ton/kg \times \frac{100}{100 - 80\%}$
$= 12ton/day$

TIP
$mg/L \xrightarrow{\times 10^{-3}} kg/m^3$ 이므로
$30,000mg/L = 30kg/m^3$

35 소각시 다이옥신(Dioxin)의 발생 억제방법에 대한 내용으로 틀린 것은?

㉮ 로내 온도를 300~350℃ 범위로 일정하게 운전하여 다이옥신 성분 발생을 최소화한다.
㉯ 배기가스 conditioning시 칼슘 및 활성탄 분말 투입시설을 설치하여 다이옥신과 반응 후 집진함으로써 줄일 수 있다.
㉰ 유기 염소계 화합물(PVC 제품류)의 반입을 제한한다.
㉱ 페인트가 칠해져 있거나 페인트로 처리된 목재, 가구류 반입을 억제·제한한다.

풀이 ㉮ 로내 온도를 1,000℃ 범위로 일정하게 운전하여 다이옥신 성분 발생을 최소화한다.

answer 32 ㉱ 33 ㉯ 34 ㉯ 35 ㉮

36 매립 후 2년이 경과하여 혐기성 단계로 발생되는 가스의 구성비가 거의 일정한 정상상태가 되었다. 이때의 가스 구성비로 맞는 것은?

㉮ 메탄 : 이산화탄소 = 55% : 45%
㉯ 메탄 : 이산화탄소 = 65% : 35%
㉰ 메탄 : 이산화탄소 = 75% : 25%
㉱ 메탄 : 이산화탄소 = 85% : 15%

풀이 정상적인 혐기단계로 CH_4와 CO_2의 함량이 거의 일정하며, CH_4 55%, CO_2 45%로 구성된다.

37 전처리에서의 SS 제거율은 50%, 1차 처리에서 SS 제거율이 80%일 때 방류수 수질기준이내로 처리하기 위한 2차 처리의 처리효율(%)은? (단, 분뇨 SS : 10,000mg/L이고 SS방류수 수질기준은 70mg/L이다.)

㉮ 93% ㉯ 91%
㉰ 89% ㉱ 87%

풀이

처리효율(%) $= \left(1-\dfrac{SS_o}{SS_i}\right)\times 100$

① $SS_i = 10{,}000\text{mg/L} \times (1-0.5)\times(1-0.8)$
$= 1{,}000\text{mg/L}$

② $SS_o = 70\text{mg/L}$

③ 2차 처리의 처리효율(%)
$= \left(1-\dfrac{70\text{mg/L}}{1{,}000\text{mg/L}}\right)\times 100 = 93\%$

38 연직차수막에 대한 내용으로 틀린 것은? (단, 표면차수막과 비교 기준)

㉮ 차수막 보강시공이 가능하다.
㉯ 지중에 수평방향의 차수층이 존재할 때 사용한다.
㉰ 지하수 집배수시설이 불필요하다.
㉱ 단위면적당 공사비는 싸지만 총공사비는 비싸다.

풀이 ㉱ 단위면적당 공사비는 비싸지만 총공사비는 싸다.

TIP

연직차수막과 표면차수막의 비교

	연직차수막	표면차수막
차수성 확인	지하에 매설하기 때문에 확인이 어렵다.	시공 시에는 가능하나 매립 후에는 곤란하다.
경제성	단위면적당 공사비가 비싼 반면 총공사비는 싸다.	단위면적당 공사비는 싸지만 매립지 전체를 시공하는 경우가 많아 총공사비는 비싸다.
보수성	차수막 보강시공이 가능	매립 전에는 가능하나 매립 후에는 어렵다.
지하수 집배수 시설	필요 없다.	필요하다.

39 침출수를 처리하는 방법 중 펜톤산화법에 대한 설명으로 틀린 것은?

㉮ 철과 과산화수소가 이용된다.
㉯ 침출수 pH를 9~10으로 조정한다.
㉰ 난분해성 물질을 생분해성 물질로 변화시킨다.
㉱ 슬러지 생산량이 많아질 수 있다.

풀이 ㉯ 침출수 pH를 3~5로 조정한다.

answer 36 ㉮ 37 ㉮ 38 ㉱ 39 ㉯

40 소각로 중 다단로 소각로에 대한 내용으로 틀린 것은?

㉮ 열적 충격이 방지되어 내화물 등의 손상이 적다.
㉯ 수분함량이 높은 폐기물의 연소가 가능하다.
㉰ 휘발성이 적은 폐기물 연소에 유리하다.
㉱ 많은 연소영역이 있으므로 연소효율을 높일 수 있다.

풀이 ㉮ 열적 충격이 발생되고 내화물 등의 손상이 발생된다.

| 제3과목 | 폐기물공정시험기준

41 비소를 자외선/가시선 분광법으로 측정 시 알맞은 내용은?

㉮ 적자색의 흡광도를 430nm에서 측정한다.
㉯ 적자색의 흡광도를 530nm에서 측정한다.
㉰ 청색의 흡광도를 430nm에서 측정한다.
㉱ 청색의 흡광도를 530nm에서 측정한다.

풀이 비소의 자외선/가시선 분광법의 핵심 내용
① 환원제 : 아연
② 비화수소를 다이에틸다이티오카르바민산은의 피리딘용액에 흡수
③ 적자색의 흡광도를 530nm에서 측정
④ 정량범위 : 0.002 ~ 0.01mg, 정량한계 : 0.002mg

42 시료 채취 시 시료용기에 기재하는 사항으로 틀린 것은?

㉮ 폐기물의 명칭
㉯ 폐기물의 성분
㉰ 대상폐기물의 양
㉱ 채취책임자의 이름

풀이 시료 채취 시 시료용기에 기재하는 사항으로는 폐기물의 명칭, 대상폐기물의 양, 채취장소, 채취시간 및 일기, 시료번호, 채취책임자 이름, 시료의 양, 채취방법 등이다.

43 폐기물에 함유되어 있는 수분을 측정하고자 한다. 증발접시에 시료를 넣고 물중탕 후 건조시킬 때 건조기 안에서 건조시간 및 건조온도로 가장 적당한 것은?

㉮ 2시간, 105~110℃
㉯ 2시간, 115~120℃
㉰ 4시간, 105~110℃
㉱ 4시간, 115~120℃

풀이 수분 및 고형물의 중량법
① 건조온도 : 105~110℃
② 건조시간 : 4시간

실전문제

CBT 복원문제

answer 40 ㉮ 41 ㉯ 42 ㉯ 43 ㉰

44 다음은 폐기물공정시험기준상의 규정이다. A, B, C, D 중 가장 큰 수는?

- 방울수는 20℃에서 정제수 (A)방울을 적하하에 그 부피가 약 1mL가 되는 것을 뜻한다.
- 항량은 건조 시 같은 조건에서 1시간 더 건조할 때 전후 무게의 차가 g당(B)mg 이하일 때다.
- 상온의 최저 온도는 (C)℃ 이다.
- 진공은 따로 규정이 없는 한 (D)mmHg 이하이다.

㉮ A　　㉯ B
㉰ C　　㉱ D

풀이 ① 방울수 : 20℃에서 정제수 20방울을 적하할 때, 그 부피가 약 1 mL 되는 것을 뜻한다.
② 항량으로 될 때까지 건조한다 : 같은 조건에서 1시간 더 건조할 때 전후 무게의 차가 g당 0.3 mg 이하일 때를 말한다.
③ 상온 : 15 ~ 25℃
④ 감압 또는 진공 : 따로 규정이 없는 한 15 mmHg 이하이다.

45 자외선/가시선 분광법에서 6가 크롬을 적자색으로 발색시키는 시약은?

㉮ 다이페닐카바자이드
㉯ 클로라민 T
㉰ 디티존
㉱ 다이에틸다이티오카르바민산은

풀이 6가 크롬의 자외선/가시선 분광법 핵심 내용
① 발색시약 : 다이페닐카바자이드
② 흡광도 측정 : 적자색의 흡광도를 540nm에서 측정

46 폐기물시료의 강열감량을 측정한 결과가 다음과 같을 때 해당시료의 강열감량(%)은? (단, 증발용기의 질량 $(W_1) = 51.045$g, 강열 전 증발용기와 시료의 질량$(W_2) =$ 92.345g, 강열 후 증발용기와 시료의 질량 $(W_3) = 53.125$g)

㉮ 약 93　　㉯ 약 95
㉰ 약 97　　㉱ 약 99

풀이

$$\text{강열감량(\%)} = \frac{(W_2 - W_3)}{(W_2 - W_1)} \times 100 = \frac{(92.345\,g - 53.125\,g)}{(92.345\,g - 51.045\,g)} \times 100 = 94.96\%$$

47 다음은 반고상 또는 고상 폐기물의 pH 측정에 대한 내용이다. (　) 안에 가장 적절한 내용은?

> 시료 10g을 (①) 비커에 취하여 정제수 (②)를 넣어 잘 교반하여 30분 이상 방치한 다음 이 현탁액을 시료용액으로 하거나 또는 원심분리한 상징액을 시료용액으로 한다.

㉮ ① 50mL, ② 25mL
㉯ ① 50mL, ② 30mL
㉰ ① 100mL, ② 30mL
㉱ ① 100mL, ② 50mL

풀이 반고상 또는 고상 폐기물의 pH 측정
시료 10g → 50mL 비커 —(정제수 25mL / 교 반)→ 30분 이상 방치 후 측정

answer 44 ㉮ 45 ㉮ 46 ㉯ 47 ㉮

48 원자흡수분광광도법에 의한 크롬 정량에 대한 내용으로 잘못된 것은?

㉮ 철, 니켈 등의 공존 물질에 의한 방해 영향이 크므로 과망간산칼륨 5%를 첨가하여 측정한다.

㉯ 정량범위는 357.9nm에서 0.01~5mg/L이다.

㉰ 아세틸렌-공기 또는 아세틸렌-일산화이질소 불꽃을 주입하여 분석한다.

㉱ 크롬 속빈음극램프를 사용한다.

풀이 ㉮ 철, 니켈 등의 공존 물질에 의한 방해 영향이 크므로 황산나트륨 1% 정도 넣어서 측정한다.

49 다음의 총칙에 대한 내용으로 바르게 된 것은?

㉮ 기밀용기는 취급 또는 저장하는 동안에 밖으로부터의 공기 또는 다른 가스가 침입하지 아니하도록 내용물을 보호하는 용기를 말한다.

㉯ "고상 폐기물"이라 함은 고형물의 함량이 10% 이상인 것을 말한다.

㉰ 백분율 중 용액 100g 중 성분용량(mL)을 표시할 때는 W/V%로 표시한다.

㉱ 십억분율은 mg/L, mg/kg 또는 ppm의 기호를 쓴다.

풀이 ㉯ "고상 폐기물"이라 함은 고형물의 함량이 15% 이상인 것을 말한다.
㉰ 백분율 중 용액 100g 중 성분용량(mL)을 표시할 때는 V/W%로 표시한다.
㉱ 십억분율은 μg/L, μg/kg, 또는 ppb의 기호를 쓴다.

50 다음 중 비함침성 고상폐기물의 정의로 알맞은 것은?

㉮ 금속판, 구리선 등 기름을 흡수하지 않는 평면 또는 비평면형태의 변압기 내부부재를 말한다.

㉯ 금속판, 구리선 등 기름을 흡수하는 평면 또는 비평면형태의 변압기 내부부재를 말한다.

㉰ 금속판, 구리선 등 기름을 흡수하지 않는 평면 또는 비평면형태의 변압기 외부부재를 말한다.

㉱ 금속판, 구리선 등 기름을 흡수하는 평면 또는 비평면형태의 변압기 외부부재를 말한다.

풀이 비함침성 고상폐기물에서 핵심 내용인 "기름을 흡수하지 않는, 내부부재"임을 숙지하시면 됩니다.

51 다음에 설명하고 있는 시료 축소 방법은?

1. 분쇄한 대시료를 단단하고 깨끗한 평면 위에 원추형으로 쌓는다.
2. 그 원추를 장소를 바꾸어 다시 쌓는다.
3. 원추에서 일정량을 취하여 장방형으로 도포하고 계속해서 일정량을 취하여 그 위에 입체로 쌓는다.
4. 육면체의 측면을 교대로 돌면서 균등량씩 취하여 두 개의 원추를 쌓고 이 중 하나는 버리면서 시료를 계속 적당한 크기로 줄인다.

㉮ 구획법　　㉯ 교호삽법
㉰ 원추 2분법　　㉱ 원추 4분법

풀이 ㉯ 교호삽법에 대한 내용이며, 핵심 내용인 "원추형, 육면체, 원추쌓기=교호삽법"임을 숙지하시면 됩니다.

answer 48 ㉮ 49 ㉮ 50 ㉮ 51 ㉯

52 차량이 5톤 이상인 경우 적재된 폐기물은 평면상으로 몇 등분하여 시료를 채취하여야 하는가?

㉮ 4등분 ㉯ 6등분
㉰ 9등분 ㉱ 12등분

풀이 운반차량에 적재된 폐기물의 채취방법
① 5톤 미만 : 6등분
② 5톤 이상 : 9등분

53 콘크리트 고형화물 중 대형의 고형화물로써 분쇄가 어려울 경우의 시료채취로 알맞은 것은?

㉮ 임의의 3개소에서 채취하여 각각 파쇄하여 100g씩 균등 양 혼합하여 채취한다.
㉯ 임의의 5개소에서 채취하여 각각 파쇄하여 100g씩 균등 양 혼합하여 채취한다.
㉰ 임의의 3개소에서 채취하여 각각 파쇄하여 500g씩 균등 양 혼합하여 채취한다.
㉱ 임의의 5개소에서 채취하여 각각 파쇄하여 500g씩 균등 양 혼합하여 채취한다.

풀이 콘크리트 고형화물 중 대형의 고형화물로써 분쇄가 어려울 경우 임의의 5개소에서 채취하여 각각 파쇄하여 100g씩 균등 양 혼합하여 채취한다.

54 폐기물 소각시설의 소각재 시료채취에 대한 내용으로 틀린 것은?

㉮ 공정상 비산방지나 냉각을 목적으로 소각재에 물을 분사하는 경우를 제외하고는 가급적 물을 분사한 후에 시료를 채취한다.
㉯ 연속식 연소방식의 소각재 반출설비에서 채취하는 경우 바닥재 저장조에서는 부설된 크레인을 이용하여 채취한다.
㉰ 낙하구 밑에서 채취하는 경우는 시료의 양이 1회에 500g 이상이 되도록 한다.
㉱ 야적더미에서 채취하는 경우는 야적더미를 2m 높이마다 각각의 층으로 나누고 각 층별로 적절한 지점에서 500g 이상의 시료를 채취한다.

풀이 ㉮ 공정상 비산방지나 냉각을 목적으로 소각재에 물을 분사하는 경우를 제외하고는 가급적 물을 분사하기 전에 시료를 채취한다.

55 용출시험방법에 관한 설명으로 ( )에 옳은 내용은?

> 시료의 조제방법에 따라 조제한 시료 100 g 이상을 정확히 달아 정제수에 염산을 넣어 ( )(으)로 한 용매(mL)를 시료 : 용매 = 1 : 10(W : V)의 비로 2,000mL 삼각플라스크에 넣어 혼합한다.

㉮ pH 4 이하 ㉯ pH 4.3~5.8
㉰ pH 5.8~6.3 ㉱ pH 6.3~7.2

풀이 용출시험방법의 핵심 내용
① 조제한 시료의 양 : 100g 이상
② pH 조절 : 염산으로 pH 5.8~6.3으로 조절
③ 시료 : 용매는 1 : 10(W : V)

56 석면을 편광현미경법으로 분석할 때 정량범위로 알맞은 것은?

㉮ 0.1 ~ 10% ㉯ 1 ~ 100%
㉰ 0.1 ~ 100 wt% ㉱ 1 ~ 10 wt%

풀이 석면 분석법의 정량범위
① 편광현미경법 : 1 ~ 100%
② X − 회절기법 : 0.1 ~ 100 wt%

answer 52 ㉰ 53 ㉯ 54 ㉮ 55 ㉰ 56 ㉯

57 대상폐기물의 양이 1,500톤의 경우 시료의 최소 수는?

㉮ 60　　㉯ 50
㉰ 40　　㉱ 30

풀이 대상폐기물의 양과 시료의 최소 수

대상폐기물의 양 (ton)	시료 최소 수	대상폐기물의 양 (ton)	시료 최소 수
1 미만	6	100 이상~500 미만	30
1 이상~5 미만	10	500 이상~1,000 미만	36
5 이상~30 미만	14	1,000 이상~5,000 미만	50
30 이상~100 미만	20	5,000 이상	60

58 수소이온농도가 2.0×10^{-3} mol/L인 수용액의 pH는?

㉮ 1.7　　㉯ 2.7
㉰ 3.7　　㉱ 4.7

풀이 산성물질에서 $pH = -\log[H^+]$
$= -\log[2.0 \times 10^{-3} mol/L] = 2.70$

59 기체크로마토그래피로 측정하여야 하는 시험 항목은?

㉮ 구리　　㉯ 유기인
㉰ 시안　　㉱ 크롬

풀이 항목별 분석방법
㉮ 구리 : 원자흡수분광광도법, 유도결합플라스마-원자발광분광법, 자외선/가시선 분광법
㉯ 유기인 : 기체크로마토그래피
㉰ 시안 : 자외선/가시선 분광법, 이온전극법, 연속흐름법
㉱ 크롬 : 원자흡수분광광도법, 유도결합플라스마-원자발광분광법, 자외선/가시선 분광법(다이페닐카바자이드법)

60 유기물 등을 많이 함유하고 있는 대부분 시료의 전처리에 적용되는 산분해법은?

㉮ 질산 분해법
㉯ 질산 - 염산 분해법
㉰ 질산 - 과염소산 - 불화수소산 분해법
㉱ 질산 - 황산 분해법

풀이 ㉱ 질산 - 황산 분해법에 대한 내용이며, 암기법은 "황 많은"임을 숙지하시면 됩니다.

실전문제

CBT 복원문제

answer 57 ㉯ 58 ㉯ 59 ㉯ 60 ㉱

2021 4회 CBT 복원문제

| 제1과목 | 폐기물개론

01 다음 중 전과정평가(LCA)의 평가 단계에 해당하지 않는 것은?

㉮ 목적 및 범위의 설정
㉯ 목록분석
㉰ 사후평가
㉱ 개선평가 및 해석

풀이 전과정평가(LCA)는 목적 및 범위의 설정 → 목록분석 → 영향평가 →개선평가 및 해석 순이다.

02 폐기물은 단순히 버려져 못쓰는 것이라는 인식을 바꾸어 '폐기물=자원'이라는 공감대를 확산시킴으로써 재활용 정책에 활력을 불어 넣은 생산자책임재활용제도는?

㉮ ROHS ㉯ ESSD
㉰ EPR ㉱ WEE

풀이 ㉰ 생산자책임재활용제도(EPR)에 대한 내용이며, 핵심 내용인 "폐기물=자원이라는 공감대=EPR" 임을 숙지하시면 됩니다.

03 다음 중 유해폐기물의 국제적 이동의 통제와 규제를 골자로 하는 국제협약은?

㉮ 런던국제덤핑협약
㉯ GATT협약
㉰ 리우협약
㉱ 바젤협약

풀이 ㉱ 바젤협약에 대한 내용이며, 핵심 내용인 "유해폐기물의 국제적이동=바젤협약"임을 숙지하시면 됩니다.

04 인구가 200만명인 어떤 도시의 폐기물 수거실적은 504,970톤/년이다. 폐기물 수거율이 총배출량의 75%라고 하면 이 도시의 1인 1일 배출량(kg)은? (단, 1년은 365일 기준이다.)

㉮ 약 0.71kg ㉯ 약 0.92kg
㉰ 약 1.34kg ㉱ 약 1.81kg

풀이 폐기물 배출량(kg/인·일)

$$= \frac{\text{폐기물 수거실적(kg/일)}}{\text{인구수(인)}} \times \frac{1}{\text{수거율}}$$

$$= \frac{504,970 \times 10^3\text{kg/년} \times 1\text{년}/365\text{일}}{2,000,000\text{인}} \times \frac{1}{0.75}$$

$$= 0.92\,\text{kg/인·일}$$

05 다음 중 유해폐기물의 불법매립사건으로 알맞은 것은?

㉮ 런던사건 ㉯ 뮤즈계곡사건
㉰ 러브커넬사건 ㉱ 도노라사건

풀이 ㉮, ㉯, ㉱번은 대기오염사건이고 ㉰번은 불법매립 사건이다.

answer 01 ㉰ 02 ㉰ 03 ㉱ 04 ㉯ 05 ㉰

06 우리나라 생활폐기물의 발생량은?

㉮ 0.3kg/인·일 ㉯ 1.0kg/인·일
㉰ 2.0kg/인·일 ㉱ 3.0kg/인·일

풀이 우리나라 생활폐기물의 일일 발생량은 1.0 kg/인·일이다.

07 공기선별기 중 칼럼 내 난류를 높여줌으로써 선별효율을 증진시키고자 고안된 형태는?

㉮ 수평공기선별기
㉯ Zigzag 공기선별기
㉰ 경사공기선별기
㉱ Multi 회전공기선별기

풀이 ㉯ Zigzag 공기선별기에 대한 내용이며, 핵심 내용인 "칼럼 내 난류를 높여줌으로써 선별효율 증진 =Zigzag 공기선별기"임을 숙지하시면 됩니다.

08 다음 중 현재 우리나라에서 가장 많이 발생되는 생활 폐기물은?

㉮ 연탄재 ㉯ 음식쓰레기류
㉰ 플라스틱류 ㉱ 섬유류

풀이 현재 우리나라에서 가장 많이 발생되는 생활 폐기물은 음식쓰레기류이다.

09 폐기물 관리에 있어서 가장 우선적으로 고려할 사항은?

㉮ 감량화 ㉯ 재사용
㉰ 물질재활용 ㉱ 최종처분(매립)

풀이 폐기물 관리순서는 감량화 → 재사용 → 물질재활용 → 에너지회수 → 최종처분(매립) 순이다.

10 인구 200만명의 도시에서 발생되는 폐기물의 가연성분을 이용하여 RDF를 생산하고자 한다. 최대 생산량(ton/일)은? (단, 폐기물 중 가연성분 80%(질량 기준), 가연성분 회수율 50%(질량 기준), 폐기물 발생량은 1.3kg/인·일이다.)

㉮ 4,180ton/일 ㉯ 3,210ton/일
㉰ 2,350ton/일 ㉱ 1,040ton/일

풀이 최대생산량(ton/일)

$= \text{폐기물 발생량(kg/인·일)} \times \text{인구수(인)} \times 10^{-3}\,\text{ton/kg} \times \text{가연성분} \times \text{가연성분 회수율}$

$= 1.3\text{kg/인·일} \times 2{,}000{,}000\text{인} \times 10^{-3}\,\text{ton/kg} \times 0.8 \times 0.5$

$= 1{,}040\,\text{ton/day}$

11 쓰레기 발생량에 영향을 주는 모든 인자를 시간에 대한 함수로 나타낸 후, 시간에 대한 함수로 표현된 각 영향 인자들간의 상관관계를 수식화하는 쓰레기 발생량 예측방법은?

㉮ 시간인지회귀모델
㉯ 다중회귀모델
㉰ 정적모사모델
㉱ 동적모사모델

풀이 ㉱ 동적모사모델에 대한 내용이며, 핵심 내용인 "각 영향인자들 간의 상관관계 수식화=동적모사모델"임을 숙지하시면 됩니다.

answer 06 ㉯ 07 ㉯ 08 ㉯ 09 ㉮ 10 ㉱ 11 ㉱

12 다음 중 포장기(Baler)에 대한 설명으로 틀린 것은?

㉮ 압축 후 삼베나 가죽 또는 철끈으로 묶는다.
㉯ 관리에 용이한 크기나 질량으로 포장한다.
㉰ 완전하게 건조되지 못한 폐기물은 취급하기 곤란하다.
㉱ 매립지에서는 특별한 경우를 제외하면 포장을 해체하여 매립한다.

풀이 ㉱ 매립지에서는 특별한 경우를 제외하면 포장을 해체하지 않고 그대로 매립한다.

13 다음 중 원소분석 결과를 이용한 발열량 산정식으로 틀린 것은?

㉮ Steuer식
㉯ Dulong식
㉰ Scheurer-Kestner식
㉱ Lambert식

풀이 원소 분석 결과를 이용한 발열량 산정식으로는 스튜어(Steuer)식, 듀롱(Dulong)식, 쉴레-케스트너(Scheurer-Kestner)식이 있다.

14 다음 중 파쇄 시 작용하는 힘이 아닌 것은?

㉮ 충격력 ㉯ 압축력
㉰ 전단력 ㉱ 인장력

풀이 파쇄 시 작용하는 힘으로는 충격력, 압축력, 전단력이 있다.

15 밀도가 500 kg/m^3인 폐기물 중 5ton을 압축시켰더니 처음 부피보다 60%가 감소하였다. 이때 압축비(CR)는?

㉮ 1.5 ㉯ 2.0
㉰ 2.5 ㉱ 3.0

풀이
$$압축비 = \frac{100}{100 - 부피감소율(\%)} = \frac{100}{100-60\%} = 2.5$$

16 다음 중 전단파쇄기에 대한 내용으로 틀린 것은?

㉮ 충격파쇄기에 비해 이물질 혼입에 약하다.
㉯ 충격파쇄기에 비해 파쇄물의 크기를 고르게 할 수 있다.
㉰ 충격파쇄기에 비해 파쇄 속도가 빠르다.
㉱ 소음과 먼지 발생이 비교적 적고 폭발의 위험성이 거의 없다.

풀이 ㉰ 충격파쇄기에 비해 파쇄 속도가 느리다.

17 쓰레기 관리체계에서 비용이 가장 많이 드는 단계는?

㉮ 수거 ㉯ 저장
㉰ 처리 ㉱ 처분

풀이 쓰레기 관리체계에서 비용이 가장 많이 드는 것은 수거단계이며, 수거단계가 전체비용의 60% 이상을 차지한다.

answer 12 ㉱ 13 ㉱ 14 ㉱ 15 ㉰ 16 ㉰ 17 ㉮

18 다음 중 퇴비화의 특징으로 틀린 것은?

㉮ 폐기물의 재활용
㉯ 과정 중 낮은 에너지 소모
㉰ 낮은 초기시설 투자비
㉱ 높은 비료가치

풀이 ㉱ 낮은 비료가치

19 쓰레기 발생량 조사방법 중 물질수지법에 대한 내용으로 틀린 것은?

㉮ 주로 산업폐기물 발생량을 추산할 때 이용된다.
㉯ 먼저 조사하고자 하는 계의 경계를 정확하게 설정한다.
㉰ 물질수지를 세울 수 있는 상세한 데이터가 있는 경우에 가능하다.
㉱ 비용이 저렴하고 일반적으로 폭 넓게 사용된다.

풀이 ㉱ 비용이 많이 들고 작업량이 많아 널리 이용되지 않는다.

20 물렁거리는 가벼운 물질로부터 딱딱한 물질을 선별하는데 이용되며, 경사진 컨베이어를 통해 폐기물을 주입시켜 천천히 회전하는 드럼 위에 떨어뜨려서 분류하는 선별장치는?

㉮ 세커터 ㉯ 스토너
㉰ 테이블 선별법 ㉱ 공기 선별법

풀이 ㉮ 세카터(Secators)에 대한 내용이며, 핵심 내용인 "물렁거리는 가벼운 물질로부터 딱딱한 물질선별=세카터"임을 숙지하시면 됩니다.

| 제2과목 | 폐기물처리기술

21 다음 중 연직차수막 공법의 종류에 해당하지 않는 것은?

㉮ 강널말뚝 공법
㉯ 굴착에 의한 차수시트 매설 공법
㉰ 그라우트 공법
㉱ 어스 라이닝 공법

풀이 ㉱ 어스댐 코어 공법

22 다음 중 연직차수막과 표면차수막에 대한 내용으로 틀린 것은?

㉮ 연직차수막은 차수막 보강시공이 가능하다.
㉯ 연직차수막은 지하수 집배수시설이 필요 없다.
㉰ 표면차수막은 단위면적당 공사비는 비싸지만 총공사비는 싸다.
㉱ 표면차수막의 차수성의 확인은 시공 시에는 가능하나 매립 후에는 곤란하다.

풀이 ㉰ 표면차수막은 단위면적당 공사비는 싸지만 매립지 전체를 시공하는 경우가 많아 총공사비는 비싸다.

TIP

연직차수막과 표면차수막의 비교

	연직차수막	표면차수막
차수성 확인	지하에 매설하기 때문에 확인이 어렵다.	시공 시에는 가능하나 매립 후에는 곤란하다.
경제성	단위면적당 공사비가 비싼 반면 총공사비는 싸다.	단위면적당 공사비는 싸지만 매립지 전체를 시공하는 경우가 많아 총공사비는 비싸다.

answer 18 ㉱ 19 ㉱ 20 ㉮ 21 ㉱ 22 ㉰

보수성	차수막 보강시공이 가능	매립 전에는 가능하나 매립 후에는 어렵다.
지하수 집배수 시설	필요 없다.	필요하다.

23 합성차수막의 Crystallinity가 증가하면 나타나는 성질로 틀린 것은?

㉮ 화학물질에 대한 저항성이 커진다.
㉯ 충격에 강해진다.
㉰ 인장강도가 증가된다.
㉱ 투수계수가 감소된다.

풀이 ㉯ 충격에 약해진다.

TIP

결정도(Crystallinity)가 증가할수록 충격과 투수계수는 감소하고, 나머지 조건은 증가함을 숙지하시면 됩니다.

24 합성차수막의 종류 중 PVC(Polyvinyl Chloride)의 설명으로 틀린 것은?

㉮ 접합이 용이하다.
㉯ 강도가 크다.
㉰ 가격이 저렴하다.
㉱ 자외선, 오존, 기후에 강하다.

풀이 ㉱ 자외선, 오존, 기후에 약하다.

25 다음 중 점토의 차수막 적합조건으로 틀린 것은?

㉮ 투수계수 : 10^{-7} cm/sec 미만
㉯ 소성지수 : 10% 이상 30% 미만
㉰ 액성한계 : 60% 이상
㉱ 점토 및 미사토 함량 : 20% 이상

풀이 ㉰ 액성한계 : 30% 이상

26 석유계 액체연료의 탄수소비(C/H)에 대한 내용으로 틀린 것은?

㉮ C/H비가 클수록 이론공연비는 증가한다.
㉯ C/H비가 클수록 방사율이 크다.
㉰ 중질연료일수록 C/H비가 크다.
㉱ C/H비가 크면 비교적 비점이 높은 연료는 매연이 발생되기 쉽다.

풀이 ㉮ C/H비가 클수록 이론공연비는 감소한다.

27 어느 도시의 분뇨농도는 TS가 6%이고, TS의 65%가 VS이다. 이 분뇨를 혐기성 소화처리를 한다면 분뇨 $5m^3$당 발생하는 CH_4 가스의 양(m^3)은? (단, 비중은 1.0으로 가정하고 분뇨의 VS 1kg당 $0.4m^3$의 CH_4 가스 발생한다.)

㉮ $68m^3$ ㉯ $78m^3$
㉰ $108m^3$ ㉱ $128m^3$

풀이 CH_4 가스의 발생량(m^3)

$= \text{분뇨량}(m^3) \times \text{고형물량}(kg/m^3) \times \text{유기물의 함량} \times \frac{m^3\ gas}{kg\ VS}$

$= 5m^3 \times 60kg/m^3 \times 0.65 \times 0.4m^3/kg = 78m^3$

answer 23 ㉯ 24 ㉱ 25 ㉰ 26 ㉮ 27 ㉯

TIP

① $\% \xrightarrow{\times 10^4} \text{ppm(mg/L)} \xrightarrow{\times 10^{-3}} \text{kg/m}^3$

② $TS\ 6\% = 6 \times 10^4 \text{mg/L} = 60\text{kg/m}^3$

28 시멘트 고형화법 중 시멘트 기초법에 대한 내용으로 틀린 것은?

㉮ 다양한 폐기물을 처리할 수 있다.
㉯ 폐기물의 건조 또는 탈수가 필요하다.
㉰ 낮은 pH에서 폐기물 성분의 용출 가능성이 있다.
㉱ 사용되는 시멘트의 양을 조절함으로써 폐기물 콘크리트의 강도를 높일 수 있다.

풀이 ㉯ 폐기물의 건조 또는 탈수가 필요 없다.

29 일반적으로 열용량(kcal/kg)이 가장 높고 회분량(%)이 10~20%, 수분함량이 4% 이하인 RDF의 종류는?

㉮ Bulk RDF　㉯ Powder RDF
㉰ Pellet RDF　㉱ Fluff RDF

풀이 ㉯ Powder RDF에 대한 내용이며, 핵심 내용인 "수분함량이 4% 이하=Powder RDF"임을 숙지하시면 됩니다.

30 프로판(C_3H_8) 3Sm^3의 연소에 필요한 이론공기량(Sm^3)은?

㉮ $67.6\ \text{Sm}^3$　㉯ $71.4\ \text{Sm}^3$
㉰ $89.5\ \text{Sm}^3$　㉱ $95.3\ \text{Sm}^3$

풀이 ① $C_3H_8 + 5O_2 \rightarrow 3CO_2 + 4H_2O$

$22.4\text{Sm}^3 \quad : \quad 5 \times 22.4\text{Sm}^3$

$3\text{Sm}^3 \quad : \quad$ 이론산소량(O_o)

$\therefore$ 이론산소량$(O_o) = \dfrac{3\text{Sm}^3 \times 5 \times 22.4\text{Sm}^3}{22.4\text{Sm}^3} = 15\text{Sm}^3$

② 이론공기량(Sm^3)

$=$ 이론산소량$(\text{Sm}^3) \times \dfrac{1}{0.21}$

$= 15\text{Sm}^3 \times \dfrac{1}{0.21} = 71.43\text{Sm}^3$

31 배연탈황시 발생된 슬러지 처리에 많이 쓰이는 고형화 처리법은?

㉮ 시멘트 기초법
㉯ 석회 기초법
㉰ 자가 시멘트법
㉱ 열가소성 플라스틱법

풀이 ㉰ 자가 시멘트법에 대한 내용이며, 핵심 내용인 "배연탈황 시 발생슬러지 처리=자가시멘트법"임을 숙지하시면 됩니다.

32 일반적으로 매립지 침출수 생성에 가장 큰 영향을 미치는 인자는?

㉮ 표토에 침투하는 강수
㉯ 쓰레기의 함수율
㉰ 지하수의 유입
㉱ 쓰레기 분해과정에서 발생하는 발생수

풀이 매립지 침출수 생성에 가장 큰 영향을 미치는 인자는 표토에 침투하는 강수이다.

answer 28 ㉯ 29 ㉯ 30 ㉯ 31 ㉰ 32 ㉮

33 매립지 내의 이동을 나타내는 다르시(Darcy)의 법칙을 기준으로 침출수의 유출을 방지하기 위한 방법으로 알맞은 것은?

㉮ 투수계수는 감소시키고 수두차는 증가시킨다.
㉯ 투수계수는 증가시키고 수두차는 감소시킨다.
㉰ 투수계수 및 수두차를 증가시킨다.
㉱ 투수계수 및 수두차를 감소시킨다.

풀이 침출수의 유출을 방지하기 위해서는 투수계수 및 수두차를 감소시킨다.

34 토양오염의 특징으로 틀린 것은?

㉮ 오염경로의 다양성
㉯ 피해발현의 직접성 및 급성적 형태
㉰ 타 환경인자와의 영향관계의 모호성
㉱ 오염의 비인지성

풀이 ㉯ 피해발현의 완만성 및 만성적인 형태

35 유동층 소각로의 장점으로 틀린 것은?

㉮ 연소효율이 높아 미연소분의 배출이 적으므로 2차 연소실이 불필요하다.
㉯ 과잉공기량이 적다.
㉰ 상(床)으로부터 찌꺼기 분리가 용이하다.
㉱ 기계적 구동부분이 적어 고장율이 낮다.

풀이 ㉰ 상(床)으로부터 찌꺼기 분리가 용이하지 못하다.

36 오염된 토양 처리방법인 토양증기추출법 시스템의 내용으로 틀린 것은?

㉮ 굴착이 필요 없다.
㉯ 지하수의 깊이에 제한을 받지 않는다.
㉰ 생물학적 처리효율을 높여준다.
㉱ 증기압이 낮은 오염물질의 제거효율이 높다.

풀이 ㉱ 증기압이 낮은 오염물질의 제거효율이 낮다.

37 탄소, 수소, 황의 질량비가 83%, 14%, 3%인 폐유 3kg을 소각시키는데 필요한 이론공기량(Sm^3)은?

㉮ 31.4 ㉯ 33.6
㉰ 36.3 ㉱ 39.7

풀이 ① 이론공기량 (A_o)

$$= 8.89C + 26.67\left(H - \frac{O}{8}\right) + 3.33S\,(Sm^3/kg)$$
$$= 8.89 \times 0.83 + 26.67 \times 0.14 + 3.33 \times 0.03$$
$$= 11.2124\,Sm^3/kg$$

② 이론공기량 (A_o)

$$= 11.2124\,Sm^3/kg \times 3kg = 33.64\,Sm^3$$

answer 33 ㉱ 34 ㉯ 35 ㉰ 36 ㉱ 37 ㉯

38 수거 분뇨를 혐기성 처리하고 유출수를 20배 희석한 후 2차 처리를 하여 BOD 20mg/L인 방류수를 배출하였다. 2차 처리시설의 BOD 제거율(%)은? (단, 혐기성 소화조 유입분뇨의 BOD는 20,000mg/L, BOD 제거율은 80%이고, 희석수의 BOD 농도는 무시한다.)

㉮ 86% ㉯ 88%
㉰ 90% ㉱ 92%

풀이

$$\text{BOD 제거율}(\%) = \left(1 - \frac{BOD_o \times P}{BOD_i}\right) \times 100$$

BOD_i(유입수BOD)

= 혐기성 소화조의 유입 분뇨의 BOD농도 × (1 − 제거율)

= 20,000mg/L × (1 − 0.8) = 4,000mg/L

$$\text{BOD 제거율}(\%) = \left(1 - \frac{20mg/L \times 20}{4{,}000mg/L}\right) \times 100 = 90\%$$

39 소화 슬러지의 발생량은 1일 투입량의 10%이다. 소화 슬러지의 함수율이 95%라고 하면 1일 탈수된 슬러지의 양(m^3)은? (단, 슬러지의 비중은 모두 1.0이고, 분뇨 투입량은 100kL/day이며, 탈수 슬러지의 함수율은 75%이다.)

㉮ 5 m^3 ㉯ 3 m^3
㉰ 2 m^3 ㉱ 4 m^3

풀이

$V_1 \times (100 - P_1) = V_2 \times (100 - P_2)$

여기서 V_1 : 탈수 전 슬러지량(m^3)

P_1 : 탈수 전 함수율(%)

V_2 : 탈수 후 슬러지량(m^3)

P_2 : 탈수 후 함수율(%)

$100m^3/day \times 0.1 \times (100 - 95\%) = V_2 \times (100 - 75\%)$

$$\therefore V_2 = \frac{100m^3/day \times 0.1 \times (100 - 95\%)}{(100 - 75\%)} = 2m^3$$

TIP

① 분뇨투입량 100KL/day = $100m^3/day$

② V_1 = 분뇨투입량×투입량 중 소화슬러지 발생량

= $100m^3/day \times 0.1$

40 분뇨처리장의 방류수량이 1,000 m^3/day일 때 16분간 염소소독을 할 경우 소독조의 크기(m^3)는?

㉮ 약 6 m^3 ㉯ 약 11 m^3
㉰ 약 24 m^3 ㉱ 약 38 m^3

풀이 소독조의 크기(m^3)

= 방류수량(m^3/day) × 시간(day)

$$= 1{,}000m^3/day \times \frac{1day}{24hr} \times \frac{1hr}{60min} \times 16min$$

$= 11.11m^3$

| 제3과목 | 폐기물공정시험기준

41 폐기물공정시험기준에서 정하는 시료의 축소방법으로 틀린 것은?

㉮ 구획법 ㉯ 교호삽법
㉰ 원추 4분법 ㉱ 등분법

풀이 시료의 축소방법에는 구획법, 교호삽법, 원추4분법이 있다.

answer 38 ㉰ 39 ㉰ 40 ㉯ 41 ㉱

42 폐기물공정시험기준상 정하는 용어에 대한 내용으로 틀린 것은?

㉮ 바탕시험을 하여 보정한다 : 시료에 대한 처리 및 측정을 할 때, 시료를 사용하지 않고 같은 방법으로 조작한 측정치를 빼는 것이다.
㉯ 항량으로 될 때까지 건조한다 : 같은 조건에서 1시간 더 건조할 때 전후 무게의 차가 g당 0.3mg 이하일 때를 말한다.
㉰ 정확히 단다 : 규정된 양의 시료를 취하여 화학저울 또는 미량저울로 칭량함을 의미한다.
㉱ 감압 또는 진공 : 따로 규정이 없는 한 15mmHg 이하를 의미한다.

풀이 ㉰ 정확히 단다 : 규정된 수치의 무게를 0.1mg까지 다는 것을 의미한다.

43 폐기물시료의 수분측정 결과 다음과 같은 자료를 얻었다. 수분함량은? (단, 증발접시의 질량(W_1) : 50.125g, 건조 전 증발접시와 시료의 질량(W_2) : 92.345g, 건조 후 증발접시와 시료의 질량(W_3) : 78.125g이다.)

㉮ 약 23% ㉯ 약 28%
㉰ 약 34% ㉱ 약 39%

풀이 수분의 함량(%)

$$= \frac{W_2 - W_3}{W_2 - W_1} \times 100$$

$$= \frac{92.345\text{g} - 78.125\text{g}}{92.345\text{g} - 50.125\text{g}} \times 100 = 33.68\%$$

44 카드뮴의 자외선/가시선 분광법에 대한 내용으로 틀린 것은?

㉮ 카드뮴 이온을 시안화칼륨이 존재하는 산성에서 디티존과 반응시켜 생성하는 카드뮴착염을 사염화탄소로 추출한다.
㉯ 추출한 카드뮴착염을 타타르산용액으로 역추출한 다음 수산화나트륨과 시안화칼륨을 넣어 디티존과 반응한다.
㉰ 생성하는 적색의 카드뮴착염을 사염화탄소로 추출하여 그 흡광도를 520nm에서 측정한다.
㉱ 시료에 다량의 비스무트(Bi)가 공존하면 시안화칼륨용액으로 수회 씻어도 무색이 되지 않는다.

풀이 ㉮ 카드뮴 이온을 시안화칼륨이 존재하는 알칼리성에서 디티존과 반응시켜 생성하는 카드뮴착염을 사염화탄소로 추출한다.

45 반고상 또는 고상폐기물 시료 (①)g을 (②)mL 비커에 취한 다음 정제수 (③)mL를 넣어 잘 교반하여 30분 이상 방치한 다음 이 현탁액을 시료용액으로 사용하거나 원심분리한 후 상층액을 시료용액으로 하여 pH를 측정할 때 ( ) 안에 알맞은 것은?

㉮ ① 10, ② 50, ③ 25
㉯ ① 10, ② 100, ③ 50
㉰ ① 50, ② 50, ③ 25
㉱ ① 50, ② 100, ③ 50

풀이 반고상 또는 고상폐기물 분석절차

시료 10g → 50mL 비커 $\xrightarrow[\text{교 반}]{\text{정제수 25mL}}$ 30분 이상 방치 후 측정

answer 42 ㉰ 43 ㉰ 44 ㉮ 45 ㉮

46 폐기물 중의 기름성분의 추출에 사용되는 물질은?

㉮ 클로로폼 ㉯ 사염화탄소
㉰ 노말헥산 ㉱ 아세트산부틸

풀이 기름성분의 추출에 사용되는 물질은 노말헥산이다.

47 납을 자외선/가시선 분광법으로 측정할 때 ( )안에 적당한 내용은?

> 납이온이 시안화칼륨 공존하에 알칼리성에서 (①)과 반응하여 생성된 착염을 (②)(으)로 추출하여 흡광도를 정량하는 방법이다.

㉮ ① 디티존, ② 사염화탄소
㉯ ① 디티존, ② 클로로폼
㉰ ① DDTC-MIBK, ② 노말헥산
㉱ ① DDTC-MIBK, ② 아세톤

풀이 납의 자외선/가시선 분광법의 핵심 내용
① 시안화칼륨 공존 하에 알칼리성에서 디티존과 반응
② 추출용매 : 사염화탄소
③ 520nm에서 흡광도 측정

48 대상폐기물의 양과 시료의 최소 수 기준에 대한 기술 중 틀린 것은?

㉮ 1톤 이상 ~ 5톤 미만 : 10
㉯ 30톤 이상 ~ 100톤 미만 : 15
㉰ 500톤 이상 ~ 1,000톤 미만 : 36
㉱ 5,000톤 이상 : 60

풀이 ㉯ 30톤 이상 ~ 100톤 미만 : 20

TIP
대상폐기물의 양과 시료의 최소수

대상폐기물의 양(ton)	시료 최소 수	대상폐기물의 양(ton)	시료 최소 수
1 미만	6	100 이상 ~ 500 미만	30
1 이상 ~ 5 미만	10	500 이상 ~ 1,000 미만	36
5 이상 ~30 미만	14	1,000 이상 ~ 5,000 미만	50
30 이상 ~100 미만	20	5,000 이상	60

49 고형물 함량이 60%, 강열감량이 80%인 폐기물의 유기물 함량(%)은?

㉮ 53.3 ㉯ 66.7
㉰ 75.4 ㉱ 81.2

풀이 $\text{유기물 함량(\%)} = \frac{\text{휘발성 고형물(\%)}}{\text{고형물(\%)}} \times 100$

① 수분(%) $= 100\% - \text{고형물(\%)} = 100\% - 60\% = 40\%$
② 휘발성 고형물(%) $= \text{강열감량(\%)} - \text{수분(\%)} = 80\% - 40\% = 40\%$
③ 유기물 함량(%) $= \frac{40\%}{60\%} \times 100 = 66.67\%$

50 Lamber-Beer 법칙에서 강도의 단색광이 정색액을 통과할 때 그 빛의 90%가 흡수된다면 흡광도는?

㉮ 1.0 ㉯ 0.9
㉰ 0.5 ㉱ 0.1

풀이 $\text{흡광도(A)} = \log\frac{1}{\text{투과도}} = \log\frac{1}{0.1} = 1.0$

answer 46 ㉰ 47 ㉮ 48 ㉯ 49 ㉯ 50 ㉮

TIP

① 흡수% + 투과% = 100%
② 투과% = 100% − 흡수% = 100% − 90% = 10%

51 시안 – 이온전극법에 의한 측정원리이다. ( )안에 알맞은 내용은?

pH ( )으로 조절한 후 시안 이온전극과 비교전극을 사용하여 전위를 측정하고 그 전위차로부터 시안을 정량하는 방법이다.

㉮ 4이하, 산성
㉯ 6~8, 중성
㉰ 9~10, 알칼리성
㉱ 12~13, 알칼리성

풀이 시안의 측정방법별 pH 조절범위
① 자외선/가시선 분광법 : pH 2 이하의 산성으로 조절
② 이온전극법 : pH 12~13의 알칼리성으로 조절

52 다음 중 자외선/가시선 분광법에 대한 내용으로 틀린 것은?

㉮ 장치의 순서는 광원부 → 파장선택부 → 시료부 → 측광부 이다.
㉯ 자외부의 광원으로는 중수소방전관을 사용하고 가시부의 광원으로는 텅스텐 램프를 사용한다.
㉰ 시료의 흡수파장이 370nm 이하일 때는 경질유리 흡수셀을 사용한다.
㉱ 흡광도의 측정값이 0.2~0.8의 범위에 들도록 실험용액의 농도를 조절한다.

풀이 ㉰ 시료의 흡수파장이 370nm 이하일 때는 석영 흡수셀을 사용한다.

53 시안(CN)을 자외선/가시선 분광법으로 측정 시 간섭물질과 제거물질을 연결한 것으로 틀린 것은?

㉮ 잔류염소 함유 시료 : 이산화비소산나트륨용액
㉯ 다량의 지방성분 함유 시료 : 클로로폼
㉰ 황화물 함유 시료 : 아세트산바륨용액
㉱ 잔류염소 함유 시료 : L-아스코빈산

풀이 ㉰ 황화물 함유 시료 : 아세트산아연용액

TIP

시안(CN) 측정 시 간섭물질과 제거물질
① 다량의 지방성분 함유 시료 : 노말헥산, 클로로폼
② 황화물 함유 시료 : 아세트산아연용액
③ 잔류염소 함유 시료 : L-아스코빈산, 이산화비소산나트륨용액

54 회분식 연소방식의 소각재 반출설비에서 시료채취에 대한 내용으로 알맞은 것은?

㉮ 하루 동안의 운전횟수에 따라 매 운전 시마다 2회 이상, 시료의 양은 1회에 500g 이상 채취한다.
㉯ 하루 동안의 운전횟수에 따라 매 운전 시마다 3회 이상, 시료의 양은 1회에 100g 이상 채취한다.
㉰ 하루 동안의 운행시간에 따라 매 운전 시마다 2회 이상, 시료의 양은 1회에 500g 이상 채취한다.
㉱ 하루 동안의 운행시간에 따라 매 운전 시마다 3회 이상, 시료의 양은 1회에 100g 이상 채취한다.

answer 51 ㉱ 52 ㉰ 53 ㉰ 54 ㉮

풀이 회분식 연소방식의 소각재 반출설비에서 시료채취
① 기준 : 하루 동안의 운전횟수에 따라
② 채취횟수 : 2회 이상
③ 채취시료의 양 : 1회에 500g 이상

55 폐기물공정시험기준상 ppm(parts per million) 단위로 틀린 것은?

㉮ mg/m^3 ㉯ g/KL
㉰ mg/kg ㉱ mg/L

풀이 백만분율(ppm, Parts Per Million)을 표시할 때는 mg/L, mg/kg의 기호로 사용하며, g/KL는 mg/L와 같은 단위이다.

56 유기물이 높은 비율로 함유하고 있으면서 산화분해가 어려운 시료들에 적용하는 산분해법은?

㉮ 질산 분해법
㉯ 질산-황산 분해법
㉰ 질산-염산 분해법
㉱ 질산-과염소산 분해법

풀이 ㉱ 질산-과염소산 분해법에 대한 내용이며, 암기법은 "과산화가 어려운"임을 숙지하시면 됩니다.

57 자외선/가시선 분광법으로 크롬을 정량할 때 총 크롬을 6가 크롬으로 변화시킬 때 사용하는 시약은?

㉮ 다이페닐카바자이드
㉯ 질산암모늄
㉰ 과망간산칼륨
㉱ 염화제일주석

풀이 크롬의 자외선/가시선 분광법

$$Cr^{3+} \xrightarrow[KMnO_4]{\text{강산화제}} Cr^{6+}$$

58 수분 및 고형물을 중량법으로 분석할 때의 내용으로 틀린 것은?

㉮ 시료를 105~110℃에서 4시간 건조하고 데시게이터에서 식힌다.
㉯ 폐기물 중 수분은 24시간 이내에 증발 처리하여야 한다.
㉰ 시료를 보관하여야 하는 경우 기밀용기에 넣어 0~4℃의 냉암소에 보관하고, 보관된 시료는 10일 이내에 측정하여야 한다.
㉱ 이 시험 기준은 0.1%까지 측정한다.

풀이 ㉰ 시료를 보관하여야 하는 경우 기밀용기에 넣어 0~4℃의 냉암소에 보관하고, 보관된 시료는 7일 이내에 측정하여야 한다.

answer 55 ㉮ 56 ㉱ 57 ㉰ 58 ㉰

59 용출실험의 결과에서 시료 중의 수분함량을 보정하기 위해 곱하는 식으로 알맞은 것은? (단, 시료의 함수율이 85% 이상인 경우에 한함)

㉮ $\frac{15}{100 - \text{시료의 함수율(\%)}}$

㉯ $\frac{100 - \text{시료의 함수율(\%)}}{15}$

㉰ $\frac{\text{시료의 함수율(\%)} - 15}{100}$

㉱ $\frac{100}{\text{시료의 함수율(\%)} - 15}$

60 크롬(Cr)을 원자흡수분광광도법(공기-아세틸렌불꽃)으로 측정할 때 철, 니켈 등의 공존 물질에 의한 방해 영향이 크므로 어떤 시약을 넣어 측정하는가?

㉮ 황산나트륨 ㉯ 인산나트륨
㉰ 질산나트륨 ㉱ 염화나트륨

풀이 크롬(Cr)을 원자흡수분광광도법(공기-아세틸렌불꽃)으로 측정할 때 철, 니켈 등의 공존 물질에 의한 방해 영향은 황산나트륨을 1% 정도 넣어 측정한다.

answer 59 ㉮ 60 ㉮

2022 1회 CBT 복원문제

| 제1과목 | 폐기물개론

01 다음 중 돌, 코르크 등의 불투명한 것과 유리같은 투명한 것의 분리에 이용되는 선별 방법은?

㉮ 광학선별 ㉯ 정전기적 선별
㉰ 자력선별 ㉱ 손선별

풀이 ㉮ 광학선별에 대한 내용이며, 핵심 내용인 "불투명한 것과 투명한 것 분리=광학선별"임을 숙지하시면 됩니다.

02 폐기물의 발생량 조사방법 중 통계조사법에 대한 내용으로 틀린 것은?

㉮ 표본조사는 경비가 적게 든다.
㉯ 표본조사는 조사기간이 짧다.
㉰ 전수조사는 표본치의 보전역할이 가능하다.
㉱ 전수조사는 표본오차가 크고 신뢰도가 낮다.

풀이 ㉱ 전수조사는 표본오차가 작고 신뢰도가 높다.

03 유해성 폐기물이라 판단할 수 있는 성질로 틀린 것은?

㉮ 부패성 ㉯ 폭발성
㉰ 반응성 ㉱ 인화성

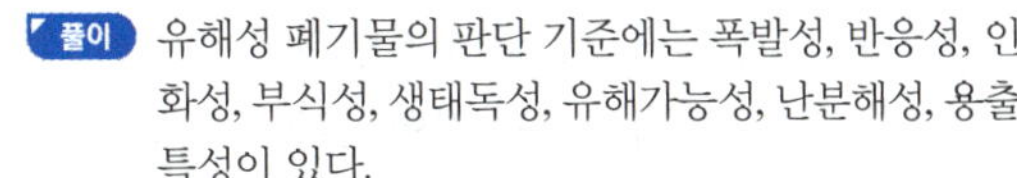

풀이 유해성 폐기물의 판단 기준에는 폭발성, 반응성, 인화성, 부식성, 생태독성, 유해가능성, 난분해성, 용출특성이 있다.

04 부피감소율이 80%인 쓰레기의 압축비는?

㉮ 2 ㉯ 3
㉰ 4 ㉱ 5

풀이

$$압축비 = \frac{100}{100 - 부피감소율(\%)} = \frac{100}{100 - 80\%} = 5$$

05 하나의 수식으로 각 인자들이 효과를 총괄적으로 나타내어 복잡한 시스템의 분석에 유용하게 사용할 수 있는 쓰레기 발생량을 예측하는 방법은?

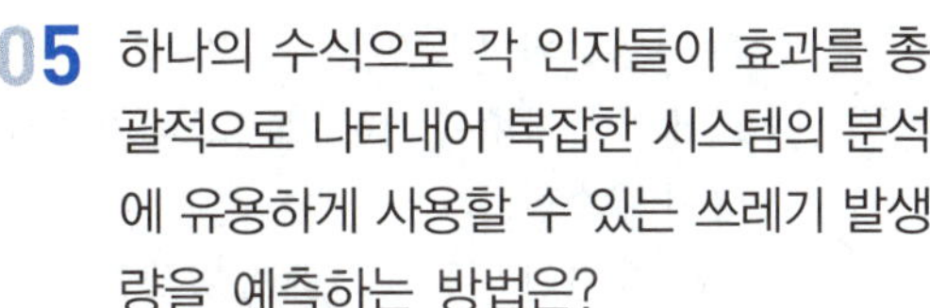

㉮ 다중회귀모델
㉯ 동적모사모델
㉰ 경향모델
㉱ 물질수지모델

풀이 ㉮ 다중회귀모델에 대한 내용이며, 핵심 내용인 "복잡한 시스템의 분석=다중회귀모델"임을 숙지하시면 됩니다.

answer 01 ㉮ 02 ㉱ 03 ㉮ 04 ㉱ 05 ㉮

06 물질회수를 위한 선별방법 중 손선별에 대한 내용으로 틀린 것은?

㉮ 컨베이어 벨트를 이용하여 손으로 종이류, 플라스틱류, 금속류, 유리류 등을 분류한다.
㉯ 기계적인 선별보다 작업량은 증가할 수 있으나 정확도는 떨어진다.
㉰ 파쇄공정 유입 전 폭발가능성 있는 물질을 분류할 수 있는 장점이 있다.
㉱ 작업효율은 0.5ton/인 · 시간 정도이다.

풀이 ㉯ 기계적인 선별보다 작업량은 감소할 수 있으나 정확도는 증가한다.

07 폐기물 발생의 특징에 대한 내용으로 틀린 것은?

㉮ 쓰레기의 성분은 계절에 영향을 받는다.
㉯ 생활수준이 증가할수록 쓰레기의 종류는 다양화되고 발생량은 증가한다.
㉰ 쓰레기를 자주 수거해 가면 쓰레기 발생량이 감소한다.
㉱ 쓰레기 관련 법규는 쓰레기 발생량에 매우 중요한 영향을 미친다.

풀이 ㉰ 쓰레기를 자주 수거해 가면 쓰레기 발생량이 증가한다.

08 수분이 60%, 수소가 8%인 폐기물의 고위발열량이 4,000kcal/kg이라면 저위발열량(kcal/kg)은?

㉮ 3,018 ㉯ 3,208
㉰ 3,408 ㉱ 3,508

풀이 $Hl = Hh - 600(9H + W)$(kcal/kg)
여기서 Hl : 저위발열량(kcal/kg)
Hh : 고위발열량(kcal/kg)
H : 수소의 함량
W : 수분의 함량
따라서 $Hl = 4{,}000\text{kcal/kg} - 600 \times (9 \times 0.08 + 0.6)$
$= 3{,}208\text{kcal/kg}$

TIP
기체연료에서 저위발열량(Hl)
$Hl(\text{kcal/Sm}^3) = Hh(\text{kcal/Sm}^3) - 480 \times H_2O$ 갯수

09 다음 중 분뇨의 특징으로 틀린 것은?

㉮ 악취가 유발된다.
㉯ 고액분리가 용이하다.
㉰ 분뇨내 협잡물의 양과 질은 도시, 농촌, 공장지대 등 발생지역에 따라 그 차이가 크다.
㉱ 우리나라 도시의 분뇨 수거량은 1인 1일당 0.9~1.2L이다.

풀이 ㉯ 고액분리가 어렵다.

10 폐기물 시료의 성상절차 중 가장 먼저 시행하는 것은?

㉮ 밀도측정
㉯ 물리적 조성분석
㉰ 건조
㉱ 전처리

풀이 폐기물의 성상분석 절차 순서는 시료 → 밀도 측정 → 물리적 조성분석 → 건조 → 분류(가연성, 불연성) → 전처리(절단 및 분쇄) → 화학적 조성분석이다.

answer 06 ㉯ 07 ㉰ 08 ㉯ 09 ㉯ 10 ㉮

11 쓰레기 선별효율 중 Trommel 스크린 선별효율에 영향을 주는 인자에 대한 내용으로 틀린 것은?

㉮ 스크린에 폐기물을 주입하기 이전에 분쇄기를 두는 것이 효과적이다.
㉯ 회전속도는 어느 정도 증가할수록 선별효율이 증가하나 그 이상이 되면 막힘 현상이 일어난다.
㉰ 경사도가 크면 효율은 증진되나 부하율이 떨어진다.
㉱ 경험적으로 [임계회전속도×0.45 = 최적회전속도]로 나타낼 수 있다.

풀이 ㉰ 경사도가 크면 효율은 감소하고 부하율은 증가한다.

12 다음 중 슬러지의 함유 수분 중 탈수성이 가장 용이한 수분은?

㉮ 간극모관결합수
㉯ 모관결합수
㉰ 표면부착수
㉱ 내부수

풀이 슬러지내의 탈수성의 순서는 간극모관결합수 > 모관결합수 > 표면부착수 > 내부수 순이다.

13 폐기물을 수거하여 분석한 결과 함수율이 30%이고 총휘발성 고형물은 총고형물의 80%, 유기탄소량은 총휘발성 고형물의 90%이었다. 또한 총질소량은 총고형물의 2%라 할 때 이 폐기물의 C/N(유기탄소량/총질소량)은? (단, 비중은 1.0 기준이다.)

㉮ 28 ㉯ 36
㉰ 42 ㉱ 51

풀이 $\text{C/N비} = \frac{\text{탄소량}}{\text{질소량}} = \frac{(1-0.3)\times 0.8\times 0.9}{(1-0.3)\times 0.02} = 36$

TIP

고형물(%) = 100 − 수분(%) = 100 − 30% = 70%

14 거주지가 정해진 수거일에 맞추어 쓰레기 저장용기를 노변에 갖다 놓으면 수거차량이 용기를 비우고 빈 용기는 주인이 찾아가는 쓰레기 수거형태는?

㉮ Set out Service
㉯ Set out back Service
㉰ Curb Service
㉱ alley Service

풀이 ㉰ Curb Service에 대한 설명이며, 핵심 내용인 "수거차량이 용기를 비우면 빈 용기를 찾아가는 형태=Curb Service"임을 숙지하시면 됩니다.

answer 11 ㉰ 12 ㉮ 13 ㉯ 14 ㉰

15 다음 중 쓰레기 수거노선을 설정 시 유의사항으로 틀린 것은?

㉮ 언덕지역에서는 위에서 아래로 진행한다.
㉯ U자형 회전을 피한다.
㉰ 가능한 반시계방향으로 수거노선을 정한다.
㉱ 발생량이 아주 많은 발생원은 하루 중 가장 먼지 수거한다.

풀이 ㉰ 가능한 시계방향으로 수거노선을 정한다.

16 새로운 쓰레기 수집방법 중 pipe-line 방식에 대한 내용으로 틀린 것은?

㉮ 쓰레기 발생빈도가 낮아야 현실성이 있다.
㉯ 대형 폐기물에 대한 전처리가 필요하다.
㉰ 잘못 투입된 물건은 회수하기가 곤란하다.
㉱ 장거리 이용이 곤란하다.

풀이 ㉮ 쓰레기 발생빈도가 높아야 현실성이 있다.

17 쓰레기 파쇄기에 대한 내용으로 틀린 것은?

㉮ 전단파쇄기는 주로 목재류, 플라스틱류 및 종이류를 파쇄하는데 이용된다.
㉯ 전단파쇄기는 대체로 충격파쇄기에 비해 파쇄 속도가 느리고 이물질의 혼입에 대하여 약하다.
㉰ 충격파쇄기는 기계의 압착력을 이용하는 것으로 주로 왕복식을 적용한다.
㉱ 압축파쇄기는 파쇄기의 마모가 적고 비용이 적게 소요되는 장점이 있다.

풀이 ㉰ 충격파쇄기는 주로 회전식에 적용한다.

18 어느 주거지역에서 1일 1인당 1.2kg의 폐기물이 발생되고 1가구당 3인이 살며, 이 지역의 총 가구수는 3,000일 때 5일간의 총 폐기물의 발생량(kg)은?

㉮ 58,000kg ㉯ 54,000kg
㉰ 31,600kg ㉱ 30,800kg

풀이 총 폐기물의 발생량(kg)
= 폐기물 발생량(kg/인·일) × 인구수 × 수거기간(일)
= 1.2kg/인·일 × 3인/가구 × 3,000가구 × 5일
= 54,000 kg

19 다음 중 적환장의 필요성으로 틀린 것은?

㉮ 폐기물 수집장소와 처분장소가 멀리 떨어져 있는 경우
㉯ 슬러지수송이나 공기수송 방식을 사용하는 경우
㉰ 고밀도 주거지역이 존재하는 경우
㉱ 불법투기와 다량의 어질러진 쓰레기들이 발생하는 경우

풀이 ㉰ 저밀도 주거지역이 존재하는 경우

20 청소상태를 평가하는 방법 중 서비스를 받는 시민들의 만족도를 설문조사하여 나타내어지는 만족도 지수는?

㉮ SVI ㉯ SDI
㉰ USI ㉱ CEI

풀이 **청소상태의 평가법**
① CEI : 지역사회 효과지수
② USI : 사용자 만족도 지수

answer 15 ㉰ 16 ㉮ 17 ㉰ 18 ㉯ 19 ㉰ 20 ㉰

| 제2과목 | 폐기물처리기술

21 고화처리법 중 자가시멘트법에 대한 내용으로 틀린 것은?

㉮ 장치비가 크며 숙련된 기술을 요한다.
㉯ 많은 황화물을 가지는 폐기물에 적합하다.
㉰ 혼합률(MR)이 높다.
㉱ 탈수 등 전처리가 필요 없다.

풀이 ㉰ 혼합률(MR)이 낮다.

TIP

$$MR = \frac{\text{첨가제의 질량}}{\text{폐기물의 질량}}$$

22 C_6H_6 5Sm^3가 완전 연소하는데 필요한 이론공기량(Sm^3)은?

㉮ 167.6Sm^3 ㉯ 178.6Sm^3
㉰ 189.6Sm^3 ㉱ 192.6Sm^3

풀이 ① $C_6H_6 + 7.5O_2 \rightarrow 6CO_2 + 3H_2O$

22.4Sm^3 : 7.5 × 22.4Sm^3
5Sm^3 : O_o(이론산소량)

$$\therefore O_o(\text{이론산소량}) = \frac{5Sm^3 \times 7.5 \times 22.4Sm^3}{22.4Sm^3} = 37.5Sm^3$$

② 이론공기량(Sm^3)

$$= \text{이론산소량}(Sm^3) \times \frac{1}{0.21}$$

$$= 37.5Sm^3 \times \frac{1}{0.21} = 178.57Sm^3$$

TIP

체적(Sm^3) = 계수 × 22.4(Sm^3)

23 매립지의 합성차수막 중 PVC의 장점으로 틀린 것은?

㉮ 가격이 저렴하며 작업이 용이하다.
㉯ 강도가 높다.
㉰ 대부분의 유기화학물질에 강하다.
㉱ 접합이 용이하다.

풀이 ㉰ 대부분의 유기화학물질에 약하다.

24 메탄(CH_4)의 고위발열량이 8,500kcal/Sm^3이라면 저위발열량은?

㉮ 7,440kcal/Sm^3
㉯ 7,540kcal/Sm^3
㉰ 7,640kcal/Sm^3
㉱ 7,740kcal/Sm^3

풀이 $CH_4 + 2O_2 \rightarrow CO_2 + 2H_2O$

Hl = Hh − 480 × H_2O갯수(kcal/Sm^3)

여기서 Hl : 저위발열량(kcal/Sm^3)
Hh : 고위발열량(kcal/Sm^3)

따라서 Hl = 8,500kcal/Sm^3 − 480 × 2
= 7,540kcal/Sm^3

TIP

① 안전연소 반응식 :

$$C_mH_n + \left(m + \frac{n}{4}\right)O_2 \rightarrow mCO_2 + \frac{n}{2}H_2O$$

② Sm^3/Sm^3 = 체적비 = 개수비

실전문제

CBT 복원문제

answer 21 ㉰ 22 ㉯ 23 ㉰ 24 ㉯

25 고형물 5%를 함유하는 슬러지를 하루에 $100\,m^3$씩 침전지로부터 제거하는 처리장에서 운영기술의 숙달로 8%의 고형물을 함유하는 슬러지로 제거할 수 있다면, 제거되는 슬러지의 양(m^3)은? (단, 제거되는 고형물의 질량은 같으며 비중은 1.0 기준이다.)

㉮ 약 $51\,m^3$　　㉯ 약 $63\,m^3$
㉰ 약 $79\,m^3$　　㉱ 약 $82\,m^3$

풀이 $V_1 \times TS_1 = V_2 \times TS_2$

여기서 V_1 : 처음 슬러지량(m^3)
TS_1 : 처음 고형물(%)
V_2 : 나중 슬러지량(m^3)
TS_2 : 나중 고형물(%)

따라서 $100m^3 \times 5\% = V_2 \times 8\%$

$$\therefore V_2 = \frac{100m^3 \times 5\%}{8\%} = 62.5\ m^3$$

26 다음 조건과 같은 매립지 내 침출수가 차수층을 통과하는데 소요되는 시간(년)은?

- 점토층 두께 : 1.0m
- 유효공극률 : 0.35
- 투수계수 : 10^{-7}cm/s
- 상부침출수 수두 : 0.4m

㉮ 약 2년　　㉯ 약 4년
㉰ 약 6년　　㉱ 약 8년

풀이 $$t = \frac{d^2 \cdot n}{k(d+h)}$$

여기서 t : 침출수가 점토층을 통과하는 시간(년)
d : 점토층의 두께(m)
n : 유효공극률
k : 투수계수(m/년)
h : 침출수 수두(m)

① $$k(m/년) = \frac{10^{-7}cm}{sec} \times \frac{1m}{10^2 cm} \times \frac{3,600sec}{1hr} \times \frac{24hr}{1day} \times \frac{365day}{1년} = 0.031536m/년$$

② $$t = \frac{(1.0m)^2 \times 0.35}{0.031536m/년 \times (1.0m + 0.4m)} = 7.93년$$

27 분뇨를 혐기성 소화방식으로 처리하기 위하여 직경 10m, 높이 6m의 소화조를 설치하였다. 분뇨 주입량을 1일 $48\,m^3$로 할 때, 소화조 내 체류시간은?

㉮ 약 10일　　㉯ 약 15일
㉰ 약 20일　　㉱ 약 25일

풀이 $$소화조내\ 체류시간(day) = \frac{소화조의\ 용적(m^3)}{분뇨주입량(m^3/day)}$$

① 소화조의 용적
$= 단면적(m^2) \times 높이(m)$
$= \frac{\pi D^2}{4}(m^2) \times H(m)$
$= \frac{\pi \times (10m)^2}{4} \times 6m = 471.24m^3$

② 소화조 내 체류시간(day)
$= \frac{471.24m^3}{48m^3/day}$
$= 9.82day$

answer 25 ㉯ 26 ㉱ 27 ㉮

28 매립지의 차수막 중 연직차수막에 대한 내용으로 틀린 것은?

㉮ 지중에 수평방향의 차수층 존재시 사용한다.
㉯ 지하수 집배수시설이 필요하다.
㉰ 지하매설로써 차수성의 확인이 어렵다.
㉱ 차수막 보강시공이 가능하다.

풀이 ㉯ 지하수 집배수시설이 불필요하다.

TIP

연직차수막과 표면차수막의 비교

	연직차수막	표면차수막
차수성 확인	지하에 매설하기 때문에 확인이 어렵다.	시공 시에는 가능하나 매립 후에는 곤란하다.
경제성	단위면적당 공사비가 비싼 반면 총공사비는 싸다.	단위면적당 공사비는 싸지만 매립지 전체를 시공하는 경우가 많아 총공사비는 비싸다.
보수성	차수막 보강시공이 가능	매립 전에는 가능하나 매립 후에는 어렵다.
지하수 집배수 시설	필요 없다.	필요하다.

29 매연발생에 대한 내용으로 틀린 것은?

㉮ 분해가 쉽거나 산화하기 쉬운 탄화수소는 매연발생이 적다.
㉯ 탈수소, 중합 및 고리화합물 생성 등과 같은 반응이 일어나기 쉬운 탄화수소일수록 매연발생이 적다.
㉰ -C-C-의 탄소결합을 절단하기보다는 탈수소가 쉬운 쪽이 매연이 생기기 쉽다.
㉱ 연료의 C/H의 비율이 클수록 매연이 생기기 쉽다.

풀이 ㉯ 탈수소, 중합 및 고리화합물 생성 등과 같은 반응이 일어나기 쉬운 탄화수소일수록 매연발생이 많다.

30 황분 2%를 함유한 석탄 1.5ton를 완전연소하면 표준상태에서 발생하는 아황산가스의 양(Sm^3)은? (단, 모든 황분은 아황산가스만을 생성한다.)

㉮ 32 ㉯ 21
㉰ 16 ㉱ 10

풀이 $S + O_2 \rightarrow SO_2$

$32kg : 22.4Sm^3$

$1,500kg \times 0.02 : X$

$$\therefore X = \frac{1,500kg \times 0.02 \times 22.4Sm^3}{32kg} = 21.0Sm^3$$

31 액화석유가스(LPG)에 대한 내용으로 틀린 것은?

㉮ 황분이 적고 독성이 없다.
㉯ 사용에 편리한 기체연료의 특징과 수송 및 저장에 편리한 액체연료의 특징을 겸비하고 있다.
㉰ 액체에서 기체로 될 때 증발열 600~800 kcal/kg이 발생하며 이에 따라 발열량이 높아진다.
㉱ 비중이 공기보다 무거워 누출될 경우 낮은 곳에 체류하여 인화되기 쉽다.

풀이 ㉰ 액체에서 기체로 될 때 증발열 90~100kcal/kg이다.

answer 28 ㉯ 29 ㉯ 30 ㉯ 31 ㉰

32 인구 200,000명인 어느 도시의 매립지를 조성하고자 한다. 1인 1일 쓰레기 발생량은 1.3kg이고 쓰레기 밀도는 0.5t/m^3이며 이 쓰레기를 압축하면 그 용적이 2/3로 줄어든다. 압축한 쓰레기를 매립할 경우, 연간 필요한 매립면적(m^2)은? (단, 매립지 깊이 3m, 기타조건은 고려하지 않는다.)

㉮ 약 12,500 m^2 ㉯ 약 21,800 m^2
㉰ 약 35,900 m^2 ㉱ 약 42,200 m^2

풀이 매립면적(m^2/년)

$$= \frac{\text{쓰레기 발생량(kg/년)} \times (1-\text{부피감소율})}{\text{쓰레기 밀도(kg/m}^3) \times \text{깊이(m)}}$$

$$= \frac{1.3\text{kg/인·일} \times 200,000\text{인} \times 365\text{일/년} \times \frac{2}{3}}{500\text{kg/m}^3 \times 3\text{m}}$$

$= 42,177.78\text{m}^2$/년

33 폐기물의 열분해에 대한 내용으로 틀린 것은?

㉮ 열분해를 통하여 얻어지는 연료의 성질을 결정짓는 요소로는 운전온도, 가열속도, 폐기물의 성질 등으로 알려져 있다.
㉯ 열분해방법은 저온법과 고온법이 있는데, 통상적으로 저온은 500~900℃, 고온은 1,100~1,500℃를 말한다.
㉰ 열분해 온도에 따른 가스의 구성비는 고온이 될수록 CO_2 함량이 늘고 수소함량은 줄어든다.
㉱ 열분해에 의해 생성되는 액체물질에는 아세트산, 아세톤, 메탄올, 오일, 타르, 방향성 물질이 있다.

풀이 ㉰ 열분해 온도에 따른 가스의 구성비는 고온이 될수록 CO_2 함량이 감소하고, 수소함량이 증가한다.

34 다음 중 매립 후 정상상태의 단계에서 발생하는 가스 중 2번째로 큰 부분을 차지하는 가스는? (단, 가스구성비(%)는 부피 기준이다.)

㉮ 이산화탄소(CO_2)
㉯ 메탄(CH_4)
㉰ 황화수소(H_2S)
㉱ 수소(H_2)

풀이 Ⅳ단계(정상적인 혐기단계)에서 발생되는 가스는 CH_4 55%, CO_2 45%이다.

35 매립지 침출수의 발생량을 추정하는 일일 강우량에 의한 식을 이용하는 경우 다음 조건에서 일일 발생하는 침출수의 양(m^3/day)은? (단, 침투된 강우는 모두 침출수로 발생되며 기타 조건은 고려하지 않는다.)

- 침투율 : 0.3
- 연평균 일강우량 : 5mm
- 매립지 면적 : 300,000 m^2

㉮ 225 m^3/day ㉯ 325 m^3/day
㉰ 450 m^3/day ㉱ 650 m^3/day

풀이 발생되는 침출수의 양(m^3/day)
= 매립지 면적(m^2) × 강우량(m/day) × 침투율
= $300,000\text{m}^2 \times 5 \times 10^{-3}\text{m/day} \times 0.3$
= 450m^3/day

answer 32 ㉱ 33 ㉰ 34 ㉮ 35 ㉰

36 매립공법에 의한 분류 중 육상매립공법에 해당하지 않는 것은?

㉮ 도랑형 공법(Trench system)
㉯ 셀 공법(Cell system)
㉰ 박층뿌림 공법(Thin layer system)
㉱ 압축매립 공법(Baling system)

풀이 매립공법의 종류
① 내륙 매립공법 : 샌드위치 공법, 셀 공법, 압축매립 공법, 도랑형 공법
② 해안 매립공법 : 박층뿌림 공법, 순차투입 공법, 내수배제 공법, 수중투기 공법

37 분뇨를 소화처리 시 유기물 농도 $V_s = 30,000mg/L$, 유기물 (분뇨)량 $Q = 100 m^3/일$, 유기물 부하치 $L_{VS} = 5kg/m^3 \cdot 일$ 이라면 소화탱크 용량 $V(m^3)$은?

㉮ $60,000 m^3$　　㉯ $6,000 m^3$
㉰ $600 m^3$　　㉱ $60 m^3$

풀이 유기물의 용적부하($kg/m^3 \cdot day$)

$$= \frac{유기물농도(kg/m^3) \times 유기물량(m^3/day)}{용량(m^3)}$$

따라서 $5kg/m^3 \cdot day = \dfrac{30kg/m^3 \times 100m^3/day}{용량(m^3)}$

$\therefore 용량 = 600m^3$

38 매립층 바닥층이 두껍고 복토로 적합한 지역에 이용하는 매립방법은?

㉮ 도랑법　　㉯ 지역법
㉰ 경사법　　㉱ 계곡매립법

풀이 매립층 바닥층이 두껍고 복토로 적합한 지역에는 도랑법이 적합하다.

39 퇴비화의 장·단점으로 틀린 것은?

㉮ 운영시에 소요되는 에너지가 낮다.
㉯ 다양한 재료를 이용하므로 퇴비제품의 품질 표준화가 어렵다.
㉰ 퇴비화시 부피가 크게(60% 이상) 감소한다.
㉱ 생산된 퇴비는 비료가치가 낮다.

풀이 ㉰ 퇴비화시 부피가 크게 감소되지 않는다.(감용율 50% 이하)

40 다음 중 토양세척법(Soil Washing Treatment)에 대한 내용으로 틀린 것은?

㉮ 휘발성 물질, 생물학적으로 분해 불가능한 물질, 중금속 등에 적용된다.
㉯ 광범위한 지역에 균일한 적용이 가능하다.
㉰ 처리효과가 가장 높은 토양입경은 자갈이다.
㉱ 부지 내에서 유해오염물을 이송없이 바로 처리할 수 있다.

풀이 ㉮ 비휘발성 물질, 생물학적으로 분해성 물질, 중금속 등에 적용된다.

answer 36 ㉰ 37 ㉰ 38 ㉮ 39 ㉰ 40 ㉮

| 제3과목 | 폐기물공정시험기준

41 수소이온농도를 측정할 때 사용하는 표준액 중 pH 값이 가장 작은 것은? (단, 0℃ 기준)

㉮ 프탈산염표준액
㉯ 수산화칼슘표준액
㉰ 인산염표준액
㉱ 탄산염표준액

풀이 pH 값의 크기 순서는 수산염표준액 < 프탈산염표준액 < 인산염표준액 < 붕산염표준액 < 탄산염표준액 < 수산화칼슘표준액 순이며, 암기법은 "수프인 7부 옷에 탄숨"임을 숙지하시면 됩니다.

42 다음 중 자외선/가시선 분광법으로 분석하는 항목으로 틀린 것은?

㉮ 시안 ㉯ 크롬
㉰ 구리 ㉱ PCBs

풀이 항목별 분석방법
㉮ 시안 : 자외선/가시선 분광법, 이온전극법, 연속흐름법
㉯ 크롬 : 원자흡수분광광도법, 유도결합플라스마-원자발광분광법, 자외선/가시선 분광법
㉰ 구리 : 원자흡수분광광도법, 유도결합플라스마-원자발광분광법, 자외선/가시선 분광법
㉱ PCBs : 기체크로마토그래피

43 대상폐기물의 양과 시료의 최소 수 기준에 대한 기술 중 틀린 것은?

㉮ 1톤 이상 ~ 5톤 미만 : 15
㉯ 30톤 이상 ~ 100톤 미만 : 20
㉰ 500톤 이상 ~ 1,000톤 미만 : 36
㉱ 5,000톤 이상 : 60

풀이 ㉮ 1톤 이상 ~ 5톤 미만 : 10

TIP
대상폐기물의 양과 시료의 최소 수

대상폐기물의 양(ton)	시료 최소 수	대상폐기물의 양(ton)	시료 최소 수
1 미만	6	100 이상 ~ 500 미만	30
1 이상 ~ 5 미만	10	500 이상 ~ 1,000 미만	36
5 이상 ~30 미만	14	1,000 이상 ~ 5,000 미만	50
30 이상 ~ 100 미만	20	5,000 이상	60

44 다음 중 함침성 고상폐기물의 정의로 알맞은 것은?

㉮ 종이, 목재 등 기름을 흡수하는 변압기 내부부재(종이, 나무와 금속이 서로 혼합되어 있어 분리가 어려운 경우를 포함)를 말한다.
㉯ 종이, 목재 등 기름을 흡수하는 변압기 외부부재(종이, 나무와 금속이 서로 혼합되어 있어 분리가 어려운 경우를 포함)를 말한다.
㉰ 종이, 목재 등 기름을 흡수하는 변압기 내부부재(종이, 나무와 금속이 서로 혼합되어 있어 분리가 어려운 경우를 비포함)를 말한다.
㉱ 종이, 목재 등 기름을 흡수하는 변압기 외부부재(종이, 나무와 금속이 서로 혼합되어 있어 분리가 어려운 경우를 비포함)를 말한다.

풀이 함침성 고상폐기물의 핵심 내용인 "변압기 내부부재, 분리가 어려운 경우 포함"임을 숙지하시면 됩니다.

answer 41 ㉮ 42 ㉱ 43 ㉮ 44 ㉮

45 다음 중 6가 크롬의 자외선/가시선 분광법에 대한 내용으로 틀린 것은?

㉮ 시료 중에 6가 크롬을 다이페닐카바자이드와 반응시킨다.
㉯ 생성되는 청색의 착화합물의 흡광도를 640nm에서 측정한다.
㉰ 정량범위는 0.04~1.0mg/L이다.
㉱ 시료 중에 잔류염소가 공존하면 발색을 방해한다.

풀이 ㉯ 생성되는 적자색의 착화합물의 흡광도를 540nm에서 측정한다.

46 자외선/가시선 분광법의 분석장치의 구성 순서로 알맞은 것은?

㉮ 시료부-파장선택부-광원부-측광부
㉯ 시료부-광원부-파장선택부-측광부
㉰ 광원부-파장선택부-시료부-측광부
㉱ 광원부-시료부-파장선택부-측광부

풀이 자외선/가시선 분광법의 분석장치의 구성 순서의 암기법은 "광파시측"임을 숙지하시면 됩니다.

47 시안 – 이온전극법에 의한 측정원리이다. (　　)안에 알맞은 내용은?

> pH (　　)으로 조절한 후 시안 이온전극과 비교전극을 사용하여 전위를 측정하고 그 전위차로부터 시안을 정량하는 방법이다.

㉮ 4 이하, 산성
㉯ 6~8, 중성
㉰ 9~10, 알칼리성
㉱ 12~13, 알칼리성

풀이 시안의 측정방법별 pH 조절범위
① 자외선/가시선 분광법 : pH 2 이하의 산성으로 조절
② 이온전극법 : pH 12~13의 알칼리성으로 조절

48 감염성 미생물의 검사법으로 틀린 것은?

㉮ 아포균 검사법
㉯ 세균배양 검사법
㉰ 멸균테이프 검사법
㉱ 최적확수 검사법

풀이 감염성 미생물의 검사법으로는 아포균 검사법, 세균배양 검사법, 멸균테이프 검사법이 있다.

49 구리를 자외선/가시선 분광법으로 측정할 때의 내용으로 틀린 것은?

㉮ 구리이온은 산성하에서 다이에틸다이티오카르바민산나트륨과 반응시킨다.
㉯ 황갈색의 킬레이트 화합물을 아세트산부틸로 추출하여 흡광도를 440nm에서 측정한다.
㉰ 시료의 전처리를 하지 않고 직접 시료를 사용하는 경우, 시료 중에 시안화합물을 완전히 분해 세서 후 시험한다.
㉱ 비스무트(Bi)가 구리의 양보다 2배 이상 존재할 경우에는 황색을 나타내어 방해한다.

풀이 ㉮ 구리이온은 알칼리성에서 다이에틸다이티오카르바민산나트륨과 반응시킨다.

answer 45 ㉯ 46 ㉰ 47 ㉱ 48 ㉱ 49 ㉮

50 회분식 연소방식의 소각재 반출설비에서 시료채취에 대한 내용으로 알맞은 것은?

㉮ 하루 동안의 운전횟수에 따라 매 운전 시마다 2회 이상, 시료의 양은 1회에 500g 이상 채취한다.

㉯ 하루 동안의 운전횟수에 따라 매 운전 시마다 3회 이상, 시료의 양은 1회에 100g 이상 채취한다.

㉰ 하루 동안의 운행시간에 따라 매 운전 시마다 2회 이상, 시료의 양은 1회에 500g 이상 채취한다.

㉱ 하루 동안의 운행시간에 따라 매 운전 시마다 3회 이상, 시료의 양은 1회에 100g 이상 채취한다.

풀이 회분식 연소방식의 소각재 반출설비에서 시료채취
① 기준 : 하루 동안의 운전횟수에 따라
② 채취횟수 : 2회 이상
③ 채취시료의 양 : 1회에 500g 이상

51 다음 중 납의 자외선/가시선 분광법에 대한 내용으로 틀린 것은?

㉮ 시료중의 납이온이 시안화칼륨 공존하에 산성에서 디티존과 반응시킨다.

㉯ 납 디티존착염을 사염화탄소로 추출하고 과잉의 디티존을 시안화칼륨으로 씻은 다음 납 착염의 흡광도를 520nm에서 측정한다.

㉰ 전처리를 하지 않고 직접 시료를 사용하는 경우, 시료 중에 시안화물이 함유되어 있으면 염산 산성으로 하여서 끓여 시안화물을 완전히 분해 제거한 다음 실험한다.

㉱ 시료에 다량의 비스무트(Bi)가 공존하면 시안화칼륨용액으로 수회 씻어도 무색이 되지 않는다.

풀이 ㉮ 시료 중의 납이온이 시안화칼륨 공존하에 알칼리성에서 디티존과 반응시킨다.

52 모아진 대시료를 네모꼴로 엷게 균일한 두께로 펴고, 이것을 가로 4등분 세로 5등분하여 20개의 덩어리로 나누고 20개의 각 부분에서 균등량씩을 취하여 혼합하여 하나의 시료로 만드는 시료의 분할채취방법은?

㉮ 구획법 ㉯ 교호삽법
㉰ 원추4분법 ㉱ 사각분할법

풀이 ㉮ 구획법에 대한 내용이며, 핵심 내용인 "가로 4등분, 세로 5등분, 20개의 덩어리=구획법"임을 숙지하시면 됩니다.

53 크롬(Cr)을 원자흡수분광광도법(공기-아세틸렌불꽃)으로 측정할 때 철, 니켈 등의 공존 물질에 의한 방해 영향이 크므로 어떤 시약을 넣어 측정하는가?

㉮ 황산나트륨 ㉯ 인산나트륨
㉰ 질산나트륨 ㉱ 염화나트륨

풀이 크롬(Cr)을 원자흡수분광광도법(공기-아세틸렌불꽃)으로 측정할 때 철, 니켈 등의 공존 물질에 의한 방해 영향은 황산나트륨을 1% 정도 넣어 측정한다.

answer 50 ㉮ 51 ㉮ 52 ㉮ 53 ㉮

54 고형물함량이 50%, 수분함량이 50%, 강열감량이 90%인 폐기물의 경우 폐기물의 고형물중 유기물함량(%)은?

㉮ 60% ㉯ 70%
㉰ 80% ㉱ 90%

풀이 $\text{유기물 함량(\%)} = \frac{\text{휘발성 고형물(\%)}}{\text{고형물(\%)}} \times 100$

① 휘발성 고형물(%)
= 강열감량(%) − 수분(%)
= 90% − 50% = 40%

② $\text{유기물 함량(\%)} = \frac{40\%}{50\%} \times 100 = 80\%$

55 기름성분을 중량법으로 분석시 시료를 분별 깔때기에 넣고 염산으로 pH를 4 이하로 조절할 때 색 변화로 알맞은 것은? (단, 메틸오렌지 지시약 첨가)

㉮ 황색에서 청색으로
㉯ 황색에서 적색으로
㉰ 무색에서 엷은 황색으로
㉱ 청색에서 황색으로

풀이 기름성분의 중량법의 핵심 내용
① 지시약 : 메틸오렌지(0.1%)
② 종말점 : 황색 → 적색(pH 4 이하)
③ 적정액 : 염산(1+1)

56 강도 I_o의 단색광이 정색용액을 통과할 때 그 빛의 80%가 흡수되었을 때 흡광도는?

㉮ 0.699 ㉯ 0.786
㉰ 0.884 ㉱ 0.912

풀이 $\text{흡광도(A)} = \log\frac{1}{\text{투과도}} = \log\frac{1}{0.2} = 0.699$

TIP
① 투과% + 흡수% = 100%
② 투과% = 100% − 흡수% = 100 − 80% = 20%

57 유기인을 기체크로마토그래피로 분석할 때 내용으로 틀린 것은?

㉮ 검출기는 불꽃광도검출기(FPD) 또는 질소인 검출기(NPD)를 사용한다.
㉯ 정량한계는 0.0005mg/L이다.
㉰ 농축장치로 구데르나다니쉬 농축기를 사용한다.
㉱ 운반기체는 부피백분율 99.999% 이상의 수소를 사용한다.

풀이 ㉱ 운반기체는 부피백분율 99.999% 이상의 헬륨 또는 질소를 사용한다.

58 용출조작 시 진탕회수 기준으로 가장 적당한 것은? (단, 상온·상압 조건, 진폭은 4~5cm이다.)

㉮ 매 분당 약 200회
㉯ 매 분당 약 300회
㉰ 매 분당 약 400회
㉱ 매 분당 약 500회

풀이 용출조작의 핵심 내용
① 상온 상압에서 진탕회수 매 분당 약 200회, 진폭 4 ~ 5cm, 진탕시간 6시간
② 1.0 μm의 유리섬유 여과지로 여과
③ 여과가 어려운 경우 원심분리기로 매 분당 3,000회전 이상으로 20분 이상 원심분리

answer 54 ㉰ 55 ㉯ 56 ㉮ 57 ㉱ 58 ㉮

59 자외선/가시선 분광법에서 사용하는 광원 중 텅스텐램프의 파장영역은?

㉮ 자외부
㉯ 자외부와 가시부
㉰ 가시부와 근적외부
㉱ 근자외부와 적외부

풀이 광원부의 광원
① 가시부와 근적외부 : 텅스텐램프
② 자외부 : 중수소 방전관

60 자외선/가시선 분광법으로 크롬 측정 시 총 크롬을 6가 크롬으로 산화시키기 위해 가하는 시약은?

㉮ 과산화수소
㉯ 과망간산칼륨
㉰ 다이크롬산칼륨
㉱ 염화제일주석

풀이 크롬의 자외선/가시선 분광법

$$Cr^{3+} \xrightarrow[KMnO_4]{\text{강산화제}} Cr^{6+}$$

answer 59 ㉰ 60 ㉯

2022 4회 CBT 복원문제

ㅣ제1과목ㅣ 폐기물개론

01 전과정평가(LCA)의 평가단계를 순서대로 나열한 것은?

㉮ 목적 및 범위 설정 → 목록분석 → 영향평가 → 개선평가 및 해석
㉯ 목적 및 범위 설정 → 영향평가 → 목록분석 → 개선평가 및 해석
㉰ 목적 및 범위 설정 → 개선평가 및 해석 → 목록분석 → 영향평가
㉱ 목적 및 범위 설정 → 목록분석 → 개선평가 및 해석 → 영향평가

풀이 전과정평가(LCA)의 평가단계는 목적 및 범위 설정 → 목록분석 → 영향평가 → 개선평가 및 해석 순이다.

02 다음 중 파쇄처리의 효과로 틀린 것은?

㉮ 겉보기 비중 감소
㉯ 운반비용의 저렴화
㉰ 입경분포의 균일화
㉱ 용적의 감소

풀이 ㉮ 겉보기 비중 증가

03 다음 중 충격파쇄기에 대한 내용으로 틀린 것은?

㉮ 충격파쇄기는 주로 회전식을 적용한다.
㉯ 대량처리가 불가능하다.
㉰ 연성이 있는 물질에는 부적합하다.
㉱ 유리나 목질류 파쇄에 적합하다.

풀이 ㉯ 대량처리가 가능하다.

04 인구 1,000,000명이고, 1인 1일 쓰레기 배출량은 1.4kg/인 · 일이라 한다. 쓰레기의 밀도가 $750\,kg/m^3$라고 하면 적재량 12 m^3인 트럭(1대 기준)으로 1일 동안 배출된 쓰레기 전량을 운반하기 위한 회수는?

㉮ 156회 ㉯ 166회
㉰ 176회 ㉱ 186회

풀이

$$회수/일 = \frac{쓰레기\ 발생량(m^3/day)}{적재용량(m^3/회)}$$

$$= \frac{1.4kg/인 \cdot 일 \times 1,000,000인 \times \frac{1}{750kg/m^3}}{12m^3/1대 \times 1대/1회}$$

$= 156회/일$

answer 01 ㉮ 02 ㉮ 03 ㉯ 04 ㉮

실전문제

CBT 복원문제

05 다음 중 트롬멜 스크린의 전형적인 운전 조건으로 틀린 것은?

㉮ 스크린의 개방면적 : 53%
㉯ 경사도 : 15~25도
㉰ 회전속도 : 11~13rpm
㉱ 길이 : 4.0m

풀이 ㉯ 경사도 : 2 ~ 3도

06 쓰레기의 운송방법 중 관거를 이용한 공기수송에 대한 내용으로 틀린 것은?

㉮ 진공수송의 경제적인 수송거리는 약 2km 정도이다.
㉯ 진공수송에 있어서 진공도는 최대 $0.5kg/cm^2$ Vac 정도이다.
㉰ 가압수송으로 연속수송을 하고자 할 경우에는 크기가 불균일해서 부착되기 쉽고 유동성이 나쁜 쓰레기를 정압으로 연속정량 공급하는 것이 곤란하다.
㉱ 가압수송은 진공수송에 비하여 경제적이나 수송거리가 약 1km 내외로 짧은 것이 단점이다.

풀이 ㉱ 가압수송의 경제적인 수송거리는 약 5km 정도이다.

07 거주자가 정해진 수거일에 맞추어 쓰레기 저장용기를 노변에 갖다 놓으면 수거차량이 용기를 비우고 빈 용기는 주인이 찾아가는 쓰레기 수거형태는?

㉮ set out back service
㉯ curb service
㉰ set out service
㉱ alley service

풀이 ㉯ curb service에 대한 설명이며, 핵심 내용인 "수거차량이 용기를 비우면 빈 용기를 찾아가는 형태 =curb service"임을 숙지하시면 됩니다.

08 어떤 쓰레기의 입도를 분석한 결과, 입도누적곡선상의 10%, 30%, 60%, 90%의 입경이 각각 2mm, 5mm, 10mm, 20mm 이었다고 한다면 유효입경은?

㉮ 2mm ㉯ 5mm
㉰ 7mm ㉱ 10mm

풀이 유효입경 = 입도누적곡선상의 10%에 해당하는 입경이므로 유효입경은 2mm이다.

TIP

① 균등계수 $= \dfrac{D_{60\%}}{D_{10\%}}$

② 곡률계수 $= \dfrac{(D_{30\%})}{(D_{10\%} \times D_{60\%})}$

09 약간 경사진판에 진동을 줄때 무거운 것이 빨리 판의 경사면 위로 올라가는 원리를 이용하며, 공기가 유입되는 다공진동판으로 구성되어 있는 선별법은?

㉮ Secators
㉯ Stoners
㉰ Table Separation
㉱ Hand Separation

풀이 ㉯ 스토너(Stoners)에 대한 내용이며, 핵심 내용인 "무거운 것이 빨리 판의 경사면 위로 올라가는 원리=스토너"임을 숙지하시면 됩니다.

answer 05 ㉯ 06 ㉱ 07 ㉯ 08 ㉮ 09 ㉯

10 다음 중 폐기물 퇴비화 공정 시 발생되는 생성물이 아닌 것은?

㉮ CO_2 ㉯ O_3
㉰ H_2O ㉱ NH_3

풀이 ㉯ 오존(O_3)은 대기 중에서 광화학반응에 의해서 생성되는 2차성 물질이다.

11 채취한 쓰레기 시료의 성상분석을 위한 절차 중 가장 먼저 이루어지는 것은?

㉮ 건조 ㉯ 밀도 측정
㉰ 분류 ㉱ 전처리

풀이 폐기물의 성상분석 절차 순서는 시료 → 밀도 측정 → 물리적 조성분석 → 건조 → 분류(가연성, 불연성) → 전처리(절단 및 분쇄) → 화학적 조성분석이다.

12 적환장에 대한 내용으로 틀린 것은?

㉮ 최종 처리장과 수거지역의 거리가 먼 경우 사용하는 것이 바람직하다.
㉯ 폐기물의 수거와 운반을 분리하는 기능을 한다.
㉰ 적환장에서 재사용 가능한 물질의 선별이 가능하다.
㉱ 적환장의 위치는 최종 처분지와 가깝게 위치하는 것이 바람직하다.

풀이 ㉱ 적환장의 위치는 수거해야 할 쓰레기 발생지역의 무게중심에 가까운 곳에 설치한다.

13 일정기간동안 특정지역의 쓰레기 수거차량의 대수를 조사하여 이 값에 폐기물의 겉보기 비중을 보정하여 질량으로 환산하여 폐기물의 발생량을 조사하는 방법은?

㉮ 물질수지법
㉯ 직접계근법
㉰ 적재차량계수법
㉱ 통계조사법

풀이 ㉰ 적재차량계수법에 대한 내용이며, 핵심 내용인 "쓰레기 수거차량의 대수를 조사=적재차량계수법"임을 숙지하시면 됩니다.

14 슬러지를 농축시키는 이유로 틀린 것은?

㉮ 유해물질 농도 감소
㉯ 화학약품 투여량 감소
㉰ 처리비용 감소
㉱ 저장탱크 용적 감소

풀이 슬러지를 농축시키는 이유는 화학약품 투여량 감소, 처리비용 감소, 저장탱크 용적감소 등이다.

15 미세한 슬러지 고형물의 입자사이의 얇은 틈에 존재하는 수분으로 모세관압으로 결합되어 있는 수분으로 원심력, 진공압 등 기계적 압착으로 분리시키는 수분은?

㉮ 간극모관결합수
㉯ 모관결합수
㉰ 표면부착수
㉱ 내부수

풀이 ㉯ 모관결합수에 대한 내용이며, 핵심 내용인 "미세한 슬러지 고형물의 입자사이의 얇은 틈에 존재하는 수분=모관결합수"임을 숙지하시면 됩니다.

answer 10 ㉯ 11 ㉯ 12 ㉱ 13 ㉰ 14 ㉮ 15 ㉯

16 함수율 80%인 슬러지 500g을 완전건조 시켰을 때 건조된 슬러지의 질량(g)은? (단, 슬러지의 비중 = 1.0)

㉮ 100　㉯ 200
㉰ 300　㉱ 400

풀이 $W_1 \times (100 - P_1) = W_2 \times (100 - P_2)$

여기서 W_1 : 건조 전 슬러지량(g)
P_1 : 건조 전 함수율(%)
W_2 : 건조 후 슬러지량(g)
P_2 : 건조 후 함수율(%)

따라서 $500g \times (100 - 80\%) = W_2 \times (100 - 0\%)$

$$\therefore W_2 = \frac{500g \times (100 - 80\%)}{(100 - 0\%)} = 100g$$

TIP
완전건조라는 조건에 의해 $P_2 = 0\%$이다.

17 분뇨의 특징에 대한 내용으로 틀린 것은?

㉮ 분뇨는 외관상 황색~다갈색이며 비중은 1.02 정도이다.
㉯ 분뇨는 하수슬러지에 비해 질소의 농도가 높다.
㉰ 다량의 유기물을 포함하며 고액분리가 곤란하다.
㉱ 분뇨 중 질소산화물의 함유 형태를 보면 분은 VS의 80~90% 정도이다.

풀이 ㉱ 분뇨 중 질소산화물의 함유 형태를 보면 분은 전체 VS의 12~20%, 뇨는 80~90% 함유되어 있다.

18 청소상태의 평가법 중 서비스를 받는 사람들의 만족도를 설문조사하여 나타내어지는 사용자 만족도 지수는?

㉮ CEI　㉯ USI
㉰ SVI　㉱ SDI

풀이 청소상태의 평가법
① CEI : 청소상태 만족도 평가를 위한 지역사회 효과 지수
② USI : 서비스를 받는 시민들의 만족도를 설문조사하여 나타내어지는 사용자 만족도 지수

19 인구 3,800명인 도시에서 하루 동안 발생되는 쓰레기를 수거하기 위하여 용량 8 m^3인 청소 차량이 5대, 1일 2회 수거, 1일 근무시간이 8시간인 환경미화원이 5명 동원된다. 이 쓰레기의 적재밀도가 0.3 ton/m^3일 때 MHT값(man · hour/ton)은? (단, 기타 조건은 고려하지 않음)

㉮ 1.38　㉯ 1.42
㉰ 1.67　㉱ 1.83

풀이
$$MHT = \frac{수거인부수 \times 작업시간}{쓰레기\ 수거실적} = \frac{5인 \times 8hr/day}{8m^3/1회 \cdot 1대 \times 2회/1일 \times 5대 \times 0.3ton/m^3} = 1.67MHT$$

TIP
① MHT = man · hr/ton
② MHT : 1ton의 쓰레기를 수거하는데 수거인부 1인이 소요하는 총시간
③ MHT가 클수록 수거효율이 낮다.

answer 16 ㉮ 17 ㉱ 18 ㉯ 19 ㉰

20 폐기물 발생량 및 성상 예측 시 고려되어야할 인자로 틀린 것은?

㉮ 소득수준 ㉯ 자원회수량
㉰ 사용연료 ㉱ 지역습도

풀이 폐기물 발생량 및 성상 예측 시 고려되어야 할 인자로는 소득수준, 자원회수량, 사용연료, 계절 등이다.

| 제2과목 | 폐기물처리기술

21 다음 중 복토의 목적으로 틀린 것은?

㉮ 우수의 침투를 방지한다.
㉯ 식물이 식생하는 것을 방지한다.
㉰ 화재를 예방한다.
㉱ 유해곤충이나 해충의 서식을 방지한다.

풀이 ㉯번은 복토의 목적과 무관하다.

22 다음 중 토양증기추출법(Soil Vaper Extraction)에 대한 내용으로 틀린 것은?

㉮ 굴착이 필요하다.
㉯ 결과를 즉시 알 수 있다.
㉰ 다른 시약이 필요 없다.
㉱ 유지 및 관리비가 적게 소요된다.

풀이 ㉮ 굴착이 필요 없다.

23 다음 중 토양의 층위를 설명한 것으로 틀린 것은?

㉮ O층위(유기물층) : 낙엽 등이 부패하여 퇴적된 층
㉯ A층위(표층) : 생물의 활동이 가장 활발한 층
㉰ B층위(집적층) : 표층에서 용탈된 물질이 집적
㉱ R층위(모재층) : 풍화작용으로 인한 거친 암석의 모재층

풀이 ㉱ C층위(모재층) : 풍화작용으로 인한 거친 암석의 모재층

24 메탄올(CH_3OH) 10kg을 완전 연소하는 데 필요한 이론공기량(Sm^3)은?

㉮ 35 Sm^3 ㉯ 40 Sm^3
㉰ 45 Sm^3 ㉱ 50 Sm^3

풀이 ① $CH_3OH + 1.5O_2 \rightarrow CO_2 + 2H_2O$

32kg : $1.5 \times 22.4Sm^3$
10kg : O_o(이론산소량)

$$\therefore O_o(\text{이론산소량}) = \frac{10kg \times 1.5 \times 22.4Sm^3}{32kg} = 10.5Sm^3$$

② 이론공기량(Sm^3)

$$= \text{이론산소량}(Sm^3) \times \frac{1}{0.21}$$

$$= 10.5Sm^3 \times \frac{1}{0.21} = 50\,Sm^3$$

TIP

① CH_3OH = 메탄올 = 메틸알콜
② CH_3OH의 분자량 $= 12 + 3 \times 1 + 16 + 1 = 32kg$
③ 질량(kg) = 계수 × 분자량(kg)
④ 체적(Sm^3) = 계수 × 22.4(Sm^3)

실전문제

CBT 복원문제

answer 20 ㉱ 21 ㉯ 22 ㉮ 23 ㉱ 24 ㉱

25 침출수를 혐기성 공법으로 처리하고자 한다. 유입유량이 1,000 m^3/day이고, BOD 600mg/L이고, BOD 처리효율이 95%라면 이때 혐기성 공법에서 발생되는 메탄가스의 양(m^3/day)은? (단, 1.5 m^3 gas/BODkg, 가스 중 메탄의 부피함량은 64%이다.)

㉮ 351 m^3/day ㉯ 453 m^3/day
㉰ 547 m^3/day ㉱ 652 m^3/day

풀이 메탄가스의 발생량(m^3/day)

= 유입유량(m^3/day) × BOD 농도(kg/m^3) × 처리효율 × $\frac{m^3 \text{ gas}}{kgBOD}$ × 가스중 메탄함량

= $1,000m^3/day \times 0.6kg/m^3 \times 0.95 \times (1.5m^3 \text{ gas/BOD kg}) \times 0.64$

= $547.2m^3/day$

TIP

$mg/L \xrightarrow{\times 10^{-3}} kg/m^3$ 이므로

BOD 600mg/L = $0.6kg/m^3$

26 다음 중 퇴비화를 위한 설비로 틀린 것은?

㉮ 공기공급시설 ㉯ 수분조절시설
㉰ 교반시설 ㉱ 가온시설

풀이 퇴비화를 위한 설비
① 공기공급시설
② 수분조절시설
③ 교반시설

27 폐기물을 완전연소 시키기 위한 소각로의 연소조건으로 틀린 것은?

㉮ 충분한 체류시간
㉯ 충분한 난류
㉰ 충분한 압력
㉱ 적당한 온도

풀이 소각로의 완전연소 조건(3T)
① 충분한 체류시간(Time)
② 충분한 난류(Turbulence)
③ 적당한 온도(Temperature)

28 다음 중 혐기성소화의 특징으로 틀린 것은?

㉮ 호기성처리에 비해 슬러지가 적게 발생한다.
㉯ 소화슬러지의 탈수 및 건조가 불량하다.
㉰ 고농도 폐수처리에 적합하다.
㉱ 동력시설의 소모가 적어 운전비용이 저렴하다.

풀이 ㉯ 소화슬러지의 탈수 및 건조가 양호하다.

29 폐기물을 화학적으로 처리하는 방법 중 용매추출법에 대한 특징으로 틀린 것은?

㉮ 높은 분배계수와 낮은 끓는점을 가지는 폐기물에 이용 가능성이 높다.
㉯ 사용되는 용매는 극성이어야 한다.
㉰ 증류 등에 의한 방법으로 용매 회수가 가능해야 한다.
㉱ 물에 대한 용해도가 낮고 물과 밀도가 다른 폐기물에 이용 가능성이 높다.

풀이 ㉯ 사용되는 용매는 비극성이어야 한다.

answer 25 ㉰ 26 ㉱ 27 ㉰ 28 ㉯ 29 ㉯

30 폐기물처리 시 에너지를 회수할 수 있는 처리방법으로 틀린 것은?

㉮ RDF ㉯ 열분해
㉰ 호기성 소화 ㉱ 혐기성 소화

풀이 폐기물처리시 에너지를 회수할 수 있는 처리방법으로는 RDF, 열분해, 혐기성 소화 등이 있다.

31 다음 중 팽화제(Bulking Agent)에 대한 내용으로 틀린 것은?

㉮ 처리대상물질의 수분함량을 조절한다.
㉯ 톱밥, 볏짚, 낙엽에 기존 퇴비를 혼합하여 퇴비화를 시킨다.
㉰ 처리대상물질 내의 공기를 차단시켜 주는 역할을 한다.
㉱ 퇴비생산에 필요한 탄소나 질소를 함유시켜 제공할 수도 있다.

풀이 ㉰ 처리대상물질 내의 공기가 원활히 유동될 수 있도록 한다.

32 인구가 50,000명인 도시에서 발생한 폐기물을 압축하여 도랑식 위생매립방법으로 처리하고자 한다. 1년 동안 매립에 필요한 매립지의 부지면적(m^2)은?

- 도랑깊이 : 3.5m
- 발생 폐기물의 밀도 : $500kg/m^3$
- 폐기물 발생량 : 1.5kg/인 · 일
- 쓰레기의 부피 감소율(압축) : 30%

㉮ $10,950\,m^2$ ㉯ $14,950\,m^2$
㉰ $17,950\,m^2$ ㉱ $19,950\,m^2$

풀이 매립지의 면적(m^2/년)

$$= \frac{\text{쓰레기 발생량(kg/년)} \times (1-\text{부피 감소율})}{\text{밀도}(kg/m^3) \times \text{깊이}(m)}$$

$$= \frac{1.5kg/\text{인}\cdot\text{일} \times 50,000\text{인} \times 365\text{일/년} \times (1-0.3)}{500kg/m^3 \times 3.5m}$$

$= 10,950\,m^2$

33 유기물의 산화공법으로 적용되는 Fenton 산화반응에 사용되는 시약은?

㉮ 철과 과산화수소
㉯ 아연과 과산화수소
㉰ 아연과 과염소산
㉱ 마그네슘과 과염소산

풀이 Fenton 산화반응에서 시약은 과산화수소이며, 촉매는 철염(황산제1철)이다.

CBT 복원문제

34 VS 60%이고, 함수율 97%인 농축슬러지 $100\,m^3$를 소화시켰다. 소화율(VS 대상)이 50%이고, 소화 후 함수율이 96%라면 소화 후의 부피(m^3)는? (단, 모든 슬러지의 비중은 1.0 기준이다.)

㉮ $50.4\,m^3$ ㉯ $52.5\,m^3$
㉰ $54.6\,m^3$ ㉱ $57.8\,m^3$

풀이 소화 후 슬러지량(m^3) $= (VS+FS) \times \frac{100}{100-P(\%)}$

여기서 VS : 소화 후 잔류 VS량(m^3)
FS : 소화 후 FS량(m^3)
P : 소화 후 함수율(%)

① VS량 = 농축슬러지량(m^3) × 고형물량 × VS량 × (1 − 소화율)
$= 100m^3 \times (1-0.97) \times 0.6 \times (1-0.5)$
$= 0.9m^3$

answer 30 ㉰ 31 ㉰ 32 ㉮ 33 ㉮ 34 ㉯

② FS량 = 농축슬러지량(m^3) × 고형물량 × FS량
$= 100m^3 \times (1-0.97) \times (1-0.6) = 1.2m^3$

③ 소화 후 슬러지량(m^3)
$= (0.9m^3 + 1.2m^3) \times \frac{100}{100-96\%} = 52.5m^3$

TIP

고형물(TS) = 100 − 함수율(%) = 100 − 97% = 3%

35 고화처리방법 중 열가소성 플라스틱법의 장·단점으로 틀린 것은?

㉮ 용출 손실률은 시멘트 기초법에 비해 상당히 높다.
㉯ 혼합률(MR)이 비교적 높다.
㉰ 높은 온도에서 분해되는 물질에는 사용할 수 없다.
㉱ 처리과정에서 화재의 위험성이 있다.

풀이 ㉮ 용출 손실률은 시멘트 기초법에 비해 상당히 낮다.

36 탄소 85%, 수소 13%, 황 2%를 함유하는 중유 3kg을 완전연소 하는데 필요한 이론산소량(Sm^3)은?

㉮ 약 5 Sm^3　㉯ 약 7 Sm^3
㉰ 약 13 Sm^3　㉱ 약 16 Sm^3

풀이 ① 이론산소량(O_o)
$= 1.867C + 5.6\left(H - \frac{O}{8}\right) + 0.7S(Sm^3/kg)$
$= 1.867 \times 0.85 + 5.6 \times 0.13 + 0.7 \times 0.02$
$= 2.33Sm^3/kg$
② $2.33Sm^3/kg \times 3kg = 6.99Sm^3$

37 쓰레기를 수평으로 고르게 깔아서 압축한 다음 그 위에 복토를 하여 쓰레기와 복토를 번갈아 하면서 쌓는 매립공법은?

㉮ 샌드위치 공법　㉯ 셀 공법
㉰ 압축매립 공법　㉱ 도랑형 공법

풀이 ㉮ 샌드위치에 대한 내용이며, 핵심내용인 "쓰레기와 복토를 번갈아 쌓는 방식=샌드위치 공법"임을 숙지하시면 됩니다.

38 합성차수막의 종류 중 CR(Chloroprene Rubber)에 대한 내용으로 틀린 것은?

㉮ 대부분의 화학물질에 대한 저항성이 높다.
㉯ 마모 및 기계적 충격에 강하다.
㉰ 접합이 용이하다.
㉱ 가격이 비싸다.

풀이 ㉰ 접합이 용이하지 못하다.

39 다음 중 점토의 차수막 적합조건으로 틀린 것은?

㉮ 투수계수 : 10^{-7} cm/sec 미만
㉯ 소성지수 : 10% 이상 30% 미만
㉰ 액성한계 : 60% 이상
㉱ 점토 및 미사토 함량 : 20% 이상

풀이 ㉰ 액성한계 : 30% 이상

answer 35 ㉮ 36 ㉯ 37 ㉮ 38 ㉰ 39 ㉰

40 결정도(Crystallinity)가 증가할수록 합성 차수막에 나타나는 성질로 틀린 것은?

㉮ 인장강도가 감소한다.
㉯ 열에 대한 저항도가 증가한다.
㉰ 화학물질에 대한 저항성이 증가한다.
㉱ 투수계수가 감소한다.

풀이 ㉮ 인장강도가 증가한다.

TIP

결정도(Crystallinity)가 증가할수록 충격과 투수계수는 감소하고, 나머지 조건은 증가함을 숙지하시면 됩니다.

| 제3과목 | 폐기물공정시험기준

41 다음 중 고상폐기물의 정의로 알맞은 것은?

㉮ 고형물의 함량이 5% 미만
㉯ 고형물의 함량이 5% 이상 15% 미만
㉰ 고형물의 함량이 15% 이상
㉱ 고형물의 함량이 20% 이상

풀이 폐기물의 종류
① 액상폐기물 : 고형물의 함량이 5% 미만
② 반고상폐기물 : 고형물의 함량이 5% 이상 15% 미만
③ 고상폐기물 : 고형물의 함량이 15% 이상

42 강도 I_o의 단색광이 정색액을 통과할 때 그 빛의 80%가 흡수되었다면 흡광도는?

㉮ 약 0.3　　㉯ 약 0.6
㉰ 약 0.7　　㉱ 약 0.8

풀이 흡광도(A) $= \log\frac{1}{t(\text{투과도})} = \log\frac{1}{0.2} = 0.699$

TIP

투과율 $= 100 - \text{흡수율}(\%) = 100 - 80\% = 20\%$

43 폐기물공정시험기준에서 정하는 시료의 축소방법으로 틀린 것은?

㉮ 구획법　　㉯ 교호삽법
㉰ 원추 4분법　　㉱ 등분법

풀이 시료의 축소방법에는 구획법, 교호삽법, 원추 4분법이 있다.

44 폐기물 시료용기에 대한 내용으로 틀린 것은?

㉮ 시료용기는 무색경질의 유리병 또는 폴리에틸렌병, 폴리에틸렌백을 사용한다.
㉯ 휘발성 저급 염소화 탄화수소류 시험을 위한 시료채취 시는 무색경질의 유리병을 사용한다.
㉰ 시료용기에 파라핀지 등을 씌우지 않은 고무나 코르크 마개를 사용하여 확실히 밀폐한다.
㉱ 시료용기에는 채취책임자 이름을 기재한다.

풀이 ㉰ 시료 중에 다른 물질의 혼입이나 성분의 손실을 방지하기 위하여 밀봉할 수 있는 마개를 사용하며 코르크 마개를 사용하여서는 안 된다. 다만, 고무나 코르크 마개에 파라핀지, 유지 또는 셀로판지를 씌워 사용할 수도 있다.

answer 40 ㉮ 41 ㉰ 42 ㉰ 43 ㉱ 44 ㉰

45 폐기물공정시험기준의 총칙에서 규정하고 있는 내용으로 적당한 것은?

㉮ '정확히 단다'라 함은 규정된 양의 검체를 취하여 0.3mg까지 다는 것을 말한다.
㉯ '약'이라 함은 기재된 양에 대하여 ±5% 이상의 차가 있어서는 안된다.
㉰ '정확히 취하여'라 함은 규정된 양의 검체 또는 시액을 메스플라스크로 눈금까지 취하는 것을 말한다.
㉱ 시험에 사용하는 물은 따로 규정이 없는 한 정제수를 말한다.

풀이 ㉮ 정확히 단다 : 규정된 수치의 무게를 0.1 mg까지 다는 것을 말한다.
㉯ 약 : 기재된 양에 대하여 ±10% 이상의 차가 있어서는 안 된다.
㉰ 정확히 취하여 : 규정한 양의 액체를 홀피펫으로 눈금까지 취하는 것을 말한다.

46 대상폐기물의 양과 시료의 최소 수의 연결이 틀린 것은?

㉮ 5톤 : 14 ㉯ 50톤 : 20
㉰ 600톤 : 30 ㉱ 5,500톤 : 60

풀이 ㉰ 600톤 : 36

TIP

대상폐기물의 양과 시료의 최소 수

대상폐기물의 양(ton)	시료 최소 수	대상폐기물의 양(ton)	시료 최소 수
1 미만	6	100 이상 ~500 미만	30
1 이상 ~5 미만	10	500 이상 ~1,000 미만	36
5 이상 ~30 미만	14	1,000 이상 ~5,000 미만	50
30 이상~ 100 미만	20	5,000 이상	60

47 자외선/가시선 분광법으로 크롬 분석 시 총 크롬을 6가 크롬으로 산화시키기 위해 사용하는 시약은?

㉮ 수산화나트륨 ㉯ 에틸알코올
㉰ 과망간산칼륨 ㉱ 염화제일주석

풀이 총 크롬 $\xrightarrow[KMnO_4]{\text{강산화제}}$ 6가 크롬

48 자외선/가시선 분광법의 분석장치의 구성 순서로 알맞은 것은?

㉮ 시료부-파장선택부-광원부-측광부
㉯ 시료부-광원부-파장선택부-측광부
㉰ 광원부-파장선택부-시료부-측광부
㉱ 광원부-시료부-파장선택부-측광부

풀이 자외선/가시선 분광법의 분석장치의 구성 순서의 암기법은 "광파시측"임을 숙지하시면 됩니다.

49 시안 – 이온전극법에 의한 측정원리이다. ( )안에 알맞은 내용은?

> pH ( )으로 조절한 후 시안 이온전극과 비교전극을 사용하여 전위를 측정하고 그 전위차로부터 시안을 정량하는 방법이다.

㉮ 4이하, 산성
㉯ 6~8, 중성
㉰ 9~10, 알칼리성
㉱ 12~13, 알칼리성

풀이 시안의 측정방법별 pH 조절범위
① 자외선/가시선 분광법 : pH 2 이하의 산성으로 조절
② 이온전극법 : pH 12~13의 알칼리성으로 조절

answer 45 ㉱ 46 ㉰ 47 ㉰ 48 ㉰ 49 ㉱

50 다음 중 폐기물의 용출시험방법에 대한 내용으로 틀린 것은?

㉮ 상온, 상압에서 진탕횟수가 매 분당 약 200회, 진폭이 4~5㎝의 진탕기를 사용하여 6시간 연속진탕한다.
㉯ 여과가 어려운 경우에는 원심분리기를 사용하여 매 분당 2,000회전 이상으로 30분 이상 원심분리 한다.
㉰ 정제수에 염산을 넣어 pH를 5.8~6.3으로 한다.
㉱ 시료 : 용매 = 1 : 10(W : V)의 비로 2,000mL 삼각플라스크에 넣어 혼합한다.

풀이 ㉯ 여과가 어려운 경우에는 원심분리기를 사용하여 매 분당 3,000회전 이상으로 20분 이상 원심분리 한다.

51 시안(CN)을 자외선/가시선 분광법으로 측정 시 간섭물질과 제거물질의 연결로 틀린 것은?

㉮ 잔류염소 함유 시료 : 이산화비소산나트륨용액
㉯ 다량의 지방성분 함유 시료 : 클로로폼
㉰ 황화물 함유 시료 : 아세트산바륨용액
㉱ 잔류염소 함유 시료 : L-아스코빈산

풀이 ㉰ 황화물 함유 시료 : 아세트산아연용액

TIP

시안(CN) 측정 시 간섭물질 제거
① 다량의 지방성분 함유 시료 : 노말헥산, 클로로폼
② 황화물 함유 시료 : 아세트산아연용액
③ 잔류염소 함유 시료 : L-아스코빈산, 이산화비소산나트륨용액

52 회분식 연소방식의 소각재 반출설비에서 시료채취에 대한 내용으로 알맞은 것은?

㉮ 하루 동안의 운전횟수에 따라 매 운전 시마다 2회 이상, 시료의 양은 1회에 500g 이상 채취한다.
㉯ 하루 동안의 운전횟수에 따라 매 운전 시마다 3회 이상, 시료의 양은 1회에 100g 이상 채취한다.
㉰ 하루 동안의 운행시간에 따라 매 운전 시마다 2회 이상, 시료의 양은 1회에 500g 이상 채취한다.
㉱ 하루 동안의 운행시간에 따라 매 운전 시마다 3회 이상, 시료의 양은 1회에 100g 이상 채취한다.

풀이 회분식 연소방식의 소각재 반출설비에서 시료채취
① 기준 : 하루 동안의 운전횟수에 따라
② 채취횟수 : 2회 이상
③ 채취시료의 양 : 1회에 500g 이상

53 소각재가 적재되어 있는 운반차량에서 시료를 채취하는경우 6톤의 차량에 적재되어 있을때 적재폐기물을 평면상에서 몇 등분한 후 각 등분마다 시료를 채취하는가?

㉮ 5등분　　㉯ 6등분
㉰ 9등분　　㉱ 10등분

풀이 운반차량에 적재된 폐기물의 채취방법
① 5톤 미만 : 6등분
② 5톤 이상 : 9등분

answer 50 ㉯ 51 ㉰ 52 ㉮ 53 ㉰

54 유기물 함량이 비교적 높지 않고 금속의 수산화물, 산화물, 인산염 및 황화물을 함유하고 있는 시료에 적용하는 산분해법은?

㉮ 질산 분해법
㉯ 질산 - 염산 분해법
㉰ 질산 - 과염소산 분해법
㉱ 질산 - 과염소산 - 불화수소산 분해법

풀이 ㉯ 질산 - 염산 분해법에 대한 내용이며, 암기법은 "염산 인금주고"임을 숙지하시면 됩니다.

55 중량법을 이용하여 강열감량 및 유기물함량을 측정할 때 시료를 전기로에서 가열하기 전에 시료에 넣는 시약은?

㉮ 질산암모늄용액(5%)
㉯ 질산암모늄용액(25%)
㉰ 염화암모늄용액(5%)
㉱ 염화암모늄용액(25%)

풀이 시료를 전기로 안에서 가열하기 전에 질산암모늄용액(25%)을 넣어 준다.

56 다음 중 감염성미생물의 검사방법으로 틀린 것은?

㉮ 아포균 검사법
㉯ 세균배양 검사법
㉰ 멸균테이프 검사법
㉱ 최적확수 검사법

풀이 감염성미생물의 검사방법으로는 아포균 검사법, 세균배양 검사법, 멸균테이프 검사법이 있다.

57 기체크로마토그래피로 측정하여야 하는 시험항목은?

㉮ 시안 ㉯ 구리
㉰ 유기인 ㉱ 수은

풀이 항목별 측정방법
㉮ 시안 : 자외선/가시선 분광법, 이온전극법, 연속흐름법
㉯ 구리 : 원자흡수분광광도법, 유도결합플라스마-원자발광분광법, 자외선/가시선 분광법
㉱ 수은 : 원자흡수분광광도법(환원기화법), 자외선/가시선 분광법(디티존법)

58 다음 중 휘발성 저급염소화 탄화수소류를 기체크로마토그래피로 분석 시 간섭물질에 대한 내용으로 틀린 것은?

㉮ 추출용매에는 분석성분의 머무름 시간에 피크가 나타나는 간섭물질이 있을 수 있다.
㉯ 이 실험으로 끓는점이 높거나 극성 유기화합물들이 함께 추출되므로 이들 중에는 분석을 간섭하는 물질이 있을 수 있다.
㉰ 다이클로로메탄과 같이 머무름 시간이 긴 화합물은 용매의 피크와 겹쳐 분석을 방해할 수 있다.
㉱ 플루오르화탄소나 다이클로로메탄과 같은 휘발성 유기물은 보관이나 운반중에 격막을 통해 시료안으로 확산되어 시료를 오염시킬 수 있다.

풀이 ㉰ 다이클로로메탄과 같이 머무름 시간이 짧은 화합물은 용매의 피크와 겹쳐 분석을 방해할 수 있다.

answer 54 ㉯ 55 ㉯ 56 ㉱ 57 ㉰ 58 ㉰

59 폴리클로리네이티드비페닐(PCBs)을 기체크로마토그래피로 분석할 때 비함침성 고상폐기물의 정량한계는? (단, 부재 채취법인 경우)

㉮ 0.0005mg/kg ㉯ 0.005mg/kg
㉰ 0.05mg/kg ㉱ 0.5mg/kg

풀이 폴리클로리네이티드비페닐(PCBs)의 정량한계
① 용출용액 : 0.0005mg/L
② 액상폐기물 : 0.05mg/L
③ 함침성 고상폐기물(표면 채취법) : 0.05 μg/ $100cm^2$
④ 비함침성 고상폐기물(부재 채취법) : 0.005mg/kg

60 크롬의 원자흡수분광광도법에 대한 내용으로 알맞은 것은?

㉮ 공기-아세틸렌으로는 아세틸렌 유량이 적은 쪽이 감도가 높다.
㉯ 정량범위는 357.9nm에서 최종용액 중에서 0.01~5mg/L, 정량한계는 0.01mg/L이다.
㉰ 시료 중에 칼륨, 나트륨, 리튬과 같이 쉽게 이온화되는 원소가 2,000mg/L 이상의 농도로 존재할 때에는 금속측정을 방해한다.
㉱ 공기-아세틸렌 불꽃에서는 철, 니켈 등의 공존 물질에 의해 방해 영향이 크므로 이때는 질산나트륨을 1% 정도 넣어서 측정한다.

풀이 ㉮ 공기-아세틸렌으로는 아세틸렌 유량이 많은 쪽이 감도가 높다.
㉰ 시료 중에 칼륨, 나트륨, 리튬과 같이 쉽게 이온화되는 원소가 1,000mg/L 이상의 농도로 존재할 때에는 금속측정을 방해한다.
㉱ 공기-아세틸렌 불꽃에서는 철, 니켈 등의 공존 물질에 의해 방해 영향이 크므로 이때는 황산나트륨을 1% 정도 넣어서 측정한다.

CBT 복원문제

answer 59 ㉯ 60 ㉯

2023 1회 CBT 복원문제

| 제1과목 | 폐기물개론

01 다음 중 폐기물 발생량의 예측방법으로 틀린 것은?

㉮ 다중회귀모델 ㉯ 동적모사모델
㉰ 경향모델 ㉱ 직접계근모델

풀이 폐기물 발생량
① 예측방법 : 다중회귀모델, 동적모사모델, 경향모델
② 조사방법 : 물질수지법, 직접계근법, 적재차량계수법, 통계조사법
③ 암기법 : 예측은 다중이 동적으로 경향을 파악하고/조사는 물질을 직접 적재한 통계로 한다.

02 다음 중 폐기물 발생의 특징에 대한 내용으로 틀린 것은?

㉮ 대도시보다는 문화 수준이 열악한 중소도시의 주변이 쓰레기를 더 많이 발생한다.
㉯ 쓰레기 성분은 계절에 영향을 받는다.
㉰ 쓰레기 관련 법규는 쓰레기 발생량에 매우 중요한 영향을 미친다.
㉱ 부엌용 분쇄기를 사용할 경우 음식쓰레기 발생량이 제한적으로 감소한다.

풀이 ㉮ 대도시보다는 문화 수준이 열악한 중소도시의 주변이 쓰레기를 더 적게 발생한다.

03 세대당 평균 가족수 4인이고 500세대인 아파트에서 배출하는 쓰레기를 2일마다 수거하는데 적재용량이 8m^3인 트럭 5대가 소요된다. 쓰레기 단위용적당 질량이 0.14g/cm^3이라면 1인 1일당 쓰레기 배출량(kg/인 · 일)은?

㉮ 0.8kg/인 · 일 ㉯ 1.0kg/인 · 일
㉰ 1.2kg/인 · 일 ㉱ 1.4kg/인 · 일

풀이 쓰레기 배출량(kg/인·일)

$$= \frac{\text{쓰레기 수거량(kg/일)}}{\text{인구수(인)}}$$

$$= \frac{8\text{m}^3/\text{대} \times 140\text{kg/m}^3 \times 5\text{대}/2\text{일}}{500\text{세대} \times 4\text{인}/\text{세대}}$$

$$= 1.4\text{kg/인·일}$$

TIP

비중 $(\text{g/cm}^3) \xrightarrow{\times 10^3} \text{kg/m}^3$ 이므로

$0.14\text{g/cm}^3 = 140\text{kg/m}^3$

answer 01 ㉱ 02 ㉮ 03 ㉱

04 물렁거리는 가벼운 물질로부터 딱딱한 물질을 선별하는데 사용되는 것으로, 경사진 Conveyor를 통해 폐기물을 주입시켜 천천히 드럼 위에 떨어뜨려서 분류하는 선별장치는?

㉮ Stoners
㉯ Ballistic Separator
㉰ Fluidized Bed Separators
㉱ Secators

풀이 ㉱ Secators에 대한 내용이며, 핵심 내용인 "물렁거리는 가벼운 물질로부터 딱딱한 물질 선별=세카터"임을 숙지하시면 됩니다.

05 채취한 쓰레기 시료에 대한 성상분석 절차로 알맞은 것은?

㉮ 시료→밀도 측정→물리적 조성→건조→분류
㉯ 시료→밀도 측정→분류→물리적 조성→건조
㉰ 시료→물리적 조성→밀도 측정→건조→분류
㉱ 시료→물리적 조성→밀도 측정→분류→건조

풀이 폐기물의 성상분석 절차 순서는 시료→밀도 측정→물리적 조성분석→건조→분류(가연성, 불연성)→전처리(절단 및 분쇄)→화학적 조성분석이다.

06 큰 고형물입자 간극에 존재하는 수분으로 슬러지 내의 수분 중 일반적으로 가장 많은 양을 차지하며 고형물질과 직접 결합해 있지 않기 때문에 농축 등의 방법으로 용이하게 분리할 수 있는 수분은?

㉮ 간극모관결합수
㉯ 모관결합수
㉰ 표면부착수
㉱ 내부수

풀이 ㉮ 간극모관결합수에 대한 내용이며, 핵심 내용인 "큰 고형물입자 간극에 존재하는 수분=간극모관결합수"임을 숙지하시면 됩니다.

07 다음 중 폐기물 관리하는 우선 순위부터 바르게 나타낸 것은?

㉮ 감량화→재사용→물질재활용→에너지회수→최종처분
㉯ 감량화→재사용→에너지회수→물질재활용→최종처분
㉰ 재사용→감량화→물질재활용→에너지회수→최종처분
㉱ 재사용→감량화→에너지회수→물질재활용→최종처분

풀이 폐기물 관리 순서는 감량화→재사용→물질재활용→에너지회수→최종처분(매립) 순이다.

실전문제

CBT 복원문제

answer 04 ㉱ 05 ㉮ 06 ㉮ 07 ㉮

08 80ton/hr 규모의 시설에서 평균크기가 30.5cm인 혼합된 도시폐기물을 최종 크기 5.1cm로 파쇄하기 위한 동력(kW)은? (단, 킥의 법칙 적용하고, C = 13.6kw · hr/ton이다.)

㉮ 약 1,950kW ㉯ 약 2,950kW
㉰ 약 3,950kW ㉱ 약 4,950kW

풀이 Kick의 법칙 : $E = C\ln\left(\frac{dp_1}{dp_2}\right)$

여기서 E : 동력(kw)
C : 상수(kw · hr/ton)
dp_1 : 평균 크기(cm)
dp_2 : 최종 크기(cm)

① $E = 13.6\text{kw}\cdot\text{hr/ton}\times\ln\left(\frac{30.5\text{cm}}{5.1\text{cm}}\right)$
$= 24.3234\text{kw}\cdot\text{hr/ton}$

② $E = 24.3234\text{kw}\cdot\text{hr/ton}\times 80\text{ton/hr}$
$= 1{,}945.87\text{kw}$

09 쓰레기의 3성분의 조성비에 의한 저위발열량을 측정하는 방법이 아닌 것은?

㉮ 원소분석에 의한 방법
㉯ 물리적 조성분석에 의한 방법
㉰ 단열열량계에 의한 방법
㉱ 쓰레기 조성에 의한 확정식을 이용하는 방법

풀이 ㉱ 쓰레기 조성에 의한 추정식을 이용하는 방법

10 쓰레기 소각로 설계기준이 되는 것은?

㉮ 고위발열량 ㉯ 총발열량
㉰ 저위발열량 ㉱ 증발잠열량

풀이 쓰레기 소각로 설계기준은 저위발열량이다.

11 폐기물의 초기 함수율이 65%이었다. 이 폐기물을 노천건조시킨 후의 함수율이 45%로 감소되었다면, 증발된 물의 양(kg)은? (단, 초기 폐기물의 양은 100kg, 폐기물의 비중은 1.0이다.)

㉮ 약 31.2kg ㉯ 약 32.6kg
㉰ 약 34.5kg ㉱ 약 36.4kg

풀이 ① $W_1\times(100-P_1) = W_2\times(100-P_2)$

여기서 W_1 : 건조 전 폐기물(kg)
P_1 : 건조 전 함수율(%)
W_2 : 건조 후 폐기물(kg)
P_2 : 건조 후 함수율(%)

따라서
$100\text{kg}\times(100-65\%) = W_2\times(100-45\%)$
$\therefore W_2 = \frac{100\text{kg}\times(100-65\%)}{(100-45\%)} = 63.64\text{kg}$

② 증발된 물의 양(kg)
$= W_1 - W_2$
$= 100\text{kg} - 63.64\text{kg} = 36.36\text{kg}$

12 다음 중 LCA(Life Cycle Assessment)의 구성요소로 틀린 것은?

㉮ 목적 및 범위의 설정
㉯ 목록분석
㉰ 수행평가
㉱ 영향평가

풀이 전과정 평가(LCA)의 순서는 목적 및 범위의 설정 → 목록 분석 → 영향 평가 → 개선 평가 및 해석이다.

answer 08 ㉮ 09 ㉱ 10 ㉰ 11 ㉱ 12 ㉰

13 다음 중 MHT에 대한 내용으로 틀린 것은?

㉮ 1톤의 쓰레기를 수거하는데 수거인부 1인이 소요하는 총 시간을 의미한다.
㉯ MHT의 단위는 man/hr · ton이다.
㉰ MHT가 클수록 수거효율이 낮다.
㉱ 수거작업 간의 노동력을 비교하기 위한 것이다.

풀이 ㉯ MHT의 단위는 man·hr / ton이다.

14 인구 1,000,000인 도시에서 1일 1인당 1.8kg의 쓰레기가 발생하고 있다. 1년 동안 발생한 쓰레기의 총 부피(m^3/년)는? (단, 쓰레기 밀도는 0.45kg/L이며, 인구 및 발생량 증가 압축에 의한 변화는 무시함.)

㉮ 1,260,000 m^3/년
㉯ 1,460,000 m^3/년
㉰ 1,630,000 m^3/년
㉱ 1,820,000 m^3/년

풀이 쓰레기의 총 부피(m^3/년)

$$= \text{쓰레기 발생량(kg/인·일)} \times \text{인구수(인)} \times \frac{1}{\text{밀도(kg/m}^3\text{)}} \times 365\text{일/년}$$

$$= 1.8\text{kg/인·일} \times 1{,}000{,}000\text{인} \times \frac{1}{450\text{kg/m}^3} \times 365\text{일/년}$$

$$= 1{,}460{,}000\text{m}^3\text{/년}$$

TIP

① 1년 = 365일

② 쓰레기 밀도 0.45kg/L $\xrightarrow{\times 10^3}$ 450kg/m^3

15 다음 중 쓰레기 수거노선 설정 시 유의사항으로 틀린 것은?

㉮ 가능한 한 시계방향으로 수거노선을 정한다.
㉯ 발생량이 아주 많은 발생원은 하루 중 가장 나중에 수거한다.
㉰ 언덕지역에서는 위에서 아래로 적재하면서 수거한다.
㉱ U자형 회전을 피해서 수거한다.

풀이 ㉯ 발생량이 아주 많은 발생원은 하루 중 가장 먼저 수거한다.

16 쓰레기 수집 시스템 중 관거(Pipe-line) 방식에 대한 내용으로 틀린 것은?

㉮ 조대 쓰레기는 파쇄, 압축 등의 전처리를 해야 한다.
㉯ 잘못 투입된 물건은 회수가 어렵다.
㉰ 장거리 이송이 곤란하다.
㉱ 가설후에도 경로(Route)변경은 용이하나 설치비가 고가이다.

풀이 ㉱ 가설 후에는 경로변경이 어렵고 설치비가 고가이다.

17 쓰레기를 압축시켜 용적 감소율이 33%인 경우 압축비는?

㉮ 1.29　㉯ 1.31
㉰ 1.49　㉱ 1.57

$$\text{압축비} = \frac{100}{100 - \text{용적감소율(\%)}}$$

$$= \frac{100}{100 - 33\%} = 1.49$$

CBT 복원문제

answer 13 ㉯ 14 ㉯ 15 ㉯ 16 ㉱ 17 ㉰

18 폐기물 파쇄 시 작용하는 힘으로 틀린 것은?

㉮ 충격력 ㉯ 압축력
㉰ 인장력 ㉱ 전단력

풀이 폐기물 파쇄 시 작용하는 힘으로는 충격력, 압축력, 전단력이 있다.

19 쓰레기 발생량 조사방법 중 물질수지법에 대한 내용으로 틀린 것은?

㉮ 시스템에 유입되는 대표적 물질을 설정하여 발생량을 추산하여야 한다.
㉯ 주로 산업폐기물의 발생량 추산에 이용된다.
㉰ 물질수지를 세울 수 있는 상세한 데이터가 있는 경우에 가능하다.
㉱ 우선적으로 조사하고자 하는 계의 경계를 정확하게 설정하여야 한다.

풀이 ㉮ 시스템에 유입되는 쓰레기 양과 유출되는 쓰레기 양에 대해서 물질수지를 세워 발생되는 쓰레기의 양을 추정하는 방법이다.

20 폐기물의 80% 이상을 3cm 보다 작게 파쇄하려 할 때 Rosin-Rammler 입자크기 분포모델을 이용한 특성입자의 크기(cm)는? (단, n = 1)

㉮ 1.36 ㉯ 1.86
㉰ 2.36 ㉱ 2.86

풀이
$$Y = 1 - \exp\left[-\left(\frac{X}{X_o}\right)^n\right]$$

$$\Rightarrow \text{특성입자 크기}(X_o) = \frac{-X}{LN(1-Y)}$$

여기서 X : 폐기물 입자의 크기
X_o : 특성입자의 크기
n : 상수

$$\text{따라서 } X_o = \frac{-3cm}{LN(1-0.80)} = 1.86cm$$

| 제2과목 | 폐기물처리기술

21 다음 중 내륙매립공법의 종류가 아닌 것은?

㉮ 샌드위치 공법
㉯ 셀 공법
㉰ 도랑형 공법
㉱ 박층뿌림 공법

풀이 매립공법의 종류
① 내륙매립공법 : 샌드위치 공법, 셀 공법, 압축매립 공법, 도랑형 공법
② 해안매립 공법 : 박층뿌림 공법, 순차투입 공법, 내수배제 공법, 수중투기 공법

22 다음 중 유동층 소각로에 대한 내용으로 틀린 것은?

㉮ 2차 연소실이 필요 없다.
㉯ 연소효율이 높아 미연분의 배출이 적다.
㉰ 로내 온도의 자동제어와 열회수가 용이하다.
㉱ 기계적 구동부분이 많아 고장율이 높다.

풀이 ㉱ 기계적 구동부분이 적어 고장율이 낮다.

answer 18 ㉰ 19 ㉮ 20 ㉯ 21 ㉱ 22 ㉱

23 다음 중 착화온도에 대한 내용으로 틀린 것은?

㉮ 발열량이 높을수록 착화온도는 낮아진다.
㉯ 분자구조가 복잡할수록 착화온도는 낮아진다.
㉰ 가연물의 증발량이 많을수록 착화온도는 낮아진다.
㉱ 활성화에너지가 클수록 착화온도는 낮아진다.

풀이 ㉱ 활성화에너지가 작을수록 착화온도는 낮아진다.

TIP
착화온도는 활성화에너지와 석탄의 탄화도에 비례관계이고, 나머지 조건에는 반비례관계임을 숙지하시면 됩니다.

24 매립지의 가스발생 단계 중 산소는 급격히 소비되고 이산화탄소가 생성되며 질소가 급격히 소모되기 시작하는 단계는?

㉮ 호기성 상태 ㉯ 혐기성 전환
㉰ 혐기성 도달 ㉱ 정상 상태

풀이 1단계인 호기성단계에 대한 내용이며, 핵심 내용인 "산소와 질소는 감소하고 이산화탄소 생성 단계-호기성 단계"임을 숙지하시면 됩니다.

25 중유 300 kg/hr를 과잉공기계수 1.2로 연소시킬 때 연소실로 주입되는 공기 온도를 20℃에서 120℃로 올리기 위하여 요구되는 열량(kcal/hr)은? (단, 중유의 저위발열량 10,000 kcal/kg, 이론 공기량은 10 Sm^3/kg, 공기의 평균 비열은 0.31 kcal/Sm^3·℃)

㉮ 111,600 kcal/hr ㉯ 133,200 kcal/hr
㉰ 153,600 kcal/hr ㉱ 173,200 kcal/hr

풀이 ① 열량(kcal/kg)
= 실제공기량(Sm^3/kg) × 비열(kcal/Sm^3·℃) × $(t_2 - t_1)$
= 1.2 × 10Sm^3/kg × 0.31kcal/Sm^3·℃ × (120 − 20)℃
= 372 kcal/kg
② 열량(kcal/hr) = 372kcal/kg × 300kg/hr
= 111,600 kcal/kg

26 다음 중 탄수소비(C/H)에 대한 내용으로 틀린 것은?

㉮ 탄수소비가 크면 비교적 비점이 높은 연료는 매연이 발생하기 쉽다.
㉯ 액체연료의 탄수소비는 휘발유 > 등유 > 경유 > 중유 순으로 증가한다.
㉰ 탄수소비가 클수록 이론공연비는 감소된다.
㉱ 탄수소비가 클수록 휘도가 높고 방사율이 크다.

풀이 ㉯ 액체연료의 탄수소비는 휘발유 < 등유 < 경유 < 중유 순으로 증가한다.

answer 23 ㉱ 24 ㉮ 25 ㉮ 26 ㉯

27 소각로에서 완전연소 조건에 해당하지 않는 것은?

㉮ 충분한 체류시간
㉯ 충분한 난류
㉰ 적당한 온도
㉱ 적당한 압력

풀이 소각로에서 완전연소의 조건은 충분한 체류시간, 충분한 난류, 적당한 온도이다.

28 결정도(Crystallinity)가 증가할수록 합성차수막에 나타나는 성질로 틀린 것은?

㉮ 인장강도가 감소한다.
㉯ 열에 대한 저항도가 증가한다.
㉰ 화학물질에 대한 저항성이 증가한다.
㉱ 투수계수가 감소한다.

풀이 ㉮ 인장강도가 증가한다.

TIP

결정도(Crystallinity)가 증가할수록 충격과 투수계수는 감소하고, 나머지 조건은 증가함을 숙지하시면 됩니다.

29 매립지에서 발생하는 침출수의 특성이 COD/TOC : 2.0~2.8, BOD/COD : 0.1~0.5, 매립연한 : 5~10년, COD(mg/L) 500~100일 때 가장 효율적 처리공정은?

㉮ 생물학적 처리
㉯ 이온교환수지
㉰ 활성탄 흡착
㉱ 역삼투

풀이 COD의 농도가 높으면서 매립연한이 5년 이상이면 역삼투로 처리하는 것이 가장 효과적이다.

30 유기물(포도당, $C_6H_{12}O_6$) 1kg을 혐기성 소화 시킬 때 이론적으로 발생되는 메탄량(kg)은?

㉮ 약 0.09 ㉯ 약 0.27
㉰ 약 0.73 ㉱ 약 0.93

풀이 $C_6H_{12}O_6 \rightarrow 3CO_2 + 3CH_4$

180kg : 3 × 16kg
1kg : X

$$\therefore X = \frac{1\text{kg} \times 3 \times 16\text{kg}}{180\text{kg}} = 0.27\text{kg}$$

31 코크스 또는 분해가 끝난 석탄은 열분해가 일어나기 어려운 탄소가 주성분으로 그것 자체가 연소하는 과정으로 적열할 따름이지 화염이 없는 연소형태는?

㉮ 표면연소 ㉯ 분해연소
㉰ 발연연소 ㉱ 증발연소

풀이 ㉮ 표면연소에 대한 내용이며, 핵심 내용인 "화염이 없는 연소형태=표면연소"임을 숙지하시면 됩니다.

32 분뇨 저류 포기조에 400KL의 분뇨를 유입시켜 5일 동안 연속 포기하였더니 BOD가 40% 제거되었다. BOD 제거 kg당 공기공급량 50m^3으로 하였을 때 공급 공기량(m^3/hr)은? (단, 분뇨의 BOD는 20,000mg/L이고, 비중은 1.0기준이다.)

㉮ 약 1,892 m^3/hr ㉯ 약 1,643 m^3/hr
㉰ 약 1,333 m^3/hr ㉱ 약 1,161 m^3/hr

answer 27 ㉱ 28 ㉮ 29 ㉱ 30 ㉯ 31 ㉮ 32 ㉰

풀이 공급공기량(m^3/hr)

$= 유입\ 분뇨량(m^3) \times \frac{1}{포기시간(day)}$

$\times BOD\ 농도(kg/m^3) \times BOD\ 제거율$

$\times 공기공급량(m^3)/BOD\ 제거량(kg)$

$= \frac{400m^3}{5day} \times 1day/24hr \times 20kg/m^3 \times 0.4 \times 50m^3/kg$

$= 1,333.33m^3/hr$

33 BOD 15,000mg/L, Cl^- 800ppm인 분뇨를 희석하여 활성슬러지법으로 처리한 결과 BOD 40mg/L, Cl^- 40ppm이었을 때 활성슬러지법의 BOD 처리효율(%)은? (단, 염소는 활성슬러지법에 의해 처리되지 않음)

㉮ 93.5% ㉯ 94.7%
㉰ 97.4% ㉱ 99.1%

풀이 처리효율(%)

$= \left(1 - \frac{유출수의\ BOD \times 희석배수치(P)}{유입수의\ BOD}\right) \times 100$

① 희석배수치(P)

$= \frac{유입수의\ Cl^-}{유출수의\ Cl^-} = \frac{800ppm}{40ppm} = 20$

② 처리효율(%) $= \left(1 - \frac{40mg/L \times 20}{15,000mg/L}\right) \times 100$

$= 94.67\%$

34 슬러지를 개량(conditioning)하는 주된 목적은?

㉮ 농축성질을 향상시킨다.
㉯ 탈수성질을 향상시킨다.
㉰ 소화성질을 향상시킨다.
㉱ 구성성분 성질을 개선, 향상시킨다.

풀이 슬러지 개량의 주된 목적은 탈수성 향상이다.

35 혐기성 소화공법에 비해 호기성 소화공법이 갖는 장·단점으로 틀린 것은?

㉮ 상등액의 BOD 농도가 낮다.
㉯ 소화 슬러지량이 많다.
㉰ 소화 슬러지의 탈수성이 좋다.
㉱ 운전이 쉽다.

풀이 ㉰ 소화 슬러지의 탈수성이 나쁘다.

36 메탄올(CH_3OH) 3kg이 연소하는데 필요한 이론공기량(Sm^3)은?

㉮ $10Sm^3$ ㉯ $15Sm^3$
㉰ $20Sm^3$ ㉱ $25Sm^3$

풀이 ① $CH_3OH + 1.5O_2 \rightarrow CO_2 + 2H_2O$

32kg : $1.5 \times 22.4Sm^3$

3kg : O_o(이론산소량)

$\therefore O_o(이론산소량) = \frac{3kg \times 1.5 \times 22.4Sm^3}{32kg}$

$= 3.15Sm^3$

② 이론공기량(Sm^3)

$= 이론산소량(Sm^3) \times \frac{1}{0.21}$

$= 3.15Sm^3 \times \frac{1}{0.21} = 15Sm^3$

TIP
① CH_3OH = 메탄올 = 메틸알콜
② CH_3OH의 분자량 $= 12 + (3 \times 1) + 16 + 1 = 32kg$
③ 질량(kg) = 계수 × 분자량(kg)
④ 체적(Sm^3) = 계수 × 22.4(Sm^3)

CBT 복원문제

answer 33 ㉯ 34 ㉯ 35 ㉰ 36 ㉯

37 고형화 방법 중 자가시멘트법에 대한 내용으로 틀린 것은?

㉮ 혼합률(MR)이 낮다.
㉯ 중금속의 처리에 효율적이다.
㉰ 탈수 등 전처리가 필요 없다.
㉱ 보조에너지가 필요 없다.

풀이 ㉱ 보조에너지가 필요하다.

TIP

$$\text{혼합률(MR)} = \frac{\text{첨가제의 질량}}{\text{폐기물의 질량}}$$

38 다음 중 고형화연료(RDF)의 구비조건으로 틀린 것은?

㉮ 재의 양이 적을 것
㉯ 발열량이 높을 것
㉰ 함수율이 높을 것
㉱ 균일한 조성을 가질 것

풀이 ㉰ 함수율이 낮을 것

39 다음 중 인공 복토재의 조건으로 틀린 것은?

㉮ 매립지 공간을 절약할 수 있어야 한다.
㉯ 연소가 잘 되지 않아야 한다.
㉰ 투수계수가 높아야 한다.
㉱ 생분해가 가능해야 한다.

풀이 ㉰ 투수계수가 낮아야 한다.

40 다음 중 차수시설의 특징에 대한 내용으로 틀린 것은?

㉮ 지하수가 매립지 내부로 유입되는 것을 방지한다.
㉯ 투수방지를 위해 불투수층 차수막 또는 점토를 사용한다.
㉰ 매립지 내에서의 물의 이동은 헨리(Henry)법칙으로 나타낸다.
㉱ 매립지의 침출수 유출을 방지한다.

풀이 ㉰ 매립지 내에서의 물의 이동은 다르시(Darcy)법칙으로 나타낸다.

| 제3과목 | 폐기물공정시험기준

41 폐기물공정시험기준상 용어의 정의로 알맞은 것은?

㉮ 즉시 : 10초 이내에 표시된 조작을 하는 것을 말한다.
㉯ 감압 또는 진공 : 따로 규정이 없는 한 15 mmH_2O 이하를 말한다.
㉰ 바탕시험을 하여 보정한다 : 시료에 대한 처리 및 측정을 할 때, 시료를 사용하여 같은 방법으로 조작한 측정치를 빼는 것을 말한다.
㉱ 정확히 취한다 : 규정한 양의 액체를 홀피펫으로 눈금까지 취하는 것을 말한다.

풀이 ㉮ 즉시 : 30초 이내에 표시된 조작을 하는 것을 말한다.
㉯ 감압 또는 진공 : 따로 규정이 없는 한 15mmHg 이하를 말한다.
㉰ 바탕시험을 하여 보정한다 : 시료에 대한 처리 및 측정을 할 때, 시료를 사용하지 않고 같은 방법으로 조작한 측정치를 빼는 것을 말한다.

answer 37 ㉱ 38 ㉰ 39 ㉰ 40 ㉰ 41 ㉱

42 기체크로마토그래피로 휘발성 저급염소화 탄화수소류를 측정하는데 사용되는 검출기로 알맞은 것은?

㉮ ECD ㉯ FID
㉰ FPD ㉱ TCD

풀이 ㉮ 전자포획검출기(ECD)에 대한 내용이다.

43 폐기물공정시험기준에 규정된 시료의 축소방법으로 틀린 것은?

㉮ 구획법 ㉯ 원추사분법
㉰ 교호삽법 ㉱ 축소이분법

풀이 시료의 축소방법으로는 구획법, 원추4분법, 교호삽법이 있다.

44 수은을 환원기화-원자흡수분광광도법으로 측정할 때의 내용으로 틀린 것은?

㉮ 시료 중의 수은을 금속수은으로 산화시킨 후 수은증기를 분석한다.
㉯ 측정파장은 253.7nm이고 정량범위는 0.0005~0.01mg/L이다.
㉰ 수은은 공기-아세틸렌 불꽃을 사용한다.
㉱ 벤젠, 아세톤 등 휘발성 유기물질도 253.7nm에서 흡광도를 나타낸다. 이 때에는 과망간산칼륨 분해 후 헥산으로 이들 물질을 추출 분리한 다음 실험한다.

풀이 ㉮ 시료 중의 수은을 이염화주석을 넣어 금속수은으로 환원한다.

45 대상폐기물의 양이 700톤인 경우 시료의 최소 수는?

㉮ 26 ㉯ 36
㉰ 46 ㉱ 56

풀이 대상폐기물의 양과 시료의 최소 수

대상폐기물의 양(ton)	시료 최소 수	대상폐기물의 양(ton)	시료 최소 수
1 미만	6	100 이상~500 미만	30
1 이상~5 미만	10	500 이상~1,000 미만	36
5 이상~30 미만	14	1,000 이상~5,000 미만	50
30 이상~100 미만	20	5,000 이상	60

46 기체크로마토그래프/질량분석법을 이용해 할로겐화 유기물질을 분석할 때 정량한계로 맞는 것은?

㉮ 각 할로겐화 유기물질에 대하여 0.5mg/kg
㉯ 각 할로겐화 유기물질에 대하여 1mg/kg
㉰ 각 할로겐화 유기물질에 대하여 5mg/kg
㉱ 각 할로겐화 유기물질에 대하여 10mg/kg

풀이 기체크로마토그래프/질량분석법을 이용해 할로겐화 유기물질을 분석할 때 정량한계는 각 할로겐화 유기물질에 대하여 10mg/kg이다.

answer 42 ㉮ 43 ㉱ 44 ㉮ 45 ㉯ 46 ㉱

47 다음 중 함침성 고상폐기물의 정의로 알맞은 것은?

㉮ 종이, 목재 등 기름을 흡수하는 변압기 내부부재(종이, 나무와 금속이 서로 혼합되어 있어 분리가 어려운 경우를 포함)를 말한다.

㉯ 종이, 목재 등 기름을 흡수하는 변압기 외부부재(종이, 나무와 금속이 서로 혼합되어 있어 분리가 어려운 경우를 포함)를 말한다.

㉰ 종이, 목재 등 기름을 흡수하는 변압기 내부부재(종이, 나무와 금속이 서로 혼합되어 있어 분리가 어려운 경우를 비포함)를 말한다.

㉱ 종이, 목재 등 기름을 흡수하는 변압기 외부부재(종이, 나무와 금속이 서로 혼합되어 있어 분리가 어려운 경우를 비포함)를 말한다.

풀이 함침성 고상폐기물의 핵심 내용인 "변압기 내부부재, 분리가 어려운 경우 포함"임을 숙지하시면 됩니다.

48 정량한계를 나타낸 식으로 알맞은 것은?

㉮ 정량한계 = 표준편차 × 5

㉯ 정량한계 = 표준편차 × 10

㉰ 정량한계 = 표준편차 × 20

㉱ 정량한계 = 표준편차 × 30

풀이 정도보증/정도관리

① 정량한계 = 표준편차(S) × 10

② 기기검출한계 = 표준편차(S) × 3

③ 감응계수 = $\frac{\text{반응값(R)}}{\text{표준용액의 농도(C)}}$

49 시료의 산분해법에 대한 내용으로 틀린 것은?

㉮ 질산-과염소산 분해법 : 유기물을 높은 비율로 함유하고 있으면서 산화분해가 어려운 시료들에 적용한다.

㉯ 질산-황산 분해법 : 유기물 등을 많이 함유하고 있는 대부분의 시료에 적용한다.

㉰ 회화법 : 목적성분이 400 ℃ 이상에서 휘산되지 않고 쉽게 회화될 수 없는 시료에 적용한다.

㉱ 질산-과염소산-불화수소산 분해법 : 점토질 또는 규산염이 높은 비율로 함유된 시료에 적용한다.

풀이 ㉰ 회화법 : 목적성분이 400 ℃ 이상에서 휘산되지 않고 쉽게 회화될 수 있는 시료에 적용한다.

50 다음은 용출시험방법의 시료용액의 조제에 대한 내용이다. (　　)안에 알맞은 내용은?

> 시료의 조제방법에 따라 조제한 시료 (　　) 이상을 정확히 달아 정제수에 염산을 넣어 pH를 5.8~6.3으로 한 용매는 1 : 10(W : V)의 비로 2,000mL 삼각플라스크에 넣어 혼합한다.

㉮ 10g　　㉯ 50g

㉰ 100g　　㉱ 200g

풀이 용출시험방법에서 시료용액의 조제

① 조제한 시료의 양 : 100g 이상

② pH 조절 : 염산을 가해 pH 5.8 ~ 6.3

③ 시료 : 용매는 1 : 10(W : V)

④ 용기 : 2,000mL 삼각플라스크

answer 47 ㉮ 48 ㉯ 49 ㉰ 50 ㉰

51 원추4분법에 의해 시료를 축소할 때 한번의 일련의 조작이 끝난 시료는 조작 전 시료보다 얼마만큼 축소되는가?

㉮ 1/8 ㉯ 1/4
㉰ 1/2 ㉱ 3/4

풀이 시료의 축소는 원추의 꼭지를 수직으로 눌러서 평평하게 만들고 이것을 부채꼴로 4등분하고 마주 보는 두 부분은 취하고 반은 버리므로 시료는 1/2로 축소된다.

52 자외선/가시선 분광법으로 구리를 정량할 때 비스무트(Bi)가 구리의 양보다 2배 이상 존재할 경우, 어떤 색을 나타내어 방해하게 되는가?

㉮ 적색 ㉯ 청색
㉰ 청록색 ㉱ 황색

풀이 자외선/가시선분광법으로 구리를 정량할 때 비스무트(Bi)가 구리의 양보다 2배 이상 존재할 경우에는 황색을 나타내어 방해한다.

53 다음은 용기에 대한 정의에 대한 내용으로 틀린 것은?

㉮ 밀폐용기라 함은 취급 또는 저장하는 동안에 이물이 들어가거나 또는 내용물이 손실되지 아니하도록 보호하는 용기이다.

㉯ 기밀용기라 함은 취급 또는 저장하는 동안에 안으로부터 공기 또는 다른 가스가 침입하지 아니하도록 내용물을 보호하는 용기를 말한다.

㉰ 밀봉용기라 함은 취급 또는 저장하는 동안에 기체 또는 미생물이 침입하지 아니하도록 내용물을 보호하는 용기이다.

㉱ 차광용기라 함은 광선이 투과하지 않는 용기 또는 투과하지 않게 포장을 한 용기이며 취급 또는 저장하는 동안에 내용물이 광화학적 변화를 일으키지 아니하도록 방지할 수 있는 용기를 말한다.

풀이 ㉯ 기밀용기라 함은 취급 또는 저장하는 동안에 밖으로부터 공기 또는 다른 가스가 침입하지 아니하도록 내용물을 보호하는 용기를 말한다.

54 $Pb(NO_3)_2$를 사용하여 0.5 mg/mL의 납 표준원액 500mL를 제조하려고 한다. $Pb(NO_3)_2$를 얼마나 취해야 하는가? (단, 원자량은 Pb : 207.2)

㉮ 약 300mg ㉯ 약 400mg
㉰ 약 500mg ㉱ 약 600mg

풀이 $Pb(NO_3)_2 \rightarrow Pb^{2+} + 2NO_3^-$

331.2g : 207.2g

X : 0.5mg/mL × 500mL

$$\therefore X = \frac{331.2g \times 0.5mg/mL \times 500mL}{207.2g} = 399.61mg$$

55 자외선/가시선 분광법으로 크롬 측정 시 총 크롬을 6가 크롬으로 산화시키기 위해 가하는 시약은?

㉮ 과산화수소 ㉯ 과망간산칼륨
㉰ 다이크롬산칼륨 ㉱ 염화제일주석

풀이 크롬의 자외선/가시선 분광법

$$Cr^{3+} \xrightarrow[KMnO_4]{\text{강산화제}} Cr^{6+}$$

answer 51 ㉰ 52 ㉱ 53 ㉯ 54 ㉯ 55 ㉯

실전문제

CBT 복원문제

56 자외선/가시선 분광법 광원부에서 사용하는 가시부와 근적외부의 광원은?

㉮ 중수소방전관 ㉯ 광전자증배관
㉰ 텅스텐램프 ㉱ 석영방전관

풀이 자외선/가시선 분광법의 광원
① 가시부와 근적외부 : 텅스텐램프
② 자외부 : 중수소방전관

57 수소이온농도를 유리전극법으로 측정할 때 간섭물질에 대한 내용으로 알맞은 것은?

㉮ 유리전극은 일반적으로 용액의 색도, 탁도, 산화 및 환원성 물질들 그리고 염도에 의해 간섭을 받는다.
㉯ pH 12 이상에서 나트륨에 의해 오차가 발생할 수 있는데 이는 "낮은 나트륨 오차 전극"을 사용하여 줄일 수 있다.
㉰ 염산(1+9)용액을 사용하여 피복물을 제거할 수 있다.
㉱ pH는 온도변화에 따라 영향을 받지 않는다.

풀이 ㉮ 유리전극은 일반적으로 용액의 색도, 탁도, 산화 및 환원성 물질들 그리고 염도에 의해 간섭을 받지 않는다.
㉯ pH 10 이상에서 나트륨에 의해 오차가 발생할 수 있는데 이는 "낮은 나트륨 오차 전극"을 사용하여 줄일 수 있다.
㉱ pH는 온도변화에 따라 영향을 받는다.

58 석면을 편광현미경법으로 측정할 때 정량범위는?

㉮ 1~25% ㉯ 1~50%
㉰ 1~80% ㉱ 1~100%

풀이 석면의 정량범위
① 편광현미경법 : 1~100%
② X-회절기법 : 0.1~100.0wt%

59 비소를 자외선/가시선 분광법으로 측정할 때의 내용으로 틀린 것은?

㉮ 시료중의 비소를 3가비소로 환원시킨 다음 아연을 넣어 비화수소를 발생시킨다.
㉯ 발생시킨 비화수소를 다이에틸다이티오카르바민산은의 피리딘용액에 흡수시킨다.
㉰ 정량범위는 0.002~0.01mg이다.
㉱ 적자색의 흡광도를 630nm에서 측정한다.

풀이 ㉱ 적자색의 흡광도를 530nm에서 측정한다.

60 다음 중 시안의 측정방법으로 틀린 것은?

㉮ 자외선/가시선 분광법
㉯ 이온전극법
㉰ 연속흐름법
㉱ 이온크로마토그래피

풀이 시안의 측정방법에는 자외선/가시선 분광법, 이온전극법, 연속흐름법이 있다.

answer 56 ㉰ 57 ㉰ 58 ㉱ 59 ㉱ 60 ㉱

2023 4회 CBT 복원문제

| 제1과목 | 폐기물개론

01 다음 중 쓰레기 관리체계에서 비용이 가장 많이 드는 단계는?

㉮ 수거 ㉯ 처리
㉰ 저장 ㉱ 분석

풀이 쓰레기 관리체계에서 비용이 가장 많이 드는 단계는 수거단계이며, 수거단계가 전체비용의 60% 이상을 차지한다.

02 폐기물의 성상분석 절차 중 가장 먼저 시행하는 단계는?

㉮ 함수율 측정 ㉯ 밀도 측정
㉰ 원소분석 측정 ㉱ 발열량 측정

풀이 폐기물의 성상분석 절차 순서는 시료 → 밀도 측정 → 물리적 조성분석 → 건조 → 분류(가연성, 불연성) → 전처리(절단 및 분쇄) → 화학적 조성분석이다.

03 도시쓰레기의 조성이 탄소 48%, 수소 6.4%, 산소 37.6%, 질소 2.6%, 황 0.4% 그리고 회분 5%일 때 고위 발열량(kcal/kg)은? (단, Dulong식을 적용할 것)

㉮ 약 7,500 ㉯ 약 6,500
㉰ 약 5,500 ㉱ 약 4,500

풀이 고위 발열량(Hh)

$$= 8,100C + 34,000\left(H - \frac{O}{8}\right) + 2,500S\,(\text{kcal/kg})$$

$$= 8,100 \times 0.48 + 34,000 \times \left(0.064 - \frac{0.376}{8}\right) + 2,500 \times 0.004$$

$$= 4,476\,\text{kcal/kg}$$

04 청소상태를 평가하는 방법 중 서비스를 받는 시민들의 만족도를 설문조사하여 나타내어지는 사용자 만족도 지수는?

㉮ CEI ㉯ USI
㉰ SVI ㉱ SDI

풀이 청소상태의 평가법
① CEI : 지역사회 효과지수
② USI : 사용자 만족도 지수

05 발생된 쓰레기를 감량화하기 위한 대책으로는 발생원 대책과 발생 후 대책으로 크게 구분한다. 다음의 감량화 방법 중 그 특성이 다른 하나는?

㉮ 식단제 개선
㉯ 분리수거 실시
㉰ 가정용품의 적절한 정비
㉱ 재생 이용

풀이 ㉱ 재생 이용은 발생 후 대책에 해당한다.

answer 01 ㉮ 02 ㉯ 03 ㉱ 04 ㉯ 05 ㉱

06 폐기물 발생량에 대한 내용으로 알맞은 것은?

㉮ 대도시보다는 문화 수준이 열악한 중소도시의 주민이 쓰레기를 더 많이 발생시킨다.
㉯ 쓰레기 발생량은 주방 쓰레기양에 영향을 많이 받으므로, 엥겔지수가 높은 서민층의 쓰레기가 부유층보다 많다.
㉰ 쓰레기를 자주 수거해 가면 쓰레기 발생량이 증가한다.
㉱ 쓰레기통이 클수록 유효용적이 증가하여 발생량이 감소한다.

풀이 ㉮ 대도시보다는 문화 수준이 열악한 중소도시의 주민이 쓰레기를 더 적게 발생시킨다.
㉯ 쓰레기 발생량은 주방 쓰레기양에 영향을 많이 받으므로, 엥겔지수가 높은 서민층의 쓰레기가 부유층보다 적다.
㉱ 쓰레기통이 클수록 유효용적이 증가하여 발생량이 증가한다.

07 어느 도시폐기물 중 비가연 성분이 40%(W/W%)이다. 밀도가 $450\,kg/m^3$인 폐기물 $10\,m^3$ 중 가연성 물질의 양(ton)은?

㉮ 58ton　　㉯ 5.8ton
㉰ 27ton　　㉱ 2.7ton

풀이 가연성 물질의 양(ton)

$= \text{폐기물}(m^3) \times \text{밀도}(kg/m^3) \times 10^3\,ton/kg \times (1-\text{비가연성분})$

$= 10m^3 \times 450kg/m^3 \times 10^{-3}\,ton/kg \times (1-0.4)$

$= 2.7\,ton$

TIP
① 가연성분(%) + 비가연성분(%) = 100%
② 가연성분(%) = 100% − 비가연성분(%)

08 쓰레기 압축처리 방법 중 포장기(baler)에 대한 내용으로 틀린 것은?

㉮ 압축 후 삼베나 가죽 또는 철끈으로 묶는다.
㉯ 관리에 용이한 크기나 질량으로 포장한다.
㉰ 완전하게 건조되지 못한 폐기물은 취급하기 곤란하다.
㉱ 매립지에서는 포장을 해체하여 최종 처분한다.

풀이 ㉱ 매립지에서는 특별한 경우를 제외하면 포장을 해체하지 않고 그대로 매립한다.

09 전과정평가(LCA)의 단계 중 조사분석 과정에서 확정된 자원요구 및 환경부하에 대한 영향을 평가하는 기술적, 정량적, 정성적 과정의 단계는?

㉮ 목적 및 범위 설정
㉯ 목록분석
㉰ 영향평가
㉱ 개선 평가 및 해석

풀이 ㉰ 영향평가에 대한 내용이며, 핵심 내용인 "환경부하에 대한 영향평가=영향평가"임을 숙지하시면 됩니다.

answer 06 ㉰ 07 ㉱ 08 ㉱ 09 ㉰

10 수거노선을 설정할 때 유의사항으로 틀린 것은?

㉮ 지형지물 및 도로 경계와 같은 장벽을 피하여 간선도로 부근에서 시작하고 끝나도록한다.
㉯ 가능한 한 시계방향으로 수거노선을 정한다.
㉰ 발생량이 아주 많은 발생원은 하루 중 가장 먼저 수거한다.
㉱ 발생량이 적으나 수거빈도가 동일하기를 원하는 적재지점은 가능한 한 같은 날 왕복내에서 수거한다.

풀이 ㉮ 지형지물 및 도로 경계와 같은 장벽을 이용하여 간선도로 부근에서 시작하고 끝나도록 한다.

11 삼성분의 조성이 다음과 같은 쓰레기의 저위발열량(kcal/kg)은?

- 수분 : 60%
- 가연분 : 30%
- 회분 : 10%

㉮ 약 890kcal/kg ㉯ 약 990kcal/kg
㉰ 약 1,190kcal/kg ㉱ 약 1,290kcal/kg

풀이 Hl = 45 × VS − 6W(kcal/kg)
여기서 Hl : 저위발열량(kcal/kg)
VS : 가연성분(%)
W : 수분함량(%)
따라서 Hl = 45 × 30% − 6 × 60% = 990 kcal/kg

TIP
① 3성분 : 가연분, 수분, 회분
② 4성분 : 고정탄소, 휘발분(휘발성 고형물), 수분, 회분

12 다음 중 폐기물의 파쇄를 통한 세립화 및 균일화에 대한 내용으로 틀린 것은?

㉮ 조대 폐기물에 의한 소각로의 손상방지
㉯ 폐기물의 건조성 증가
㉰ 용량증가로 인한 운반비의 증가 및 매립부지 절감
㉱ 폐기물의 연소성 증가

풀이 ㉰ 용량감소로 인한 운반비의 절감 및 매립부지 절감

13 유해폐기물의 국제적 이동의 통제와 규제를 주요 골자로 하는 국제협약은?

㉮ 바젤협약 ㉯ 런던협약
㉰ 비엔나협약 ㉱ 몬트리올협약

풀이 ㉮ 바젤협약에 대한 내용이며, 핵심 내용인 "유해폐기물의 국제적 이동의 통제=바젤협약"임을 숙지하시면 됩니다.

14 다음 중 전단파쇄기에 대한 설명으로 틀린 것은?

㉮ 충격파쇄기에 비하여 이물질 혼입에 약하다.
㉯ 충격파쇄기에 비하여 파쇄 속도가 빠르다.
㉰ 충격파쇄기에 비하여 파쇄물의 크기를 고르게 할 수 있다.
㉱ 소음과 먼지발생이 비교적 적고 폭발의 위험성이 거의 없다.

풀이 ㉯ 충격파쇄기에 비하여 파쇄 속도가 느리다.

answer 10 ㉮ 11 ㉯ 12 ㉰ 13 ㉮ 14 ㉯

15 다음 중 적환장이 설치되는 경우로 틀린 것은?

㉮ 폐기물 수집장소와 처분장소가 멀리 떨어져 있는 경우
㉯ 대용량의 수집차량이 사용되는 경우
㉰ 상업지역에서 폐기물 수집에 소형용기를 사용하는 경우
㉱ 불법투기와 다량의 어지러운 쓰레기들이 발생하는 경우

풀이 ㉯ 소용량의 수집차량이 사용되는 경우

16 하나의 수식으로 각 인자들의 효과를 총괄적으로 나타내어 복잡한 시스템의 분석에 유용하게 사용할 수 있는 쓰레기 발생량 예측방법은?

㉮ 경향법 ㉯ 동적모사방법
㉰ 정적모사모델 ㉱ 다중회귀모델

풀이 ㉱ 다중회귀모델에 대한 내용이며, 핵심 내용인 "복잡한 시스템의 분석=다중회귀모델"임을 숙지하시면 됩니다.

17 용적이 $5m^3$인 쓰레기를 압축하였더니 $3m^3$으로 감소되었을 때 압축비(CR)는?

㉮ 0.43 ㉯ 0.60
㉰ 1.67 ㉱ 2.50

풀이

$$압축비 = \frac{압축\ 전\ 부피(V_1)}{압축\ 후\ 부피(V_2)} = \frac{5m^3}{3m^3} = 1.67$$

18 트롬멜 스크린의 전형적인 운전특성으로 틀린 것은?

㉮ 스크린 개방면적(%) : 53
㉯ 경사도 : 15~25도
㉰ 회전속도(rpm) : 11~13
㉱ 길이(m) : 4.0

풀이 ㉯ 경사도 : 2~3도

19 다음 선별법과 선별물질의 연결로 틀린 것은?

㉮ 정전기적선별 - 플라스틱, 고무와 종이 선별
㉯ 광학선별 - 유기물과 무기물 선별
㉰ 자력선별 - 철 및 금속류 선별
㉱ 와전류선별 - 철금속, 비철금속, 유리병 선별

풀이 ㉯ 광학선별 - 불투명한 것(돌, 코르크)과 투명한 것(유리)

20 쓰레기의 새로운 수집 시스템인 모노레일 수송에 대한 내용으로 틀린 것은?

㉮ 적환장에서 최종처분장까지 수송하는데 적용할 수 있다.
㉯ 자동무인화 할 수 있다.
㉰ 가설이 어렵고 설치비가 많다.
㉱ 시설완료 후에도 경로변경이 용이하다.

풀이 ㉱ 시설완료 후에는 경로변경이 어렵다.

answer 15 ㉯ 16 ㉱ 17 ㉰ 18 ㉯ 19 ㉯ 20 ㉱

| 제2과목 | 폐기물처리기술

21 다음 중 석회 기초법에 대한 내용으로 틀린 것은?

㉮ 공정운전이 간단하고 용이하다.
㉯ 탈수가 필요하다.
㉰ 두 가지 폐기물을 동시에 처리할 수 있다.
㉱ pH가 낮을 경우 폐기물 성분의 용출가능성이 증가한다.

풀이 ㉯ 탈수가 필요 없다.

22 연소가스 탈황시 발생되는 슬러지를 처리하는 방법으로 탈수 등의 전처리가 필요없고, 보조에너지가 필요한 고형화방법은?

㉮ 시멘트 기초법 ㉯ 자가 시멘트법
㉰ 석회 기초법 ㉱ 피막형성법

풀이 ㉯ 자가시멘트법에 대한 내용이며, 핵심 내용인 "탈황슬러지=자가 시멘트법"임을 숙지하시면 됩니다.

23 코크스 또는 분해연소기 끝난 석탄 자체가 연소하는 과정으로 연소되면 적열(赤熱)할뿐 화염이 없는 연소는?

㉮ 증발연소 ㉯ 표면연소
㉰ 내부연소 ㉱ 자기연소

풀이 ㉯ 표면연소에 대한 내용이며, 핵심 내용인 "화염이 없는 연소=표면연소"임을 숙지하시면 됩니다.

24 열교환기 중 과열기에 대한 내용으로 틀린 것은?

㉮ 과열기는 방사형 과열기, 대류형 과열기 및 방사·대류형 과열기로 분류된다.
㉯ 과열기의 재료는 탄소강을 비롯 니켈, 크롬, 몰리브덴, 바나듐 등을 함유한 특수 내열강관을 사용한다.
㉰ 보일러 터어빈에서 팽창하여 포화증기에 가까워진 증기를 다시 예열하여 터어빈에 되돌려 팽창시킨다.
㉱ 과열기는 부착위치에 따라 진열 형태가 다르다.

풀이 ㉰번의 내용은 열교환기중에서 재열기에 대한 내용이다.

25 메탄올(CH_3OH) 8kg을 완전 연소하는데 필요한 이론공기량(Sm^3)은? (단, 표준상태 기준)

㉮ 35 ㉯ 40
㉰ 45 ㉱ 50

풀이 ① $CH_3OH + 1.5O_2 \rightarrow CO_2 + 2H_2O$

32kg : $1.5 \times 22.4Sm^3$
8kg : O_o(이론산소량)

$$\therefore O_o(\text{이론산소량}) = \frac{8kg \times 1.5 \times 22.4Sm^3}{32kg} = 8.4Sm^3$$

② 이론공기량(Sm^3)

$$= \text{이론산소량}(Sm^3) \times \frac{1}{0.21}$$

$$= 8.4Sm^3 \times \frac{1}{0.21} = 40Sm^3$$

answer 21 ㉯ 22 ㉯ 23 ㉯ 24 ㉰ 25 ㉯

실전문제
CBT 복원문제

TIP

① CH_3OH = 메탄올 = 메틸알콜
② CH_3OH의 분자량(kg) = 12+(3×1)+16+1 = 32kg
③ 체적(Sm^3) = 계수 × 22.4(Sm^3)
④ 질량(kg) = 계수 × 분자량(kg)

26 다음 중 무기성 고형화 방법의 특징으로 틀린 것은?

㉮ 처리비용이 비싸지만, 장기적으로 안정성이 지속된다.
㉯ 고화재료의 구입이 용이하며, 재료가 무독성이다.
㉰ 수용성이 작고, 수밀성이 양호하다.
㉱ 다양한 산업폐기물에 적용할 수 있다.

풀이 ㉮ 처리비용이 저렴하고 장기적으로 안정성이 지속된다.

27 매립지로부터 침출수의 유출을 방지하기 위한 내용으로 알맞은 것은? (단, 매립지 내 물의 이동을 나타내는 Darcy의 법칙을 기준으로 한다.)

㉮ 투수계수는 증가시키고 수두차는 감소시킨다.
㉯ 투수계수는 감소시키고 수두차는 증가시킨다.
㉰ 투수계수 및 수두차를 감소시킨다.
㉱ 투수계수 및 수두차를 증가시킨다.

풀이 매립지로부터 침출수의 유출을 방지하기 위해서는 투수계수 및 수두차를 감소시킨다.

28 분뇨를 소화처리함에 있어 소화 대상 분뇨량 Q = $100m^3$/일, 분뇨 내 유기물 농도가 20,000ppm이라면 가스발생량(m^3/일)을 계산하면? (단, 유기물 소화에 따른 가스발생량은 500L/kg·유기물, 유기물 전량은 소화되고, 분뇨의 비중은 1.0으로 가정한다.)

㉮ $1,000m^3$/일 ㉯ $1,500m^3$/일
㉰ $2,000m^3$/일 ㉱ $2,500m^3$/일

풀이 가스발생량(m^3/일)
= 분뇨량(m^3/일) × 유기물 농도(kg/m^3) × 가스발생량(m^3/kg)
= $100m^3$/일 × $20kg/m^3$ × $0.5m^3/kg$
= $1,000m^3$/일

TIP

① ppm(mg/L) $\xrightarrow{\times 10^{-3}}$ kg/m^3 이므로
20,000ppm = $20kg/m^3$
② L/kg $\xrightarrow{\times 10^{-3}}$ m^3/kg 이므로
500L/kg = $0.5m^3/kg$

29 액상분사 소각로(Liquid Injection Incinerator)의 단점으로 틀린 것은?

㉮ 구동장치가 복잡하고 고장이 많다.
㉯ 완전히 연소시켜야 하며 내화물의 파손을 막아주어야 한다.
㉰ 고형분의 농도가 높으면 버너가 막히기 쉽다.
㉱ 대량 처리가 불가능하다.

풀이 ㉮ 구동장치가 간단하고 고장이 적다.

answer 26 ㉮ 27 ㉰ 28 ㉮ 29 ㉮

30 다음 중 로터리 킬른에 대한 내용으로 틀린 것은?

㉮ 액상이나 고상의 여러가지 폐기물을 동시에 처리할 수 있다.
㉯ 습식가스 세정시스템과 함께 사용할 수 있다.
㉰ 경사진 구조로 용융상태의 물질에 의하여 방해를 받는다.
㉱ 대체로 예열, 혼합, 파쇄 등의 전처리 없이 폐기물 주입이 가능하다.

풀이 ㉰ 경사진 구조로 용융상태의 물질에 의하여 방해를 받지 않는다.

31 이론적으로 순수한 탄소 3kg을 완전연소 시키는데 필요한 산소의 양은?

㉮ 6kg　㉯ 8kg
㉰ 10kg　㉱ 12kg

풀이 $C + O_2 \rightarrow CO_2$

12kg : 32kg

3kg : X

$$\therefore X = \frac{3kg \times 32kg}{12kg} = 8kg$$

TIP

$$공기량(kg) = 산소량(kg) \times \frac{1}{0.232} = 8kg \times \frac{1}{0.232} = 34.48kg$$

32 어느 도시에서 소각 대상 폐기물이 1일 100톤 발생되고 있다. 스토커 소각로에서 화상부하율은 200 kg/m^2·hr로 설계하고자 하는 경우 소요되는 스토커의 화상면적(m^2)은? (단, 소각로는 연속 운행한다.)

㉮ 약 21m^2　㉯ 약 42m^2
㉰ 약 214m^2　㉱ 약 521m^2

풀이 $$화상 부하율(kg/m^2 \cdot hr) = \frac{폐기물량(kg/hr)}{화상면적(m^2)}$$

따라서

$$200kg/m^2 \cdot hr = \frac{100 \times 10^3 kg/day \times 1day/24hr}{화상면적(m^2)}$$

$$\therefore 화상면적 = \frac{100 \times 10^3 kg/day \times 1day/24hr}{200kg/m^2 \cdot hr} = 20.83m^2$$

TIP

ton $\xrightarrow{\times 10^3}$ kg 이므로

폐기물 100ton/day = 100×10^3kg/day

33 고형분 20%의 주방 쓰레기 찌꺼기 12톤이 있다. 소각을 위하여 함수율이 60%가 되게 건조 시켰다면 이때의 질량(톤)은? (단, 비중은 1.0이고, 건조 시 고형분의 손실은 없다.)

㉮ 3톤　㉯ 4톤
㉰ 5톤　㉱ 6톤

풀이 $W_1 \times TS_1 = W_2 \times (100 - P_2)$

여기서 W_1 : 건조 전 슬러지량(ton)

TS_1 : 건조 전 고형분(%)

W_2 : 건조 후 슬러지량(ton)

P_2 : 건조 후 함수율(%)

따라서 12톤 × 20% = W_2 × (100 − 60%)

$$\therefore W_2 = \frac{12톤 \times 20\%}{(100 - 60\%)} = 6톤$$

answer 30 ㉰ 31 ㉯ 32 ㉮ 33 ㉱

실전문제

CBT 복원문제

34 침출수 처리를 위한 방법 중 Fenton 산화처리에 대한 내용으로 틀린 것은?

㉮ 처리시설은 접촉조, 재생조, 침전조로 구성되어 있다.
㉯ 난분해성 유기물질의 제거 및 NBDCOD를 BDCOD로 변환시켜 생분해성을 증가시킨다.
㉰ 유입시설의 변화 시 탄력적인 대응이 가능하다.
㉱ 시설비는 오존처리시나 활성탄 흡착법보다 적게 소요된다.

풀이 ㉮ 처리시설은 pH조절조, 중화 및 응집조, 침전조 구성되어 있다.

35 다음 중 열분해가 소각처리에 비해 갖는 장점으로 틀린 것은?

㉮ 황 및 중금속이 회분속에 고정되는 비율이 크다.
㉯ 배기가스량이 적어 가스처리 장치가 소형이다.
㉰ 환원성 분위기가 유지되어 Cr^{3+}가 Cr^{6+}로 변화되기가 쉽다.
㉱ 소각처리에 비해 상대적으로 저온이기 때문에 질소산화물(NO_X)의 발생량이 적다.

풀이 ㉰ 환원성 분위기가 유지되어 Cr^{3+}가 Cr^{6+}로 변화되기 어렵다.

36 매립장에서 적용되는 점토와 합성차수계 차수막에 대한 내용으로 틀린 것은?

㉮ 점토는 벤토나이트 첨가 시 차수성이 더 좋아진다.
㉯ 점토는 바닥처리가 나쁘면 부등침하 및 균열 위험이 있다.
㉰ 합성수지계 차수막은 점토에 비하여 내구성이 높으나 열화 위험이 있다.
㉱ 합성수지계 차수막은 점토에 비하여 가격은 저렴하나 시공이 어렵다.

풀이 ㉱ 합성수지계 차수막은 점토에 비하여 가격은 비싸나 시공이 용이하다.

37 다음 중 검댕이나 매연발생에 대한 내용으로 틀린 것은?

㉮ 연소실의 체적이 작을 때 매연이 발생한다.
㉯ 석탄연소에서는 석탄의 휘발분이 많을수록 검댕의 발생이 적다.
㉰ 중유연소에서 공기비가 클수록 검댕이 적게 발생한다.
㉱ 통풍력이 부족할 때 매연이 발생한다.

풀이 ㉯ 석탄연소에서는 석탄의 휘발분이 많을수록 검댕의 발생이 많다.

38 HDPE&LDPE 합성차수막의 장점으로 틀린 것은?

㉮ 대부분의 화학물질에 대한 저항성이 높다.
㉯ 유연하여 손상의 우려가 적다.
㉰ 접합상태가 양호하다.
㉱ 온도에 대한 저항성이 높다.

풀이 ㉯ 유연하지 못하고 손상의 우려가 크다.

answer 34 ㉮ 35 ㉰ 36 ㉱ 37 ㉯ 38 ㉯

39 다음 중 연직차수막과 표면차수막의 비교한 내용으로 틀린 것은?

㉮ 표면차수막은 매립 전에는 보수가 가능하나 매립 후에는 어렵다.
㉯ 표면차수막은 단위면적당 공사비는 비싸지만 총공사비는 싸다.
㉰ 연직차수막은 지하에 매설하기 때문에 차수성의 확인이 어렵다.
㉱ 연직차수막은 지하수 집배수시설이 필요 없다.

풀이 ㉯ 표면차수막은 단위면적당 공사비는 싸지만 매립지 전체를 시공하는 경우가 많아 총공사비는 비싸다.

TIP

연직차수막과 표면차수막의 비교

	연직차수막	표면차수막
차수성 확인	지하에 매설하기 때문에 확인이 어렵다.	시공 시에는 가능하나 매립 후에는 곤란하다.
경제성	단위면적당 공사비가 비싼 반면 총공사비는 싸다.	단위면적당 공사비는 싸지만 매립지 전체를 시공하는 경우가 많아 총공사비는 비싸다.
보수성	차수막 보강시공이 가능	매립 전에는 가능하나 매립 후에는 어렵다.
지하수 집배수 시설	필요없다.	필요하다.

40 쓰레기를 수평으로 고르게 깔아서 압축한 다음 그 위에 복토를 하여 쓰레기와 복토를 번갈아 하면서 쌓는 매립방법은?

㉮ 샌드위치 공법
㉯ 셀 공법
㉰ 압축매립 공법
㉱ 도랑형 공법

풀이 ㉮ 샌드위치 공법에 대한 내용이며, 핵심 내용인 "쓰레기와 복토를 번갈아 쌓는 방식=샌드위치 공법"임을 숙지하시면 됩니다.

| 제3과목 | 폐기물공정시험기준

41 폐기물 채취 시 시료용기로 반드시 갈색경질 유리병만 사용할 수 있는 항목이 아닌 것은?

㉮ 시안
㉯ 노말헥산 추출물질
㉰ 폴리클로리네이티드비페닐(PCBs)
㉱ 휘발성 저급염소화 탄화수소

풀이 반드시 갈색경질 유리병만 사용할 수 있는 항목은 노말헥산 추출물질, 폴리클로리네이티드비페닐(PCBs), 휘발성 저급염소화 탄화수소, 유기인이다.

42 대상폐기물의 양이 4,200톤의 경우 시료의 최소 수는?

㉮ 60 ㉯ 50
㉰ 40 ㉱ 30

풀이 대상폐기물의 양과 시료의 최소 수

대상폐기물의 양(ton)	시료 최소 수	대상폐기물의 양(ton)	시료 최소 수
1 미만	6	100 이상~500 미만	30
1 이상~5 미만	10	500 이상~1,000 미만	36
5 이상~30 미만	14	1,000 이상~5,000 미만	50
30 이상~100 미만	20	5,000 이상	60

answer 39 ㉯ 40 ㉮ 41 ㉮ 42 ㉯

CBT 복원문제

43 흡광도 측정 시 입사광의 흡수율이 80%이었다면 흡광도는?

㉮ 0.7 ㉯ 0.5
㉰ 0.3 ㉱ 0.1

풀이 흡광도(A) $= \log\frac{1}{t(\text{투과도})} = \log\frac{1}{0.20} = 0.699$

TIP
① 투과율 + 흡수율 = 100%
② 투과율 =100 - 흡수율(%) = 100 - 80% = 20%

44 유기인을 기체크로마토그래피로 분석할 때 사용하는 검출기로 틀린 것은?

㉮ 열전도도 검출기
㉯ 질소인 검출기
㉰ 전자포획 검출기
㉱ 불꽃광도검출기

풀이 유기인을 기체크로마토그래피로 분석할 때 사용하는 검출기는 불꽃광도 검출기, 질소인 검출기, 알칼리열 이온화 검출기, 전자포획 검출기이다.

45 자외선/가시선 분광법을 이용한 시안분석에 대한 내용으로 틀린 것은?

㉮ pH 2 이하의 산성으로 조절한 후에 에틸렌다이아민테트라아세트산이나트륨을 넣고 가열 증류한다.
㉯ 포집된 시안이온을 중화하고 클로라민 T와 피리딘 · 피라졸론 혼합액을 넣어 적자색 510nm에서 측정한다.
㉰ 잔류염소가 함유된 시료는 잔류염소 20 mg당 L-아스코빈산(10 W/V %) 0.6 mL를 넣어 제거한다.
㉱ 황화합물이 함유된 시료는 아세트산아연용액(10 W/V %) 2 mL를 넣어 제거한다.

풀이 ㉯ 포집한 다음 중화하고 클로라민-T와 피리딘 · 피라졸론 혼합액을 넣어 나타나는 청색을 620nm에서 측정한다.

46 폐기물공정시험기준상 시료를 채취할 때 시료의 양은 1회에 최소 얼마 이상 채취하여야 하는가?

㉮ 100g 이상 ㉯ 200g 이상
㉰ 500g 이상 ㉱ 1,000g 이상

풀이 시료채취의 양
① 일반시료인 경우 : 100g 이상
② 소각재인 경우 : 500g 이상

47 다음 중 가장 높은 pH를 갖는 표준용액은? (단, 0℃ 기준)

㉮ 수산염 표준액
㉯ 프탈산염 표준액
㉰ 탄산염 표준액
㉱ 인산염 표준액

풀이 표준액의 pH값은 수산염표준액 < 프탈산염표준액 < 인산염표준액 < 붕산염표준액 < 탄산염표준액 < 수산화칼슘표준액 순서이며, 암기법은 "수프인 7 부옷에 탄숨"임을 숙지하시면 됩니다.

answer 43 ㉮ 44 ㉮ 45 ㉯ 46 ㉮ 47 ㉰

48 자외선/가시선 분광법으로 구리를 분석할 때의 내용으로 틀린 것은?

㉮ 추출용매는 아세트산부틸이다.
㉯ 적색의 킬레이트 화합물을 흡광도를 540nm에서 측정한다.
㉰ 비스무트가(Bi)가 구리의 양보다 2배 이상 존재할 경우에는 황색을 나타내어 방해한다.
㉱ 시료의 전처리를 하지 않고 직접 시료를 사용하는 경우 시료 중에 시안화합물이 함유되어 있으면 염산으로 산성 조건을 만든 후 끓여 시안화물을 완전히 분해 제거한 다음 실험한다.

풀이 ㉯ 황갈색의 킬레이트 화합물을 흡광도를 440nm에서 측정한다.

49 용출실험의 결과에서 시료중의 수분함량을 보정하기 위해 곱하는 식으로 알맞은 것은? (단, 시료의 함수율이 85% 이상인 경우에 한함)

㉮ $\frac{15}{100-\text{시료의 함수율}(\%)}$
㉯ $\frac{100-\text{시료의 함수율}(\%)}{15}$
㉰ $\frac{\text{시료의 함수율}(\%)-15}{100}$
㉱ $\frac{100}{\text{시료의 함수율}(\%)-15}$

50 유기물을 높은 비율로 함유하고 있으면서 산화분해가 어려운 시료들에 적용하는 산분해법은?

㉮ 질산 분해법
㉯ 질산 - 염산 분해법
㉰ 질산 - 과염소산 분해법
㉱ 질산 - 황산 분해법

풀이 ㉰ 질산-과염소산 분해법에 대한 내용이며, 암기법은 "과연 산분해가 어려운"임을 숙지하시면 됩니다.

51 다음 중 크롬을 분석하는 방법으로 틀린 것은?

㉮ 원자흡수분광광도법
㉯ 유도결합플라스마-원자발광분광법
㉰ 자외선/가시선 분광법
㉱ 기체크로마토그래피

풀이 크롬의 분석방법에는 원자흡수분광광도법, 유도결합플라스마-원자발광분광법, 자외선/가시선 분광법(다이페닐카바자이드법)이 있다.

52 자외선/가시선 분광광도 분석장치에 대한 설명으로 틀린 것은?

㉮ 광원부, 파장선택부, 시료부, 측광부로 구성된다.
㉯ 근적외부의 광원으로는 주로 텅스텐 램프를 사용한다.
㉰ 가시부의 광원으로는 주로 중수소방전관을 사용한다.
㉱ 파장의 선택에는 일반적으로 단색화장치 또는 필터를 사용한다.

answer 48 ㉯ 49 ㉮ 50 ㉰ 51 ㉱ 52 ㉰

풀이 ㉰ 가시부의 광원으로는 주로 텅스텐램프를 사용한다.

TIP

광원부의 광원

① 가시부와 근적외부 : 텅스텐램프
② 자외부 : 중수소 방전관

53 폐기물공정시험기준의 총칙에 명시된 용어로 잘못된 것은?

㉮ 항량으로 될 때까지 건조한다 : 같은 조건에서 1시간 더 건조할 때 전후 무게의 차가 g당 0.3 mg 이하일 때를 말한다.
㉯ 약 : 기재된 양에 대하여 ± 10 % 이상의 차가 있어서는 안 된다.
㉰ 정확히 단다 : 규정된 수치의 무게를 0.1 mg까지 다는 것이다.
㉱ 감압 또는 진공 : 따로 규정이 없는 한 $15mmH_2O$ 이하이다.

풀이 ㉱ 감압 또는 진공 : 따로 규정이 없는 한 15 mmHg 이하이다.

54 폐기물 운반용 차량에 적재된 폐기물 중에서 시료를 채취하고자 한다. 시료채취 기준으로 알맞은 것은?

㉮ 5톤 미만 차량 적재 시 적재 폐기물을 평면상에서 2등분한 후 각 등분마다 시료 채취
㉯ 5톤 이상 차량 적재 시 적재 폐기물을 평면상에서 6등분한 후 각 등분마다 시료 채취
㉰ 5톤 미만 차량 적재 시 적재 폐기물을 평면상에서 4등분한 후 각 등분마다 시료 채취
㉱ 5톤 이상 차량 적재 시 적재 폐기물을 평면상에서 9등분한 후 각 등분마다 시료 채취

풀이 **운반차량에 적재된 폐기물의 채취방법**
① 5톤 미만 : 6등분
② 5톤 이상 : 9등분

55 함수율 83%인 폐기물은 다음 중 어떤 폐기물에 해당하는가?

㉮ 유기성폐기물 ㉯ 액상폐기물
㉰ 반고상폐기물 ㉱ 고상폐기물

풀이 고형물 = 100 − 함수율(%) = 100 − 83% = 17%
따라서 고상폐기물이다.

TIP

폐기물의 분류

① 액상폐기물 : 고형물의 함량이 5% 미만
② 반고상폐기물 : 고형물의 함량이 5% 이상 15% 미만
③ 고상폐기물 : 고형물의 함량이 15% 이상

56 기름성분-중량법으로 측정하기 위한 노말헥산추출 시험방법에서 pH를 4 이하로 조절하는 시약은?

㉮ 황산(1+1) ㉯ 염산(1+1)
㉰ 질산(1+1) ㉱ 과염소산(1+1)

풀이 **노말헥산추출 시험방법**
① 지시약 : 메틸오렌지(0.1%) 2 ~ 3방울
② 종말점 : 황색 → 적색
③ 적정시약 : 염산(1+1)로 pH 4 이하로 조절

answer 53 ㉱ 54 ㉱ 55 ㉱ 56 ㉯

57 감염성폐기물의 멸균잔류물에 대한 멸균 여부의 판정에 이용하는 지표생물포자의 정의로 알맞은 것은?

㉮ 병원성미생물보다 열저항성이 강하고 비병원성 아포형성 미생물이다.
㉯ 병원성미생물보다 열저항성이 약하고 비병원성 아포형성 미생물이다.
㉰ 비병원성미생물보다 열저항성이 강하고 병원성 아포형성 미생물이다.
㉱ 비병원성미생물보다 열저항성이 약하고 병원성 아포형성 미생물이다.

풀이 지표생물포자는 병원성미생물보다 열저항성이 강하고 비병원성 아포형성 미생물이다.

58 휘발성 저급염소화 탄화수소를 기체크로마토그래피로 정량할 때 운반기체는?

㉮ 부피 백분율 99.9% 이상의 헬륨
㉯ 부피 백분율 99.9% 이상의 수소
㉰ 부피 백분율 99.999% 이상의 헬륨
㉱ 부피 백분율 99.9999% 이상의 수소

풀이 휘발성 저급염소화 탄화수소를 기체크로마토그래피로 정량할 경우 운반기체는 부피백분율 99.999% 이상의 헬륨 또는 질소를 사용한다.

59 다음 중 분석방법이 서로 다른 항목은?

㉮ 유기인
㉯ 폴리클로리네이티드비페닐(PCBs)
㉰ 수은
㉱ 유기물질

풀이 ㉮, ㉯, ㉱번의 분석방법은 기체크로마토그래피이고, ㉰ 수은은 환원기화-원자흡수분광광도법과 자외선/가시선 분광법이다.

60 납을 자외선/가시선 분광법으로 분석할 때 사용하는 추출용매는?

㉮ 벤젠　　㉯ 노말헥산
㉰ 사염화탄소　　㉱ 타타르산

풀이 납의 자외선/가시선 분광법 : 시료 중에 납 이온이 시안화칼륨 공존하에 알칼리성에서 디티존과 반응하여 생성하는 납 디티존착염을 사염화탄소로 추출하고 과잉의 디티존을 시안화칼륨용액으로 씻은 다음 납 착염을 520nm에서 측정하는 방법이다.

answer 57 ㉮ 58 ㉰ 59 ㉰ 60 ㉰

2024 1회 CBT 복원문제

| 제1과목 | 폐기물개론

01 폐기물 발생량 조사방법 중 물질수지법에 대한 내용으로 알맞은 것은?

㉮ 물질수지를 세울 수 있는 상세한 데이터가 있는 경우에 가능하다.
㉯ 조사하고자 하는 계의 경계를 정확하게 설정하지 않아도 된다.
㉰ 주로 도시 생활폐기물의 발생량 추산에 이용된다.
㉱ 비용이 적게 들고 작업량이 작다.

풀이 ㉯ 우선적으로 조사하고자 하는 계의 경계를 정확하게 설정하여야 한다.
㉰ 주로 산업폐기물의 발생량 추산에 이용된다.
㉱ 비용이 많이 들고 작업량이 많다.

02 다음 중 분뇨의 특징을 설명한 것으로 틀린 것은?

㉮ 분뇨는 외관상 황색~다갈색이며, 비중은 1.02 정도이다.
㉯ 다량의 유기물을 포함하여 고액분리가 용이하다.
㉰ 우리나라 도시의 분뇨 수거량은 1인 1일당 0.9~1.2L이다.
㉱ 분과 뇨의 구성비는 대략 양적으로 1 : 8 이다.

풀이 ㉯ 다량의 유기물을 포함하여 고액분리가 어렵다.

03 쓰레기를 소각했을 때 남은 재의 질량은 쓰레기 질량의 약 1/5이다. 쓰레기 95ton을 소각했을 때 재의 용적이 $7m^3$라고 하면 재의 밀도(ton/m^3)는?

㉮ 약 2.31 ton/m^3
㉯ 약 2.51 ton/m^3
㉰ 약 2.71 ton/m^3
㉱ 약 2.91 ton/m^3

풀이 재의 밀도(ton/m^3)

$$= \frac{\text{재의 질량}(ton)}{\text{재의 용적}(m^3)}$$

$$= \frac{95ton \times \frac{1}{5}}{7m^3} = 2.71 ton/m^3$$

04 폐기물 수거노선을 결정할 때 고려사항으로 틀린 것은?

㉮ 가능한 한 시계방향으로 수거노선을 정한다.
㉯ 유턴(U-turn) 운행은 피한다.
㉰ 수거의 시작은 차고와 가까운 곳에서 한다.
㉱ 저지대에서 고지대로 상향식으로 운행하며 수거한다.

풀이 ㉱ 고지대에서 저지대로 하향식으로 운행하며 수거한다.

answer 01 ㉮ 02 ㉯ 03 ㉰ 04 ㉱

05 다음 중 폐기물 발생의 특징에 대한 내용으로 알맞은 것은?

㉮ 대도시보다는 문화 수준이 열악한 중소도시에서 쓰레기 발생량이 많다.
㉯ 쓰레기를 자주 수거해 가면 쓰레기 발생량이 감소한다.
㉰ 쓰레기통이 클수록 쓰레기의 발생량은 감소한다.
㉱ 쓰레기의 성분은 계절에 영향을 받는다.

풀이 ㉮ 대도시보다는 문화 수준이 열악한 중소도시에서 쓰레기 발생량이 적다.
㉯ 쓰레기를 자주 수거해 가면 쓰레기 발생량이 증가한다.
㉰ 쓰레기통이 클수록 쓰레기의 발생량은 증가한다.

06 미세한 슬러지 고형물의 입자 사이의 얇은 틈에 존재하는 수분으로 모세관압으로 결합되어 있는 수분으로 원심력, 진공압 등 기계적 압착으로 분리시키는 수분은?

㉮ 간극모관결합수 ㉯ 모관결합수
㉰ 표면부착수 ㉱ 내부수

풀이 ㉯ 모관결합수에 대한 내용이며, 핵심 내용인 "미세한 슬러지 고형물의 입자 사이의 얇은 틈에 존재하는 수분=모관결합수"임을 숙지하시면 됩니다.

07 폐기물의 입도 분석결과 입도 누적곡선상의 10%, 30%, 60%, 90%의 입경이 각각 1, 5, 10, 20mm였다. 이 때 유효입경과 균등계수는?

㉮ 유효입경 10mm, 균등계수 2.0
㉯ 유효입경 10mm, 균등계수 1.0
㉰ 유효입경 1.0mm, 균등계수 10
㉱ 유효입경 1.0mm, 균등계수 20

풀이 ① 유효입경 =입도누적곡선상의 10%에 해당하는 입경이므로, 유효입경은 1mm이다.

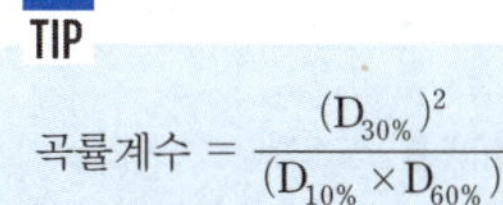

② 균등계수 $= \dfrac{D_{60\%}}{D_{10\%}} = \dfrac{10mm}{1mm} = 10$

TIP

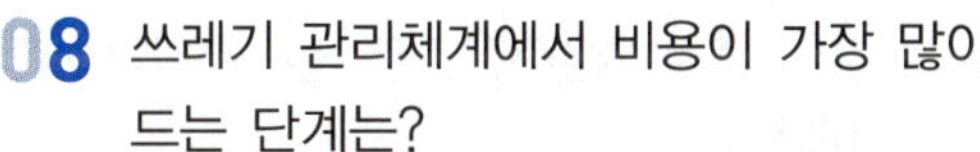

곡률계수 $= \dfrac{(D_{30\%})^2}{(D_{10\%} \times D_{60\%})}$

08 쓰레기 관리체계에서 비용이 가장 많이 드는 단계는?

㉮ 수거 ㉯ 처리
㉰ 저장 ㉱ 분석

풀이 쓰레기 관리체계에서 비용이 가장 많이 드는 단계는 수거단계이며, 수거단계가 전체비용의 60% 이상을 차지한다.

실전문제

CBT 복원문제

answer 05 ㉱ 06 ㉯ 07 ㉰ 08 ㉮

09 쓰레기 선별효율 중 Trommel 스크린 선별효율에 영향을 주는 인자에 대한 내용으로 틀린 것은?

㉮ 스크린에 폐기물을 주입하기 이전에 분쇄기를 두는 것이 효과적이다.
㉯ 회전속도는 어느 정도 증가할수록 선별효율이 증가하나 그 이상이 되면 막힘 현상이 일어난다.
㉰ 경사도가 크면 효율은 증진되나 부하율이 떨어진다.
㉱ 경험적으로 [임계회전속도×0.45=최적회전속도]로 나타낼 수 있다.

풀이 ㉰ 경사도가 크면 효율은 감소하고 부하율은 증가한다.

10 수소의 함량이 12%이고 수분의 함량이 20%인 폐기물의 고위 발열량이 3,000kcal/kg일 때 저위 발열량은? (단, 원소분석법 기준이다.)

㉮ 2,280kcal/kg ㉯ 2,268kcal/kg
㉰ 2,232kcal/kg ㉱ 2,203kcal/kg

풀이 $Hl = Hh - 600(9H + W)$ (kcal/kg)
여기서 Hl : 저위발열량(kcal/kg)
Hh : 고위발열량(kcal/kg)
H : 수소의 함량
W : 수분의 함량
따라서
$Hl = 3,000\text{kcal/kg} - 600 \times (9 \times 0.12 + 0.2)$
$= 2,232\text{kcal/kg}$

11 폐기물의 파쇄를 통한 세립화 및 균일화의 장점으로 틀린 것은?

㉮ 조대폐기물에 의한 소각로의 손상 방지
㉯ 용량 감소로 인한 운반비의 절감 및 매립부지 절약
㉰ 자력선별에 의한 고가금속 등의 회수 가능
㉱ 고형연료재 생산 및 연소가스 이용

풀이 ㉮, ㉯, ㉱번은 세립화 및 균일화의 장점이며, ㉰번은 파쇄 효과에 대한 설명이다.

12 청소상태만족도 평가를 위한 지역사회 효과지수인 CEI(Community Effects Index)에 관한 내용으로 알맞은 것은?

㉮ 적환장 크기와 수거량의 관계로 결정된다.
㉯ 수거방법에 따른 MHT 변화로 측정한다.
㉰ 가로(街路) 청소상태를 기준으로 측정한다.
㉱ 일반대중들에 대한 설문조사를 통하여 결정한다.

풀이 **청소상태의 평가법**
① CEI : 가로 청소상태를 기준으로 하며, 청소상태 만족도 평가를 위한 지역사회 효과지수이다.
② USI : 청소상태를 평가하는 방법 중 서비스를 받는 시민들의 만족도를 설문조사하여 나타내어지는 사용자 만족도 지수이다.

answer 09 ㉰ 10 ㉰ 11 ㉰ 12 ㉰

13 다음 중 적환장의 특징에 대한 내용으로 틀린 것은?

㉮ 폐기물의 수거와 운반을 분리하는 기능을 한다.
㉯ 적환장에서 재사용 가능한 물질의 선별이 가능하다.
㉰ 변질되기 쉬운 쓰레기 수거에는 이용하지 않는 것이 좋다.
㉱ 대규모 주택이 밀집되어 있을 때에는 적환장이 필요하다.

풀이 ㉱ 소규모 주택이 밀집되어 있을 때에는 적환장이 필요하다.

14 다음 조성을 가진 분뇨와 음식물을 질량비 3 : 5로 혼합 처리 시 C/N비(탄질소비)는?

구분	함수율	유기탄소/TS	총질소량/TS
분뇨	95%	40%	20%
음식물	35%	87%	5%

㉮ 11　　㉯ 15
㉰ 18　　㉱ 19

풀이 $\text{C/N비} = \dfrac{\text{탄소량}}{\text{질소량}}$

$$= \frac{(1-0.95)\times 0.4\times \frac{3}{8}+(1-0.35)\times 0.87\times \frac{5}{8}}{(1-0.95)\times 0.2\times \frac{3}{8}+(1-0.35)\times 0.05\times \frac{5}{8}}$$

$= 15$

TIP
① 고형물(TS) = 100 − 함수율(%)
② 분뇨의 고형물 = 100 − 95% = 1 − 0.95
③ 음식물의 고형물 = 100 − 35% = 1 − 0.35

15 쓰레기 수송법 중 관거(pipe line) 방법에 대한 내용으로 틀린 것은?

㉮ 초기 투자비용이 많이 소요된다.
㉯ 쓰레기 발생밀도가 상대적으로 높은 지역에서 사용 가능하다.
㉰ 장거리 수송이 경제적으로 현실성이 있다.
㉱ 관거 설치 후 노선변경이 어렵다.

풀이 ㉰ 단거리 수송이 경제적으로 현실성이 있다.

16 선별방식 중 각 물질의 비중차를 이용하는 방법으로 약간 경사진 평판에 폐기물을 올려놓고 좌우로 빠른 진동과 느린 진동을 주면 가벼운 입자는 빠른 진동 쪽으로, 무거운 입자는 느린 진동 쪽으로 분류되는 것은?

㉮ Secators　　㉯ Stoners
㉰ Table　　㉱ Jig

풀이 ㉰ Table에 대한 내용이며, 핵심 내용인 "가벼운 입자는 빠른 진동 쪽으로, 무거운 입자는 느린 진동 쪽으로 분류=Table"임을 숙지하시면 됩니다.

17 채취한 쓰레기 시료에 대한 성상분석을 위한 절차 중 가장 먼저 실시하는 것은?

㉮ 밀도 측정　　㉯ 분류
㉰ 전처리　　㉱ 건조

풀이 폐기물의 성상분석 절차 순서는 시료 → 밀도 측정 → 물리적 조성분석 → 건조 → 분류(가연성, 불연성) → 전처리(절단 및 분쇄) → 화학적 조성분석이다.

실전문제

CBT 복원문제

answer 13 ㉱ 14 ㉯ 15 ㉰ 16 ㉰ 17 ㉮

18 폐기물의 70% 이상을 5cm보다 작게 파쇄하고자 할 때 특성입자 크기(X_o)는? (단, Rosin-Rammler모델

$$Y = 1 - \exp\left[-\left(\frac{X}{X_o}\right)^n\right],\ n = 1)$$

㉮ 약 4.2cm ㉯ 약 4.4cm
㉰ 약 4.6cm ㉱ 약 4.8cm

풀이

$$Y = 1 - \exp\left[-\left(\frac{X}{X_o}\right)^n\right] \Rightarrow X_o = \frac{-X}{LN(1-Y)}$$

여기서 Y : 체하분율(%)
X : 폐기물 입자의 크기
X_o : 특성입자의 크기
n : 상수

따라서 $X_o = \frac{-5cm}{LN(1-0.70)} = 4.15cm$

19 쓰레기 발생량 조사방법으로 틀린 것은?

㉮ 물질수지법
㉯ 적재차량 계수분석법
㉰ 수거트럭 수지법
㉱ 직접계근법

풀이 **폐기물 발생량**
① 예측방법 : 다중회귀모델, 동적모사모델, 경향모델
② 조사방법 : 물질수지법, 직접계근법, 적재차량계수법, 통계조사법
③ 암기법 : 예측은 다중이 동적으로 경향을 파악하고/조사는 물질을 직접 적재한 통계로 한다.

20 발생된 쓰레기의 감량화를 위한 대책으로는 발생원 대책과 발생 후 대책으로 크게 구분한다. 다음의 감량화 방법 중 그 특성이 다른 하나는?

㉮ 식단제 개선
㉯ 분리수거 실시
㉰ 가정용품의 적절한 정비
㉱ 재생 이용

풀이 ㉮, ㉯, ㉰번은 발생원 대책에 해당하고, ㉱번은 발생 후 대책에 해당한다.

I 제2과목 I 폐기물처리기술

21 폐기물 시멘트 고형화법 중 시멘트 기초법에 대한 내용으로 틀린 것은?

㉮ 시멘트-포졸란 반응과 처리기술이 잘 발달되어 있다.
㉯ 사용되는 시멘트의 양을 조절하여 폐기물 콘크리트의 강도를 높일 수 있다.
㉰ 폐기물의 건조나 탈수가 필요하지 않다.
㉱ 원료가 풍부하고 값이 싸다.

풀이 ㉮번은 석회기초법에 대한 설명이다.

answer 18 ㉮ 19 ㉰ 20 ㉱ 21 ㉮

22 포도당($C_6H_{12}O_6$)으로 구성된 유기물 1kg이 혐기성 미생물에 의해 완전히 분해되어 생성되는 메탄의 용적(Sm^3)은?

㉮ 0.224 ㉯ 0.373
㉰ 0.462 ㉱ 0.561

풀이 $C_6H_{12}O_6 \rightarrow 3CO_2 + 3CH_4$

180kg : $3 \times 22.4Sm^3$

1kg : X

$\therefore X = \dfrac{1kg \times 3 \times 22.4Sm^3}{180kg} = 0.373Sm^3$

TIP

① 포도당 = 글루코스 = $C_6H_{12}O_6$

② $C_6H_{12}O_6$의 분자량 = 6×12+12×1+6×16 = 180

③ CH_4 1kmol $\begin{cases} 16kg \\ 22.4Sm^3 \end{cases}$

④ 표준상태 = 0℃, 760mmHg = Sm^3 = Nm^3

23 다음 중 셀(cell)공법에 대한 설명으로 틀린 것은?

㉮ 쓰레기 비탈면의 경사를 20% 전후로 하여 쓰레기를 셀모양으로 쌓고 각각의 셀에 복토하는 방법이다.
㉯ 화재의 발생 및 확산을 방지할 수 있다.
㉰ 1일 작업하는 셀 크기는 매립장의 면적에 따라 결정한다.
㉱ 발생가스와 매립층 내 수분의 이동이 용이하지 못하다.

풀이 ㉰ 1일 작업하는 셀 크기는 매립 처분량에 따라 결정한다.

24 다음 중 인공 복토재의 조건으로 틀린 것은?

㉮ 매립지 공간을 절약할 수 있어야 한다.
㉯ 연소가 잘 되지 않아야 한다.
㉰ 투수계수가 높아야 한다.
㉱ 생분해가 가능해야 한다.

풀이 ㉰ 투수계수가 낮아야 한다.

25 밀도가 $2.0g/cm^3$인 폐기물 20kg에 고형화 재료 10kg을 첨가하여 고형화시킨 결과 밀도가 $2.8g/cm^3$로 증가하였다면 부피변화율(VCF)은?

㉮ 0.94 ㉯ 1.07
㉰ 1.17 ㉱ 1.24

풀이 부피변화율(VCF) $= (1+MR) \times \dfrac{\rho_1}{\rho_2}$

여기서 MR(혼합율) $= \dfrac{\text{첨가제의 질량}}{\text{폐기물의 질량}} = \dfrac{10kg}{20kg} = 0.5$

ρ_1 : 고화처리 전 폐기물의 밀도(g/cm^3)

ρ_2 : 고화처리 후 폐기물의 밀도(g/cm^3)

부피변화율(VCF) $= (1+0.5) \times \dfrac{2.0g/cm^3}{2.8g/cm^3} = 1.07$

26 다음 중 차수시설의 내용으로 틀린 것은?

㉮ 지하수가 매립지 내부로 유입되는 것을 방지한다.
㉯ 투수방지를 위해 불투수층 차수막 또는 점토를 사용한다.
㉰ 매립지내에서의 물의 이동은 헨리(Henry) 법칙으로 나타낸다.
㉱ 매립지의 침출수 유출을 방지한다.

answer 22 ㉯ 23 ㉰ 24 ㉰ 25 ㉯ 26 ㉰

풀이 ㉰ 매립지내에서의 물의 이동은 다르시(Darcy)법칙으로 나타낸다.

27 다음 중 유동층 소각로에 대한 내용으로 틀린 것은?

㉮ 2차 연소실이 필요 없다.
㉯ 연소효율이 높아 미연분의 배출이 적다.
㉰ 로내 온도의 자동제어와 열회수가 용이하다.
㉱ 기계적 구동부분이 많아 고장율이 높다.

풀이 ㉱ 기계적 구동부분이 적어 고장율이 낮다.

28 다음 중 연직차수막과 표면차수막의 비교한 내용으로 틀린 것은?

㉮ 표면차수막은 매립 전에는 보수가 가능하나 매립 후에는 어렵다.
㉯ 표면차수막은 단위면적당 공사비는 비싸지만 총공사비는 싸다.
㉰ 연직차수막은 지하에 매설하기 때문에 차수성의 확인이 어렵다.
㉱ 연직차수막은 지하수 집배수시설이 필요 없다.

풀이 ㉯ 표면차수막은 단위면적당 공사비는 싸지만 매립지 전체를 시공하는 경우가 많아 총공사비는 비싸다.

TIP

연직차수막과 표면차수막의 비교

	연직차수막	표면차수막
차수성 확인	지하에 매설하기 때문에 확인이 어렵다.	시공 시에는 가능하나 매립 후에는 곤란하다.
경제성	단위면적당 공사비가 비싼 반면 총공사비는 싸다.	단위면적당 공사비는 싸지만 매립지 전체를 시공하는 경우가 많아 총공사비는 비싸다.
보수성	차수막 보강시공이 가능	매립 전에는 가능하나 매립 후에는 어렵다.
지하수 집배수 시설	필요없다.	필요하다.

29 다음 중 열분해의 특징으로 틀린 것은?

㉮ 폐기물을 공기 과잉상태에서 고온으로 가열하여 연료를 생산하는 공정이다.
㉯ 열분해에서 일반적으로 고온은 1,100 ~1,500℃를 말한다.
㉰ 열분해 온도가 고온일수록 이산화탄소의 함량은 감소하고, 수소의 함량은 증가한다.
㉱ 연소가 고도의 발열반응에 비해 열분해는 고도의 흡열반응이다.

풀이 ㉮ 폐기물을 무산소 또는 산소가 부족한 상태에서 고온으로 가열하여 연료를 생산하는 공정이다.

30 쓰레기를 매립하기 전에 이의 감량화를 목적으로 먼저 쓰레기를 일정한 더미형태로 압축하여 부피를 감소시킨 후 포장을 실시하여 매립하는 방법은?

㉮ 샌드위치 공법
㉯ 셀 공법
㉰ 압축매립 공법
㉱ 도랑형 공법

풀이 ㉰ 압축매립 공법에 대한 내용이며, 핵심 내용인 "일정한 더미로 압축=압축매립 공법"임을 숙지하시면 됩니다.

answer 27 ㉱ 28 ㉯ 29 ㉮ 30 ㉰

31 탄소 5kg을 완전 연소하는데 소요되는 이론공기량(Nm^3)은?

㉮ 13.6 ㉯ 28.9
㉰ 32.8 ㉱ 44.4

풀이 ① $C + O_2 \rightarrow CO_2$

12kg : 22.4 Nm^3
5kg : 이론산소량(Nm^3)

$\therefore$ 이론산소량 $= \dfrac{5kg \times 22.4Nm^3}{12kg} = 9.3333Nm^3$

② 이론공기량(Nm^3)

$=$ 이론산소량(Nm^3) $\times \dfrac{1}{0.21}$

$= 9.3333Nm^3 \times \dfrac{1}{0.21} = 44.44Nm^3$

32 다단로식 소각로에 대한 내용으로 틀린 것은?

㉮ 유해폐기물의 완전분해를 위해서는 2차 연소실이 필요하다.
㉯ 액상 및 기상 폐기물의 이용은 보조 연료의 양을 감소시켜 운전 비용을 절감하는 경제적 이점이 있다.
㉰ 수분함량이 높은 폐기물의 연소가 가능하며, 먼지의 발생율이 낮다.
㉱ 체류시간이 길어 특히 휘발성이 적은 폐기물 연소에 유리하다.

풀이 ㉰ 수분함량이 높은 폐기물의 연소가 가능하며, 먼지의 발생율이 높다.

33 유효공극률 0.2, 점토층 위의 침출수가 수두 1.5m인 점토 차수층 1.0m를 통과하는데 10년이 걸렸다면 점토 차수층의 투수계수(cm/s)는?

㉮ 2.54×10^{-7} ㉯ 2.54×10^{-8}
㉰ 5.54×10^{-7} ㉱ 5.54×10^{-8}

풀이 ① $t = \dfrac{d^2 \cdot n}{k(d+h)}$

여기서 t : 침출수가 점토층을 통과하는 시간(년)
d : 점토층의 두께(m)
n : 유효공극률
k : 투수계수(m/년)
h : 침출수 수두(m)

$k = \dfrac{d^2 \cdot n}{t(d+h)}$

$= \dfrac{(1.0m)^2 \times 0.2}{10년 \times (1.0m + 1.5m)} = 0.008m/년$

② k(cm/sec)

$= \dfrac{0.008m}{년} \times \dfrac{10^2cm}{1m} \times \dfrac{1년}{365일} \times \dfrac{1일}{24hr} \times \dfrac{1hr}{3,600sec}$

$= 2.54 \times 10^{-8} cm/sec$

CBT 복원문제

34 합성차수막의 종류 중 CR(Chloroprene Rubber)에 대한 내용으로 틀린 것은?

㉮ 대부분의 화학물질에 대한 저항성이 높다.
㉯ 마모 및 기계적 충격에 강하다.
㉰ 접합이 용이하다.
㉱ 가격이 비싸다.

풀이 ㉰ 접합이 용이하지 못하다.

answer 31 ㉱ 32 ㉰ 33 ㉯ 34 ㉰

35 결정도(Crystallinity)가 증가할수록 합성 차수막에 나타나는 성질로 틀린 것은?

㉮ 인장강도가 감소한다.
㉯ 열에 대한 저항도가 증가한다.
㉰ 화학물질에 대한 저항성이 증가한다.
㉱ 투수계수가 감소한다.

풀이 ㉮ 인장강도가 증가한다.

TIP

결정도(Crystallinity)가 증가할수록 충격과 투수계수는 감소하고, 나머지 조건은 증가함을 숙지하시면 됩니다.

36 메탄(CH_4)의 고위발열량이 8,500kcal/Sm^3이라면 저위발열량은?

㉮ 7,440 kcal/Sm^3 ㉯ 7,540 kcal/Sm^3
㉰ 7,640 kcal/Sm^3 ㉱ 7,740 kcal/Sm^3

풀이 $CH_4 + 2O_2 \rightarrow CO_2 + 2H_2O$

$Hl = Hh - 480 \times H_2O$ 갯수(kcal/Sm^3)

여기서 Hh : 고위발열량(kcal/Sm^3)

Hl : 저위발열량(kcal/Sm^3)

따라서 $Hl = 8{,}500\text{kcal/Sm}^3 - 480 \times 2 = 7{,}540\text{kcal/Sm}^3$

TIP

① 완전연소반응식 :

$$C_mH_n + \left(m + \frac{n}{4}\right)O_2 \rightarrow mCO_2 + \frac{n}{2}H_2O$$

② Sm^3/Sm^3 = 체적비 = 개수비

37 다음 중 착화온도에 대한 내용으로 틀린 것은?

㉮ 발열량이 높을수록 착화온도는 낮아진다.
㉯ 분자구조가 복잡할수록 착화온도는 낮아진다.
㉰ 가연물의 증발량이 많을수록 착화온도는 낮아진다.
㉱ 석탄의 탄화도가 클수록 착화온도는 낮아진다.

풀이 ㉱ 석탄의 탄화도가 작을수록 착화온도는 낮아진다.

TIP

착화온도는 활성화에너지와 석탄의 탄화도에 비례관계이고, 나머지 조건에는 반비례관계임을 숙지하시면 됩니다.

38 액화 프로판 100kg을 기화시켜 5Sm^3/hr로 연소시킨다면 실제 사용시간(hr)은? (단, 표준상태 기준, 프로판의 분자식은 C_3H_8이며, 전량 기화됨)

㉮ 약 10.2 ㉯ 약 20.2
㉰ 약 30.2 ㉱ 약 40.2

풀이 ① 액화프로판(Sm^3)

$$= 100\text{kg} \times \frac{22.4\text{Sm}^3}{44\text{kg}} = 50.91\text{Sm}^3$$

② 실제 사용시간 $= \frac{50.91\text{Sm}^3}{5\text{Sm}^3/\text{hr}} = 10.18\text{hr}$

answer 35 ㉮ 36 ㉯ 37 ㉱ 38 ㉮

39 1일 쓰레기 발생량이 50ton인 도시의 쓰레기를 깊이 3.0m의 도랑식(trench)으로 매립하는데, 발생된 쓰레기 밀도 500 kg/m^3, 도랑점유율 60%, 부피감소율이 40%일 경우 3년간 필요한 부피 면적(m^2)은? (단, 기타 조건은 고려하지 않음.)

㉮ 약 36,500　㉯ 약 46,500
㉰ 약 56,500　㉱ 약 66,500

풀이 매립면적(m^2)

$$= \frac{\text{폐기물의 발생량(kg/년)} \times (1 - \text{부피감소율})}{\text{폐기물의 밀도(kg/m}^3) \times \text{매립지 깊이(m)}} \times \frac{1}{\text{도랑점유율}}$$

$$= \frac{50 \times 10^3 \text{kg/일} \times 365\text{일/년} \times 3\text{년} \times (1-0.4)}{500\text{kg/m}^3 \times 3.0\text{m}} \times \frac{1}{0.6}$$

$= 36,500m^2$

40 다음 중 Fenton 산화법의 특징으로 틀린 것은?

㉮ Fenton액은 철염과 과산화수소수를 포함한다.
㉯ 슬러지 생산량이 많아질 수 있다.
㉰ COD는 감소하고 BOD는 증가한다.
㉱ 최적반응을 위해 침출수 pH를 5~8로 조정한다.

풀이 ㉱ 최적반응을 위해 침출수 pH를 3~5로 조정한다.

| 제3과목 | 폐기물공정시험기준

41 콘크리트 고형화물 중 대형의 고형화물로써 분쇄가 어려울 경우의 시료채취로 알맞은 것은?

㉮ 임의의 3개소에서 채취하여 각각 파쇄하여 100g씩 균등 양 혼합하여 채취한다.
㉯ 임의의 5개소에서 채취하여 각각 파쇄하여 100g씩 균등 양 혼합하여 채취한다.
㉰ 임의의 3개소에서 채취하여 각각 파쇄하여 500g씩 균등 양 혼합하여 채취한다.
㉱ 임의의 5개소에서 채취하여 각각 파쇄하여 500g씩 균등 양 혼합하여 채취한다.

풀이 콘크리트 고형화물 중 대형의 고형화물로써 분쇄가 어려울 경우 임의의 5개소에서 채취하여 각각 파쇄하여 100g씩 균등 양 혼합하여 채취한다.

42 자외선/가시선 분광법에서 사용하는 흡수셀은 오염되기 쉬우므로 미리 깨끗하게 씻은 후 사용하여야 한다. 이때 흡수셀 세척에 사용되는 용액으로 가장 적당한 것은?

㉮ 사염화탄소용액
㉯ 아세톤용액
㉰ 노르말헥산용액
㉱ 탄산나트륨용액

풀이 흡수셀 세척에 사용되는 용액은 탄산나트륨용액이다.

answer 39 ㉮ 40 ㉱ 41 ㉯ 42 ㉱

43 자외선/가시선 분광법에서 6가 크롬을 적자색으로 발색시키는 시약은?

㉮ 다이페닐카바자이드
㉯ 클로라민 T
㉰ 디티존
㉱ 다이에틸다이티오카바민산은

풀이 6가 크롬의 자외선/가시선 분광법의 핵심 내용
① 발색시약 : 다이페닐카바자이드
② 흡광도 측정 : 적자색의 흡광도를 540nm에서 측정

44 구리의 자외선/가시선 분광법에 대한 내용으로 틀린 것은?

㉮ 추출용매는 아세트산부틸을 사용한다.
㉯ 시료 중 음이온 계면활성제가 존재하면 구리의 추출이 불완전하다.
㉰ 비스무트(Bi)가 구리의 양보다 2배 이상 존재할 경우 황색을 나타내어 방해한다.
㉱ 시료 중에 시안화합물이 함유되어 있으면 과산화수소로 끓여 시안화물을 완전히 분해 제거된다.

풀이 ㉱ 시료 중에 시안화합물이 함유되어 있으면 염산으로 산성 조건을 만든 후 끓여 시안화물을 완전히 분해 제거된다.

45 자외선/가시선 분광법에 의한 시안 측정 시 넣는 시약 중 잔류염소에 의한 영향을 줄이기 위해 사용하는 시약은?

㉮ 질산(1+4)
㉯ 클로라민 T
㉰ L-아스코빈산
㉱ 아세트산아연용액

풀이 방해물질과 제거물질
① 방해물질들 : 증류하면 대부분 제거
② 다량의 지방성분 : 노말헥산 또는 클로로폼
③ 황화합물 함유 시료 : 아세트산아연용액
④ 잔류염소 함유 시료 : L-아스코빈산 또는 이산화비소산나트륨용액

46 다음의 조건을 이용하여 강열감량(%)을 계산하면?

- 증발용기의 질량(W_1) = 22.5(g)
- 강열 전의 증발용기와 시료의 질량 (W_2) = 65.8(g)
- 강열 후의 증발용기와 시료의 질량 (W_3) = 38.8(g)

㉮ 22.4 %　　㉯ 42.4 %
㉰ 62.4 %　　㉱ 72.4 %

풀이 강열감량(%)

$$= \left(\frac{W_2 - W_3}{W_2 - W_1}\right) \times 100$$

$$= \left(\frac{65.8g - 38.8g}{65.8g - 22.5g}\right) \times 100 = 62.36\%$$

47 크롬 표준원액(100 mg Cr/L) 1,000mL를 만들기 위하여 필요한 다이크롬산칼륨(표준시약)의 양(g)은? (단, K : 39, Cr : 52)

㉮ 0.213　　㉯ 0.283
㉰ 0.353　　㉱ 0.393

풀이 $K_2Cr_2O_7$: $2Cr^{3+}$
294g : 2 × 52g
X : 0.1g/L × 1L　∴ X = 0.283g

answer 43 ㉮ 44 ㉱ 45 ㉰ 46 ㉰ 47 ㉯

48 용출시험방법에 관한 설명으로 (　　)에 옳은 내용은?

> 시료의 조제방법에 따라 조제한 시료 100g 이상을 정확히 달아 정제수에 염산을 넣어 (　　)(으)로 한 용매(mL)를 시료 : 용매 = 1 : 10(W : V)의 비로 2,000mL 삼각플라스크에 넣어 혼합한다.

㉮ pH 4 이하　　㉯ pH 4.3～5.8
㉰ pH 5.8～6.3　　㉱ pH 6.3～7.2

풀이 용출시험방법의 핵심 내용
① 조제한 시료의 양 : 100g 이상
② pH 조절 : 염산으로 pH 5.8～6.3으로 조절
③ 시료 : 용매는 1 : 10(W : V)

49 대상폐기물의 양이 4,500톤인 경우, 시료의 최소 수는?

㉮ 20　　㉯ 30
㉰ 36　　㉱ 50

풀이 대상폐기물의 양과 시료의 최소 수

대상폐기물의 양 (ton)	시료 최소 수	대상폐기물의 양 (ton)	시료 최소 수
1 미만	6	100 이상～500 미만	30
1 이상～5 미만	10	500 이상～1,000 미만	36
5 이상～30 미만	14	1,000 이상～5,000 미만	50
30 이상～100 미만	20	5,000 이상	60

50 폐기물 용출시험방법에 대한 내용으로 틀린 것은?

㉮ 진탕횟수는 매 분당 약 200회로 한다.
㉯ 진탕 후 1.0 μm 유리섬유 여과지로 여과한다.
㉰ 진폭이 4~5cm의 진탕기로 4시간 연속 진탕한다.
㉱ 여과가 어려운 경우에는 매 분당 3,000회전 이상으로 20분 이상 원심분리한다.

풀이 ㉰ 진폭이 4~5cm의 진탕기로 6시간 연속 진탕한다.

51 폐기물공정시험기준상 시료를 채취할 때 시료의 양은 1회에 최소 얼마 이상 채취하여야 하는가?

㉮ 100g 이상　　㉯ 300g 이상
㉰ 500g 이상　　㉱ 1,000g 이상

풀이 시료채취량
① 일반시료 : 100g 이상
② 소각재 시료 : 500g 이상

52 보아진 대시료를 네모꼴로 엷게 균일한 두께로 펴고, 이것을 가로 4등분 세로 5등분하여 20개의 덩어리로 나누고 20개의 각 부분에서 균등량씩을 취하여 혼합하여 하나의 시료로 만드는 시료의 분할채취방법은?

㉮ 구획법　　㉯ 교호삽법
㉰ 원추4분법　　㉱ 사각분할법

풀이 ㉮ 구획법에 대한 내용이며, 핵심 내용인 "가로 4등분, 세로 5등분, 20개의 덩어리=구획법"임을 숙지하시면 됩니다.

실전문제
CBT 복원문제

answer　48 ㉰　49 ㉱　50 ㉰　51 ㉮　52 ㉮

53 휘발성 저급염소화 탄화수소류를 기체크로마토그래피를 이용하여 측정하고자 할 때 사용하는 운반기체는?

㉮ 수소 ㉯ 산소
㉰ 질소 ㉱ 알곤

풀이 운반기체는 부피백분율 99.999% 이상의 헬륨 또는 질소를 사용한다.

54 기체크로마토그래피 분석에 사용되는 검출기 중 유기할로겐화합물, 나이트로화합물 및 유기금속화합물을 검출할 때 사용되는 검출기는?

㉮ ECD(전자포획검출기)
㉯ FPD(불꽃광도검출기)
㉰ FID(불꽃이온화검출기)
㉱ TCD(열전도도검출기)

풀이 ㉮ ECD(전자포획검출기)에 대한 내용이며, 핵심 내용인 "유기할로겐화합물, 나이트로화합물, 유기금속화합물 검출=ECD"임을 숙지하시면 됩니다.

55 기름성분을 분석하는 중량법에 대한 내용으로 틀린 것은?

㉮ 정량한계는 0.1% 이하이다.
㉯ 폐기물 중의 비교적 휘발이 잘 되는 탄화수소와 탄화수소유도체 및 그리스 유상물질이 노말헥산에 용해되는 성분에 적용한다.
㉰ 시료 적당량을 분별깔때기에 넣고 메틸오렌지용액(0.1%)을 2~3방울을 넣는다.
㉱ 황색이 적색으로 변할 때까지 염산(1+1)을 넣어 pH 4 이하로 조절한다.

풀이 ㉯ 폐기물 중의 비교적 휘발되지 않는 탄화수소와 탄화수소유도체 및 그리스 유상물질이 노말헥산에 용해되는 성분에 적용한다.

56 다음 중 반고상 폐기물의 정의로 알맞은 것은?

㉮ 고형물의 함량이 5% 미만
㉯ 고형물의 함량이 5% 이상 15% 미만
㉰ 고형물의 함량이 15% 이상 20% 미만
㉱ 고형물의 함량이 25% 이상

풀이 폐기물의 정의
① 액상폐기물 : 고형물의 함량이 5% 미만
② 반고상폐기물 : 고형물의 함량이 5% 이상 15% 미만
③ 고상폐기물 : 고형물의 함량이 15% 이상

57 자외선/가시선 분광법으로 시료를 분석할 때 분석되는 항목–측정파장–발색의 연결이 바르게 된 것은?

㉮ 카드뮴 - 460nm – 청색
㉯ 시안 - 540nm - 적자색
㉰ 구리 - 440nm – 황갈색
㉱ 비소 - 630nm - 적자색

풀이 ㉮ 카드뮴 - 520nm - 적색
㉯ 시안 - 620nm - 청색
㉱ 비소 - 530nm - 적자색

answer 53 ㉰ 54 ㉮ 55 ㉯ 56 ㉯ 57 ㉰

58 다음 폐기물공정시험기준상 용어의 정의로 틀린 것은?

㉮ 약 : 기재된 양에 대해서 ±10% 이상의 차가 있어서는 안된다.
㉯ 정확히 단다 : 규정된 양의 시료를 취하여 화학저울 또는 미량저울로 칭량함을 말한다.
㉰ 즉시 : 30초 이내에 표시된 조작을 하는 것을 말한다.
㉱ 진공 : 따로 규정이 없는 한 15mmHg 이하를 말한다.

풀이 ㉯ 정확히 단다 : 규정된 수치의 무게가 0.1mg까지 다는 것을 말한다.

59 시료채취시 시료용기에 기재하는 사항으로 틀린 것은?

㉮ 폐기물의 명칭
㉯ 폐기물의 성분
㉰ 대상폐기물의 양
㉱ 채취책임자의 이름

풀이 시료용기에는 폐기물의 명칭, 대상폐기물의 양, 채취장소, 채취시간 및 일기, 시료번호, 채취책임자 이름, 시료의 양, 채취방법 등을 기재한다.

60 환원기화–원자흡수분광광도법을 이용하여 수은을 측정할 때 환원제로 사용되는 것은?

㉮ 이염화주석 ㉯ 아연
㉰ 비소 ㉱ 과망간산칼륨

풀이 수은의 환원기화-원자흡수분광광도법 : 시료 중 수은을 이염화주석을 넣어 금속수은으로 환원시킨 다음 이 용액에 통기하여 발생하는 수은증기를 253.7nm 파장에서 정량하는 방법이다.

answer 58 ㉯ 59 ㉯ 60 ㉮

CBT 복원문제

| 제1과목 | 폐기물개론

01 다음 폐기물을 수거하는 방식 중 효율이 가장 우수한 것은?

㉮ 벽면부착식 ㉯ 집안고정식
㉰ 집안이동식 ㉱ 집밖이동식

풀이 MHT의 크기는 벽면부착식(2.38) > 집안고정식(2.24) > 집밖고정식(1.96) > 집안이동식(1.86) > 집밖이동식(1.47) 순이다.

02 쓰레기 수거노선의 결정 시 주의사항으로 알맞은 것은?

㉮ 아주 많은 양의 쓰레기가 발생되는 발생원은 가장 나중에 수거한다.
㉯ 적은 양의 쓰레기가 발생하나 동일한 수거빈도를 받기를 원하는 적재지점은 가능한 한 같은 날 왕복 내에서 수거한다.
㉰ 언덕지역에서는 언덕의 아래에서부터 적재하면서 차량을 위로 진행하도록 한다.
㉱ 가능한 한 반시계 방향으로 수거노선을 정한다.

풀이 ㉮ 아주 많은 양의 쓰레기가 발생되는 발생원은 가장 먼저 수거한다.
㉰ 언덕지역에서는 언덕의 위에서부터 적재하면서 차량을 아래로 진행하도록 한다.
㉱ 가능한 한 시계 방향으로 수거노선을 정한다.

03 어떤 도시에서 발생되는 쓰레기를 인부 840명이 1일 8시간의 작업으로 수거운반 시 MHT는? (단, 연간수거실적은 2,851,312ton, 인부 1인당 휴가일수는 연중 60일, 1년은 365일 기준)

㉮ 0.34 ㉯ 0.56
㉰ 0.72 ㉱ 0.96

풀이 MHT(man·hr/ton)

$$= \frac{\text{수거시간} \times \text{작업시간}}{\text{쓰레기 수거실적}}$$

$$= \frac{840\,\text{인} \times 8\text{hr/day} \times 305\text{day/년}}{2{,}851{,}312\text{ton}} = 0.72\,\text{MHT}$$

TIP
① MHT = man·hr/ton
② MHT : 1ton의 쓰레기를 수거하는데 수거인부 1인이 소요하는 총시간
③ MHT가 클수록 수거효율이 낮다.

04 다음 중 현재 우리나라에서 가장 많이 발생되는 생활 폐기물은?

㉮ 연탄재 ㉯ 음식쓰레기류
㉰ 플라스틱류 ㉱ 섬유류

풀이 현재 우리나라에서 가장 많이 발생되는 생활 폐기물은 음식쓰레기류이다.

answer 01 ㉱ 02 ㉯ 03 ㉰ 04 ㉯

05 폐기물 관리에 있어서 가장 우선적으로 고려할 사항은?

㉮ 감량화　㉯ 재사용
㉰ 물질재활용　㉱ 최종처분(매립)

풀이 폐기물 관리순서는 감량화 → 재사용 → 물질재활용 → 에너지회수 → 최종처분(매립) 순이다.

06 폐기물을 분석한 결과 수분 20%, 회분 15%, 고정탄소 25%, 휘발분이 40%이고 휘발분을 원소 분석한 결과 수소 20%, 황 5%, 산소 25%, 탄소 50%이었다. 이 때 폐기물의 고위발열량은? (단, 고위 발열량 $= 8{,}100\mathrm{C} + 34{,}000\left(\mathrm{H} - \dfrac{\mathrm{O}}{8}\right) + 2{,}500\mathrm{S}$ 이용할 것)

㉮ 약 6,000kcal/kg
㉯ 약 7,000kcal/kg
㉰ 약 8,000kcal/kg
㉱ 약 9,000kcal/kg

풀이 고위 발열량(Hh)

$$= 8{,}100\mathrm{C} + 34{,}000\left(\mathrm{H} - \frac{\mathrm{O}}{8}\right) + 2{,}500\mathrm{S}\,(\mathrm{kcal/kg})$$
$$= 8{,}100 \times (0.25 + 0.4 \times 0.5) + 34{,}000 \times \left(0.4 \times 0.2 - \frac{0.4 \times 0.25}{8}\right) + 2{,}500 \times (0.4 \times 0.05)$$
$$= 5{,}990\,\mathrm{kcal/kg}$$

TIP
문제풀이에서 $8100 \times \mathrm{C}$를 계산할 경우 C는(고정탄소+휘발분 중 탄소함량)에 주의해야 한다.

07 다음 중 포장기(Baler)의 특징에 대한 내용으로 틀린 것은?

㉮ 압축 후 삼베나 가죽 또는 철끈으로 묶는다.
㉯ 관리에 용이한 크기나 질량으로 포장한다.
㉰ 완전하게 건조되지 못한 폐기물은 취급하기 곤란하다.
㉱ 매립지에서는 특별한 경우를 제외하면 포장을 해체하여 매립한다.

풀이 ㉱ 매립지에서는 특별한 경우를 제외하면 포장을 해체하지 않고 그대로 매립한다.

08 다음 중 파쇄처리의 효과로 틀린 것은?

㉮ 비표면적의 감소
㉯ 폐기물 소각 시 연소효율 증가
㉰ 입경분포의 균일화
㉱ 용적의 감소

풀이 ㉮ 비표면적의 증가

CBT 복원문제

09 다음 중 트롬멜(Trommel)스크린의 특징에 대한 내용으로 알맞은 것은?

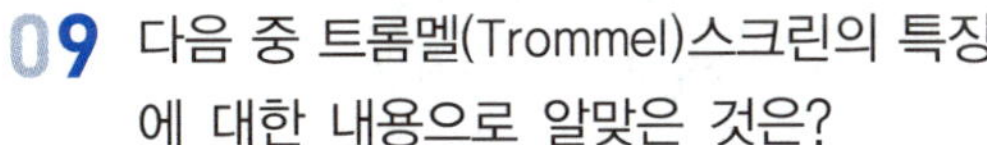

㉮ 스크린 뒤에 분리기를 두어 분리된 폐기물을 분쇄한다.
㉯ 원통의 경사도가 크면 효율이 증가한다.
㉰ 임계회전속도 = 최적회전속도×0.45이다.
㉱ 원통의 길이가 길면 효율은 증가하나 동력소요가 많다.

풀이 ㉮ 스크린 앞에 분리기를 두어 분리된 폐기물을 분쇄한다.
㉯ 원통의 경사도가 크면 효율이 낮아진다.
㉰ 최적회전속도 = 임계회전속도 × 0.45이다.

answer 05 ㉮ 06 ㉮ 07 ㉱ 08 ㉮ 09 ㉱

10 물렁거리는 가벼운 물질로부터 딱딱한 물질을 선별하는데 이용되며, 경사진 컨베이어를 통해 폐기물을 주입시켜 천천히 회전하는 드럼위에 떨어뜨려서 분류하는 선별장치는?

㉮ 세커터　　㉯ 스토너
㉰ 테이블 선별법　　㉱ 공기 선별법

풀이 ㉮ 세카터(Secators)에 대한 내용이며, 핵심 내용인 "물렁거리는 가벼운 물질로부터 딱딱한 물질선별=세카터"임을 숙지하시면 됩니다.

11 건조된 고형분 1.54 이고 건조 전 슬러지의 고형분 함량이 60%, 건조질량이 400kg이라 할 때 건조 전 슬러지의 비중은?

㉮ 약 1.12　　㉯ 약 1.16
㉰ 약 1.27　　㉱ 약 1.34

풀이 $\frac{1}{\rho_{SL}} = \frac{W_{TS}}{\rho_{TS}} + \frac{W_P}{\rho_P}$

여기서 ρ_{SL} : 슬러지의 비중
ρ_{TS} : 고형물의 비중
ρ_P : 물(수분)의 비중
W_{TS} : 고형물의 함량
W_P : 물(수분)의 함량

따라서 $\frac{1}{\rho_{SL}} = \frac{0.60}{1.54} + \frac{0.40}{1.0} = 0.7896$

$\rho_{SL} = \frac{1}{0.7896} = 1.267$

TIP
① 고형물(%) + 수분(%) = 100%
② 수분(%) = 100 − 고형물(%)
③ 물의 비중 = 1.0

12 전단파쇄기에 대한 내용으로 틀린 것은?

㉮ 충격파쇄기에 비하여 파쇄 속도가 빠르다.
㉯ 충격파쇄방식에 비하여 이물질의 혼입에 대하여 취약하다.
㉰ 충격파쇄방식에 비하여 파쇄물의 크기를 고르게 절단할 수 있다.
㉱ 목재류, 플라스틱류, 종이를 고정칼, 왕복 또는 회전칼과의 교합에 의하여 폐기물을 전단한다.

풀이 ㉮ 충격파쇄기에 비하여 파쇄 속도가 느리다.

13 적환 및 적환장에 대한 내용으로 틀린 것은?

㉮ 적환장은 수송차량의 적재용량에 따라 직접적환, 간접적환, 복합적환으로 구분된다.
㉯ 적환장은 소형수거를 대형 수송으로 연결해 주는 곳이며, 효율적인 수송을 위하여 보조적인 역할을 수행한다.
㉰ 적환장의 설치장소는 수거하고자 하는 개별적 고형 폐기물 발생지역의 하중중심과 되도록 가까운 곳이어야 한다.
㉱ 적환을 시행하는 이유는 종말처리장이 대형화하여 폐기물의 운반거리가 연장되었기 때문이다.

풀이 ㉮ 적환장은 소형차량에서 대형차량으로 적재하는 방식에 따라 직접투하방식, 저장투 하방식, 직접 · 저장 결합방식이 있다.

answer 10 ㉮ 11 ㉰ 12 ㉮ 13 ㉮

14 슬러지의 함유 수분 중 건조 시 가장 증발이 어려운 수분은?

㉮ 간극모관결합수 ㉯ 모관결합수
㉰ 표면부착수 ㉱ 내부수

풀이 탈수 순서는 간극모관결합수 > 모관결합수 > 표면부착수 > 내부수 순이다.

15 새로운 쓰레기 수집방법 중 pipe-line 방식에 대한 내용으로 틀린 것은?

㉮ 쓰레기 발생빈도가 낮아야 현실성이 있다.
㉯ 대형 폐기물에 대한 전처리가 필요하다.
㉰ 잘못 투입된 물건은 회수하기가 곤란하다.
㉱ 장거리 이용이 곤란하다.

풀이 ㉮ 쓰레기 발생빈도가 높아야 현실성이 있다.

16 밀도 680 kg/m^3인 쓰레기 200 kg이 압축되어 밀도가 960 kg/m^3으로 되었다면 압축비는?

㉮ 약 1.1 ㉯ 약 1.4
㉰ 약 1.7 ㉱ 약 2.1

풀이
$$압축비 = \frac{압축\ 전\ 부피(V_1)}{압축\ 후\ 부피(V_2)}$$

$$V_1 = 200\,kg \times \frac{1}{680\,kg/m^3} = 0.2941 m^3$$

$$V_2 = 200\,kg \times \frac{1}{960\,kg/m^3} = 0.2083 m^3$$

$$따라서\ 압축비 = \frac{V_1}{V_2} = \frac{0.2941 m^3}{0.2083 m^3} = 1.41$$

17 냉각파쇄기의 특징에 대한 내용으로 틀린 것은?

㉮ 입도를 작게 할 수 있다.
㉯ 파쇄에 소요되는 동력이 크다.
㉰ 복합재질의 선택 파쇄가 가능하다.
㉱ 투자비가 크다.

풀이 ㉯ 파쇄에 소요되는 동력이 적다.

18 폐기물 발생량 예측방법 중 모든 인자를 시간에 대한 함수로 나타낸 후 시간에 대한 함수로 표현된 각 영향인자들 간의 상관관계를 수식화하여 예측하는 방법은?

㉮ Trend Method
㉯ Multiple Regression Model Method
㉰ Dynamic Simulation Model Method
㉱ CORAP Method

풀이 ㉰ Dynamic Simulation Model Method(동적모사모델)에 대한 내용이며, 핵심 내용은 "각 영향인자들 간의 상관관계를 수식화=동적모사모델"임을 숙지하시면 됩니다.

19 폐기물은 단순히 버려져 못 쓰는 것이라는 인식을 바꾸어 '폐기물 =자원'이라는 공감대를 확산시킴으로써 재활용 정책에 활력을 불어 넣은 '생산자책임재활용제도'는?

㉮ ROHS ㉯ ESSD
㉰ EPR ㉱ WEE

풀이 ㉰ EPR에 대한 내용이며, 핵심 내용인 "폐기물 = 자원은 EPR"임을 숙지하시면 됩니다.

answer 14 ㉱ 15 ㉮ 16 ㉯ 17 ㉯ 18 ㉰ 19 ㉰

20 폐기물의 함수율 90%를 탈수시켜 함수율이 60%로 되었다면, 폐기물은 초기 질량의 몇 %가 되는가? (단, 폐기물 비중은 1.0 기준이다.)

㉮ 25% ㉯ 35%
㉰ 65% ㉱ 75%

풀이 $W_1 \times (100 - P_1) = W_2 \times (100 - P_2)$

여기서 W_1 : 탈수 전 폐기물
P_1 : 탈수 전 함수율
W_2 : 탈수 후 폐기물
P_2 : 탈수 후 함수율

따라서 $W_1 \times (100 - 90\%) = W_2 \times (100 - 60\%)$

$$\therefore \frac{W_2}{W_1} = \frac{(100-90\%)}{(100-60\%)} = 0.25$$

따라서 $W_2 = 0.25W_1$ 이므로 탈수 후의 폐기물 질량은 탈수 전 폐기물 질량의 25%이다.

| 제2과목 | 폐기물처리기술

21 폐기물을 매립 후 가스생성과정을 4단계로 나눌 때, 1단계인 호기성단계에 대한 내용으로 틀린 것은?

㉮ 산소(O_2)가 급감한다.
㉯ 질소(N_2)가 증가한다.
㉰ 이산화탄소(CO_2)가 생성되기 시작한다.
㉱ 폐기물 내 수분이 많은 경우 반응이 빨라져 호기성 단계가 짧아진다.

풀이 ㉯ 질소(N_2)가 감소한다.

22 매립공법에 의한 분류 중 육상매립공법에 해당하지 않는 것은?

㉮ 도랑형 공법(Trench system)
㉯ 셀 공법(Cell system)
㉰ 박층뿌림 공법(Thin layer system)
㉱ 압축매립 공법(Baling system)

풀이 매립공법의 종류
① 내륙 매립공법 : 샌드위치 공법, 셀 공법, 압축매립 공법, 도랑형 공법
② 해안 매립공법 : 박층뿌림 공법, 순차투입 공법, 내수배제 공법, 수중투기 공법

23 고형화처리방법 중 자가시멘트법에 대한 내용으로 틀린 것은?

㉮ 혼합률(MR)이 낮다.
㉯ 탈수 등 전처리가 필요 없다.
㉰ 보조에너지가 필요 없다.
㉱ 장치비가 크며 숙련된 기술을 요한다.

풀이 ㉰ 보조에너지가 필요하다.

TIP

$$혼합률(MR) = \frac{첨가제의\ 질량}{폐기물의\ 질량}$$

answer 20 ㉮ 21 ㉯ 22 ㉰ 23 ㉰

24 어느 석탄을 사용하여 가열로의 배기 가스를 분석한 결과 CO_2 15%, O_2 6%, N_2 79%였다. 이 경우의 공기비는? (단, 연료 중 질소성분은 무시하며, 완전연소라 가정한다)

㉮ 1.4　　㉯ 1.6
㉰ 1.8　　㉱ 2.0

풀이 공기비(m)

$$= \frac{N_2\%}{N_2\% - 3.76 \times (O_2\% - 0.5 \times CO\%)}$$

$$= \frac{79\%}{79\% - 3.76 \times 6\%} = 1.40$$

25 액화석유가스(LPG)의 구성성분으로 틀린 것은?

㉮ C_3H_8　　㉯ C_4H_8
㉰ C_4H_{10}　　㉱ C_5H_{10}

풀이 액화석유가스(LPG)의 구성성분은 탄소수가 3개~4개로 구성된 물질이다.

TIP
① 액화천연가스(LPG)의 주성분 : 메탄(CH_4)
② 액화석유가스(LPG)의 주성분 : 프로판(C_3H_8), 부탄(C_4H_{10})

26 다음 중 액체연료의 특징으로 틀린 것은?

㉮ 발열량이 크고 품질이 비교적 균일하다.
㉯ 화재나 역화의 위험성이 있으나 국부가열의 우려는 없다.
㉰ 단위질량당 발열량이 커 화력이 강하다.
㉱ 회분은 적지만, 재속의 금속산화물이 장해원인이 될 수 있다.

풀이 ㉯ 화재나 역화의 위험성이 있으며, 연소온도가 높아 국부가열의 우려가 있다.

27 매립지내의 물의 이동을 나타내는 Darcy의 법칙을 기준으로 침출수의 유출을 방지하기 위한 방법으로 알맞은 것은?

㉮ 투수계수는 감소, 수두차는 증가시킨다.
㉯ 투수계수는 증가, 수두차는 감소시킨다.
㉰ 투수계수 및 수두차를 증가시킨다.
㉱ 투수계수 및 수두차를 감소시킨다.

풀이 침출수의 유출을 방지하기 위해서는 투수계수 및 수두차를 감소시킨다.

CBT 복원문제

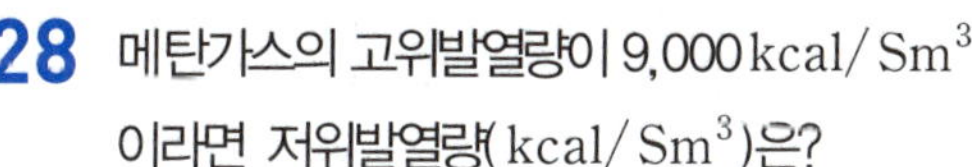
28 메탄가스의 고위발열량이 9,000 kcal/Sm^{3}이라면 저위발열량(kcal/Sm^3)은?

㉮ 8,040　　㉯ 7,800
㉰ 7,540　　㉱ 7,200

풀이 $CH_4 + 2O_2 \rightarrow CO_2 + 2H_2O$
저위발열량(kcal/Sm^3)
= 고위발열량(kcal/Sm^3) − 480 × H_2O량
= 9,000 kcal/Sm^3 − 480 × 2
= 8,040 kcal/Sm^3

TIP
체적비 = 부피비 = Sm^3/Sm^3 = 갯수비

answer 24 ㉮ 25 ㉱ 26 ㉯ 27 ㉱ 28 ㉮

29 결정도(Crystallinity)와 합성차수막의 성질에 대한 내용으로 틀린 것은?

㉮ 결정도가 증가할수록 단단해진다.
㉯ 결정도가 증가할수록 충격에 약해진다.
㉰ 결정도가 증가할수록 화학물질에 대한 저항성이 증가한다.
㉱ 결정도가 증가할수록 열에 대한 저항성이 감소한다.

풀이 ㉱ 결정도가 증가할수록 열에 대한 저항성이 증가한다.

TIP
결정도가 증가할수록 충격과 투수계수는 감소하고, 나머지 조건은 증가한다.

30 $C_4H_9O_3N$으로 표현된 유기물 1몰이 혐기성 상태에서 다음과 같이 분해될 때 발생하는 메탄의 양(몰)은?

$C_4H_9O_3N + (a)H_2O$
$= (b)CO_2 + (c)CH_4 + (d)NH_3$

㉮ 1몰 ㉯ 2몰
㉰ 3몰 ㉱ 4몰

풀이 $C_4H_9O_3N$: $2CH_4$
1mol : 2mol
1mol : $X(CH_4)$

$\therefore X(CH_4) = \frac{1mol \times 2mol}{1mol} = 2mol$

TIP
$C_4H_9O_3N \rightarrow \left(\frac{4a+b-2c-3d}{8}\right)CH_4$
여기서 a=4, b=9, c=3, d=1 이므로
따라서 $\frac{(4\times4)+9-(2\times3)-(3\times1)}{8}=2$
$\therefore$ $C_4H_9O_3N$: $2CH_4$가 된다.

31 합성 차수막의 종류 중 PVC의 장·단점으로 틀린 것은?

㉮ 접합이 용이하다.
㉯ 자외선, 오존, 기후에 강하다.
㉰ 대부분의 유기화학물질에 약하다.
㉱ 강도가 높다.

풀이 ㉯ 자외선, 오존, 기후에 약하다.

32 매립 시 표면 차수막에 대한 내용으로 알맞은 것은?

㉮ 지중에 수평방향의 차수층이 존재하는 경우 채용한다.
㉯ 시공시에는 차수성이 확인되지만 매립 후에는 곤란하다.
㉰ 지하수 집배수시설이 불필요하다.
㉱ 경제성에 있어서 단위면적당 고가이나 전체는 싸다.

풀이 ㉮, ㉰, ㉱번은 연직 차수막에 대한 설명이다.

TIP
연직차수막과 표면차수막의 비교

	연직차수막	표면차수막
차수성 확인	지하에 매설하기 때문에 확인이 어렵다.	시공 시에는 가능하나 매립 후에는 곤란하다.

answer 29 ㉱ 30 ㉯ 31 ㉯ 32 ㉯

경제성	단위면적당 공사비가 비싼 반면 총공사비는 싸다.	단위면적당 공사비는 싸지만 매립지 전체를 시공하는 경우가 많아 총공사비는 비싸다.
보수성	차수막 보강시공이 가능	매립 전에는 가능하나 매립 후에는 어렵다.
지하수 집배수 시설	필요없다.	필요하다.

33 폐기물 매립지의 침출수 처리에 많이 사용되는 펜톤산화제의 조성으로 알맞은 것은?

㉮ 과산화수소+철염
㉯ 과산화수소+Alum
㉰ 오존+철염
㉱ 오존+Alum

TIP

Fenton 산화법 정리
① 펜턴시약 : H_2O_2
② 촉매 : 황산제1철
③ 강산화제 : OH 라디칼
④ pH : 3~5
⑤ 특징 : COD감소, BOD 증가

34 쓰레기의 성분이 탄소 85%, 수소 10%, 산소 2%, 황 3%로 구성되어 있다면 이를 1kg 연소시킬 때 필요한 이론공기량(m^3/kg)은? (단, 표준상태 기준이다.)

㉮ $8.2\,m^3/kg$ ㉯ $10.3\,m^3/kg$
㉰ $12.7\,m^3/kg$ ㉱ $14.7\,m^3/kg$

풀이 이론공기량(A_o)

$$= 8.89C + 26.67\left(H - \frac{O}{8}\right) + 3.33S\,(Sm^3/kg)$$

$$= 8.89 \times 0.85 + 26.67 \times \left(0.1 - \frac{0.02}{8}\right) + 3.33 \times 0.03$$

$$= 10.26\,Sm^3/kg$$

35 폐기물의 연소능력이 $250\,kg/m^2 \cdot hr$이며 연소할 폐기물의 양이 $200\,m^3/day$이다. 1일 8시간 소각로를 가동시킨다고 할 때 로스톨의 면적(m^2)은? (단, 폐기물의 밀도는 $150\,kg/m^3$이다.)

㉮ $15\,m^2$ ㉯ $20\,m^2$
㉰ $25\,m^2$ ㉱ $30\,m^2$

풀이 연소능력($kg/m^2 \cdot hr$)

$$= \frac{\text{폐기물의 양}(m^3/hr) \times \text{밀도}(kg/m^3)}{\text{면적}(m^2)}$$

$$250kg/m^2 \cdot hr = \frac{200m^3/day \times 1day/8hr \times 150kg/m^3}{\text{면적}(m^2)}$$

$$\therefore \text{면적} = \frac{200m^3/day \times 1day/8hr \times 150kg/m^3}{250kg/m^2 \cdot hr}$$

$$= 15m^2$$

36 다음 중 차수시설의 내용으로 틀린 것은?

㉮ 지하수가 매립지 내부로 유입되는 것을 방지한다.
㉯ 투수방지를 위해 불투수층 차수막 또는 점토를 사용한다.
㉰ 매립지 내에서의 물의 이동은 헨리(Henry) 법칙으로 나타낸다.
㉱ 매립지의 침출수 유출을 방지한다.

풀이 ㉰ 매립지 내에서의 물의 이동은 다르시(Darcy)법칙으로 나타낸다.

answer 33 ㉮ 34 ㉯ 35 ㉮ 36 ㉰

실전문제 CBT 복원문제

37 생분뇨의 SS가 20,000mg/L이고, 1차 침전지에서 SS제거율은 80%이다. 1일 100KL 분뇨를 투입할 때 1차 침전지에서 발생되는 슬러지량(ton/d)은? (단, 발생슬러지 함수율은 97%이고, 비중은 1.0 기준.)

㉮ 약 32ton/d ㉯ 약 54ton/d
㉰ 약 67ton/d ㉱ 약 89ton/d

풀이 발생되는 슬러지량(ton/day)

$= \text{투입분뇨량}(m^3/day) \times \text{SS량}(kg/m^3) \times 10^{-3} ton/kg \times \text{SS제거율} \times \frac{100}{100-\text{함수율}(\%)}$

$= 100m^3/day \times 20kg/m^3 \times 10^{-3} ton/kg \times 0.8 \times \frac{100}{100-97\%}$

$= 53.33 ton/day$

TIP

발생되는 슬러지량(m^3/day)

$= \frac{\text{투입분뇨량}(m^3/day) \times \text{SS량}(kg/m^3) \times \text{제거율}}{\text{비중량}(kg/m^3)} \times \frac{100}{100-\text{함수율}(\%)}$

38 다음 중 셀(cell)공법에 대한 내용으로 틀린 것은?

㉮ 쓰레기 비탈면의 경사를 20% 전후로 하여 쓰레기를 셀모양으로 쌓고 각각의 셀에 복토하는 방법이다.
㉯ 화재의 발생 및 확산을 방지할 수 있다.
㉰ 1일 작업하는 셀 크기는 매립장의 면적에 따라 결정한다.
㉱ 발생가스와 매립층 내 수분의 이동이 용이하지 못하다.

풀이 ㉰ 1일 작업하는 셀 크기는 매립 처분량에 따라 결정한다.

39 다음 중 인공 복토재의 조건으로 틀린 것은?

㉮ 매립지 공간을 절약할 수 있어야 한다.
㉯ 연소가 잘 되지 않아야 한다.
㉰ 투수계수가 높아야 한다.
㉱ 생분해가 가능해야 한다.

풀이 ㉰ 투수계수가 낮아야 한다.

40 함수율이 95%인 슬러지를 함수율 75%의 슬러지로 탈수시켰을 때 탈수 후/전의 슬러지 체적비(탈수 후/전)는?

㉮ 1/2 ㉯ 1/3
㉰ 1/4 ㉱ 1/5

풀이 $V_1 \times (100-P_1) = V_2 \times (100-P_2)$

여기서 V_1 : 탈수 전 슬러지량
P_1 : 탈수 전 함수율
V_2 : 탈수 후 슬러지량
P_1 : 탈수 후 함수율

$V_1 \times (100-95\%) = V_2 \times (100-75\%)$

$\therefore \frac{V_2}{V_1} = \frac{(100-95\%)}{(100-75\%)} = \frac{5}{25} = \frac{1}{5}$배

answer 37 ㉯ 38 ㉰ 39 ㉰ 40 ㉱

| 제3과목 | 폐기물공정시험기준

41 시료의 채취에 있어서 소각재의 경우 1회에 몇 g 이상 채취하는가?

㉮ 100g 이상　　㉯ 200g 이상
㉰ 300g 이상　　㉱ 500g 이상

풀이 시료의 채취량
① 일반시료 : 1회에 100g 이상
② 소각재 시료 : 1회에 500g 이상

42 수소이온 농도를 유리전극법으로 측정할 때 사용하는 pH 측정기는 한 종류의 pH 표준용액에 대하여 검출부를 물로 잘 씻은 다음, 5회 되풀이 측정한 그 재현성이 얼마 이내의 것을 사용하여야 하는가?

㉮ ±0.03　　㉯ ±0.02
㉰ ±0.01　　㉱ ±0.05

풀이 수소이온 농도를 유리전극법으로 측정 시 정밀도의 핵심 내용인 "5회, ±0.05"임을 숙지하시면 됩니다.

43 모아진 대시료를 네모꼴로 엷게 균일한 두께로 펴고, 이것을 가로 4등분 세로 5등분하여 20개의 덩어리로 나누고 20개의 각 부분에서 균등량씩을 취하여 혼합하여 하나의 시료로 만드는 시료의 분할채취방법은?

㉮ 구획법　　㉯ 교호삽법
㉰ 원추4분법　　㉱ 사각분할법

풀이 ㉮ 구획법에 대한 내용이며, 핵심 내용인 "가로 4등분, 세로 5등분, 20개의 덩어리=구획법"임을 숙지하시면 됩니다.

44 다음은 카드뮴 함량을 분석하기 위한 자외선/가시선 분광법(디티존법)에 대한 내용으로 틀린 것은?

㉮ 카드뮴이온을 시안화칼륨이 존재하는 산성에서 디티존과 반응시켜 생성되는 카드뮴착염을 사염화탄소로 추출한다.
㉯ 추출한 카드뮴착염을 타타르산 용액으로 역추출하여 수산화나트륨과 시안화칼륨을 넣어 디티존과 반응시킨다.
㉰ 시료 중 다량의 철과 망간을 함유하는 경우 디티존에 의한 카드뮴 추출이 불완전하다.
㉱ 적색의 카드뮴 착염을 사염화탄소로 추출하여 그 흡광도를 520nm에서 측정한다.

풀이 ㉮ 카드뮴이온을 시안화칼륨이 존재하는 알칼리성에서 디티존과 반응시켜 생성되는 카드뮴착염을 사염화탄소로 추출한다.

45 다음 중 함침성 고상폐기물의 정의로 알맞은 것은?

㉮ 종이, 목재 등 기름을 흡수하는 변압기 내부부재(종이, 나무와 금속이 서로 혼합되어 있어 분리가 어려운 경우를 포함)를 말한다.
㉯ 종이, 목재 등 기름을 흡수하는 변압기 외부부재(종이, 나무와 금속이 서로 혼합되어 있어 분리가 어려운 경우를 포함)를 말한다.
㉰ 종이, 목재 등 기름을 흡수하는 변압기 내부부재(종이, 나무와 금속이 서로 혼합되어 있어 분리가 어려운 경우를 비포함)를 말한다.
㉱ 종이, 목재 등 기름을 흡수하는 변압기 외

answer 41 ㉱ 42 ㉱ 43 ㉮ 44 ㉮ 45 ㉮

부부재(종이, 나무와 금속이 서로 혼합되어 있어 분리가 어려운 경우를 비포함)를 말한다.

풀이 함침성 고상폐기물의 핵심 내용인 "변압기 내부부재, 분리가 어려운 경우 포함"임을 숙지하시면 됩니다.

46 정량한계를 나타낸 식으로 알맞은 것은?

㉮ 정량한계 = 표준편차×5
㉯ 정량한계 = 표준편차×10
㉰ 정량한계 = 표준편차×20
㉱ 정량한계 = 표준편차×30

풀이 **정도보증/정도관리의 핵심 내용**
① 정량한계 = 표준편차(S) × 10
② 기기검출한계 = 표준편차(S) × 3
③ 감응계수 = $\frac{\text{반응값(R)}}{\text{표준용액의 농도(C)}}$

47 다음은 용출시험방법의 시료용액의 조제에 대한 내용이다. (   )안에 알맞은 내용은?

> 시료의 조제방법에 따라 조제한 시료 (   ) 이상을 정확히 달아 정제수에 염산을 넣어 혼합한다.

㉮ 10g ㉯ 50g
㉰ 100g ㉱ 200g

풀이 **용출시험방법의 핵심 내용**
① 조제한 시료의 양 : 100g 이상
② pH 조절 : 염산을 가해 pH 5.3 ~ 6.3
③ 시료 : 용매는 1 : 10(W : V)
④ 용기 : 2,000mL 삼각플라스크

48 시료의 전처리방법 중 '회화법'에 대한 내용으로 적당한 것은?

㉮ 목적성분이 600℃ 이상에서 휘산되어 쉽게 회화 가능한 시료에 적용한다.
㉯ 목적성분이 600℃ 이상에서 휘산되지 않고 쉽게 회화 가능한 시료에 적용한다.
㉰ 목적성분이 400℃ 이상에서 휘산되어 쉽게 회화 가능한 시료에 적용한다.
㉱ 목적성분이 400℃ 이상에서 휘산되지 않고 쉽게 회화 가능한 시료에 적용한다.

풀이 회화법의 핵심 내용인 "400℃ 이상에서 휘산되지 않고 쉽게 회화 가능한 시료=회화법"임을 숙지하시면 됩니다.

49 유기인 화합물의 기체크로마토그래피에 대한 내용으로 틀린 것은?

㉮ 유기인화합물 중 파라티온, 이피엔, 메틸디메톤, 다이아지논, 펜토에이트의 분석에 적용된다.
㉯ 검출기는 불꽃광도 검출기(FPD)나 질소인 검출기(NPD)를 사용할 수 있다.
㉰ 운반기체는 부피백분율 99.999% 이상의 질소 또는 헬륨을 사용한다.
㉱ 정제용 칼럼은 규산 칼럼, 제올라이트 칼럼, 실리카겔 칼럼 중 하나를 선택한다.

풀이 ㉱ 정제용 칼럼은 활성탄 칼럼, 플로리실 칼럼, 실리카겔 칼럼 중 하나를 선택한다.

answer 46 ㉯ 47 ㉰ 48 ㉱ 49 ㉱

50 다음 액체 시약에 대하여 가장 농도가 높은 것은?

㉮ 염산(1+2) 1,000mL
㉯ 염산(1+4) 1,000mL
㉰ 염산(1→5) 1,000mL
㉱ 염산(1→10) 1,000mL

풀이 ㉮ HCl 333.33mL + 물 666.66mL
㉯ HCl 200mL + 물 800mL
㉰ HCl 200mL + 물 800mL
㉱ HCl 100mL + 물 900mL
따라서 가장 농도가 높은 것은 ㉮번이다.

51 자외선/가시선 분광법으로 구리를 정량할 때 비스무트(Bi)가 구리의 양보다 2배 이상 존재할 경우, 어떤 색을 나타내어 방해하게 되는가?

㉮ 적색 ㉯ 청색
㉰ 청록색 ㉱ 황색

풀이 자외선/가시선 분광법으로 구리를 정량할 때 비스무트(Bi)가 구리의 양보다 2배 이상 존재할 경우에는 황색을 나타내어 방해한다.

52 폐기물공정시험기준에 의한 온도 표시로 틀린 것은?

㉮ 냉수 : 15℃ 이하
㉯ 열수 : 약 100℃
㉰ 온수 : 50~60℃
㉱ 찬곳 : 0~15℃의 곳(따로 규정이 없는 경우)

풀이 ㉰ 온수 : 60~70℃

53 다음 중 유도결합플라스마-원자발광분광법으로 측정할 수 없는 물질은?

㉮ 구리 ㉯ 비소
㉰ 카드뮴 ㉱ 수은

풀이 항목별 측정방법
① 구리, 비소, 카드뮴 : 원자흡수분광광도법, 유도결합플라스마-원자발광분광법, 자외선/가시선 분광법
② 수은 : 원자흡수분광광도법(환원기화법), 자외선/가시선 분광법(디티존법)

54 수산화나트륨(NaOH) 5g을 정제수 500mL에 용해시킨 용액의 농도는?

㉮ 0.05N ㉯ 0.15N
㉰ 0.25N ㉱ 0.35N

풀이
$$\text{N농도} = \frac{\text{질량(g)}}{\text{부피(L)}} \times \frac{1\,\text{eq}}{\text{1당량 g수}}$$
$$= \frac{5\text{g}}{0.5\text{L}} \times \frac{1\,\text{eq}}{40\text{g}} = 0.25\,\text{N}$$

TIP
① $1\text{당량(eq)} = \frac{\text{분자량(g)}}{\text{가수}}$
② NaOH의 분자량 = 23 + 16 + 1 = 40g

실전문제

CBT 복원문제

answer 50 ㉮ 51 ㉱ 52 ㉰ 53 ㉱ 54 ㉰

55 기체크로마토그래피에 사용하는 검출기 중 방사선 동위원소(^{63}Ni, ^{3}H 등)로 부터 방출되는 β선이 운반기체를 전리하여 미소전류를 흘려보낼 때 시료중의 할로겐이나 산소와 같이 전자포획력이 강한 화합물에 의하여 전자가 포획되어 전류가 감소하는 것을 이용하는 방법으로 유기할로겐 화합물, 나이트로화합물 및 유기금속 화합물을 선택적으로 검출할 수 있는 검출기는?

㉮ 열전도도 검출기(TCD)
㉯ 불꽃 이온화 검출기(FID)
㉰ 전자포획 검출기(ECD)
㉱ 방사동위 검출기(FPD)

풀이 ㉰ 전자포획 검출기에 대한 내용이며, 핵심 내용인 "유기할로겐 화합물, 나이트로화합물 및 유기금속화합물 검출=전자포획 검출기"임을 숙지하시면 됩니다.

56 "항량으로 될 때까지 건조한다" 라 함은 같은 조건에서 1시간 더 건조할 때 전후 무게의 차가 g 당 몇 mg 이하일 때를 말하는가?

㉮ 0.1mg　　㉯ 0.2mg
㉰ 0.3mg　　㉱ 0.5mg

풀이 항량으로 될 때까지 건조한다의 핵심 내용인 "1시간, 매 g당 0.3mg"임을 숙지하시면 됩니다.

57 폐기물시료의 수분측정 결과 다음과 같은 자료를 얻었다. 수분함량은? (단, 증발접시의 질량(W_1) : 50.125g, 건조 전 증발접시와 시료의 질량(W_2) : 92.345g, 건조 후 증발접시와 시료의 질량(W_3) : 78.125g이다.)

㉮ 약 23%　　㉯ 약 28%
㉰ 약 34%　　㉱ 약 39%

풀이 수분의 함량(%)

$$= \frac{W_2 - W_3}{W_2 - W_1} \times 100$$

$$= \frac{92.345\,g - 78.125\,g}{92.345\,g - 50.125\,g} \times 100 = 33.68\%$$

58 감염성 미생물의 검사방법이 아닌 것은?

㉮ 아포균 검사법
㉯ 세균배양 검사법
㉰ 멸균 테이프 검사법
㉱ 최적확수 검사법

풀이 감염성 미생물의 검사방법
① 아포균 검사법
② 세균배양 검사법
③ 멸균 테이프 검사법

answer 55 ㉰ 56 ㉰ 57 ㉰ 58 ㉱

59 휘발성 저급염소화 탄화수소류를 기체 크로마토그래피로 분석시 내용으로 틀린 것은?

㉮ 시료 중의 트리클로로에틸렌 및 테트라클로로에틸렌을 헥산으로 추출하여 정량한다.

㉯ 트리클로로에틸렌의 정량한계는 0.008 mg/L이다.

㉰ 운반기체는부피백분율 99.8% 이상의 헬륨을 사용한다.

㉱ 검출기는 전자포획 검출기(ECD) 또는 전해전도 검출기(HECD)를 사용한다.

풀이 ㉰ 운반기체는 부피백분율 99.999% 이상의 헬륨 또는 질소를 사용한다.

60 유기물의 함량이 낮은 시료에 적용하는 산분해법은?

㉮ 질산 분해법

㉯ 질산 - 염산 분해법

㉰ 질산 - 과염소산 분해법

㉱ 질산 - 과염소산 - 불화수소산 분해법

풀이 ㉮ 질산 분해법에 대한 내용이며, 핵심 내용인 암기법은 "질 낮은 시료"임을 숙지하시면 됩니다.

answer 59 ㉰ 60 ㉮

2025 1회 CBT 복원문제

| 제1과목 | 폐기물개론

01 폐기물 발생량 예측방법 중 하나의 수식으로 쓰레기 발생량에 영향을 주는 각 인자들의 효과를 총괄적으로 나타내어 복잡한 시스템의 분석에 유용하게 사용할 수 있는 방법은?

㉮ 다중회귀모델 ㉯ 동적모사모델
㉰ 경향모델 ㉱ 통계조사모델

풀이 ㉮ 다중회귀모델에 대한 내용이며, 핵심 내용인 "복잡한 시스템의 분석=다중회귀모델"임을 숙지하시면 됩니다.

02 슬러지의 함유 수분 중 탈수성이 용이한 순서로 알맞은 것은?

㉮ 모관결합수 > 표면부착수 > 간극모관결합수 > 내부수
㉯ 간극모관결합수 > 표면부착수 > 모관결합수 > 내부수
㉰ 간극모관결합수 > 모관결합수 > 표면부착수 > 내부수
㉱ 모관결합수 > 간극모관결합수 > 표면부착수 > 내부수

풀이 슬러지내의 탈수성 순서는 간극모관결합수 > 모관결합수 > 표면부착수 > 내부수 순이다.

03 폐기물 발생량 조사방법인 물질수지법에 대한 내용으로 틀린 것은?

㉮ 물질수지를 세울 수 있는 상세한 데이터가 있는 경우에 가능하다.
㉯ 우선적으로 조사하고자 하는 계의 경계를 정확하게 설정하여야 한다.
㉰ 주로 산업폐기물의 발생량 추산에 이용된다.
㉱ 비용이 적게 들고 작업량이 적어 많이 이용된다.

풀이 ㉱ 비용이 많이 들고 작업량이 많아 널리 이용되지 않는다.

04 어느 도시의 쓰레기를 수집한 후 각 성분별로 함수량을 측정한 결과가 다음 표와 같았다. 쓰레기 전체의 함수율(%)은? (단, 질량기준이다.)

성분	구성질량(%)	함수율(%)
식품폐기물	10	70
플라스틱류	5	2
종이류	7	6
금속류	3	3
연탄재	25	8

㉮ 11.9% ㉯ 14.8%
㉰ 17.3% ㉱ 19.2%

풀이 $\text{함수율}(\%) = \dfrac{\text{합}(\text{구성질량} \times \text{함수율})}{\text{합}(\text{구성질량})}$

answer 01 ㉮ 02 ㉰ 03 ㉱ 04 ㉱

$$= \frac{10\text{kg} \times 70\% + 5\text{kg} \times 2\% + 7\text{kg} \times 6\% + 3\text{kg} \times 3\% + 25\text{kg} \times 8\%}{10\text{kg} + 5\text{kg} + 7\text{kg} + 3\text{kg} + 25\text{kg}}$$
$$= 19.22\%$$

05 약간 경사진 판에 진동을 줄 때 무거운 것이 빨리 판의 경사면 위로 올라가는 원리를 이용한 것으로 Pneumatic Table이라고도 하는 것은?

㉮ Screening　　㉯ Flotation
㉰ Stoners　　㉱ Secators

풀이 ㉰ 스토너(Stoners)에 대한 내용이며, 핵심 내용인 "무거운 것이 빨리 판의 경사면 위로 올라가는 원리=스토너"임을 숙지하시면 됩니다.

06 다음 중 폐기물 발생에 대한 내용으로 알맞은 것은?

㉮ 엥겔지수가 높은 서민층의 쓰레기 배출량이 부유층의 쓰레기 배출량보다 많다.
㉯ 쓰레기 수거빈도가 많을수록 쓰레기 발생량이 감소한다.
㉰ 쓰레기통의 용적이 클수록 쓰레기 발생량이 감소한다.
㉱ 재활용품의 회수 및 재이용률이 증가할수록 쓰레기 발생량은 감소한다.

풀이 ㉮ 엥겔지수가 높은 서민층의 쓰레기 배출량이 부유층의 쓰레기 배출량보다 적다.
㉯ 쓰레기 수거빈도가 많을수록 쓰레기 발생량이 증가한다.
㉰ 쓰레기통의 용적이 클수록 쓰레기 발생량이 증가한다.

07 쓰레기를 압축시키기 전의 밀도가 0.43t/m^3이었던 것을 압축기로 압축시킨 결과 밀도가 0.93t/m^3으로 증가하였다. 이 때 부피감소율(%)은?

㉮ 약 46%　　㉯ 약 54%
㉰ 약 62%　　㉱ 약 75%

풀이 부피감소율

$$= \left(1 - \frac{\text{압축 전 밀도}}{\text{압축 후 밀도}}\right) \times 100$$
$$= \left(1 - \frac{0.43\text{t/m}^3}{0.93\text{t/m}^3}\right) \times 100 = 53.76\%$$

TIP

① 부피감소율 $= \left(1 - \frac{\text{압축 후 부피}}{\text{압축 전 부피}}\right) \times 100$

② 부피감소율 $= \left(1 - \frac{\text{압축 전 밀도}}{\text{압축 후 밀도}}\right) \times 100$

08 폐기물을 분쇄하거나 파쇄하는 목적으로 틀린 것은?

㉮ 겉보기 비중의 감소
㉯ 유가물의 분리
㉰ 비표면적의 증가
㉱ 입경분포의 균일화

풀이 ㉮ 겉보기 비중의 증가

09 쓰레기 관리 체계에서 비용이 가장 많이 드는 단계는?

㉮ 수거　　㉯ 처리
㉰ 저장　　㉱ 처분

풀이 쓰레기 관리체계에서 비용이 가장 많이 드는 것은 수거단계이며, 수거단계가 전체비용의 60% 이상을 차지한다.

answer 05 ㉰ 06 ㉱ 07 ㉯ 08 ㉮ 09 ㉮

10 폐기물의 분석결과 함수율이 70%이고, 총휘발성 고형물은 총고형물의 80%, 총유기탄소량은 총휘발성 고형물의 85%이다. 또한 총질소량은 총고형물의 4%라 할 때 폐기물의 C/N비는?

㉮ 17　　㉯ 28
㉰ 32　　㉱ 36

풀이 $C/N비 = \frac{탄소량}{질소량} = \frac{(1-0.7)\times 0.8\times 0.85}{(1-0.7)\times 0.04} = 17$

TIP
총고형물(%) = 100-함수율(%) = 100-70% = 1-0.7

11 유동층 소각로의 유동매체로서 주로 사용되는 것은?

㉮ 모래　　㉯ 소각잔사
㉰ 점토　　㉱ 슬래그

풀이 유동층 소각로의 유동매체로서 주로 사용되는 것은 모래이다.

12 폐기물을 개략분석했을 때 3성분에 해당하지 않는 것은?

㉮ 수분　　㉯ 가연분
㉰ 고정탄소　　㉱ 회분

풀이 ① 3성분 : 수분, 가연분, 회분
② 4성분 : 고정탄소, 휘발분(휘발성고형물), 수분, 회분

13 메탄의 고위 발열량(Hh)이 9,000 kcal/Sm^{3}일 때 저위 발열량을 계산하면?

㉮ 8,640 kcal/Sm^3　㉯ 8,440 kcal/Sm^3
㉰ 8,240 kcal/Sm^3　㉱ 8,040 kcal/Sm^3

풀이 $CH_4 + 2O_2 \rightarrow CO_2 + 2H_2O$
$Hl = Hh - 480 \times H_2O$ 갯수(kcal/Sm^3)
여기서 Hh : 고위발열량(kcal/Sm^3)
Hl : 저위발열량(kcal/Sm^3)
따라서 $Hl = Hh - 480 \times H_2O$ 갯수(kcal/Sm^3)
$= 9,000\text{kcal/Sm}^3 - 480 \times 2 = 8,040\ \text{kcal/Sm}^3$

TIP
① 표준상태(0℃, 760mmHg) = Nm^3 = Sm^3
② 완전연소반응식 :
$$C_mH_n + \left(m+\frac{n}{4}\right)O_2 \rightarrow mCO_2 + \frac{n}{2}H_2O$$

14 수거대상인구 1,500명, 폐기물 발생량이 2kg/인·일, 차량용적 5 m^3, 적재밀도 600 kg/m^{3}일 때 폐기물 수거회수는? (단, 차량 1대 기준이다.)

㉮ 4회/주　　㉯ 5회/주
㉰ 6회/주　　㉱ 7회/주

풀이 $수거회수 = \frac{폐기물\ 발생량}{차량\ 용적}$
$$= \frac{2\text{kg/인}\cdot\text{일} \times 1,500\text{인} \times \frac{1}{600\text{kg/m}^3} \times 7\text{일/1주}}{5\text{m}^3/\text{대} \times 1\text{대/1회}}$$
= 7회/주

TIP
① 질량(kg) $\times \frac{1}{밀도(kg/m^3)}$ = 체적(m^3)
② 체적(m^3) × 밀도(kg/m^3) = 질량(kg)

answer 10 ㉮ 11 ㉮ 12 ㉰ 13 ㉱ 14 ㉱

15 다음 중 전단파쇄기에 대한 내용으로 틀린 것은?

㉮ 충격파쇄기에 비해 이물질 혼입에 약하다.
㉯ 충격파쇄기에 비해 파쇄물의 크기를 고르게 할 수 있다.
㉰ 충격파쇄기에 비해 파쇄 속도가 빠르다.
㉱ 소음과 먼지 발생이 비교적 적고 폭발의 위험성이 거의 없다.

풀이 ㉰ 충격파쇄기에 비해 파쇄 속도가 느리다.

16 폐기물 시료의 성상절차 중 가장 먼저 시행하는 것은?

㉮ 밀도측정　　㉯ 물리적 조성분석
㉰ 건조　　㉱ 전처리

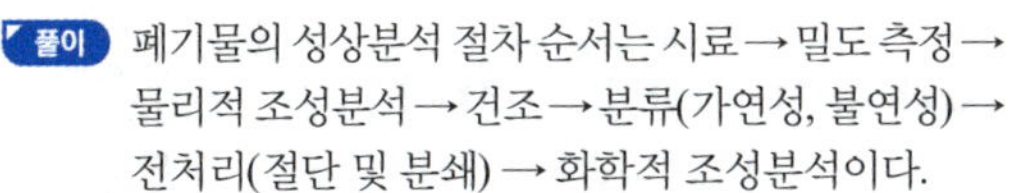

풀이 폐기물의 성상분석 절차 순서는 시료 → 밀도 측정 → 물리적 조성분석 → 건조 → 분류(가연성, 불연성) → 전처리(절단 및 분쇄) → 화학적 조성분석이다.

17 쓰레기 선별효율 중 Trommel 스크린 선별효율에 영향을 주는 인자에 대한 내용으로 틀린 것은?

㉮ 스크린에 폐기물을 주입하기 이전에 분쇄기를 두는 것이 효과적이다.
㉯ 회전속도는 어느 정도 증가할수록 선별효율이 증가하나 그 이상이 되면 막힘 현상이 일어난다.
㉰ 경사도가 크면 효율은 증진되나 부하율이 떨어진다.
㉱ 경험적으로 [임계회전속도 × 0.45 = 최적회전속도]로 나타낼 수 있다.

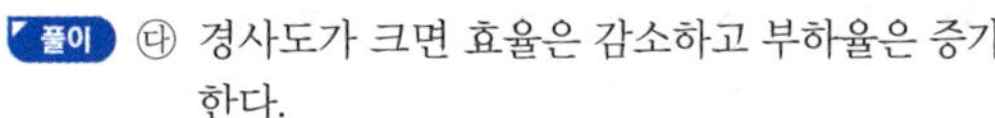

풀이 ㉰ 경사도가 크면 효율은 감소하고 부하율은 증가한다.

18 다음 중 관거(Pipe-line) 수송방식에 대한 내용으로 틀린 것은?

㉮ 조대쓰레기는 압축 및 파쇄 등의 전처리를 해야 한다.
㉯ 잘못 투입된 물건은 회수하기가 곤란하다.
㉰ 장거리 이송이 용이하다.
㉱ 가설 후 경로(Route) 변경이 곤란하고 설치비가 높다.

풀이 ㉰ 장거리 이송이 곤란하다.

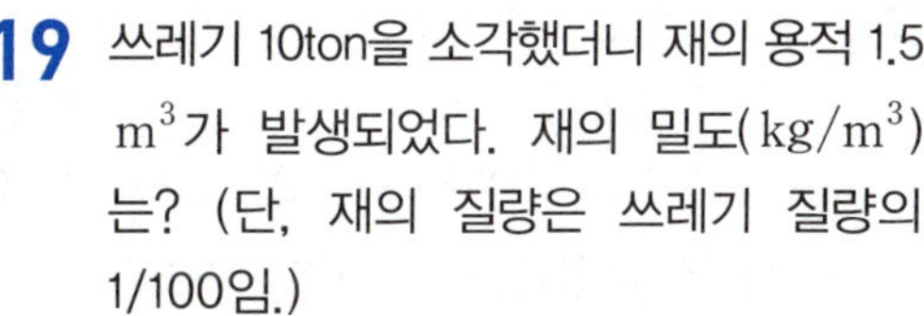

19 쓰레기 10ton을 소각했더니 재의 용적 1.5 m^3가 발생되었다. 재의 밀도(kg/m^3)는? (단, 재의 질량은 쓰레기 질량의 1/100임.)

㉮ $55\,kg/m^3$　　㉯ $67\,kg/m^3$
㉰ $88\,kg/m^3$　　㉱ $92\,kg/m^3$

풀이 재의 밀도(kg/m^3)

$$= \frac{\text{재의 질량}(kg)}{\text{재의 용적}(m^3)}$$

$$= \frac{10 \times 10^3 kg \times \frac{1}{100}}{1.5m^3} = 66.67\,kg/m^3$$

TIP

$ton \xrightarrow{\times 10^3} kg$ 이므로 $10ton = 10 \times 10^3 kg$

CBT 복원문제

answer 15 ㉰ 16 ㉮ 17 ㉰ 18 ㉰ 19 ㉯

20 다음 중 적환장의 필요성에 대한 내용으로 틀린 것은?

㉮ 폐기물 수집장소와 처분장소가 멀리 떨어져 있는 경우
㉯ 대용량 수집차량이 사용되는 경우
㉰ 불법투기와 다량의 어질러진 쓰레기들이 발생하는 경우
㉱ 슬러지 수송이나 공기수송 방식을 사용할 경우

풀이 ㉯ 소용량 수집차량이 사용되는 경우

| 제2과목 | 폐기물처리기술

21 탄소, 수소의 질량조성이 각각 86%, 14%인 액체연소를 매시 100kg 연소한 경우, 배기가스 분석치가 CO_2 12.5%, O_2 3.5%, N_2 84%였다면 공기과잉계수는?

㉮ 1.2　㉯ 1.4
㉰ 1.6　㉱ 1.8

풀이 공기과잉계수(m)

$$= \frac{N_2\%}{N_2\% - 3.76 \times (O_2\% - 0.5CO\%)}$$

$$= \frac{84\%}{84\% - 3.76 \times 3.5\%} = 1.19$$

22 메탄올(CH_3OH) 10kg을 완전연소할 때 필요한 이론공기량(Sm^3)은?

㉮ 20 Sm^3　㉯ 30 Sm^3
㉰ 40 Sm^3　㉱ 50 Sm^3

풀이 ① $CH_3OH + 1.5O_2 \rightarrow CO_2 + 2H_2O$

32kg : $1.5 \times 22.4Sm^3$
10kg : X(산소량)

$$\therefore X(\text{산소량}) = \frac{10kg \times 1.5 \times 22.4Sm^3}{32kg} = 10.5Sm^3$$

② 이론공기량(Sm^3)

$$= \text{이론산소량}(Sm^3) \times \frac{1}{0.21}$$

$$= 10.5Sm^3 \times \frac{1}{0.21} = 50.0Sm^3$$

23 합성차수막 중 CR에 대한 내용으로 틀린 것은?

㉮ 가격이 비싸다.
㉯ 대부분의 화학물질에 대한 저항성이 높다.
㉰ 마모 및 기계적 충격에 강하다.
㉱ 접합이 용이하다.

풀이 ㉱ 접합이 용이하지 못하다.

24 쓰레기 소각로의 저온부식에서 부식속도가 가장 빠른 온도 범위는?

㉮ 100~150℃　㉯ 150~200℃
㉰ 200~250℃　㉱ 250~300℃

풀이 쓰레기 소각로의 저온부식에서 부식속도가 가장 빠른 온도 범위는 노점온도(150℃) 이하이므로 정답은 ㉮ 100~150℃가 된다.

answer 20 ㉯ 21 ㉮ 22 ㉱ 23 ㉱ 24 ㉮

25 RDF에 대한 내용으로 틀린 것은?

㉮ RDF의 조성은 주로 유기물질이므로 수분함량에 따라 부패되기 쉽다.

㉯ RDF 중에 Cl 함량이 크면 다이옥신 발생 위험성이 높다.

㉰ Pellet RDF의 수분함량은 4% 이하를 유지한다.

㉱ Fluff RDF의 발열량은 약 2,500~3,500 kcal/kg 정도의 범위이다.

풀이 ㉰ Pellet RDF의 수분함량은 12 ~ 18% 정도이다.

26 총 고형물이 20,000 g/m^3인 폐기물 100 m^3의 매립시 이 중 휘발성 고형물이 60%(W/W)이었다면 CH_4 발생량(m^3)은? (단, CH_4 발생량은 VS 1kg당 0.5m^3 기준)

㉮ 600 m^3 ㉯ 700 m^3

㉰ 800 m^3 ㉱ 900 m^3

풀이 CH_4 발생량(m^3)

$= \text{폐기물의 양}(m^3) \times \text{총고형물}(kg/m^3) \times \text{휘발성 고형물의 함량} \times \frac{m^3\ CH_4\text{발생량}}{kg\ VS}$

$= 100m^3 \times 20kg/m^3 \times 0.6 \times 0.5m^3/kg$

$= 600\ m^3$

TIP

$g/m^3(mg/L) \xrightarrow{\times 10^{-3}} kg/m^3$ 이므로

총 고형물 $20,000g/m^3 = 20kg/m^3$

27 폐기물을 1일 20톤 소각처리하기 위한 로의 용적(m^3)은? (단, 저위발열량이 700kcal/kg, 노내 열부하는 20,000 $kcal/m^3 \cdot hr$, 1일 가동시간 14시간 기준이다.)

㉮ 25 m^3 ㉯ 30 m^3

㉰ 45 m^3 ㉱ 50 m^3

풀이 노내 열부하($kcal/m^3 \cdot hr$)

$= \frac{\text{저위발열량}(kcal/kg) \times \text{폐기물의 양}(kg/hr)}{\text{로의 용적}(m^3)}$

$20,000kcal/m^3 \cdot hr = \frac{700kcal/kg \times 20,000kg/day \times 1day/14hr}{\text{로의 용적}(m^3)}$

∴ 로의 용적

$= \frac{700kcal/kg \times 20,000kg/day \times 1day/14hr}{20,000kcal/m^3 \cdot hr}$

$= 50m^3$

28 건조된 슬러지 고형분의 비중이 1.28이며, 건조 이전의 슬러지 내 고형분 함량이 41%일 때 건조 전 슬러지의 비중은?

㉮ 1.099 ㉯ 1.121

㉯ 1.143 ㉱ 1.161

풀이 $\frac{1}{\rho_{SL}} = \frac{W_{TS}}{\rho_{TS}} + \frac{W_P}{\rho_P}$

여기서 ρ_{SL} : 슬러지의 비중

ρ_{TS} : 고형물의 비중

W_{TS} : 고형물의 함량

ρ_P : 물의 비중

W_P : 물의 함량

따라서 $\frac{1}{\rho_{SL}} = \frac{0.41}{1.28} + \frac{0.59}{1.0} = 0.9103$

$\therefore \rho_{SL} = \frac{1}{0.9103} = 1.099$

answer 25 ㉰ 26 ㉮ 27 ㉱ 28 ㉮

TIP

① 물의 함량(%) = 100-고형물 함량(%)
= 100-41% = 59%

② 물의 비중 = 1.0

29 다음 중 유동층 소각로의 장점으로 틀린 것은?

㉮ 상(床)으로부터 찌꺼기 분리가 용이하다.
㉯ 반응시간이 빨라 소각시간이 짧다.
㉰ 기계의 구동부분이 적어 고장율이 적다.
㉱ 단기간 정지 후 가동 시에 보조연료 없이 정상운전이 가능하다.

풀이 ㉮ 상(床)으로부터 찌꺼기 분리가 어렵다.

30 Humus(부식질)의 특성으로 틀린 것은?

㉮ 악취가 없으며 흙냄새가 난다.
㉯ 물 보유력과 양이온 교환 능력이 좋다.
㉰ 탄질비(C/N)가 거의 10~20 정도이다.
㉱ 짙은 갈색을 띤다.

풀이 ㉰ 탄질비(C/N)가 거의 1에 가깝다.

31 토양공기의 조성에 대한 내용으로 틀린 것은?

㉮ 토양성분과 식물양분에 산화적 변화를 일으키는 원인이 된다.
㉯ 대기에 비하여 토양공기 내 탄산가스의 함량이 낮다.
㉰ 대기에 비하여 토양공기 내 수증기의 함량이 높다.
㉱ 토양이 깊어질수록 토양공기 내 산소량은 감소한다.

풀이 ㉯ 대기에 비하여 토양공기 내 탄산가스의 함량은 높은 편이다.

32 쓰레기의 퇴비화를 고려할 때 가장 적당한 탄질비(C/N)는?

㉮ 70 ~ 80　　㉯ 35 ~ 50
㉰ 15 ~ 25　　㉱ 10 ~ 15

풀이 쓰레기의 퇴비화 고려인자

① 수분함량 : 50~60%
② pH : 6~8
③ C/N비 : 35 ~ 50
④ 적정입경 : 100~200mm
⑤ 온도 : 60~70℃

33 도시 분뇨 농도는 TS가 6%이고, TS의 65%가 VS이다. 이 분뇨를 혐기성 소화처리한다면 분뇨 $10m^3$당 발생하는 CH_4 가스의 양(m^3)은? (단, 비중 = 1.0, 분뇨의 VS 1kg 당 $0.4m^3$의 CH_4가스 발생)

㉮ 122　　㉯ 131
㉰ 142　　㉱ 156

풀이 CH_4 가스의 발생량(m^3)

$= 분뇨량(m^3) \times 고형물량(kg/m^3) \times 유기물의 함량 \times \frac{m^3\ CH_4}{kg\ VS}$

$= 10m^3 \times 60kg/m^3 \times 0.65 \times 0.4m^3/kg = 156m^3$

TIP

① $\% \xrightarrow{\times 10^4} ppm(mg/L) \xrightarrow{\times 10^{-3}} kg/m^3$

② TS 6% $= 6 \times 10^4 mg/L = 60kg/m^3$

answer 29 ㉮ 30 ㉰ 31 ㉯ 32 ㉯ 33 ㉱

34 일반적으로 탈수에 이용되지 않는 방법은?

㉮ 부상원리 ㉯ 진공여과
㉰ 원심분리 ㉱ 가압여과

풀이 ㉮ 부상원리는 부유고형물이나 유분을 제거하는 방법이다.

35 매립장의 연평균 강우량이 1,200mm이고, 매립장 면적이 30,000m^2이다. 합리식으로 계산하였을 때 일 평균침출수의 발생량(m^3/일)은? (단, 침출계수(유출계수)는 0.4)

㉮ 약 40 ㉯ 약 72
㉰ 약 100 ㉱ 약 144

풀이

$$Q = \frac{1}{1{,}000} \times C \times I \times A$$

여기서 C(침출계수) = 0.4

$$I(\text{강우강도}) = \frac{1{,}200\,mm}{365\,day} = 3.29\,mm/day$$

A(면적) = 30,000m^2

따라서

$$Q = \frac{1}{1{,}000} \times 0.4 \times 3.29\,mm/day \times 30{,}000\,m^2$$
$$= 39.48\,m^3/day$$

36 합성차수막 중 PVC의 장 · 단점으로 틀린 것은?

㉮ 접합이 용이하다.
㉯ 자외선, 오존, 기후에 약하다.
㉰ 대부분의 유기화학물질에 약하다.
㉱ 강도가 낮다.

풀이 ㉱ 강도가 크다.

37 메탄 1Sm^3를 공기과잉계수 1.8로 연소시킬 경우, 실제 습윤 연소 가스량(Sm^3)은?

㉮ 약 18.1Sm^3 ㉯ 약 19.1Sm^3
㉰ 약 20.1Sm^3 ㉱ 약 21.1Sm^3

풀이 $CH_4 + 2O_2 \rightarrow CO_2 + 2H_2O$

$$Gw = (m - 0.21)A_o + CO_2\text{량} + H_2O\text{량}(Sm^3/Sm^3)$$
$$= (1.8 - 0.21) \times \frac{2}{0.21} + 1 + 2$$
$$= 18.14\,Sm^3/Sm^3$$

TIP

① Gw : 실제습윤 연소가스량
② m : 공기비(과잉공기계수)
③ $A_o(\text{이론공기량}) = \frac{\text{이론산소량}}{0.21}$
④ Sm^3/Sm^3 = 체적비 = 개수비

38 Rotary Kiln 소각로의 장 · 단점으로 틀린 것은?

㉮ 습식가스 세정시스템과 함께 사용할 수 있는 장점이 있다.
㉯ 비교적 열효율이 낮은 단점이 있다.
㉰ 용융상태의 물질에 의하여 방해를 받는 단점이 있다.
㉱ 폐기물의 체류시간을 로의 회전속도 조절로 제어할 수 있는 장점이 있다.

풀이 ㉰ 용융상태의 물질에 의하여 방해를 받지 않는 장점이 있다.

answer 34 ㉮ 35 ㉮ 36 ㉱ 37 ㉮ 38 ㉰

39 유해폐기물의 고화처리방법 중 열가소성 플라스틱법의 장 · 단점으로 틀린 것은?

㉮ 용출손실률이 시멘트 기초법보다 낮다.
㉯ 폐기물을 건조시켜야 한다.
㉰ 고온 분해되는 물질에는 사용할 수 없다.
㉱ 혼합률이 비교적 낮다.

풀이 ㉱ 혼합률이 비교적 높다.

40 다음 중 표면연소에 대한 내용으로 알맞은 것은?

㉮ 오일의 표면에서 오일이 기화하여 일어나는 연소
㉯ 화염의 표면에서 산소와의 결합으로 일어나는 연소
㉰ 적열 코크스나 숯의 표면에 산소가 접촉하여 일어나는 연소
㉱ 고체연료가 화염을 정상적으로 내면서 연소하는 것

풀이 연소형태
㉮ 증발연소에 대한 설명
㉯ 발연연소에 대한 설명
㉰ 표면연소에 대한 설명
㉱ 분해연소에 대한 설명

| 제3과목 | 폐기물공정시험기준

41 수산화나트륨(NaOH) 5g을 정제수 500mL에 용해시킨 용액의 농도는?

㉮ 0.05N ㉯ 0.15N
㉰ 0.25N ㉱ 0.35N

풀이 $$\text{N농도} = \frac{\text{질량(g)}}{\text{부피(L)}} \times \frac{1\text{eq}}{1\text{당량 g 수}} = \frac{5\text{g}}{0.5\text{L}} \times \frac{1\text{eq}}{40\text{g}} = 0.25\text{N}$$

TIP
① $1\text{당량(eq)} = \frac{\text{분자량(g)}}{\text{가수}}$
② NaOH의 분자량 = 23 + 16 + 1 = 40g

42 자외선/가시선 분광법으로 크롬을 정량할 때 총 크롬을 6가 크롬으로 변화시킬 때 사용하는 시약은?

㉮ 다이페닐카바자이드
㉯ 질산암모늄
㉰ 과망간산칼륨
㉱ 염화제일주석

풀이 크롬의 자외선/가시선 분광법
$$Cr^{3+} \xrightarrow[KMnO_4]{\text{강산화제}} Cr^{6+}$$

43 모아진 대시료를 네모꼴로 엷게 균일한 두께로 펴고, 이것을 가로 4등분 세로 5등분하여 20개의 덩어리로 나누고 20개의 각 부분에서 균등량씩을 취하여 혼합하여 하나의 시료로 만드는 시료의 분할채취방법은?

㉮ 구획법 ㉯ 교호삽법
㉰ 원추4분법 ㉱ 사각분할법

풀이 ㉮ 구획법에 대한 내용이며, 핵심 내용인 "가로 4등분, 세로 5등분, 20개의 덩어리=구획법"임을 숙지하시면 됩니다.

answer 39 ㉱ 40 ㉰ 41 ㉰ 42 ㉰ 43 ㉮

44 다음은 함량 시험방법의 원리 및 적용범위에 대한 내용이다. (　) 안에 적당한 것은?

> 지정폐기물 여부 판정을 위한 기름성분, 폴리클로리네이티드비페닐 및 정제유의 (　)을(를) 위한 시험에 적용한다.

㉮ 매립방법 결정　㉯ 용출 특성
㉰ 품질검사　㉱ 보정

풀이 함량 시험방법은 지정폐기물 여부 판정을 위한 기름성분, 폴리클로리네이티드비페닐 및 정제유의 품질검사를 위한 시험에 적용한다.

45 다음 중 용출시험방법에 대한 내용으로 틀린 것은?

㉮ 조제한 시료 100g 이상을 정확히 달아 정제수에 염산을 넣어 pH를 5.8~6.3으로 한다.
㉯ 상온, 상압에서 진탕회수가 매분 당 약 200회, 진폭이 4~5cm의 왕복진탕기를 사용하여 6시간 동안 연속 진탕한다.
㉰ 1.0μm의 유리섬유 여과지로 여과액을 적당량 취하여 용출실험용 시료용액으로 한다.
㉱ 여과가 어려운 경우에는 원심분리기를 사용하여 매 분당 2,000회전 이상으로 30분 이상 원심분리한 다음 상징액을 적당량 취한다.

풀이 ㉱ 여과가 어려운 경우에는 원심분리기를 사용하여 매 분당 3,000회전 이상으로 20분 이상 원심분리한 다음 상징액을 적당량 취한다.

46 폐기물공정시험기준에 의한 온도 표시로 틀린 것은?

㉮ 냉수 : 15℃이하
㉯ 열수 : 약 100℃
㉰ 온수 : 50~60℃
㉱ 찬곳 : 0~15℃의 곳(따로 규정이 없는 경우)

풀이 ㉰ 온수 : 60~70℃

47 다음 중 함침성 고상폐기물의 정의로 알맞은 것은?

㉮ 종이, 목재 등 기름을 흡수하는 변압기 내부부재(종이, 나무와 금속이 서로 혼합되어 있어 분리가 어려운 경우를 포함)를 말한다.
㉯ 종이, 목재 등 기름을 흡수하는 변압기 외부부재(종이, 나무와 금속이 서로 혼합되어 있어 분리가 어려운 경우를 포함)를 말한다.
㉰ 종이, 목재 등 기름을 흡수하는 변압기 내부부재(종이, 나무와 금속이 서로 혼합되어 있이 분리가 어려운 경우를 비포함)를 말한다.
㉱ 종이, 목재 등 기름을 흡수하는 변압기 외부 부재(종이, 나무와 금속이 서로 혼합되어 있어 분리가 어려운 경우를 비포함)를 말한다.

풀이 함침성 고상폐기물의 핵심 내용인 "변압기 내부부재, 분리가 어려운 경우 포함"임을 숙지하시면 됩니다.

실전문제
CBT 복원문제

answer 44 ㉰ 45 ㉱ 46 ㉰ 47 ㉮

48 정량한계를 나타낸 식으로 알맞은 것은?

㉮ 정량한계 = 표준편차×5
㉯ 정량한계 = 표준편차×10
㉰ 정량한계 = 표준편차×20
㉱ 정량한계 = 표준편차×30

풀이 정도보증/정도관리의 핵심 내용
① 정량한계 = 표준편차(S) × 10
② 기기검출한계 = 표준편차(S) × 3
③ 감응계수 = $\frac{\text{반응값(R)}}{\text{표준용액의 농도(C)}}$

49 유리전극법을 이용하여 수소이온농도를 측정할 때 적용범위 기준으로 알맞은 것은?

㉮ pH를 0.1까지 측정한다.
㉯ pH를 0.01까지 측정한다.
㉰ pH를 0.5까지 측정한다.
㉱ pH를 0.05까지 측정한다.

풀이 유리전극법을 이용하여 수소이온농도를 측정할 때 적용범위는 pH를 0.01까지 측정한다.

50 다음은 폐기물공정시험기준의 용어이다. ( ) 안에 들어갈 수치 중 가장 작은 것은?

㉮ 방울수는 ( )℃에서 정제수 20방울을 적하시켰을 때 부피가 약 1mL가 된다.
㉯ 냉수는 ( )℃ 이하로 한다.
㉰ 약이라 함은 기재된 양에 대하여 ±( )% 이상의 차가 있어서는 안된다.
㉱ 진공이라 함은 ( )mmHg 이하의 압력을 말한다.

풀이 ㉮ 방울수는 (20)℃에서 정제수 20방울을 적하시켰을 때 부피가 약 1mL가 된다.
㉯ 냉수는 (15)℃ 이하로 한다.
㉰ 약이라 함은 기재된 양에 대하여 ±(10)% 이상의 차가 있어서는 안된다.
㉱ 진공이라 함은 (15)mmHg 이하의 압력을 말한다.

51 기름성분을 중량법으로 측정할 때 정량한계는?

㉮ 0.1% 이하 ㉯ 1.0% 이하
㉰ 2.0% 이하 ㉱ 3.0% 이하

풀이 기름성분을 중량법으로 측정할 때 정량한계는 0.1% 이하이다.

52 대상폐기물의 양이 800톤일 때 시료의 최소 수는?

㉮ 25 ㉯ 36
㉰ 42 ㉱ 50

풀이 대상폐기물의 양과 시료의 최소 수

대상폐기물의 양(ton)	시료 최소 수	대상폐기물의 양(ton)	시료 최소 수
1 미만	6	100 이상~500 미만	30
1 이상~5 미만	10	500 이상~1,000 미만	36
5 이상~30 미만	14	1,000 이상~5,000 미만	50
30 이상~100 미만	20	5,000 이상	60

answer 48 ㉯ 49 ㉯ 50 ㉰ 51 ㉮ 52 ㉯

53 폴리클로리네이티드비페닐(PCBs)을 기체크로마토그래피로 분석하는 방법에 대한 내용으로 틀린 것은?

㉮ 용출용액의 정량한계는 0.0005mg/L이고 액상 폐기물의 정량한계는 0.05mg/L이다.

㉯ 운반기체는 부피백분율 99.999% 이상의 질소를 사용한다.

㉰ 활성탄 컬럼 정제는 산, 염화페놀, 폴리클로로페녹시페놀 등의 극성화합물을 제거하기 위하여 수행하며, 사용 전에 정제하고 활성화시켜야 한다.

㉱ 사용하는 검출기는 전자포획검출기(ECD)를 사용한다.

풀이 ㉰ 실리카겔 컬럼 정제는 산, 염화페놀, 폴리클로로페녹시페놀 등의 극성화합물을 제거하기 위하여 수행하며, 사용 전에 정제하고 활성화시켜야 한다.

54 감염성 미생물의 검사법으로 틀린 것은?

㉮ 아포균 검사법

㉯ 세균배양 검사법

㉰ 멸균테이프 검사법

㉱ 최적확수 검사법

풀이 감염성 미생물의 검사법으로는 아포균 검사법, 세균배양 검사법, 멸균테이프 검사법이 있다.

55 자외선/가시선 분광법으로 구리를 정량할 때 비스무트(Bi)가 구리의 양보다 2배 이상 존재할 경우, 어떤 색을 나타내어 방해하게 되는가?

㉮ 적색 ㉯ 청색

㉰ 청록색 ㉱ 황색

풀이 자외선/가시선 분광법으로 구리를 정량할 때 비스무트(Bi)가 구리의 양보다 2배 이상 존재할 경우에는 황색을 나타내어 방해한다.

56 폐기물공정시험기준상 시료를 채취할 때 시료의 양은 1회에 최소 얼마 이상 채취하여야 하는가?

㉮ 100g 이상 ㉯ 200g 이상

㉰ 500g 이상 ㉱ 1,000g 이상

풀이 시료채취의 양

① 일반시료인 경우 : 100g 이상

② 소각재인 경우 : 500g 이상

57 다음 중 유도결합플라스마-원자발광분광법으로 측정할 수 없는 물질은?

㉮ 구리 ㉯ 비소

㉰ 카드뮴 ㉱ 수은

풀이 항목별 측정방법

① 구리, 비소, 카드뮴 : 원자흡수분광광도법, 유도결합플라스마-원자발광분광법, 자외선/가시선 분광법

② 수은 : 원자흡수분광광도법(환원기화법), 자외선/가시선 분광법(디티존법)

answer 53 ㉰ 54 ㉱ 55 ㉱ 56 ㉮ 57 ㉱

58 다음 중 용기에 대한 내용으로 틀린 것은?

㉮ 밀폐용기라 함은 취급 또는 저장하는 동안에 이물질이 들어가거나 또는 내용물이 손실되지 아니하도록 보호하는 용기이다.

㉯ 기밀용기라 함은 취급 또는 저장하는 동안에 안으로부터의 공기 또는 다른 가스가 침입하지 아니하도록 내용물을 보호하는 용기를 말한다.

㉰ 밀봉용기라 함은 취급 또는 저장하는 동안에 기체 또는 미생물이 침입하지 아니하도록 내용물을 보호하는 용기이다.

㉱ 차광용기라 함은 광선이 투과하지 않는 용기 또는 투과하지 않게 포장을 한 용기이며 취급 또는 저장하는 동안에 내용물이 광화학적 변화를 일으키지 아니하도록 방지할 수 있는 용기를 말한다.

풀이 ㉯ 기밀용기라 함은 취급 또는 저장하는 동안에 밖으로부터의 공기 또는 다른 가스가 침입하지 아니하도록 내용물을 보호하는 용기를 말한다.

59 흡광도 측정 시 입사광의 강도에 대한 투사광의 강도가 50%이었다면 흡광도는?

㉮ 0.3　㉯ 0.4
㉰ 0.5　㉱ 0.6

풀이 $\text{흡광도(A)} = \log\frac{1}{t(\text{투과도})} = \log\frac{1}{0.50} = 0.301$

TIP
① 투과율 + 흡수율 = 100%
② 투과율 = 100 − 흡수율(%)

60 소각재가 적재되어 있는 운반차량에서 시료를 채취하는 경우 6톤의 차량에 적재된 적재폐기물을 평면상 몇 등분하여 시료를 채취하는가?

㉮ 2등분　㉯ 3등분
㉰ 6등분　㉱ 9등분

풀이 차량에 적재된 폐기물의 시료채취
① 5톤 미만 : 6등분
② 5톤 이상 : 9등분

answer 58 ㉯ 59 ㉮ 60 ㉱

2025 3회 CBT 복원문제

| 제1과목 | 폐기물개론

01 다음은 폐기물 수거에 대한 효율을 결정하기 위한 자료이다. A도시의 수거효율은?

	A도시	B도시
폐기물 발생량(톤/일)	1,500	2,000
수거인력(인/일)	300	250
근무시간(시간/일)	8	12

㉮ B도시와 같다.
㉯ B도시보다 높다.
㉰ B도시보다 낮다.
㉱ 이 자료로는 알 수 없다.

풀이 $MHT(man \cdot hr/ton) = \frac{수거인부수 \times 작업시간}{쓰레기\ 수거실적}$

① A도시 MHT

$= \frac{300인 \times 8hr/day}{1{,}500ton/day} = 1.6$

② B 도시 MHT $= \frac{250인 \times 12hr/day}{2{,}000ton/day} = 1.5$

∴ A도시의 수거효율은 B도시보다 낮다.

TIP

① MHT = man·hr/ton
② MHT : 1ton의 쓰레기를 수거하는데 수거인부 1인이 소요하는 총시간
③ MHT가 클수록 수거효율이 낮다.

02 연속적으로 변화하는 자장 속에 비자성이며, 전기전도성이 좋은 구리, 알루미늄, 아연 등을 넣어 금속 내에 소용돌이 전류를 발생시켜 생기는 반발력의 차를 이용하여 분리하는 선별장치는?

㉮ 정전기선별장치
㉯ 자력선별장치
㉰ 와전류선별장치
㉱ 비중선별장치

풀이 ㉰ 와전류선별장치에 대한 내용이며, 핵심 내용인 "비자성이며, 전기전도성이 좋은 물질선별=와전류선별"임을 숙지하시면 됩니다.

03 평균 입경이 15cm인 폐기물을 입경 2cm가 되도록 파쇄할 때 소요되는 에너지는 입경을 4cm로 파쇄할 때 소요되는 에너지의 몇 배가 되는가? (단, Kick의 법칙을 적용하고, n=1이다.)

㉮ 약 1.5배　　㉯ 약 2.0배
㉰ 약 5.5배　　㉱ 약 3.0베

풀이 Kick의 법칙 : 동력(E) $= C \ln\left(\frac{dp_1}{dp_2}\right)$

여기서 dp_1 : 평균크기

dp_2 : 최종크기

따라서 $\frac{E_1}{E_2} = \frac{C \ln\left(\frac{15cm}{2cm}\right)}{C \ln\left(\frac{15cm}{4cm}\right)} = 1.52$ 배

answer 01 ㉰ 02 ㉰ 03 ㉮

실전문제

CBT 복원문제

04 공기선별기에 대한 내용으로 틀린 것은?

㉮ 수직공기선별기를 개선한 Zigzag 공기선별기는 칼럼의 난류를 완화시켜 선별률을 증진시키고자 고안된 장치이다.

㉯ 일반적으로 공기선별기의 성능은 주입률이 커질수록 떨어지는 것으로 알려져 있다.

㉰ 경사공기선별기는 중력에 의해 입구로 들어온 폐기물을 진동판에 의하여 분리한다.

㉱ 공기선별은 폐기물 내의 가벼운 물질인 종이나 플라스틱류를 기타 무거운 물질로부터 선별해 내는 방법이다.

풀이 ㉮ 수직공기선별기를 개선한 Zigzag 공기선별기는 칼럼내 난류를 높여줌으로써 선별률을 증진시키고자 고안된 장치이다.

05 소각로에서 발생되는 재의 질량감량비가 70%, 부피감소비가 90%라 할 때 소각 전 폐기물의 밀도가 $0.35t/m^3$라면, 소각재의 밀도(t/m^3)는?

㉮ $0.65t/m^3$　㉯ $0.85t/m^3$

㉰ $1.05t/m^3$　㉱ $1.25t/m^3$

풀이 소각재의 밀도(ton/m^3)

$$= \text{소각 전 폐기물의 밀도}(ton/m^3) \times \frac{(1 - \text{질량감량비})}{(1 - \text{부피 감량비})}$$

$$= 0.35ton/m^3 \times \left(\frac{1-0.7}{1-0.9}\right) = 1.05ton/m^3$$

06 비가연성 성분이 85wt%이고 밀도가 600 kg/m^3인 슬러지 $15m^3$에 함유된 가연성 물질의 질량(kg)은?

㉮ 510kg　㉯ 970kg

㉰ 1,350kg　㉱ 2,650kg

풀이 가연성 물질의 질량(kg)

$= \text{슬러지량}(m^3) \times \text{밀도}(kg/m^3) \times (1 - \text{비가연성 성분})$

$= 15m^3 \times 600kg/m^3 \times (1-0.85) = 1,350kg$

TIP

가연성 성분(%) = 100 − 비가연성 성분(%)
= 100 − 85% = 1 − 0.85

07 폐기물 관리에 있어서 가장 우선적으로 고려할 사항은?

㉮ 감량화　㉯ 재사용

㉰ 물질재활용　㉱ 최종처분(매립)

풀이 폐기물 관리순서는 감량화 → 재사용 → 물질재활용 → 에너지회수 → 최종처분(매립) 순이다.

08 쓰레기 가연분의 화학적 성분분석 항목을 측정하기 위해 CHNOS 자동 원소 분석 장치로 사용할 경우, 동시 분석되지 않고 연소관, 환원관 및 흡수관의 충전물을 교환함으로써 분석이 가능한 항목은?

㉮ 탄소　㉯ 수소

㉰ 질소　㉱ 산소

풀이 ㉱ 산소(O)에 대한 내용이며, 핵심 내용인 "연소관, 환원관 및 흡수관의 충전물을 교환함으로써 분석가능=산소"임을 숙지하시면 됩니다.

answer 04 ㉮ 05 ㉰ 06 ㉰ 07 ㉮ 08 ㉱

09 직경이 2.7m인 Trommel Screen의 임계 속도는?

㉮ 약 12rpm ㉯ 약 18rpm
㉰ 약 26rpm ㉱ 약 29rpm

풀이 $N_c = \left(\frac{g}{4\pi^2 r}\right)^{0.5}$

여기서 N_c : 임계속도(rpm)
g : 중력가속도($9.8m/sec^2$)
r : 스크린 반경(m)

따라서 $N_c = \left\{\frac{9.8m/sec^2}{4\times\pi^2\times\left(\frac{2.7m}{2}\right)}\right\}^{0.5}\times 60$

$= 25.73rpm$

TIP
rpm = 회/min = 회/sec × 60sec/min

10 쓰레기 수집 시스템 중 관거(Pipe-line) 방식에 대한 내용으로 틀린 것은?

㉮ 조대 쓰레기는 파쇄, 압축 등의 전처리를 해야 한다.
㉯ 잘못 투입된 물건은 회수가 어렵다.
㉰ 장거리 이송이 곤란하다.
㉱ 가설후에도 경로(Route)변경은 용이하나 설치비가 고가이다.

풀이 ㉱ 가설 후에는 경로변경이 어렵고 설치비가 고가이다.

11 적재량 $15m^3$인 수거차량으로 연간 10만 대 분의 쓰레기가 인구 100만명인 도시에서 발생하고 있다. 이때 쓰레기의 밀도가 $600kg/m^3$라면 1인 1일 발생하는 양(kg)은? (단, 1년은 365일, 적재계수는 1.0이고, 인구증가율 등은 무시한다.)

㉮ 약 2.13kg ㉯ 약 2.24kg
㉰ 약 2.32kg ㉱ 약 2.47kg

풀이 쓰레기 발생량(kg/인·일) $= \frac{\text{쓰레기 발생량(kg/인)}}{\text{인구수(인)}}$

$= \frac{15m^3 \times 100{,}000\text{대/년} \times 1\text{년}/365\text{일} \times 600kg/m^3}{1{,}000{,}000\text{인}}$

$= 2.47kg/\text{인}\cdot\text{일}$

12 폐기물 발생량 예측방법으로 틀린 것은?

㉮ 경향법 ㉯ 다중회귀모델
㉰ 물질수지모델 ㉱ 동적모사모델

풀이 폐기물 발생량
① 예측방법 : 다중회귀모델, 동적모사모델, 경향모델
② 조사방법 : 물질수지법, 직접계근법, 적재차량계수법, 통계조사법
③ 암기법 : 예측은 다중이 동적으로 경향을 파악하고/조사는 물질을 직접 적재한 통계로 한다.

13 쓰레기를 압축시켜 용적감소율이 45%인 경우 압축비(compaction ratio)는?

㉮ 약 1.5 ㉯ 약 1.8
㉰ 약 2.2 ㉱ 약 2.8

풀이 압축비 $= \frac{100}{100 - \text{부피감소율(\%)}}$

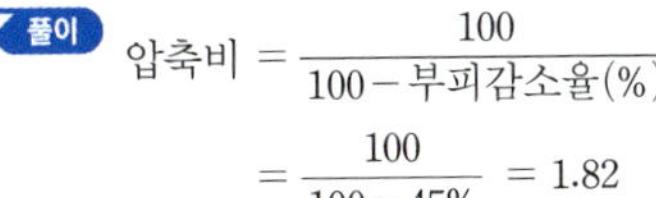
$= \frac{100}{100 - 45\%} = 1.82$

answer 09 ㉰ 10 ㉱ 11 ㉱ 12 ㉰ 13 ㉯

14 쓰레기 발생량 조사방법 중 물질수지법에 대한 내용으로 틀린 것은?

㉮ 주로 산업폐기물 발생량을 추산할 때 이용된다.
㉯ 먼저 조사하고자 하는 계의 경계를 정확하게 설정한다.
㉰ 물질수지를 세울 수 있는 상세한 데이터가 있는 경우에 가능하다.
㉱ 모든 인자를 수식화하여 비교적 정확하며 비용이 저렴하다.

풀이 ㉱ 비용이 많이 들고 작업량이 많아 널리 이용되지 않는다.

15 함수율 40%인 슬러지를 건조시켜 함수율을 20%로 하였을 때 1톤당 증발되는 수분의 양은?

㉮ 0.15ton　　㉯ 0.20ton
㉰ 0.25ton　　㉱ 0.30ton

풀이 ① $W_1 \times (100 - P_1) = W_2 \times (100 - P_2)$
여기서 W_1 : 건조 전 폐기물의 질량(kg)
P_1 : 건조 전 함수율(%)
W_2 : 건조 후 폐기물의 질량(kg)
P_2 : 건조 후 함수율(%)
$1\text{ton} \times (100 - 40\%) = W_2 \times (100 - 20\%)$
$\therefore W_2 = \dfrac{1\text{ton} \times (100 - 40\%)}{(100 - 20\%)} = 0.75\text{ton}$
② 증발되는 수분량 $= W_1 - W_2$
$= 1\text{ton} - 0.75\text{ton} = 0.25\text{ton}$

16 폐기물을 분쇄하거나 파쇄하는 목적으로 틀린 것은?

㉮ 겉보기 비중의 감소
㉯ 유가물의 분리
㉰ 비표면적의 증가
㉱ 입경분포의 균일화

풀이 ㉮ 겉보기 비중의 증가

17 슬러지의 함유수분 중 가장 많은 수분을 함유하고 있는 수분은?

㉮ 표면부착수　　㉯ 모관결합수
㉰ 간극모관결합수　　㉱ 내부수

풀이 ① 가장 많은 수분을 함유하는 수분 : 간극모관결합수
② 탈수성이 가장 양호한 수분 : 간극모관결합수
③ 탈수성이 가장 어려운 수분 : 내부수

18 쓰레기 발생량에 영향을 주는 인자에 대한 내용으로 알맞은 것은?

㉮ 쓰레기통이 작을수록 쓰레기 발생량이 증가한다.
㉯ 수집빈도가 높을수록 쓰레기 발생량이 증가한다.
㉰ 생활수준이 높을수록 쓰레기 발생량이 감소한다.
㉱ 도시규모가 작을수록 쓰레기 발생량이 증가한다.

풀이 ㉮ 쓰레기통이 작을수록 쓰레기 발생량이 감소한다.
㉰ 생활수준이 높을수록 쓰레기 발생량이 증가한다.
㉱ 도시규모가 작을수록 쓰레기 발생량이 감소한다.

answer 14 ㉱ 15 ㉰ 16 ㉮ 17 ㉰ 18 ㉯

19 MBT에 관한 내용으로 틀린 것은?

㉮ MBT 시설에서 가연성물질을 고형연료로 가공하는 시설이 포함되어 있다.
㉯ MBT는 주로 생활폐기물 전처리 시스템으로서 재활용 가치가 있는 물질을 회수하는 시설이다.
㉰ MBT는 주로 생물학적, 화학적 처리를 통해 재활용 가치가 있는 물질을 회수하는 시설이다.
㉱ MBT는 생활폐기물을 소각 또는 매립하기 전에 재활용 물질을 회수하는 시설 중 한 종류이다.

풀이 ㉰ MBT는 주로 기계적 처리를 통해 재활용 가치가 있는 물질을 회수하는 시설이다.

20 쓰레기와 슬러지를 혼합하여 퇴비화할 때의 장점으로 틀린 것은?

㉮ 쓰레기 단독으로 퇴비화 할 때보다 통기성이 좋다.
㉯ 수분을 슬러지가 보충해 준다.
㉰ 미생물의 접종 효과가 있다.
㉱ 쓰레기는 슬러지의 Bulking Agent의 역할을 할 수 있다.

풀이 ㉮ 쓰레기 단독으로 퇴비화할 때보다 통기성이 나쁘다.

| 제2과목 | 폐기물처리기술

21 다음 중 석회 기초법에 대한 내용으로 틀린 것은?

㉮ pH가 낮을 경우 폐기물 성분의 용출가능성이 증가한다.
㉯ 두 가지 폐기물을 동시에 처리할 수 있다.
㉰ 석회-포졸란 화학반응이 간단하고 용이하다.
㉱ 탈수가 필요하다.

풀이 ㉱ 탈수가 필요 없다.

22 다음 중 공기비(m)가 클 경우 발생하는 현상으로 틀린 것은?

㉮ 연소실내 연소온도 감소
㉯ 방지시설의 용량이 커지고 에너지 손실 증가
㉰ 매연이나 검댕량의 증가
㉱ 희석효과가 높아져 연소 생성물의 농도 감소

풀이 ㉰번에 대한 설명은 공기비가 작을 경우 발생하는 현상이다.

실전문제 CBT 복원문제

answer 19 ㉰ 20 ㉮ 21 ㉱ 22 ㉰

23 다음 중 로터리킬른에 대한 내용으로 틀린 것은?

㉮ 습식가스 세정시스템과 함께 사용할 수 있다.
㉯ 드럼이나 대형용기를 파쇄하지 않고 그대로 투입할 수 있다.
㉰ 열효율이 85%~90% 정도로 높은 편이다.
㉱ 먼지의 발생량이 많은 편이다.

풀이 ㉰ 열효율이 30%~40% 정도로 낮은 편이다.

24 다음 조건과 같은 매립지내 침출수가 차수층을 통과하는데 소요되는 시간(년)은? (단, 점토층 두께 = 1.0m, 유효공극률 = 0.2, 투수계수 = 10^{-7}cm/sec, 상부침출수 수두 = 0.4m)

㉮ 약 7.83　　㉯ 약 6.53
㉰ 약 5.3　　㉱ 약 4.53

풀이

$$t = \frac{d^2 \cdot n}{k(d+h)}$$

여기서 t : 침출수가 점토층을 통과하는 시간(년)
d : 점토층의 두께(m)
n : 유효공극률
k : 투수계수(m/년)
h : 침출수 수두(m)

① $k(\text{m/년}) = \frac{10^{-7}\text{cm}}{\text{sec}} \times \frac{1\text{m}}{10^2\text{cm}} \times \frac{3,600\text{sec}}{1\text{hr}} \times \frac{24\text{hr}}{1\text{day}} \times \frac{365\text{day}}{1\text{년}} = 3.15 \times 10^{-2}\text{m/년}$

② $t = \frac{(1.0\text{m})^2 \times 0.2}{3.15 \times 10^{-2}\text{m/년} \times (1.0\text{m} + 0.4\text{m})} = 4.54\text{년}$

25 유동상 소각로의 장점으로 틀린 것은?

㉮ 기계적 구동부분이 적어 고장률이 낮다.
㉯ 상(相)으로부터 찌꺼기의 분리가 용이하다.
㉰ 로내 온도의 자동제어로 열회수가 용이하다.
㉱ 반응시간이 빨라 소각시간이 짧다.

풀이 ㉯ 상(相)으로부터 찌꺼기의 분리가 어렵다.

26 연소실의 열발생률은 $3 \times 10^5\text{kcal/m}^3 \cdot \text{hr}$이고, 세로, 가로, 높이가 각각 1.0m, 1.2m, 1.5m인 연소실에서 저위발열량이 20,000 kcal/kg인 중유의 사용량(kg/hr)은?

㉮ 17kg/hr　　㉯ 27kg/hr
㉰ 37kg/hr　　㉱ 47kg/hr

풀이 연소실의 열발생율($\text{kcal/m}^3 \cdot \text{hr}$)

$$= \frac{\text{저위발열량(kcal/kg)} \times \text{중유량(kg/hr)}}{(\text{가로} \times \text{세로} \times \text{높이})\text{m}^3}$$

$$3 \times 10^5\text{kcal/m}^3 \cdot \text{hr} = \frac{20,000\text{kcal/kg} \times \text{중유량(kg/hr)}}{(1.0\text{m} \times 1.2\text{m} \times 1.5\text{m})}$$

∴ 중유량(kg/hr)

$$= \frac{3 \times 10^5\text{kcal/m}^3 \cdot \text{hr} \times (1.0\text{m} \times 1.2\text{m} \times 1.5\text{m})\text{m}^3}{20,000\text{kcal/kg}} = 27\text{kg/hr}$$

27 합성차수막인 CSPE에 대한 내용으로 틀린 것은?

㉮ 미생물에 강하다.
㉯ 기름, 탄화수소 및 용매류에 약하다.
㉰ 접합이 용이하다.
㉱ 산과 알칼리에 특히 약하다.

풀이 ㉱ 산과 알칼리에 특히 강하다.

answer 23 ㉰ 24 ㉱ 25 ㉯ 26 ㉯ 27 ㉱

28 분뇨의 총고형물(TS)이 40,000mg/L이고, 그 중 휘발성고형물(VS)은 60%이며, CH_4의 발생량은 VS 1kg당 $0.6m^3$이라면 분뇨 $1m^3$당 CH_4 가스 발생량(m^3)은?

㉮ $8.4m^3$　　㉯ $11.4m^3$
㉰ $14.4m^3$　　㉱ $18.4m^3$

풀이 CH_4가스 발생량(m^3)

= 분뇨의 총고형물 (kg/m^3) × 휘발성 고형물 함량 × $\frac{m^3 \text{gas 발생량}}{kgVS}$

$= 40kg/m^3 \times 0.60 \times 0.6m^3/kg = 14.4m^3/m^3$

TIP

mg/L $\xrightarrow{\times 10^{-3}}$ kg/m^3 이므로

40,000mg/L = $40kg/m^3$

29 다음 중 내륙매립공법이 아닌 것은?

㉮ 샌드위치 공법
㉯ 셀 공법
㉰ 박층뿌림 공법
㉱ 압축매립 공법

풀이 ㉰ 박층뿌림 공법은 해안매립공법에 해당한다.

TIP

매립공법의 종류

① 내륙매립공법 : 샌드위치 공법, 셀 공법, 압축매립 공법, 도랑형 공법
② 해안매립공법 : 박층뿌림 공법, 순차투입 공법, 내수배제 공법, 수중투기 공법

30 다음 중 복토의 목적으로 틀린 것은?

㉮ 우수의 침투를 방지한다.
㉯ 식물이 식생하는 것을 방지한다.
㉰ 화재를 예방한다.
㉱ 유해곤충이나 해충의 서식을 방지한다.

풀이 ㉯번은 복토의 목적과 무관하다.

31 인구 200,000명인 도시에 매립지를 조성하고자 한다. 1인 1일 쓰레기 발생량은 1.3 kg이고 쓰레기 밀도는 $0.5\ ton/m^3$이며 이 쓰레기를 압축하면 그 용적이 2/3로 줄어든다. 압축한 쓰레기를 매립할 경우, 년간 필요한 매립면적(m^2)은? (단, 매립지 깊이 = 2m, 기타 조건은 고려하지 않음)

㉮ 약 42,500　　㉯ 약 51,800
㉰ 약 63,300　　㉱ 약 76,200

풀이 매립면적 (m^2/년)

$= \frac{\text{쓰레기 발생량(kg/년)} \times (1 - \text{용적감소율})}{\text{쓰레기밀도}(kg/m^3) \times \text{매립지 깊이(m)}}$

$= \frac{1.3kg/\text{인}\cdot\text{일} \times 200,000\text{인} \times 365\text{일/년} \times \frac{2}{3}}{500kg/m^3 \times 2m}$

$= 63,266.67m^2$/년

CBT 복원문제

answer 28 ㉰ 29 ㉰ 30 ㉯ 31 ㉰

32 인구 25,000인 도시에서 1인 1일 쓰레기 배출량이 1.5kg이고 밀도가 0.45ton/m^3인 쓰레기를 매립용량이 20,000m^3인 도랑식 트렌치에 매립, 처분하고자 할 때 트랜치의 사용 일수는? (단, 매립 시 부피 감소율은 35%이며, 기타 조건은 고려하지 않는다.)

㉮ 330일 ㉯ 350일
㉰ 370일 ㉱ 390일

풀이 트렌치의 사용일수

$$= \frac{\text{매립용량}(m^3)}{\text{쓰레기 배출량}(kg/day) \times \frac{1}{\text{밀도}(kg/m^3)} \times (1-\text{부피감소율})}$$

$$= \frac{20,000m^3}{1.5kg/\text{인}\cdot\text{일} \times 25,000\text{인} \times \frac{1}{450kg/m^3} \times (1-0.35)}$$

$= 369.23$일 $= 370$일

TIP

ton $\xrightarrow{\times 10^3}$ kg 이므로

밀도 $0.45ton/m^3 = 450kg/m^3$

33 점토를 매립지의 차수막으로 이용하기 위한 소성지수와 액성한계 기준으로 알맞은 것은?

㉮ 소성지수 : 5% 이상 10% 미만, 액성한계 : 10% 이상
㉯ 소성지수 : 10% 이상 30% 미만, 액성한계 : 30% 이상
㉰ 소성지수 : 30% 이상, 액성한계 : 10% 이하
㉱ 소성지수 : 10% 이하, 액성한계 : 30% 이상

풀이 점토의 차수막 적합조건
① 투수계수 : 10^{-7}cm/sec 미만
② 소성지수 : 10% 이상 30% 미만
③ 액성한계 : 30% 이상
④ 점토 및 미사토 함량 : 20% 이상
⑤ 자갈 함유량 : 10% 미만

34 저위발열량이 7,000kcal/Sm^3의 가스연료의 이론연소온도(℃)는? (단, 이론연소가스량은 10Sm^3/Sm^3, 연료연소가스의 평균 정압비열은 0.35kcal/$Sm^3\cdot$℃, 기준온도는 15℃, 공기는 예열하지 않으며, 연소가스는 해리되지 않는다.)

㉮ 1,815 ㉯ 1,915
㉰ 2,015 ㉱ 2,115

풀이 $t_2 = \frac{Hl}{G \times C} + t_1$

여기서 t_2 : 이론연소온도(℃)
t_1 : 기준온도(℃)
Hl : 저위발열량(kcal/Sm^3)
C : 비열(kcal/$Sm^3\cdot$℃)

$$t_2 = \frac{7,000kcal/Sm^3}{10Sm^3/Sm^3 \times 0.35kcal/Sm^3\cdot℃} + 15℃$$

$= 2,015$℃

35 유기물의 산화반응에 적용되는 Fenton법에서 Fenton 시약은?

㉮ 아연과 자외선
㉯ 마그네슘과 자외선
㉰ 철과 과산화수소
㉱ 바나듐과 과산화수소

풀이 Fenton 시약으로는 과산화수소(H_2O_2), 촉매로는 철염(황산제1철)을 사용한다.

answer 32 ㉰ 33 ㉯ 34 ㉰ 35 ㉰

36 유해폐기물 고화처리 시 흔히 사용하는 지표인 혼합률(MR)은 고화제 첨가량과 폐기물양의 질량비로 정의된다. 고화처리 전 폐기물의 밀도가 1.0g/cm^3, 고화처리된 폐기물의 밀도가 1.3g/cm^3이라면 혼합률(MR)이 0.755일 때 고화처리된 폐기물의 부피변화율(VCF)은?

㉮ 1.95　　㉯ 1.56
㉰ 1.35　　㉱ 1.15

풀이
부피변화율(VCF) $= (1+\text{MR}) \times \dfrac{\rho_1}{\rho_2}$

여기서 MR : 혼합률 $\left(\text{MR} = \dfrac{\text{첨가제의 질량}}{\text{폐기물의 질량}}\right)$

ρ_1 : 고화처리 전 폐기물의 밀도
ρ_2 : 고화처리 후 폐기물의 밀도

부피변화율(VCF) $= (1+0.755) \times \dfrac{1.0\text{g/cm}^3}{1.3\text{g/cm}^3}$
$= 1.35$

37 쓰레기를 처리할때 소각처리에 비해 열분해공정의 장점으로 틀린 것은?

㉮ 배기가스량이 적게 배출된다.
㉯ 황분, 중금속분이 ash중에 고정되는 비율이 크다.
㉰ 질소산화물이 적게 발생한다.
㉱ 지속적 산화분위기로 효과적인 에너지 회수 가능하다.

풀이 ㉱ 지속적인 환원분위기로 효과적인 에너지 회수 가능하다.

38 연소과정에서 열평형을 이해하기 위하여 필요한 등가비로 알맞은 것은? (단, ϕ : 등가비)

㉮ $= \dfrac{(\text{실제의 연료량/산화제})}{(\text{완전연소를 위한 이상적 연료량/산화제})}$

㉯ $= \dfrac{(\text{완전연소를 위한 이상적 연료량/산화제})}{(\text{실제의 연료량/산화제})}$

㉰ $= \dfrac{(\text{실제의 공기량/산화제})}{(\text{완전연소를 위한 이상적 공기량/산화제})}$

㉱ $= \dfrac{(\text{완전연소를 위한 이상적 공기량/산화제})}{(\text{실제의 공기량/산화제})}$

39 1차 반응속도에서 반감기(농도가 50% 줄어드는 시간)가 10분이다. 초기농도의 75%가 줄어드는데 걸리는 시간(분)은?

㉮ 30　　㉯ 25
㉰ 20　　㉱ 15

풀이 ① 반감기 반응식

$\ln\dfrac{1}{2} = -\text{k} \times \text{t}$

여기서 k : 상수
t : 시간

따라서 $\ln\dfrac{1}{2} = -\text{k} \times 10\text{min}$

$\therefore \text{k} = \dfrac{\ln\frac{1}{2}}{-10\text{min}} = 0.0693/\text{min}$

② 1차 반응식 : $\ln\dfrac{\text{C}_\text{t}}{\text{C}_\text{o}} = -\text{k} \times \text{t}$

여기서 C_o : 초기농도
C_t : t시간 후 농도
k : 상수
t : 시간

따라서 $\ln\dfrac{25}{100} = -0.0693/\text{min} \times \text{t}$

$\therefore \text{t} = \dfrac{\ln\frac{25}{100}}{-0.0693/\text{min}} = 20\text{min}$

answer 36 ㉰ 37 ㉱ 38 ㉮ 39 ㉰

실전문제
CBT 복원문제

TIP
$C_t = 100\% - 75\% = 25\%$

40 석탄의 탄화도가 증가하면 감소하는 것은?

㉮ 착화온도　㉯ 비열
㉰ 발열량　㉱ 고정탄소

풀이 석탄의 탄화도 증가하면
① 고정탄소, 발열량, 착화온도, 연료비는 증가
② 매연 발생량, 비열, 휘발분, 수분, 산소의 양, 연소 속도는 감소

| 제3과목 | 폐기물공정시험기준

41 소각재가 적재되어 있는 운반차량에서 시료를 채취하는 경우 6톤의 차량에 적재된 적재폐기물을 평면상 몇 등분하여 시료를 채취하는가?

㉮ 2등분　㉯ 3등분
㉰ 6등분　㉱ 9등분

풀이 차량에 적재된 폐기물의 시료채취
① 5톤 미만 : 6등분
② 5톤 이상 : 9등분

42 폐기물공정시험기준상 시료를 채취할 때 시료의 양은 1회에 최소 얼마 이상 채취하여야 하는가?

㉮ 100g 이상　㉯ 200g 이상
㉰ 500g 이상　㉱ 1,000g 이상

풀이 시료채취의 양
① 일반시료인 경우 : 100g 이상
② 소각재인 경우 : 500g 이상

43 수소이온농도-유리전극법에서 사용하는 표준용액에 대한 내용으로 틀린 것은?

㉮ 조제한 pH 표준용액은 경질유리병 또는 폴리에틸렌병에 보관한다.
㉯ 염기성 표준용액은 산화칼슘(생석회) 흡수관을 부착하여 3개월 이내에 사용한다.
㉰ 산성표준용액은 3개월 이내에 사용한다.
㉱ 현재 국내외에 상품화되어 있는 표준용액을 사용할 수 있다.

풀이 ㉯ 염기성 표준용액은 산화칼슘(생석회) 흡수관을 부착하여 1개월 이내에 사용한다.

44 함수율 83%인 폐기물은 다음 중 어떤 폐기물에 해당하는가?

㉮ 유기성폐기물　㉯ 액상폐기물
㉰ 반고상폐기물　㉱ 고상폐기물

풀이 고형물 = 100 − 함수율(%) = 100 − 83% = 17%
따라서 고상폐기물이다.

answer 40 ㉯ 41 ㉱ 42 ㉮ 43 ㉯ 44 ㉱

TIP

폐기물의 분류

① 액상폐기물 : 고형물의 함량이 5% 미만
② 반고상폐기물 : 고형물의 함량이 5% 이상 15% 미만
③ 고상폐기물: 고형물의 함량이 15% 이상

45 다음 용출조작에 관한 설명 중 ( ) 안에 알맞은 것은?

> 여과가 어려운 경우에는 원심분리기를 사용하여 매 분당 ( ) 이상으로 ( ) 이상 원심분리한 다음 상징액을 적당량 취하여 용출시험용 검액으로 한다.

㉮ 2,000회전, 20분
㉯ 2,000회전, 30분
㉰ 3,000회전, 20분
㉱ 3,000회전, 30분

풀이 용출조작의 핵심 내용
① 상온 상압에서 진탕회수 매 분당 약 200회, 진폭 4 ~ 5 cm, 진탕시간 6시간
② 1.0 μm의 유리섬유 여과지로 여과
③ 여과가 어려운 경우 원심분리기로 매 분당 3,000회전 이상으로 20분 이상 원심분리

46 다음 중 갈색경질 유리병에만 보관해야 할 시료가 아닌 것은?

㉮ 노말헥산추출물질
㉯ 유기인
㉰ 폴리클로리네이티드비페닐
㉱ 시안

풀이 갈색경질 유리병에만 보관해야 할 시료는 노말헥산추출물질, 유기인, 폴리클로리네이티드비페닐(PCBs), 휘발성 저급 염소화 탄화수소류이다.

47 콘크리트 고형화물 중 대형의 고형화물로써 분쇄가 어려울 경우의 시료채취로 알맞은 것은?

㉮ 임의의 3개소에서 채취하여 각각 파쇄하여 100g씩 균등 양 혼합하여 채취한다.
㉯ 임의의 5개소에서 채취하여 각각 파쇄하여 100g씩 균등 양 혼합하여 채취한다.
㉰ 임의의 3개소에서 채취하여 각각 파쇄하여 500g씩 균등 양 혼합하여 채취한다.
㉱ 임의의 5개소에서 채취하여 각각 파쇄하여 500g씩 균등 양 혼합하여 채취한다.

풀이 콘크리트 고형화물 중 대형의 고형화물로써 분쇄가 어려울 경우 임의의 5개소에서 채취하여 각각 파쇄하여 100g씩 균등 양 혼합하여 채취한다.

48 자외선/가시선 분광법으로 구리를 정량할 때 비스무트(Bi)가 구리의 양보다 2배 이상 존재할 경우, 어떤 색을 나타내어 방해하게 되는가?

㉮ 적색　　㉯ 청색
㉰ 청록색　　㉱ 황색

풀이 자외선/가시선 분광법으로 구리를 정량할 때 비스무트(Bi)가 구리의 양보다 2배 이상 존재할 경우에는 황색을 나타내어 방해한다.

실전문제

CBT 복원문제

answer 45 ㉰ 46 ㉱ 47 ㉯ 48 ㉱

49 폴리클로리네이티드비페닐(PCBs)의 기체크로마토그래피에 대한 설명으로 틀린 것은?

㉮ 시료 중의 폴리클로로네이티드비페닐(PCBs)을 헥산으로 추출한다.
㉯ 실리카겔 컬럼 등을 통과시켜 정제한 다음 기체크로마토그래프에 주입한다.
㉰ 비함침성 고상폐기물의 정량한계는 0.005 mg/kg(부재 채취법인 경우)이다.
㉱ 실리카겔 컬럼 정제는 산, 염화페놀, 폴리클로로페녹시페놀 등의 비극성화합물을 제거하기 위하여 수행하며, 사용 전에 정제하고 활성화시켜야 한다.

풀이 ㉱ 실리카겔 컬럼 정제는 산, 염화페놀, 폴리클로로페녹시페놀 등의 극성화합물을 제거하기 위하여 수행하며, 사용전에 정제하고 활성화시켜야 한다.

50 수소이온농도가 0.02 mol/L인 수용액의 pH는?

㉮ 1.7　　㉯ 2.7
㉰ 3.7　　㉱ 4.7

풀이 산성물질에서 $pH = -\log[H^+]$
$= -\log[0.02\,mol/L] = 1.70$

51 시안을 분석할 때 간섭물질과 제거하기 위해 주입하는 물질의 연결로 틀린 것은?

㉮ 다량의 지방성분 함유 시료 - 클로로폼
㉯ 황화물 함유 시료 - 아세트산바륨용액
㉰ 잔류염소 함유 시료 - L-아스코빈산
㉱ 잔류염소 함유 시료 - 이산화비소산나트륨용액

풀이 ㉯ 황화물 함유 시료 - 아세트산아연용액

52 다음 농도를 나타낸 것 중에서 틀린 것은?

㉮ 용액의 농도가 '%'로만 표시된 것은 W/V%를 말한다.
㉯ 백만분율(Parts Per Million)을 표시할 때는 mg/L, mg/kg의 기호를 쓴다.
㉰ 십억분율(Parts Per Billion)을 표시할 때는 μg/L, μg/kg의 기호를 쓴다.
㉱ 따로 규정이 없는 한 실온에서 조작한다.

풀이 ㉱ 따로 규정이 없는 한 상온에서 조작한다.

53 기체크로마토그래피로 휘발성 저급 염소화 탄화수소류를 측정할 때 사용되는 운반기체는?

㉮ 질소　　㉯ 산소
㉰ 수소　　㉱ 아르곤

풀이 기체크로마토그래피로 휘발성 저급 염소화 탄화수소류를 측정할 때 운반기체는 부피백분율 99.999% 이상의 헬륨 또는 질소를 사용한다.

answer 49 ㉱ 50 ㉮ 51 ㉯ 52 ㉱ 53 ㉮

54 취급 또는 저장하는 동안에 기체 또는 미생물이 침입하지 아니하도록 내용물을 보호하는 용기는?

㉮ 밀폐용기　　㉯ 기밀용기
㉰ 밀봉용기　　㉱ 차광용기

풀이 용기
㉮ 밀폐용기 : 이물질
㉯ 기밀용기 : 공기 또는 다른 가스
㉰ 밀봉용기 : 기체 또는 미생물
㉱ 차광용기 : 광선

55 다음은 수소이온농도를 유리전극법으로 측정한다. (　　)안에 내용으로 맞는 것은?

> 정밀도는 임의의 한 종류의 pH 표준용액에 대하여 검출부를 정제수로 잘 씻은 다음 (①)되풀이하여 pH를 측정했을 때 그 재현성이 (②) 이내 이어야 한다.

㉮ ① 3회, ② ±0.5
㉯ ① 3회, ② ±0.05
㉰ ① 5회, ② ±0.5
㉱ ① 5회, ② ±0.05

풀이 수소이온농도를 유리전극법에서 정밀도에서 핵심 내용인 "5회, ±0.05"임을 숙지하시면 됩니다.

56 석면을 편광현미경법으로 분석할 때 정량범위로 알맞은 것은?

㉮ 0.1~10%　　㉯ 1~100%
㉰ 0.1~100wt%　　㉱ 1~10wt%

풀이 석면 분석법의 정량범위
① 편광현미경법 : 1 ~ 100%
② X － 회절기법 : 0.1 ~ 100 wt%

57 NaCN 5g을 정제수 4L에 녹이면 이 수용액 중 CN의 농도는? (단, Na : 23)

㉮ 433mg/L　　㉯ 523mg/L
㉰ 663mg/L　　㉱ 783mg/L

풀이 NaCN : CN^-
49g : 26g
$\frac{5 \times 10^3\,mg}{4L}$: X

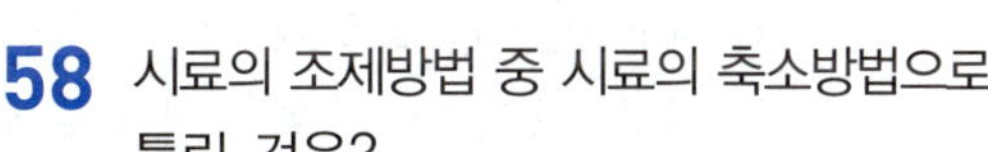

$$\therefore X = \frac{26g \times \frac{5 \times 10^3\,mg}{4L}}{49g} = 663.27\,mg/L$$

58 시료의 조제방법 중 시료의 축소방법으로 틀린 것은?

㉮ 구획법　　㉯ 구분축소법
㉰ 원추4분법　　㉱ 교호삽법

풀이 시료의 축소방법으로 구획법, 원추4분법, 교호삽법이 있다.

answer 54 ㉰ 55 ㉱ 56 ㉯ 57 ㉰ 58 ㉯

59 다음 중 분석방법으로 자외선/가시선 분광법을 적용할 수 없는 항목은?

㉮ 시안 ㉯ 유기인
㉰ 수은 ㉱ 납

풀이 항목별 분석방법
㉮ 시안 : 자외선/가시선 분광법, 이온전극법, 연속흐름법
㉯ 유기인 : 기체크로마토그래피
㉰ 수은 : 환원기화-원자흡수분광광도법, 자외선/가시선 분광법
㉱ 납 : 원자흡수분광광도법, 유도결합플라스마-원자발광분광법, 자외선/가시선 분광법

60 비소를 자외선/가시선 분광법으로 분석할 때의 내용으로 틀린 것은?

㉮ 시료중의 비소를 3가 비소로 환원시킨 다음 아연을 넣어 비화수소를 발생시킨다.
㉯ 발생된 비화수소를 다이에틸다이티오카르바민산은의 피리딘용액에 흡수시킨다.
㉰ 청색의 흡광도를 630nm에서 측정한다.
㉱ 시료에 다량의 비스무트(Bi)가 공존하면 시안화칼륨용액으로 수회 씻어도 무색이 되지 않는다.

풀이 ㉰ 적자색의 흡광도를 530nm에서 측정한다.

answer 59 ㉯ 60 ㉰

폐기물처리산업기사 필기 · 과년도

초 판 인쇄 | 2026년 1월 5일
초 판 발행 | 2026년 1월 15일

저 자 | 전화택
발행인 | 조규백
발행처 | **도서출판 구민사**
(07293) 서울특별시 영등포구 문래북로 116, 604호(문래동3가 46, 트리플렉스)
전화 (02) 701-7421
팩스 (02) 3273-9642
홈페이지 www.kuhminsa.co.kr

신고번호 | 제2012-000055호(1980년 2월 4일)
I S B N | 979-11-6875-619-9 13500

값 38,000원